Les Astres dans les Textes Religieux en Égypte Antique et dans les Hymnes Orphiques

Amanda-Alice Maravelia

BAR International Series 1527
2006

Published in 2017 by
BAR Publishing, Oxford

BAR International Series 1527

Les Astres dans les Textes Religieux en Égypte Antique et dans les Hymnes Orphiques

ISBN 978 1 84171 964 1

COVER IMAGE:

Front cover: Rēʿ–Horakhty–Atoum (*Rʿ-Ḥr-3ḫty-Tmw*), bearing the solar disc, and the Great Ennead of Gods (*Psḏt-Nṯrw ʿ3t*), together with the cosmic bird Phœnix/Benu (*Bnw*), bearing an Osirian crown, travel in the firmament in a solar barque with the apotropaic eyes of Horus (*wḏ3t*). Tomb of Son–nedjem (*Sn-nḏm*) in Deir 'al-Medīna (TT 1), roof of the burial chamber; early Dynasty XIX (c. after 1300 BCE). © the author 2002.

Main Title Page: Free synthesis (collage) of some composite hieroglyphic signs of the Ptolemaic Period (Gardiner's C199A, P53, P108, from the extended library), together with the very ancient composite hieroglyphic sign N14 (in plural), featuring explicitly important and very ancient astronomical and cosmovisional notions of the Egyptians. Under the vaulted body of the celestial goddess Nūt (*Nwt*) —dispersed with stars— the decans of Sōthis (*Spdt*) —rising heliacally as a stellar cow, like Sirius/Isis— and Orion (*S3ḥ*) also in a celestial boat, like Osiris, are defining the eternal cyclic passage from the previous to the New Year, hence allegorically from death to life and resurrection (cf. also Chapter III, Fig. III.9). © the author 2005.

BAR Publishing is the trading name of British Archaeological Reports (Oxford) Ltd. British Archaeological Reports was first incorporated in 1974 to publish the BAR Series, International and British. In 1992 Hadrian Books Ltd became part of the BAR group. This volume was originally published by Archaeopress in conjunction with British Archaeological Reports (Oxford) Ltd / Hadrian Books Ltd, the Series principal publisher, in 2006. This present volume is published by BAR Publishing, 2017.

Printed in England

BAR
PUBLISHING

BAR titles are available from:

BAR Publishing
122 Banbury Rd, Oxford, OX2 7BP, UK
EMAIL info@barpublishing.com
PHONE +44 (0)1865 310431
FAX +44 (0)1865 316916
www.barpublishing.com

Son–nedjem (*Sn-nḏm*) et son épouse Iy–nefert (*Ii-nfrt*), adorant le disque solaire et cinq divinités astrales. Tombeau de Son–nedjem à Deir 'al-Medīna (TT 1), toit de chambre d'enterrement; haute période ramesside, commencement de la XIXe Dynastie (c. après 1300 BCE).

À la Mémoire Sacrée de ma Mère Καίτη,
qui m'a tant offert et que j'aimerai de tout mon cœur

À mon Mari Hardy,
pour son soutien continu et ses sentiments si profonds

TABLE DES MATIÈRES

Amanda–Alice MARAVELIA

Ὕλης οὐρανίης καὶ ἀστερίης καὶ ἀβύσσου.

FRAGMENTA INEDITA, **19**: Ὀλυμπιόδωρος, *Ὑπόμνημα εἰς Ἀλκιβιάδην*, I.

♀

Stellæ autem splenduerunt in custodiis suis et lætetæ sunt.

BIBLIA SACRA, Baruch: ***III***, 34.

LES ASTRES DANS LES TEXTES RELIGIEUX EN ÉGYPTE
ET DANS LES *HYMNES ORPHIQUES*

AVANT PROPOS

Genius is twenty per cent inspiration
and eighty per cent perspiration.

U. ECO: *Postille a Il Nome della Rosa*, 16 & n. 9.

♀

It is the stars, the stars above us
govern our conditions.

W. SHAKESPEARE: *King Lear*, **IV**, 3, 32-33.

♀

The fault, dear Brutus, is not in our stars,
but in ourselves, that we are underlings.

W. SHAKESPEARE: *Julius Cæsar*, **I**, 2, 139-40.

LES ASTRES DANS LES TEXTES RELIGIEUX EN ÉGYPTE ET DANS LES *HYMNES ORPHIQUES*

L'ancienne culture égyptienne forme la base du développement des civilisations méditerranéennes et européennes. L'élégance des arts et les choix de la vie, une conception religieuse et une pratique astronomique complexe ont été bien servies par les Égyptiens de l'Antiquité. D'ailleurs, les Hellènes ont offert des contributions importantes dans l'Astronomie en Antiquité. C'est pourquoi le thème *Les astres dans les textes religieux en Égypte antique et dans les Hymnes Orphiques helléniques*, choisi par Mme Amanda–Alice Maravelia pour sa thèse, est très actuel. Nous devons rendre ici justice au courage de l'auteur (déjà Docteur ès Sciences de l'Université d'Athènes) qui a dédié son travail à un sujet ardu, qui requiert à la fois de bonnes connaissances non seulement en Égyptologie, sur la théorie des religions et sur la psychologie des archétypes, mais également en Astronomie et en Archéoastronomie.

Le travail sur les sources narratives, à la base de l'étude, suppose de la part de l'auteur une bonne maîtrise de l'ensemble complexe que forme la littérature égyptologique. La bibliographie de la thèse contient (sans tenir compte des publications Internet) plus de 1200 titres. Cependant, Mme Maravelia par certain degré est une scientifique de réflexion qui connaît le sujet par les moyens des publications et par ses collègues. Elle a aussi visité l'Égypte à maintes reprises. L'objet de la recherche et les analyses sont faits avec clarté et efficacité. Le texte fait référence aux différents Égyptologues, mais l'auteur a sa propre opinion et la justifie satisfaisemment. En même temps nous devons reconnaître qu'étant donné le caractère spécifique du sujet et les lacunes dans la connaissance moderne de l'Astronomie de l'ancienne Égypte, les conclusions de certains auteurs qui ont un caractère probabiliste devaient être corroborées par des travaux additionnels, c'est que Mme Maravelia a aussi bien réussi dans sa thèse.

La structure du travail semble particulièrement bonne. Elle consiste en une introduction, six chapitres, un épilogue et des appendices illustrés. Le premier chapitre explique les termes, l'objectif du travail, et la méthodologie utilisée par l'auteur. Le second chapitre traite les notions de l'Astronomie moderne et de la Cosmologie. Cette introduction aux aspects de l'Astrophysique et de la Cosmologie modernes, preparée par elle-même, est très utile (spécialement comme une base indispensable pour le cinquième chapitre), assez facile à être comprise même par les Égyptologues. Le troisième chapitre se concentre sur les conceptions astronomiques égyptiennes obtenues avec beaucoup d'attention par l'auteur à partir de textes égyptiens aussi bien religieux (*Textes des Pyramides*, *Textes des Sarcophages*) que profanes (*Sinūhe*, *Naufragé*, *Poèmes d'Amour*; ceux-ci sont étudiés par l'auteur pour la première fois en ce qui concerne leurs éléments astronomiques). L'auteur nous donne deux tables vastes et très utiles qui présentent le regroupement de passages aux éléments astronomiques, qui montre en même temps sa connaissance approfondie de la langue égyptienne ancienne. Les tables de leur analyse statistique qui les suivent sont aussi d'une grande importance et offrent des conclusions nouvelles et intéressantes. Elles forment la base d'une analyse détaillée qui fournit des résultats sur la datation des textes (*Poèmes d'Amour*) et une base concise des données qui est très promettante pour les études lexicographiques à suivre au futur. Dans le même chapitre, les notions astronomiques principales des Égyptiens sont traitées et comparées entre elles selon la période (Ancien Empire et Moyen Empire) et selon l'espèce (textes religieux et textes profanes). Le quatrième chapitre est dédié à l'étude des *Hymnes Orphiques*, qui est une des sources principales de la thèse. L'auteur a mis au point un vieux travail d'un Astronome Hellène, qui était presque inconnu; elle a corrigé quelques erreurs importantes de ce travail et elle a ajouté dans l'analyse astronomique propre des hymnes orphiques associés (aux étoiles, au Soleil, à la Lune, à Apollōn–Soleil, au ciel) beaucoup d'éléments nouveaux et significatifs. Les comparaisons que l'auteur fait ici entre les idées égyptiennes et celles des Hellènes sont très importantes. L'étude d'un hymne solaire du *Livre des Morts* et d'un hymne orphique au Soleil est très détaillée et montre l'importance de son analyse comparative; leurs points communs et leurs différences sont discutés en profondeur. Dans le cinquième chapitre l'auteur nous donne une excellente approche de comparaisons philosophiques entre les idées des Égyptiens et celles da la Science moderne. Il faut féliciter l'audace de l'auteur à comparer d'une juste mesure des notions semblables de deux civilisations différentes, un fait qui consiste en une continuation prospère des idées qui ont été mises en scène par des Égyptologues éminents (comme Philippe Derchain, Erik Hornung et James P. Allen). Ces collègues sont restés soit dans le niveau des générales comparaisons philosophiques, soit dans le cadre de la Mécaniqe Quantique. Mme Maravelia, dans son étude approfondie, a trouvé des analogies virtuelles entre les idées modernes et les idées égyptiennes. La relation de la Voie Lactée avec Nūt est aussi discutée ici et l'identification du terme *Msḳt-Sḥdw* avec le terme *Galaxie/Voie Lactée* est bien demontrée par l'auteur. Dans le sixième chapitre et dans l'épilogue les conclusions finales sont exposées, ayant utilisé comme base les points principaux des chapitres II, III, IV et V.

Sur l'ensemble de l'étude Mme Maravelia a réussi à résoudre le problème que constitue l'analyse des notions astronomiques de l'ancienne Égypte dans leur comparaison aux idées semblables des *Hymnes Orphiques* et aux idées scientifiques modernes. La thèse donne une bonne image de leur évolution depuis l'Ancien Empire jusqu'au temps du Nouvel Empire. La thèse de Mme Amanda–Alice Maravelia est une recherche scientifique bien composée logiquement. C'est un travail vaste, synthétique et détaillé combinant à la fois divers aspects des sciences humaines et mathématiques. Une mention spéciale est donnée pour sa bonne écriture, la brièveté, la lucidité de la narration, et la haute qualité formative des illustrations. Celles-ci sont particulièrement importantes dans l'objectif d'élucidation du sujet de la thèse et dans la vérification des conclusions de l'auteur.

L'auteur démontre elle-même qu'elle est une savante qualifiée, sachant bien utiliser des sources nombreuses et les méthodes de leur analyse et étant capable d'analyser l'opinion de ses prédécesseurs avec une attitude critique. Quelques-uns des résultats de cette recherche ont été publiés par l'auteur dans une série d'articles en français et en anglais parus dans différentes revues internationales; ils ont fait également l'objet de présentations magistrales lors de conférences internationales. Les conclusions de l'auteur sont d'une nouveauté suffisante et présentent des perspectives de recherches futures dans le champ de l'Astronomie égyptienne ancienne, particulièrement en ce qui concerne la haute période pharaonique. Les résultats obtenus sont de la plus haute importance pour un développement en profondeur des cours pour les hauts niveaux d'enseignement en Égyptologie et par ailleurs en Science, en Art et en Culture des mondes anciens de l'Orient et devront être pris en considération dans beaucoup d'études scientifiques comparatives.

Le jury, après avoir suivi attentivement la présentation de Mme Maravelia et après l'avoir examinée et interogée sur sa thèse pendant trois heures, se retira en séance privée pour délibérer. Les membres du jury ont décidé de lui décerner unanimement la mention la plus haute: *Très Honorable et avec les Félicitations du Jury*. Le jury a aussi jugé que la thèse de Mme Maravelia mérite d'être reproduite et publiée sous la forme d'un livre, après quelques modifications. L'analyse détaillée de la thèse de Mme Maravelia (qui a bien et beaucoup travaillé, enrichissant la recherche égyptologique et archéoastronomique d'un travail très considérable, en nous rappelant —comme Mr Nouhaud l'a bien remarqué— une thèse de doctorat d'état) conduit à la conclusion que son travail satisfait les critères requis pour lui attribuer de plein exercice le titre de *Docteur en Égyptologie*, et sans aucun doute son auteur mérite que lui soit adjugé le titre de *Chercheur*.

[Moscou, Mai 2004]

Prof. Dr Galina A. BELOVA[*]

[*] Professeur d'Égyptologie à l'Université de la Culture et de l'Art de Moscou; Directeur de CES/RAS; Directeur de l'Institut d'Égyptologie Russe du Caire; Directeur du système d'Égyptologie informatisée GALEXYS. Extrait du *Rapport du Jury*, dont Mme Belova fut le Président, à l'Université de Limoges.

Préface

Remerciements

Amanda–Alice MARAVELIA

Figure: L'auteur dans son bureau à Athènes.

LES ASTRES DANS LES TEXTES RELIGIEUX EN ÉGYPTE ET DANS LES *HYMNES ORPHIQUES*

Le présent ouvrage a pour origine ma 2e Thèse de Doctorat (nouveau régime) en Égyptologie à l'Université de Limoges (Faculté des Lettres et des Sciences Humaines, Centre des Recherches en Sciences de l'Antiquité), préparée sous la direction de Mr le Professeur Dr Ashraf Alexandre Sadek et de Mr le Professeur Dr Jean–Pierre Levet. Je tiens à exprimer ma gratitude et ma reconnaissance profonde, ainsi que mes remerciements les plus sincères à mes deux directeurs de thèse, mentors spirituels et maîtres inspirés. J'ai eu la chance de faire la connaissance de Mr A.–A. Sadek pendant la huitième conférence égyptologique de l'IAE au Caire (Avril 2000): dès le premier moment il m'a reçu avec un intérêt parental, il m'a instruit ultérieurement dans mes études des hiéroglyphes (déjà commencées dès 1988), il m'a donné l'exemple d'un homme honnête et d'un vrai Chrétien et il m'a accueillie plusieurs fois chez-lui pendant mes séjours à Limoges. Qu'ils aient —lui et sa famille, en particulier sa gentille épouse Mme Bernadette Sadek— mes remerciements les plus sincères. Soit comme Égyptologue et Coptologue érudit, soit comme maître excellent, je n'oublierai jamais ses conseils et ses instructions valables. Mr J.–P. Levet, helléniste doté *τῆς ἡμετέρας παιδείας ἀληθῶς μετέχων*, spécialiste des macro–familles linguistiques, homme d'esprit et des langages, maître particulièrement inspiré, m'a bien guidée et tant conseillée pendant l'écriture de ma thèse. Il n'a pas hésité à considérer que l'Archéoastronomie est une des sciences fécondes pour l'étude de l'Antiquité. C'est lui qui a aimablement corrigé mon français dans mes manuscrits et a proposé des corrections utiles; c'est lui qui m'a gentiment aidée dans les démarches d'administration universitaire. Je me sens très fière d'avoir de tels directeurs de thèse: tous les deux sont des personnes vraiment gentilles, d'une ouverture d'esprit exceptionnelle, qui m'ont acceptée bien que provenant des Sciences (voire de l'Astronomie, puisque j'étais déjà docteur ès Sciences de l'Université d'Athènes), ayant aperçu ma prédilection profonde pour l'Égyptologie. Je les remercie très vivement!

Je tiens aussi à exprimer mes remerciements aux autres membres du jury (par ordre alphabétique), qui ont lu ma thèse, ont proposé des corrections et m'ont jugée pendant sa soutenance, le 7 Mai 2004. Mme le Professeur Dr Galina A. Belova de l'Université de la Culture et de l'Art de Moscou, directrice de CES/RAS à Moscou, Égyptologue très active et inspirée, ainsi qu'une personne à la fois très humaine et très talanteuse, qui a écrit l'avant propos de ce livre; Mr le Professeur (Émérite) Dr Jean–François Duneau, de l'Université de Poitiers, historien de l'Antiquité très érudit; Mr le Professeur Dr Yvon Lamy, de l'Université de Limoges, spécialiste de l'histoire des idées scientifiques et philosophiques; Mme le Professeur Dr Doha M. Mostafa, de l'Université de Helwān, à la fois Égyptologue et Architecte, une savante provenant aussi des Sciences; Mr le Professeur (Émérite) Michel Nouhaud, helléniste renommé, savant doté et ancien directeur du département universitaire des lettres classiques. Mes remerciements s'étendent aussi au personnel de l'Université de Limoges, spécialement à Mme la bibliothécaire Martine Merabet et Mme Marie–France Gombert. Enfin beaucoup de remerciements sont dus à la fois à Mr le Dr Alain Bertrand, spécialiste de la mythologie des Amazones, pour son hospitalité et son aide pendant mes séjours à Limoges, ainsi qu'à Mme Anne–Sophie von Bomhard pour l'envoi des photocopies des divers articles.

Je voudrais également remercier vivement tous les collègues qui m'ont aidée, conseillée, guidée ou soutenue moralement pendant la recherche et l'écriture de ma thèse. *Mes collègues et amis Astronomes et Archéologues*: Mme le Professeur (Émérite) Mary Blomberg de l'Université d'Uppsala pour quelques discussions et pour m'avoir offert des livres utiles. Mr le Professeur Angelos Delēvorrias, le directeur du Musée Benaki d'Athènes, pour m'avoir confié l'étude et la publication de la collection des faïences égyptiennes; le directeur et les personnes en charge de la collection égyptienne du Musée National d'Athènes (spécialement Mme Hélène Tourna) pour m'avoir permis l'étude et la publication de quelques objets et de quelques sarcophages; Mr Charalambos Kritzas, directeur du Musée Épigraphique d'Athènes, pour m'avoir permis la publication d'une pièce d'intérêt archéoastronomique exceptionnel; Mr le Professeur Ralph M. Rowlett, de l'Université de Missouri, pour son soutien et pour quelques informations utiles; Mr le Professeur Nikolaos C. Stampolidēs, directeur du Musée de l'Art Cycladique d'Athènes, pour son soutien; Mr le Professeur D.N. Tripathi, directeur de l'ICHR (Nouvel Delhi, Inde), à la fois hellénophone et ravi de l'Arhcéoastronomie, pour son hospitalité et ses gentilles invitations. *Mes collègues et amis Égyptologues*: Mme le Professeur Heike Behlmer, de l'Université de Göttingen (partant pour l'Université Macquarie en Australie), pour son soutien et ses informations; Mme le Dr Susanne Bickel, de l'Université de Bâle, pour sa lecture des pages qui se réfèrent à son œuvre; Mr le Dr Ahmed Ebeid de SCA au Caire, pour ses informations et son aide pendant mes séjours en Égypte; Mr le Professeur Erhart Graefe, de l'Université de Münster (ainsi que ses collègues, spécialement Mme le Dr Anke–Ilona Blöbaum, Mme Renate Klüsener et Mr Klaus Ohlhafer), pour leur hospitalité et leur aide très gentille; Mme le Dr Nadine Guilhou, de l'Université Montpellier III, pour l'envoi des ses articles; Mr le Dr Mahmoud 'el-Helwagy, du Musée Égyptien du Caire, pour son aide pendant mes séjours en Égypte et quelques discussions utiles; Mr le Dr Mogens Jørgensen, de la Glyptothèque Ny Carlsberg de Copenhague, pour quelques informations; Mr le Professeur Naguīb Kanawāti, de l'Université Macquarie en Australie, pour quelques informations; Mr le Dr Rolf Krauss, du Musée für Vor– und Frühgeschichte de Berlin, un des spécialistes sur l'Astronomie en Égypte antique, pour nos discussions utiles, pour avoir écrit le sommaire de ma thèse en Allemand, et pour avoir commenté et corrigé quelques-uns de mes articles; Mr Kurt Locher, MSc, un autre spécialiste sur l'Astronomie en Égypte antique, pour son amitié, nos discussions et pour avoir lu, commenté et corrigé quelques-uns de mes articles et ce livre; Mme le Dr Daniela Picchi, du Museo Civico Archeologico de Bologne, pour quelques discussions utiles et l'envoi des livres et des monographies; Mme le Dr Geraldine Pinch, de l'Université de Cambridge, pour avoir permis la publication d'une photo de son livre sur la magie en Égypte antique; Mme le Professeur Carol Redmount, de l'Université de Berkeley, pour son hospitalité pendant mes séjours en Californie; Mme le Dr Tatjana A. Sherkova, de CES/RAS à Moscou, pour son amitié, nos discussions utiles et notre collaboration sur l'organisation des sessions égyptologiques pendant les conférences de l'EAA. Il faudrait aussi remercier les directeurs et les personnels des bibliothèques de l'École Archéologique Britannique d'Athènes (BSA) et de l'Institut Archéologique Allemand d'Athènes (DAI) pour leur accueil très amical. *Enfin*, ce m'est un plaisir tout particulier de remercier les quelques adversaires, dont la stupidité étonnante et les piètres obstacles m'ont rendue plus forte et plus déterminée à progresser, afin que je sois la *spina in oculis eorum* (s'étant sentie plusieurs fois *sicut lilium inter spinas*); leur aide virtuelle m'était, peut-être, plus motivatrice que le soutien de mes amis …

Je voudrais aussi remercier mes relations les plus intimes et aimées. Ma Mère [† 03-V-2004], qui n'était pas seulement une mère pour moi, mais également un père (après la mort de mon père [† 21-X-1982]), une sœur et une amie tant aimée: je l'aurai toujours dans mon cœur et lui dois beaucoup de mes talents; mon mari Hardy (ingénieur inspiré), pour son soutien continu et son amour profond, ainsi que pour son aide à désigner beaucoup de figures du Chapitre II; mon ami tant respecté Kenneth, pour son soutien et son amitié unique, ainsi que pour nos discussions inoubliables. Enfin, tous ceux et toutes celles qui ont contribué au meilleur résultat de ma 2e thèse, soit directement (par le biais d'information), soit indirectement par leur amitié et leur soutien moral: que tous et toutes veuillent recevoir ma pleine gratitude et mes remerciements les plus sincères.

[Athènes, Juin 2005]

Dr Amanda–Alice MARAVELIA

INTRODUCTION

Figure 1: Dans une barque solaire aux yeux *wḏ3t* apotropaïques dessinés sur la proue et la poupe, qui voyage dans le firmament, on voit: l'oiseau cosmique Benu (*Bnw*), portant une couronne osiriaque; Rēʿ–Horakhty–Atoum (*Rʿ-Ḥr-3ḫty-Tmw*), dieu luminiphère qui porte le disque solaire et un sceptre *w3s*; la Grande Ennéade de Dieux (*Psḏt-Nṯrw ʿ3t*). Tombeau de Son–nedjem (*Sn-nḏm*) à Deir 'al-Medīna (TT 1), toit de chambre d'enterrement; commencement de XIXe Dynastie (c. après 1300 BCE).

LES ASTRES DANS LES TEXTES RELIGIEUX EN ÉGYPTE ET DANS LES *HYMNES ORPHIQUES*

Depuis les temps préhistoriques, pendant des ères reculées où les humains étaient rassemblé(e)s autour d'un feu sous le ciel étoilé de la nuit, ils(elles) étaient enclin(e)s à regarder le firmament à la fois en crainte et inspiration, en s'interrogeant sur les relations possibles entre eux et *quod est superius*[1]. En effet, les conceptions astronomiques et cosmovisionnelles constituent un des thèmes de réflexion les plus intéressants dans la plupart des nations antiques[2]. Bien avant que les Hellènes aient avancé leur hypothèse que le firmament était immuable, permanent et divin, les objets célestes avaient été déjà divinisés, le ciel[3] étant considéré comme le royaume des dieux[4], lieu des hiérophanies par excellence, et par conséquent l'Astronomie serait appelée à être le pont entre le divin et le séculaire qui inspirait (et qui continue d'inspirer jusqu'à nos jours) l'âme humaine, à cause de son but, soit: d'étudier la structure macroscopique du Cosmos et d'examiner les objets les plus grands, les plus distants et les plus exotiques[5]. L'Astronomie comme une des Sciences[6] se développa dès lors que les gens comprirent qu'il existait une périodicité cyclique inexorable dans l'Univers, analysable dans une étude quantitative des mouvements des objets célestes. Ces mouvements, prenant place avec un ordre extraordinaire dans l'espace et pendant le temps, étaient considérés comme la manifestation transcendantale des dieux célestes. Or, le firmament, qui semblait comme le produit visible des êtres invisibles mais hyperpuissants, devrait être divin et lié aux humain(e)s.

Les Égyptiens anciens semblent s'être intéressés dès le commencement de leur histoire au ciel et aux mystères du firmament, qui relèvent d'une certaine problématique. Il s'agit ici d'une question fondamentale de l'existence humaine, qui porte sur la compréhension du mécanisme de l'Univers, du comportement des corps célestes, du mouvement des astres, de leurs périodicités si évidentes, et enfin de la relation entre l'humanité et le Cosmos. Les Égyptiens ont cherché d'emblée à trouver des parallélismes entre les divers phénomènes célestes répétitifs, et le cycle de la naissance, de la vie et de la mort des humains. Ils ont tâché expliquer le fonctionnement périodique du Cosmos et même sa naissance, à travers des images symboliques et des notions archétypiques, qui rendaient compte des événements du ciel en les associant aux épiphanies divines et aux conceptions allégoriques de leur mythologie riche[7]. Ce symbolisme du monde des archétypes[8], qui se lie tantôt à la religion[9], tantôt à la magie[10], tantôt à la mytholo-

---

[1] Cf. *Tabula Smaragdina*: 2.

[2] Pour une introduction archéoastronomique, voir (entre autres) ALLEN, [2]1963: 19-20 & *passim*; KRUPP, 1991; ΠΛΑΚΙΔΗΣ, 1992. Voir encore BREASTED, 1933; BONNEFOY, 1981.

[3] Pour la sémantique du ciel dans divers civilisations, voir *SYMBOLS*, 1996: 484-89; MARAVELIA, 2003f: 55-72. Voir aussi BURL, 1983.

[4] Voir ELIADE, 1958: 39-40, *passim*.

[5] Voir KRUPP, 1997b: 67.

[6] Voir AABOE, 1974: 21-42.

[7] Pour une introduction à la mythologie égyptienne, voir entre autres ANTHES, 1961: 15-92; IONS, [1]1969: 24-38 (pour la cosmogonie) & *passim*; PIANKOFF & RAMBOVA, 1957; TOBIN, GRIFFITHS & KAPER, 2001: 464-82. Cf. aussi JUNG & KERÉNYI, [2]1963, sur la quintessence de la mythologie. Pour la mythologie hellénique, voir PINSENT, 1982.

[8] L'œuvre principale pour la compréhension des notions archétypiques est sans aucun doute JUNG, 1959. Pour les archétypes célestes, voir LOCHER, 2000.

gie[11], devrait être riche en notions astronomiques et cosmovisionnelles[12]. Or, il serait raisonnable et utile d'examiner ces notions d'après les textes religieux, dont les principaux sont les textes funéraires, voire les *Textes des Pyramides* (= *PT*), les *Textes des Sarcophages* (= *CT*) et le *Livre des Morts* (= *BD*). Enfin, leur comparaison avec les notions astronomiques des Orphiques, ainsi qu'avec les conceptions de l'Astronomie et de la Cosmologie modernes, complétera cette étude en nous offrant une vision plus vaste et plus globale de l'évolution des idées astronomiques pendant les siècles. À noter que notre dernière remarque ne signifie en aucun cas que cette thèse s'éloigne beaucoup de l'Égyptologie —qui reste notre but principal—, mais veut dire que nous tirons profit de l'Épistémologie et des Sciences, voire de l'Archéoastronomie, afin de présenter une étude comparative égyptologique plus sphérique. Après tout l'Archéologie en tant que Science Humaine pourrait utiliser les Sciences Positives.

L'Archéologie est une discipline ambitieuse, comme Colin Renfrew, l'a déjà bien noté[13], qui cherche à appliquer la rigueur des Sciences aux objets–reliques du passé humain qui ont survécu jusqu'à nos jours. Cette ambiton de profiter de l'explication scientifique dans un domaine étendu de l'histoire humaine et de rechercher systématiquement l'organisation de la culture et sa dynamique de changement comme une fonction du temps exige une base ferme théorique, qui a été développée pendant les quatre dernières décennies du siècle précédent et continue à se développer en nous offrant une approche moderne combinant à la fois l'Archéologie et les Sciences[14]. La conviction de la plupart des archéologues que la nécessité pour l'Archéologie de profiter des Sciences et de leurs méthodes utiles a été appelée «la perte de l'innocence» par David Clarke, et elle s'exprime sous le terme «New Archæology» et forme une des bases théoriques sur lesquelles nous allons nous appuyer afin d'étudier le sujet de cette thèse. L'Archéoastronomie[15] est une science tout à fait moderne, interdisciplinaire, qui a été développée récemment, indépendemment de ces tendances archéologiques et sera le deuxième fondement théorique sur lequel nous nous fonderons dans cette étude. Finalement l'Égyptologie, ainsi que ses méthodes[16] constitueront le troisième point déterminant pour cet ouvrage. Or, notre cadre d'étude sera synthétique, comparatif et interdisciplinaire, sans s'éloigner quand même des voies classiques d'analyse des problèmes.

---

[9] Voir entre autres FRANKFORT, 1948; VANDIER, 1949; DRIOTON, 1955: 37-38; BREASTED, [2]1959; ČERNÝ, 1952; MORENZ, 1973; SADEK, 1987; TOBIN, 1989; SHAFER, 1991; WATSON, 1991: 151-72; HORNUNG, [2]1996; QUIRKE, [3]1997; ASSMANN, 1988: 135-59.

[10] Voir entre autres RITNER, 1993; PINCH, 1994; ΜΑΡΑΒΕΛΙΑ, 2003b.

[11] Voir par exemple WAINWRIGHT, 1938; BRADSHAW, 1997.

[12] Voir par exemple LOCHER, 1998c.

[13] Voir RENFREW *et al.*, 1982: xvii. Cf. aussi CARDIN, 1979.

[14] Voir RENFREW, 1979. Voir aussi SHENNAN, 1988; PROCHAZKA & VACHALA, 2003: 67-82; PRISKIN, 2003: 59-64; PARCAK, 2004: 63-78; WITTEN, 2004; & c.

[15] Voir comme des études introductives fondamentales: AVENI, 1989a; AVENI, 1993; RUGGLES, 1999; MARAVELIA, 2000b [2002]: 12-14; MARAVELIA, 2003g.

[16] Voir par exemple l'approche classique dans VANDIER, 1952 et FREDERIC, 1967; ainsi qu'une approche plus moderne dans KEMP, [8]2000.

LES ASTRES DANS LES TEXTES RELIGIEUX EN ÉGYPTE ET DANS LES *HYMNES ORPHIQUES*

Cette thèse examine l'évolution de la pensée astronomique, ainsi que les idées astronomiques et cosmovisionnelles[17] diverses dans l'Égypte pharaonique (dès c. 2800 BCE à c. 1200 BCE), d'après les textes religieux importants comme les *Textes des Pyramides*[18], les *Textes des Sarcophages*[19] et le *Livre des Morts*[20]. Plus précisément, nous examinons les conceptions que les Égyptiens se faisaient des astres (étoiles, Soleil, Lune et planètes); nous les comparons aux mêmes notions chez les Orphiques; enfin, nous les comparons avec prudence épistémologique —*mutatis mutandis*— aux conceptions astronomiques et cosmologiques modernes. Il faut noter que le titre préliminaire de cette thèse, comme celui-ci apparut au Fichier Central des Thèses était: *L'Évolution de la Pensée Astronomique et Cosmologique dans l'Égypte Pharaonique: Recherches Comparatives d'après/entre les Divers Textes Religieux (et Profanes) Égyptiens, dès 2800 jusqu'à 1000 avant notre Ère, et les* Hymnes Orphiques *Helléniques*. Après avoir travaillé et reflechi sur ce sujet nous avons décidé de modifier le titre pour arriver à ceci: *Les Idées Astronomiques dans les Textes Religieux en Égypte antique et leur Comparaison avec Celles des* Hymnes Orphiques. Compte tenu de l'immense quantité d'information qui demanderait plus de 2000 pages (pour une étude parfaite) et un temps presqu'infini, ainsi que du fait qu'il existe déjà deux travaux sérieux concernant soit les *PT*[21], soit les *CT*[22], nous avons finalement décidé d'adopter un titre définitif différent, soit: *Les Astres dans les Textes Religieux en Égypte Antique et dans les* Hymnes Orphiques *Helléniques*. Ce changement est bien significatif du fait que notre étude doit se placer dans un contexte plus spécifique et plus original non encore étudié jusqu'à présent, sans s'éloigner du cadre général de l'étude globale des idées astronomiques en Égypte de la Haute Période pharaonique. D'ailleurs, le fait que nous étudions pour des raisons comparatives quelques textes profanes (dont le fond religieux est indiscutable et le volume est considérablement moins petit que celui des textes purement religieux) ne signifie en aucun cas que le titre de notre étude n'est pas adapté. Il faut souligner que bien que notre étude comparative entre les conceptions des astres chez les Égyptiens et les Orphiques soit complète, notre analyse des sources égyptiennes quant à elles (*PT*, *CT*, *BD* & autres compositions funéraires) n'est pas exhaustive, parce que d'autres chercheurs ont travaillé de façon considérable sur de tels sujets[23]. Il faut noter aussi que notre étude textuelle des *Hymnes Orphiques* et des textes funéraires égyptiens se place dans un cadre interdiscipli-

[17] Pour une définition de ces notions, voir le Chapitre I, n. 2 & § 3: # 2, *infra*.

[18] Édition principale SETHE, 1908-10; traduction commentée FAULKNER, ²1998.

[19] Édition principale DE BUCK, 1935-61; traduction commentée FAULKNER, 1973-78. Voir aussi l'édition sur CD–ROM par VAN DER PLAS & BORGHOUTS, 2000.

[20] Édition principale BUDGE, ¹1898; traduction commentée FAULKNER & GOELET, ²1998. Il faut clarifier dès le commencement que notre discussion des éléments astronomiques qui se rencontrent dans le *BD* ne sera qu'occasionnelle et donnée sans analyse statistique.

[21] Voir KRAUSS, 1997; sur les idées cosmovisionnelles et cosmogoniques dans les *PT*, cf. aussi ALLEN, 1988a.

[22] Voir WALLIN, 2002; sur les idées égyptiennes de la cosmogonie dans les *CT*, voir BICKEL, 1994.

[23] Voir nn 21-22. Cf. aussi (entre autres), WAINWRIGHT, 1938; FAULKNER, 1966: 153-61; BRADSHAW, 1990; BRADSHAW, 1997.

naire et montre que les méthodes de l'analyse textuelle sont des instruments effectifs de datation des textes, qui offrent beaucoup d'information sur la *forma mentis* et les idées astronomiques des anciens.

Les *Hymnes Orphiques*, faisant partie de la poésie lyrique religieuse, sont attribués soit à la personnalité légendaire connue sous le nom *Orphée/Orpheus* (voir le Chapitre IV, *infra*), soit aux hymnologues Orphiques. Au moins trente auteurs anciens parlent de lui. Prince Thrace, fils de la Muse Kalliopē et du rois Oiagros, poète, musicien, chanteur, héros, prophète, mystique génial et astronome. Considéré comme ancêtre d'Homēros, selon Eusebios il était né 85 ans avant la guerre de Troie, soit c. 1270 BCE. Le fait qui nous paraît très intéressant est son voyage en Égypte, afin d'être instruit par les prêtres Memphites. En effet, Orpheus fut le réformateur (ou peut-être le fondateur), parcourant beaucoup de régions helléniques ou étrangères, du culte de Dionysos (divinité à la fois de la régénération de la Nature et de la joie sauvage d'immortalité), un dieu hellénique qui pourrait être considéré comme l'analogue d'Osiris. Il nous semble plus probable qu'Orpheus serait plutôt une personne religieuse qui vécut pendant le 12e siècle BCE, fut partiellement divinisée, et passa dans les mythes comme le fondateur d'un culte extraordinaire aux nuances monothéistes, un culte dont les doctrines principales se trouvent dans les *Hymnes Orphiques*. Dans ces hymnes, poèmes sacrés attachés au culte élitiste des Orphiques par excellence, on trouve des nuances épiques bien évidentes, qui sont exprimées sous les divers contes mythiques décrivant la génèse et les «aventures» des dieux. La partie de cette thèse qui examine les *Hymnes Orphiques* ne représente environ que 35% de cet ouvrage, dont la partie purement égyptologique est d'environ 50%. Il s'agit d'une étude comparative partielle, puisque nous ne nous référons pas souvent aux autres ouvrages orphiques[24]. Alors, tout en comparant deux voies de pensée différentes de l'Antiquité (Égyptiens et Orphiques) et la voie moderne scientifique (qui constitue 15% de cette thèse), nous essayerons de présenter une synthèse nouvelle, holistique et interdisciplinaire de l'Égypologie et de l'Archéoastronomie. D'ailleurs, la comparaison avec les *Hymnes Orphiques* helléniques (dont les idées datent du 13e siècle BCE comme on le prouve ici en utilisant des méthodes astronomiques incontestables, tandis que leur première présentation philologique date du 6e siècle BCE) montrera que dans l'Égypte antique il n'y avait pas d'Astronomie Mathématique ni de Science appliquée *per se* —comme Neugebauer[25] et Derchain[26] l'ont déjà noté—, mais seulement des connaissances empiriques qui étai-

[24] Pour les autres œuvres orphiques (*Ἀϱγοναυτιϰά, Λιθιϰά*), voir le Chapitre IV, n. 1, *infra*, et les références y citées. Sur Orpheus et les Orphiques, voir le Chapitre IV, § 1.

[25] Dans NEUGEBAUER, 1975: 557-68, nous lisons (voir p. 559): «Egypt has no place in a work on the history of Mathematical Astronomy. Nevertheless I devote a separate "Book" on this subject in order to draw the reader's attention to its insignificance, which cannot be too strongly, emphasized in comparison with the Babylonian and the Greek contribution to the development of scientific Astronomy. Egypt provides us with the exceptional case of a highly sophisticated civilization, which flourished from many centuries without making a single contribution to the development of the Exact Sciences»; on discutera cette opinion plus tard (voir le Chapitre V, § 1.6, *infra*).

[26] Voir DERCHAIN, 1964: 78-80, ou l'on lit: «Sans doute, tous ceux qui sont persuadés, à la suite de nombreux auteurs Grecs et Romains, que les Égyptiens étaient d'extraordi-

ent souvent présentées masquées d'une forme mythique[27] ou archétypique[28], afin d'être compréhensibles par tous, sous l'apparence des allégories et des métaphores métaphysiques[29] [voir Fig. 1]. Cependant, dans les textes religieux, écrits par des prêtres savants (et par conséquence copiés par des scribes divers, pas toujours correctement), on rencontre des idées métaphysiques, eschatologiques, philosophiques et cosmovisionnelles[30], qui sont vraiment extraordinaires et dont l'intuition a pu concevoir sous une forme bien particulière des éléments qu'on retrouve dans les théories modernes cosmologiques, comme c'était le cas chez les philosophes Hellènes Présocratiques[31] et qui expriment —sous la forme d'allégories— des aspects différents de la réalité physique, voire de la Nature et du Cosmos.

Maintenant il faut clarifier notre point de vue, afin d'éviter les malentendus. Cela ne signifie en aucun cas que nous voulons critiquer la civilisation égyptienne! Notre vie et notre façon de nous consacrer à l'Égyptologie ont été toujours claires et évidentes, or elles prouvent irrévocablement notre amour profond pour le pays des pharaons et ses exploits magnifiques[32]. En plus nous sommes guidés seulement par la recherche méthodique et l'application de la Science, par la quête de la verité et non par des idées nationalistes. Nous ne voulons pas prouver quelque sorte d'une «supériorité» des exploits helléniques sur ceux des Égyptiens. L'Égypte et l'Hellas (comme beaucoup d'autres nations anciennes) ont déjà beaucoup offert au monde de l'esprit[33] et il n'y a aucune volonté de

---

naires astronomes, seront-ils déçus [...]. Example typique de conservatisme religieux, qui nous fournit une nouvelle preuve du peu de goût des Égyptiens pour les théories».

27 Voir TOBIN, 1987b: 106-27.

28 Voir par exemple JUNG & KERÉNYI, ²1963; cf. ELIADE, 1959a.

29 Voir GRIFFITHS, 1967: 79-102.

30 Voir par exemple une discussion plus vieille dans WILSON, ³1977: 31-61.

31 Voir CHATZISSOMOY, 1996, et cf. la n. 33, *infra*.

32 Cela se montre si l'on lit nos articles et publications égyptologiques jusqu'à maintenant qui ne sont pas peu nombreuses. Voir, donc, MARAVELIA, 2000b [2002]: 11-37; ΜΑΡΑΒΕΛΙΑ, ²2001a; MARAVELIA, 2001e: 527-38; MARAVELIA, 2001i: 67-84; MARAVELIA, 2001j [2004]: 49-72; MARAVELIA, 2002f: 81-109; MARAVELIA, 2002g: 61-80; MARAVELIA, 2002h: 15-29; MARAVELIA, 2002j [2003]: 19-24; MARAVELIA, 2003a: 281-88; ΜΑΡΑΒΕΛΙΑ, 2003b; MARAVELIA, 2003d: 55-74; MARAVELIA, 2003e: 79-112; MARAVELIA, 2003f: 55-72; MARAVELIA, 2003g; MARAVELIA, 2004a; MARAVELIA, 2004b: 9-14; MARAVELIA, 2005a: 7-21; MARAVELIA, 2005b; MARAVELIA, 2005c; MARAVELIA, 2006a; MARAVELIA, 2006b; MARAVELIA & BELOVA, 2002: 1-4; MARAVELIA & KLADAKI-MANOLI, 2004: 5-20; MARAVELIA & SHALTOUT, 2003: 7-29 (*contra* GELINSKY, 1974: 19-24) [dans le domaine purement scientifique]. Voir aussi ΜΑΡΑΒΕΛΙΑ, 2000a: 14-20; ΜΑΡΑΒΕΛΙΑ, 2001b: 24-26; ΜΑΡΑΒΕΛΙΑ, 2001c: 113-18; ΜΑΡΑΒΕΛΙΑ, 2001d: 106-09; ΜΑΡΑΒΕΛΙΑ, 2001ef: 34-39; ΜΑΡΑΒΕΛΙΑ, 2001f: 130-34 & 193-99; ΜΑΡΑΒΕΛΙΑ, 2001g: 62-66; ΜΑΡΑΒΕΛΙΑ, 2002a: 128-34; ΜΑΡΑΒΕΛΙΑ, 2002b: 160-63; ΜΑΡΑΒΕΛΙΑ, 2002c: 62-66; ΜΑΡΑΒΕΛΙΑ, 2002d: 130-34; ΜΑΡΑΒΕΛΙΑ, 2002e: 300-23; ΜΑΡΑΒΕΛΙΑ, 2003c; ΜΑΡΑΒΕΛΙΑ, 2003h [dans le domaine des articles sérieux popularisés,].

33 Voir par exemple VESELOVSKY, 1948: 426-98 & CLAGETT, ²1962 (pour les Sciences); et ANTHES, 1963: 60-81 (pour la pensée et la sculpture). Voir encore MANSFIELD HAYWOOD, ²1968: 45-91; cf. aussi TOBIN, 1987b: 106-27. Tobin remarque justement: «Greek myth was of a different nature from the myth of Egypt and its eventual purpose was to preserve ancient traditions rather than to provide a verbal articulation of the symbols of

comparaison nationaliste. Nous voulons seulement montrer que les efforts des afrocentristes[34] sont faux et que leurs approches ne sont pas scientifiquement acceptables, parce qu'ils utilisent et interprètent mal les mythes divers à l'instar de réalités historiques[35].

Le contenu de cette thèse est le suivant: Un *Avant–Propos*, suivi par une *Préface* des remerciements. L'*Introduction*, où l'on trouve un bilan préliminaire de notre but, suit. Dans le *Chapitre I*, nous présentons le thème et le but de notre étude, la méthodologie et les instruments de notre analyse comparative, nous discutons les travaux précedents, et nous définissons les termes *astres/astronomique* dans le contexte de cet ouvrage et dans celui des Égyptiens de l'Antiquité. Le *Chapitre II* a pour but de donner une introduction concise aux notions modernes de l'Astronomie, de l'Astrophysique et de la Cosmologie récentes, afin de: **(i)** présenter aux lecteurs un regroupement des connaissances astronomiques global, qui n'a pas été donné avant, et qui est (plus ou moins) relatif à l'Égyptologie; **(ii)** offrir une base solide et utile sur laquelle nous fonderons les comparaisons entre les idées astronomiques égyptiennes sur les astres (et les notions astronomiques des Orphiques) et les conceptions modernes scientifiques. Les astres principaux y sont présentés sous le prisme de l'Astrophysique moderne, ainsi que les éléments principaux de l'Astronomie Sphérique, une introduction brève à l'Archéoastronomie, et finalement un synopsis des notions cosmologiques et thermodynamiques modernes. Beaucoup d'exposés brefs dans des articles ou dans des livres concernant la science des Égyptiens ont vu le jour de temps en temps, sans qu'ils contiennent la moindre base théorique pour la compréhension des termes astronomiques ou scientifiques y utilisés[36]. Cette base théorique est présentée ici, écrite spécialement pour des Égyptologues pour la première fois par une Égyptologue et à la fois Astronome. Le *Chapitre III* est le noyau principal de cette thèse, où les conceptions des Égyptiens d'antan concernant les astres, dans leurs textes funéraires, sont examinées. Il s'agit principalement d'une étude assez globale (mais non exhaustive) des idées égyptiennes sur les étoiles, le Soleil, la Lune et les planètes, comme celles-ci apparaissent principalement dans les *PT* et les *CT* (quelques analogues du *BD* n'étant que parfois comparés). Il s'agit aussi

---

the cult and of an abstract concept of existence and the Universe. When compared with the mythic system of Egypt, Greek myth was indeed marked by certain shortcomings, but because of those there eventually emerged a philosophical and rational approach to reality that provided an intellectual comprehension of existence. The Egyptian system did not provide this intellectual understanding, but it did offer a highly valid apprehension of the Universe and of reality, based not on intellect but on experience expressed through myth and cult. Both of these approaches have a valid place in the wider realm of human knowledge, and both must be recognized as the highest achievements of the ancient cultures that produced them.» (voir *op. cit.*: 119).

[34] Voir les hypothèses de Bernal dans BERNAL, 1987-1991, ainsi que dans BERNAL, 1992: 596-607. Voir DIOP, 1974; DIOP, 1991; OBENGA, 1990; OBENGA, 1992; OBENGA, 1993: 297-98. Cf. aussi les opinions de DE SANTILLANA, 1963: 813-28; DE SANTILLANA & VON DECHEND, ^{2}1977.

[35] Contre les afrocentristes, cf. LEFKOWITZ, 1996; LEFKOWITZ & MACLEAN ROGERS, 1996.

[36] Voir par exemple LEITZ, ^{2}1991: 99-100; LEITZ, 1995; voir aussi DERCHAIN, 1965: chap. I. Cf. quand même une brève introduction dans *EAT*, **I**: 122-26.

d'une analyse statistique brève de la fréquence avec laquelle ces objets célestes, ainsi que quelques idées et phénomènes astronomiques apparaissent dans ces textes funéraires, et d'une discussion sur l'évolution de ces notions astronomiques pendant les siècles. Dans le même chapitre nous étudions ces textes funéraires comme sources possibles d'information sur l'orientation précise des grandes pyramides, comme cela a déjà été proposé[37] et nous montrons qu'aucune information n'y existe, à l'exception d'allusions fragmentaires qui étaient mal interprétées par les adeptes des certaines théories[38]; notre étude s'avance en examinant de manière critique de telles théories (comme celle proposée par Spence) et en prouvant leur fausseté. Par ailleurs nous utilisons pour comparaison avec les textes religieux quelques textes profanes caractéristiques comme le *corpus* de *Poèmes d'Amour*[39] (*Ḥswt sḫmḫ-ib*, qui contiennent quelques rudiments astronomiques, ainsi qu'une allusion au lever héliaque de Sirius qui pourrait nous offrir une méthode pour leur datation), le *Conte du Naufragé*[40] (qui a été caractérisé comme une métaphore astronomique[41]) et les *Aventures de Sinūhe*[42] (qui comprend non seulement la «narration géographique», mais aussi des allusions à Hathor, déesse cosmique par excellence). Ce chapitre se termine avec un bilan comparatif des connaissances astronomiques des Égyptiens pendant la haute période pharaonique, soit pendant le OK, le MK (et le NK). Le *Chapitre IV* est dédié aux *Hymnes Orphiques* helléniques, la datation archéoastronomique textuelle de leurs notions astronomiques et cosmovisionnelles dès c. 13e siècle BCE (une ère qui coïncide avec le NK, voire avec la haute époque ramesside), et l'on y étudie les conceptions astronomiques que les Orphiques se faisaient des astres. En plus, nous examinons comparativement un hymne orphique à Hēlios et un hymne à Rēʿ provenant du *BD*, ainsi que quelques notions cosmovisionnelles parallèles rencontrées dans les *Hymnes Orphiques* et dans les textes funéraires des Égyptiens (*œuf cosmique/swḥt*, Temps Universel, *Loi Universelle/M3ʿt*, & c.). C'est la première fois qu'une étude si approfondie (e.g.: le Chapitre IV) voit le jour, faite par une personne qui combine les disciplines de l'Égyptologie et de l'Archéoastronomie, tout en connaissant la langue hellénique ancienne. Ce chapitre se termine par quelques conclusions récapitulatives sur la prédominance de la raison chez les Orphiques qui présentèrent des notions proto–scientifiques, au contraire des Égyptiens qui n'arrivèrent jamais à la Science pure, même s'ils ont présenté des idées cosmovisionnelles avancées, car ils se fondaient toujours sur le symbolisme archétypique. Le *Chapitre V* constitue une étude comparative (assez brève) entre les idées

---

37 Voir par exemple BADAWY, 1964: 189-206; TRIMBLE, 1964: 183-87; DAVIS, 1985: S102-04; GINGERICH, 2000: 297-98.

38 Pour une discussion critique *contra* SPENCE, 2000: 320-24 et *contra* SPENCE, 2001: 699-700, voir nos articles MARAVELIA, 2000b [2002]: 25-26 & nn 68-69; MARAVELIA, 2003d: 65 & nn 75-76, 66-67 & nn 86-94.

39 Analyse philologique et reédition complète dans MATHIEU, 1996. Voir notre analyse des éléments astronomiques et cosmovisionnels y rencontrés (MARAVELIA, 2003e: 79-112).

40 Édition principale GOLENISCHEFF, 1913; traduction avec quelques commentaires LICHTHEIM, 1975, I: 211-15.

41 Voir *LÄ*, V, 619-20: art. «Schiffbrüchiger»; cf. aussi LE GUILLOUX, 1996: 8.

42 Édition principale BLACKMAN, 1932: 1-41; traduction avec quelques commentaires LICHTHEIM, 1975, I: 222-35.

Figure 2: Stèle funéraire à la *formule d'offrande* (*ḥtp-di-nsw*) de Diefnakhty (*Di.f-nḫty*), provenant de Panopolis et datant de la Période Tardive, avec un certain symbolisme cosmovisionnel. Le disque solaire aillé d'Horus de Behdet (*Bḥdt*) est représenté sur le premier registre; sur le deuxième l'on voit une barque solaire et le défunt en prière, ainsi que l'exaltation du Soleil Osirifié par Isis et Nephthys; sur le troisième, les âmes anthropomorphiques (*b3w*) d'Osiris et de Shū/Rēʻ sont unifiés supersubstantiellement pendant le lever du Soleil, tandis que quatre cynocéphales adorent le dieu céleste de la lumière. Stèle inédite (# 6–19880) de Hearst Museum of Anthropology, Berkeley, CA.

astronomiques égyptiennes sur les astres et celles de l'Astronomie moderne. Il s'agit aussi d'une comparaison —*mutatis mutandis*— entre les idées cosmovisionnelles et eschatologiques des Égyptiens et celles de la Cosmologie scientifique. Nous y discutons des «points communs» entre les théories modernes (Big Bang, Principe Anthropique, & c.) et quelques idées égyptiennes, nous comparons l'inverse de l'entropie à Maʻat (*M3ʿt*), le rayonnement du fond radio qui remplit l'Univers à la conception du dieu Heka (*Ḥk3*), & c. Ce chapitre finit par quelques conclusions importantes, *contra* les afrocentristes et montre qu'il n'y avait jamais de Science pure en Égypte antique, bien que quelques idées cosmovisionnelles conçues par des savants Égyptiens (*rḫww-ḫt*) soient extraordinaires et avancées au niveau métaphysique et présentent une eschatologie universelle remarquable [voir Fig. 2 & 3]. Le *Chapitre VI* est le point focal de convergence de cette

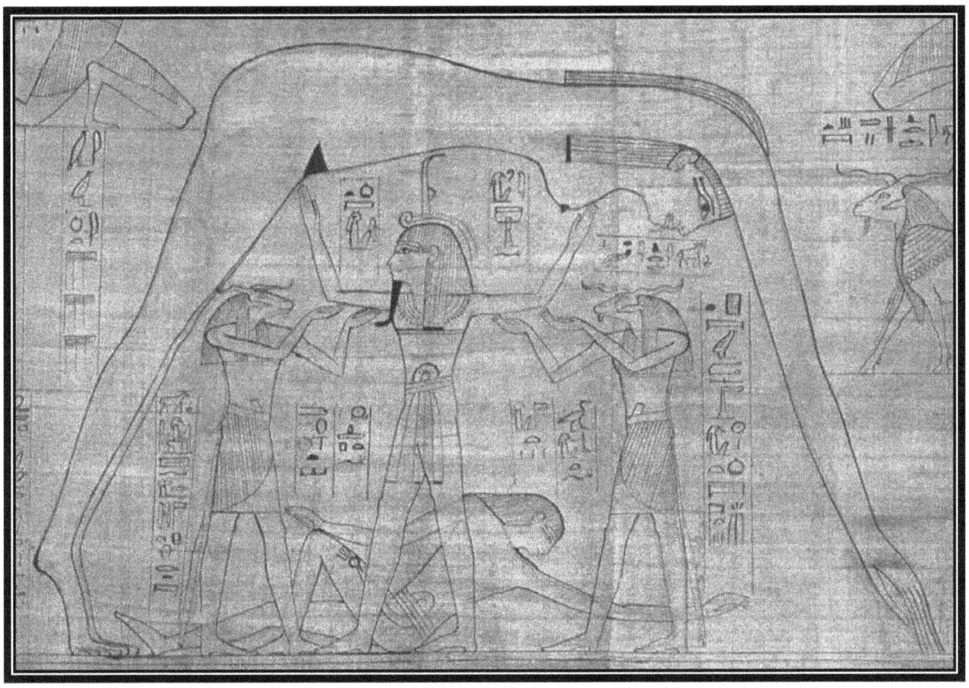

Figure 3: Nūt, la voûte céleste, et Geb, dieu de la terre (couché), après leur séparation par leur père Shū, dieu de l'atmosphère et de la lumière, selon le modèle de la cosmogonie héliopolitaine; deux divinités criocéphales aident Shū à supporter sa fille, déesse du ciel. Vignette d'un *Livre des Morts* de la XXIe Dynastie (*pGreenfield*; cf. BUDGE, 1912).

thèse, où les conclusions finales sont présentées. Il s'agit d'une synthèse générale sur les conceptions que les Égyptiens d'antan se faisaient des astres, de leurs idées cosmovisionnelles et de leur comparaison avec les notions astronomiques chez les Orphiques et dans la Science moderne. Il s'agit en plus des quelques conclusions récapitulatives et d'une discussion brève sur les perspectives pour des recherches relatives au futur. Un *Épilogue* suit, où l'on donne quelques remarques récapitulatives afin de conclure finalement sur notre sujet d'étude et notre but. Des *Tables* et des *Indices* variés récapitulatifs suivent, qui offrent aux lecteurs le regroupement des notions astronomiques et égyptologiques rencontrées dans notre étude, catégorisées en sections propres. Une *Bibliographie* suit—nous voulons croire— complète, qui regroupe les références les plus importantes aux livres et aux articles relatifs aux: **(i)** conceptions astronomiques chez les Égyptiens; **(ii)** thèmes égyptologiques variés, liés aux notions astronomiques, cosmovisionnelles, religieuses, aux textes funéraires, & c.; **(iii)** ouvrages sur les Orphiques, un domaine qui n'est pas encore si étudié; **(iv)** ouvrages concernant les Hellènes de l'Antiquité et leurs développements scientifiques, voire astronomiques; **(v)** travaux sur l'Archéoastronomie et ses méthodes interdisciplinaires; **(vi)** travaux sur l'Astronomie et son histoire depuis l'Antiquité; **(vii)** études sur l'Astronomie, l'Astrophysique et la Cosmologie modernes; **(viii)** études générales sur l'Archéologie moderne; (ix) ouvrages généraux sur la religion, la philosophie et la psychologie des archétypes. Cette bibliographie riche est suivie par une *Table aux Abréviations Courantes* égyptologiques et archéoastronomiques, *sigla*, & c. Notre thèse finit par des Sommaires en français, anglais, hellénique et allemand.

Nous espérons vraiment que cette œuvre sera bien utile pour tous les chercheurs/euses intéressé(e)s, dans les trois disciplines —Égyptologie/Histoire des Idées et Archéoastronomie— et leur présentera sous forme pratique le regroupement des connaissances astronomiques et cosmovisionnelles les plus importantes des anciens Égyptiens, ainsi que l'étude de l'évolution de leurs idées relatives aux phénomènes célestes, pendant l'époque pharaonique[43]. Après (ou bien avant) le travail monumental par Neugebauer et Parker[44] (outre des articles courts importants, écrits par plusieurs savants[45]), peu d'œuvres étendues, complètes, sérieuses et considérables, dediées à l'étude des idées astronomiques et cosmovisionnelles dans l'Égypte antique ont en effet vu le jour[46]. Citons le travail important de Rolf Krauss[47], dedié à l'étude des éléments astronomiques et des idées que les Égyptiens d'antan avaient pour l'au-delà dans les *PT*; citons aussi le travail de Patrik Wallin concernant les cycles astronomiques et leur assimilation métaphorique dans les *CT*[48]. Nous allons citer de telles œuvres et les discuter dans cet ouvrage.

Nous espérons que notre étude complètera le vide qui existait dans ce domaine, en mettant ordre au chaos d'informations concernant les idées astronomiques des Égyptiens pendant la haute période pharaonique et les conceptions erronées que l'on y rencontre. Notre travail ne prétend pas apporter que peu de choses d'entièrement nouvelles, ni obtenir des résultats à la fois définitifs et parfaits. Cependant, notre regard frais et interdisciplinaire, ainsi que nos comparaisons de deux distinctes voies de pensée anciennes seront peut-être capables, par les démarches critiques qu'ils susciteront, d'amener vers une conception plus intégrée des idées astronomiques et cosmovisionnelles des Égyptiens et des Hellènes de l'Antiquité, de par l'étude de leurs textes (principalement) religieux et de par maintes comparaisons philosophiques entre eux et quelques notions cosmologiques modernes.

---

[43] En ce qui concerne l'époque bien tardive, citons l'analyse du *pCarlsberg I*, dans *EAT*, **I**, 1960: 38-80. Voir aussi les livres et les articles GUNDEL, 1936; GUNDEL, 1968; NAGY, 1977: 99-117; YELLIN, 1984: 577-82; KÁKOSY, 1978; KÁKOSY, 1982: 187-91 & KÁKOSY, 1986: 429-34; JONES, 1994: 25-51; JONES, 1998a: 203-10; JONES, 1998b: 211-18; KAPER, 1995: 175-95; VON LIEVEN, 2000; & c.

[44] Voir NEUGEBAUER & PARKER, 1960-69.

[45] Citons par exemple CHATLEY, 1939: 100-04 & CHATLEY, 1940: 120-26; LEXA, 1950: 442-50; ŽÁBA, 1953; FAULKNER, 1966: 153-61; PARKER, 1974: 51-65; *LÄ*, **I**, 1975, 511-13: art. «Astronomie und Astrologie»; ALLEN, 1988b: 1-28; ROBINS, 1995: 1799-813.

[46] Citons, par exemple, WAINWRIGHT, 1938; NEUGEBAUER, 1975: 557-68 [réimprimé dans NEUGEBAUER, 1983: 205-10]; ALLEN, 1988a; LEITZ, 1989 & LEITZ, 1991 (qui contiennent quelques conclusions arbitraires); BRADSHAW, 1990 & BRADSHAW, 1997; BICKEL, 1994; CLAGETT, 1995: **II**; & c.

[47] Voir KRAUSS, 1997. Pour une analyse brève, voir le Chapitre I, § 2: # 1, *infra*.

[48] Voir WALLIN, 2002. Pour une analyse brève, voir le Chapitre I, § 2: # 2, *infra*.

Chapitre I

Introduction égyptologique

Figure I.1: Photographie de la péninsule arabique, d'une part de l'Égypte (le Delta et l'Oasis de Fayioum y sont visibles) et de la Méditerranée SE, prise d'un satellite artificiel.

LES ASTRES DANS LES TEXTES RELIGIEUX EN ÉGYPTE
ET DANS LES *HYMNES ORPHIQUES*

1. INTRODUCTION ÉGYPTOLOGIQUE ET *THÉSIS* DU PROBLÈME

La présente étude se propose d'approcher l'évolution de la pensée astronomique, ainsi que les diverses idées astronomiques[1] et cosmovisionnnelles[2] dans l'Égypte pharaonique (de c. 2800 BCE à c. 1200 BCE), d'après les textes religieux importants comme les *Textes des Pyramides*[3], les *Textes des Sarcophages*[4] (et le *Livre des Morts*[5]). Plus précisément, nous examinons les conceptions que les Égyptiens se faisaient des astres (étoiles, Soleil, Lune et planètes); nous les comparons aux notions semblables des Orphiques; enfin, une comparaison (*mutatis mutandis*) est faite avec prudence entre les idées égyptiennes et celles de Cosmologie et d'(Astro)Physique modernes pour la première fois[6]. Notre étude se place dans le contexte spécifique, original, synthétique et interdisciplinaire qui se définit entre l'Égyptologie, l'Archéoastronomie et l'Histoire des Idées Antiques, sans s'éloigner du cadre général de l'étude globale des notions astronomiques en Égypte pharaonique. Il faut souligner que bien que notre étude comparative entre les conceptions des astres chez les Égyptiens et les Orphiques (dans les *Hymnes Orphiques*) fût complète, notre analyse des sources égyptiennes (quant à eux-mêmes) n'est pas exhaustive, parce que d'autres chercheurs ont épuisé considérablement de tels sujets[7]. À noter aussi que notre étude textuelle des *Hymnes Orphiques* et des textes funéraires égyptiens se place dans le même cadre interdisciplinaire et montre que les méthodes d'analyse textuelle constituent des instruments effectifs de datation des textes, qui offrent beaucoup d'information sur la *forma mentis* et les idées astronomiques des nations anciennes. Il s'agit d'une étude comparative partielle, lorsque nous ne nous référons souvent aux autres ouvrages orphiques[8]. Alors, tout en comparant deux voies de pensée métaphysique différentes de l'Antiquité (Égyptiens et Orphiques) et la voie moderne scientifique, nous essaierons de présenter une synthèse nouvelle, holistique et in-

---

[1] Cf. § 3: # 2 & nn 66-68, *infra*.

[2] Il vaut mieux utiliser le terme *cosmovisionnel/elle* au lieu du terme *cosmologique*, qui évoque des conceptions modernes de Cosmologie scientifique, comme Stanislaw Iwaniszewski l'a bien remarqué (*personal communication*). De cette façon, on peut caractériser mieux les idées mythologiques primitives qui étaient utilisées par les nations anciennes afin d'exprimer leurs modèles expliquant le Cosmos. Cf. aussi le Chapitre III, § 5, *infra*.

[3] Édition principale SETHE, 1908-10; traduction commentée FAULKNER, [2]1998.

[4] Édition principale DE BUCK, 1935-61; traduction commentée FAULKNER, 1973-78; voir aussi l'édition sur CD–ROM par VAN DER PLAS & BORGHOUTS, 2000.

[5] Édition principale BUDGE, [1]1898 et NAVILLE, [2]1971; traduction commentée BARGUET, 1967; FAULKNER & GOELET, [2]1998. Il faut clarifier dès le commencement que notre discussion des éléments astronomiques qui se rencontrent dans le *BD* ne sera qu'occasionnelle et donnée sans analyse statistique.

[6] Voir quand même la n. 92, *infra*.

[7] Voir les nn 44 & 47, *infra*. Cf. aussi WAINWRIGHT, 1938; FAULKNER, 1966: 153-61; BRADSHAW, 1990; BRADSHAW, 1997.

[8] Pour les autres œuvres orphiques (*Ἀργοναυτικά, Λιθικά*), voir le Chapitre IV, n. 1, *infra*, et les références citées. Nous signalons qu'aucune édition critique des *Hymnes Orphiques* (cf. e.g.: QUANDT, [4]1973; ATHANASSAKIS, 1977) ne contient presque point des commentaires sur leurs idées astronomiques et cosmovisionnelles très importantes!

terdisciplinaire. Nous nous limiterons aux Orphiques, dont les idées datent de la deuxième moitié du 2e Millénaire BCE (Nouvel Empire), une période pendant laquelle il y avait des relations certaines entre les Égyptiens et les (Pré–)Hellènes[9]. D'ailleurs, le noyau principal des idées anciennes astronomiques et cosmovisionnnelles helléniques se trouve dans les *Hymnes Orphiques*, ce qui implique leur étude comparative. Il s'agit aussi d'une brève analyse statistique de la fréquence avec laquelle les objets célestes, ainsi que quelques idées et phénomènes astronomiques, apparaissent dans ces textes funéraires, et d'une discussion sur l'évolution de ces notions astronomiques pendant des siècles.

Les textes sur lesquels s'appuie notre recherche furent employés dans un contexte funéraire[10]. Ils devaient permettre aux défunts [tout d'abord aux souverains, puis (suivant une démocratisation des mœurs funéraires[11]) aux nobles ainsi qu'aux personnes privées] de réussir leur entrée dans l'autre monde hyperphysique divin et d'y conquérir une place sûre et agréable[12]. Ce monde, étant conçu comme une extension allégorique de la nuit éternelle, liée aux notions osiriaques de résurrection, ainsi qu'aux étoiles parapolaires indestructibles, est associé aux conceptions archétypiques stellaires. Le même monde, étant conçu comme une répétition de la vie humaine quotidienne, les rythmes de laquelle étaient fixés par le lever et le coucher périodique du Soleil —Rē‘, Grand Maître Universel et Créateur par excellence—, est aussi associé aux conceptions archétypiques solaires. Or, l'affinité de ce monde à la fois visible et invisible, chronique et achronique, physique et métaphysique, avec les conceptions astronomiques et cosmovisionnelles est sans aucun doute évidente et intime. Bien que ces conceptions ne constituent jamais le thème principal des formules différentes des textes funéraires, le *corpus* de ces derniers nous offre néanmoins des renseignements très riches sur les idées astronomiques et cosmovisionnelles des Égyptiens d'antan. La périodicité quotidienne, mensuelle, annuelle et éternelle, allégoriquement régénératrice[13] des divers phénomènes célestes, présentait maintes analogies avec leurs conceptions funéraires. Notamment, le passage répétitif des astres du monde visible vers le monde sous–terrestre, ainsi que leur réapparition à l'horizon[14] (qui constituait le repère à la fois tangible et transcendantal entre l'existence et l'annihilation[15]), fut considéré analogue à la mort des vivant(e)s et à leur résurrection.

Notre documentation du *corpus* des textes funéraires ne présente jamais de textes développés astronomiques ou cosmovisionnels (même s'il s'agit des hymnes solaires ou bien lunaires), comme ceux qui ont été étudiés par Neugebauer et Parker[16]. Les idées astronomiques et cosmovisionnelles que nous étudi-

---

[9] Voir les nn 81-84, *infra*.

[10] Voir LESKO, 2001d: 570-75; *LÄ*, **III**, 1980, 252-67: art. «Jenseitsvorstellungen».

[11] Voir LESKO, 2001a: 287.

[12] Voir BICKEL, 1994: 15.

[13] Voir, par exemple, WALLIN, 2002: Chap. 2-5, *passim*.

[14] Voir *LÄ*, **III**, 1980, 3-7: art. «Horizont».

[15] Un véritable *horror vacui et timor mortis*, qui a tellement effrayé les Égyptiens de l'Antiquité (voir par exemple HART, 1986: 31).

[16] Voir *EAT*, **I-III**: *passim*. Il faut remarquer quand même l'absence de toute notion astronomique ou cosmologique scientifique, de tout rudiment d'Astronomie Mathématique,

ons dans cette œuvre sont des séquences plus ou moins courtes de notions relatives, dont le regroupement s'avère très libre, et qui constituent les unités (ou morphèmes virtuels) minimales nécessaires à la compréhension du monde céleste et de sa liaison aux phénomènes astronomiques, ainsi qu'à la connaissance hypothétique de la création[17] de l'Univers (in)visible et de la naissance des divinités[18] (qui expriment des symboles archétypiques, expliquant la fonction du mécanisme du Cosmos). Chaque notion, telle qu'elle apparaît dans le contexte du *corpus* funéraire, porte de l'information astronomique et/ou cosmovisionnelle plus ou moins importante. Les notions mythiques ne sont que des images conceptuelles, qui sont exprimées littérairement. Quelques-unes d'entre elles sont déjà transposées dans l'iconographie dès les époques très anciennes[19], comme elles le seront pendant les époques tardives[20]. Dans le cadre de notre recherche les mots *astronomique* et *cosmovisionnel(le)* seront utilisés comme l'on explique dans § 3: # 2, *infra*. En plus, le mot *image* ne sera pas utilisé comme synonyme des mots *notion, conception, idée*. Le mots *mythe* et *mythème* seront aussi employés parfois. Les Égyptiens de l'Antiquité pensaient toujours en notions archétypiques[21] et en images symboliques[22], spécialement à propos de problèmes au niveau cosmique, complexes et difficiles à résoudre, tels que la nature des phénomènes et des corps célestes, leur périodicité et sa connection apparente au cycle de vie et de mort des humain(e)s, l'origine, le but et la fin du monde, & c. Enfin, presque tout ce qui concerne l'Astronomie et son fonctionnement dans l'Égypte Antique se place

---

non seulement dans nos textes funéraires mais aussi dans les textes étudiés par Neugebauer & Parker et qui datent avant le 1er Millénaire BCE.

17 Voir *LÄ*, **III**, 1980, 747-56: art. «Kosmogonie»; 746-47: art. «Kosmische Erscheinungen». Cf. aussi BICKEL, 1994.

18 Voir *LÄ*, **III**, 1980, 747: art. «Kosmische Götter».

19 Voir par exemple la plaque d'ivoire du Roi Djer (*Ḏr*), datant de la Ie Dynastie, où l'on observe pour la première fois l'attestation du rapprochement entre le lever héliaque de Sirius représentée sous forme d'une vache sacrée (comme à Dendara) et le début de la crue du Nil (voir ALTENMÜLLER, 1965: 127; PARKER, 1950: § 172; PETRIE, 1900, **II**: 22). Bien que cette interprétation en ait été contestée (cf. GODRON, 1958: 147; *EAT*, **III**: 201; SPALINGER, 1992a: 46; CLAGETT, 1995, **II**: 10-11), elle semble évoquer des notions astronomiques et calendriques sothiaques. En ce qui concerne le MK, il y beaucoup de cercueils aux horloges diagonales (voir entre autres *EAT*, **I**: 6, 7, 8 & pls 4, 5-6, 8), où le couple divin Sōthis/Orion est représenté, ainsi que la constellation *Msḫtyw*/*Ḥpš*. Voir aussi les représentations du couple Sōthis/Orion montrées dans VON BOMHARD, 2000: 14, 18, 22-25, 49, *passim*. Cf. enfin, LOCHER, 2003: 3-6, pour une discussion sur ce couple astral et quelques comparaisons avec les constellations chinoises.

20 D'une façon évoquant des images bien antérieures, voire à Dendara, cf. Fig. III.9, *infra*. Pour le temple d'Hathor qui s'y trouve, voir *DENDARA*; *LÄ*, **I**, 1975, 1060-063: art. «Dendara»; CAUVILLE, 1997. Cf. aussi *EAT*, **III**: pls 28, 29, 32, 41, 51, & c.

21 Pour une approche psychologique des textes funéraires égyptiens (en tant que «voyages internes»), soit de l'*Im-Dw3t* et du *Livre des Portes*, voir GEORGE, 1972: 15-20; SCHÖLER, 1991; SCHWEIZER, 1994; HORNUNG, 1991. Sur la théorie des archétypes, voir JUNG, ²1969; JUNG & KERÉNYI, ²1963; KERÉNYI, 1977; sur les mythes et les mythèmes, cf. le travail intéressant LÉVI-STRAUSS, 1962.

22 Pour les symboles et la magie comme fondements importants de la *forma mentis* égyptienne, voir SAUNERON, 1953: 278-88; LURKER, ⁴1986: 7-12; MAPABEΛIA, 2003b: Chap. III.

dans un contexte plus ou moins religieux, plus ou moins funéraire. Et le firmament, à la fois métaphore et allégorie vivante, scène cosmique virtuelle du «drame» périodique céleste, fut comparé au cycle de la vie humaine, un fait dont on voit les emprunts dans les mélanges métaphysiques (peut-être uniques dans toute l'Histoire de l'Humanité) du langage astronomique et cosmovisionnelle et de la langue religieuse proprement dite dans les textes funéraires.

2. LES EFFORTS PRÉCÉDENTS

Les inscriptions et les textes hiéroglyphiques étant nos sources les plus directes et concises des connaissances astronomiques égyptiennes, l'étude de l'Astronomie en Égypte ancienne commença juste après le travail génial de Jean–François Champollion. À vrai dire, outre le *pCarlsberg IX*[23], écrit sans doute par un Astronome ancien anonyme vers 150 CE, dont les idées et les méthodes astronomiques qui sont utilisées afin de calculer la date du commencement des mois lunaires (en suivant un cycle de 25 ans) dans le calendrier civil datent au moins de 5 siècles en avance, il n'y a pas d'autres textes purement astronomiques et explicites faisant partie de la Haute Période Pharaonique (que nous examinerons dans cette œuvre). Avant le commencement de l'Égyptologie comme Science méthodique, les sources uniques pour les connaissances astronomiques des Égyptiens seraient les textes et les commentaires peu sûrs des différents auteurs classiques, Hellènes[24] ou Latins[25]. Les premiers efforts vers une étude assez méthodique de Letronne[26] furent suivis par ceux de Lepsius[27] concernant la datation de l'histoire égyptienne, qui a aussi essayé de traduire quelques textes astronomiques. Les sources principales pour la datation des événements historiques étaient les textes concernant le lever héliaque de Sirius[28], or par la comparaison de divers levers héliaques observés (comme ils apparaissent dans de textes significatifs) aux dates qui sont calculées, l'on pourrait repérer en principe la chronologie[29]. Heinrich

[23] Édition principale par NEUGEBAUER & VOLTEN, 1938: 383-406; sur ce papyrus tardif, voir aussi BÁRTA, 1979: 1-10; DEPUYDT, 1998c: 1277-297; cf. PARKER, 1962: 143-48.

[24] Voir par exemple HEIBERG, 1898-1903; WADDEL, [2]1948; BOLL & BOER, [2]1954; ROBBINS, [8]1998 (pour Klaudios Ptolemaios); VIRÉ, 1992 (pour Hyginos); DIDOT, 1868: 429-69; FROIDEFONT, 1988; GRIFFITHS, 1970; HANI, 1976 (pour Ploutarchos); GODLEY, [5]1981 (pour Hērodotos); OLDFATHER, [5]1989 (pour Diodōros Sikeliōtēs); & c.

[25] Voir, entre autres, l'œuvre connue de Kēnsōrinos *De Die Natali* dans HULTSCH, 1867; pour quelques remarques sur sa crédibilité questionnée, voir O'MARA, 2003: 17-26.

[26] Voir LETRONNE, 1845; LETRONNE, 1864. Cf. aussi BIOT, 1823 & BIOT, 1846: 57 ff.

[27] Voir LEPSIUS, 1849. Cf. aussi DE ROUGÉ, 1852, 653-91.

[28] Voir le Chapitre II, § 3.5, *infra*; cf. aussi SCHAEFER, 2000: 149-55; OOSTERHOUT, 1992: 71-111; KÁKOSY, 1976: 41-46.

[29] Dans notre livre l'on accepte la chronologie présentée par Jürgen von Beckerath (voir BECKERATH, 1997); pour une introduction, voir *LÄ*, **I**, 1975, 967-71: art. «Chronologie». Sur la chronologie, la datation de l'histoire égyptienne ancienne et le calendrier égyptien, voir BÁRTA, 1980b: 26-34; BÁRTA, 1981b: 7-13; BÁRTA, 1983a: 16-26; DEPUYDT, 1995a: 43-58; DEPUYDT, 1995b: 151-73; DEPUYDT, 1996: 61-88; DEPUYDT, 1997; DEPUYDT, 2000a: 167-86; HORNUNG, 1964a; KRAUSS, 1985; KRAUSS, 1992: 75-96; LEITZ, 1992: 97-112; LUFT, 1992; MEYER, 1912; NEUGEBAUER, 1938: 169-95; O'MARA, 1980; O'MARA,

Brugsch a bien traduit une pléiade d'inscriptions, dont celles concernant l'Astronomie furent présentées dans le premier volume d'une œuvre renommée[30], qui constituerait la source la plus importante pour les études astronomiques depuis plus de 50 ans.

Peu de travail sérieux prit place avant Neugebauer et Parker. Eugenios Antōniadēs, Astronome hellène renommé, présenta une étude intéressante sur l'Astronomie égyptienne et son évolution historique[31]. Alexander Pogo écrivit quelques articles sur plusieurs notions astronomiques, dont le plafond astronomique du tombeau de Son–Mout, les étoiles boréales, les clepsydres, et les horloges diagonales de cercueils du MK étaient les plus intéressants[32]. En effet, l'école tchèque domina les études astronomiques concernant l'Égypte pendant les années 1930-1955. Polák[33] étudia le problème de l'orientation des bâtiments divers et des pyramides; l'orientation des pyramides fut discutée par Lexa[34] et Žába[35], dont nous commenterons les opinions (voir le Chapitre III, § 4.1, *infra*).

Otto Neugebauer (Historien de la Science) et Richard Parker (Égyptologue), deux savants qui offrirent beaucoup de travaux importants sur l'étude de l'Astronomie (et des Sciences en général) écrivirent une monographie volumineuse et sérieuse sur les textes astronomiques égyptiens[36], sans examiner ni les conceptions astronomiques dans les textes funéraires, ni l'orientation des monuments ou bien ses possibles connotations qui pourraient être recherchées dans ces textes. Ils y étudièrent les décans anciens et les horloges diagonales sur les cercueils du MK, les *Papyri Carlsberg* et les *Livres du Ciel* dans divers tombeaux

---

1984a; O'MARA, 1984b; O'MARA, 1995: 73-85; O'MARA, 1996a: 65-82; O'MARA, 1996b: 97-112; O'MARA, 1997: 63-82; O'NEIL, 1973: 3-15; OOSTERHOUT, 1993: 83-96; PARKER, 1950; PARKER, 1952: 101-08; PARKER, 1953: 50; PARKER, 1957: 85-107; PARKER, 1959; PARKER: 1965: 151; PARKER, 1970: 217-20; PARKER, 1971: 13-26; PARKER, 1974: 51-65; PARKER, 1978: 706-27; POCHAN, 1969: 12-23; READ, 1970: 1-11; READ, 1995: 87-114; SABBAN, 2000; SADEK, 1985: 353-68; SADEK, 2001: 13-22; SEWELL, 1942: 1-16; SPALINGER, 1992a; SPALINGER, 1992b; SPALINGER, 1994a: 297-308; SPALINGER, 1994b: 45-60; SPALINGER, 1994c: 61-83; SPALINGER, 1995a: 110-22; SPALINGER, 1995b: 25-40; SPALINGER, 1995c: 17-32; SPALINGER, 1995d: 33-47; SPALINGER, 1995e: 271-81; SPALINGER, 1995g: 176-83; SPALINGER, 1996a: 755-63; SPALINGER, 1996b: 67; SPALINGER, 2001: 224-27; WEILL, 1926-28. Pour une introduction plus technique, voir GINZEL,1906; NEUGEBAUER, 1912-25; NEUGEBAUER, 1929. Sur une comparaison de dates égyptiennes avec les dates de l'histoire du monde, cf. BICKERMAN, 1968. Pour une comparaison entre la chronologie hellénique (mycénienne) et égyptienne, voir TORR, 1896; enfin, sur la chronologie hellénique et romaine, voir SAMUEL, 1972.

[30] Voir BRUGSCH, [1]1883 [[2]1968]; cf. aussi le travail de Brugsch sur les connaissances calendriques des anciens Égyptiens dans BRUGSCH, 1856.

[31] Voir ANTONIADI, 1934.

[32] Voir POGO, 1930: 301-25 & pl. 11-20; POGO, 1931: 102-214; POGO, 1932a: 6-24; POGO, 1932b: 8-13; POGO, 1936: 403-25.

[33] Voir POLÁK, 1952; POLÁK: 1954: 620-25.

[34] Voir LEXA, 1950: 442-50.

[35] Voir ŽÁBA, 1953.

[36] Voir NEUGEBAUER & PARKER, 1960-69 [= *EAT*, **I-III**]. Pour une présentation de cette œuvre, voir DERCHAIN, 1961: 331-34 & DERCHAIN, 1964: 78-80.

royaux de l'époque ramesside, les culminations des étoiles, les horloges ramessides, les décans et les zodiaques tardifs, ainsi que les conceptions que les Égyptiens d'antan se faisaient des planètes et des constellations (comme elles se présentent dans les monuments divers, dès le NK jusqu'à l'époque ptolémaïque tardive). Outre la grande valeur que leur œuvre a et le regroupement d'informations sans parallèle, il faut remarquer leur prudence et leur méthode scientifiquement orthodoxe quant au traitement des données et à la présentation de conclusions exactes et solides. Chacun d'eux a aussi publié séparément un grand nombre d'articles importants sur l'Astronomie et le système calendrique de l'Égypte Antique[37].

Après (ou bien avant) le travail monumental de Neugebauer et Parker[38] (outre des articles courts importants, écrits par plusieurs savants[39]), il y avait plusieurs articles, de même que des livres sur l'Astronomie et les connaissances astronomiques des Égyptiens du passé[40]. En effet, les connaissances astronomiques des Égyptiens de l'Antiquité ont été partiellement regroupées par Neugebauer et Parker et reprises par plusieurs chercheurs[41]. En effet, seulement un petit nombre d'œuvres étendues, complètes, sérieuses et considérables, dediées à l'étude des idées astronomiques et cosmovisionnelles dans l'Égypte antique ont vu le jour[42]. Citons enfin les articles importants de Kurt Locher[43], qui a étudié la configuration des cieux anciens et a proposé des idées considérables sur la forme des constellations et des astérismes ancien(ne)s.

Par la délimitation du cadre historique notre livre se distingue des études précédentes, dont aucune n'était aussi globale que la nôtre, et qui le plus souvent se fondaient essentiellement: **(i)** soit sur des documents plus explicites et développés des époques tardives, hors des textes funéraires; **(ii)** soit sur une étude

[37] Pour Neugebauer, voir (entre autres): NEUGEBAUER, 1934; NEUGEBAUER, 1939: 115; NEUGEBAUER, 1942a: 209-50; NEUGEBAUER, 1942b: 251-63; NEUGEBAUER, 1942c: 397-403 [^{2}1983: 169-95]; NEUGEBAUER, 1943: 115-27; NEUGEBAUER, 1945: 1-38; NEUGEBAUER, 1955a: 47-51 [^{2}1983: 205-10]; NEUGEBAUER, 1962: 383-91; NEUGEBAUER, ^{3}1962; NEUGEBAUER, 1975: 557-68 [^{2}1983: 21-38]. Pour Parker, voir la n. 29, *supra*. Cf. aussi NEUGEBAUER & PARKER, 1968: 231-35; BORCHARDT & NEUGEBAUER, 1927: 441-48; LANGE & NEUGEBAUER, 1940; PARKER & LESKO, 1988: 168-75 & pls 33-37.

[38] Voir NEUGEBAUER & PARKER, 1960-69.

[39] Citons par exemple ZINNER, 1931: 94; CAPART, 1933: 69-77; CHATLEY, 1939: 100-04 & CHATLEY, 1940: 120-26; FAULKNER, 1966: 153-61; ALLEN, 1988b: 1-28; ROBINS, 1995: 1799-813; DEMARIA, 1999: 39-54.

[40] Voir par exemple CLAGETT, 1989-1995, ainsi que les références citées.

[41] Voir (entre autres) BRUINS, 1965: 161-80; BRUNNER, 1988: 224-29 (qui s'occupe aussi de vents, donc d'un phénomène météorologique en Égypte antique); citons, par exemple, WAINWRIGHT, 1938; ALLEN, 1988a; LEITZ, 1989 & LEITZ, ^{2}1991 (qui contiennent quelques conclusions arbitraires et quelques erreurs astronomiques); MENU, 1987: 97-120; BRADSHAW, 1990 & BRADSHAW, 1997; ZIVIE–COCHE, 1991: 52-79; BICKEL, 1994; & c.

[42] Voir les nn 44 & 47, *infra*.

[43] Voir LOCHER, 1981: S73-75; LOCHER, 1983: 141-44; LOCHER, 1985: S152-53; LOCHER, 1990: S49-51; LOCHER, 1991: 216-17 & pls LXI-LXIII; LOCHER, 1992: 201-07; LOCHER, 1993a: 279-84; LOCHER, 1993b: 189-94; LOCHER, 1996; LOCHER, 1997: 21-25; LOCHER, 1998a: 697-702; LOCHER, 1998b; LOCHER, 1998c; LOCHER, 2003: 3-6.

partielle plus spécifique du *corpus* de *PT*, de *CT* (mais non intégralement et correctement du *BD*), et des horloges diagonales des cercueils du MK, sans présenter aucune comparaison des idées égyptiennes astronomiques et cosmovisionnelles avec les idées parallèles helléniques. Alors, les conceptions attestées aux époques anciennes y servaient à étayer les idées plus récentes, et non pas —comme dans notre étude— en tant que point de départ d'une recherche qui prendrait en compte les évolutions possibles de ces idées astronomiques et cosmovisionnelles, voire des conceptions que les Égyptiens se faisaient des astres, pendant les temps historiques. D'ailleurs, les études plus spécifiques et moins globales, dont certaines sont vraiment des monographies très importantes, n'examinent le thème de notre recherche que partiellement. Parmi les articles, monographies et livres les plus importants concernant l'étude des éléments astronomiques égyptiens, sont les suivants.

1. Le Dr Rolf Krauss[44] a présenté une étude sérieuse et intéressante sur les conceptions astronomiques et la topologie cosmovisionnelle de l'au-delà dans les *PT*. Il y examine les diverses connaissances astronomiques des Égyptiens, comme elles apparaissent dans ces textes funéraires très anciens. Ses résultats principaux sont les suivants: **(i)** Les caractéristiques du *Canal Sinueux* (*Mr-n-Ḫ3*) supportent son identification à l'écliptique, et en spécifique avec la zone écliptique où la Lune se meut; **(ii)** La division des étoiles en *impérissables* (*iḫmw-skiw*) au Nord et *infatigables* (*iḫmw-wrḏw*) au Sud correspond respectivement *cum grano salis* à la division moderne des étoiles fixes qui se projettent sur la sphère céleste comme situées au nord et au sud de l'écliptique; **(iii)** Les *étoiles impérissables* comprennent les étoiles circumpolaires, comme il est exprimé explicitement pour la constellation de la Grande Ourse (*Msḫtyw*), et en plus dans les *PT* il y a des références aux étoiles appelées aussi *impérissables* qui ne sont quand même circumpolaires, parce qu'elles se lèvent au ciel et se couchent dans l'horizon; **(iv)** L'indestructibilité et la permanence des étoiles boréales circumpolaires, qui symbolise leur vie éternelle, et le cycle annuel des étoiles australes infatigables, qui se couchent (~ meurent) et se lèvent (~ naissent) à la fois, pourrait être expliquée par les aspects différents de visibilité des astres que l'on voit d'une part (vers le Nord) et de l'autre (vers le Sud) de l'écliptique: or, les étoiles boréales tout d'abord se lèvent et après elles se couchent héliaquement, ce qui implique leur visibilité continuelle tout au long de l'année; au contraire, les étoiles près de l'écliptique et celles qui se trouvent au sud de celle-ci (e.g.: Sirius; cf. le Chapitre II, § 3.5, *infra*) tout d'abord se couchent et après elles se lèvent héliaquement, phénomène astronomique qui est responsable de leur invisibilité temporelle, ce qui correspond à leur mort et la résurrection archétypique qui la suit; **(v)** *Contra* Casanova[45], la constellation *S3ḥ* doit être identifiée à Orion, comme Champollion l'avait déjà

[44] Voir KRAUSS, 1997; pour un compte–rendu, voir DEPUYDT, 2000b: 81-85. Ses calculs sont basés sur le logiciel astronomique *Urania–Star* (voir PIETSCHNIG & VOLLMANN, 1992).

[45] Voir CASANOVA, 1902: 1-39 (spécialement 5 ff). Nous sommes d'accord avec le Dr Krauss et constatons la confusion de Casanova et ses arguments faibles.

remarqué, or elle correspond plus ou moins à la plus grande partie de la constellation hellénique d'Orion[46]; **(vi)** Il y a des indications qui impliquent que Horus l'Aîné (*Ḥr-Wr*) était identifié à Vénus, comme l'Étoile du soir, tandis que Horus–Fils–d'Isis (*Ḥr-z3-Ꜣst*) était identifié à Vénus, comme l'Étoile du Matin (*Sb3 Dw3y*); la même identification serait aussi applicable pour l'*œil gauche* (ouest) et l'*œil droit* (est) d'Horus; **(vii)** L'assertion que le dieu Seth (*Stẖ*) traverse le Canal Sinueux (~ l'écliptique) doit être comprise comme une indication que Seth dès l'ère de l'OK était considéré comme la divinité de la planète Mercure [*Sbg*(*w*)], comme il est attesté aussi dans de sources plus tardives; **(viii)** Les textes qui se réfèrent au passage du dieu lunaire par le Canal Sinueux doivent être interprétés comme références aux passages de la Lune par les 2 nœuds lunaires (voir le Chapitre II, § 1.1, *infra*); **(ix)** La désignation du *passeur* [(*ỉw*(*w*) / dieu *Zwnṯw*] du Canal Sinueux comme *celui qui regarde en avant* (*ḥr.f m-ḫnt.f*) et *celui qui regarde en arrière* (*ḥr.f m-mḥ3.f*) permettrait l'identification du *passeur* comme un alias ou bien une métaphore astronomique pour la Lune: en effet, la première décrit la Lune croissante, dont le ménisque s'ouvre vers la direction de son mouvement dans l'écliptique; la deuxième décrit la Lune décroissante, dont le ménisque s'ouvre vers la direction opposée. Nous considérons le travail de Krauss comme brillant et très prudent, un exemple interdisciplinaire intéressant de synergie fertile entre l'Égyptologie et l'Archéoastronomie.

2. Le Dr Patrik Wallin[47] a étudié les conceptions astronomiques de régénération, comme elles se rencontrent dans les *CT*. Son étude analyse assez de références astronomiques trouvées dans le *corpus* de *CT*. Le chapitre 1 présente le but et la méthode de cette étude et décrit les sources principales et la recherche précédente. Le chapitre 2 traite le fond conceptuel pour les trois cycles astronomiques, soit par rapport: **(i)** à l'année; **(ii)** au mois; et **(iii)** au jour; comme unités de temps. Les chapitres 3 à 5 discutent le matériel de source et décrivent comment les modèles de mouvement des différents phénomènes célestes ont été employés pour décrire la régénération des défunts pendant qu'ils(elles) étaient incorporé(e)s à chacun de ces cycles, menant de ce fait une existence dans le temps cosmique éternel. Le chapitre 6 achève cette étude avec un sommaire et une conclusion. Le cycle annuel (cf. le chapitre 3) est présent dans ces textes funéraires sous forme du lever héliaque annuel de l'étoile Sirius, divinisé en tant que Sōthis. Cela a été combiné avec des références au retour annuel de l'inondation du Nil, celui-ci se produisant approximativement en même temps; il y a là un langage allégorique pour le rajeunissement annuel. Les traits astronomiques de la constellation égyptienne *S3ḥ*, approximativement équivalent à Orion, ont été aussi employés pour compléter ceux de Sōthis, et ils ont représenté ensemble une version archétypique céleste du diptyque sacré Isis/Osiris, fournissant un contexte mythique pour la résurrection. Joignant le cycle mensuel (cf. le chapitre

[46] Voir quand même LOCHER, 1993a: 280-81 & pl. 2, pour une identification qui doit être la plus correcte.

[47] Voir WALLIN, 2002. Il y présente quelques images astronomiques non détaillées prises du logiciel *Starry Night Pro*, distribué par Space.Com.

4), les défunt(e)s seraient transformé(e)s en [et identifié(e)s à la] Lune. Les différentes phases du luminaire de la nuit ont été employées afin de décrire les étapes de la régénération. La déification de la Lune comme le dieu Thoth, et comme *œil d'Horus*, a permis aux défunts de participer au monde des dieux, et de partager avec eux la puissance de la régénération de l'œil *wḏ3t* qui culminait à la Pleine Lune. L'aspect collectif des étoiles du ciel boréal et austral, vu chaque nuit, fournit une base pour le cycle quotidien (cf. le chapitre 5). Les étoiles circumpolaires du ciel boréal, appelées *Impérissables* (*Ἰḫmw-skiw*), étaient visibles pendant toute la nuit, et fonctionnaient comme l'image archétypique d'une demeure céleste éternelle. Les étoiles du ciel austral appelées *Infatigables* (*Ἰḫmw-wrḏw*) ont été employées pour calculer les heures de la nuit, comme cela est illustré par les horloges diagonales. Ces deux groupes d'étoiles ont été également identifiés aux équipages des barques solaires de la nuit (*msktt*) et du jour (*mʿnḏt*), permettant au décédé(e)s l'accès au voyage diurne cosmique de Rēʿ, comme ils(elles) joignaient le cycle quotidien céleste. Les trois cycles temporels, c'est-à-dire celui de l'année, celui du mois et celui du jour —projetés dans les phénomènes astronomiques du ciel nocturne— ont été employés pour doter les défunt(e)s de la force vitale du renouvellement cyclique perpétuel. Le travail de Wallin est assez solide (bien qu'il soit courte et qu'il contienne quelques erreurs mineures) et constitue un pas important en direction et en faveur de l'opinion que les Égyptiens de l'Antiquité voyaient le firmament comme une riche métaphore archétypique, donnant naissance à un symbolisme allégorique, qui était incorporé dans leurs textes funéraires, sans que ce fait signifie aucune connaissance à vrai dire scientifique de leur part.

3. Le travail sur le *Livre des Morts* de Mario Hollis Beatty[48] est le seul jusqu'à maintenant qui ait essayé de s'intéresser à l'étude astronomique de ce texte funéraire important; hélas, sans méthode scientifique rigoureuse, sous les influences de l'afrocentrisme et de l'ésotérisme. Il s'agit d'une «thèse» soumise à Temple University (Philadelphia, USA), qui fut acceptée par le jury «in partial fulfilment of the requirements for the degree of Doctor of Philosophy»[49]. Étant considérée comme anorthodoxe par des égyptologues, ce travail, dont le directeur est un afrocentriste (le Dr Théophile Obenga[50]), est caractérisée par des erreurs diverses, tantôt au niveau égyptologique, tantôt au niveau astronomique, tantôt au niveau des interprétations erronées, du manque de méthode stricte d'analyse, de l'absence de bibliographie et d'analyse complètes, et des mauvaises conceptions abondantes.

Parmi les travaux précédents aucun n'a étudié globalement et comparativement les idées astronomiques concernant les astres et leur évolution *dans tous les corpora* des textes religieux. Or, il serait bien utile et intéressant d'examiner les conceptions astronomiques égyptiennes concernant les astres, comme elles se révèlent dans les textes funéraires. Les *PT*, les *CT* (ainsi que le *BD*) constituent

[48] Voir Beatty, 1998.
[49] Voir *op. cit.*: ii. *Contra* Beatty voir Maravelia, 2006b.
[50] Voir Obenga, 1990; Obenga, 1992; Obenga, 1993: 297-98.

des sources précieuses pour l'étude des aspects différents de la civilisation égyptienne et les éléments astronomiques et cosmovisionnels y sont abondants. D'autre part, leur comparaison avec les *Hymnes Orphiques* et les notions d'Astronomie et de Cosmologie modernes révèle des points communs intéressants, que nous discuterons dans cet ouvrage; elle montre en plus que les Égyptiens offrirent les bases pour l'Astronomie, mais jamais ne cultivèrent la Science pure *per se*. Dans le futur, d'autres chercheurs devraient aussi examiner le *Livre des Portes*[51], le *Livre Ỉm-Dwȝt*[52], le *Livre des Heures*[53], le *Livre des Deux Chemins*[54], le *Livre de la Vache Céleste*[55], le *Livre de la Litanie du Soleil*[56], le *Livre des Cavernes*[57], & c. Il faut remarquer que les *Livres du Ciel* —textes astronomiques par excellence— ont été déjà étudiés[58]. Il est à noter que plusieurs références à ces ouvrages et à leur discussion seront présentées dans cet ouvrage. Mais aucune œuvre complète et aucune étude globale purement scientifique (c.à.d., renvoyant aux Sciences, dites *positives*) n'a vu le jour jusqu'à ce moment, écrite par une personne qui combine les deux disciplines de l'Égyptologie et de l'(Archéo)astronomie[59], n'est apparue après Neugebauer et Parker. Notre but principal dans celle-ci est de donner aux Égyptologues ainsi qu'aux Archéoastronomes une base d'étude moderne pour suivre dans leur recherche et pour qu'ils aient dans le futur le cadre correct et raisonnable des méthodes scientifiquement orthodoxes pour l'étude de ce thème très intéressant, qui a beaucoup souffert par la faute de personnes dépourvues de connaissances, voire par les ésotériques[60] et les soi–disant *pyramidologues*[61].

---

[51] Voir PIANKOFF & MAYSTRE, 1939-46; ZANDEE, 1969: 282-324; HORNUNG, 1980; HORNUNG, 1999: 55-77; ZEIDLER, 1999. Cf. aussi DARNELL, 1995, sur l'unité de Rē' et d'Osiris. Enfin, l'on rencontre quelques opinions peu convaincantes sur l'origine possible des heures et sur leur relation avec les portes de la *Douat* dans WELLS, 1993: 305-26.

[52] Voir JÉQUIER, 1894; HORNUNG, 1963-67; LESKO, 1976: 133-38; ABDELHAMID YOUSSEF, 1982: 1-17; LESKO, 2001c: 195-96; HORNUNG, 1999: 27-54. Cf. aussi SCHWEIZER, 1994; SLOSMAN, 1979.

[53] Voir FAULKNER, 1958.

[54] Qui se lie aux *CT*. Voir LESKO, 1972; HORNUNG, 1999: 10-12; BARGUET, 1969: 7-17.

[55] Voir MAYSTRE, 1941: 53-115; PIANKOFF, ²1977: 26-37 & 142-43; GUILHOU, 1984: 87-93; GUILHOU, 1989; GUILHOU, 1998: 197-213; HORNUNG, 1999a: 148-51.

[56] Voir PIANKOFF, 1964; HORNUNG, 1975-76; HORNUNG, 1999: 136-47.

[57] Voir PIANKOFF, 1974: 39-114; HORNUNG, 1999: 83-95.

[58] En ce qui concerne le *Livre de Nūt*, voir *EAT*, **I**, 1960: Chap. 2 & pl. 44-51 et cf. HORNUNG, 1999: 113-16; en ce qui concerne le *Livre du Jour*, voir PIANKOFF, 1942 et cf. HORNUNG, 1999: 116-22; enfin, en ce qui concerne le *Livre de la Nuit*, voir PIANKOFF, 1942, ROULIN, 1996 et cf. HORNUNG, 1999: 122-35.

[59] Voir par exemple notre *Thèse de Maîtrise* en Astrophysique: ΜΑΡΑΒΕΛΙΑ, 1987; ainsi que notre *1ère Thèse de Doctorat* en Astronomie: MARAVELIA, 1996.

[60] Voir SLOSMAN, 1979, comme un exemple typique de fausse et arbitraire interprétation du *BD*.

[61] Voir BIEGEL, 1921; MOREUX, 1925; MOULIN, 1978-80; CORNELL, 1983, comme des exemples typiques d'une «astrognôsie» et d'une «pyramidognôsie» à la fois chimérique et prétentieuse. L'apex de ces théories fausses se trouve sans aucun doute dans BAUVAL & GILBERT, 1994 (pour une critique, cf. le Chapitre III, § 4, *infra*).

3. MÉTHODES, LIMITES ET INSTRUMENTS D'ANALYSE

Notre but dans cette thèse se regroupe dans le cadre méthodologique suivant, que l'on présente tout de suite:

1. Préciser les éléments astronomiques et/ou cosmovisionnels concernant les astres (e.g.: les étoiles, le Soleil, la Lune et les planètes) et les étudier dans leur contexte textuel et socio–religieux, dans les *PT*, *CT* (et le *BD*[62]), les regrouper dans le cadre purement astronomique, en les comparant à ceux d'aujourd'hui et en plus à des notions similaires dans la littérature. Dans les textes déjà mentionnés, il existe beaucoup d'éléments astronomiques et de références relatives au(x):

- Sōthis (*Spdt*) et la période Sōthiaque, ainsi que le *Wpt-Rnpt*;
- Étoiles indestructibles parapolaires (les *I͗ḫmw-sk͗iw*), diverses étoiles (*I͗ḫmw-wrḏw, sk͗iw, šmsw-Rꜥw, sbꜣ*[*w*], *sbꜣ ꜥꜣ, ꜣḫꜣḫw, sḥdw, wꜥꜣw*, & c.);
- *Msḫtyw*, astérismes boréaux; *Sꜣḥ*, autres constellations australes et décans;
- Soleil (*rꜥ*), Lune (*i͗ꜥḥ*, & c.) et planètes connues [Mercure (*Sbg*), Vénus (*Sbꜣ Wꜥty, Nṯr Dwꜣy*), Terre (*Tꜣ*), Mars (*Ḥr Dšr*), mais non à Jupiter et à Saturne];
- Conceptions du temps et de sa mesure (*rꜥ, rꜥ-nb, hrw, grḥ, dwꜣw, mšrw, ꜣbd, ꜣt, ꜥḥꜥw, wnwt, sf, tr, nḥḥ, ḏt*, & c.);
- Ciel et sa fonction (*pt, ḥryt, bi͗ꜣyt, ḳbḥw*, & c.);
- Divinités célestes (*Rꜥ, Ḫpri͗, Ḥwt-Ḥr, Ḥr, Wsi͗r, Gb, Nwt, Tmw, Nwn*, & c.);
- Mesure du temps et détermination des heures nocturnes, en utilisant des méthodes empiriques (horloges diagonales dans les cercueils du MK[63], horloges ramessides dans les tombeaux du NK[64]).

2. Analyser ces éléments statistiquement en utilisant des méthodes d'analyse et de réduction simples de Statistique[65]. Après avoir formulé une base de données commune (en réduisant bon nombre d'éléments astronomiques et cosmovision-

---

[62] Une étude qui pourrait être effectuée dans le futur serait la comparaison entre les récensions différentes du *BD* (Thèbes/Memphis), ainsi qu'entre les récensions de *PT* (disons des pyramides d'Wenis et Pepy I) et celles de *CT* (soit les variantes des «spells» trouvées sur des cercueils divers du MK et de la FIP). Nous proposons, par exemple, concernant le *BD* une classification par endroits en comparaison entre le région Memphite et la région Thébaine. Le choix seulement de deux (2) exemples «classiques» de chaque variante [c'est-à-dire 1 Thébaine, e.g.: *pAny (= BM 10470)*; et 1 Memphite de la même période, e.g.: *pNebseny* (= *BM 9900*)] afin de les examiner scrupuleusement; cf. e.g.: MOSHER, 1992: 143-72 (pour une étude parallèle pendant la LP). Ici nous ne suivons pas cette méthode, nous n'analysons pas statistiquement les cas du *BD*, et nous n'étudions pas les variantes possibles entre beaucoup d'exemplaires des textes funéraires, parce que cela serait trop en dehors du cadre de notre but. D'ailleurs cela devrait être plutôt une étude spécifique taxonomique concernant seulement le *BD* (dont les éditions sont déjà surannées). D'autres chercheurs doivent le faire dans le futur. Sur le *BD*, voir aussi la n. 5, *supra*.

[63] Voir *EAT*, **I**, 1960: 1-21; LOCHER, 1983, 141-44; LOCHER, 1992: 201-07; LOCHER, 1998a: 697-702.

[64] Voir *EAT*, **II**, 1964: *passim*. Ces horloges furent interprétées correctement pour la première fois par Le Page Renouf comme des appareils astronomiques (voir LE PAGE RENOUF, 1874: 400-21).

[65] Voir BEVINGTON, 1969. Pour les méthodes de Statistique dans l'Archéologie, voir FLETCHER & LOCK, ^{2}1994: Chap. 4-5.

nels dans les *PT* et les *CT*), nous pourrons examiner et préciser l'évolution possible des idées astronomiques et cosmogoniques dans ces œuvres, ainsi que leurs différences comparativement. Notons à ce propos la définition différente des termes *astres* et *astronomique* dans le contexte égyptien ancien[66] et dans cette étude[67], qui est tout à fait notable. Or, nous y examinons les conceptions des astres que les Égyptiens se faisaient hors de la Science moderne et en même temps nous les comparons avec les notions modernes de l'Astrophysique et de la Cosmologie. La conception des Anciens était fondée sur la métaphysique, mais notre conception des corps célestes d'aujourd'hui est fondée sur le raisonnement mathématique et la Physique moderne[68] **[voir Fig. 1]**.

3. Étudier statistiquement ces éléments et leur fréquence d'apparition dans ces textes, en faisant leur analyse scrupuleuse, tout en les combinant avec d'autres sources: **(i)** purement religieuses: *hymnes* aux dieux/déesses[69]; **(ii)** purement mondaines à travers la littérature du MK et du NK, d'où il faut extraire les rudiments astronomiques et cosmovisionnels dans ces textes profanes: soit le *corpus* de *Poèmes d'Amour*[70] (*Ḥswt sẖmẖ-ib*, qui contiennent quelques rudiments astronomiques, ainsi qu'une allusion au lever héliaque de Sirius qui pourrait nous offrir une méthode plausible pour leur datation), le *Conte du Naufragé*[71] (qui a été caractérisé comme une métaphore astronomique[72]), les *Aventures de Sinūhe*[73] (qui ne constitue seulement une «narration géographique», mais présente aussi certaines allusions à Hathor[74], déesse cosmique par excellence). Dans ce contexte il faut ajouter que dans une étude portant sur le futur, le *Voyage de Wen–Amūn*[75] (conte géographique et politique du NK tardif) devrait aussi être étudié en ce qui concerne les rudiments astronomiques et comparé aux textes mentionés ci-dessus. Enfin, des *Calendriers*[76] divers (des fêtes, & c.) devraient aussi

---

[66] Pour une approche brève de ces termes dans l'Égypte antique, voir *LÄ*, **I**, 1975, 511-13: art. «Astronomie und Astrologie», spécialement 511-12: # 1-9. Voir aussi *LÄ*, **II**, 1977, 1215-218: art. «Himmelsvorstellungen», et cf. *op. cit.*, 1206-211: art. «Himmelsaufsteig». Pour divers objets célestes, voir *LÄ*, **I**, 1975, 971-72: «Circumpolarsterne»; 1036-037: art. «Dekane»; *LÄ*, **IV**, 1982, 192-96: art. «Mond»; 206: art. «Morgenstern»; 535-41: art. «Nut»; 609-11: art. «Orion»; *LÄ*, **V**, 1984, 1110-117: art. «Sothis»; *LÄ*, **VI**, 1986, 11-14: art. «Stern».

[67] Pour une approche brève des ces termes dans la Science moderne, voir le Chapitre II, *infra*. Cf. aussi notre discussion dans le Chapitre III, § 5, *infra*.

[68] Pour une discussion introductive sur ce même sujet, voir MARAVELIA, 2003f: 55-72.

[69] Quelque chose que l'on ne fait pas dans cette œuvre, mais une étude qui pourrait constituer le thème d'une nouvelle thèse dans le futur. Pour des hymnes aux dieux, voir ASSMAN, 1975a; BARUCQ & DAUMAS, 1980; *LÄ*, **IV**, 1982, 489-96: art. «Nilhymnus».

[70] Analyse philologique et reédition complète dans MATHIEU, 1996. Cf. aussi notre analyse de leurs éléments astronomiques et cosmovisionnels dans MARAVELIA, 2003e: 79-112.

[71] Édition principale GOLENISCHEFF, 1913; traduction avec peu de commentaires LICHTHEIM, 1975, **I**: 211-15.

[72] Voir *LÄ*, **V**, 1984, 619-20: art. «Schiffbrüchiger»; cf. aussi LE GUILLOUX, 1996: 8.

[73] Édition principale BLACKMAN, 1932: 1-41; traduction LICHTHEIM, 1975, **I**: 222-35.

[74] Voir *LÄ*, **II**, 1977, 1024-033: art. «Hathor».

[75] Voir *pMoscow 120* (publié par Golenischeff dans *RT*, **21**, 1899: 74-102), et LICHTHEIM, 1976, **II**: 224-30. À noter quand même que l'on n'y rencontre que très peu d'éléments astronomiques et cosmovisionnels.

[76] Voir par exemple SADEK, 1987: 170-91.

être examinés dans le futur sur la même base. Enfin, nous allons donner quelques comparaisons relatives: aux idées rencontrées dans les textes étudiés dans l'*EAT* et quelques sarcophages supplémentaires[77]; aux horloges diagonales et ramessides stellaires; aux plafonds astronomiques dans quelques tombeaux (royaux ou nobles) du NK (voire, Sety I, Ramesses IV, VI, IX, Son–Mout, & c.), ainsi qu'à la littérature funéraire supplémentaire (voir fin du § 2, *supra*). De cette façon plusieurs aspects seront illustrés, ce qui nous permettra d'ajouter des connaissances nouvelles à la science de l'Égyptologie.

4. Notre but d'effectuer cette analyse est tel. Comme le temps passait, certaines idées des Égyptiens de l'Antiquité changeaient (ou ne changeaient pas) également. L'analyse (statistique) nous indiquera clairement cette transformation et/ou évolution possible et nous aidera à obtenir à ce sujet une information utile pour la compréhension des connaissances astronomiques dans l'Égypte antique. Donc, on utilisera des méthodes classiques, combinées avec des méthodes statistiques simples qui sont très bien comprises par tous (et qui sont aussi utilisées avec succès pour l'analyse des données même dans la Sociologie[78]). Cette étude statistique simple n'a jamais été effectuée jusqu'à maintenant. L'esprit égyptien ayant été créatif durant toute l'histoire du pays nilotique, les diverses conceptions religieuses, mythiques et allégoriques, ainsi que les notions astronomiques et cosmovisionnelles qu'on y rencontre —quelquefois cachées— ont évolué au fil des siècles. Certaines d'entre elles ont été modifiées, quelques nouveaux concepts sont venus s'ajouter aux plus anciens. Ce que notre étude essayera d'achever est de dériver une connaissance plus intégrale, globale et précise des conceptions astronomiques et cosmovisionnelles utilisées durant chaque période importante de l'histoire égyptienne ancienne (OK, MK, NK). Il sera possible d'apporter des arguments nouveaux pour la datation des documents qui pourront compléter dans le futur une analyse linguistique des termes astronomiques et cosmovisionnels trouvés dans les textes étudiés. Notre étude cherchera aussi à esquisser quelques possibles modifications de ces conceptions dans les mêmes textes.

5. Comparer avec les idées similaires des Hellènes, voire des Orphiques[79] (conceptions astronomiques sur les astres, notions cosmovisionnelles et théologiques sur quelques divinités, & c.), sur les points communs et differents. À noter que notre livre complète et étend les études comparatives plus vieilles de S. Morenz et J. Schubert[80], qui étaient tout à fait limitées au niveau des Sciences Humaines. Ces chercheurs ont seulement tenté d'examiner les notions cosmogoniques, ainsi que l'idée de l'*œuf cosmique* dans les deux systèmes théologiques, mais non les *Hym-*

[77] Voir LOCHER, 1983: 141-44; LOCHER, 1992: 201-07; ALLEN, 1996: 1-15; LOCHER, 1998a: 697-702. Cf. aussi les articles plus anciens: POGO, 1932a: 6-24; POGO, 1932b: 8-13; LEXA, 1950: 444-50.

[78] Voir HANUSHEK & JACKSON, 1977; CHAMPION, 1981; LÖTHER & MACTAVISH, ^{3}1988.

[79] Éditions principales des *Hymnes Orphiques*: KERN, ^{3}1972 & QUANDT, ^{4}1973; traduction WEST, 1983. Nous analysons, corrigeons et étendons le travail de Chasapēs sur la datation des *Hymnes Orphiques* (voir ΧΑΣΑΠΗΣ, 1967) dans le Chapitre IV, § 1, *infra*. Sur la cosmogonie orphique (que nous n'examinerons ici qu'en passant et en comparant quelques points à celle des Égyptiens), voir MARTÍNEZ–NIETO, 2000: Chap. 5 & 6.

[80] Cf. MORENZ, 1950: 64-111; MORENZ & SCHUBERT, 1954.

nes Orphiques ni leurs éléments astronomiques et cosmovisionnels. Alors, même si ces savants ont examiné la cosmogonie orphique en la comparant avec celle des Égyptiens, ils n'ont jamais étudié les connaissances astronomiques des Orphiques en se fondant sur l'Astronomie et la Cosmologie modernes et en comparant. La comparaison proposée ici nous permettra d'examiner les influences possibles de l'Égypte vers l'Hellas. On se limitera aux Orphiques, dont les idées datent de la deuxième moitié du 2e Millénaire avant notre ère (Nouvel Empire), comme on l'a déjà signalé, dans une période durant laquelle on connaît des relations certaines entre les Minoens[81], les Mycéniens[82], les (Pré–)Hellènes[83] et les Égyptiens[84]. D'ailleurs, le noyau principal des idées astronomiques/cosmovisionnelles helléniques se trouve dans les *Hymnes Orphiques*. En plus, les Présocratiques[85], tout en se fondant sur la raison, donnaient des modèles à la fois scientifiques et philosophiques, mais au contraire les Orphiques et les Égyptiens essayaient de présenter leurs idées indirectement, sous l'apparence d'un «stratum» religieux et mythologique, tout en exprimant des notions importantes sous forme mythologique (narration paradigmatique[86]). Cela montre que nous comparons des écoles théologiques presque parallèles (Égyptiens et Orphiques), qui utilisaient le ciel et les divers phénomènes astronomiques comme une source de métaphores puissantes, en les comparant tantôt aux phénomènes biologiques de la vie humaine dans la quête pour l'immortalié (Égyptiens) **[voir Fig. 2]**, tantôt à la vie mythique de leurs dieux (Orphiques et Égyptiens). En effet, le trait principal des *Hymnes Orphiques* est la conjonction fructueuse d'éléments cosmogoniques et théogoniques et de notions anthropomorphiques, qui expriment les divers éléments naturels tels qu'ils se manifestent comme des hypostases divines. La datation du *corpus* de ces hymnes est ambiguë et les opinions concernant leur origine sont déjà très variées: **(i)** selon divers savants, ces hymnes sont plus vieux que les textes homériques[87]; **(ii)** selon Guthrie, ils pourraient être des créations plus tardives[88]. Nous croyons qu'il est bien probable que ces hymnes, justement à cau-

---

[81] Voir KARETSOU, *et al.*, 2000; KARETSOU, 2000; BIETAK & MARINATOS, 2000: 40-44; BELOVA, 2004: 1-4. Sur les relations pendant la TIP et la LP, voir 'EL SAADANI, 1982.

[82] Voir TORR, 1896; PERSSON, 1942: 176 ff; WACE, 1949: 9-10, 22, 102, 107-08, 112, 114, 117, 135, *passim*; MARINATOS, 1951: 102-16; MYLONAS, 1957: 13-14, 98-100, 111, 123, 125-26, 136, 161, 164; MYLONAS, 1983: 23, 54, 59, 63, 68, 159, 234, 247.

[83] Voir VERCOUTER, 1954 & VERCOUTER, 1956; PENDLEBURY, 1930; WACHSMANN, 1987; *EG–Æ–LE*, 1995; *EG–GR*, 1995. Cf. aussi FRITTON & QUIRKE, 1997: 421-44.

[84] Voir aussi MARAVELIA, 2001i: 67-84, pour une discussion sur les possibles influences égyptiennes des poèmes d'amour sur les poèmes lyriques de Sapphō.

[85] Voir BURNET, 1919; GUTHRIE, ²1962; SAMBURSKY, 1987; CHATZISSOMOY, 1996.

[86] Sur l'usage et l'action du mythe (que nous examinons ici du point de vue égyptologique, théologique et cosmovisionnelle et pas sous le prisme de la Sociologie moderne), voir ANTHES, 1961: 15-92; IONS, ¹1969: 24-38; HART, 1990; RUNDLE CLARK, ³1991; TOBIN, GRIFFITHS & KAPER, 2001: 464-82; MARAVELIA, 2001e: 535 (§ II.9). L'usage du mythe et du symbolisme chez les Égyptiens n'est pas tout à fait le même que chez les Hellènes (voir e.g.: Chapitre IV, § 1 & TOBIN, 1987b: 118-19). Cf. aussi la n. 33 de l'Introduction, *supra*.

[87] Voir ΧΑΣΑΠΗΣ, 1967; ΠΑΠΑΘΑΝΑΣΙΟΥ, 1978; VESELOVSKY, 1982: 120-24; ZHITOMIRSKY, 2003: 79-82. Nous acceptons ici comme leur origine les 13e-12e siècles BCE.

[88] Voir GUTHRIE, ²1952: 107-08; cf. aussi DOTTIN, 1930: clvii.

se de leur contenu religieux et cultuel, devaient être plus proches de leurs archétypes très anciens que les épopées homériques. Enfin, le fait que quelques auteurs plus tardifs écrivirent des textes «orphiques» (mythes, hymnes, cosmogonies) ne signifie (et ne peut prouver) en aucun cas que les idées des *Hymnes Orphiques* sont des produits tardifs. Kōnstantinos Chasapēs, astronome Hellène († 1970), a proposé une datation alternative des *Hymnes Orphiques* dans sa courte thèse doctorale[89]. Selon Chasapēs, les idées des hymnes datent de 17e-14e siècles BCE, un fait qui peut être prouvé par certains vers des hymnes et leur analyse astronomique[90]. À l'exception de quelques erreurs de Chasapēs, qui néanmoins en aucun cas ne diminuent la valeur de sa méthode, nous sommes d'accord avec lui, ayant même contrôlé ses calculs en les ayant refaits par notre logiciel RED-SHIFT 2/4. En effet l'astronome Hellène s'est fondé sur un vers de l'hymne orphique à Apollōn[91], selon lequel ce dieu fixe le tout dans le monde en harmonie universelle pour que les humains vivent bien, et a créé même l'égalité de l'Hiver et de l'Été. Par quelques calculs (voir le Chapitre IV, § 4.1) nous montrons que l'époque pendant laquelle la durée de l'Hiver était égale à celle de l'Été correspondait à l'an c. 1366 BCE.

6. Enfin, une comparaison (*mutatis mutandis*) sera faite entre les idées égyptiennes et celles de la Cosmologie et de l'(Astro)Physique modernes, un fait qui est proposé et appliqué ici sérieusement de manière étendue pour la première fois[92]. Il est à noter que cette comparaison sera faite avec prudence scientifique au niveau philosophique, tout en discutant sa pertinence. Les «points communs» trouvés ne montrent aucune existence d'une quelconque Science développée chez les Égyptiens, mais ils pourraient être interprétés comme les résultats rares de la pensée d'une élite spirituelle sacerdotale, dont la perspicacité et l'intuition put donner des exemples comparables (*mutatis mutandis*) à ceux des philosophes Hellènes. D'autre part, la perspicacité des Orphiques et leur *Einfühlung* virtuelle envers les phénomènes macroscopiques du firmament, ainsi que leur connaissance parfois profonde des réalités physiques appartient plutôt au commencement de la Science, qu'au niveau purement scientifique, mais sans doute la distingue du symbolisme archétypique des Égyptiens. Le Dr W.M. O'Neil, autorité australienne sur l'Histoire et la Philosophie de la Science, identifia trois types d'activité astronomique, soit[93]: **(i)** l'*Astronomie Pré–Scientifique*, qui implique l'identification et la classification simple des événements célestes; **(ii)** l'*Astronomie Proto–Scientifique*, qui est créditée de la découverte de la régularité cyclique projetée sur le mouvement des corps célestes, ainsi que de leur appréciation

---

[89] Voir ΧΑΣΑΠΗΣ, 1967. Pour une brève présentation critique de sa thèse, voir l'article court par P. Geōrgountzos, dans *Platōn*, **19**, Athènes 1967: 359-62.
[90] Voir ΧΑΣΑΠΗΣ, 1967: 75-83.
[91] Voir QUANDT, ^{4}1973: ***34***.
[92] Voir quand même des efforts intéressants par: DERCHAIN, 1965: 1-14 (où l'auteur a utilisé des analogues dérivés de la Physique moderne, voire du monde quantique extraordinaire des particules élémentaires, afin de décrire les transformations théologiques des divinités égyptiennes, ayant laissé à part, pour le moment, leurs aspects moraux); et HORNUNG, ^{2}1996: 253, 256 (où l'auteur discute l'effort valable de Derchain).
[93] Voir O'NEIL, 1986.

quantitative approximative; **(iii)** l'*Astronomie Scientifique*, qui exploite l'analyse mathématique, afin de poursuivre une prédiction précise. Si les Égyptiens représentent le passé distant, l'exploitation du symbolisme métaphorique céleste, les archétypes primitifs et l'Astronomie Pré–Scientifique, les Orphiques expriment un passé plus récent, l'exploitation d'une pensée constructive des premiers modèles cosmovisionnels et du raisonnement, or les archétypes/signifiants plus évolués empruntés au firmament et à l'Astronomie Proto–Scientifique. Aussi longtemps que l'Astronomie Proto–Scientifique (ou bien l'Astronomie Scientifique pendant ses premiers pas) fut associée aux applications symboliques/archétypiques de l'Astronomie, qui —certes— servaient principalement la religion traditionnelle, elle a différé de l'Astronomie Scientifique moderne (qui est caractérisée par le raisonnement pur, appliqué à l'explication de l'Univers), qui est fondée sur l'Astrophysique, ce qui est le cas à la fois (plus) pour les Égyptiens et (moins) pour les Orphiques.

7. Les passages importants et les citations des textes originaux inclus dans notre étude suivent un certain schéma simple. Ils sont cités soit en version originale (moins fréquemment), soit en translitération (qui a été faite toujours par nous), soit en traduction (moins fréquemment), soit en un combinaison de ces éléments. Il faudrait signaler d'emblée que: **(i)** il serait pratiquement impossible de donner la traduction de nombreux passages cités dans les tables et les notes du Chapitre III, quelque chose qui a été bien fait au passé par Faulkner, Mercer et autres chercheurs (voir les nn 3-5, *supra* & 94, *infra*); **(ii)** pour les mêmes raisons, les commentaires grammaticaux, en ce qui concerne notre translitération, sont évités, à l'exception de quelques cas spéciaux (e.g.: quand nous ne sommes pas d'accord avec les auteurs précédents); *notre but ici n'est pas de ré–éditer les textes funéraires ou profanes, mais de les étudier du point de vue astronomique et cosmovisionnelle*; **(iii)** il serait également pratiquement impossible de présenter le texte original dans les nombreux cas précédents, ce que le lecteur pourrait chercher dans les éditions principales de ces textes; **(iv)** par ailleurs, ce qui n'existe pas dans la plupart de la bibliographie (et ce que l'on a fait ici) est la translitération de *tous* les passages qui contiennent des éléments astronomiques et/ou cosmovisionnels. Notons que le volume de notre ouvrage deviendrait presque double si l'on essayait d'inclure à la fois la translitération, la traduction et l'original des passages cités dans les tables du Chapitre III; en plus, l'on aurait besoin de faire des tables distinctes (à la fois une pour la translitération, une pour la traduction et une pour le texte original), ce qui serait très fatiguant et non pratique pour les lecteurs. Chaque chapitre contient ses citations des passages propres, dont les références et les sources sont présentées dans les notes correspondantes, ainsi que dans la Table 3.VIII à la fin du livre, où l'on peut trouver quelques correspondances importantes entre eux. Pour les originaux des textes funéraires égyptiens et leurs traductions, nous utilisons les références citées ci-dessus[94], ainsi que pour le texte original en hellénique ancien des *Hymnes Orphiques*[95]. Il faut remarquer que les traductions faites par d'autres Égyptologues des textes funéraires ne furent pas

[94] Voir les nn 3 (pour les *PT*), 4 (pour les *CT*), & 5 (pour le *BD*), *supra*.
[95] Voir la n. 79, *supra*.

toujours suivies, quand le passage était soit obscur, soit avec des variantes différentes. Nous n'avons utilisé des traductions en Anglais ou en Français, afin de préciser les éléments astronomiques, que comme une aide secondaire. D'ailleurs la traduction (suivie) directe et immédiate des *Hymnes Orphiques* était pour nous très facile, car la langue Hellénique est notre langue maternelle. Le cas des *Hymnes Orphiques* (textes courts et peu traduits) nous permet de présenter également leur traduction et des commentaires grammaticaux nombreux. Il faut remarquer que bon nombre de notes des Chapitres III-IV sont très importantes —faisant partie de notre travail original— et doivent être étudiées, parce qu'elles contiennent notre analyse comparative et la traduction des textes, soit égyptiens, soit helléniques. Répétons à ce propos que nous ne donnons pas toutes les fois ni la présentation de l'original en hiéroglyphes, ni sa traduction suivie; cependant, nous présentons toujours la translitération des textes hiéroglyphiques cités dans les notes (hors de tables) et leur traduction littérale (mais uniforme), comme c'est le cas aussi pour les textes helléniques. Cette méthode de travail semble être plus pratique et plus utile, présentant à la fois le texte original et nos commentaires en forme des notes directement visibles, tout en facilitant la lecture. En ce qui concerne le symbolisme et les *sigla* divers utilisés, toutes les explications se trouvent dans la troisième partie de la Bibliographie, *infra*. Il faut ajouter quand même que pour les textes funéraires égyptiens nous suivons le schéma suivant: **(i)** en ce qui concerne les *PT*: *PT*, **uuu**, §§ nnnn: xx-yy, où **uuu** est le numéro de «utterance» (1-759) suivant Kurt Sethe et Raymond Faulkner, §§ nnnn est le paragraphe (1-2291), et xx-yy sont les lignes (ou colonnes) citées; **(ii)** en ce qui concerne les *CT*: *CT*, **B**, ssss: §§ xx-yy, où **B** est le «livre» classifié par Adriaan de Buck (**I-VII**), ssss est le numéro de «spell» (1-1185), et xx-yy sont les paragraphes (ou colonnes) cités; **(iii)** en ce qui concerne le *BD*: *BD*, **CCC**: xx-yy, où **CCC** est le numéro du «chapitre» suivant Paul Barguet (1-192), et xx-yy sont les lignes (ou colonnes) citées. Quant aux *Hymnes Orphiques*, le schéma suivi est tel: ***NN***: xx-yy, où ***NN*** est le numéro de l'hymne (1-87) et xx-yy les vers cités. Tout texte des hymnes orhpiques tiré de Quandt est donnée avec référence au numéro de l'hymne (caractères italiques et gras), suivie par le(s) vers correspondant(s) de cet hymne (caractères romains) et non avec référence à sa page! Notre recherche, ayant choisi d'aborder individuellement les différentes conceptions astronomiques concernant les astres, des découpages de texte et certaines répétitions de citations étaient inévitables. La Table 3.VIII à la fin de notre livre devrait permettre aux lecteurs de s'orienter plus facilement.

Pour résumer: notre recherche se place résolument du côté des conceptions astronomiques et cosmovisionnelles concernant les astres (e.g.: étoiles, Soleil, Lune et planètes), cherchant à dresser un inventaire des idées relatives à eux, qui ont été développées dès les époques très anciennes et jusqu'à la fin du NK. Ces notions mythiques, dont certaines sont comparées avec les idées analogues trouvées dans les *Hymnes Orphiques* helléniques, constituent en général des unités plus restreintes que les divers «épisodes» qui sont découverts par l'analyse littéraire des mythes. Dans cette étude les renseignements sur les conceptions astronomiques et cosmovisionnelles des astres dans l'Égypte antique ont été relevés principalement dans les *corpora* des *PT* et des *CT*, ainsi que dans certains textes

Figure I.2: Voyageant sur une barque cosmique le dieu solaire traverse l'Univers chaque jour en y apportant la vie et la lumière, dans le microcosme virtuel du tombeau d'un dignitaire, pendant que deux cynocéphales l'adorent en Rē'/Horakhty/Atoum/Khepri. Tombeau de Son–nedjem à Deir 'al-Medīna (TT 1), niche de chambre d'enterrement; haute période ramesside, commencement de XIXe Dynastie (c. après 1300 BCE).

profanes (deux contes et la poésie de l'amour). Ces dernières sources, hors de corpora des textes funéraires, dont le volume est considérable, ont été examinées complètement dans leur totalité, bien qu'elles apparaissent comme moins fertiles en idées astronomiques et cosmovisionnelles que les textes funéraires. Enfin les idées astronomiques et cosmovisionnelles qui y ont été trouvées ont été comparées, *mutatis mutandis*, tantôt avec les notions scientifiques d'aujourd'hui, tantôt avec les conceptions parallèles qui sont abondantes dans les *Hymnes Orphiques*. Cette double étude comparative, qui utilise aussi la Statistique, n'a jamais été effectuée jusqu'à présent aussi globalement et précisément par une seule personne qui est à la fois Astronome et Égyptologue, connaissant à la fois les hiéroglyphes et la langue hellénique ancienne. D'ailleurs notre méthode —avec certaines modifications simples— serait applicable en principe à n'importe quel texte, religieux ou non, afin d'étudier la présence et l'évolution des rudiments astronomiques et cosmovisionnels, voire des conceptions que les Égyptiens se faisaient des astres, qu'on y rencontre et de les comparer avec les idées des Orphiques et les notions scientifiques modernes. Pour atteindre ce dernier but il faut maintenant présenter une introduction concise aux conceptions modernes de l'Astrophysique, de l'Astronomie Sphérique et de la Cosmologie, reservée principalement aux Égyptologues qui s'y intéressent, ainsi qu'à tout(e) Archéologue qui étudie l'orientation des monuments anciens dans le contexte d'un paysage donné en fonction de l'horizon et de ses repères naturels.

CHAPITRE II

INTRODUCTION (ARCHÉO)ASTRONOMIQUE

Figure II.1: Vue de la Vallée Nabta dans l'Égypte du Sud–Ouest, près de la frontière nubienne. Les monolithes pourraient être utilisés comme des instruments pratiques primitifs d'observation et d'alignement d'un observatoire néolithique solaire datant de c. après 5000 BCE [voir ΜΑΡΑΒΕΛΙΑ, 2002c: 62].

LES ASTRES DANS LES TEXTES RELIGIEUX EN ÉGYPTE
ET DANS LES *HYMNES ORPHIQUES*

1. INTRODUCTION ASTRONOMIQUE

Bien que la plupart des universitaires —même dans les Sciences Humaines— connaissent plus ou moins quelques notions rudimentaires des conceptions astronomiques contemporaines, il serait bien utile de présenter ici une introduction brève à l'Astronomie moderne[1], afin de pouvoir clarifier les notions scientifiques importantes, dont nous parlerons dans cet ouvrage. Or, de cette façon, la compréhension de ces points scientifiques sera plus facile, dans ce cadre d'analyse. Il faut noter quand même que l'on va rester sur des rudiments et des équations simples, parce que les théories de l'Astrophysique moderne[2] sont assez complexes et demandent beaucoup de Mathématiques avancées[3]. On s'appuyera aussi sur les éléments théoriques/mathématiques de l'Astronomie Pratique, qui a été utilisée par les anciens, et dont on va faire l'usage dans cette étude.

§ 1.1. Les Astres: Étoiles et Soleil; Planètes et Lune

La conception qu'on se fait des astres aujourd'hui est tout à fait différente des conceptions mythologiques primitives que les anciens[4], voire les Égyptiens[5] se faisaient.

Les étoiles[6], nous le savons très bien, sont des immenses réacteurs nucléaires auto–contrôlés[7], produisant de l'énergie par eux-mêmes en quantités vraiment astronomiques! Elles sont des corps pratiquement sphériques composées de gaz (principalement Hydrogène pour 75%, Hélium pour 24%, et des éléments chimiques plus lourds, appelés généralement *métaux*, pour 1%). Leur *noyau* est tellement pressé, que l'on y observe l'Hydrogène sous forme métallique, ainsi que des températures absolues (échelle de Kelvin) au moins 10^6 à 10^7 K, tandis qu'à leurs surfaces la température effective (T_{eff}) est au moins de $1.8 \cdot 10^3$ à $7.5 \cdot 10^4$ K. Ces faits leur permettent de fonctionner comme des bombes d'hydro-

---

[1] Voir SHU, 1982, comme un exemple typique d'introduction à l'Astrophysique moderne.
[2] Voir (entre autres) BOWERS & DEEMING, 1984: **I-II**; VERSCHUUR, ²1987.
[3] Cf. par exemple CHANDRASEKHAR, ²1960 et CHANDRASEKHAR, ³1967 (pour la structure des étoiles et pour le transfert de radiation dans celles-ci).
[4] Pour une introduction à l'histoire de l'Astronomie et ses divers aspects, voir COUDERC, 1982; CORNELL, 1983; AUDOUZE & ISRAËL, 1985: 410-17; ZEZONG, 1987: 13-16; WENSKUS, 1990; THURSTON, 1994; NORTH, 1994; ainsi que les livres et les articles plus anciens WEIDLER, 1741; LEWIS, 1862; TANNERY, 1893; SCHIAPARELLI, 1904; BIGOURDAN, 1911; NEUGEBAUER, 1945: 1-38; COUDERC 1948; DREYER, ²1953; ABETTI, 1954; TATON, 1957; HEATH, ²1959; PANNEKOEK, ¹1961; BERRY, ²1961; CLARKE, 1962: 65-77; TATON, 1963: 13-64; VAN DER WAERDEN, 1966; DICKS, 1970; AABOE, 1974: 21-42; *AAW*, 1974; *AAC*, 1977; BRECHER & FEIRTAG, 1979; HEATH, ²1991; LEVET, 1997: 45-58. Sur l'histoire des Sciences Exactes en général et des Mathématiques en particulier, voir (entre autres) MILHAUD, 1911; NILSSON, 1920; SMITH, 1923; BRUNET & MIELI, 1935; SINGER *et al.*, 1954; REYMOND, ²1955; NEEDHAM, 1959; CLAGETT, ²1962; SEIDENBERG, 1962: 488-527; SARTON, ²1970; RONAN, 1988.
[5] Voir entre autres WAINWRIGHT, 1938; BRUINS, 1965: 161-80; PARKER, 1974: 51-65; KRUPP, 1979: 186-218.
[6] Voir ILLINGWORTH, ²1981, 319-20: art. «star»; HEIFETZ & TIRION, 1996.
[7] En ce qui concerne les réactions thermonucléaires dans les étoiles et l'Astrophysique Nucléaire, voir AUDOUZE & VAUCLAIR, 1980; ΜΑΡΑΒΕΛΙΑ, 1987.

gène absolument auto–contrôlées, qui produisent l'énergie indispensable à leur équilibre mécanique, en utilisant des réactions thermonucléaires, soit la *fusion des protons*. Deux forces se combattent entre elles pendant toute la vie d'une étoile, soit la *force gravitationnelle* (exprimée par la loi de Newton:

$$F = G \cdot M \cdot m/r^2 \qquad \text{[II–1]}$$

qui tend à produire l'effondrement de l'étoile tout en étant responsable de la formation des étoiles, des nébuleuses moléculaires et de la poussière interstellaire; et la *pression de radiation* (étant proportionnelle à la quatrième puissance de la température:

$$P_\gamma = \alpha \cdot T^4 \qquad \text{[II–2]}$$

qui tend à dissiper l'étoile en la faisant exploser. L'équilibre d'une étoile quelconque est dû à l'équilibre de ces deux forces opposées: la première exprime la tendance à l'*ordre*, tandis que la deuxième est liée à la tendance au *désordre*, qui est relative à l'*entropie*. L'évolution des étoiles est principalement liée à leur *masse* (M)[8], qui contrôle tous leurs paramètres critiques, comme leur *rayon* (R), leur *température* (T), leur *luminosité* (L), & c. En effet tout ce qui se passe dans les étoiles est indirectement visible sur leur surface, quand on examine leurs *spectres*[9]. Ces spectres sont divisés en quelques catégories importantes[10]: O, B, A, F, G, K, M, R, N, S, qui sont liées a leur température de surface (O, B étant les plus massives, les plus jeunes et les plus chaudes; K, M, étant les moins massives, les plus vieilles, et les plus froides; pourvu qu'on se limite à la série principale). Or, les spectres des étoiles —qui sont absolument uniques pour chacune— sont comme leurs «signatures», ou bien comme leurs «empreintes digitales», tout en montrant leur évolution! Cette évolution temporelle est très facilement étudiée dans l'Astrophysique moderne, en utilisant le *diagramme Hertzsprung–Russel* (soit H–R)[11]. Il s'agit d'un graphique où l'on place des étoiles, en utilisant leurs paramètres internes. L'abscisse peut être leur température de surface ou leur type spectral, tandis que l'ordonnée peut être leur magnitude (soit absolue ou apparente) ou leur luminosité (L). Cette dernière est liée à leur rayon et à leur température avec une équation fondamentale, soit:

$$L = 4 \cdot \pi \cdot \sigma \cdot R^2 \cdot T^4, \qquad \text{[II–3]}$$

ou σ est la constante Stefan–Boltzmann (= $5.6697 \cdot 10^{-8}$ Watt/$m^2 \cdot K^4$). Des échantillons statistiquement complets d'étoiles se situent sur le diagramme H–R en présentant des régularités spécifiques: on observe donc la *séquence principale* où se situent les étoiles les plus usuelles, la *branche des supergéants*, la *branche des géants* et le groupement des *naines blanches*. Comme on l'a déjà noté, l'évo-

[8] En effet les limites des masses stellaires sont $0.05\ M_\odot \leq M \leq 50\ M_\odot$, ou $M_\odot$ = la masse solaire (voir *infra*).

[9] Pour une introduction à la spectroscopie stellaire, voir KALER, 1989.

[10] En Astrophysique on utilise comme une règle mnémonique la phrase «Oh, Be A Fine Guy/Girl Kiss Me Right Now, Sweetheart»! Pour les types spectraux suivant la classification du Yerkes Observatory (effectuée par Morgan & Keenan), voir aussi ILLINGWORTH, ²1981, 311-13: art. «spectral types (spectral classes)»; BOWERS & DEEMING, 1984, **I**: 38-42 & Box 3.1 (pour les traits caractéristiques des types spectraux O, B, A, F, G, & c.).

[11] Voir BOWERS & DEEMING, 1984, **I**: 33-35 & fig. 3.2; ILLINGWORTH, ²1981, 149-50: art. «Hertzsprung–Russell diagram (H–R diagram)».

lution et l'équilibre des étoiles sont dus aux deux forces opposées et à leur propre équilibre[12]. Pendant la phase de la *séquence principale*, qui est la plus stable et la plus durable (pour les étoiles comme le Soleil elle dure ~ 10^{10} ans), l'étoile «brûle» son Hydrogène et les deux forces sont en équilibre parfait et stable. Pendant les stades d'évolution avancée, et selon la masse initiale de l'étoile, des réactions nucléaires de fusion (jusqu'à ce que le Fer soit produit) prennent place, ainsi que des réactions de fission. Pendant les stades finaux, et selon la masse finale de l'étoile, les deux forces opposées peuvent atteindre un équilibre: **(i)** soit par l'intermédiaire des propriétés quanto–mécaniques des leptons[13] (principalement les électrons et les mésons), en bloquant l'effondrement gravitationnel, produisant un corps stellaire, connu sous le nom d'une *naine blanche*[14]; **(ii)** soit par l'intermédiaire des propriétés quanto–mécaniques des baryons[15] (principalement les protons et les neutrons), en bloquant l'effondrement gravitationnel, produisant un corps stellaire, connu sous le nom d'*étoile à neutrons*[16]. Mais la possibilité existe quand même que l'une des deux forces s'emportera, soit: **(i)** *le désordre*, exprimé par l'entropie, en produisant une explosion catastrophique[17] (autre que l'*explosion supernova*[18]) qui détruira complètement l'étoile; **(ii)** *l'ordre*, exprimé par la force gravitationnelle, qui produit l'effondrement complet de l'étoile, en créant un corps décrit par les équations complexes tensorielles de la théorie de Relativité Générale d'Einstein[19], connu sous le nom d'un *trou noir*[20].

Enfin, du point de vue de l'observation, il faut ajouter quelques notions utiles, qui ne sont pas relatives seulement aux étoiles, mais à tous les astres. La magnitude d'un astre caractérise l'impression plus ou moins intense que produit sa lumière sur l'œil nu (= l'éclairement produit par cette lumière sur une surface donnée), dont on est la mesure. Cette mesure suit en général la *loi psychophysique de Weber–Fechner*, selon laquelle la sensation (éclat) varie comme le logarithme de l'excitation (luminosité)[21]. On peut définir deux sortes de magnitudes: les *magnitudes apparentes* (m); et les *magnitudes absolues* (M). Les premières correspondent à l'éclat d'une étoile, comme on la voit sur Terre. Les deuxièmes sont les magnitudes théoriques que ces mêmes étoiles auraient si on les plaçait virtuellement dans une distance de 10 parsecs, où 1 pc = 3.26 ly[22]. Le système des magnitudes stellaires a été introduit dans l'Antiquité par Hipparchos. Les étoiles y étaient classifiées en 6 catégories: les étoiles de magnitude 1 étaient les

---

[12] Pour l'évolution stellaire, voir BOWERS & DEEMING, 1984, **I**: 35-38.
[13] Pour une excellente introduction à la Physique moderne des particules élémentaires, voir DODD, ²1985.
[14] Voir BOWERS & DEEMING, 1984, **I**: 256-66.
[15] Voir la n. 13, *supra*.
[16] Voir BOWERS & DEEMING, 1984, **I**: 285-91.
[17] Voir ILLINGWORTH, ²1981, 319: art. «star».
[18] Voir BOWERS & DEEMING, 1984, **I**: 267-82.
[19] Voir EINSTEIN, ⁸1979, pour une introduction simple; cf. BERGMAN, 1976, pour une introduction avancée.
[20] Voir BOWERS & DEEMING, 1984, **I**: 291-301. Voir aussi §§ 4.1 & 4.4, *infra*.
[21] Voir ILLINGWORTH, ²1981: 189.
[22] Voir la n. 39, *infra*.

plus brillantes, tandis que celles de magnitude 6 n'étaient pas tellement visibles à l'œil nu. Comme le temps passait et que la recherche scientifique avançait, ce système ancien a été étendu, d'après les travaux de Pogson, en incluant même des magnitudes négatives pour les astres les plus brillants[23]. Tenant compte de ce que ℓ est la luminosité apparente d'un astre et L sa luminosité absolue (c, C sont des constantes propres; deux étoiles qui diffèrent par une magnitude ayant un rapport des luminosités égal à 2.5), nous définissons l'*éclat* ou la *magnitude* d'une étoile (d'un astre en général) comme[24]:

$$m = -2.5 \cdot \log_{10}\ell + c \qquad [II–4]$$

$$M = -2.5 \cdot \log_{10}L + C \qquad [II–5]$$

Le Soleil[25] est un exemple assez typique d'une étoile naine et normale dans tous les aspects. Se situant à environ $1.5 \cdot 10^8$ km de la Terre, il constitue le corps principal du système solaire et le roi autour duquel les planètes, la Terre y comprise, tournent perpétuellement en orbites elliptiques, suivant les lois de la Mécanique Céleste de Newton et de Kepler. Le Soleil est une étoile jaune du type spectral G2V, d'une masse de $1\ M_\odot = 1.99 \cdot 10^{30}$ kg, et d'un rayon d'environ $7 \cdot 10^5$ km, mais il est considéré quand même comme une étoile naine! Il possède un champ magnétique considérable, qui est responsable des phénomènes très intéressants de *granulation*, *supergranulation*, *éruptions chromosphériques* et des *taches solaires*[26]. *Le noyau solaire* est la région où les réactions thermonucléaires de fusion d'Hydrogène prennent place[27] en transformant cet élément en Hélium et en produisant des quantités d'énergie immenses (~ 27 Mev/nucléon)! *La zone de radiation*[28] entoure le noyau solaire et constitue la région où les photons extraénergétiques se meuvent en suivant des trajectoires de hasard (mouvement Brown), jusqu'à ce qu'ils s'approchent enfin de la surface solaire après environ 15,000 ans, étant dégradés en énergie et visibles comme des photons de la lumière optique. Cette surface est appelée *photosphère*[29] et l'énergie y est transportée par *convection thermique*[30], alors que les phénomènes magnétiques de granulation et des taches noires y prennent place. Finalement, la zone plus extrême du Soleil, qui constitue aussi son «atmosphère» est appelée *chromosphère*[31], et son extension vers le système planétaire est connu sous le nom du *couronne solaire*[32]. Ces dernières constituantes solaires sont formées de matière complète-

---

[23] Par exemple Sirius a une magnitude visuelle apparente $m_V = -1^m.5$ et une magnitude absolue $M_V = +1^m.4$; pour Canopus on a $m_V = -0^m.7$ et $M_V = -5^m.4$; pour Véga on a $m_V = 0^m.0$ et $M_V = +0^m.5$, et ainsi de suite. Pour la Pleine Lune on a $m_V = -12^m.7$, & c. (cf. ILLINGWORTH, ²1981: 211, 372).

[24] Voir BOWERS & DEEMING, 1984, **I**: 29. Pour les étoiles brillantes, voir HOFFLEIT, 1997.

[25] Voir ILLINGWORTH, ²1981, 326-27: art. «sun (or Sun)». Le Soleil pourrait être considéré comme un «équivalent» astrophysique de la *Stèle de Rosette*.

[26] Pour ces phénomènes, voir *op. cit.*: 326-30 & *passim*.

[27] Voir la n. 7, *supra*; cf. BOWERS & DEEMING, 1984, **I**: 147 ff.

[28] Voir par exemple, CHANDRASEKHAR, ²1960.

[29] Voir ILLINGWORTH, ²1981, 245-46: art. «photosphere».

[30] Voir BOWERS & DEEMING, 1984, **I**: 88-96.

[31] Voir ILLINGWORTH, ²1981, 54: art. «chromosphere».

[32] Voir *op. cit.*, 69: art. «corona».

ment ionisée, appelée *plasma stellaire*[33]. Or, l'intérieur du Soleil pourrait être décrit par quatre équations différentielles qui sont aussi utilisées pour décrire la structure et l'évolution stellaire d'autres étoiles. Les fonctions principales du rayon d'étoile r, sont la pression P(r), la température T(r), la densité ρ(r), l'opacité κ(r), la luminosité L(r) et le taux de production d'énergie par unité de masse de l'étoile ε(r), qui est proportionnel au produit d'une puissance de densité et d'une autre puissance de température ($\sim \rho^n \cdot T^m$). Les autres paramètres dans ces équations sont des constantes (G, la constante gravitationnelle; k, la constante de Boltzmann; & c.). Ces équations fondamentales sont les suivantes[34]:

$$dP(r)/dr = -G \cdot M(r) \cdot \rho(r)/r^2 \qquad \text{[équilibre hydrostatique, II–6]}$$
$$dM(r)/dr = 4 \cdot \pi \cdot r^2 \cdot \rho(r) \qquad \text{[continuité de masse, II–7]}$$
$$dT(r)/dr = 3 \cdot \kappa \cdot (r)\rho(r) \cdot L(r)/16 \cdot \pi \cdot \sigma \cdot r^2 \cdot T(r)^3 \qquad \text{[transport d'énergie, II–8]}$$
$$dL(r)/dr = 4 \cdot \pi \cdot \rho(r) \cdot \varepsilon(r) \qquad \text{[production d'énergie, II–9]}$$

Les planètes et leurs satellites[35] sont formés plutôt comme les produits des forces électromagnétiques de conglomeration et non des forces gravitationnelles d'attraction; ces dernières sont quand même reponsables de l'équilibre des planètes et des satellites pendant leur révolution autour du Soleil ou autour des planètes maternelles[36]. Les planètes (à l'exception partielle de Jupiter qui produit très peu d'énergie à cause de raisons mécaniques) ne produisent pas leur propre énergie et ne sont pas capables de suivre des réactions de fusion thermonucléaires. Elles reflètent la lumière solaire et se refroidissent en émettant de la chaleur résiduelle de la nébuleuse protoplanétaire, qui forma le système solaire. Deux systèmes sont couramment employés pour classer les planètes, chacune des classifications comportant deux subdivisions. L'un des systèmes est fondé sur l'ordre dans lequel ces astres sont éloignés du Soleil, soit[37]: **(i)** *les planètes inférieures* (celles qui sont plus proches du Soleil, soit Mercure, Vénus et la Terre); et les *planètes supérieures* (celles qui sont situées plus loin, soit Mars, Jupiter, Saturne, Uranus, Neptune et Pluton). Il faut noter que pendant l'Antiquité (même jusqu'au 18e siècle) seules les planètes inférieures, Mars, Jupiter et Saturne étaient connues. L'autre système est fondé sur le caractère propre (composition chimique et nature) des planètes, et notamment sur leurs dimensions, soit: **(ii)** *les planètes telluriques* ou *terrestres* (planètes solides à composition terrestre, soit Mercure, Vénus, la Terre et Mars); et les *planètes géantes* ou *grosses* (planètes gazeuses à noyau solide, soit Jupiter, Saturne, Uranus et Neptune). Pluton, qui n'est pas encore beaucoup connu, semble présenter des caractères relevant à la fois des deux catégories précédentes. Lorsque l'on ne considère que les dimensions des huit planètes, c'est-à-dire Pluton excepté mais la Terre incluse, on constate un fait assez curieux: les planètes forment quatre paires nettement

---

[33] Voir *op. cit.*, 250: art. «plasma».
[34] Voir, entre autres, ILLINGWORTH, [2]1981: 324.
[35] Pour les éléments orbitaux des planètes et de leurs satellites, voir entre autres *op. cit.*: 368-69. Voir aussi STAHLMAN & GINGERICH, 1963.
[36] Pour les théories diverses de formation du système solaire, voir CALLATAŸ & DOLLFUS, 1968: 24-27.
[37] Voir *op. cit.*: 30.

distinctes les unes des autres, dont les membres pourraient être sensément qualifiés comme suit: deux géantes (Jupiter et Saturne), deux grandes (Uranus et Neptune), deux petites (la Terre et Vénus), et enfin deux naines (Mercure et Mars). Les planètes pendant leur révolution autour du Soleil, ainsi que les satellites pendant leur révolution autour des planètes, suivent les *lois de Kepler*, qui sont une conséquence des lois de la Mécanique Céleste et de Newton (principes de *conservation d'énergie*, du *moment* et du *moment angulaire*). Ces lois sont les suivantes[38]: **(i)** L'orbite de chaque planète est une ellipse, l'un des foyers de laquelle est occupé par le Soleil; **(ii)** chaque planète se meut autour du Soleil, en tant que la ligne joignant ces deux astres (vecteur radial) parcourt des aires égales pendant des temps égaux, or la vitesse d'une planète décroît, quand elle s'éloigne du Soleil; **(iii)** les carrés des périodes sidérales (T) de deux planètes quelconques sont proportionnels aux cubes de leur distance moyenne du Soleil (a), soit:

$$T^2 = a^3 \qquad [II–10]$$

pour chaque planète, dès qu'on exprime sa période T en ans et l'axe a en *unités astronomiques* (AU)[39]. Il devient clair qu'afin de décrire les orbites suivies par les

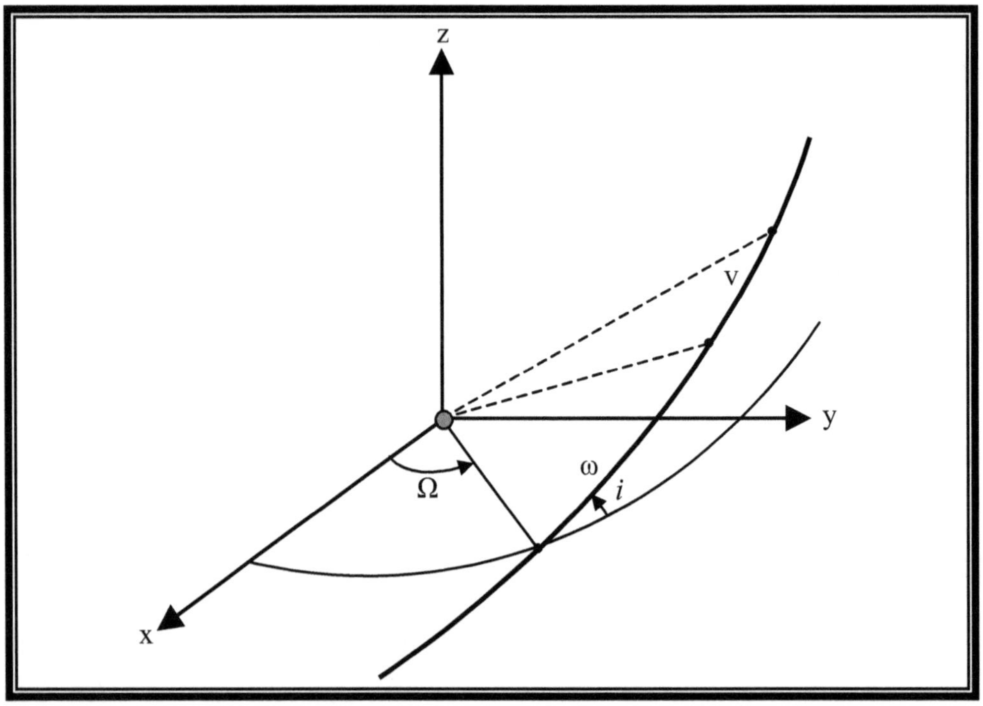

Figure II.2: Les six éléments orbitaux, qui suffisent à définir une ellipse et à décrire les orbites suivies par les planètes et leur satellites.

planètes et leurs satellites, on a besoin des six éléments qui suffisent à définir une ellipse et à placer à chaque instant l'astre considéré sur un point de cette ellipse. Ces éléments sont les suivants [voir Fig. II.2]: **1.** l'angle d'*inclinaison* (*i*) que

[38] Voir ILLINGWORTH, [2]1981: 173: art. «Kepler's laws»; SMART, [6]1980: Chap. V.

[39] Par définition, 1 AU = $149.5978 \cdot 10^6$ km; et l'année lumière (ly) 1 ly = $9.4605 \cdot 10^{12}$ km.

fait le plan orbital de la planète avec le plan de l'écliptique[40]; **2.** la *longitude du nœud ascendant* (Ω), soit la longitude de la demi–droite orientée vers la direction dans laquelle se trouve la planète, lorsqu'elle traverse le plan de l'écliptique avec une latitude croissante; **3.** le *demi–grand axe* (a) et l'*excentricité* de l'ellipse orbitale (e); **4.** La position de l'orbite dans son plan est définie par la direction du périastre ou par l'argument de la *latitude du périastre* (ω), angle que fait cette direction avec la direction du nœud ascendant (à noter que la *longitude du périastre* est définie comme $\varpi \equiv \Omega + \omega$); **5.** La position de l'astre sur l'orbite peut être repérée par sa longitude comptée dans le plan de l'écliptique, mais l'on utilise plus souvent la *longitude dans l'orbite*, définie par $\lambda = \Omega + \omega + v$, ou v est l'angle des directions du périastre et de l'astre, appelée *anomalie vraie* de l'astre; si λ et v sont débarrassés de leurs inégalités périodiques, on obtient respectivement

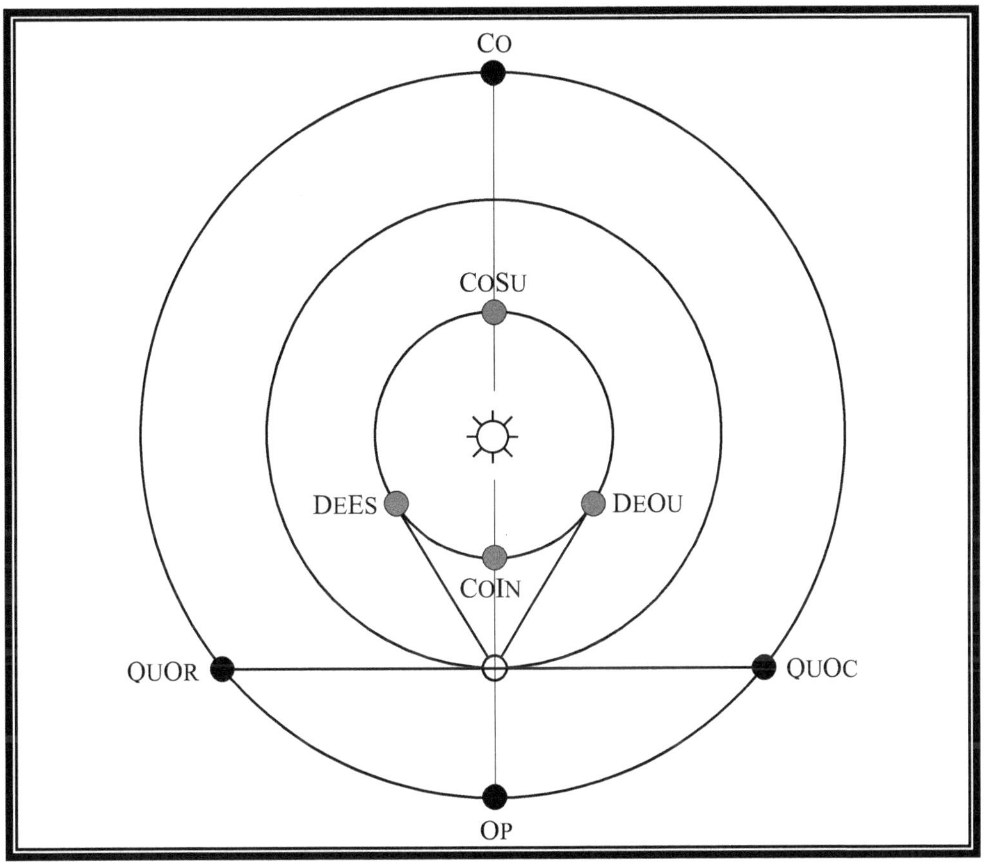

Figure II.3 (a): Positions remarquables des planètes par rapport à la Terre (cercle en croix), qui a été supposée demeurer au même point de son orbite pour les différentes positions occupées par les planètes (supérieures = cercles noirs; inférieures = cercles gris). L'aspect symétrique de cette figure est inexistant en réalité. [NOTA: CO = Conjonction (copt.: ϩⲱⲧⲡ), OP = Opposition (copt.: ϯⲟⲩⲃⲉ), COSU = Conjonction Supérieure, COIN = Conjonction Inférieure, DEES = Digression Est (plus grande élongation orientale), DEOU = Digression Ouest (plus grande élongation occidentale), ST = Station, QUOR = Quadrature Orientale, QUOC = Quadrature Occidentale].

[40] Soit avec le plan équatorial de la planète, pour les satellites.

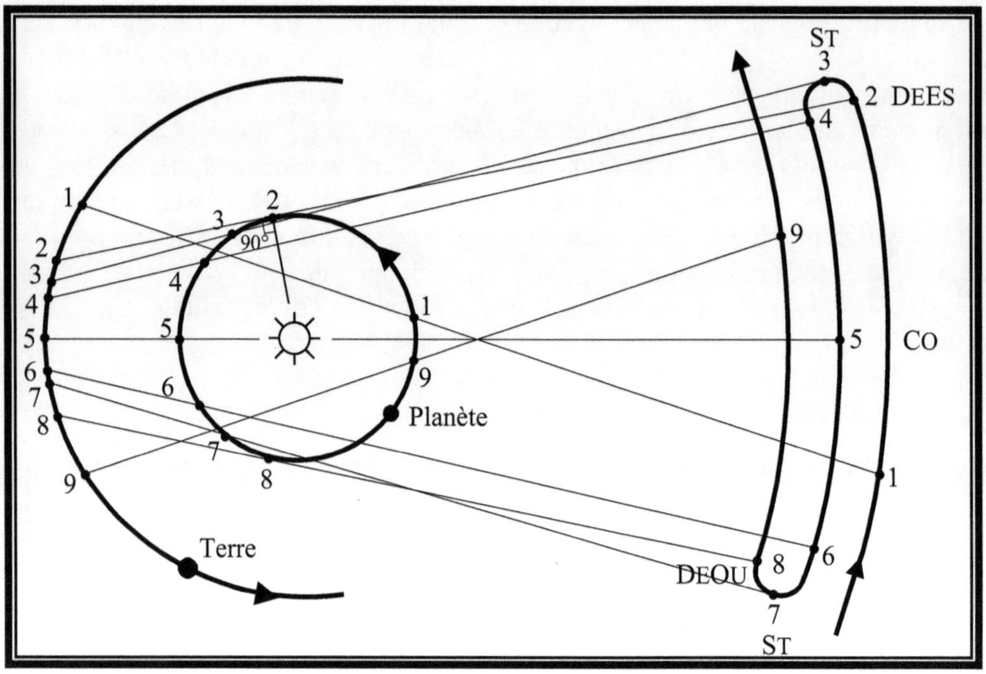

Figure II.3 (b): La rétrogradation d'une planète inférieure, qui se produit toujours à l'époque de sa conjonction inférieure. [NOTA: DEES = Digression Est (plus grande élongation orientale), DEOU = Digression Ouest (plus grande élongation occidentale), CO = Conjonction (copt.: ϩⲱⲧⲡ), OP = Opposition (copt.: ϯⲟⲩⲃⲉ), ST = Station].

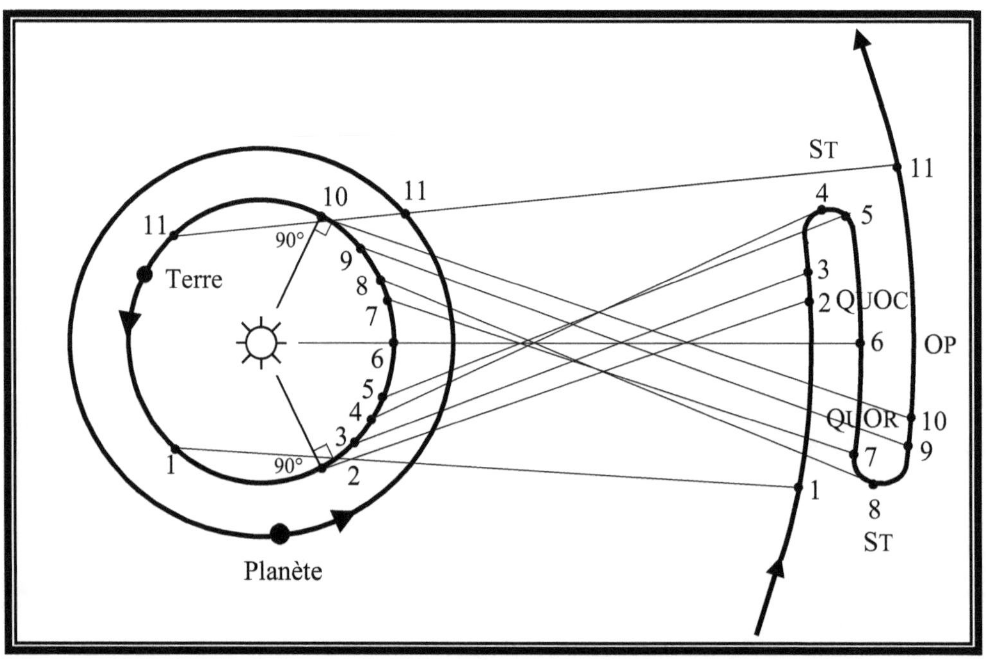

Figure II.3 (c): La rétrogradation d'une planète supérieure, qui ne peut avoir lieu qu'à l'époque de son opposition. [NOTA: QUOR = Quadrature Orientale, QUOC = Quadrature Occidentale, OP = Opposition (copt.: ϯⲟⲩⲃⲉ), ST = Station].

la longitude moyenne et l'anomalie moyenne de l'orbite; **6.** Enfin, on complète la description d'une orbite par la *période de révolution sidérale* ou *tropique* (T), ou la *période synodique* (T_S), soit le temps nécessaire pour que les positions moyennes de la Terre et de l'astre reprennent les configurations relatives identiques par rapport au corps central; or, le moyen mouvement tropique est $n = 360^o/T$, tandis que le moyen mouvement synodique est $n_S = 360^o/T_S$, donc $n_S = | n - u |$ est le moyen mouvement tropique de la Terre (dans le cas d'une planète), ou celui de la planète maternelle (dans le cas d'un satellite), u étant le moyen mouvement tropique de la Terre. Enfin, il faut décrire brièvement le mouvement apparent des planètes, comme il est projeté sur la sphère céleste, à cause de la synthèse des mouvements des planètes et de la Terre, vus de notre planète[41]: **(i)** le mouvement apparent de l'Ouest à l'Est d'une planète, vue de la Terre, est appelé *mouvement direct*; **(ii)** le *mouvement rétrograde* est un mouvement apparent, effectué de l'Est à l'Ouest. Il faut noter que les planètes se déplacent comme la Terre, selon le mouvement direct, donc suivant le sens inverse des aiguilles d'une montre, mais du fait de la synthèse de leurs mouvements et de ceux de la Terre, ainsi que suivant les lois de Kepler, le sens de ce déplacement habituel —vu de notre planète— peut paraître s'inverser, comme lorsqu'on dépasse une voiture en mouvement. Entre leurs *changements* de direction, les planètes observent des *stations*. Ces phénomènes bien évidents dans le ciel (spécialement pour Mars) ont été observés pendant l'Antiquité par quelques nations, et les Égyptiens étaient aussi au courant (voir le Chapitre III: §§ 1.4 & 2.4, *infra*). La *rétrogradation d'une planète inférieure* se produit toujours à l'époque de sa *conjonction inférieure*, tandis que la *rétrogradation d'une planète supérieure* ne peut avoir lieu qu'à l'époque de son *opposition* [voir Fig. II.3a–b-c]. Outre les planètes et leurs satellites notre système solaire contient des astéroïdes[42], qui sont des petites planètes fragmentaires (dont la plupart des orbites se trouvent entre celles de Jupiter et de Mars); ainsi que des comètes[43] (dont les orbites sont des ellipses de grande excentricité ou bien des paraboles, capables de s'échapper dans l'espace hors de notre système solaire). Voir aussi les Tables 8-9 (Tables, § 1, *infra*).

La Lune[44] [voir Fig. II.4], qui est le satellite de la Terre, pourrait être considérée (avec la Terre) comme une planète double, à cause de ses dimensions et masse qui sont relativement considérables par rapport à celles de la Terre ($M_☾ = 7.35 \cdot 10^{22}$ Kg, $D_☾ = 3{,}476$ Km, distance moyenne de la Terre = $3.844 \cdot 10^5$ Km). Le système Terre–Lune a été formé comme un ensemble avant $4.6 \cdot 10^9$ ans, soit comme une planète double; or, la Lune se forma par la coalescence des petites planètes–satellites qui entouraient la Terre[45]. La Lune se trouve en *rotation synchronique* avec la Terre, c'est-à-dire que son côté le moins distant «voit» la Terre pendant tout le temps. Au contraire la Lune ne «montre» pas toujours le même coté vers le Soleil, et donc la durée d'un jour solaire sur la Lune est d'environ $29^D.531$

---

[41] Cf. ILLINGWORTH, ²1981: 86: art. «direct motion»; CALLATAŸ & DOLLFUS, 1968: 33-34.

[42] Voir ILLINGWORTH, ²1981, 23: art. «asteroid belt» & 370: Tab. 3. Pour les météorites au Proche Orient, voir BJORKMAN, 1973: 91-132; cf. NININGER, 1977: 10, 24, 82, *passim*.

[43] Voir ILLINGWORTH, ²1981, 61-62: art. «comet».

[44] Voir *op. cit.*, 210-12: art. «Moon».

[45] Voir *op. cit.*: 212.

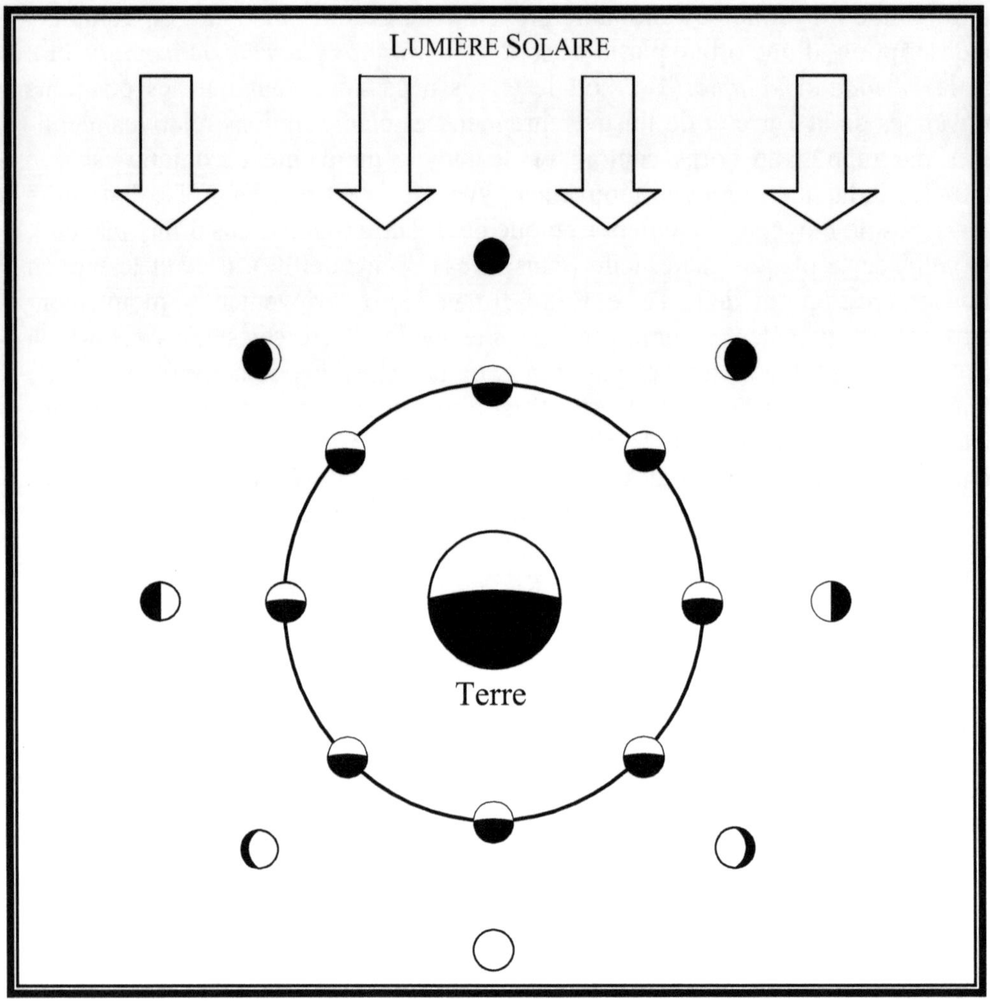

Figure II.4: Les phases de la Lune, phénomène important du satellite terrestre et leur explication. Comparez à la Table 10 (Tables, § 1, *infra*).

(mois synodique), pendant laquelle la Lune présente le phénomène intéressant des *phases*, qui a beaucoup inspiré et même intrigué les Égyptiens (voir e.g.: le Chapitre III: §§ 1.3, 2.3) et les autres nations d'antan[46]. La période de révolution synodique de la Lune porte le nom de *lunaison.* On fait conventionnellement commencer chaque lunaison à l'instant de la *Nouvelle Lune*, date à laquelle les longitudes géocentriques de la Lune et du Soleil sont égales. L'*âge de la Lune* est défini comme le temps écoulé depuis la dernière Nouvelle Lune, tandis que le *jour de la Lune* est un nombre entier associé aux jours d'une lunaison en les numérotant consécutivement, le numéro 1 étant attribué au jour durant lequel se produit la Nouvelle Lune. La *Pleine Lune* se produit lorsque les longitudes géocentriques de la Lune et du Soleil diffèrent de 180º. Pleine Lune et Nouvelle Lune portent le nom de *syzygies*. Les *éclipses de Lune*[47] **[voir Fig. II.5a]** se produisent

[46] Pour des observations anciennes de la Lune, voir entre autres NEWTON, 1970.

[47] Cf. ILLINGWORTH, ^{2}1981, 95-97: art. «eclipse». Pour des calculs mathématiques sur ce phénomène, voir SMART, ^{6}1980: 378-86.

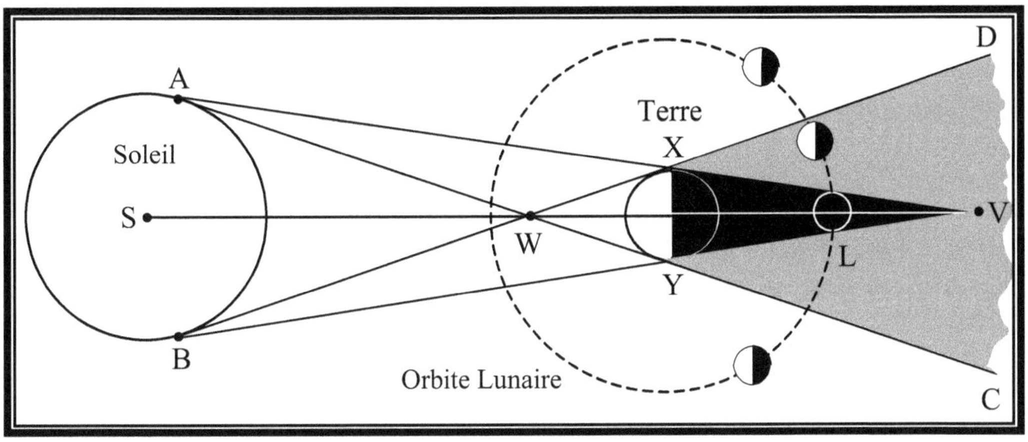

Figure II.5 (a): Les éclipses lunaires se produisent au voisinage de la Pleine Lune, quand la Terre se trouve entre la Lune et le Soleil et porte son ombre sur la Lune. Explication et géométrie du phénomène.

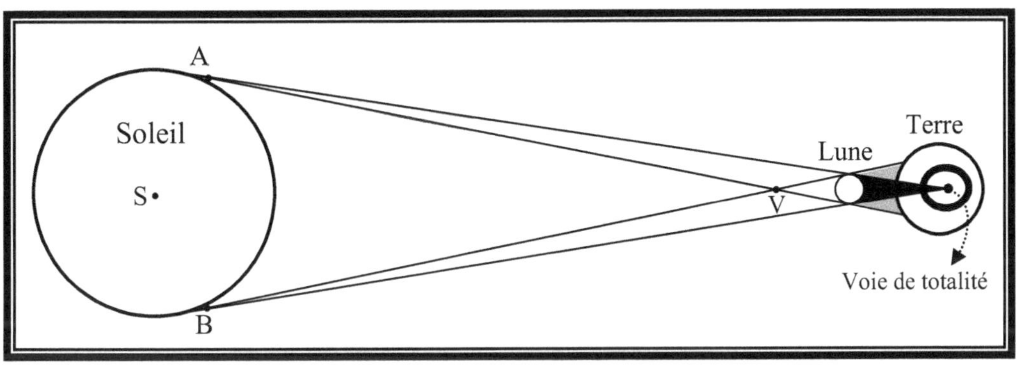

Figure II.5 (b): Les éclipses solaires se produisent au voisinage de la Nouvelle Lune, quand la Lune se trouve entre la Terre et le Soleil et bloque sa lumière dans une certaine région du globe terrestre avec son ombre. Explication et géométrie du phénomène.

nécessairement au voisinage de la Pleine Lune (pendant les éclipses lunaires la Terre se trouve entre la Lune et le Soleil et porte son ombre sur la Lune), tandis que les *éclipses du Soleil*[48] [voir Fig. II.5b] se produisent au voisinage de la Nouvelle Lune (pendant celles-ci la Lune se trouve entre la Terre et le Soleil et bloque la lumière de l'astre du jour dans une certaine région du globe terrestre avec son ombre)[49]. Une éclipse solaire est considérée comme *totale*, si l'on observe de la *voie de totalité* et si la Lune couvre le disque solaire totalement. Si le disque solaire n'est pas couvert totalement, soit parce que l'on observe le phénomène hors de la *voie de totalité*, soit parce que la Lune est assez distante

[48] Voir ILLINGWORTH, [2]1981: 95-97. Pour des calculs, voir SMART, [6]1980: 386-400; *ÉPHÉMÉRIDES*, 1988: 247-51.
[49] Voir ILLINGWORTH, [2]1981, 95-97: art. «eclipse». Voir aussi ALLEN & ALLEN, 1987.

de la Terre afin de paraître plus petite que le Soleil et forme un *annulus* de lumière, on parle d'une éclipse solaire *partielle* et/ou *annulaire*. On parle respectivement d'un *éclipe totale lunaire*, quand la Lune entre totalement dans l'ombre terrestre; et d'une *éclipse partielle lunaire*, quand la Lune n'entre que partiellement dans l'ombre terrestre. Relativement aux éclipses nous définissons la période appelée *Saros*, déjà connue par les anciens[50]. Il s'agit de 6,585^{D}.32 (environ 18 ans, ou bien 223 mois synodiques), qui passent avant une séquence particulière d'éclipses solaires ou bien lunaires prennent place dans le même ordre, séparées avec presque les mêmes intervalles temporels[51]. Nous allons reprendre ces phénomèns intéressants qui ont surpris les Égyptiens de l'Antiquité dans cette étude (voir le Chapitre III: §§ 1.3 & 2.3, *infra*). Les *quadratures* sont les époques auxquelles les longitudes géocentriques de la Lune et du Soleil diffèrent de 90° ou de 270°. Le *Premier Quartier* a lieu entre la Nouvelle Lune et la Pleine Lune, tandis que le *Dernier Quartier* a lieu entre la Pleine Lune et la Nouvelle Lune. Par ailleurs, on définit les mois différents comme suit[52]: *le mois tropical* (entre deux passages consécutifs de la Lune par l'Équinoxe) est égal à 27^{D}.32158; le *mois sidéral* (entre deux passages par une étoile fixe) est égal à 27^{D}.32166; le *mois anomaliaque* (entre deux passages par les apsides) est égal à 27^{D}.55455; le *mois draconique* (entre deux passages par un des deux nœuds de l'orbite lunaire) est égal à 27^{D}.21222; le *mois synodique* (entre deux Nouvelles Lunes consécutives), quant à lui, est égal à 29^{D}.53059. Les extrêmes (lunistices) pour la variation de déclinaison lunaire sur l'Horizon (correspondant aux points du lever et du coucher) sont donnés par les formules (P = la parallaxe lunaire)[53]:

$$\delta_{ext} = \pm(\varepsilon + i) - P \quad \& \quad \delta_{int} = \pm(\varepsilon - i) - P \qquad \text{[II–11]}$$

Beaucoup de nations anciennes, les Égyptiens y compris, incorporaient les phases lunaires dans leur mythologie et se servaient de la Nouvelle Lune et/ou de la Pleine Lune comme des repères pour leurs fêtes et observances religieuses, ainsi que comme des points de départ du *mois lunaire*[54] (*néoménie*, *νουμηνία*).

§ 1.2. La Galaxie

Lorsque la visibilité est bonne, le fourmillement stellaire de la Voie Lactée[55] frappe le regard dès la première observation. La répartition des étoiles autour de la Terre n'est donc pas uniforme. Pourquoi voyons-nous tant d'étoiles dans cette partie du ciel et beaucoup moins ailleurs? C'est que toutes les étoiles, avec notre

---

[50] Par l'Astronome Hellène appelé Metōn (5e siècle BCE); cf. *op. cit.*, 204: art. «Metonic cycle». En effet, la *période de Metōn* est la période de 19 ans tropiques, après laquelle les phases lunaires (ainsi que quelques éclipses) se répéteront aux mêmes jours de l'année; cf. aussi BOWEN & GOLDSTEIN, 1988: 39-79.

[51] Voir *op. cit.*, 289: art. «Saros». Il est évident qu'une éclipse qui se répète après une période de Saros, prendra place 0^{D}.32, c'est-à-dire 115° à l'ouest de son prédécesseur.

[52] Voir *op. cit.*: 210.

[53] Voir RUGGLES, 1999: 36-37, 57, 60-61.

[54] En ce qui concerne Hellas ancienne et le calendrier hellénique, voir par exemple PRITCHET, 1947: 235-43; PRITCHET & NEUGEBAUER, 1947; SAMUEL, 1972; GOLDSTEIN, 1989: 272-93; MORGAN, 2000: 17-31; BLOMBERG & HENRIKSSON, 2000: 109-28; BLOMBERG & HENRIKSSON, 2003: 53-70.

[55] Voir ILLINGWORTH, ^{2}1981, 130-32: art. «Galaxy (Milky Way System)».

Soleil accompagné de ses planètes, appartiennent à un même système hiérarchique, considérablement étendu dans l'espace, spiralé et très aplati, que nous appelons *La Galaxie*[56]. La concentration de masse dans l'Univers prend place hiérarchiquement (*hierarchical clustering*), dans quelques conglomérations immenses d'unités d'ordre moindre. Les étoiles forment des *amas* et des *galaxies*; les galaxies forment des *groupes*; les groupes de galaxies forment des *amas de galaxies*[57]; les amas de galaxies forment des *hyperamas*; et ces derniers constituent l'Univers connu. En effet les galaxies sont des assemblages immenses d'étoiles, de gaz (principalement Hydrogène neutre (HI) ou ionisé (HII), de poussières interstellaires, de radiation et de champs magnétiques[58]. Elles sont classées en trois catégories principales: *spirales*, *elliptiques* et *irrégulières*, selon leur forme, un schéma de classification qui est aussi caractéristique de leur population stellaire[59]. Notre Galaxie (appelée aussi la *Voie Lactée*, selon la mythologie hellénique[60]) appartient aux galaxies spirales sans barre et contient environ 10^{11} étoiles de tous les types, le Soleil inclu, d'immenses quantités de gaz, de la poussière, & c. La plupart de ces étoiles se groupent sur un *disque* mince (diamètre de ~ 30 Kpc, épaisseur maximum de 4 Kpc), qui définit le plan galactique et contient les *spirales*. Ces spirales s'expliquent théoriquement comme des *ondes de densité*[61] de la matière galactique et se développent en relation avec des procès de formation auto–propagée stochastique d'étoiles (SSPSF). En effet les plus jeunes étoiles s'y trouvent et y sont nées. Vers son centre il y a un *noyau* (en forme de bombement). Tout ce système se trouve dans un *halo* d'étoiles et des *amas globulaires*, dont le centre de symétrie se trouve dans le noyau galactique. Le Soleil se trouve à environ 10 Kpc du centre galactique. La masse de notre Galaxie est calculée de $2\cdot10^{11}$ $M_\odot$ (elle contient environ 100 à 200 milliards d'étoiles!) et son diamètre est d'environ 30 Kpc[62]. Or, on comprend très facilement que l'observateur terrestre, lorsqu'il/elle examine le plan qui contient le grand diamètre de la Galaxie, y voit incomparablement plus d'étoiles que lorsqu'il/elle observe dans toute autre direction. L'apparence de cette nébuleuse cosmique était toujours si proéminente, ainsi que son apparition comme une voie d'étoiles, que dès l'Antiquité les nations diverses l'incorporaient dans leurs systèmes mythologiques.

§ 1.3. Le Calendrier

Le repérage des instants exige la définition d'échelles de temps[63]. Cependant, en raison de la durée très longue de la période utile, il est également nécessaire,

---

[56] En la différenciant des autres galaxies de l'Univers, on écrit avec un G majuscule.

[57] Voir BOWERS & DEEMING, 1984, **II**: 503-04. Voir aussi GOLDSMITH & COHEN, 1991.

[58] Voir ILLINGWORTH, ^{2}1981, 128-30: art. «galaxies».

[59] Pour la morphologie des galaxies, voir BOWERS & DEEMING, 1984, **II**: 489-94.

[60] Voir ΠΛΑΚΙΔΗΣ, 1992: 20-23 & ALLEN, ^{2}1963: 474 ff. Dēmocritos, quand même, hors des mythes divers, note: «Ὁ Γαλαξίας ἐστὶ πολλῶν καὶ μικρῶν καὶ συνεχῶν ἀστέρων συμφωτιζομένων ἀλλήλοις, συναυγασμὸς διὰ τὴν πύκνωσιν» (voir DREYER, ^{2}1953: 29 & n. 4). Pour les Coptes la Galaxie était connue sous le nom **ⲡⲓⲙⲱⲓⲧ ⲛⲧⲉ ⲡⲓⲧⲟϩ** (voir CRUM, 1939: 453b, citant KIRCHER, 1643: 50; cf. aussi SIDARUS, 1999: 399, 401).

[61] Voir BOWERS & DEEMING, 1984, **II**: 560-71.

[62] Voir GILMORE, KING & VAN DER KRUIT, 1989. Pour une image voir Fig. II.17, *infra*.

[63] Voir ILLINGWORTH, ^{2}1981, 42-43: art. «calendar».

indépendamment du choix de l'échelle, de définir un système de numérotation des jours qui permette de situer sans ambiguïté une date quelconque[64]. Il s'agit du problème de la *chronologie.* Nous définissons le *calendrier* comme un des divers systèmes à compter le temps en périodes étendues, proposés pendant le passé ou utilisés pendant notre ère (Calendrier Égyptien, Calendrier Julien, Calendrier Chrétien, Calendrier Musulman, & c.). Dans le cadre d'un calendrier les jours se groupent dans de périodes différentes, propres à les compter et à réguler la vie sociale, fixant les observances religieuses, tout en étant en accord avec les nécessités scientifiques. Tous les systèmes calendriques se basent: **(i)** soit sur le mouvement du Soleil (*calendriers solaires*, selon lesquels la durée de l'an correspond environ à l'année tropique = $365^{D}.24$); **(ii)** soit sur celui de la Lune (*calendriers lunaires*, selon lesquels la durée de l'an correspond environ à l'année lunaire = 12 mois synodiques ou $354^{D}.37$); **(iii)** soit sur tous les deux (*calendriers luni–solaires*). La complexité des calendriers est due à l'incommensurabilité des périodes/unités naturelles de temps, c'est-à-dire du *jour*, du *mois* et de l'*année.* C'est parce que la durée d'un mois n'est pas une fraction simple de l'année, et que la durée d'un jour n'est ni une fraction simple de l'année, ni une du mois. Les calculs calendriques modernes incluent le Calendrier Grégorien (qui a remplacé le Calendrier Julien, une variante duquel est le Calendrier Copte), le Calendrier Musulman[65], le Calendrier Israélite[66] et le Calendrier Chinois[67]. Nous allons examiner brièvement quelquesuns de ces calendriers[68].

Le Calendrier Grégorien[69]: Il ne diffère du Calendrier Julien (en l'honneur du Pape Gregorius XIII) que par la répartition des années bissextiles, et ceci dans le but d'améliorer la proximité de la durée de l'année tropique de celle de l'année moyenne du calendrier ($\langle T_c \rangle = 365^{D}.2425$). La durée moyenne du mois est peu différente de celle du mois du Calendrier Julien. Les années bissextiles sont les mêmes que celles du Calendrier Julien, sauf trois années séculaires sur quatre, celles dont le millésime est multiple de 100 sans l'être de 400. Ainsi, les années 1700, 1800, 1900 CE sont communes, alors que 2000 CE est bissextile, comme dans le Calendrier Julien. L'origine de ce calendrier est définie par rapport à celle du Calendrier Julien de la manière suivante: le lendemain du Jeudi 4 Octobre 1582 CE (Julien) serait le Vendredi 15 Octobre 1582 CE (Grégorien), la succession des jours de la semaine étant respectée. Notons que la date de la mise en vigueur de ce calendrier est variable suivant le pays. L'usage de ce calendrier est actuellement universellement admis, les autres ne conservent d'utilité que pour l'organisation des diverses traditions religieuses à caractère annuel.

Le Calendrier Julien[70]: Le Calendrier Julien (en l'honneur de Julius Cæsar) admet un décalage de treize (13) jours avec le calendrier Grégorien, du 1

[64] On utilise des éléments fournis dans les *Éphémérides*, publiées annuellement par *L'Asronomie* et le Bureau des Longitudes (voir par exemple *ÉPHÉMÉRIDES*, 1988: 1 ff.).
[65] Voir *ÉPHÉMÉRIDES*, 1988: 5-6.
[66] Voir *op. cit.*: 6.
[67] Voir *op. cit.*: 14-15.
[68] Pour une introduction aux calendriers divers, voir AVENI, 1989b et BOURGOING, 2001.
[69] Voir *ÉPHÉMÉRIDES*, 1988: 4.
[70] Voir *op. cit.*: 4.

Mars 1900 CE au 28 Février 2100 CE. Cet écart augmentera d'un jour lors de chaque année seculaire dont le millésime n'est pas multiple de 400. Le Calendrier Julien comporte deux genres d'années: les *années communes*, de 365 jours, divisées en douze (12) mois de 31, 28, 31, 30, 31, 30, 31, 31, 30, 31, 30 et 31 jours respectivement; et les années bissextiles, de 366 jours, dans lesquelles le second mois (Février) est de 29 jours. Un quart des années est constitué d'années bissextiles: ce sont celles dont le numéro (millésime) est multiple de 4. La durée moyenne de l'année ($365^{D}.25$) est une approximation médiocre de celle de l'année tropique ($365^{D}.2422$); celle du mois ($30^{D}.44$) est une approximation très grossière de la lunaison ($29^{D}.530589$).

Le Calendrier Copte[71]: Il s'agit d'un calendrier qui est une simple variante du Calendrier Julien et qui est lié sans doute au Calendrier Égyptien de l'époque pharaonique[72]. L'ère de Diocletianus, qu'il définit, commence en l'an julien 284 CE, au cours duquel se situe l'an 1 copte. Les douze mois de l'année (**ⲑⲱⲑ→ⲑⲟⲟⲩⲧ, ⲡⲁⲱⲫⲓ→ⲡⲁⲟⲡⲉ, ⲁⲑⲩⲣ**[73]**→ϩⲁⲧⲱⲣ, ⲕⲭⲟⲓⲁⲕ→ⲕⲓⲁϩⲕ, ⲧⲩⲃⲓ→ⲧⲱⲃⲉ, ⲙⲉⲭⲓⲣ→ⲙ̀ϣⲓⲣ, ⲫⲁⲣⲙⲉⲛⲱⲑ→ⲡⲁⲣⲁⲙϩⲁⲧ, ⲫⲁⲣⲙⲟⲩⲑⲓ→ⲡⲁⲣⲙⲟⲩⲧⲉ, ⲡⲁⲕⲭⲱⲛ→ⲡⲁϣⲟⲛⲥ, ⲡⲁⲩⲛⲓ→ⲡⲁⲱⲛⲉ, ⲉⲡⲓⲫⲓ→ⲉⲡⲉⲡ, ⲙⲉⲥⲱⲣⲉ→ⲙⲉⲥⲱⲣⲏ**) sont uniformément de 30 jours, et sont suivis de quelques jours dits *épagomènes* (**ⲡⲓⲧⲓⲟⲩ ⲛ̀ⲉϩⲟⲟⲩ**), comme c'était le cas chez les Égyptiens de l'Antiquité). Le nombre de ces jours, en général égal a 5, est porté à 6 tous les quatre ans, lorsque le millésime de l'année suivante est un multiple de 4. L'année copte commence le 29 ou le 30 Août de l'année julienne. Voir aussi la Table 11 (Tables, § 1, *infra*).

Il y a des tableaux spéciaux concernant la concordance des calendriers ainsi que celle des ères[74]. Nous allons finir notre discussion sur les calendriers divers, en donnant la définition du Jour Julien (Julian Day = JD). La date origine de la période julienne est le 1 Janvier 4713 BCE (selon le Calendrier Julien), à midi[75]. La journée qui sépare le midi du 1 Janvier de cette année et celui du 2 Janvier porte le numéro 0. Ainsi, le jour qui commence à midi le 0 Janvier 1900 (= 31 Décembre 1899) porte le numéro 2415020, dont l'on note JD = 2415020. Or, le JD n'est que le nombre des jours écoulés depuis la date préhistorique déjà mentionée[76]. Ce système de numérotation peut s'appliquer à toute échelle de temps. Sauf avis contraire, il s'agit en général du *temps universel* (UT), qui est le temps civil de Greenwich; mais il est également possible de tirer profit du *temps des Éphémérides* (ET), qui est basé sur le mouvement orbital de la Terre autour du Soleil et dont un taux constant a été défini[77].

---

[71] Voir *op. cit.*: 5.

[72] Cf. aussi le Chapitre I, n. 29. Pour une introduction générale, voir SEWELL, 1942: 1-16; PARKER, 1950; ROSE, 1999; VON BOMHARD, 2000; SPALINGER, 2001: 224-27; SADEK, 2001. Cf. par contre l'approche non scientifique dans MOULIN, 1978-80.

[73] Cf. par exemple (Ploutarchos, *Περὶ Ἴσιδος καὶ Ὀσίριδος*, **69**, 378^{E}): «Ἔστι δ' ὁ μὴν οὗτος περὶ Πλειάδας σπόριμος, ὃν Ἀθὺρ Αἰγύπτιοι, Πυανεψιῶνα δ' Ἀθηναῖοι, Βοιωτοὶ δὲ Δαμάτριον καλοῦσι» (voir DIDOT, 1868).

[74] Voir *ÉPHÉMÉRIDES*, 1988: 7, 8-11.

[75] Voir *op. cit.*: 2-3.

[76] Voir ILLINGWORTH, ^{2}1981: 42-43: art. «Julian Date (JD)».

[77] Voir *op. cit.*, 348-49: «Universal Time»; *op. cit.*, 107: «Ephemeris Time».

2. INTRODUCTION ARCHÉOASTRONOMIQUE

Pendant le siècle précédent, plusieurs articles concernant une combinaison de l'Archéologie et de l'Astronomie sont apparus. Dès l'époque de Lockyer[78] — père de l'*astronomie mégalithique* et astronome solaire renommé, qui a présenté quelques bonnes idées, ainsi que beacoup de mauvaises conceptions et de généralisations naïves, quant à l'étude des monuments égyptiens de même qu'à celle des monuments mégalithiques—, il y avaient quelques efforts pour mêler ces deux disciplines de la science[79]. Dinsmoor a exposé une théorie fausse concernant la datation des temples helléniques anciens[80], mais Pritchet lui a justement répondu avec une critique austère[81]. Le cas de Stonehenge doit être ici remarqué. Les efforts de Hawkins[82] vers une théorie (ou science–fiction) imaginaire, en utilisant des faits incorrects et en interprétant d'une manière arbitraire les données archéologiques, ont été justement et sevérement critiqués en plein scepticisme indépendemment par Atkinson[83], Ruggles[84], et Hawkes[85] qui a prouvé que les «monumentologues», comme les «pyramidologues», des toutes les époques projettent leurs opinions (obtenues à partir de leur propre éducation et de leur psychologie) à l'instar de «théories géniales» sur l'explication de l'Antiquité[86].

Il faut admettre quand même la norme et la juste mesure, si bien évoquée par les Hellènes et les Latins[87]. L'Archéoastronomie et l'interaction de l'Archéologie et des Sciences Positives marche très bien dans les cas où les deux parties ne dépassent pas leurs propres limites, ainsi que celles de la raison commune[88]. Ruggles, le premier Archéoastronome agrégé comme Professeur d'Archéoastronomie (ayant fait des études dans les deux disciplines), a présenté les méthodes justes interdisciplinaires afin de travailler et produire des résultats scientifiquement acceptables[89]. Il existe aussi des périodiques scientifiques qui publient beaucoup d'articles intéressants sur l'Archéoastronomie, dont la contribution pourrait être considérée importante[90].

---

[78] Pour les monuments mégalithiques, voir LOCKYER, 1906 et LOCKYER & PENROSE, 1902: 137-47. Pour l'Égypte antique et l'orientation des monuments, voir LOCKYER, [2]1964. Pour les pyramides en général, voir FAKHRY, 1961 et MÁLEK, 1986.

[79] Voir LOCKYER, 1909.

[80] Voir DINSMOOR, 1939: 95-173.

[81] Voir PRITCHET, 1947: 235-43.

[82] Voir HAWKINS, 1964: 1258-61; HAWKINS, 1965.

[83] Voir ATKINSON, 1966: 212-16; ATKINSON, 1975: 42-52.

[84] Voir RUGGLES, 1999: 75.

[85] Voir HAWKES, 1967: 91-98, d'ou provient la phrase proverbiale «every age has the Stonehenge it deserves—or desires».

[86] Voir aussi AVENI, 1997: Chap. 3 et notes; POLETTO, 1994: 30-37. *Contra* les méthodes archéoastronomiques, voir MICHELL, [2]1989.

[87] Cf. les expressions proverbiales «Μέτρον ἄριστον» (de l'Oracle des Delphes), et «Aurea mediocritas» (Horatius: *Odes*, **II**, 10: 5).

[88] Voir HENBEST, 2001: 81-85. Cf. aussi HAWKES, 1967.

[89] Voir RUGGLES, 1999.

[90] Voir e.g.: *Archæoastronomy*, **1-27** [Supplement to *Journal for the History of Astronomy* (= *JHA*)], qui avait été publié annuellement jusqu'à 2002. Voir aussi AVENI, 1989 et AVENI, 1997: 207-09.

Dans le cas idéal l'Archéologie devient une inspiration pour l'Astronomie[91] et vice versa, et leur convergence pourrait amener vers une synergie unique et fertile. Il est à noter que toutes les deux étudient et examinent les données ou les incidents du passé (n'oublions pas que la vitesse de la lumière n'est pas infinie, donc quand on observe un phénomène céleste on le voit comme il était avant une certaine période temporelle, proportionnelle à sa propre distance de la Terre). Elle peut donc la fournir avec des données/résultats uniques, qui ne peuvent être obtenu(e)s différemment, c'est-à-dire concernant des *incidents rares* (les supernovæ[92], les comètes, les météorites, les éclipses[93], les conjonctions planétaires et la datation concomitante), et des *incidents lents* (phénomènes périodiques célestes, comme la précession de l'axe terrestre et des Équinoxes, la nutation, la réduction du taux de la longueur du jour, & c.). L'étude de l'orientation des monuments anciens qui présentent une corrélation astronomique bien évidente, pourrait être ajoutée, si les critères et les méthodes interdisciplinaires sont fondées sur la raison commune, sur les règles proposées par Ruggles[94] et autres[95], et non sur l'imagination ou sur des prétentions arbitraires. Il est bien possible qu'un seul monument d'antan puisse constituer un indice calendrique autonome pour des temps et des dates spécifiques de l'année ou pour des périodes cycliques d'années avec un symbolisme certain, comme Thom l'avait bien proposé[96]. Il peut donc indiquer un certain nombre de phénomènes astronomiques qui prennent place près de l'Horizon local du lieu d'observation[97]. Par ailleurs, un site archéologique *avec* ses monuments spécifiques pourrait représenter également seulement une paire de dates précises liées à l'orientation de ces monuments. L'existence de ces monuments était utilisée afin de montrer le *locus* exact, d'où des phénomènes astronomiques importants pourraient être observés, tout en marquant l'importance de cette localisation. Il est peut-être plus pratique que l'existence des collines ou des lacs marque des dates différentes, exprimées comme des phénomènes astronomiques. Or, la coïncidence des traits du paysage et de ces derniers peut être observée d'une position (voire d'un angle) particulière, et donc conforte la théorie selon laquelle les monuments sont orientés à dessein avec l'intention d'indiquer quelques éléments culturels d'un symbolisme archétypique cosmique, dont le but pourrait être considéré comme significatif au niveau cosmovisionnel. Les paysages et les sites des monuments pourraient bien être conçus en tant que parties intégrantes de l'ordre cosmique, ainsi que comme représentant cet ordre céleste. Il est donc possible qu'un rôle partiel de ces monuments fût aussi de témoigner des événements astronomiques observés près de l'Hori-

---

[91] Voir HENBEST, 2001: 81-85.

[92] Pour les supernovæ importantes du passé, voir CLARK & STEPHENSON, 1977.

[93] Voir, par exemple, DE JONG & VAN SOLDT, 1989: 238-40. Pour les éclipses sur le Proche Orient et l'Égypte (dès 4200 BCE à 900 CE), voir HILLER & NEUGEBAUER, 1936; cf. aussi KUDLICK & MICKLER, 1971. Sur les météorites, voir NORTON, 2002 et cf. la n. 42, *supra*.

[94] Voir RUGGLES, 1999.

[95] Voir PÁSZTOR & ROSLUND, 1999: 351-52 pour un bilan.

[96] Cf. THOM, 1967.

[97] Pour une discussion de l'Horizon comme paramètre archéoastronomique et son symbolisme cosmovisionnel et social, voir IWANISZEWSKI, 2003: 119-26.

zon et non pas seulement de les enregistrer ou les archiver[98]. Les monuments ne peuvent être considérés ou étudiés séparément du lieu où ils se situent, lorsqu'ils créent un ensemble à eux tous: le paysage *et* le site, les monuments orientés d'une certaine façon *avec* les phénomènes astronomiques. Or, les monuments, quant à eux, participent virtuellement aux événements célestes, et ils étaient construits afin de prendre place symboliquement dans l'ordre cosmique et afin d'observer l'harmonie de l'Univers.

L'*Archéoastronomie* (ou *Astroarchéologie*) constitue une science moderne interdisciplinaire, dont le but est l'étude des influences astronomiques possibles sur les sites et/ou sur les monuments archéologiques, ou bien l'inverse[99]. L'interaction de l'Égyptologie et de l'Archéoastronomie doit sans aucun doute être placée sur ces mêmes principes[100]. L'Archéoastronomie utilise certaines méthodes prises dans les Sciences, afin de présenter des résultats dignes de confiance, et il a été démontré que ses méthodes et ses conclusions pourraient «sauver» quelques archéologues des interprétations erronées[101], qui auraient été évitées si ces derniers étaient plus «ouverts»[102] à cette discipline[103]. Nous croyons que chaque groupe archéologique (et nous ajouterions beaucoup d'expéditions de fouilles) doit avoir un/e spécialiste en Archéoastronomie, et non seulement des spécialistes en datation de radiocarbone ^{14}C ou des Anthropologues, c'est-à-dire, une personne capable de mesurer et d'interpréter les orientations des monuments et des tombeaux[104]. Car il a été incontestablement démontré qu'autour de la Méditerranée la plupart des constructeurs préhistoriques des monuments, des temples et des tombeaux suivaient certaines coutumes quant à leur orientation et à leur structure, ainsi qu'au choix du lieu de leur construction[105]. Or, les recherches modernes ne peuvent être considérées comme complètes si elles ne profitent pas de méthodes archéoastronomiques[106]. Ces méthodes sont en général très simples et très faciles à pratiquer.

---

[98] Voir HIGGINBOTTOM *et al.*, 2003: 39-52.

[99] Cf. HENBEST, 2001: 81-85. Voir aussi KRUPP, 1997a: 21-22, pour une autre définition, et notamment: «Archæoastronomy is the interdisciplinary study of prehistoric, ancient, and traditional astronomies worldwide within their cultural context. It includes both written and archæological records. It embraces calendrics; practical observation; sky lore and celestial myth; symbolic representation of celestial objects, concepts and events; astronomical orientation of tombs, temples, shrines and urban centers; symbolic displays involving celestial phenomena in their natural environment; traditional cosmology; and ceremonial application of astronomical tradition. Although Archæoastronomy is most often associated with astronomical alignments in monumental architecture [...], its true scope establishes it as an "Anthropology of Astronomy"»; cf. par exemple AVENI, 1989a: 7.

[100] Voir MARAVELIA, 2000b [2002]: 12-14.

[101] Pour une discussion, voir MARAVELIA, 2002i: S66.

[102] Pour une attaque contre l'archéoastronomie, voir MICHELL, ^{2}1989.

[103] Voir comme exemple d'un cas typique MARAVELIA, 2002i: S66.

[104] Voir RUGGLES, 1999.

[105] Voir aussi MARAVELIA, 2003g.

[106] Pour des raisons historiques, voir le livre LOCKYER, 1909. Voir aussi RUGGLES, 1999: 164-71.

Selon le cas, on utilise une *boussole magnétique* et/ou un *théodolite*, pour mesurer l'orientation en degrés (on obtient l'azimut A, avec une précision de ± 1° ou des quelques minutes de l'arc). En plus, on utilise un *clinomètre* pour mesurer l'altitude angulaire de la ligne de l'Horizon local (qui est très importante), et un GPS[107] ou une *carte géographique détaillée* pour obtenir les coordonnées géographiques du lieu d'observation. Ayant l'azimut, l'altitude de l'Horizon et la latitude du lieu, on obtient la déclinaison en utilisant la formule [II–26], *infra*, ou pour une meilleure approximation on utilise un algorithme spécial, efféctué par Clive Ruggles, qui prend en compte la réfraction atmosphérique[108]. Avec l'information précédente, après une analyse statistique[109], nous pouvons obtenir des résultats importants, dont l'analyse nous fournira des conclusions intéressantes qui nous offrent une perspicacité extraordinaire sur l'étude du passé et des coutumes sociales de l'Antiquité. Notre but dans cet ouvrage n'est pas de mesurer les orientations des divers monuments[110] égyptiens ou helléniques. Notre but est plus théorique et n'implique pas de *travail de champ* (*fieldwork*). Nous voulons plutôt examiner des textes anciens, faire leur analyse statistique très détaillée, obtenir leur datation en utilisant des méthodes archéoastronomiques concomitantes, et présenter des conclusions originales (voir e.g.: le Chapitre I, § 3, *supra*).

Par conséquent, l'utilisation dans cette étude des algorithmes avancés de calcul astronomique, comme par exemple *Redshift (Versions 2 & 4)*[111] ou bien *Sky Map Pro (Version 6)*[112], nous permet d'étudier et d'analyser les phénomènes astronomiques importants du passé pour un lieu quelconque, d'obtenir des calculs difficiles et d'une précision extraordinaire faits très vite et bien correctement, avec une erreur[113] de moins de 10%. Pour cette étude l'usage de REDSHIFT 2/4 pourrait être considérée comme excellente et digne de confiance[114], car sa précision est considérable[115]. Même si l'on suppose une erreur maximum

---

[107] Voir PRENDERGAST, 2001: 175-86.
[108] Voir le site–web http://www.le.ac.uk/archæology/rug/ pour cet algorithme.
[109] Voir RUGGLES, 1999: 39, 42-43, 50-51, 73, 95, 160-61; BEVINGTON, 1969. Pour une introduction adressée aux archéologues, voir FLETCHER & LOCK, ²1994: Chap. 4-5; cf. aussi SHENNAN, 1988.
[110] Nous discutons quand même l'orientation des pyramides de Giza (voir le Chapitre III, §§ 4.1-4.2). Voir RUGGLES, 1999, pour une discussion complète.
[111] Voir *REDSHIFT 2-4*, 1995-2000.
[112] Voir MARIOTT, 1999.
[113] Il faut préciser que l'imprécision des calculs informatisés n'est pas du tout due à l'algorithme! Elle est due aux données empiriques sur lesquelles ce dernier se base. Ce fait est explicable si l'on prend en compte: les perturbations qui introduisent de l'incertitude dans les calculs analytiques, due à la complexité du problème des trois corps (voire Soleil –Terre–Vénus) dans la Mécanique Céleste; les erreurs des quelques minutes de l'arc en ce qui concerne la connaissance précise du passage de la Terre du périhélie; l'incertitude de connaissance de la masse exacte de Vénus; & c.
[114] Voir *REDSHIFT 2*, ³1995: 64.
[115] Que le Dr Chris Lawton (*personal communication*), de *Maris Multimedia*, accepte notre reconnaissance pour l'information concernant le programme REDSHIFT 2 et sa précision excellente (voir aussi la n. 154, *infra*). Cet algorithme suit les critères DE102 de JPL

de 10%, l'approximation de ± 20 ans serait très satisfaisante. La vitesse et la crédibilité de REDSHIFT 2/4 sont remarquables; l'utilité des résultats obtenus est très importante. Il est à noter qu'un/e astronome érudit/e peut utiliser cet algorithme méthodiquement et interpréter ses résultats d'une manière précise et juste. Ayant dit tout cela nous ne nous avancerons pas dans de discussions et explications supplémentaires. Jusqu'ici nous avons discuté brièvement les traits principaux de l'Archéoastronomie et de ses méthodes. Nous allons continuer notre voyage virtuel en présentant une introduction à l'Astronomie Sphérique et aux systèmes des coordonnées astronomiques diverses.

3. ÉLÉMENTS D'ASTRONOMIE SPHÉRIQUE ET DES COORDONNÉES CÉLESTES

Voici quelques éléments importants d'Astronomie Sphérique, de Trigonométrie et de Mécanique Céleste, que nous allons utiliser ailleurs dans cette étude. Il faut remarquer, dès maintenant que notre introduction sera brève et en aucun cas ne pourrait se substituer à un manuel spécialisé d'Astronomie Sphérique.

§ 3.1. La Sphère Céleste

La conception que les Anciens se faisaient de la *sphère céleste*, c'est-à-dire d'une surface sphérique concave, piquetée de points lumineux (étoiles), au centre de laquelle était placée la Terre, n'a pas été abandonnée en dépit du caractère essentiellement indéterminé que présente son rayon, qui pourrait être considéré théoriquement comme infini. On y a encore recours aujourd'hui, quand il n'y a aucune nécessité de désigner les corps par leurs positions véritables dans l'espace et que seules importent les directions dans lesquelles ils se trouvent. C'est le cas qui se présente lorsqu'on traite des mouvements apparents des planètes. Rien ne s'oppose alors à considérer simplement tous les astres comme projetés sur cette sphère virtuelle, étant entendu que cette façon de voir exclut *ipso facto* toute mesure de distances au moyen d'unités linéaires. Or, seules les mesures angulaires conservent une signification.

La notion de la sphère céleste[116], comme moyen de référence, nécessite quelques définitions [voir Fig. II.6]. On dénomme *axe du monde* la droite qui passe par les deux pôles terrestres et se prolonge de part et d'autre jusqu'à la sphère céleste, qu'elle perce en deux points, dits *pôles célestes* (le *pôle nord* P et le *pôle sud* P'). Le plan qui, étant perpendiculaire à l'axe du monde, passe par le centre de la Terre est appelé *plan de l'équateur*, alors que son intersection avec la sphère céleste est le grand cercle virtuel dénommé *équateur céleste*. Il s'agit donc là d'une ligne fictive, qu'il est d'ailleurs facile d'imaginer en choisissant

(de la NASA), qui prennent en compte la précession, la nutation et tous les mouvements célestes avec une précision magnifique; il suit encore la théorie analytique des mouvements planétaires VSOP87, développée par le *Bureau des Longitudes* à Paris (voir BRETAGNON & FRANCOU, 1988: 309-15).

[116] Voir CALLATAŸ & DOLLFUS, 1968: 30-31; SMART, [6]1980: 25-57; ACKER & JASCHEK, [2]1985: 3-28; BOUIGES, 1986: 15-21. Pour une très brève introduction aux notions astronomiques qu'on discute ci-dessous, voir aussi *EAT*, **I**, 1960: 122-26.

quelques points de repère dans les constellations qu'elle traverse. L'*écliptique* est l'intersection du plan dans lequel se meut la Terre T avec la sphère céleste. En réalité c'est l'orbite décrite par notre globe en un an, mais dans le langage courant on confond généralement cette trajectoire avec le plan où elle se trouve. Et comme celui-ci contient évidemment le Soleil —ou plus exactement le centre solaire—, le grand cercle que l'astre du jour semble décrire dans le ciel en un an matérialise en quelque sorte le *plan de l'écliptique*. En d'autres termes, on admet que l'écliptique est: soit la trajectoire annuelle du Soleil vue de la Terre, soit celle

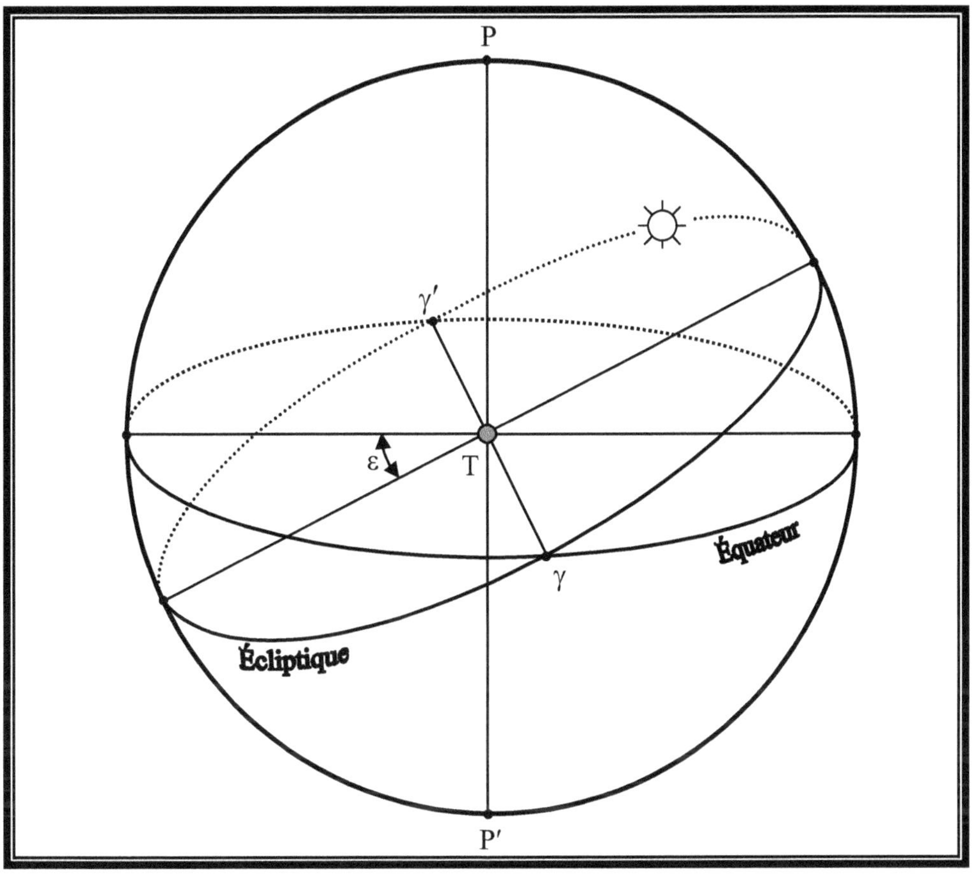

Figure II.6: La conception de la sphère céleste comme moyen de référence des événements astronomiques, avec les définitions les plus importantes.

de la Terre vue du Soleil. Le plan de l'écliptique forme avec celui de l'équateur un angle de $\varepsilon = 23°27'$, qui caractérise l'*obliquité de l'écliptique*. Les deux points diamétralement opposés où leurs grands cercles se coupent sont respectivement dénommés *point équinoxial de Printemps* (*point vernal* γ) et *point équinoxial d'Automne* (*point automnal* γ'). Les étoiles sur la sphère céleste suivent des trajectoires apparentes qui sont verticales sur l'Horizon du lieu d'observation, si l'on se trouve à l'équateur terrestre; elles suivent des trajectoires parallèles à l'Horizon, si l'on se trouve aux pôles terrestres; aux latitudes moyennes (comme c'est le cas pour l'Égypte) elles suivent des trajectoires journalières qui forment avec l'Horizon un angle aigu qui est égal à la latitude du lieu d'observation. Enfin, le *Méridien* d'un lieu n'est que le plan imaginaire, définissant un grand cercle sur la sphère céleste, qui passe par les points Nord et Sud de ce lieu, tandis que le *Premier Vertical* de ce lieu est le plan vertical au Méridien orienté Est–Ouest, donc c'est le grand cercle qui passe par les points Est et Ouest.

§ 3.2. Les Constellations Zodiacales

Les douze constellations que l'écliptique traverse sont dites *constellations zodiacales*[117]. Ce sont également celles par lesquelles passent les trajectoires planétaires, comme l'avait déjà remarqué Kepler. La toute première loi que l'Astronome Allemand avait découverte établissait, en effet, que toutes les planètes, la Terre y comprise, se déplacent dans de plans distincts mais très voisins. C'est ainsi qu'il existe sur la sphère céleste une bande s'étendant de 08°30′ de part et d'autre de 23°27′ de l'écliptique, qui constitue si l'on pourrait dire le domaine «emprunté» par les planètes, à l'exception de Pluton. L'appellation générale *Zodiaque* a été donnée à cette bande [voir Fig. II.7]. Elle comprend les constellations suivantes

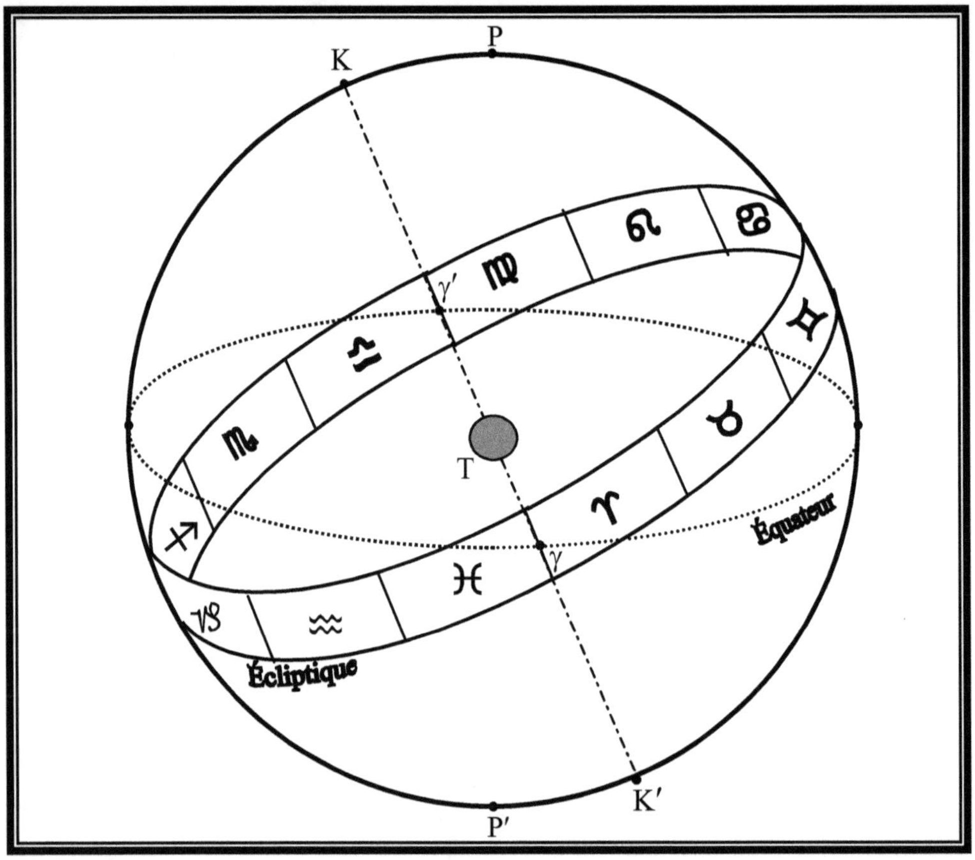

Figure II.7: Les douze constellations que l'écliptique traverse sont dites zodiacales et se projettent apparemment sur la sphère céleste dans une bande, dont l'appellation générale est Zodiaque.

(voir Tables, § 1: Table 5): *Aries* (Bélier), *Taurus* (Taureau), *Gemini* (Gémeaux), *Cancer* (Cancer), *Leo* (Lion), *Virgo* (Vierge), *Libra* (Balance), *Scorpius* (Scorpion), *Sagittarius* (Sagittaire), *Capricornus* (Capricorne), *Aquarius* (Verseau), *Pis-*

[117] Voir ILLINGWORTH, ²1981, 366-67: art. «zodiac».

ces (Poissons). La précession des Équinoxes a déplacé les constellations zodiacales de plus de 30° pendant plus de 2000 ans après leur introduction originelle assyro–babylonienne et hellénique; au groupe de ces constellations maintenant appartient aussi *Ophiuchus* (Ophiucus)[118].

§ 3.3. Systèmes de Coordonnées

Pour définir un système de coordonnées, il convient de spécifier un certain nombre de directions de référence, par rapport auxquelles seront repérées toutes les autres directions de l'espace. Si l'on veut de plus repérer des positions, il est également nécessaire de spécifier un point d'origine, qui en effet caractérise le système de coordonnées comme *topocentrique* (coordonnées horizontales), *géocentrique* (coordonnées ouranographiques) ou *héliocentrique* (coordonnées écliptiques). En ce qui concerne les systèmes de coordonnées différentes, les plus usuelles en Astronomie sont les suivants[119]:

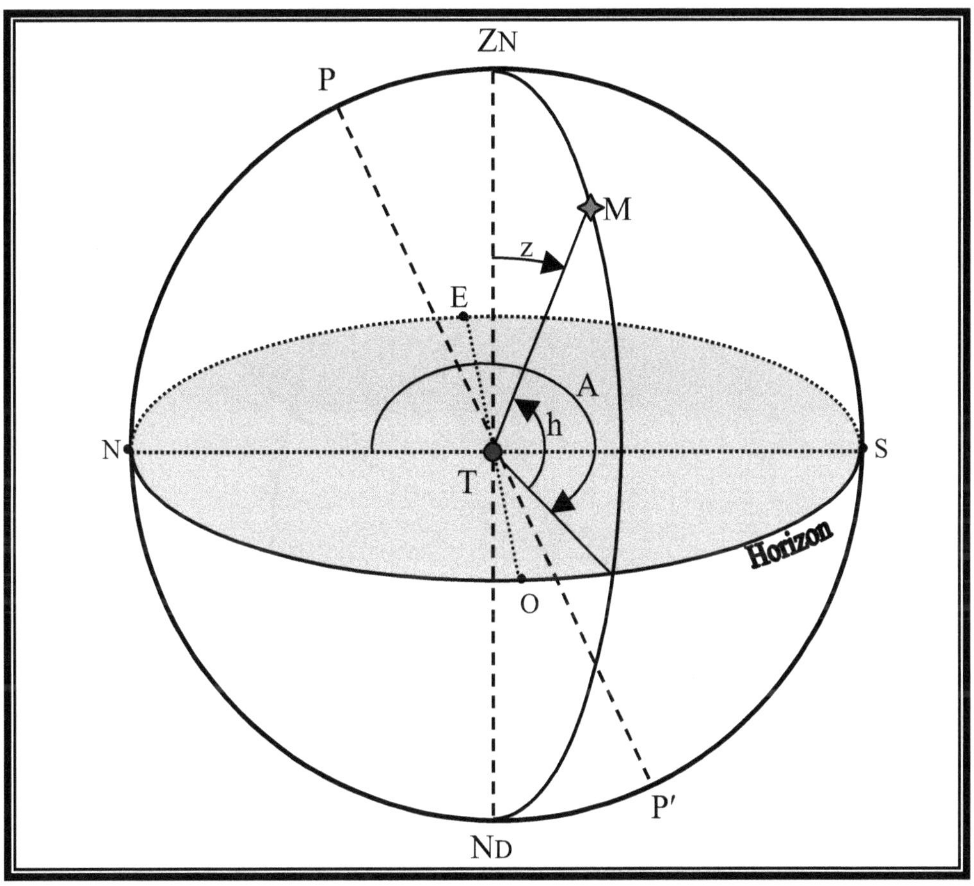

Figure II.8: Les coordonnées horizontales: l'azimut (A) et la hauteur (h).

[118] En effet le signe du Bélier s'identifie aujourd'hui à la constellation des Poissons; le signe du Taureau s'identifie à la constellation du Bélier, & c. Il s'agit ici d'un des importants «détails» scientifiques, que les charlatans en astrologie ne prennent pas en compte!

[119] Voir SMART, [6]1980: Chap. II. Pour les objectifs de cette étude il n'y a aucune raison de donner les définitions des *coordonnées galactiques*, pour lesquelles cf. ACKER & JASCHEK, [2]1985: 127.

Les coordonnées horizontales[120] [voir Fig. II.8]. L'*azimut* (A), angle dièdre du vertical de P et de celui de M, compté en degrés dans le sens rétrograde, soit du Nord vers le Sud, de 0° à 360°. La *hauteur* (h), angle de la direction TM et du plan de l'Horizon, comptée en degrés de –90° (qui correspond au *Nadir*, ND) à +90° (qui correspond au *Zénith*, ZN), soit de l'Horizon vers le haut et vers le bas[121]. On definit donc la *distance zénithale* (z), comme:

$$z \equiv 90° - h \qquad \text{[II–12]}$$

comptée en degrés de 0° à 180°, soit l'angle des directions de ZN et M. Il est évident qu'en des lieux différents (c'est-à-dire aux latitudes et/ou longitudes géographiques distincts), les coordonnées horizontales d'une direction donnée sont différentes, car leur définition fait intervenir la direction verticale qui dépend du lieu. Ces coordonnées sont des éléments locaux et variables avec le temps.

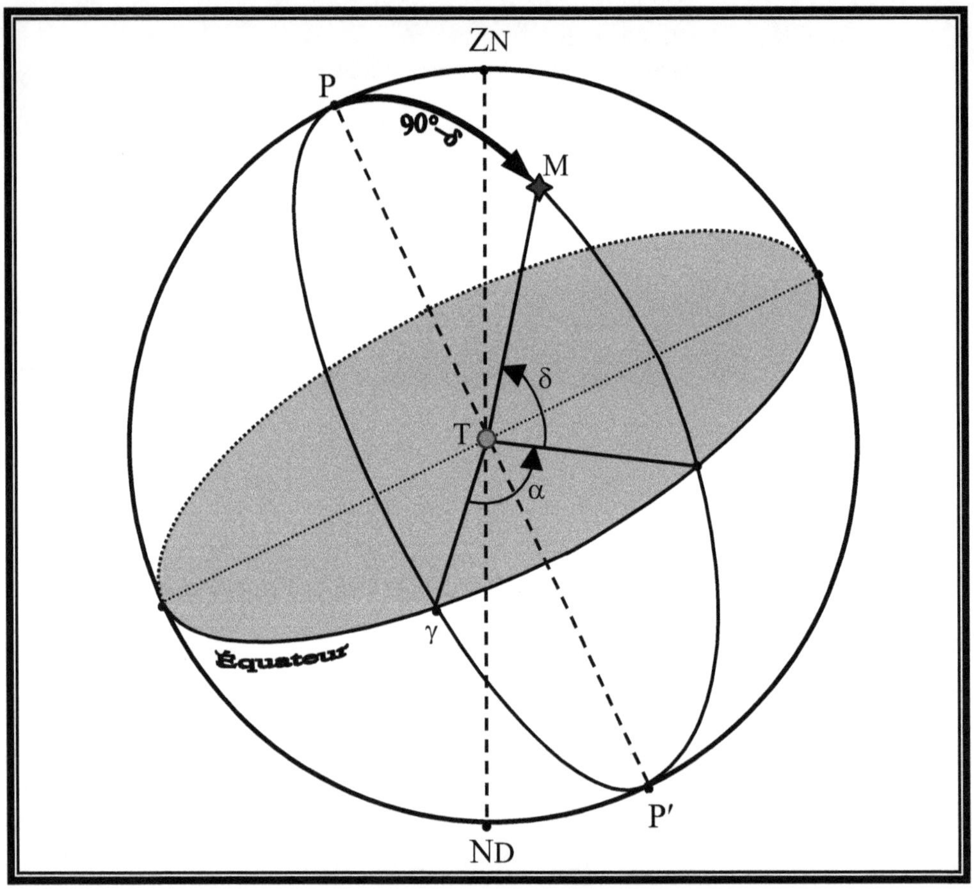

Figure II.9: Les coordonnées ouranographiques, dites aussi équatoriales: l'ascension droite (α), et la déclinaison (δ).

Les coordonnées ouranographiques, dites aussi *équatoriales*[122] [voir Fig. II.9]. L'*ascension droite* (α), angle dihèdre du cercle horaire de la direction

[120] Voir *ÉPHÉMÉRIDES*, 1988: 26-27.

[121] Le cercle de hauteur est appelé (en arabe) *'al-muqanṯarāt*.

[122] Voir *ÉPHÉMÉRIDES*, 1988: 27-28.

et de celui du point γ, compté en heures (et parfois en degrés[123]) de 0^H à 24^H, soit du point vernal et sur l'équateur céleste. La *déclinaison* (δ), angle que fait la direction avec le plan de l'équateur céleste, comptée en degrés de –90° à +90°, soit de l'équateur céleste. On definit donc la *distance polaire* (P), comme:

$$P \equiv 90° - \delta \qquad [II–13]$$

compté en degrés de 0° à 180°, soit l'angle des directions de P et M. Ces coordonnées peuvent être considérées comme pratiquement constantes pendant des périodes temporelles limitées (décennies), mais changent pendant des périodes séculaires à cause de la précession des Équinoxes et de la nutation. Par ailleurs, leur définiton pour une direction quelconque d'un lieu certain ne fait pas intervenir d'éléments liés à ce lieu d'observation. Donc, elles conviennent à l'établissement des *Éphémérides* astronomiques et des cartes célestes.

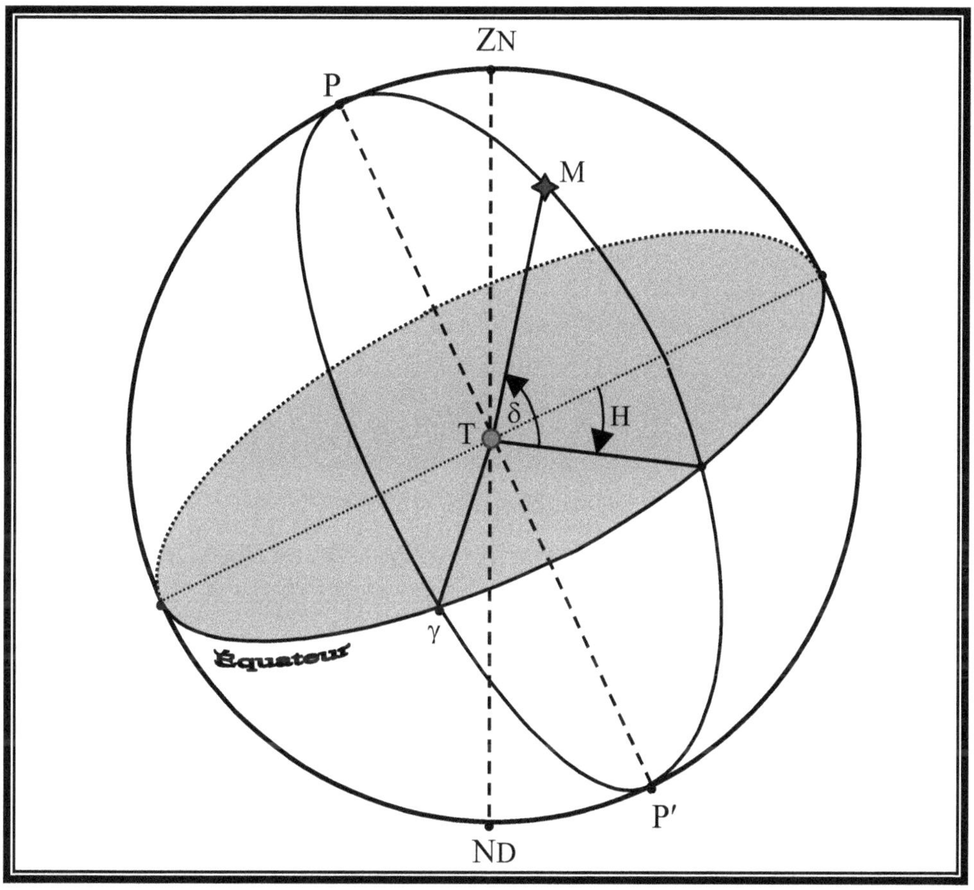

Figure II.10: Les coordonnées horaires: l'angle horaire (H), et la déclinaison (δ).

Les coordonnées horaires[124] [voir Fig. II.10]. L'*angle horaire* (H), angle dihèdre formé par le cercle horaire de la direction envisagée et le Méridien du lieu d'observation, compté dans le sens rétrograde en heures (et parfois en degrés), de 0^H à 24^H ou bien de -12^H à $+12^H$. La *déclinaison* (δ), déjà définie. Le

[123] Il est évident que $360° = 24^H$, soit $15° = 1^H$, ou $15' = 1^M$ et $15'' = 1^S$.

[124] Voir ÉPHÉMÉRIDES, 1988: 28.

passage du système de coordonnées horaires au système de coordonnées ouranographiques est immédiat dès qu'on connaît l'angle horaire T du point vernal, qui est aussi l'ascension droite du Zénith. L'angle horaire et l'ascension droite de toute direction sont en effet liés par l'équation:

$$T = H + \alpha \qquad \text{[II–14]}$$

où T porte le nom de *temps sidéral*. Cet angle définit les positions relatives des repères équatoriaux et horaires, tout en étant à la fois un élément local et variable avec le temps. Son taux n'est pas invariable comme celui de ET.

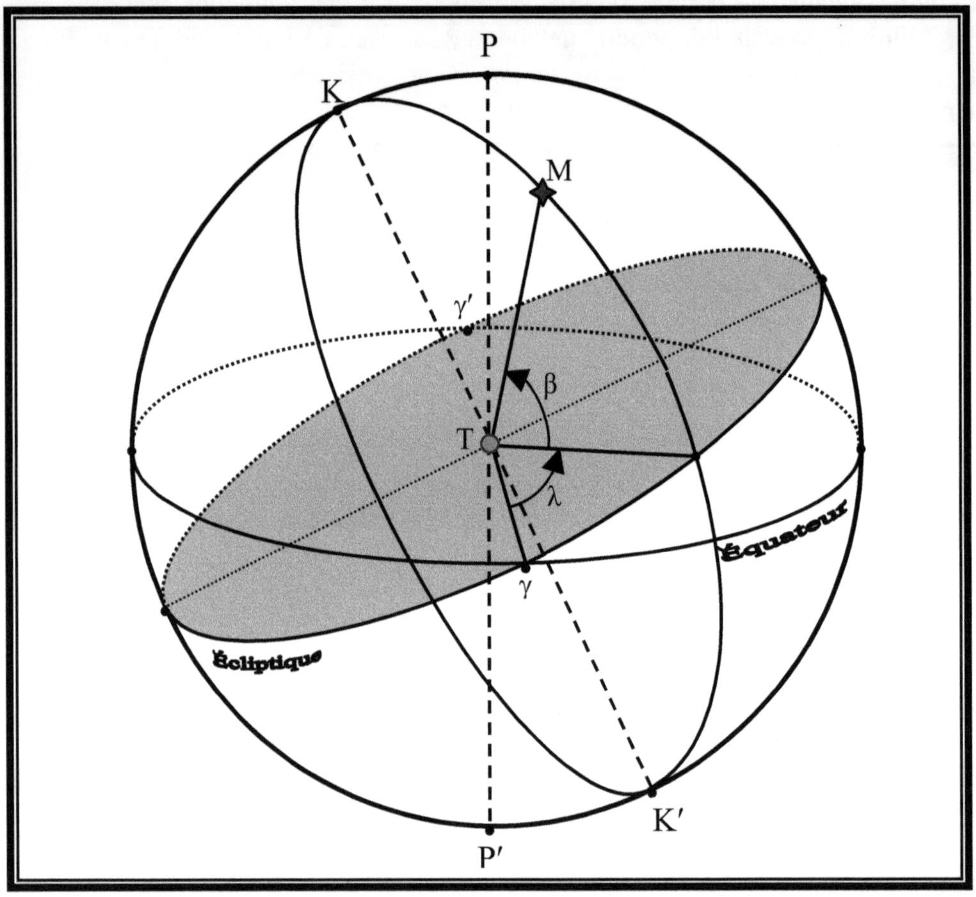

Figure II.11: Les coordonnées écliptiques: la longitude écliptique (λ), et la latitude écliptique (β).

Les coordonnées écliptiques[125] [voir Fig. II.11]. La *longitude écliptique* (λ), angle dihèdre des deux demi–grands cercles dont les extrémités sont les pôles de l'écliptique, et qui contiennent respectivement le point vernal et le point représentatif de la direction envisagée, comptée de 0° à 360° dans le sens direct. La *latitude écliptique* (β), angle de la direction envisagée et du plan de l'écliptique, comptée de –90° à +90°. Ce système de coordonnées est généralement employé pour définir les directions héliocentriques des objets du système solaire.

[125] Voir *op. cit.*: 28-29.

Changement des Coordonnées[126]. On a déjà noté que la connaissance du *temps sidéral* (T) nous permet de déduire aisément l'angle horaire de l'ascension droite α ou inversement, et de passer ainsi de l'un à l'autre système de coordonnées. À l'inverse, la comparaison de valeurs observées des coordonnées horaires et ouranographiques d'un même astre permet la détermination du temps sidéral. De même, la connaissance de la latitude géographique ϕ du lieu d'observation permet le passage des coordonnées horizontales aux coordonnées horaires d'un astre donné et inversement. En effet, les équations trigonométriques suivantes[127]:

$$\sin\delta = \sin\phi\cdot\cos z - \cos\phi\cdot\sin z\cdot\cos A \;\;\&\;\; \sin\delta = \sin\phi\cdot\sin h + \cos\phi\cdot\sin h\cdot\cos A \quad \text{[II–15]}$$

$$\cos\delta\cdot\sin H = \sin z\cdot\sin A \quad \text{[II–16]}$$

$$\cos\delta\cdot\cos H = \cos\phi\cdot\cos z + \sin\phi\cdot\sin z\cdot\cos A \quad \text{[II–17]}$$

nous permettent de déduire δ et H de z et A, et inversement les relations[128]:

$$\cos z = \sin\phi\cdot\sin\delta + \cos\phi\cdot\cos\delta\cdot\cos H \quad \text{[II–18]}$$

$$\sin z\cdot\sin A = \cos\delta\cdot\sin H \quad \text{[II–19]}$$

$$\sin z\cdot\cos A = -\cos\phi\cdot\sin\delta + \sin\phi\cdot\cos\delta\cdot\cos H \quad \text{[II–20]}$$

définissent le passage des coordonnées horaires aux coordonnées horizontales. Enfin, la variation diurne de déclinaison du Soleil est (n = jours passés dès le Solstice d'Été)[129]:

$$\Delta\delta = 0.9856\cdot\sin\varepsilon\cdot|\sin(0.965\cdot n)|/\cos\delta \quad \text{[II–21]}$$

§ 3.4. La Variation des Coordonnées: Précession, Nutation, Aberration

Les coordonnées ouranographiques ou écliptiques d'une direction fixe ne sont pas constantes, car elles sont définies à partir de plans fondamentaux (équateur et écliptique, respectivement), animés des mouvements dus aux actions perturbatrices de la Lune, du Soleil et des planètes. Ces mouvements sont conventionnellement décomposés en:

La nutation[130]. La nutation est la superposition d'oscillations périodiques de courtes périodes et de faibles amplitudes, dues principalement à la Lune (ainsi qu'au Soleil). La nutation cause l'oscillation du pôle céleste de ± 9″ avec une période de 18.6 ans.

La précession[131]. La précession est un mouvement lent vers l'Ouest des Équinoxes autour de l'écliptique, mais de grande amplitude. Il résulte de la précession de l'axe terrestre, expliquée par les lois de Mécanique de Newton. Les Équinoxes se meuvent autour de l'écliptique avec une période de 25,800 ans, soit de ≈ 50″.26 *per annum*. On pourrait montrer que la précession générale p et l'obliquité de l'écliptique ε sont en effet des fonctions linéaires du temps, ainsi

---

126 Voir *op. cit.*: 29-31.

127 Voir SMART, [6]1980: 6-23.

128 Ibid.

129 Voir RUGGLES, 1999: 24.

130 Voir ILLINGWORTH, [2]1981, 225-26: art. «nutation»; SMART, [6]1980: 231 ff.

131 Voir *op. cit.*: 256-57: art. «precession of the equinoxes»; SMART, [6]1980: 226 ff. Voir aussi RUGGLES, 1999: 18, 52, 57.

que déterminer la variation des coordonnées ouranographiques d'un astre à cause de la précession luni–solaire ψ:

$$p(t) = 50''.2564 + 0''.000222 \cdot t \quad [II–22]$$

$$\varepsilon(t) = 23°27'8''.26 - 0''.4685 \cdot t \quad [II–23]$$

$$\Delta\alpha = \psi \cdot (\cos\varepsilon + \sin\varepsilon \cdot \sin\alpha \cdot \tan\delta) \ \& \ \Delta\delta = \psi \cdot \sin\varepsilon \cdot \cos\alpha \quad [II–24]$$

Si l'on tient compte de la précession seulement, l'écliptique, l'équateur et le point γ sont dits *moyens*. Si l'on introduit aussi la nutation, l'écliptique et l'équateur sont dits *vrais*. On aura l'occasion de discuter la précession et sa connaissance possible par les Égyptiens anciens au Chapitre III (§ 4.1) de ce livre.

L'aberration[132]. L'aberration est le déplacement angulaire apparent ($\Delta\theta$) des positions des étoiles, dû au mouvement orbital de la Terre autour du Soleil. La vitesse de la lumière n'est pas infinie, donc la position d'une étoile au moment de son observation diffère de sa position réelle. La loi d'aberration est donnée par la formule:

$$\Delta\theta = \kappa \cdot \sin\theta \ \& \ \kappa = (v / c) \cdot \mathrm{csec}1'' \quad [II–25]$$

où v est la vitesse de la Terre et c la vitesse de la lumière. Les coordonnées des astres corrigées pour tenir compte de ce phénomène s'appellent *coordonnées apparentes*.

De nombreux facteurs, en général, vont intervenir et influer sur nos observations des astres et des phénomènes célestes près de l'Horizon[133]:

(i) Le lieu d'observation, à la fois par sa position (les coordonnées géographiques) et par la hauteur de l'Horizon (= *élévation*) dans la direction du phénomène étudié (lever ou coucher d'une étoile, lever du Soleil et de la Lune, lever héliaque de Sirius, éclipse de la Lune, & c.); la topographie antique étant en général inconnue ou changée, ce facteur introduit une incertitude irréductible.

(ii) Les conditions météorologiques (ciel couvert, brume, tempêtes de sable du désert, éruptions volcaniques, & c.).

(iii) La précession des Équinoxes et les autres mouvements de la Terre, (soit nutation, aberration, perturbations de la Lune et des autres planètes, & c.

(iv) Les mouvements propres des étoiles.

(v) La réfraction atmosphérique (voir § 3.5, *infra*).

(vi) La différence d'azimut entre le Soleil et l'étoile (s'il s'agit d'une étoile comme Sirius, dont on voudrait observer le lever héliaque), et qui (dans ce cas) décroît avec le temps à cause de la précession, en augmentant son *arcus visionis* (plus un astre est distant du Soleil, plus facile il est de l'observer).

(vii) L'acuité visuelle des observateurs, ainsi que leurs habitudes, car des observateurs réguliers (ayant de l'expérience) seront capables d'apercevoir et d'observer un phénomène céleste plus facilement que ceux qui sont inexpérimenté(e)s.

Or, il semble prétentieux et illusoire de vouloir donner au jour près la date d'un phénomène céleste historiquement important, tant de nombreux facteurs incon-

---

132 Voir ILLINGWORTH, [2]1981, 1: art. «aberration»; SMART, [6]1980: Chap. VIII.

133 Voir par exemple AUBOURG, 2000: 40.

nus sont susceptibles de la faire varier. En général, il est plus raisonnable et prudent de donner un intervalle de date qui tente de prendre en compte les incertitudes différentes[134].

§ 3.5. Lever et Coucher des Astres / Lever Héliaque et Période Sothiaque / Étoiles Circumpolaires / Passage des Étoiles au Méridien d'un Lieu

Lever et Coucher des Astres. Une autre équation trigonométrique bien utile est celle qui nous permet de calculer l'azimut du lever et du coucher d'un astre, soit[135]:

$$\cos A = \sin\delta \cdot \sec\phi \qquad \text{[II–26]}$$

où ϕ est la latitude géographique du lieu; ainsi que la relation[136]:

$$\cos H = -\tan\phi \cdot \tan\delta \qquad \text{[II–27]}$$

Ces équations nous donnent une méthode plausible afin de calculer la déclinaison, si l'on connaît la latitude géographique et l'azimut. Or, on pourrait théoriquement l'appliquer pour déduire l'âge d'un bâtiment (temple, tombeau, pyramide), si l'on utilise les *Éphémérides* astronomiques du passé avec interpolation des tables. Pour calculer l'instant du lever et du coucher d'un astre, dont on suppose connues les coordonnées ouranographiques α et δ au moment du phénomène considéré, on calcule tout d'abord l'angle horaire du moment demandé par la formule[137]:

$$\cos H = (\sin h_o - \sin\phi \cdot \sin\delta)/(\cos\phi \cdot \cos\delta) \qquad \text{[II–28]}$$

où h_o est défini par les équations:

$$h_o \equiv P - R - \tfrac{1}{2}d - q_1 - q_2 \qquad \text{[II–29]}$$

$$q_1 \equiv 1'56''\sqrt{a},\ \tan q_2 \equiv D/\ell \qquad \text{[II–30]}$$

où P est la parallaxe (négligée pour tous les astres sauf la Lune, dont on prend $\approx$ 57′); R est la réfraction à l'Horizon[138]:

$$R = \theta \cdot \mu_o \cdot \sin z \cdot \int_{\mu=1}^{\mu_o} d\mu/[\mu \cdot \sqrt{(r^2 \cdot \mu^2 - \theta^2 \cdot \mu_o{}^2 \cdot \sin^2 z)}] = \ldots = 36'36'' \qquad \text{[II–31]}$$

suivant la théorie de Radau[139]; où z est la distance zénithale observée, μ est l'index de refraction, & c. Alors que d est le diamètre apparent de l'astre (aussi bien pour la Lune et le Soleil 32′); a est l'altitude d'observateur au-dessus du niveau de la mer, exprimé en mètres; D est l'altitude des montagnes ou des collines situés à une distance ℓ d'observateur, & c. On obtient donc pour le lever:

$$t_L = \alpha - H \qquad \text{[II–32]}$$

et pour le coucher:

---

134 Ibid. Voir aussi les nn 113 & 115, *supra*.
135 Voir SMART, [6]1980: 47.
136 Ibid. Les équations [II–26] & [II–27] sont complémentaires.
137 On utilise ici les équations fournies dans les *Éphémérides*, publiées annuellement par *L'Astronomie* et le Bureau des Longitudes (voir par exemple *ÉPHÉMÉRIDES*, 1988: 65 ff.).
138 Voir SMART, [6]1980: 62-64.
139 Voir la n. 138, ainsi que SCHAEFER & LILLER, 1990: 796-805.

$$t_C = \alpha + H \qquad [II\text{–}33]$$

D'ailleurs, la *vitesse angulaire* avec laquelle une étoile se lève au dessus de l'Horizon dépend seulement de son azimut et de la latitude du lieu d'observation:

$$dh/dt = -15\cdot\cos\phi\cdot\sin A \qquad [II\text{–}34]$$

Quelques calculs qui sont utilisés dans cet ouvrage sont fondés sur les formules précédentes. Le *crépuscule*[140] est une notion astronomique très importante. On appelle crépuscule la lueur croissante (avant le lever) ou décroissante (après le coucher) du Soleil, provenant de l'éclairement des couches supérieures de l'atmosphère terrestre par ses rayons, quand il se trouve au-dessous de l'Horizon mais près de celui-ci. On distingue trois sortes de crépuscule, soit[141]: *le crépuscule astronomique*, qui finit (commence) quand le Soleil se trouve à –18° sous l'Horizon local d'un lieu; *le crépuscule nautique*, qui finit (commence) quand le Soleil se trouve à –12° sous l'Horizon local; et *le crépuscule civil*, qui finit (commence) quand il se trouve à –6° sous l'Horizon. Pour connaître l'instant du début ou de la fin du crépuscule, on utilise la formule [II–28], d'où l'on obtient l'angle horaire si l'on met $h_o = -6°$ ou $-12°$ ou $-18°$ et $\delta \approx \delta_\odot$ la déclinaison du Soleil au moment de son coucher (ou lever); or, en utilisant la formule [II–14] on prend:

$$T_C = \alpha \pm H + \lambda - T_o \qquad [II\text{–}35]$$

où T_o est le temps sidéral de Greenwich à 0^H du jour considéré au lieu d'une longueur géographique λ. Le signe + correspond à la fin du crépuscule, tandis que le signe – correspond à son commencement[142]. Le Soleil ne s'abaisse pas de 6° sous l'Horizon, quand la somme algébrique de sa déclinaison δ et de la latitude du lieu ϕ est au moins égale à 84° (en sa valeur absolue), donc:

$$|\delta + \phi| \geq 84° \qquad [II\text{–}36]$$

Cela signifie que sur ce lieu terrestre il n'y a pas de nuit, or la distance zénithale du Soleil ne peut pas devenir plus grande que 96° à la fois entre son coucher et le minuit apparent et entre le minuit apparent et son lever. Or, on parle des *nuits blanches*. À la latitude géographique moyenne de l'Égypte (voir formule [II–45]) il y a toujours de la nuit totale et donc de l'obscurité absolue (en principe dans la campagne, hors de la pollution lumineuse des villes), quand le Soleil se trouve plus de –18° au dessous de l'Horizon (soit plus de 108° en distance zénithale), pendant les nuits où ni la Lune ni Vénus ne sont visibles.

Lever Héliaque et Période Sothiaque. On parle du *lever héliaque d'une étoile* quelconque (qui n'est ni circumpolaire ni invisible pour un lieu certain de latitude géographique ϕ), quand ce phénomène prend place juste avant le lever du Soleil, dans un temps convenable afin que cette étoile soit visible dans la lumière crépusculaire. Il est évident que des étoiles brillantes, comme Sirius, étaient très utiles aux anciens afin d'être utilisées comme précurseurs des phénomènes divers célestes ou terrestres pendant e.g.: leur lever (ou leur coucher[143]) héliaque

[140] Voir ÉPHÉMÉRIDES, 1988: *1988*: 72-73; SMART, [6]1980: 51-52. Pour une application à l'Antiquité, voir aussi le Chapitre IV, § 2.2: nn 128-29, *infra*.

[141] Voir ILLINGWORTH, [2]1981, 26: art. «astronomical twilight».

[142] Notons que $\cos(\frac{1}{2}\cdot M)\,[°] = -\tan\phi/\cot\varepsilon$ donne la durée M du jour le plus longue.

[143] Le *coucher héliaque* (ou *vespéral*) est le coucher d'une étoile juste après le coucher du Soleil, afin qu'elle soit visible près de l'Horizon ouest.

(comme par exemple l'inondation du Nil). En effet, le lever héliaque de Sirius (α–CMa), appelé en égyptien *Prt Spdt*, était connu pour annoncer la crue du Nil et pour avoir servi à repérer le début de l'année[144]. On possède dans le *corpus* égyptien un petit nombre de *dates sothiaques*, c'est-à-dire de dates d'occurrence de ce phénomène astronomique, exprimées dans le calendrier administratif égyptien de 365 jours[145]. Les Égyptiens avaient au moins deux manières de prédire le lever héliaque de Sirius, et un document nous indique qu'ils savaient le faire au moins 21 jours à l'avance[146]. Donc, ils pouvaient: **(i)** soit observer le lever héliaque d'autres étoiles, telles que Betelgeuse (α–Ori) et Rigel (β–Ori), et connaître le laps de temps qui séparait leur lever héliaque de celui de Sirius[147]; **(ii)** soit compter simplement 365 jours depuis le lever héliaque précédent, en ajoutant un jour tous les quatre ans en moyenne. Comme la date du phénomène se décale lentement, les dates sothiaques constituent des points d'ancrage essentiels de la chronologie de l'Égypte pharaonique[148]. Le temps entre le lever héliaque et le coucher héliaque d'une étoile est sa *période annuelle de visibilité*, tandis que la *période d'invisibilité* est définie comme le reste de l'an. Utilisant les formules [II–26], [II–28], [II–32], nous pourrons calculer l'azimut A, l'angle horaire H, et le temps t_{L-H} du phénomène en utilisant les coordonnées de cette étoile pour l'époque spécifiée. On peut montrer que si une étoile se lève (ou se couche) simultanément avec le Soleil la différence temporelle entre ce phénomène et le lever (–) ou le coucher (+) du Soleil le jour prochain sera:

$$\Delta t = 1/\cos^2\delta\cdot[\cos\varepsilon \pm \tan\phi\cdot\cos\lambda/\sin H\cdot\cos\delta]\cdot\Delta\lambda \qquad [II–37]$$

où λ est la longitude écliptique (voir § 3.3, *supra*) et ε est l'obliquité de l'écliptique (voir §§ 3.1, 3.4 & formule [II–23], *supra*). Liée directement au *lever héliaque de Sirius*[149] est la *période sothiaque*[150], dont on va parler de nouveau au Chapitre III (cf. les §§ 1.1 & 2.1). Ici nous présenterons brièvement la théorie du phénomène [voir Fig. II.12a–b]. Ingham[151] dans un article court mais important a calculé la longueur (durée) de la période sothiaque en utilisant des formules de l'Astronomie Sphérique. Sur les Figures II.12a–b: K et K′ sont les pôles nord et sud de l'écliptique; S est Sirius [ayant des coordonnées ouranographiques (α, δ) et écliptiques (λ, β)]; A et A′ sont les positions du Soleil pendant le lever et le coucher héliaque; H et H′ sont les points d'intersection de l'Horizon (est et ouest, respectivement) avec l'écliptique; AL ($\equiv \gamma \approx 9^o$) et A′L′ ($\equiv \gamma' \approx 7^o.5$) sont les dépressions maximales du Soleil au dessous de l'Horizon, afin que Sirius soit visi-

[144] Au moins aux débuts de l'histoire égyptienne (voir par exemple DEPUYDT, 1997).
[145] Voir PARKER, 1952: 101-08; SPALINGER, 1995g: 176-83.
[146] Il s'agit du *pBerlin 10012* (voir LUFT, 1992).
[147] Voir BEAUX, 1994: 61-72.
[148] Voir KRAUSS, 1985; LUFT, 1992. Cf. aussi VANDERSLEYEN, 1995: 210-12.
[149] Voir LOCHER, 1993b: 190-92. Voir aussi *pCarlsberg I* pour son symbolisme (NEUGEBAUER & PARKER: *EAT*, **I**, 1960: Chap. 2). Cf. aussi HENNE, 1992: 10-21.
[150] Voir *LÄ*, **V**, 1984, 1117-124: art «Sothisperiode»; 1110-117: art. «Sothis».
[151] Voir INGHAM, 1969, 36-40. Pour une discussion sur les limites de sa méthode et l'*arcus visionis*, ainsi que pour un calcul basé sur des données des satellites plus récents, voir AUBOURG, 2000: 37-46, mais cf. PACHNER, 1998, 125-36. Ici nous nous sommes plutôt intéressées à un calcul théorique, sans tenant compte de la réfraction astronomique, & c.

ble (*arcus visionis*), que l'on suppose pratiquement constantes[152]. La période d'invisibilité de Sirius est A′A et le Soleil se meut sur l'arc A′TA pendant l'année, N

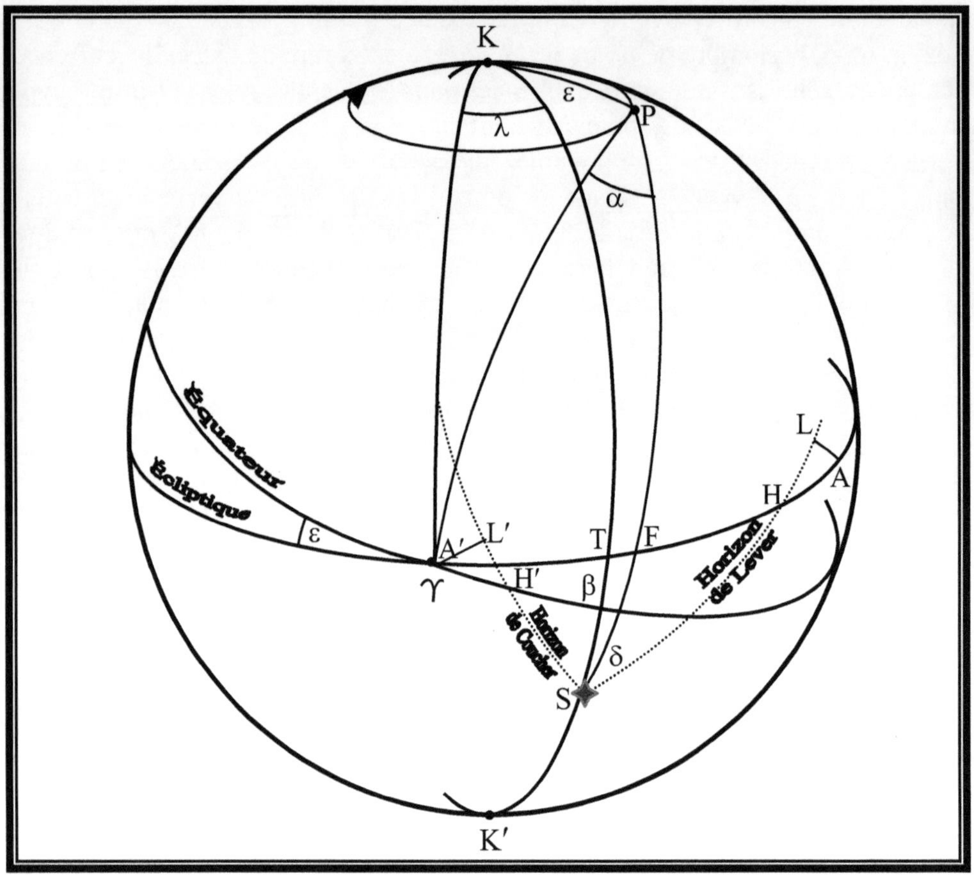

Figure II.12 (a): Le lever héliaque de Sirius et la détermination théorique de la période sothiaque, d'après Ingham [voir INGHAM, 1969, 37: fig. 1].

est le Nord sur l'Horizon, et PN est la latitude géographique du lieu ($\equiv \phi$). À propos, donnons ici quelques latitudes pour divers lieux importants de l'Égypte antique[153]:

$$\phi_{\text{Alexandria}} = 31°12' \text{ N}, \lambda_{\text{Alexandria}} = 29°53' \text{ E} \quad \text{[II–38]}$$

$$\phi_{\text{Memphis}} = 29°51' \text{ N}, \lambda_{\text{Memphis}} = 31°15' \text{ E} \quad \text{[II–39]}$$

$$\phi_{\text{Giza}} = 29°59' \text{ N}, \lambda_{\text{Giza}} = 31°08' \text{ E} \quad \text{[II–40]}$$

$$\phi_{\text{Dendara}} = 26°08' \text{ N}, \lambda_{\text{Dendara}} = 32°40' \text{ E (Temple)} \quad \text{[II–41]}$$

$$\phi_{\text{Luxor}} = 25°42' \text{ N}, \lambda_{\text{Luxor}} = 32°38' \text{ E} \quad \text{[II–42]}$$

$$\phi_{\text{Aswān}} = 24°05' \text{ N}, \lambda_{\text{Aswān}} = 32°54' \text{ E} \quad \text{[II–43]}$$

$$\phi_{\text{Abu Simbel}} = 22°21' \text{ N}, \lambda_{\text{Abu Simbel}} = 31°38' \text{ E} \quad \text{[II–44]}$$

[152] Pour une approche plus précise, voir AUBOURG, 2000: 40 et *contra* la valeur de 7°.5 adoptée par Ingham, voir *op. cit.*: 41-42. La détermination de cet angle minimal reste la difficulté majeure du calcul d'un lever héliaque (cf. HENNE, 1992: 10-21). Sur Sirius et ses observations pendant l'Antiquité, voir MALIN & MURDIN, 1984: 88-91.

[153] Voir par exemple, BAINES & MÁLEK, [7]1988: 233-35. Pour la géographie de l'Égypte ancienne, voir GAUTHIER, 1925-29; HANNIG, [2]1997.

d'où les coordonnées géographiques moyennes pour l'Égypte, que nous adoptons dans ce livre, sont:

$$\langle\phi\rangle \equiv (\phi_{\text{Alexandria}} + \phi_{\text{Abu Simbel}})/2 = 26°46'30'' \text{ N} \qquad \text{[II–45]}$$

$$\langle\lambda\rangle \equiv (\lambda_{\text{Alexandria}} + \lambda_{\text{Abu Simbel}})/2 = 30°45'30'' \text{ E} \qquad \text{[II–46]}$$

Le *calcul de la longueur sothiaque* est effectué comme suit: **(i)** obtenir les coordon-

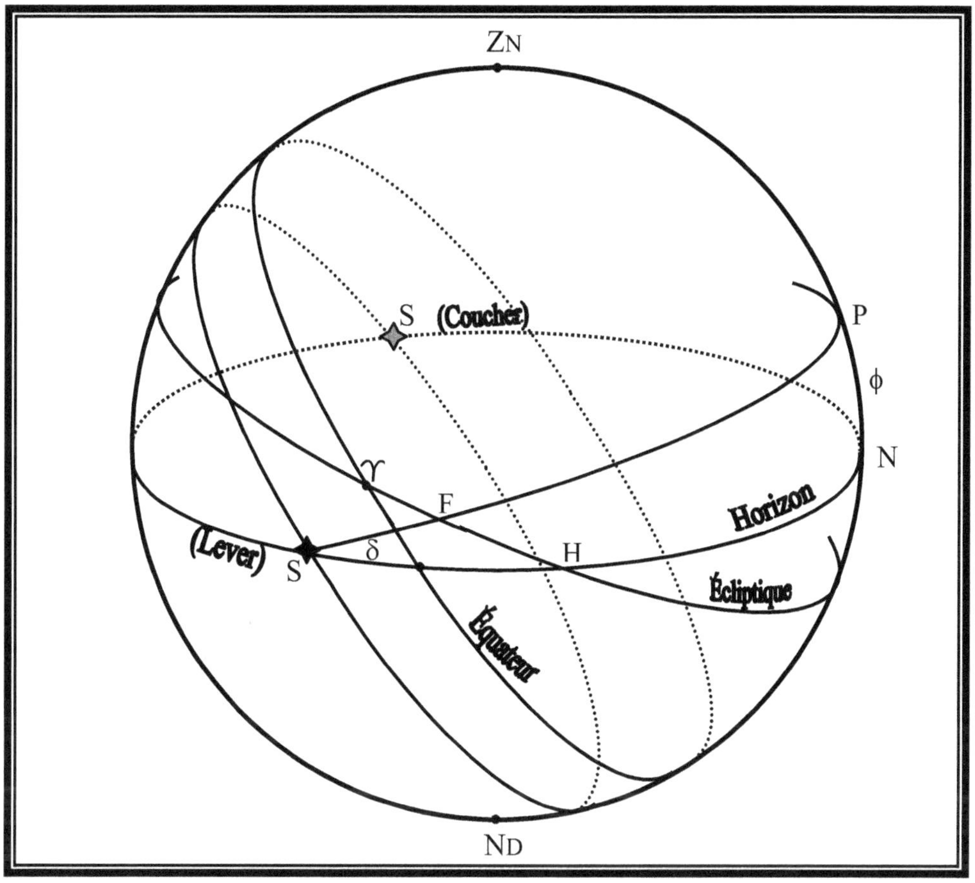

Figure II.12 (b): Le lever héliaque de Sirius et la détermination théorique de la période sothiaque, d'après Ingham [voir INGHAM, 1969, 38: fig. 2].

nées ouranographiques de Sirius[154] dès 4000 BCE jusqu'à 2000 CE; **(ii)** calculer ses coordonnées écliptiques, tenant compte de l'équation [II–23][155], en utilisant les formules[156]:

$$\sin\beta = \cos\varepsilon\cdot\sin\delta - \sin\varepsilon\cdot\cos\delta\cdot\sin\alpha \qquad \text{[II–47]}$$

[154] Voir NEUGEBAUER, 1912, I: *Sterntafeln.* Coordonnées déjà corrigées pour la précession et le mouvement propre de Sirius. À ce propos, il faut noter que les coordonnées de Sirius données par le satellite *Hipparchos* pour JD 2000 sont $\alpha = 06^H45^M08^S.92$, $\delta = -16°42'58''.0$ (voir AUBOURG, 2000: 42 & sa n. 13), tandis que son mouvement propre est de $\mu_\alpha = -0''.54601$ *per annum* et $\mu_\delta = -1''.22308$ *per annum*; les mêmes coordonnées calculées par notre algorithme REDSHIFT 2 pour JD 2000 (01-I-2000) sont $\alpha = 06^H45^M10^S$, $\delta = -16°43'04''$. Or, la précision de notre logiciel est vraiment extraordinaire!

[155] Voir par exemple ALLEN, ^{3}1976: §§ 10-11.

[156] Voir SMART, ^{6}1980: 6-23.

$$\cos\beta \cdot \cos\lambda = \cos\delta \cdot \cos\alpha \quad \text{[II–48]}$$

$$\cos\beta \cdot \sin\lambda = \sin\varepsilon \cdot \sin\delta + \cos\varepsilon \cdot \cos\delta \cdot \sin\alpha \quad \text{[II–49]}$$

qui se basent sur les équations [II–15]-[II–20]; **(iii)** résoudre les triangles sphériques KPS, PSN, TSH, TSH′, ALH et A′L′H, afin d'obtenir les arcs A′T et AT, en utilisant des formules sphériques convenables; **(iv)** appliquer le mouvement propre[157] de Sirius en longitude, donc le mouvement du point T, afin de trouver un point fixe T′ sur l'écliptique, tel que le temps entre deux passages consécutifs du Soleil par ce point soit exactement 1 année sidérale (= $365^{D}.25636$); **(v)** convertir la longueur des arcs calculés A′T et AT de degrés en jours[158], en tenant compte du fait que le mouvement apparent du Soleil sur l'écliptique est variable. Les résultats, que l'on discutera dans le Chapitre III (voir § 5.3) sont présentés et commentés par Ingham[159]. Ici il suffit de constater que la période sothiaque (à Memphis) serait égale à[160]:

$$T_{\text{Sothiaque}} = 1458.5\ (\pm 2)\ \textit{années communes} = 1457.6\ (\pm 2)\ \textit{années tropiques} \quad \text{[II–50]}$$

or, cette période est variable et semble diminuer à présent. La longueur de la période sothiaque change principalement à cause de la précession des Équinoxes (et du mouvement propre de Sirius). Aubourg a prouvé, avec des courbes qui présentent l'azimut comme une fonction de date julienne et une analyse précise que la durée du cycle sothiaque change avec la position (lieu d'observation) et avec le temps[161].

Les Étoiles Circumpolaires. Considérons la sphère céleste pour un observateur de l'hémisphère nord, d'une latitude géographique ϕ **[voir Fig. II.13]**. On voit les parallèles de déclinaison pour deux étoiles S_1 et S_2, qui se trouvent toujours au dessus de l'Horizon, c'est-à-dire qu'elles ne se couchent jamais. Ces astres sont appelés *étoiles circumpolaires*[162]. La condition nécessaire afin qu'une étoile ne se couche jamais est arc(PM) $\leq$ arc(PN), donc que la distance polaire boréale soit moins que (ou à la limite égale à) la latitude géographique du lieu d'observation, ou également que la déclinaison soit plus grande que la *colatitude géographique*. Quand l'étoile S_1 se trouve sur le Méridien d'observateur au point L, cet astre se trouve en *culmination supérieure* ou en *transition*, et sa distance zénithale est égale à:

$$z = \phi - \delta \quad \text{[II–51]}$$

Quand la même étoile approche le point M, elle se trouve en *culmination inférieure*, et sa distance zénithale est égale à:

$$z = 180^{\circ} - (\phi + \delta) \quad \text{[II–52]}$$

[157] Voir *op. cit.*: Chap. XI.
[158] Voir INGHAM, 1969: 38.
[159] Voir *op. cit.*: 38-40 & Tabs. 1-3. Cf. aussi DE MEIS, 1996: 37-40; PACHNER, 1998: 125-36.
[160] Voir *op. cit.*: 39 & cf. SCHOCH, 1928, qui donne une valeur de $T_{\text{Sothiaque}}$ = 1456 ans. Il se trouve que tout au long de l'histoire égyptienne la durée de l'*année sothiaque* a été très proche de $365^{D}.25$, le fait que la durée de l'*année julienne* soit très proche à l'*année sothiaque* étant une pure coïncidence (voir § 1.3, *supra*).
[161] Voir AUBOURG, 2000: 42 & figs 4-6.
[162] Voir SMART, [6]1980: 32-33.

Il est évident que quand $\phi = \delta$, la culmination supérieure prend place au Zénith. Quand $\delta > \phi$, la culmination supérieure prend place entre le pôle céleste boréal et le Zénith, comme pour l'étoile S_2. Dans ce cas il est évident que l'azimut de l'étoile ne dépasse pas 90°. Les étoiles circumpolaires australes peuvent être étudiées d'une façon pareille. Les Égyptiens considéraient les étoiles circumpolaires

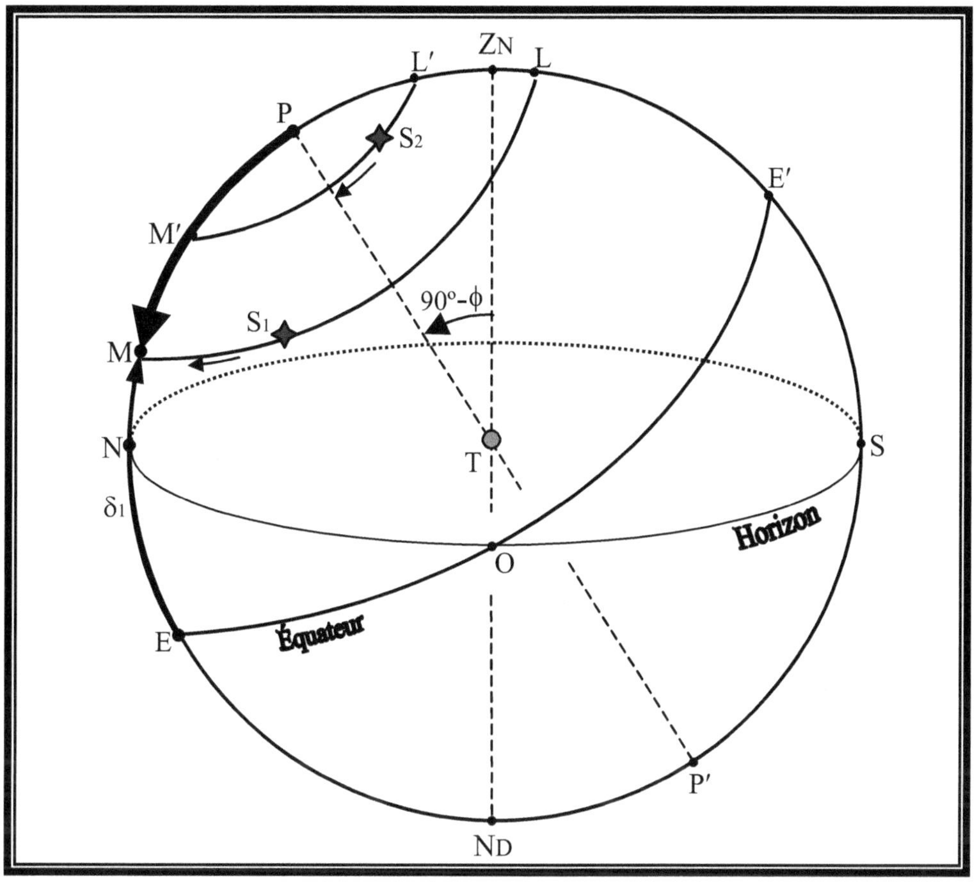

Figure II.13: Aspect de la sphère céleste pour l'hémisphère nord, d'une latitude géographique $\phi >> 0°$, où l'on observe deux étoiles circumpolaires (S_1 et S_2), qui ne se couchent jamais.

comme des astres spéciaux indestructibles, que l'on connaît très bien[163], et dont on discutera dans le chapitre III (voir §§ 1.1, 2.1 & 4.1-4.2) de ce livre. Pour les étoiles circumpolaires (toujours visibles) $P < \phi$; pour les étoiles visibles qui se couchent il est toujours $\phi < P < 180° - \phi$; enfin, pour les étoiles toujours invisibles il est $P > 180° - \phi$.

Passage des Étoiles au Méridien d'un Lieu[164]. Soit un lieu défini par ses coordonnées géographiques (λ, ϕ) et une étoile de coordonnées ouranographi-

[163] Pour les *iḫmw-skiw*, voir entre autres, *LÄ*, **I**, 1975, 971-72: «Circumpolarsterne».
[164] Voir *Éphémérides*, 1988: 61-62. Le cas d'un astre mobile (planète, Lune) y est aussi examiné. Voir en plus Smart, [6]1980: 29, 33.

ques (α, δ). Celle-ci passe au Méridien (culmination supérieure, au Zénith) chaque fois que le temps sidéral local T (qui dépend de λ) est égal à son ascension droite α [voir Fig. II.14]. Le calcul des instants auxquels se produit ce phénomène ne dépend que de α et λ, mais non de δ et ϕ. Pour une étoile il est particulièrement simple de calculer cet instant, en utilisant la formule [II–14]. Cette ascension droite varie en effet assez lentement pour qu'on puisse la considérer connue *a priori* à l'instant inconnu du phénomène. Il s'agit donc simplement de déterminer l'heure à laquelle ($H = 0°$, z_m = la distance zénithale méridienne):

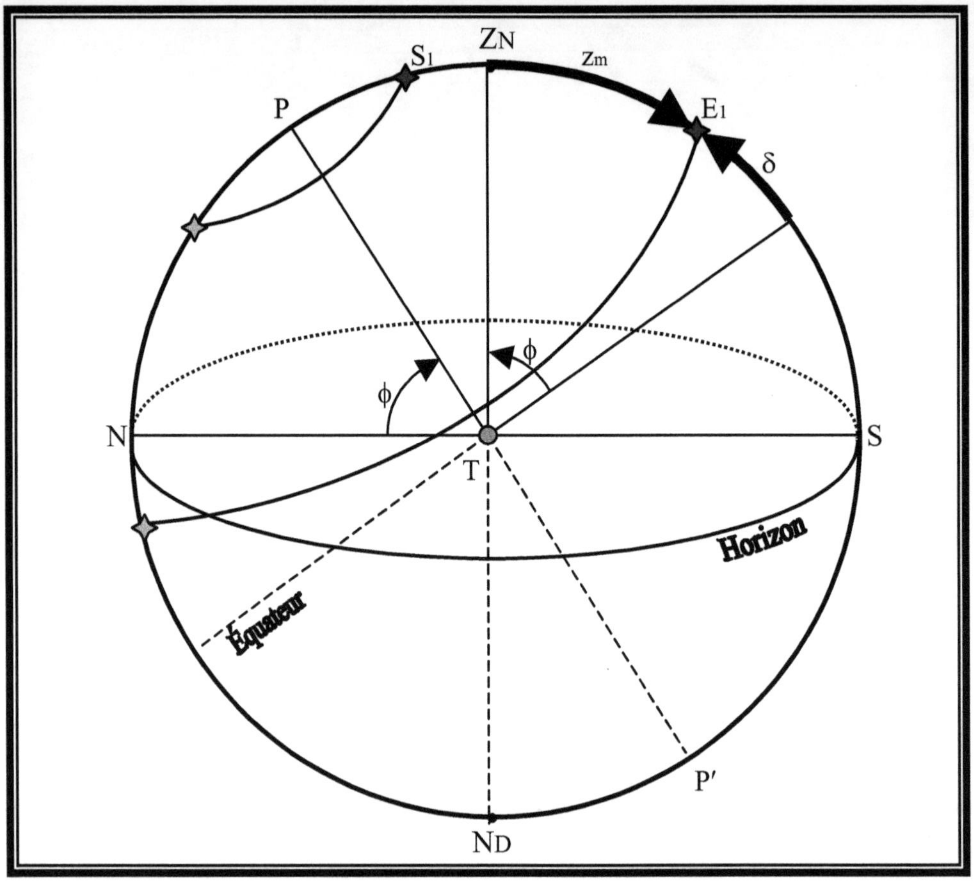

Figure II.14: Aspect de la sphère céleste pour étudier le passage des étoiles au Méridien d'un lieu. Un astre passe au Méridien (culmination supérieure, au Zénith) chaque fois que le temps sidéral local T est égal à son ascension droite α.

$$T_{sup} = \alpha \;\;\&\;\; \phi = \delta \pm z_m \qquad [II\text{–}53]$$

Où le signe négatif est utilisé quand l'étoile culmine au Nord du Zénith ($\delta > \phi$). Les passages stellaires au Méridien sont très importants pour préciser: le temps; les coordonnées ouranographiques; la latitude géographique d'un lieu:

$$\phi = (h_{sup} + h_{inf})/2 \qquad [II\text{–}54]$$

(où h_{sup} et h_{inf} sont les hauteurs pendant les culminations supérieure et inférieure); & c. Pendant l'Antiquité ils l'étaient aussi afin de déterminer la direction Nord–Sud (et par conséquent le Premier Vertical et l'orientation exacte des monuments), le passage du temps, & c. En effet, dès que l'on considère une *culmi-*

nation simultanée des deux étoiles circumpolaires différentes (voir *supra*) la détermination exacte du plan méridional, donc de la direction Nord–Sud, serait facile en principe. Il est évident que la culmination inférieure d'une étoile prend place 12 heures après sa culmination supérieure (z_m = la distance zénithale méridienne):

$$T_{inf} = \alpha + 12^H00^M \ \ \& \ \ \phi = 180° - \delta - z_m \qquad [II–55]$$

Celle-ci est observée sur le Méridien (au Sud du Zénith) si l'étoile est circumpolaire; si l'étoile est seulement visible dans ce lieu, mais non circumpolaire, sa culmination inférieure prend place sous l'Horizon du lieu et est invisible. De la même façon, le passage d'une étoile au Premier Vertical est calculable. Il faut utiliser la formule [II–27], en la transformant:

$$\cos H = \tan\delta/\tan\phi \qquad [II–56]$$

Les astres de l'hémisphère nord céleste, dont la déclinaison est inférieure à la latitude d'un lieu de l'hémisphère nord terrestre, traversent deux fois par jour le Premier Vertical. On prend H positif s'il s'agit du passage ouest, et négatif s'il s'agit du passage est. Si l'on transforme H au moyen de la formule de conversion du temps sidéral T en temps moyen $<T>$[165], on obtient le délai qui sépare les deux passages au Premier Vertical du passage au Méridien. Appliqué au cas du Soleil, ce calcul permet de déterminer les conditions d'éclairement d'un mur orienté dans la direction Est–Ouest. Plus généralement, si l'on considère un mur vertical dont la hauteur est égale à d et qui forme une angle θ avec le Méridien d'un lieu de latitude ϕ, pendant les Équinoxes: il ne produit pas d'ombre quand l'angle horaire du Soleil est égal à:

$$H = \arctan(\sin\phi\cdot\tan\theta) \qquad [II–57]$$

et au moment du vrai midi la largeur de l'ombre sera égale à:

$$w = d\cdot\tan\phi\cdot\sin\theta \qquad [II–58]$$

Par ailleurs, si la longueur de son ombre est ℓ_E pendant l'Équinoxe et ℓ_S pendant le Solstice d'Été, quand le Soleil se trouve au Premier Vertical:

$$\ell_E = \ell_S\cdot\tan\theta\cdot\tan\phi \ \ \& \ \ \sin\theta = \sin\varepsilon\cdot\csc\phi \qquad [II–59]$$

Si l'on voulait connaître la distance zénithale au moment du passage d'une étoile par le Premier Vertical, on aurait (+ pour le passage ouest, – pour l'est):

$$\sin z = \pm\cos\delta\cdot\sin H \qquad [II–60]$$

Il est évident qu'il y a plusieurs méthodes afin d'obtenir une information importante quant aux phénomènes célestes et leur relation avec ses manifestations terrestres. Ainsi, les nations de l'Antiquité, voire les Égyptiens, se fondaient sur des observations pratiques et simples, afin d'orienter leurs monuments (voir le Chapitre III, § 4.1) et afin de suivre les mouvements périodiques célestes.

§ 3.6. Détermination de la Durée des Saisons

La détermination de la durée des saisons est un problème très intéressant[166], dont on profitera dans le Chapitre IV de cet ouvrage. Le mouvement apparent du So-

---

[165] Il s'agit de l'équation $<T> = 1.0027379\cdot T$ & $T = 0.9972696\cdot<T>$.

[166] Voir ACKER & JASCHEK, ^{2}1985: 11-12; SMART, ^{6}1980: 150-56.

leil obéit à deux lois de Kepler: il décrit une orbite elliptique autour de la Terre qui occupe un foyer de l'ellipse; la vitesse aréolaire est constante. Le grand axe de l'élipse, appelé *ligne des apsides*, joint le *périgée* (*périhêlie* pour le Soleil) et l'*apogée* (*aphêlie* pour le Soleil) et sa longueur est 2·a, tandis que le petit axe de l'orbite est égal à $a \cdot \sqrt{(1-e^2)}$, où e indique l'*excentricité* de l'orbite (e = 0.01672). Le Soleil passe en périgée vers le 3 Janvier (Grégorien), en apogée vers le 5 Juillet, et se trouve au point γ le 21 Mars. Les angles v et u [voir Fig. II.15] sont appelés les *anomalies vraie* et *excentrique*. La longitude du Soleil est égale à $\lambda_\odot$

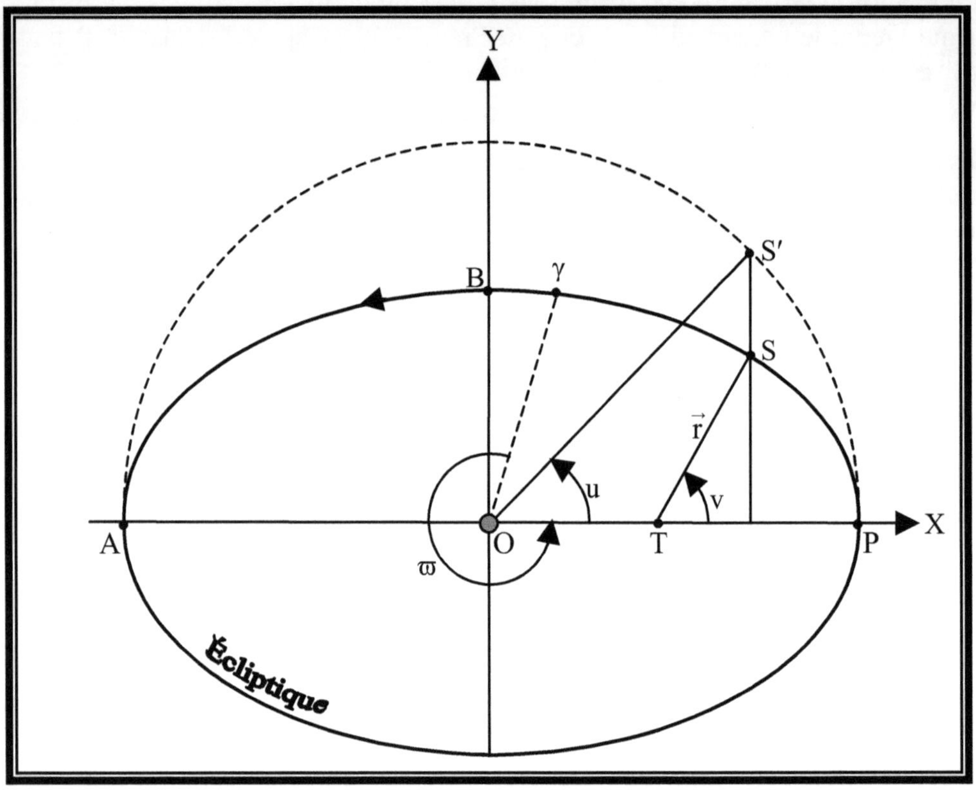

Figure II.15: Détermination de la durée des saisons selon les lois de Kepler et de Newton, d'après Acker et Jaschek [voir ACKER & JASCHEK, [2]1985, 11: fig. 11]. Les angles v et u sont appelés les *anomalies vraie* et *excentrique*.

$= \varpi + v$, où $\varpi = 282°30'36''$. Les coordonnées rectilignes du point S rapportées aux deux axes de l'orbite sont:

$$x = a \cdot \cos u = r \cdot \cos v + a \cdot e \quad \text{[II–61]}$$

$$y = b \cdot \sin u = r \cdot \sin v = [a \cdot \sqrt{(1 - e^2)}] \cdot \sin u \quad \text{[II–62]}$$

d'où provient que

$$r = a \cdot (1 - e \cdot \cos u) \quad \text{[II–63]}$$

Donc, afin d'introduire le temps comme paramètre, nous appliquerons la deuxième loi de Kepler à l'aire S_{PTS} décrite à vitesse aréolaire constante pendant le temps $\Delta t = t - t_o$, soit:

$$S_{PTS} = \pi \cdot a \cdot b \cdot \Delta t / T = S_{POS} - S_{OTS} = \tfrac{1}{2} \cdot a \cdot b \cdot (u - \sin u) \quad \text{[II–64]}$$

où T est la durée de l'année ($T = 365^D.2422$), or

$$u - \sin u = (2\cdot\pi/T)\cdot(t - t_o) = n\cdot(t - t_o) \equiv M \qquad [II\text{–}65]$$

La vitesse angulaire moyenne du Soleil, $n = 360^o\cdot3{,}600''/365^D.2422 = 3{,}548''.33$, est le moyen mouvement par jour, l'angle M étant appelé *anomalie moyenne* et correspondant à un mouvement angulaire fictif. Finalement, la longitude du Soleil peut être exprimée comme une série trigonométrique:

$$\lambda_\odot = \varpi + M + 2\cdot e\cdot\sin M + \ldots \qquad [II\text{–}66]$$

d'où est évident que le mouvement du Soleil n'est pas uniforme, mais affecté d'une inégalité de période annuelle. C'est l'équation du centre égale à $2\cdot e\cdot\sin M$, en première approximation. Or, les équations importantes qui nous donnent la durée de chaque saison (en nombre moyen de jours solaires) sont les suivantes[167]:

$$T_{Printemps} = 91.31 - (e\cdot T/\pi)\cdot(\sin\varpi + \cos\varpi) \qquad [II\text{–}67]$$

$$T_{Été} = 91.31 - (e\cdot T/\pi)\cdot(\sin\varpi - \cos\varpi) \qquad [II\text{–}68]$$

$$T_{Automne} = 91.31 + (e\cdot T/\pi)\cdot(\sin\varpi + \cos\varpi) \qquad [II\text{–}69]$$

$$T_{Hiver} = 91.31 + (e\cdot T/\pi)\cdot(\sin\varpi - \cos\varpi) \qquad [II\text{–}70]$$

Si l'on connaît les valeurs de λ et ϖ pour une année du passé, on peut calculer la durée des saisons. On aura l'occasion d'appliquer ces formules dans le Chapitre IV (voir § 1). Les inégalités des saisons sont dues à la non–uniformité du mouvement du Soleil en longitude (loi des aires de Kepler). En effet la précession déplace le point γ. Comme la durée des saisons dépend de la position relative du

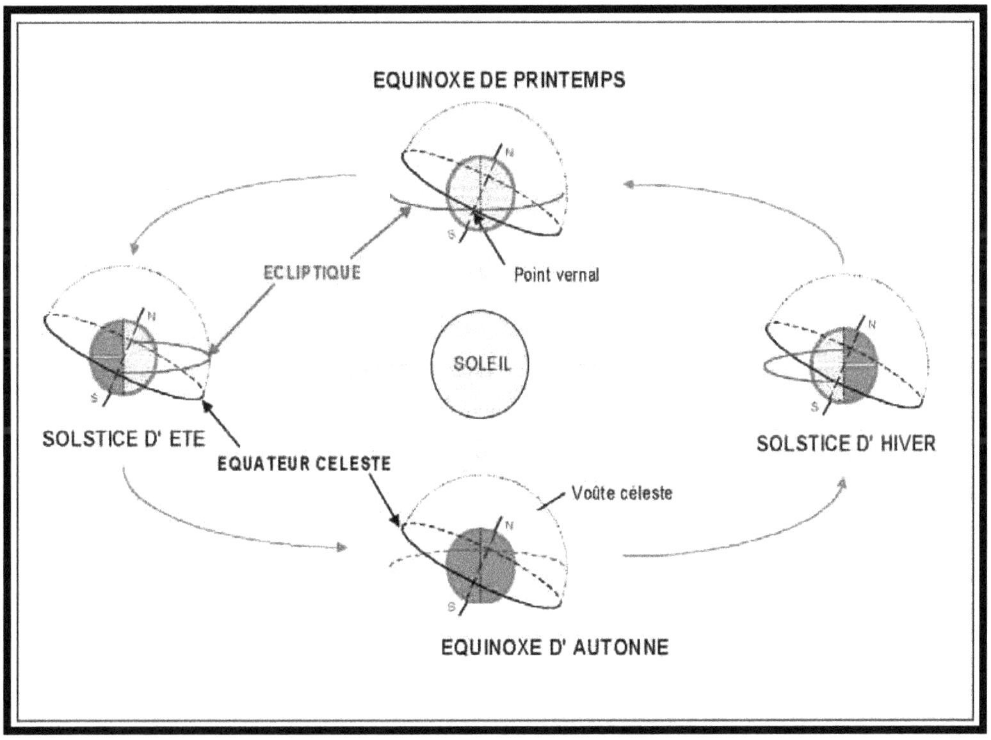

Figure II.16: Explication schématique du phénomène des saisons, des positions relatives Soleil–Terre, des Équinoxes et des Solstices.

[167] Voir SMART, [6]1980: 153-54.

périhêlie et de l'Équinoxe (points revenant en conjonction tous les 21,000 ans), il s'ensuit une lente variation de la durée des saisons. Ainsi, pendant l'ère d'Hipparchos, il y a approximativement 2,000 ans, le périgée se situait en Automne, et le Printemps était donc la saison la plus longue[168]. Or, il existait d'autres époques de l'Antiquité pendant lesquelles la durée de quelques saisons était presque la même. Enfin, il est évident que pendant les deux Équinoxes (où $\delta = 0°$), le Soleil se lève et se couche exactement au point Est (respectivement Ouest) de l'Horizon. D'ailleurs, pendant les Solstices (où $\varepsilon = \delta_{max} = |\delta_{min}| \approx 23°.5$), le Soleil se lève et se couche comme suit: pendant le Solstice d'Été il se lève à $A_L = 90° - A_{max,\odot}$ et il se couche à $A_C = 270° + A_{max,\odot}$; pendant le Solstice d'Hiver il se lève à $A_L = 90° + A_{min,\odot}$ et il se couche à $A_C = 270° - A_{min,\odot}$ **[voir Fig. II.16]**; les quantités $A_{max,\odot} / A_{min,\odot}$ sont calculées par la formule [II–26], en substituant pour la déclinaison propre du Soleil et la latitude géographique du lieu ($\cos A_{max,\odot} = \sin\delta_\odot \cdot \sec\phi \neq \cos A_{min,\odot} = \sin\delta_\odot \cdot \sec\phi$). Or, suivant des observations simples mais menées pendant beaucoup d'années, si l'on note la trajectoire du lever et du coucher solaire, pendant et entre les Solstices, sur l'Horizon, il est facile en principe de déterminer les points vrais de l'Est et de l'Ouest, comme la dichotome de leur angle aigu ($= 2 \cdot A_{max,\odot}$).

Jusqu'à la fin du 19e siècle la préoccupation essentielle de l'Astronomie fut l'explication du mouvement des planètes[169], un projet qui fut couronné de succès et de l'extrême précision des prédictions, d'après l'application de la loi d'attraction de Newton et la genèse conséquente de la Mécanique Céleste. Cependant, l'épanouissement rapide des Sciences, notamment de l'Astrophysique, de la Mécanique Quantique et de la Théorie de Rélativité, a beaucoup changé nos conceptions des lois physiques qui règnent sur l'Univers, en donnant naissance à la science moderne de la Cosmologie. Cette science nous allons la présenter ci-après afin d'en profiter pour notre étude comparative philosophique des idées égyptiennes cosmovisionnelles et des idées modernes scientifiques.

4. NOTIONS D'(ASTRO)PHYSIQUE ET DE COSMOLOGIE MODERNES

Afin de pouvoir comparer, *mutatis mutandis*, quelques idées cosmovisionnelles et eschatologiques des Égyptiens d'antan aux opinions scientifiques des théories modernes cosmologiques et (astro)physiques, il faut donner une introduction rudimentaire à la science moderne et son avancement. Nous allons examiner brièvement seulement des notions cosmologiques modernes, dont on fera la comparaison avec les notions égyptiennes analogues dans le Chapitre V (voir §§ 1.3-1.5). La Cosmologie[170] est la discipline de l'Astronomie moderne qui étudie l'ori-

---

[168] Pendant notre ère (c. 1980 CE) la durée des saisons est de: $92^D20^H.2$ (P), $93^D14^H.4$ (É), $89^D18^H.7$ (A), $89^D0^H.5$ (H), respectivement.

[169] Voir SCHATZMANN & PECKER, 1959: 161.

[170] Voir ILLINGWORTH, ²1981, 74: arts «cosmology», «cosmological principle», «cosmological redshift»; 73: art. «cosmological models (world models)». À distinguer de la Cosmogonie, qui s'occupe de l'étude de l'origine de notre système solaire.

gine, l'évolution et la structure de l'Univers, fondée sur les observations spécifiques à grande échelle (galaxies, amas de galaxies, décalage spectral vers le rouge, diagramme de Hubble, abondance des éléments chimiques légers comme l'Hélium, & c.), et sur des modèles mathématiques qui se fondent sur une théorie de la gravitation[171]; le plus souvent il s'agit de la Relativité Générale. Ces modèles, dont nous allons donner un aperçu ci-après, décrivent l'évolution chronique du *facteur d'échelle* cosmique R(t), d'une quantité qui représente une mesure du taille de l'Univers comme une fonction de temps[172]. Ce facteur est lié au décalage vers le rouge z (*redshift*) des lignes spectrales, selon l'effet Doppler–Fizeau[173], donné par la formule[174]:

$$1 + z = \lambda_0/\lambda = R(t_0)/R(t) \qquad \text{[II–71]}$$

où t_0 est le temps présent et t le temps passé de l'émission de la radiation observée d'une longueur d'onde initiale λ avec ce décalage spectral ($\Delta\lambda = \lambda - \lambda_0$). Cela arrive car l'Univers se trouve en expansion et toutes les galaxies **[voir Fig. II.17]** s'éloignent les unes des autres, avec une vitesse v qui est proportionnelle à leur distance r, suivant la loi de Hubble[175]:

$$v = H \cdot r \qquad \text{[II–72]}$$

Il faut dire que nous acceptons aussi le *principe cosmologique*[176], selon lequel toutes les positions dans notre Univers sont absolument équivalentes, et donc le Cosmos est isotrope et homogène.

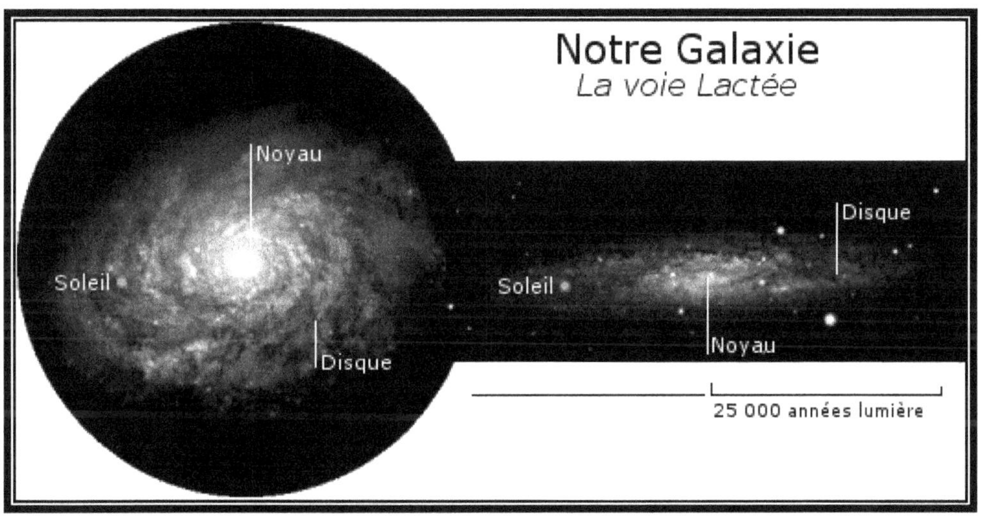

Figure II.17: Aspects (de la face et du profil) de notre Galaxie et de ses constituantes principales, avec la position relative du Soleil sur le disque galactique.

[171] Sur la Physique de la gravitation, voir SASLAW, 1985.
[172] Voir ILLINGWORTH, ²1981, 73: art. «cosmic scale factor».
[173] Voir WEINBERG, 1978: 195-96.
[174] Voir BURKE, 1983: 270.
[175] Voir ILLINGWORTH, ²1981, 155: art. «Hubble's law (velocity–distance relation)».
[176] Voir la n. 170, *supra*.

§ 4.1. La Théorie du Big Bang et la Genèse de l'Univers

Il s'agit d'un modèle cosmologique, selon lequel toute la matière et la radiation du Cosmos, à vrai dire tout l'Univers, eurent leur origine avant un temps fini pendant le passé antérieur (~ 10^9 ans), à une explosion créatrice, d'où même le temps naquit *avec* la matière et l'énergie. L'avantage de cette théorie par rapport aux autres [et contrairement à la *théorie de l'état stationnaire* (*steady state*[177]) de Hoyle *et al.*, qui acceptent l'autogénèse spontanée de la matière et un *principe cosmologique absolu*] est qu'elle peut expliquer toutes les données des observations avec un succès considérable et une précision remarquable[178]. Elle explique, donc l'expansion de l'Univers selon la loi de Hubble, le fond cosmique du rayonnement radio millimétrique (dont on parlera *infra*, voir § 4.3), ainsi que l'abondance cosmique d'Hélium et la nucléosynthèse[179] primordiale. C'est l'abbé et Cosmologue Georges Lemaître, qui a tout d'abord présenté pendant les années '20 la possibilité d'un Univers dynamique qui se trouve en évolution continuelle et dont la vie commence quelque part, ainsi que le Professeur George Gamov, pendant les années '40, qui avait prédit le rayonnement du fond cosmique plus de 20 ans avant sa découverte! Il faut noter que, selon cette théorie, le tout (matière, espace *cum tempore*) commence *in principio*, par une explosion gigantésque créatrice d'une sphère de feu initiale (initial fireball), provenant d'une singularité[180]. C'est-à-dire un point mathématique où le temps et l'espace sont infiniment contournés et tordus, où les lois de la Physique —celles de la Mécanique Quantique y comprises— cessent d'être valables. Le *principe d'incertitude* de la Mécanique Quantique (principe de Heisenberg) nous empêche de connaître ce qui se passait pendant les tous premiers instants de l'Univers, notamment avant le temps de Planck, c'est-à-dire[181]:

$$t_{Planck} \equiv 10^{-43} \text{ sec} \qquad [II–73]$$

Pendant ces premiers moments dramatiques de l'existence de l'Univers les quatre forces fondamentales de la Nature (*Gravitation*, *Électromagnétisme*, *Interaction Faible* et *Interaction Forte*) étaient unies, agissant comme une seule hyperforce dont nous ne connaissons pas encore les lois. Le Professeur Steven Weinberg a bien présenté les trois premières minutes de l'Univers dans son livre homonyme, avec une vivacité extraordinaire[182].

Nous allons présenter un bref sommaire de ces premières minutes, après le temps limite de Planck. Pendant les 10^{-4} sec qui suivent, l'immense densité de l'énergie primordiale créa les particules et les antiparticules élémentaires. Après quoi, comme la température de l'Univers primordial, qui a subi une expansion adiabatique, tomba à 10^{12} K, les taux de production des premiers protons et des

---

[177] Voir ILLINGWORTH, ²1981, 321: art. «steady state theory».
[178] Voir *op. cit.*, 35-36: art. «big bang theory».
[179] Sur ce thème, voir la n. 7, *supra*, et cf. ILLINGWORTH, ²1981: 36. Voir aussi BURKE, 1983: 305. Sur la naissance de l'Univers, voir AUDOUZE & VAN, 1982.
[180] Voir ILLINGWORTH, ²1981, 300: art. «singularity». Cf. aussi BURKE, 1983: 314-22; et pour une approche approfondie, LANDAU & LIFCHITZ, ⁵1970: 390-97, spécialement § 119.
[181] Voir ILLINGWORTH, ²1981: 35.
[182] Voir WEINBERG, 1978.

autres baryons, ainsi que ceux des électrons et des leptons diminuèrent rapidement. Au temps de 1 sec après le Big Bang l'*ère de radiation* commença, avec les photons qui prévalaient, étant les produits de l'annihilation des paires particule/antiparticule qui inonda l'Univers de lumière, comme un *fiat lux* allégorique[183], suivant la formule (ρ_γ étant la densité de la radiation)[184]:

$$\rho_\gamma \cdot R^4(t) = \textit{const.} \qquad \text{[II–74]}$$

Mais, après 10^4 ans, la matière commença de dominer sur la radiation, tandis que la température de l'Univers tombait à 10^4 K, commençant l'*ère de la matière*, suivant une loi de conservation un peu différente (ρ_m étant la densité de la matière)[185]:

$$\rho_m \cdot R^3(t) = \textit{const.} \qquad \text{[II–75]}$$

Cette matière *genetrix* était composée initialement par un plasma des électrons, protons et noyaux d'Hélium. Quand la température atteignit $3 \cdot 10^3$ K, les électrons se combinèrent aux protons, afin de former l'élément le plus abondant et le plus simple de l'Univers entier: l'Hydrogène! Donc, $30 \cdot 10^3$ ans après le Big Bang la radiation était déjà bien refroidie à ~ 3 K, suivant un taux proportionnel à R(t), qui n'est que la température observée du *fond cosmique* de rayonnement radio, après quoi l'accouplement de radiation et de matière s'arrêta, et la formation des premières étoiles et des galaxies prit place. Pour des détails complémentaires, il faut consulter la bibliographie[186].

Dans l'ésprit de l'équivalence phénoménologique énergie/matière, révélée par l'équation d'Einstein[187]:

$$E = m \cdot c^2 \qquad \text{[II–76]}$$

la *singularité primordiale* apparaît comme une singularité énergétique du passé, tandis qu'un *trou noir*[188] apparaît comme un type de singularité matérielle du futur. L'Univers est «ouvert» entre ses singularités: la singularité primordiale macroscopique, et les singularités microscopiques actuelles. Un des mérites de la Cosmologie moderne est d'exhiber ainsi les limites de la connaissance rationnelle. À l'approche des singularités cosmiques, soit primordiales soit trous noirs, le seul support de notre information est le rayonnement électromagnétique dont le décalage spectral devient infini! Cette «dilution» de l'information à l'approche des singularités nous en interdit la connaissance (*théorème de Christodoulou*), qui ne pourrait être que globale et non plus analytique, de même que reste inaccessible à notre raison la compréhension de l'ensemble de tous les ensembles insécables, véritable continu absolu, image de l'essence des choses. Dans un Univers en évolution, le problème de la géométrie de l'espace passe au second plan devant les conséquences d'une explosion primordiale, qui fixe une origine à la phase d'expansion actuellement observée[189]. La nature de cette géométrie, qui

---

[183] Cf. par exemple *Genesis*, **i**: 3.
[184] Voir BURKE, 1983: 303.
[185] Ibid.
[186] Voir WEINBERG, 1978; BURKE, 1983: 302-07. Voir aussi HAWKING, 2001.
[187] Voir SCHATZMANN & PECKER, 1959: 185.
[188] Voir ILLINGWORTH, ^{2}1981, 39: art. «black hole»; BURKE, 1983: 321-22; cf. la n. 20.
[189] Voir SCHATZMANN & PECKER, 1959: 185.

est finalement traduite comme le caractère fini ou infini du Cosmos, nous fournit des questions philosophiques et/ou métaphysiques intuitivement attachées à la notion première et fausse d'un espace statique et d'un Univers immuable. Nous savons qu'à cause de la valeur finie et universellement constante de la vitesse de la lumière, toute l'exploration lointaine de l'espace est une exploration du passé de l'Univers, lorsque l'état actuel de l'Univers (surtout quand on s'éloigne du système solaire[190]) est un état inobservable. Donc, la Cosmologie et l'Archéologie jouissent d'une affinité extraordinaire et remarquable: toutes les deux s'occupent d'un passé certain et l'étudient, en usant des méthodes scientifiques différentes!

§ 4.2. Le Temps comme Paramètre Cosmologique

Le temps est une grandeur physique fondamentale, très difficile à comprendre du point de vue épistémologique et très importante comme paramètre et variable principale dans l'évolution des divers systèmes de l'Univers. Il est difficile à comprendre parce qu'il exige d'être mesuré, ce qui n'est pas aussi facile que la mesure d'autres quantités physiques. On peut, par exemple mesurer la longueur d'un corps ou sa masse, en utilisant des unités spéciales (mètres, kilogrammes); on peut arrêter dans l'espace et mesurer ces grandeurs très facilement en principe. Mais, pourrait-on «arrêter» dans le temps, ou bien «arrêter» le temps lui-même, afin de mesurer des «espaces temporels», bien qu'on ait défini beaucoup d'unités[191] très précises (seconde, année tropique, & c.)? La réponse est non, parce que le temps est une quantité physique (et peut-être métaphysique?!) très complexe. Nous pourrons, par exemple inverser notre direction dans l'espace, mais il est impossible d'inverser notre direction dans le temps! On ne peut pas «arrêter» le temps, on ne peut pas le concevoir hors et indépendemment de la matière et de son mouvement dans l'espace. Selon la théorie du Big Bang, le temps et la matière (masse + énergie) *se produisent ensemble* au commencement par une singularité et donc ce qui existe au par avant (s'il existe quelque chose?!) n'est pas facile à être determiné. Il devient même extrêmement difficile de penser que le temps et la matière sont éternel(le)s. Pour s'échapper d'un dilemme on face à un autre! Notre but dans cet ouvrage n'est pas du tout métaphysique[192] quand même, or ces questions n'ont pour nous qu'une valeur épistémologique, et leur présentation est utile pour clarifier ces conceptions cosmologiques complexes, et cela nous aidera sans doute à comprendre les conceptions cosmovisionnelles des nations anciennes, voire des Égyptiens d'antan. Car, pendant l'Antiquité, il existait aussi de vrais savants[193] qui s'interrogeaient sur les questions fondementales existentielles, dont la pensée se trouve aujourd'hui dans les textes religieux, couverte d'un *stratum* mythique et d'une nuance allégorique, qui attendent d'être déchiffrées.

---

[190] En ce qui concerne même la Lune, notre satellite si proche, on l'observe comme elle était ~ 1 sec avant; pour le Soleil on l'observe comme il était ~ 8.3 minutes avant.

[191] Voir PITT, [5]1982, 383-84: art. «time»; ILLINGWORTH, [2]1981, 340: art. «time».

[192] Pour une approche métaphysique, voir JASTROW, [2]1992, dont la conclusion principale est l'incapacité de la Science moderne (au moins pour le moment) à répondre à ces questions raisonnablement et avec une certitude absolue (cf. *op. cit.*: 107).

[193] Voir par exemple SAUNERON, [2]1988: *passim*.

Le temps cosmologique t est une grandeur physique[194], ou une variable mathématique qui est considérée comme liée aux variables spatiales cartessiennes (x, y, z), dans l'*espace quadridimensionnel de Minkowski*, où chaque événement est caractérisé par quatre coordonnées (x, y, z, t), soit dans un *continuum spatio–temporel*. En effet la *métrique de Minkowski* (*tenseur métrique*) est[195]:

$$\mathfrak{I} = dx^2 + dy^2 + dz^2 - dt^2 \qquad \text{[II–77]}$$

et il caractérise des espaces vides dans la théorie de Relativité Spéciale[196]. Mais, en réalité l'espace cosmique est plein de matière et est plutôt caractérisé par la géometrie de Riemann, selon la théorie de Relativité Générale[197], où le mouvement des particules et la propagation des ondes est exprimée par le tenseur métrique (g_{mn} soit le *tenseur de Riemann*)[198]:

$$\mathfrak{R} = \sum_{m}\sum_{n} g_{mn}\cdot dx^m\cdot dx^n \qquad \text{[II–78]}$$

et les *équations d'Einstein* (où $T^m{}_n$ est le *tenseur d'énergie et du moment*)[199]:

$$R^m{}_{unb}\cdot g^{uw} - \tfrac{1}{2}\cdot R^m{}_{unb}\cdot g^{uw}\cdot \delta^r{}_s\cdot \delta^m{}_n = 8\cdot\pi\cdot T^m{}_n \qquad \text{[II–79]}$$

nous permettent de décrire la dynamique du *continuum spatio–temporel*, comme les équations de Maxwell expriment la dynamique des champs électromagnétiques[200]. Depuis qu'on a admis un Univers dynamique (≠ statique), une coordonnée de temps est introduite automatiquement. Il s'agit d'un Univers avec un *continuum spatio–temporel* dynamique, avec des sections symétriques de l'espace, d'une métrique donnée par la formule[201]:

$$\wp = R^2(t)\cdot[dx^2 + S^2(x)\cdot d\Omega^2] - dt^2 \qquad \text{[II–80]}$$

Le paramètre du temps t est le temps propre tout au long d'une ligne cosmique où x, θ et ϕ sont constantes. Il faut dire que des lignes virtuelles comme celle-ci, dans cet espace quadridimensionnel, appelé *continuum spatio–temporel de Robertson–Walker* définissent un système cosmique de référence. Des mesures récentes du rayonnement du fond radio (voir § 4.1, *supra*) indiquent que la ligne cosmique de notre Galaxie est presque une telle ligne. La fonction très importante R(t), appelée *facteur d'échelle* doit être déterminée. Elle exprime l'expansion de l'Univers, comme une fonction de temps. Cette métrique implique l'homogénéité et l'isotropie de l'Univers, hypothèses fondamentales et raisonnables de la Cosmologie moderne. Si l'on introduit la dynamique sous la forme d'une théorie de la gravité, telle que la Relativité Générale, on peut en obtenir un modèle cosmologique de l'Univers. Selon, le traitement de Friedmann[202], après avoir résolu les équations d'Einstein, on obtient trois fonctions du temps, soit: le

---

194 Voir HAWKING, 1988.
195 Voir BURKE, 1983: 129-34.
196 Voir BERGMAN, 1976; EINSTEIN, ^{8}1979.
197 Ibid.
198 Voir BURKE, 1983: 194.
199 Voir *op. cit.*: 234-35.
200 En ce qui concerne la théorie des champs et ces équations, voir LANDAU & LIFCHITZ, ^{5}1970: Chap. 4 & *passim*. À noter que $\delta^i{}_j$ (i = r, m; j = s, n) est le delta de Kronecker.
201 Voir BURKE, 1983: 246.
202 Voir *op. cit.*: 261-64.

facteur d'échelle R(t); la densité ρ(t); et la pression p(t). On peut également obtenir des solutions pour un Univers de poussière fermé, qui s'effondre après un temps fini à[203]:

$$R(t = 0) = R(t = \pi\cdot\alpha) = 0,\ R(\eta) = \alpha\cdot\sin^2(\tfrac{1}{2}\cdot\eta) = \tfrac{1}{2}\cdot\alpha\cdot(1 - \cos\eta) \qquad \text{[II–81]}$$

Il faut donc discriminer le *temps propre t*[204] du *temps arc η*[205], défini par l'équation différentielle ordinaire:

$$d\eta/dt = 1/R(t) \qquad \text{[II–82]}$$

Or, cet Univers oscille, comme une fonction de temps, suivant une forme qui ressemble à une courbe sinusoïde entre $R_{min} = 0$ et $R_{max} = \alpha$ (donc son rayon maximal est égal à α). Soit, il vit pour $t_{max} = \pi\cdot\alpha$ ou $\eta_{max} = 2\cdot\pi$. On aura recours à de telles formules et à cette théorie intéressante au Chapitre V de ce livre (voir §§ 1.3-1.4). Si l'Univers oscille, il pourrait également continuer son expansion à jamais, ou même s'effondrer totalement. Le paramètre qui en est responsable n'est que la densité actuelle de l'Univers ρ. Si cette densité est plus grande que la densité critique ρ_o, l'Univers s'effondrera totalement; si elle est plus petite, l'Univers continuera son expansion sans s'arrêter, éternelement; si elle est égale à la valeur de la densité critique, l'Univers oscillera, comme on l'a déjà montré. Cette densité critique est calculée très facilement si l'on tient compte du fait qu'une galaxie quelconque, suivant la loi de Hubble, doit s'éloigner des autres à une vitesse relative $v = H\cdot r$, tout en ayant une énergie potentielle qui pourrait être prise à la théorie Newtonienne, donc son énergie totale, qui doit rester constante, doit être égale à zéro pour que cette galaxie ait tout juste la vitesse de libération, qui correspondrait à la densité critique. Donc:

$$E = \tfrac{1}{2}\cdot m\cdot v^2 + (-m\cdot M\cdot G/R) = \tfrac{1}{2}\cdot m\cdot H^2\cdot R^2 + (-\tfrac{4}{3}\cdot\pi\cdot m\cdot R^2\cdot\rho_o\cdot G) = 0 \qquad \text{[II–83]}$$

d'où nous obtenons la valeur théorique de la densité critique[206]:

$$\rho_o = 3\cdot H^2/8\cdot\pi\cdot G = \ldots = 4.5\cdot 10^{-30}\ \text{gm/cm}^3 \qquad \text{[II–84]}$$

pour une constante de Hubble égale à H = 50 Km/sec·Mpc[207]. Nous discuterons ces résultats dans la section prochaine et dans le Chapitre V. Notons que plus de détails concernant les divers modèles de Friedmann, la Cosmologie Newtonienne et l'évolution des modèles de l'Univers (*facteurs d'échelle*) comme des fonctions de temps peuvent être trouvés dans la bibliographie spécialisée, et ne seront pas discutés ici[208].

§ 4.3. Le Rayonnement du Fond Radio et le Principe Anthropique

Bien que les deux thèmes que nous allons examiner brièvement ne soient liés qu'indirectement, nous les regrouperons ici dans cette section, pour des raisons de systématisation. Notons, tout d'abord, que tous les deux correspondent —*mu-*

---

[203] Voir *op. cit.*: 264-69.
[204] Voir *op. cit.*: 60.
[205] Voir *op. cit.*: 259-60. Il s'agit d'une simple et formelle variable transformée, pour rendre les équations friedmaniennes plus maniables; η n'est pas un signifiant physique.
[206] Voir WEINBERG, 1978: 196-97.
[207] Voir ILLINGWORTH, ²1981, 154-55: art. «Hubble constant».
[208] Voir BURKE, 1983: Chap. 4 & Tab. 45.1-3, *passim*; SCIAMA, 1971; HOYLE, 1975; BOWERS & DEEMING, 1984, **II**: Chap. 26; SHU, 1982: Chap. 14-16; NORTH, 1994.

tatis mutandis— aux notions importantes de la pensée égyptienne ancienne, comme nous aurons l'occasion d'en demontrer dans le Chapitre V de ce livre (cf. § 1.5 & *passim*).

Le Rayonnement du Fond Radio[209]. La présence des modèles impliquant l'explosion créatrice primordiale [dR(t)/dt = ∞ en R(t) = 0] a suscité la recherche systématique du rayonnement actuel, résidu considérablement refroidi de la formidable explosion énergétique initiale du Big Bang [T(t) = ∞ en R(t) = 0]. En 1965 les Radioastronomes Arno Penzias et Robert Wilson, qui ont obtenu le prix Nobel de Physique (en 1978), découvrirent ce rayonnement thermique et isotrope, qui remplit tout l'espace universel et dont la température actuelle est évaluée à 2.7 K, correspondant par ailleurs à la radiation (millimétrique des micro–ondes radio, soit d'un λ_{max} = 73.5 mm et de densité d'énergie $4{\cdot}10^{-14}$ Joules/m^3) d'un corps noir de cette température[210]. Cette observation du fond cosmique du rayonnement radio est considérée sans aucun doute comme la preuve par excellence de l'explosion primordiale génératrice de l'Univers. Elle limite du même coup le choix des modèles cosmologiques —parmi les nombreux types qui étaient proposés (et dont on a déjà eu un aperçu dans la section précédente)— qui étaient *a priori* compatibles avec les équations du champ. Ce rayonnement est presque d'intensité égale, provenant des toutes les directions du ciel, et montre une homogénéité extraordinaire. L'énorme densité d'énergie du rayonnement du commencement de l'Univers a disparu avec le décalage vers le rouge des longueurs d'onde des photons, qui a accompagné l'expansion de l'Univers, laissant la «contamination» des baryons et des leptons croître et s'organiser sous la forme des étoiles, des nébuleuses, des galaxies et des êtres vivants de l'Univers tel que nous le connaissons. Le trait caractéristique de ce rayonnement est son isotropie[211] et le fait qu'il remplit tout dans l'Univers, comme on l'observe aujourd'hui. Il s'agit, donc, du résidu de l'énergie primordiale de l'explosion génératrice, qui constitue une sorte de «signature» ou «mémoire» de la création.

Le Principe Anthropique. Il s'agit d'une conception cosmologique, la «plus proche» de la métaphysique, qui présente cependant des fondements scientifiques stables et incontestables, ainsi que des affinités virtuelles —*mutatis mutandis*— avec les idées cosmovisionnelles des Égyptiens (voir le Chapitre V, § 1.5, *infra*). Au niveau des Sciences, nous allons éviter pour le moment les questions purement métaphysiques[212] du type «Pourquoi l'Univers est-il ainsi?», «Pourquoi les lois physiques sont-elles ainsi et s'appliquent-elles partout?», auxquelles l'on ne peut pas répondre d'une manière absolue. Au contraire, nous avons le droit de déposer la question scientifique suivante: «Comment serait l'Univers observable, si les lois physiques étaient différentes?». Nous appliquerons cette question aux modèles cosmologiques réalistes (comme le modèle du Big Bang), et non sur des modèles imaginaires (comme le modèle de l'état sta-

---

[209] Voir WEINBERG, 1978: Chap. 3; SCHATZMANN & PECKER, 1959: Chap. 7 & p. 183.
[210] Voir ILLINGWORTH, ^{2}1981, 204-05: art. «microwave background radiation».
[211] Voir BURKE, 1983: 309.
[212] Pour une approche métaphysique intéressante de la Physique moderne, voir CAPRA, 1975; cf. aussi PENROSE, ^{2}1999; ZUKAV, 1979; MURCHIE, ^{2}1967.

tionnaire). De telles questions ont déjà reçu des réponses par des Cosmologues éminents, comme Carter, Penrose, Dicke, Hawking, Barrow, Tipler, Rees, Carr, Wheeler, Papagiannēs, Lambert, Demaret, Gale, *et al.* La conclusion la plus importante de leurs réponses est connue sous le nom du *Principe Anthropique* (*Anthropic Principle*) et nous dit que[213]: *si les lois physiques qui expliquent l'Univers étaient différentes, il n'y aurait pas de vie, ni d'humains* (*ἄνθρωποι*) *dans l'Univers*.

En effet, il y a beaucoup de «coïncidences», si proéminentes qu'il apparaît qu'elles ne le sont pas! Carter a essayé d'étudier les coïncidences extraordinaires des grands nombres (de l'ordre de 10^{40}) observés dans l'Univers, qui ont amené Dirac à présenter sa théorie d'une «constante» de gravitation G(t) variable. Mais, il a donné une explication complètement différente de celle de Dirac, dans le cadre de la théorie de Relativité Générale. B. Carter croit que les grands nombres coïncident parce qu'il y a de la vie consciente dans l'Univers! Évidemment, si l'âge de l'Univers était beaucoup plus petit qu'il est en réalité, il n'y aurait pas d'étoiles, et s'il était plus grand les étoiles seraient mortes; mais sans étoiles, et en particulier sans étoiles qui peuvent avoir des systèmes solaires capables de bercer la vie, il n'y a pas de vie. En raisonnant avec des arguments scientifiques Brandon Carter a aussi démontré que le nombre total de particules de l'Univers ($N \sim 10^{78}$) —lié à la densité actuelle du Cosmos— ne pourrait pas être beaucoup plus différent, sans la conséquence inévitable d'un Univers sans vie, les traits duquel ont été présentés par Papagiannēs. Même l'intensité des fortes interactions nucléaires est liée à l'existence de la vie dans le Cosmos: si le noyau métastable du Béryllium (${}_4Be^8$) était instable, la production de Carbone dans les étoiles[214] serait impossible. Si la constante universelle de la gravitation[215] était differente, l'âge des étoiles serait différent: si elle avait une valeur double, les étoiles seraient mortes plus rapidement qu'il n'est indispensable pour pouvoir faire naître la vie; si elle était plus petite, la création des étoiles et des planètes serait impossible. Enfin, la radiation qui arrive sur la Terre (ou bien sur une autre planète vivifère) doit être choisie de telle façon qu'elle ne soit ni très intense (afin de ne pas détruire la vie) ni très faible (afin de ne pas refroidir les molécules organiques). Donc, cela est valable seulement si le rapport des constantes est égale à:

$$e^2/G{\cdot}m_p{\cdot}m_e \approx 10^{40} \qquad \text{[II–85]}$$

où e et m_e sont la charge et la masse de l'électron (égales à $-1.60219{\cdot}10^{-19}$ Coulomb et $9.1095{\cdot}10^{-31}$ Kg, respectivement); m_p est la masse du proton (égale à

[213] Pour une introduction simple et bien écrite, sans Mathématiques, voir l'interview intéressante «L'homme est-il le but de l'univers?», *Document Paris Match*, 1994: 3-6, 81. Pour une introduction complète, voir le livre bien écrit BARROW & TIPLER, 1984. Cf. ausssi CARR & REES, 1979: 605 ff; PENROSE, ²1999: 560-62; HAWKING, 2001: 85-87, 98, 181, 196, 200. Nous allons éviter de présenter la liste d'une cinquantaine d'articles (environ) et des livres spécialisés sur le Principe Anthropique, dont on a utilisé l'information la plus importante, afin de gagner de la place et éviter les détails mathématiques. Certes, toute cette bibliographie se trouve à la disposition de tout(e) collègue intéressé(e).

[214] Voir ΜΑΡΑΒΕΛΙΑ, 1987: 46-49.

[215] Voir ILLINGWORTH, ²1981, 140: art. «gravitational constant»; cette constante est égale à $G = 6.672{\cdot}10^{-11}$ Newton·m²/Kg².

$1.6726 \cdot 10^{-27}$ Kg). Il faut remarquer que même si l'on suppose un changement de peu d'ordre de magnitude (disons ~ 10^{38}), l'existence de la vie consciente serait impossible! Or, il semble que l'Univers prit soin de créer la vie consciente, de la conserver immuable et de la protéger *in ipso*. Carter l'a bien noté, tout en citant Descartes: *cogito, ergo mundus talis est*! Il semble donc évident qu'il y a un but dans l'Univers, que le Cosmos n'est pas déterminé par le hasard et par l'absurdité. Or, les lois physiques sont telles que nous les observons, parce qu'il faut que l'Univers crée la vie consciente!

Certes, comme chaque théorie géniale a ses ennemis, le Principe Anthropique est conforme à cette règle. Les objections principales contre ce principe sont au nombre de 2: **(i)** il y a des cas où l'opportunité semble apparente et n'est pas vraie; **(ii)** l'Univers est tel que nous l'observons par simple hasard, étant «un des Univers coexistants, mais invisibles», dans l'espace–temps. *Au premier point*, la réponse est que le déterminisme ne peut expliquer tout, sans l'opportunité: par exemple, si l'on découvre pendant des fouilles une pierre sculptée préhistorique, disons à Nekhen, dans un contexte de résidus d'urbanisation ancienne (traits de feu, outils, nourriture, & c.), l'on est sûr que cette trouvaille n'a pas été faite par hasard (par la Nature, à la suite d'une procédure géologique), mais qu'il fut le résultat d'une opportunité certaine, liée à une civilisation des humains très ancienne. *À la deuxième remarque*, la réponse est que la domination de tout par le hasard semble moins raisonnable que la domination par l'ordre et l'opportunité; si l'on suppose que les «hasardistes» ont raison, pourquoi ne pas accepter que tous les phénomènes physiques, qui prennent place dans un Univers d'absurdité, soient des résultats du hasard et que les lois physiques ne soient valables que comme des coïncidences; or la Science n'a aucune vraie raison d'être et aucune validité. Par ailleurs, s'il existe des Univers Parallèles mais invisibles, cela n'est ni prouvé ni commentable à cause du caractère fictif et hypothétique de cette affirmation, de même qu'à cause du manque de preuves scientifiques qui n'existent pas[216], ce qui n'est pas le cas pour le Principe Anthropique. Il est certain que de telles questions rapprochent le contexte de la métaphysique et celui de la philosophie existentielle. Quel est le but de l'Univers? Quel est le but de la vie? Pourquoi les humains meurent-ils? Ces sont des questions trop importantes et trop difficiles pour qu'on puisse y répondre par un simple hasard. Dès que les êtres humains prennent conscience de l'importance de ces questions, ils/elles peuvent y répondre en profitant de leurs propres forces intérieures, intimes de leurs âmes. Car, la séquence des «pourquoi?» pourrait être comparée à une séquence mathématique dont la limite n'est que l'infini (∞). Il est difficile de répondre à ces questions et cette difficulté touche la métaphysique, dont il ne faut pas avoir peur, mais qu'il convient d'utiliser raisonnablement. L'Univers qui est le Tout, et qui est beaucoup plus puissant que les humains, ne leur est pas hostile. Au contraire, il est amical et constitue la cause de l'existence de l'Humanité. C'est pourquoi il est si compréhensible par les humains, voir par les Cosmologues (comme Einstein l'a noté): parce que tous les deux ont une origine commune. L'origine qui montre que cet Univers crée l'Humanité *ad imaginem et similitudi-*

[216] Voir l'opinion de Roger Penrose, dans PENROSE, [2]1999: 561.

nem suam[217], afin d'être auto–consciente, capable de se comprendre elle-même et de se développer en jouissant de la vie.

Comme conclusion, notons que la science moderne se demande si le Big Bang n'a pas été «pensé» ou «préconçu» dans le cadre d'une *économie cosmique*, un fait qui implique que le monde a peut-être un sens et n'est pas absurde, comme le pensaient Jean–Paul Sartre et les philosophes du Nihilisme. Il aurait suffi que quelques lois physiques de l'Univers soient un petit peu différentes, pour que la vie (en toute forme fondée sur les molécules de Carbone) ne soit pas apparue. Il semble qu'apparemment tout l'Univers ait été organisé après son auto–génèse, afin de produire l'espèce humaine et la conscience. Or, l'existence d'une *explosion primordiale créatrice* de la matière, du temps et de l'espace, *avec* le *Principe Anthropique*[218], jette un jour nouveau sur la Physique Cosmologique, qui décrit l'Univers tel qu'il est: une gigantesque quantité de matière et d'énergie (rayonnement), qui ne peut que se refroidir au cours du temps d'après les lois de la Thermodynamique, ce qui impose, à cause de la loi de conservation[219]:

$$R(t)\cdot T(t) = \textit{const.} \qquad [II–86]$$

une expansion de l'espace qui lui est associée, observée comme la loi de Hubble. Le cycle cosmologique logique arrive à être fermé, dès que l'on examinera la conception thermodynamique de l'entropie.

§ 4.4. Notions de Thermodynamique

L'entropie comme une fonction du temps. L'*entropie* S est une grandeur thermodynamique d'un système physique (gaz idéal, machine thermique, amas globulaire, Univers, & c.), qui change quand ce système passe par un changement réversible, d'une somme égale à l'énergie absorbée par ce système, soit đQ, divisée par sa température absolue (ou thermodynamique) T[220]:

$$dS = đQ/T \qquad [II–87]$$

L'entropie (ἔνδον + τροπὴ → ἐντροπία), comme les autres propriétés thermodynamiques d'un système (température T, pression p, énergie interne U, volume V, l'*enthalpie* $H \equiv U + p\cdot V$, & c.) dépend seulement de l'état de ce système, et non du chemin suivi afin d'achever cet état particulier. Or, seules les changements de l'entropie sont significatifs. En effet l'entropie est une grandeur physique, un *potentiel thermodynamique*, qui nous permet d'évaluer la dégradation de l'énergie d'un système (gaz idéal, amas d'étoiles, l'Univers, & c.). La conception de l'entropie est le résultat théorique de l'application de la 2e loi de la Thermodyna-

217 Cf. *Genesis*, **i**: 26-27. Même les éléments chimiques qui constituent nos corps sont d'une origine stellaire, et donc s'appellent parfois des «poussières/cendriers des étoiles». Voir, entre autres, ΜΑΡΑΒΕΛΙΑ, 1987: 72; sur la nucléosynthèse dans les étoiles, cf. en plus les nn 7 & 27, *supra*.

218 Qui porte —comme l'on a vu— sur la location spatio–temporelle de la conscience (ou bien intelligence) dans l'Univers sous sa forme dite *faible* (voir PENROSE, ^{2}1999: 562). Penrose croit que le principe anthropique n'est pas la seule raison de l'évolution de la conscience dans l'Univers.

219 Cela est évident, si l'on considère l'équation [II–74] en substituant la densité de la radiation de la loi de Stefan ($\rho_\gamma \sim T^4$); cf. aussi la formule [II–2], *supra*.

220 Voir PITT, ^{5}1982, 136-37: art. «entropy».

mique au *cycle de Carnot*[221]. Dans un cycle réversible tel que celui-ci, le changement de l'entropie est égal à zéro[222]:

$$\left\{\sum \Delta Q_i/T\right\}_{\text{rév}} = \oint đQ/T = 0 \qquad \text{[II–88]}$$

Selon le *théorème célèbre de Karatheodōrēs, il est impossible d'achever tout état au voisinage d'une condition initiale arbitraire d'un système, seulement par des procédures adiabatiques*[223]. Il est évident que pendant les changements irréversibles, tels que les différents phénomènes qui prennent place dans le Cosmos, *l'entropie augmente toujours*, et à vrai dire il n'y a pas de changements réversibles! La même chose est vraie pour tous les systèmes, petits ou grands, comme il en est pour les *systèmes isolés*, où chaque changement est irréversible et est accompagné par l'augmentation de leur entropie. Si l'Univers puisse être considéré comme un système fermé, ou isolé (voir II, §§ 4.1, 4.2, *supra*), selon la densité critique, on pourrait parler de sa *mort thermique*, dans un futur très éloigné pendant lequel toute l'énergie thermique dans tous les galaxies devrait être complètement dégradée, une possibilité qui évoque l'arrêt éventuel de toute action dans l'Univers et son refroidissement[224].

L'entropie comme une fonction du désordre statistique L'entropie d'un système caractérise son degré de désordre. Puis, dans la théorie de la communication, l'entropie est définie comme le nombre qui mesure l'incertitude de la nature d'un message donné à partir de celui qui le précède; donc l'entropie est nulle, quand il n'existe pas d'incertitude. L'*hypothèse d'entropie de Boltzmann* lie l'entropie S d'un système qui se trouve dans un état thermodynamique particulier à la probabilité Ω de trouver ce système dans cet état (où $k = 1.38062 \cdot 10^{-23}$ Joules/K est la constante de Boltzmann)[225]:

$$S(n) = k \cdot \ln\Omega(n) \quad \& \quad \Omega(n) = n!/\prod n_i! \qquad \text{[II–89]}$$

Il est à noter que $\Omega(n)$ est le poids statistique d'une collection de systèmes thermodynamiques, quand le système n_i se trouve dans l'état i, qui se lie à la probabilité P(i), par l'équation $n_i = n \cdot P(i)$, or on obtient, en utilisant la formule de Stirling[226]:

$$S(n) = -nk \cdot \sum P(i) \cdot \ln P(i) \qquad \text{[II–90]}$$

L'entropie peut être considérée comme la mesure du désordre d'un système. Si l'entropie de l'Univers augmente, son désordre augmente aussi comme une fonc-

---

221 Voir *op. cit.*, 57: art. «Carnot cycle». Selon la 2e *loi de Thermodynamique*: *il est impossible de transporter de la chaleur (énergie thermique) d'un corps froid à un corps plus chaud, sans dépenser de l'énergie*. C'est pourquoi les ressources d'énergie ne sont pas inépuisables; c'est pourquoi l'énergie thermique de l'Univers se dégrade.

222 Voir *op. cit.*, 57: art. «Carnot–Clausius equation».

223 Voir *op. cit.*, 56: art. «Carathéodory's principle».

224 Notons quand même que selon la 3e *loi de Thermodynamique* (loi de Nernst): la limite de l'entropie, quand la température absolue approche le zéro absolu, est égale à zéro.

225 Voir PITT, [5]1982, 136-37: art. «entropy».

226 Selon laquelle, $\ln r! = r\ln r - r$ ($\forall\, r \in \mathbf{N}$). Voir aussi, MANDL, 1982: Chap. 2, *passim*.

tion de temps. Donc, *l'entropie est une fonction augmentante de temps* et exprime le désordre et la dégradation de l'énergie thermique de l'Univers.

Thermodynamique et Cosmologie. Comme le Professeur et savant génial Stephen Hawking de Cambridge University l'a démontré, même les trous noirs ont une température inversement proportionnelle à leur masse[227]:

$$T = (\hbar \cdot c^3 / 8 \cdot \pi \cdot k \cdot G) \cdot M^{-1} \qquad \text{[II–91]}$$

et émettent une *radiation quantique* du type de *corps noir*[228] (phénomène de Hawking). Ce qui est d'autant plus extraordinaire est le fait que les trous noirs ont aussi une entropie proportionnelle à leur surface A[229]:

$$S = (k \cdot c^3 / 4 \cdot \hbar \cdot G) \cdot A \sim r^2 \qquad \text{[II–92]}$$

qui prouve que la 2e loi généralisée de Thermodynamique est *toujours et partout* valable dans le Cosmos! Selon cette équation, il y a toujours un «bit» d'information concernant le status interne d'un trou noir, pour chaque unité fondamentale de superficie de son horizon des événements. Cela prouve la connection profonde entre la théorie de la Gravité Quantique et la Thermodynamique[230]. En parlant de la Mécanique Quantique, disons que les systèmes quantiques sont décrits par l'*équation de Schrödinger*, selon laquelle l'évolution d'une *fonction–onde* complexe $\Psi(\mathbf{r}, t)$ de probabilité (décrivant une particule/onde, une situation quantique, & c.) dépend de l'opérateur $\hat{\mathbf{H}}$ de Hamilton, qui est lié à l'énergie du système[231]:

$$\imath \cdot \hbar \cdot \partial / \partial t \cdot \Psi(\mathbf{r}, t) = \hat{\mathbf{H}} \Psi(\mathbf{r}, t) \qquad \text{[II–93]}$$

où la fonction–onde $\Psi(\mathbf{r}, t)$ est dépendante de temps et de lieu, et le carré de sa magnitude $|\Psi|^2 \equiv \Psi^* \Psi$ est proportionnel à la probabilité de trouver notre système (par exemple une particule) dans certains endroits de l'espace, selon le *principe d'incertitude de Heisenberg*. Celui-ci impose un déterminisme restreint à la connaissance de l'évolution des systèmes quantiques, dans le contexte de la Physique Classique, où le temps est considéré comme absolu, ce qui (au contraire) n'est pas le cas dans la Théorie de Relativité Spéciale[232].

---

[227] Cette formule est obtenue si l'on utilise l'équation [II–87], en remplaçant Q par l'énergie totale d'un trou noir pour le cas de symétrie sphérique (modèle de Schwartzschild & $Q = E = m \cdot c^2$) et la formule [II–92] pour l'entropie, en dérivant: $T = dE/dS$; voir aussi HAWKING, 2001: 118.

[228] Voir ILLINGWORTH, [2]1981, 37-38: art. «black body».

[229] Voir HAWKING, 2001: 63. Il s'agit toujours de cas d'un trou noir de symétrie sphérique dont la superficie A est égale à $4 \cdot \pi \cdot r^2$, où r est le radius de la sphère qui définit l'*horizon des événements* (*event horizon*), où le temps reste immobile; voir ILLINGWORTH, [2]1981, 114: art. «event horizon». Notons que $\hbar \equiv h/2 \cdot \pi$, où $h = 6.626196 \cdot 10^{-34}$ Joule·sec (la constante de Planck).

[230] Voir HAWKING, 2001: 64. Preuve —sans doute— de l'unité de l'Univers et des lois physiques qui le gouvernent.

[231] Voir SAVELYEV, 1982: 16 & *passim*; cf. aussi HAWKING, 2001: 106 ff. Notre but ici n'est pas d'entrer dans les conceptions quantiques minutieuses et dans leurs relations virtuelles possibles avec ces notions métaphysiques des Égyptiens, que nous examinerons ailleurs au futur.

[232] Selon le *principe de Heisenberg* la connaissance simultanée de deux magnitudes quantiques conjugales (position et vitesse, énergie et temps, & c.) est impossible. Il s'agit ici

Or, il est clair que l'entropie, ou également son augmentation, est liée au temps cosmologique avec une relation profonde. La *flèche du temps*, qui s'identifie à son flux continu, est toujours accompagnée de l'augmentation de l'entropie. Si le temps pourrait être inversé, les propriétés microscopiques des lois physiques ne changeraient pas, mais quelques-unes de leurs propriétés macroscopiques (directement liées au déterminisme) changeraient! Cela conduirait au changement de l'ordre qui dirige les relations des causes (qui précèdent) et des résultats (qui les suivent), tout en le renversant. On a déjà discuté du temps comme paramètre et variable cosmologique (voir § 4.2, *supra*), ainsi que des modèles de l'Univers selon lesquels celui-ci pourrait osciller, donc retourner à un commencement certain du temps. Les observations nous montrent que le scénario le plus vraisemblable est que l'Univers s'étendra à jamais. Par ailleurs, étant connu que l'évolution de l'Univers augmente l'entropie cosmique, si l'on marche inversement vers l'effondrement du Cosmos l'entropie sera diminuée. Le commencement du temps est caractérisé par la moindre valeur de l'entropie, qui pourrait être égale à zéro. Or, le commencement du temps n'est pas un début conventionnel, comme par exemple le commencement d'un mois ou d'une période intra–temporelle. Ce commencement particulier fut un début extraordinaire et unique, *extra tempore*, pendant lequel l'inverse de l'entropie (soit l'ordre ou l'information) serait maximal, soit infini. Il s'agissait, donc, d'un commencement unique, sans aucun état antérieur, parce qu'il n'y avait pas de temps avant ce commencement qui prit place avec l'explosion créatrice du Big Bang!

Même si l'Univers continue à s'étendre perpétuellement, il sera complètement refroidi, or la vie (au moins la vie comme nous la connaissons, fondée sur les macromolécules de Carbone) sera annihilée. Même si l'on a recours à des hypothèses bizarres (ou à la science fiction), qui étaient cependant utilisées par des Cosmologues rénommés (voire Hoyle et Dyson), qui ont parlé d'une évolution hypothétique transformatrice de la vie vers une existence du type nébuleuse froide interstellaire et des temps (voire âges) correspondants de 10^{76} ans (!!), il y a des objections certaines et très sérieuses contre elles. Les *Grandes Théories Unifiées* (*GUTs*), qui sont très probablement correctes[233], ont démontré que même les protons (constituants principaux de la matière) ne sont pas stables, et se désintègrent en $\sim 10^{31}$ ans; or pour les temps proposés par Dyson, il n'y aura plus de matière interstellaire, ni d'étoiles, il n'y aura plus ni molécules, ni atomes, mais seulement des particules désintégrées. Même les électrons se seront évanouis, par des réactions d'annihilation avec les positrons, donnant naissance au cascades de photons! D'après des calculs théoriques, nous savons bien que postérieurement au *temps extrême*:

$$t_{extr} = 10^{116} \text{ ans} \qquad [II–94]$$

il n'y aura plus ni d'hadrons, ni d'électrons. L'Univers sera transformé en un gaz virtuel froid des photons et des neutrinos, d'une température:

$$T_{extr} \leq 10^{-70} \text{ K} \qquad [II–95]$$

d'un domaine des Sciences qui est le plus proche de la Philosophie, et par conséquent de la métaphysique. Pour une discussion, voir aussi la n. 231, *supra*.

[233] Voir HAWKING, 2001: 78. Pour les particules élémentaires, voir la n. 13, *supra*.

qui se terminera par la dissolution absolue! Et même si la 2e loi thermodynamique implique que l'entropie sera maximale comme le temps s'écoule, la 3e loi de la Thermodynamique implique que la valeur vraie de l'entropie pendant cette *ère II de radiation*, comme la température approchera le zéro absolu, sera aussi annulée. C'est-à-dire que l'inverse de l'entropie, voire l'ordre[234], sera maximal et dominera virtuellement encore une fois. Or, nous pouvons constater que le commencement et la fin de l'Univers —selon ces considérations cosmologiques— sont à la fois caractérisés par l'entropie minimale, ou bien par l'ordre maximal et par la domination de la lumière (voire des photons, soit de la radiation).

Jusqu'ici on a eu l'occasion d'étudier quelques notions d'Astrophysique et d'Astronomie modernes[235]. Si l'on a présenté quelques équations importantes, notre but n'était pas d'entrer dans les eaux profondes des Mathématiques avancées, mais de montrer la poésie virtuelle qui y existe et exprime des vérités profondes de l'océan vaste de la connaissance scientifique, qui s'appliquent dans les phénomènes naturels et expliquent le *modus vivendi* de l'Univers au bord de sa totalité (*r ḏr.f*). On a vu que nos connaissances contemporaines sont très étendues, nous pourrions constater extrêmement profondes, et nous permettent de savoir comment l'Univers et ses constituants marche(nt)[236], de même que les lois fondamentales qui mènent cette fonction harmonique. Au contraire, les nations d'antan, par exemple les Égyptiens, n'avaient pas cette possibilité, parce que leurs connaissances (bien que considérables à vrai dire pour leur époque si lointaine) n'étaient pas suffisantes ni scientifiques. En examinant les divers phénomènes du firmament il était évident pour eux qu'ils prennent place avec une périodicité et une harmonie extraordinaire, qui a été observée par les anciens avec une admiration profonde et une angoisse métaphysique certaine, dont on trouve la lueur dans leurs textes divers religieux ou semi–religieux. Ces textes, étant écrits par des prêtres savants[237], contenaient parfois quelques notions très avancées cosmovisionnelles qui étaient conçues peut-être par une intuition extraordinaire[238], sans fondements scientifiques (comme l'intuition qui caractérise les œuvres philosophiques des philosophes Hellènes Présocratiques[239]), et étaient présentées sous une forme allégorique et mythologique[240].

---

[234] Voir l'équation [II–90], *supra*.
[235] Pour une introduction détaillée, voir SHU, 1982 et les nn 1-2, *supra*.
[236] Voir HAWKING, 2001: Chap. 7.
[237] Voir SAUNERON, [2]1988: Chap. 5 & *passim*.
[238] Pour la philosophie égypienne, voir par exemple WILSON, [3]1977: 31-61; BILOLO, 1986; HORNUNG, 1987: 113-25; ALLEN, 1988a; SIMPSON, 1989.
[239] Pour la cosmologie présocratique comme une première recherche systématique de la raison, voir CHATZISSOMOY, 1996. Cf. aussi BURNET, 1919; GUTHRIE, [2]1962.
[240] Voir par exemple GRIFFITHS, 1967: 79-102; TOBIN, 2001: 464-82. Ce symbolisme, à la fois cosmique et cosmographique, se manifeste aussi dans l'architecture de temples égyptiens, comme Doha Mostafa a demontré (voir MOSTAFA, 2003). Pour les réflexions des certaines notions astrales sur la littérature hébraïque et cananéenne, voir PAGE, 1990.

Chapitre III

La Conception des Astres dans les Textes Religieux et Profanes Égyptiens

Figure III.1: Aspect des *Textes des Pyramides*, écrit en hiéroglyphes bleus, de la pyramide de Wenis (*Wnis*). Le *nomen* du pharaon est visible au moins deux fois dans son cartouche, ainsi que les noms d'Orion (*S3ḥ*) et des étoiles impérissables (*iẖmw-skiw*). Ancien Empire, Ve Dynastie (c. 2340 BCE).

LES ASTRES DANS LES TEXTES RELIGIEUX EN ÉGYPTE ET DANS LES *HYMNES ORPHIQUES*

1. LES ASTRES DANS LES *TEXTES DES PYRAMIDES*

Les *Textes des Pyramides* (*PT*)[1] constituent une collection des rituels funéraires, des incantations magiques et des prières de nature à offrir l'immortalité au roi et à le conduire à vivre éternellement entre les constellations du firmament et/ou dans la suite des suivants du dieu solaire dans sa barque sacrée. Les *PT* montrent des conceptions théologiques, astronomiques, cosmovisionnelles et sociales qui ne datent pas nécessairement de l'ère de la Ve Dynastie, quand ils furent écrits pour la première fois dans les parois de la pyramide du Roi Wenis (*Wnis*, c. 2350 BCE), mais du moins de quelques siècles plus tôt[2], même de c. 2900 BCE (les derniers furent écrits en c. 2140 dans la pyramide du Roi Ibi). Notre but ici n'est que de donner une introduction très courte et très concise, liée au thème de cette section, plutôt que de se référer aux nombreux travaux sur ces textes anciens[3]. La conception que les Égyptiens se faisaient des astres (soit des étoiles, du Soleil, de la Lune et des planètes) se révèle assez explicitement et clairement dans les *PT*. Il y a quelques travaux sur l'étude préliminaire des éléments astronomiques dans les *PT*, dont certains sont très utiles[4]. Notre but ici est de regrouper les éléments astronomiques et cosmovisionnels qui se rencontrent dans les *PT* et de discuter quelques-uns d'entre eux très importants, d'une manière non exhaustive et sans entrer dans les moindres détails, suivant le cadre méthodique du Chapitre I (voir § 3). Or, il faudrait —tout d'abord— préciser tous les éléments astronomiques et cosmovisionnels dans leur contexte en les classant en 7 catégories principales, soit: **(i)** *les étoiles*; **(ii)** *le Soleil*; **(iii)** *la Lune*; **(iv)** *les planètes*; **(v)** *le ciel et la cosmographie*; **(vi)** *la mesure du temps*; et **(vii)** *les symboles et les archétypes cosmovisionnels*. Il faut souligner que le regroupement statistique de ces éléments est présenté dans les Tables III.1 et III.2. Il faut aussi préciser que, par la

---

[1] Édition principale SETHE, 1908-10; commentaires étendus SETHE, 1935-62; traductions commentées MERCER, 1952; MERCER, 1956; PIANKOFF, 1968; FAULKNER, [2]1998. Voir aussi *LÄ*, V, 1984, 14-23: art. «Pyramidentexte»; BILLING, 2002: 41-43. Sur les textes de la pyramide de Pepy I, voir l'édition récente BERGER–'EL-NAGAR, LECLANT *et al.*, 2001.

[2] Voir, par exemple, ALLEN, 2001: 97.

[3] Voir, entre autres, ALLEN, 1916; FAULKNER, 1924: 97-103; SPELEERS, 1934a; SPELEERS, 1934b; ALLEN, 1950; SCHOTT, 1952: 106-23; SPIEGEL, 1953: 129-57; ANTHES, 1954: 35-39; ANTHES, 1957: 77-89; GUTBUB, 1961: 31-72; KÁKOSY, 1962: 3-16; ABOU–GHAZI, 1968: 157-64; ABOU–GHAZI, 1969: 47-51; BARGUET, 1970: 7-14; KEES, 1970: 52-60; SPIEGEL, 1971; LECLANT, 1972: 37-52; ANTHES, 1974: 77-82; LECLANT, 1975: 137-49; DAVIS, 1977: 161-79; BÁRTA, 1981a; ALTENMÜLLER, 1986: 1-16; DEPUYDT: 1998b: 41; JACQ, 1986; PÉPIN, 1989: 340-45; MARTINELLI, 1994: 61-80; DEPUYDT, 1998b: 41; JACQ, 1988; HORNUNG, 1999: 1-6; POPIELSKA–GRZYBOWSKA, 1999: 143-53; ALLEN, 2001: 95-97; LESKO, 2001d: 570 ff; BILLING, 2003: 129-36. Cf. aussi les références dans les nn 1-2. Pour un sommaire de bibliographie, voir enfin GUILHOU & MATHIEU, 1997: 233-44.

[4] Voir BRIGGS, 1952: 38-49 (une introduction brève et incomplète sur l'Astronomie des *PT*); BADAWY, 1964: 189-206 (sur le destin stellaire du pharaon); FAULKNER, 1966: 153-61 (sur le roi et la religion stellaire dans les *PT*); ANTHES, 1975: 1-10 (sur la relation d'Horus et Sirius dans les *PT*); BÁRTA, 1980a: 1-4 (sur le fonctionnement et la localisation des étoiles impérissables dans les *PT*); ALLEN, 1988b: 1-28 (sur la cosmologie des *PT*); BRADSHAW, 1990 (sur les étoiles impérissables du ciel boréal dans les *PT*); KRAUSS, 1997 (une monographie où les conceptions astronomiques et celles sur la vie dans l'au-delà sont étudiées en profondeur); voir aussi le Chapitre I, § 1.2: # 1, *supra*).

Table III.1: Correspondance entre les passages des *PT*, contenant des rudiments astronomiques et/ou cosmovisionnels, et leur source, comme ils ont été transcrits en hiéroglyphes, translitérés et publiés*.

#	SOURCE	PUBLICATION	TEXTE AUX RUDIMENTS ASTRONOMIQUES
1	*PT*, **1**, § 1a	SETHE, 1908-10 FAULKNER, ²1998 LECLANT *et al.*, 2001 --------------------- SETHE, 1935-62 MERCER, 1952 FAULKNER, ²1998	*ḏd-mdw in Nwt ꜣḫt wrt*
2	*PT*, **3**, § 2a		*ḏd-mdw in Nwt ꜥꜣt*
3	*PT*, **4**, § 3b		*ḏd-mdw in Nwt*
4	*PT*, **5**, § 3d		*ḏd-mdw in Nwt*
5	*PT*, **6**, § 4a		*ḏd-mdw in Nwt nḫbt wrt*
6	*PT*, **6**, § 4b		*rdi.n.i n.f ꜣḫty, sḫm.f im.sn*
7	*PT*, **7**, § 5a		*ḏd-mdw in Nwt wrt*
8	*PT*, **11**, § 8h: 135		*ḏd-mdw in Nwt*
9	*PT*, **11**, § 8k: 135		*ꜥnḫ ḏt*
10	*PT*, **21**, § 13c: 214		*msḫtyw biꜣ,* *wp rw n nṯrw*
11	*PT*, **21**, § 14a: 215		*m biꜣ pr m Stḫ,* *msḫtyw biꜣ wp rw n nṯrw*
12	*PT*, **25**, § 17b: 5		*šm Dwn-ꜥnwy ḥnꜥ kꜣ.f*
13	*PT*, **33**, § 25a: 235		*di Nwt wn.k m nṯr*
14	*PT*, **35**, § 27a: 19		*snṯr.k, snṯr Dwn-ꜥnwy*
15	*PT*, **36**, § 28b: 22		*snṯr.k, snṯr Dwn-ꜥnwy*
16	*PT*, **38**, § 30b: 27a		*biꜣ nṯr Šmꜥw,* *biꜣ nṯr Tꜣ-mḥw*
17	*PT*, **44**, § 34a: 38		*ḥtp n.k rꜥ im pt,* [...] *ḥtp n.k grḥ*
18	*PT*, **50**, § 37b: 47		*rꜥ dwꜣ.k im pt, dwꜣ.k n* N
19	*PT*, **51**, § 38b: 50		[...] *im kki*
20	*PT*, **106**, §§ 70b-71a: 406-407		*m biꜣyt*, [...] *m pt*
21	*PT*, **172**, § 101d: 150		*nfrt n.k im nṯr n ḏt, ḏt*
22	*PT*, **205**, § 120c: 176		[...] *n rnpt tn*
23	*PT*, **205**, § 121d: 179		[...] *r pt*
24	*PT*, **205**, § 122b 180		*nfr n.f rꜥ pn r sf*
25	*PT*, **210**, §§ 128b-128c: 190		*ḥw 2 ipw, ḏꜣy pt,* *Rꜥ ḥnꜥ Ḏḥwty*

26	*PT*, **210**, § 130d: 194	SETHE, 1908-10 FAULKNER, ^{2}1998 LECLANT *et al.*, 2001 --------------------- SETHE, 1935-62 MERCER, 1952 FAULKNER, ^{2}1998	*dbn* N *pt mi Rʿ*, *šnz* N *pt mi Ḏḥwty*
27	*PT*, **211**, §§ 132a-132c: 198-199		*iwr* N *m grḥ*, *ms* N *m grḥ*, *n sw imyw-ḫt rʿ*, *tpyw-ʿw nṯr dw3y*, *iwr* N *m Nww*, *ms.f m Nww*
28	*PT*, **214**, §§ 137a-137b: 208-209		*isi m-ḫt rʿ.k*, [...] *bikw nṯryw imyt pt*
29	*PT*, **214**, § 138b: 210		*wʿb.k ir k m ḳbḥw*
30	*PT*, **214**, § 139a: 211		[...] *wṯ.n.k iḫmw-skiw*
31	*PT*, **215**, § 141a: 213		*n nṯr-sb3 iwty snwty.f*
32	*PT*, **215**, § 141c: 214		[...] *iḫmw-skiw*
33	*PT*, **215**, § 143a: 215		*sdw3.n.f pt*
34	*PT*, **215**, §§ 148a-148d: 218-219		[...] *iḫm-sk;* [...] *iḫm-sk;* [...] *iḫm-sk;* [...] *iḫm-sk;* [...] *iḫm-sk;* [...] *iḫm-sk*
35	*PT*, **215**, § 149a: 219		*dbḥ.k pr.k r pt, prr.k*
36	*PT*, **215**, § 149b: 219		*dbḥ.k h3.k ir niwt, h33.k*
37	*PT*, **215**, § 149c: 219		[...] *iḫm-sk*
38	*PT*, **216**, § 150a: 220		*iw.n*[*.i*] *ḫr.ṯ msktt*
39	*PT*, **216**, §§ 151a-151c: 221		*šn S3ḥ in Dw3t, wʿb ʿnḫ m 3ḫt; šn Spdt in Dw3t, wʿb ʿnḫ m 3ḫt; šn* N *pn in Dw3t, wʿb ʿnḫ m 3ḫt*
40	*PT*, **217**, § 152a: 222		[...] *st w3ḏ 4*
41	*PT*, **217**, §§ 152c-152d: 223		*š3s.ṯn ḥrt; iʿb in m snkw; wbn.ṯn m 3ḫt*
42	*PT*, **217**, § 154a: 224		[...] *st w3ḏ 4*
43	*PT*, **217**, §§ 154c-154d: 225		*š3s.ṯn ḥrt; iʿb in m snkw; wbn.ṯn m 3ḫt*
44	*PT*, **217**, § 156a: 227		[...] *st w3ḏ 4*
45	*PT*, **217**, §§ 156c-154d: 228		*š3s.ṯn ḥrt; iʿb in m snkw; wbn.ṯn m 3ḫt*
46	*PT*, **217**, § 158a: 230		[...] *st w3ḏ 4*
47	*PT*, **217**, §§ 158c-154d: 231		*š3s.ṯn ḥrt; iʿb in m snkw; wbn.ṯn m 3ḫt*
48	*PT*, **219**, § 171a: 244		[...] *Nwt*
49	*PT*, **219**, § 186a: 260		*m rn.k im S3ḥ, tr.k r pt, tr.k r t3*

50	*PT*, **220**, § 194a: 269		*wn ꜥꜣw ꜣḫt* [...]
51	*PT*, **222**, § 202a: 282		*di.k* [...] *ḳbḥw, šzp ꜣḫt*
52	*PT*, **222**, § 207b: 289		*wḏꜥ.k* [...] *niwt,* *ꜥḥꜥ.k ḥr swt Nww*
53	*PT*, **222**, §§ 208b-208c: 291		*šn ṯw <m> ḫnw-ꜥwy mwt.k Nwt; wꜥb.k m ꜣḫt* [...]
54	*PT*, **222**, §§ 210a-210c: 292-293		*snkw ḥnꜥ msktt;* [...] *wbn.k ḥnꜥ mꜥnḏt*
55	*PT*, **230**, § 233b: 317		*šn(w) pt, šn(w) tꜣ*
56	*PT*, **233**, § 237a: 322		*sḏt prt m Nww*
57	*PT*, **240**, § 244a: 329		*ḏt ir pt*
58	*PT*, **245**, § 250a: 361		*ii n.ṯ* N *pn Nwt,* *ii n.ṯ* N *pn Nwt*
59	*PT*, **245**, §§ 251a-251b: 364-365		*wp.k st.k m pt, m-ꜥb sbꜣw nw pt, n ṯwt is sbꜣ wꜥty*
60	*PT*, **246**, §§ 254a-254c: 372-374		*ḏd Dwn-ꜥnwy* [...] *ḏd Dwn-ꜥnwy*
61	*PT*, **246**, §§ 255a-255b: 375	SETHE, 1908-10 FAULKNER, ^{2}1998 LECLANT *et al.*, 2001 --------------------- SETHE, 1935-62 MERCER, 1952 FAULKNER, ^{2}1998	*ꜥḥꜥ r ꜥꜣw ꜣḫt, iznš ꜥꜣw ḳbḥw, ꜥḥꜥ.k ḫnt.sn <mi> Gb is ḫnt Psḏt-Nṯrw.f*
62	*PT*, **248**, §§ 263a-263b: 390-391		*sbꜣ spd, ḥꜣt imꜣḫw šmt, inn ḥrt ḥrt n Rꜥ, rꜥ-nb;* [...] *ḫꜥ* N *pn m sbꜣ*
63	*PT*, **249**, §§ 266a-266b: 395		*ḫꜥ.i m Nfr-Tmw, m zšn r šrt Rꜥ; pr.f m ꜣḫt rꜥ-nb* [...]
64	*PT*, **250**, § 268d: 399		*ḫnt tpḥt Nww*
65	*PT*, **251**, § 269a: 399		*i ḥryw wnwt, tpyw-ꜥ rꜥ* [...]
66	*PT*, **251**, § 271b: 403		*n ḫsf-ꜥ n* N *m ꜣḫt*
67	*PT*, **253**, §§ 275e-275f: 414-415		*Nwt šzp ꜥ.f;* *Šw sšw sw, Šw sšw sw*
68	*PT*, **254**, § 277a: 416		*i nb ꜣḫt, ir st n* N
69	*PT*, **254**, § 279d: 418		*dꜣ Msḳt*
70	*PT*, **254**, §§ 280a-280c: 419		[...] *iꜣd tpy-ꜥ iwn-sbꜣw, mꜣ.n.sn iwn-Knzt, kꜣ-n-pt, iꜣḫ Nr-Iḥw tp miz.f*
71	*PT*, **254**, § 281a: 419		*tpy-ꜥ ḳrr n pt*
72	*PT*, **254**, § 281b: 420		*ḥrw mr.n.f iwt im* [...]

73	*PT*, **254**, § 283a: 421		[...] *kꜣ-n-pt*
74	*PT*, **254**, § 289c: 427		*wḏꜥ* N *mdw m Mḥyt-Wrt*
75	*PT*, **254**, § 292b: 430		*irww pt*
76	*PT*, **255**, § 299a: 437		[...] *ꜥ<wy> Šw ẖr Nwt*
77	*PT*, **257**, § 304a-304c: 443		*ḫnnw m pt* [...] *Ḥr m iꜣḫw*
78	*PT*, **257**, § 305a: 444		*iṯ* N *pt, pšn.f biꜣ.s*
79	*PT*, **257**, §§ 306a-306b: 448		*ḥtp* N *m ꜥnḫ m Imntt, šm sw Dwꜣt; psḏ* N *mꜣꜥ m Iꜣbt*
80	*PT*, **257**, §§ 307a-307c: 446		*int n.f nḥḥ;* [...] *iṯ.n.f ꜣḫt*
81	*PT*, **258**, § 309b: 449		*iw* N *r pt, iw* N *r pt; m ṯꜣw, m ṯꜣw*
82	*PT*, **258**, § 310b: 450		[...] *m Nww*
83	*PT*, **258**, § 311c: 451	SETHE, 1908-10 FAULKNER, ²1998 LECLANT *et al.*, 2001 --------------------------- SETHE, 1935-62 MERCER, 1952 FAULKNER, ²1998	[...] *sḥtp.f nwty m Wnw*
84	*PT*, **259**, § 313c: 260		*iw* N *pn r pt, iw* N *pn r pt; m Šw ḥnꜥ Rꜥ*
85	*PT*, **259**, § 314b: 262		[...] *m Nww*
86	*PT*, **259**, § 315c: 262		[...] *sfḫ.n* N *pn nwty m Wnw*
87	*PT*, **260**, § 316a: 452		*i Gb, kꜣ-pt*
88	*PT*, **260**, §§ 318a-319c: 454-456		[...] *zmꜣ.f imyw Nww;* [...] *pḫr.n.f imyw Nww ꜥnḫ*
89	*PT*, **261**, §§ 324c-324d: 460-461		N *pi nsr m-tp ṯꜣw r ḏrw pt, r ḏrw tꜣ, ḏrt šwt ḥꜣbw m* N
90	*PT*, **261**, § 325a: 461		*šꜣs* N *šw, nmt.f ꜣkr*
91	*PT*, **261**, §§ 326b-326d: 462		*ꜥḥꜥ* N *ḥr gs iꜣbty n mnwḥwt, in n.f <w>ꜣt n ḥrt;* N *pi irw wpt nšn*
92	*PT*, **262**, §§ 332b-332c: 467 & 217-218		*m ḫm* N *kꜣ-pt;* [...] *idd.i r nḥḥ pw n niwt*
93	*PT*, **262**, § 334c: 469		*n ḫsf n.f sw m ꜥḥ wrw ḥr Msḳt-Sḥdw*
94	*PT*, **262**, §§ 335a-336b: 469-470		[...] *pḥ.n* N *kꜣw pt; mꜣ.n.f ḏt.f m msktt, in* N *ḥn im.s; siꜣ.n.f iꜥrt m mꜥnḏt* [...]; *šd.n sw šnyt pt siꜥ.sn* N *n rꜥ*

95	*PT*, **263**, §§ 337a-337d: 471-472		*zḫn pt n rꜥ, ḏꜣ.f im ir ꜣḫt; zḫn pt n Ḥr-ꜣḫty, ḏꜣ Ḥr-ꜣḫty im ḫr rꜥ; zḫn pt n* N, *ḏꜣ.f im ir ꜣḫt ḫr rꜥ; zḫn pt n* N, *ḏꜣ.f im ḫr Ḥr-ꜣḫty ḫr rꜥ*
96	*PT*, **263**, § 338c: 474		[...] *ꜥḥꜥw m gs iꜣbty n pt*
97	*PT*, **263**, § 340d: 475		[...] *ḏꜣ* N *m Mr-n-Ḫꜣ*
98	*PT*, **263**, §§ 341a-341c: 475-476		*ḏꜣtḏꜣt* N *pn ir gs iꜣbt n ꜣḫt; ḏꜣtḏꜣt* N *pn ir gs iꜣbt n pt; snt.f Spdt, msṯwt.f dwꜣt*
99	*PT*, **264**, §§ 342a-342d: 224-226		*zḫn pt n Ḥr, ḏꜣ.f im ir ꜣḫt ḫr Ḥr-ꜣḫty; zḫn pt n* N, *ḏꜣ.f im ir ꜣḫt ḫr Ḥr-ꜣḫty; zḫn pt n Šzmty, ḏꜣ.f im ir ꜣḫt ḫr Ḥr-ꜣḫty; zḫn pt n* N, *ḏꜣ.f im ir ꜣḫt ḫr Ḥr-ꜣḫty*
100	*PT*, **264**, §§ 343a-344a: 227-228		*iꜣḫ Mr-n-Ḫꜣ* [...] *ḏꜣ.tw* N *im ir gs pf iꜣbty n pt*
101	*PT*, **264**, §§ 345a-345b: 229		*iw nw pn bkꜣ; nw n dni<t>; nw n hrw 6; nw n hrw 7; nw n hrw 8*
102	*PT*, **264**, §§ 346a-346c: 229-230	SETHE, 1908-10 FAULKNER, ²1998 LECLANT *et al.*, 2001 -------------------- SETHE, 1935-62 MERCER, 1952 FAULKNER, ²1998	*iw nw pn bkꜣ; nw n hrw 3; nw n hrw 4*
103	*PT*, **264**, §§ 347a-348b: 231-232		*ꜥḥꜥ.f rf m sbꜣ pw, ir ḫr-ḫt pt;* [...] *4 ipw nṯrw, ꜥḥꜥw ḫr ḏꜥmw pt*
104	*PT*, **264**, §§ 350b-350c: 234-235		*n mwt n is* N *mt, ꜣḫ n.f m ꜣḫt* [...]
105	*PT*, **265**, §§ 351a-351d: 170-171		*zḫn pt n rꜥ, ḏꜣ.f im ir ꜣḫt ḫr Ḥr-ꜣḫty; zḫn pt n Ḥr-ꜣḫty, ḏꜣ.f im ir ꜣḫt ḫr rꜥ; zḫn pt n* N *pn ḏs.f, ḏꜣ.f im ir ꜣḫt ḫr Ḥr-ꜣḫty*
106	*PT*, **265**, §§ 352a-353a: 171		*iꜣḫ Mr-n-Ḫꜣ* [...] *ḏꜣ.tw im ir gs iꜣbty n pt*
107	*PT*, **265**, § 355c: 171		*ꜥḥꜥw ḫr ḏꜥmw.sn m gs iꜣbty n pt*
108	*PT*, **265**, §§ 357a-357b: 172		*snt* N *pw Spdt, msṯw* N *pn nṯr-dwꜣy;* N *pw ir ḫr ḫrt pt ḫr rꜥ*
109	*PT*, **266**, §§ 358a-358h: 482-484		*zḫn pt n rꜥ, ḏꜣ rꜥ im.sn ir ꜣḫt ḫr Ḥr-ꜣḫty; zḫn pt n* N *pn, ḏꜣ.f im.sn ir ꜣḫt ḫr Ḥr-ꜣḫty; zḫn pt n Ḥr-ꜣḫty, ḏꜣ Ḥr-ꜣḫty im.sn ir ꜣḫt ḫr rꜥ; zḫn pt n* N *pn, ḏꜣ* N *pn im.sn ir ꜣḫt ḫr rꜥ*
110	*PT*, **266**, §§ 359b-360a: 485		*iꜣḫ Mr-n-Ḫꜣ* [...] *ḏꜣ.tw ir ꜣḫt ḫr Ḥr-ꜣḫty*

111	*PT*, **266**, § 360d: 486	SETHE, 1908-10 FAULKNER, ^{2}1998 LECLANT *et al.*, 2001 ------------------------- SETHE, 1935-62 MERCER, 1952 FAULKNER, ^{2}1998	*ḥmsw ḥr ḏꜥmw.sn m gs iꜣbty n pt*
112	*PT*, **266**, §§ 362a-362b: 488		*[...] [i]n n.f rꜥ* N *pn ir pt, m gs iꜣbty n pt; Ḥr is pw D(w)ꜣt is; sbꜣ is pw wpš pt*
113	*PT*, **266**, §§ 363a-363c: 488-489		*snt* N *pw Spdt,* [...]. *n šw n pt m* N *ḏt; n šw n tꜣ m* N *pn ḏt*
114	*PT*, **267**, § 365a: 476		*sḳdt.n.f tꜣ rdw r pt, pr.f im r pt*
115	*PT*, **267**, §§ 367b-369: 478		[...] *ḫny.f m pt m wiꜣ.k rꜥ;* [...] *m wiꜣ.k rꜥ;* [...] *pr.k m ꜣḫt isṯ sw sḫm.f m-ꜥ.f m sḳd wiꜣ.k rꜥ; iꜥ.k n pt, ḥr.k r tꜣ*
116	*PT*, **268**, § 372e: 481		[...] *ḥr rmnwy rꜥ m ꜣḫt*
117	*PT*, **268**, § 374a: 482		*sm* N *pn iḫmw-skiw*
118	*PT*, **268**, §§ 374b-374c: 482-483		*ḏꜣ.f r Sḫt-Iꜣrw; ḥn sw imyw ꜣḫt, sd sw imyw ḳbḥw*
119	*PT*, **269**, §§ 380a-380b: 487		[...] *isp.f* N *n nṯrw ipf sbḳiw, sꜣiw, iḫmw-skiw*
120	*PT*, **270**, §§ 383a-383c: 489		*rs.k m ḥtp! ḥr.f-ḥꜣ.f m ḥtp! mꜣ-ḥꜣ.f m ḥtp! mḥnt<y> pt m ḥtp! mḥnt<y> Nwt m ḥtp! mḥnt<y> nṯrw m ḥtp!*
121	*PT*, **270**, § 387b: 491		[...] *tp ḏnḥ n Ḏḥwty*
122	*PT*, **272**, § 392a: 494		*ꜥrrwt nt Nww*
123	*PT*, **273-274**, §§ 393a-393c: 496-498		*gp pt; iḥy sbꜣw; nḥm pḏwt; sdꜣ ḳsw ꜣkr; grr.sn gnmw*
124	*PT*, **273-274**, § 395a: 501		*iw špsw* N *m pt; iw wsr.f m ꜣḫt*
125	*PT*, **273-274**, § 397a: 505		N *pi kꜣ-pt*
126	*PT*, **273-274**, § 402a: 510		*in Ḫnsw mds nbw*
127	*PT*, **273-274**, § 405a: 513		*in ꜥꜣtyw mḥtyw pt*
128	*PT*, **273-274**, §§ 406a-406c: 513-514		*iw pḥr imyw pt n* N. [...] *iw dbn.n.f pty tmtyw*
129	*PT*, **273-274**, § 407d: 515		*iw mkt* N *m-ḥꜣt sꜥḥw nbw, imyw ꜣḫt*
130	*PT*, **273-274**, §§ 408c-409a: 516-517		*iw rdi.n.f ꜥ m sḫm wr in Sꜣḥ, it-nṯrw; iw wḥm.n* N *ḫꜥ m pt; i<w>f snb m nb-ꜣḫt*

131	*PT*, **273-274**, §§ 412a-412c: 520-521		*ʿḥʿw pi n* N *nḥḥ, ḏr.f ḏt; m sʿḥ.f pn n mrr.f irr.f, msḏḏ.f n ir.n.f; imy ḏrw ꜣḫt, ḏt r nḥḥ*
132	*PT*, **273-274**, § 414c: 525		[...] *ḏt r nḥḥ*
133	*PT*, **275**, § 416a: 527		*in* N *r ḏrw ꜣḫt*
134	*PT*, **279**, § 420b: 533		[...] *ti kki, ti kki*
135	*PT*, **294**, § 437b-437d: 547-548		[...] *iw ḫʿw* N *m nhpw;* [...] *iw ḫʿw* N *m nhpw;*
136	*PT*, **297**, § 441b: 551		[...] *mꜣ ṯw mwt.k Nwt*
137	*PT*, **297**, § 441b: 551		*ḏt r pt, zpꜣ Ḥr r tꜣ*
138	*PT*, **301**, §§ 448c-450a: 559-560		[...] *ḏꜣ.f ḫr.f ir ꜣḫt;* [...] *nḥnyw, nb rnpt rn.f;* [...] *Ḥr, ḥr sḥdw pt, sʿnḫ rʿ, rʿ-nb*
139	*PT*, **301**, §§ 455a-455b: 564		[...] *ʿḥʿ* [...] *mḥ.ti m ꜣḫ.k, pr.ti m ꜣḫt*
140	*PT*, **302**, §§ 458a-459c: 567-568	SETHE, 1908-10 FAULKNER, [2]1998 LECLANT *et al.*, 2001 --------------------- SETHE, 1935-62 MERCER, 1952 FAULKNER, [2]1998	*sbš pt, ʿnḫ Spdt, n* N *is ʿnḫ zꜣ Spdt; wʿb.n n.f Psḏty-Nṯrw m Msḫtyw, iḫm-sk; n sk pr* N *r pt; n ḥtm nst* N *r tꜣ; dḫ r.sn rmṯ, pꜣy r.sn nṯrw; spꜣ n Spdt* N *r pt m-ʿb snw.f nṯrw; kf.n Nwt wrt rmnwy.s n* N
141	*PT*, **302**, §§ 462b-463a: 570-571		[...] *r pt ḫr nṯrw;* [...] *ir iʿ n pt; spꜣ.n Wp-Wꜣwt r pt*
142	*PT*, **303**, §§ 464c-465b: 573		[...] *m prt.f ir pt; ḏꜣ.f ir kbḥw,* [...] *di.f ḫʿ.f m nṯr ʿꜣ m kbḥw*
143	*PT*, **303**, § 466a: 574		*ṯwt* N *nṯr smsw, zꜣ Ḥwt-Ḥr?*
144	*PT*, **303**, § 467c: 575		*ir-ʿ n nṯrwy ʿꜣwy m kbḥw*
145	*PT*, **304**, §§ 468a-468b: 575		*inḏ ḥr.ṯ zꜣt Ỉnpw, ḥrt ptrw pt, ḥnkt Ḏḥwty* [...]
146	*PT*, **304**, § 469a: 576		[...] *ḥr spt Mr-n-Ḫꜣ*
147	*PT*, **304**, § 470a: 577		*inḏ ḥr.k kꜣ-Rʿ* [...]
148	*PT*, **305**, § 474a: 582		*ꜣḫ ir pt, ḫꜣt ir tꜣ*
149	*PT*, **306**, §§ 476a-477b: 584-585		*nfr wy mꜣꜣw, ḥtp wy ptr, in.sn, in nṯrw, prt rf nṯr pn ir pt, prt rf* N *r pt, bꜣw.f tp.f,* [...] *ḥkꜣw.f tp rdwy.fy*
150	*PT*, **306**, §§ 478a-479b: 585-587		[...] *nṯrw irw pt, nṯrw irw tꜣ;* [...] *pr.k rk ir pt; iꜣḫk ḥr.s m rn.s pw n mꜣkt; rdi pt n* N, *rdi tꜣ n.f in Tmw*

151	*PT*, **307**, § 485b: 595		*n wn n.f sb3w msktt;* *n wn n.f sb3w mꜥnḏt*
152	*PT*, **310**, § 493b: 603		*ḥr.f m-ḫnt.f, ḥr.f m-mḥ3.f*
153	*PT*, **311**, § 496a-497a: 605-606		[...] *ꜥ3w 3ḫt n prw mꜥnḏt;* [...] *ḥr-ib ḫt 3š izkn, prrw.k im h3.k m msktt*
154	*PT*, **311**, § 499b: 608		*n šp* N *dk sw m kkw*
155	*PT*, **313**, §§ 502a-502b: 610		[...] *iwn ꜥ3w pt* [...] *iwn* N *ꜥ3w pt* [...]
156	*PT*, **314**, § 504a: 613		[...] *ḏbꜥw 3kr*
157	*PT*, **316**, §§ 506a-506c: 617-619		*i* [...] *sḥd* [...] *šḏw* N *r pt*
158	*PT*, **317**, §§ 508a-508b: 623-624		[...] *m Mḥyt-Wrt r st ḥtpw*
159	*PT*, **317**, §§ 509a-509c: 624-626		[...] *ḥr idbw 3ḫt;* [...] *šzp* N *st.f imyt 3ḫt*
160	*PT*, **319**, § 514b: 640-641		*zm3 n* N *pwt,* *sḫm* N *m t3w rsyw, mḥtyw*
161	*PT*, **320**, §§ 515a-516b: 642-646	SETHE, 1908-10 FAULKNER, [2]1998 LECLANT *et al.*, 2001 -------------------- SETHE, 1935-62 MERCER, 1952 FAULKNER, [2]1998	*ḏsr.n* N *grḥ; zb.n* N *wnwt,* *ḫꜥ sḫmw, sꜥḥ.sn* N *m B3bi;* N *pi z3 pw n iḫmt; ms.n.s* N *n ḳni ḥr nb šs3wt;* [...] N *pi B3bi, nb šs3t*
162	*PT*, **321**, § 517b: 649		*pr* N *ḥr.s r pt,* *stp* N *s3 r rꜥ m pt*
163	*PT*, **322**, § 518a: 366		*wn pt, wn t3* [...]
164	*PT*, **323**, § 519c: 516		*Šw, f3.f* N*; Nwt, di ꜥ.ṯ n* N
165	*PT*, **324**, §§ 521a-521b: 11		[...] *r sm3.f pw mr irf tp 3bdw nkm ir tp Smdwt*
166	*PT*, **325**, §§ 525a-529b: 19-20[+3]		| *wn rw pt, iznš ꜥ3w ḳbḥw* [...] *m tp-hrw* |x5
167	*PT*, **325**, §§ 530a-532a: 21-23		*wꜥb ir* N*, šzp.f ḳsw.f bi3;* *3w.f n.f ꜥwt.f iḫm-sk, imyt ḫt mwt.f Nwt;* [...] *r ḫt pt*
168	*PT*, **326**, § 534b: 26		[...] *iṯ ir pt, iw* N *ir pt*
169	*PT*, **328-329**, §§ 537a-538b: 28-30		| N *pw ḏsr imy m-ḫnt, ṯzz ḥ3t; sb3 kssw n.f nṯrw* |x2
170	*PT*, **330-331**, §§ 539a-540a: 31-32		| *pr* N *ir pt ḥr šdšd* |x2
171	*PT*, **332**, §§ 541c-541d: 34-35		*šm n* N *pty, ii n* N *t3wy;* [...] *ptpt.f w3wt Nwt*
172	*PT*, **334**, §§ 543a-543b: 37		*inḏ ḥr.k rꜥ, nm pt, ḏ3 Nwt, nm.n.k Mr-n-Ḫ3*
173	*PT*, **335**, §§ 546b-546c: 43-44		*šnḏwt.f ḥr.f m Ḥwt-Ḥr;* [...] *pr.f rf ir pt* *m-m snw.f nṯrw*
174	*PT*, **337**, §§ 549a-550c: 49-52		*mdw pt, sd3 t3* [...]; [...] *ir.f priw, išm.f rf r pt*

<table>
<tr><td>175</td><td>PT, 338, § 551b: 55</td><td rowspan="17">SETHE, 1908-10
FAULKNER, ^{2}1998
LECLANT et al., 2001

SETHE, 1935-62
MERCER, 1952
FAULKNER, ^{2}1998</td><td>ỉs rk ỉr Nww, šmꜣ rk ỉr ꜣgb</td></tr>
<tr><td>176</td><td>PT, 339, § 553b: 63</td><td>ꜥnḫ N m t dwꜣ, ỉw m rr.f</td></tr>
<tr><td>177</td><td>PT, 341, § 555a: 82</td><td>wn ḥr n Ḥr ỉn ꜣkr;
wn ḥr n ꜣkr ỉn Ḥr</td></tr>
<tr><td>178</td><td>PT, 350, § 567b: 99</td><td>[...] mfkꜣt sbꜣw</td></tr>
<tr><td>179</td><td>PT, 351, § 568a: 101</td><td>[...] m šsꜣt</td></tr>
<tr><td>180</td><td>PT, 352, §§ 569a-569c: 700</td><td>[...] m šsꜣt; [...] mfkꜣt sbꜣw</td></tr>
<tr><td>181</td><td>PT, 355, §§ 572a-572d:
156-160</td><td>ḏd-mdw: wn ꜥꜣw pt;
[...] wn n.k ꜥꜣw pt</td></tr>
<tr><td>182</td><td>PT, 356, §§ 580b-580c:
174-175</td><td>dn ṯw Nwt m nṯr [...];
pšš.n.s mwt.k Nwt ḥr.k [...]</td></tr>
<tr><td>183</td><td>PT, 357, § 585a: 178</td><td>ꜣḫ n Ḥr ḫr.k,
m rn.k n ꜣḫt prrt rꜥ ỉm</td></tr>
<tr><td>184</td><td>PT, 358, § 593b: 183</td><td>[...] ỉn nbw Nww</td></tr>
<tr><td>185</td><td>PT, 359, §§ 594a-596c:
185-190</td><td>ỉḥ ỉn Ḥr n ỉrt.f, ỉḥ ỉn Stẖ n ḫrw.f; sṯp ỉrt-Ḥr, ḫr m pf gs n Mr-n-Ḫꜣ, ỉnḏ.s ḏt.s m-ꜥ Stẖ; mꜣ.n.s Ḏḥwty m pf gs n Mr-n-Ḫꜣ, sṯp ỉrt-Ḥr m pf gs n Mr-n-Ḫꜣ, ḫr tp ḏnḥ Ḏḥwty m pf gs n Mr-n-Ḫꜣ; nṯrw ỉpw, ḏꜣw tp ḏnḥ Ḏḥwty ỉr pf gs n Mr-n-Ḫꜣ, ỉr gs ỉꜣbty n pt, ỉr mdt ḫft Stẖ ḫr ỉrt tw nt Ḥr; ḏꜣ N ḥnꜥ ṯn tp ḏnḥ Ḏḥwty ỉr pf gs n Mr-n-Ḫꜣ, ỉr gs ỉꜣbty n pt, ỉw N mdwt.f ḫft Stẖ ḫr ỉrt tw nt Ḥr</td></tr>
<tr><td>186</td><td>PT, 359, §§ 597a-597c:
190-191</td><td>rs.k m ḥtp mꜣ-ḥꜣ.f m ḥtp! rs.k m ḥtp mḫnty Nwt! mḫnty Mr-n-Ḫꜣ; ỉḏd rn n N n Rꜥ [...]</td></tr>
<tr><td>187</td><td>PT, 359, §§ 599a-600c:
193-196</td><td>Rꜥ! wḏ N n mꜣ-ḥꜣ.f, mḫnty n Mr-n-Ḫꜣ! ỉnt.f mḫnt.f nt Mr-n-Ḫꜣ n N; ḏꜣt.f nṯrw ỉm.s ỉr pf gs n Mr-n-Ḫꜣ, ỉr gs ỉꜣbty n pt; ḏꜣ.f N ỉr pf gs n Mr-n-Ḫꜣ, ỉr gs ỉꜣbty n pt; ỉw N m zḫn ỉrt-Ḥr swyt [...]</td></tr>
<tr><td>188</td><td>PT, 359, § 602c: 200</td><td>[...] ꜣty rꜥ n nwb</td></tr>
<tr><td>189</td><td>PT, 360, §§ 603a-603c:
200-201</td><td>[...] rwt Nwt, N pw Šw pr m Tmw [...] Nww [...]</td></tr>
<tr><td>190</td><td>PT, 361, §§ 604a-604e:
202-203</td><td>wḏ.n Nww N n Tmw [...] n Šw [...] ꜥꜣw pt ỉpf; [...] šd.n.k N ỉr pt [...]</td></tr>
<tr><td>191</td><td>PT, 362, §§ 605a-606c:
204-207</td><td>ỉt n N m kkw, ỉt n N Tmw m kkw [...] Nww [...] hrw</td></tr>
</table>

192	*PT*, **364**, §§ 616b-616f: 268		[...] *m rn.s pw n Sšꜣt, nbt ỉḳdw* [...] *mwt.k Nwt, m rn.s n ḳrswt, ỉnḳ.n.s ṯw m rn.s n ḳrsw<t>* [...]
193	*PT*, **364**, §§ 621a-621c: 270		*ꜥnẖt nḥmnḥm.k rꜥ-nb! ꜣẖ.tỉ m rn.k n ꜣẖt prrt rꜥ ỉm.s;* [...] *n ḏt ḏt!*
194	*PT*, **365**, §§ 622d-623a: 271		*n ḏr rd.k m pt; n ẖsf.k m tꜣ; n ṯwt ỉs ꜣẖ msw Nwt*
195	*PT*, **366**, §§ 626a-626b: 273		*hꜣ Wsỉr* N *ꜥḥꜥ, ṯs ṯw, ms.n ṯw mwt.k Nwt* [...]
196	*PT*, **366**, §§ 632c-632d: 277		[...] *spd.tỉ m Spdt, Ḥr-Spd pr ỉm.k m Ḥr ỉmy Spdt*
197	*PT*, **368**, §§ 636c-638a: 278-279		[...] *m rn.k n ꜣẖt prrt rꜥ ỉm.s* [...] *pšš.n.s mwt.k Nwt ḥr.k*
198	*PT*, **370**, § 645d: 283		[...] *m rn.k n ḥrt*
199	*PT*, **373**, §§ 655d-657c: 288-290		[...] *šd.f ṯw ỉr pt, ẖr ỉt.k Gb;* [...] *wdf ṯw ẖnt ꜣẖw, ỉẖmw-skỉw;* [...] *ỉr n tpw ꜣbdw.k ỉm, ỉr n tpw Smdwt.k ỉm* [...]
200	*PT*, **374**, §§ 658e-659a: 291		*n ẖsf{f}.k ỉn sḥdw; wn n.k ꜥꜣw pt, pr.k ỉm.sn* [...]
201	*PT*, **376**, § 661c: 292	SETHE, 1908-10 FAULKNER, ²1998 LECLANT *et al.*, 2001 --------------------- SETHE, 1935-62 MERCER, 1952 FAULKNER, ²1998	[...] *n mꜥnḏt*
202	*PT*, **378**, § 663a: 301		*ḏt r pt, zpꜣ r tꜣ* [...]
203	*PT*, **399**, § 694: 318		*mw.k r pt* [...]
204	*PT*, **402**, §§ 698b-698d: 333		[...] *sḳs sḥd* N *ḥnꜥ rꜥ; wnwn* N *m Sẖt-Ḥtpw,* N *pw ỉrt tw nt Rꜥ, sḏrt, ỉwryt, mst rꜥ-nb*
205	*PT*, **403**, § 700a: 334		*[m-]mỉn* [...]
206	*PT*, **405**, §§ 705a-705c: 337-338		N *pw ỉrt.k tw tpt wpt Ḥwt-Ḥr; ỉnnt ỉnnt rnpwt ḥr* N*; sḏr* N*, ỉwr, ms rꜥ-nb*
207	*PT*, **406**, §§ 708b-709d: 339-340		[...] *m hrw* [...] *m grḥ;* [...] *mꜣ ṯw* N*, pr.k rk m Ḏḥwty, ỉrt m sšꜣ n wỉꜣ-Rꜥ r sẖwt.f ỉmyt Tꜣsw; gwꜣ.k m-ẖnt Ḥyw.f (Ḥḥw.f)*
208	*PT*, **407**, §§ 710a-711d: 340-341		*šzp.f n.f st.f wꜥbt ỉmyt pt;* [...] *šzp.n.f* N *st.f wꜥbt ỉmyt-ḥꜣt wỉꜣ-Rꜥ; ỉn ḥmww ẖnnyw Rꜥ ntsn ẖnnyw.sn* N*; ỉn ḥmww pẖryw Rꜥ ḥꜣ ꜣẖt ntsn pẖryw.sn* N *ḥꜣ ꜣẖt*
209	*PT*, **408**, §§ 714a-716b: 342-343		*msyt <m> grḥ* [...] *ỉwryt <m> hrw, ms.ṯn sw ỉmy swḥt(.f);* [...] *snt* [...] *dnỉt*
210	*PT*, **409**, §§ 717b-717c: 344		[...] *r pt;* [...] *ỉn msktt ḥnꜥ mꜥnḏt* [...]
211	*PT*, **412**, § 723a: 349		*sꜣḥ.k pt mỉ{r} S<ꜣ>ḥ; spd bꜣỉ.k mỉ{r} Spdt*

212	*PT*, **412**, § 724d: 352		*nḏr.k ir ꜥ iḫmw-skiw*
213	*PT*, **412**, § 727a: 356		*wn n.k ꜥꜣw pt, iznš n.k ꜥꜣw sḥdw*
214	*PT*, **412**, §§ 732a-733d: 364-367		[...] *n ṯw nḫḫw pḫrw rꜥ, tpyw-ꜥ nṯr-dwꜣy; ms.k ir ꜣbdw.k mi iꜥḥ; twꜣ rꜥ ḥr.k m ꜣḫt* N*; šms ṯw iḫmw-skiw; iꜥb ṯw ir iw rꜥ* N*, wꜥb.k, pr.k n rꜥ; n šw pt im.k* N *ḏt!*
215	*PT*, **413**, §§ 736a-736c: 371-372		*ḥms.k ḥr ḫndw.k biꜣ, wnm.k n.k ḫpš;* [...] *ir pt, m-ꜥb nṯrw*
216	*PT*, **417**, §§ 741a-741e: 380-381		*sḏr wr ḥr mwt.f Nwt; fꜣ.s ṯw r pt m rn.s pw r ḏr<i>t* [...] *sb.ṯ ꜥ.f n rꜥ r ꜣḫt*
217	*PT*, **419**, §§ 743a-743b: 384		*inḏ ḥr.k* N*, m hrw.k pn ꜥḥꜥ.ti ḫft rꜥ, pr.f m Ỉꜣbtt!*
218	*PT*, **419**, §§ 748b-749e: 393-396		*ziši.k m sbꜣ* [...] *ḥtm sw* N *m ꜥwt.f biꜣ; nm* N *pt ir Sḫt-Ỉꜣrw, ir* N *imn.f m Sḫt-Ḥtpw, m-m iḫmw-skiw, šmsw Wsir*
219	*PT*, **421**, §§ 751a-751b: 399	SETHE, 1908-10 FAULKNER, ^{2}1998 LECLANT *et al.*, 2001 --------------------- SETHE, 1935-62 MERCER, 1952 FAULKNER, ^{2}1998	*ḥfd.k, iꜣd.k iꜣḫw; ṯwt iḫḫw ḥr Wꜥrt nt pt*
220	*PT*, **422**, §§ 756a-757c: 10-12		*pr.k, rk ḫr mwt.k Nwt; nḏr.s ꜥ.k, di.s n.k wꜣt ir ꜣḫt r bw ḫr rꜥ; wn n.k ꜥꜣw pt, sznš n.k ꜥꜣw ḳbḥw, gm.k rꜥ ꜥḥꜥ, izꜣ.f n.k; nḏrw.f n.k ꜥ.k, sšm.f ṯw m itrty pt, wdf ṯw ḥr nst Wsir*
221	*PT*, **422**, § 759c: 16		[...] *ir.k wnt.f ir.f m-m iḫmw-skiw*
222	*PT*, **423**, § 765c: 32		*di.n mwt.k Nwt wn.k m nṯr*
223	*PT*, **427**, §§ 777a-777b: 61		*Nwt pšš ṯn ḥr zꜣ.ṯ Wsir* N*;* [...] *ḫnm, sw Nwt*
224	*PT*, **428-430**, §§ 778a-780b: 62		*Nwt, iḫr ḥr zꜣ.ṯ Wsir* N [...]*; ḏd-mdw in Gb: Nwt ꜣḫ n.s* [...]; [...] *m rn.ṯ n Nwt*
225	*PT*, **432**, §§ 782a-782e: 63		*ꜥꜣt, ḫprt m pt n sḫm n.ṯ,* [...] *mḥ.n.ṯ bw nb m nfrw.ṯ; tꜣ ḫr.ṯ r ḏr.f; iṯ n.ṯ sw, šn.n.ṯ n.ṯ tꜣ, ḫt nbt m-ḫnw ꜥwy.ṯ; d<i>.n.ṯ n.ṯ* N *pn m iḫm-sk imy.ṯ*
226	*PT*, **433**, § 783a: 63		[...] *m rn.ṯ n pt*
227	*PT*, **434**, §§ 785a-785d: 64		*iṯ.n.ṯ n.ṯ nṯr nb ḫr.ṯ ḥr ḥbꜣ.f, sbꜣ.ṯ sn m ḫꜣ bꜣ.s; im n sn ḥm r.ṯ m sbꜣw; im n ṯ rdi ḥr* N *r.ṯ m rn.ṯ ḥrt*
228	*PT*, **435**, § 786a: 64		*ink Nwt* [...]

229	*PT*, **436**, § 789c: 67		[...] *n ḏt ḏt*
230	*PT*, **437**, § 794b: 70		*wʿb.n.k n Psḏntyw, ḫʿ.k n 3bd*
231	*PT*, **437**, § 797a: 73		[...] *t3š.k pḏwt*
232	*PT*, **437**, §§ 799a-800a: 74-75		*wn n.k sb3 m pt ir 3ḫt; nḥ3 ḥr-ib nṯrw m ḫsf.k, šd.sn ṯw ir pt, m b3i.k* [...]*; prr.k ir pt m Ḥr, ḥr šdšd pt* [...]
233	*PT*, **437**, §§ 801a-805a: 76-80		*bi3i.k rk ir pt, ḏsr.n.k w3wt pḏwt siʿt n Ḥr;* [...] *nm.n.k Mr-n-Ḫ3 m mḥt Nwt, m sb3 ḏ3 w3ḏ-wr ẖry ẖt Nwt; sḳr Dw3t dt.k ir bw ẖry S3ḥ; rdi.n n.k k3-pt ʿ.f* [...]*; nis.n ṯw Rʿ m izkn n pt* [...]*; d<i>.f ṯw m nṯr-dw3y ḥr-ib Sḫt-I3rw* [...]
234	*PT*, **438**, § 811b: 86		*di.sn <n.>k mw ir tp 3bdw, ir tp Smdwt* [...]
235	*PT*, **439**, §§ 812c-814b: 90-92		*pr.n* N *r pt, gm.n.f Rʿ* [...]*; ʿḥʿ.n* N *ḥr mḥt pt ḥnʿ.f* [...]
236	*PT*, **440**, §§ 815b-815c: 93		[...] *ʿ3w pt* [...]*;* [...] *k3 n* N *r pt tn* [...]
237	*PT*, **441**, § 818c: 96	SETHE, 1908-10 FAULKNER, ^{2}1998 LECLANT *et al.*, 2001 --------------------- SETHE, 1935-62 MERCER, 1952 FAULKNER, ^{2}1998	*išm.k n nṯrw ipf mḥtyw, iḫmw-skiw*
238	*PT*, **442**, §§ 819b-822c: 97-100		*šzp ʿ.k in rʿ, ṯs tp.k in Psḏty-Nṯrw; mk sw ii m S3ḥ, m Wsir ii m S3ḥ, nb-irp m W3g; nfr, ḏd.n mwt.f, <i>wʿ<w>, ḏd n it.f; iwr.n pt, ms n dw3(y)t; iwr ṯw pt ḥnʿ S3ḥ, ms ṯw dw3(y)t ḥnʿ S3ḥ; ʿnḫ, ʿnḫ m wḏ n nṯrw, ʿnḫ.k; prr.k ḥnʿ S3ḥ m-ʿ i3bty n pt; h33.k ḥnʿ S3ḥ m-ʿ imnty n pt; ẖmt-nw.ṯn pi Spdt, wʿbt-swt; stt sšmw.ṯn ir w3wt nfr<wt> imyt pt, m Sḫt-I3rw*
239	*PT*, **443-446**, §§ 823a-825d: 100-103		[...] *Nwt* [...] *Nwt* [...] *Nwt, ḫʿ.n.ṯ m bit, n sḫm.ṯ m nṯrw* [...] *Nwt, dd.ṯ sḏb.f, ʿnḫ.f* [...] *pšš.n.s mwt.k Nwt ḥr.k*
240	*PT*, **447**, § 827b: 104		[...] *Nwt* [...]
241	*PT*, **450**, § 834b: 109		[...] *ii.n.k Nwt* [...]
242	*PT*, **451**, § 838a: 112		*ii.n.k mwt.k, ii.n.k Nwt* [...]
243	*PT*, **452**, § 842d: 116		[...] *wʿb ṯw mwt.k Nwt, ḫnmt-wrt; ḫnm.s ṯw*
244	*PT*, **456**, §§ 852e-854d: 136-137		[...] *nmtt i3ḫw* [...] *iḏd.f rʿ-nb* [...] *ii sḫm 3ḫt* [...] *inḏ ḥr.k b3i imy dšr.f* [...] *šzp st.f m wpt pt m bw ḥtp n ib.k im; nmt.k pt* [...]

245	*PT*, **458**, §§ 861a-861c: 143		[...] *irw.n.k Psḏntyw, irw.n.k tp ꜣbd, ḫpr.n.k Smdt, irw.n.k Snt* [...]
246	*PT*, **459**, § 866d: 186		[...] *nḏr.k n.k ꜥ n iḫmw-skiw*
247	*PT*, **461**, §§ 871a-873c: 394-398		*hꜣ* N *pw! pr.k m sbꜣ dwꜣy* [...] *snḏ.n.k imyw Nww* [...] *Nww, Nww* [...] *ḥms rk ḥr ḫndw.k pw biꜣ* [...] *wn n.k ꜥꜣw pt, iznš ꜥꜣw ḳbḥw* [...]
248	*PT*, **463**, §§ 876a-877d: 153-158		*wn n.k ꜥꜣw pt, iznš ꜥꜣw ḳbḥw* [...] *ꜥḥꜥ.n.k iḫmw-skiw; ṯꜣw.k snṯr* [...] *ṯwt sbꜣ pw wꜥty prr m gs iꜣbty n pt*
249	*PT*, **464**, §§ 878a-878b: 158-159		*ḳꜣi wrt m-m sbꜣw iḫmw-skiw, n skk ḏt!*
250	*PT*, **465**, §§ 879a-881b: 161-162		*iꜣ nṯrw ipw ꜣḫt, imyw ḏr ḥrt* [...] *ḫnz.f pt* [...]
251	*PT*, **466**, §§ 882a-883d: 162	SETHE, 1908-10 FAULKNER, ^{2}1998 LECLANT *et al.*, 2001 ---------------------- SETHE, 1935-62 MERCER, 1952 FAULKNER, ^{2}1998	*hꜣ* N *pw! ṯwt sbꜣ pw ꜥꜣ, rmnwty Sꜣḥ, nhm pt ḥnꜥ Sꜣḥ, ḫn Dwꜣt ḥnꜥ Wsir; pr* N *pn m gs iꜣbty n pt, mꜣꜥ.ti r tr.k, rnp.ti m nw.k; ms.n Nwt* N *pn ḥnꜥ Sꜣḥ, sšd.n ṯw rnpt ḥnꜥ Wsir*
252	*PT*, **467**, §§ 888a-891d: 163-164		*psḏ* N *pn m Ꞽꜣbtt mi rꜥ, sḏꜣ.f m Ꞽmntt mi Ḫprr; ꜥnḫ* N *pn m ꜥnḫt Ḥr nb pt,* [...] *nb pt;* [...] *ḫny* N *pn rꜥ, n nḥmt pt; sḥd n nwb, sšd kꜣ-iꜣḫw; sn n nwb, ir nḥmt pt;* [...] *n sw ir tꜣ; iw* N *ir pt;* [...] *gp.n* N *pn ir pt m ꜥḥꜥ bnw, sn* N *pn pt m bik; pḥr.n* N *pn pt m Ḥr-ꜣḫty ny rꜥ*
253	*PT*, **468**, § 897c: 833		*ḥtp ib.k* N *pw im.f m ꜣbd, m Smdt* [...]
254	*PT*, **468**, § 900d: 167		[...] *m irwt ꜣḫw, iḫmw-skiw*
255	*PT*, **468**, §§ 902d-905c: 167-168		[...] *sšm.sn ṯw ḫr mwt.k Nwt* [...] *bꜣi.k <m> sbꜣ ꜥnḫ* [...] *n ḏt ḏt*
256	*PT*, **469**, §§ 906d-909d: 169-170		*ḫny* N *rꜥ ir Ꞽmntt* [...] *wnt ꜥꜣw Bꜣ-Kꜣ, imy ḳbḥw, n* N *pn, sznšt ꜥꜣw biꜣ imy sḥdw n* N *pn, sḏꜣ rf* N *pn im;* [...] *mꜣ.i* N *irrt nḫḫw nfr im gs.sn; nfr n* N *ḥnꜥ.sn, nfr n.sn; ink nḫḫ, ḥnzk nḫḫ; nḫḫ* N *pn nḫḫt, n zwnw* N *pn ḏt*
257	*PT*, **470**, §§ 914c-917b: 173-174		*sḏꜣ.f* N *pn ir pt, n ꜥnḫ-wḏꜣ-snb, mꜣ* N *pn it.f rꜥ;* [...] *iꜣbtt pt* [...] *ḳbḥw* [...] *pt*

258	*PT*, **470**, §§ 918a-919b: 174		*wꜥb* N *pn m Sẖt-Ỉꜣrw, wnẖ* N *pn m Sẖt-Ḫprr; gm.n rꜥ ỉm; prr rꜥ m Ỉꜣbtt, gm.f* N *m ꜣḫt; ỉw rꜥ ỉr Ỉmntt, gm.f* N *ỉm* [...]
259	*PT*, **471**, §§ 922a-923c: 947-948		*pr.f r pt, hꜣy* N *m wỉꜣ pw n rꜥ;* [...] *nṯr nb ḥꜥy.f, m ḥsfw* N, *mỉ ḥꜥꜥ.sn m ḥsfw rꜥ; pr.f m gs ỉꜣbty n pt m ḥtp, m ḥtp*
260	*PT*, **472**, §§ 924a-925c: 176		*ꜣwỉ pt, sdꜣ tꜣ, tp-ꜥwy* N *pn;* N *pw ḥkꜣ<y>,* N *pw ḥr ḥkꜣw; ỉỉ* N *pn sꜣḥ* N *pn Sꜣḥ;* [...] *mꜣ-ḥꜣ.f, kꜣ-nṯrw*
261	*PT*, **473**, §§ 926a-927d: 176-177		| *dy zẖnw pt ỉn mꜥnḏt n rꜥ, ḏꜣ rꜥ ḥr.sn ḥr Ḥr-ꜣḫty r ꜣḫt; dy zẖnw pt ỉn msktt n Ḥr-ꜣḫty, ḏꜣ Ḥr-ꜣḫty ḥr.sn ḥr rꜥ r ꜣḫt* |x2
262	*PT*, **473**, §§ 928a-929b: 177-178		*pr* N *pn ḥr gs pw ỉꜣbty n pt, mssw nṯrw ỉm; mst* N *pn <m> Ḥr, ꜣḫt ỉs* [...]*; snt* N *pw Spdt; msṯwt* N *pw nṯr-dwꜣy*
263	*PT*, **473**, §§ 932a-933b: 178-179	SETHE, 1908-10 FAULKNER, ²1998 LECLANT *et al.*, 2001 --------------------- SETHE, 1935-62 MERCER, 1952 FAULKNER, ²1998	| *dy zẖnw pt ỉn mꜥnḏt n rꜥ, ḏꜣ rꜥ ḥr.sn ḥr Ḥr-ꜣḫty r ꜣḫt; dy zẖnw pt ỉn msktt n Ḥr-ꜣḫty, ḏꜣ Ḥr-ꜣḫty ḥr.sn ḥr rꜥ r ꜣḫt* |x2
264	*PT*, **473**, §§ 934a-935c: 179-180		*pr* N *pn ḥr gs pw ỉꜣbty n pt, mssw nṯrw ỉm.f; mst* {*n*} N *pn <m> Ḥr ỉs, ꜣḫt ỉs* [...]*; snt* N *pw Spdt; msṯwt* N *<pw> nṯr-dwꜣy*
265	*PT*, **474**, §§ 939a-941c: 181-182		*nfr wy mꜣꜣ*{*ỉ*}*t, ỉn Ỉst, ḥtp wy ptr*{*ỉ*}*t ỉn Nbt-Ḥwt, n ỉt.ỉ, n Wsỉr* N *pn, pr.f rf ỉr pt, m-m sbꜣw, m-m ỉḫmw-skỉw!* [...] *ỉšm* N *pn ỉm ḥr mwt.f Nwt, ỉꜣḳ* N *ḥr.s m rn.s pw n mꜣḳt; ỉn<.ỉ> n.k nṯrw ỉrw pt!*
266	*PT*, **475**, §§ 946a-950b: 183-184		*ỉ mḫnty pw! ỉn nw n Ḥr, ỉn ỉrt.f* [...]*; stp ỉrt-Ḥr, ḥr m gs ỉꜣbty n pt, stp* N *pn; sḏꜣ* N *pn m gs ỉꜣbty n pt, šm.f stp-sꜣ ỉr rꜥ* [...]*; pḥr.n* N *ḳꜣw pt* [...] *ỉr Msḳt-Sḥdw; nỉs mꜥnḏt ỉr* N *pn* [...]
267	*PT*, **476**, §§ 951a-952d: 185		*wꜥb pt n rꜥ* [...] N *ỉs Wng, zꜣ Rꜥ, rmn pt* [...]
268	*PT*, **477**, §§ 956a-961a: 186-187		*ꜥḏ pt* [...] *ḫprt r rn.f pw Sꜣḥ* [...] *rdỉ n.k pt* [...]

<table>
<tr><td>269</td><td>PT, 477, §§ 965a-965c: 189</td><td rowspan="13">SETHE, 1908-10
FAULKNER, ^{2}1998
LECLANT et al., 2001

SETHE, 1935-62
MERCER, 1952
FAULKNER, ^{2}1998</td><td>in Spdt zꜣt.k mr<y>t.k irt rnpwt.k m rn.s pw n rnpt, sšmt N pn iw N pn ḫr.k</td></tr>
<tr><td>270</td><td>PT, 478, §§ 971a-980c: 192-196</td><td>inḏ ḥr.ṯ mꜣḳt nṯr! [...] pr.f ḥr.s ir pt stp-sꜣ ir rꜥ; [...] pr.f ḥr.s ir pt stp(.f)-sꜣ ir rꜥ; [...] ir pt [...]; prt.f ir pt ḥr mꜣḳt nṯr [...] stp.n rf N pn ir pt [...]</td></tr>
<tr><td>271</td><td>PT, 479, §§ 981a-991d: 196-199</td><td>| wn ꜥꜣw pt, iznš ꜥꜣw ḳbḥw [...]; pr.f m tp-hrw [...] |x5 | pry rf pr m tp-hrw [...] pr Ḥr nṯrw m tp-hrw [...] |x4 [...] Rꜥ, nkiki ḥt Nwt [...] šzp N st.f imyt ḳbḥw [...]</td></tr>
<tr><td>272</td><td>PT, 481, §§ 999a-1001c: 943-944</td><td>Ꞽww, ḥr.f-ḥꜣ.f, ḏꜣ N; dy zḫnw pt ḏꜣy N im ḫr rꜥ ir ꜣḫt; dy zḫnw pt n rꜥ, ḏꜣ.f im ḫr Ḥr nṯrw ir ꜣḫt; dy zḫnw pt n N, ḏꜣ.f im ḫr rꜥ r ꜣḫt; ḏꜣꜣ N ir ꜥḥꜥ.f ḫr gs iꜣbty n pt, m-ꜥ mḥti, m-m iḫmw-skiw, ꜥḥꜥw ḫr ḏꜥmw.sn, isdw ḫr Ꞽꜣbtt.sn; ꜥḥꜥ rf N m-m.sn, sn N pw iꜥḥ, msṯwt N pw nṯr-dwꜣy [...]</td></tr>
<tr><td>273</td><td>PT, 482, §§ 1004b-1010c: 204^{+1}-204^{+3}</td><td>wn n.k ꜥꜣw pt, iznš n.k ꜥꜣw pḏwt; [...] prr.k ir pt [...] m wꜣwt pt; di n.k pt [...]</td></tr>
<tr><td>274</td><td>PT, 483, § 1012c: 848</td><td>wꜥb.k n ꜣbd, iḫꜥ.k n Psḏntyw [...]</td></tr>
<tr><td>275</td><td>PT, 483, §§ 1014a-1019b: 850-854</td><td>mdw tꜣ [...] ꜣkr [...] ir pt, ḫr ḫndw.k biꜣ, [...] ḫꜣwi ḥr.k m mḥt pt; nis rꜥ ir.k m izkn pt [...]; dbn.k pt mi Zwnṯw</td></tr>
<tr><td>276</td><td>PT, 484, §§ 1020a-1022d: 442 & 204^{+7} & 444</td><td>[...] N pw wr ir pt [...] in Nwt [...] N pn pw ḫꜥ n tꜣ, ḥr-ib wꜣḏ-wr [...] Šw m ḏr.f tꜣ ḫr rdwy[.i] [...]</td></tr>
<tr><td>277</td><td>PT, 485, §§ 1025a-1028c: 204^{+7}-204^{+9}</td><td>[...] irt pt [...] irt pt [...] ir pt [...] irt pt [...] irt pt hrw pw [...]</td></tr>
<tr><td>278</td><td>PT, 485^{A}, §§ 1029a-1031c: 204^{+10}</td><td>[...] msw pt [...] pr N pn ir pt ḫr mwt.f Nwt [...]</td></tr>
<tr><td>279</td><td>PT, 485^{C}, §§ 1036a-1038: 204^{+12}-204^{+13}</td><td>Ḥr ḥr šdšd pt, di.i rk ꜥ.k n N pn, pri N pn ir pt n Nwt [...] pr.i rf šw.f rf ir pt, m sbꜣ ꜥꜣ ḥr-ib Ꞽꜣbtt</td></tr>
<tr><td>280</td><td>PT, 486, §§ 1040a-1040c: 204^{+13}</td><td>[...] ms iw m Nww, n ḫprt pt, n ḫprt tꜣ, n ḫprt smnti, n ḫprt ḫnnw [...]</td></tr>
<tr><td>281</td><td>PT, 487, §§ 1046b-1046c: 204^{+15}</td><td>[...] ꜣḫ.ti m ꜣḫt [...] ḏt</td></tr>
</table>

282	*PT*, **488**, §§ 1048b-1049b: 204^{+16}		*sšd.k m sbȝ wꜥty ḥr-ib Nwt;* [...] *mȝ mšr.f nm pt; ḫnz.k ḳbḥw,* [...] *di Nwt ꜥwy.s(y) ir.k* [...]
283	*PT*, **493**, §§ 1059a-1062: 214-216 & 700^{Nt}-706^{Nt}		[...] *nb iȝḫw* [...] *Mḥyt-Wrt* [...] *ḥr-ib iȝḫw* [...] *Nww* [...] *Snt m H̱r-ꜥḥȝ* [...]
284	*PT*, **496-497**, §§ 1065c-1067c: 219-223 & cf. FAULKNER, ^{2}1998, 176: n. 1		[...] *Mḥyt-Wrt* [...] *iȝḫw* [...] *Mḥyt-Wrt* [...] *iw n.k irt-Ḥr m tp-10* [...]
285	*PT*, **502^{A}-502^{C}**, §§ 1074a-1076a: 718^{Nt}-JPII 1055^{+64}		*spr Spdt, sdt m spd.s* [...] [...] *tmmt pt, tmmt tȝ* [...]
286	*PT*, **503**, §§ 1078a-1080b: 236-240		*wn pt, wn tȝ, wn itpḥwt ptrw, wn nmtwt Nww; sfḫḫ nmtwt iȝḫw, in wꜥ pw ḏd rꜥ-nb;* [...] *pr.f rf ir pt* [...] *sȝ.f ir sȝ n nṯrw ipw mḥtyw pt, iḫmw-skiw, n sk.f*
287	*PT*, **504**, §§ 1082a-1086b: 243-251		*i<w>r pt m irp; sms in Nwt zȝt.s-dwȝt* [...] *ḫmt.f Spdt, wꜥb-swt* [...] *iȝḫ Mr-n-H̱ȝ;* | *d<y> zḫnw pt n* M, *ḏȝy.f ḥr rꜥ ir ȝḫt;*|$_{x5}$
288	*PT*, **505**, §§ 1090b-1090f: 257-259	SETHE, 1908-10 FAULKNER, ^{2}1998 LECLANT *et al.*, 2001 ------------------ SETHE, 1935-62 MERCER, 1952 FAULKNER, ^{2}1998	*Šw fȝ.f sw, bȝw-Ỉwnw sḳr.sn n.f rdw ir dmḏ m ḥr<t>; Nwt di.s ꜥwy.s ir.f, mi nw ir.n.s n Wsir hrw pw mni.n.f im*
289	*PT*, **506**, §§ 1094c-1101d: 265-275		N *pw Zwnṯw, dbn pt* [...] N *pi Dwn-ꜥnwy;* [...] *wṯs.ṯn sw ir pt, mi ꜥwy Šw ḥr pt, wṯs.f s; ir pt (zp sn)* [...]
290	*PT*, **507**, §§ 1102d-1105b: 277-281		*mḥ rf Mr-n-H̱ȝ;* | *d<y> zḫnw pt n* M, *ḏȝ.f im ḥr rꜥ;*|$_{x2}$ *iwḏ.f* N *n it.f iꜥḥ; mstwt pi nṯr-dwȝy;* | *iwḏ.f* N *n fdw ipw ḥꜥȝw, ḥmsw ḥr gs iȝbty n pt;*|$_{x2}$
291	*PT*, **508**, §§ 1109c-1116d: 288-298		[...] *hrww.k; mdw pt, sdȝ tȝ* [...] *ir pt, ir pt, m-ꜥb nṯrw prw;* N *r pt, m-ꜥb nṯrw prw;* [...] *sšm.f sw m sbȝw pt* [...]*; iw.n.f ḥr Psḏt-Nṯrw irt pt* [...]
292	*PT*, **509**, §§ 1120a-1125b: 304-311		*mdw pt, sdȝ tȝ, nmnm Gb* [...] *pr.f rf ir pt; ḏȝ.f biȝyt* [...] *pr.f rf ir pt* [...]*; pry.f rf ir pt m-m sbȝw iḫmw-skiw; snt.f Spdt; sšmw.f nṯr-dwȝy, nḏr.sn ꜥ.f ir Sḫt-Ḥtpw; ḥmsi.f rf ḥr ḫndw ipf biȝ{i}* [...]
293	*PT*, **510**, § 1131b: 321		[...] *m prt Ḥr m-m Mḥyt-Wrt* [...]

<table>
<tr><td>294</td><td>PT, 510, §§ 1132a-1137b: 321-330</td><td rowspan="8">SETHE, 1908-10
FAULKNER, ^{2}1998
LECLANT et al., 2001

SETHE, 1935-62
MERCER, 1952
FAULKNER, ^{2}1998</td><td>| wn ꜥꜣw pt, iznš ꜥꜣw ḳbḥw n M/N ir tp-hrw, hꜣ.f wꜥb.f m Sḫt-Iꜣrw; |x6</td></tr>
<tr><td>295</td><td>PT, 510, §§ 1138d-1148b: 332-348</td><td>šꜣs.f Mr-n-Ḫꜣ [...] iry-ꜥꜣ ḳbḥw [...] ꜥ.f ir pt [...] iṯ N pt, iwnw.s, ꜣḫꜣḫw.s [...] ms sw Nwt [...] pr.f im ḫpr n mww [...] wdḥ sbꜣ</td></tr>
<tr><td>296</td><td>PT, 511, §§ 1149a-1158c: 349-362</td><td>zbṯ Gb, nṯhṯh Nwt, [...] pr N ir pt; nm.n.f pt; sdꜣ in.f tꜣ, [...] šnyt [...] pt [...]ꜥꜣw pt [...] ꜥḥꜥi.f ḥr šw; sḫꜣ.n.f sbꜣw [...]; ḫnzi.f pt mi Zwnṯw, ḫmt n Spdt, wꜥb-swt; wꜥb.n.f m šw dwꜣt; [...] iḫmw-skiw m ksw [...] rmn.n.f pt m ꜥnḫ, twꜣ.f tꜣ m ꜣwt-ib; [...] rmn.f pt m wꜣs; [...] ssn.n.f ṯꜣw [...]</td></tr>
<tr><td>297</td><td>PT, 512, §§ 1162b-1167c: 369-377</td><td>ir pr.f rf ir pt, irh.n.f m nww Mr-n-Ḫꜣ; [...] ḫnz.k pt, ir.k mnw.k m Sḫt-Iꜣrw, m-m nṯrw sbw n kꜣw.sn; ḥms rk ḥr ḫndw.k pw biꜣ; [...] imyw Nww; [...] ḥn.k, ḥnt mr.k, mi rꜥ ḥr idbw nw pt [...]</td></tr>
<tr><td>298</td><td>PT, 513, §§ 1168a-1174d: 377-386</td><td>pr rf it.i N ir pt, m-m nṯrw imyw pt; ꜥḥꜥ rf ir Wꜥrt wrt [...]; gm ṯw rꜥ ḥr idbw nw pt, m ḫnty imy Nwt; [...] rdi.f ꜥ.f ir.k m izkn n pt; ḏbꜣ nst.k m wiꜣ-Rꜥ, ḫn.k ḥrt [...]; ḫn.k ḥnꜥ iḫmw-skiw, sḳdi.k ḥnꜥ iḫmw-wrḏw, šzp.k inwt msktt; [...] ꜥnḫw nb-ꜣḫt [...], ꜣgb wr imy pt; [...] Nwt [...] Nww [...]</td></tr>
<tr><td>299</td><td>PT, 515, §§ 1176a-1182c: 390-395</td><td>smꜥw Ḥr, ḏnḥw Ḏḥwty! ḏꜣy N pn; [...] m t.k pw n ḏt, ḥnkt.k nt nḥḥ; N pw iry tḫnwy nwy Rꜥ, irw tꜣ; N pw iry sšpwy nwy Rꜥ, irw pt; šm N pn ḥr zḫnw nwy pt, tp-ꜥ rꜥ [...]; tp-ꜥwy rꜥ, pr.f m ꜣḫt.f; iw N pn r Sḫt-ꜥnḫ, msḫn rꜥ m ḳbḥw; gm N pn ḳbḥwt, zꜣt Inpw [...] m hrw.f n rs [...] wnḫ N pn ḫr iḫmw-skiw [...]</td></tr>
<tr><td>300</td><td>PT, 516, §§ 1184b-1185b: 397-398</td><td>[...] msy Nwt [...] grḥ n mswt.k, hrw n msḫnt.k [...]</td></tr>
<tr><td>301</td><td>PT, 517, §§ 1188a-1188f: 400-401</td><td>[...] N pw mꜣꜥ, ḫr pt, ḫr tꜣ [...] ḫr iw pw n tꜣ, [...] imytw mntwy Nwt</td></tr>
</table>

<table>
<tr><td>302</td><td>PT, 518, §§ 1193a-1196c: 405-407 & 582 [M]</td><td rowspan="10">SETHE, 1908-10
FAULKNER, ²1998
LECLANT et al., 2001

SETHE, 1935-62
MERCER, 1952
FAULKNER, ²1998</td><td>i Ꞽw<w>, mẖnty n Sḫt-Ḥtpw! inn nwy n N pn, N pw sbi, N pw ii, zꜣ mʿnḏt; [...] N pw ḥwtw rnpt [...]; N pw ḫꜣw n Psḏty-Nṯrwy, snṯ is Sḫt-Ḥtpw</td></tr>
<tr><td>303</td><td>PT, 519, §§ 1201a-1220d: 411-435</td><td>i ḥr.f-ḥꜣ.f! [...] ḥr Wʿrt tw nt iḫmw-skiw [...] m irt-Ḥr; [...] ḥr gs iꜣbty n{i} pt; [...] šm rʿ im ir ꜣḫt.f, [...] šm N pn im ir ꜣḫt ḫr rʿ [...]; nṯr-dwꜣy, Ḥr-Dwꜣt! [...] ms sw pt; [...] m wpt pt ir tꜣ, m prt rf nṯrw ir pt [...]; grḥ pw [...] hrw pw [...]; msw Nwt nw [...]; šm.n N pn ir iw ʿꜣ, hr-ib Sḫt-Ḥtpw, sḫn nw nṯrw wrw ḥr.f; wrw pw iḫm<w> -sk<iw>; di.sn n N pn ḫt pw n ʿnḫ, ʿnḫw.sn im.f, ʿnḫ.ṯn im.f m-zp; [...] wnm.k m ḫꜣwy, iḥḏ.sn, m mḥt m Ḥw [...]; dksꜣ n N pn, ir iwt ir ḫntt snwt.s; [...] imy ꜣḫw, iḫmw-skiw, mḥtyw pt [...] imyw pt</td></tr>
<tr><td>304</td><td>PT, 520, §§ 1222b-1222c: 438</td><td>[...] hnʿ mꜣ-ḥꜣ.f [...] sḏꜣ.f ir gs pw, nty iḫmw-skiw im</td></tr>
<tr><td>305</td><td>PT, 522, §§ 1227a-1228c: 443-445</td><td>mꜣ-ḥꜣ.f, ḥr.f-ḥꜣ.f! mk, N pn ii n ʿnḫ, in.n.f n.k irt tw nt Ḥr [...] imyt Mr-n-Ḫꜣ [...]</td></tr>
<tr><td>306</td><td>PT, 523, §§ 1231a-1231c: 447</td><td>snḫt.n pt iꜣḫw n N! šwy rf N pn ir pt <m> irt-Rʿ is! ʿḥʿ rf N pn ir irt tw iꜣbty nt Ḥr!</td></tr>
<tr><td>307</td><td>PT, 524, §§ 1235c-1237e: 452-455</td><td>ispꜣ Gb N pn ir pt, šd N pn irt-Ḥr; [...] nis Tmw ir N ir pt n ʿnḫ, šd irt-Ḥr n.f</td></tr>
<tr><td>308</td><td>PT, 525, §§ 1246a-1246d: 463-464</td><td>hꜣ N pn m wiꜣ.k pw n Rʿ, ẖnnw nṯrw; šwy N pn, iḥʿʿ.sn m ḫsfw N pn, mi ḥʿt.sn m ḫsfw rʿ, pr.f m Ꞽꜣbtt [...]</td></tr>
<tr><td>309</td><td>PT, 526, §§ 1247c-1247d: 465</td><td>Šw šd sw ir pt, [Nwt] di ʿ.ṯ{n} n N pn</td></tr>
<tr><td>310</td><td>PT, 527, §§ 1249c-1249d: 467</td><td>pr N pn ir pt, hꜣ N pn ir tꜣ</td></tr>
<tr><td>311</td><td>PT, 528, §§ 1250a-1250c: 467-468</td><td>Zwnṯw, ḫns pt zp 9 n grḥ, nḏr m-ʿ n N pn, n ʿnḫ, ḏꜣ.k sw m mr pn</td></tr>
</table>

312	*PT*, **529**, §§ 1252a-1252f: 470-471		[...] *iry-ꜥꜣ pi n pt* [...] *sbꜣ pw imnty n pt* [...] *sbꜣ pw rsy m pt* [...] *sbꜣ pw iꜣbty n pt* [...] *sbꜣ pw mḥty n pt* [...]
313	*PT*, **530**, §§ 1253d-1253e: 472-473		[...] *šzpt ꜥ.f ir Sḫt-Ḥtpw, ḥms.f m-m sbꜣw imyw pt*
314	*PT*, **532**, §§ 1255a-1262c: 474-482		[...] *ḏd mꜥnḏt* [...] *ḏd mꜥnḏt* [...] *irw n.k Psḏntyw, ḫꜥ.k n ꜣbd;* [...] *ꜣḫ.ti m ꜣḫt* [...]
315	*PT*, **534**, §§ 1266b & 1275b-1275c: 495 & 511		[...] *ḳbḥw* [...] *hꜣ.f r niwt r bw ḫr nṯrw*
316	*PT*, **534**, §§ 1276b-1278b: 512-515		[...] *pr.f ir pt, prr.f* [...] *ḳbḥw*
317	*PT*, **535**, §§ 1284b-1288b: 537-543		[...] *m fdw ipw hrww, ḫmnyw.ṯn grḥw; šms ḫꜣ bꜣ.s, ḳbḥwt.k mrt.k* [...] *inḏ n.k ꜣḫw, iḫmw-skiw*
318	*PT*, **536**, §§ 1291b-1295a: 548-554		*wn n.k ꜥꜣw pt, izšn n.k ꜥꜣw Nwt, wn n.k ꜥꜣw pt, izšn n.k ꜥꜣw ḳbḥw;* [...] *ḥms rk ḫr ḫndw.k pw biꜣ* [...]; *wḏ.n Inpw* [...] *hꜣy.k m sbꜣ, m nṯr-dwꜣy*
319	*PT*, **537**, §§ 1300a-1301c: 561-563	SETHE, 1908-10 FAULKNER, ²1998 LECLANT *et al.*, 2001 ---------------------- SETHE, 1935-62 MERCER, 1952 FAULKNER, ²1998	[...] *nḏr mwt.k Nwt im.k ḫnm.s ṯw* [...] *pr.k m Ḥr-Dwꜣt, ḫnty iḫmw-sk<iw>; ḥms.k ḫr ḫndw.k biꜣ* [...] *ḏdt m ḏd n ḏt!*
320	*PT*, **539**, §§ 1303a-1327c: 565-587		|*pr(y).f rf šwy.f rf ir pt*|x44 [...] *ḫꜣ bꜣ.s* [...] *Nww* [...] *Ḏḥwty* [...] *Nwt* [...] *Gb* [...] *msktt ḥnꜥ mꜥnḏt* [...] *Nwt* [...] *Gb* [...] *ḫpš* [...] *ḫpš* [...] *ḳbḥw* [...] *Gb*
321	*PT*, **540**, § 1328c: 588		*izzni mwt.k Nwt, wpš m wpt.s!*
322	*PT*, **541**, § 1334a: 594-595		*iḫ Sṯḫ, inḏi Wsir* N *pn m-ꜥ.f dr ḥḏ tꜣ*
323	*PT*, **546**, §§ 1341a-1341b: 601		*ink Nwt, siꜥ.n Wsir* N *pn; di n<.i> sw ink sw*
324	*PT*, **548**, §§ 1343d-1348b: 602-604		*wn n.f ꜥꜣ iꜣbty n pt* [...] *di Nwt wrt ꜥwy.s(y) r.f* [...] *šd.s n sw r pt, n ptḫ.s sw ir tꜣ* [...]; *hꜣ.f m wiꜣ mi Rꜥ, ḥr idbw Mr-n-Ḫꜣ; iḫnw* N *pn m ḥnbw,* [...] *ir sḫt nn niwt, r ḫnt tꜣ pw n Sḫt-Iꜣrw;* [...] *d<i>.n sw ḳbḥwt* [...]
325	*PT*, **553**, §§ 1356b-1369d: 607-612		[...] *ḳnḥw;* [...] *wn n.k ꜥꜣw pt, iznš n.k ꜥꜣw ḳbḥw,* [...] *nḫbḫb n.k ꜥꜣw Nwt;* [...] *ḥmst ḫr ḫndw.k biꜣ;* [...] *rm n.k pt, sdꜣ n.k tꜣ* [...]; *pr.k ir pt m sbꜣ, m nṯr-dwꜣy;* [...] *ḏdt ḏt ḫnt sḫmw*

326	*PT*, **554**, § 1372a: 614		*in ṯw pẖrw rʿ, ḥꜣw nṯr-dwꜣy*
327	*PT*, **555**, §§ 1376c-1378b: 615-616		*m pn gs rsy n Mr-n-Ḫꜣ; Ḏḥwty, imy ḏr šwt bꜣt.f, d*<*i*> N *tp ʿnḏ ḏnḥ.k, m pf gs mḥt n Mr-n-Ḫꜣ;* [...] *pr.n.f ir pt m Mnṯw*
328	*PT*, **556**, §§ 1382a-1385c: 617-620		*iꜣḫ Mr-n-Ḫꜣ;* [...] *ir gs pf iꜣbty n pt, ir bw pw mssw nṯrw im; iw nw dwꜣ pn bkꜣ nw dwꜣ pn n hrw ẖmt; msw it Wsir* N *im, m bw pw mssw nṯrw im; iw nw dwꜣ pn bkꜣ, nw dwꜣ pn n hrw ẖmt;* [...] *it Wsir* N *ʿḥʿ.f rf m sbꜣ pw ir ẖr-ḥt pt* [...]*; 4 ipw nṯrw, ʿḥʿw ḥr ḏʿmw nw pt!* N *mt n is it Wsir* N *mt! ꜣḫ n it pw Wsir* <*m*> *ꜣḫt*
329	*PT*, **558**, § 1390a: 623		*iꜣ* N <*pn*>*! inḏ ḥr.k Ḥḥw!*
330	*PT*, **562**, § 1405a: 630		*tꜣ kꜣ ḥr Nwt* [...]
331	*PT*, **563**, §§ 1408a-1419c: 631-636	SETHE, 1908-10 FAULKNER, ^{2}1998 LECLANT *et al.*, 2001 --------------------- SETHE, 1935-62 MERCER, 1952 FAULKNER, ^{2}1998	| *wn ʿꜣw pt, iznš ʿꜣw ḳbḥw* [...]*;* |x8 *wʿb* N *pn, šzp.n n.f* N *pn swḥ nwb; prr* N *pn ir pt, zmn tꜣ* [...] *Nwt* [...] *nṯr imy mwt.ṯ Nwt* [...] *šdi sw ir pt mi nw šd n.ṯ Wsir ir pt*
332	*PT*, **564**, §§ 1422a-1422b: 637-638		*Šw, Šw! fꜣ* N *pn ir pt! Nwt! ḏi ʿwy.ṯ ir.f!*
333	*PT*, **565**, §§ 1423a-1428e: 641-643		*nʿti ir pt im* [...] *ḫʿ* N *pn n nṯrw; ḫʿ n* N *pn ḥnʿ rʿ m ḫʿ.f* [...]*; Nwt, iḫʿʿ.ti m ẖsf* N *pn! iʿ.n.s Spdt ʿwy* N *pn; ms.tw.f pw hrw pn nṯrw;* [...] *in Nwt ms.tw* N *pn* [...]
334	*PT*, **566**, §§ 1429a-1429e: 643-644		*sḏꜣ* N *pn ḥnʿ.k Ḥr, sḏꜣ sw Ḏḥwty m tp ʿnḏ ḏnḥ.k* [...] *n sḏr Ḥr ḥꜣ Mr*<*-n-Ḫꜣ*>*; n iwy Ḏḥwty; n ḥm iwy* N *pn;* N *pw ẖrt irt-Ḥr*
335	*PT*, **567**, § 1430d: 645		*Šw,* [*fꜣi.f*] {*im.f*} N *pn! Nwt! di n.f ʿ.ṯ!*
336	*PT*, **568**, §§ 1431a-1433c: 645-646		[...] *sb* N *pn ḥr kꜣ.f ir pt; sḳr n.f mꜣḳt, iꜣḳ.f ḥr.s, m rn.s n ꜣḳt r pt; ḏꜣ.n.f mḫnt.s n ḏʿmw iḫmw-skiw;* [...] *kꜣ-pt* [...] *hꜣ* N *pn! n ḥr.k ir tꜣ! nḏr.n.f* N *pn nhwt nty imyt gs pf n pt; ḏꜣ sw! dsn sw m gs pf iꜣbty n pt*
337	*PT*, **569**, §§ 1434a-1434b: 646		*n-ḏr.f, rn.k;* [...] *mss.tw.k wꜣt dwꜣw, wꜣt dwꜣw; ẖsf.*<*t*>*w mswt n-ḏr.f m ꜣḫt*

338	*PT*, **569**, §§ 1436c-1442d: 648-651		ḫsf.t<w> mswt Sꜣḥ [...] ḫsf.<t>w mswt Spdt [...] ḫsfw ḳdt.k nt ỉḫmw-skỉw ỉr ẖnt.k [...] n ḫsf N pn ỉr pt [...] ỉr<y>t-ꜥꜣ nt pt; zmꜣ.n n.f ḥr.f-ḥꜣ.f, mẖnty n{ỉ} Mr-n-Ḫꜣ [...]; ỉw.n N ḫr.k Rꜥ, ỉw.n N ḫr.k n-ḏr.f [...]
339	*PT*, **570**, §§ 1443a-1465e: 652-663	SETHE, 1908-10 FAULKNER, ^{2}1998 LECLANT *et al.*, 2001 ---------------------- SETHE, 1935-62 MERCER, 1952 FAULKNER, ^{2}1998	ỉꜥ ḥr-pt, bꜣḳ pḏwt, ms nṯr ỉn pt, ḥr ꜥw Šw hnꜥ Tfnt, ḥr ꜥwy N; wbn wrr ḏdw nṯrw; [...] Nww [...] Gb [...] ỉꜥ.tỉ n N pn, m rn.k n Rꜥ, ḫsr.k ḥꜣtỉ pt! r rdỉt Ḥr-ꜣḫty [...] n ꜥm n N pn ỉrt-Ḥr [...]; nh n N pn hrw.f ẖr mt, mỉ r nh Stẖ hrw.f ẖr mt; [...] Smdwt [...] Smdwt [...] ꜣbdw [...] ꜣbdw [...] rnpt [...] rnpt [...]; m hb tꜣ, ꜥwy N ṯsw Nwt <mỉ> Šw ỉs; ḳsw bỉꜣ, ꜥwt.f ỉḫmw-skỉw; N pw sbꜣ wpš pt; ỉꜥ.k n N pn nṯr, ỉnḏ.tỉ N; n šw pt m N pn, n šw tꜣ pn m N pn, ḏt! ꜥnḫ N | [...] nṯrw nỉwtỉw, ỉḫmw-skỉw [...];$\|_{x3}$ [...] N pw, ỉrt-Ḥr [...]; ỉrt-Ḥr [...] Gb [...] Ḏḥwty [...] wbn N pn m gs ỉꜣbty n pt, mỉ rꜥ wbn m gs ỉꜣbty n pt
340	*PT*, **571**, §§ 1466a-1471d: 663-666		ỉwr mwt nt N pn ỉm.f, ỉmyt nỉwt; ms N pn ỉn ỉt.f Tmw, n ḫprt pt, n ḫprt tꜣ, n ḫprt rmṯ, n mswt nṯrw, n ḫprt mt; nhỉ N pn hrw ẖr mt, mỉ nht Stẖ hrw.f mt; [...] nṯrw- nỉwtỉw [...] ỉḫm-sk pw N, zꜣ pt wrt [...] šd.n n.f rꜥ N pn r pt, ꜥnḫ N pn, mỉ ꜥnḫ ꜥḳ m mnt ỉꜣbty pt, pr.f m ỉꜣbty pt; [...] n pw sbꜣ; [...] Šw [...] ẖryw Nwt; [...] ꜥnḫ ḏt
341	*PT*, **572**, §§ 1472a-1477d: 667-669		prr nṯr pn ỉr pt, bꜣw.f tp.f [...] ỉnn n N pn nṯrw ỉrw pt [...] nṯrw ỉrw tꜣ [...]; ỉr.n sn mꜣḳt n N, ỉꜣḳ.f ḥr.s ỉr pt; wn{n} ꜥꜣw pt n N pn, ỉznš n.f ꜥꜣw sḥdw; [...] n mt.f! ꜥnḫ, ꜥnḫt N pn ḏt! [...] ꜥnẖ, nḫḫ.tỉ ḏt!
342	*PT*, **573**, § 1479a: 670		šḏr.k m msktt, ỉrs.k m mꜥnḏt!

<table>
<tr><td>343</td><td>PT, 573, §§ 1479c-1482b: 670-672</td><td rowspan="9">SETHE, 1908-10
FAULKNER, [2]1998
LECLANT et al., 2001

SETHE, 1935-62
MERCER, 1952
FAULKNER, [2]1998</td><td>it n N pn! šd.n.k N pn ḥnꜥ.k n ꜥnḫ, ḫr mwt.k Nwt, wn n N pn ꜥꜣw pt, <i>znš n N pn ꜥꜣw ḳbḥw; [...] dwꜣ m ꜣḫt [...]; ḫr ḳbḥw [...]; zꜣ Spdt, wḏd.f ḥr-tp N pn, smn.f n N pn nst ir pt</td></tr>
<tr><td>344</td><td>PT, 574, §§ 1485a-1491c: 682-685</td><td>[...] nṯrw niwtiw [...] imyw Nww [...] imyw pḏwt [...] nb Ỉꜣbtt [...]; [...] irw pt [...] irw tꜣ [...] nṯrw imyw pt; inḳ n.k imyw pḏwt, sšd n.k imyw iḫmw-skiw; [...] hrw m hrw, grḥ m grḥ, [...] wnn.f ḏt</td></tr>
<tr><td>345</td><td>PT, 575, §§ 1496a-1498c: 687-688</td><td>| iꜣ Rꜥ! [...], ḫꜥ.ti m iꜣbtt (rsy / ḥr-ib) pt, di ꜥ.k ir N, šd.n.k sw ḥnꜥ.k ir gs iꜣbty (rsy / ḥr-ib) n pt $|_{x3}$</td></tr>
<tr><td>346</td><td>PT, 576, §§ 1508a-1517c: 691-695</td><td>iwr N n rꜥ, ms.f n rꜥ; N pw mtwt.k; rꜥ spdt m rn.ṯ pw n Ḥr ḫnt ꜣḫw, sbꜣ ḏꜣ wꜣḏ-wr [...] iw.n.f ḫr Nwt, siꜥ.ṯ pt n N, sḫdḫd.ṯ n.f sbꜣw [...]; Nww! šw ꜥ n N ir pt, twꜣ.f tꜣ, di.n.f n.k; pry.f rf, šwy.f rf, ir pt stp-sꜣ.f ir rꜥ</td></tr>
<tr><td>347</td><td>PT, 577, §§ 1520a-1530d: 695-699</td><td>ḫꜥ Wsir, wꜥb sḫm, ḳꜣ nb mꜣꜥt, r tpy-rnpt, nb rnpt! [...] ḥtp nṯrw nbw imyw pt, ḥtp nṯrw nbw imyw tꜣ; [...] nṯrw irw tꜣ, nṯrw irw pt; nb-irp m wꜣḫ, ip n sw trw.f, sḫꜣ n sw nww.f; ip N in trw.f, ḥnꜥ.f, sḫꜣ n sw nww.f ḥnꜥ.f; [...] iwr n iw pt, ms n sw dwꜣt; iwr N pn ḥnꜥ.f in pt, ms iw N pn ḥnꜥ.f in dwꜣt; rmn.k pt [...] rmn N pt [...]; twꜣ.k tꜣ [...] twꜣ N [tꜣ] [...]; pr.n N pn m gs iꜣbty n pt, [...]</td></tr>
<tr><td>348</td><td>PT, 578, § 1535c: 701</td><td>[...] mꜣs n.k iḫmw-skiw</td></tr>
<tr><td>349</td><td>PT, 579, §§ 1541a-1541b: 703</td><td>ḏꜣ.k Mr-n-Ḫꜣ [...], iḫr.k m gs iꜣbty n pt, [...] m itrty ꜣḫt</td></tr>
<tr><td>350</td><td>PT, 580-581, §§ 1546a-1553a: 705-707</td><td>[...] Šw ḥnꜥ Tfnt [...] Gb ḥnꜥ Nwt [...] ꜥḫꜥ n.k ꜣkr [...]</td></tr>
<tr><td>351</td><td>PT, 582, §§ 1559c-1566d: 710-712</td><td>[...] mn.f m pt, mi ḏw, mi zḫnt; igp.f rf ir pt [...] pt [...]; rdi n.f Sꜣḥ ꜥ.f, šzp.n.s Spdt dt.f; ḥms.f ḫr ḫndw.f biꜣ; [...] ḥr-ib.f m ḳbḥwt [...] fꜣ.n sw ir pt, n wꜣḥ.n sw ir tꜣ [...]</td></tr>
</table>

352	*PT*, **584**, §§ 1574a-1575d: 787-790		*ẖny* N *rꜥ ir Ỉmntt* [...] *rdi.f* N *tp idbw nw Mr-n-Ḫꜣ* [...]*; wnt.n* N *ꜥꜣw Bꜣ-kꜣ, imyw ḳbḥw, znst n* N *ꜥꜣw biꜣyt imyw sḥd<w>* [...]
353	*PT*, **586**, §§ 1582a-1583b: 14^{Nt}-15^{Nt}		*psḏ* N *m rꜥ* [...] *ꜥḥꜥ Mꜣꜥt r-sꜣ Rꜥ, psḏ psḏt rꜥ-nb n.k n imy ꜣḫt nt pt; {i}wn sbꜣw ḥryw Nww*
354	*PT*, **586**^{A}, §§ 1583b-1586: 15^{Nt}-17^{Nt}		[...] N *pw sḥd r pt m-m nṯrw;* [...] *inn mꜣḳt n* N, *irt Ḫnmw, pr* N *ḥr.s r pt, stp-sꜣ rꜥ m pt*
355	*PT*, **587**, §§ 1596a-1596b: 832		[...] *nn irṯ Nwt; ḥw Gb nnw.ṯ*
356	*PT*, **588**, §§ 1607a-1596b: 69		*Wsir* N*! pšš.n.s mwt.k Nwt ḥr.k* [...]
357	*PT*, **591**, § 1612b: 122		[...] *ḏbꜣ.n Dwn-ꜥnwy* [...]
358	*PT*, **593**, §§ 1629a-1637b: 137-149		*Nwt ḫrt ḥr.s im.k, ḫw.s ṯw* [...]*; ii n.k Ỉst, ḥꜥꜥt n mrwt.k; pr mtwt.k im.s, spd m Spdt; Ḥr-Spd pr im.k, m rn.f n Ḥr imy Spdt*
359	*PT*, **600**, §§ 1652a-1659b: 203-207	SETHE, 1908-10 FAULKNER, ^{2}1998 LECLANT *et al.*, 2001 --------------------- SETHE, 1935-62 MERCER, 1952 FAULKNER, ^{2}1998	[...] *Tmw-Ḫprr!* [...] *wbn.n.k m bnbn m Ḥwt-Bnw m Ỉwnw; išš.n.k m Šw, tf.n.k Tfnt, d<i>.n.k ꜥwy.k ḥꜣ.sn, m-ꜥ kꜣ, wn kꜣ.k im.sn; Tmw, di.n.k ꜥwy.k ḥꜣ* N, *ḥꜣ kꜣt tn, ḥꜣ mr pn, m-ꜥ kꜣ, wn kꜣ n* N *im.f, rwd n ḏt!* [...] | *mr* |$_{x4}$ [...] *Tmw, Šw, Tfnt, Gb, Nwt* [...] *ḏt* [...]
360	*PT*, **601**, §§ 1660a-1671d: 207-212		| [...] *rdi.ṯn rwd* N, *di.ṯn rwd mr pn n* N, *kꜣt.f tn, n ḏt, ḏt* [...] *mr pn* [...] *n ḏt, ḏt;* |$_{x11}$ *Tmw* [...] *Šw* [...] *Tfnt* [...] *Gb* [...] *Nwt* [...] *Rꜥ ir ꜣḫt* [...]
361	*PT*, **602**, §§ 1672a-1674b: 212-215		[...] *n tꜣ, n Gb,* [...] *ṯꜣw* [...]
362	*PT*, **603**, §§ 1677b-1679c: 251-253		[...] *sḫm pn ḏdd rꜥ-nb* [...] *m Ỉmntt, m-m šmsw-rꜥ, isꜥw ḥrt n ꜥnḏ*
363	*PT*, **604**, §§ 1680b-1680c: 253		[...] *wn n.k ṯpht ptrw, isḫn n i<w>t.k iꜣḫw* [...]
364	*PT*, **605**, §§ 1682b: 412		[...] *mḥ.n Ḥr irt.f šwt m irt.f mḥt*
365	*PT*, **606**, §§ 1687a-1688c: 450-452		*hꜣ.k rk m wiꜣ pw n Rꜥ* [...], *ḫnnw Rꜥ im.f ir ꜣḫt;* [...] *ṯwt is Rꜥ, pr m Nwt, msst Rꜥ rꜥ-nb*

366	*PT*, **606**, §§ 1691a-1695c: 455-460		[...] *Šw* [...] *Tfnt* [...] *Nww* [...] *Nnt* [...] *trw Ḥr-ꜣḫty* [...] *Rꜥ-Tmw, psḏ rꜥ-nb* [...] *sḫpr.sn* N *pn mi Rꜥ, m rn.f pw n Ḫprr; iꜥ.k n.s mi Rꜥ m rn.f pw n Rꜥ; tnm.k m-ḥr.sn mi Rꜥ m rn.f pw n Tmw*
367	*PT*, **607-608**, §§ 1701a-1702b: 548-555		[...] *ms.n Nww* N [...] [...] *ḥms n mwt.k Nwt* [...]
368	*PT*, **609**, §§ 1703a-1708b: 682-689		N *ms.n ṯw mwt.k Nwt m Ỉmntt, hꜣ.n.k ir Ỉmntt m nb{w}-imꜣḫ;* [...] *iꜣḫ Mr-n-Ḫꜣ* [...] *ḏꜣ.f im ir ꜣḫt, ir bw msw nṯrw im, mst.k im ḥnꜥ.sn;* | *d<i> zḫnw pt n rꜥ, ḏꜣ.f im ir ꜣḫt ir bw msw nṯrw im, msw.f ḥnꜥ.sn;* $|_{x2}$ *snt.k Spdt, msṯwt.k nṯr-dwꜣy, ḥmsw.k imytw.sn* [...]; *m gs iꜣbty n pt*
369	*PT*, **610**, §§ 1710a-1722c: 698-717	Sethe, 1908-10 Faulkner, ^{2}1998 Leclant *et al.*, 2001 --------------------- Sethe, 1935-62 Mercer, 1952 Faulkner, ^{2}1998	[...] *ḫꜥw.k n ꜣbd, wꜥb.k n Psḏntyw* [...] *sḳr n.k rdw i<r> Dwꜣt, ir bw nty Sꜣḥ im; šzp iḥ-pt ꜥ.k* [...]; *nis Rꜥ ir.k m izkn n pt* [...]; *d<i>.f ṯw m nṯr-dwꜣy, ḥr-ib Sḫt-Ỉꜣrw; wn n.k sbꜣ pt ir ꜣḫt; nḥꜣ ḥr-ib nṯrw m ḫsf.k, m sbꜣ ḏꜣ wꜣḏ-wr ḫrḫr pt, m sꜥḥ.k pw pr m r n Rꜥ; ḥms.k is ḥr ḫndw.k pw biꜣ* [...]; *sšm.k ꜣḫw, sḥtp.k iḫmw-skiw* [...]; *wn irty.ky n tꜣ*
370	*PT*, **611-612-613**, §§ 1726c-1739c: 726-742		*šzp.k ꜥw n iḫmw-skiw* [...] *šw ir.k r irt-Rꜥ* [...] *ṯs ṯw, ḥms ḥr ḫndw.k pw biꜣ* [...] *mḫnty n Mr-n-Ḫꜣ* [...] *Tfnt* [...] *Šw* [...] *n psḏ ḥm n Rꜥ m ꜣḫt*
371	*PT*, **619**, §§ 1749a-1749b: 825		[...] *ḥr-ib.k m ḳbḥwt* [...] *sḳr rdw ir pt, pr.k*
372	*PT*, **624-625**, §§ 1757a-1766c: 1^{Nt}-4^{Nt} & 805^{Nt}-808^{Nt} & 151 [N]		*pr.n* N *ḥr Šw, ḥfd.n* N *ḥr dnḥ Ḫprr; in Nwt šzpt ꜥ.f, in Nwt irt n.f wꜣt;* [...] *wiꜣ pw n Rꜥ, sḳdd Rꜥ r Ỉꜣbtt; fꜣ.ṯn* N, *sṯs.ṯn sw r Mr-n-Ḫꜣ, wdd.ṯn* N *m-m nṯrw pw, iḫmw-skiw;* [...] *pr.n.i ḥr mꜣḳt, rd.i ḥr Sꜣḥ, ꜥ.i m sṯs* [...] *m sr pt* [...] *iw rn n* N *im, m ꜣḫt* [...]
373	*PT*, **627**, §§ 1771a-1771b: 158		N *pw ꜣḫ ꜥpr, dbḥ ḫpr; pt nhm.s, tꜣ nmnm.f*

<table>
<tr><td>374</td><td>PT, 627, §§ 1772a-1785c: 159-171</td><td rowspan="12">SETHE, 1908-10
FAULKNER, ^{2}1998
LECLANT et al., 2001

SETHE, 1935-62
MERCER, 1952
FAULKNER, ^{2}1998</td><td>ms N m ꜣbd, iwr N m Smdt [...] n Rꜥ rꜥ-nb [...] psḏ rꜥ; pr.n N ḥr igp, [...] m-bꜣḥ Rꜥ, hrw pw n tpy-rnpt; [...] ḫnz N pt ḥr fdw.s [...] pr n N ḥr igp [...] ḏsr pt ir tꜣ Nnw [...] kꜣ-šrw [...] imy Nnw [...] iw ms.n N r-ꜥ n nḥḥ [...] iꜣḫw [...] sšm N Rꜥ [...], hrw ḥts rnpt</td></tr>
<tr><td>375</td><td>PT, 637 & 639, §§ 1802a-1802b: 486 & §§ 1807b-1807c: 491</td><td>[...] mi rꜥ, pr.f m ꜣḫt [...] Wsir N, wp ḥr.k m wpš [...] sḥḏ hr.k m ḥḏ tꜣ</td></tr>
<tr><td>376</td><td><i>PT</i>, <b>649-650</b>, §§ 1831a-1835c: 552^{+31}-552^{+42}</td><td>[...] <i>Wsir</i> N, <i>mk nḏ.ti, ꜥnḫ.ti, nmm.k rꜥ-nb</i> [...] N <i>pn ms n Nwt</i> [...] <i>wn.f ḫnt nṯrw irw pt</i> [...]; <i>ms sw mwt.f pt, ꜥnḫ rꜥ-nb</i> <<i>mi</i>> <i>rꜥ, ḫꜥ.f ḥnꜥ.f m Iꜣbtt, ḥtp.f ḥnꜥ.f m Imntt, n šw mwt.f Nwt im.f rꜥ-nb</i></td></tr>
<tr><td>377</td><td><i>PT</i>, <b>655</b>, §§ 1844-1846: JPII 575-JPII 577</td><td>[...] <i>ir pt</i> [...] <i>ir tꜣ</i> [...] <i>pḥ.f pt m bikw</i> [...] <<i>mi</i>> <i>sbꜣ ḏꜣ wꜣḏ-wr</i> [...]</td></tr>
<tr><td>378</td><td>PT, 659, §§ 1862b-1863a: 659-660</td><td>[...] ꜥḥꜥ N rf m itrty ꜣḫt, sḏm.k mdw Rꜥ [...]</td></tr>
<tr><td>379</td><td>PT, 663 & 664^B, § 1882a: JPII 709^{+20} & § 1887b: JPII 583^{+5}</td><td>[...] N iw t.k ḫr rꜥ-nb [...] m rn.k n ꜣḫt prrt rꜥ im.k [...]</td></tr>
<tr><td>380</td><td>PT, 664^C, §§ 1890-1897: JPII 583^{+6}-583^{+10}</td><td>| [...] Nwt [...] $|_{x3}$</td></tr>
<tr><td>381</td><td><i>PT</i>, <b>665</b>, §§ 1899d-1900c: 659^{Nt}-660^{Nt}</td><td>[...] <<i>m</i>> <i>sḫm ḫnty ꜣḫw, sbꜣ is wꜥty, wnm.n.f ḫfty.f</i> [...] <i>iṯ.k ꜥ.k ir iḫmw-skiw</i></td></tr>
<tr><td>382</td><td>PT, 665^C, §§ 1915b-1915c: 736^{Nt}</td><td>[...] ꜥb.k biꜣ m ḏrt.k [...] šzp.k ꜥ iḫmw-skiw</td></tr>
<tr><td>383</td><td><i>PT</i>, <b>666</b>, §§ 1919b-1927a: 740^{Nt}-748^{Nt}</td><td>[...] <i>pr.k im irt-Rꜥ is</i> [...] <i>iṯ.n.k wrrt,</i> <<i>m</i>> <i>sbꜣ is wꜥty, sk ḫftyw</i> [...] <i>ꜥḥꜥ.k m-ḫnt iḫmw-skiw; ḥms.k ḥr ḫndw.k biꜣ;</i> [...] <i>nwwt.k</i> [...]</td></tr>
<tr><td>384</td><td>PT, 666^A, §§ 1927b-1929e: 752^{Nt}-760^{Nt}</td><td>[...] wn n.k ꜥꜣw pt, iznš n.k ꜥꜣw kbḥw, pr.k [...] [...] t.k sṯf ḫr N pw, rꜥ-nb</td></tr>
<tr><td>385</td><td>PT, 667, §§ 1933g-1941d: 764^{Nt}-773^{Nt}</td><td>nwr n.k pt, sdꜣ n.k tꜣ; iw n.k iḫmw-skiw m ksw; [...] ḥms ḥr ḫndw.k biꜣ [...] ḏdt.ti n ḏt, ḏt; [...] iꜥḏ n.k pt, sdꜣ n.k tꜣ, snḏ n.k iḫmw-skiw; [...] zḫn ṯw ir pt; štꜣ sw, n gm n sw, ḏr ḥtp pt, ḏr ḥtp tꜣ; [...] sḳr n.k rdw ir pt, m-ꜥb iḫmw-skiw</td></tr>
</table>

386	*PT*, **667**^{A}, §§ 1943d-1948f: 775^{Nt}-782^{Nt}		*wn.f n.k ꜥꜣw pt, szn<š>.f n.k ꜥꜣw [ḳbḥw]; [...] hꜣ* N *pw! n mt.n.k i͗s mtt! ꜥnḫ n.k ꜥnḫ m-ꜥb.sn ꜣḫw, i͗ḫmw-ski͗w; i͗i͗ ꜣḫt, i͗wꜣg rḏw, pr m Wsi͗r, wꜥb Ḥr [...]; [...] ḫꜥ.n.f ḥr [...] ḫndw.f, dm.n.f bi͗ꜣ m ꜣḫ.f; [...] m sbꜣ wꜥty i͗wt snw.f m-ꜥb sn nṯrw; [...] i͗pꜣ.k i͗r pt, ꜥnḫ.k ḥnꜥ.sn, [...] zbš.n.k pt, i͗psḏt i͗r.sn nṯr i͗s; mn.ti ḫnt pt, Ḥr i͗s*
387	*PT*, **667**^{B}, § 1949b: 783^{Nt}		*pr ḥwt.k nfr m ḳbḥw!*
388	*PT*, **668**, §§ 1959a-1960b: JPII 749-JPII 750		N *pw bi͗k ngg, dbn i͗rt-Ḥr ḥr-i͗b Dwꜣt;* [...] *i͗w* N *r gs i͗ꜣbty n pt, i͗wr* N *i͗m, ms* N *i͗m*
389	*PT*, **669**, §§ 1961a-1968d: JPII 754-JPII 758		*pr sr m ḳr ꜥꜣ, m ꜣḫt ẖnwtt; mꜣꜣ.n.f [...] mswt nṯrw, m ḥryw-rnpt 5, ḥr-ꜥwy.k [...]; [...] ḏd I͗st i͗r Nww [...]; i͗n kꜣ bi͗ꜣ pw rf [...] sḏ.f swḥt, pzš.f bi͗ꜣ*
390	*PT*, **670**, §§ 1972-1986b: 759-765	SETHE, 1908-10 FAULKNER, ^{2}1998 LECLANT *et al.*, 2001 ---------------------- SETHE, 1935-62 MERCER, 1952 FAULKNER, ^{2}1998	[...] *wn ꜥꜣw pt, i͗znš ꜥꜣw pḏwt;* [...] *fd.n.f ḏwt i͗r* N *m fdw.f hrw; ḫm.n.f i͗rt i͗r.f m ḫmnw.f hrw;* [...] *msktt, mꜥnḏt;* [...] *Tmw* [...] *Tmw* [...] *rdi͗ n.k pt, rdi͗ n.k tꜣ;* [...] *Šw ḥnꜥ Tfnt* [...] *Gb*
391	*PT*, **673**, §§ 1990b-1992c: 788-789		[...] *šm.k pw, šm.n.k nṯr i͗s; nꜥt.k ḳbḥw i͗s;* [...] *pr.sn i͗r pt, i͗ḏd.sn n Rꜥ ꜥḥꜥ.k rk m i͗trty ꜣḫt, ḥr [šw] n [pt], i͗ḥms.ti ḥr nst i͗t.k Gb, m-ḫnt i͗trt, ḥr ḫndw pw n bi͗ꜣ, bi͗ꜣw n.f nṯrw*
392	*PT*, **674**, §§ 1994b-1996b: 794-796		*di͗<.i͗> mdw.k ḫnti͗ ꜣḫw, nḥbt.k ḫnti͗ i͗ḫmw-ski͗w;* [...] *pḥ.f m ḳbḥwt* [...] *ḥms.k ḥr ḫndw.k bi͗ꜣ{wy}* [...]
393	*PT*, **675**, §§ 2001a-2005b: 800-804		*wn n.k ꜥꜣw pt, i͗znš n.k sḥdw;* [...] *hꜣ* N *p<n>! n ṯw nḫḫw, psḏ<w> m-ḫt nṯr-dwꜣy!*
394	*PT*, **676**, §§ 2009b-2015b: 806-812		*i͗znš n.k ꜥꜣw pt;* [...] *ṯs ṯw* N *p<n>! ḥms.k ḥr ḫndw.k bi͗ꜣ* [...]*nṯr<y>.k rk,rmn.n<.k> pt, ḏsr.n.k tꜣ;* [...] *pr.k nn m sbꜣ, m nṯr-dwꜣy*
395	*PT*, **677**, §§ 2019c-2025b: 815-818		*pr.f m ꜣḫt, nḏt ḥr.f i͗n Ḥr m ꜣḫt;* [...] *mi͗ šꜥt rꜥ, pr.f m ꜣḫt;* [...]

396	*PT*, **677**, §§ 2028a-2028c: 820		*hꜣ* N *p<n>! wʿb, gm ṯw rʿ ʿḥʿ.ti ḥnʿ mwt.k Nwt, sšm.s ṯ<w> m wꜣwt ꜣḫt, ir.k imn.k im nfr, ḥnʿ kꜣ.k n ḏt, ḏt!*
397	*PT*, **681**, §§ 2034a-2041: 950-953		*pt wrt! di ʿ.ṯ n* N*! Nwt ʿꜣt! di ʿ.ṯ n* N*!* [...] *ii.n* N, *pr.f ir pt, wbꜣ N ḳbḥw;* [...] *Nwt* [...] *ḫntyw pt, tꜣ* [...] N *pw wʿ n pt, sḫm ir.f ḫnt Nwt*
398	*PT*, **682**, §§ 2042a-2046c: 953-955		*igp* N *m bik nṯr<y>,* [...] *iṯṯ* N *m smn* [...]*; hꜣ rf* N *ḥnʿ rʿ, m wiꜣ.f pw ʿꜣ; sḳdd.f im.f ir ꜣḫt, r wḏʿ nṯrw im.f; sḳd Ḥr im.f ḥnʿ.f ir ꜣḫt; wḏʿ* N *nṯrw im.f ḥnʿ.f m ꜣḫt,* N *wʿ im.sn*
399	*PT*, **684**, §§ 2051a-2062c: 957-962	SETHE, 1908-10 FAULKNER, ^{2}1998 LECLANT *et al.*, 2001 --------------------- SETHE, 1935-62 MERCER, 1952 FAULKNER, ^{2}1998	*mdw n* N, *kꜣ.f, ir pt; ḳsw* N *biꜣ, ʿwt* N *m sbꜣw, iḫmw-skiw;* [...] *mwt nt* N *Nwt; it n* N *Šw; mwt nt* N *Tfnt; šd.sn n ir pt, ir pt, ḥr ḥtit n snṯr;* | [...] *r r n* N *rʿ-nb, r tpw Smdwt, r tpw ꜣbdw;* $\|_{x2}$ [...] *msw Tmw, msw Nwt* [...] | *ir tꜣ m pt* $\|_{x2}$ [...] *ḥsy n kꜣ-pt* [...] N *ir.k r ẖr-ẖt pt, m sbꜣt nfrt ḥr ḳꜣbw Mr-n-Ḫꜣ; prr* N *ir pt, di n.k sw* N *r pn, nfr rʿ-nb;* [...] *wꜣwt nfrwt nt pt, nt Sḫt-Ḥtpw*
400	*PT*, **685**, §§ 2063a-2070b: 968-971		*ii mww ʿnḫ imyw pt, ii mww ʿnḫ imyw tꜣ; nbi n.k pt, sdꜣ n.k tꜣ, tp-ʿ mswt nṯr;* [...] *mww wʿbw, wnnw ḫr Tmw, ir ḥnn Šw, sḫpr r kꜣt Tfnt;* [...] *fꜣ.k pt, m ḏrt.k; sk tꜣ, m ṯbt.k;* [...] *ms ꜣbd* [...]*;* [...] *ḥnk* N *pn im, n ḏt*
401	*PT*, **687**, § 2077b: 974		*mi irt nṯrw iꜣw, m ḫsfw ḫʿ rʿ, pr.f m ꜣḫt*
402	*PT*, **688**, §§ 2079c-2083d: 975-977		*isʿ.sn* N *n Ḫprr, ḫpr.f m gs iꜣbty n pt;* [...] *kꜣ-n-pt* [...] *Tmw* [...] *Tmw* [...] *n ꜣbd* [...] *m grḥ* [...] *trwy* [...]
403	*PT*, **689**, §§ 2087a-2091d: 981-983		*wṯs.n Gb irt-Ḥr kꜣꜣt* [...]*; irt-Ḥr* [...] *irt-Ḥr* [...] *šms.n.k irt-Ḥr ir pt, ir sḥdw pt* [...] *Ḥr ḥr irt.f; Šw, wṯs Nwt, wṯs n.k irt-Ḥr r ir pt, ir sḥdw pt, ḏr ḥmst Ḥr ḥr ḫndw.f pw biꜣ* [...] *hr irt.f*

404	*PT*, **690**, §§ 2095b-2118c: 986-999	SETHE, 1908-10 FAULKNER, ^{2}1998 LECLANT *et al.*, 2001 --------------------- SETHE, 1935-62 MERCER, 1952 FAULKNER, ^{2}1998	*ỉšm.k rk ỉr pt, pr.k m rt ꜣḫt [...] Gb [...] Tmw [...] Šw [...] Tfnt [...]; [...] ỉn.n.sn n.k rn.k pw n ỉḫm-sk, n sk.k [...]; hꜣ* N *pw, wꜥb.n ṯw snt.k ḳbḥwt [...]; Gb [...]; ḫrp.k ỉḫmw-skỉw [...]; [...] pr.k rk ỉr pt; šzp ṯw mwt.k Nwt [...]; nwr pt, sdꜣ tꜣ [...]; tꜣ [...] tꜣ [...]; bꜣw.k m Rꜥ; [...] m grḥ [...]; ỉỉ ꜣḫt [...] Gb; ỉỉ ꜣḫt [...] Gb [...]; ꜥnḫ.k, ỉr ꜥnḫ ỉmyw pt; ḫpr.k ỉr ḫpr ỉmyw tꜣ; ṯs ṯw ḥr nḫt.k, prr.k ỉr pt; ms ṯw pt, mỉ Sꜣḥ, sḫm.k m ḏt.k [...]; n wrḏ-ỉb, r prt n.k ḫrw rꜥ-nb, m ꜣbd, m Smdt [...]; m ꜣbdw, ꜥnḫ.k m nṯr [...]*
405	*PT*, **691**, §§ 2120a-2125d: 1002-1007		*[...] pt [...] pt [...] pt [...]*
406	*PT*, **691**^{A}, §§ 2126a-2126h: 826^{Nt}-830^{Nt}		| *dy zḫnw pt n rꜥ* (N *pn*), *dy zḫnw pt n rꜥ* (N *pn*), *ḳꜣ.f m Ỉꜣbtt ỉr Ỉmntt, r-ꜥb snw.f nṯrw; sn.f Sꜣḥ; snt.f pỉ Spdt; ḥms.f ỉmyw.sn m tꜣ pn, ḏt* |$_{x2}$
407	*PT*, **691**^{B}, §§ 2128a-2128b: 834^{Nt}		*[...] Gb [...] ḳbḥwt [...]*
408	*PT*, **691**^{C}, **692**^{A}, **692**^{B}, **692**^{C}, §§ 2129a-2138ℓ: JPII 1011-JPII 1020		*[...] pt [...] pt [...] pt [...] pt [...] ỉꜣḫw [...] rꜥ-nb [...] sḫm m ꜣḫt [...] nm pt [...] pt [...]*
409	*PT*, **693, 694, 695, 696**, §§ 2139-2143: JPII 1021-JPII 1025 & §§ 2144a-2156c: 1028-1040 & §§ 2157a-2162c: 1040-1046 & §§ 2163a-2168d: JPII 1047-JPII 1055^{+4}		*[...] Gb [...] Gb [...] Tmw [...] Nww [...] pt [...] pt [...] tꜣ [...] pt [...] pt [...] pt [...] Tmw [...] Tmw [...] m hrw [...] pt [...]*
410	*PT*, **697**, §§ 2169a-2175f: 1152-1162		*hꜣ* N *pw, wp n.k r n tꜣ, mdwt n.k Gb [...] wn n.k ꜥꜣ ỉꜣbty n pt [...]; dỉ Nwt ꜥwy.sy ỉr.k* N; *[...] ḥṯṯ.s n.s ṯw ỉr pt; n ptḫ.n.s* N *ỉr tꜣ; ms ṯw* N, *mỉ Sꜣḥ [...]; hꜣy* N *m wỉꜣ mỉ rꜥ ḥr ỉdbw Mr-n-Ḫꜣ; ẖnnt* N *ỉn ỉḫmw-wrḏw; wḏ* N *n ỉḫmw-skỉw; [...] Rꜥ [...] ỉšm.k rk* N *pw ḥr šmw-mw ỉpw ỉꜣbtyw, m-m šmsw-rꜥ [...] Ỉꜣbtt [...]*
411	*PT*, **699**, §§ 2178a-2181c: 1338-1340		*[...] Nwt dỉ.s ḥꜣty.k [...]; ỉgp.k mỉ bỉk [...] r bnw; pr.k rk ỉr Ỉmntt [...]; rnp.tỉ [...] ỉr-ḏbꜥ Sꜣh, ỉr pt [...]*

412	*PT*, **700**, §§ 2183b-2183c: 1341-1342		*pr.n.k m ỉnww Rꜥ, šzp ꜥ.k ỉn ỉḫmw-skỉw, n sk.k* [...]
413	*PT*, **702**, §§ 2200a-2200c: 1384-1385		[...] *ntyw ỉm gs ỉꜣbty n pt;* [...] *d<ỉ> ṯn sw m gs ỉꜣbty n pt*
414	*PT*, **704**, §§ 2200a-2200c: 7^{Nt}-8^{Nt}		[...] *ỉꜥrt prt m ỉrt-Rꜥ* [...] *ỉmy Nww*
415	*PT*, **710**, §§ 2212d: Fr. B3		[...] *pt* [...]
416	*PT*, **715-716**, §§ 2218a-2224e: JPII 473^{+1}-JPII 473^{+10} & JPII 709^{+2}-JPII 709^{+5}		[...] *Šw* [...] *Tmw* [...] *Šw* [...] *Šw* [...] [...] *nḏr.k ꜥ n ỉḫmw-skỉw*
417	*PT*, **717-718**, §§ 2225a-2233e: JPII 709^{+5}-JPII 709^{+19}		[...] *m ỉrt-Rꜥ; ꜥḥꜥ rk ḫntỉ ỉḫmw-skỉw, ḥꜥ ḫntỉ.sn Gb ỉs* [...] *ỉṯ n ṯw wrrt, <m> sbꜣ ỉs wꜥty, sk ḫftyw* [...] *Gb* [...] *nḥḥ n.k ỉrt-Ḥr* [...] *Ḥr m ỉrt.f* [...] *šw rk ỉr.k ỉr pt, m-ꜥb nṯrw* [...]*;* [...] *wn n.k ꜥꜣw pt* [...]
418	*PT*, **719**, §§ 2234a-2236c: JPII 709^{+22}-JPII 709^{+26}	SETHE, 1908-10 FAULKNER, ²1998 LECLANT *et al.*, 2001 ---------------------	[...] *nhm pt, sdꜣ tꜣ* [...]*;* N *pw! rdỉ.n ṯw Gb, šzp.n ṯw Nwt; pry.k rk ỉr pt;* {*ỉ*}*wn n.k ꜥꜣw pt, ḫbst n.k tꜣ; sḳrt n.k wdnt* [...]*; rdỉ n.k ḥnmmt; dꜣ ṯw Stḫ m Mr-n-Ḫꜣ;* [...] *Gb* [...] *Nww* [...] *pt* [...]
419	*PT*, **720**, §§ 2237a-2239b: JPII 709^{+34}-JPII 709^{+40}	SETHE, 1935-62 MERCER, 1952 FAULKNER, ²1998	*dỉ ḳbḥw* [...]*; snw.k Dwn-ꜥnwy* [...]*;* [...] *ꜣbdw, ḫpr n.k Smdwt, ỉrw <n.k> Snwt, ḫpr.k* [...]*; sdꜣ pt, nwr tꜣ, tp-ꜥy wr, ꜥḥꜥ.f; wn.n.f ꜥꜣw pt, ỉznš.f ꜥꜣw ḳbḥw; ḳbs n.k tꜣ; Ỉmntt* [...]
420	*PT*, **721**, § 2240c: JPII 1055^{+28}		[...] *Ỉꜣbtt* [...]
421	*PT*, **723**, §§ 2244a-2245d: 652^{Nt}-655^{Nt} & JPII 1055^{+32}		[...] *hꜣ* N *pn! ṯs ṯw ḥr ḳsw.k bỉꜣw, ꜥwt.k nwbt, ḥꜥw.k pw n sw nṯr!* [...] *ṯꜣw nw pt* [...]*; tm pt m ꜣḫꜣḫw.s* [...]*; ꜥnḫ.k ỉr ꜥnḫ sbꜣw, m tr.sn ꜥnḫ!*
422	*PT*, **724**, §§ 2246a-2250d: JPII 1055^{+32}-JPII 1055^{+38}		[...] *ỉr.n Ḥr n ỉrt.f* [...]*; wn n* N *ꜥꜣw ḳbḥw, ḫsfw rḫyt* [...]*; ỉrt-Ḥr wsrt, mḥt ỉm;* [...] *Ḏḥwty* [...] *Gb* [...]*;* N *pw sḫm, dbḥ st.f; Ḏḥwty, nỉs.tw Tmw ỉr pt, sšd ỉrt-Ḥr n.f;* [...] *ỉn ỉṯ.n Ḥr ỉrt.f* [...] *ỉrt-Ḥr* [...] *ỉrt-Ḥr* [...]
423	*PT*, **726**, §§ 2252a-2253e: 692^{Nt}-695^{Nt}		[...] *ḫtm.k ꜥꜣw pt!* [...] *prt kꜣ n* N *ỉr pt!* [...] *m hrw, tp n ḏr ḫꜣw, m ꜣbdw., m Smdwt, m rnpwt.f* [...]

<table>
<tr><td>424</td><td>PT, 727, 729, 731, §§ 2254d & 2257b & 2259: 717^{Nt} & JPII 1055^{+62} & JPII 1055^{+65}</td><td rowspan="5">SETHE, 1908-10
FAULKNER, ^{2}1998
LECLANT et al., 2001

SETHE, 1935-62
MERCER, 1952
FAULKNER, ^{2}1998</td><td>[...] ꜣkr [...] Nww [...]
pr.n.k m wẖt [...]</td></tr>
<tr><td>425</td><td>PT, 734, §§ 2262a-2264e: JPII 1055^{+74}-JPII 1055^{+77}</td><td>[...] ꜣḫ.k ỉm,
[...] sšm.k ỉḫmw-skỉw [...]</td></tr>
<tr><td>426</td><td>PT, 738, §§ 2268a-2268e: 10^{Nt}-12^{Nt}</td><td>[...] Šw [...] Gb [...]
sbꜣw sꜣḥw Sꜣḥ [...]</td></tr>
<tr><td>427</td><td>PT, 739, §§ 2269a-2269b: 12^{Nt}-13^{Nt}</td><td>[...] ỉn N m 5.ṯn ỉḫmw-skỉw; ỉr gnt [...]</td></tr>
<tr><td>428</td><td>PT, 758, § 2288a: 696^{Nt}</td><td>[...] ỉ nb ꜣḫt, ḫnty nṯrw,
ỉr n.f snw m dwꜣt [...]</td></tr>
</table>

* La translitération a été faite par nous. Les publications les plus importantes, ainsi que certaines traductions choisies (voir sous les lignes - - - - -) sont données ci–dessus. Nous évitons les répétitions des mêmes vers (ou parfois des variantes), en utilisant le symbolisme $| \ldots |_{x\,n}$ (où n = 1, 2, 3, ...). Les *sigla* suivants sont utilisés: N = Nom du Pharaon; M = Nom d'une Divinité ou du Pharaon; [W] = *PT* de la Pyramide du Roi Wenis; [T] = ibid. pour celle du Roi Teti; [P] = ibid. pour celle du Roi Pepy I; [M] = ibid. pour celle du Roi Mery–en–Rēʻ; ^{Nt} = texte provenant de la pyramide de la Reine Nitōkris (voir JÉQUIER, 1933); JPII = texte provenant de la pyramide de Pepy II (voir JÉQUIER, 1936). Sur les autres symboles, voir la dernière (troisième) partie de notre bibliographie, *infra*; cf. aussi le Chapitre I, § 3: # 7, *supra*, ainsi que SETHE, 1908-10: xii & FAULKNER, ^{2}1998: vi ff & xi-xii.

délimitation de notre méthode synthétique, à la fois la nature et le nombre de ces catégories concernant les textes funéraires (*PT*, *CT*, *BD*) et les textes profanes (voir § 5, *infra*) seront différents. Comme on le montrera ci-dessous, la quintessence astronomique des textes funéraires égyptiens est assez différente du caractère amusant et parfois didactique des textes profanes que nous examinerons ici (voir § 5, *infra*). Même si le fondement religieux existe aussi, il faut signaler que par leur origine propre et de leur but assez spécifique les textes funéraires se révèlent plus astronomiques et plus cosmovisionnels au niveau symbolique des archétypes célestes qui y abondent clairement. Cela devient particulièrement évident dans les *PT*, comme on le voit à partir des Tables III.1 et III.2. Il faudrait encore donner quelques explications sur ces Tables très importants pour notre étude. Les éléments astronomiques et cosmovisionnels qui y sont regroupés ne sont que les plus importants et les plus explicites. Par exemple (voir Table III.2), le mot *rʿ*/*Rʿ* y est compris en tant que désignation du *Soleil* comme un astre, en contexte explicitement astronomique (et non comme le nom du dieu solaire dans un contexte métaphysique); également, le mot *Ḏḥwty* est compté seulement dans les cas que nous considérons comme explicitement astronomiques, quand il a le sens de *Lune* (et non en tant que nom du dieu Thoth); si on prenait en compte tous les cas où l'on trouve des références aux dieux solaire et lunaire, leur fréquence s'augmenterait considérablement[5]. En général, nous avons inclu dans les Tables statistiques et taxonomiques seulement les divinités cosmiques les plus importantes du point de vue cosmovisionnel. De toute façon, de telles divinités (*Šw*, *Tfnt*, *Gb*, *ꜣkr*, *Rʿ-Tmw*, *Rʿ-Ḥr-ꜣḫty*, *Nwn*, *Ḥḥw*, & c.) sont seulement incluses quand on les rencontre dans les textes dans un contexte purement astronomique et cosmogonique, or nos Tables ne contiennent pas toutes les références à celles-ci. En re-

[5] Pour de tels cas, voir FAULKNER, ^{2}1998: 320-330; pour des cas analogues dans les *CT*, voir VAN DER PLAS & BORGHOUTS, 1998: *passim*.

Table III.2: Fréquence d'occurrence des termes astronomiques ou cosmovisionnels, dans les *PT* (cf. Table III.1). Les ***italiques gras*** indiquent la numération des passages cités. Les sommes partielles se réfèrent à chaque catégorie, étudiée ci–dessus (§§ III.1.1-1.4). La somme totale, calculée par l'addition des sommes partielles, est égale à $\sum = 2102$. Les astérisques montrent les 8 termes les plus fréquents.

TERME ASTRONOMIQUE OU COSMOVISIONNEL		CORRESPONDANCE ET FRÉQUENCE PARTIELLE DANS LES TEXTES DE LA TABLE III.1	FRÉQUENCE TOTALE
	3ẖ3ẖ = ⁂	***295*** x1, ***421*** x1	2
	i3d = ⁂	***70*** x1	1
	imyw-ḫt rʿ = ⁂	***27*** x1	1
	iḫm(w)-wrḏ(w) = ⁂	***298*** x1, ***410*** x1	2
	iḫm(w)-sk(iw) / *ʿ3tyw mḥtyw pt* / *nṯrw mḥtyw pt* = ⁂	***30*** x1, ***32*** x1, ***34*** x6, ***37*** x1, ***117*** x1, ***119*** x1, ***127*** x1, ***140*** x1, ***167*** x1, ***199*** x1, ***212*** x1, ***214*** x1, ***218*** x1, ***221*** x1, ***225*** x1, ***237*** x1, ***246*** x1, ***248*** x1, ***249*** x1, ***254*** x1, ***265*** x1, ***272*** x1, ***286*** x2, ***292*** x1, ***296*** x1, ***298*** x1, ***299*** x1, ***303*** x4, ***304*** x1, ***317*** x1, ***319*** x1, ***336*** x1, ***338*** x1, ***339*** x4, ***340*** x1, ***344*** x1, ***348*** x1, ***369*** x1, ***370*** x1, ***372*** x1, ***381*** x1, ***382*** x1, ***383*** x1, ***385*** x3, ***386*** x1, ***392*** x1, ***399*** x1, ***404*** x1, ***410*** x1, ***412*** x1, ***416*** x1, ***417*** x1, ***425*** x1, ***427*** x1	68*
	wʿ3 = ⁂	——	0
	wnwt = ⁂	——	0
	Msḫtyw = UMa	***140*** x1	1
I = Étoiles **∑=206** **10%**	*Mskt-(Sḥdw)*	***69*** x1, ***93*** x1, ***266*** x1	3
	Nr-Iḥw = ⁂	***70*** x1	1
	nḥḥ(w) = ⁂	***92*** x1, ***214*** x1, ***256*** x5, ***393*** x1	8
	ḫ3 3ḫ.s / *ḫ3 b3.s*	***227*** x1, ***317*** x1, ***320*** x1	3
	Ḥ3w / *Srwt* = ⁂	——	0
	S3ḥ = Ori	***39*** x1, ***49*** x1, ***130*** x1, ***211*** x1, ***233*** x1, ***238*** x6, ***251*** x3, ***260*** x1, ***268*** x1, ***338*** x1, ***351*** x1, ***369*** x1, ***372*** x1, ***404*** x1, ***406*** x2, ***410*** x1, ***411*** x1, ***426*** x1	26
	sb3(w) / *nṯr-sb3* = ⁂	***31*** x1, ***59*** x1, ***62*** x2, ***70*** x1, ***103*** x1, ***112*** x1, ***123*** x1, ***169*** x2, ***178*** x1, ***180*** x1, ***218*** x1, ***227*** x2, ***233*** x1, ***249*** x1, ***255*** x1, ***265*** x1, ***292*** x1, ***295*** x1, ***296*** x1, ***313*** x1, ***318*** x1, ***325*** x1, ***328*** x1, ***339*** x1, ***340*** x1, ***346*** x2, ***369*** x1, ***377*** x1, ***394*** x1, ***399*** x1, ***421*** x1, ***426*** x1	36
	sb3 ʿ3 = ⁂	***251*** x1, ***279*** x1	2
	Spdt = α–CMa	***39*** x1, ***98*** x1, ***108*** x1, ***113*** x1, ***140*** x3, ***196*** x2, ***211*** x1, ***238*** x1, ***262*** x1, ***264*** x1, ***269*** x1, ***285*** x1, ***287*** x1, ***292*** x1, ***296*** x1, ***333*** x1, ***338*** x1, ***343*** x1, ***351*** x1, ***358*** x2, ***368*** x1, ***406*** x2	27

I = Étoiles **∑=206** **10%**	*sḥd(w)* = ⁂	***138*** x1, ***157*** x1, ***200*** x1, ***204*** x1, ***213*** x1, ***252*** x1, ***256*** x1, ***341*** x1, ***352*** x1, ***354*** x1, ***393*** x1, ***403*** x2	13
	šmsw-rꜥ = ⁂	***362*** x1, ***410*** x1	2
	tpyw-ꜥw Nṯr Dwꜣy / ḥꜣw Nṯr-Dwꜣy= ⁂	***27*** x1, ***214*** x1, ***325*** x1	3
	Dwn-ꜥnwy = ⁂	***12*** x1, ***14*** x1, ***15*** x1, ***60*** x2, ***289*** x1, ***357*** x1, ***419*** x1	7
II = Soleil **∑=210** **10%**	*ỉꜣḫw*	***77*** x1, ***219*** x1, ***244*** x1, ***283*** x2, ***284*** x1, ***286*** x1, ***306*** x1, ***363*** x1, ***374*** x1, ***408*** x1	11
	ỉrt-(nt)-Rꜥ = ☉	***204*** x1, ***206*** x1, ***306*** x1, ***370*** x1, ***383*** x1, ***414*** x1, ***417*** x1	7
	ỉtn = ☉	——	0
	rꜥ / Rꜥ = ☉	***17*** x1, ***18*** x1, ***25*** x1, ***26*** x1, ***28*** x1, ***65*** x1, ***94*** x1, ***95*** x4, ***105*** x2, ***108*** x1, ***109*** x4, ***115*** x3, ***116*** x1, ***138*** x1, ***162*** x1, ***172*** x1, ***183*** x1, ***188*** x1, ***193*** x1, ***197*** x1, ***204*** x2, ***208*** x2, ***214*** x4, ***217*** x1, ***220*** x1, ***233*** x1, ***252*** x3, ***256*** x1, ***257*** x1, ***258*** x3, ***259*** x2, ***261*** x6, ***263*** x6, ***266*** x1, ***267*** x1, ***270*** x2, ***272*** x3, ***275*** x1, ***287*** x5, ***290*** x2, ***297*** x1, ***298*** x1, ***299*** x5, ***303*** x2, ***308*** x2, ***324*** x1, ***325*** x1, ***333*** x1, ***338*** x1, ***339*** x2, ***340*** x1, ***345*** x3, ***346*** x4, ***352*** x1, ***353*** x1, ***354*** x1, ***360*** x1, ***365*** x3, ***366*** x4, ***368*** x2, ***369*** x2, ***370*** x1, ***372*** x2, ***374*** x4, ***375*** x1, ***376*** x1, ***378*** x1, ***379*** x1, ***391*** x1, ***395*** x1, ***396*** x1, ***398*** x1, ***401*** x1, ***404*** x1, ***406*** x2, ***410*** x3	139*
	Ḥr-ꜣḫty = ☉	***95*** x3, ***99*** x4, ***105*** x3, ***109*** x4, ***110*** x1, ***252*** x1, ***261*** x6, ***263*** x6, ***339*** x1, ***366*** x1	30
	Tmw(-Rꜥ) = ☉	***150*** x1, ***189*** x1, ***190*** x1, ***191*** x1, ***307*** x1, ***340*** x1, ***359*** x3, ***360*** x1, ***366*** x2, ***390*** x2, ***399*** x1, ***400*** x1, ***402*** x2, ***409*** x3, ***416*** x1, ***422*** x1	23
III = Lune **∑=129** **6%**	*ꜣbd* = ●	***165*** x1, ***199*** x1, ***230*** x1, ***234*** x1, ***245*** x1, ***253*** x1, ***274*** x1, ***314*** x1, ***339*** x2, ***369*** x1, ***374*** x1, ***399*** x2, ***400*** x1, ***402*** x1, ***404*** x2, ***419*** x1, ***423*** x1	20
	ỉꜥḥ / Ỉꜥḥ = ☾	***214*** x1, ***272*** x1, ***290*** x1	3
	Ỉw(w) = ☾	***272*** x1, ***302*** x1	2
	ỉrt-(nt)-Ḥr / mḥt / šwyt = ☾	***185*** x5, ***187*** x1, ***266*** x2, ***284*** x1, ***303*** x1, ***305*** x1, ***306*** x1, ***307*** x2, ***334*** x2, ***339*** x1, ***364*** x2, ***388*** x1, ***403*** x7, ***417*** x2, ***422*** x6	35
	ꜥꜣt = ☾	——	0
	Psḏntyw = ●	***230*** x1, ***245*** x1, ***274*** x1, ***314*** x1, ***369*** x1	5
	ḥr.f m-ḫnt.f / ḥr.f m-mḥꜣ.f / ḥr.f-ḥꜣ.f / mꜣ-ḥꜣ.f / mḫnty = ☾	***120*** x5, ***152*** x2, ***186*** x3, ***187*** x2, ***260*** x1, ***266*** x1, ***272*** x1, ***302*** x1, ***303*** x1, ***304*** x1, ***305*** x2, ***338*** x2, ***370*** x1	23
	Ḫbt = ☾	——	0

III = Lune ∑=129 6%	*Ḫnsw* = ☾	***126*** x1	1
	Smdt = ○	***165*** x1, ***199*** x1, ***234*** x1, ***245*** x1, ***253*** x1, ***339*** x2, ***374*** x1, ***399*** x2, ***404*** x1, ***419*** x1, ***423*** x1	13
	Sn(w)t = ◐	***209*** x1, ***245*** x1, ***283*** x1, ***419*** x1	4
	Zwnṯw = ☾	***275*** x1, ***289*** x1, ***296*** x1, ***311*** x1	4
	Šrt(t) = ☾	——	0
	Dni͗(t) / *Ḏni͗(t)* = ◑	***101*** x1, ***209*** x1	2
	Ḏḥwty = ☾	***25*** x1, ***26*** x1, ***121*** x1, ***145*** x1, ***185*** x4, ***207*** x1, ***299*** x1, ***320*** x1, ***327*** x1, ***334*** x2, ***339*** x1, ***422*** x2	17
IV = Planètes ∑=27 1%	*Sbgw* / *Stẖ* = ☿	***418*** x1	1
	Nṯr/Sbꜣ Dwꜣy = ♀	***27*** x1, ***108*** x1, ***214*** x1, ***233*** x1, ***247*** x1, ***262*** x1, ***264*** x1, ***272*** x1, ***290*** x1, ***292*** x1, ***303*** x1, ***318*** x1, ***325*** x1, ***326*** x1, ***368*** x1, ***369*** x1, ***393*** x1, ***394*** x1	18
	Sbꜣ Wꜥty = ♀	***59*** x1, ***248*** x1, ***282*** x1, ***381*** x1, ***383*** x1, ***386*** x1, ***417*** x1	7
	Ḥr Dšr = ♂	——	0
	Ḥr wpš tꜣwy = ♃	——	0
	Ḥr kꜣ pt = ♄	——	0
	gnmw	***123*** x1	1
V = Ciel et Cosmographie ∑=1174 56%	*ꜣḫt*	***6*** x1, ***39*** x3, ***41*** x1, ***43*** x1, ***45*** x1, ***47*** x1, ***50*** x1, ***51*** x1, ***53*** x1, ***61*** x1, ***63*** x1, ***66*** x1, ***68*** x1, ***80*** x1, ***95*** x2, ***98*** x1, ***99*** x4, ***104*** x1, ***105*** x3, ***109*** x4, ***110*** x1, ***115*** x1, ***116*** x1, ***118*** x1, ***124*** x1, ***129*** x1, ***130*** x1, ***131*** x1, ***133*** x1, ***138*** x1, ***139*** x1, ***153*** x1, ***159*** x2, ***183*** x1, ***193*** x1, ***197*** x1, ***208*** x2, ***214*** x1, ***216*** x1, ***220*** x1, ***232*** x1, ***244*** x1, ***250*** x1, ***258*** x1, ***261*** x4, ***262*** x1, ***263*** x4, ***264*** x1, ***272*** x3, ***281*** x1, ***287*** x5, ***298*** x1, ***299*** x1, ***303*** x2, ***314*** x1, ***328*** x1, ***337*** x1, ***343*** x1, ***349*** x1, ***353*** x1, ***360*** x1, ***365*** x1, ***368*** x3, ***369*** x1, ***370*** x1, ***372*** x1, ***375*** x1, ***378*** x1, ***379*** x1, ***389*** x1, ***391*** x1, ***395*** x3, ***396*** x1, ***398*** x3, ***401*** x1, ***404*** x1, ***408*** x1, ***428*** x1	110*
	Ꞽꜣbtt	***79*** x1, ***217*** x1, ***252*** x1, ***258*** x1, ***272*** x1, ***279*** x1, ***308*** x1, ***344*** x1, ***372*** x1, ***376*** x1, ***406*** x2, ***410*** x1, ***420*** x1	14
	Ꞽꜣsw	***207*** x1	1
	i͗wnw / *wꜣḏ 4* / *sḫnwt nt pt 4* / *ḏꜥmw pt*	***40*** x1, ***42*** x1, ***44*** x1, ***46*** x1, ***103*** x1, ***107*** x1, ***111*** x1, ***295*** x1, ***328*** x1	9
	Ꞽmntt	***79*** x1, ***252*** x1, ***256*** x1, ***258*** x1, ***352*** x1, ***362*** x1, ***368*** x2, ***376*** x1, ***406*** x2, ***419*** x1	12
	i͗zkn (n pt) / *wpt*	***153*** x1, ***233*** x1, ***244*** x1, ***275*** x1, ***298*** x1, ***369*** x1	6
	i͗ḫḫw / *ꜥḫḫw*	***219*** x1	1
	ꜥnḏ(w)	***362*** x1	1

V = Ciel et Cosmographie ∑=1174 56%	*Wꜥrt*	***219*** x1, ***298*** x1, ***303*** x1	3
	wẖ(ꜣ)t	——	0
	Bꜣ-Kꜣ	***256*** x1, ***352*** x1	2
	biꜣ	***11*** x1, ***16*** x2, ***167*** x1, ***215*** x1, ***218*** x1, ***247*** x1, ***256*** x1, ***275*** x1, ***292*** x1, ***297*** x1, ***318*** x1, ***319*** x1, ***325*** x1, ***339*** x1, ***351*** x1, ***369*** x1, ***370*** x1, ***382*** x1, ***383*** x1, ***385*** x1, ***386*** x1, ***389*** x2, ***391*** x1, ***392*** x1, ***394*** x1, ***399*** x1, ***403*** x1, ***421*** x1	30
	biꜣyt	***20*** x1, ***292*** x1, ***352*** x1	3
	pt	***17*** x1, ***18*** x1, ***20*** x1, ***23*** x1, ***25*** x1, ***26*** x2, ***28*** x1, ***33*** x1, ***35*** x1, ***49*** x1, ***55*** x1, ***57*** x1, ***59*** x2, ***71*** x1, ***75*** x1, ***77*** x1, ***81*** x2, ***84*** x2, ***89*** x1, ***94*** x2, ***95*** x4, ***96*** x1, ***98*** x1, ***99*** x4, ***100*** x1, ***103*** x2, ***105*** x3, ***106*** x1, ***107*** x1, ***108*** x1, ***109*** x4, ***111*** x1, ***112*** x3, ***113*** x1, ***114*** x2, ***115*** x2, ***120*** x1, ***123*** x1, ***124*** x1, ***128*** x2, ***130*** x1, ***137*** x1, ***138*** x1, ***140*** x3, ***141*** x3, ***142*** x1, ***145*** x1, ***148*** x1, ***149*** x2, ***150*** x3, ***155*** x2, ***157*** x1, ***160*** x1, ***162*** x2, ***163*** x1, ***166*** x5, ***167*** x1, ***168*** x2, ***170*** x2, ***171*** x1, ***172*** x1, ***173*** x1, ***174*** x2, ***181*** x2, ***185*** x2, ***187*** x2, ***190*** x2, ***194*** x1, ***199*** x1, ***200*** x1, ***202*** x1, ***203*** x1, ***208*** x1, ***210*** x1, ***213*** x1, ***214*** x1, ***215*** x1, ***216*** x1, ***218*** x1, ***219*** x1, ***220*** x2, ***225*** x1, ***226*** x1, ***232*** x4, ***233*** x3, ***235*** x2, ***236*** x2, ***238*** x5, ***244*** x2, ***247*** x1, ***248*** x2, ***250*** x1, ***251*** x3, ***252*** x8, ***257*** x3, ***259*** x2, ***260*** x1, ***261*** x4, ***262*** x1, ***263*** x4, ***264*** x1, ***265*** x2, ***266*** x3, ***267*** x2, ***268*** x2, ***270*** x5, ***271*** x5, ***272*** x4, ***273*** x4, ***275*** x4, ***276*** x1, ***277*** x5, ***278*** x2, ***279*** x3, ***280*** x1, ***282*** x1, ***285*** x1, ***286*** x2, ***287*** x6, ***289*** x5, ***290*** x4, ***291*** x6, ***292*** x4, ***294*** x6, ***295*** x2, ***296*** x7, ***297*** x3, ***298*** x5, ***299*** x2, ***301*** x1, ***303*** x5, ***306*** x1, ***307*** x2, ***309*** x1, ***310*** x1, ***311*** x1, ***312*** x5, ***313*** x1, ***316*** x1, ***318*** x2, ***320*** x44, ***324*** x2, ***325*** x3, ***328*** x3, ***331*** x11, ***333*** x1, ***336*** x4, ***338*** x2, ***339*** x7, ***340*** x5, ***341*** x4, ***343*** x2, ***344*** x2, ***345*** x3, ***346*** x3, ***347*** x7, ***349*** x1, ***351*** x4, ***353*** x1, ***354*** x3, ***368*** x3, ***369*** x3, ***371*** x1, ***372*** x1, ***373*** x1, ***374*** x2, ***376*** x2, ***377*** x2, ***384*** x1, ***385*** x5, ***386*** x4, ***388*** x1, ***390*** x2, ***391*** x2, ***393*** x1, ***394*** x2, ***397*** x4, ***399*** x9, ***400*** x3, ***402*** x1, ***403*** x7, ***404*** x6, ***405*** x3, ***406*** x4, ***408*** x6, ***409*** x6, ***410*** x1, ***411*** x1, ***413*** x2, ***415*** x1, ***417*** x1, ***418*** x4, ***419*** x2, ***421*** x2, ***422*** x1, ***423*** x2	504[*]

V = Ciel et Cosmographie ∑=1174 56%	*pḏwt*	***123*** x1, ***231*** x1, ***233*** x1, ***273*** x1, ***339*** x1, ***344*** x2, ***390*** x1	8
	mnwḥwt	***91*** x1	1
	Mr-n-Ḫ3 / Š-n-Ḫ3	***97*** x1, ***100*** x1, ***106*** x1, ***110*** x1, ***146*** x1, ***172*** x1, ***185*** x6, ***186*** x1, ***187*** x4, ***233*** x1, ***287*** x1, ***290*** x1, ***295*** x1, ***297*** x1, ***305*** x1, ***324*** x1, ***327*** x2, ***328*** x1, ***334*** x1, ***338*** x1, ***349*** x1, ***352*** x1, ***368*** x1, ***370*** x1, ***372*** x1, ***399*** x1, ***410*** x1, ***418*** x1	37
	Mḥt	——	0
	nỉwt	***36*** x1, ***52*** x1, ***92*** x1, ***315*** x1, ***324*** x1, ***340*** x1	6
	Nw(w) / Nwn / Nnw / nnwt	***27*** x2, ***52*** x1, ***56*** x1, ***64*** x1, ***82*** x1, ***85*** x1, ***88*** x2, ***122*** x1, ***175*** x1, ***184*** x1, ***189*** x1, ***190*** x1, ***191*** x1, ***247*** x3, ***280*** x1, ***283*** x1, ***286*** x1, ***297*** x1, ***298*** x1, ***320*** x1, ***339*** x1, ***344*** x1, ***346*** x1, ***353*** x1, ***366*** x2, ***367*** x1, ***374*** x2, ***389*** x1, ***409*** x1, ***414*** x1, ***418*** x1, ***424*** x1	38
	Nwt	***1*** x1, ***2*** x1, ***3*** x1, ***4*** x1, ***5*** x1, ***7*** x1, ***8*** x1, ***13*** x1, ***48*** x1, ***53*** x1, ***58*** x2, ***67*** x1, ***76*** x1, ***120*** x1, ***136*** x1, ***140*** x1, ***164*** x1, ***167*** x1, ***171*** x1, ***172*** x1, ***182*** x2, ***186*** x1, ***189*** x1, ***192*** x1, ***194*** x1, ***195*** x1, ***197*** x1, ***216*** x1, ***220*** x1, ***222*** x1, ***223*** x1, ***224*** x3, ***228*** x1, ***233*** x2, ***239*** x5, ***240*** x1, ***241*** x1, ***242*** x1, ***243*** x1, ***251*** x1, ***255*** x1, ***265*** x1, ***271*** x1, ***276*** x1, ***278*** x1, ***279*** x1, ***282*** x1, ***287*** x1, ***288*** x1, ***295*** x1, ***296*** x1, ***298*** x2, ***300*** x1, ***301*** x1, ***303*** x1, ***309*** x1, ***318*** x1, ***319*** x1, ***320*** x2, ***321*** x1, ***323*** x1, ***324*** x1, ***325*** x1, ***330*** x1, ***331*** x2, ***332*** x1, ***333*** x2, ***335*** x1, ***339*** x1, ***340*** x1, ***343*** x1, ***346*** x1, ***350*** x1, ***355*** x1, ***356*** x1, ***358*** x1, ***359*** x1, ***360*** x1, ***365*** x1, ***367*** x1, ***368*** x1, ***372*** x2, ***376*** x2, ***380*** x3, ***396*** x1, ***397*** x3, ***399*** x1, ***403*** x1, ***404*** x1, ***410*** x1, ***411*** x1, ***418*** x1	111*
	nšn / šnyt / šnỉt / ḳr(ỉ) / ḥ3tỉ	***91*** x1, ***94*** x1, ***296*** x1, ***339*** x1, ***389*** x1	5
	Rsy	——	0
	Ḥwt-Ḥr	***143*** x1, ***173*** x1, ***206*** x1	3
	ḥr(y)t	***41*** x1, ***43*** x1, ***45*** x1, ***47*** x1, ***91*** x1, ***198*** x1, ***227*** x1, ***250*** x1, ***288*** x1, ***298*** x1	10
	ḥḏ t3	***322*** x1, ***375*** x1	2
	Sš3t	***192*** x1	1
	znkt / snkw / snkkw / kkỉ / kkw	***19*** x1, ***41*** x1, ***43*** x1, ***45*** x1, ***47*** x1, ***54*** x1, ***134*** x2, ***153*** x1, ***191*** x2	11

V = Ciel et Cosmographie ∑=1174 56%	*Šw*	***67*** x2, ***76*** x1, ***84*** x1, ***164*** x1, ***189*** x1, ***190*** x1, ***276*** x1, ***288*** x1, ***289*** x1, ***309*** x1, ***332*** x2, ***335*** x1, ***339*** x2, ***340*** x1, ***350*** x1, ***359*** x2, ***360*** x1, ***366*** x1, ***370*** x1, ***372*** x1, ***390*** x1, ***399*** x1, ***400*** x1, ***403*** x1, ***404*** x1, ***416*** x1, ***426*** x1	31
	šsꜣ(w)t	***161*** x2, ***179*** x1, ***180*** x1	4
	ḳbḥw	***29*** x1, ***51*** x1, ***61*** x1, ***118*** x1, ***142*** x2, ***144*** x1, ***166*** x5, ***220*** x1, ***247*** x1, ***248*** x1, ***256*** x1, ***257*** x1, ***271*** x6, ***282*** x1, ***294*** x6, ***295*** x1, ***299*** x1, ***315*** x1, ***316*** x1, ***318*** x1, ***320*** x1, ***325*** x2, ***331*** x8, ***343*** x2, ***352*** x1, ***384*** x1, ***386*** x1, ***387*** x1, ***391*** x1, ***397*** x1, ***419*** x2, ***422*** x1	57*
	Gb	***61*** x1, ***87*** x1, ***199*** x1, ***224*** x1, ***292*** x1, ***296*** x1, ***307*** x1, ***320*** x3, ***339*** x2, ***350*** x1, ***355*** x1, ***359*** x1, ***360*** x1, ***361*** x1, ***390*** x1, ***391*** x1, ***403*** x1, ***404*** x4, ***407*** x1, ***409*** x2, ***410*** x1, ***417*** x1, ***418*** x1, ***422*** x1, ***426*** x1	32
	tꜣ	***49*** x1, ***55*** x1, ***89*** x1, ***113*** x1, ***114*** x1, ***115*** x1, ***137*** x1, ***140*** x1, ***148*** x1, ***150*** x2, ***163*** x1, ***174*** x1, ***194*** x1, ***202*** x1, ***225*** x2, ***252*** x1, ***260*** x1, ***275*** x1, ***276*** x2, ***280*** x1, ***285*** x1, ***286*** x1, ***291*** x1, ***292*** x1, ***296*** x2, ***299*** x1, ***301*** x2, ***303*** x1, ***310*** x1, ***324*** x2, ***325*** x1, ***330*** x1, ***331*** x1, ***336*** x1, ***339*** x2, ***340*** x1, ***341*** x1, ***344*** x1, ***346*** x1, ***347*** x3, ***351*** x1, ***361*** x1, ***369*** x1, ***373*** x1, ***374*** x1, ***377*** x1, ***385*** x3, ***390*** x1, ***394*** x1, ***397*** x1, ***399*** x2, ***400*** x3, ***404*** x4, ***409*** x1, ***410*** x2, ***418*** x2, ***419*** x2	77*
	tp-hrw	***166*** x5, ***271*** x13, ***294*** x6	24
	Tfnt	***339*** x1, ***350*** x1, ***359*** x1, ***360*** x1, ***366*** x1, ***370*** x1, ***390*** x1, ***399*** x1, ***400*** x1, ***404*** x1	10
	ṯꜣw / šw	***81*** x2, ***89*** x1, ***90*** x1, ***248*** x1, ***296*** x2, ***361*** x1, ***391*** x1, ***421*** x1	10
VI = Temps ∑=224 11%	*ꜣbd*	***214*** x1	1
	ꜣḫt	***386*** x1, ***404*** x2	3
	ꜣt	——	0
	ꜥḥꜥw	***131*** x1	1
	ꜥḥꜥt-hrw	——	0
	wnwt / nwt	***65*** x1, ***161*** x1	2
	bkꜣ	***101*** x1, ***102*** x1, ***328*** x2	4
	Prt	——	0
	min / iw min / m-min	***205*** x1	1
	mšr(w)	***282*** x1	1
	nw(y)	***101*** x5, ***102*** x3, ***251*** x1, ***328*** x4, ***347*** x2	15
	nhp(w)	***135*** x2	2

VI = Temps ∑=224 11%	*nḥḥ*	***80*** x1, ***131*** x2, ***132*** x1, ***299*** x1, ***374*** x1	6
	rꜥ / rꜥ pn / rꜥ-nb	***24*** x1, ***62*** x1, ***63*** x1, ***138*** x1, ***193*** x1, ***204*** x1, ***206*** x1, ***244*** x1, ***286*** x1, ***353*** x1, ***362*** x1, ***365*** x1, ***366*** x1, ***374*** x1, ***376*** x1, ***379*** x1, ***384*** x1, ***399*** x1, ***404*** x1, ***408*** x1	20
	rnpt	***22*** x1, ***138*** x1, ***206*** x1, ***251*** x1, ***269*** x1, ***302*** x1, ***339*** x2, ***347*** x2, ***374*** x2, ***423*** x1	13
	rr	***176*** x1	1
	hꜣw	——	0
	hrw / (r-)tnw-hrw	***72*** x1, ***101*** x3, ***102*** x2, ***191*** x1, ***207*** x1, ***209*** x1, ***217*** x1, ***277*** x1, ***288*** x1, ***291*** x1, ***299*** x1, ***300*** x1, ***303*** x1, ***317*** x1, ***328*** x2, ***333*** x1, ***339*** x2, ***340*** x2, ***344*** x2, ***374*** x2, ***390*** x1, ***409*** x1, ***423*** x1	31
	ḥryw-rnpt 5	***389*** x1	1
	ḫꜣw(y) / wḫ(t)	***303*** x1, ***423*** x1, ***424*** x1	3
	sf / snf	***24*** x1	1
	Šmw	——	0
	grḥ	***17*** x1, ***27*** x2, ***161*** x1, ***207*** x1, ***209*** x1, ***300*** x1, ***303*** x1, ***311*** x1, ***317*** x1, ***344*** x2, ***402*** x1, ***404*** x1	14
	tr	***49*** x2, ***251*** x1, ***347*** x2, ***402*** x1, ***421*** x1	7
	dwꜣ(yt) / dwꜣw	***18*** x2, ***98*** x1, ***176*** x1, ***238*** x2, ***287*** x1, ***296*** x1, ***328*** x4, ***337*** x2, ***343*** x1, ***347*** x2, ***428*** x1	18
	ḏt	***9*** x1, ***21*** x2, ***113*** x2, ***131*** x2, ***132*** x1, ***193*** x2, ***214*** x1, ***229*** x2, ***249*** x1, ***255*** x2, ***256*** x1, ***281*** x1, ***299*** x1, ***319*** x1, ***325*** x1, ***340*** x1, ***341*** x2, ***344*** x1, ***359*** x3, ***360*** x44, ***385*** x2, ***396*** x2, ***400*** x1, ***406*** x2	79*
VII = Symboles ∑=134 6%	*ꜣkr*	***90*** x1, ***123*** x1, ***156*** x1, ***177*** x2, ***275*** x1, ***350*** x1, ***424*** x1	8
	ꜣty n nwb / wiꜣ-Rꜥ	***115*** x3, ***188*** x1, ***207*** x1, ***208*** x1, ***259*** x1, ***298*** x1, ***308*** x1, ***324*** x1, ***365*** x1, ***398*** x1	12
	bnw	***252*** x1, ***359*** x1, ***411*** x1	3
	bnbn	***359*** x1	1
	mꜣkt / rdw	***150*** x1, ***265*** x1, ***270*** x1, ***288*** x1, ***336*** x1, ***341*** x1, ***354*** x1, ***369*** x1, ***371*** x1, ***372*** x1, ***385*** x1	11
	mꜥnḏt	***54*** x1, ***94*** x1, ***151*** x1, ***153*** x1, ***201*** x1, ***210*** x1, ***261*** x2, ***263*** x2, ***266*** x1, ***302*** x1, ***314*** x2, ***320*** x1, ***342*** x1, ***390*** x1	17
	mr	***359*** x4, ***360*** x22	26
	Mḥyt-Wrt	***73*** x1, ***158*** x1, ***283*** x1, ***284*** x2, ***293*** x1	6
	msḫtyw biꜣ	***10*** x1, ***11*** x1	2
	msktt	***38*** x1, ***54*** x1, ***94*** x1, ***151*** x1, ***153*** x1, ***210*** x1, ***261*** x2, ***263*** x2, ***298*** x1, ***320*** x1, ***342*** x1, ***390*** x1	14

VII = Symboles ∑=134 6%	*nwty / nwwt*	***83*** x1, ***86*** x1, ***383*** x1	3
	Ḥḥw (Ḥyw)	***207*** x1, ***329*** x1	2
	ḫꜥ n tꜣ	***276*** x1	1
	ḫpš	***215*** x1, ***320*** x2	3
	zšn / sšn	***63*** x1	1
	šsp / šzp	***299*** x1	1
	ḳbḥwt	***299*** x1, ***317*** x1, ***324*** x1, ***351*** x1, ***371*** x1, ***392*** x1, ***404*** x1, ***407*** x1	8
	kꜣ-(n)-pt / kꜣ-Rꜥ / kꜣ-ỉꜣḫw / kꜣ-nṯrw / kꜣ-šrw / ỉḥ-pt	***70*** x1, ***72*** x1, ***87*** x1, ***92*** x1, ***125*** x1, ***147*** x1, ***233*** x1, ***252*** x1, ***260*** x1, ***336*** x1, ***369*** x1, ***374*** x1, ***399*** x1, ***402*** x1	14
	tḫn	***299*** x1	1

vanche, nous avons inclus toutes les références à la déesse céleste Nūt, dont la plupart expriment le sens de *ciel* et par conséquent montrent une allusion astronomique ou cosmovisionnelle[6]. Nous signalons que quand le sens n'est pas explicitement astronomique nous ne comptons pas ces cas[7]. Nous ne comptons pas non plus des cas où l'on trouve un mot à nuance cosmovisionnelle, mais sans un sens proprement astronomique[8]. En plus, les points cardinaux (Nord, Est, Sud et Ouest) ne sont pas inclus hors du contexte purement astronomique et/ou cosmovisionnel, or nos Tables ne contiennent pas toutes les références à eux. La même chose est aussi vraie pour le mot *tꜣ/terre*. D'ailleurs, le mot *ỉḫm-sk*, quand il est déterminé par un taxogramme d'esprit *ꜣḫ* (G25 de Gardiner) n'est pas inclus. Dans quelques cas, nous plaçons deux mots synonymes dans la même ligne de la Table III.2 et nous les comptons ensemble, pour des raisons pratiques (plusieurs cas de cette sorte montrent une fréquence assez réduite). En général, nous pouvons constater que nos Tables sont absolument complètes quant aux éléments purement astronomiques et cosmovisionnels qui se rencontrent dans les *PT*. L'utilité et l'importance des Tables III.1 et III.2 —qui voient le jour pour la première fois— sont immenses: **(i)** elles regroupent les termes, les notions et les mythèmes astronomiques et cosmovisionnels d'une manière taxonomique qui est à la fois propre, simple et pratique à être utilisée; **(ii)** elles nous les présentent dans leur contexte propre, en nous permettant des comparaisons de toute sorte (astronomiques, linguistiques, statistiques, & c.); **(iii)** elles nous fournissent la statistique et les fréquences d'occurrence des ces termes/notions, ainsi que leurs pourcentages, en nous permettant des comparaisons entre les *PT* et d'autres textes funéraires (comme e.g.: les *CT*, le *BD*) ou des textes profanes.

---

6 Plusieurs fois dans les *PT* et les *CT* les mots *Nwt* et *pt* sont interchangeables. Pour une étude approfondie sur Nūt, voir BILLING, 2002.

7 Cf., par exemple, FAULKNER, ^{2}1998: 108 & n. 1 (*Utterance 336*); *op. cit.*: 64-65 & n. 29 (Utterance 254): ces instances n'ont pas été incluses parce qu'elles nous semblent non explicites.

8 Cf., par exemple, FAULKNER, ^{2}1998: 70 & n. 5 (*Utterance 261*): le mot *wnwnyt/ceux du firmament* (écrit sans taxogramme) n'a pas de sens explicitement astronomique. Des cas semblables nous sont fournis par les verbes *wrš/passer* le temps (avec le taxogramme astronomique N5) et *sḏr/passer la nuit* (sans taxogramme astronomique).

§ 1.1. Les Étoiles

Les étoiles[9] (anc. ég.: *sbꜣw*/*ḥriw*/*sḥdw*/*ꜥnḫw*/*nṯriw*/*ḫbsw*; copt.: ⲥⲓⲟⲩ) sont les petits luminaires de la nuit, mais pourtant leur importance fut immense pour les Égyptiens d'antan. Liées aux conceptions osiriaques et considérées comme les divinités célestes nocturnes, elles furent des symboles célestes témoignant du destin des humains après leur fuite éternelle. La fonction des diverses étoiles et des astres en général dans les *PT* a été étudiée[10] (au moins partiellement), et par conséquent nous allons présenter quelques nouvelles observations sur leurs propriétés et leur but dans le contexte astronomique et cosmovisionnel de notre étude comparative. Nous ajoutons que quelques passages caractéristiques qui se réfèrent aux étoiles et aux astérismes majeurs sont présentés dans notre étude comparative entre les *PT* et les *CT* dans ce Chapitre (voir la section § 6, *infra*).

Le destin du monarque selon les *PT* apparaît définitivement stellaire. Le roi sera transporté par le dieu solaire au côté est du ciel et sera une étoile qui illumine le ciel[11], le frère de Sirius et l'habitant perpétuel du firmament[12]. En effet, il sera aussi effectif que Sōthis et arrivera au ciel comme Orion[13]. Dans une courte prière à Nūt, il est dit que la déesse céleste prit en elle chaque dieu qui possède sa *barque céleste* (anc. ég.: *ḥbꜣ*; copt.: ⲂⲀⲒⲢⲒ), afin de l'installer au *firmament* (*ḫꜣ bꜣ.s*) pour ne pas s'évader comme une étoile; elle est aussi priée de ne pas laisser le roi loin d'elle en son nom du ciel[14]. On souhaite que le roi monte vers les voies célestes, clarifiées pour lui, traverse l'écliptique, et s'oriente vers le Nord du ciel comme une étoile qui traverse la mer qui se trouve au dessous de Nūt[15]. Les dieux soulèvent le roi, transformé virtuellement en Orion (seigneur du vin pendant la fête *Wꜣg*), conçu par Nūt et né par l'aube, qui suit Orion à ses couchers vespéraux et ses levers héliaques régulièrement dans le cycle périodique de l'année, tandis que Sōthis l'amènera aux jolies voies des Champs des Roseaux[16]. Les divinités participent à la joie immense qui émane de l'ascension céleste du monarque défunt, qui le conduit entre les étoiles impérissables au sein de sa mère Nūt (qui personnifie l'*échelle céleste*, tant désirée, à utiliser pour monter au ciel), entre les

---

[9] Voir e.g.: *LÄ*, **VI**, 1986, 11-14: art. «Stern»; SIDARUS, 1999: 400.

[10] Voir ALLEN, 1988b: 1-6; KRAUSS, 1997: 86 ff.; en ce qui concerne les étoiles impérissables, cf. aussi *LÄ*, **I**, 1975, 971-72: art. «Circumpolarsterne»; BÁRTA, 1980a: 1-4.

[11] Voir *PT*, **266**, §§ 362a-362b, 488: «[...] [*ỉ*]*n n.f rꜥ* N *pn ỉr pt, m gs ỉꜣbty n pt; Ḥr ỉs pw D*(*w*)*ꜣt ỉs; sbꜣ ỉs pw wpš pt*».

[12] Voir *PT*, **266**, §§ 363a-363c, 488-489: «*snt* N *pw Spdt*, [...]. *n šw n pt m* N *ḏt; n šw n tꜣ m* N *pn ḏt*». Sur Sōthis et le roi, voir aussi BONGRANI–FANFONI, 1980: 279-83.

[13] Voir *PT*, **412**, § 723a, 349: «*sꜣḥ.k pt mỉ{r} S<ꜣ>ḥ; spd bꜣỉ.k mỉ{r} Spdt*».

[14] Voir *PT*, **434**, §§ 785a-785d, 64: «*ỉṯ.n.ṯ n.ṯ nṯr nb ḫr.ṯ ḫr ḥbꜣ.f, sbꜣ.ṯ sn m ḫꜣ bꜣ.s; ỉm n sn ḥm r.ṯ m sbꜣw; ỉm n ṯ rdỉ ḥr* N *r.ṯ m rn.ṯ ḥrt*».

[15] Voir *PT*, **437**, §§ 801a-802b, 76-77: «[...] *ỉr pt, ḏsr.n.k wꜣwt pḏwt sỉꜥt n Ḥr;* [...] *nm.n.k Mr-n-Ḫꜣ m mḥt Nwt, m sbꜣ ḏꜣ wꜣḏ-wr ḫry ḫt Nwt*». Cf. *PT*, **484**, §§ 1020a-1022d: 442 & 204[+7] & 444; *PT*, **576**, §§ 1508c-1517c: 691-695; *PT*, **655**, §§ 1844-1846: JPII 575-577.

[16] Voir *PT*, **442**, §§ 819b-822c, 97-100: «*šzp ꜥ.k ỉn rꜥ, ṯs tp.k ỉn Psḏty-Nṯrw; mk sw ỉỉ m Sꜣḥ, m Wsỉr ỉỉ m Sꜣḥ, nb-ỉrp m Wꜣg; nfr, ḏd.n mwt.f, <ỉ>wꜥ<w>, ḏd n ỉt.f; ỉwr.n pt, ms n dwꜣt; ỉwr ṯw pt ḥnꜥ Sꜣḥ, ms ṯw dwꜣt ḥnꜥ Sꜣḥ; ꜥnḫ, ꜥnḫ m wḏ n nṯrw, ꜥnḫ.k; prr.k ḥnꜥ Sꜣḥ m-ꜥ ỉꜣbty n pt; hꜣꜣ.k ḥnꜥ Sꜣḥ m-ꜥ ỉmnty n pt; ḫmt-nw.ṯn pỉ Spdt, wꜥbt-swt; stt sšmw.ṯn ỉr wꜣwt nfr<wt> ỉmyt pt, m Sḫt-Ꜣꜣrw*». Voir aussi *LÄ*, **I**, 1975, 1156-60: art. «Earu–Gefilde».

autres étoiles/dieux du firmament[17]. C'est également Sōthis qui nourrit (Osiris et par conséquent le roi osirifié) et qui guide le roi en sa venue vers le dieu de la résurrection[18]. L'ascension du roi est un événement de dimensions et de conséquences cosmiques (et même catastrophiques): le monarque monte au ciel dans une tempête et pendant que la terre tremble, il rencontre le firmament de fer et les étoiles impérissables; sa sœur est Sōthis et Vénus est son guide; il se met sur un trône céleste de fer[19]. Le roi rencontre les dieux célestes dans la grande région polaire du Nord, près du Zénith, où Rēʿ le trouve comme un voyageur céleste et les dieux l'accueillent avec joie, tandis qu'il occupe sa place dans les barques solaires (celle du jour et celle de la nuit), où toutes les étoiles impérissables et les étoiles infatigables rament[20]. Le pharaon est né par sa mère céleste en Occident (un fait qui symbolise sa renaissance après la mort[21]); les éléments cosmiques participent à l'ascension du monarque vers les champs paradisiaques célestes (dont la topographie imite celle de la Terre), le *Canal Sinueux* (~ l'*écliptique*) s'inonde, les *flotteurs célestes* se préparent pour le Soleil et pour le défunt, dont la sœur est Sōthis et la progéniture la planète Vénus[22]. Nūt met ses mains divines sur le roi pour le transporter au ciel et ne pas le laisser tomber sur terre, elle le conçoit comme Orion, tandis que le pharaon est servi par les étoiles infatigables et commande les étoiles impérissables dans la barque solaire près de l'écliptique[23]. Dans le contexte magique d'une autre *Utterance*, le roi est transformé en dieu aux os de fer et membres en or; les vents célestes y sont menacés, ainsi que le ciel qui perdra ses étoiles —constituants célestes par excellence, selon les *PT*— si le roi (destiné à vivre plus que les étoiles) perd la chaleur vitale de sa bouche[24].

---

[17] Voir *PT*, **474**, §§ 939a-941c, 181-182: «*nfr wy mꜣꜣ{i}t, in Ꜣst, ḥtp wy ptr{i}t in Nbt-Ḥwt, n it<.i>, n Wsir* N *pn, pr.f rf ir pt, m-m sbꜣw, m-m iḫmw-skiw!* [...] *išm* N *pn im ḫr mwt.f Nwt, iꜣḳ* N *ḥr.s m rn.s pw n mꜣḳt; in<.i> n.k nṯrw irw pt* [...]».

[18] Voir *PT*, **477**, §§ 965a-965c, 189: «*in Spdt zꜣt.k mr<y>t.k irt rnpwt.k m rn.s pw n rnpt, sšmt* N *pn iw* N *pn ḫr.k*».

[19] Voir *PT*, **509**, §§ 1120a-1125b, 304-311: «*mdw pt, sdꜣ tꜣ, nmnm Gb* [...] *pr.f rf ir pt; ḏꜣ.f biꜣ(y)t* [...]*; pry.f rf ir pt m-m sbꜣw iḫmw-skiw; snt.f Spdt; sšmw.f nṯr-dwꜣy, nḏr.sn ꜥ.f ir Sḫt-Ḥtpw; ḥmsi.f rf ḥr ḫndw ipf biꜣ{i}* [...]». En ce qui concerne les événements catastrophiques, cf. aussi *PT*, **684**, §§ 2051a-2062c: 957-962 et la n. 85 du Chapitre IV.

[20] Voir *PT*, **513**, §§ 1168a-1172a, 377-382: «*pr rf it.i* N *ir pt, m-m nṯrw imyw pt; ꜥḥꜥ rf ir Wꜥrt wrt* [...]*; gm ṯw rꜥ ḥr idbw nw pt, m ḫnty imy Nwt;* [...] *rdi.f ꜥ.f ir.k m izkn n pt; ḏbꜣ nst.k m wiꜣ-Rꜥ, ḫn.k ḥrt* [...]*; ḫn.k ḥnꜥ iḫmw-skiw, sḳdi.k ḥnꜥ iḫmw-wrḏw, šzp.k inwt msktt*». Sur les étoiles impérissables et les étoiles infatigables dans les *PT*, voir KRAUSS, 1997: 86-145. Sur l'ascension céleste du pharaon, voir DAVIS, 1977: 161-79.

[21] Les astres sont de nouveau prêts à se lever à l'Est, dès qu'ils ont plongé dans l'Ouest après leur coucher. Il s'agit d'une conception archétypique liée aux périodicités du ciel.

[22] Voir *PT*, **609**, §§ 1703a-1708b, 682-689: «N *ms.n ṯw mwt.k Nwt m Ꜣmntt, hꜣ.n.k ir Ꜣmntt m nb{w}-imꜣḫ;* [...] *iꜣḫ Mr-n-Ḫꜣ* [...] *ḏꜣ.f im ir ꜣḫt, ir bw msw nṯrw im, mst.k im ḥnꜥ.sn; d<i> zḫnw pt n rꜥ, ḏꜣ.f im ir ꜣḫt ir bw msw nṯrw im, msw.f ḥnꜥ.sn; snt.k Spdt, msṯwt.k nṯr-dwꜣy, ḥmsw.k imytw.sn* [...]*; m gs iꜣbty n pt*».

[23] Voir *PT*, **697**, §§ 2171a-2173b, 1155-1158: «*di Nwt ꜥwy.sy ir.k* N*;* [...] *ḥṯṯ.s n.s ṯw ir pt; n ptḫ.n.s* N *ir tꜣ; ms ṯw* N*, mi Sꜣḥ* [...]*; hꜣy* N *m wiꜣ mi rꜥ ḥr idbw Mr-n-Ḫꜣ; ḫnnt* N *in iḫmw-wrḏw; wḏ* N *n iḫmw-skiw* [...]». Sur l'écliptique, voir RÖMER, 1995: 65 ff.

[24] Voir *PT*, **723**, §§ 2244a-2245d, 652^{Nt}-655^{Nt} & JPII 1055^{+32}: «[...] *hꜣ* N *pn! ṯs ṯw ḥr ḳsw.k biꜣw, ꜥwt.k nwbt, ḥꜥw.k pw n sw nṯr!* [...] *ṯꜣw nw pt* [...]*; tm pt m ꜣḫꜣḫw.s* [...]*; ꜥnḫ.k ir ꜥnḫ sbꜣw, m tr.sn ꜥnḫ!*».

§ 1.2. Le Soleil

Le Soleil[25] (anc. ég.: *rꜥ*; copt.: **ⲣⲏ**) dans les *PT* est considéré à la fois comme le luminaire tout puissant du jour et le dieu suprême céleste qui domine le Cosmos et en compagnie duquel tous les rois morts jouiront de l'immortalité et de l'aube perpétuelle *in æternum*[26]. Dès que le roi atteint les hauteurs célestes, il voit les serpents et les *uræi*/protecteurs des *barques solaires du matin* (*mꜥnḏt*) et *de la nuit* (*msktt*), étant soulevé vers son père Rēʿ par les tempêtes célestes de la grêle[27]. En effet, le monarque souhaite accompagner le dieu solaire dans sa barque —tenant son sceptre dans sa main— chaque fois que le Soleil apparaît à l'horizon, juste comme un rameur de la réunion solaire[28]. Il désire escorter Rēʿ au ciel, pendant son voyage journalier qui définit la durée du jour et de la nuit quotidiennement[29]. Le Soleil, selon les opinions égyptiennes qui se trouvent dans les *PT*, traverse le ciel sur le corps de Nūt, et passe par le *Canal Sinueux* (*Mr-n-Ḫꜣ*) qui s'identifie à l'écliptique[30], tandis que le pharaon (en compagnie d'Horus) devient ultérieurement identique à l'horizon d'où Rēʿ sort[31]. Il est dit que l'*étoile sḥd* du pharaon s'installe très haut sur la voûte céleste, tandis qu'il voyage dans un va–et–vient perpétuel vers le Champs des Offrandes (région paradisiaque qui se trouve au Nord du ciel), étant s'identifié à l'*œil de Rēʿ* —c'est à dire au Soleil— qui suit la course nocturne sous–terrestre, ainsi que la lumineuse route journalière du Soleil, étant né chaque jour[32]. En son identification à Rēʿ le monarque défunt brille à l'Est comme le Soleil, il voyage vers l'Ouest comme *Ḫprr*, le divin scarabée solaire qui se crée chaque matin, il vit en ce que Horus (le seigneur céleste) vit, il rame avec Rēʿ quand il traverse le ciel, il se transforme en *étoile sḥd* dorée projetant la lueur du taureau de la lumière solaire, il devient virtuellement une lance en or appartenant au Soleil (une métaphore précise pour les rayons solaires et leur force chaleureuse); or, le roi cesse d'appartenir à la terre et il appartient au ciel, où il monte comme le phœnix sacré et l'embrasse comme un faucon, juste comme le faucon divin de Horakhty qui cache le Soleil avec ses ailes[33]. Le pouvoir du roi après sa mort, dès qu'il se joint son père Rēʿ est ici très

---

[25] Voir *LÄ*, **V**, 1984, 156-80: art. «Re»; cf. le Chapitre IV, la 2e partie de la section § 3.1.

[26] Voir *PT*, **50**, § 37b, 47: «*rꜥ dwꜣ.k ỉm pt, dwꜣ.k n* N».

[27] Voir *PT*, **262**, §§ 335a-336b, 469-470: «[...] *pḥ.n* N *ḳꜣw pt; mꜣ.n.f ḏt.f m msktt, ỉn* N *ẖn ỉm.s; siꜣ.n.f iꜥrt m mꜥnḏt* [...]*; šd.n sw šnyt pt siꜥ.sn* N *n rꜥ*».

[28] Voir *PT*, **267**, §§ 367b-369, 478: «[...] *ẖny.f m pt m wiꜣ.k rꜥ;* [...] *m wiꜣ.k rꜥ;* [...] *pr.k m ꜣẖt ỉsṯ sw sẖm.f m-ꜥ.f m skd wiꜣ.k rꜥ; iꜥ.k n pt, ḥr.k r tꜣ*».

[29] Voir *PT*, **321**, § 517b, 649: «*pr* N *ḥr.s r pt, stp* N *sꜣ r rꜥ m pt*». Cf. aussi *PT*, **407**, §§ 710a-711d, 340-341: «*šzp.f n.f st.f wꜥbt ỉmyt pt;* [...] *šzp.n.f* N *st.f wꜥbt ỉmyt-ḥꜣt wiꜣ-Rꜥ; ỉn ḥmww ẖnnyw Rꜥ ntsn ẖnnyw.sn* N*; ỉn ḥmww pẖryw Rꜥ ḥꜣ ꜣẖt ntsn pẖryw.sn* N *ḥꜣ ꜣẖt*».

[30] Voir *PT*, **334**, §§ 543a-543b, 37: «*ỉnḏ ḥr.k rꜥ, nm pt, ḏꜣ Nwt, nm.n.k Mr-n-Ḫꜣ*».

[31] Voir *PT*, **357**, § 585a, 178: «*ꜣẖ n Ḥr ẖr.k, m rn.k n ꜣẖt prrt rꜥ ỉm*». Cf. aussi *PT*, **364**, §§ 621a-621c: 270; *PT*, **368**, §§ 636c-638a: 278-279; *PT*, **663 & 664**^{B}, §§ 1882a: JPII 709^{+20} & § 1887b: JPII 583^{+5}.

[32] Voir *PT*, **402**, §§ 698b-698d, 333: «[...] *sḳs sḥd* N *ḥnꜥ rꜥ; wnwn* N *m Sẖt-Ḥtpw,* N *pw ỉrt tw nt Rꜥ, sḏrt, ỉwryt, mst rꜥ-nb*». Cf. aussi *PT*, **525**, §§ 1246a-1246d: 463-464.

[33] Voir *PT*, **467**, §§ 888a-891d, 163-164: «*psḏ* N *pn m Ꞽꜣbtt mi rꜥ, sḏꜣ.f m Ꞽmntt mi Ḫprr; ꜥnẖ* N *pn m ꜥnẖt Ḥr nb pt,* [...] *nb pt;* [...] *ẖny* N *pn rꜥ, n nḥmt pt; sḥd n nwb, sšd kꜣ-iꜣẖw; sn n nwb, ỉr nḥmt pt;* [...] *n sw ỉr tꜣ; ỉw* N *ỉr pt;* [...] *gp.n* N *pn ỉr pt m ꜥḥꜥ bnw, sn* N *pn pt*

évident, ainsi que la composante solaire de la religion égyptienne; cette composante fut l'*alter ego* de la composante astrale qui se reliait à Osiris et aux archétypes nocturnes. Il y a une relation réciproque entre le roi mort et le Soleil qui est son père éternel; partout où le monarque décédé va, il trouve son père solaire: soit dans les Champs des Roseaux où il se purifie, soit ailleurs; également, le Soleil trouvera le roi à la fois à l'Est, quand il se lève, et à l'Ouest, quand il se couche[34]. De cette façon, le pharaon se plonge dans le monde solaire, suit la périodicité journalière, mensuelle et annuelle du Soleil, et c'est ainsi qu'il s'immortalise dans sa belle lumière et dans son cycle perpétuel. Dans une autre *Utterance* le roi prie à la fois Horus et Thoth de lui rendre une barque cosmique et de le passer par le bac céleste en lui fournissant des offrandes de pain et de bière à jamais; le souverain constate que c'est lui qui appartient à la fois à la paire d'obélisques[35] terrestres et à la paire des sphinxes[36] célestes (tous les deux étant des archétypes cosmovisionnels du fond purement solaire); puis, il continue son voyage solaire jusqu'à ce qu'il soit vêtu par les étoiles impérissables[37]. Pendant l'ascension céleste du roi la porte est du firmament s'ouvre et Nūt l'accueille maternellement; il rejoint l'équipage de la barque solaire près de l'écliptique et il navigue sur la sphère céleste[38]. Également, le roi défunt devient un héros de la bonté et de l'harmonie universelle, dès qu'il brille comme Rēʿ et réprime l'iniquité, en faisant se placer Maʿat —la fille aimée du Soleil— près de son père, et il brille pour lui quand il se trouve à l'horizon du ciel[39]. Le souverain est invité parfois à rejoindre la barque céleste, pleine des divinités qui accompagnent Rēʿ, dans laquelle le Soleil navigue vers l'horizon, en son identification au dieu solaire qui est né quotidiennement par Nūt[40]. Enfin, l'union du roi avec les divinités célestes primordiales et avec Rēʿ et Nūt près de l'écliptique (où même sur l'horizon), de même que sa rencontre avec les étoiles impérissables, est un thème souvent évoqué dans les *PT*[41].

---

m bỉk; pḥr.n N *pn pt m Ḥr-ꜣḫty ny rꜥ*». Cf. ABOU–GHAZI, 1969: 47-51 (sur la première apparence de Rēʿ); ANTONIADI, 1934: 88 & fig. 25 (sur la radiation solaire).

34 Voir *PT*, **470**, §§ 918a-919b, 174: «*wꜥb* N *pn m Sḫt-Ỉꜣrw, wnḫ* N *pn m Sḫt-Ḫprr; gm.n rꜥ ỉm; prr rꜥ m Ỉꜣbtt, gm.f* N *m ꜣḫt; ỉw rꜥ ỉr Ỉmntt, gm.f* N *ỉm* [...]». Cf. *PT*, **575**, §§ 1496a-1498c, 687-688: «*ỉꜣ Rꜥ!* [...], *ḫꜥ.tỉ m ỉꜣbtt pt, dỉ ꜥ.k ỉr* N, *šd.n.k sw ḥnꜥ.k ỉr gs ỉꜣbty n pt*».

35 Sur les *obélisques* (*tḫnw*) et leur symbolisme, voir *LÄ*, **IV**, 1982, 541: art. «Obelisk».

36 Sur les *sphinxes* (*šspw*) et leur symbolisme, voir *BMD*, 1996, 276-78: art. «Sphinx».

37 Voir *PT*, **515**, §§ 1176a-1182c, 390-395: «*smꜥw Ḥr, ḏnḥw Ḏḥwty! ḏꜣy* N *pn;* [...] *m t.k pw n ḏt, ḥnḳt.k nt nḥḥ;* N *pw ỉry tḫnwy nwy Rꜥ, ỉrw tꜣ;* N *pw ỉry sšpwy nwy Rꜥ, ỉrw pt; šm* N *pn ḥr zḫnw nwy pt, tp-ꜥ rꜥ* [...]*; tp-ꜥwy rꜥ, pr.f m ꜣḫt.f; ỉw* N *pn r Sḫt-ꜥnḫ, msḫn rꜥ m ḳbḥw; gm* N *pn ḳbḥwt, zꜣt Ỉnpw* [...] *m hrw.f n rs* [...] *wnḫ* N *pn ḫr ỉḫmw-skỉw* [...]».

38 Voir *PT*, **548**, §§ 1343d-1348b, 602-604: «*wn n.f ꜥꜣ ỉꜣbty n pt* [...] *dỉ Nwt wrt ꜥwy.s(y) r.f* [...] *šd.s n sw r pt, n ptḫ.s sw ỉr tꜣ* [...]*; hꜣ.f m wỉꜣ mỉ Rꜥ, ḥr ỉdbw Mr-n-Ḫꜣ; ỉḫnw* N *pn m ḥnbw,* [...] *ỉr sḫt nn nỉwt, r ḫnt tꜣ pw n Sḫt-Ỉꜣrw;* [...] *d<ỉ>.n sw ḳbḥwt* [...]».

39 Voir *PT*, **586**, §§ 1582a-1582b, 14^{Nt}: « *psḏ* N *m rꜥ* [...] *ꜥḥꜥ Mꜣꜥt r-sꜣ Rꜥ, psḏ psḏt rꜥ-nb n.k n ỉmy ꜣḫt nt pt*». Sur Maʿat, voir notre discussion dans le Chapitre V, § 1.4, *infra*.

40 Voir *PT*, **606**, §§ 1687a-1688c, 450-452: «*hꜣ.k rk m wỉꜣ pw n Rꜥ* [...], *ẖnnw Rꜥ ỉm.f ỉr ꜣḫt;* [...] *ṯwt ỉs Rꜥ, pr m Nwt, msst Rꜥ rꜥ-nb*».

41 Voir *PT*, **624**, §§ 1757a-1760a, 1^{Nt}-2^{Nt}: «*pr.n* N *ḥr Šw, ḥfd.n* N *ḥr ḏnḥ Ḫprr; ỉn Nwt šzpt ꜥ.f, ỉn Nwt ỉrt n.f wꜣt;* [...] *wỉꜣ pw n Rꜥ, sḳdd Rꜥ r Ỉꜣbtt; fꜣ.ṯn* N, *sṯs.ṯn sw r Mr-n-Ḫꜣ, wdd.ṯn* N *m-m nṯrw pw, ỉḫmw-skỉw*». Cf. aussi *PT*, **677**, §§ 2028a-2028c: 820.

§ 1.3. La Lune

La Lune[42] (anc. ég.: *iꜥḥ*; copt.: ⲓⲟϩ; hébr.: יָרֵחַ), reine des luminaires nocturnes, est assez souvent évoquée dans les *PT*. Dans son identification à Thoth —dieu lunaire— elle est l'astre accompagnant le Soleil —en son identification à Rēʻ— pendant ses voyages célestes, évoquant un dualisme archétypique[43]. Or, le roi défunt entre dans le cycle périodique des deux luminaires et les suit, en traversant le ciel[44]. Le monarque est régénéré quotidiennement et mensuellement, suivant les phases de la Lune: demain; après le Dernier Quartier; après le sixième, le septième et le huitième jour de la Lune[45]. L'on rencontre des métonymies et des allégories très caractéristiques, qui décrivent les phases lunaires, comme si la Lune était une tête chauve cosmique (pendant la Pleine Lune) et malade (pendant la Nouvelle Lune), qui aurait besoin d'un primitif traitement médical[46]. En plus, des métaphores archétypiques décrivent les phénomènes lunaires, ainsi que l'entrée du pharaon dans le monde lunaire, un monde extraordinaire aux créatures noctambules, personnifications des aspects et des propriétés différentes de la Lune. En effet, le roi demande au dieu solaire de le recommander au *passeur de l'écliptique*, qui symbolise la Lune, afin de le recevoir dans son bac céleste et de le transporter dans les deux côtés de l'écliptique, parce qu'il cherche l'*œil d'Horus* qui se trouve en danger, ce qui constitue une allusion aux phases décroissantes de la Lune[47]. De cette façon, le souverain participe aux actions cosmiques qui se passent dans le monde lunaire en se vivifiant sans cesse. Une participation réciproque de l'Univers cosmique, des astres et de la Lune se place dans le même cadre de la déification céleste du roi. En effet, le monarque appartient aux étoiles qui entourent Rēʻ, aux étoiles qui précèdent l'*astre de l'aube* (~ Vénus) et il est né chaque mois avec la Nouvelle Lune; le dieu solaire s'appuie sur le roi à l'horizon, les étoiles impérissables le suivent, et on lui demande d'être prêt et pur jusqu'à ce que Rēʻ vienne, pour qu'il soit capable de monter vers son père solaire et de ne plus quitter le firmament à jamais[48]. Cette purification du pharaon est une prérogative pour qu'il participe aux fêtes lunaires de la Nouvelle Lune, juste comme la Lune passe par la mort allégorique et apparaît de nouveau pure et jeune[49]. Le *passeur céleste* (*mẖnty*), qui symbolise la Lune et son quotidien mouvement rapide et bien évident sur la sphère céleste, est une physionomie caractéristique des conceptions lunaires des Égyptiens d'antan, symbolisant le passage dans l'au-delà et la régé-

---

[42] Voir *LÄ*, **IV**, 1982, 192-96: art. «Mond»; voir aussi le Chapitre IV, nn 160-61, *infra*. Cf. enfin la Table 10, dans la section des *Tables* à la fin de ce livre.

[43] Voir *PT*, **210**, §§ 128b-128c, 190: «*ḥw 2 ipw, ḏ3y pt, Rꜥ ḥnꜥ Ḏḥwty*».

[44] Voir *PT*, **210**, § 130d, 194: «*dbn* N *pt mi Rꜥ, šnz* N *pt mi Ḏḥwty*».

[45] Voir *PT*, **264**, §§ 345a-345b, 229: «*iw nw pn bk3; nw n dni<t>; nw n hrw 6; nw n hrw 7; nw n hrw 8*». Sur la sixième jour de la Lune, cf. encore HUGHES, 1958: 147-60.

[46] Voir *PT*, **324**, §§ 521a-521b, 11: «[...] *r sm3.f pw mr irf tp 3bdw nḳm ir tp Smdwt*».

[47] Voir *PT*, **359**, §§ 599a-600c, 193-196: «*Rꜥ! wḏ* N *n m3-ḥ3.f, mẖnty n Mr-n-Ḫ3! int.f mẖnt.f nt Mr-n-Ḫ3 n* N*; ḏ3t.f nṯrw im.s ir pf gs n Mr-n-Ḫ3, ir gs i3bty n pt; ḏ3.f* N *ir pf gs n Mr-n-Ḫ3, ir gs i3bty n pt; iw* N *m zẖn irt-Ḥr swyt* [...]».

[48] Voir *PT*, **412**, §§ 732a-733d, 364-367: «[...] *n ṯw nẖẖw pẖrw rꜥ, tpyw-ꜥ nṯr-dw3y; ms.k ir 3bdw.k mi iꜥḥ; tw3 rꜥ ḥr.k m 3ẖt* N*; šms ṯw iẖmw-skiw; iꜥb ṯw ir iw rꜥ* N*, wꜥb.k, pr.k n rꜥ; n šw pt im.k* N *ḏt!*».

[49] Voir *PT*, **437**, § 794b, 70: «*wꜥb.n.k n Psḏntyw, ẖꜥ.k n 3bd*».

nération du roi défunt dans le *PT*. Le roi lui demande de lui apporter l'*œil d'Horus* (qui consiste à un autre symbole lunaire par excellence) vers le côté est du ciel, où il ira afin d'escorter Rē' dans sa barque du jour, ayant passé par la *Voie Lactée* (*Msḳt-Sḥdw*) sans aucune opposition de la part des Grands/Dieux du Ciel[50]. On rencontre le *passeur céleste* (*iww*) dans un contexte semblable, où le roi lui demande de le faire passer vers le dieu solaire à l'horizon, quelque chose qui fait allusion à la phase de la Nouvelle Lune, quand le Soleil et la Lune se projettent vers le même endroit de la sphère céleste, et par conséquent se lèvent et se couchent presque simultanément; dans ce contexte, le monarque monte vers les étoiles impérissables (qui se présentent comme des divinités aux sceptres), par son droit d'être le frère (~ mari?) de la Lune et le père de Vénus[51]. Cette théogamie céleste (qui donne parfois naissance à un enfant divin/astre) constitue un trait très caractéristique des notions astronomiques et cosmovisionnelles des Égyptiens[52]. Un autre aspect du *passeur céleste* en son hypostase du dieu *Zwnṯw* est rencontré mais pas très souvent dans le *PT*. Dans une *Utterance*, le souverain —après être passé par le royaume terrestre des dieux Aker et Geb, après avoir achevé le Zénith du ciel, et s'étant assis sur son trône céleste en fer— s'identifie à *Zwnṯw*/Lune qui parcourt le ciel en tournant sans cesse[53]. La Lune traverse l'écliptique, conçue par les Égyptiens comme le *Canal Sinueux* (*Mr-n-Ḫꜣ*) qui s'inonde des eaux célestes et sur lequel le Soleil et la Lune se meuvent dans leurs barques sacrées; dans ce cadre archétypique, le dieu solaire recommande le souverain à son père lunaire, le dieu *Ꞽꜥḥ*, qui s'identifie à la Lune[54]. Horus et Thoth, en tant que dieux lunaires, sont priés de prendre le monarque dans le bac lunaire, près de l'écliptique, afin qu'il ne reste pas sans barque céleste parce qu'il tient l'*œil d'Horus*[55]. Le pharaon est rajeuni chaque mois, pendant la Nouvelle Lune (quand il est né) et pendant la Pleine Lune (quand il est conçu), participant au cycle lunaire perpétuel[56]. De cette façon, il devient capable à célébrer toutes les fêtes lunaires, comme celles de la Néoménie pendant la Nouvelle Lune, celles du Premier Quartier et celles de la Pleine Lune[57], un fait indispensable pour son bien–être dans l'au-delà.

---

50 Voir *PT*, **475**, §§ 946a-950b, 183-184: «*ꞽ mẖnty pw! ꞽn nw n Ḥr, ꞽn ꞽrt.f* [...]; *sṯp ꞽrt-Ḥr, ẖr m gs ꞽꜣbty n pt, sṯp* N *pn; sḏꜣ* N *pn m gs ꞽꜣbty n pt, šm.f stp-sꜣ ꞽr rꜥ* [...]; *pḥr.n.* N *ḳꜣw pt* [...] *ꞽr Msḳt-Sḥdw; nis mꜥnḏt ꞽr* N *pn* [...]».Cf. aussi *PT*, **518**, §§ 1193a-1193b: 405.

51 Voir *PT*, **481**, §§ 999a-1001c, 943-944: «*Ꞽww, ḥr.f-ḥꜣ.f, ḏꜣ* N*; dy zẖnw pt ḏꜣy* N *ꞽm ẖr rꜥ ꞽr ꜣḫt; dy zẖnw pt n rꜥ, ḏꜣ.f ꞽm ẖr Ḥr nṯrw ꞽr ꜣḫt; dy zẖnw pt n* N*, ḏꜣ.f ꞽm ẖr rꜥ r ꜣḫt* [...]; *ḏꜣꜣ* N *ꞽr ꜥḥꜥ.f ḥr gs ꞽꜣbty n pt, m-ꜥ mḥti, m-m ꞽḫmw-skꞽw, ꜥḥꜥw ḥr ḏꜥmw.sn, ꞽsdw ḥr Ꞽꜣbtt.sn; ꜥḥꜥ rf* N *m-m.sn, sn* N *pw ꞽꜥḥ, msṯwt* N *pw nṯr-dwꜣy* [...]».

52 Cf., par exemple, les nn 12, 19 & 22 (*supra*) et 54 (*infra*).

53 Voir *PT*, **483**, §§ 1014a-1019b, 850-854: «*mdw tꜣ* [...] *ꜣkr* [...] *ꞽr pt, ḥr ẖndw.k bꞽꜣ,* [...] *ẖꜣwi ḥr.k m mḥt pt; nis rꜥ ꞽr.k m ꞽzkn pt* [...]; *dbn.k pt mi Zwnṯw*».

54 Voir *PT*, **507**, §§ 1102d-1105b, 277-281: «*mḥ rf Mr-n-Ḫꜣ; d<y> zẖnw pt n* M*, ḏꜣ.f ꞽm ẖr rꜥ; ꞽwḏ.f* N *n ꞽt.f ꞽꜥḥ; msṯwt pi nṯr-dwꜣy; ꞽwḏ.f* N *n fdw ꞽpw ḥꜥꜣw, ḥmsw ḥr gs ꞽꜣbty n pt*».

55 Voir *PT*, **566**, §§ 1429a-1429e, 643-644: «*sḏꜣ* N *pn ḥnꜥ.k Ḥr, sḏꜣ sw Ḏḥwty m tp ꜥnḏ dnḥ.k* [...] *n sḏr Ḥr ḥꜣ Mr<-n-Ḫꜣ>; n ꞽwy Ḏḥwty; n ḥm ꞽwy* N *pn;* N *pw ẖrt ꞽrt-Ḥr*».

56 Voir *PT*, **627**, §§ 1772a, 159: «*ms* N *m ꜣbd, ꞽwr* N *m Smdt* [...]».

57 Voir *PT*, **720**, §§ 2237c-2237d, JPII 709[+38]: «[...] *ꜣbdw, ḫpr n.k Smdwt, ꞽrw <n.k> Snwt, ḫpr.k* [...]». Sur toutes les références aux phases et aux fêtes lunaires dans les *PT*, cf. les Tables III.1 et III.2, *supra*.

§ 1.4. Les Planètes

Les planètes[58] (anc. ég.: *sbꜣw*; copt.: **ⲛⲓⲍ̄ ⲙⲫⲱⲥⲧⲏⲣ ⲉⲧⲕⲱϯ**) ne sont pas fréquemment évoquées dans les *PT*, à l'exception de Mercure et de Vénus; c'est-à-dire qu'il n'y a pas de références (explicites et claires) aux planètes Mars[59], Jupiter et Saturne. Pour les Égyptiens elles étaient des divinités célestes, naviguant sur l'Univers dans leurs barques et tenant des sceptres du type *wꜣs*. Elles furent considérées comme des astres spéciaux aux propriétés différentes des autres étoiles, à cause de leur luminosité bien plus grande et de leur mouvement propre très évident. Mercure (*Sbgw*/*Stẖ*) est mentionné une seule fois dans les *PT*, dans le contexte d'une ascension céleste du pharaon vers Nūt, pendant laquelle il monte dans une tempête et au cours d'un séisme; Seth/Mercure le fait passer dans le bac céleste par l'écliptique[60]. Vénus[61] fut connue soit comme l'*Étoile Unique* (*Sbꜣ Wꜣty*), soit comme le *Dieu/Étoile de l'Aube* (*Nṯr*/*Sbꜣ Dwꜣy*). Son rôle dans les *PT* est assez important, lorsqu'elle apparaît souvent dans le cadre du *katasterismos* du monarque défunt. Celui-ci est à la fois conçu et né durant la nuit, il appartient à l'ordre des ceux qui suivent le Soleil (~ étoiles matinales, qui se lèvent presque héliaqualement) et précèdent Vénus (qui apparaît soit pendant l'aube à l'Est, soit après le coucher du Soleil à l'Ouest), et il est encore conçu et né dans l'*Abysse Primordiale* (*Nww*)[62]. Ailleurs le souverain est prié d'ouvrir sa place au ciel, entre les étoiles célestes, parce qu'il est Vénus[63]. Le roi s'identifie à Vénus (qui sort de l'Est) et monte au ciel par des portes ouvertes du firmament dans un vent d'encens[64]. Il brille comme Vénus au milieu du ciel, étant aperçu comme un faucon divin qui le traverse, pour qu'il y trouve sa mère Nūt[65]. Parfois, le vœu que le pharaon s'installe au milieu des Champs des Roseaux, juste comme le *dieu matinal*/Vénus est exprimé[66]. Le monarque monte au ciel et possède les *étoiles nḫḫw*, qui brillent à la suite de Vénus pendant l'aube[67]. En général, le destin du roi dans les *PT* semble aussi planétaire que stellaire, principalement par son identification à Vénus.

---

[58] Voir, par exemple, *LÄ*, **I**, 1975, 511-12: # 5. Cf. aussi la Table 8, dans la section des *Tables* à la fin de ce livre.

[59] Voir quand même KRAUSS, 1997: 279.

[60] Voir *PT*, **719**, §§ 2234a-2235b, JPII 709^{+22}-JPII 709^{+24}: «[...] *nhm pt, sdꜣ tꜣ* [...]; N *pw! rdỉ.n ṯw Gb, šzp.n ṯw Nwt; pry.k rk ỉr pt;* {*ỉ*}*wn n.k ꜥꜣw pt, ḫbst n.k tꜣ; sḳrt n.k wdnt* [...]; *rdỉ n.k ḥnmmt; ḏꜣ ṯw Stẖ m Mr-n-Ḫꜣ*». Cf. aussi KRAUSS, 1997: 236-37.

[61] Voir, par exemple, *LÄ*, **IV**, 1982, 206: art. «Morgenstern»; KRAUSS, 1997: 216-234.

[62] Voir *PT*, **211**, §§ 132a-132c, 198-99: «*ỉwr* N *m grḥ, ms* N *m grḥ, n sw ỉmyw-ḫt rꜥ, tpyw-ꜥw nṯr dwꜣy, ỉwr* N *m Nww, ms.f m Nww*». Cf. aussi *PT*, **412**, §§ 732a-733d: 364-367; *PT*, **461**, §§ 871a-873c: 394-398; *PT*, **554**, § 1372a: 614.

[63] Voir *PT*, **245**, §§ 251a-251b, 364-365: «*wp.k st.k m pt, m-ꜥb sbꜣw nw pt, n ṯwt ỉs sbꜣ wꜥty*». Cf. aussi *PT*, **536**, §§ 1291b-1295a: 548-554; *PT*, **553**, §§ 1356b-1369d: 607-612.

[64] Voir *PT*, **463**, §§ 876a-877d, 153-158: «*wn n.k ꜥꜣw pt, ỉznš ꜥꜣw ḳbḥw* [...] *ꜥḥꜥ.n.k ỉḫmw-skỉw; ṯꜣw.k snṯr* [...] *ṯwt sbꜣ pw wꜥty prr m gs ỉꜣbty n pt*». Cf. aussi la n. 51, *supra*.

[65] Voir *PT*, **488**, §§ 1048b-1049b, 204^{+16}: «*ssšd.k m sbꜣ wꜣty ḥr-ỉb Nwt;* [...] *mꜣ mšr.f nm pt; ḫnz.k ḳbḥw,* [...] *dỉ Nwt ꜥwy.s ỉr.k* [...]».Cf. aussi *PT*, **553**, §§ 1356b-1369d: 607-612.

[66] Voir *PT*, **610**, §§ 1710a-1722c, 698-717: «[...] *d<i>.f ṯw m nṯr-dwꜣy, ḥr-ỉb Sḫt-Ꞽꜣrw*».

[67] Voir *PT*, **675**, §§ 2001a-2005b, 800-804: «*wn n.k ꜥꜣw pt, ỉznš n.k sḥdw;* [...] *hꜣ* N *p<n>! n ṯw nḫḫw, psḏ<w> m-ḫt nṯr-dwꜣy!*». Pour plusieurs références à Vénus (copt.: **ⲥⲟⲩⲣⲟⲧ**) dans les *PT*, cf. les nn 19, 22, 48 & 51 (*supra*) et la n. 363 (*infra*).

2. LES ASTRES DANS LES *TEXTES DES SARCOPHAGES*

Les *Textes des Sarcophages* (*CT*)[68] constituent une collection des rituels funéraires, des incantations magiques, des hymnes aux divinités diverses, des listes d'offrandes funéraires et des prières destinées à offrir l'immortalité aux rois ainsi qu'à la noblesse et à les conduire à vivre pour toujours entre les astérismes du ciel et dans le milieu des suivants du dieu solaire dans sa barque céleste[69]. Les *CT* présentent des conceptions théologiques, astronomiques, cosmovisionnelles et sociales, qui datent de l'ère de la FIP et du MK, quand ils furent écrits pour la première fois dans les intérieurs de cercueils provenant de divers sites géographiques de toute l'Égypte (c. 2100-1750 BCE). Notre but ici n'est que de donner une introduction très courte et très concise, liée au thème de cette section, plutôt que de se référer aux nombreux travaux sur ces textes anciens[70]. Les deux traits principaux du *corpus* de ces textes sont leur position temporelle qui les situe entre les *PT* et le *BD*, et le fait qu'ils sont les textes funéraires les plus anciens qui ne se refèrent pas aux personnes royales[71]. Au contraire de *PT* (dont moins de 12 sources et de 6 variantes existent), les *CT* ont plus de 250 sources et des variantes nombreuses. Bien que le grand nombre de variantes soit très utile à l'établissement des lectures correctes, le fait que très peu de sources documentaires puissent être datées précisément, a mis en question des efforts pour construire des *stemmata*. La conception que les Égyptiens se faisaient des astres (soit des étoiles, du Soleil, de la Lune et des planètes) se revèle très explicitement et évidemment dans les *CT*. Il y avait trop peu de travaux sur l'étude préliminaire des rudiments astronomiques dans les *CT*, dont deux récents sont très utiles[72]. Notre but ici est de regrouper les éléments astronomiques et cosmovisionnels qui se rencontrent dans les *CT* et discuter quelques-unes d'entre eux très importants, d'une manière non exhaustive et sans entrer dans les moindres détails, suivant le cadre méthodique du Chapitre I (voir § 3). Or, il faudrait —tout d'abord— préciser ces éléments astronomiques et cosmovisionnels dans leur contexte en les classant en 7 catégories principales, soit: **(i)** *les étoiles*; **(ii)** *le Soleil*; **(iii)** *la Lune*; **(iv)** *les planètes*; **(v)** *le ciel et la cosmographie*; **(vi)** *la mesure du temps*; et **(vii)** *les symboles et les archétypes cosmovisionnels*. Il faut remarquer que le regroupement statistique de ces éléments est

---

[68] Édition principale DE BUCK, 1935-61; traductions commentées BARGUET, 1968; FAULKNER, 1973-78; voir également l'édition sur CD-ROM par VAN DER PLAS & BORGHOUTS, 2000. Voir aussi *LÄ*, V, 1984, 468-71: art. «Sargtexte».

[69] Voir, par exemple, LESKO, 2001a: 288.

[70] Voir, entre autres, GUNN, 1926: 166-71; MORENZ, 1957; FEDERN, 1960: 241-57; BARGUET, 1969: 7-17; GREISHAMMER, 1970; LESKO, 1971-72: 89-101; LESKO, 1972; BORGHOUTS, ^{2}1973a; ALTENMÜLLER, 1975; ALLEN, 1976: 1-29; LESKO, 1979: 7-11; JACQ, 1986; WILEMS, 1988; LAPP, 1988: 269-79; LAPP, 1989: 173-202; JÜRGENS, 1991; *WCT*, 1996; ALLEN, 1996: 1-15; WILEMS, 1996a: 197-209; WILEMS, 1996b; VAN DER PLAS & BORGHOUTS, 1998; HORNUNG, 1999: 7-12; VAN DER MOLEN, 2000; LESKO, 2001a: 287-88; LESKO, 2001d: 571 ff; JÜRGENS, 2001: 111-38. Cf. aussi les références dans les deux notes précédentes.

[71] Cf. la n. 11 du Chapitre I, *supra*.

[72] Voir BICKEL, 1993 (sur les notions de la cosmogonie dans les *CT*); WALLIN, 2002 (la seule étude astronomique jusqu'à nos jours, qui se refère aux conceptions cosmovisionnelles de régénération des défunts dans les *CT*; voir aussi le Chapitre I, § 1.2: # 2, *supra*).

Figure III.2: Détail d'un sarcophage en bois peint du MK (XIIe Dynastie), appartenant jadis au général Zepi [*Zp(i)*], qui se trouve au Musée Égyptien du Caire. Dans la première moitié on voit le nom et les titres du défunt, ainsi que des offrandes variées des parfums et des huiles sacrées avec leurs inscriptions. Dans la moitié suivante il y a 34 colonnes des inscriptions hiéroglyphiques, *Spells* typiques de *Textes des Sarcophages*, ainsi qu'une image extraordinaire d'Osiris, entourée des ellipses concentriques.

présenté dans les Tables III.3 et III.4 qui suivent. Il faut aussi noter que quelques des observations présentées au commencement de la section § 1, *supra*, concernant les propriétés des Tables III.1 et III.2 et leurs différences par rapport aux tables analogues concernant les textes profanes (voir la section § 5, *infra*) sont absolument valides pour les Tables III.3 et III.4 qui se réfèrent aux *CT*. Il faudrait noter que (par contre à la Table III.1) la Table III.3 contient aussi presque toutes les références aux divinités cosmiques, comme Rēʿ, Thoth, Shū, Geb et l'*œil d'Horus*, ainsi qu'à la notion de la *terre* (*tꜣ*), même si ces références ne se trouvent toujours dans un contexte tout à fait astronomique. De cette façon, les *CT* —qui sont caractérisés par l'introduction d'une cosmogonie et d'une théogonie plus évoluées (que celles dans les *PT*)— sont étudiés avec plus des détails en ce qui con-

Table III.3: Correspondance entre les passages des *CT*, contenant des rudiments astronomiques et/ou cosmovisionnels, et leur source, comme ils ont été transcrits en hiéroglyphes, translitérés et publiés*.

<table>
<tr><th>#</th><th>SOURCE</th><th>PUBLICATION</th><th>TEXTE AUX RUDIMENTS ASTRONOMIQUES</th></tr>
<tr><td>1</td><td>CT, I, 3, § 10f [B3Bo, & c.]</td><td rowspan="15">DE BUCK, 1935-61
VAN DER PLAS & BORGHOUTS, 2000

BARGUET, 1968
FAULKNER, 1973-78</td><td>[...] m hrw pn nfr</td></tr>
<tr><td>2</td><td>CT, I, 5, §§ 15b-15c [B4Bo, B6C, B15C, & c.]</td><td>iṯ.k pt, iwꜥ.n.k tꜣ! in-m ir.f nḥm.f pt m-ꜥ.k [...]?</td></tr>
<tr><td>3</td><td>CT, I, 6, §§ 16c-18d [B2Bo, B3Bo, B4Bo, B1P, B4C, B6C, B15C, M.C. 105, & c.]</td><td>wrw ꜣbd n ḳꜣw pt, Psḏntyw! sfḫ.t<w> ḏbꜥ ḥr.ṯ, dr dwꜣt.ṯ, ḏr srd.ṯ šwt r ꜣḫt, r bw nt<y> rḫw ṯn im; snk.ṯ mwt.ṯ Spdt, mnꜥt.ṯ is imyt ꜣḫt! Pꜣg Ist ḥr.ṯ, sḥḏ.s ṯn; m hrw pn n[fr]</td></tr>
<tr><td>4</td><td>CT, I, 7, §§ 22d-23b [M.C.105, B3Bo, & c.]</td><td>[...] hrw.f pw; [...] hrw.s pw</td></tr>
<tr><td>5</td><td>CT, I, 9, §§ 28c-31c [B2Bo, B3Bo, B4Bo, & c.]</td><td>[...] hrw pn; [...] ṯwt sbꜣ pw msw Imntt; n.tw sk.f, n.tw sḫtm.f; n sk N tn, n sḫtm N [...]</td></tr>
<tr><td>6</td><td>CT, I, 10, §§ 33d-35c [B2Bo, B3Bo, B4Bo, & c.]</td><td>hꜣ Wsir N tn! wḏꜥ n.ṯ sbꜣ in Sšꜣt [...] m hrw pn</td></tr>
<tr><td>7</td><td>CT, I, 12, §§ 38b-39a [B4C, B6C, B3Bo, & c.]</td><td>Wsir N pn! pr.n.k wrt, ꜥꜣt, mi prt rꜥ wr ꜥꜣ, ḥr gs iꜣbty n pt</td></tr>
<tr><td>8</td><td>CT, I, 18, §§ 53d-54j [B3Bo, B1P, B15C, & c.]</td><td>ḏꜣ.ṯ pt, nḥm.ṯ biꜣyt; dwꜣ ṯn imyw Mr-n-Ḫꜣ, mꜣ.sn ṯn, wbn.ṯ m ꜣḫt iꜣbtt; imyw Dwꜣt ḥr dit ḫꜥw.ṯ nfr; pr.ṯ m msktt, hꜣ.ṯ m mꜥnḏt [...]; prr.ṯ ḥr wrt ꜥꜣt nt pt; hꜣꜣ.ṯ ḥr tꜣ wr ꜥꜣ n tꜣ [...] m ḥtp ḥr rꜥ imy n pt</td></tr>
<tr><td>9</td><td>CT, I, 19, § 55d [B3Bo, B1P, B15C, & c.]</td><td>[...] ḫr rꜥ, imy pt [...]</td></tr>
<tr><td>10</td><td>CT, I, 21, §§ 58c-58e [B3Bo, B1P, B6C, & c.]</td><td>iw.n.ṯ, ir.ṯ pr.ṯ r pt; ṯst n.ṯ mꜣḳt r gs Rꜥ [...]</td></tr>
<tr><td>11</td><td>CT, I, 22, §§ 65c-69d [B3Bo, B1P, B6C, T1C, & c.]</td><td>r pt [...]; pr.ṯ m hrw, sḫm.ṯ rdwy.ṯ dwꜣy; sḫm.ṯ m rdwy.ṯ m mšrw; sḫm.ṯ m rdwy.ṯ m tr nb, m wnwt nbt mrrt.ṯ prt im.s; [...] m nw nb</td></tr>
<tr><td>12</td><td>CT, I, 23, § 73d [B3Bo, & c.]</td><td>[...] hrw ḫbnt</td></tr>
<tr><td>13</td><td>CT, I, 24, §§ 75b-75i [B1P, B4C, B6C, & c.]</td><td>wn n.k ꜥꜣw pt in rꜥ; znš n.k ꜥꜣw ḥr.k in Gb [...]; iw znš n.k ꜥꜣw ḳbḥw in mwt.k Nwt [...]; znš n.k sbꜣw m tꜣ in Gb [...]</td></tr>
<tr><td>14</td><td>CT, I, 27, §§ 79k-80e [B4C, S10C, & c.]</td><td>[...] n rꜥ pn; [...] m rꜥ pn</td></tr>
<tr><td>15</td><td>CT, I, 28, §§ 80i-80j [M.C. 105 & T9C]</td><td>[...] m hrw pn, ḏr ḥ<ꜣ>w [...]</td></tr>
</table>

<table>
<tr><td>16</td><td>CT, I, 29, § 81p
[M.C. 105 & T9C]</td><td rowspan="11">DE BUCK, 1935-61
VAN DER PLAS &
BORGHOUTS, 2000

BARGUET, 1968
FAULKNER, 1973-78</td><td>iꜥr.ṯ n rꜥ, m ꜣḫt</td></tr>
<tr><td>17</td><td>CT, I, 30, §§ 83f-83h
& § 82c & §§ 84a-94c
[B1L, B3L, B4L, L2Li, & c.]</td><td>irt.n.f nbt m tp-tr [...], m rnpwt nbt, m hrw, nw nbw [...] ḥr ḫrw ḳrr n nṯrw imyw ꜣḫt [...]; [...] m ḏd n.f wrw, ḫntyw ꜣḫt [...] | min |$_{x2}$ [...] nṯrw ꜣḫt [...]; iš ḫn.k r Sḫt-Ỉꜣrw, n-ḫnw iww ḥrt</td></tr>
<tr><td>18</td><td>CT, I, 33-35, §§ 116c-126b
[B1P, B2Bo, B3Bo, & c.]</td><td>[...] rꜥ-nb; [...] iḫ di.i [mꜣꜣ] N pn Nwt [...]</td></tr>
<tr><td>19</td><td>CT, I, 36, §§ 137b-143a
[B3Bo, B4L, B12C, & c.]</td><td>[...] min [...];
[...] sꜥḥ.t<w>.k m pr Spdt</td></tr>
<tr><td>20</td><td>CT, I, 37, § 146c
[B3Bo, B2Bo, B4L, & c.]</td><td>sꜥḥ ntk m pr Spdt</td></tr>
<tr><td>21</td><td>CT, I, 38, §§ 161c-161g
[B12C, B13C, B16C, & c.]</td><td>in zꜣ.i m Ỉw-Nsrsr [...],
wbꜣ ḫnw kkw zmꜣw,
r irt sbꜣ m Dwꜣt [...]</td></tr>
<tr><td>22</td><td>CT, I, 39, § 167c
[B12C, B13C, B16C, & c.]</td><td>r int sꜥrt {i}hrw N pn [...]</td></tr>
<tr><td>23</td><td>CT, I, 42-43, §§ 179m-180k
[B2Bo & B3Bo]</td><td>i Wsir, zꜣ Nwt [...]! iry n.f hy m pt; in iḫmw-wrḏw mꜣꜣ.sn wsrw N tn, hꜣ.s m tꜣ, nṯr ḏs.s [...]</td></tr>
<tr><td>24</td><td>CT, I, 44, §§ 181a-191c
[B10C, B12C, B13C, & c.]</td><td>wn ꜥꜣw pt n nfrw.k; pr.k, mꜣ.k Ḥwt-Ḥr [...]; hrw [...]; [...] ntyw m wiꜣ, in imyw-šmsw [Rꜥ] [...]; ḥꜥ m sbꜣ wꜥty; [...] dr ḏbḥ.k ḥr Ḥwt-Ḥr, ṯwt zꜣ Gb; sḥḏ n.k tꜣ, psḏ n.k pt; iw n.k iꜣww imyw ꜣḫt [...]; ḫnt.k <m> msktt, hd.k <m> mꜥnḏt; sip.k bꜣ.k m pt ḥrt [...]; mi wbn rꜥ m sbꜣwy; [...] mꜣꜣ.k Mꜣꜥt, mk.s m-ḥꜣt.k mi wbn Rꜥ, rꜥ-nb; [...] hꜣ.k, wꜥb.k ḥnꜥ Rꜥ, m-ḫnw š zšnt, wnḫ.k wꜥbw tp ibw hnꜥ ꜥnḫ m tꜣyt.f; šn Wsir N pn in Sꜣḥ, in Spdt, in nṯr dwꜣy, di.sn ṯw m-ḫnw ꜥwy mwt.k Nwt [...] Ḥwt-Ḥr [...]; šnn ṯw ꜥwy mwt.k Nwt; ꜥnḫt ḏt!</td></tr>
<tr><td>25</td><td>CT, I, 45, §§ 192a-195c
[B10C, B12C, B13C, & c.]</td><td>ḥr, sdꜣ m ꜣḫt iꜣbt; sr wꜣt m ḏsrw n Wsir N pn; ḫꜥy m rꜥ, ḳꜣy m Tmw; wrḥ.n sw Ḥwt-Ḥr; di.n.s n.f ꜥnḫ m Ỉꜣbtt, mi Rꜥ, rꜥ-nb; [...] m hrw [...] m hrw [...] ḫꜥ wrw imyw ꜣḫt, ḫꜥ šmsw n Nb-Tm, rš ḳdwt mrwt wiꜣ [...]</td></tr>
<tr><td>26</td><td>CT, I, 45, §§ 196b-200g
[B10C, B12C, B13C, & c.]</td><td>di.f n.k snṯr r tr nb; n ḫb im n Psḏntyw; [...] wiꜣ [...] r-ḫnw šꜣꜥt [...]; [...] rꜥ-nb</td></tr>
</table>

27	*CT*, **I**, 46, §§ 201a-202a [B10C, B12C, B13C, & c.]		*ḥꜥ šmsw nb ꜣḫt; nfr-ꞽb n ꞽmyw wꞽꜣ* [...] *m hrw pn nfr; ꞽnk sḥḏ rnpw n ḏt;* [...] *ꞽn.n.f ṯꜣw mḥtyw*
28	*CT*, **I**, 47, §§ 204a-211c [B10C, B12C, B17C, & c.]		[...] *Ḥwt-Ḥr* [...] *pr.k r pt hrw Snt; sdꜣ n.k ꜣḫt mi rꜥ;* [...] *ḫꜥw.k nfr, mꜣ.ti mi rꜥ;* [...] *rs nṯr pn ꞽmy ꜣḫt* [...]; *wsḫ st.k m-ẖnw ꞽtn* [...] *ꞽmy ꞽtn* [...]; *šzp.k sḫm <m> msktt; sꜥr.k wꜣwt n Nb-Tm;* [...] *ṯs tw n ꜥnḫ ḏt!*
29	*CT*, **I**, 48, §§ 211d-214b [B10C, B12C, B17C, & c.]		*ḏd.s rn.k nfr m-ẖnw wꞽꜣ, hrw ḥsb ḳdwt; ḏꜣ.k ḥrt m ḥry nst.f* [...]; *hꜣ.k, wꜥb.k m-ẖnw zšnt; ṯs ṯw Ḥḥw m ꜥwy.sn; nr n.k ꞽḫmw-skꞽw,* [...] *dwꜣ ṯw rꜥ m ꜣḫt ꞽꜣbtt;* [...] *Ḥwt-Ḥr* [...] *m hrw pn*
30	*CT*, **I**, 49, §§ 215a-217b [B10C, B12C, B17C, & c.]		*ḫr sdꜣ m ꜣḫt* [...]; *sḥḏ kꜣt ꞽryw-ꜥꜣt, nṯrw ꞽmyw znkt* [...]; *pzš wnwt ḥr nb ḥḏt, r ꞽꞽ Ḥr m Ꞽwnw* [...]
31	*CT*, **I**, 50, §§ 222a-232g [B10C, B12C, B17C, & c.]	DE BUCK, 1935-61 VAN DER PLAS & BORGHOUTS, 2000 --------------------- BARGUET, 1968 FAULKNER, 1973-78	*ḏsr pt, hꜥꜥ ꜣḫtyw, ḫꜥ rꜥ m sbꜣty; dꞽ.n šmsw* [*rꜥ*] *ꜥwy n Ḥḥw;* [...] *m wnwt.f* [...] *mk ṯw grt m nsw pt;* [...] *ꞽw n.k grt Ḥḥ m Ḥḥwy;* [...] *ꞽꜥnw n.k ꞽmy ꞽtn;* [...] *Tmw* [...] *Nb-r-Ḏr* [...]; *ꞽw šmsw*[*-Rꜥ*] *nw wꞽꜣ msktt m ršw<t>;* [...] *ꞽꞽ nṯrw ꞽmyw ꜣḫt;* [...] *ꞽtn* [...] *ꞽtn* [...]
32	*CT*, **I**, 51, §§ 233a-238d [B10C, B12C, B13C, & c.]		[...] *ṯꜣw* [...]; *ḫꜥ rꜥ m ꞽꜣbt pt* [...]; *mꜣꜣ.sn nṯr pn ꜥꜣ, zꜣ Gb, ms.n mwt.f Nwt;* [...] *m ꜥwy Rnpt-Nfrt, ḫꜥt m rꜥ, nb ꜣḫt;* [...]; *ꞽw ꜥnḫ ḫr.k, nb Ꞽmntt, zꜣ Ḥr-ꜣḫty, kꜣ mwt.f Nwt; rst n ꜥnḫ, n mt.k; mꜣꜣ.k pꜥwt dwꜣy; ꞽw.k sꜥḥt m ḥḳꜣ ꜣḫt* [...]
33	*CT*, **I**, 53, §§ 240d-243d [B10C, B12C, B13C, & c.]		*rst n ꜥnḫ! mk tꜣ ḥḏ; ḥs n ṯw Nbt-Ḥwt, mꜣ.ti rꜥ-nb m tr n ḫꜣw; ꞽw.k ḥnꜥ ꞽḫmw-wrḏw, nṯrw ꞽmyw pt, dy šmsw n wꞽꜣ.k nḥḥ ḥnꜥ ḏt;* [...] *pt m mꜣti, tꜣ m ḥꜥꜥ, nṯrw nbw m ꜣwt-ꞽb, n Wsꞽr* N *pn ḫꜥy m ḥtp r Ꞽmntt nfrt;* [...] *dwꜣy m nhpw, ꞽw.k m sꜥḥ* [...]
34	*CT*, **I**, 54, §§ 243h-244g [B12C & B13C]		*dwꜣy.k m nhpw, ḫꜥ sꜥḥ;* [...] *ꞽtn* [...]
35	*CT*, **I**, 55, §§ 245a-244g [B13C]		*ꞽꜥnw m pt* [...], *ꞽmw m Dwꜣt* [...] *msktt* [...] *mꜥnḏt*

36	*CT*, **I**, 56, §§ 246a-246d [B13C]	DE BUCK, 1935-61 VAN DER PLAS & BORGHOUTS, 2000 --------------------- BARGUET, 1968 FAULKNER, 1973-78	*nmi.k ḥr[t ḥnꜥ rꜥ; nmi.k] pt ḥnꜥ nṯr ḫpr ḏs.f* [...]
37	*CT*, **I**, 57-59, §§ 246e-247j [B13C]		[...] *m nmy pt* [...]; [...] *tꜣ ḥḏ* [...]; [...] *m-ḫnw kkw* [...]
38	*CT*, **I**, 60, §§ 248a-255e [B4C, B10C, & c.]		[...] *ꜥwy Nwt ḥꜣ.t, mst.ṯ, wṯs nfrw.ṯ;* [...] *Nb-r-Ḏr* [...]; *irt-Ḥr m sṯt n.ṯ, iw.s ḥnꜥ.ṯ r ḫrt-nṯr;* [...] *Rꜥ ḏs.f m Nb-r-Ḏr; di.f iwt nṯrw m šmsw.f, nꜥi wiꜣ* [...]; [...] *Nb-r-Ḏr* [...] *ḥḏ tꜣ* [...] *psḏ hrw* [...] *ḥḏ tꜣ* [...]; *sbḫ.tw ꜣḫt, ḥsb.tw ꜥꜣw* [...] *ꜥꜣw* [...]; *zꜣw.s ꜥwy Nwt* [...]; *wbn hrw m iꜣbt pt, pzḏ.f im ḥr mnḏt.ṯ; iw n.k grḥ, ntt hrw* [...]; [...] *pꜣt tpt nt Nb-r-Ḏr*
39	*CT*, **I**, 61, §§ 256a-264h [B4C, B10C, & c.]		*nṯr nb r n š.f ḥr šmt nwy wiꜣ.k, ṯs Sꜣḥ;* [...] *di Nwt ꜥwy.s r.k;* [...] *wnḫ.k m wꜥbw Ptḥ, m sfḫ n Ḥwt-Ḥr; wsḫ nst.k m-ḫnw wiꜣ; ḥms.k m dpt-nṯr, ḫꜣꜥ.k dbi m Š-n-Ḫꜣ* [...]; *Ḥwt-Ḥr* [...] *ims n.k hn ḥsmn in wꜥb imy ꜣbd.f;* [...] *wiꜣ n Rꜥ; twt wbn.k, mi wbn rꜥ; pzḏ.k mi Ḥwt-Ḥr;* [...] *Ḥwt-Ḥr* [...]; *sṯ n.k gnḫwt kꜣt; sꜣḫ ṯw zꜣty Nwt; sꜣḫ ṯw Gb Nwt;* [...] *hrw Snt; kft n.k sḫnwt nt pt; mꜣ.k štꜣw ntt im.s; dwn.k rdwy.k(y) ḥr sḫnwt nt pt; ṯꜣw nḏm n šrt.k, Sꜣḥ ḏd.f n Msḫtyw;* [...] *r pt*
40	*CT*, **I**, 62, §§ 265a-271c [B10C, & c.]		[...] *Wꜥrt* [...] *ḥnꜥ bnw* [...] *wiꜣ n Rꜥ* [...] *hrw* [...] *grḥ* [...] *n tp dwꜣy* [...] *ḫꜣwy* [...] *ṯꜣw* [...]; *ṯs.t<w> n.k mꜣkt r pt, di Nwt ꜥwy.s(y) r.k; sḳdy.k n Š-n-Ḫꜣ; fꜣ.k ṯꜣw m ḫmnyw, nty[w m] wiꜣ; sḳd ṯw isty iptny nt iḫmw-skiw, nt iḫmw-wrḏw; wḏ.sn ṯw, itḥ.sn ṯw ḥr Wꜥrt m nwḥw.sn nw biꜣ*
41	*CT*, **I**, 63, §§ 273h-274f [T1C, T2C, B10C, & c.]		*šzp.kꜣ.n.k. ꜥbꜣ.k pw, ir rdwy Rꜥ; iꜣꜣt.k, ir rdwy nṯr dwꜣy; pr.k rk r pt, m-m sbꜣw iḫmw-skiw; ḥwi.k m ꜥbꜣ, ḫrp.k m iꜣꜣt*
42	*CT*, **I**, 65-66, §§ 277f-280d [T1C, T2C, B10C, & c.]		*pr.k rk r pt* [...]; *šm.k r rdw* [...]

<table>
<tr><td>43</td><td>CT, I, 67, §§ 286a-287f [T1C, T2C, B10C, & c.]</td><td rowspan="6">DE BUCK, 1935-61
VAN DER PLAS & BORGHOUTS, 2000

BARGUET, 1968
FAULKNER, 1973-78</td><td>[...] ir.n.i rnpwt.k im; ir.n.i 3bdw.k im; ir.n.i Smdwt.k im; [...] bnw [...] bnw</td></tr>
<tr><td>44</td><td>CT, I, 68, §§ 289d-291j [T1C, T2C, B10C, & c.]</td><td>[...] sb3 pw wʿ, nn sn-nw.f; [...] ḏb3 ṯw mwt.k Sš3t; [...] sḳrt n.k rdw m W3ḏ-Wr; [...] ks n.k iḫmw-skiw [...]</td></tr>
<tr><td>45</td><td>CT, I, 72, §§ 298a-302f [T1C, T2C, Sq3C, B10C, & c.]</td><td>[...] ir.n.i Smdwt.k; ir.n.i 3bdw.k [...]; ii n.k nṯrw m ksw, iw ḥʿ n.k nṯr dw3y; iw in.n.f n.k imyw Nww; [...] ḏ3.k š, nmi.k Zrwy [...]</td></tr>
<tr><td>46</td><td>CT, I, 73-74, §§ 303a-313c [T1C, T2C, Sq3C, B10C, & c.]</td><td>[...] mʿnḏt [...] mʿnḏt [...]; sḏm.n Psḏt-Nṯrw b3w.k r pt, šʿt.k m-m nṯrw; [...] Spdt imyt P; [...] m-min [...] m-min prt m Mḥyt-Wrt; [...] sḏm Nwt, mwt.k [...]; rw nw prt m hrw n im3ḫy N</td></tr>
<tr><td>47</td><td>CT, I, 75, §§ 314a-405e [S1C, S2C, S14C, T3C, B3C, B1Bo, B1C, B1P, M3C, & c.]</td><td>[...] ink b3i Šw, nṯr ḫpr ḏs.f; [...] ink sgr.n.f pt [...]; ink sr sw, pr.f m 3ḫt; [...] ink imyw Ḥḥw, sḏm mdwt Ḥḥw; [...] ink srr wi3; [...] nḏ.sn ḫprw.i m Nww; m33.sn wi wsr [...] m wi3 ḳdwt ḫpr ḏs.f; [...] ḫpr.i m irw.i ḏs.i; n nḏ ḫpr.i m-ʿ Nww! m33.n wi Nw, ḫpr.kwi [...]; ir.n wi m 3ḫw.f [...]; [...] nṯr pn šps, wpš pt m nfrw.f, iwt rḫ nṯrw rn.f; [...] ḳm3.n.f wi m ib.f, ir.n.f wi m 3ḫw.f, n mst is msyt [...]; i Rʿ-Tmw-Nw! [...]; nṯr pn šps ḫpr ḏs.f, wpš pt m nfrw.f. dmḏ.f irw nṯrw; [...] sḥʿʿ.i pt [...] m33 sšp.f [...]; ink dm.n.f ḳ3w pt; [...] sk wi ḫt pt nb, zḫn.i t3w nbw; [...] imyw pt, t3 [...]; iw.i m Ḏrw</td></tr>
<tr><td>48</td><td>CT, II, 76, §§ 1a-17i [B1C, B2C, B1P, B7C, B1Bo, G1T]</td><td>prt r pt, h3t r wi3 n rʿ [...]: i Ḥḥw ḫmnyw ipw irw-ʿwt pt! irw.n Šw m rḏw n ʿwt.f, ṯsw m3ḳt nt Tmw [...]; iw.i wrḏ.kwi ḥr sṯsw Šw; ḏr f3i.i z3t.i Nwt tp.i, di.i s n it..i Tmw m ḏr.f, rdi.n.i Gb ḥr rdwy.i [...] Mḥyt-Wrt [...] bnw [...] hrw [...]; | Šw |$_{x9}$ | Tmw |$_{x8}$ | Rʿ |$_{x2}$ | Tfnt |$_{x2}$ | Nwt |$_{x4}$ | m3ḳt |$_{x7}$ | pt |$_{x4}$ | iḫḫw |$_{x2}$ | m nww, m ḥḥw, m tnmw, m kkw|$_{x12}$ [...]</td></tr>
</table>

49	*CT*, **II**, 77, §§ 18a-18h [B1Bo, G1T, A1C]	DE BUCK, 1935-61 VAN DER PLAS & BORGHOUTS, 2000 ---------------------- BARGUET, 1968 FAULKNER, 1973-78	*[...] Šw [...] Tmw [...]; išš.n* N *m Šw, tfn.n.f sw m Tfnt; [...] Tmw [...]; wd.kwi im.s m z3, z3t Nwt [...]*
50	*CT*, **II**, 78, §§ 19a-23c [B1C, B2L, B1P, B1Bo, & c.]		*ink b3i Šw, rdy.n.f Nwt tpt, Gb ẖr rdwy.f(y); ink imyty.sn; i Ḥḥw ẖmnyw ipw, iwr.n Šw, msw.n Šw, ḳm3.n Šw, ṯsw.n Šw [...] mtwt Šw! wṯw Nww, irw.n Tmw, wṯs Nwt ḥr Tmw, sw3 w3wt Nwt, nt 3wt.sn r 3wt n<t> pt, sẖw.sn n t3; [...] Šw [...]; dy n.i ᶜwy.ṯny, ṯs n.f m3ḳt Šw; ink b3i.f Šw, pr ḥr ḏnḥw Šw, it nṯrw; ipḏtyw Šw m33 wi! ink nḥḥ, it n Ḥḥw; snt.i pw Tfnt, z3t Tmw, mswt Psḏt-Nṯrw; [...] Šw, r pr(r)t ḥr m3ḳt Šw; [...] Tmw [...] nw wrrt, ḏt! ink msw Ḥḥw, wḥm.n Tmw, ḏt pw snt.i pw Tfnt*
51	*CT*, **II**, 79, §§ 23d-27c [B1C, B2L, B1P, B1Bo, & c.]		*i Ḥḥw ẖmnyw ipw, prw m Šw ḳm3.n if n Tmw rn.sn, ẖft mdw Nw, m ḥḥw, m nww, m tnmw, m kkw! [...] ẖft ḳm3w mdwt Nw ḥnᶜ Tmw; Rᶜ pw ḳ3 Tmw im.f, m ẖnw m ḏr.f; n m33t.n.f Gb ẖr rdwy.f(y), Šw m ḏr.f; Šw m-ẖnw Nww, n ṯst 3kr Gb; n ẖpr Mḥyt-Wrt n Tmw, sẖn.f ḥr.sn; ink pw ᶜ3 n Šw, ḥfd ḥr m3ḳt Šw; ḥsb.i ṯnwt Ḥḥw m iẖẖw i3ẖw; [...] Tmw; [...] ṯsw Šw; [...] Rᶜ*
52	*CT*, **II**, 80, §§ 27d-32a [B1C, B7C, B2L, B1P, B1Bo, G1T, A1C]		*i Ḥḥw ẖmnyw ipw, m Ḥḥw n Ḥḥw! šnnw pt m ᶜwy.sn, s3ḳ pt 3kr n Gb; ms.n.ṯn Šw, n ḥḥw, m nww, m tnmw, m kkw; ip.f ṯn n Gb Nwt, sk Šw m nḥḥ, Tfnt m ḏt; ink b3i pw n Šw, ẖnt Mḥyt-Wrt, prr r pt r mrr.f, h33.f r t3 [...]; ink Šw, msw n Tmw, ḥbs.i pw ṯ3w n ᶜnẖ; [...] ṯ3w [...] ink ir sšp pt m-ẖt kkw, inm.i pw ᶜ3b ṯ3w pr ḥr-s3 m r n Tmw; rḏw pw ḳrr n pt idt.i pw šnyt iẖẖw; iw 3w n pt nmtt.i, iw wsẖ n t3 pn grgt.i; ink ḳm3 wi Tmw, iw r st nt ḏt; ink nḥḥ, ms Ḥḥw, [...] Tmw [...] t3*

<table>
<tr><td>53</td><td>CT, II, 80, §§ 32b-43h [B1C, B7C, B2L, B1P, B1Bo, G1T, A1C]</td><td rowspan="7">DE BUCK, 1935-61
VAN DER PLAS & BORGHOUTS, 2000

BARGUET, 1968
FAULKNER, 1973-78</td><td>[...] | Tmw |$_{x3}$| [...] Šw |$_{x3}$ [...] Tfnt [...] | Nw |$_{x2}$ [...] Gb [...] rmṯ, prt m irt.i, hꜣbt.n.i sk wi wꜥ.kwi ḥnꜥ Nw m nnwt [...] n irt Nwt, wn.s ḥr-tp.i; [...] Tmw [...]; [...] wbn.f rꜥ-nb, pr.f m swḥt.f [...]; [...] imyw ꜣḫt; sꜥnḫ it.f, nt iḫmw-wrḏw ḳdt wiꜣ.f; [...] Tmw [...] ink iꜣḫw pḏ nmtt; in ḥr(y)t n Tmw, r šrt Rꜥ, rꜥ-nb; iwt.i, šm.i, wp.i wꜣt n rꜥ, sḳd.f r ꜣḫt iꜣbtt; [...] nḥm.i sw m-ꜥ ꜥꜣpp, sḏꜣ.f r ꜣḫt imntt; [...] msktt [...] mꜥnḏt [...] ṯꜣw.i pr m-min m Imntt Iꜣbtt, m ẖꜣt Nwt; [...] rꜥ-nb [...] Tmw [...]; ink ꜥnḫ, nb rnpwt, ꜥnḫ.i n nḥḥ nb ḏt; Tmw [...] Šw Tfnt [...]; m wn.f wꜥy, m ḫpr.f m ḫmt; m wpt.f Gb r Nwt; [...] Tmw [...] Tmw [...] Gb [...] pt [...] Gb; isn wi it.i Tmw, pr.f m ꜣḫt iꜣbtt; ḥtp ib.f m mꜣꜣ <w>i; sḏꜣ.f m ḥtp r ꜣḫt imntt, gm.f wi m wꜣt.f; [...] | rꜥ-nb |$_{x2}$ [...] Tmw, pr m ꜣḫt iꜣbtt [...] Gb; ink wnn ꜥnḫ ẖr Nwt</td></tr>
<tr><td>54</td><td>CT, II, 81, §§ 44a-44h [B1C, B7C, B2L, B1P]</td><td>ink [Šw], zꜣ Tmw; ms.n.f wi m šrt.f [...] rꜥ-nb; pzḏ.f, wbn.f, pr.f m swḥt.f, mst nṯr m prt; [...] imy ꜣḫt; di.i nfwt r šrt.f; [...] wiꜣ [...] Ḥḥw [...] rꜥ-nb dwꜣy</td></tr>
<tr><td>55</td><td>CT, II, 82, §§ 45a-45f [B1C, B7C, B2L, B1P]</td><td>[...] Šw [...] kkw [...]; irty.i ṯwt irty snwty irt-Ḥr; mn ṯwt irt.f, mn ṯwt irt.i, m mr m nšnw</td></tr>
<tr><td>56</td><td>CT, II, 83, §§ 46a-48d [B1C, B2L, B1P, M23C, & c.]</td><td>[...] bꜣi Šw; sḫm m ṯꜣw nw pt, ḫpr m ꜣḫ pw iḳr, m nsw ṯꜣw nbw nw pt; [...] tp tꜣ ḏt</td></tr>
<tr><td>57</td><td>CT, II, 84-87, §§ 49a-54g [S1C, G2T, T1L, Sq6C, Sq1C, M6C, M4C, & c.]</td><td>[...] tꜣ [...]; [...] di.sn ḏsrw tp ꜥwy Sšꜣt, iwr<t> {synt} im.i; [...] Nwt [...]; [...] kꜣ-pt [...] Tmw [...]; [...] Rꜥ [...]</td></tr>
<tr><td>58</td><td>CT, II, 88-89, §§ 54h-59c [M41C, S1C, G2T, T1L, B1Bo, B4C, & c.]</td><td>[...] wnn.i mi rꜥ, rꜥ-nb, mss rꜥ-nb ẖr ḥnmmt, iw mꜣꜣ sf; [...] prt m hrw [...] m-min [...]; [...] n iit hrww.i [...]</td></tr>
<tr><td>59</td><td>CT, II, 90, §§ 60a-61c [B2Bo, B4C, T1L, & c.]</td><td>[...] prt m hrw; [...] šꜥ.n ḥꜥw ꜥnḫw imyt mnt Spdt; [...] psḏ Ḥwt-Ḥr</td></tr>
</table>

<table>
<tr><td>60</td><td>CT, II, 91-95, §§ 62a-74c [B2Bo, B4C, T1L, T1Be, B1C, B1L, B3L, M3C, S2C, S10C, & c.]</td><td rowspan="7">DE BUCK, 1935-61
VAN DER PLAS & BORGHOUTS, 2000

BARGUET, 1968
FAULKNER, 1973-78</td><td>[...] m hrw [...]; prt m hrw [...]; ꜥḳ.n.ꞽ m sbꜣw ꜣḫt [...]; hrww [...]; r n prt m hrw: ꞽ wꜥ wbn m ꞽꜥḥ! [...] wꞽꜣ, ḥnꜥ ꞽmyw ꞽꜣḫw [...] m hrw pn; [...] prt m hrw: [...] | m hrw |$_{x3}$ [...]; [...] pry.ꞽ m hrw, m bꜣꞽ.ꞽ m ꞽrw.ꞽ m hrw [...]</td></tr>
<tr><td>61</td><td>CT, II, 96, §§ 75a-90e [B1C, B1L, B3L, M3C, & c.]</td><td>Gb [...]; hrw n ꜥr ḥrt; [...] | m hrw |$_{x4}$ [...]; [...] prt m ꞽꜣḫw, msst Rꜥ rꜥ-nb; ꞽw ḏꜣ.n.ꞽ pt, nmꞽ.n.ꞽ ꞽꜣḫw; ꞽw ḏꜣ.n.ꞽ Ꞽmntt pt; nmꞽ.n.ꞽ Ꞽꜣbtt pt; ꞽn Rꜥ ꞽr bꜣꞽ.ꞽ, ꞽn.ꞽ bꜣꞽ n Rꜥ; [...] | m hrw |$_{x2}$ [...] m-mꞽn [...]; n ꞽꞽt hrw.ꞽ [...]</td></tr>
<tr><td>62</td><td>CT, II, 97, §§ 91a-92e [B1L, B3L, M3C, T1L, & c.]</td><td>prt m hrw: [...] ꞽnk Ḏḥwty ꞽḳr; ꞽrt-Ḥr, šd wꞽ ḥnꜥ.ṯ [...] Rꜥ; ꞽ Tmw! m r.k ꞽmy n.ꞽ ꞽrt-Ḥr [...]</td></tr>
<tr><td>63</td><td>CT, II, 98, §§ 92f-94c [S1C, G2T, B1C, B2L, & c.]</td><td>ꞽnk smꜥ, pr m Nw; pzš.n bꞽꜣyt n sf; šm.n.ꞽ bꜣꞽ.ꞽ <r> pt (zp 2); ꞽꞽ.n.f <m> tꜣ (zp 2); ꞽn ꞽmy wšꜣwt ḥꜣp sꜣ.ꞽ, n ntt ꞽnk ꞽs bkꜣ, nb sf; [...] Ḏḥwty? [...]</td></tr>
<tr><td>64</td><td>CT, II, 99, §§ 94d-96f [S1C, S2C, G2T]</td><td>[...] ꞽn štw ꞽpw nw Tmw [...]; prr.k m Dwꜣt ꞽꜣḫw, wbn.sn ꞽm.f, prrw.sn ꞽm.f, hꜣw.sn ꞽm.f; [...] Ḏḥwty [...]</td></tr>
<tr><td>65</td><td>CT, II, 100-105, §§ 96g-115h [S1C, S2C, G2T, B1C, B2L, B2P, & c.]</td><td>[...] ꞽrt-Ḥr [...] pt tꜣ [...]; [...] Šw [...] ꞽꜣḫw [...] ꞽrw Nb-Tm; [...] ꞽrt-Ḥr [...]; dꞽ.k tpy-mḏw m-ḫnt wr, mꞽ Ḏḥwty [...] Tmw [...]; wsr.k m pt, sḫm.k m pt, sḫm.k m tꜣ; [...] m sbꜣ ꞽꜣḫw [...]; ꞽnk Tmw, ḳmꜣw [...] šd Tmw bꜣꞽ.ꞽ pn r Gb, [...] tꜣ [...] tꜣ [...] Tmw [...]; prt m hrw [...]; Šw [...] ꜣkrw [...] Rꜥ [...] ꞽꜣḫw [...]; ꞽw.ꞽ wn.ꞽ dwꜣyt hrw; wḏꜥ.n.ꞽ sbꜣw ꞽsw; ꞽw ꞽnḏ.ꞽ Rꜥ ꞽmy rꜥ.f; [...] grḥ [...] Rꜥ [...] Nb-r-Ḏr [...] Gb [...]</td></tr>
<tr><td>66</td><td>CT, II, 106, §§ 116a-117n [BH3C]</td><td>[...] ꞽnk mds ꞽmy rꜥ, ꞽnk sḫm ꞽmy ꞽ<ꜣ>ḫw; n bḥ.n wꞽ ꞽmyw rꜥ, n sḫm ꞽmyw ꞽꜣḫw ꞽm.ꞽ; ḫr r.f snḏ tp ꜥwy ḏꜣ pt rꜥ-nb m-ḫt.f, ꞽsṯ mꜣꜣ.sn n wꞽ, [...] tp tꜣ; wn n.ꞽ ssꜥwt rꜥ [...], pr.ꞽ, hꜣ.ꞽ, ꞽnḏ rꜥ ꞽmy ꞽtn.f; [...] rꜥ [...]; [...] sḥd wr [...]; Gb [...]</td></tr>
</table>

67	*CT*, **II**, 107, §§ 118a-120i [S1C, S2C, G2T]		[...] *hrw* [...] *i Nw m Ḥḥw* [...]*; ink sšp m ṯḥnt nw m-ḥꜣt iꜣḫw, dd pr.i m wnwt tw imnt;* [...] *rꜥ-nb* [...]*; iꜣḫw* [...]*; ink rꜥ n hrw pn; ink Ḥr m-ḫnw irt.f; nfr wy n.i m hrw pn r sf!* [...] *itn* [...]*;* [...] *wn n.i sbꜣw Dwꜣt Dgng, znš.n.i sbꜣw ꜣḫt* [...]*; mḥt.i m Mḥyt-Wrt* [...]
68	*CT*, **II**, 108-115, §§ 121a-136a [T1L, B1Bo, *pGardiner III*, B4Bo, B14, B1C, M22C, M23C, S1C, S2C, G2T, B2L, & c.]		[...] *Wꜥ psḏ.f* [...] *iꜣḫw* [...]*;* [...] *Ḥwt-Ḥr* [...]*; hrw pn* [...]*; ink Ḥr m-ḫnw irt.f; nfr n.i m hrw pr r sf!* [...] *ꜣḫt* [...] *Ḥwt-Ḥr* [...] *Tmw* [...]*; ꜣḫt* [...] *Ḥwt-Ḥr;* [...] *mꜣst Sꜣḥ* [...] *Tmw* [...]*;* [...] *Tmw* [...]*; Šw* [...] *Šw Tfnt* [...]*; m nšn wr; my, r di n.i hp pn; ir n.i mꜣꜥ pf; smꜣꜥ ḥꜣy pn; sꜥḥꜥ.i mꜣꜥ n nṯrw ipn, ib m-ḫnw.f, m sḏrw štꜣw, iḫmw-skiw imyw.sn* [...]*; hrw pw* [...]
69	*CT*, **II**, 116-117, §§ 136b-139b [S1C, S2C, G1T, G2T, A1C]	DE BUCK, 1935-61 VAN DER PLAS & BORGHOUTS, 2000 --------------------- BARGUET, 1968 FAULKNER, 1973-78	[...] *ḳd is pn n.z m ḫrt-nṯr:* [...] *my, rk di n.i hp pn; sꜥḥꜥ n.i mꜣꜥw{t} n.i; ir n.i mꜣꜥ{t}.f; in.ṯn n.i ḥtpw* [...]*; i ḥr wꜥ<w>.f, tp<y>-hp, stwt sn.f, ḥr-ib sht.f; ḥr ḥꜣy, pgꜣw mꜣꜥ{t}; my, r di n.i ḥꜣy pn ḥr wsrt; sšm n.i wꜣwt n ḥr.f-ḥꜣ.f, mr.f Mꜣꜥt, msḏ.f isft; ḥr wꜣw ib.f Mꜣꜥt, sšmw.tw n<.i> nṯrw ḥr.s*
70	*CT*, **II**, 118-123, §§ 139c-146e [S1C, S2C, G1T, G2T, A1C, *pGardiner II*, *pGardiner III*]		[...] *ink ii m Rwrwti, pr, msktt, hꜣy.i m mꜥnḏt; wḏꜥ.i m ḳdt rꜥ nw n mšrw;* [...] *in Imntt Iꜣbtt, in bw štꜣ n pt;* [...] *Gb; pr m irt.f* [...]*; Gb* [...] *Gb* [...]*;* [...] *Tmw* [...]*;* [...] *Šw* [...]*;* [...] *Gb* [...]
71	*CT*, **II**, 124-125, §§ 147a-147f [S1C, S2C, G1T, G2T, *pGardiner II*, *pGardiner III*]		*hꜣ.n.i, r mꜣꜣ* [...] *diw nw.ṯn sbꜣw pw sꜣḥw m Sꜣḥ; ii.n.i m fdw-nw.ṯn iḫmw-skiw; irw gnwt n Ḫpri, wnw ḥr n štꜣw swt*
72	*CT*, **II**, 126-131, §§ 148a-152c [S1C, S2C, G1T, G2T, *pGardiner II*, *pGardiner III*]		[...] *psḏ.kwi m rꜥ, rꜥ-nb; sꜥḥꜥ.n.i Mꜣꜥt, dr.i isft; wn ꜥꜣw imyw Nw; rḫ wꜣwt r pt: iw wn.n.i wꜣwt m pt; iw wbn.n rꜥ m ḥd r Mḥt ḥr Rsy* [...]*; Mḥt hꜣw sbꜣw* [...]*, Rsy pt m wbꜣ r tꜣ; rww ṯꜣyw* [...] *Imntt Iꜣbtt* [...]*; Gb* [...] *Gb* [...]

73	*CT*,**II**,132,§§152d-157g [S1C, S2C, G2T]		*ink Tmw, ḳmꜣ wrw; ink ir Šw, ms Tfnt; ink pw psš ḥtpw.f m rk Nw;* [...] *Ḥḥ* [...] *Rꜥ* [...] *Gb* [...] *hrw* [...]; *mwt.i Nwt;* [...] *Sšꜣt* [...]; *ms n.ṯn imyw pꜣwt.sn* [...]
74	*CT*,**II**,133-136,§§157h-165c [S1C, S2C, G2T, *pGardiner II*, B2L, Sq3Sq, & c.]		[...] *ink Rꜥ, it n rꜥ;* [...] *m-min* [...] *Tmw* [...] *Šw* [...] *iw r.i m Ḥḥ* [...]; *grḥ* [...] *Gb* [...] *grḥ* [...]; *ḥkꜣ* N *pn pt, iṯ.n* N *pn tꜣ;* [...] *pr.n.i m pt, wnn* N *pn m pt ꜥnḫ r nḥḥ*
75	*CT*,**II**,137,§§165d-172j [B2L, B2P, Sq4C]		*i Rꜥ-Tmw!* [...] *Rꜥ* [...] *Rꜥ* [...]; *iw nṯrw mdw.sn im itn irt-Ḥr ꜥꜣt; iry<.i>, smn<.i>, ḥtp<.i> ḥr.s;* [...] *Rꜥ* [...] *Rꜥ* [...] | *imy Nww* [...] *imy tꜣ* [...] *imy pt* [...] *imy mww Ỉmntt* [...] *Ỉꜣbtt, imy Rsy* [...] *imy Mḥt* [...] |$_{x2}$ [...] | *Rꜥ* |$_{x10}$ [...]; *pꜣwtyw imyw ꜣḫt* [...] *nnk irt-wr, i[n] pꜣwtyw* [...]
76	*CT*,**II**,138-145,§§172h-179h [B2L, B2P, Sq3Sq, Sq4C, S2C, *pGardiner II*]	DE BUCK, 1935-61 VAN DER PLAS & BORGHOUTS, 2000 ---------------------- BARGUET, 1968 FAULKNER, 1973-78	*ink ms Sšꜣt* [...]; *iw ḥb.n.i m trw;* [...] *Gb* [...]; *i Rꜥ, Tmw, Gb!* [...] | *r pt, r tꜣ, r mww* |$_{x2}$ [...]; | *Rꜥ* |$_{x3}$ [...] *irt-Ḥr wrt* [...]; *Rꜥ* [...]; *wn.f r n tꜣ n* N *pn, wp.f sbꜣw Gb n* N *pn;* [...] *Nw; sfḫfḫ* N *pn nmtt iꜣḫw;* [...] *mšrw* [...] *mꜥnḏt* [...] *msktt* [...] *ṯꜣww pw* [...] *ꜣkr; ꜥnḫ m-ḫt mt mi Rꜥ, rꜥ-nb;* [...] *imyw Nw* [...] *Nwt* [...]
77	*CT*,**II**,146,§§180a-205e [B1C, B2L, B1L, B2P, & c.]		[...] *Rꜥ, Tmw, Gb, Nwt!* [...] *hꜣ.f r pt, hꜣ.f r tꜣ;* [...]| *tꜣ* |$_{x5}$ [...] | *Rꜥ* |$_{x3}$ [...] *pt* [...] *Nw* [...] *sḳd.kꜣ wiꜣ pw n Rꜥ in iswt iptwty nty iḫmw-skiw, iḫmw-wrḏw;* [...] *Ỉhy* [...] *Ḥwt-Ḥr* [...] *Nwt* [...]
78	*CT*,**II**,147,§§206a-209b [S1C, S1P, S2P, & c.]		[...] *ꜣḫt* [...] *ink ꜥm irt.f ḫnt kꜣpt pt; ii.n.i, wn.n.i Wrt* (= *pt*) [...]; *iw wn.n.i ꜥꜣw ṯfrr* (= *pt*); [...] *ꜣḫt imntt nt pt*
79	*CT*,**II**,148,§§209c-226a [S1C, S1P, S2P, B4C, & c.]		*ḳi sšd, snḏ nṯrw* [...] *Gb* [...] *Tmw* [...] *tꜣ* [...] *pḥ.n.k ꜣḫt* [...] *sḳdd iꜣḫw* [...]; *dbḥ.i wnn.k m šmsw-rꜥ m ꜣḫt, m ḥꜣt wiꜣ pꜣt n nḥḥ;* [...] *nḥḥ* [...]; *pḥ.n ꜥḥt.i ꜣḫt, swꜣ.n.i nṯrw nw pt;* [...] *in.n.i wꜣwt nḥḥ n ꜥnḏ(w)* [...]

80	*CT*, **II**, 149, §§ 226b-253g [S1C, S1P, S2P, B2Bo, & c.]	DE BUCK, 1935-61 VAN DER PLAS & BORGHOUTS, 2000 -------------------- BARGUET, 1968 FAULKNER, 1973-78	[...] *pr m ꜣḫt* [...]; [...] *ỉw ỉrt-Ḥr m sšmwt.ỉ; ỉw ꜣḫw.ỉ m nḫt.ỉ;* [...] *n sk rn.ỉ m tꜣ pn* <r> *ḏt*
81	*CT*, **II**, 150, §§ 254a-254v [BqC]		*ḳỉ sšd, snḏ nṯrw* [...]; [...] *dmḏ pt* [...] *ṯꜣw mḥyt* [...] *Šw* [...]; *ỉw.ỉ r ꜣḫt, sṯs.ỉ ḥr Gb, ḥn.ỉ ḥr ỉꜣḫw;* [...] *tꜣ* [...] *m wỉꜣ n Rꜥ n nḥḥ;* [...] *ỉnk nḫnw Rꜥ, smꜣy Rꜥ; ỉnk bỉꜣy, ỉmy r n nḥḥ; ḥnt.ỉ pw ḏt* [...]
82	*CT*, **II**, 151-152, §§ 255a-261b [S14C, L1Li, B1C, B1Bo, B2Bo, B3Bo, B1P, & c.]		[...] *ỉmyw Nww; pḏ nmtt n ỉmyw ỉꜣḫw;* [...] *hꜣy.ỉ r nst.ỉ, ỉmyt ḥꜣt wỉꜣ Rꜥ; prt m hrw* [...]; *ỉ wꜥ, wbn m ỉꜥḥ, ỉ wꜥ, psḏ m ỉꜥḥ! pry.ỉ m-m ꜥšꜣt kt r pt, wḥꜥ ỉmyw ỉꜣḫw;* [...] *pr.kwỉ m hrw* [...]
83	*CT*, **II**, 153, §§ 261c-265e [B2Bo, BqC, B1C, B4C, B9C, B2L, T1L,]		*ỉnk Tmw* [...]; [...] *wn.f n.ỉ r tꜣ, znš.f n.ỉ ꜥꜣw ỉmyw ỉꜣḫw; wḏdwt nt ḳdt Rꜥ m mšrw; ꜥnḫ.ỉ m-ḫt mt, mỉ ꜥnḫ Rꜥ, rꜥ-nb; ỉn ḥm mst Rꜥ m-sf ms wỉ* [...];
84	*CT*, **II**, 154, §§ 266a-289e [S2P, S3P, S1C, S2C, S3C, B2Bo, B4Bo, B2P, B1L, & c.]		[...] *Ḏḥwty* [...] *nḥḥ* [...] *tp tꜣ* [...] *m-sf* [...] *ỉrt.f wꜥt; wn.n.ỉ, ḳd*<.n>*.ỉ nknt, ỉnk wꜥ ỉm.sn; ỉw.ỉ rḫ.kwỉ Psḏt-Ỉwnw, tmmt bs wr-mꜣꜣw ḥr.s; Ḫbt r m Snwt; ḏꜣt ꜥ ỉn ḥtm, r ỉwꜥw Ỉwnw;* [...] *r pt* [...]; *Rꜥ pw ḥr mdwt ḥnꜥ Ỉmy-whm.f, ḥr pzšt Ỉwnw, ꜥḥꜥ.n r.f ỉꜣt; ḫpr Ḫbt m ꜣbd; ꜥḥꜥ.n ḏd.n Ỉmy-whm.f: «šzp.ỉ ḳsw.ỉ, ỉwꜥ.ỉ nỉwt tn»; ḫpr ḳsw pw; ꜥḥꜥ.n ḏd.n Rꜥ: «sꜥḥꜥ.ỉ snw.ỉ r.f, nš.ỉ sw»; ḫpr Snwt pw; Rꜥ* [...]; *ỉw rḫ.kwỉ bꜣw-Ỉwnw; Rꜥ pw, Šw pw, Tfnt pw* [...]
85	*CT*, **II**, 155, §§ 290a-309b [S2P, S3P, S1C, S2C, S3C, B2Bo, B4Bo, B2P, B1L, & c.]		*rḫ bꜣw n Psḏntyw* [...]; [...] *bꜣỉ pn, kꜣ tꜣ ḥr.f* [...]; *ỉw rḫ.kwỉ ỉꜣtt m ỉrt Bt, hrw ỉp rw.s, m wꜣ ꜥnḏw r wšꜣw; r-5-nw wꜥt gstt n ỉp rw.s m ỉmywty n mḥt ḥr ḥkst; wn n.ỉ bꜣw Psḏntyw, ỉnk mḥ.s wrr ḥt n wt m-ḫnt r-pr pn; ỉw rḫ.kwỉ hḏt ḫnt ḫꜣt, m ꜥ Ỉnpw, grḥ pw* [...] *hrw pw* [...]; [...] *wn n.ỉ ntyw m Psḏntyw,* [...]; *ỉw rḫ.kwỉ bꜣw Psḏntyw* [...]

86	*CT*, **II**, 156, §§ 309c-325d [S2P, S3P, S2C, B4Bo, B2P, B4L, & c.]		[...] *wbn dšrt m mnṯꜣt; wnm irt, innw dꜥr st;* [...] *Rꜥ; r srdt šwt m ḳꜥḥ Wsir, skm dšrt* [...], *r sḥtp irt n ip.s;* [...] *rḫw mr Rꜥ šwt rdt, dšrt km* [...]*; Šrt m ꜣbd, ꜥꜣt m Smdt: Ḏḥwty pw* (var.: *Spdt pw*)*;* [...] *grḥ pw* [...] *hrw pw*
87	*CT*, **II**, 157, §§ 326a-348c [S2P, S3P, S2C, B1Bo, B2P, B1C, & c.]	DE BUCK, 1935-61 VAN DER PLAS & BORGHOUTS, 2000 ---------------------- BARGUET, 1968 FAULKNER, 1973-78	[...] *ḥst, mrwt tp tꜣ; wnn m-ḫt Ḥr, ḥnꜥ šmsw.f; sštꜣ rḫ nt m pr-P;* [...] *bꜣw wḫt* [...]*; in Rꜥ rdi.n.f sw, m-isw iꜣṯt m irt.f;* [...] *Rꜥ pw, ḏd.f n Ḥr: «*[...] *mꜣꜣ.i irt.k, ḏr nw ḫprr.s»; mꜣꜣ.n.f s, ḏd.n.f: «dgꜣ my r pr, ꜥ.k ḥbs m wḏꜣt imyt»; wn in Ḥr ḥr dgꜣt r pf, ḏd in Ḥr: «mk wi, ḥr mꜣꜣ.f ḥḏ»* [...]*; ḏd in Rꜥ: «dgꜣ, mk r šꜣ pf km»; ꜥḥꜥ.n Ḥr ḥr dgꜣt r šꜣ pn, ꜥḥꜥ.n Ḥr ḥr kit ḥr ḳd n irt.f nšnt; ḏd.n.f: «mk, irt.i mi sḳr pf tp ir.n Stẖ r irt.i»; ꜥḥꜥ.n Ḥr ꜥm.n.f m-bꜣḥ.f; ḏd in Rꜥ: «dy r ṯn sw ḥr ḥnkwt.f, r snbt.f!»; Stẖ pw, ir.n.f ḫprw {r}.f m šꜣ km; ꜥḥꜥ.n st.n.f sḳr m irt.f; ḏd in Rꜥ: «bw šꜣ n Ḥr!»; «ḥy snb.f!», in.sn nṯrw; ḫpr bwt šꜣ pw n Ḥr in nṯrw imyw-ḫt; ḫr m wn.f m ḫrd, ḫpr ḫr rwt.f m šꜣ, iw n mrt irt.f;* [...] *Rꜥ* [...]*; wn(n)<.i> m-ꜥ.i m syp nḥḥ, wbꜣ n ḏt* [...]
88	*CT*, **II**, 158, §§ 349a-362f [S2P, S2C, B2Bo, B4Bo, B2P, B1L, & c.]		[...] $\| Rꜥ \|_{x5}$ [...] *ḥḏy zꜣ pn n Ꞽst, ḥr irt.n mwt.f r.f ḏs.s;* [...] *m ꜣbd, m Smdt* [...] *m Smdt* [...]
89	*CT*, **II**, 159, §§ 363a-372b [S2P, S2C, B2Bo, B4Bo, B2P, B1C, & c.]		*ꜥḳ, prt m sbꜣw iꜣbt nw pt, m-m šmsw rꜥ* [...]*; iw.i rḫ.kwi sbꜣ pw ḥr-ib n pt, prr rꜥ im m Ꞽꜣbtt:* [...] *m bw sḳdd nw rꜥ im m ḫnt, m tꜣw;* [...] *wiꜣ Rꜥ; iw.i rḫ.kwi nhty iptwy, nty <m> mfkꜣt, prrt rꜥ imyty.sny, šmty ḥr stt šwyt r sbꜣ nb iꜣbt, wbn rꜥ im.f; iw.i rḫ.kwi Sḫt-Ꞽꜣrw tw, nt<y> rꜥ, inb nt ḥꜣ.s m biꜣ;* [...] *Ḥr-ꜣḫty* [...] *nṯr dwꜣy*

90	*CT*,**II**,160-161,§§373a-388s [S2P, S2C, B2Bo, B4Bo, B2P, B1C, L1Li, & c.]		*[...] tꜣ [...] tꜣ; ꜥḳ, prt m sbꜣw ỉꜣbt nw pt: ỉw.ỉ rḫ.kwỉ ḏww pw Bꜣẖw, nt pt rhn.s ḥr.f: wnn.f m ṯḥn; [...] ỉrr.f m tr n mšrw pnꜥ ḫr.f ỉrt.f r Rꜥ, ḫpr ḫr ꜥḥꜥw m ḳdt, sgwt ꜥꜣt m-ẖnw sḳdt, ḳꜥḥ ḫr sw Stẖ m ḏrt.f; [...] ꜣkrw [...] Rꜥ [...] mšrw, dbn.n pt [...] ḥtp ḫr Rꜥ m ꜥnḫ [...] Rꜥ [...] Ḥwt-Ḥr pw, nbt mšrw [...]; [...] tꜣ [...]; rꜥ [...] rꜥ [...]; ỉw* N *rḫ sbꜣ pw ḥr-ỉb Sḫt-Ꞽꜣrw, prrw rꜥ ỉm.f m ỉꜣbt pt; [...] wỉꜣ Rꜥ [...]; ỉw* N *rḫ nhty ỉptwy, nty m mfkꜣt, prr rꜥ ỉmy.sny, šmty ḥr stt šwyt r sbꜣ ỉꜣbt, r bw wbn rꜥ ỉm.f; [...]*
91	*CT*,**II**,162, §§ 389a-405b [B1Bo, B2Bo, S2C, B6C, G1T, & c.]	DE BUCK, 1935-61 VAN DER PLAS & BORGHOUTS, 2000 --------------------- BARGUET, 1968 FAULKNER, 1973-78	*sẖm m ṯꜣww 4 nw pt: | rdỉ nt nn n ṯꜣww [...] |$_{x4}$; mḥt pw: pḥrt Ḥꜣw-Nbwt, pgꜣt ꜥwy.s r ḏrw tꜣ [...] rꜥ-nb [...] ṯꜣw pw ꜥnḫ mḥt; [...] ỉꜣbt pw wnt ptrw; znšt ỉꜣbt, ỉrt wꜣt nfr n rꜥ, pr.f ỉm.s; [...] Rꜥ [...] ṯꜣw pw ꜥnḫ ỉꜣbt [...]; [...] ỉmnt pw, sn Ḥꜣ [...] tꜣ [...] mḥt, rsw, ỉmnt, ỉꜣbt [...]; [...] ṯꜣw pw rsw [...]; [...] ṯꜣw pw ꜥnḫ rsw [...]; ỉnḏ hr.ṯn ṯꜣw pw nw pt, kꜣw nw pt! [...] n ꜥnnt ꜥrwt Mꜣṯrt, zꜣt nṯr dwꜣy [...] pt, tꜣ [...] rꜥ [...]*
92	*CT*,**II**,163, §§ 405c-405ℓ [T1L]		*ḏꜣ Š-n-Ḫꜣ: ỉw rdỉ.n* N *pn nn n ṯꜣw [...]; mḥt pw nḏm n ꜥnḫ [...]; nn n ṯꜣw [...] ỉmnt [...] ỉmy mnt Ꞽmntt [...]*
93	*CT*,**III**,164, §§ 1a-4f [M22C, S2C, G1T]		*[...] ỉnk nb ḫwt 7: ỉw 3 r pt, 4 r tꜣ, m pr Rꜥ Ḏḥwty; [...] Ḥwt-Ḥr [...]; [...] my rk, nỉs.k r ẖnww nw pt ḥrt-ỉb! ỉr.sn n.k wꜣt; ỉ wr, ỉ mꜣꜣw, ỉ ỉt pꜣwtyw nw pt ḥrt-ỉb! ỉr n.ỉ wꜣt [...]*
94	*CT*,**III**,165-166, §§ 5a-16b [S1C, S2C, B5C, M22C, & c.]		*[...] Rꜥ [...]; [...] sbb Mꜣꜥt n rꜥ, rꜥ-nb; ꜣḫ mỉzt Rꜥ ḥr Mꜣꜥt rꜥ-nb; [...] wḏꜣ.kwỉ m-ꜥ sḏb* (var.: + *ḏwy*) *[...] m rnpt* (var.: + *ꜣbd*) *tn, m hrw pn nfr [...] hrw nfr [...] hrw pn nfr [...] Rꜥ, rꜥ-nb; [...] pr.ỉ m ꜣḫt, ꜣwt.ỉ m-ḥꜣt.ỉ; [...] swḥt [...] tꜣ [...] pt [...]*

<table>
<tr><td>95</td><td>CT,III,167, §§ 16c-27b
[S1C, S2C, B5C, M22C, & c.]</td><td rowspan="5">DE BUCK, 1935-61
VAN DER PLAS &
BORGHOUTS, 2000

BARGUET, 1968
FAULKNER, 1973-78</td><td>[…] | Rꜥ $|_{x3}$ […] ḥḏ n.k ḥr n Psḏty […] ink imy ḫnt n-irty, ḥr ḫndw ḳbḥw; sḫmn kꜣ.i; wšb.i m-ḫnt ꜣḫt; […] r Ḏnit […] tꜣ […] prr.sn r pt m bikw, prr.i r ḏnḥw.sn; Snt n iꜥw.i; iw Ḏnit n mswt.i; ink Rꜥ-Tmw […] Rꜥ-Tmw […] ḥr gs iꜣbt n pt; ink Rꜥ-Tmw, Nb-Tm […]</td></tr>
<tr><td>96</td><td>CT,III,168-172, §§ 28a-46e
[S1C, S2C, B5C, B2Bo, BqC, T3C, B1L, & c.]</td><td>[…] Gb […] I͗mntt I͗ꜣbtt […]; rdwy.i mꜣꜣw 4 pw; ṯbwt.i m Ḥwt-Ḥr; ḏꜣ.i pt, nmt.i tꜣ; […] šm.i iw.i m Šw; ḥr.i <m> Mḥyt-Wrt; […] wn n.i, ink <m> Mḥyt-Wrt! […] Tmw […] Nw […] tꜣ […] Nw […] Šw […] Tmw […] nḥḥ</td></tr>
<tr><td>97</td><td>CT,III,173-174, §§ 47a-60i
[B2L, B1C, B3C]</td><td>[…]; […] ḥr-ntt mdw pw m-ꜥ.i, ḏzr pt tꜣ; […] tꜣ […] Rꜥ […] Gb […] Šw […] Rꜥ […]; wn n.i ꜥꜣwy ḏsrw, znš n.i ꜥꜣw Knzt; ḫꜥ wpwty, kꜣ Ḏḥwty […]; ḏꜣw pt […] ḏꜣwy pt […]; zḫz.i pt, wnwn.i m Nwt; […] rn.i pt m ꜥbwy.i, sꜣḥ.i tꜣ m ṯbwt.i; […] smsw r Tmw; […] wiꜣ Ḫpri […] wiꜣ Ḫpri […]; ḫrp.i ḳdty Tmw m mšrw, hrw šd nṯr mdw.f m sḫm; […] ꜥnḫ.i m ṯꜣw; wḥm.i ꜥnḫ m-ḫt; […] Gb […] ꜥnḫw šmsw rꜥ […]; pr.n.i ḥr Šw; ḥfd.n.i ḥr iꜣḫw; […]</td></tr>
<tr><td>98</td><td>CT,III,175-176, §§ 61a-62e
[B2L, B1C]</td><td>r n prt r pt, r bw nty Rꜥ im: ink Ḥr, ḫnty š-pt, Ḏḥwty […]; prr.ṯn r pt m nrwt, prr ḥr-tpt ḏnḥw.ṯn; prr.ṯn r pt m ḥfꜣww […]; prr.ṯn r pt m iꜥrwt […]; […] Sḫt-Ḥtpw Rꜥ […]; […] iw Snwt n wšb.i; iw Ḏnit n mswt.i; irw.n.i hny m-ḫt Rꜥ; ii nṯr m ḥtp, in.sn imyw I͗ꜥḥ-Wr; rdi.n.sn n.i ḫꜥw ḥnꜥ rꜥ: prt r pt, r bw Rꜥ im</td></tr>
<tr><td>99</td><td>CT,III,177-180, §§ 63a-74d
[L1Li, M21C, M57C, BH3C, B2L, B3C, B4C, B3Bo, T1L, S10C, & c.]</td><td>[…] Rꜥ […] Mḥyt-Wrt […] Rꜥ […]; ḥms.i ḥr ḫndw iꜣḫw; […] Tfnt […] Rꜥ […] Mḥyt-Wrt; […] rdi.k nḥḥ, di n.i nḥḥ, ḥtp.n.i <r> nḥḥ […]; i mḫnty n Sḫt-I͗ꜣrw! in.n.i nw r Wꜥrt […]; m-m Mḥyt-Wrt […] ṯꜣw […]</td></tr>
</table>

100	*CT*, **III**, 181-182, §§ 74e-77q [S10C, & c.]		| [...] *pt* [...] *tꜣ* [...] |x2 [...]; *in msktt ḥnꜥ mꜥndt dd n.ir pr-nṯr, rꜥ-nb;* [...] *in Ỉst ẖnnw.i rꜥ-nb;* [...] *mi zmꜣ.f tꜣ m irt-Ḥr, iwt-wiꜣ; nn irt-Ḥr iwt-wiꜣ, nn ink is pw iwt-wiꜣ;* [...] *min* [...] *wiꜣ-nṯr* [...] *Rꜥ* [...] *Nwt* [...]
101	*CT*, **III**, 183-186, §§ 78a-87c [T1C, BqC, B1L, B3Bo, T1L, B15C, & c.]		[...] *r pt ḥr Rꜥ-Tmw* [...] *r tꜣ ḥr Gb;* [...] *Mḥyt-Wrt* [...]; [...] *ṯꜣw, prt m hrw:* [...] *Gb* [...] *ntt ink is nwr pwy, ḥr rdt ꜣḫt nt pt; pꜣ.i ḥr gs iꜣbt nt pt, ẖnn.i ḥr gs imnt nt pt; ḏꜣy.i pt, mi Rꜥ; zmꜣ tꜣ mi Ḏḥwty* (var.: *Spdt*)*; ink wꜥ im.sn;* [...] *m pt ḥr Rꜥ* [...] *m tꜣ ḥr Gb;* [...] *Nw* [...]
102	*CT*, **III**, 187-190, §§ 87d-98p [BqC, B1L, B3Bo, B15C]	DE BUCK, 1935-61 VAN DER PLAS & BORGHOUTS, 2000 ---------------------- BARGUET, 1968 FAULKNER, 1973-78	[...] *ii.n.i m-min m-bꜣḥ Ptḥ* [...]; [...] *ḥr pgꜣ ꜣḫt nt pt; gm.n.i Ḫnsw ḥr wꜣt hꜣ.n.f Pwnt;* [...] *r pt ḥr Rꜥ* [...] *r tꜣ ḥr Gb* [...]; [...] *ṯꜣw* [...]; *ṯs.i ꜥḳꜣw n Rꜥ m pt; zmꜣ.f tꜣ* [...]; *ṯs.i ꜥḳꜣw.i m pt mi Rꜥ* [...]; [...] *m pt ḥr Rꜥ* [...] *m tꜣ ḥr Gb* [...]; *ir n.i wꜣt r pt, ink nsw ntyw-im;* [...] *ḳꜥḥ iꜣbty n pt* [...]; *ẖnn.i ḥr Wꜥrt* [...]; *wn n.i sbꜣw ꜣḫt, bw nfr n pt, ḥms.i im*
103	*CT*, **III**, 191-194, §§ 99a-112k [S1C, S2C, BqC, B1L, B2Bo, T15C, & c.]		[...] *imy ḏrw pt* [...] *r pt* [...] *r tꜣ* [...] *n ḏt* [...]; *sip nṯrwy ipwy, wrwy, ꜥꜣwy, wnmw ḏfꜣw ḥr idbw pt, prr.sn r pt m bikw, iw.i ḥr ḏnḥw.sn; hꜣ.sn r tꜣ m ḥfꜣww* [...]; *rdi n.i Snwt n iꜥw.i, Ḏnit m mswt.i;* [...] *r pt ḥr Sꜣḥ, r mꜥnḏt* [...]; *Rꜥ* [...] *Ḥwt-Ḥr* [...] *r-gs nbw nḥḥ ḏt* [...]
104	*CT*, **III**, 195-197, §§ 113a-119b [T1L, B4C, S1T, S2P, S2C, S6C, *pGardiner II*, & c.]		[...] *Psḏntyw* [...] *r pt ḥr Rꜥ* [...] *r tꜣ ḥr Gb* [...]; [...] *min* [...]; *ḥms* N *pn ḥr nst m-ḫnt ꜣḫt; gm.n* N *pn Ḫnsw, ꜥḥꜥ m wꜣt.f, m hꜣt.f m Pwnt;* [...] *Psḏntyw* [...]; *Rꜥ* [...] *Rꜥ* [...] *m ḥb Ḏnit* [...] *hꜣ.n.sn r tꜣ* [...] *pr.n.sn r pt* [...]; *wd<.n>.sn wi ḥr idbw ꜣḫt; wnm.n.i im ḥnꜥ.sn Snwt n šb.i, Ḏnit n mswt.i* [...]; *ink sn-nw nṯrwy ipw prrwy r pt* [...]; [...] *tꜣ* [...]

105	*CT*, **III**, 198-200, §§ 119c-125f [S1T, S2P, S1C, S2C, S6C, & c.]		*ink ẖmt-nw n nṯrw ipw prrw r pt [...] tꜣ [...] [...] iw ḫt 3 m pt ḫr Rꜥ; iw ḫt 4 m tꜣ ḫr Gb; in msktt ḥnꜥ mꜥnḏt inn s(y) n.i m dpty 2 nt Rꜥ, rꜥ-nb; [...] Ḥwt-Ḥr [...]; [...] ir mꜣꜥ.k r.i, mꜣꜥ.k wḥ.f r Rꜥ*
106	*CT*, **III**, 201-206, §§ 125g-154f [S1C, S2C, B1Bo, B2Bo, T1Be, T3Be, M5C, B2L, & c.]	DE BUCK, 1935-61 VAN DER PLAS & BORGHOUTS, 2000	*ink kꜣ snkt [...] r tꜣ ḫr Gb [...] r pt ḫr Rꜥ [...] m Mr-n-Ḥꜣ [...]; šmsw rꜥ, šmsw.i; ink ḥy Wnpy, zꜣ Ḏḥwty; [...]; ꜥnḫw šmsw rꜥ im.f [...]; [...] rꜥ-nb [...] in wrw imyw nṯrw pt nṯrw tꜣ [...]; [...] m Stḫ, nb pt mḥt [...]; ḥr Wꜥrt tw ꜥꜣt [...]; dbn.i pt tn ḥr 4.s znšw, ḥms.i m bw mry.i im; [...] ink hꜣt Ḥp, imy pt [...]; [...] m pt mḥt [...] mi Ḏḥwty [...] m nbit irt-Ḥr [...] |Rꜥ|$_{x3}$ [...] hrw [...] dbn.i ḏrw ꜣḫt, r bw mry kꜣ.i im ḥmst im; [...] r pt [...] r tꜣ [...]; in msktt ḥnꜥ mꜥnḏt innt n.i ḫt nbt [...]; [...]*
107	*CT*, **III**, 207-212, §§ 155a-170f [S1C, S2C, B1Bo, B2Bo, B4Bo, B2L, G1T, A1C, *pGardiner II*, & c.]	BARGUET, 1968 FAULKNER, 1973-78	*[...] Ḫnsw: msywy grḥ, my ms.ṯn wi! [...] Rꜥ [...] Snwt [...] Ḏnit [...]; [...] Ḥwt-Ḥr [...] pt [...] msktt [...] mꜥnḏt [...] rꜥ-nb [...]; in <nṯr> dwꜣy šms* N *pn rꜥ-nb! [...]; [...] r pt ḫr Rꜥ [...] r tꜣ ḫr Gb; [...] Rꜥ [...] msktt [...] mꜥnḏt [...] rꜥ-nb [...] Rꜥ; [...] ink kꜣ Psḏt, pr m ꜣḫt; [...] pt [...] tꜣ [...] rꜥ-nb [...] Rꜥ-Tmw [...] Rꜥ*
108	*CT*, **III**, 213-217, §§ 171a-195g [T1C, B4Bo, S1C, S2C, B2L, B1Bo, B2Bo, B4Bo, B1L, B3L, B5C, L1Li, *pGardiner II*, & c.]		*[...] Gb [...] pt [...] Rꜥ [...] tꜣ [...] Gb [...] msktt ḥnꜥ mꜥnḏt [...]; ꜥnḫ.i tp m Rꜥ hrw pw; [...] r pt, r tꜣ [...] mꜥnḏt [...]; iw.i ḥnꜥ.ṯn r ḫntyw pt mḥtt; [...] i ḥr.f-hꜣ.f, mḥn(w)ty n Š-n-Ḥꜣ! in n.i nw, ḏꜣ wi, d(i) wi m pf gs [...]; |Rꜥ|$_{x5}$ |[...] pt [...] Rꜥ [...] tꜣ [...] Gb [...] Tmw|$_{x2}$ [...]; [...] mi mkt Ḏḥwty m nṯrwy ipwty wrwy ꜥꜣwy ḫnzwy pt; iṯ wi ḫnz.i pt ḥnꜥ.ṯn; [...] ḫnz.i pt mi Rꜥ, wnwn<.i> pt mi Ḏḥwty [...] Rꜥ [...] Ḏḥwty [...]; Rꜥ*

<table>
<tr><td>109</td><td>CT, III, 218-220,
§§ 195h-203d
[S10C, L1Li, B1L, B2L, B3L, B5C]</td><td rowspan="4">DE BUCK, 1935-61
VAN DER PLAS & BORGHOUTS, 2000

BARGUET, 1968
FAULKNER, 1973-78</td><td>[...] i͗nk kꜣ [...] sšmw pt; nb ḫꜥw nw pt, sḥḏ wr, pr m bḫḫw, sšmw n nṯr nb; [...] rdi͗ n.i šmt i͗ꜣḫw; [...] pt [...] Rꜥ [...] tꜣ [...] Gb [...] msktt [...] mꜥnḏt [...]; ḏꜣ.i m i͗mntt pt; [...]; [...] ḏꜣ.i r šw ꜣḫt; [...]; [...] i͗ wr, ꜥꜣ pw, znšy pt wrt! [...] wr pw ḥnꜥ I͗ꜣḫw; [...] zmꜣ.i tꜣ r pt [...]; [...] ḥr gs i͗mnt n pt; [...] šꜣs.i ḥr wꜣt ḥrt pt, ẖrt tꜣ, mḥtt I͗tnws [...]</td></tr>
<tr><td>110</td><td>CT, III, 221-225,
§§ 204a-250b
[B1Bo, B2Bo, B4Bo, S2C, L1Li, T1C, T1Be, T3Be, T1L, T2L, S1C, B1L, B2L, B4C, pGardiner II, & c.]</td><td>[...] šm.i, mꜣꜣ wi Rꜥ, wnn.i ḥnꜥ i͗myw-ẖt.f; psḏ.i ḥnꜥ i͗myw Nw; i͗n ꜥnḏw dd n.i ꜥ.f [...]; [...] |ṯꜣw|x4 [...]; [...] ṯꜣw [...] Tmw [...]; i͗w.i m zꜣwt zḫnt tw ꜥꜣt, wpt Gb r Nwt; [...] ṯꜣw [...] ṯꜣw [...]; i͗nk wḏꜥ bi͗ꜣ; [...] i͗w.i nb bkꜣ; [...] Tmw [...]; hꜣ N! wn n.k pt, wn n.k tꜣ; wn n.k ḳꜣꜣwt Gb, wn n.k tp-ḥwt ptrw; [...] r nw [...] tꜣ [...] hrw [...]; [...] prt i͗m m grḥ, m hrw; [...] i͗ mẖnty Nwt! i͗n nw n N [...]; ṯꜣw [...] Gb [...] Ḥwt-Ḥr [...] Ḏḥwty [...] ṯꜣw [...] tꜣ [...]</td></tr>
<tr><td>111</td><td>CT, III, 226-230,
§§ 251a-298i
[S1C, S2C, T1L, B1L, B2L, L1Li, Sq3C, B1C, B6C, B1P, B2Bo, T3C, G1T, A1C, pGardiner II, & c.]</td><td>[...] grḥ [...]; wn n.k pt, tꜣ; wn n.k rwty wrty; [...] Gb [...] grḥ [...] hrw [...] grḥ [...] m Wꜥrt [...] Gb [...]; hꜣ N! pr.k m hrw, m grḥ! [...] i͗nk pw, i͗nk Nb-Tm; i͗nk ꜣzb, sn n ꜣzbt; [...] Gb [...] i͗nk Ḥr, hrw ḫꜥ<w>.f; i͗nk Sꜣḥ, sꜣḥ tꜣwy.f, sḳdd ḫft ꜣḫꜣḫ n pt, m ẖt nt mwt.i Nwt; i͗wr.s wi r mrr.s, ms.s wi r šzp i͗b.s; [...] hrw [...] hrw [...]; i͗t.i pw Gb, mwt.i pw Nwt; i͗nk Ḥr-Smsw hrw ḫꜥw.f; [...] hrw [...] Nb-Tm [...]; [...] km.f rnpwt 110 [...] rnpwt 10 [...]; [...] ṯꜣw i͗ꜣbt [...] ṯꜣw mḥyt [...] ṯꜣw rsw [...] ṯꜣw i͗mnt [...]; dbn.i pt tn ḥr 4.s gsw; di͗.i ṯꜣw n i͗mꜣḫw [...] rꜥ-nb [...]; [...] Rꜥ [...] ṯꜣw [...]; [...]</td></tr>
<tr><td>112</td><td>CT, III, 231-235,
§§ 299a-302e
[T3C, G1T, A1C]</td><td>[...] Ḏḥwty [...]; [...]; [...] i͗rt-Ḥr [...]; [...]; [...] ḫnz.k pt, tꜣ, n wrḏ.k, i͗mꜣḫy N pn, i͗ḳr, mꜣꜥ-ḫrw!</td></tr>
</table>

113	*CT*, **III**, 236-241, §§ 302f-326j [T3C, G1T, G2T, A1C, T2L, T3L, & c.]		*[...] ꜣt [...] prr.ỉ r pt ḥnꜥ Sꜣḥ [...] dmỉ.ỉ sbḫwt ḳꜣwt šnyt Rꜥ; [...] hrw [...]; [...] Nbt-r-Ḏr m st štꜣt [...] ꜣt [...] ỉnk nb ṯꜣw [...] hrw [...] dmỉ.n.ỉ sbḫwt ḳꜣwt šnyt Rꜥ [...]; [...] hrw [...] ỉnk nb ṯꜣw [...] tꜣ [...]; ỉw sft m-ḫt.ỉ r hrw ḥtp.n.ỉ m ꜣḫt; [...] Rꜥ, nb pt [...] hrw [...]; šzp.n.ỉ ḏt.ỉ, rnp.ỉ m ꜥnḫ rꜥ-nb; [...] sk.ỉ nḥḥ m ꜥnḫ; [...] Gb [...]; [...] m nhpw [...]; ỉw tꜣ r Wꜥrt ꜣḫt, ḥnꜥ ỉmyw wỉꜣ; [...] ỉmyw mšrw [...]; [...] rdỉt bꜥḥ n nb ꜣgb, ḥr Wꜥrt [...]; [...] mḥ Š-n-Ḫꜣ*
114	*CT*, **III**, 242-252, §§ 327a-352e [S1C, S2C, S3C, S11C, SqC, S2P, T1L, L1Li, Sq3C, B3Bo, B2L, T3C, & c.]	DE BUCK, 1935-61 VAN DER PLAS & BORGHOUTS, 2000 ---------------------- BARGUET, 1968 FAULKNER, 1973-78	*[...] ỉnk Ḏḥwty, ỉn Mꜣꜥt, swḏꜣ wḏꜣt m pr Rwrwti; [...] ỉỉ.n.ỉ m-mỉn m Ỉw-Nsrsr [...]; [...]; dỉ.n Ḥr [...] n pḥ.f wꜣt wꜥt-ỉwꜣwt, šmt Ḏḥwty ḥr.s; [...] n pḥ.n.f sšp ỉmyw ꜣkrw.f r Wꜥrt [...]; ptr ỉrw pt, s[ḏ]m.n ỉrw tꜣ, ỉwꜥ.n.ỉ wꜣwt.s; [...]; ỉnḏ ḥr.k, wbn.k wbnt, ḫpr.k ḫprt m rn.k pw n Ḫpri! [...] ỉnk sbꜣ pw, pr m [...] Rꜥ; [...] Rꜥ [...] ẖ(ꜣ)w(y) [...]; r n ꜥḳ m ẖt, prt m ẖt r-ḥꜣ pt: ỉnk sfg ỉrw pw ḥr-ỉb ỉꜣḫw; [...] n dm wỉ ỉꜣḫw [...]; | ỉnk ds m ds ỉmy-ꜥ Ḏḥwty |$_{x2}$; [...] wr wḏꜣt, nbt ḏfꜣw; [...] n dm wỉ ỉꜣḫw; [...]; [...] wr wḏꜣt; [...] Ḏḥwty [...] ỉrt-Ḥr [...] Rꜥ [...]; [...] ỉrt [...] Šw [...] Rꜥ [...] ỉrt-Ḥr [...] ỉnk Rꜥ [...]; [...] ỉnk Ḏḥwty [...]; ỉỉ.n.ỉ ḏꜥr ỉrt-Ḥr; ỉn.n.ỉ, ỉp.n.ỉ s<t>; gm.n.ỉ s<t> kmt, ỉpt, ḏꜣwt; hwt.s r pt, ṯꜣw.s r ḥr, ẖr [...]; ỉnk Ḏḥwty; ỉw ꜥ.ỉ tp-ꜥ.ỉ; sšm.ỉ [ḥwtyw] n nṯrw; [...] Gb [...]; wn ꜥꜣw Sfꜣṯ, znš n.ỉ ꜥꜣw ḳbḥw; [...] ỉnk skm, bdš Rwrwti; [...] | rꜥ-nb |$_{x2}$ [...]; [...] | Rꜥ-Tmw |$_{x2}$ [...] hrw [...]*
115	*CT*, **III**, 253, §§ 353a-356g [T1L, Sq6C, M22C, S1C, & c.]		*[...] Tmw [...] sꜣḳ Sꜣḥ ꜣḫwt.f ỉmywt pr; ꜥꜣ Sꜣḥ m wḏꜥ! [...] ỉw* N *pn n ꜣbd; wnn* N *pn r Rnpt [...]*

116	*CT*, **III**, 254-255, §§ 357a-364c [S1C, S2C, S3C, & c.]	DE BUCK, 1935-61 VAN DER PLAS & BORGHOUTS, 2000 --------------------- BARGUET, 1968 FAULKNER, 1973-78	*[...] Rꜥ [...] Rꜥ-Tmw [...] Ḏḥwty [...]; ḫꜥ.ꞽ m Rꜥ [...] Rꜥ [...]; ḫꜥy.ꞽ m Ḥr, pr m nwb ḥr spty ꜣḫt; [...] Ꞽꜣbtt [...] Ꞽmntt [...]; hꜣ.ꞽ m dpt, ḏꜣ.ꞽ r pf gs [...]; smn.sn n wꞽ m ḫnt ꞽtrty, [...] ꞽtrty; ṯs šnwt ḥꜣ.ꞽ in ꞽḫmw-skꞽw; n ḏrt ꜥrrwt ḥr.ꞽ in ꞽḫmw-wrḏw*
117	*CT*, **III**, 256-259, §§ 365a-377b [S1C, S2C, S3C, B2L, & c.]		*[...] hpr m nsw pt: ꞽd.n.ꞽ, ꞽṯ.n.ꞽ ꜣḫt m ꜥ.ꞽ, Dwꜣt m ꜥ Rꜥ, wrrt m ꜥ Psḏt(-Nṯrw); [...] ꞽṯ.n.ꞽ ꜣḫt [...]; [...] ꞽnk ꞽmꜣḫy n Ḫnsw, n pt; ꞽw.ꞽ pr m r.f r gs Rꜥ; ꜥḥꜥ m ḥr-ꞽb pt; ꞽw ḥryw pt m ꞽb.sn nḏm ꞽm.ꞽ; tm sk ḏt: [...] ꜣḫt [...] Rꜥ [...] ḥr-ꞽb ꜣḫt; [...] ms.n wꞽ Nwt; ꞽrw n.k ḥb ꜥꜣ m Ḏnꞽt [...]; [...] m ꜣḫt: [...] ꞽ ḥfꜣw ꞽpw nw ꜣḫt! [...] r ꞽtrt ꜣḫt ꞽmntt; [...] swꜣt bꜣw.ꞽ r pt, nrw.ꞽ r tꜣ; [...] ꞽnk nw n kf Nwt; rmn.ꞽ n.f wp Psḏwt; ḏꜣ.ꞽ rd.ꞽ ḥnꜥ Rꜥ, ḥr Msḳt(-Sḥdw), ḥnꜥ Ḫprꞽ [...]*
118	*CT*, **III**, 260-264, §§ 377c-393k [S1C, S2C, S3C, B1Bo, B2L]		*[...] ꜥnḫ ꞽmyw ꜣḫt n ꜣḫ pn [...]; ḫꜥ.ꞽ ḥr nst wrt, mnḫ.ꞽ ꞽm m Ḏḥwty, msw nṯrw Nwt, ḫft ms.n.ꞽ Rꜥ; [...] wrw, ꜥꜣw, ḥr-ꞽb ꜣḫt [...]; ꞽnk ḫns pw ꞽmy wpt Rꜥ, ꞽr sḥḏ m Ꞽꜣbtt, ḫft mḏꜣwt ꜣḫw m Ꞽmntt, pḫr ḥrw.sn ḥr ꞽnmw.sn; [...] Nb-Tm [...] ꞽnk ꞽr.n pw ꞽr.n Nb-Wꜥ [...] tꜣ [...], m hꜣb.f Wꜥt.f [...]; ꞽnk wnnt zꜣ pw n mst Tmw; ꞽw.ꞽ m-sꜣ, wḏt Nb-Wꜥ; [...] Tmw [...]; |kꜣw nw pt|x2; [...] Tmw [...]; [...] rꜥ-nb [...] tꜣ [...]; ꞽmyw Nww; [...] bnw [...] Ḏḥwty [...] Gb [...]*
119	*CT*, **III**, 265-267, §§ 394a-400c [S1C, S2C, S3C, B2Bo, B7Bo, B5C, & c.]		*[...] pt [...] spḫr.sn kꜣw ꜥꜣw ḥr-ꞽb ꜣḫt; [...] swꜣ.ꞽ r pt, snḏ.ꞽ r pt [...]; ꞽn Ḏḥwty wꜥr sf [...] Rꜥ [...] Rꜥ [...] Šw [...] Bꜣstt [...]; ꞽnk Tmw m rn.f n Rꜥ [...]; [...] ꜥnḫw ꞽmyw ꜣḫt [...]; ms.n ṯw Nwt, ḫft mswt Rꜥ; [...] ꜣḫt [...] ꜥnḫ.ꞽ m Ḏḥwty; [...] Rꜥ [...]; pr sḫmw tpw m Ꞽmntt*
120	*CT*, **IV**, 268, §§ 1a-6a [B1Bo, B2Be, T1L, Sq6C]		*[...] Š-n-Ḫꜣ: [...] Ḥḥw [...] Gb [...] pt [...] hrw pn [...]*

<table>
<tr><td>121</td><td>CT, IV, 269-276, §§ 6b-17m [T1L, Sq1C, Sq3C, Sq6C, B2L, B3L, B2P, B2Be, B1Bo, BH1Ox, & c.]</td><td rowspan="4">DE BUCK, 1935-61
VAN DER PLAS & BORGHOUTS, 2000

BARGUET, 1968
FAULKNER, 1973-78</td><td>[...] Gb [...] ỉw mrwt N pn m pt, m tꜣ [...]; [...] zꜣ Ḥwt-Ḥr [...]; [...] Wꜥrt [...] ỉw ỉn.n.ỉ ẖrt tꜣ nt Tmw; [...] ỉnk bỉk, grḥ pw sẖwd rnpwt; [...] ỉnk sšmw n ꜣẖt nt pt; [...] ỉry hꜣw Ꜣꜣẖw; pẖr.ỉ pt mḥt [...]; [...] ꜥnẖ m ṯꜣw [...] hrw [...] ṯꜣw [...] ṯꜣw [...]; N pn ḥꜣt tw ꜥnẖ psḏ, hrw [...] nbt ꜣẖt [...] ỉrt-Ḥr [...] Ḥwt-Ḥr [...]</td></tr>
<tr><td>122</td><td>CT, IV, 277-279, §§ 18a-27i [B1Bo, B2Be, BH2C, T1L, Sq6C, & c.]</td><td>ẖpr m Ḏḥwty: ḥms.n N pn m ỉrt-Ḥr, m tp-ẖmt, wḏꜥ m nṯrw m ẖt Ḏḥwty; Ḏḥwty [...] ỉn N pn ỉr ꜣbd, smtr Smdt nt ḥb; ỉw dbnt ỉrt-Ḥr r ꜥ n N pn, m šmsw Ḏḥwty; [...] hrw [...] ỉnk pw Ḏḥwty [...]; [...] pꜣ N pn m wr [...] Wꜥrt [...] ẖꜥ N pn m nṯr [...]; ỉw wn n N pn ꜥꜣwy Mꜣꜥt; znš n N pn ꜥꜣwy ḳbḥw; [...] pt [...] tꜣ [...]; [...] Nw [...]</td></tr>
<tr><td>123</td><td>CT, IV, 280, §§ 28a-29g [Sq3C, Sq6C]</td><td>Wsỉr N pn, ṯwt Ḥr Smsw, šd ṯꜣwt m šsꜣt; [...] ỉrt nt Wsỉr N pn m Rꜥ, ꜥwy.f m Tmw [...]; Wsỉr N pn, ṯwt Ḥr Smsw; ỉw wdꜥ.n Wsỉr N pn rḥwy m srd ky pt; ỉw nḏr Wsỉr N pn Sꜣḥ, m nwty Stḥ; Wsỉr N pn wḏꜥ m pt tn n Rꜥ; ỉw sšp ḏd N pn, ỉw knḥ ḏd N pn; [...]</td></tr>
<tr><td>124</td><td>CT, IV, 281-287, §§ 30a-39h [Sq1C, Sq3C, Sq6C, L1Li, T1L, B1C, & c.]</td><td>[...] m ꜣẖt ỉꜣbtt nt pt [...]; [...] pt [...] ꜣẖt [...]; [...] zꜣt Rꜥ [...] sḏt n Wsỉr N pn, pr.f m ꜣẖt; [...] nbt n sḏt, wrt ỉmyt wpty nt Ꜣꜣẖw, [...] nḥmt Rꜥ m ꜥꜣpp [...]; hprw m Sbk, nb Š-n-Ḫꜣ: [...] ỉnk Sbk, nb Š-n-Ḫꜣ; ẖprw m Sbk, nb Mr-n-Ḫꜣ; [...] pꜣwtyw, mꜣꜣw wpt pt r tꜣ; [...] hrw [...] Tmw [...] Gb [...] ꜥḳ.n Wsỉr N pn r ꜣẖt [...]; pꜣw.n.ỉ m wr, ngng n.ỉ m smn, ẖn.n.ỉ ḥr Wꜥrt tw ꜥꜣt mḥtt ꜣẖt nt pt; mꜣꜣ.ỉ! n mt.n.ỉ! ẖn ḥr.ỉ r ẖꜥꜥ<w>.f! [...] ỉỉ.n.s ptrt sẖwt, snfrt <ỉn> bỉꜣ<yt> nfrt, ḥms.s ỉm.f [...];</td></tr>
</table>

125	*CT*, **IV**, 288-292, §§ 39i-44h [Sq1C, Sq6C, B1Bo, BqC, B1L, B2L, B1C, T1L, *pGardiner II*, & c.]		*ḫprw m ṯꜣw:* [...] *Šw,* [*ꜣwy ꜣwt*], *ꜣzb iꜣḫw* [...] *Šw* [...] *m tp ṯꜣw, r ḏrw pt tꜣ; šꜣꜣs.n.i šw, nmt.n.i ꜣkr;* [...] *inn.i ḥrt ʿnḏw; ink wp pt r tꜣ* [...]*;* [...] *šsꜣt m Imntt* [...]*;* [...] *Rʿ* [...] *Imntt* [...]*; swꜣ.n.i ḥr ḫnt Sḫt.f mḥt nḥḥ n Rʿ;* [...] *nḥḥ* [...]
126	*CT*, **IV**, 293-301, §§ 45a-53e [B1C, B2L, B3L, L1Li, *pGardiner II*, & c.]	DE BUCK, 1935-61 VAN DER PLAS & BORGHOUTS, 2000 ---------------------- BARGUET, 1968 FAULKNER, 1973-78	[...] *bnwy; pr.n.i ḥr Šw, hꜣ.n.i ḥr Ḥr;* [...] *pr.n.i m wnwt; wʿb.n.i m zzw* [...]*;* [...] *pt* [...] *m ḥwt-nṯr nt Ḥwt-Ḥr; iw dbn.n.i pt ḥnʿ miw; tꜣ pn ḫr.i m ṯbty.i;* [...] *|Ḥwt-Ḥr|*$_{x5}$*;* [...] *Tmw* [...] *Rʿ* [...]*;* [...] *Nb-r-Ḏr* [...] *Wʿrt* [...] *tꜣ* [...] *hrw* [...] *iꜣḫw* [...]*; ḫprw m ṯꜣw 4 nw pt, rḫ rn n nṯr iry mꜣkt nt pt:* [...] *Sšꜣt* [...]*; iw pt m rsw, ḥms.i m mḥt* [...]*; iw pt m imnt, ḥms.i m iꜣbt* [...]*; ḥms.i m šw, šyt* [...]*;* [...]*;* [...] *ink nb tpy-rnpt* [...]*; rwd.n.i ḥr snṯr; ḫfd.n.i ḥr Iꜣḫw; Ḥwt-Ḥr, di n.i ʿ.ṯ!: prt r pt;* [...] *inḏ ḥr.k, pꜣ r pt!* [...]
127	*CT*, **IV**, 302-306, §§ 53f-61p [B3L, B1P, B1Bo, L1Li, & c.]		[...] *msktt* [...] *in.n.i ib.i m ꜣḫt, ḫn.n.i m mʿnḏt;* [...] *m bik nfr n nwb, tp bnwt.f; ʿḳ Rʿ rʿ-nb, r sḏm mdw.f;* [...] *ḥms.i ḥnʿ nṯrw ipw, nbw pt* [...]*;* [...]*;* [...] *tꜣ* [...] *tꜣ* [...]*;* [...] *wbn nṯr m šš.f, pꜣ.f, itt.f r grḥt pt;* [...] *msktt* [...] *mʿnḏt* [...] *ḥr idb n Mr-n-Ḫꜣ* [...]*;* [...] *ḫʿ Rʿ, rʿ-nb* [...] N *pn pꜣ.n.f iṯṯ.n.f imyty ḏwty iptwty wrty, ḫʿt Rʿ im.sn;* [...] *r-ḏr rdi n.f Tmw;* [...] *Rʿ-Tmw* [...] *Ḥr-ꜣḫty* [...] *ḥr wḏḥwt Rʿ, rʿ-nb* [...]*; inḏ ḥr.k Tmw, nṯr ir pt, ḳmꜣ wnnt, pr m tꜣ* [...]*, nb ntt, ms nṯrw! inḏ ḥr.ṯn nbw nḥḥ* [...]*!* [...] *nṯrw šnw pt, nṯrw imyw Imntt, nṯrw imt ḫn Nnt!* [...] *ḥms* N *pn m st.f imy ꜣḫt,* [...] *stꜣ ḥnkt m mšrw;* [...] *ꜣḫt* [...] *Nb-Tm* [...]*; ḥʿʿw nṯrw, mꜣꜣw.sn sw m nmtwt.f nfrwt m ḫʿt Nnt, ms.n sw Nwt rʿ-nb*

<table>
<tr><td>128</td><td>CT, IV, 307, §§ 62a-64e [L1Li, BH4C, K1T]</td><td rowspan="3">DE BUCK, 1935-61
VAN DER PLAS & BORGHOUTS, 2000

BARGUET, 1968
FAULKNER, 1973-78</td><td>[...] ink Rꜥ, pr m Nww, m rn.i pw n Ḫpri; [...] ir mꜣꜥt, ꜥnḫ.i im.s rꜥ-nb; [...] ḫpr.n.i ḏs.i ḥnꜥ Nww [...], ḫpr.n.i im.f rꜥ-nb, ink nb sšp; [...] Nww [...]; ink [smsw pꜣwtyw, bꜣi.sn m] ḥwtyw-nṯr nḥḥ; ink ḳmꜣ kkw, ir st.f m ḏrw ḥrt; [...] ḏrw ḥrt [...] ḏꜣ<.i> biꜣ<yt> [...] kkw [...] ꜥnḫ pw ḏt! [...] ink bꜣi ḳmꜣ Nww [...], ir.n.i šsy<.i> m ḏrw ḥrt; [...] r tꜣ Gb [...], mꜣꜣ.i it<.i> nb mšrw; [...]</td></tr>
<tr><td>129</td><td>CT, IV, 308-311, §§ 64f-67t [BH4C, T1C, B1Bo, pGardiner II]</td><td>ḫꜥ.i m Rꜥ, nb Iꜣbtt, m pryw iptw nw Iꜣbtt; [pr.n.i] r pt; zḫn.n.i st.f imyt Iꜣbtt; [...] m kkw [...]; [...] ꜣḫ m pt, ꜣḫ m pt; iꜥnw n.ṯn. nṯrw imyw pt, ꜣḫw ꜣḫt! [...] ink Ḫnsw, šb ḏnd bḫḫw ḥꜣtyw; [...] ḫpr.n.i m ḫprw; ink wꜥ, dḳrw nṯr; [...] hrw [...] Ḏḥwty [...] hrw [...]; ink Ḫnsw [...]; ḫpr.n.f ḫprt m Ḫpri [...], ḥr gs iꜣbt nt pt; [...] ḫ(ꜣ)w [...] dwꜣ(y)t [...]; [...] ḫꜣy m Ḫnsw, ꜥnḫ m ḥꜣtyw: ḫprw m Ḫnsw [...]</td></tr>
<tr><td>130</td><td>CT, IV, 312, §§ 68a-86w [B6C, T1C, D1C, B2Bo, & c.]</td><td>[...] m pr kkw [...] wnn.k im Nb-r-Ḏr [...]; šmt, iwt N pn r ḥrwt nt pt [...] Gb [...] Nb-r-Ḏr [...] iꜣḫw [...]; ink pw, ink imy iꜣḫw [...]; N pn wꜥ m nw n nṯrw, ꜣḫw, imyw iꜣḫw, ḳmꜣ.n Tmw, [...] Tmw [...] wꜥy m Nw [...] srw sw, pr.f m ꜣḫt [...]; [...] Nb-Wꜥ [...] iꜣḫw [...] | ḏrw nw pt [...] m hrw ḳrs |$_{x2}$ [...] iwt, prt.k ḥr wꜣwt pt; mꜣꜣ<.ṯn> ṯw imyw ꜣḫt [...] wbn r.f tr Ḥr, m-sꜣ irt.f [...] Nbw-r-Ḏr [...] Nb-Wꜥ [...]; ink pw rḫ wꜣwt Nwt; iw ṯꜣww m zꜣ.i [...] Sḫt-Nḥḥ [...] kkw mrw imnt [...] m-min [...] bik, imy iꜣḫw, sḫm m sšp, m sšd; [...] pt [...] Nb-r-Ḏr [...] Nwt [...] ꜣkrw [...] Tmw [...] Nb-Tm [...] snḏ r.i imyw ꜣḫt [...] pt [...] wn wꜣwt imyt pt tꜣ [...] Gb [...] rwd pt, ḥꜥi Nwt [...] Tmw [...] irt-wꜥ [...] Nbt-r-Ḏr</td></tr>
</table>

<table>
<tr><td>131</td><td>CT, IV, 313, §§ 87a-93q
[B5C]</td><td rowspan="4">DE BUCK, 1935-61
VAN DER PLAS & BORGHOUTS, 2000

BARGUET, 1968
FAULKNER, 1973-78</td><td>[...] Rꜥ [...] Tmw [...]; ḫꜥ.i m ḥḳꜣ [n pt], nsw tꜣ [...]; tꜣ [...] i Ḏḥwty, ḫr Tmw, šꜣs.n.n tp Ꞽw-Nsrsr [...] Ḏḥwty [...] iw grt rdit n.k ꜥḥꜥw n Rꜥ |Rꜥ|$_{x8}$ [...] pt [...] tꜣ [...] Rsy [...] Mḥt [...] |Ꞽꜣbtt|$_{x2}$ [...] |Ꞽmnt|$_{x2}$ [...] ꜣt Tmw m prw.f nw ꜣḫt [...] Ḏḥwty [...] Ḏḥwty [...]; iw ḳmꜣ.n irt.i m ns<r>, [...] zmꜣ ꜣḫt.i m ꜣḫt.f; iw ir.n.i irt.i nzrt ꜥnḫt; [...] Rꜥ-Tmw [...] Šw, Tfnt, [...] Nwt, Ḏḥwty [...] nḫt irt.f r nḫwt<.sn> [...] iṯ.n.i ꜣḫt Ḫpri [...] Gb Ḏḥwty; itrty ḥtpty ḥr.s; pt m ḥb, tꜣ m ḥꜥꜥwt; [...] ḫr ḫrw ḳrr [...] Gb [...] ink m tꜣ pn n ḏt</td></tr>
<tr><td>132</td><td>CT, IV, 314-315, §§ 94a-97n
[B5C, B3P]</td><td>[...] ink nṯr msw Nwt [...] Ḏḥwty [...] hrw [...] Ḏḥwty Rꜥ |hrw|$_{x8}$ [...] Snt, Dnit [...] tꜣ [...] tꜣ [...] r trw [...]; [...] ṯwt nṯr ꜥꜣ, imy m pt, m-m nṯrw [...] Rꜥ [...]</td></tr>
<tr><td>133</td><td>CT, IV, 316, §§ 98a-109g
[S2P, S1C, S2C]</td><td>ḫpr m irt-Ḥr ḫtt: ink irt-Ḥr ḫtt, prt m nrw [...], ḫprt m nsr iꜣḫw, rdit.n Rꜥ n.s ḫꜥw, smnt Rꜥ-Tmw mswt.s; [...] Rꜥ [...] ḫpr.n.i m irt-Ḥr, [...] snwt Rꜥ; [...] ḥr Wꜥrt tw nt inr-ḳꜣḥyt; ḫpr.kwi m nbt ḫꜥw; wḥm.n.i ḫꜥw.i; smn.n.i ḫprw.i; nsr.i m-ḫt.i; [...] sy pn nw dwꜣ(y)t, n iw nṯr pn? n wpyt šwywt [...]; [...] m-min [...] irt.f n ḏt.f [...]; ḫpr.kwi m irt-Ḥr ḫtt [...] ms.n.s irt.f [...] Tmw; [...] Tmw [...] <irt-> wꜥt [...]; [...] mst n.i ꜣbd, irt n.i Smdt [...]; mi nb ꜣbd, ity ḏt [...]; ink Ḥr, ṯs irt.f [...]; ḫpr.kwi m irt-Ḥr ḫtt; [...] Nw [...] Tmw [...]; rdit n.i ꜥnḫ wsr m ꜣḫt, nṯr nb ḫr idt.i; ink pꜣwtt tꜣ, sšmt Nb-Wꜥ [...]; [...] Ḥr-ꜣḫty [...]; [...] m tꜣ pn, ḏt</td></tr>
<tr><td>134</td><td>CT, IV, 317, §§ 110a-112i
[S1P, S1C, S2C, S3C]</td><td>sdꜣ pt, imyw.s m ksw [...]; sy pn ḫpr min? Ḫpri ii m Ꞽw-Nsrsr; iw nṯrw m wiꜣ.f [...], nb ḏt; [...] ir.n.i mrrt.i, irw.i m pt; [...] pt [...]; šm.i r nww.i, ii.i r {i}trw.i</td></tr>
</table>

<table>
<tr><td>135</td><td>CT, IV, 317, §§ 113a-135f
[S1P, S1C, S2C, S3C]</td><td rowspan="3">DE BUCK, 1935-61
VAN DER PLAS & BORGHOUTS, 2000

BARGUET, 1968
FAULKNER, 1973-78</td><td>[...] pꜣwty tꜣ [...]; [...] ꜣḫt; šm.i r nww.i, ii.i r {i}trw.i; [...] Rꜥ [...] ꜣḫt [...]; ink m-bꜣḥ pꜣwty, smsw r nṯrw; ḫnt st.i m wiꜣ-Rꜥ; [...] Rꜥ [...] Rꜥ [...] ink Ḥꜥpy, imy tr.f [...]; [...] min [...]; ii nṯr zꜣ tꜣ, in.sn nṯrw ꜣḫt; [...] Rꜥ [...] Rꜥ [...] tꜣ [...] nb ḏt; [...] smsw r ḫmnyw [...] sḳd wiꜣ-Rꜥ m-ḫnw igpt [...]; ink Ḫpri, is ḫpr ḏs.f, ḫpr.n.i m dḳrw Rꜥ; rdi.n.f n.i ḥꜥw ꜣḫw.f [...]; iw ḥtp.i r ḏrw ꜣḫt; [...] Nwt [...] ink [Ḫpri], ḫprw ḏs.f [...]; [...] mi Rꜥ dby; [...] wbn.i m <w>bnt [...]; pr.n.i m-min m wiꜣ-Rꜥ; sdꜣ iḫmw-wrḏw (var.: iḫmw-skiw), m-ḫnw nšwt nt Wnš [...] m ꜣḫt; [...] Ḏḥwty [...] smn.f rn.i m.f, ḥꜥy.i [...]; ḥꜥ.i m sꜥḥ, pr.n.i min m ꜣbw [...]; [...] ḫpr.n.i n iryt kꜣt, n msyt idt; [...] ink pꜣwty tꜣ</td></tr>
<tr><td>136</td><td>CT, IV, 318-319,
§§ 137a-143n
[S1P, S2C, B2L, B1P, B7C]</td><td>ḫpr.n ḥkꜣw.i m ḏrw pt tꜣ [...] tꜣ; [...] wḏꜥ.n.i ḏniwt ꜣḫt [...] hrw [...]; ink is ꜣgb irt-Ḥr m Ḥꜥpy [...]; nnk.i [ꜣḫt], nnk.i Šmw, [...] ḫprw.i pw ꜣḫt hrḏw; fdt.i pw prrt m if.i Prt; ink pw ir ꜣbd; šmsw pw Rꜥ, wpwtyw.i ipw grḥ [...]; pt tn r st-ib.i, ꜣṯ, ṯs wi; iw tꜣ pn r ḏr.f ḥr šwyt.i [...]; [...] ity ḏt [...] nb ḏt [...] Tmw [...] Ḏḥwty [...]</td></tr>
<tr><td>137</td><td>CT, IV, 320-324,
§§ 144a-153d
[B2L, S1C, S2C, M24C]</td><td>[...] ḏꜣ Nwt [...] iwt r nww, trw [...] Rꜥ [...] imy sḳd.f m-ḫnw igpt, ḥnꜥ šmsw-Rꜥ; [...] nb n nḥḥ [...]; ink ir ntt, sḫpr iwtt [...]; [...] nbw Nwt [...] ḥfꜣ.f ḥr-sꜣ Nw<t> [...]; [...] m rk Nwt [...] Mḥyt-Wrt [...] ḥr-sꜣ Nwt [...] Šw [...] Šw [...] Tmw [...] m-ḫnw Nwt [...]; [...] ink bik nwby, ḫnp ḫt m šw nw pt [...]; ink isy m grḥ, kꜣp m hrw; ink wꜥ, nn sn-nw.i [...]; [...] znš n.i nmtwt Tꜣḫw, wr wꜥb, imy, ir psḏ Rꜥ, rꜥ-nb [...]; [...]</td></tr>
</table>

<table>
<tr><td>138</td><td>CT, IV, 325-329,
§§ 153e-165d
[S1C, S2C, G1T, B1C, B2Bo, B3Bo, B4Bo, Sq6C, & c.]</td><td rowspan="3">DE BUCK, 1935-61
VAN DER PLAS & BORGHOUTS, 2000

BARGUET, 1968
FAULKNER, 1973-78</td><td>[...] | ḫꜥ ỉrt Rꜥ-Tmw |$_{x2}$ [...] ỉrt [...], sšm.f wrw, sḫm.f m nṯrw, ỉr.f wnwt; Šw ỉm, r fꜣỉt pt [...] Šw [...]; [...] Rꜥ [...] m grḥ [...]; [...] ỉw ẖnnw m pt [...] psḏ Rꜥ m nb ỉꜣḫw [...] Rꜥ [...] Rꜥ [...]; ỉṯ.n.i pt, pšn.i biꜣ<yt>; sšm wꜣwt Ḫpri [...]; psḏ.i, mꜣꜣ.kwi m ỉꜣbt pt; ḥtp.i m nḥḥ; hny.n.i, ỉṯ.n.i ꜣḫt; [...] m wiꜣ ꜥꜣ [...]; [...] r rdw; pr N pn r gs Ỉꜣbtt wr, hꜣ Wsỉr N pn r gs Ỉmntt wr; [...] sšm Wsỉr N pn wꜣwt r ỉdbw ỉzkn; sꜥr N pn Mꜣꜥt n Rꜥ; [...] Ḏḥwty [...]</td></tr>
<tr><td>139</td><td>CT, IV, 330-333,
§§ 166a-178p
[S1C, S2C, B2Bo, G1T, A1C, G1Be, & c.]</td><td>[...] r pt; <i> Sꜣḥ! [...] hrw [...] mšrw, ḥr ḫrw tꜣ mnmn.f; [...] Šw [...] Šw [...] Gb [...] ḥr tꜣ [...]; [...] | Ḥwt-Ḥr |$_{x3}$ [...] Nbt-r-Ḏr, ꜥnḫ m Mꜣꜥt [...] ỉnk ỉrt tw nt Ḥr, wpwtt Nb-Wꜥ [...]; ḫpr.n.i n msyt pt [...], n wḥꜥt tꜣ; [...] Šw ḥnꜥ Tfnt [...]; [...] ỉꜣḫw [...] nbt sḥḏ [...] ỉnk nbt fꜣw, m wꜣwt ỉgpt; ỉnk nbt ṯꜣw m Ỉw-Ḥꜥw; [...] ỉnk Ḥwt-Ḥr, nbt pt mḥtt [...], grḥ pw n nhm tꜣ [...]; ỉnk Ỉst, mst n Nwt, wṯst nfrw.s [...], sšw Rꜥ r mꜥnḏt; [...] Šw [...] Rꜥ [...] Rꜥ [...] ỉry n.i pt [...] Nb-r-Ḏr [...] Nwy [...]</td></tr>
<tr><td>140</td><td>CT, IV, 334, §§ 179a-183j
[G1T]</td><td>[...] Ỉhy [...]Rꜥ [...] pt [...] tꜣ [...] Rꜥ [...] rꜥ-nb [...] rꜥ-nb [...] Ỉhy [...] Rꜥ [...]; [...] sḳꜣ.i m rn.i pw n Ỉhy; rdỉt n.i hy m rn.i pw n Ḫnsw; n sk.i m pt ḥnꜥ Rꜥ [...] m tꜣ ḥnꜥ Rꜥ; [...] ỉw rn.i m tꜣ ḥnꜥ ꜥnḫw; ỉnk Ỉhy [...], sdꜣ pt, ỉmy.s, m ksw; mnmn tꜣwy [...] m sšd [...]; [...] zꜣw ỉrt Rꜥ-Tmw [...] zꜣw ṯbt wiꜣ-Rꜥ [...]; [...] Ỉhy [...] m rn.i pw zꜣb ỉꜣḫw [...] hrw [...] hrw pw ẖnnw [...] Rꜥ [...] ỉnk nny, ỉmy Nw; [...] m rn.i pw n Ḥḥw; gm.n wi m Pwnt [...], ỉw mwt.i ẖr nht.s; drty.i pw zššt.s [...]; [...] | Ḥwt-Ḥr |$_{x15}$ [...]</td></tr>
</table>

141	*CT*, **IV**, 335[1], §§ 184a-293a [T1C, BqC, B1P, B3C, B5C, Sq1C, T1Be, T2Be, BH1Br, L3Li, M1NY, Sq1Sq, T3L, M4C, M8C, M54C, M57C, & c.]	DE BUCK, 1935-61 VAN DER PLAS & BORGHOUTS, 2000 ---------------------- BARGUET, 1968 FAULKNER, 1973-78	*prt m hrw [...]: [...] Tmw: ỉnk Rꜥ; wnn.ỉ wꜥ.kwỉ; ỉnk Rꜥ m ḫꜥw.f tpwt, wbn.f m ꜣḫt; ỉnk ꜥꜣ, ḫpr ḏs.f; [...] m ỉꜣbt pt [...] m ḫꜥwt ḥr tꜣ [...]; ptr sw ꜥꜣ, ḫpr ḏs.f? Nw pw; [...] Tmw nṯr pw, ỉmy ỉtn.f; nnk sf, ỉw rḫ.kwỉ dwꜣw: ỉr sf, Wsỉr pw; ỉr dwꜣw, Rꜥ pw; [...] Ỉmntt pw [...]; Rꜥ [...]; ỉnk bnw pw ꜥꜣ, nt Ỉwnw; sy pw? Wsỉr pw; ỉr sỉp ntt-wn: [...] ỉr ntt-wn, nḥḥ pw ḥnꜥ ḏt; ỉr nḥḥ, hrw pw; ỉr ḏt, grḥ pw; [...] Tmw; wn m tꜣ [...] ꜣḫt ỉt.ỉ Tmw; [...] Rꜥ pw ḏs.f [...]; wꜣt pw šmt n ỉt.ỉ Tmw ḥr.s, m wḏꜣ.f r Sḫt-Ỉꜣrw; [...] spr.ỉ r ꜣḫt nt pt [...]; ỉr sbꜣ pn, [...] ḏꜣ n ỉt.ỉ Tmw ḥr.f, r ꜣḫt ỉꜣbtt nt pt; [...] Ḥw pw ḥnꜥ Sỉꜣ, wnn ḥnꜥ ỉt.ỉ Tmw, m-ḫrt rꜥ-nb; ỉw mḥ.n.ỉ ỉrt, m-ḫt ḫḳs.s, hrw pw n ꜥḥꜣ rḥwy; ptr rf sw ꜥḥꜣ rḥwy? hrw pw n ꜥḥꜣ Ḥr ỉm.f ḥnꜥ Stḫ; m-ḫt wdt.f ztꜣ m ḥr.f, m ỉṯt Ḥr ḫrwy Stḫ; ỉn Ḏḥwty ỉr nn m ḏbꜥw.f; ṯs.n.ỉ šn<w> m wḏꜣt, m tr.s n nšn; ptr wḏꜣt m tr.s nšn? ỉn-m grt ṯs šn<w> ỉm.s? ỉrt ỉmnt pw nt Rꜥ, m nšn.s r.f, m-ḫt hꜣb.f s<y> m wpwt; ỉn Ḏḥwty ṯs<.t šnw> ỉm.s; ỉw mꜣꜣ.n.ỉ Rꜥ pw, msy m-sf, r ḫpdw Mḥyt-Wrt; [...] sy pw hrw pw msyt m-sf, r ḫpdw Mḥyt-Wrt? twt pw n ỉrt-Rꜥ, dwꜣw, r mst.f rꜥ-nb; [...] ỉr grt Mḥyt-Wrt, wḏꜣt pw; [...] nḥḥ [...] hrw [...] Rꜥ [...] hrw [...] ỉmy wnwt.f [...] ỉmy wnwt.f [...] mꜣꜣ m grḥ, ỉṯỉ.f m hrw; [...] ỉr bꜣỉwy.f(y) [...], Wsỉr pw, m ꜥḳ.f r Ḏdw, gm.n.f bꜣỉ n Rꜥ ỉm, ꜥḥꜥ m-ḫsf, ꜥḥꜥ.n ḥpt.n ky ky; ꜥḥꜥ ḫpr bꜣỉwy.f(y); [...]; ỉnk mỉw pw ꜥꜣ, pšn ỉšd r gs.f, [...], grḥ pw n ỉḥꜣ [...], hrw pf n ḥtm ḫftyw Nb-r-Ḏr; sy mỉw pw ꜥꜣ? Rꜥ pw ḏs.f; [...] ỉr gr hrw n ꜥḥꜣ, ꜥḳ.sn pw r Ỉꜣbtt, ꜥḥꜥ.n ꜥḥꜣ m pt, m tꜣ r ḏr.f*

<table>
<tr><td>142</td><td>CT, IV, 335^{II}, §§ 292b-326n [T1C, BqC, B1P, B3C, B5C, Sq1C, T1Be, T2Be, BH1Br, L3Li, M1NY, Sq1Sq, T3L, M4C, M8C, M54C, M57C, & c.]</td><td rowspan="4">DE BUCK, 1935-61
VAN DER PLAS & BORGHOUTS, 2000

BARGUET, 1968
FAULKNER, 1973-78</td><td>i Rꜥ imy swḥt.f, wbn m itn.f, psḏ m ꜣḫt.f, nbb ḥr biꜣ(yt).f! n iwt sn-nw m<-m> nṯrw, sḳdd hr ṯsw Šw; dd ṯꜣw m hh n r.f, [...] sḥḏ tꜣwy m iꜣḫw.f [...]; [...] hrw [...] m-bꜣḥ Nb-r-Ḏr [...] hrw [...] Ḏḥwty pw [...] irt.f [...] dbn pt [...]; ink wḏꜣ tp tꜣ ḥr Rꜥ [...]; ꜥḥy.i m bik, ng m smn; swꜣḥ.i nḥḥ mi Nḥb-Kꜣw; [...] Tmw [...] Rꜥ [...] hrw [...] Nb-r-Ḏr [...] Rꜥ [...] sšm wꜣwt nḥḥ [...] Rꜥ pw ḏs.f [...] imy kkw, iry znkt [...]; i Ḫpri pw, ḥr-ib wiꜣ.f, pꜣwty-ḏt.f ḏt! [...] Nb-r-Ḏr [...]; ink swꜣ wꜥb ḥr-ib Msḳt [...] ir Msḳt, ḳnḳnt pw is m Nni-Nsw; ir itḥnt, irt pw [...]</td></tr>
<tr><td>143</td><td>CT, IV, 336, §§ 327a-330t [B1L]</td><td>[...] ḏꜣ.s tꜣ m pt [...] Tmw [...] Sḫmt [...] ḥr-tp nwy [...] Nb-r-Ḏr [...] hrw pf [...] Nb-r-Ḏr [...] sšm.n.f wꜣwt nḥḥ [...] imy kkw, ir<y> znkt [...] snḏw n.f imyw kkw [...]; i Ḫpri pw, ḥr-ib wiꜣ.f, pꜣwty ḏt.f ḏt! [...] hꜣ.s m pt [...] Sḫmt [...] Nw [...] Ḏḥwty [...] Šw, Tfnt [...]; ink swꜣ wꜥb ḥr-ib Msḳt [...]</td></tr>
<tr><td>144</td><td>CT, IV, 337-339, §§ 331a-339d [B1L, B3L, M7C, M8C, T1Be, T2Be, B5C, B14C]</td><td>[...] Ḏḥwty [...] hrw pw [...] grḥ pf [...] grḥ pf n ḫt ḫꜣwy [...] grḥ pf [...] grḥ pf [...] grḥ [...] grḥ [...] Ḏḥwty [...] Rꜥ [...]; Ḏḥwty [...] ḫt ḫꜣwy [...] | grḥ |x8 [...] Ḏḥwty [...] Rꜥ [...]; [...] Ḏḥwty [...] hrw pw [...] hrw [...] hrw pw n ḫt ḫꜣwy [...] hrw [...] hrw [...] tꜣ [...] itrty ḥtpty ḥr.s [...] Ḏḥwty [...] Rꜥ [...]</td></tr>
<tr><td>145</td><td>CT, IV, 340-341, §§ 339a-345i [M7C, M8C, T1Be, L1Li, B10C, B1Y, B1L, B3L, & c.]</td><td>[...] ꜥḳ.n.i m bik, pr.n.i m bnw; <i> nṯr dwꜣy! ir n.i wꜣt, ꜥḳ.i m ḥtp r Imntt nfrt; n wi Š-Ḥr; [...] prt m hrw; [...] ink pw, ink Rꜥ m ḫꜥw.f, Ḥꜥpy m nnwt.f; Ḥwt-Ḥr sbṯ.s im.i <m> mḫnt pt, ḏꜣt.i; [...] nṯrw ipn imyw pt ꜥḥꜥ; [...] r wꜣwt nfrwt, m hrw, m Iw-Nsrsr [...]; [...] m wiꜣ n ḫpr ḏs.f; [...] tꜣ [...] hrw [...] Ḏḥwty [...] Rꜥ [...]</td></tr>
</table>

<table>
<tr>
<td>146</td>
<td>CT, IV, 342-343,
§§ 346a-365c
[B2L, B1C, B1P, S1C, S2C, T1L, B15C, B2Bo, B4Bo]</td>
<td rowspan="3">DE BUCK, 1935-61
VAN DER PLAS & BORGHOUTS, 2000

BARGUET, 1968
FAULKNER, 1973-78</td>
<td>[...] ḥr.k n Mꜣꜥt; šn pt wnwt.s; šnn ḥkꜣw grgwt.f [...]; [...] sr pw nn n nmỉw swt.[sn] m pt; rdỉ n.f sḏrw m tꜣ; [...] rmnwty Sꜣḥ; ỉrḫ wꜣwt Ỉmntt; nmỉ ṯw <ḥnꜥ> nmỉw pt; ḏꜣ bỉꜣ(yt) [...]; <ỉr> ḥꜣmt, ḏbꜣw.s m pt, dnsw.s m tꜣ; ỉrt n ꜣḫw pw sbỉw n kꜣw.sn [...]; ḳbḥ.kꜣ.k r.k r ḳbḥw; sḥd.kꜣ.k r sḥdw ꜣḫt; m sḥd pw wꜥ (var.: sḥd pw wr), ỉmy wrt nt pt, tꜣ-wr n tꜣ; [...] ꜥḥꜥ.kꜣ.k r.k ḥr Wꜥrt tw wrt, ḫntt ỉzkn; [...] rs.n.k ꜥḳn, ỉnt.f n.k mḫnt, ḏꜣꜣt ꜣḫw ꜥprw ỉm.s; [...] ḫꜥꜥ Rꜥ m bꜣỉ.f ḫr nỉs.k r.k mꜣ-ḥꜣ.f; [...] Nw [...] pḥr.kꜣ.k r.k pḏwt [...]</td>
</tr>
<tr>
<td>147</td>
<td>CT, IV, 344-345,
§§ 366a-376g
[BqC, B1Y, S2C, B1C, B2L, B1P]</td>
<td>[...] m pt [...] rḫ.n.ỉ wꜣt Ỉmntt, ḏꜣy.ỉ š n nmỉw bỉꜣ(yt); [...] pt [...] tꜣ; ḳbḥw r pt m Ḳbḥ zꜣ Rꜥ, r tꜣ [...] ꜣḫt [...]; nỉs.kꜣ.ỉ r mꜣ-ḥꜣ.f, rs.kꜣ.f r ꜥḳn, ỉn.kꜣ.f n.ỉ mḫnt; [...] ḫn.sn n wỉ m Š ptrw; zmꜣ.sn ỉm.ỉ r tꜣ, zmꜣ tꜣ ḥr ḳꜣꜣw ṯꜣw; sḏm.ỉ ḫrw ꜣgb r sbꜣ ỉꜣbt pt; pḫr.ỉ ḥr gs ỉmy wrt ꜥꜣt nt pt; dbn.ỉ ḥr gs tꜣ-wr ꜥꜣ n pt [...]; [...] Ḏḥwty [...] | hrw pw $|_{x3}$ [...] hrw pw n Snt [...] Ḏḥwty [...] hrw [...] pt [...] tꜣ [...]; nỉs.kꜣ nṯr pw r.k, ḫꜥy m bꜣỉ.f m hrw, Ḏḥwty m grḥ; [...] Ḏḥwty [...]</td>
</tr>
<tr>
<td>148</td>
<td>CT, IV, 346-350,
§§ 377a-385ℓ
[B1Bo, B2Bo, B4Bo, B6Bo, BqC, B1Y, B1C, B3C, B4C, B15C, & c.]</td>
<td>[...] Ḏḥwty [...] Nw [...]; [...] hrw [...] ṯꜣw [...] sḏm ḫrw pf n bgw, n ỉḫmw-wrḏw, sḳddw pt m ꜥḥꜥt-hrw [...]; [...] tꜣ, Wꜥrt ṯw ḫntt ỉzkn; [...] Rꜥ [...] ỉr.kꜣ.f wỉ m Ḏḥwty pw Rꜥ pw, hrw pw grḥ pw ḥtpy ḥr.s; Ḏḥwty m ỉrw n Rꜥ, m wḏ ỉrw Ỉnpw; wnn.ỉ ỉm, r sbꜣ pw mḥt n Š-n-Ḫꜣ, n ỉwt sw n Nwt ỉm.f; snfr.ỉ, sšm.ỉ nṯrw ꜥꜣw, ḫntyw Psḏty; [...] ḫꜥ.kwỉ m nṯr ḏt r nḥḥ! [...] ỉnḏ ḥr.k, ỉn Sꜣḥ; ḳmꜣ.n ṯw Gb; ms.n ṯw Nwt; [...] ḥtp Tmw ḥr rnpwt.f; [...]; [...] nb ḳrr [...] Tmw; [...]</td>
</tr>
</table>

149	*CT*, **IV**, 351-354, §§ 386a-402h [B1C, B2C, B3C, B4C, B5C, T1L, K1T, Sq1C, B2L, L1Li, T1C, B2Bo, B3Bo, B1Y, M5C, M23C, S14C, & c.]		[...] ḥr-tp kkw (var.: kkw zm3w) [...] sšm.k wi r wnwt {w} nt pt [...]; [...] Nb-Tm [...] Tmw [...]; [...] wn ꜥ3w Wrt (= pt) n Wsir; znš ꜥ3w ḳbḥw n Ḏḥwty; [...] wr n pt [...] r grḥ (var.: tr) pw n nšn ꜥ3 [...]; bd.k, bd Ḥr, Stḫ, Ḏḥwty, Dwn-ꜥnwy; [...]
150	*CT*, **V**, 355, §§ 1a-7c [B1Bo, S1C, S2C, G1T, A1C, M22C, B2Bo, & c.]		r n sḫm m ṯ3ww [...] rdit ḥtpw m 3ḫt: [...] ṯ3w [...] pr.i pw ḳd <i>n Sš3t [...]; ir iw pt tn m rsw, ḥms.i ḥr mḥt.s; ir iw pt tn m mḥt, ḥms.i ḥr rsy.s; ir iw pt tn m rsw, ḥms.i ḥr rsy.s; ir iw pt tn m imnt, ḥms.i ḥr i3bt.s; ir iw pt tn m i3bt, ḥms.i ḥr imntt.s; [...] pt [...]
151	*CT*, **V**, 356-357, §§ 8a-9j [B2L, B1C, L1Li]		[...] wn Wrt (= pt) n Wsir; znš ꜥ3w ḳbḥw n Ḏḥwty, n Ḥꜥpy, nb 3ḫt [...]; [...] ink ḏ3 pt; [...] hrw [...]; iw rdi<.tw> n.i nḥḥ [...]; ink is pw iwꜥw nḥḥ, rdi.tw n.i ḏt [...]
152	*CT*, **V**, 358-361, §§ 10a-16f [T1L, G1T, A1C, B1C, B1Y, B2L, B2Bo, B4Bo, S2C, & c.]	DE BUCK, 1935-61 VAN DER PLAS & BORGHOUTS, 2000 --------------------- BARGUET, 1968 FAULKNER, 1973-78	wn Wrt (= pt) n Wsir; znš sb3w ḳbḥw n Ḏḥwty; [...] m hrw pw [...] hrw pw n nšn; [...] in wrw pt innw imntyw ḳbḥw [...]; ṯwt Rꜥ [...] Rꜥ [...]; wn Wrt (= pt) n Wsir; znš sb3w ḳbḥw n Ḏḥwty; [...] m hrw pw [...] hrw p<w> n nšn; [...] hrw pn; [...] Rꜥ [...]; [...] Rꜥ [...] Rꜥ [...] Rꜥ [...]
153	*CT*, **V**, 362-366, §§ 17a-28c [Sq1C, T1C, B3Bo, B1C, B5C, B2L, B2P, D1C, Sq3C, Sq6C, K1T, & c.]		[...] m nwy [...]: [...] Rꜥ [...] ḫꜥ.kwi m Ḥr, pr m Nwb [...] t3 [...] Rꜥ [...] Rꜥ, imy m 3ḫt, [...] sḫm m ḥ3 b3.s; [...] min [...] t3 [...], isṯ Rꜥ ꜥḥꜥ m ḥr-ib pt [...] m Ḥꜥpy-Wr, m 3gb Wsir; [...] iw.n.i ḥr.k z3 Nwt; pḥ.k Rꜥ hrw ḥb.f; [...] pt; pḥ.k Nwt; m33.k št3w; [...] Šw [...]; m33.n.sn imyw ḏrw 3ḫt; iw.n n.k imyw Nwt, hrw [...]; ink [...] pr m Rꜥ [...] ink bik pr m Rꜥ; ink iꜥrt ꜥnḫt prt m irt-Rꜥ; ip3.i, ḫnn.i m wi3 Ḫpri, m ḥ3t.f imy Nw; [...] ḏrty.i ḥr i3bt pt; [...]; ṯs ḥ3t.i in Šw m ꜥ.f i3bt, w3i.f Nwt; [...] Nwt [...] | t3 |x2 [...] wi3 Rꜥ [...]

154	*CT*, **V**, 367-382, §§ 28d-44i [B2P, Sq1Sq, B2Bo, S2C, M23C, T1C, B1C, T1L, B1L, B2L, B3L, & c.]		*[...]; [...] |Rꜥ|*$_{\text{x3}}$ *[...]; [...] Šw [...] Rꜥ [...]; [...] m grḥ [...] Šw [...] Ḥwt-Ḥr [...]; [...]; [...] ṯꜣw [...]; [...] ṯꜣw [...] tm rf sšp, ḫpr kkw [...] Nwt [...] ṯꜣww [...] ṯꜣw [...] pry.ỉ r.ỉ wn.ỉ ỉrt-Rꜥ tp tꜣ [...] ṯꜣw [...] ṯꜣw [...] tꜣ [...] hrw mnmn tꜣ [...]; [...]; [...] Šw [...] Ḥwt-Ḥr [...]; ḫr ỉrty Wr [...]; [...] Gb [...]; [...] šmwt Šw, wpt Bꜣstt [...]; ỉnk Ḥr, ỉỉ.n.ỉ mỉn m ḏrw pt; swꜣ.n.ỉ ḥwt-kꜣ Ḥwt-Ḥr, ỉmnt.f [...] sḫnwt 4 nt pt ḥr.s [...]; [...]; [...]; [...]; [...]*
155	*CT*, **V**, 383-394, §§ 45a-67i [B1Bo, B2Bo, B4Bo, B1C, B4C, B6C, G1T, A1C, S1C, S2C, B2L, B3L, BqC, T1L, T1C, T3L, B1Y, M6C, M22C, Y1C, K1T, *pGardiner II*, & c.]	DE BUCK, 1935-61 VAN DER PLAS & BORGHOUTS, 2000 ---------------------- BARGUET, 1968 FAULKNER, 1973-78	*[...] ỉnk tkꜣ Msḳt, ỉry-ꜥꜣ Rwrwtỉ [...] ḥr Wꜥrt, nn ḏr.s [...] Nww [...]; ꜥnḫ Nb-Wꜥ, ỉw.ỉ rḫ.kwỉ pt tn, m mrwt.s nb<wt>, sbꜣ[w] ms.n.s nb<wt>; ḥwt nt Rwrwtỉ ḥr mḥt dwꜣ(y)t, r gs Dwn-ꜥnwy; [...] Nb-Wꜥ [...]; [...] tꜣ [...] pꜣwt* N *pn, n* N *pn ḫpr [...]; [...] m pt, tꜣ [...]; [...] Ḥwt-Ḥr [...]; [...]; [...]; [...]; [...]; [...] ỉmyw ꜣḫt, grḥ pw [...]; [...] Rꜥ-Tmw [...]; [...] ḫntt pt mḥtt; šzp.ỉ mḏḥ m Š-n-Ḫꜣ [...] m ỉdb ꜣḫrw; [...] mỉ ꜥḳ srf, mỉ pr srf; [...]*
156	*CT*, **V**, 395-396, §§ 68a-74cc [B2L, B1C, B5C, L1Li, BqC]		*r ỉnt mẖnt: bꜣỉ Šw [...] ỉw.ỉ tp m tkn Msḳt [...]; ỉw.ỉ rḫ.kwỉ rn n mẖnty.s; šn<.ỉ> n rn n mẖnty; sꜣḳ rn n mẖnty; [...]; [...] mẖnty! ỉn n Ḥr n[.ỉ] n ỉrt.f [...]; zṯp ỉrt-Ḥr ẖrt m pf gs ỉꜣbt n pt; zṯp ḏnḥw Ḏḥwty ẖr m pf gs ỉꜣbty n pt; | mꜣ-ḥꜣ.f! srs n.ỉ ꜥḳn, ỉn n.ỉ nw, mk wỉ ỉỉ.kwỉ |*$_{\text{x2}}$ *[...]; [...] kkw [...] ỉꜣḫw [...]*
157	*CT*, **V**, 397, §§ 75a-82c [T1C, Sq1Sq, Sq2Sq, Sq7Sq, Sq1C, T1Be, M2C, T2L, T3L, & c.]		*r ỉnt mẖnt nt pt m ẖrt-nṯr: [...] ỉ mẖnty! ỉn n.ỉ nw; ỉn n<.ỉ> Ḥr n ỉrt.f, ỉn n.ỉ Stẖ n ẖrw.f; sṯp ỉrt-Ḥr, ẖrt m gs ỉꜣbty n pt; nḏt.s m-ꜥ Stẖ; | mꜣ-ḥꜣ.f! srs n.ỉ ꜥḳn, ḥwn.k m ꜥnḫ, mk wỉ ỉỉ.kwỉ |*$_{\text{x3}}$*; [...] ỉn ḏd.k, ḏꜣ.k ỉr gs ỉꜣbty n pt? ḏꜣ.k, ỉr.k ỉšst? [...] n ḏt [...]*

158	*CT*, **V**, 397, §§ 83a-119e′ [T1C, Sq1Sq, Sq2Sq, Sq7Sq, Sq1C, T1Be, M2C, T2L, T3L, & c.]		[...] *ir.n ir.f pt r ṯꜣw* [...]; | *mꜣ-ḥꜣ.f! srs n.i ꜥḳn, ḥwn.k m ꜥnḫ, mk wi ii.kwi* |$_{x6}$; [...] | *hrw n tpy-rnpt* |$_{x2}$ [...] *snḏw n.f nn n tm* [...] | *grḥ ḫnt tpy-rnpt* |$_{x2}$; [...] *in iw.k mḥt.k? iw.i mḥ.kwi* [...] | *in ḏd.k, ḏꜣ.k ir gs iꜣbty n pt? ḏꜣ.k, ir.k išst?* |$_{x2}$ [...] *Nw* [...] *Šw* [...] *Šw* [...]; *wḏ.n.i iḫmw-skiw, ꜣḫ n.i tp tꜣ;* [...] | *ꜥḳn in n.i nw* [...] |$_{x5}$, [...] *ꜣḫt* [...]; *psḏ.n.k irt; di n.i irt;* [...] |*mꜣ-ḥꜣ.f*|$_{x4}$ [...] *ir pt n ṯꜣw* [...]
159	*CT*, **V**, 398, §§ 120a-160c [G1T, G2T, A1C, T3L, M3C, M5C, M6C, M21C, M46C, M2NY, & c.]	DE BUCK, 1935-61 VAN DER PLAS & BORGHOUTS, 2000 ----- ----- ----- ----- -- BARGUET, 1968 FAULKNER, 1973-78	*i mḫnty pw! in n.i nw; in n<.i> Ḥr n irt.f, in n<.i> Stḫ n ḫrw.f; in n.i irt-Ḥr, wꜥr.s, ḫr.s m ḥzp.f, nḥmt m-ꜥ Stḫ; i mḫnty pn! in n.i nw;* [...] | *tꜣ* |$_{x3}$ [...] | *Nw* |$_{x2}$ [...] *Rꜥ-Tmw* [...]; *ḫt ṯꜣw.s sbꜣ wꜥty, wḏꜥ.n.f šnit m pt;* [...]; *ḫft ḥr.s m sḥd wr n Rꜥ;* [...] | *Rꜥ-Tmw* |$_{x2}$ [...] | *Sḫmt* |$_{x2}$ [...] | *Nwt* |$_{x2}$ [...] *r mꜣꜥw.s r ꜣḫt;* [...] *r mꜣꜥ r ꜣḫt;* [...] *m prt.f r pt špt r rmṯ* [...]; *inḏ ḥr.ṯ irt-Ḥr, ḫnmt nṯrw r.s; sdꜣ n.i pt, irw tꜣ;* [...] *tꜣ* [...]; *Ḥwt-Ḥr! di n.i ꜥ.ṯ, šd.tw.i r pt* [...]
160	*CT*, **V**, 399-400, §§ 165a-173g [G1T, G2T, A1C, A-Q, S1C, S2C, M2NY, M5C]		[...] *nb pt* [...]; *ḏꜣ.f biꜣ(yt), nmi.f ḥrt, ḫp.f m ḥtp ḥr wꜣwt nfrwt ḫp{p}t imꜣḫw ḥr.s<n>* [...]; *grg Sꜣḥ ḥnꜥ Msḫtyw m wnwt; tꜣ rdi m gs imy wrt* [...]; *itrw pn Nb-r-Ḏr pw, m wn.f m ḥḥw, m Nw, m nnwt* [...]; [...] *h<ꜣ>y m ḥtp ꜣḫ ꜥpr n zšnt, ḫft Sꜣḥ, m pt rsyt, r-ṯnw, r bw nty Wsir im, r rdw;* [...]; *grg Sꜣḥ* [...]; *hꜣy m ḥtp ꜣḫ ꜥpr m pt rsyt;* [...]; *Msḫtyw;* [...]; *ḫt <m> hrw [sbꜣ] pt psḏt;* [...] *idt iꜣḫw* [...] *hrw* [...] *Nw* [...] *Nw* [...] *imy ḏr snk<t> nt hrw* [...]; *i ꜣḫw 7 ipw, mḫntyw nw pt! mꜣ-ḥꜣ.f, my, in n.i mḫnt* [...] *msktt mꜥnḏt* [...] *ꜣḫt* [...] *ink iḫḫw ḥrw ꜥš n pt* [...] *nšnit* [...]

161	*CT*, **V**,401-403, §§ 174a-180i [S2C, T1C, M2NY, L2Li, M18C, M21C, BH1C, Sq5Sq]		*r n mẖnt: i ꜣḫw 7 ỉpw, mẖntyw Ỉmntt! ỉn n.i mẖnt tw [...]; mꜣ-ḥꜣ.f! ỉn n.i mẖnt tw [...]; hꜣy<.i> ỉm r Ỉmntt; pḥ.i nṯr [...]; [...] ỉnk Ḫpri, ḫpr ḏs.f hr wꜥrt mwt.f; [...] ỉmyw Nww [...] Šw [...] Rꜥ [...] Šw [...] Šw [...]; [...] i ỉiw m Nw, <m> mẖnty n pt [...]*
162	*CT*, **V**, 404, §§ 181a-200d [B5C, B7C, M2C, BqC, B10C, L1Li]	DE BUCK, 1935-61 VAN DER PLAS & BORGHOUTS, 2000 ---------------------- BARGUET, 1968 FAULKNER, 1973-78	*[...] ỉnk wbn m msktt; [...] sbꜣ ꜥḳ ṯꜣw [...] ỉnḏ ḥr.k psḏ n Rꜥ [...]; mẖnty n Sḫt-Ỉꜣrw [...] Rꜥ [...]; i sḫm m pt, wn ỉtn! i Rꜥ, nb dšrw, wn ỉꜣḫw ỉn Rꜥ nb dšrw! ỉn n.i, m ỉww.i [...]; [...] kꜣ ṯꜣw [...] ꜣkr [...] ṯꜣw [...] Rꜥ [...] Rꜥ [...] Nwt [...] ỉꜣḫw [...] Rꜥ [...] msktt [...] ṯꜣw [...] mḥyt, prt m Tmw [...] hrw msyt [...] m kkw [...] wnnw r nḥḥ ḥnty ḏt; wbn.i r.ṯ [...]; ỉw.f wbꜣ.f ꜣḫt ỉmntt, ỉw.f rḫ.f ꜣḫt ỉꜣbtt [...]; rwy.f, rwy.i, drt.f msḳt.f; [...] prt m hrw [...]*
163	*CT*, **V**, 405, §§ 200e-210ℓ [M1C, M1NY]		*[...] msktt [...] Rꜥ [...]; sḫm wr wn ỉtn ḥr Rꜥ, ḥr-tp dšrw! ỉmi ḏꜣt mẖnt n ꜣḫ pn [...]; [...] psḏ Gb [...] ỉrt-Ḥr [...] Nwt [...] ỉꜣḫw [...] Rꜥ [...] ỉrt.f [...] ṯꜣw [...] mḥyt [...] psḏ Gb [...]; ỉi.n.ỉ ꜥꜣ, r nḏ ḥrt.ṯn, nbw ḥrt, wnnyw m nḥḥ ḥntyw ḏt; [...] n pr.n.f n nḥḥ ḥnꜥ ḏt; [...] rnpt tpt [...] tpyw tꜣ [...] n nḥḥ ḥnꜥ ḏt [...]*
164	*CT*, **V**,406-408, §§211a-226k [M6C, M22C, M23C, S1C, S2C, B2Bo, B3Bo, B1C, B2C, B2L, & c.]		*[...] Mḥyt-Wrt [...] Gb [...] Tmw, nb ḫprw; [...] Mḥyt-Wrt [...]; mẖnty n bꜣw-Ỉwnw! [...] mẖnt.k [...] wḏ.k wi r pt rsyt, ḫn.k wi r pt mḥtt; rdi<.i> ngw r pt mḥtt; nnk.i Mḥyt-Wrt; i Stḫ, ỉmy ꜣt.f, ngw ꜥꜣ, ḥr-ib pt mḥtt! di n.i ṯꜣw ḥr-ib wtnw, sḫn n Mḥyt-Wrt; [...] kkw [...] ṯꜣw [...] ꜣkr [...] | Mḥyt-Wrt |$_{x6}$ [...]; | Mḥyt-Wrt |$_{x6}$ [...]; mẖnty [...] | pt rsyt [...] | pt mḥtt |$_{x3}$ [...] | ṯꜣw |$_{x5}$ [...]*

<table>
<tr>
<td>165</td>
<td>CT,V,409-412,§§227a-239c [T1C, B2L, L1Li, B4C, B1Bo, S10C, S14C, M23C, Y1C, T1L, B6Bo, pGardiner III, & c.]</td>
<td rowspan="3">DE BUCK, 1935-61
VAN DER PLAS & BORGHOUTS, 2000

BARGUET, 1968
FAULKNER, 1973-78</td>
<td>[...] Rꜥ [...] | r ḫftyw.f m pt, m tꜣ |$_{x7}$ [...]; <ntk> rmn pw {pw} Ḏḥwty, smn Rꜥ hrw pw [nšmt] ꜥꜣt, ḫpr m Dwꜣt; [...] Rꜥ [...] Rꜥ [...] <ntk> pw {pw} ỉry m ḏr pw n pt [...] Gb ḥnꜥ Nwt, ỉsṯ sw nḏ [...] Nwt [...]; [...] sḫꜣ.n.ỉ rn.ỉ m Pr-Nzr, grḥ pw n ỉp rnpwt, n sṯn ꜣbdw [...]; ỉ Ḏḥwty! ỉnk wr, ỉw.ỉ ḫꜥ.kwỉ; [...] ỉ Rꜥ-Tmw [...] ỉnk ms tpy-rnpt [...]; ỉnk ḳd pw ḥms m bw wr n pt [...]</td>
</tr>
<tr>
<td>166</td>
<td>CT,V,413-423,§§240a-264e [S1C, S2C, S10C, S14C, M5C, M22C, B1Y, B2Bo, B4Bo, B1C, B6C, B1L, B2L, BqC, & c.]</td>
<td>[...] Rꜥ m ḥtp nṯrt [...]; mꜣꜣ.sn Rꜥ, m ỉnw.f; [...] dbḥ.f šm.f m šmsw n Rꜥ; [...] psḏ.f m Rꜥ, ḫp.f m Ḥwt-Ḥr; [...] šm m grḥ, ỉw m hrw [...]; ḫsf ꜥꜣpp m wỉꜣ n Rꜥ: [...] mk, hwt pr.f m-ḫnw pt, m-ḫnw ṯpḥt sbỉ; [...] Rꜥ [...] Gb [...] šnwt ỉpw nt Rꜥ [...] Rꜥ [...] ỉw sỉd.n.ỉ ꜥꜣpp [...] pt [...] | Rꜥ |$_{x7}$ [...]; [...]; [...] pr.ỉ ḥr rdw [...] ꜥḥꜥ.n.ỉ r pt [...] gm.n.ỉ ḳdt Rꜥ-Tmw [...] pr ḥr rdw mꜣꜥ-ḫrw [...]; [...] ꜥḥꜥ ḏdwy Rꜥ [...]; [...] hꜣbt nṯrw ḥr spty Š-n-Ḫꜣ [...]; [...] | m hrw.k nfr n ḥb Zkr |$_{x2}$ [...]; [...] Rꜥ [...]; [...] ỉnk ỉr st.f m Ỉwnw [...] m ḥr-ỉb ḥwt wbn Rꜥ wbnbn; ỉnk rd.f r pt, ꜥ.f r tꜣ; ỉnk ḥr-ỉb ḥwt wbn <Rꜥ> wbnbn m Ỉwnw; ỉnk wbn; ỉnk bnbn [...]; [...] ỉnk Tmw, ꜣḫ.kwỉ [...], sbḳ.tw ḥr.ỉ [...], wnm.ỉ m ꜥnḫ, ꜥnḫ.ỉ m ṯꜣw [...]; ꜥnḫ.ỉ m-ḫt mt mỉ Rꜥ, rꜥ-nb; [...] ỉmy pt tꜣ [...] m ỉrt-Rꜥ [...]; n mt.ỉ zp.f [...] tp tꜣ</td>
</tr>
<tr>
<td>167</td>
<td>CT,V,424-427,§§265a-273d [B1Bo, B2Bo, B4Bo, S1C, S2C, S10C, M18C, B4C, pGardiner II, & c.]</td>
<td>[...] ḥꜣ.k msḥ n Ỉmntt, ꜥnḫ m ỉḫmw-wrḏw! [...] n Ỉꜣbtt [...] ḥꜣ.k msḥ Rsy Mḥt, ꜥnḫ m [...] wnwt twꜣt ỉꜣbty [...] ḥꜣ.k msḥ Mḥt, <ꜥnḫ> m ꜥḫḫw, ḥr-ỉb wnwt twꜣt [...] m {ꜥ}ḫmw-wrḏw [...] wnwt [...] | Tmw |$_{x2}$; [...]; ỉ ḥwnw sḥd! [...] sy pw ḥkꜣy pn šd wỉ r pt? [...]; [...] nmt.n.ỉ šnỉt [...] pt [...] Ḥwt-Ḥr [...]</td>
</tr>
</table>

<table>
<tr>
<td>168</td>
<td>CT,V,428-443,§§274a-310i [B1Bo, B2Bo, B3Bo, B7Bo, B2L, S1C, S2C, S14C, B4C, B6C, BqC, L1Li, M3C, M6C, M22C, M37C, pGardiner II, & c.]</td>
<td>DE BUCK, 1935-61
VAN DER PLAS & BORGHOUTS, 2000

BARGUET, 1968
FAULKNER, 1973-78</td>
<td>[...]; [...] nṯrw ḫnnw m ꜣḫt, sḳddw rʿ m ḳbḥw [...] | ḫnm Šw |$_{x3}$ [...]; [...]; [...] ink ꜣfʿ Nnyt, pr m Nw [...]; [...]; [...] tꜣ [...]; [...] iw.i hꜣb.kwi in ʿꜣ, Nb-Tm, n mnit.f; [...]; [...]; N Tmw, pr m Nww, r hnhnyt nt pt [...]; [...] ink Rwrwti, iꜣw r Tmw [...] Tmw [...]; wḏ.s mdwt n ṯꜣww ipw wsrw, swsr Rwrwti m mšrw; [...] ṯꜣww [...] ʿnḫ m-ḫt mt, mi it.i Rʿ, rʿ-nb; [...] ḫpr.kwi m<i> Rʿ, rʿ-nb [...]; [...] tꜣ [...] irt n.k ḫt ḫꜣwy m Ḫm; [...] hrw pw [...]; in.n.i n.k irt tw nt Ḥr, wšb.k im.s, mi wšb Ḥr im.s; [...] ink Rʿ, swḏꜣ r ḏt; ink Tmw [...]; ink nb nḥḥ, iḳr iḳrw; [...] smrty nty Rʿ, nḥmty ḫndw Ḫpri m-ʿ.f, r-gs nb ḏt; [...] | Rʿ |$_{x3}$ [...]; [...] ink Ḥḥ, ink Rʿ, nb ʿnḫ, ink sꜣw n ḏt; [...] r-gs nb ḏt [...] Rʿ [...] Psḏntyw [...]; ink Rʿ, ink Rʿ-Tmw, ink nb nḥḥ; <ink> sꜣw ḏt [...] nb ḏt; [...] nn ḫmt m pt, tꜣ [...] | Ḏḥwty |$_{x2}$ [...]; ink nṯr dwꜣy [...]; [...] Rʿ, mꜣꜣ tn Rʿ, rʿ-nb; swḏꜣt n Rʿ, rʿ-nb; [...]</td>
</tr>
<tr>
<td>169</td>
<td>CT,V,444-456,§§311a-329h [B1Bo, B3Bo, B4C, T1C, B1L, B2L, B3L, BqC, Sq1C, BH4C, B17C, S2C, S10C, S14C, M22C, & c.]</td>
<td></td>
<td>[...] Rʿ [...] iṯ.n.i ḫʿw n nb nḥḥ [...]; ink Nw; iw.i nny.kwi, ḫt tꜣwy tmw; [...] Rʿ [...]; iw ḫrp.i ḫʿw.i [...]; ink nb nḥḥ; [...] sḳdty ipwty nty Rʿ, [...] mꜣꜣty Rʿ, rʿ-nb [...]; [...] Ḏḥwty [...] Rʿ [...] rʿ-nb [...] Rʿ [...] N tn Nww; iw.s nnyt [...] rʿ-nb [...]; [...]; [...] Rʿ [...]; [...] Ḏḥwty [...] Tmw [...] irt-Ḥr [...]; [...] Rʿ [...] iw šꜣs.n.i zrwt mḥwt nt pt [...] Rʿ [...]; [...] Šw [...]; [...] Rʿ [...] Gb [...] Rʿ [...]; [...] irt-Tmw, nknt, nbt grḥ; [...] Šw [...]; [...] Šw [...] pr ns wr r.k, m-ḫnw irt-Tmw, nknt, nbt grḥ; [...] Šw [...]; [...] prt m hrw [...] pr m hrw [...] pr.i m hrw [...] pr.n.i m hrw [...] prt m hrw; [...] Šw [...] hrw [...]</td>
</tr>
</table>

<table>
<tr><td>170</td><td>CT, V, 457-463, §§330a-335g [B1L, B3L, L1Li, BqC, B1Y, B4C, pGardiner II]</td><td rowspan="4">de Buck, 1935-61
van der Plas & Borghouts, 2000

Barguet, 1968
Faulkner, 1973-78</td><td>[...] Ỉhy [...] ꜥḳ.i ḥr Nb-r-Ḏr [...]; i iṯt rnpwt, sꜥrw m hrww! m iṯ rnpwt.i; m sꜥrw m hrww.i; ink Ḥr, nb Dwꜣt, ity ꜣḫt imntt; [...] n mt.i m Ỉmntt [...] Ỉꜣbtt [...] Rsy [...] Mḥt [...] Nw [...] Nw [...]; [...]; [...]; [...]; [...] di.k pry.i m hrw [...] sꜥr.n.f rnpwt.i [...] tp tꜣ [...]; i itn wr, imy ꜣt.f, sšm Rꜥ m wꜣwt štꜣwt, sdꜣ wn pw prr m ḥry-ḫt pt [...]</td></tr>
<tr><td>171</td><td>CT, V, 464-466, §§336a-362 [B1Bo, BqC, B1C, B5C, B6C, B1L, B3L, B2P, B1Bo]</td><td>[...] mꜣꜣ.n.i Rꜥ [...] wn n.i wꜣwt Rꜥ, hrw pw n imt ṯꜣw pt [...] ṯꜣw [...] Šw [...] iw sbꜣw.f, ꜥwt.f mḥwt m trw rnpwt; [...] pzš.f Ḥw r šw.f [...]; nbt ṯꜣww [...] bḳwtt rn.s [...]; smnt.s ḥr ṯrw Šw; ḳꜣst m rwd rnpwt, hrw pw n pzš rnpwt [...]; nḥḥ [...] ḏt [...]; [...] wbn.f m msḫ nṯr, ḥtp.f m ꜥnḫ m Ḳnḳnt [...]; [...] ꜣw.f pt šm.f Ḥtp [...] nbt ṯꜣw [...]</td></tr>
<tr><td>172</td><td>CT, V, 467-468, §§363a-386m [BqC, B1C, B5C, B6C, B3L]</td><td>[...] ḫn.i m šw.s, zḫn.i Sḫt-Ḥtpw, <mi> Rꜥ is pw imy n pt; [...] nb ṯꜣw [...] psḏ.i hrw [...] sḏr.n.i m grḥ; [...] mdw n.i Spdt, m nw.s; [...] ink iꜥḥ, iw ꜥm.n.i knḥw; [...] Šw [...]; <mi> Rꜥ, is ḫn pt šmsw nṯrw ḫnw pt; ink Rꜥ, šmsw ḫnw pt; [...] nhp.i [...] ṯꜣw [...]; [...] mꜣꜣ Rꜥ, Wsir, Ḏḥwty, rꜥ-nb; sḫm m mw, m ṯꜣw [...] ḏt r nḥḥ; [...] ḫn.i m šw.sn, zḫn.i m Sḫt-Ḥtpw, <mi> Rꜥ is imy pt, Tmw nb ḥtpw; hꜣ.n.i r tꜣ, sḥtp.n.i Gb; pr.n.i r pt, rdi<.tw> n.i ꜣwt-ib; [...] iṯ.i n pt, tꜣ [...] nbt ṯꜣww [...]; psḏ.i m hrw, sḏr.i m grḥ [...]; iw Ḥḥ im.i, iw Ḥḥwy im.i [...]; nhp.i ḥr snt.i Spdt m wnwt.s (var.: rnpwt.s) [...]; Rꜥ imy n pt, šms wi nṯrw imyw pt; [...] ṯꜣw [...] ṯs šnit [...]</td></tr>
<tr><td>173</td><td>CT, V, 469, §§ 387a-387f [S2C, B2L, B1P]</td><td>[...] ꜥpr ꜣḫ.i [r] nṯr, ḥḏ tꜣ rn.f; iw.f imyty nṯrwy ꜥꜣwy, iw.sn m pt; iw wꜥ im.sn imy wrt nt pt; iw wꜥ im.sn tꜣ-wr n pt [...]</td></tr>
</table>

174	*CT*, **V**, 469, §§ 387g-398g [S2C, B2L, B1P]	DE BUCK, 1935-61 VAN DER PLAS & BORGHOUTS, 2000 --------------------- BARGUET, 1968 FAULKNER, 1973-78	*[...] iw ḫr.f, ḥḏ tꜣ, [...] m pt, m Ꞽmntt; [...] i ḥḏ tꜣ [...] ḫꜥ.kwi m pꜣwty [...] ḏsr.n.f pt, iꜥb.n.f tꜣ; ḫsr.n.f Nwt Wrt tp-ꜥwy Pꜣwtyt Wrt, rdit n.i ḫꜥw; [...] m kkw; mwt.i Spdt ir.s wꜣt.i, sḳr.s rdw r Wꜥrt tw wrt ꜥꜣt nt Nn-Mwt; r prt.i m int ḏw n zḫzḫ, r mḥt ḫnw idbw.i, r bw prrw Sꜣḥ im; gm.i Sꜣḥ, ꜥḥꜥ ḥr wꜣt.i, ḏꜥm.f m-ꜥ.f sꜥḥy; šzp.i sw m-ꜥ.f, nṯry.i im.f; d<i>.f n.i ḏꜥm.f imy ꜥ-f; sdꜣy.i nꜥḫw im.f (i)sdy.i ꜥꜣw im.f, sꜥḥ.f wi m-tp Spdt, snby.f wi m ḥwt Sꜣḥ; pr.i ḫꜥ.kwi m nṯr! [...] nis.i r Sꜣḥ, iwt.f n.i; i Sꜣḥ, i Sꜣḥ! my, mꜣꜣ.k wi; [...] iw in n.i Ꞽnpw; iw sṯꜣ n.i bnw.f; [...] my Sꜣḥ, mꜣꜣ.k wi; wḥm.n.i ḫꜥw m wrrt; iw rdi n.i st Šw Wr; [...] my Sꜣḥ [...] ḫrt hrw [...] ḫꜣwy [...]; iit.ti, ꜣḫ.ti, ꜥpr.ti, in Sꜣḥ r.i; [...] m ḥwt Sꜣḥ [...] ḫrt hrw [...] iw.i ḫꜥ.kwi m nṯr [...]; ḏd.n.k mꜣꜥ, in Sꜣḥ r.i [...] in Sꜣḥ ḏd n.i rnw.sn [...]*
175	*CT*,**V**,470-471,§§398h-400k [B1C, B2L, B1P]		*r n spr Sꜣḥ: i ḥḏ tꜣ, nhs sḏr! [...] ḫꜥ.kwi m Pꜣḫt Wrt; [...] mꜣit, mꜣꜣt šdt ḫt m kkw; i bꜣi.i Spdt! ir wꜣt.i, sḳr; di rdw r Wꜥrt tw wrt, ntṯ mwt.i; <iw> Ḥw r <bw> prrw Sꜣḥ im; gm.i Sꜣḥ, ꜥḥꜥ ḥr wꜣt, ḏꜥm.f m-ꜥ.f; sꜥḥꜥ<.i>, šzp.i sw; nṯr.kwi im.f; di.f n.i ḏꜥm.f imy ꜥ.f; ḏd.f: «imi n.i zꜣ.i (zp 2), wbn pw m ḥtp [...]»; [...] pt [...] r pt [...]*
176	*CT*, **VI**, 472, §§ 1a-2k [B2L, B1P]		*[...] mꜣꜣ sw ir.ṯn nṯrw, ꜣḫw, mwwt [imyw] pt, tꜣ; [...] Ꞽmntt [...] Ꞽꜣbtt [...] tꜣ [...]*
177	*CT*, **VI**, 473, §§ 3a-16i [BqC, B1Y, B6Bo, B1C]		*[...] i ḥr.f-ḥꜣ.f, wḏꜥw mrw! [...] Gb [...] tꜣ [...] pḏwt [...] Rꜥ [...] Tmw [...] Ḥwt-Ḥr [...] Wꜥrt pw [...] Gb [...] Wꜥrt [...] Gb [...] tꜣ [...]; ḫꜥy.i m Wr, hꜣy.i r wiꜣ; sṯt.i tꜣ r pt mḥtt; dmd.i im ḥnꜥ nṯrw; [...] pr.i r pt m-m nṯrw; [...] rdi.tw n.i Mr-n-Ḫꜣ n nḥḥ ḫr nṯr [...]*

<table>
<tr>
<td>178</td>
<td>CT, VI, 474, §§ 17a-26e
[B1Bo]</td>
<td rowspan="3">DE BUCK, 1935-61
VAN DER PLAS & BORGHOUTS, 2000

BARGUET, 1968
FAULKNER, 1973-78</td>
<td>ỉ ḥr.f-ḥꜣ.f! [...] pt [...] tꜣ [...] Tmw [...] ꜣkrw [...]; ꜥwy pw n nṯr ꜥꜣ Rꜥ [...] grḥ pw n Smdt; ỉw N pn rḫ rn n Wꜥrt, gwꜣt.s r.s: Wꜥrt pw ꜥꜣt [...] ꜥḥꜥt nṯrw; [...] m kkw [...] ỉw N [pn rḫ] ỉrt-Ḥr tw, ḫꜣḫt spdt; wbn N pn ỉm.s m ỉꜥrt; pr.n N pn ỉm.f; [...] ỉ mꜣ-ḥꜣ.f! [...] Rꜥ [...] Rꜥ, grḥ pw n ẖnnw [...] Rꜥ [...] Ḥwt-Ḥr [...]; rḫ rn n ỉḥw.s: nwt hrw pw; [...] ꜣkrw, tpw-ꜥwy tmw, tpw-ꜥwy Gb; [...] ỉ ḥr.f-ḥꜣ.f! [...] bỉꜣ pw tpw-ꜥwy Rꜥ; [...] Tmw, hrw pw n ḳrst [...] hrw [...] Wꜥrt [...] Wꜥrt [...]; ỉw N pn rḫ rn n ḫꜣwt tw, wnmt.f ḥr.s: ỉsṯ Ỉꜥḥ, hrw Smdt; [...] mk N pn, ỉỉ, ḥms m Rꜥ; ḏꜣ.f Š-n-Ḫꜣ r pt mḥtt; [...]</td>
</tr>
<tr>
<td>179</td>
<td>CT, VI, 475-478, §§ 26f-37g
[BH4C, S1C, S2C, B1P, B1L]</td>
<td>[...] Tmw [...] dnswt.s bỉꜣ pw [ḥr-ỉb pt]; [...] Wꜥrt gꜣwt tpt.s ḥr.s: ḥrt-ỉb ḥwt [Ỉꜥḥ]; [...] [ḥmsỉ ḥr gs ỉꜣbty n pt]; [...]; [...] ỉrw pt [...] tꜣ [...] Wꜥrt [...] Wꜥrt [...] nn tw.ỉ r wnm n sf, r ḥꜣm n hrw pn; [...]; [...] ỉ mꜣ-ḥꜣ.f! [...] hrw pn [...] pt [...] tꜣ [...] bỉꜣ [...] Rꜥ [...]Wꜥrt [...] mꜣ-ḥꜣ.f [...] m kkw [...]; ỉ mꜣ-ḥꜣ.f! [...]</td>
</tr>
<tr>
<td>180</td>
<td>CT, VI, 479-480, §§ 37h-45p
[pGardiner II]</td>
<td>[...] ỉ mꜣ-ḥꜣ.f! [...] sḫpw.s ḥrw ỉrw pt, bỉꜣ pw tp ꜥwy Rꜥ, šwtyw bỉk nṯr<y>, m pr.f <r> ꜣḫt, dd ỉꜣw n.f ntyw ỉm; [...] tꜣ [...] Tmw [...] Tmw [...] dpt pw ꜥꜣt, ḏꜣt nṯrw 7 pw, mḥwt ꜣḫt nt pt; [...] grḥ [...] šn pt, ms tꜣ [...] grḥ [...] Rꜥ [...] Rꜥ [...]; Wꜥrt tw ꜥꜣt, ḥmꜣt.s ỉm, Wꜥrt tw pw ꜥꜣt nt bỉꜣ, ꜥḥꜥt.ṯn nṯrw [...]; [...] ỉrt-Ḥr [...] Š-n-Ḫꜣ [...]; ỉỉ.kwỉ ẖr.ṯn ỉꜣzw 7 pw; ỉnḏ ḥr.ṯn | ỉꜣzw 7 pw, ḫsfw ỉrt-Ḥr sḏt |x2 [...]; ỉ mꜣ-ḥꜣ.f! [...] bỉꜣ [...] hrw n ḫꜥt m nwb [...] Tmw, hrw [...] ꜣkrw [...] m ꜣbdw, Smdwt ỉꜥḥ [...] kkw [...] wbn.ỉ, pr.ỉ ỉm.f, r pt, m-m nṯrw [...]</td>
</tr>
</table>

<table>
<tr>
<td>181</td>
<td>CT, VI, 481-483, §§ 46a-53d [S1C, S2C, B2L, & c.]</td>
<td></td>
<td>[...] pr m ỉrt [...] ꜣkrw [...]; [...] ỉnḏ šmsw, ḥꜥi nṯrw [...]; wbn Ḥwt-Ḥr m-ẖnw ꜣḫt; sšm.i pt, shrr.i tꜣwy; [...] šnwt Rꜥ [...]; ỉn Sꜣḥ rdỉ n.i ꜥ.f; ỉn Msḫtyw ỉr n.i wꜣt r ꜣḫt ỉmntt; ỉn Spdt ỉnḏt ḥr.i m mswt nṯr; ỉỉ nṯr ms n dšrt, ỉn ỉmyw šmsw r.i; [...]; [...] Ḥwt-Ḥr [...] ḫnyt wꜥt nt hrw pn [...]</td>
</tr>
<tr>
<td>182</td>
<td>CT, VI, 484-490, §§ 53e-68ℓ [S1C, S2C, B2L, B3L, B1Bo, BqC, B1Y, B4C, T3Be]</td>
<td>DE BUCK, 1935-61
VAN DER PLAS & BORGHOUTS, 2000

BARGUET, 1968
FAULKNER, 1973-78</td>
<td>[...] pr psḏt [...] Ḥwt-Ḥr [...] ỉr wꜣt n N pn, swꜣ.f [...] Ỉḥy m ẖt.i [...] Ḥwt-Ḥr [...] ꜥwy.i ẖr.f, r sḫw Nwt; [...] tꜣ; dwꜣ.i ḥnwt.i, ỉw mꜣꜣ.n.i nfrw.s; di.i ỉꜣw n Ḥwt-Ḥr, mꜣꜣ.i nfrw.s; [...] ḏꜣ.i ḥnꜥ šmsw n Wrt tn, r ꜣḫt ỉmntt nt pt; [...] Wrt ỉmyt-ḥꜣt wiꜣ Rꜥ, ḥr-ỉbt wiꜣ Ḫpri; [...] ỉw.i m šmsw n nsw pt; [...] mꜣꜣ.sn wi m wꜥ [...] sšr.i Wrt m-ẖnw sꜥḥ.s; Ỉḥy.s ḥr mnt.s [...]; ỉr.f ꜣbd m wnwt.f [...]; ỉw.i m šmsw Ḥwt-Ḥr [...]; ỉnk ꜥꜣt, prt m Rꜥ [...] | Ḏḥwty [...] Tmw |_{x2}; [...] ḫꜥ.kwi m nṯr | Ḥwt-Ḥr |_{x4} [...]; hꜥi rf ꜣḫt ỉmntt, ỉꜣbtt, ḥrt, ẖrt [...]; wn bṯꜣw biꜣ(yt) {wi}, znš bṯꜣw biꜣ(yt) {wi} [...] wn biꜣ(yt) [...]; ỉnk Wꜥ pw, ḏꜣ Nw [...], sšm.i ỉtrt, sꜣḥ.i Gb, rdi n.i nst Gb; pt, tꜣ r ḏrw ḥr nmtwt.i; [...] i ꜣḫ.i! [...] wn.k ptrw m-snw ꜣḫt; [...] Rꜥ [...]; ỉrw sbꜣw Nwt ḥrt! wn wꜣwt n bꜣi.i [...] ỉw.f ẖr Mꜣꜥt n Rꜥ; [...] hrw pw; [...] pt [...] tꜣ [...]</td>
</tr>
<tr>
<td>183</td>
<td>CT, VI, 491-496, §§ 69a-78e [B3L, BqC, B1Y, B4C, T3Be, B3Bo, Sq12C, & c.]</td>
<td></td>
<td>[...] | Rꜥ |_{x3} [...] ẖrt-hrw nt rꜥ-nb [...]; wn n.k ꜥꜣw pt, znš n.k sbꜣw ḥrt; [...] mꜣꜣ.k Rꜥ m ỉrw.f mꜣꜥ [...] tꜣ; [...] Šw [...] Ḥḥw [...] m ꜣt [...] Tmw [...] tꜣ [...]; ỉw ḫrw ỉꜥnw m-ẖnw ꜣḫt [...] Ḥḥw [...]; [...] Šw [...] Ỉḥy; pḥ.n.i ꜣḫt m bik wr; drs ḏbꜣ.i m-ẖnw ꜣḫt; [...] ỉw.f ḥnꜥ Rꜥ ẖrt-hrw nt rꜥ-nb [...]; Rꜥ [...] Ḥwt-Ḥr [...]</td>
</tr>
</table>

184	*CT*, **VI**, 497-501, §§ 78f-86h [B3L, Sq12C, B3Bo, B4C, T3Be]	de Buck, 1935-61 van der Plas & Borghouts, 2000 ---------------------- Barguet, 1968 Faulkner, 1973-78	*[...] ꞽ nṯrw nbw, ꞽmyw pt, tꜣ, mw, ꜣḫt! ꞽr wꜣt n bꜣꞽ.ꞽ [...], m šmsw n rꜥ, n Ḥwt-Ḥr, m ꜣwt ḏt r nḥḥ; [...] Rꜥ [...] ḫꜥ.k ḥr Wꜥrt wrt ꜥꜣt ḥr ḫnt ꜣḫt nt pt; ḥms.k ḥr.s; dꞽ.tw n.k ꞽꜣw ꞽn nṯrw nbw ꞽmyw pt, nbw ꜣḫt nt pt, ḥr n pt ḥrt; sḥtp.sn ṯw ḥr.s rꜥ-nb; [...] Rꜥ ḥnꜥ Ḥwt-Ḥr, r bw wnn Rꜥ ꞽm rꜥ-nb, r bw wnn Ḥwt-Ḥr ꞽm rꜥ-nb, m-ꜣwt ḏt r nḥḥ; [...] zp m ꜣwt ḏt r nḥh; [...] Rꜥ [...] hrw pw [...] m-m ꞽpt rnpwt [...] Rꜥ, Ḥwt-Ḥr [...]; smn.f ẖkrw.ṯ m wpt Rꜥ; [...] zp.f ḏt r nḥḥ [...] ḏt r nḥḥ [...]; [...] rꜥ-nb [...] m ꜣḫt, m šmsw n Rꜥ, Ḥwt-Ḥr, m-ꜣwt ḏt r nḥḥ; [...] pt [...] tꜣ [...] tꜣ [...] tꜣ [...] zp.f ḏt r nḥḥ [...] Rꜥ, Ḥwt-Ḥr [...], nṯr nb nt(y) m pt, tꜣ m-ꜣwt ḏt r nḥḥ [...] pt, tꜣ [...]; ꞽw sḳr.n.ꞽ bnbn m Ꞽꜣbtt [...] Rꜥ [...]; bwt pw pr m grḥ; prr.ꞽ m hrw; ꞽwr.ꞽ m grḥ, msy.ꞽ m hrw; sbꞽ.n.ꞽ m-sf, ꞽꞽ.n.ꞽ m-mꞽn [...]*
185	*CT*, **VI**, 502-508, §§ 86i-94j [B1Bo, S10C, Y1C, M22C, B1L, B3L, BqC, B1Y, & c.]		*šmt mꞽn, ꞽwt bkꜣ: [...] ḫnt pw* N *pn Rꜥ m Ꞽmntt, sḳrt bnbnt m Ꞽꜣbtt; [...] sḏr.f ms, ꞽwr rꜥ-nb; sbꞽ.n.f sf, ꞽꞽ.n.f mꞽn [...]; pr.n.f ḥr Šw, ḫfd.n.f ḥr ꞽꜣḫw [...] sf [...] ḏt r nḥḥ [...] tꜣ [...] wn r nḥḥ [...]; [...]; [...] hrw [...] tꜣ [...] ꞽnk nb ḥḥw, mꜣꜥ.n.ꞽ ꜥ.ꞽ m Rꜥ [...] sbꞽ.n.ꞽ m-sf, ꞽꞽ.n.ꞽ m-mꞽn; ꞽwr.ꞽ m grḥ, msw.ꞽ m hrw pn; [...] Šw [...] Šw [...] Rꜥ [...] sbꞽ.n.ꞽ m-sf, ꞽꞽ.n.ꞽ m-mꞽn; ꞽwr.ꞽ m grḥ, msw.ꞽ m hrw pn; [...] Rꜥ, Ḥwt-Ḥr [...] Rꜥ [...] sḏr, wḏb.n.f sw m Nwt [...] ꞽ Wꜥ! [...] ꞽꜣḫw, ꞽsṯ wbꜣ.n.ꞽ Dwꜣt; ꞽ Wꜥ! [...] Rꜥ [...] ꞽꜣḫw [...]; [...] Tmw [...] ꜣḫt nt pt; [...] Tmw ḏs.f, zꜣꜣ ḥrw ꜥšꜣw ꞽmyw ḥrt; [...] m rnpt tn, m ꜣbd pn, m grḥ pn, m hrw pn, sk ḏt r nḥḥ, m-bꜣḥ ꞽrw pt [...]; wn pḥw ptrw n Rꜥ, [...] Tmw [...]*

<table>
<tr>
<td>186</td>
<td>CT, VI, 509-525, §§ 95a-118d
513 = B2W
[BqC, B1Y, B1Bo, B1Be, B1P, B2P, B3Bo, B5Bo, B2C, B5C, B10C, B11C, B18C, B1L, B2L, B3L, Sq4C, & c.]</td>
<td rowspan="2">DE BUCK, 1935-61
VAN DER PLAS & BORGHOUTS, 2000

BARGUET, 1968
FAULKNER, 1973-78</td>
<td>ʿḥʿ Rʿ, ḫmw Psḏty [...] ink Wʿ [...]; wn tꜣ r.f, znš.n Gb ʿrty.fy ḥr.i [...]; šꜣs.i r rdw wr ḥr Wrt, n ḫsf wi ꜣkr, [...] Šw [...]; ʿnḫ.i r.i m mꜣꜣ Rʿ, Rʿ-Tmw [...]; [...] hrw [...]; [...] Nw [...] mk, irt pr ḥr mww, gm.n.i m hbt [...] irt [...]; [...] m-sf [...] m-min [...] pr m ꜣḫt.f [...] ink dšr, nḏ n irt.f; mt.n.i sf; ii.n.i bkꜣ [...] m-min [...]; [...]; [...] tꜣ [...] Gb [...] Nb-Wʿ [...] pr.i r hrw [...]; [...] Ḏḥwty [...] rdw [...] prr.k r pt! [...] Šw [...]; šw.k, pr.k r pr.k, m sbꜣ ḥr pr.k! [...] tp tꜣ, ḏt; [...] Smꜣt-Wrt [...] Gb [...] spr r rdw wr [...]; ꜣwt-šwtyw, wḫꜣt mnḏw, fꜣi.n.s ṯw r pt; n wdn.s ṯw r tꜣ; ḏꜣ.s mnḏ.s ḥr r.k; [...] Ḏḥwty [...] ḥms rk ḥr ḫnd.k biꜣ, [...] ḫrp.k iḫmw-skiw! [...] hrw [...]; [...] ṯs ṯw ḥr ḳsw.k biꜣ, if.k nwb! [...] ṯꜣww nw pt [...] ḥtm [pt m] ꜣḫꜣḫw.s [...]; ms if.k n ʿnḫ! ʿnḫ.k r ʿnḫ ꜣḫꜣḫw, m tr.sn n ʿnḫ! [...]; [...]; [...]; [...]; psš.s mwt.k Nwt ḥr.k [...]</td>
</tr>
<tr>
<td>187</td>
<td>CT, VI, 526-535,
§§ 118e-132n
[S2C, L1Li, L2Li, T1C, BH1Ox, BH2C, Sq10C, Sq1Sq, M3C, M6C, M10C, M16C, M23C, M35C, M36C, T1Be, T2L, & c.]</td>
<td>[...]; | Rʿ-Tmw |$_{x2}$ [...]; ʿbw.i, ʿbw pt, tꜣ, wʿbt n Rʿ, n Gb [...]; bd.k, bd Ḏḥwty, Dwn-ʿnwy [...]; [...] ʿḳ.n.i m ssw, pr.n.i wʿb [...]; [...] idt nṯr r if.k; [...] Gb [...] hꜣ N! kꜣp ṯw ḥr irt-Ḥr; snṯr n ṯw ḥr irt-Ḥr; [...] sṯ irt-Ḥr ḥr{r}.k; [...] rdi.n Šw n.f ṯsw [...] Rʿ [...] Ḏḥwty [...]; rʿty [...] iw irty.ky msktt ḥnʿ mʿnḏt [...]; iw mḳḥꜣ tp.k m Dwn-ʿnwy[...] wḏ ḏt pw, mn mi Rʿ ḏt; [...] Šw [...] Tfnt [...] hrw [...]; [...] zꜣw Wrt [...] m-ḫnw ꜣḫt Ḥwt-Ḥr [...] hrw [...] | Ḥwt-Ḥr |$_{x5}$ [...] rʿ-nb; [...] Tmw [...] fd.i Šw, smn.i ꜣkr [...] ḥḏ n.i ḥr n Ḥwt-Ḥr [...]; mꜣꜣ.i Mꜣʿt m-bꜣḥ Nb-Tm; sʿr.i Mꜣʿt n Nb-r-Ḏr; [...] pry.i, hꜣy.i m msktt [...]; Šw [...] hrw [...]</td>
</tr>
</table>

<table>
<tr>
<td>188</td>
<td>CT, VI, 536-547, §§ 133a-143n [M22C, M23C, pGardiner III, pGardiner IV]</td>
<td rowspan="2">DE BUCK, 1935-61
VAN DER PLAS & BORGHOUTS, 2000

BARGUET, 1968
FAULKNER, 1973-78</td>
<td>[...]; [...]; [...] | Rꜥ-Tmw |$_{x2}$ [...] hrw [...]; ỉnk zꜣ Nb-Tm, zš n Ḥwt-Ḥr [...]; [...] Ḥwt-Ḥr: ỉỉ n.ỉ pt, tꜣ, ỉỉ n.ỉ wrw.sn [...] Gb [...] pt, tꜣ [...] Rꜥ, smsw m pt, tꜣ [...] ꜣḫt [...] m tꜣ pn, ḏt [...] Ḥwt-Ḥr [...] Ḏḥwty [...]; [...] | Ḥwt-Ḥr |$_{x3}$ [...] wn ꜥꜣw ꜣḫt n Ḥwt-Ḥr [...]; ỉnk wꜥ m ṯntyw.ṯ, ḥnwt.ỉ Ḥwt-Ḥr [...] | Ḥwt-Ḥr |$_{x2}$ [...]; [...] psḏ ꜣḫt [...] wn [ꜥꜣ] m ꜣḫt [...]; [...] ỉnk zꜣ wr, ꜥpr.n Rꜥ, rꜥ-nb; [...] Ḏḥwty [...] Ỉḥy [...] Ḥwt-Ḥr [...] m Nw [...]; ỉnk zš Ḥwt-Ḥr, ꜥšꜣ m ẖnwt m Ỉwnt, ỉḳꜣꜣ ḥr Mꜣꜥt.f; [...] wn n.ỉ ꜥꜣw pt [...] n ẖmt fdw pw sbꜣw nw Rꜥ; [...] | Ḥwt-Ḥr |$_{x2}$ [...]; ḥfd.ỉ šw, nm.ỉ ꜣkr šꜣs.ỉ šw, nmt.ỉ ỉꜣḫw (var.: Ỉꜣsw), šꜣs.ỉ, pḥ.ỉ ỉꜣd; [...] Ḥwt-Ḥr [...] pḥ.ỉ ꜣḫt [...] Ḥwt-Ḥr [...] Ỉḥy m nfrw pt, Nw, [...] rꜥ-nb [...]; [...]; [...]</td>
</tr>
<tr>
<td>189</td>
<td>CT, VI, 548-554, §§ 144a-155g [M18C, M2NY, T2L, T2Be, Sq3C, Sq4C, Sq6C, B2L, T1L, B1Bo, B2Bo, B2Be, BH2C, G1T, L2Li, & c.]</td>
<td>[...] Ỉꜣbtt [...] Rꜥ [...] Ỉꜣbtt [...] Rꜥ [...] Ỉꜣbtt [...]; [...]; ṯs mꜣḳt, ꜥḥꜥ mꜣḳt [...] r prt N pn ḥr.s r pt, mn.s ẖr N pn <m> zpt wrt nt pt; [...] pr m Nww [...] m knmt [...]; ṯs mꜣḳt r pt [...]; ỉỉ.n.ỉ ḫr.k, ỉt.ỉ Rꜥ! ỉw šꜣs.n.ỉ šw; ỉw ꜥm.n.ỉ Wrt; ỉw dbn.n.ỉ ḥḥw fdw zp; [...] ỉmyw Nww [...] ỉmy ḏrw ꜣḫt; ỉw hꜣ.n.ỉ mꜣḳt; [...] nb ỉꜣḫw, ḥms.ỉ m-ẖnw šfšft.k [...]; [...] tm mꜣꜣ sḳdd Wsỉr m-ẖnw Sꜣḥ; ỉnk wḏ m pt, r ḏr.s, n Rꜥ; ỉw.ỉ ṯs mḥt; ỉw.ỉ ḏbꜣ.ỉ šwt: hꜣt r wỉꜣ n Rꜥ; [...]; [...] ỉỉ n.ỉ st wrt, šspt.n.f Rꜥ, snṯ.n.f nb ꜣḫt [...]; [...] | Šw |$_{x5}$ [...] sšm.f ḫꜥw n mr.f; dỉ.f ꜣwt n Psḏty; [...] psš.f wnwt ḥnꜥ ꜥnḏw; sḥtp.f Rꜥ ḥr Mꜣꜥt, ḫꜥ Šw [...], ỉtrw šḥꜣ m ns ỉꜣḫw; [...]; ỉw.ỉ ẖr Nwt, tn; srwḏ.ỉ sšp.s; [...] ỉw ṯs.n Nwt nṯr nb ḥr ꜥwy.ỉ; [...] ỉnk Šw nṯrw, nnk pt tꜣ [...]</td>
</tr>
</table>

<table>
<tr>
<td>190</td>
<td>CT, VI, 555-570,
§§ 155h-170f
[B1Bo, B2Bo, B4Bo, BH2C, BH1Ox, BH3Ox, T3C, G1Be, B4C, M2NY, S10C, & c.]</td>
<td rowspan="3">DE BUCK, 1935-61
VAN DER PLAS & BORGHOUTS, 2000

BARGUET, 1968
FAULKNER, 1973-78</td>
<td>[...] | Ḏḥwty |$_{x2}$ [...]; [...] Gb [...] Ḏḥwty [...] ỉw Wsỉr st.f m ḫftyw.f, ỉry n.f hny ỉḫmw-skỉw, mꜣꜣ.sn swsr Wsỉr N pn [...]; [...] N pn ʿnḫ{.ṯn}, ꜣḫ{.ṯn}, zp 2, r nḥḥ [...] m ẖrt-hrw nt rʿ-nb [...]; [...] ỉnk ỉrt-Ḥr ỉmyt ḫfʿ.k; [...] | Rʿ |$_{x2}$ [...]; N pn Rrt [...] Rrt [...]; [...] ỉry.ỉ šmwt ḥr rdwy.ỉ, mỉ Nfr-Tmw; ssn.ỉ ṯꜣw, m fnd.ỉ, mỉ Ḫnsw, ḥḳꜣ ḏfꜣw; [...] mỉ Ỉhy, zꜣ Ḥwt-Ḥr, mr.s; [...]; [...] n wḏʿ N pn m rnpt ẖrt, srwḫ nt Ḏḥwty; [...] | Gb |$_{x2}$ [...]; ḏꜣ.n N pn Ỉꜣsw; N pn ḏbʿ Ḏḥwty, Nb-r-Ḏr [...]; [...] Rʿ [...] Tmw [...]; [...] ỉnk Rʿ, pr.n.ỉ m ꜣḫt, r ḫftyw.ỉ; [...] pt [...]; [...] Gb [...] Ḏḥwty [...] Tmw [...]; [...] Nww [...] ỉꜣḫw [...]</td>
</tr>
<tr>
<td>191</td>
<td>CT, VI, 571-572,
§§ 170g-176q
[B1Bo, S10C, M9C, M28C]</td>
<td>[...] ỉn Sḫmt, ỉmyt rnpt.s; [...] ỉn ḥr.f m ʿꜣ, tpy Wʿrt, ỉnn ḥʿw n ḥwt nt N pn; [...] ỉn Fnfn, mẖnty, zmꜣ tꜣ N pn; [...] ḥr Wʿrt [...] ỉr ḥwwt ỉptn, ỉmywt pt, tꜣ [...] hb.kꜣ<.tw> pt, tꜣ [...]; [...] my ỉp [sḏꜣ ỉrt-Ḥr] n.f [...] Rʿ [...] | Wrt |$_{x3}$ [...]</td>
</tr>
<tr>
<td>192</td>
<td>CT, VI, 573, §§ 177a-183e
[S1C, S2C, G1T, G2T]</td>
<td>[...] gp pt; ỉḥy sbꜣw; mnmnt pḏwt; sdꜣ ḳsw ꜣkr; grr.sn <g>nmw, mꜣꜣ wỉ pr, ʿḳ, m nṯr pw nb ḥḥw; [...] ỉnk Rʿ, zꜣb wʿ m pt [...] ỉw wsr.ỉ m ꜣḫt; ỉw špsw.ỉ m pt; [...] mỉ Rʿ-Tmw, ỉt.ỉ, ms wỉ; [...] ỉnk kꜣ-pt [...]; ỉw pẖr n.ỉ ỉmyw pḏwt, ỉw ḫʿ.kwỉ m nṯr pw ỉmy.sn; [...] Gb [...] wpwty pw Ḫnsw hꜣbw r ḫsf wỉ [...] mšrw [...] Ḥḥw [...]; pẖr.n Psḏntyw ẖr.sn; ỉn ʿꜣ ỉb pw mḥt pt [...] ḫꜣwy [...] nhpw [...] mšrw [...]; ỉw dbn.n.ỉ pty [...] ỉw pẖr.n.ỉ pt, tꜣ [...], ỉw ḫʿ.kwỉ m sḫmw ỉmyw ꜣḫt [...]; wḥm.n.ỉ ḫʿw m pt, ỉw.ỉ sbn.kwỉ r.ỉ m-m ḏrw ꜣḫt [...]; Wʿrt [...] ỉn sḥd pw, srr m ỉꜣbty nt pt [...]; hrw pn [...] nhpw [...]; ỉnk Rʿ n hrw pn [...] Rʿ [...]</td>
</tr>
</table>

<table>
<tr>
<td>193</td>
<td>CT, VI, 574-580,
§§ 183f-195n
577 = B2W
[S1C, S2C, B4C, B5C, B3Bo, B1P, B1C, B1Be, B1L, B2L, BH3C, S2Chass., & c.]</td>
<td rowspan="2">DE BUCK, 1935-61
VAN DER PLAS & BORGHOUTS, 2000

BARGUET, 1968
FAULKNER, 1973-78</td>
<td>[...] ꜥḏ.n.ỉ pt, wbꜣ.n.ỉ ꜣḫt, šꜣs.n.ỉ ỉꜣḫw; [...] m-sf [...] šm m-sf, ỉwt bkꜣ [...]; i Gb, kꜣ-pt! ỉr wꜣt n.ỉ [...] Šw [...] dmd.f nswt Gb [...], zmꜣ bꜣw.f ỉmyw Nw; [...] hrw pn [...] prt m hrw pn [...] ỉnt N tn Mꜣꜥt, ỉmyt ỉmyw ỉꜣḫw [...] ỉwꜥ.n N tn ỉn Tmw nst Ḥr-Wr [...] m hrw pn [...]; ỉw nh n N tn m ỉrt<-Ḥr>, ỉrt-Ḥr ỉw m mkt N tn, ỉw nhyt.s m ỉrt-Ḥr; [...] bwt.ỉ pw, šm m grḥ [...]; prr N tn m hrw, m ỉrw.s mꜣꜥ n ꜣḫ ꜥnḫ [...] pr.ỉ m hrw [...]; [...] ỉw tp.ỉ r pt, tꜣ [...] m tꜣ pn, m grḥ, hrw [...]; pry.ỉ m hrw [...] hrw [...]; [...]; ḏsr pt, tꜣ [...] r pt, tꜣ [...] m nhpw [...]; [...] Rꜥ [...] Rꜥ-Tmw [...] tꜣ [...]</td>
</tr>
<tr>
<td>194</td>
<td>CT, VI, 581-587,
§§ 196a-209i
[BH3C, Sq6C, Sq10C, S1C, S2C, B2Bo, pGardiner II]</td>
<td>pꜣ.n.ỉ m wr, ngg.n.ỉ m smn; ẖnn.ỉ ḥr Wꜥrt ꜥꜣt mḥtt <nt> ꜥꜣt; [...] ỉrt.ỉ m ṯpṯt ỉrt-Ḥr [...]; zmꜣ.ỉ tꜣ r pt mḥtt, {ỉ}wn.ỉ ꜥꜣw ꜣḫt, ỉw ỉn.n.ỉ r ḏrw ꜣḫt, ẖns.ỉ r ḏrw mḥtyw; ỉw.ỉ r pt mḥtt, ḥms<.ỉ> ỉm.s Stẖ; [...] Rꜥ-Tmw [...] ꜣḫt [...] pt [...]; ỉn msktt ḥnꜥ mꜥnḏt ddt n.ỉ srf; [...] rꜥ-nb [...] Rꜥ [...] tꜣ [...] pt [...] pt [...]; ỉnk wnb, pr m Rꜥ; ꜥꜣꜥ, pr m ꜣḫt; [...] Ḏḥwty [...] ḏꜣy.ỉ r pt [...] pt [...] Rꜥ [...] tꜣ [...]; ẖꜥ.kwỉ [...]; ỉmỉ hꜣy Wsỉr N pn r Š-n-Ḫꜣ [...] zmꜣ.f tꜣ r pt mḥtt; [...] ỉr N pn hꜣ m [...] sbꜣ [...]; [...] kkw [...] tp.f ḥr pt tn, ḥr.f ḥr Ꞽꜣbtt [...] ỉw mswt.ỉ bkꜣ; sḏ.ỉ m swḥt, hrw [...]; [...] m-mỉn [...] ỉw ỉn n.ỉ wrw <nw> pt, ꜣḫt [...] n ḏt [...] mḥtt pt [...] ṯꜣw [...] mỉn [...]; [...] ỉnḏ ḥr.k Rꜥ, ỉmy nws.f! [...] Wrt [...] Rꜥ [...] Tmw [...] ǀ Rꜥ ǀ$_{x3}$ [...] Tmw [...] ǀ Rꜥ ǀ$_{x2}$ [...]; [...] pt [...] tꜣ [...]; prr.ỉ r bw Šw n pt [...]; bwt pw Stẖ, ỉrt-Ḥr [...] ỉrt-Ḥr [...] ꜥm.kꜣ n.f Stẖ ỉrt-Ḥr [...] Ḏḥwty [...] Rꜥ [...]; [...]</td>
</tr>
</table>

<table>
<tr>
<td>195</td>
<td>CT, VI, 588-606,
§§ 209j-219e
[T1L, S2P, S1C, S3C, S5C, S11C, SqC]</td>
<td rowspan="3">DE BUCK, 1935-61
VAN DER PLAS & BORGHOUTS, 2000

BARGUET, 1968
FAULKNER, 1973-78</td>
<td>[...] | Ḥwt-Ḥr |$_{x2}$ [...] | Ỉhy |$_{x2}$ [...]; [...] Rꜥ [...] Ḏḥwty [...]; [...] Ḏḥwty [...] m dwꜣw [...] Rꜥ [...] Ḏḥwty [...]; [...]; [...]; [...]; [...]; [...]; [...] Gb [...]; [...]; [...]; [...] ỉnk Wsỉr, zꜣ Gb, msw Nwt [...]; [...]; [...] Rꜥ-Tmw [...]; [...]; [...]; [...] m-mỉn [...]; [...]</td>
</tr>
<tr>
<td>196</td>
<td>CT, VI, 607-618,
§§ 219f-230m
[L2Li, M1C, S6P, S5C, S10C, S11C, S12C, B1C, B4C, B2L, B3Bo, B4Bo, T1L, pGardiner II, & c.]</td>
<td>[...] ỉrt-Ḥr [...]; wr pw nn, pr m tꜣ, snw m Nw, pr m Nwt, sẖm wr msy n Gb [...]; ỉmr.n<.ỉ> nḏ.k ỉrt.k m-ꜥ ỉr r.k [...] ỉnt.f nn n Ḥr ḥr rnpt tn; ỉnt.f n.f pt m ỉgp, tꜣ m sỉm [...] zꜣ Nwt [...] ỉw.f r.ṯ ỉrt-Ḥr, ỉw.ṯ r.f ỉrt-Ḥr; ỉrt.k ỉmnt, msktt; ỉrt.k ỉꜣbt, mꜥnḏt; ỉrty.ky [Ḥr], prty m Tmw: Šw pw ḥnꜥ Tfnt; [...] nꜥỉ.n<.ỉ> mꜥnḏt ḥr ỉrt.k Ḥr; rdỉ.n<.ỉ> sn m msktt, rdỉ.n<.ỉ> sn m mꜥnḏt [...]; [...] wnẖ.k m ỉrt-Ḥr n ḏt.k, [...] ẖꜥy.tỉ [...] ḥḏ ḥr.k ỉm.s, m rn.s pw n ḥḏt; [...] ỉỉ ỉrt-Ḥr, prt m tꜣ; [...] ỉrt-Ḥr n ḏt.k [...] ỉrt-Ḥr [...]; [...] | mỉn [...] tꜣ [...] |$_{x2}$ [...]; | Šw |$_{x3}$ [...] | Tmw |$_{x3}$ [...] Ḏḥwty [...] nb nḥḥ; wn ꜥꜣw ptr; znš ꜥꜣw nmtwt ỉꜣẖw [...]; ỉn psḏ Rꜥ wn.f n N pn; [...] | Ḥwt-Ḥr |$_{x2}$ [...] Smꜣt-Wrt [...]; [...]; [...] sk sbꜣ ỉr r.ỉ [...]; [...]; [...] Tmw [...]; ỉ Ḏḥwty! wn n.ỉ ḏnḥw.k pw [...] wỉꜣ Rꜥ [...] ỉn Ỉdbn-Wr; [...] | Tmw |$_{x2}$ [...]</td>
</tr>
<tr>
<td>197</td>
<td>CT, VI, 619-620,
§§ 231a-235h
[B1L, B3L]</td>
<td>sỉd Wrt [...] Ḥḥw [...] Gb [...] sr bnw, pr psḏt [...] tꜣ, n wn.n.f; Gb, n mdw.n.f; Rꜥ, n ḳꜣỉ.n.f [...] mḥ Msḳt [...]; m ỉwn Knzt; ỉw.ỉ ẖꜥ.kwỉ m ỉwn sbꜣw; [...] hrw pw [...] ỉw zꜣ.ỉ, kꜣ-r-pt [...] tꜣ [...] Mḥyt-Wrt [...] ỉw ỉwꜥ.n.ỉ kꜣ-n-pt [...] sꜥr hrww.ỉ nw m mt, sꜥnḏ hrww.ỉ nw ꜥnẖ [...] tꜣ [...] Mḥyt-Wrt [...]; [...] Tmw [...] Wꜥ psḏ.f [...] ꜥn ỉrt-Ḥr [...], sꜥr.s wỉ [...] ỉꜣẖw [...]</td>
</tr>
</table>

198	*CT*, **VI**, 621-622, §§ 235i-238q [B2L, B3Bo]		[...] ḥr st Nb-Wꜥ [...] ḥꜣ.k psḏ, nb ꜣẖt! | Gb |$_{x2}$ [...]; idy Wrt n kꜣ Ỉw-Nsrsr [...] Nb-Wꜥ [...] i <nb ꜣẖt>! ir n.i wꜣt; [...] Gb [...] tꜣ [...] Gb [...] pr psḏt [...] mꜣꜥ nwḥ, ḏꜣ Msḳt [...]; rw sẖwt.k, iꜣd tp-ꜥwy.i; ink iwn sbꜣw, mꜣꜣ.sn {ṯn} wi <m> iwn Knmt, kꜣ-n-pt, psḏt, Nr-Ỉhw tp š.f [...]; snḏ, sdꜣ, mdsw tp-ꜥwy ḳrr n pt! [...] hrw [...] tꜣ [...] mꜣꜣ.n.k Rꜥ [...] dwꜣ.n.k Rꜥ [...] pt [...] hrw [...] Rꜥ [...] Tfnt [...] Šw [...] wḏꜥ.s <m> Mḥyt-Wrt [...]
199	*CT*, **VI**, 623-625, §§ 239a-242j [T1C, S14C, L1Li, & c.]	DE BUCK, 1935-61 VAN DER PLAS & BORGHOUTS, 2000 ---------------------- BARGUET, 1968 FAULKNER, 1973-78	[...] Ḥwt-Ḥr [...] pẖr.i ꜣẖt [...], dmḏ.i Nbw m nbwt nt pt [...], sšp ḥḏ; [...] šsp.i dpw.i m ꜣbdw.ṯ ipw nfrw, Ḥwt-Ḥr, n Šmw, n ꜣẖt, n Prt; sẖnt wi Spdt r tpy-rnpt [...]; [...] ꜣẖ m pt: [...] Ỉꜣẖw [...]; iw ꜣt.i r pt; iw šꜥt.i r tꜣ; nnk.i pt, nnk.i tꜣ; [...] ꜣw pt nmtt.i, sẖw n tꜣ pn n grgw.i; [...] n rẖ.i pt, i[rẖ.i tꜣ-ṯnn] Nww; [...] sbi sf [...] ii.n.f rf ẖr.i, iw [nhpw] [...]; ꜥḥꜥ.n.i hrw n nḥḥ, rnpt n ḏt; iw rẖ.kwi sw, n ḏdw n.i sw; isft m sf; Mꜣꜥt! pḥ.n.i mꜣꜥt; [...] ḏꜣḏꜣt wrt nt pt [...] kkw [...]
200	*CT*, **VI**, 626-630, §§ 243a-253f [S10C, B1Bo, Sq3C, Sq4C, Sq6C, & c.]		[...] Tmw [...]; Gb [...] rꜥ-nb [...] mtr nw pn [...] Ḏḥwty, pgꜣ mḏꜣwt n nṯrw [...]; Ḏḥwty [...] Tmw [...] Wꜥrt [...]; ṯs mꜣḳt r pt: [...] smꜣꜥ n.i mꜣꜥw ꜥnḏt, di.i mꜣꜥt, smꜣꜥ.i ẖꜣy; smꜣꜥ n.i Šmw r Sẖty-Ḥtpwy, nty Wsir [...]; [...] smꜣꜥ.k sṯꜣwt, smn wḥꜥw tꜣ, irw n.k izwt nsw [...]; [...] pr.i ḥr Šw, ḥfdy.i ḥr iꜣẖw; [...] Šw [...]; [...] ṯwt ḏrw Ḥr mḥty pt; [...] iw rdi.n N pn mw nw irt [...] Gb [...] Gb, ḥr-ib pt; dd ṯꜣw, nḥm ṯꜣw, mt itm ṯꜣw [...] ṯꜣw [...] ṯꜣw [...] iw rdi ṯꜣw n Wsir N pn [...] | ṯꜣw |$_{x4}$ [...]; ṯꜣw n N pn, n.f N pn ḏt; rdi ṯꜣw [...]

201	*CT*, **VI**, 631-640, §§ 253g-261n [Sq3C, Sq4C, Sq6C, B3Bo, B2L, B6Bo, BH3C, T1L, T1Be, M2NY, & c.]		*ḫprw m ṯꜣw, ssnt ṯꜣw [...] m Sḫt-Ỉꜣrw: iw ḫrw iꜥnw m ꜣḫt [...], ipt.n Nb-Wꜥ ḏwt.f, mꜣꜣ.n.f nšn m pt ḥrt; sr[.n.f ḥꜣ]ty m pt ḫrt; [...] Gb [...] mk sw, iw.f tꜣḥ.n.f pt, ẖn.n.f tꜣ [...] nšn [...] Ḏḥwty [...]; [...] | ṯꜣw |x2 [...] r wn irt-Rꜥ [...] wn Ḫnsw <ꜥꜣw>, swꜣ [ṯꜣw] [...] | ṯꜣw |x2 [...] Šw imy m ꜣḫt [...] rꜥ-nb [...]; ḥby-tr, zni ḫpš, [...] Sꜣḥ, wḥꜥ {s}nwḥ [...] iw biꜣ Ỉmntt <m> ḥwt [...] Nb-Tm [...] Rꜥ [...] Tmw [...] iw sfḫ.n.i Ỉꜣst [...]; [...] wnn.f m pt, sṯp.f-sꜣ nṯr ꜥꜣ; wn ꜥꜣw pt: ꜥꜣwy ipwy nn nwy ptr [...] ḥr pr msktt [...]; [...] m pt; sꜣ tꜣ in Rꜥ, rꜥ-nb; [...] hrw [...] Nww [...]*
202	*CT*, **VI**, 641-646, §§ 262a-266q [M2NY, M5C, D1C, G1T, A1C, Sq6C]	DE BUCK, 1935-61 VAN DER PLAS & BORGHOUTS, 2000 ---------------------- BARGUET, 1968 FAULKNER, 1973-78	*[...] ink Rꜥ, ḥr-ib irt.f [...] m ꜣḫt [...]; ink Rꜥ m ḫm Mꜣꜥt [...], swꜣ.i wrw ḥr wꜣwt ḫpš [...]; [...] pšnw biꜣ(yt), sšpw grḥw [...]; Nwt! pšš.ṯn ḥr.i, ḫnmt.ṯ wi m ꜥnḫ ḫry.ṯ; [...] m ḫtm sbꜣw.ṯ r.i, ḏꜣ.i biꜣ(yt), zmꜣ.i n ꜥnḏw; nš.i bwt Rꜥ m wiꜣ.f; ii.n.i, ḫsf.i ꜥꜣpp, sr.i sḳdwt r pt mḥtt; [...] Rꜥ-Tmw [...]; [...] pḏwt Šw, imyw iꜣḫw [...] tꜣ r ḏr.f [...]*
203	*CT*, **VI**, 647-648, §§ 267a-270x [G1T]		*[...] kisw Gb [...] Tmw [...] Mḥyt-Wrt [...] iw Ḏḥwty ḥr Mḥyt.i Wrt [...] Nb-r-Ḏr [...] Šw [...] irt n nṯr [...] Rꜥ m wiꜣ.f [...]; iw rdi n.i tmw in Rꜥ, Nb-r-Ḏr [...]; ink nsw n pt [...] ink nb wrrt ḫnt ḳbḥw [...] tꜣ [...] iw ḳmꜣ n.i ḳbḥw [...] msktt [...] Rꜥ [...] Nb-r-Ḏr [...] Rꜥ, nb Psḏt [...] ḫpr.n.i pw n Nb-nbw [...] ink pw nb ꜥnḫ, srr m Nwt [...]; iwr pt m hrw ms sw Nwt [...] nb ꜣḫt hrw pw n nḥḥ; wbn.f m Nw [...]; ḳmꜣ ḏww, ṯs biꜣ(yt) [...]; [...] Rsy [...] Mḥt [...] tꜣ [...] ink Rꜥ ḫpr ḏs.f [...] Sḫmt [...] ꜣkrw nw pt, ḥrt zꜣw wꜣwt m pt mḥtt; ir n.i wꜣt, swꜣ.i im.s [...]*

<table>
<tr>
<td>204</td>
<td>CT, VI, 649-659,
§§ 271a-280m
[G1T, T1C, Th.T. 319,
pGardiner II]</td>
<td rowspan="2">de Buck, 1935-61
van der Plas & Borghouts, 2000

Barguet, 1968
Faulkner, 1973-78</td>
<td>[...] ꞽnk Ḏḥwty, ꞽrt-Ḥr m-<ẖ>nw ẖt.ꞽ; [...] ꞽnk Mꜣꜥt m šrwt Rꜥ; ꞽnk Ḥr m zẖn ꞽrt.f [...] Gb [...] ꞽnk Ḫnsw r zš mꜣꜥt; [...] Nw [...]; ꞽnḏ ḥr.ṯ Sḫmt, m<-m> wrw, nbt pt, ḥnwt tꜣwy! [...] ꞽr rẖ md nṯr pn, wnn.f m pt ḥnꜥ Rꜥ, m-m nṯrw ntyw m pt [...]; [...] Rꜥ ꞽm ḥnꜥ šmsw.f [...] ṯꜣw [...] Ḏḥwty [...] Tꜣ-Wrt [...] Ḥwt-Ḥr [...] Bꜣstt, ꞽrt-Ḥr, ꞽrt-Rꜥ [...] Sḫmt, wḏꜣt, Ḫnsw [...] Nfr-Tmw, Ḏḥwty; [...] pt [...] Ḥwt-Ḥr [...]; [...] Sḫmt [...] wn šrwt, sḥḏw kkw; pr.k m hrw [...] | tꜣ |x2 [...] | Rꜥ |x4 [...] Ḥwt-Ḥr; [...] ꞽnk [...] zꜣ Rꜥ, zꜣ Ḏḥwty [...] Ḏḥwty [...] hꜣt r wꞽꜣ n Rꜥ: [...] hꜣy.ꞽ r wꞽꜣ [...] r rdw [...]; zmꜣ.ꞽ tꜣ r pt ꞽmntt, ḫꜥ.kwꞽ m Rꜥ, ḫpr.kwꞽ m Ḫprꞽ [...]; r n zmꜣ tꜣ: [...] hꜣ.ꞽ r wꞽꜣ.k. gwꜣ r rdw [...] zmꜣ.ꞽ tꜣ r pt mḥtt, r ꞽrt-Rꜥ, rꜥ-nb [...]</td>
</tr>
<tr>
<td>205</td>
<td>CT, VI, 660-662,
§§ 280n-288p
[B1Bo, Sq1C]</td>
<td>[...] mswt.f, mswt nṯr, hrw pw [...], n ḫprt pt [...] n ḫprt Nww, n ḫprt Gb, n ḫprt Nwt [...]; ꞽmyw pt, tꜣ [...] ꞽmyw ꞽꜣḫw [...]; ḫpr.n.ꞽ n ḫprt pt, n ḫprt tꜣ [...] hrw [...] wꞽꜣ [...] rdw [...] pt [...] Rꜥ [...] tꜣ [...] Gb [...] msktt [...] mꜥnḏt [...] ꞽnk ꞽs nwr pw ꜥꜣ, ḥr znbw pt; [...] Nwt [...] pt [...] pt [...] tꜣ [...] ꞽꜥw.ꞽ. mswt.ꞽ, n Dnꞽt [...] Ḥwt-Ḥr [...] Rꜥ [...] Ḥwt-Ḥr [...] r tꜣ, r rdw [...] m hrw pn; rnpwt.ꞽ Mꜣꜥt [...] Šw [...] Ḏḥwty [...] Tfnt ꞽpt ꞽppt ꞽn ḏt [...] ꜥḥꜥ nṯr, wsr ꞽrt.f ḥr pt [...] Rꜥ! ꞽr wꜣt n.ꞽ, ꞽppt bnw; [...] ꞽw t.ꞽ r pt, r tꜣ [...] m pr Ḏḥwty [...] ꞽn msktt ḥnꜥ mꜥnḏt [...] r pt, r tꜣ [...] msktt [...] mꜥnḏt [...]; [...] Šw [...] ꞽrt [...] Rꜥ, šddw Šw r pt, sḳddw Rꜥ m mꜥnḏt [...] tr [...] Rꜥ [...] Nww [...] pt [...] tꜣ [...] Gb [...] Rꜥ-Tmw [...] msktt [...] mꜥnḏt [...]</td>
</tr>
</table>

206	*CT*, **VI**, 663-671, §§ 289a-299i [B1Bo]		[...] | ṯꜣw |$_{x2}$ [...] grḥ [...] Rꜥ [...] ḫꜥ bꜣi, šwty nt N pn in Ḥwt-Ḥr [...] Rꜥ [...] rmn.n N pn Nwt [...] pt [...] Nw [...] Gb [...] Ḥḥ [...] hrw [...] ḏꜥ [...] ḏd m swt.sn, ḥr wnwt.sn m sꜥḥw.sn [...] Rꜥ-Tmw [...] | tꜣ |$_{x3}$ [...] ḏt [...] nšn [...] ibḥw nw N pn ẖtm.sn ẖr.f, m biꜣ sbꜣt [...]; r pt ḫr Rꜥ, [...] r tꜣ ḫr Gb [...]; zmꜣ.n.f tꜣ ḥr.sn, spꜣ m-m snw.f nṯrw imyw ꜣḫt [...]; ḏsr.n N pn grḥ; sdꜣ n.f wnwt wšꜣw, ḫꜥ sḫm ꜥpr [...] knmt [...] nt nb šsꜣt [...] sdꜣ n N pn imyw tꜣ r nw.sn; [...] Ḥwt-Ḥr [...] nmt.n.f šnwt [...] Ḥwt-Ḥr, nbt pt [...] Rꜥ [...] bnw [...]
207	*CT*, **VI**, 672-683, §§ 299j-312u [B1Bo, T1L, L1Li]	DE BUCK, 1935-61 VAN DER PLAS & BORGHOUTS, 2000 --------------------- BARGUET, 1968 FAULKNER, 1973-78	[...] ḏr pt [...] | min |$_{x2}$ [...] ꜣḫt imntt [...] ḥwt.f m biꜣ; | ir šꜣs.s pt, nmt<.f> Gb |$_{x2}$ [...] | r kkw zmꜣw |$_{x2}$, r bw nwḏw ḥnbwt im; [...] kkw; ḥr pw n Rꜥ-Tmw, ḥkn Rꜥ im.f hrw ḥb; [...] Ḥwt-Ḥr [...] mswt grḥ, iwrt hrw [...] Rꜥ [...] tꜣ [...]; m ḥb Dnit m Ỉwnw [...]; rdi Snt n iꜥw nw N pn, Ḏnit n mswt.f, m wḏ | Rꜥ-Tmw |$_{x3}$ [...] Rꜥ [...] Nwt [...] Šw [...]; m-sf [...] N pn mḥ, ḏꜣ ḥr sšm Nwt [...] wsr m pt [...] Nww [...] ꜣḫt [...]; nḥm.sn ṯw m ꜣt Stẖ, m nšn wr [...] in N pn inn wḏꜣt [...] | Gb |$_{x3}$ m nšn [...] | Ḏḥwty |$_{x5}$ [...] Nw [...] wbꜣ rn n Nwt [...] Nwt [...]; pr srw nw ḳrr ꜥꜣ m-ẖnw ꜣḫt ẖnwt nt pt; [...] ms.n sw mwt.f Nwt [...] Ḏḥwty! šꜥ mww imyw Nw, ḥr ḫrw sbḥ mwt.f Nwt, ms.s sw [...] n ḏsr pt r tꜣ Nw [...] Ỉꜣḫw [...] mšrw [...] Nw [...] pt [...] Ỉꜣḫw [...] nḥḥ [...] Nw [...] wp.n N pn ꜥwy.fy ḥr dbn ḥrt [...] šw.n.f r pt m Šw [...] iwꜥ.n.f pt [...] tꜣ [...] ꜣḫt [...] mn m pt [...] pt [...] Rꜥ [...] nḥḥ [...] rnpt

208	*CT*, **VI**, 684-690, §§ 308k-321x [B1Bo, L1Li]	DE BUCK, 1935-61 VAN DER PLAS & BORGHOUTS, 2000 ---------------------- BARGUET, 1968 FAULKNER, 1973-78	[...] *i nrwy iptwty nty Rꜥ! iwrt Rꜥ ḫw (zp 2), msty sw dwꜣ(y)t (zp 2); iwr.ṯn wi n ḫw (zp 2), ms.ṯn sw dwꜣ(y)t (zp 2), mi Rꜥ, rꜥ-nb; pr.i r ḥrt* [...] *Rꜥ* [...] *Tmw* [...] *r bw nty Rꜥ* <*im*> *r ꜣḫt;* [...] *wiꜣ Rꜥ iḥp.f m Nw* [...] *dwꜣ(y)t* <*nt*> *rꜥ-nb* [...]; [...] N *pn biꜣ m imy swḥt; n pšn biꜣ(yt)* [...] *Rꜥ* [...] *wḥm nt Ḏnit n* N *pn* [...] *Rꜥ* [...] *Gb* [...] *hrw* [...]; *iw mww imyw.f, m ḳiswt irt-Ḥr m nšn; iw sꜣpwt.f m šni* [...] *ꜥḳ.i, sn.f tꜣw* [...] *wꜥb.i m iḫḫw* [...]; [...] *n ḏt;* [...] *ḥms* N *m-bꜣḥ Rꜥ* [...]; *ḥꜣ.k ꜣpd km, pr m Msḫtyw!* [...] *msktt* [...]; *zꜣ{t}.i pw, smsw r.i, in Sꜣḥ* [...] *wꜥb, rnpy; ms.n sw Spdt, rnpyt rnpt, nṯrt m mwt.s tpt rnpt* [...]; *imyw iḫḫw* [...] *Ḥḥw* [...] | *in Sꜣḥ* |x2 [...] *Ḥḥw* [...] *ꜥꜣpp* [...]; [...] *tꜣw* [...]
209	*CT*, **VI**, 691-693, §§ 322a-326u [L1Li, Sq3C, B15C]		[...] *i bik, pr m Nw, nb Mḥyt-Wrt!* [...] *tꜣ* [...] *p[sš.i] tꜣ* [...] | *tꜣ* |x6 [...] *ink bik [m pt rsy]t, Ḏḥwty [m pt] mḥtt* [...] *in Ḏḥwty* [...] *ꜣḫt imntt* [...] *imy ꜣt.f* [...]; *grḥ pw, n ip wḏꜣt* [...]; *ꜥnḫ pw tp rnpt; di.f hꜣ rnpwt ꜥšꜣwt ḥr rnpwt n ꜥnḫ.i; di.f hꜣ ꜣbdw ꜥšꜣw ḥr ꜣbdw nw ꜥnḫ.i; di.f hꜣ hrw ꜥšꜣw ḥr hrw nw ꜥnḫ.i; di.f hꜣ grḥw ꜥšꜣw ḥr grḥw nw ꜥnḫ.i;* [...] *tꜣw* [...] *irty mꜣꜣ.sn m-m nw n imyw ꜣḫt, hrw pw* [...] *Ḏḥwty* [...]; *inḏ ḥr.k (zp 4) Wsir* N *pn, in Rꜥ, wbn.f m pt, psḏ.f m ꜣḫt iꜣbtt;* [...] *Rꜥ-Tmw* [...] *Ḏḥwty* [...]; *[swꜣ].k* <*ḥr*> *wꜣt m pt;* [...] *Rꜥ* [...] *rꜥ-nb; sḥꜥy.k nṯrw nbw; sḫr.sn n.k ḫftyw.k, m hrw pn nfr, ḫꜥ.k im ḥr nṯrw, nbw imyw pt, tꜣ;* [...] *nmi.k ḥr pt, pḥ.n Rꜥ Mꜣꜥty;* [...] *rdi.n.i n.k sḫm.f; ḥkn n.k im.f* [...] *ḥr-ib biꜣ(yt).f;* [...] *wnn.k* [...], *n sk bꜣi.k, ḏt*

210	*CT*, **VI**, 694-700, §§ 327a-333j [B1P, B1L, B2L, BqC, L1Li]		[...] | *tꜣ* |$_{x3}$ [...]; [...] *iw in n.i, ḥrt n ꜥnḏw* [...] *iw ḏꜣ.n.i r<.i> n ḥḏt* [...] *hrw* [...] [*ꜣḫt*] *imntt* [...] *hrw 7, m irt nn rꜥ-nb* [...] *m ꜣbd,* [...] *Snt;* [...] *šꜣs.n.i šw, nmt.n.i šnit Wꜥrt pt; iꜣd m-ꜥ.i, m bꜣwy.i; šꜣs.n.i šw, mnt.n.i šnwt iꜣd;* [...] | *Ḥwt-Ḥr* [...] *Rꜥ* |$_{x2}$ [...]; *pr.i r pt, m nṯrw;* [...] *tpyw tꜣ, n nḥḥ ḥnꜥ ḏt* [...] *ṯꜣw* [...] *hrw* [...]; *pḏwt Šw* [...] | *Rꜥ* |$_{x2}$ [...] *Iḥy* [...] *min* [...]; *pr.i ḥr ꜣkr, ḥddy.i ḥr šw* [...] *r ḏrw ꜣḫt* [...]; | *Gb* |$_{x2}$ [...] *di.f n.i ẖꜥw.f* [...] *bnw* [...]
211	*CT*, **VI**, 701-708, §§ 333k-339i [B2L]	DE BUCK, 1935-61 VAN DER PLAS & BORGHOUTS, 2000 ---------------------- BARGUET, 1968 FAULKNER, 1973-78	[...] *tp.i m Rꜥ, hrw dmḏ Tmw* [...] *hrw* [...] *mꜣꜣ.i ṯw ꜥnḏw hrw pn* [...]; | *Wꜥrt* |$_{x3}$ [...] *pr.i r mrr.i m ꜣḫt imntt, ḥꜥm.i mww Nww, wnm.i m wꜥbw ḥr Wꜥrwt; ꜥḳ.sn r ẖt.i tn m šbw Rꜥ* [...] *Ḥwt-Ḥr; ink ḫprw m ꜣḫw, sbw n kꜣw.sn; ḫpr.n.i m ḫprw Tmw* [...]; [...] *Rꜥ* [...] *ḳrr* [...]; *pḥr.i m pt mḥtt, iw rdi n.i iꜣw; iw sḳrt n.i rdw r pt; nṯrw nbw pẖr m šmsw.i* [...]; *m ḫsf wi m pt mḥtt* [...]; [...] *Iḥy* [...] *pt* [...] *ꜣḫt* [...] *Wꜥ, pr.f r pt; pr.i ḏs.i ḥnꜥ.f r pt; ḥfd.n.i ḥr iꜣḫw* [...] *pt* [...]; *wn n.i ꜥꜣw pt, ny m swnw* [...] *Rꜥ* [...] *Tmw* [...] *ink inb pw wp pt m ẖt nṯr, pr.n.i* [...]
212	*CT*, **VI**, 709-713, §§ 339j-343i [B2L, B3L]		[...] *sdꜣ pt, iḳi tꜣ* [...] *Tmw* [...] *Sšꜣt* [...] *Tmw* [...] *Šw* [...] *Gb* [...] *nb n nḥḥ* [...] *ꜣḫt* [...] *ḥwt.i m ḏrw ꜣḫt* [...] *iw.i ḫꜥ.kwi m nb n nḥḥ; sk.ky r rdw wr* [...] *iw ḥwt.i m ḏr ꜣḫt; ink Tmw, Nb-r-Ḏrw pt; iw rdi n.i r ḏr mi ḳd in Tmw;* [...] | *Ḥwt-Ḥr* |$_{x2}$ [...] *tꜣ; šꜣs.i, nmt.i šnwt; šꜣs.i iꜣd; ḥfd.i iꜣḫw, m-šmsw Ḥwt-Ḥr;* [...] *hrw* [...]; *iw ꜣt.i m Sḫmt nṯrt, irty.i m Ḥwt-Ḥr, ꜥwy.i m Rꜥ* [...] *Gb* [...] *irt-Tmw* [...] | *Rꜥ* |$_{x4}$ [...] *rꜥ-nb* [...] *pt* [...] *tꜣ* [...]

<table>
<tr>
<td>213</td>
<td>CT, VI, 714-724,
§§ 343j-354q
[B3L, M57C, Sq3C, B3Bo, T1C, T2C, pGardiner II]</td>
<td rowspan="2">DE BUCK, 1935-61
VAN DER PLAS & BORGHOUTS, 2000

BARGUET, 1968
FAULKNER, 1973-78</td>
<td>[...] ỉnk Nw, Wꜥ, n sn-nw.f;
ḫpr.n.ỉ ỉm zp wr n Mḥyt.ỉ,
ḫpr.n.ỉ [...]; ỉnk šꜣꜥ ỉm Nw,
mk Ḥḥw pr n.ỉ [...]; [...]
nbw nḥḥ, grgw ḏt [...]
Tmw [...]; prt, hꜣt m pt:
hꜣ.n N tn ỉm.ṯ m ỉgp [...];
ḫpr m Ḥḏ-Tꜣ [...]: wn.n N
tn ꜥꜣwy wbgy [...] nhm r.f
[...] Rꜥ [...]; ỉsṯ, rḫ.sn ntt N
Ḥḏ-Tꜣ [...] | Ḥḏ-Tꜣ |$_{x4}$ [...]
| Rꜥ |$_{x4}$ [...] sdꜣ šwty, prt
Nwt; sdꜣ [...] ỉmyw nšn; ỉw
ỉm m pt, ḏr ḫw [...] wỉꜣ Rꜥ
[...] ḥtp.n.s {n} m wnwt<.ỉ>
[...] Ḥwt-Ḥr [...]; ḫpr m nṯr
dwꜣy: wn wꜣwt Dwꜣt n N
tn; wn n.s sbꜣw ỉmyw ꜣḫt;
sḥd nfr [...] wnm ꜣkrw.f
ỉmyw ḫꜣwy; sḥḏ [...] wn.n.f
ỉmyw smḫ; N tn pw nṯr
dwꜣy; N tn wꜥꜣ nfr n nwb,
pr m ꜣḫt wꜥ! [...] N tn sbꜣ
wꜥ ỉr ꜣḫt; ỉw rdỉ n.s ỉt.s Rꜥ
pt r ḏr.s, sšp.f [...]; [...] Rꜥ
[...] hrw pw n ꜣbd,
Psḏntyw, Smdt [...] Rꜥ [...]
| hrw |$_{x7}$ [...] Psḏntyw [...]
Smdt [...] Snt [...] Ḏnỉt [...];
pr.ṯ r pt ḥr šw; ḥfd.ṯ ḥr ỉꜣḫw
[...] r nht ẖnmt Rꜥ [...]; ỉn
Ḥr dbḥ mꜣꜣ.f sw m ḳd.k
pw, wn.k ỉm.f, m prt m
Mḥyt-Wrt; wn n.k ꜥꜣw pt,
mỉ Ḥr nṯrw! znš n.k ꜥꜣw
ḳbḥw, mỉ Ḥr Ỉꜣbty! hꜣ.f r
wꜥb m Sḫt-Ỉꜣrw; wn n.k
ꜥꜣw pt; znš n.k sbꜣw ꜣḫt, mỉ
Ḥr nṯrw; wn n.k ꜥꜣw pt;
znš n.k sbꜣw ꜣḫt n N tn
ḏs.s; [...] Rꜥ [...]; [...] dbn.ṯ
pt [...] pr.ṯ m nṯr dwꜣy,
dwꜣ.ṯn rḫyt rꜥ-nb [...]</td>
</tr>
<tr>
<td>214</td>
<td>CT, VI, 725-727,
§§ 355a-357k
[B3Bo]</td>
<td>[...] ḫr n.ṯ ỉḫmw-skỉw; [...]
wꜥb.ṯ m pḏwt, wꜥb.ṯ m š pw
ḳbḥw(y) [...] Tmw [...] Šw
[...] Gb [...] Ḏḥwty [...]
ḳꜣḥyt [...] Tmw [...] wrwy,
hỉ ꜥꜣwy.ṯ r ỉrt-Ḥr, ḥꜣgꜣg.s
ḥr.ṯ [...]; rdỉ.n.f n.ṯ m ḥtp,
rdỉ.n štꜣw [...] Ḥr m msktt
[...]; [...] Gb [...]; [...] Šw
[...] sfḫḫw n.k nmtwt ỉꜣḫw
ỉn ỉmyw pt [...]</td>
</tr>
</table>

<table>
<tr>
<td>215</td>
<td>CT, VI, 728-745,
§§ 358a-375f
[Sq3C, S1C, L1Li,
B4C, B10C, & c.]</td>
<td rowspan="3">DE BUCK, 1935-61
VAN DER PLAS &
BORGHOUTS, 2000

BARGUET, 1968
FAULKNER, 1973-78</td>
<td>[...] n ḏt [...] ẖt Nwt [...] n ḏt [...] wrw ỉmyw pt [...] ỉmy ꜣḫt, stꜣy n.f pt, ỉpy n.f tꜣ [...] | n ḏt |$_{x4}$ [...] Rꜥ-Tmw; psḏ ḥr.f [...]; [...] pt [...] tꜣ [...] | Ḏḥwty |$_{x2}$ [...] pt [...] ꜣḫt [...] rꜥ-nb [...] bỉꜣ(yt) [...] ꜣt [...] wḏꜣt [...] Rꜥ [...] pḏw mḥty [...]; nhm pt, sdꜣ tꜣ [...] kkw [...] Rꜥ [...] ḏt [...] pr-rnpt [...] Ḏḥwty [...] ꜥꜣpp [...] m ḫw, sḥḏ [...] m ḫw [...] tꜣ [...] m tr n ḫw; [...] Wsỉr N tn Mꜣꜥt n Rꜥ [...] | sf |$_{x2}$ [...] ỉsṯ s<y> wbn.s bkꜣt; [...] pt [...] Rꜥ [...] tꜣ [...] Gb [...]</td>
</tr>
<tr>
<td>216</td>
<td>CT, VI, 746-751,
§§ 375g-380o
[B4C, B2Bo]</td>
<td>[...] Tmw, ḫpr [...] ḥr ṯsw Šw [...] šm.ỉ ỉs m-ẖnw bỉꜣ(yt) [...]; wpp.f n tpw-ꜥwy.ỉ, tmm.f n m-ḫt.ỉ; [...] Nb-r-Ḏr [...] Rꜥ [...] dwꜣ.ỉ Rꜥ, sḳꜣ.ỉ Ḥwt-Ḥr; [...] Sšꜣt, ỉmy r.ỉ m Ỉhy; wꜥb.ỉ (zp 2) n Ḥwt-Ḥr [...] tp tꜣ [...]; [...]; [...] šꜥt rnpwt [...] m Rꜥ; psḏ.n.s m Rꜥ [...] r pt m Rꜥ [...] m hrw pn [...] ms.s bkꜣty Šw [...] nb sšd [...] Ỉꜣḫw; [...] sšp.s, sḥḏ.s m ṯḥnt m ḥꜣt Ỉꜣḫw; pr.n N tn m wnwt tw ṯst [...] rꜥ-nb [...] hrw pf s<ḥ>ḏ [...]; [...] Ḏḥwty [...]</td>
</tr>
<tr>
<td>217</td>
<td>CT, VI, 752-758,
§§ 381a-387m
[B1C]</td>
<td>[...] zꜣꜣw sbꜣw pw n prt r pt; wn n.ỉ, ṯpỉ.ỉ ṯꜣw ḥr-ỉbw nw mww [...]; ỉḫ zḫty.ỉ ꜥꜣpp, ỉw.ỉ ḥr ḏꜣt ḥrt [...]: r n ꜥḳ r Ỉmntt m šmsw n Rꜥ, rꜥ-nb; hꜣt r wỉꜣ n Rꜥ [...]: ṯs.ỉ ṯs n Ḥwt-Ḥr n wpzš pt m nfrw; ḥtp rnpt ḥr nfrw.ṯ; [...] sḳd.ỉ Ḥwt-Ḥr r ꜣḫt, r swt wꜥbwt; ỉw wḏt n Tmw, ỉỉ.n.ỉ, ḫꜥy.ỉ [...]; | Ḥwt-Ḥr |$_{x2}$ [...]; [...] m hrw 8 [...] m hrw 4 [...]; rdỉ n.k ỉrty.ky m-ḫnt <ḥr>.k, <ỉn> msktt <ḥnꜥ> mꜥnḏt; [...]; [...] | Ỉmntt [...] Ỉꜣbtt |$_{x2}$ [...]; [...]; [...] Sḫmt [...]; ḥḥw m rnpwt [...] dbn | m ḥḥ m-sꜣ ḥḥ <m rnpwt> |$_{x3}$ [...] | st Rꜥ psḏ |$_{x2}$ [...]</td>
</tr>
</table>

218	*CT*, **VI**, 759-766, §§ 387n-398e [B1C, T1L]	DE BUCK, 1935-61 VAN DER PLAS & BORGHOUTS, 2000 ---------------------- BARGUET, 1968 FAULKNER, 1973-78	[...] *ir wnnt Mḥn pwy, {pw} n Rꜥ <p>w: ḥḥ pw ḥḥ pw m-sꜣ ḥḥ m <rnpwt>;* [...] *iw.i rḫ.kwi iptw biꜣ(ywt), iptwt ṯꜣw ḥr.sn rꜥ-nb, mꜣꜣ it.i Rꜥ;* [...] *ṯꜣw* [...] *Rꜥ* [...] *Rꜥ; imnt ṯsw 4 ipw n Mḥyt-Wrt ḥr.sn; iw.i gr<t> rḫ.kwi wꜣwt ipwt štꜣywt, ꜥḳt miwt im.sn rꜥ-nb;* [...] *Rꜥ* [...] *ir n.i wꜣwt, wn n.i sbḫwt imyw Mḥnw, iw.i rḫ.kwi šnwt n Rꜥ, ḥnꜥ imywt.f* [...]*; (ink) gr<t> ꜥnḫ<.kwi>, iwꜥ n nḥḥ, sbb ḏt, rdi n Rꜥ m ḥr-tp.ṯn* [...]*; ink wrḏ, pr m irt* [...] *ḥꜣ Mḥn, dbn; ink mẖnt<y> wꜣy, dbn Mḥn rꜥ-nb; zmꜣ.i tꜣ, ḥr Mḥyt-Wrt* [...]*, ḥtp.i ꜥnḫ.ṯn m zp.i* [...]*; n ḫsf.i Nb-r-Ḏr ꜥnḫ;* [...] *m-bꜣḥ Nb-Wꜥ* [...] *Rꜥ* [...]*; ḫpr.n.f m nb wiꜣ, <i>wꜥ.n.f pt; ḫpr.n.f m wḥmw n Nb-r-Ḏr* [...]*, in Ḥr pn, zꜣ Ỉst, srr pwt mi ḳd.sn, nṯrw s<n> im.s<n>;* [...] *Rꜥ pḏst* [...] *kkw (?)* [...] *ꜥnḫ.f ꜥnḫt Rꜥ, m st Rꜥ pḏst, zꜣꜣt sbꜣw ipn m ḥḥ m-sꜣ ḥḥ <m rnpwt>;* [...] *Gb* [...] *š ḳbḥw* [...] *Rꜥ* [...] *iw irty.ky m zꜣty Rꜥ-Tmw, ns.k m Ḏḥwty, ḥtt.k m Nwt,* [...] *Gb* [...] *Rꜥ* [...] *iꜣḫw* [...] *Gb* [...] *pt* [...]*;* [...] *hꜣ* N*! šm rk r-ẖnt ꜣḫt, ẖnm.k šnwt ḥnꜥ Rꜥ;* [...] *dbn.k ḥnꜥ Rꜥ-Tmw; rdi.n n.k Rꜥ wꜣwt* [...] *znš n.k sbꜣw pt, iw wš Rꜥ wnn.k im m ḥḳꜣ n nswt.f* [...]*;* [...] *n.k im pt, rdi n.k tꜣ* [...] *ꜥr.k n Rꜥ m pt, sḏm n.k nṯrw imy.s* [...] *Ḥr-ꜣḫty* [...]*;* [...] *msktt* [...] *Tmw* [...] *Rꜥ* [...] *Rꜥ* [...]*; iw ṯs ṯw Nwt ꜥꜣt m nfrw.k, šnn.s ṯw m imyw nw ꜥwy.s* [...]*;* [...] *pt* [...] *irt-Rꜥ* [...] *pt* [...] *m pt ḥrt* [...]*; ii.n* N *pn m-min m ꜣḫt nt pt* [...] *ḫꜣwy* [...] | *m-min* |$_{x7}$ [...] *ḥts.n.f nḥḥ* [...] *wnm* N *pn hrw* [...] *gm.n.f ṯꜣww* [...] *nšn, hrw* [...] *ḥr mww ꜥnḫw ḫprw* [...]

<table>
<tr>
<td>219</td>
<td>CT, VI, 767-771,
§§ 398f-405s
[T1L, S10C]</td>
<td rowspan="3">DE BUCK, 1935-61
VAN DER PLAS & BORGHOUTS, 2000

BARGUET, 1968
FAULKNER, 1973-78</td>
<td>ḥtpw m pt, ḥʿỉw m tꜣ, n nṯr <ỉ>wʿ.n.f ꜣḫt [...]; | rʿ-nb |$_{x2}$ [...] pt [...]; ḏd.f bkꜣ, ḏd n N pn; ỉṯ.n.f nḥḥ, ḥt<s>.n.f ḏt [...]; ỉ mꜣꜣ tm! [...] mr ỉb n wḏꜣt [...] šn(w) m ḥꜣ.k [...] ḫpr, Ḫprr ỉmy m ꜣgb, ỉr Nww m Tꜣ-Ṯnn [...] Mꜣʿt ḥr ṯsw Rʿ, rʿ-nb [...] Nb-Tm [...] ʿḳw N | m gs ỉꜣbty n pt |$_{x3}$, ḏsrw ḥr ḏʿmw.sn [...] Rʿ [...] ḏꜣt N pn r gs ỉꜣbty n ꜣḫt [...] ỉn snt.f Spdt ms{t}wt, dwꜣt sw; ʿḥʿ mꜣḳt Ḥr! ʿḥʿ mꜣḳt Stẖ! ꜣḥʿ sw mꜣḳt wrt ʿꜣt, ỉrt n Wsỉr, pr.f ḥr.s r pt! [...] di mꜣḳt tw n.i, pr.i ḥr.s r pt; [...] ḏt r pt, spꜣ Ḥr r tꜣ; ỉrt-Ḥr ḏsr.s, rs.ṯ m ḥtp, ʿḥʿ mꜣḳt [...]; | mꜣḳt |$_{x3}$ [...] pt [...] | Ḥwt-Ḥr ỉrt pt |$_{x2}$ [...] ỉnk prt.i ḥr.s r pt [...] Šw [...] Tfnt [...]; [...] ỉnk bꜣ Ỉmntt [...] ṯꜣw [...] pr.n.i m pt ḥrt r pt ẖrt; [...] ḫʿy.i m nṯr zḫn ỉdbw pt, ḥr ỉrt-Ḥr [...]</td>
</tr>
<tr>
<td>220</td>
<td>CT, VI, 772-781,
§§ 406a-412f
[S10C, T6C, T10C]</td>
<td>[...] [wnm.i ḥr nht Ḥwt-Ḥr, nbt.i] [...]; [...] grḥ [...] tꜣ ḥḏ [...]; [...] pt [...] tꜣ [...] Tmw [...]; [...] Rʿ [...] nis.i mʿnḏt, ḥr-ỉbt mww [...] Rʿ [...]; [...] ḫʿ wꜣswy m pt; rdwy.i r tꜣ [...]; [...] ṯꜣw [...] hrw [...]; [...] ḳd.s tw m rn.s n Sšꜣt, nbt ỉḳdw; Wrt twy nn, nbt ʿnḫ m msktt, wṯst Ḥr [...]; [...]; [...] ỉỉ.f ḥr wꜣwt štꜣywt, [w]n.n.f ʿꜣw Nww; spr.n.f sbꜣ; prt r pḏwt [...] hrw r ḥꜣt wỉꜣ; [...]</td>
</tr>
<tr>
<td>221</td>
<td>CT, VI, 782-785,
§§ 412g-414z
[T6C, T10C]</td>
<td>[...] wnnyw r nḥḥ: [...] ʿḳ ḥr sštꜣ n Msḳt tn; dg n.f nṯr ỉm; [...] wn.t<w> ḥr.k ỉn ỉrt-Rʿ ỉmntt, ḥr ỉꜣbtt ỉmyt Rʿ [...] Šw, Tfnt [...]; Mr-Wr dd.f prt r pt; wbꜣ Dwꜣt ʿḥʿw m nḥḥ: prt m hrw [...]; [...] mḥ.ti m ỉrt-Ḥr [...] wn.k ỉm.f tp tꜣ; ʿnḫ.ti, nm.k rʿ-nb; wn<.tw> ḥr.k, mꜣꜣ.k Rʿ; [...] dd m rn.k n ꜣḫt; [...] wnwt sn-nw n ḫꜣwy [...]</td>
</tr>
</table>

<table>
<tr><td>222</td><td>CT, VI, 786-787, §§ 415a-415q [M2NY]</td><td rowspan="5">DE BUCK, 1935-61
VAN DER PLAS & BORGHOUTS, 2000

BARGUET, 1968
FAULKNER, 1973-78</td><td>[...] [wn ṯpḥt.i; ḫr ꜣḫ.i m-ẖnw kkw [...]; irt-Ḥr, rmn.n wi [...]; smn.n.i m-m.ṯn] iẖmw-skiw [...]; [...] ink Rꜥ, mk sw ḏs.f [...] zꜣ Nwt [...] ḫꜥ.k<w>i m nsw nṯrw; n mt.i m wḥm! [...]</td></tr>
<tr><td>223</td><td>CT, VII, 788, §§ 1r-1v [L2Li, Da1C, Da2C, Da3C, Da4C]</td><td>[...] wn<.tw> ḥr n N, mꜣꜣ.f nb ꜣḫt, ḏꜣ.f ḥr pt; di.f ḫꜥ.f m nṯr ꜥꜣ, nb ḏt, iḫm-sk; dwꜣ.f m ḫꜣ bꜣ.s; [...]</td></tr>
<tr><td>224</td><td>CT, VII, 789-797, §§ 2a-5n [L2Li, M2NY]</td><td>[...] iw ḫn.n N wiꜣ n Rꜥ; iw ꜥpr.n N nst.f [...]; i ḥryw Msḳt, zꜣ sbꜣw Dwꜣt! ir wꜣt nfrt n N, ꜥḳ N, dwꜣ N Wsir, nṯr.f n ḏt! [...] wn.i wꜣwt nbwt imywt pt; wn.i wꜣwt nbwt imywt tꜣ [...], ꜥḳ.n.i r ꜣḫt [...]; [...] Rꜥ-Ḥr-ꜣḫty [...] mꜣꜣ.f Rꜥ, rꜥ-nb, ḏꜣ.f r Sḫt-Ỉꜣrw, šsp.f ḥtpw im [...]; ḏd-mdw in Nwt: [...] ink mwt.k, ink Nwt; ii.n<.i> ḫnmt<.k>, ḫwt<.k>, m-ꜥ ḫt nbt ḏwt [...]; [...] n ḏt [...] Gb [...] ḏt [...]; [...]; [...]; [...] ḥwt-Ḏḥwty [...]</td></tr>
<tr><td>225</td><td>CT, VII, 798-815, §§ 6a-14r [M2NY, L2Li, T1L, T3C]</td><td>[...]; [...] kkw [...] | Gb |$_{x2}$; [...] m pt, tꜣ [...] Ḏḥwty [...]; [...] hrw [...] n ḫmt n N m ptn n ḫmt n N m tꜣ [...]; [...]; [...] | Nwt |$_{x2}$ [...]; [...]; ṯs [...] r nb nḥḥ, ir Psḏntyw [...] nb ḏt [...]; [...] ḫns.k m Ḫnsw [...], wnm.k t m iww nw pt; [...]; [...] N pn Ỉḫḫw [...]; iw N pn ḥfꜥ.f pt, m Ỉꜣḫw [...]; [...] m nḥḥ; [...] Nw, r-ꜥwy pt, ꜥpr dpt ḥr msktt; [...] zmꜣ.i r ꜣḫt [...], wp.i st.i ḥr idbw pt; [...] ink [...] zꜣ Nwt; šsp<.i> ḥꜣtt mꜥnḏt m Ḥr-Wr r mšrw{t} Tmw [...]</td></tr>
<tr><td>226</td><td>CT, VII, 816-817, §§ 15a-16v [T3C]</td><td>sḏ biꜣ in Ỉnpw m pt; hꜣ biꜣ, wbꜣ Ỉmntt! biꜣ pw nn tp r.i [...] iw iꜥ biꜣ, spd.f, nḫt.f; biꜣ pw nn [...], biꜣ wṯs wi; [...] wp.f r.i, ḏd ḫt mꜣꜣ n Nb-Tm [...] šmsw wbnw, Ḏd,prr mꜣꜥ, rꜥ-nb [...] |Rꜥ|$_{x2}$ [...]; [...] ii.n.i min m ꜣḫt nt pt [...] hrw [...] mi ḥr-ib irt.f, mssw mꜣꜣw, rꜥ-nb</td></tr>
</table>

<table>
<tr>
<td>227</td>
<td>CT, VII, 818-821, §§ 17a-22o
[T3C, T1Be]</td>
<td rowspan="2">DE BUCK, 1935-61
VAN DER PLAS & BORGHOUTS, 2000

BARGUET, 1968
FAULKNER, 1973-78</td>
<td>[...] m pt [...]; ink Rꜥ, nb iꜣḫw; ḥw m-ꜥ.i, ḏꜣy.i pt im.f; [...] m mšrw [...] m wiꜣ; mꜣꜣ.i [...] nḥḥ [...] ḏt; [...] Šw [...] Rꜥ [...] Šw [...] Tfnt [...] grḥ [...] Tfnt [...] grḥ [...]; hrw [...] Rꜥ [...] hrw [...]; ḏsr pt n nb.s; nḏm ib.f m-m nṯrw, m ꜣḫt imntt; i<i>.f, ḥtp.f m ꜥnḫ, m ꜣḫt ḫr Nw [...]; p[ẖr.i] ḥnꜥ Ḫpri [...], wbꜣ.i biꜣ<yt> [...]; iw dwꜣ sw ḥr biꜣ<yt> wꜥb<t>, rdi.n Rꜥ n.f; iw rdi.i prt, iꜣw.n.i Rꜥ m prt.f [...] m ꜣḫt imntt [...]; itḥ.i ṯꜣw [...] mi irt.n.i tp tꜣ; [...] Rꜥ [...] ꜥḥꜥ Rꜥ m ḥr-ib pt, ink ṯs.i ḥꜣt.i [...]; [...] itrty Nw [...]; ink zꜣ.f, pr m Ꞽst, ms n Nwt m ḫnt štꜣ Gb; [...] Rꜥ [...] iw rdi.n it.i Rꜥ n.i pḥty pt tꜣ m ꜥwt.i [...]; ink is wꜥ m šmsw ṯw rꜥ, ii.n.i m-ḫt.k rꜥ; ink is ꜣḫ, pr m Ḥpy, pr m Nw [...] Rꜥ-Tmw [...] Rꜥ [...] Rꜥ [...] hy.n wiꜣwy.k<y> nfr<wy> n.k hrw pn r sf; [...] inḏ ḥr.ṯn ḏꜣḏꜣt, iptw imyt pt, tꜣ, tp nwy! [...] Nw [...] ink mn rdwy ḥr nprt ꜣḫt; [...] mi wḏꜣt [...] iw mꜣꜥ.i ṯꜣw n nb itn; sꜣ Nw ḥꜣ.i, sꜣ Nw ḥꜣ swḥt, pr im.f [...]; [sbi Ḏḥwty] r kꜣ.f; sbi Dwn-ꜥnwy r kꜣ.f; [...] ii n.k mwt.k, ii n.k Nwt, swꜥb[.s ṯw] [...] Gb [...]</td>
</tr>
<tr>
<td>228</td>
<td>CT, VII, 822-826, §§ 22p-27o
[T1Be]</td>
<td>[...] tꜣ [...] Gb [...] | tꜣ |$_{x2}$ [...]; [...] hrw [...]; [...] wbn rꜥ, pr štꜣyt, ꜣḫ.i nb ꜣḫw m pꜣwtyw.f; Psd! ḥtp wrw ḥnꜥ imyw msktt; [...] | Gb |$_{x2}$ [...] iw pzw.i m msktt, iw wnwt.i m wiꜣ; [...] ii Tmw, imy itn[.f] [...], ꜣḫt.f; wbn iꜥḥ r šrt štꜣyt; Ḏḥwty kꜣ wr, mꜣ [...]; wḏ.k mdw, iw ẖrt.i m ꜣḫt; smꜣꜥ-ḫrw im hrw pn [...]; di n.k Nww mw [...] nḥḥ [...] rꜥ-nb [...] iw wnwt.i m pr pn; [...] Rꜥ [...] rꜥ-nb [...];[...] Gb [...] ink nṯr wr m ꜣḫt [...] m swt ꜣḫt, nty.i im [...] Gb [...]</td>
</tr>
</table>

<table>
<tr><td>229</td><td>CT, VII, 827-836, §§ 27p-36s
[T1Be, T2Be, T3Be, T1C, T9C, B10C, M2C]</td><td rowspan="3">DE BUCK, 1935-61
VAN DER PLAS & BORGHOUTS, 2000

BARGUET, 1968
FAULKNER, 1973-78</td><td>[...] N ḏd.f: iw im nṯr; wnn.i ḫpr [...] m-sf [...] ḫpr.n.i, wn.i; [...] rḫ.kwi rḫt n Gb; ink wꜥ.i [...], ḏꜥr.n.i ꜣḫt; [...] nb ḏt [...] Nb-Tm [...]; [...] Nbt-r-Ḏr [...] wḏꜣt [...] ṯs sw m tr.f bꜣg [...] hrw nb [...] ink mk tꜣw [...]; r n ꜥḳ m tꜣ: [...] ink wr n wnwt.f [...], m-ḫt ḫnnw [...], ink Gb ꜥḳ m tꜣ; ink Rꜥ, nb tꜣwy.fy [...] | tꜣ $|_{x4}$ [...]; [...] nḥḥ [...] Gb [...] ḏt [...]; [...]; [...] pr r.f nṯr pn r pt [...] Tmw [...] nṯrw irw pt, irw tꜣ [...], ir.ṯn ṯsw ḥr ꜥw.sn; iꜣḳ.f ḥr.s, m rn.s pw n mꜣḳt; [...] Tmw [...] Gb [...] rdi n.k pt ḥnꜥ tꜣ [...] n ḏt; [...]; hꜣ N pn! n iw.k m pt? n iw.k m tꜣ? znš n.k mwt.k Nwt ꜥꜣw ḳbḥw; wn n.k it.k Gb ꜥꜣw.f [...]; [...] Ḏḥwty [...]; [...] ḥḏ.n rf tꜣ, dwꜣy, ḏꜣ.n.f; zmꜣ ḫꜣ m zmꜣ</td></tr>
<tr><td>230</td><td>CT, VII, 837-838, §§ 37a-40q
[T9C, B10C]</td><td>wn ꜥꜣw pt, znš ꜥꜣw ḳbḥw; hꜥ Ḥr, ii Ḏḥwty; iw.sn n Wsir [...]; Gb [...] tꜣ [...]; m ḫpr rn.k Wsir m Sꜣḥ, ꜣw rd, pḏ nmtt [...]; ꜥḥꜥ rk Wsir! [...]; rdi n.k pt ḥnꜥ tꜣ, rdi n.k Sḫt-Iꜣrw [...] Gb [...]; fꜣi ꜥ.k, ḥr ꜥnḫ, smn ꜥ.k ḥr wꜣs, wnn.k m ḏd nṯrw! [...]; in Spdt, zꜣt.k, ḥmst n.k, irt n<.k> rnpwt.k, m rn.s pw n rnpt, sšmt wi; [...]; [...] Rꜥ [...] Nwt [...]; ḥwi.k sw m rn.{f} (à lire: rn.k) n kꜣ-pt! sꜣḥ.k sw m rn.k pw n Sꜣḥ! [...]</td></tr>
<tr><td>231</td><td>CT, VII, 839, §§ 41a-45g
[T9C, B10C]</td><td>[...] | hꜣ.k rk ḥr nprt nt wiꜣ <pn>, ḫnnw Rꜥ $|_{x2}$ im.f ir ꜣḫt; [...] | Rꜥ $|_{x9}$ [...]; Tfnt [...] Šw [...] Tmw [...]; spd.n.k, šm.n.k tꜣ hrw [...], šꜣs.k hrw, wbꜣ.k [m]ṯn; sḏr.k ḥr ḏdit tw nt Rꜥ, wpppt mꜥnḏt r msktt, ḫnn Rꜥ im.s; wḫt nṯrwy, sḏr.sn ḥr.s, hḫt nṯrwy sḏrt r.s; hꜣ.k rk m mꜥnḏt, hrw ꜣḫ.ti nb ꜣḫt, ḫnn.f tw m msktt ḥnꜥ mꜥnḏt, mi Rꜥ rꜥ-nb; ꜥḥꜥ rk Wsir [...] nḥḥ ḥnꜥ ḏt r rnpt</td></tr>
</table>

<table>
<tr>
<td>232</td>
<td>CT, VII, 840-848, §§ 45h-53i [T1C, T2C, T2L, Sq3C, Sq6C]</td>
<td rowspan="2">DE BUCK, 1935-61
VAN DER PLAS & BORGHOUTS, 2000

BARGUET, 1968
FAULKNER, 1973-78</td>
<td>[...] ỉw.k mꜣw.tỉ, ỉw.k rnp.tỉ, m rn.k pw n mw rnpw; ṯst m hrw pn nfr, ẖꜥ.n.k ỉm; ỉỉ n.k mwt.k Nwt ỉm.f, ḥnꜥ snt.k Nbt-Ḥwt; ỉw.sn ỉn.sn mỉ ỉrt-Ḥr, nfr s[t].sn r.k, st ỉrt-Ḥr r.k; [...] tꜣ [...] Rꜥ [...]; ỉnk wr, pr m ꜣḫ[t]; [...] ỉnk Ḥr, ꜥm Ḥḥ, ḫpr.k[wỉ] [...]; [...] ỉn ỉ.k m pt? [ỉn ỉ.k m tꜣ]? ỉn ỉ.k m ṯꜣw? [...]; [...]; [...] mḥ.n Ḥr ỉrt.f m ḏt [...] | ỉrt-Ḥr $|_{x4}$ [...] Gb [...] ỉṯ n.k ỉrt-Ḥr, ḥtp ḥr.s; dỉ n.k ỉrt-Ḥr r ḥꜣt.k; [...]; [...] ꜣkr [...] Šw [...]; Wrt, dbw [...] rf ḏbꜣ m sbꜣwy [...]; [...] (ỉ)trw pꜣw [...] hrw [...]; ỉ db! ḏꜣ ỉmy kꜣr.f; ỉrty.k(y) ḥꜣ.k [...] nhpw [...] hrw [...] Wꜥrt [...] msy rꜥ-nb [...]: ẖsf db, ḏꜣ m wỉꜣ n Rꜥ, mꜣꜣ my</td>
</tr>
<tr>
<td>233</td>
<td>CT, VII, 849-865, §§ 53j-69ℓ [Sq1Sq, Sq2Sq, Sq3C, Sq6C, Sq10C, Th.T. 240, L1Li, S2C]</td>
<td>[...] mꜣ Wsỉr N pn Rꜥ m ỉrw.f [...]; ỉnt.k n.f Ḏḥwty m ỉrw.f, Sšꜣt m ỉrw.s, ỉnt.sn n.f zš pw [...]; [...] ỉỉ n.k mwt.k; mk Nwt ỉỉ.tỉ [...]; ꜥnḫ ḏt! [...] pr m ỉrt-Tmw [...] m ḥꜣt wỉꜣ.f, ỉmy m Nw; [...]; ỉỉ nṯr m ḥtp, ỉn.sn ỉmyw Ỉꜥḥ-Wr; rdỉ.sn <n.f> ẖꜥw, ḥnꜥ dšrw ḥryw ꜣḫtyw; [...] šsp.n Wsỉr N pn wrrt.f, ḥnꜥ Nb-Wꜥ, m mswt Sꜣḥ [...]; N pn Ḫprỉ, nb, [ḫpr] ḏs.f [...]; ẖꜥ rꜥ tp N! [...]; [...] | ỉrt-Ḥr $|_{x2}$ [...]; [...] | ỉrt-Ḥr $|_{x8}$ [...] ṯs.n n.ṯ Ḥr ỉrt.f m ḥꜣt.ṯ, m rn.s n wrt-ḥkꜣw [...]; [...] | ỉrt-Ḥr $|_{x2}$ [...]; [...] Ḏḥwty [...] | ỉrt-Ḥr $|_{x7}$ [...] ỉrt-Ḥr ḥḏt, sḥḏt tp ḏbꜥ Stḫ [...] sšm.sn s [...] r ḳbḥw, r Ḥr r pt [...]; [...] Ḏḥwty [...] | ỉrt-Ḥr $|_{x6}$ [...] Ḏḥwty [...]; [...] | ỉrt-Ḥr $|_{x2}$ [...] n ḏt ḏt [...]; ỉw Ḥr nwb.f ḥr ỉrt.f [...] ḏt ḏt [...] | ỉrt-Ḥr $|_{x2}$ [...] dỉ.n n.k Ḥr ỉrt.f, sšm.s ṯw m wꜣt [...] ḏt; [...] | ỉrt-Ḥr $|_{x11}$ [...] ḏt [...]; [...] dỉ Nwt, mwt nṯrw [...] ỉrt-Ḥr [...]; [...]; [...]</td>
</tr>
</table>

234	*CT*, **VII**, 866-884, §§ 71a-94ℓ [S1C, S2C, S14C, S2Chass., & c.]	DE BUCK, 1935-61 VAN DER PLAS & BORGHOUTS, 2000 --------------------- BARGUET, 1968 FAULKNER, 1973-78	[...] *wnn ꜥꜣw pt n Rꜥ, znš ꜥꜣw [ḳbḥw] n Ḏḥwty, int.sn n.i* [...] *wꜥb m mww ꜣḫt;* [...] *ḫrp.k m iꜣꜣt.k, sr.k m iẖmw-wrḏw;* [...] *Rꜥ* [...]; *wn n.i ꜥꜣw Wsir, znš n.i ꜥꜣw ḳbḥw;* [...] *Ḏḥwty* [...]; *sbi hrw pw nšn*[...] [*Ḏḥwty*] [...]; [...]; [...]; [...] *Rꜥ* [...]; [...]; [...]; [...]; [...]; [...] [*Ḥwt-Ḥr*] [...] | *tꜣ* |$_{x2}$ [...]; [...] *wbꜥ n.i sbꜣ m ḥrt, wn.i tpḥwt;* [...] *Mḥyt-Wrt* [...] *pr m hrw* [...]; *ꜥnḫ.i ꜥnḫt, mi Rꜥ, rꜥ-nb; in Nw* [...] *hrw* [...] *Ḏḥwty* [...]; [...] | *Rꜥ-Tmw* [...] *Nwt* |$_{x2}$ [...] *mi Rꜥ, rꜥ-nb* [...]; | *di mwt.k Nwt ꜥwy.s(y) r.k* [...] *mi Rꜥ, rꜥ-nb* |$_{x3}$ [...] *dꜣ.[k] pt* [...] *Nwt* [...] | *mi Rꜥ, rꜥ-nb* |$_{x2}$ [...] *m sn-nw Rꜥ, rmnw Ḏḥwty* [...] *Wꜥrt nt [st wꜥb nt] pt* [...], *mi Rꜥ, rꜥ-nb* [...] [*mwt*]*.k Nwt* [...] *Spdt,* [*spdwt*] *dbw, ḳꜣt itn* [...] *mi Rꜥ, rꜥ-nb* [...] *sšm.s ṯw m wꜣt* [*ꜥnḫw*] [...] *mi Rꜥ, rꜥ-nb;* [...] *Šw* [...]; [...]; [...] | *Rꜥ* |$_{x2}$ [...] *prt m irt.f* [...]; [...]; [...]; *ink iḫḫw ḥr rmnwy wr; ii.n.i, šꜣs.i pt; nmi.i n iḫḫw Rꜥ sšd;* [...] *Šw* [...] *wbꜣ<.i> itn* [...] *iry pr m nw pn n zꜣšw rꜥ.i* [...]; [...]; [...] *Rꜥ-Tmw* [...]
235	*CT*, **VII**, 885-891, §§ 94m-102h [S10C, S14C, B5C]		[...] *ḫꜥ Rꜥ* [...] *Tmw* [...] *tꜣ* [...] *Tmw* [...] *pt* [...] *pr Spdt* [...] *pt* [...] *tꜣ* [...] *Nwt* [...] *Nww* [...] *tꜣ* [...] *tꜣ* [...] *mꜥnḏ(y)t* [...] *ir.f nšn, wd sḏt* [...] *ꜣkr* [...] *min* [...] *Rꜥ* [...] *Rꜥ-Tmw* [...] *Šw* [...] | *tꜣ* |$_{x2}$ [...] *ꜣkr* [...] *Rꜥ* [...]; *wn ꜥꜣw pt n Rwrwti;* [*z*]*nš ꜥꜣw ḳ[bḥw]* [...]; [...] *iw.i m ds, ꜥwt.i m biꜣ; ḳꜣy.i mi* [*Nwt*]; *ḏdy.i mi Ḥwt-Ḥr;* [...] *kkw* [...] *ḫr ḫrw ḳrr* [...] *Rꜥ* [...]; *nn ḫfty.k m pt, n ḥm ḫsf pt r.k;* [...] *šmwt Rꜥ* [...] | *Rꜥ* |$_{x2}$ [...] | *ꜥꜣpp* |$_{x2}$ [...]; [...] *iṯ.i sḏt* [*Ḏḥwty*] *r kkyt* [...] *irt-Ḥr* [...] *grḥ* [...] *hrw* [...] *nhpw* [...]; [...]

<table>
<tr>
<td>236</td>
<td>CT, VII, 892-909,
§§ 102i-114g
[S3C, S5C, S10C, S14C, BH1C, BH4C, Sq1C, Sq2C, Sq10C, G1Be, B4Bo]</td>
<td rowspan="3">de Buck, 1935-61
van der Plas & Borghouts, 2000

Barguet, 1968
Faulkner, 1973-78</td>
<td>[...] mꜣꜣ.k imn[t] [...] |Gb|$_{x2}$ [...] ꜥnḫ m ṯꜣw; sšm.i imyw I͗ꜥḥ-Wr; <iw.i> r wiꜣ Ḫpri; wš.n.i sḳdwt Rꜥ-Tmw r mšrw; [...]; [...] |Ḏḥwty|$_{x2}$ [...] Gb [...]; [...] Gb [...] irt-Ḥr [...]; [...]; [...]; [...]; [...] Nb-r-Ḏr [...]; [...]; [...] iw šdt ꜥꜣpp, kk[w] [...] nbt pr ꜣḫt, rḫt n Rꜥ [...]; [...] in iw.k m pt, tꜣ? [...] w[n n.k ꜥꜣw pt], znš n.k ꜥꜣw ḳbḥw in Ḥr [...] Ḏḥwty [...]; [...]; [...] min [...] Šw [...] ṯꜣw [...]; [...] irty-Ḥr [...] pr kꜣ N pn ḥr znbw pt mḥt; [...] Š-n-Ḫꜣ pw; Rꜥ [...] |irt-Ḥr|$_{x2}$ [...]; pr.n N m ꜣḫt [...] Tmw [...]; [...]; [...] I͗npw [...], ḥr-ib pt ḥr-ibt, fdw-nw n mswt Rꜥ, rdi hꜣ m pt, smnḫ Wsir; [...] Rꜥ [...] |Ḥwt-Ḥr|$_{x2}$ [...]; iw hrw pn n N tn mꜣ ib nhpw [...]</td>
</tr>
<tr>
<td>237</td>
<td>CT, VII, 910-923,
§§ 114k-127j
[B4Bo, B6Bo, D1C, B1C, B10C, B13C, B15C, T1NY, M1C, M13C, M14C, M39C, M44C, M47C]</td>
<td>[...] [ii].n N m dwꜣ(y)t, pr.n N m [grḥ (?)] [...] Tmw [...] Ḏḥwty [...]; [...] Šw [...]; [...] m-sf [...] m hrw pn [...]; [...] ṯꜣw [...] Rꜥ [...] ṯꜣw [...]; [...] ḥr-ib irt.f [...]; ii.n.i, in.n.i Mꜣꜥt n ḥmt ḥtpt Ḏḥwty, irt-Ḥr-Dšrw [...] Ḏḥwty [...]; [...]; [...] Ḏḥwty [...] Nwt [...]; [...] N pn, pẖr.ti n Nwt, zmꜣ.s tꜣwy Gb tꜣ I͗mnt[t].k; [...] ꜥnḫ ḏt [...] Nwt [...] | Gb |$_{x3}$ [...] Tmw [...] tꜣ [...] | ḏt |$_{x2}$ [...]; [...] pt [...] iw pḏwt [...]; [...]; [...] ꜥnḫ imy ꜣḫt! [...] ms mwt.k Nwt! [...] Rꜥ [...]; [...]; [...]; |irt-Ḥr|$_{x2}$ [...]</td>
</tr>
<tr>
<td>238</td>
<td>CT, VII, 924-935,
§§ 127k-136p
[M1NY, M1C, M2C, M4C, M5C, M6C, M23C, M24C, M45C, A1C, G1T]</td>
<td>[...] irt-Ḥr [...]; [...]; [...]; [...]; [...]; [...]; [...] ink Rꜥ-Tmw [...]; [...]; [...] | Nbt-r-Ḏr |$_{x2}$ [...] tꜣ [...]; [...]; [...] di<.i> n.k irt-Ḥr, sṯ.s r.k; [...] | irt-Ḥr |$_{x18}$ [...] di<.i> n.k irt-Ḥr, int.k ṯꜣww r fnd.k [...] Wsir N pn! snḏ n.k sbꜣw, iḫmw-skiw! [...]; [...] | irt-Ḥr |$_{x6}$ [...] irt-Ḥr nḏst, wnmt n Stẖ [...]</td>
</tr>
</table>

<table>
<tr><td>239</td><td>CT, VII, 936-941,
§§ 137a-155j
[G1T, pGardiner III, pGardiner IV]</td><td rowspan="3">DE BUCK, 1935-61
VAN DER PLAS & BORGHOUTS, 2000

BARGUET, 1968
FAULKNER, 1973-78</td><td>[...] tpy-rnpt [...] wpt-rnpt [...]; ḥtp-di-nsw nw pt [...] ḫpš [...] wpt-r m mḏꜣt biꜣ [...]; [...] | irt-Ḥr |x78 [...] Rꜥ, imy pt, sḥtp.f n.k [...] Tmw [...] Gb [...] sbi Ḏḥwty ḥnꜥ kꜣ.f [...] sbi Dwn-ꜥnwy ḥnꜥ kꜣ.f [...]; [...] Rꜥ-Tmw [...] ii n.i Nwt [...] ii n.i nṯrw pw snk<n>tyw [...], šd.n.sn wi m biꜣ(yt) [...]; dbn.i pt [...] m znš<y> ḥr-ib ꜥnḏw; [...] Gb [...] Šw [...] Rꜥ [...] | Ḥḥw |x2 [...] ḥrt [...]; [...] ink sḫm pw wr <m> ꜣḫt [...] ꜣḫt [...]; [...] Ḏḥwty [...] ꜣḫt, wṯs pt [...] Rꜥ-Tmw [...] grḥ [...] Iḥy [...]; sbi.n.i pt, iṯ.n.i tꜣ, sꜥḥꜥ.n.i wsrwt iḫmw-skiw; [...] iw t.i m irt, iw ḥnḳt.i m irt [...], ḥtp.i rꜥ-nb! [...]; [...] iꜣt nt nwb nfrt [...] Sḫmt [...] ink Ḥwt-Ḥr [...] hrw pn; [...] Ḏḥwty [...] Ḥḥw, r ꜣwr n.i pḏtyw [...]</td></tr>
<tr><td>240</td><td>CT, VII, 942-945,
§§ 155k-161p
[pGardiner III, pGardiner IV]</td><td>[...] m sbꜣ pw iꜣbt n pt [...] prt.i prt nṯrt tn, ḫꜥ m Rꜥ [...] Nb-Wꜥ [...] nḥm.n.s nsi iꜣḫw [...]; [...] | ḫꜥ.n.i m irt-Ḥ[r, ḫꜥ.n] irt-Ḥr im.i; iw ink pw.s, stt pw.i |x8 [...]; [...] nbt tpy-ꜥ [...] Sḫmt [...] | Nb-Wꜥ |x2 [...] ḏt [...] ꜥnḫ.i m Ḫnsw [...]; [...] ink Ḫpri [...], iw wbꜣ.n.i kkw [...], iw iṯ.n[.i] [...] fk smꜣ, ḫnt pt ḥrt [...]; ḫꜥ.kwi m irt-Ḥr; ink sḏt [...]; [...] Rꜥ [...] Sḫmt [...] Rꜥ [...] Ḥwt-Ḥr [...] Gb [...] ḫt.i šm Rꜥ [...] Rꜥ [...] Šw Tfnt [...] ꜣt.i Ḫnsw [...] mtn Nwt</td></tr>
<tr><td>241</td><td>CT, VII, 946-952,
§§ 162a-167ℓ
[pGardiner III, pGardiner IV]</td><td>[...] Nwt [...] iw ḫftyw.i nbw ḥr ṯbt.i iꜣbty; ink irt-Ḥr [...], [irt-]Ḥr, Nbt-Tm; irt-Ḥr [...] ink sḏt r pt, tꜣ; iw ḫftyw<.i> nbw ḥr nsi.i [...] tꜣw [...]; [...]; [...] sṯw pt [...]; [...]; [...] mꜥnḏty n Rꜥ [...]; [...] ink ḫprt [...], ink nbit tw wrt, psḏt m-tp Nwt [...]; [...] ink Wꜣḏ(y)t, ḥr-ibt ḫꜣ bꜣ.s [...]</td></tr>
</table>

<table>
<tr>
<td>242</td>
<td>CT, VII, 953-960,
§§ 168a-179d
[pGardiner III, pGardiner IV]</td>
<td rowspan="2">DE BUCK, 1935-61
VAN DER PLAS & BORGHOUTS, 2000

BARGUET, 1968
FAULKNER, 1973-78</td>
<td>[...] Sẖmt [...]; [...] [ỉw].ỉ wḫ.kwỉ [...] grḥ n šm.ỉ n ỉw.ỉ m wỉ3-Rʿ [...] t3 [...] Gb [...]; [...] [ỉnk S]ẖmt [...] mkt trw, hrw [...] nbt rnpwt nbw [...]; [...] pr.kwỉ r pt ḥrt nt Rʿ [...], [h3.kw]ỉ r pt ẖrt; ms.n.ỉ Sẖmt [...], sʿnḫ.n.ỉ Rʿ [...]; ʿnḫ Rʿ ỉm.ỉ rʿ-nb [...]; ỉ ỉmyw šmsw, [m33]w Ḥr nḫn rʿ-nb, m s3 ỉrt.f, [nnỉ].ỉ (zp 2) rʿ-nb, ỉn Rʿ r.ỉ; [...] | Rʿ |$_{x2}$ [...] m33 mrrt Rʿ rʿ-nb, ʿnḫt Rʿ ỉm.s rʿ-nb, nbt-nḥḥ, nbt ḏrw pt [...]; [...] Rʿ [...] Rʿ, rdỉ.n.f n.ỉ t n rnpt [...]; pt.f r pt, h3.f r t3, m Ḥr nḫn [...]; ỉnk ỉwʿw nḥḥ, sbỉ.n.ỉ ḏt; [...] pr.kwỉ r pt ḥrt [...], [h3.kw]ỉ r pt ẖrt nt Rʿ; ms.n.ỉ Sẖmt [...] Rʿ [...] ḫnz.ỉ pt ḥr-ỉbt [...] Rʿ-Tmw [...] ʿnḫ Rʿ ỉm rʿ-nb [...] Rʿ [...] ỉ ỉmyw šmsw, m33w Ḥr nḫn ḥr mnt Rʿ, m s3 ỉrt.f, nnỉ.ỉ, nnỉ.f Rʿ, rʿ-nb, ỉn Rʿ r.ỉ; [...] ʿ3pp [...] Rʿ [...]; wn ʿ3wy, psḏ Rʿ, ḫtmw wsrw Stḫ [...]; ỉnk M3ʿt [...], mrrt Rʿ, nbt-nḥḥ, nbt ḏrw p[t] t3; [...] | Rʿ |$_{x4}$ [...] m3ʿ.n.ỉ ỉt.ỉ Rʿ, šzp.n.ỉ t.f n rnpt, ḥnkt.f nt tp-ẖmt hrw; [...] pr.f r pt, m Ḥr-Dw3t! h3.f r pt ẖrt [...]! [...] ỉnk sbỉ nḥḥ [...] pt t3 [...]; [...] Rʿ [...] nṯrw 3ḫt [...] ḥʿʿw ỉmyw ḏrw 3ḫt [...] Ḏḥwty [...] 3ḫt [...] Rʿ [...]; [...] ỉnk Rʿ, ḥr-ỉb ỉrt.f [...] m 3ḫt [...]; [...] [Rʿ] [...]</td>
</tr>
<tr>
<td>243</td>
<td>CT, VII, 961-979,
§§ 179e-189n
[pGardiner III]</td>
<td>[...]; [...] ḥr ỉ3ḫw m-ḫnw nmt.ỉ; rnn.ỉ ỉrt-Ḥr [...] rʿ-nb [...]; [...]; [...]; [...] m Ḏḥwty; ỉṯ.n.ỉ wsrt Rʿ-Tmw; ỉnk Šw, Nb-Tm [...]; [...]; [...] hrw [...]; [...] Rʿ-Tmw [...]; [...]; [...]; [...]; [...] grḥ pw n 3gb, pr m Wrt [...]; [...] ỉ3ḫ[w] [...]; [...] Rʿ, pḫrw pt [...] ḏt [...] pt, t3 [...] m-tp ṯ3w [...]; [...] rʿ-nb [...]; [...]; [...] mst bỉ3(yt) pw, tp r n Rʿ-Tmw [...]; [...] ỉnk sby wʿy [...], šw n pt [...]; [...]; [...]</td>
</tr>
</table>

<table>
<tr>
<td>244</td>
<td>CT, VII, 980-992,
§§ 190a-204ℓ
[pGardiner II, pGardiner III]</td>
<td rowspan="2">DE BUCK, 1935-61
VAN DER PLAS & BORGHOUTS, 2000

BARGUET, 1968
FAULKNER, 1973-78</td>
<td>[...] n ḫsf.i m pt, tꜣ [...]; [...]; [...] ink zꜣ pw n Ỉst, snḏnḏ pt, tꜣ [...], zmꜣ.i tꜣ m Rꜥ r Ỉmntt [...] Šw [...]; [...] iw n.f pty tmty [...]; [...] ꜣḫt [...] i iꜣ mẖnt<y> n Š-n-Ḫꜣ [...], ḫꜥ.kwi m nb sḫmw [...]; [...] pr rf Ḏḥwty m sšp.f, ḥbt.f ḥr ꜥ.f [...]; [...]; [...] i iꜣ m[ẖnty n Š-n-Ḫꜣ] [...] nt Š-n-Ḫꜣ [...] pr rf Ḏḥwty m sšp.f [...]; ḫp[r m] ṯꜣw: ii.n.i m ḏrw [...]; [iw skꜣ.n.i] izkn [...] Gb [...] Šw [...]; [...] pr srw nw ḳri ꜥꜣ m ꜣḫt; [ẖ]nwwt nt mswt nṯrw m ḥryw-rnpt 5; [...] Nwt [...] Ḏḥwty [...] hrww [...] di int n.ṯ biꜣ [...] sḏ.f swḥt, pšn.f biꜣ [...]; iw rdi n.k ṯꜣw rsy [...]; iw rdi n.k ṯꜣw mḥt [...]; iry.i prw r ꜣḫt, pḥ.n.i ꜣḫt m iꜥrt m ms.i; [...] Tmw [...] nḏr pt r tꜣ, Nww; iw irty.i m kꜣ-iꜣḫw; [...] ṯni.sn wi r Rꜥ-Tmw [...]; šw.n.i r pt m Šw [...] ḳri [...] mḥ.s rnpt.i [...]; [...] ink sḏ ibḥw n šꜥd (?) biꜣ(yt) [...]; ink nṯr pw wbn m Ỉꜣbtt, ḫpp m Ỉmntt [...]; iṯ.n.i pt, [...] tꜣ; [...] Ḏḥwty [...] Rꜥ-Tmw [...]</td>
</tr>
<tr>
<td>245</td>
<td>CT, VII, 993-999,
§§ 205a-216j
[pGardiner II, pGardiner III]</td>
<td>[...] kf ꜥḏwt, nwr igpw [...], ḫꜥ Rꜥ m n Psḏt.f tw, nb iꜣ[ḫw]; [...] nbt grḥ, iṯ tꜣwy [...] hrw [...] grḥ [...] Rꜥ-Tmw [...] Rꜥ [...] ink Ḏḥwty [...] sḫm Rꜥ, m sšp.f [...]; st.i m itn (zp 2); mn w[y] st.i m itn! [...] ink ḫnt swt nṯrw, sbꜣ ḥkn [...]; ꜥnḫ.i, ꜥnḫ Rꜥ [...]; [...] Ḏḥwty [...] gm.n.k irt-Ḥr im.f, wsr.k im.f [...] ir.n.k sšp [n.i], sšp.i [...] ink Ḫnsw [...] Zzw [...]; [...] | Rꜥ-Tmw $|_{x5}$ [...] Ỉꜣbtt [...] Rꜥ-Tmw [...] | Rꜥ $|_{x4}$ [...]; [...] ii.n.i min m Zzw [...] snb.f wi n rnpt; [...] Ḏḥwty [...] Rꜥ [...]; [...] | wiꜣ-Rꜥ $|_{x2}$ [...] | kkw $|_{x2}$ [...] nb iꜣḫw [...] ꜣkr [...] | Rꜥ-Tmw $|_{x2}$ [...] pnꜥ.n.i pt, ꜣbn.n.i pt [...]; [...] Rꜥ [...]; [...] Rꜥ [...] iw Psḏntyw.s is ḫnt [...]</td>
</tr>
</table>

246	*CT*, **VII**, 1000-1010, §§ 216k-224p [*pGardiner II, pGardiner III*]	de Buck, 1935-61 van der Plas & Borghouts, 2000 ---------------------- Barguet, 1968 Faulkner, 1973-78	*r n ꜥḳ m-ẖnw i͗tn:* [...] *smn.n.i Mꜣꜥt n Rꜥ-Ḫpri; i͗<w> wn.n.i i͗rt.k tw štꜣ, ḥꜣt Rwrwti;* [...] | *Rꜥ-Tmw* |$_{x3}$ [...] *Šw* [...] *i͗rt.i* [...] *nṯrw ꜣḫt* [...] *i͗nk ꜥḳ m-ẖnw i͗rt.f wrt;* [...] *i͗rt-Ḥr* [...] *Rꜥ-Ḫpri* [...]; [...] *wn.i ṯfrr* [...] *Nwt* [...] *rdi wi Nwt ḥr gs spw mḥt* [...] *ḫnt i͗trty Nwt* [...]; [...] *i͗myw Nww* [...] *m stwt rnpwt* [...] *Rꜥ* [...] *ꜣḫt* [...]; *Psḏnty m I͗wnw, ḏꜣ pt ḥnꜥ pẖr wr, rnpt rdit Spdt n Ḥr-ꜣḫty; I͗wnwty nwḏ r.f m-ḫt.sn; rnpt prt r pt;* [...] *Rꜥ* [...] *Nwt* [...] *nhpw* [...] *i͗ry.n.f Snt* [...]; [...] *i͗rt-Rꜥ* [...] | *Rꜥ-Tmw* |$_{x2}$ [...] *m nst pt* [...] *ṯꜣw* [...] *i͗rt-Rꜥ-Tmw* [...]; *wn sbꜣ n ꜣḫt: wn Tmw (I͗tm) ḫnt ꜥꜣ! znš Ḫnsw wr! nbi.i i͗m.k, sbi.i i͗m m Ḏḥwty* [...]; *hy! fꜣi wi! hy! sšw šw wi!* [...] *zḫn.f ꜥḫm i͗rt-Ḥr, nḏ.f s(y) m ꜥꜥḫm.s* [...]; [...] *Ḥwt-Ḥr* [...] *msktt* [...]
247	*CT*, **VII**, 1011-1013, §§ 225a-232o [*pGardiner II*]		[...] *m pt, ḫr Rꜥ* [...] *m tꜣ, ḫr Gb,* [...] *mꜥnḏt* [...] | *I͗hy* |$_{x4}$ [...]; *i͗w wn n.i ꜥwy ꜣḫt, i͗w znš n.i Wrt kk<w>; i͗wnwy i͗pw(y) n Rꜥ! prr.i, ꜥḳ.i i͗myt(w).ṯn;* [...] *Tmw* [...] *tꜣ* [...] *Gb* [...] *mꜥnḏt* [...] *n wnm.i wṯst Gb* [...] *Rꜥ* [...] *Nww* [...] *ꜥnḫ.kwi, wꜣḏ.kwi ḏt r nḥḥ! šm.i, i͗w.i i͗myt(w) i͗wnwy Rꜥ, ḏdwy Gb;* [...] *rs nhpw! i͗kꜣy Ḏḥwty! rs nhpw!* [...] *Ḏḥwty* [...]; *i nṯrw i͗pw wrw, ꜥꜣw, ḫnzw pt! i͗ṯ wi ḥnꜥ.ṯn* [...]! [...] *pẖr.n.i pt tn mi Rꜥ; wnn mi Rꜥ; hny.n.i mi Ḏḥwty;* [...] *wb{ꜥ} sbꜣ, pr.k i͗m.f* [...], *zmꜣ i͗ḫḫw n wꜥb!* [...] *i͗wr m knmwt, n ḫpr pt, tꜣ* [...] *Rꜥ* [...] *hrw* [...] *Rꜥ* [...]; [...] *ḏꜣ pt mi Rꜥ* [...] *zmꜣ.i tꜣ r pt rsyt* [...]; *i͗nk Ḏḥwty; i͗w mtr.i i͗rt-Ḥr n.f* [...]; *mḥ.n s(y) m ꜣbd;* [...] *Ḥḥw* [...] *pḏwt* [...] | *Rꜥ* |$_{x4}$ [...] *Gb* [...] *Rꜥ-Tmw* [...] *mi͗n* [...] | *ꜣḫt* |$_{x2}$ [...] *Šw* [...]

<table>
<tr>
<td>248</td>
<td>CT, VII, 1014-1021,
§§ 233a-242p
[pGardiner II]</td>
<td rowspan="3">DE BUCK, 1935-61
VAN DER PLAS & BORGHOUTS, 2000

BARGUET, 1968
FAULKNER, 1973-78</td>
<td>[...] ḏꜣ.i pt mi Rꜥ [...]; [...] Šw m tnmw [...]; [...] ꜣḫt [...] iṯ.n.i ꜣḫt [...] ꜣḫt [...] Rꜥ [...]; [...] i Sꜣḥ! mk wi! in.n.i m pt;[...]|in Sꜣḥ r.i|$_{x6}$ [...]|tꜣ|$_{x6}$ [...]| hrw |$_{x3}$ [...]; wꜥb, sꜥḥ ṯw; ḥms ḥr st [imy Ḥꜣw]-Nbwt [...] mꜣꜥ ḫꜣy.f [...] Ḥḥw [...] pẖr.n.k pḏwt nṯrw [...], iw iṯ.n.k ḏrw ꜣḫt [...]; [...] pt [...] ẖꜣpt [...] pt [...] šw [...] pt [...] pt [...] Rꜥ-Tmw [...] m mšrw [...] pt [...] nḥḥ [...] Šw [...] ꜣkr [...] ṯꜣw [...]; [...] Wꜥrt [...]; [...] sšpw.i Rrti, di Rrti ꜥwy.s(y) r[.i]; [...] Rꜥ [...]; sšm.n.i mꜣꜣt.n.f m ḏrw pt; [...] iw ꜥnḫ rk zꜣ Nwt [...] Rꜥ [...] irt štꜣ [...] ḏrw ꜣḫt [...] imyw ꜣḫt [...] Rꜥ [...]</td>
</tr>
<tr>
<td>249</td>
<td>CT, VII, 1022-1028,
§§ 243a-251aa
[Sq4C, pGardiner II]</td>
<td>[...] znš.n.k n.i ḫns-wr; di.k mꜣꜣ [wi Rꜥ m irw.f] [...] Ḏḥwty [...] Sšꜣt [...]; [...] ꜣkr [...];[...] Gb [...] ꜣkr [...] Gb [...] nḥḥ [...]; [...] ṯꜣw [...] Rꜥ [...] hrw [...] ṯꜣw [...] Rꜥ [...] ṯꜣw [...]; [...] kkw [...] ṯꜣw [...] Šw [...]; [...] irw pt [...]; i nṯrw ipw 7 [...] imntyw, iꜣbtyw, rsyw, mḥtyw [...] Tmw [...] m hrw 7 pw [...]; [...] hrw prr.i im r pt [...], hrw hꜣꜣ.i r tꜣ [...]; pr m ẖt nt mwt.f Nwt [...] wiꜣ-Rꜥ [...] Rꜥ [...] pt r mswt.i, imyw Ỉw-Nsrsr [...] r ḥr-ib hrw [...] | pt |$_{x4}$ [...] Nb-r-Ḏr [...] Wꜥ [...] Ḏḥwty [...] hrw [...] nḥḥ [...]</td>
</tr>
<tr>
<td>250</td>
<td>CT, VII, 1029-1030,
§§ 252a-261b = B2W
[B1C, B3C, B4C, B6C, B12C, B13C, B2Bo, B4Bo, B1L, B2L, B3L, BqC, B2P, & c.]</td>
<td>ḫr sdꜣ m ꜣḫt iꜣbtt nt pt, ḫr ḫrw Nwt; ḏsr.s wꜣwt Rꜥ tp-ꜥ Wr, dbn.f; ṯs ṯw Rꜥ [...] ṯꜣw [...] hrw [...] nꜥ wiꜣ r Nwt [...] di.k ḥr.k r Ỉmntt Nfrt, ii.k mꜣwt rꜥ-nb; n ṯwt is twt pw nfrt n nwb [...]; pt, tꜣ ḫr.sn n.k, ẖr sdꜣ n dbn.k mꜣwt rꜥ-nb; hꜥi ꜣḫt [...]: r n sḳd m wiꜣ ꜥꜣ n Rꜥ; ḫꜣ bꜣ.s m Ỉwnw [...], n mst ḫꜣ.sn nṯrw [...]; pry.i im.f r pt; sḳd.i im.f r pt, ḥnꜥ Rꜥ [...]; wḏ.i im.f r Wꜥrt tw nt Nwt, r rdw pw n wiꜣ Sbg: r n sḳd m wiꜣ ꜥꜣ n Rꜥ, rꜥ-nb</td>
</tr>
</table>

251	*CT*, **VII**, 1031-1045, §§ 262a-297e = *B2W* [B1C, B3C, B4C, B6C, B12C, B13C, B1Bo, B2Bo, B4Bo, B1L, B2L, B3L, BqC, B2P]	DE BUCK, 1935-61 VAN DER PLAS & BORGHOUTS, 2000 ---------------------- BARGUET, 1968 FAULKNER, 1973-78	[...] *ỉr z nb, rḫ r pn, wnn.f mỉ Rꜥ m ỉꜣbt pt* [...] *ḏt* [...]; [...] *šnwt* [...]; *sḏt tw* <*w*>*bḫt r.ṯn ḥꜣt Rꜥ, dmꜣ ḥꜣ.f; snḏ nb nšn wỉꜣ Rꜥ, ꜣbḫt.ṯn sḏt;* [...] *mỉn* [...] *ỉr n.i wꜣt m-ḥꜣt wỉꜣ.f; sšp m ỉtn.f, ꜣḫ m bꜣ.f;* [...] N *pn* (*ỉ*)*dbn-kꜣ-wr* [...] *Nw* [...] *mtr Mꜣꜥt n Nb-Tm* [...] *m mšrw* [...] *ꜥꜣpp* [...] *ꜣḫt* [...]; *mtr.n.i ỉmy-wr, ỉmy wỉꜣ.f; šꜣs.n.i šnwt n sḏt* [...] *Ḥr-ꜣḫty; ḫrp.k wỉꜣ, ỉrt ỉt.k: r n swꜣ ḥr šnwt n sḏt, n rꜣ-ỉwꜣ n wỉꜣ n Rꜥ, rꜥ-nb;* [...] |*Rꜥ*|$_{x3}$ [...]; [...] *wꜣwt nw nt Wsỉr: ỉw.sn m-ḏr n pt;* [...] *ỉw.f m šmsw n Ḏḥwty; ỉw.f grt hꜣ.f r pt nbt mrrt.f hꜣ r.s* [...] *ḏt* [...]; [...] *Šw* [...] *Rꜥ* [...]; [...] *ꜥrryt nt kkw;* [...]; [...]; [...] *rdỉ n.i ꜣḫ ỉn nb.i Rꜥ-Ḥr-ꜣḫty, nb ꜣḫt* [...]; [...]; [...] *ỉnk pẖr š.f m sḏt, nb sšp; ỉnk ỉr ꜣbd, smỉ Smdt; ỉw dbn.i, ỉrt-Ḥr r ꜥ.s; Ḏḥwty ḏꜣ.f pt ḫft.i; ỉw.i swꜣ.i nfr;* [...]; [...]; [...]
252	*CT*, **VII**, 1046-1059 §§ 298a-313c = *B2W* [B1C, B3C, B4C, B6C, B12C, B13C, B1Bo, B2Bo, B4Bo, B1L, B2L, B3L, BqC, B2P]		[...]; [...] *hrw* [...] *Ḏḥwty* [...] *hrw* [...]; [...] *m-ẖrt-hrw* [...] *Ḏḥwty* [...]; [...] |*rꜥ-nb*|$_{x2}$ [...]; [...]; *nn m ḥtpt nt m šmsw n Wsỉr, rꜥ-nb* [...] *ḏt* [...] *ỉw.f ḫft Rꜥ, rꜥ-nb, ḥnꜥ Ḏḥwty* [...]; [...]; [...] *ỉnk ỉrt-Ḥr, ꜣḫt m grḥ, ỉrt sḏt m nfrw.s; ỉnk nb ꜣḫt, sḏt rꜥ-nb nsb*<*.s*> *wỉ;* [...] *ꜥꜣpp* [...]; [...] *sḳd.i wỉꜣ* [...]; [...] *ỉw.i ẖr swḥt, sꜥḥ.f mỉn, ḫꜥ.f m nhpw;* [...] *ꜣḫt* [...]; [...]
253	*CT*, **VII**, 1060-1066 §§ 313d-327c = *B2W* [B1C, B3C, B4C, B6C, B12C, B13C, B1Bo, B2Bo, B4Bo, B1L, B2L, B3L, BqC]		*ỉỉ.n.i mỉn m ṯnw ꜣḫt* <*nt*> *pt, sr Rꜥ ḥr ꜥrrwt pt, ḥꜥi nṯrw m ḫsfw wỉ; ỉw sṯ nṯr r.i;* [...] *r nw* [...] *Ḥwt-Ḥr* [...] *r nw* [...]; *n ḫsf.i ḥr ꜥrrwt pt* [...]; [...] *ꜣt* [...] *pẖr m hrw* [...]; *ỉwꜥ.n.i ꜣḫt nt Rꜥ; ỉsṯ wỉ ỉs Nb-Tm* [...], *ỉnk ỉwꜥw ꜣḫt; ỉr wꜣt n Rꜥ, ḫn.f* [...]; *wn pt tꜣ, wn ꜣḫwt ỉmntt ỉꜣbtt* [...], *znš sbꜣw ỉꜣbtyw n Rꜥ, pr.f m ꜣḫt, wn n.f ꜥꜣwy msktt! znš n.f sbꜣw mꜥnḏt!* [...] *Šw* [...] *Tfnt* [...] *mỉ Rꜥ, rꜥ-nb* [...]

254	*CT*, **VII**, 1067-1086 §§ 328a-364a = *B2W* [B1C, B3C, B4C, B5C, B6C, B12C, B13C, B1Bo, B2Bo, B4Bo, B1L, B2L, B3L, BqC, B1P, B2P, B1Be]		[...] *Rꜥ* [...]; [...] *Rꜥ* [...] *mi Rꜥ, rꜥ-nb;* [...] *wnn.i m-ꜣwt ḏt!* [...] *ink ꜥšꜣ ir ḫrw-pt, sꜥrt mꜣꜥt n Rꜥ, dr pḥty ꜥꜣpp; wbꜣ biꜣ(yt), ḫsf nšn, sꜥnḫ ḳdty Rꜥ;* [...] *rdi.i ir wiꜣ šmt nfrt* [...]*; ḳꜣ ṯꜣww rn.f pw* [...], *nb ꜣt, rn.f pw;* [...] *ink ḥms ḥr irt-Ḥr m tp 3, rꜥ-nb;* [...] |*Ḏḥwty*|x2 [...]; [...] *min* [...]; [...] *ꜣt* [...] *mꜣꜣ.i Wꜥ dbn, Rꜥ* [...]; [...] *ḥḥw* [...] *ꜣḫt* [...]; [...]; [...] *wr, ir n.i wꜣt sšp, di wi swꜣ* [...] *Gb* [...] *wnn.f ḥnꜥ Wsir r nḥḥ; n sk.n.f, ḏt;* [...] *kkw* [...]; [...] *n sk.n.f ḏt* [...]; [...] *ink rn wr, ir sšpt.f* [...]; [...] *m hrww ḫprww* [...]; [...] *ink rn wr, ir sšpt.f;* [...] *pẖr.n.f ḥꜣt.k r pt Rꜥ; Wꜥ, nis.k Rꜥ, m skt pt; pẖr.f ꜣḫt* [...] *Rꜥ;* [...] *ink sḫpr ntt* [...], *ir n.i wꜣt sšpt* [...]
255	*CT*, **VII**, 1087-1093 §§ 364b-372b = *B2W* [B1C, B3C, B4C, B5C, B6C, B9C, B12C, B1Bo, B2Bo, B4Bo, B1L, B2L, B3L, BqC, B2P, B1Be]	DE BUCK, 1935-61 VAN DER PLAS & BORGHOUTS, 2000 ---------------------- BARGUET, 1968 FAULKNER, 1973-78	[...] *kkw* [...] *rꜥ-nb* [...]; [...]; [...] *Ḏḥwty* [...] *Rꜥ* [...] *sḳdy.i wiꜣ.k; iry.i wꜣt m pt tw, nb<t> Wꜥrt.k* [...]; *ink sgr mww šdw Wꜥrt;* [...] *Nb-r-Ḏr* [...] *Rꜥ* [...] *ꜥꜣpp* [...]; [...]; [...]; *iꜥnw n.k Ḏḥwty, sṯp m nb nhpw!* [...] *n wi sšp, wbꜣ kkw;* [...] *Ḏḥwty* [...]; *wnn.i m šmsw n Ḏḥwty m grḥ; iw.i ẖr Mꜣꜥt; bwt.i kkw; wbꜣ<.i> grḥ* [...]
256	*CT*, **VII**, 1094-1098 §§ 372d-385d = *B2W* [B3C, B4C, B5C, B6C, B12C, B1Bo, B2Bo, B4Bo, B1L, B2L, B3L, BqC, B2P]		[...] *inḏ ḥr.k Ḏḥwty, m-šmsw Rꜥ! ink in wḏꜣt bꜣḳt; ink dr ḥꜣti ḥr nknt, bꜣḳ.s; mk wi, ii.kwi ḫr.k m šmsw kpw n grḥ* [...]; *iw.i hꜣ.kwi m wiꜣ n Rꜥ* [...], *sšp.n.i kkw* [...], *m int Mꜣꜥt n ḏꜣ pt;* [...] *Wꜥrt* [...]; *ink nḥm Rꜥ m-ꜥ nšn ꜥꜣpp* [...]; *ink šd.i wḏꜣt;* [...] *di int.i n.k Ḏḥwty, nn ḫsf ḥr.k Ḏḥwty m grḥ; ink in wḏꜣt, nḥm.s m-ꜥ ḳn.s; mtrw pw ḥwt iꜥḥ;* [...] *sšm.s wꜣwt m ḏꜣt pt, stwt.f irt Rꜥ; Ỉꜥḥ-Ḏḥwty nw, nty m pt; irt-Ḥr ḥr-ꜥwy.f(y), m ḥwt iꜥḥ;* [...]; *hrw* [...] |*ꜣḫt*|x2 [...] *Rꜥ pw psḏ m grḥ, wr ḫpr.n n.f pt;* [...] *Ḏḥwty* [...] *ḫꜥ.f m grḥ*

<table>
<tr>
<td>257</td>
<td>CT, VII, 1099
§§ 386a-415e = B2W
[B1C, B3C, B4C, B6C, B12C, B1Bo, B2Bo, B4Bo, B1L, B2L, B3L, BqC, B2P]</td>
<td rowspan="2">DE BUCK, 1935-61
VAN DER PLAS & BORGHOUTS, 2000

BARGUET, 1968
FAULKNER, 1973-78</td>
<td>ink šmsw-Rꜥ, zšp biꜣ.f [...]; bwt.i pw nšn, n wbs r gs.i [...] Rꜥ [...] n šm.n.i m int kkw [...] ꜥwy Gb ḥr nhpw [...] nw [...] isṯ Ḏḥwty m-ḫnw štꜣw [...]; wbꜣ biꜣ(yt), zḫr ḥꜣti m ḏr.f? [...] Rꜥ [...] wbs Ḥr m-sꜣ irt.f; Psḏwt.f ḥꜣ st.f, dr.sn ih mr mni.n.f [...]; wbꜣ.n.i ꜣḫt n Rꜥ; ir.n.i dpt.f sḏꜣt nfrt; ḥd ḥr n Ḏḥwty n.i, dwꜣ.i Rꜥ [...]; n šnꜥ.i m ꜣḫt; ink Rꜥ; n iwt.i m ḏꜣt ꜥꜣt! [...] Rꜥ [...] iꜣ n.k Rꜥ, nb ꜣḫt [...] ḫrpw.n.f pt ir ꜣt wrt [...] ḏr ntt biꜣw m Ỉmntt; sḏ.n<.i> nšn ꜥꜣpp [...] nḥm.i Rꜥ m ꜥꜣpp, rꜥ-nb [...] Ḏḥwty [...] di.i pẖr Mꜣꜥt m-tp wiꜣ ꜥꜣ [...] smn.i Ḥḥw; sšm.i šnwt [...] pẖr ḳdt Rꜥ m-sꜣ nfrw.f [...] dit iꜣw n Nb-r-Ḏr, zšp.i mdw, sk.i pt im.f; [...] Rꜥ [...] ḫzr.i ḥꜣti, mꜣꜣ.i nfrw.f [...], smn.i ḥptwt.f, pẖr wiꜣ.f pt n ꜥnḏw; ink ꜥꜣ ḥr-ib wiꜣ.f, irt.f; ḥms.i m wiꜣ ꜥꜣ n Ḫprr, ḫpr ḏs.f; ḫpr.i, ḫpr ḏd.i; ink nw pẖr pt r Ỉmntt [...] šw [...] Rꜥ [...]; pẖr Rꜥ pt m wḏ.i [...]; n šm.i ḥr wꜣwt iꜣdt [...]; hꜣy.i r wiꜣ.k [...]; sšm.i wꜣwt Rꜥ, sbꜣw; ink ḫsf n bḏ pw, iy ḥr nsr n wiꜣ.k, ḥr Wꜥrt wrt [...] n pḥ.sn wiꜣ.k [...]</td>
</tr>
<tr>
<td>258</td>
<td>CT, VII, 1100-1111
§§ 416a-440d = B2W
[B1C, B3C, B4C, B6C, B1Bo, B2Bo, B1L, B3L, BqC, B2P]</td>
<td>[...] min [...] n ḫpr.f ḥꜣti m ḥnmmt, hrw ḏsr nṯr [...] Rꜥ [...] ꜥꜣpp [...]; [...] Rꜥ [...] iw wiꜣ ḫr ḥr mww gmnw [...] Rꜥ [...] n ḏꜣ.k m šmsw.f [...] n iw.k zp.f [...]; [...] pr sšp, wbꜣ.f biꜣ(yt); ḫsr sw ḥꜣti ḥr; [...] | Šw |$_{x2}$ [...] pt [...] tꜣ [...]; ṯwt ḏd n.i ḏsr pt, tꜣ [...]; sr m ꜣsrt [...] Ḏḥwty m nhpw [...] wiꜣ [...]; [...] ḫꜥw Rꜥ m Ḫprr, Ḥr (smsw Rꜥ) pẖr.f m pt [...]; ii.n.i m pt [...] Rꜥ [...] wbꜣ kkw [...]; [...] m-m wbꜣw biꜣ(yt) [...] wbꜣ.i kkw; | kkw |$_{x4}$ [...]; [...]; [...] ink ḥr-ib biꜣ(yt).f [...]; [...] ink ḥr-ib biꜣ(yt).f [...] kkw [...]</td>
</tr>
</table>

259	*CT*, **VII**, 1112-1130 §§ 440e-471g = *B2W* [B1C, B3C, B4C, B6C, B1Bo, B1L, B3L, BqC, B2P]	de Buck, 1935-61 van der Plas & Borghouts, 2000 ---------------------- Barguet, 1968 Faulkner, 1973-78	*wn ṯw ẖꜣtỉ, ḥꜣtỉ! Rꜥ wnḫ, sḏꜣ Ḥr nfr, rꜥ-nb* [...], *sḫr ḥꜣtỉ m hh.f; mk wỉ, ỉw.kwỉ Rꜥ m sḳdt; ỉnk wꜥ m nṯrw ỉpw, ḥr(y)w gs pt, sr.n.ỉ n.k ỉmy hrw.f* [...]; [...] *ꜥꜣpp* [...] *Rꜥ* [...]; *Ḥr smsw nw, nt m pt tw nbt pt* [...] *Rꜥ* [...]; [...] | *pt* |$_{x2}$ [...] *kkw;* [...] *wbꜣ kkw* [...] *ỉwt rḫ.f prt r pt tw nt Rꜥ* [...] *m-m šmsw-Rꜥ* [...] *m ḥtpw m ꜣḫt Rꜥ* [...]*Rꜥ* [...];[...]|*Ḏḥwty*|$_{x2}$ [...] *hrww* [...] *rꜥ-nb* [...]; [...]; [...]; [...] *ỉn n.k ṯꜣw nḏm* [...] *nḥḥ;* [...] *ꜣkr* [...]; [...] *wḏꜣt* [...]; [...] *ỉmỉ ỉrt-Ḥr n Wsỉr* [...]; [...] *Ḏḥwty* [...] *rꜥ-nb* [...] *ꜣkr* [...]; [...] *Nb-r-Ḏr* [...]; [...] *ꜥꜣpp* [...] *Rꜥ* [...]; [...]; [...] *šnwt sḏt* [...] *sḏt* <*m*>*sktt* [...]; [...] *r mḥtt Š-n-Ḫꜣ* [...] *n sbḫt tn* N *tn m-ḥꜥw swḥt tn; ỉn kkw ỉt.ỉ Nw ỉr.s* [...]; [...] *Nb-r-Ḏr* [...] *m sḳdwt šnwt* [...] *ỉw ỉr.n.ỉ zp 4 nfrw, m-ẖnw sbḫt ꜣḫt: ỉw ỉr n.ỉ ṯꜣww 4, ssn z nb m hꜣw.f* [...]; *sḫpr.n.ỉ nṯrw ỉm.f dt.ỉ, ỉw rmṯ m rmyt nt ỉrt.ỉ; spd.ỉ mꜣw.kwỉ rꜥ-nb,* [...] *Nb-r-Ḏr* [...]; *ỉr.n.ỉ grḥ* [...]; *ỉw.ỉ sḳd mꜣꜥ m wỉꜣ.ỉ, ỉnk nb ḥḥw* (var.: *nb nḥḥ*) *m ḏꜣt pt;* [...] *mꜣꜣ.ỉ ꜣḫt* [...] *ỉw ỉr.n.ỉ ḥḥ m rnpwt, m ỉmyt wỉ m wrḏ-ỉb pf, zꜣ Gb; ḥms.kꜣ.ỉ m st wꜥt, ỉw ỉr.n.ỉ ỉꜣwt r nỉwt* [...]; *nb nḥḥ* [...], *nb ṯꜣww, sr ṯꜣw mḥt* [...], *nb ꜣḫt, sḫpr ỉꜣḫw, sḥḏ pt m nfrw.f ḏs.f!* [...]
260	*CT*, **VII**, 1131-1135 §§ 472a-480ℓ = *B2W* [B1P, B1Be, B5C]		[...] *sšp.s r pt, m bꜣỉ.k, ꜥḥꜥ rꜥ ḥr-ỉb pt* [...]; *Rꜥ-Tmw* [...]*Mḥyt-Wrt* [...] *ỉnk twt.k* [...] *sšm n ꜥꜣwy ꜣḫt, ḫtm.sn ḥr nṯrw* [...]; [...] *hrw* [...] *ỉnk Nww, nb kkw* [...] *mỉn* [...] *kkw* [...]; [...] *Šw* [...]; [...] *mỉn* [...] *mỉn* [...] *hrw* [...] *kkw* [...]; [...] *nšn* [...] *swꜣ.ỉ ḥnꜥ Šw m Nw* [...] *ỉnk spd.f pt; ỉnk sḫm.f m kkw;* [...] *kkw* [...], *pr m ỉrt.f* [...] *mỉn* [...]

<table>
<tr>
<td>261</td>
<td>CT, VII, 1136-1144
§§ 481a-492b = B2W
[B1P, B1Be, B5C]</td>
<td rowspan="2">DE BUCK, 1935-61
VAN DER PLAS & BORGHOUTS, 2000

BARGUET, 1968
FAULKNER, 1973-78</td>
<td>[...] ii.n.i min m ṯꜣw [...] Šw [...]Nw [...]; nnk.i Ḥw, mdw m kkw; swsr wnwt, wn wꜣt swꜣ.i [...] min [...]; ṯꜣw mḥt [...] ink ꜣḫt [...]; [...] sḫm imyw kkw [...] kkw [...] min [...] ḥnʿ.sn imyw Nw, pt [...]; nnk.i sšp! Rʿ-Tmw [...] ḫsf ḥr.i Stẖ, ir irt-kkw swꜣ [...] wbꜣ kkw [...] m ky n grḥ [...] wbꜣ.n.i kkw; [...] ir n.i wꜣt wʿbt, nb nḥḥ, imy Mꜣʿt [...]; tm rf kkw, ḫpr.f sšp; nnk.i šmt; [...] min [...] kkw [...]; iw.f m-ẖnw kkw; in db.f, dd kkw [...] kkw [...] Rʿ, Tmw, Nw [...] min [...] hrw [...] kkw [...]; ink kꜣt, ḫt [...] ꜣkrw [...] Gb [...]; [...] ꜣkrw [...] Rʿ, Tmw, Nw, Šw [...] ink ḳd Rʿ, ḳd Šw [...] hrw [...] ꜣkr [...]; [...] ꜣkrw [...] | Šw, Nw, Tmw, Rʿ |$_{x2}$ [...] Nw [...] hrw [...] nḥḥ pw nḥt.sn; bnš r.sn, štꜣ-ḥr; ir sšm n ʿwy<.ky>, ḫft šmwt.k; Ḥr-Wr ḥr-ib sbꜣw ḥr(y)w, ḫft <sbꜣw> ẖr(y)w; [...]</td>
</tr>
<tr>
<td>262</td>
<td>CT, VII, 1145-1159
§§ 492c-505d = B2W
[B1P, B1Be, B5C, B4L]</td>
<td>[...] Ihy [...] | rʿ-nb |$_{x2}$ [...] Wʿ [...] Rʿ psḏ [...] ʿḥʿ rf Iwnw-Dšrt; ink wḥm ḥpt.k, st.n.f r.k, ḫft st ib.k; [...] | Šw |$_{x2}$ [...] Nw [...] ʿꜣpp [...] nb ḥwt dšrt, imyt m ꜣḫt [...], ḫft psḏ Rʿ m ḥtp; [...] sḏr.f, rs.f <m> tpy-rnpt n rnpt, mꜣꜣ.n sw šnwt.f [...]; wbꜣ.n.i pt, tꜣ, ꜣḫt [...] iw.f m kkw, n mꜣꜣt.n.f [...]; ntt im.sn [...], wꜣt nṯrt, wḏꜣt [...] Ḥḥ [...] pt, tꜣ, ꜣḫt, ntt im.sn, wꜣt nṯrt, wḏꜣt; [...] wn pt n Wsir, tp-ʿ wi, m sʿḥ [...] Rʿ [...] Šw [...]; [...] Šw [...] ʿrrt kkw [...]; [...]; ink msy m R-Sṯꜣw ꜣḫt; rdi n.i ꜣḫt, in nb ꜣḫt [...]; [...] ink ir ꜣbd, smn Smdt [...]; iw.i m dbn, n irt-Ḥr r-ʿ šmsw Ḏḥwty; rdi.n.i ḏꜣ pt, ḫft swꜣ.i; n snḏ.i! [...]; [...]; [...]; [...]; [...]; [...] ink irt tw nt Ḥr, ꜣḫ m grḥ; irt sḏt, m nfrw.s; [...]; [...] Ḏḥwty [...] m-ẖrt-hrw [...]</td>
</tr>
</table>

<table>
<tr><td>263</td><td>CT, VII, 1160-1170
§§ 505e-512i = B2W
[B1P, B1Be, B5C, B4L]</td><td rowspan="2">DE BUCK, 1935-61
VAN DER PLAS & BORGHOUTS, 2000

BARGUET, 1968
FAULKNER, 1973-78</td><td>[...] m-ẖrt-hrw nt rꜥ-nb [...]; [...]; r n wnn [...] m-m šmsw n Ḏḥwty, rꜥ-nb [...]; n mni.n.sn ḏt, ṯꜣw m fndw.sn; [...] Šw [...]; [...] iw.f mꜣꜣ.f Wsir, rꜥ-nb, ḥnꜥ Ḏḥwty [...]; [...]; [...]; [...] di.i swꜣ.i m ḥtp, ḏꜣ Rꜥ; [...] | Rꜥ |_{x2} [...] rꜥ-nb [...]; [...] iw.i ẖr swḥt rꜥ; iw sꜥḥ.i mi Rꜥ, ẖꜥ.f m nhpw; [...] ꜣḫt [...], ḏr rḫ.i sw m ꜣḫt [...]; ii.n.i min m pꜣwt<y>, sd.i Rꜥ ḥr ꜥrrwt pt; ḥꜥy rf nṯrw, m ḫsf wi [...] | nw |_{x2} [...]; [...] dby-ḥr [...]</td></tr>
<tr><td>264</td><td>CT, VII, 1171-1185
§§ 513a-521f = B2W
[B1P, B1Be, B5C, B4L]</td><td>[...]; [...]; [...] r n pẖr [m] hrw wꜥ [...]; [...] iwꜥ n ꜣḫt Rꜥ! ink is Rꜥ-Tmw [...], ink iwꜥ ꜣḫt; ir.i wꜣt n Rꜥ, ḫn.f [...]; [...] Rꜥ [...] Wꜥrt [...]; [...] Srḳt! wnn.i m ꜣwt ḏt! [...] Rꜥ [...]; [...]; [...]; [...] ink ꜥšꜣ-ḥr, ir ḫrw-pt, sꜥr n Rꜥ, dr pḥty ꜥꜣpp, wbꜣ biꜣ(yt), ḫsf nšn, sꜥnḫ i<sw>t Rꜥ; [...] rdi n.i wiꜣ šmt nfrt [...]; [...]; [...] ink ꜥꜣ ḫrw m ꜣḫt [...]; ink ḥms ḥr irt-Ḥr, m ḫmt-nw, wḏꜥ m nṯrw, m hrw sn-nw; [...] Ḏḥwty [...]; [...]; [...] ink [...] mꜣꜣ Wꜥ, wꜥ, dbn Rꜥ m-m iryw wꜥ; [...]; [...]</td></tr>
</table>

* La translitération a été faite par nous. Les publications les plus importantes, ainsi que certaines traductions choisies (voir sous les lignes - - - - -) sont données ci–dessus. Nous évitons les répétitions des vers pareils (ou parfois des variantes), en utilisant le symbolisme | … |$_{x\,n}$ (où n = 1, 2, 3, …). Pour les *sigla* utilisés, voir les pages introductoires de chacun des sept volumes dans DE BUCK, 1935-61; N = Nom du Noble; M = Nom d'une Divinité ou du Noble; *B2W* = Le *Livre des Deux Chemins* (*Book of the Two Ways*). Sur les autres symboles, voir le dernier (troisième) partie de notre bibliographie, *infra*; cf. aussi le Chapitre I, § 3: # 7, *supra*.

cerne les notions cosmovisionnelles qui y abondent. Nos Tables sont tout à fait complètes quant aux éléments purement astronomiques et cosmovisionnels qui se rencontrent dans les *CT*. L'utilité et l'importance des Tables III.3 et III.4 —qui voient le jour pour la première fois— sont immenses, pour des raisons qu'on a déjà discuté dans la section § 1, *supra*.

Table III.4: Fréquence d'occurrence des termes astronomiques ou cosmovisionnels, dans les *CT* (cf. Table III.3). Les ***italiques grasses*** indiquent la numération des passages cités. Les sommes partielles se réfèrent à chaque catégorie, étudiée ci–dessous (§§ III.2.1-2.4). La somme totale, calculée par l'addition des sommes partielles, est égale à ∑ = 6437. Les astérisques montrent les sept termes les plus fréquents.

TERME ASTRONOMIQUE OU COSMOVISIONNEL		CORRESPONDANCE ET FRÉQUENCE PARTIELLE DANS LES TEXTES DE LA TABLE III.3	FRÉQUENCE TOTALE
I = Étoiles ∑=197 3%	*3ḫ3ḫ* = ⁂	***111*** x1, ***186*** x2	3
	i3d = ⁂	***188*** x1, ***198*** x1, ***210*** x2, ***212*** x1	5
	imyw-ḫt rʿ = ⁂	——	0
	iḫm(w)-wrḏ(w) = ⁂	***23*** x1, ***33*** x1, ***40*** x1, ***53*** x1, ***77*** x1, ***116*** x1, ***135*** x1, ***148*** x1, ***167*** x2, ***234*** x1	11
	iḫm(w)-sk(iw) / *ʿ3tyw mḥtyw pt* / *nṯrw mḥtyw pt* = ⁂	***29*** x1, ***40*** x1, ***41*** x1, ***44*** x1, ***68*** x1, ***71*** x1, ***77*** x1, ***116*** x1, ***135*** x1, ***158*** x1, ***186*** x1, ***190*** x1, ***214*** x1, ***222*** x1, ***223*** x1, ***238*** x1, ***239*** x1	17
	wʿ3 = ⁂	***213*** x1	1
	wnwt = ⁂	***126*** x1, ***146*** x1, ***149*** x1, ***160*** x1, ***167*** x3, ***206*** x1	8
	Msḫtyw = **UMa**	***39*** x1, ***160*** x2, ***181*** x1, ***208*** x1	5
	Msḳt-(Sḥdw)	***117*** x1, ***142*** x2, ***143*** x1, ***155*** x1, ***156*** x1, ***162*** x1, ***197*** x1, ***198*** x1, ***221*** x1, ***224*** x1	11
	Nr-Iḥw = ⁂	***198*** x1	1
	nḫḫ(w) = ⁂	——	0
	Rrt(i)	***190*** x2, ***248*** x2	4
	ḥ3w nṯr dw3y = ⁂	——	0
	ḫ3 3ḫ.s / *ḫ3 b3.s*	***153*** x1, ***223*** x1, ***241*** x1, ***250*** x1	4
	Ḫ3w / *Srwt* / *Ḥ3t* / *Wnš* = ⁂	***121*** x1, ***135*** x1	2
	S3ḥ = **Ori**	***24*** x1, ***39*** x2, ***68*** x1, ***71*** x1, ***103*** x1, ***111*** x1, ***113*** x1, ***115*** x2, ***123*** x1, ***139*** x1, ***146*** x1, ***148*** x1, ***160*** x3, ***174*** x12, ***175*** x3, ***181*** x1, ***189*** x1, ***201*** x1, ***208*** x3, ***230*** x2, ***233*** x1, ***248*** x7	48
	sb3(w) / *nṯr-sb3* / *gnḫwt* / *štw ipw nw Tmw* / *sb3 ḥry* / *sb3 ḫry* = ⁂	***5*** x1, ***39*** x1, ***41*** x1, ***44*** x1, ***64*** x1, ***71*** x1, ***114*** x1, ***155*** x1, ***160*** x1, ***171*** x1, ***186*** x1, ***192*** x1, ***194*** x1, ***196*** x1, ***197*** x1, ***198*** x1, ***206*** x1, ***232*** x1, ***238*** x1, ***245*** x1, ***257*** x1, ***261*** x2	23
	sb3 ʿ3 = ⁂	——	0
	Spdt = **α–CMa**	***3*** x1, ***19*** x1, ***20*** x1, ***24*** x1, ***46*** x1, ***59*** x1, ***86*** x1, ***101*** x1, ***172*** x2, ***174*** x2, ***175*** x1, ***181*** x1, ***199*** x1, ***208*** x1, ***219*** x1, ***230*** x1, ***234*** x1, ***235*** x1, ***246*** x1	21
	sḥd / *sḥd wr* / *sḥd wʿ* = ⁂	***66*** x1, ***146*** x3, ***159*** x1, ***167*** x1, ***192*** x1, ***213*** x1	8
	šmsw-rʿ / *šmsw-Wsir* = ⁂	***24*** x1, ***31*** x2, ***79*** x1, ***89*** x1, ***97*** x1, ***106*** x2, ***136*** x1, ***137*** x1, ***166*** x1, ***184*** x2, ***204*** x1, ***217*** x1, ***252*** x1, ***257*** x1, ***258*** x1, ***259*** x1	19
	Dwn-ʿnwy = ⁂	***149*** x1, ***155*** x1, ***187*** x2, ***227*** x1, ***239*** x1	6

	i͗ꜣḫw / I͗ꜣḫw / sšp / šw / nwt / zꜣšw	***47*** x1, ***51*** x1, ***52*** x1, ***53*** x1, ***60*** x1, ***61*** x2, ***64*** x1, ***65*** x3, ***66*** x2, ***67*** x2, ***68*** x1, ***76*** x1, ***79*** x1, ***81*** x1, ***82*** x2, ***83*** x1, ***97*** x1, ***99*** x1, ***109*** x1, ***114*** x4, ***121*** x1, ***123*** x1, ***124*** x1, ***125*** x1, ***126*** x3, ***128*** x1, ***130*** x6, ***133*** x1, ***137*** x1, ***138*** x1, ***139*** x1, ***140*** x1, ***142*** x1, ***154*** x1, ***156*** x1, ***160*** x1, ***162*** x2, ***163*** x1, ***171*** x1, ***178*** x1, ***185*** x3, ***188*** x1, ***189*** x2, ***190*** x1, ***193*** x2, ***196*** x1, ***197*** x1, ***199*** x1, ***200*** x1, ***202*** x1, ***205*** x1, ***207*** x2, ***211*** x1, ***212*** x1, ***213*** x1, ***214*** x1, ***216*** x2, ***218*** x1, ***225*** x1, ***227*** x1, ***234*** x1, ***240*** x1, ***243*** x2, ***245*** x5, ***254*** x3, ***255*** x1, ***258*** x1, ***259*** x1, ***260*** x1, ***261*** x2	102
	i͗rt-(nt)-Rʿ / i͗rt-wʿ / Wʿt / i͗rt-Tmw / ꜣḫt / i͗rt-nṯr = ⊙	***53*** x1, ***70*** x1, ***84*** x1, ***114*** x1, ***118*** x1, ***130*** x1, ***131*** x1, ***133*** x1, ***138*** x3, ***140*** x1, ***141*** x2, ***153*** x1, ***154*** x1, ***163*** x1, ***166*** x2, ***169*** x2, ***181*** x1, ***186*** x2, ***196*** x1, ***201*** x1, ***202*** x1, ***203*** x1, ***204*** x2, ***212*** x1, ***218*** x1, ***221*** x1, ***226*** x1, ***233*** x1, ***242*** x1, ***246*** x5, ***248*** x1, ***257*** x1	43
	i͗tn = ⊙	***28*** x2, ***31*** x3, ***34*** x1, ***66*** x1, ***67*** x1, ***141*** x1, ***142*** x1, ***162*** x1, ***163*** x1, ***170*** x1, ***227*** x1, ***228*** x1, ***234*** x2, ***245*** x2, ***246*** x1, ***251*** x1	21
II = Soleil ∑=1252 19.5%	*rʿ / Rʿ / rʿt / I͗wnw-Dšrt*= ⊙	***7*** x1, ***8*** x1, ***9*** x1, ***10*** x1, ***13*** x1, ***16*** x1, ***24*** x3, ***25*** x2, ***28*** x2, ***29*** x1, ***31*** x1, ***32*** x1, ***36*** x1, ***38*** x1, ***39*** x2, ***40*** x1, ***41*** x1, ***48*** x3, ***51*** x2, ***53*** x2, ***57*** x1, ***58*** x1, ***61*** x3, ***62*** x1, ***65*** x4, ***66*** x5, ***67*** x1, ***70*** x1, ***72*** x2, ***73*** x1, ***74*** x2, ***75*** x14, ***76*** x6, ***77*** x4, ***81*** x2, ***83*** x3, ***84*** x4, ***86*** x2, ***87*** x5, ***88*** x5, ***89*** x6, ***90*** x9, ***91*** x2, ***93*** x1, ***94*** x4, ***95*** x3, ***97*** x2, ***98*** x4, ***99*** x3, ***100*** x1, ***101*** x2, ***102*** x4, ***103*** x1, ***104*** x3, ***105*** x3, ***106*** x4, ***107*** x5, ***108*** x12, ***109*** x1, ***110*** x1, ***111*** x1, ***113*** x3, ***114*** x5, ***116*** x3, ***117*** x4, ***118*** x2, ***119*** x1, ***123*** x2, ***124*** x2, ***125*** x2, ***126*** x1, ***127*** x4, ***128*** x1, ***129*** x1, ***131*** x10, ***132*** x2, ***133*** x4, ***135*** x7, ***137*** x2, ***138*** x5, ***139*** x3, ***140*** x6, ***141*** x10, ***142*** x5, ***144*** x2, ***145*** x2, ***146*** x1, ***147*** x1, ***148*** x3, ***152*** x6, ***153*** x8, ***159*** x1, ***161*** x1, ***162*** x7, ***163*** x2, ***165*** x4, ***166*** x18, ***168*** x13, ***169*** x11, ***170*** x1, ***171*** x2, ***172*** x6, ***177*** x1, ***178*** x6, ***179*** x1, ***180*** x3, ***182*** x3, ***183*** x5, ***184*** x7, ***185*** x7, ***186*** x2, ***187*** x4, ***188*** x3, ***189*** x6, ***190*** x3, ***191*** x1, ***192*** x2, ***193*** x1, ***194*** x11, ***195*** x2, ***196*** x1, ***197*** x1, ***198*** x3, ***201*** x2, ***202*** x3, ***203*** x5, ***204*** x9, ***205*** x6, ***206*** x4, ***207*** x4, ***208*** x8, ***210*** x4, ***211*** x4, ***212*** x5, ***213*** x10, ***215*** x4, ***216*** x5, ***217*** x1, ***218***	746*

	rꜥ / Rꜥ / rꜥt / Ꞽwnw-Dšrt= ⊙	x19, ***219*** x2, ***220*** x2, ***221*** x2, ***222*** x1, ***224*** x3, ***226*** x2, ***227*** x13, ***228*** x2, ***229*** x1, ***230*** x1, ***231*** x14, ***232*** x1, ***233*** x2, ***234*** x17, ***235*** x7, ***236*** x3, ***237*** x2, ***239*** x2, ***240*** x5, ***241*** x1, ***242*** x29, ***243*** x1, ***244*** x1, ***245*** x11, ***246*** x2, ***247*** x13, ***248*** x5, ***249*** x4, ***250*** x3, ***251*** x6, ***252*** x1, ***253*** x5, ***254*** x9, ***255*** x2, ***256*** x4, ***257*** x13, ***258*** x6, ***259*** x8, ***261*** x5, ***262*** x4, ***263*** x5, ***264*** x7	746*
	Ḥr-ꜣẖty = ⊙	***32*** x1, ***89*** x1, ***127*** x1, ***133*** x1, ***218*** x1, ***224*** x1, ***246*** x1, ***251*** x2	9
	šnwt / mꜣtỉ	***33*** x1, ***116*** x1, ***166*** x1, ***181*** x1, ***206*** x1, ***210*** x1, ***212*** x1, ***218*** x1, ***219*** x1, ***251*** x3, ***257*** x1, ***259*** x2, ***260*** x1, ***262*** x1	17
II = Soleil ∑=1252 19.5%	Tmw(-Rꜥ) / Ḫprỉ(-Rꜥ) / Nb-Tm / Nb-r-Ḏr / Nbt-r-Ḏr / Nb-Wꜥ / Ḏrw / Tp-Ḫmt / Wꜥ = ⊙	***25*** x2, ***28*** x1, ***31*** x2, ***38*** x3, ***47*** x2, ***48*** x10, ***49*** x2, ***50*** x5, ***51*** x5, ***52*** x4, ***53*** x12, ***54*** x1, ***57*** x1, ***62*** x1, ***65*** x6, ***68*** x2, ***70*** x1, ***73*** x1, ***74*** x1, ***75*** x1, ***76*** x1, ***77*** x1, ***79*** x1, ***83*** x1, ***95*** x4, ***96*** x2, ***97*** x2, ***101*** x1, ***107*** x1, ***108*** x2, ***110*** x2, ***111*** x2, ***113*** x1, ***114*** x2, ***115*** x1, ***116*** x1, ***118*** x3, ***119*** x1, ***121*** x1, ***122*** x1, ***123*** x1, ***124*** x1, ***126*** x2, ***127*** x4, ***130*** x12, ***131*** x4, ***133*** x2, ***133*** x5, ***136*** x1, ***137*** x1, ***139*** x3, ***141*** x8, ***142*** x4, ***143*** x3, ***148*** x1, ***149*** x2, ***154*** x5, ***155*** x3, ***159*** x3, ***160*** x1, ***162*** x1, ***164*** x1, ***165*** x1, ***166*** x2, ***167*** x2, ***168*** x6, ***169*** x1, ***170*** x1, ***172*** x1, ***177*** x1, ***178*** x2, ***179*** x1, ***180*** x3, ***182*** x2, ***185*** x3, ***186*** x2, ***187*** x5, ***188*** x3, ***190*** x4, ***192*** x1, ***193*** x2, ***194*** x3, ***195*** x1, ***196*** x7, ***197*** x1, ***198*** x1, ***200*** x2, ***201*** x3, ***202*** x1, ***203*** x4, ***205*** x1, ***206*** x1, ***207*** x4, ***208*** x1, ***209*** x1, ***211*** x3, ***212*** x5, ***213*** x1, ***214*** x2, ***215*** x1, ***216*** x2, ***217*** x1, ***218*** x6, ***219*** x1, ***220*** x1, ***225*** x1, ***226*** x1, ***227*** x1, ***228*** x1, ***229*** x4, ***231*** x1, ***233*** x1, ***234*** x3, ***235*** x3, ***236*** x3, ***237*** x2, ***238*** x3, ***239*** x3, ***240*** x3, ***241*** x1, ***242*** x1, ***243*** x4, ***244*** x3, ***245*** x9, ***246*** x8, ***247*** x2, ***248*** x1, ***249*** x2, ***251*** x1, ***253*** x1, ***254*** x2, ***255*** x1, ***257*** x1, ***259*** x3, ***260*** x1, ***261*** x5, ***262*** x1, ***264*** x2	314*
	ꜣbd = ●	***3*** x1, ***43*** x1, ***45*** x1, ***84*** x1, ***86*** x1, ***88*** x1, ***115*** x1, ***122*** x1, ***136*** x1, ***180*** x1, ***182*** x1, ***199*** x1, ***210*** x1, ***213*** x1, ***247*** x1, ***251*** x1, ***262*** x1	17
III = Lune ∑= 670 10.5%	ỉꜥḥ / Ꞽꜥḥ / Ꞽꜥḥ-Wr / Psd = ☾	***60*** x1, ***82*** x2, ***98*** x1, ***172*** x1, ***178*** x1, ***179*** x1, ***180*** x1, ***228*** x2, ***233*** x1, ***236*** x1, ***256*** x3	15
	Ꞽw(w) = ☾	——	0
	Ꞽdbn-Wr = ☾	***196*** x1, ***251*** x1	2

	ỉrt-(nt)-Ḥr / ỉrt-wr / ỉrt-Bt / / ỉrt-kkw / mḥt / ẖḳst / nknt / nbt-grḥ / db / wḏ3t / šwyt / 3ẖt = ☾	***38*** x1, ***55*** x2, ***62*** x2, ***65*** x2, ***67*** x1, ***68*** x1, ***75*** x2, ***76*** x1, ***80*** x1, ***84*** x1, ***85*** x3, ***86*** x2, ***87*** x7, ***100*** x2, ***106*** x1, ***112*** x1, ***114*** x6, ***121*** x1, ***122*** x2, ***130*** x1, ***131*** x4, ***133*** x8, ***136*** x1, ***139*** x1, ***141*** x4, ***154*** x1, ***156*** x2, ***157*** x2, ***158*** x2, ***159*** x3, ***168*** x1, ***169*** x4, ***178*** x1, ***180*** x3, ***187*** x3, ***189*** x2, ***190*** x1, ***191*** x1, ***193*** x3, ***194*** x5, ***196*** x11, ***197*** x1, ***200*** x1, ***204*** x4, ***207*** x1, ***208*** x1, ***209*** x1, ***214*** x1, ***219*** x3, ***221*** x1, ***222*** x1, ***227*** x1, ***232*** x11, ***233*** x45, ***235*** x1, ***236*** x4, ***237*** x4, ***238*** x1, ***239*** x80, ***240*** x17, ***241*** x3, ***242*** x2, ***243*** x1, ***245*** x1, ***246*** x2, ***247*** x1, ***251*** x1, ***252*** x1, ***254*** x1, ***256*** x5, ***257*** x1, ***259*** x2, ***260*** x1, ***261*** x1, ***262*** x5, ***264*** x1	311*
	ˁ3t = ☾	***86*** x1	1
	Psḏntyw = ●	***3*** x1, ***26*** x1, ***85*** x4, ***104*** x2, ***168*** x1, ***192*** x1, ***213*** x2, ***225*** x1, ***245*** x1, ***246*** x1	15
	ḥr.f m-ẖnt.f / ḥr.f m-mḥ3.f / ḥr.f-ḥ3.f / m3-(n)-ḥ3.f / ỉrty.f ḥ3.f / mẖnty / pẖr wr = ☾	***69*** x1, ***99*** x1, ***108*** x2, ***110*** x1, ***146*** x1, ***147*** x1, ***156*** x6, ***157*** x4, ***158*** x10, ***159*** x2, ***160*** x2, ***161*** x3, ***162*** x1, ***164*** x2, ***177*** x1, ***178*** x3, ***179*** x3, ***180*** x2, ***191*** x1, ***218*** x1, ***232*** x1, ***244*** x2, ***246*** x1	52
	Ḫbt = ☾	***84*** x2	2
	Ḫnsw = ☾	***102*** x1, ***104*** x1, ***107*** x1, ***117*** x1, ***129*** x4, ***140*** x1, ***190*** x1, ***192*** x1, ***201*** x1, ***204*** x2, ***225*** x1, ***240*** x2, ***245*** x1, ***246*** x1	19
III = Lune ∑= 670 10.5%	*Smdt* = ○	***43*** x1, ***45*** x1, ***86*** x1, ***88*** x2, ***122*** x1, ***133*** x1, ***178*** x2, ***180*** x1, ***213*** x2, ***251*** x1, ***262*** x1	14
	Sn(w)t = ◐	***28*** x1, ***39*** x1, ***84*** x2, ***95*** x1, ***98*** x1, ***103*** x1, ***104*** x1, ***107*** x1, ***132*** x1, ***147*** x1, ***207*** x1, ***210*** x1, ***213*** x2, ***246*** x1	16
	Zwnṯw = ☾	——	0
	Šrt(t) = ☾	***86*** x1	1
	Dni(t) / Ḏni(t) = ◑	***95*** x2, ***98*** x1, ***103*** x1, ***104*** x2, ***107*** x1, ***117*** x1, ***132*** x1, ***205*** x1, ***207*** x2, ***208*** x1, ***213*** x1	14
	Ḏḥwty = ☾	***62*** x1, ***63*** x1, ***64*** x1, ***65*** x1, ***84*** x1, ***86*** x1, ***93*** x1, ***97*** x1, ***98*** x1, ***101*** x1, ***106*** x1, ***108*** x3, ***110*** x1, ***112*** x1, ***114*** x7, ***116*** x1, ***118*** x2, ***119*** x2, ***122*** x5, ***129*** x1, ***131*** x6, ***132*** x2, ***135*** x1, ***136*** x1, ***138*** x1, ***141*** x2, ***142*** x1, ***143*** x1, ***144*** x6, ***145*** x1, ***147*** x4, ***148*** x2, ***149*** x1, ***151*** x1, ***152*** x2, ***156*** x1, ***165*** x2, ***168*** x2, ***169*** x2, ***172*** x1, ***182*** x2, ***186*** x2, ***187*** x2, ***188*** x2, ***190*** x6, ***194*** x2, ***195*** x3, ***196*** x2, ***200*** x2, ***201*** x1, ***203*** x1, ***204*** x5, ***205*** x2, ***207*** x6, ***209*** x4, ***214*** x1, ***215*** x3, ***216*** x1, ***218*** x1, ***224*** x1, ***225*** x1, ***227*** x1, ***228*** x1, ***229*** x1, ***230***	191

	Ḏḥwty = ☾	x1, ***233*** x4, ***234*** x5, ***235*** x1, ***236*** x3, ***237*** x4, ***239*** x3, ***242*** x1, ***243*** x1, ***244*** x4, ***245*** x3, ***246*** x1, ***247*** x4, ***249*** x2, ***251*** x2, ***252*** x3, ***254*** x2, ***255*** x4, ***256*** x5, ***257*** x3, ***258*** x1, ***259*** x3, ***262*** x2, ***263*** x1, ***264*** x1	191
IV = Planètes ∑= 17 < 0.5%	*Sbg(w) / Stẖ* = ☿	***250*** x1	1
	Nṯr/Sbꜣ Dwꜣy = ♀	***24*** x1, ***41*** x1, ***45*** x1, ***89*** x1, ***91*** x1, ***107*** x1, ***145*** x1, ***168*** x1, ***213*** x3	11
	Sbꜣ Wꜥty / Sbꜣ Wꜥ = ♀	***24*** x1, ***159*** x1, ***213*** x1	3
	Ḥr Dšr(w) = ♂	***237*** x1 (?)	1
	Ḥr wpš tꜣwy = ♃	——	0
	Ḥr kꜣ pt = ♄	——	0
	gnmw	***192*** x1	1
V = Ciel et Cosmographie ∑= 2793 43.5%	*ꜣḫt*	***3*** x2, ***8*** x1, ***16*** x1, ***17*** x3, ***24*** x1, ***25*** x2, ***27*** x1, ***28*** x2, ***29*** x1, ***31*** x1, ***32*** x2, ***38*** x1, ***47*** x1, ***53*** x6, ***60*** x1, ***67*** x1, ***68*** x2, ***75*** x1, ***78*** x2, ***79*** x3, ***80*** x1, ***81*** x1, ***94*** x1, ***95*** x1, ***101*** x1, ***102*** x2, ***104*** x2, ***106*** x1, ***107*** x1, ***109*** x1, ***113*** x2, ***116*** x1, ***117*** x7, ***118*** x2, ***119*** x3, ***121*** x2, ***124*** x5, ***127*** x2, ***129*** x1, ***130*** x3, ***131*** x2, ***133*** x1, ***135*** x5, ***138*** x1, ***141*** x4, ***142*** x1, ***146*** x1, ***150*** x1, ***151*** x1, ***153*** x2, ***155*** x1, ***158*** x1, ***159*** x2, ***160*** x1, ***162*** x2, ***168*** x1, ***170*** x1, ***180*** x2, ***181*** x1, ***182*** x3, ***183*** x3, ***184*** x4, ***185*** x1, ***186*** x1, ***187*** x1, ***188*** x5, ***189*** x2, ***190*** x1, ***192*** x3, ***193*** x1, ***194*** x5, ***198*** x2, ***199*** x2, ***201*** x2, ***202*** x1, ***206*** x1, ***207*** x4, ***208*** x1, ***209*** x3, ***210*** x2, ***211*** x2, ***212*** x3, ***213*** x5, ***215*** x2, ***217*** x1, ***218*** x2, ***219*** x2, ***221*** x1, ***223*** x1, ***224*** x1, ***225*** x1, ***226*** x1, ***227*** x4, ***228*** x4, ***229*** x1, ***231*** x2, ***232*** x1, ***234*** x1, ***236*** x2, ***237*** x1, ***239*** x3, ***242*** x4, ***244*** x4, ***246*** x3, ***247*** x3, ***248*** x6, ***250*** x2, ***251*** x2, ***252*** x3, ***253*** x5, ***254*** x2, ***256*** x2, ***257*** x3, ***259*** x4, ***260*** x1, ***261*** x1, ***262*** x6, ***263*** x2, ***264*** x3	251*
	Ỉꜣbtt	***25*** x1, ***53*** x1, ***61*** x1, ***70*** x1, ***72*** x1, ***75*** x2, ***89*** x1, ***96*** x1, ***116*** x1, ***118*** x1, ***129*** x3, ***131*** x2, ***138*** x1, ***141*** x1, ***167*** x1, ***170*** x1, ***176*** x1, ***184*** x1, ***185*** x1, ***189*** x3, ***194*** x1, ***217*** x2, ***244*** x1, ***245*** x1	31
	Ỉꜣsw / Ỉꜣst	***188*** x1, ***190*** x1, ***201*** x1	3
	ỉwnw / wꜣḏ 4 / sẖnwt nt pt 4 / znšw / ḏꜥmw pt / ꜥꜣw / zꜣw	***38*** x3, ***39*** x2, ***106*** x1, ***110*** x1, ***154*** x1	8
	Ỉmntt	***5*** x1, ***32*** x1, ***33*** x1, ***53*** x1, ***61*** x1, ***70*** x1, ***72*** x1, ***75*** x2, ***92*** x1, ***96*** x1, ***116*** x1, ***118*** x1, ***119*** x1, ***125*** x2, ***127*** x1,	39

	Ỉmntt	***131*** x1, ***138*** x1, ***141*** x1, ***146*** x1, ***147*** x1, ***161*** x2, ***167*** x1, ***170*** x1, ***174*** x1, ***176*** x1, ***185*** x1, ***201*** x1, ***217*** x3, ***219*** x1, ***226*** x1, ***244*** x2, ***257*** x2	39
	ỉzkn (n pt) / wpt	***138*** x1, ***146*** x1, ***148*** x1, ***244*** x1	4
	ỉḫḫw / ꜥḫḫw	***48*** x2, ***51*** x1, ***52*** x1, ***160*** x1, ***167*** x1, ***208*** x2, ***225*** x1, ***234*** x2, ***247*** x1	12
	ꜥnḏ(w)	***79*** x1, ***85*** x1, ***110*** x1, ***125*** x1, ***189*** x1, ***202*** x1, ***210*** x1, ***211*** x1, ***239*** x1, ***257*** x1	10
	Wꜥrt	***40*** x2, ***99*** x1, ***102*** x1, ***106*** x1, ***111*** x1, ***113*** x2, ***114*** x1, ***121*** x1, ***122*** x1, ***124*** x1, ***126*** x1, ***133*** x1, ***146*** x1, ***148*** x1, ***155*** x1, ***174*** x1, ***175*** x1, ***177*** x2, ***178*** x4, ***179*** x4, ***180*** x1, ***184*** x1, ***191*** x2, ***192*** x1, ***194*** x1, ***200*** x1, ***210*** x1, ***211*** x4, ***232*** x1, ***234*** x1, ***248*** x1, ***250*** x1, ***255*** x2, ***256*** x1, ***257*** x1, ***264*** x1	50
	wḫ / wḫ(ꜣ)t / wšꜣw / šsꜣt	***85*** x1, ***87*** x1, ***105*** x1, ***123*** x1, ***125*** x1, ***129*** x1, ***206*** x1, ***231*** x1, ***242*** x1	9
	Bꜣ-Kꜣ / Zrwy / Zzw / ꜥḏwt / ꜣsrt	***45*** x1, ***126*** x1, ***245*** x3, ***258*** x1	6
	biꜣ	***40*** x1, ***89*** x1, ***110*** x1, ***178*** x1, ***179*** x2, ***180*** x3, ***186*** x1, ***201*** x1, ***206*** x1, ***207*** x1, ***208*** x1, ***226*** x5, ***235*** x1, ***239*** x1, ***244*** x2, ***257*** x1	24
V = Ciel et Cosmographie ∑= 2793 43.5%	*biꜣ(yt)*	***8*** x1, ***63*** x1, ***124*** x1, ***128*** x1, ***138*** x1, ***142*** x1, ***146*** x1, ***147*** x1, ***160*** x1, ***182*** x3, ***202*** x2, ***203*** x1, ***208*** x1, ***209*** x1, ***215*** x1, ***216*** x1, ***218*** x1, ***227*** x2, ***239*** x1, ***243*** x1, ***244*** x1, ***254*** x1, ***257*** x1, ***258*** x4, ***264*** x1	32
	pt / Wrt / pt ḥrt / pt ẖrt / pt ḥr-ibt	***2*** x2, ***3*** x1, ***7*** x1, ***8*** x3, ***9*** x1, ***10*** x1, ***11*** x1, ***13*** x1, ***23*** x1, ***24*** x3, ***28*** x1, ***31*** x2, ***32*** x1, ***33*** x2, ***35*** x1, ***36*** x1, ***37*** x2, ***38*** x1, ***39*** x3, ***40*** x1, ***41*** x1, ***42*** x1, ***46*** x1, ***47*** x7, ***48*** x6, ***50*** x1, ***52*** x5, ***53*** x1, ***56*** x2, ***61*** x3, ***63*** x2, ***65*** x3, ***70*** x1, ***72*** x3, ***74*** x3, ***75*** x2, ***76*** x2, ***77*** x2, ***78*** x3, ***79*** x1, ***81*** x1, ***82*** x1, ***84*** x1, ***89*** x1, ***90*** x4, ***91*** x3, ***93*** x3, ***94*** x1, ***95*** x2, ***96*** x1, ***97*** x5, ***98*** x6, ***100*** x2, ***101*** x6, ***102*** x8, ***103*** x5, ***104*** x3, ***105*** x2, ***106*** x7, ***107*** x3, ***108*** x9, ***109*** x7, ***110*** x1, ***111*** x3, ***112*** x1, ***113*** x2, ***114*** x3, ***117*** x5, ***118*** x2, ***119*** x3, ***120*** x1, ***121*** x2, ***122*** x1, ***123*** x2, ***124*** x4, ***125*** x1, ***126*** x8, ***127*** x4, ***129*** x1, ***130*** x8, ***132*** x1, ***134*** x1, ***136*** x2, ***138*** x4, ***139*** x4, ***140*** x3, ***141*** x4, ***142*** x1, ***143*** x2, ***145*** x2, ***146*** x5, ***147*** x7, ***148*** x1, ***149*** x3, ***150*** x6, ***151*** x2, ***152*** x3, ***153*** x3, ***154*** x1, ***155*** x3, ***156*** x2, ***157*** x3, ***158*** x3, ***159*** x4, ***160*** x6, ***161*** x1, ***162*** x1, ***164*** x8, ***165*** x9, ***166*** x5, ***167*** x2, ***168*** x2, ***169*** x1, ***170***	664*

	pt / Wrt / pt ḥrt / pt ẖrt / pt ḥr-ibt	x1, ***171*** x2, ***172*** x9, ***173*** x3, ***174*** x2, ***175*** x2, ***176*** x1, ***177*** x2, ***178*** x2, ***179*** x4, ***180*** x4, ***181*** x1, ***182*** x4, ***183*** x1, ***184*** x8, ***185*** x2, ***186*** x4, ***187*** x1, ***188*** x5, ***189*** x6, ***190*** x1, ***191*** x2, ***192*** x8, ***193*** x4, ***194*** x12, ***196*** x1, ***198*** x2, ***199*** x7, ***200*** x3, ***201*** x6, ***202*** x1, ***203*** x4, ***204*** x6, ***205*** x12, ***206*** x3, ***207*** x11, ***209*** x6, ***210*** x2, ***211*** x9, ***212*** x3, ***213*** x8, ***214*** x1, ***215*** x6, ***216*** x1, ***217*** x2, ***218*** x10, ***219*** x15, ***220*** x2, ***221*** x1, ***223*** x1, ***224*** x1, ***225*** x5, ***226*** x2, ***227*** x6, ***229*** x4, ***230*** x3, ***232*** x1, ***233*** x1, ***234*** x4, ***235*** x5, ***236*** x5, ***237*** x1, ***239*** x5, ***240*** x2, ***241*** x2, ***242*** x11, ***243*** x3, ***244*** x6, ***245*** x2, ***246*** x3, ***247*** x6, ***248*** x8, ***249*** x7, ***250*** x4, ***251*** x4, ***253*** x4, ***254*** x2, ***255*** x1, ***256*** x4, ***257*** x5, ***258*** x4, ***259*** x8, ***260*** x3, ***261*** x1, ***262*** x4, ***263*** x1	665*
	pḏwt / ṯfrr	***78*** x1, ***146*** x1, ***177*** x1, ***192*** x2, ***202*** x1, ***210*** x1, ***214*** x1, ***215*** x1, ***220*** x1, ***237*** x1, ***239*** x1, ***246*** x1, ***247*** x1, ***248*** x1	15
	mnwḥwt	——	0
V = Ciel et Cosmographie ∑= 2793 43.5%	*Mr-n-Ḫ3 / Š-n-Ḫ3*	***8*** x1, ***39*** x1, ***40*** x1, ***92*** x1, ***106*** x1, ***108*** x1, ***113*** x1, ***120*** x1, ***124*** x3, ***127*** x1, ***148*** x1, ***155*** x1, ***166*** x1, ***177*** x1, ***178*** x1, ***180*** x1, ***194*** x1, ***236*** x1, ***244*** x3, ***259*** x1	24
	Mḥt	***72*** x2, ***75*** x2, ***131*** x1, ***167*** x2, ***170*** x1, ***203*** x1	9
	niwt / Nnt	***127*** x2	2
	Nw(w) / Nwn / Nwy / Nnw / nnwt	***45*** x1, ***47*** x4, ***48*** x12, ***50*** x1, ***51*** x3, ***52*** x1, ***53*** x4, ***63*** x1, ***67*** x1, ***72*** x1, ***73*** x1, ***75*** x2, ***76*** x2, ***77*** x1, ***82*** x1, ***96*** x2, ***101*** x1, ***110*** x1, ***118*** x1, ***122*** x1, ***128*** x4, ***130*** x1, ***133*** x1, ***139*** x1, ***140*** x1, ***141*** x1, ***143*** x2, ***145*** x1, ***146*** x1, ***148*** x1, ***153*** x2, ***155*** x1, ***158*** x1, ***159*** x2, ***160*** x4, ***161*** x2, ***168*** x3, ***169*** x4, ***170*** x2, ***182*** x1, ***186*** x1, ***188*** x2, ***189*** x2, ***190*** x1, ***193*** x1, ***196*** x1, ***199*** x1, ***201*** x1, ***203*** x1, ***204*** x1, ***205*** x3, ***206*** x1, ***207*** x6, ***208*** x1, ***209*** x1, ***211*** x1, ***213*** x2, ***219*** x1, ***220*** x1, ***225*** x1, ***227*** x7, ***228*** x1, ***233*** x1, ***234*** x1, ***235*** x1, ***244*** x1, ***246*** x1, ***247*** x1, ***251*** x1, ***259*** x1, ***260*** x2, ***261*** x7, ***262*** x1	134
	Nwt	***13*** x1, ***18*** x1, ***23*** x1, ***24*** x2, ***32*** x2, ***38*** x2, ***39*** x3, ***40*** x1, ***46*** x1, ***48*** x5, ***49*** x1, ***50*** x3, ***52*** x1, ***53*** x4, ***57*** x1, ***73*** x1, ***76*** x1, ***77*** x1, ***97*** x1, ***100*** x1, ***110*** x2, ***111*** x2, ***117*** x2, ***118*** x1, ***119*** x1, ***127*** x1, ***130*** x3, ***131*** x1, ***132*** x1, ***135*** x1, ***137*** x6, ***139*** x1, ***148*** x2, ***153*** x5, ***154*** x1, ***159*** x2, ***163*** x1, ***165*** x2, ***174*** x1, ***182*** x2,	132

	Nwt	***185*** x1, ***186*** x1, ***189*** x2, ***195*** x1, ***196*** x2, ***202*** x1, ***203*** x2, ***205*** x1, ***206*** x1, ***207*** x6, ***213*** x1, ***215*** x1, ***218*** x2, ***222*** x1, ***224*** x2, ***225*** x3, ***227*** x2, ***229*** x1, ***230*** x1, ***232*** x1, ***233*** x2, ***234*** x5, ***235*** x2, ***237*** x4, ***239*** x1, ***240*** x1, ***241*** x2, ***244*** x1,***246*** x4,***248*** x1,***249*** x1,***250*** x3	132
	nšn / šnit / šnit / ḳrr(i) / ḳrr / sšd / igp(t) / ssw / sim / ḥꜣti / ḫꜣti/ dʿ / ḥbnt / ḫrw-pt / ḫnnw / ḫꜣpt / iꜣdt	***17*** x1, ***52*** x2, ***55*** x1, ***68*** x1, ***79*** x1, ***81*** x1, ***131*** x1, ***135*** x1, ***137*** x1, ***139*** x1, ***140*** x1, ***148*** x1, ***149*** x1, ***152*** x2, ***159*** x1, ***160*** x1, ***167*** x1, ***172*** x1, ***187*** x1, ***196*** x2, ***198*** x1, ***201*** x3, ***206*** x2, ***207*** x4, ***208*** x2, ***210*** x1, ***211*** x1, ***213*** x2, ***216*** x1, ***218*** x1, ***229*** x1, ***234*** x1, ***235*** x2, ***244*** x2, ***245*** x1, ***248*** x1, ***251*** x1, ***254*** x2, ***256*** x1, ***257*** x5, ***258*** x2, ***259*** x3, ***260*** x1, ***264*** x2	66
	Rsy	***72*** x2, ***75*** x2, ***131*** x1, ***167*** x1, ***170*** x1, ***203*** x1	8
V = Ciel et Cosmographie ∑= 2793 43.5%	*Ḥwt-Ḥr / Nbw*	***24*** x3, ***25*** x1, ***28*** x1, ***29*** x1, ***39*** x3, ***59*** x1, ***68*** x3, ***77*** x1, ***90*** x1, ***93*** x1, ***96*** x1, ***103*** x1, ***105*** x1, ***107*** x1, ***110*** x1, ***121*** x2, ***126*** x7, ***139*** x4, ***140*** x15, ***145*** x1, ***153*** x1, ***154*** x3, ***155*** x1, ***159*** x1, ***166*** x1, ***167*** x1, ***177*** x1, ***178*** x1, ***181*** x2, ***182*** x8, ***183*** x1, ***184*** x6, ***185*** x1, ***187*** x7, ***188*** x16, ***190*** x1, ***195*** x2, ***196*** x2, ***199*** x3, ***204*** x3, ***205*** x2, ***206*** x3, ***207*** x1, ***210*** x2, ***211*** x1, ***212*** x4, ***213*** x1, ***216*** x2, ***217*** x4, ***219*** x2, ***220*** x1, ***234*** x1, ***235*** x1, ***236*** x2, ***239*** x1, ***240*** x1, ***246*** x1, ***253*** x1	143
	ḥr(y)t	***17*** x1, ***29*** x1, ***36*** x1, ***47*** x1, ***61*** x1, ***125*** x1, ***128*** x3, ***160*** x1, ***183*** x1, ***186*** x1, ***207*** x1, ***208*** x1, ***217*** x1, ***234*** x1, ***239*** x1	17
	ḥḏ tꜣ / Ḥḏ Tꜣ / dšrw	***33*** x1, ***37*** x1, ***38*** x1, ***162*** x2, ***163*** x1, ***173*** x1, ***174*** x2, ***175*** x1, ***213*** x6, ***220*** x1, ***229*** x1	18
	Sḫmt	***143*** x2, ***159*** x2, ***191*** x1, ***203*** x1, ***204*** x3, ***212*** x1, ***217*** x1, ***239*** x1, ***240*** x2, ***242*** x3	17
	Sšꜣt	***6*** x1, ***44*** x1, ***57*** x1, ***73*** x1, ***76*** x1, ***126*** x1, ***150*** x1, ***212*** x1, ***216*** x1, ***220*** x1, ***233*** x1, ***249*** x1	12
	znkt / snkw / knmt / knḫ(w) / snkkw / kki / kkw / kkw zmꜣw / tnmw / wšꜣwt / grḥw	***21*** x1, ***30*** x1, ***37*** x1, ***45*** x1, ***47*** x1, ***48*** x12, ***51*** x1, ***52*** x2, ***55*** x1, ***63*** x1, ***106*** x1, ***128*** x2, ***129*** x1, ***130*** x2, ***142*** x2, ***143*** x3, ***149*** x2, ***154*** x1, ***156*** x1, ***160*** x1, ***162*** x1, ***164*** x1, ***172*** x1, ***174*** x1, ***175*** x1, ***178*** x1, ***179*** x1, ***180*** x1, ***189*** x1, ***194*** x1, ***199*** x1, ***202*** x1, ***204*** x1, ***206*** x1, ***207*** x3, ***215*** x1, ***218*** x1, ***222*** x1, ***225*** x1, ***235*** x2, ***236*** x1, ***240*** x1,	102

		247 x2, ***248*** x1, ***249*** x1, ***251*** x1, ***254*** x1, ***255*** x3, ***256*** x1, ***257*** x1, ***258*** x7, ***259*** x3, ***260*** x5, ***261*** x11, ***262*** x2	
	šꜣꜥt	***26*** x1	1
	Šw	***47*** x1, ***48*** x11, ***49*** x2, ***50*** x13, ***51*** x6, ***52*** x4, ***53*** x4, ***54*** x1, ***55*** x1, ***56*** x1, ***65*** x2, ***68*** x2, ***70*** x1, ***73*** x1, ***74*** x1, ***81*** x1, ***84*** x1, ***96*** x2, ***97*** x2, ***114*** x1, ***119*** x1, ***125*** x2, ***126*** x1, ***131*** x1, ***137*** x2, ***138*** x2, ***139*** x4, ***142*** x1, ***143*** x1, ***153*** x2, ***154*** x4, ***156*** x1, ***158*** x2, ***161*** x3, ***168*** x3, ***169*** x5, ***171*** x1, ***172*** x1, ***174*** x1, ***183*** x2, ***185*** x3, ***186*** x2, ***187*** x4, ***189*** x7, ***193*** x1, ***196*** x4, ***198*** x1, ***200*** x2, ***201*** x1, ***202*** x1, ***203*** x1, ***205*** x3, ***207*** x2, ***210*** x1, ***212*** x1, ***214*** x1, ***216*** x1, ***219*** x1, ***221*** x1, ***227*** x2, ***231*** x1, ***232*** x1, ***234*** x2, ***235*** x1, ***236*** x1, ***237*** x1, ***239*** x1, ***240*** x1, ***243*** x1, ***244*** x3, ***246*** x1, ***247*** x1, ***248*** x2, ***249*** x1, ***251*** x1, ***253*** x1, ***258*** x2, ***260*** x2, ***261*** x5, ***262*** x4, ***263*** x1	172
	Š-Ḥr	***145*** x1	1
	šsꜣ(w)t	***206*** x1	1
V = Ciel et Cosmographie ∑= 2793 43.5%	*ḳbḥw*	***13*** x1, ***95*** x1, ***114*** x1, ***122*** x1, ***146*** x1, ***149*** x1, ***151*** x1, ***152*** x3, ***168*** x1, ***203*** x2, ***213*** x1, ***214*** x1, ***218*** x1, ***229*** x1, ***230*** x1, ***233*** x1, ***234*** x2, ***235*** x1, ***236*** x1	23
	Gb	***13*** x2, ***24*** x2, ***32*** x1, ***39*** x1, ***48*** x1, ***50*** x1, ***51*** x2, ***52*** x2, ***53*** x5, ***61*** x1, ***65*** x2, ***66*** x1, ***70*** x4, ***72*** x2, ***73*** x1, ***74*** x1, ***76*** x3, ***79*** x1, ***81*** x1, ***96*** x1, ***97*** x2, ***101*** x3, ***102*** x2, ***104*** x1, ***105*** x1, ***106*** x1, ***107*** x1, ***108*** x4, ***109*** x1, ***110*** x3, ***111*** x1, ***113*** x1, ***114*** x1, ***118*** x1, ***120*** x1, ***121*** x1, ***124*** x1, ***128*** x1, ***130*** x2, ***131*** x2, ***139*** x1, ***148*** x1, ***154*** x1, ***163*** x2, ***164*** x1, ***165*** x1, ***166*** x1, ***169*** x1, ***172*** x1, ***177*** x3, ***178*** x1, ***182*** x2, ***186*** x3, ***187*** x2, ***188*** x1, ***190*** x4, ***192*** x1, ***193*** x2, ***195*** x2, ***196*** x1, ***197*** x2, ***198*** x4, ***200*** x3, ***201*** x1, ***203*** x1, ***204*** x1, ***205*** x3, ***206*** x2, ***207*** x5, ***208*** x1, ***210*** x2, ***212*** x2, ***214*** x2, ***215*** x1, ***218*** x3, ***224*** x1, ***225*** x2, ***227*** x2, ***228*** x5, ***229*** x5, ***230*** x2, ***232*** x1, ***236*** x4, ***237*** x4, ***239*** x2, ***240*** x1, ***242*** x1, ***244*** x1, ***247*** x5, ***249*** x2, ***254*** x1, ***257*** x1, ***259*** x1, ***261*** x1	174
	tꜣ / Tꜣ-ṯnn	***2*** x1, ***8*** x2, ***13*** x1, ***23*** x1, ***24*** x1, ***33*** x2, ***47*** x1, ***52*** x3, ***56*** x1, ***57*** x1, ***63*** x2, ***65*** x4, ***66*** x1, ***72*** x1, ***74*** x1, ***75*** x2, ***76*** x3, ***77*** x6, ***79*** x1, ***80*** x1, ***81*** x1, ***83*** x1, ***84*** x1, ***85*** x1, ***87*** x1, ***90*** x3, ***91*** x3, ***93*** x1, ***94*** x1, ***95*** x1, ***96*** x2, ***97*** x3, ***100***	362*

V = Ciel et Cosmographie ∑= 2793 43.5%	*tꜣ / Tꜣ-ṯnn*	x3, ***101*** x3, ***102*** x3, ***103*** x2, ***104*** x3, ***105*** x2, ***106*** x3, ***107*** x2, ***108*** x4, ***109*** x3, ***110*** x3, ***111*** x1, ***112*** x1, ***113*** x2, ***114*** x1, ***117*** x1, ***118*** x2, ***121*** x2, ***122*** x1, ***124*** x1, ***125*** x2, ***126*** x2, ***127*** x3, ***128*** x1, ***130*** x1, ***131*** x5, ***132*** x2, ***133*** x2, ***135*** x4, ***136*** x3, ***139*** x4, ***140*** x3, ***141*** x3, ***142*** x1, ***143*** x1, ***144*** x1, ***145*** x1, ***146*** x4, ***147*** x5, ***153*** x4, ***154*** x3, ***155*** x2, ***158*** x1, ***159*** x5, ***160*** x1, ***163*** x1, ***165*** x7, ***166*** x3, ***168*** x3, ***170*** x1, ***172*** x2, ***174*** x1, ***176*** x2, ***177*** x3, ***178*** x1, ***179*** x2, ***180*** x2, ***182*** x3, ***183*** x2, ***184*** x6, ***185*** x2, ***186*** x4, ***187*** x1, ***188*** x4, ***189*** x1, ***191*** x3, ***192*** x1, ***193*** x5, ***194*** x3, ***196*** x5, ***197*** x3, ***198*** x2, ***199*** x4, ***200*** x1, ***201*** x2, ***202*** x1, ***203*** x2, ***204*** x5, ***205*** x8, ***206*** x6, ***207*** x3, ***209*** x9, ***210*** x4, ***212*** x3, ***215*** x5, ***216*** x1, ***218*** x2, ***219*** x3, ***220*** x2, ***221*** x1, ***224*** x1, ***225*** x2, ***227*** x3, ***228*** x3, ***229*** x10, ***230*** x2, ***231*** x1, ***232*** x2, ***234*** x2, ***235*** x6, ***236*** x1, ***237*** x2, ***238*** x1, ***239*** x1, ***241*** x1, ***242*** x4, ***243*** x1, ***244*** x5, ***247*** x4, ***248*** x6, ***249*** x1, ***250*** x1, ***253*** x1, ***258*** x2, ***262*** x2	362*
	tp-hrw	——	0
	Tfnt	***48*** x2, ***49*** x1, ***50*** x2, ***52*** x1, ***53*** x2, ***68*** x1, ***73*** x1, ***84*** x1, ***99*** x1, ***131*** x1, ***139*** x1, ***143*** x1, ***187*** x1, ***196*** x1, ***198*** x1, ***205*** x1, ***219*** x1, ***221*** x1, ***227*** x2, ***231*** x1, ***240*** x1, ***253*** x1	26
	ṯꜣw / šw / nfwt	***27*** x1, ***32*** x1, ***39*** x1, ***40*** x1, ***52*** x3, ***53*** x1, ***54*** x1, ***56*** x2, ***76*** x1, ***81*** x1, ***89*** x1, ***91*** x22, ***92*** x4, ***97*** x1, ***99*** x1, ***101*** x1, ***102*** x1, ***110*** x9, ***111*** x6, ***113*** x2, ***114*** x1, ***121*** x3, ***125*** x3, ***126*** x6, ***130*** x1, ***139*** x1, ***142*** x1, ***147*** x1, ***148*** x1, ***150*** x7, ***154*** x5, ***158*** x2, ***159*** x1, ***162*** x4, ***163*** x1, ***164*** x7, ***166*** x1, ***168*** x2, ***171*** x4, ***172*** x5, ***186*** x1, ***188*** x2, ***189*** x1, ***190*** x1, ***200*** x12, ***201*** x7, ***204*** x1, ***206*** x2, ***208*** x2, ***209*** x1, ***210*** x4, ***214*** x1, ***217*** x1, ***218*** x3, ***219*** x1, ***220*** x1, ***227*** x2, ***229*** x1, ***232*** x1, ***236*** x2, ***237*** x2, ***238*** x1, ***241*** x1, ***243*** x1, ***244*** x3, ***246*** x1, ***248*** x2, ***249*** x4, ***250*** x1, ***254*** x1, ***257*** x1, ***259*** x4, ***261*** x2, ***263*** x1	191
V=Temps ∑= 1047 16%	*ꜣbd*	***39*** x1, ***94*** x1, ***165*** x1, ***185*** x1, ***209*** x2	6
	ꜣḫt	***136*** x1, ***199*** x1	2
	ꜣt	***113*** x2, ***183*** x1, ***209*** x1, ***253*** x1, ***254*** x2, ***257*** x1	8
	ꜥḥꜥw	***131*** x1, ***221*** x1	2
	ꜥḥꜥt-hrw	***148*** x1	1

V=Temps **∑= 1047** **16%**	*wnwt* / *nwt*	***11*** x1, ***30*** x1, ***31*** x1, ***67*** x1, ***138*** x1, ***141*** x2, ***172*** x1, ***182*** x1, ***189*** x1, ***206*** x1, ***213*** x1, ***216*** x1, ***221*** x1, ***228*** x2, ***229*** x1, ***261*** x1	18
	bkꜣ	***63*** x1, ***110*** x1, ***185*** x1, ***186*** x1, ***193*** x1, ***194*** x1, ***219*** x1	7
	Prt	***136*** x1, ***199*** x1	2
	min / *iw min* / *m-min*	***17*** x2, ***19*** x1, ***46*** x1, ***53*** x1, ***58*** x1, ***61*** x1, ***74*** x1, ***100*** x1, ***102*** x1, ***104*** x1, ***114*** x1, ***130*** x1, ***133*** x1, ***134*** x1, ***135*** x1, ***153*** x1, ***154*** x1, ***184*** x1, ***185*** x4, ***186*** x2, ***194*** x2, ***195*** x1, ***196*** x2, ***207*** x2, ***210*** x1, ***218*** x8, ***226*** x1, ***235*** x1, ***236*** x1, ***245*** x1, ***247*** x1, ***251*** x1, ***252*** x1, ***253*** x1, ***258*** x1, ***260*** x4, ***261*** x5, ***263*** x1	60
	mšr(*w*)	***11*** x1, ***70*** x1, ***76*** x1, ***83*** x1, ***90*** x3, ***97*** x1, ***113*** x1, ***127*** x1, ***128*** x1, ***139*** x1, ***168*** x1, ***192*** x2, ***207*** x1, ***225*** x1, ***227*** x1, ***236*** x1, ***248*** x1, ***251*** x1	21
	nw(*y*)	***11*** x1, ***17*** x1, ***110*** x1, ***133*** x1, ***134*** x1, ***135*** x1, ***137*** x1, ***172*** x1, ***200*** x1, ***206*** x1, ***234*** x1, ***253*** x2, ***257*** x1, ***263*** x2	16
	nhp(*w*)	***33*** x1, ***34*** x1, ***113*** x1, ***172*** x1, ***192*** x2, ***193*** x1, ***199*** x1, ***232*** x1, ***235*** x1, ***236*** x1, ***246*** x1, ***247*** x2, ***252*** x1, ***255*** x1, ***257*** x1, ***258*** x1, ***263*** x1	19
	nḥḥ	***33*** x1, ***50*** x1, ***52*** x2, ***53*** x1, ***74*** x1, ***79*** x3, ***81*** x2, ***84*** x1, ***87*** x1, ***96*** x1, ***99*** x3, ***103*** x1, ***113*** x1, ***125*** x2, ***127*** x1, ***128*** x1, ***130*** x1, ***137*** x1, ***138*** x1, ***142*** x2, ***141*** x2, ***143*** x1, ***148*** x1, ***151*** x2, ***162*** x1, ***163*** x3, ***168*** x2, ***169*** x2, ***171*** x1, ***172*** x1, ***177*** x1, ***184*** x7, ***185*** x3, ***190*** x1, ***196*** x1, ***199*** x1, ***203*** x1, ***207*** x2, ***210*** x1, ***212*** x2, ***213*** x1, ***218*** x2, ***219*** x1, ***221*** x2, ***225*** x2, ***227*** x1, ***228*** x1, ***229*** x1, ***231*** x1, ***242*** x4, ***247*** x1, ***248*** x1, ***249*** x2, ***254*** x1, ***259*** x3, ***261*** x2	90
	rꜥ / *rꜥ pn* / *rꜥ-nb*	***14*** x2, ***18*** x1, ***22*** x1, ***24*** x1, ***25*** x1, ***26*** x1, ***33*** x1, ***53*** x5, ***54*** x2, ***58*** x2, ***61*** x1, ***66*** x1, ***67*** x1, ***72*** x1, ***76*** x1, ***83*** x1, ***91*** x3, ***94*** x2, ***100*** x2, ***105*** x1, ***106*** x1, ***107*** x4, ***111*** x1, ***113*** x1, ***114*** x2, ***118*** x1, ***127*** x4, ***128*** x2, ***137*** x1, ***140*** x2, ***141*** x2, ***166*** x1, ***168*** x4, ***169*** x3, ***183*** x2, ***184*** x4, ***185*** x1, ***187*** x1, ***188*** x2, ***190*** x1, ***194*** x1, ***200*** x1, ***201*** x2, ***204*** x1, ***208*** x2, ***209*** x1, ***210*** x1, ***212*** x1, ***213*** x1, ***215*** x1, ***216*** x1, ***217*** x1, ***218*** x3, ***219*** x3, ***221*** x1, ***224*** x1, ***226*** x2, ***228*** x2, ***231*** x1, ***232*** x1, ***234*** x10, ***239*** x1, ***242*** x7, ***243*** x2, ***250*** x3, ***251*** x1, ***252*** x5, ***253*** x1, ***254*** x2, ***255*** x1, ***257*** x1, ***259*** x4, ***262*** x2, ***263*** x4	143

	rnpt / *tpy-rnpt* / *wpt-rnpt*	***17*** x1, ***32*** x1, ***43*** x1, ***53*** x1, ***94*** x1, ***111*** x2, ***115*** x1, ***121*** x1, ***126*** x1, ***148*** x1, ***158*** x4, ***163*** x1, ***165*** x2, ***170*** x3, ***171*** x3, ***172*** x1, ***184*** x1, ***185*** x1, ***190*** x1, ***191*** x1, ***196*** x1, ***199*** x2, ***205*** x1, ***207*** x1, ***208*** x2, ***209*** x3, ***215*** x1, ***216*** x1, ***217*** x5, ***218*** x2, ***230*** x1, ***231*** x1, ***239*** x2, ***242*** x3, ***244*** x1, ***245*** x1, ***246*** x3, ***259*** x1, ***262*** x2	63
	rk	***73*** x1, ***137*** x1	2
	h3w	***259*** x1	1
V=Temps ∑= 1047 16%	*hrw* / *(r-)tnw-hrw* / *hrw-nb* / *m-ḫrt-hrw*	***1*** x1, ***3*** x1, ***4*** x2, ***5*** x1, ***6*** x1, ***11*** x1, ***12*** x1, ***15*** x1, ***17*** x1, ***22*** x1, ***24*** x1, ***25*** x2, ***27*** x1, ***28*** x1, ***29*** x2, ***38*** x3, ***39*** x1, ***40*** x1, ***46*** x1, ***48*** x1, ***58*** x2, ***59*** x1, ***60*** x11, ***61*** x8, ***62*** x1, ***65*** x2, ***67*** x3, ***68*** x3, ***82*** x2, ***85*** x1, ***86*** x1, ***94*** x3, ***97*** x1, ***101*** x1, ***106*** x1, ***108*** x1, ***110*** x2, ***111*** x7, ***113*** x5, ***114*** x1, ***120*** x1, ***121*** x2, ***124*** x1, ***126*** x1, ***129*** x2, ***130*** x1, ***132*** x9, ***136*** x1, ***137*** x1, ***139*** x1, ***140*** x2, ***142*** x3, ***141*** x10, ***143*** x1, ***144*** x6, ***145*** x3, ***147*** x6, ***148*** x2, ***151*** x1, ***152*** x5, ***153*** x2, ***154*** x1, ***158*** x2, ***160*** x4, ***162*** x2, ***165*** x1, ***166*** x3, ***168*** x1, ***169*** x7, ***170*** x3, ***171*** x2, ***172*** x2, ***174*** x2, ***178*** x4, ***179*** x1, ***180*** x2, ***181*** x1, ***182*** x1, ***183*** x2, ***184*** x3, ***185*** x4, ***186*** x3, ***187*** x3, ***188*** x1, ***190*** x1, ***192*** x2, ***193*** x8, ***194*** x1, ***197*** x3, ***198*** x2, ***199*** x1, ***201*** x1, ***203*** x1, ***204*** x1, ***205*** x3, ***206*** x1, ***207*** x2, ***208*** x1, ***209*** x4, ***210*** x3, ***211*** x3, ***212*** x1, ***213*** x8, ***216*** x2, ***217*** x2, ***218*** x2, ***220*** x2, ***221*** x1, ***225*** x1, ***226*** x1, ***227*** x3, ***228*** x2, ***229*** x1, ***231*** x3, ***232*** x3, ***234*** x3, ***235*** x1, ***236*** x1, ***237*** x1, ***239*** x1, ***242*** x2, ***243*** x1, ***244*** x1, ***245*** x1, ***247*** x1, ***248*** x3, ***249*** x6, ***252*** x3, ***253*** x1, ***254*** x1, ***256*** x1, ***258*** x1, ***259*** x2, ***260*** x2, ***261*** x3, ***262*** x1, ***263*** x1, ***264*** x2	308*
	ḫryw-rnpt 5	***244*** x1	1
	(tr n) ḫ3w(y) / *ḫw* / *wḫ(t)*	***15*** x1, ***33*** x1, ***40*** x1, ***114*** x1, ***129*** x1, ***144*** x3, ***168*** x1, ***174*** x1, ***192*** x1, ***208*** x2, ***213*** x2, ***215*** x3, ***218*** x1, ***221*** x1	20
	sf / *m-sf* / *snf*	***24*** x1, ***58*** x1, ***63*** x2, ***67*** x1, ***68*** x1, ***83*** x1, ***84*** x1, ***141*** x4, ***179*** x1, ***184*** x1, ***185*** x4, ***186*** x2, ***193*** x2, ***199*** x1, ***207*** x1, ***215*** x2, ***227*** x1, ***229*** x1, ***237*** x1	29
	Šmw	***136*** x1, ***199*** x1, ***200*** x1	3
	grḥ	***38*** x1, ***40*** x1, ***65*** x1, ***74*** x2, ***85*** x1, ***86*** x1, ***107*** x1, ***110*** x1, ***111*** x4, ***121*** x1, ***136*** x1, ***137*** x1, ***138*** x1, ***139*** x1, ***141*** x3, ***144*** x14, ***147*** x1, ***148*** x1, ***149*** x1,	82

V=Temps ∑= 1047 16%	*grḥ*	***154*** x1, ***155*** x1, ***158*** x2, ***165*** x1, ***166*** x1, ***172*** x2, ***178*** x2, ***180*** x2, ***184*** x2, ***185*** x3, ***193*** x2, ***206*** x1, ***207*** x1, ***209*** x3, ***220*** x1, ***227*** x2, ***235*** x1, ***237*** x1, ***239*** x1, ***242*** x1, ***243*** x1, ***245*** x2, ***252*** x1, ***255*** x2, ***256*** x4, ***259*** x1, ***261*** x1, ***262*** x1	82
	tr	***17*** x1, ***26*** x1, ***76*** x1, ***132*** x1, ***134*** x1, ***135*** x2, ***137*** x1, ***141*** x2, ***149*** x1, ***186*** x1, ***201*** x1, ***205*** x1, ***215*** x1, ***229*** x1, ***232*** x1, ***242*** x1	18
	dwꜣ(yt) / dwꜣw	***11*** x1, ***32*** x1, ***33*** x1, ***34*** x1, ***40*** x1, ***54*** x1, ***65*** x1, ***129*** x1, ***133*** x1, ***141*** x3, ***155*** x1, ***195*** x1, ***208*** x3, ***229*** x1, ***237*** x1	19
	ḏt	***24*** x1, ***27*** x1, ***28*** x1, ***33*** x1, ***50*** x2, ***52*** x2, ***53*** x1, ***56*** x1, ***80*** x1, ***81*** x1, ***87*** x1, ***103*** x2, ***128*** x1, ***131*** x1, ***133*** x2, ***134*** x1, ***135*** x1, ***136*** x2, ***142*** x1, ***141*** x2, ***143*** x1, ***148*** x1, ***151*** x1, ***157*** x1, ***162*** x1, ***163*** x3, ***168*** x6, ***171*** x1, ***172*** x1, ***184*** x8, ***185*** x2, ***186*** x1, ***187*** x2, ***188*** x1, ***194*** x1, ***199*** x1, ***200*** x1, ***205*** x1, ***206*** x1, ***208*** x1, ***209*** x1, ***210*** x1, ***213*** x1, ***215*** x7, ***218*** x1, ***219*** x1, ***223*** x1, ***224*** x3, ***225*** x1, ***227*** x1, ***229*** x3, ***231*** x1, ***233*** x7, ***237*** x3, ***240*** x1, ***242*** x1, ***243*** x1, ***247*** x1, ***251*** x2, ***252*** x1, ***254*** x3, ***263*** x1, ***264*** x1	106
VII = Symboles ∑= 461 7%	*ꜣkr*	***51*** x1, ***52*** x1, ***65*** x1, ***76*** x1, ***90*** x1, ***114*** x1, ***125*** x1, ***130*** x1, ***162*** x1, ***164*** x1, ***178*** x2, ***180*** x1, ***181*** x1, ***186*** x1, ***188*** x1, ***192*** x1, ***203*** x1, ***210*** x1, ***213*** x1, ***232*** x1, ***235*** x2, ***245*** x1, ***248*** x1, ***249*** x2, ***259*** x2, ***261*** x4	33
	ꜣty n nwb / wiꜣ-Rꜥ / wiꜣ-Ḫpri / dpt / ẖmnw	***24*** x1, ***25*** x1, ***26*** x1, ***27*** x1, ***28*** x1, ***29*** x1, ***31*** x1, ***38*** x1, ***39*** x2, ***40*** x3, ***47*** x2, ***48*** x1, ***53*** x1, ***54*** x1, ***60*** x1, ***77*** x1, ***79*** x1, ***81*** x1, ***82*** x1, ***89*** x1, ***90*** x1, ***97*** x2, ***100*** x1, ***105*** x1, ***113*** x1, ***116*** x1, ***134*** x1, ***135*** x3, ***138*** x1, ***140*** x1, ***142*** x1, ***143*** x1, ***145*** x1, ***153*** x2, ***166*** x1, ***177*** x1, ***180*** x1, ***182*** x2, ***189*** x1, ***196*** x1, ***202*** x1, ***203*** x1, ***204*** x3, ***205*** x1, ***208*** x1, ***213*** x1, ***217*** x1, ***218*** x1, ***220*** x1, ***224*** x1, ***227*** x2, ***228*** x1, ***231*** x1, ***232*** x1, ***233*** x1, ***236*** x1, ***242*** x1, ***245*** x2, ***249*** x1, ***250*** x4, ***251*** x5, ***252*** x1, ***254*** x1, ***255*** x1, ***256*** x1, ***257*** x8, ***258*** x2, ***259*** x1, ***264*** x1	97
	Iḥy	***77*** x1, ***140*** x5, ***170*** x1, ***182*** x2, ***183*** x1, ***188*** x2, ***190*** x1, ***195*** x2, ***210*** x1, ***211*** x1, ***216*** x1, ***239*** x1, ***247*** x4, ***262*** x1	24
	ꜥꜣpp	***53*** x1, ***124*** x1, ***166*** x2, ***202*** x1, ***208*** x1, ***215*** x1, ***217*** x1, ***235*** x2, ***236*** x1,	23

VII = Symboles ∑= 461 7%	*ꜥꜣpp*	***242*** x1, ***251*** x1, ***252*** x1, ***254*** x1, ***255*** x1, ***257*** x2, ***258*** x1, ***259*** x2, ***262*** x1, ***264*** x1	23
	bnw	***40*** x1, ***43*** x2, ***48*** x1, ***118*** x1, ***126*** x1, ***141*** x1, ***145*** x1, ***174*** x1, ***197*** x1, ***205*** x1, ***206*** x1, ***210*** x1	13
	bnbn / bnwt / bnbnt	***127*** x1, ***166*** x1, ***184*** x1, ***185*** x1	4
	mꜣḳt / rdw	***10*** x1, ***40*** x1, ***42*** x1, ***44*** x1, ***48*** x8, ***50*** x2, ***51*** x1, ***126*** x1, ***138*** x1, ***160*** x1, ***166*** x2, ***174*** x1, ***175*** x1, ***186*** x3, ***189*** x4, ***200*** x1, ***204*** x2, ***205*** x2, ***211*** x1, ***212*** x1, ***219*** x8, ***229*** x1, ***250*** x1	46
	mꜥnḏt	***8*** x1, ***24*** x1, ***35*** x1, ***46*** x2, ***53*** x1, ***70*** x1, ***76*** x1, ***100*** x1, ***103*** x1, ***105*** x1, ***106*** x1, ***107*** x2, ***108*** x2, ***109*** x1, ***127*** x2, ***139*** x1, ***160*** x1, ***187*** x1, ***194*** x1, ***196*** x3, ***205*** x5, ***217*** x1, ***220*** x1, ***225*** x1, ***231*** x3, ***235*** x1, ***241*** x1, ***247*** x2, ***253*** x1	42
	mr	——	0
	Mḥyt-Wrt / Smꜣt-Wrt	***46*** x1, ***48*** x1, ***51*** x1, ***52*** x1, ***67*** x1, ***96*** x2, ***99*** x3, ***101*** x1, ***137*** x1, ***141*** x3, ***164*** x16, ***186*** x1, ***196*** x1, ***197*** x2, ***198*** x1, ***203*** x2, ***209*** x1, ***213*** x1, ***218*** x2, ***234*** x1, ***260*** x1	44
	msḫtyw biꜣ	——	0
	msktt	***8*** x1, ***24*** x1, ***28*** x1, ***31*** x1, ***35*** x1, ***48*** x8, ***53*** x1, ***70*** x1, ***76*** x1, ***100*** x1, ***105*** x1, ***106*** x1, ***107*** x2, ***108*** x1, ***109*** x1, ***127*** x2, ***160*** x1, ***162*** x2, ***163*** x1, ***187*** x2, ***194*** x1, ***196*** x2, ***201*** x1, ***203*** x1, ***205*** x4, ***208*** x1, ***214*** x1, ***217*** x1, ***218*** x1, ***220*** x1, ***225*** x1, ***228*** x2, ***231*** x2, ***246*** x1, ***253*** x1, ***259*** x1	53
	nwty / nwwt	***123*** x1	1
	Ḥḥw / Ḥyw / ḥḥw	***29*** x1, ***31*** x3, ***47*** x2, ***48*** x13, ***50*** x3, ***51*** x4, ***52*** x4, ***54*** x1, ***67*** x1, ***73*** x1, ***74*** x1, ***120*** x1, ***140*** x1, ***160*** x1, ***168*** x1, ***172*** x1, ***183*** x2, ***192*** x1, ***197*** x1, ***206*** x1, ***208*** x1, ***213*** x1, ***232*** x1, ***239*** x3, ***247*** x1, ***248*** x1, ***254*** x1, ***257*** x1, ***259*** x1, ***262*** x1	56
	ḫꜥ n tꜣ	——	0
	ḫpš	***201*** x1, ***202*** x1, ***239*** x1	3
	swn	***211*** x1	1
	zšn / sšn	***24*** x1, ***29*** x1	2
	zp wr / zp tpy	***213*** x1	1
	šꜣ	***87*** x6	6
	šsp / šzp	——	0
	ḳbḥwt	——	0
	kꜣ-(n)-pt / kꜣ-Rꜥ / kꜣ-iꜣḫw / kꜣ-nṯrw / kꜣ-šrw / iḫ-pt	***57*** x1, ***91*** x1, ***109*** x1, ***118*** x2, ***192*** x1, ***193*** x1, ***197*** x2, ***198*** x1, ***230*** x1, ***244*** x1	12
	tḫn	——	0

§ 2.1. Les Étoiles

La conception que les Égyptiens se faisaient des étoiles, comme elle se dégage des *CT*, sera étudiée ici d'après ces textes funéraires. Comme on l'a déjà fait dans le cas des *PT* (voir § 1.1, *supra*), nous allons composer l'image des étoiles selon la pensée égyptienne, simplement en nous fondant sur ces textes. Le défunt doit être momifié (~ s'anoblir) à l'horizon afin de renaître, juste comme Sirius disparaît et reapparaît périodiquement dans le cycle de ses couchers vespéraux et de ses levers héliaques[73]. Son pouvoir métaphysique est facilement visible dans le monde céleste, même les étoiles infatigables voient sa puissance, afin qu'il puisse retourner à la Terre comme un dieu[74]. Le pouvoir du défunt est si grand, qu'il est loué par des divinités (telles que Nephthys), pour sa capacité à se renouveler quotidiennement (durant la nuit), en compagnie des étoiles infatigables, les divinités stellaires qui sont désignées pour suivre sa barque céleste, juste comme elles suivent la barque du dieu solaire, pour toujours et à jamais[75]. En effet, il s'agit d'une ascension céleste des nobles défunts vers le firmament et ses miracles astronomiques, si bien qu'elle a besoin d'une échelle à l'extrémité de laquelle Nūt les attend; dès que les morts arrivent au ciel, ils peuvent naviguer dans leurs barques célestes, passer l'écliptique avec l'équipage des étoiles impérissables et des étoiles infatigables, et encore voyager vers le Nord du ciel en direction de la région polaire *Wꜥrt* en utilisant des cordes en fer météoritique (symbole céleste important) pendant leur navigation[76]. Nous remarquons l'identification du défunt aux étoiles impérissables, qui —selon un passage— sont trois et acceptent le décédé comme leur quatrième membre, en sa qualité de tenir les annales du dieu–scarabée solaire Khepri et de révéler les secrets des trônes[77]. Nous remarquons aussi l'identification du défunt à Orion: dans un passage caractéristique, il devient Orion/Osiris (qui approche de ses deux terres, c'est à dire la Haute et la Basse Égypte), il navigue en précédant les *étoiles ꜣḫꜣḫ* du ciel sur le corps de sa mère Nūt, qui le conçoit selon son désir et le fait naître suivant la volonté de son cœur, dans le grand cycle périodique céleste[78]. Pendant l'ascension du défunt vers le ciel il n'y a plus virtuellement de différences entre lui et les divinités astrales avec lesquelles il s'identifie volontiers: or, il monte au ciel avec Orion et il reçoit des oblations avec les grands (~ divinités) du ciel[79]. Les étoiles décanales et horaires jouent un rôle plus important dans les *CT*, que dans les *PT*. L'observation scrupuleuse de ces étoiles proéminentes et de leur position par rapport à l'horizon et par

---

[73] Voir *CT*, **I**, 36, § 143a: «*sꜥḥ.t<w>.k m pr Spdt*» [B3Bo, B4L]; cf. aussi *CT*, **I**, 37: § 146c.
[74] Voir *CT*, **I**, 43, §§ 180i-180k: «*ꞽn ꞽḫmw-wrḏw mꜣꜣ.sn wsrw* N *tn; hꜣ.s m tꜣ, m nṯr ḏs.s*» [B2Bo, B3Bo].
[75] Voir *CT*, **I**, 53, §§ 240e-241b: «*ḥsy.n ṯw Nbt-ḥwt, mꜣw.tꞽ rꜥ-nb m tr n ḫꜣw; ꞽw.k ḥnꜥ ꞽḫmw-wrḏw, nṯrw ꞽmyw pt, rdy m šmsw n wꞽꜣ.k, n nḥḥ ḥnꜥ ḏt*» [B10C].
[76] Voir *CT*, **I**, 62, §§ 270e-271c: «*ṯs.t<w> n.k mꜣḳt r pt, dꞽ Nwt ꜥwy.s(y) r.k; sḳdy.k n Š-n-Ḫꜣ; fꜣ.k ṯꜣw m ḫmnyw, nty*[*w m*] *wꞽꜣ; sḳd ṯw ꞽsty ꞽptny nt ꞽḫmw-skꞽw, nt ꞽḫmw-wrḏw; wḏ.sn ṯw, ꞽtḥ.sn ṯw ḥr Wꜥrt m nwḥw.sn nw bꞽꜣ*» [B10C]. Cf. aussi la n. 336, *infra*.
[77] Voir *CT*, **II**, 125, §§ 147d-147f: «*ꞽꞽ.n.ꞽ m fdw-nw.ṯn ꞽḫmw-skꞽw; ꞽrw gnwt n Ḫprꞽ, wnw ḥr n štꜣw swt*» [S1C, G2T].
[78] Voir *CT*, **III**, 227, §§ 263a-263e: «*ꞽnk Sꜣḥ, sꜣḥ tꜣwy.f, sḳdd ḫft ꜣḫꜣḫ n pt, m ẖt nt mwt.ꞽ Nwt; ꞽwr.s wꞽ r mrr.s, ms.s wꞽ r šzp ꞽb.s*» [B2L, Sq3C]. Cf. aussi les nn 337, 341, 355, *infra*.
[79] Voir *CT*, **III**, 236, § 304a: «*prr.ꞽ r pt ḥnꜥ Sꜣḥ; šzp.ꞽ ḥtpt ḥnꜥ wrw*» [T3C, G1T, A1C].

rapport au Zénith, de même que leur position relative par rapport à certaines étoiles et astérismes fut la méthode utilisée dès la FIP, afin de déterminer le temps pendant la nuit et de mesurer les *12 heures nocturnes* (*wnwt nt grḥ 12*). Leur fonction pourrait être comparée (*mutatis mutandis*) à la fonction des trois «étoiles horaires» que les Orphiques considéraient comme personnifiant les trois *Moirai* ou bien les *Hōrai* (en leur sens propre et non avec leur sens métaphorique des *epochai/saisons*)[80]. Les *étoiles horaires* (*wnwt*) se rencontrent dans les *CT* non seulement dans le contexte du *katasterismos* du défunt, mais aussi dans le cadre de son effectivité et de son pouvoir de connaître à tout moment le temps pendant la nuit. Dans un passage, le noble mort monte au ciel avec ces étoiles et se purifie dans les *eaux célestes* (*Zzw*)[81]. Dans un autre, le décédé pendant son ascension céleste demande à Osiris de le guider à travers les étoiles horaires du ciel, dans le contexte d'une *Spell* dont le but est de donner une bouche effective au défunt[82]. Dans un autre passage, Orion et Ursa Major sont présentées comme pourvues des étoiles horaires dans le côté ouest du ciel, près de piscines aux lotus et de rivières des béats et des offrandes; le défunt en rejoignant leur monde céleste, dans une navigation miraculeuse vers le Nord, rencontrera Osiris et sera vivant à jamais[83]. Le destin du défunt, incorporé dans le monde des périodicités astrales, est de suivre les divinités cosmiques et stellaires (comme Hathor et Sōthis) dans leur retour éternel avec les saisons et le passage du temps, célébrant plusieurs jours de l'an[84]. En effet, le défunt est régénéré chaque année et se purifie miraculeusement en sa projection symbolique dans Orion et Sirius[85]. Sōthis fait naître le défunt en l'adorant et en le transportant à la fois vers l'horizon est et vers la partie est du ciel[86]. Pendant le commencement de l'année Sōthis/Isis s'unifie en une hiérogamie au dieu Rē'–Horakhty (dans le cadre des fêtes religieuses); durant cette époque, le défunt montera à l'Héliopolis céleste avec la Lune (qui traverse le ciel)[87].

---

[80] Voir à ce propos notre discussion dans le Chapitre IV, nn 95 & 142, *infra*. Dans plusieurs images astronomiques égyptiennes (cf. celles du *Livre des Portes*), les 12 heures nocturnes sont représentées comme des divinités féminines, portant une étoile (horaire) sur leurs têtes —près des étoiles impérissables—, accompagnant le dieu solaire pendant son voyage nocturne dans l'Hadès (voir HORNUNG, 1979-84: 368-69; HORNUNG, 1979: 59-77; ZEIDLER, 1999: 324-27). Cf. aussi notre discussion dans la section § 6: # iii, 1, *infra*.

[81] Voir *CT*, **IV**, 293, §§ 46a-46b: «*pr.n.ꞽ m wnwt, wꜥb.n.ꞽ m Zzw*» [B1C, B2L].

[82] Voir *CT*, **IV**, 351, § 388b: «*sšm.k wꞽ r wnwt* {*w*} *nt pt*» [S14C, M23C]; var.: «*sšm.k wꞽ r wꜣwt nfrwt nt pt*» [B1C, B2C], avec un sens plus ou moins différent. Cf. aussi *CT*, **IV**, 342: § 347a; *CT*, **V**, 468: § 385b; *CT*, **VI**, 668: § 296p [voir FAULKNER, 1977, **II**: 240 & n. 2 (*Spell 668*)]; *CT*, **VII**, 829: § 30f; *CT*, **VII**, 1136: § 481h.

[83] Voir *CT*, **V**, 399, §§ 166d-166g: «*grg Sꜣḥ ḥnꜥ Msḫtyw m wnwt, rdꞽ r tꜣ ꞽm gs ꞽmy wrt ꜥꜣ; r rdw n zšnt, r bw nt<y> ḫntyt ꞽm; m š n ḥswt, m ꞽtrw; ḥtpt r bw nt<y> Wsꞽr ꞽm* N *pn ꜥnḫ.f*» [G1T]; cf. la n. 320. Ici le rôle des étoiles horaires n'est pas strictement décanal.

[84] Voir *CT*, **VI**, 623, §§ 239k-239m: «*Ḥwt-Ḥr n Šmw, n ꜣḫt, n Prt! sḫnt wꞽ Spdt r tpt-rnpt!*» [T1C].

[85] Voir *CT*, **VI**, 689, §§ 319b-319e: «*ꞽn Sꜣḥ tw* N *pn wꜥb rnpy; ms.n sw Spdt rnpyt rnpt, nṯrt mswt.s tpt-rnpt*» [B1Bo]. Sur la représentation de Sōthis, voir BEAUX, 2003: 51-61.

[86] Voir *CT*, **VI**, 768, §§ 402h-402i: «*ḏꜣ.t<w>* N *pn r gs ꞽꜣbty n ꜣḫt; ḏꜣ.t<w> r gs ꞽꜣbty n pt; ꞽn snt.f Spdt mswt, dwꜣt sw*» [T1L]. À comparer avec *CT*, **VII**, 837: §§ 38n-39a.

[87] Voir *CT*, **VII**, 1004, §§ 221f-221i: «*ḏꜣ pt ḥnꜥ pẖr wr, rnpt rdꞽt Spdt n Ḥr-ꜣḫty; Ꞽwnwty nwḏ r.f m-ḫt.sn; rnpt prt r pt*» [*pGardiner II*]. Sur la Lune, cf. aussi MORFIN, 1997: 315-25.

§ 2.2. Le Soleil

Si la fonction du Soleil dans les *PT*, en relation avec la suprématie du dieu solaire Rēʿ et du pharaon hyperpuissant pendant l'OK, est définitive, son importance dans les *CT* est aussi accentuée dans le contexte de la solarisation des nobles défunts après leur mort, de leur union à l'équipage des barques solaires et de leur incorporation dans la lumière solaire purifiante pendant leur ascension céleste. Juste comme le Soleil apparaît à l'Est du ciel en gloire et en puissance, il en est ainsi avec le défunt[88]. Les divinités cosmiques, comme Atoum et Hathor louangent le défunt en tant qu'incarnation du Soleil (dans un tremblement de terre) et l'oignent en le vivifiant chaque jour à l'Ouest comme le dieu solaire[89]. Une atmosphère panégyrique est créée par l'apparition de Rēʿ qui sort vainqueur pendant son lever glorieux au ciel, éclairci par les doubles portes de l'horizon, une vraie *paliggenesia* prend place à la fois pour le Soleil et pour le défunt chaque fois que l'astre du jour se lève[90]. Le défunt se transforme en rayons solaires qui peuvent voyager très loin, afin d'apporter quotidiennement le ciel à Atoum pour le nez de Rēʿ[91]; il s'agit ici d'une allégorie archétypique qui fait allusion à l'union des diverses hypostases du dieu solaire en tant que Soleil Matinal (*Ḫpri*), Soleil Culminant (*Rʿ*), Soleil Nocturne (*Ḫnmw-Rʿ*) et Soleil Créateur (*Rʿ-Tmw*)[92]. La relation intime du dieu solaire et du défunt est réciproque: les rayons solaires —source de la lumière journalière— font naître Rēʿ et le défunt (qui les traverse, ainsi que les parties est et ouest du ciel, suivant le Soleil dans son voyage luminifère) quotidiennement, pour qu'il devienne le créateur virtuel de l'âme de Rēʿ, juste comme le Soleil est le créateur de son âme[93]. Les offrandes et les oblations funéraires furent liées également au culte solaire et sont mentionnées souvent dans un contexte cosmovisionnel: les portions de la nourriture dont le défunt aura besoin au ciel lui sont transportées quotidiennement par les deux barques solaires, étant divisées entre celles qui sont terrestres (destinées au dieu chthonien Geb) et celles qui sont célestes (destinées pour Rēʿ)[94]. Le défunt voyage dans le ciel et le parcourt avec le sacré *chat solaire*, forme archétypique du dieu solaire symbolisant sa victoire sur les forces chaotiques et maléfiques qui menacent l'harmonie universelle; or, de cette façon, pendant son ascension il domine la terre qui est placée sous ses

---

[88] Voir *CT*, **I**, 12, §§ 38f-39a: «*Wsir* N *pn! pr.n.k wrt, ʿ3t, mi prt rʿ wr ʿ3 ḥr gs i3bty n pt*» [B4C, B6C, B3Bo]. Cf. aussi la n. 102, *infra*.

[89] Voir *CT*, **I**, 45, §§ 191d-192d: «*ḫr, sd3 m 3ḫt i3bt; sr w3t m ḏsrw n Wsir* N *pn; ḫʿy m rʿ, k3y m Tmw; wrḥ.n sw Ḥwt-Ḥr; di.n.s n.f ʿnḫ m Ỉ3btt, mi Rʿ, rʿ-nb*» [B10C, B12C, B13C].

[90] Voir *CT*, **I**, 50, §§ 223a-223b: «*ḏsr pt, ḥʿʿ 3ḫtyw, ḫʿ rʿ m sb3ty*» [B10C, B12C, B13C]. Il s'agit ici d'une image fortement cosmogonique (cf. ALLEN, 1988a: pl. 2). En effet, le défunt s'unit avec la lumière solaire et sa divinité; entre autres, cf. aussi *CT*, **II**, 106: § 116a ff [BH3C].

[91] Voir *CT*, **II**, 80, § 37e: «*ink i3ḫw pḏ nmtt; in ḥr(y)t n Tmw, r šrt Rʿ, rʿ-nb*» [B1C, B2C]. Sur la transformation du défunt en rayons lumineux, cf. aussi *CT*, **VI**, 629: §§ 249v-250a.

[92] Voir, e.g.: ΜΑΡΑΒΕΛΙΑ, 2003b: 113 & 340: n. 28; cf. aussi HART, 1986: 179-82.

[93] Voir *CT*, **II**, 96, §§ 82a-83c: «[...] *i3ḫw, msst rʿ rʿ-nb; iw ḏ3.n.i pt, nmi.n.i i3ḫw; iw ḏ3.n.i Ỉmntt pt; nmi.n.i Ỉ3btt pt; in Rʿ ir b3i.i, in.i b3i n Rʿ*» [M3C, B1C, B1L, B3L].

[94] Voir *CT*, **III**, 198, §§ 122a-122b: «*iw ḫt 3 m pt ḫr Rʿ; iw ḫt 4 m t3 ḫr Gb; in msktt ḥnʿ mʿnḏt inn s(y) n.i m dpty 2 nt Rʿ, rʿ-nb*» [S2P, S2C, S6C].

sandales[95]. Les nobles défunts, qui accompagnent le Soleil, participent à son voyage cosmique dans ses barques du jour et de la nuit, en passant par l'écliptique et en escortant les *suivants de Rē'* (probablement des étoiles qui se levaient héliaqualement)[96]. Le passage des grands luminaires (Soleil et Lune) et des planètes par l'écliptique fut conçu par les Égyptiens en termes archétypiques d'un grand Canal Sinueux qui se remplissait des eaux célestes quotidiennement afin d'aider les astres à se mouvoir dans leurs barques. Ainsi, le défunt pourrait également rejoindre les divinités primordiales dans la barque de Khepri, qui sortait de l'Abysse de Nūn chaque jour en répétant l'acte créateur cosmogonique qui prit place au commencement du temps; dans ce contexte, le noble mort s'identifie à la fois à un faucon solaire et à l'*urœus*[97] vivant qui vint de l'œil divin de Rē' (un autre symbole solaire), pour le protéger[98]. Dans un autre passage, le Soleil est loué comme une puissance céleste irrésistible qui révèle le *disque solaire* (*itn*) et qui personnifie le maître de l'aube rouge[99], prié par le défunt de ne pas le laisser sans barque céleste[100]. Dans une autre *Spell*, le défunt prie les deux faucons solaires, qui conçurent Rē' pendant la nuit et même le firent naître pendant le jour, de le concevoir pendant l'obscurité de la nuit et le faire naître pendant le matin, juste comme le dieu solaire, quotidiennement[101]. Le Soleil durant son lever glorieux à l'horizon Est du ciel semble particulièrement brillant et salue le défunt à la fois osirifié et solarifié qui l'adore pendant son ascension céleste[102]. Selon les *CT*, le défunt participe à plusieurs manifestations cosmiques après sa mort: il vit par l'air, il gouverne ceux qui sont dans la Pleine Lune (peut-être Thoth, Khonsū, l'*œil d'Horus*?), il rejoint la barque de Khepri le matin et commande l'équipage de la barque de Rē'–Atoum le soir[103]. Enfin, dans un autre passage, le défunt identifie son ventre au dieu solaire Rē' et à son mouvement céleste journalier[104].

---

[95] Voir *CT*, **IV**, 294, §§ 47c-47d: «*ỉw dbn.n.ỉ pt ḥnʿ mỉw; tꜣ pn ẖr.ỉ m ṯbty.ỉ*» [B1C, B2C]. Sur l'identification du dieu solaire avec un chat divin, voir FAULKNER, 1977, **II**: 219 & n. 9 et cf. *CT*, **IV**, 335[I]: § 286c. N'oublions pas que c'est en forme de chat que Rē' extermine 'Apophis (cf. aussi *CT*, **VII**, 1053: § 306b [B1C, B1L, B2Bo]).

[96] Voir *CT*, **IV**, 305, §§ 59a-59e: «*pr.n<.ỉ> m ʿftt r msktt; ẖnn<.n.ỉ r> mʿnḏt; wʿb* N *pn snšnš; wẖꜣ.n.f šwt.f ḥr ỉdbw n Mr-n-Ḫꜣ; ỉw pẖr.n* N *šmsw ỉm.f*» [B1Bo].

[97] Symbole solaire par excellence; voir WILKINSON, 1992: 108-09.

[98] Voir *CT*, **V**, 364, §§ 25b-25d: «*ỉnk bỉk, pr m Rʿ; ỉnk ỉʿrt ʿnẖt, prt m ỉrt-Rʿ; ỉpꜣ.ỉ, ẖnn.ỉ m wỉꜣ Ḫprỉ, m-ḥꜣt wỉꜣ.f ỉmy Nww*» [B2L, B1C]. Sur l'œil de Rē', voir OGDON, 1985: 37-44.

[99] Sur l'aube et quelques comparaisons aux idées orphiques, voir le Chapitre IV, n. 130; § 1.2 et la n. 64 du Chapitre V, *infra*; cf. Homēros, *Ὀδύσσεια*, β´, 1: «ῥοδοδάκτυλος Ἠώς».

[100] Voir *CT*, **V**, 404, §§ 188c-188g: «*ỉ sẖm m pt, wn ỉtn (ỉꜣẖw)! ỉ Rʿ, nb dšrw! ỉn n.ỉ nw; m ỉw<ỉ>w.ỉ!*» [B5C, B7C, B9C, B10C]. Sur l'adresse au dieu solaire, comme une *puissance céleste* (*sẖm*), cf. aussi l'*Hymne à Rē'* du tombeau du pharaon Horemheb (voir *BM 552*, **VIII**, pl. xxvii: «*ntry.tỉ m sẖm ỉmy pt*».

[101] Voir *CT*, **VI**, 684, §§ 313a-313e: «*ỉ nrty ỉptwty, nty Rʿ! ỉwrty Rʿ ẖꜣw (zp-sn)! msty sw dwꜣt (zp-sn)! ỉwr.ṯn* N *pn n ẖꜣw (zp-sn)! ms.ṯn sw dwꜣt (zp-sn), mỉ Rʿ, rʿ-nb!*» [B1Bo].

[102] Voir *CT*, **VI**, 693, §§ 325a-325b: «*ỉnḏ ḥr.k (zp-4)! Wsỉr* N *pn, ỉn Rʿ wbn.f m pt, psḏ.f m ꜣẖ{y}t ỉꜣbtt*» [B15C]. Dans le contexte de l'apparence glorieuse du Soleil à l'horizon est pendant le matin, cf. aussi *CT*, **VII**, 1029: §§ 252a-252b.

[103] Voir *CT*, **VII**, 892, §§ 103k-103m: «*ʿnẖ m ṯꜣw; sšm.ỉ ỉmyw Ỉʿḥ-Wr; <ỉw.ỉ> r wỉꜣ Ḫprỉ; wš.n.ỉ sḳdwt Rʿ-Tmw r mšrw*» [S10C].

[104] Voir *CT*, **VII**, 945, § 160k: «*ẖt.ỉ šm rʿ* [...]» [*pGardiner III*].

§ 2.3. La Lune

La fonction de la Lune dans les *CT* est importante, lorsqu'elle concerne à la fois le luminaire nocturne particulièrement proéminent (dont le mouvement rapide sur le ciel est visible chaque nuit) et la source calendrique des mois, donc le repère pour mesurer le temps mensuel au flux duquel les nobles défunts seraient incorporés pour toujours, en célébrant les fêtes lunaires périodiques qui suivraient les phases de la Lune. Dans un passage caractéristique de nuance à la fois lunaire et astrale, on trouve une référence à la Nouvelle Lune (Lune Obscure, *Psḏntyw*) et à la Nouvelle Lune juste après qu'elle soit visible en ménisque croissant (*ꜣbd*), qui définissait le commencement du mois lunaire[105]; dans le cadre de ce passage, le symbolisme du ménisque qui augmente se concrétise dans l'image archétypique d'un doigt, un fait qui extermine la peur de la mort par l'incorporation du défunt dans le cycle périodique lunaire, de même que dans le cycle annuel, qui est marqué par la référence à Sōthis comme la mère nourissant le décédé sur l'horizon (~ durant son lever héliaque)[106]. La divinité unique de la Lune est parfois invoquée, afin d'accorder au défunt le pouvoir de vaincre la mort et s'avancer dans le jour[107]. L'identification de la Lune croissante au dieu Thoth[108], ainsi qu'aux *âmes d'Hermopolis* (*bꜣw Ḫmnw*) est donnée ici sous la forme d'une allégorie lunaire: le défunt connaît que ces âmes s'identifient à la Lune, quand elle est petite avant le Premier Quartier et puis quand elle devient grande pendant sa plénitude[109]. Nous rencontrons une des références à la *Lune Grande* (*Ꞽꜥḥ-Wr*), c'est à dire à la Pleine Lune dans un autre passage (dont le titre le suit et il s'agit d'une ascension céleste pour rencontrer le dieu solaire), où le défunt apparaît simultanément en gloire avec la Pleine Lune et avec le Soleil[110]. Nous connaissons que pendant la Pleine Lune, celle-ci se lève en même temps que le Soleil se couche à l'horizon, or elle se trouve vers l'Est tandis qu'il se trouve vers l'Ouest, et quand les trois corps (Soleil, Lune et Terre) ne se trouvent pas exactement alignés (dès que la Lune ne passe pas par ses nœuds orbitaux), il est possible d'observer le Soleil et la Lune aux horizons opposés pour quelques instants. Nous croyons que cette *Spell* se réfère exactement à ce phénomène. La «rencontre» de la Lune avec le Soleil est virtuelle, sinon on pense que la Lune «trouvera» la place où le Soleil se trouvait, quand elle s'approche de son coucher vers l'Ouest (ce qui nous semble aussi raisonnable). Le noble mort voyage à travers le ciel, suivant les trajectoires lumineuses du Soleil

---

[105] Cf. aussi *PT*, **483**, § 1012c, 848: «*wꜥb.k n ꜣbd, ỉḫꜥ.k n Psḏntyw* [...]» et voir DEPUYDT, 1998a: 71-89. Sur la Lune, voir aussi HERBIN, 1982: 237-82; KOEMOTH, 1996, 203-20.

[106] *CT*, **I**, 6, §§ 16c-17e: «*wrw ꜣbd n ḳꜣw pt, Psḏntyw! sfḫ.t<w> ḏbꜥ ḥr.ṯ, dr dwꜣt.ṯ, ḏr srd.ṯ šwt r ꜣḫt, r bw nt<y> rḫw ṯn ỉm; snk.ṯ mwt.ṯ Spdt, mnꜥt.ṯ ỉs ỉmyt ꜣḫt!*» [B3Bo, B2Bo, B4Bo].

[107] Voir *CT*, **II**, 152, §§ 260c-261c: «*ỉ wꜥ wbn m ỉꜥḥ! ỉ wꜥ psḏ m ỉꜥḥ! pry.ỉ m-m ꜥšꜣt.k tw r pt; wḥꜥꜥ ỉmyw psḏw; sk wỉ, pr.kwỉ m hrw pn*» [B2Bo, B9C]; cf. aussi *BD*, **2**: 1-2 ff.

[108] Sur ce dieu lunaire, voir e.g.: *LÄ*, **VI**, 1986, 497-523: art. «Thot». Sur Khonsū comme un dieu lunaire, voir *CT*, **III**, 257: § 369a; *CT*, **VII**, 806: § 11i; & c; cf. aussi *PT*, **273-274**, § 402a, 510: «*ỉn Ḫnsw mds nbw*». Sur les dieux lunaires, voir DERCHAIN, 1962a: 19-68.

[109] Voir *CT*, **II**, 156, §§ 322c & 324a-324b: «*ỉw.ỉ rḫ.kwỉ bꜣw Ḫmnw: šrt m ꜣbd pw; ꜥꜣt m Smdt pw; Ḏḥwty pw*» [S2P, B2P].

[110] Voir *CT*, **III**, 176, §§ 62f-62i: «*ỉỉ nṯr m ḥtp; ỉn.sn ỉmyw Ꞽꜥh-Wr; rdỉ.n.sn n.ỉ ẖꜥw ḥnꜥ rꜥ: prt r pt r bw nty Rꜥ ỉm*» [B2L, B1C]. Cf. aussi *CT*, **VII**, 853: §§ 56ℓ-56m; *CT*, **VII**, 892: § 103ℓ. Voir aussi notre discussion relative dans le Chapitre II, § 1.1, *supra*.

et de la Lune, en s'identifiant à eux[111]. Le défunt désire se trouver en compagnie d'Horus durant les fêtes lunaires du *Premier Quartier* (*Snt*) et du *Dernier Quartier* (*Dnit*). Ici il ne s'agit pas du sixième et du septième jour du mois lunaire, mais du Premier Quartier qui suit le sixième jour et du Dernier Quartier qui prend place sept jours avant la Nouvelle Lune (qui définit la fin du mois lunaire), ou également sept jours après la Pleine Lune. Or, nous ne sommes pas d'accord avec Wallin qui croit que ces deux jours se suivent l'un l'autre[112]. Dans ce contexte, le défunt participe au rituel des offrandes à Héliopolis qui est répété pour toujours, symbolisant la répétition de sa vie après la mort, en son union avec la Lune[113]. C'est dans son identification à la Lune et à son dieu lunaire que le défunt vainc l'obscurité et gagne la lumière dans un scénique qui symbolise soit la brillance totale de la Pleine Lune, soit le retour de la lumière après une éclipse partielle ou totale de la Lune[114]. Dans une *Spell* qui commence par l'invocation du *passeur céleste*, comme *celui qui regarde en arrière* (*mꜣ-ḥꜣ.f*), qui constitue une métaphore astronomique pour la Lune, le défunt est présenté comme connaissant le nom de l'autel où il reçoit des oblations, à savoir celui de la Lune au jour de sa plénitude[115]. Les oblations rituelles pendant les fêtes lunaires seraient très importantes pour le bien-être des défunts après leur mort; comme un passage relatif nous le montre, elles prenaient place pendant les jours des phases lunaires principales et aidaient les morts à continuer à jouir des plaisirs des offrandes bénites, suivant la formule de l'*offrande ḥtp-di-nsw* aux dieux chthoniens et aux décédés[116]. L'*œil d'Horus*, symbole lunaire par excellence, est aussi évoqué dans le contexte des phases lunaires; dans un cas, Thoth témoigne qu'il est rempli dès que le nouveau mois commence, donc pendant la première fois que le ménisque lunaire soit visible après la Nouvelle Lune[117]. Dans leur multiplicité d'approches, les Égyptiens d'antan utilisaient des images archétypiques irrésistibles pour décrire les phénomènes lunaires: l'*œil d'Horus* devient l'archétype de la victoire de la lumière lunaire contre les forces chaotiques et avec lequel (et Thoth) le défunt s'unit en célébrant les fêtes chaque mois[118]. En effet, Thoth en tant que dieu lunaire et céleste possède l'*œil d'Horus/Lune*[119].

[111] Voir *CT*, **III**, 216, §§ 192d-193a: «*ḫns* N *pn pt mi Rꜥ; wnwn* N *pn pt mi Ḏḥwty*» [S2C, B4Bo, B2Bo]; pour un analogue des *PT*, cf. la n. 44, *supra*.
[112] Voir WALLIN, 2002: 86, mais cf. *op. cit.*: 87.
[113] Voir *CT*, **IV**, 314, §§ 95g-95h: «*wn.i ḥnꜥ Ḥr, hrw irt ḥb, wḥm ꜥꜣbt Snt, Dnit m Ꞽwnw*» [B5C]. Sur les fêtes lunaires, voir SPALINGER, 2002: 379-404.
[114] Voir *CT*, **V**, 467, §§ 371f-371g: «*ink Ꞽꜥḥ; iw ꜥm.n.i knḥw*» [B9C, B5C, B6C].
[115] Voir *CT*, **VI**, 474, §§ 25b-25c: «*iw* N *pn rḫ rn n ḫꜣwt tw, wnmt.f ḥr.s: isṯ* [...], *iꜥḥ* <*m*> *hrw Smdt*» [B1Bo]. Faulkner doit s'être trompé dans sa traduction (voir FAULKNER, 1977, **II**: 114) en traduisant «half–moon» au lieu de «half–month».
[116] Voir *CT*, **VI**, 723, § 351: «*Rꜥ, nṯr ꜥꜣ; Ꞽnpw, ḫnty sḥ-nṯr; Wsir, rdi.n n.f zꜣ.f; Wsir* N *tn, hrw pw n: ꜣbd, Psḏntyw, Smdt* [...]» [B3Bo].
[117] Voir *CT*, **VII**, 1013, §§ 230f-230i: «*ink Ḏḥwty; iw mtr.i irt-Ḥr n.f; in.n.k išst ḫnt.s; mḥ.n*<*.i*> *s*<*y*> *m ꜣbd, psḏ* [...]» [*pGardiner II*].
[118] Voir *CT*, **VII**, 1042, §§ 294b-295c: «*ink ir ꜣbd, smi Smdt; iw dbn.n.i irt-Ḥr r ꜥ n Ḏḥwty, Ḏḥwty ḏꜣ.f pt ḫft.i; iw.i swꜣ nfr, st.f st.i*» [B1L, B2L, B3L, B2P].
[119] Voir *CT*, **VII**, 1096, §§ 380a-380b: «*Ḏḥwty nw, nt*<*y*> *m pt; irt-Ḥr ḥr ꜥwy.f(y), m ḥwt-iꜥḥ*» [B4C, B9C, B1L, B2L, B2P].

§ 2.4. Les Planètes

Suivant le modèle des *PT*, les planètes ne sont pas aussi fréquemment évoquées dans les *CT*, à l'exception de Mercure et de Vénus (voir § 1.4, *supra*). La planète Mercure (*Sbgw*/*Stẖ*) est mentionnée une seule fois dans les *CT*[120], dans le cadre de la navigation céleste dont le noble défunt jouit vers le haut. En effet, il monte au ciel dans une barque de lotus[121], sans doute une barque solaire, avec Rēʿ en la pilotant vers la région polaire nord *Wʿrt* et vers l'échelle de la barque céleste de Mercure[122]. Vénus fut connue soit comme l'*Étoile Unique* (*Sbꜣ Wꜣty*), soit comme le *Dieu/Étoile de l'Aube* (*Nṯr*/*Sbꜣ Dwꜣy*). Son rôle dans les *CT* est aussi important, car elle apparaît quelquefois dans le contexte de l'union du défunt avec elle pendant son ascension céleste auprès du dieu solaire, un fait qui est dû à sa bonté[123]. Le noble mort monte au ciel et gouverne, tenant le sceptre du pouvoir, qui se trouve aux pieds de Vénus, parmi les étoiles impérissables[124]. Chaque noble défunt pendant l'ère du MK —comme on le voit dans l'étude des *CT* — désirait s'identifier à Vénus, astre seul (évoquant la solitude de l'âme) et dieu stellaire matinal qui décorait l'horizon chaque aube où elle était visible[125]. Sur ce point il faudrait prendre en compte une autre *Spell* importante, dont le but serait la transformation du défunt en Vénus[126]: selon ce texte, les voies de la *Dwꜣt* s'ouvrent au défunt, ainsi que les portes de l'horizon; il devient Vénus (en son hypostase du *dieu matinal*), ainsi qu'une belle *étoile wʿꜣ* en or qui se lève sur l'horizon; puis, il se transforme définitivement en Vénus (en son hypostase de l'*étoile unique*), son père Rēʿ lui ayant offert tout le ciel quand il brille. L'ascension des nobles défunts et leur glorification par les peuples furent aussi comparées au lever de Vénus[127], qui constitue un phénomène astronomique particulièrement éclatant[128].

---

[120] Pour quelques obsrvations cf. aussi KRAUSS, 1997: 237; KRAUSS, 1999: 223-54.

[121] Selon la variante de B12C dans une *barque osiriaque* (*nšmt*).

[122] Voir *CT*, **VII**, 1030, §§ 260a-261a: «*sḳdy.i im.f r pt; sḳdy.i im.f hnʿ rʿ;* [...] *wḏ* N *tn im.f r Wʿrt, n Nwt, r rwd n Sbg*» [B1C & B3C]. Nous signalons que le titre de cette *Spell*, qui la suit en B1C est: «*r n sḳdw m wiꜣ ʿꜣ n Rʿ, rʿ-nb*», ce qui nous montre indirectement que les Égyptiens observèrent le fait que Mercure se projette sur la sphère céleste toujours «près» du Soleil [voir notre discussion dans le Chapitre II, § 1.1 & Figs II.3(a)-II.3(b), *supra*].

[123] Voir *CT*, **I**, 44, §§ 181a-182a: «*wn ʿꜣw pt n nfrw.k; pr.k, mꜣꜣ.k Ḥwt-Ḥr* [...]*; ẖꜣ.ti m sbꜣ wʿty!*» [B10C]. Nous soulignons ici l'analogie entre Hathor et Aphroditē (comme déesse/planète hellénique). Sur une autre référence, cf. aussi la n. 7 de l'Épilogue, *infra*.

[124] Voir *CT*, **I**, 63, §§ 273h-274f: «*šzp.k ꜣk n.k. ʿbꜣ.k pw, ir rdwy Rʿ; iꜣꜣt.k, ir rdwy nṯr dwꜣy; pr.k rk r pt, m-m sbꜣw iẖmw-skiw; ḥwi.k m ʿbꜣ, ḫrp.k m iꜣꜣt*» [T2C]. Pour un autre analogue, cf. aussi *CT*, **I**, 72, §§ 301e-302b.

[125] Voir *CT*, **V**, 443, § 306b: «*ink nṯr dwꜣy m dwꜣyt*» [S14C]; à noter l'erreur de Faulkner dans son division des vers de l'original et dans sa traduction (voir FAULKNER, 1977, **II**: 79, mais cf. *op. cit.*: 80: sa n. 7). La traduction correcte serait «je suis Vénus dans l'aube».

[126] Voir *CT*, **VI**, 722, §§ 350f-350s: «*ḫpr m nṯr dwꜣy: wn wꜣwt Dwꜣt n* N, *wn n.s sbꜣw imyw ꜣḫt;* [...] *sḥd nfr* [...] *imyw wḫꜣw;* [...] N *tn pw nṯr dwꜣy;* N *tn wʿꜣ nfr n nwb, pr m ꜣḫt wʿ* [...]*;* N *tn sbꜣ wʿ<t>y r ꜣḫt; iw rdi.n n.s it.s Rʿ pt r ḏr.s, sšp.f*» [B3Bo].

[127] Voir *CT*, **VI**, 724, §§ 354n-354o: «*pr.ṯ m nṯr-dwꜣy, dwꜣ ṯn rḫyt rʿ-nb*» [B3Bo].

[128] Sur Vénus (copt.: ⲡⲥⲟⲩ ⲛϩⲧⲟⲟⲩⲉ) et son symbolisme osiriaque, voir aussi KRAUSS, 1993: 266-67; sur Vénus et l'*œil d'Horus*, cf. KRAUSS, 2002: 193-208. À noter enfin une instance où l'on rencontre un astre (Vénus?) sous le nom *sḥd*/*sḥḏ wʿty* dans les *CT* (voir *CT*, **IV**, 343, § 357b [S2C, T1C, B15C, B1C, B2C, B1P, B2Bo, & c.]).

3. ET LE *LIVRE DES MORTS*?

Le *Livre des Morts* (*BD*)[129] constitue la collection principale des rituels funéraires, des incantations magiques, des hymnes aux divinités diverses, des topographies de l'au-delà et des prières propres à offrir l'immortalité aux rois ainsi qu'à la noblesse et aux humains plus humbles, à les conduire à vivre éternellement parmi les étoiles et dans la suite du dieu solaire[130]. Le *BD*, dont les conceptions théologiques, astronomiques, cosmovisionnelles et sociales datent de l'ère du NK, quand ils furent écrits pour la première fois sur des papyrus provenant de divers sites géographiques de toute l'Égypte (c. après 1500 BCE), fut utilisable même jusqu'à la Période Romaine. Un exemplaire du *BD* était en général disponible pour chaque individu qui avait les moyens de payer pour l'obtenir. Quelques «chapitres» de cette synthèse funéraire (qui n'a rien à faire à vrai dire avec un véritable livre, comme on en connaît aujourd'hui) se rencontrent également sur des cercueils, sur des *statuettes funéraires* (*wšbtyw*), des *scarabées de cœur* et des *hypocéphales*, dans les tombeaux et même sur les murs des temples. Notre but ici n'est que de donner une introduction très courte et très concise, liée au thème de cette section, plutôt que de se référer aux nombreux travaux sur ce texte ancien[131]. Les chapitres les plus importants sont les suivants: **30^B^** (l'incantation du cœur); **64** (virtuel synopsis du *BD*); **110** (la topographie des champs paradisiaques); **125** (le jugement final); & c. La conception que les Égyptiens se faisaient des astres (soit des étoiles, du Soleil, de la Lune et des planètes) se revèle très explicitement et évidemment dans le *BD*. Il y avaient trop peu de travaux sur l'étude préliminaire des rudiments astronomiques dans le *BD*, dont l'un récent est très bizarre et contient beaucoup d'erreurs[132]. Notre but ici n'est pas de regrouper les éléments astronomiques et cosmovisionnels qui se rencontrent dans le *BD* (comme on l'a déjà fait pour les *PT* et les *CT*), ni de les discuter en détail[133]. Il faut ajouter que quelques-uns d'entre eux très importants ont été déjà discutés d'une manière comparative, mais non exhaustive et sans entrer dans les moindres détails (voir §§ 1-2, *supra*); en plus, dans les Chapitres IV et V nous allons en présenter quelques autres, ainsi que la comparaison d'un hymne orphique au Soleil avec un hymne au dieu solaire

[129] Édition principale BUDGE, [1]1898; BUDGE, 1899; ALLEN, 1960; NAVILLE, [2]1971; traduction commentée BUDGE, [2]1967; BARGUET, 1967; ALLEN, 1974; FAULKNER, [4]1993; FAULKNER & GOELET, [2]1998. Voir aussi *LÄ*, **VI**, 1986, 641-43: art. «Totenbuch».

[130] Voir e.g.: LESKO, 2001b: 193. Cf. aussi le Chapitre IV, § 3.1 (2e partie), *infra*.

[131] Voir, entre autres, LEPSIUS, 1842; PLEYTE, 1881; BUDGE, 1912; SHORTER, 1938; CZERMAK, 1940: 9-24; ALLEN, 1952: 177-86; VAN VOSS, 1973: 11-15; BARGUET, 1974: 47-52; HORNUNG, 1974: 65-71; ALLEN, 1974; LUFT, 1977: 81-87; RÖSSLER–KÖHLER, 1979; HORNUNG, 1979; SALEH, 1984; MUNRO, 1987; ROSITER, 1989; MOSHER, 1992: 143-72; PARKINSON & QUIRKE, 1992: 36-51; KEEL & SCHROER, 1998: 13-29; HORNUNG, 1999: 13-22; LESKO, 2001b: 193-95; LESKO, 2001d: 571 ff; LESKO, 2003: 314-18; LUCARELLI, 2003: 270-74; MUNRO, 2003: 337-42. Cf. aussi les références dans les deux notes précédentes.

[132] Voir BEATTY, 1998 (un travail anorthodoxe, écrit sans la moindre connaissance astronomique, avec beaucoup de conceptions ésotériques; voir aussi le Chapitre I, § 2: # 3 & n. 49, *supra*). Voir MARAVELIA, 2001j [2004]: 49-72 (sur une comparaison entre un hymne au dieu solaire du *BD* et un analogue orphique; cf. aussi le Chapitre IV, § 3.1, *infra*).

[133] Voir à ce propos notre discussion dans les nn 5 & 62 du Chapitre I, *supra*.

Figure III.3: Partie du *Livre des Morts* (*Prt-m-hrw*) d'un certain surveillant des œuvres nommé Kha'i [*Ḫ*ʿ(*i*)], montrant le décédé avec son épouse Meryt (*Mryt*) en adoration devant Osiris. Un hymne au dieu de la résurrection —assis majestueusement sur un trône— y est inclus en hiéroglyphes [voir SCAMUZZI, 1965: pl. XLIX].

Rēʿ qui vient du *BD* (voir le Chapitre IV, § 3.1, *infra*). Ici nous ne suivons guère la méthode statistique détaillée, que nous avons suivie dans les sections précédentes, afin d'analyser l'évolution de notions astronomiques depuis l'ère de l'OK jusqu'à celle du MK. Il est clair que plusieurs notions astronomiques et cosmovisionnelles qui datent d'avant la SIP furent incorporées dans le *BD*, ayant parfois évolué, changé ou bien —en d'autres cas— étant restées presque les mêmes. Notre étude couvre déjà un domaine assez vaste. D'autres chercheurs doivent le faire à l'avenir, en suivant les méthodes détaillées que nous avons proposées ici. Il faudrait tout d'abord une ré–édition moderne, facilement utilisable et complète du *BD* (dont les éditions sont déjà surannées), comme c'est le cas pour l'édition des autres textes funéraires que nous avons étudiés. Le *BD* se présente sans doute aussi astronomique et de façon à la fois cosmovisionnelle au niveau symbolique des archétypes célestes et des termes astronomiques explicites, qui y abondent, que les *PT* et les *CT*. Les étoiles indestructibles, les étoiles infatigables, la Lune, le Soleil et le ciel —en général— y jouent un rôle significatif. C'était par le biais des astres que le défunt osirifié montait au firmament pour jouir d'une existence d'immortalité, selon le *BD*, dans le contexte social de la démocratisation complète des mœurs funéraires pendant le NK. Il est dommage qu'aucun travail sérieux n'ait été présenté sur ce sujet[134]. Nous espérons le faire dans un futur proche dans une monographie, en étendant l'étude du présent ouvrage (voir aussi notre discussion dans le Chapitre VI, § 2, *infra*).

[134] Voir nos commentaires dans le Chapitre I, § 2: # 3 & n. 49, en ce qui concerne le travail non scientifique de BEATTY, 1998.

4. LES TEXTES RELIGIEUX COMME SOURCES POSSIBLES D'INFORMATION SUR L'ORIENTATION ASTRONOMIQUE DES GRANDES PYRAMIDES

Certains auteurs ont mis en lumière le fait que les textes funéraires de l'Égypte antique étaient porteurs d'informations spécifiques sur le destin astral des pharaons[135], une opinion très correcte, et —peut-être— sur l'orientation des pyramides elle-même[136]. Bien que la religion égyptienne ait vraiment des origines à la fois stellaires et solaires[137], nous montrons que dans les textes funeraires il n'y a pas d'éléments explicites sur l'orientation des pyramides et par conséquent aucune information claire de cette nature n'y existe, à l'exception d'allusions fragmentaires qui étaient mal interprétées par les adeptes des théories indéfendables[138] (voir Tables III.1 & III.3, *supra*). Dans le cadre de notre étude nous allons présenter un bilan critique de théories qui se réfèrent à l'orientation des grandes pyramides. Nous allons aussi démontrer que de telles références textuelles étaient mal interprétées. Nous allons commencer par les opinions de Žába[139] (et d'autres), concernant l'orientation des pyramides. La contribution importante de celui-ci, ainsi qu'une critique sur quelques erreurs dans ses opinions seront présentées. Après quoi la théorie lancée par Kate Spence[140] sera analysée et réfutée, selon nos articles précédents[141]. Il faut souligner que notre étude se fonde sur la quête de la vérité scientifique et en aucun cas elle ne doit être comprise comme une attaque personnelle contre elle, que nous estimons comme personne, mais avec les idées de laquelle nous sommes en désaccord complet. En tout cas, cette théorie fut importante parce qu'elle a stimulé de nouveau l'intérêt, afin d'expliquer le problème de l'orientation exacte des pyramides, et elle a créé des discussions utiles qui nous amèneront dans le futur vers une solution raisonnable et acceptable.

§ 4.1. L'Orientation des Grandes Pyramides: Un Bilan

La contribution de Žába à l'étude de l'orientation des pyramides, et ses efforts de prouver que les Égyptiens de l'Antiquité connaissaient la précession de l'axe de la Terre furent remarquables[142]. C'est lui le savant qui a non seulement présenté de façon critique les théories relatives précédentes, mais en plus il a démontré que la méthode proposée par Lexa[143] devrait être la plus compatible[144].

---

[135] Voir Badawy, 1964: 189-206; Trimble, 1964: 183-87.

[136] Voir Krupp, 1984: 305-06; Davis, 1985: S102-04; Gingerich, 2000: 297-98.

[137] Sur ce sujet, voir par exemple, Μαραβελια, 2003b: Chapitre IV, § 2.

[138] Pour une discussion critique *contra* Spence, 2000: 320-24 & *contra* Spence, 2001: 699-700, voir les articles Maravelia, 2000b [2002]: 25-26 & nn 68-69; Maravelia, 2003d: 67 & nn 75-76, 68-69 & nn 86-94.

[139] Voir Žába, 1953.

[140] Voir Spence, 2000: 320-24.

[141] Voir Maravelia, 2000b [2002]: 11-37 & Maravelia, 2003d: 55-74.

[142] Voir Žába, 1953: 9-74 & pls I, IV. Il faut noter que ces opinions ne sont pas correctes. Son interprétation sur pl. IV de la lance de *Dwn-ʿnwy* comme le Méridien nous semble bien arbitraire, en relation avec l'erreur d'avoir identifié cet astérisme ancien avec la constellation du Cygne (voir *infra*).

[143] Voir Lexa, 1950: 442-50.

[144] Voir Žába, 1953: 70-72.

Or, son travail est très important, et c'était un dommage que Neugebauer et Parker ne l'aient pas commenté dans leur œuvre renommée[145]. Il y a quand même quelques erreurs importantes dans son article que nous allons discuter tout de suite.

Dans un article critique sur le travail de Žába, Peřina a proposé une méthode[146] afin d'examiner la validité de quelques opinions de ce savant, dont nous allons profiter. Il faut dire que l'identification du Cygne avec l'astérisme ancien dit *Dwn-ʿnwy* acceptée par Žába n'est pas correcte. Neugebauer et Parker ont démontré que la configuration du ciel boréal dans le monument de Son–Mout (*Sn-Mwt*) présente une transposition de cette constellation ancienne pour des raisons d'économie d'espace[147]. En plus, Locher[148] a démontré que *Dwn-ʿnwy* (également appelé *ʿnw*) est identique aux étoiles λ–Dra, 38–UMa, 24–UMa, ρ–UMa, o–UMa, τ–UMa, 23–UMa, υ–UMa et φ–UMa. Donc il s'agissait d'une mauvaise conception de Žába. De cette façon, on peut constater que les considérations de Žába concernant la précession de l'axe du monde n'étaient pas justes[149]. Ce sujet doit être examiné plus rigoureusement, de même que ses opinions concernant «le petit cercle autour de l'étoile ζ–Uma», qui nous semblent plutôt exagérées[150]. La méthode proposée par Lockyer pourrait constituer une bonne solution dans

---

[145] Voir NEUGEBAUER & PARKER, *EAT*, **I-III**, 1960-69. Isler dans son article (voir ISLER, 1989: 192; 194 ff) souligne quelques erreurs différentes de celles que nous discutons ici.

[146] Voir PEŘINA, 1956: 486-88. Lauer —avec qui nous sommes d'accord en principe (voir LAUER, 1960b: 99-124 & pl. 13)— a aussi discuté l'article de Žába. Selon sa remarque ε–Cyg et γ–Cyg définissaient le Méridien (cf. *op. cit.*: 113 et la fig. 22 qui n'est pas complète). Cela n'est pas significatif, parce que vers c. 2723 BCE leur différence en ascension droite était $\Delta\alpha = 02^{M}20^{S}$. En c. 2558 BCE, elle était $\Delta\alpha > 03^{M}$, et le déplacement de α–Dra (l'ex–étoile polaire) du Pôle Nord céleste était presque 1°.5. Or, bien qu'on ne puisse pas exclure l'utilisation de cette paire d'étoiles comme indicateur du Nord pendant une époque antérieure de 2700 BCE, elle ne pourrait pas être utilisée pendant la IVe Dynastie. À la fois Žába et Lauer s'étaient trompés en croyant que *Dwn-ʿnwy* s'identifiait à Cygne.

[147] Voir NEUGEBAUER & PARKER, *EAT*, **III**, 1969: 11, 186 (pour une comparaison de cet astérisme avec ceux rencontrés dans les tombeaux royaux ramessides); 193.

[148] Voir LOCHER, 1985: S152-53. Cf. LOCHER, 1991: 216-17 & pls LXI-LXIII. L'opinion contraire de Belmonte (cf. BELMONTE, 2003: 31-36) ne semble être ni correcte ni réaliste. Etz a commenté l'identification des astérismes anciens boréaux et a présenté quelques opinions intéressantes, ainsi que quelques idées erronées (voir ETZ, 1997: 143-61); il a aussi signalé les erreurs de Leitz sur l'interprétation du plafond astronomique de Son–Mout (cf. LEITZ, 1989 & n. 150, *infra*) dans son article (voir ETZ, 1997: 153 & n. 34).

[149] Voir ŽABA, 1953: 51-55. Son interprétation est arbitraire, parce que les Égyptiens ne préparaient pas de cartes célestes ou de diagrammes scientifiquement précis, mais seulement des représentations symboliques et mythologiques, qui contenaient des rudiments de la réalité actuelle, mais pas toute la réalité. Il faut ajouter que le livre par SELLERS, 1992 (cf. 4-5, 9-10, 30-31, 37, 44, 194, 224, *passim*) n'examine les connaissances des Égyptiens concernant la précession (en relation avec leur mythologie) que superficiellement, tout en utilisant le mythe comme s'il était la réalité, symptôme peut-être d'un afrocentrisme (ou bien mysticisme?) certain.

[150] Voir ŽABA, 1953: 71-72. Ses opinions sont absolument arbitraires et son argumentation n'est pas stricte et ne persuade pas! La connaissance d'une telle notion —quand il n'y a pas de textes explicites— ne pourrait pas être fondée sur des images absurdes et primitives (voir plafonds astronomiques des tombeaux, & c.), mais sur des calculs et des ob-

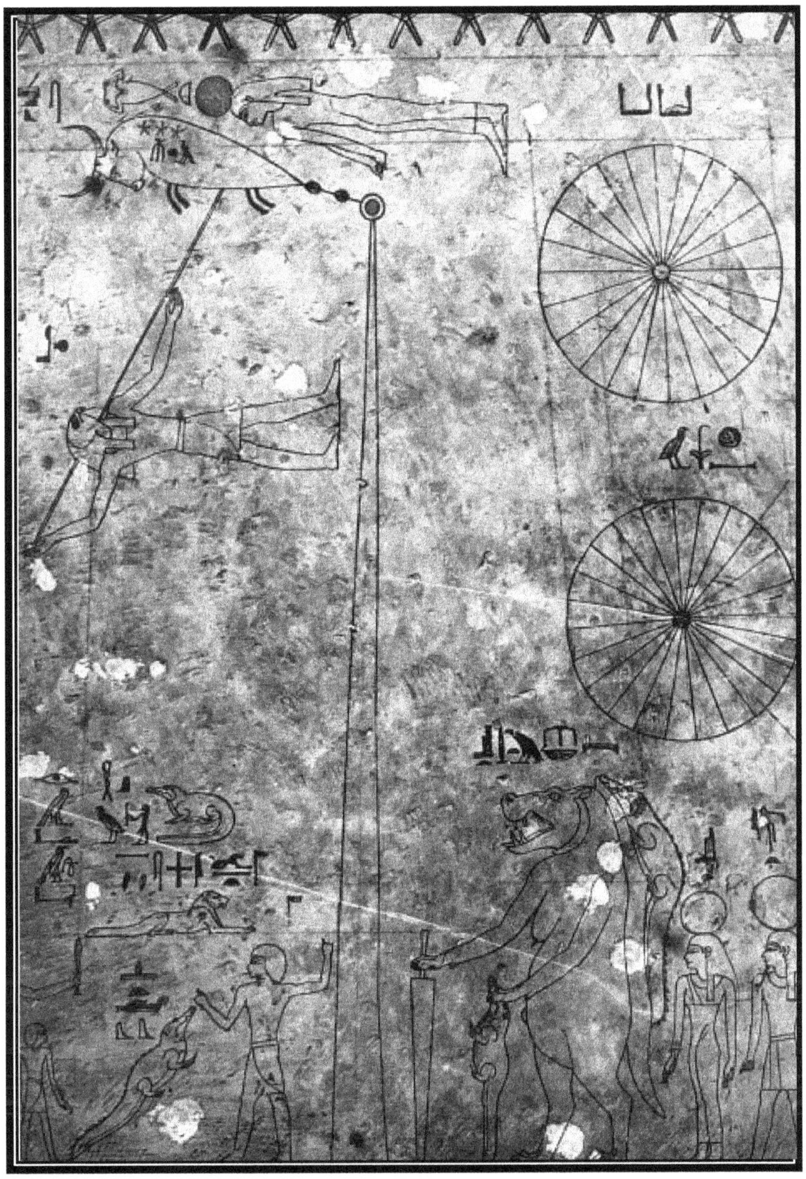

Figure III.4: Détail du plafond astronomique le plus ancien connu (c. 1460 BCE) de la tombe de Son–Mout (*Sn-Mwt*), montrant des astérismes boréaux anciens (*Msḫtyw, Rrt, Mnity, Dwn-ʿnwy*, & c.), qui sont discutés dans ce Chapitre. L'on y voit le déplacement artificiel de *Dwn-ʿnwy*, ainsi que la lance qu'il tient vers l'astérisme *Msḫtyw*/*Ḫpš*.

servations (comme celles de Hipparchos), qui n'existent pas! Derchain l'a bien noté dans un sommaire de *EAT* [voir *CdE*, **XXXIX** (77/78), 1964: 78-80]: «Sans doute, tous ceux qui sont persuadés, à la suite de nombreux auteurs Grecs et Romains, que les Égyptiens étaient d'extraordinaires astronomes, seront-ils déçus [...]. Exemple typique de conservatisme religieux, qui nous fournit une nouvelle preuve du *peu de goût des Égyptiens pour les théories*». Par ailleurs, nonobstant tout cela, Leitz (voir Leitz, 1989: 35-38; Leitz, 1993a: 116) croit que cette même ligne coïncide avec le Méridien, mais ne discute pas l'argument correct qui se trouve dans *EAT*, pour lequel voir la n. 147, *supra*. *Contra* Leitz, cf. aussi Depuydt, 1998b: 6-44 (spécialement 39-41); Lull, 2004: 75 & n. 7.

cette direction[151]. Si les Égyptiens connaissaient vraiment la précession et si Lockyer avait raison, on pourrait utiliser une équation simple afin de déterminer la date des bâtiments naïques voisins, ainsi que prouver cette connaissance d'une façon satisfaisante[152].

Concernant le Méridien (copt.: ⲙⲏϯ) et les étoiles ζ–Cyg, ι–Cyg, κ–Cyg (et θ–Cyg, qui serait relativement faible à être utilisée), les opinions de Žába ne sont pas correctes[153]. À l'aide du REDSHIFT 2/4, un logiciel calculateur astronomique[154] décrit ci-dessous en § 4.2, on a trouvé que les étoiles précédentes constituaient des paires dans les ascensions droites pendant l'époque astronomique 4200 BCE (le 18 Juillet, à 23:16′), qui nous semble bien éloignée (voir la Table III.5). Nos résultats, pour Giza le 18 Juillet 2723 à 23:35′, sont présentés dans la Fig. III.5. Les étoiles ζ–Cyg, ι–Cyg et κ–Cyg n'étaient pas des paires dans les ascensions droites pendant l'époque proposée par Žába (voir Table III.5). On a calculé en plus que les étoiles γ–UMa et δ–UMa étaient presque des paires dans les ascensions droites, mais leurs culminations inférieures étaient de plus de 15 minutes en avance relativement aux culminations supérieures des étoiles du Cygne, pendant l'époque c. 2723 BCE, qui est faussement considérée par Žába comme le commencement de la IVe Dynastie (voir Table III.5). Donc, elles ne se situaient pas sur la même ligne imaginaire que les étoiles ζ–Cyg et ι–Cyg, et seraient inutilisables. Enfin, il nous semble difficile de comprendre ce que Žába voulait dire quand il se référait à «l'œil de *Dwn-ʿnwy*», ou bien laquelle est cette étoile du Cygne (peut-être γ–Cyg ou α–Cyg?), étant donné que cet astérisme égyptien ne correspond pas a la constellation moderne du Cygne[155].

Žába croyait que la méthode, proposée d'abord par Antoniadi[156] et après indépendamment par Lexa, qui l'a aussi améliorée, serait la plus correcte et pourrait expliquer l'orientation presque exacte des grandes pyramides[157]. Cette opinion

---

[151] Voir LOCKYER, [2]1964: Chap. VII-XX & XXX: 307. Il faudrait examiner rigoureusement la méthode proposée par Lockyer, *in situ*, en plusieurs temples pareils afin de contrôler sa validité.

[152] Il s'agit de l'équation [II–26]. Ayant cette formule comme point de départ on peut théoriquement l'appliquer afin de préciser la date du bâtiment annexé, d'une équation du type $t(A_{nouveau}) = f[\delta(A_{ancien})]$, où f est une fonction simple trigonométrique de déclinaison; les indices *ancien* et *nouveau* caractérisent respectivement les azimuts des bâtiments plus ancien et moins ancien. Sur le calcul de φ, voir aussi le Chapitre II, n. 107, *supra*.

[153] Voir ŽABA, 1953: 44-52. Žába semble avoir compris que le Méridien est un cercle fictif perpendiculaire au cercle d'horizon dont le diamètre principal est la direction Nord–Sud. Mais nous ne sommes pas sûre qu'il avait compris que le Méridien reste immobile et stable pendant la rotation apparente de la sphère céleste. Donc, deux étoiles données qui seraient des paires dans les ascensions droites, indiqueraient le Méridien seulement pour un instant: pendant leur culmination supérieure (ou pendant celle-ci et leur culmination inférieure, s'il s'agissait des étoiles circumpolaires). En plus, il semble plutôt exagéré que les Égyptiens aient conçu une telle méthode sophistiquée, afin de déterminer le Méridien, dont le sens scientifique leur était probablement inconnu.

[154] Voir *REDSHIFT 2/4*, 1995-2000.

[155] Cf. les nn 142 & 149-50, *supra*.

[156] Voir ANTONIADI, 1934: 148-51 & fig. 50.

[157] Voir ŽÁBA, 1953: 70-71, § VII.

Table III.5: Quelques données astronomiques calculées pour Giza le 18 Juillet 2723 BCE à 23:35′ (voir aussi Fig. III.5), pour les étoiles ζ–Cyg, ι–Cyg et κ–Cyg, produites à l'aide du REDSHIFT 2/4. Il est évident qu'elles n'étaient pas des paires dans les ascensions droites pendant cette époque proposée par Žába. Les mêmes données, calculées pour Giza le 18 Juillet 4200 BCE à 23:16′, nous montrent qu'elles constituaient des paires dans les ascensions droites. Les mêmes données, calculées pour Giza le 18 Juillet 2723 BCE à 23:35′, pour les étoiles γ–UMa et δ–Uma, nous montrent qu'elles étaient presque des paires dans les ascensions droites, mais leurs culminations inférieures étaient de plus de 15 minutes en avance relativement aux culminations supérieures des étoiles du Cygne, pendant cette époque astronomique.

Époque Astronomique	**18-VII-4200 BCE, 23:16′: Giza**			**18-VII-2723 BCE, 23:35′: Giza**		
Étoile	**ζ–Cyg = SAO 71070**	**ι–Cyg = SAO 31702**	**κ–Cyg = SAO 31537**	**ζ–Cyg = SAO 71070**	**ι–Cyg = SAO 31702**	**κ–Cyg = SAO 31537**
Ascension Droite, α	$16^H53^M45^S$	$16^H53^M31^S$	$16^H54^M21^S$	$17^H54^M50^S$	$17^H29^M37^S$	$17^H26^M57^S$
Déclinaison, δ	21°27′52′′	49°59′23′′	52°34′14′′	20°07′06′′	48°13′55′′	50°45′51′′
Azimut, A	180°02′21′′	359°52′42′′	00°13′28′′	179°59′31′′	346°56′20′′	347°52′21′′
Hauteur, h	81°28′52′′	69°59′37′′	67°24′45′′	80°08′06′′	71°07′26′′	68°34′30′′
Temps du Lever, t_L	16:22′	14:18′	13:56′	16:44′	14:25′	14:03′
Temps du Coucher, t_C	06:14′	08:18′	08:41′	06:29′	07:59′	08:15′
Temps de Culmination, t_c	23:16′	23:16′	23:17′	23:35′	23:10′	23:07′
Magnitude Visuelle	+3.4	+3.9	+4.0	+3.4	+3.9	+4.0

Époque Astronomique	**18-VII-2723 BCE, 23:35′: Giza**	
Étoile	**γ–Uma = SAO 28179**	**δ–Uma = SAO 28315**
Ascension Droite, α	$05^H14^M37^S$	$05^H11^M00^S$
Déclinaison, δ	70°27′20′′	74°58′02′′
Azimut, A	03°24′25′′	02°55′43′′
Hauteur, h	10°41′53′′	15°11′37′′
Temps du Lever, t_L	Circumpolaire	Circumpolaire
Temps du Coucher, t_C	Circumpolaire	Circumpolaire
Temps de Culmination, t_c	22:57′ [culmination supérieure]	22:53′ [culmination inférieure]
Magnitude Visuelle	+2.5	+3.4

nous semble bien intéressante et pourrait sans doute tout expliquer. La méthode de Lexa demande une observation sur la plate–forme du toit d'un temple[158]. Černý

[158] Voir LEXA, 1950: 443 & figure. Il faut noter que l'opinion de Lexa «On pourrait utiliser cet appareil n'importe où et n'importe quand» (voir p. 444) n'est pas correcte. Quand e.g.: le ciel est nuageux, il est impossible d'en tirer profit.

a bien précisé le sens du mot *sb3yw ḥr tp-ḥwt ꜥḥ* comme *astronomes–observateurs*[159], ce qui pourrait constituer une preuve indirecte de l'opinion de Lexa. La méthode de Lexa est applicable seulement pour une étoile quelconque à la fois, afin de déterminer sa culmination. En plus, elle serait aussi théoriquement applicable pour l'étoile polaire, s'il y en avait une pour une époque certaine. Notons que α–Dra était polaire à c. 2800 BCE, donc au moins 250 ans avant l'époque de Khéops (voir n. 186, *infra*). Or, la méthode proposée par Lexa, c'est-à-dire: *l'observation de culmination des étoiles afin de définir le Méridien*, semble être plus compatible avec les données, elle ne se fonde pas sur des opinions déraisonnables et ne lance pas de prétentions arbitraires; en plus, il nous semble qu'elle pourrait tout expliquer avec le minimum des préjugés. Comment, donc, pourrait-on expliquer la déviation augmentante de l'orientation à partir du vrai Nord, quand on se déplace chronologiquement de l'ère de Khéops vers la fin de la IVe Dynastie? Or, pourquoi l'exactitude de l'orientation est-elle plus grande en ce qui concerne la Grande Pyramide? Il nous semble que cela pourrait être expliqué sur la base des erreurs des techniciens ou des astronomes–observateurs, erreurs à la fois systématiques ou dues au hasard (cf. § 4.2, # 6, *infra*). Mais pourquoi y avait-il moins d'erreurs pendant le règne de Khéops? Alors, comme Stadelmann[160] l'a bien noté, pendant son règne la doctrine dominante de «l'école» d'architectes/techniciens était digne de créer des «miracles stupéfiants» avec beaucoup de détails et d'une grande sophistication, en accord avec l'apothéose de la monarchie divine caractéristique de son temps. Lehner note que l'exactitude proéminente de construction de la Grande Pyramide[161] pourrait faire allusion à un certain symbolisme religieux, dont le sens propre nous échappe. Une autre possibilité serait son explication comme une «réponse» à l'échec architectural de la construction de la pyramide de Dahshūr, qui prit place avant celle de Khéops à Giza[162]. Cela semble plus logique et égyptologiquement acceptable que les prétentions de Spence et d'autres.

Il faut remarquer que la théorie de Spence n'est pas aussi originale qu'il semble peut-être à première vue. Elle est indirectement fondée sur des méthodes antérieures, décrites par Žába[163]. Avant de les examiner brièvement, notons qu'il existe d'autres méthodes intéressantes pour expliquer l'orientation des

[159] Voir ČERNÝ, 1963: 173; cf. SAUNERON, 1959: 36-41. Sur les prêtres–astronomes (*hōrologoi/imyw-wnwt, hōroscopoi/wnwtyw, veilleurs/wršyw*, observateurs/*wnwnw, voyants/m3w*), voir *Wb.*, I, 316: 2; *Wb.*, I, 317: 9; *Wb.*, I, 336: 7-8; *Wb.*, I, 318: 12; *CD*: 64; & c.

[160] Voir STADELMANN, 2000: 66.

[161] La déviation moyenne des quatre côtés, relativement aux directions cardinales, est de 03′06″; la différence maximale du longueur de chacune n'est que de 4.4 cm. À noter que de 921.44 m de la ligne périmétrique initiale de la base seulement 54.44 m restent aujourd'hui, la plus grande partie étant presque détruite. Seulement 212.48 m de la plate–forme de fondation ont survécu jusqu'à nos jours (voir COLE, 1925; LAUER, 1960a: 7-15; LEHNER, [2]1998: 109 & 212-15). Nous signalons que ces dimensions sont celles que nous observons au moment où nous nous plaçons afin de mesurer la précision de construction de cette pyramide. Sur les erreurs d'orientation cf. aussi CLARK & ENGELBACH, 1930: 68.

[162] Voir LEHNER, [2]1998: 109.

[163] Voir ŽÁBA, 1953: 26-44. Cf. aussi POLÁK, 1954: 620-25 et NEUGEBAUER, 1980: 1-3. Voir aussi DORNER, 1981, où il a été démontré que l'observation des étoiles culminantes ne peut expliquer l'orientation si précise des pyramides de la IVe Dynastie.

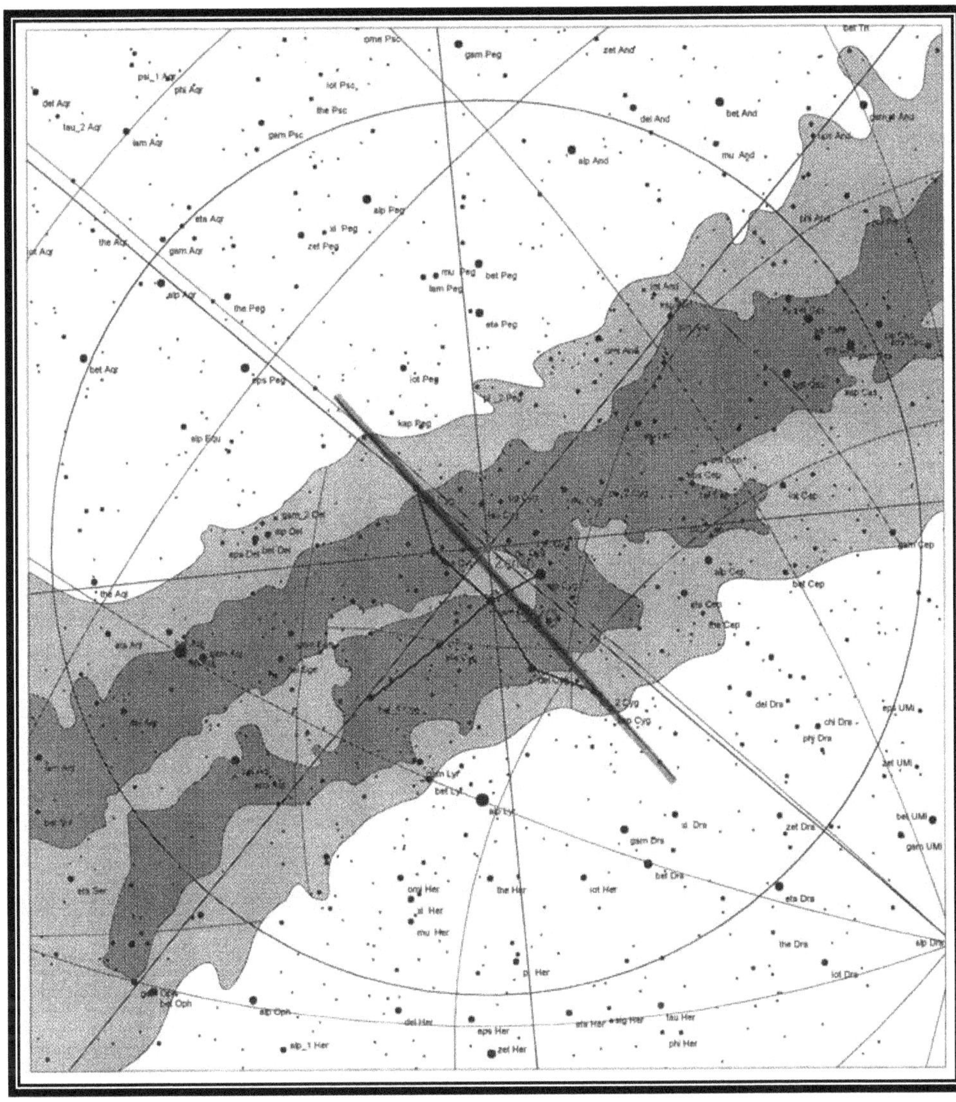

Figure III.5: Configuration du ciel boréal autour de la constellation du Cygne, produite à l'aide du REDSHIFT 2/4, calculée pour Giza le 18 Juillet 2723 BCE à 23:35′ heure locale. On a superposé un réseau des coordonnées célestes et les noms Bayer–Flamsteed des étoiles voisines, jusqu'à la limite apparente visuelle +6^{m}.0, qui comprend toutes les étoiles visibles à l'œil nu. Les lignes unissant les étoiles des constellations sont aussi superposées comme elles sont conçues aujourd'hui. La ligne épaisse unissant les étoiles ζ–Cyg, ι–Cyg et κ–Cyg n'est pas parallèle au Méridien local.

pyramides, soit stellaires[164], soit solaires[165], qui seraient peut-être les plus plausibles, comme cela semble possible dès que l'on considère les trous situés à inter-

[164] Voir EDWARDS, ^{19}1987: 241-47 & fig. 56. Pour une critique de la théorie d'Edwards, voir ISLER, 1989: 192 ff.

[165] Voir ISLER, 1989: 191-206. Cette théorie fondée sur l'utilisation du *gnōmōn*, corrigée par Wilkinson (voir WILKINSON, 1991: 149-54), semble bien plausible, claire, simple et raisonnable. Nous croyons qu'elle pourrait nous fournir la solution parfaite et la plus prudente sur le problème de l'orientation exacte des pyramides. Sur la valeur de la méthode gnomonique, voir ISLER, 1991: 155-85 et LEHNER, ^{2}1998: 214; cf. SYMONS, 1998: 30-36.

valles réguliers autour de la Grande Pyramide[166]. Il y a, en plus, des articles concomitants qui sont apparus plus tard. Cook a discuté «comment» l'élaboration géometrique de la Grande Pyramide correspond aux angles des tous les couloirs de ventilation calculés en rapport avec la position de certaines constellations[167]. Bauval et Gilbert ont proposé une théorie charlatanesque concernant la position des pyramides à Giza[168], ainsi que les galeries d'aération[169], qui a été critiquée par Málek[170]. Bien que cette théorie semble extraordinaire, il faut remarquer l'absence des preuves et le fait qu'elle n'utilise pas les données archéologiques afin de présenter une synthèse acceptable, mais se fonde sur des prétentions arbitraires et fausses «pyramidologiques» afin d'expliquer les données archéologiques. Hellestam énonce deux théories «solaires», liées au culte de l'astre du jour, afin de[171]: **(i)** expliquer les calculs relatifs à l'édification des pyramides, ainsi que leur évolution technique et architectural de Djoser à Khéops; et **(ii)** il accepte que la position des angles de la Grande Pyramide ait été choisie en fonction de la course du Soleil, de façon à marquer les transitions entre les trois saisons du calendrier égyptien (*3ḫt, Prt, Šmw*). Legon[172] a traité du calcul des positions des constellations liées aux galeries d'aération de la pyramide de Khéops et remet en question les théories sur l'élaboration des couloirs en fonction du système stellaire; d'après lui, seuls les facteurs géometriques expliquent ces réalisations architecturales. Haack[173] propose une théorie intéressante selon laquelle l'orientation des pyramides a été fondée sur l'utilisation du lever et du coucher des étoiles proches de l'équateur céleste et présente une date chronologiquement acceptable, dès qu'il donne l'an 2640 BCE comme le commencement de la IVᵉ Dynastie. La théorie de Haack semble intéressante, mais il n'est pas du tout certain que les Égyptiens connaissaient l'équateur ou bien des systèmes de coordonnées, afin d'être capables de répérer des étoiles équatoriales. En tout cas cette théorie semble plus plausible que celle de Spence. Enfin, un article interdisciplinaire bien fait et vraiment intéressant, qui combine la Physique et l'Archéologie en étudiant la construction des pyramides, est celui de Kirkland Wier[174].

---

[166] Voir GOYON, 1969: 73; MARAGIOGLIO & RINALDI, 1965: 66. Ces trous qui forment des lignes, suivant parallélement les côtés pyramidaux, étaient utilisés très probablement comme des bases sûres pour les pôles qui portaient un fil de référence utilisé par les maçons (voir par exemple LEHNER, 1985: 136-58; LEHNER, [2]1998: 214).

[167] Voir COOK, 1994: 29-36.

[168] Voir BAUVAL & GILBERT, 1994. Cf. aussi BAUVAL, 1994: 17-20.

[169] Voir BAUVAL, 1995: 5-13. Cf. aussi BADAWY, 1964: 189-206.

[170] Voir MÁLEK, 1994: 101-14. Le Dr E. Krupp a aussi présenté beaucoup de conflits logiques de cette théorie imaginaire dans ses articles (voir KRUPP, 1997c: 64-65; KRUPP, 2001b: 86-88). Nous signalons aussi que la conception que les Égyptiens se faisaient d'Orion était absolument différente de celle d'aujourd'hui (voir par exemple LOCHER, 1993: 279-84; et cf. ALLEN, [2]1963: 303-20).

[171] Voir HELLESTAM, 1994: 21-27.

[172] Voir LEGON, 1994: 29-34.

[173] Voir HAACK, 1984: S119-25. Pour des arguments *contra* Haack, voir THURSTON, 2001.

[174] Voir KIRKLAND WIER, 1996: 150-63. Pour les pyramides en général, voir aussi FAKHRY, 1961; PITSCH, 1984: 119-25; MÁLEK, 1986; DEATON, 1988: 193-200; HAWASS, 1995: 221-62.

§ 4.2. Est ce qu'il y a des Sources Textuelles Explicites?

La présente section constitue tout d'abord une critique de la théorie récente construite par le Dr Kate Spence[175], concernant la méthode utilisée par les prêtres–astronomes Égyptiens afin de préciser exactement la direction Nord–Sud, pour orienter leurs pyramides pendant l'Ancien Empire. Il s'agit d'une critique de la méthode «construite sur l'ordinateur», qui examine la conception d'un scénario qui nous rappelle plutôt la science–fiction qu'une théorie archéoastronomique concise, en la comparant avec celles des chercheurs précédents. Le caractère pratique et l'applicabilité de cette théorie, ses critères de sélection des données, ses arguments circulaires, ses opinions arbitraires, sont examinées en bref mais rigoureusement et de questions se posent concernant sa validité[176]. Nous présentons douze arguments en forme des questions, afin de prouver son inapplicabilité, tout en proposant pour comparaison une paire d'étoiles alternatives (η–Dra et β–UMa) qui donnent une chronologie meilleure pour le règne de Khéops (c. 2558 BCE), qui se trouve en accord avec la datation courante acceptable. Sur la même base nous nous référons aux quelques passages des textes funéraires —qui, comme l'on a déjà vu ci-dessus (voir les Sections §§ 1-2: Tables III.1 & III.3) ne contiennent pas de références explicites à l'orientation des pyramides—, qui ont été mal interprétées par Spence et par les adeptes de théories pareilles. La théorie de Spence[177] ne semble pas être correcte. Elle est trop sophistiquée pour être vraie. Elle se présente avec une pléthore d'erreurs significatives qui sont discutées ci-dessous, en forme des questions/arguments.

1. Est ce qu'il y a des critères stricts et égyptologiquement acceptables sur lesquels Spence base sa théorie? Il semble que la réponse est en effet négative. Il s'agit d'un scénario imaginaire, qui essaie de présenter une théorie construite sur l'ordinateur, à l'instar d'une «théorie géniale qui exprime les données archéologiques». Mais il s'agit vraiment d'une théorie biaisée par des préjugés, tendan-

---

[175] Voir SPENCE, 2000: 320-24.

[176] Owen Gingerich, au commencement sceptique, a présenté quand même la théorie de Spence dans le même mensuel de *Nature*: voir GINGERICH, 2000: 297-98. Kurt Locher nous a informé que, pendant le congrès *Under One Sky* (25-27 Juin, 2001, à Londres, *British Museum*), il y avait une critique contre la théorie du Dr Spence. Pendant le même congrès, Spence a présenté sa théorie au public. Nous ne connaissons pas le contenu des articles présentés à Londres. Belmonte a écrit un article intéressant et prudent sur l'orientation des pyramides (voir BELMONTE, 2001: S1-20). Il y discute la théorie de Spence, en utilisant l'idée principale (qui, comme on le note ici, n'est pas nouvelle), propose des idées originales qui doivent êtres examinées, et note aussi seulement deux de ses points faibles. Belmonte écrit dans sa n. 1: «Spence's work has proved highly controversial, with serious debates between scholars, and her proposals have been severely questioned. See for example H. Thurston: "Aligning Giza: Astronomical Orientation of the Great Pyramid", *Griffith Observer*, September 2001, *in press*; A.–A. Maravelia: "L'horizon astral de Khéops: Archéoastronomie, Égyptologie ... et quelques scénarios de science–fiction", *Tôzai*, **5**, Limoges–Tokyo 2000 [2002], 11-37; and C. Lamberti: "Mizar, Kochab e la piramide di Cheope", *L'Astronomia*, **217**, 2001, 32-38». Nous ne sommes pas au courant jusqu'à ce moment (Août 2004) d'autres articles sérieux pour ou contre la théorie de Spence, à l'exception de MATHIEU, 2001: 457-59, qui la réfute incontestablement.

[177] Voir la n. 175, *supra*.

cieuse, avec des fautes et des prétentions arbitraires —comme on le verra ci-dessous— et complètement non réaliste. D'ailleurs, il n'y a pas de textes ou bien de sources astronomiques épigraphiques qui pourraient justifier les opinions arbitraires de Kate Spence[178].

2. Or, pourquoi choisit-elle ces deux étoiles (voir ζ–UMa et β–UMi)? Sur quels arguments scientifiques se fonde-t-elle? Elle les choisit seulement parce qu'elle construit des résultats arbitraires. Les Égyptiens n'étaient pas incapables —étant des observateurs attentifs— mais ils ne produisaient pas de science comme les Hellènes, et n'étaient pas aussi systématiques qu'eux (ou bien que les Babyloniens) concernant leurs observations; ils étaient plutôt des observateurs empiriques, et les méthodes qu'ils adoptaient étaient utilisables afin d'en obtenir des résultats pratiques et applicables à la vie (calendrier, mesure du temps, & c.); c'est-à dire qu'ils n'ont jamais créé de science *per se*[179]. En plus, ils ne possédaient pas d'ordinateurs pour être capables de «jouer» et de construire des théories en biais. C'est évidemment très facile quand on vit à notre ère de construire une pléiade de modèles plausibles et de configurations du ciel, mais cela ne veut pas dire que tout était utilisé ou utilisable dans l'Antiquité, d'autant plus, quand on pense que le modèle proposé par Spence ne pourrait être conçu par les Égyptiens du passé. Pourquoi? Mais, parce que Spence ne se met pas elle-même à la place des prêtres–astronomes anciens (en se demandant: «comment ceux-ci auraient-ils pensé?»), mais construit des hypothèses fictives en utilisant l'ordinateur. Même les observateurs les plus capables, et ceux qui auraient assimilé l'expérience accumulée du passé, n'avaient pas pu concevoir un tel modèle à cette époque là. Il est déjà temps pour tous de comprendre que l'Archéologie ne fonctionne pas en projetant nos idées du présent dans le passé antérieur[180]!

3. Il y a plusieurs étoiles qui pourraient être utilisées par les Égyptiens. On a trouvé, entre autres, les paires suivantes: χ–Dra et ε–UMa, θ–Dra et α–UMa, η–Dra et β–UMa, ε–UMa et γ–UMi, η–UMa et α–UMi, & c. Il faut noter qu'avec ces paires la précision du temps de culmination simultanée est moins grande, mais comment pourrait-on accepter que les Égyptiens aient pu concevoir une telle méthode, avec une exactitude dont même les astronomes de l'époque de Kepler seraient jaloux? Et si l'on suppose que Spence a même partiellement raison, pourquoi ne pas accepter que les Égyptiens utilisaient cette même méthode pendant le temps de Djoser, ou encore plus tôt, ou bien plus tard avec des étoiles plus adaptées? Afin de conforter cet argument on a construit ici sur l'ordinateur un modèle simple en utilisant les étoiles η–Dra et β–UMa. *Et ce n'est pas parce que nous sommes d'accord avec Spence. Au contraire! On l'a fait, afin d'indi-*

---

[178] Ibid. Cf. aussi GINGERICH, 2000: 298. Voir aussi SPENCE, 2001: 700, où elle se réfère d'une façon assez optimiste aux cérémonies tardives de la fondation des temples, pour lesquelles voir la n. 200, *infra*.

[179] Voir PANNEKOEK, [1]1961: 82-85. Voir aussi NEUGEBAUER & PARKER, *EAT*, **I-III**, 1960-69, où il a été démontré que le système astronomique décanal des Égyptiens n'était pas précis, parce qu'il ne satisfaisait pas deux conditions fondamentales, soit: **(i)** le choix des constellations proches de l'équateur; et **(ii)** l'observation de leur passage au Méridien. En ce qui concerne les décans, voir BELMONTE, 2001b et cf. BÖKER, 1984.

[180] Voir le Chapitre II: § 2 & n. 85, *supra*.

quer quelques points faibles de sa théorie. On a donc utilisé le REDSHIFT 2/4, un programme à calcul astronomique extrêmement précis (suivant les critères DE102 de JPL (NASA), qui prennent en compte la précession, et tous les mouvements célestes avec une précision magnifique[181]). La Figure III.6 (voir aussi Table III.6) montre nos résultats pour le 19 Juillet 2558 BCE (à 21:48′) à Giza, en utilisant les étoiles η–Dra et β–UMa. Il est évident qu'il existe une différence de 1 min entre les culminations «simultanées» des deux étoiles (ou ΔA = 7′42′′ en azimut), qui produirait une erreur de 3′51′′ (à l'ouest du Nord ou bien à l'est du Nord) à l'orientation d'un côté pyramidal, si l'on suppose (cela n'est qu'*une hypothèse qui ne correspond pas à la réalité*, mais on l'utilise ici dans notre argumentation) que les Égyptiens auraient pu utiliser cette méthode, en tenant compte du moment où ces deux étoiles seraient éloignées du Méridien local simultanément de ΔA/2. Et certes, 2558 BCE est une date qui s'accorde mieux avec les chronologies acceptables pour le règne de Khéops[182]. Sur la même figure on n'a pas superposé les formes des constellations comme on les aperçoit de nos jours, afin de ne pas accumuler des conceptions ou d'autres biais modernes, comme Spence le fait dans ses figures 2 et 3. On a superposé, quand même, les formes des quelques constellations circumpolaires principales de l'Égypte antique, comme elles étaient bien définies par Locher[183], ainsi qu'un réseau des coordonnées célestes (ouranographiques) et les noms Bayer–Flamsteed des étoiles boréales jusqu'à la limite apparente visuelle $+6^{m}.0$, qui comprend toutes les étoiles visibles à l'œil nu. Sur la même figure on a superposé la ligne imaginaire qui joint nos étoiles, ainsi que celle qui joint les étoiles de Spence (pour une grossière comparaison, parce que l'époque astronomique proposée par Spence est postérieure à la nôtre). De cette façon, on voit clairement que l'image du ciel chez les Égyptiens était bien différente de celle d'aujourd'hui. En plus il est évident que les prêtres–astronomes ne concevaient pas l'image de la *Petite Ourse* comme on la conçoit aujourd'hui; pour eux la configuration céleste de ces étoiles était bien différente (cf. la Fig. III.6). La seule configuration céleste importante était la petite constellation de *Mnity* (β–UMi, γ–UMi, α–Dra, et 4–UMi, 5–UMi, κ–Dra) dont la signification possible a été discutée par Locher[184]. On pourrait ajouter à ses arguments un parallèle, *mutatis mutandis*, de la cosmovision hellénique ancienne des Orphiques, qui décrit la Grande Déesse, Mère des Dieux (*Mater Deorum*), tenant le sceptre (~ l'axe polaire) du monde[185]. Et n'oublions pas que c'était certes *Rrt*, la déesse–hippopotame astrale, celle qui tenait les deux amar-

[181] Voir le Chapitre II, nn 113-15, *supra*.

[182] Voir VON BECKERATH, 1997.

[183] Voir LOCHER, 1985: S152-53; LOCHER, 1991: 216-7 & pls LXI-LXIII.

[184] Ibid. Cf. aussi NEUGEBAUER & PARKER, *EAT*, **II**, 1964: 5.

[185] Voir l'hymne orphique à celle-ci (*27*: 4-5): « ... | σκηπτοῦχε κλεινοῖο πόλου, πολυώνυμε σεμνή, | ἣ κατέχεις κόσμοιο μέσον θρόνον ... ». Voir aussi l'hymne orphique à Gaia (*26*: 8-9): « ... | περὶ ἣν κόσμος πολυδαίδαλος ἄστρων | εἱλεῖται φύσει ἀενάῳ καὶ ῥεύμασι δεινοῖς. | ... », où la Terre est considérée comme le centre du cosmos, autour duquel les étoiles tournent continuellement. Cf. aussi l'hymne orphique à Ouranos (*4*: 3-5): « | ... σφαιρηδὸν ἑλισσόμενος περὶ γαῖαν, | οἶκε θεῶν μακάρων, ῥόμβου δίναισιν ὁδεύων, | οὐράνιος χθόνιός τε φύλαξ πάντων περιβληθείς, | ... », où l'on pourrait supposer que la précession de l'axe terrestre est exprimée indirectement; ainsi que

Table III.6: Quelques données astronomiques, calculées pour Giza le 19 Juillet 2558 BCE à 21:48′ heure locale (voir aussi Fig. III.6), pour les étoiles η–Dra et β–UMa, produites à l'aide du REDSHIFT 2/4. Il est évident qu'il existe une différence de 1 min entre les culminations simultanées des deux étoiles (ou $\Delta A = 7'42''$ en azimut, soit $\Delta\alpha = 12^H02^M42^S$ en ascension droite), qui produirait une erreur de 3′51′′ (à l'ouest du Nord ou bien à l'est du Nord) à l'orientation d'un côté pyramidal, si l'on suppose que les Égyptiens aient pu utiliser cette méthode, en tenant compte du moment où ces deux étoiles seraient éloignées du Méridien local simultanément de ΔA/2. Certes, 2558 BCE est une date qui s'accorde mieux avec les chronologies acceptables pour le règne de Khéops.

Époque Astronomique	**19-VII-2558 BCE, 21:48′: Giza**	
Étoile	**η–Dra = SAO 17074**	**β–Uma = SAO 27876**
Ascension Droite, α	$16^H16^M00^S$	$04^H13^M18^S$
Déclinaison, δ	73°25′43′′	67°14′35′′
Azimut, A	00°04′11′′	00°11′53′′
Hauteur, h	46°33′16′′	07°13′37′′
Temps du Lever, t_L	Circumpolaire	Circumpolaire
Temps du Coucher, t_C	Circumpolaire	Circumpolaire
Temps de Culmination, t_c	21:49′ [culmination supérieure]	21:48′ [culmination inférieure]
Magnitude Visuelle	+2.9	+2.4

res[186] (mooring posts). Mais l'étoile α–Dra se trouvait éloignée du pôle céleste boréal de 1°.5 pendant cette époque, donc elle serait inutilisable comme étoile polaire. Donc, il nous semble qu'il n'y a aucune raison pour préférer la paire d'étoiles choisie par Spence parce qu'elle produit une date bien tardive. L'étoile que nous proposons comme contre–exemple se trouve en culmination inférieure, donc en moins d'hauteur ($h_{\beta\text{–UMa}} \approx 7°$, $h_{\zeta\text{–UMa}} \approx 18°$). Il faut noter que selon la loi empirique de Thom, la hauteur en degrés pour qu'une étoile près de l'horizon soit visible (à cause des phénomènes d'absorption atmosphérique) est égale à la magnitude de cette même étoile[187]; donc notre étoile ($m = +2^m.4$) sera bien visible à cette hauteur. Pour un calcul plus exact il faut prendre en compte les phénomènes de réfraction atmosphérique[188] ($0^m.25$ en $h = 3°$; $0^m.0$ au Zénith).

l'hymne orphique aux Étoiles (7: 4): « | ἐγκυκλίοις δίναισι περιθρόνια κυκλέοντες | », où les étoiles paraissent tourner cycliquement autour des trônes cosmiques.

[186] Voir e.g.: HART, 1986: 211-12: art. «Taweret». Voir aussi LOCHER, 1991: 216-17 & pls LXII-LXIII. La pointe des deux amarres (l'une d'entre elles étant plusieurs fois un petit crocodile) semble indiquer les poles boréaux célestes «près» des étoiles α–Dra (c. 2800 BCE, séparation angulaire < 7′) et κ–Dra (c. 1300 BCE, séparation angulaire < 5°). Il faut ajouter que dans le *Livre du jour et de la nuit* (cf. PIANKOFF, 1942: 95), qui doit être plus original que les représentations murales, tous les deux sont des amarres.

[187] Voir THOM, 1967: 160-63. Cf. aussi le Chapitre II, §§ 3.4, 3.5.

[188] Voir HAACK, 1984: S124. Cf. aussi le Chapitre II, §§ 3.4, 3.5.

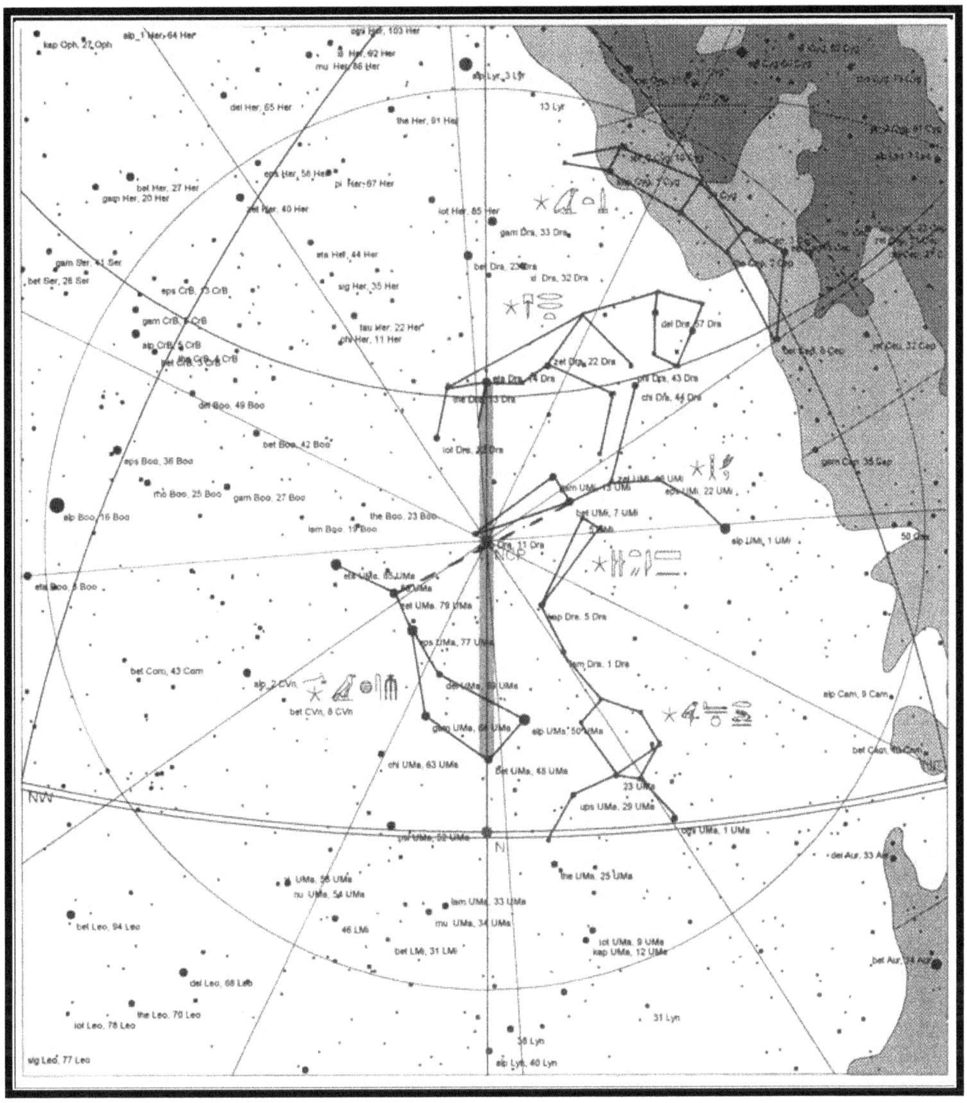

Figure III.6: Configuration du ciel boréal circumpolaire, produite à l'aide du REDSHIFT 2/4, calculée pour Giza le 19 Juillet 2558 BCE à 21:48′ heure locale. On a superposé (d'après Locher) les formes des quelques constellations circumpolaires principales de l'Égypte antique (qui correspondent aux *étoiles impérissables* (*Ỉḫmw-skiw*; voir toutes les étoiles comprises dans le cercle de 60° de déclinaison). On a aussi superposé un réseau des coordonnées célestes et les noms Bayer–Flamsteed des étoiles boréales jusqu'à la limite apparente visuelle $+6^{m}.0$, qui comprend toutes les étoiles visibles à l'œil nu. Sur la même figure on a superposé la droite imaginaire qui joint nos étoiles (η–Dra et β–UMa: ligne épaisse), ainsi que celle qui joint les étoiles de Spence (β–UMi et ζ–UMa: petite ligne mince en traits, pour une grossière comparaison, parce que l'époque astronomique proposée par Spence est postérieure à la nôtre). De cette façon, on voit clairement que l'image du ciel des Égyptiens était bien différente de celle d'aujourd'hui.

4. Et même si l'on supposait que Spence avait raison, le fait que l'étoile culminante en haut se trouve en hauteur h ≈ 40° implique une précision formidable, certainement inaccessible à cette époque-là. Des calculs très simples nous montrent qu'une précision d'une minute d'arc (disons ≈ 1 cm sur le sol) aurait besoin d'une corde (disons d'un «fil à plomb») de 28 m de hauteur qui devrait être située à moins 34 m loin du point d'observation[189], ou peut-être d'une corde 10 fois plus courte pour une précision de 1 mm sur le sol? Et même si tout cela était vrai: **(i)** comment pourrait-on apercevoir en pleine nuit toutes ces cordes à cette distance? **(ii)** comment serait-on capable d'extrapoler la longueur de 2.8 m de base à la longueur vraie de la base pyramidale avec une précision comparable? C'est complètement impossible! Même si l'on supposait que les Égyptiens ont pu utiliser la méthode décrite par Lexa, il serait impossible de l'appliquer *simultanément* pour les deux étoiles qui se trouvent dans la moitié boréale du Méridien local, séparées de $\Delta h \approx 39°.5 - 18°.5 = 21°$!

5. Pourquoi Spence choisit-elle seulement l'alignement du côté ouest de la Grande Pyramide (le côté est montre aussi bien la direction Nord–Sud)? Elle nous dit que c'est parce que «la représentation graphique montre que seulement ce côté ouest a été exactement orienté»[190]. Mais, il s'agit ici d'un sophisme, afin de forger ses résultats; c'est a dire d'un argument circulaire qui ne peut pas prouver ses prétentions d'une manière satisfaisante. Et pourquoi indique-t-elle les points correspondant aux pyramides de Djoser, Wenis, Sesōstris I et Amūnemhat III sur sa fig. 1a, sans les utiliser pour la construction de la droite des moindres carrés? Au contraire, elle utilise les points 1-8 seulement, afin de dériver la droite qui correspond à la meilleure adaptation; c'est-à-dire qu'elle invente ses résultats, pour les présenter comme elle voudrait qu'ils soient, et pas comme ils sont en réalité. Afin de montrer nos opinions nous avons traité toutes les données (même celles pour Djoser, Wenis, Sesōstris I et Amūnemhat III), en utilisant la chronologie de von Beckerath (voir aussi §§ 4.2, # 7-8, *infra*; pour Snofrou on a utilisé les dates consécutives c. 2575, 2573 et 2570 BCE), à l'aide du logiciel GRAPHER 1.79^C^. Il s'agit d'un programme extrêmement précis, conçu pour les Sciences[191]. De cette façon, on a obtenu la Figure III.7(a). On y voit que la pente de la ligne de la meilleure adaptation linéaire (best linear fit) est en réalité négative, et non positive comme Spence la présente en utilisant seulement 8 points. En plus, cette droite des moindres carrés n'est pas du tout satisfaisante, parce qu'elle présente une corrélation très pauvre d'un coefficient $r \approx -0.38$. On en a obtenu l'équation linéaire $\mathbf{\Delta\theta} \approx -0.094\mathbf{t} - 218$, où $\mathbf{\Delta\theta}$ est la déviation d'alignement (en degrés), et **t** la date correspondante (en années BCE).

---

[189] Nous notons que la hauteur de β–UMi chez-Spence est $h \approx 39°.5$, donc sa tangente est: $\tan 39°.5 \approx 0.82 \approx 28/34$. Ce calcul est donné seulement comme une explication; pour aucune raison il ne signifie que les Égyptiens connaissaient ces procédures mathématiques. Ils ne connaissaient même pas le théorème de Pythagoras (voir GILLINGS, [2]1982: 238, 242; ROBINS & SHUTE, [3]1998)! Dans leurs textes astronomiques et mathématiques il n'y a aucune preuve qu'ils pouvaient profiter de telles méthodes! Comment, donc, pourraient-ils concevoir une méthode si sophistiquée, comme Spence voudrait nous le faire croire? L'Astronomie Mathématique, que la théorie de Spence implique indirectement, était un produit de la raison lumineuse hellénique. Il serait impossible de le faire, même si l'on suppose que les anciens prêtres–astronomes utilisaient la méthode de Lexa (voir LEXA, 1950: 443 & la figure présentée; cf. quand même la n. 163, *supra*).

[190] Cf. SPENCE, 2000: 321.

[191] Voir *GRAPHER V1.79^C^*, 1988.

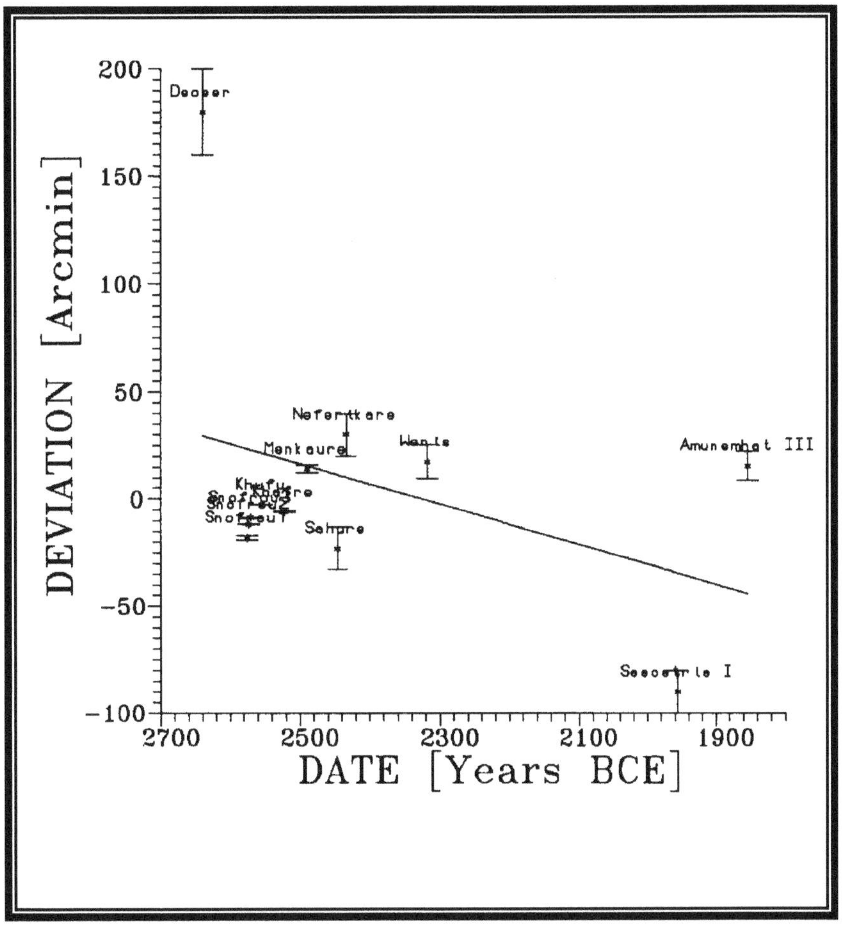

Figure III.7: Déviation d'alignement des pyramides (soit de leur côté est, soit de leur côté ouest), dérivée à l'aide du logiciel GRAPHER 1.79^{C}, en utilisant la chronologie de von Beckerath. **(a)** Le traitement des données pour toutes les pyramides (même celles pour Djoser, Wenis, Sesōstris I et Amūnemhat III) nous indique que la pente de la ligne de meilleure adaptation linéaire (best linear fit) est en réalité négative, et non positive comme Spence la présente en utilisant seulement 8 points. La meilleure adaptation linéaire (droite des moindres carrés) n'est pas du tout satisfaisante, parce qu'elle présente une corrélation très pauvre d'un coefficient $r \approx -0.38$. L'équation linéaire est $\mathbf{\Delta\theta} \approx -0.094\mathbf{t} - 218$. Cf. aussi la fig. 1a chez Spence pour comparaison. [NOTA: $\mathbf{\Delta\theta}$ est la déviation d'alignement, et **t** la date correspondante].

6. Pourquoi «réflette»-t-elle les points qui ne s'adaptent pas à la ligne qui passe par l'axe horizontal? Seulement pour les adapter en les forçant (ou bien inventant?) à son modèle (voir sa fig. 4 et cf. sa fig. 1b). Elle présente ainsi un graphique en biais, absolument fictif, parce qu'il contient aussi l'erreur de chronologie expliqué en §§ 4.2, # 7-8, *infra*. Afin de montrer nos opinions nous avons traité toutes ses données (points 1-8) en utilisant la chronologie de von Beckerath (voir aussi §§ 4.2, # 7-8, *infra*), à l'aide du logiciel GRAPHER 1.79^{C}. De cette façon, on a obtenu la Figure III.7(b). L'on y voit que la meilleure adaptation linéaire (best linear fit) n'est pas du tout satisfaisante, parce que la droite des moindres carrés présente une corrélation pauvre d'un coefficient $r \approx 0.49$. On en a ob-

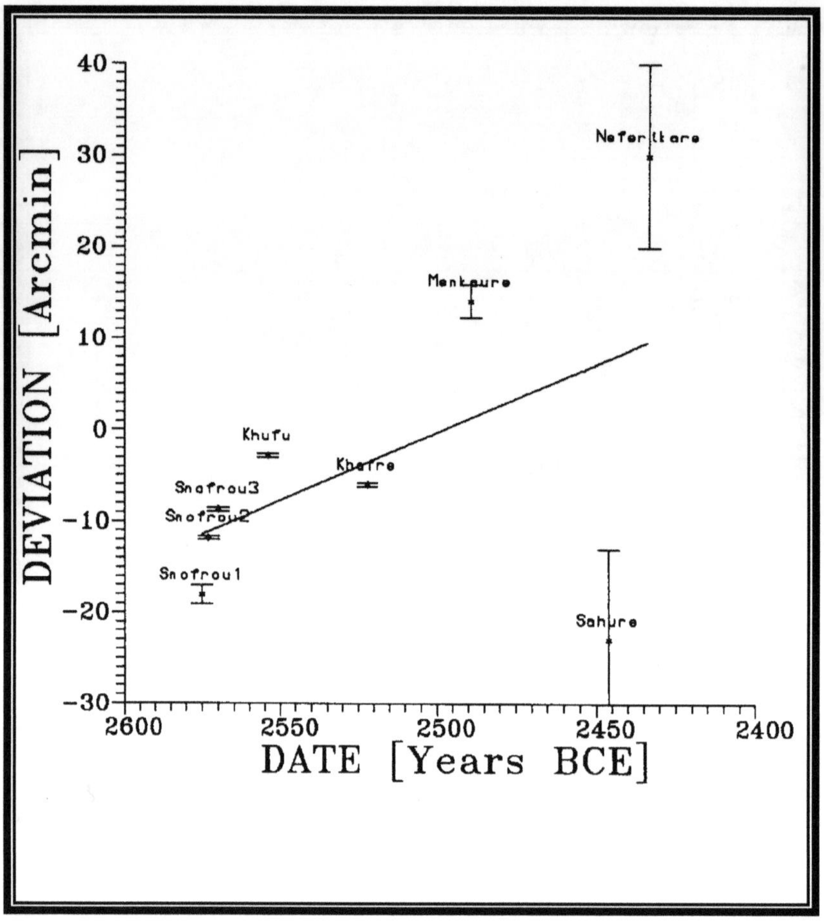

Figure III.7: Déviation d'alignement des pyramides (soit de leur côté est, soit de leur côté ouest), dérivée à l'aide du logiciel GRAPHER 1.79[C], en utilisant la chronologie de von Beckerath. **(b)** Le traitement des données pour les pyramides 1-8 nous indique que la meilleure adaptation linéaire (droite des moindres carrés) n'est pas du tout satisfaisante, parce qu'elle présente une corrélation pauvre d'un coefficient $r \approx 0.49$. L'équation linéaire est $\mathbf{\Delta\theta} \approx 0.15\mathbf{t} + 372$. Cf. aussi la fig. 4 chez Spence pour comparaison. [NOTA: $\mathbf{\Delta\theta}$ est la déviation d'alignement, et **t** la date correspondante].

tenu l'équation linéaire $\mathbf{\Delta\theta} \approx 0.15\mathbf{t} + 372$, où $\mathbf{\Delta\theta}$ est la déviation d'alignement (en degrés), et **t** la date correspondante (en années BCE). Et pourquoi accepter son raisonnement quant à l'explication de la diminution de précision d'orientation dès qu'on s'éloigne de l'époque de Khéops, et pas une raison différente? Les erreurs d'observation (erreurs systématiques et de hasard) commises par des astronomes–observateurs devaient être importantes et quelquefois significatives. Concernant la diminution de l'exactitude pour l'orientation des côtés pour une seule pyramide on pourrait en plus attribuer une partie des déviations observées aux erreurs commises quand on mesurait les arêtes à partir de l'axe déterminé, comme cela a déjà été correctement proposé par Lexa[192].

---

[192] Cf. LEXA, 1950: 442-43.

7. Pourquoi Spence rejette-t-elle la chronologie de von Beckerath[193], quand il s'agit de Snofrou (voir sa table 1)? Il nous semble qu'elle le fait arbitrairement, seulement pour trouver une chronologie alternative qui serait compatible avec ses graphiques et en accord avec ses prétentions. Il faut noter que la datation de Snofrou est bien importante dans son argumentation, de même que l'adaptation et l'ajustement de trois points de Snofou avec celui de Khéops, qui est critique. En plus, O'Mara[194] accepte que les bâtisseurs des pyramides utilisaient Sirius comme repère principal pour la datation de leur histoire, et propose 2443 BCE comme la date du féstival *ḥb-sd* du pharaon Pepy II, tout en transposant la date de 140 ans avant celle acceptée aujourd'hui[195]. Mais, enfin, qui a raison? Sans doute, seulement von Beckerath.

8. Si elle acceptait la chronologie de von Beckerath (ascension à c. 2575 BCE) au lieu de celle proposée par Stadelmann[196] (ascension à c. 2600 BCE), ses points sur le graphique se trouveraient déplacés au dessous de la ligne qu'elle accepte comme la plus correcte; c'est-à-dire qu'il est *impossible* de rendre compatibles *tous* les points correspondants aux pyramides de Snofrou, Khéops, Khéphren, Mykérinos et Neferikare sur une seule ligne [voir notre Fig. III.7(a)]. Or, dès que l'on accepte la chronologie plus plausible de von Beckerath (qui serait méthodologiquement plus orthodoxe), on verra que la ligne Snofrou–Khéops devient plus raide, en relation avec l'interprétation astronomique de Spence [voir sa fig. 4, «Line b» et cf. notre Fig. III.7(b)]. La même objection est aussi vraie quant à l'autre paire d'étoiles, γ–UMi et ε–UMa (voir sa fig. 4, «Line c»).

9. Et même si l'on suppose que tous nos arguments précédents trouvent des réponses acceptables et logiques, il nous semble impossible d'accepter que les Égyptiens aient pu concevoir une telle idée d'appliquer leur méthode deux fois par an, en intervalle de 6 mois, afin d'accepter la validité scientifique de ses figures 1b et 4, qui sont arbitraires. Pourquoi auraient-ils choisi ces deux étoiles et pas d'autres? Pourquoi auraient-ils utilisé ces deux étoiles seulement? Et pourquoi ne pas utiliser d'autres paires pendant des époques antérieures ou bien postérieures, comme on l'a déjà noté? Enfin, pourquoi accepter cette magnitude d'erreur potentielle que Spence introduit dans son pénultième paragraphe et non pas une autre? Il n'est pas acceptable de choisir par hasard les magnitudes d'erreur, —ou bien parce qu'on «croit» que cela suffit («seems an adequate error allowance», comme Spence nous dit[197])— sans qu'on applique des méthodes strictement statistiques. Tout cela semble bien arbitraire.

10. Il n'y a pas de textes qui nous montrent que Spence a raison. Quand l'on prend en compte la statistique, il devient évident qu'il est plus probable que de tels textes n'existent pas! S'ils existaient, il serait plus probable que nous les aurions découverts pendant plus de deux siècles de fouilles et de recherches. Il y a plusieurs rudiments d'astronomie dans les textes religieux et profanes; on con-

---

193 Voir la n. 182, *supra*. Cf. aussi BAINES & MÁLEK, [7]1988: 36-37.

194 Voir O'MARA, 1995: 73-85, et O'MARA, 1996a: 65-82.

195 Voir O'MARA, 1996b: 97-112, et O'MARA, 1997: 63-82.

196 Voir STADELMANN, 1986: 229-40. Voir aussi STADELMANN, 1990. Pour le règne de Snofrou, cf. aussi KRAUSS, 1996: 43-50, ainsi que KRAUSS, 1985.

197 Cf. SPENCE, 2000: 324.

nait les cérémonies de *délier la corde*[198] (*wḥꜥ wꜣwꜣt*), de même que les instruments[199] *mrḫt* (*ὡρολόγιον*) et *bꜥy n ímy-wnwt* (*φοῖνιξ*), mais jusqu'à maintenant il n'y a *aucune* mention des procédures imaginaires que Spence propose, ni dans les inscriptions naïques, ni dans les textes funéraires! Il n'y a *aucune* mention d'une telle «cérémonie d'alignement», qu'elle introduit arbitrairement[200].

Figure III.8: La cérémonie de l'extension de la corde (*wḥꜥ wꜣwꜣt*), représentée sur un relief du naos de la Reine Hat–shepsout (*Ḥꜣt-šps wt*) à Karnak. La pharaonne (à gauche), portant des vêtements d'homme, aidée par la déesse Seshat (*Sšꜣt*), divinité des observations astronomiques (cf. WAINWRIGHT, 1940: 30-40), porte une massue et étend la corde entre deux pôles, pour orienter symboliquement un bâtiment.

198 Cf. ŽABA, 1953: 64-65. Cf. quand même BELMONTE, 2001: S7-9 & fig. 2 pour une référence à la cérémonie plus ancienne d'orientation; voir aussi WAINWRIGHT, 1940: 30-40.
199 Voir EDWARDS, [19]1987: 244-46 & figs 54-55. Cf. aussi BORCHARDT, 1899: 10-17; LARSON, [1]1985: 1-4 & LARSON, [2]1992: 76-86 (l'instrument astronomique de Tut'ankhamūn).
200 Voir SPENCE, 2000: 320. Pour les textes de l'époque Helléno–Romaine décrivant la cérémonie d'orientation, voir EDWARDS, [19]1987: 244-6: « [...] a text at Denderah which describes the king as "looking at the sky, observing the stars and turning his gaze towards the Great Bear" should not be regarded as more than a record of a formal ceremony in which the king *was credited with having himself determined the orientation of the temple*, although in reality *he merely went through the motions*, as is done at the present day in laying a foundation stone». Pour ces textes cf. ŽÁBA, 1953: pl. II, Ab & Ca. En plus, «regardant vers la constellation de la Grande Ourse» ne pourrait être aussi significatif, parce que dans le contexte textuel cela ne signifierait que «tournant le regard vers le Nord» (en général), quelque chose qui était utile pour l'orientation. Tenant compte du fait que cette astérisme était si important pour les Égyptiens d'antan, l'on pourrait supposer avec certitude qu'il était utilisé comme un repère générique d'orientation vers le Nord et pour rien d'autre. Sur le temple à Edfou, voir *EDFOU*; FINNESTAD, 1985; WILSON, 1997.

11. Maintenant nous allons commenter quelques articles qui ont discuté les opinions de Spence, ce qu'on n'avait pas eu l'occasion de faire quand notre premier article sur ce sujet (sa version française[201]) a paru. Lamberti a écrit une présentation critique brève et concise de la théorie de Spence, où il a donné quelques arguments contre celle-ci[202]. Lamberti a trouvé que pendant la période proposée par Spence (2467 BCE) une autre étoile remarquable (d'une magnitude apparente visuelle de $2^m.9$), à savoir α–Canum Venaticorum (connu aussi sous le nom *Cor Caroli*), avait presque la même ascension droite que ζ–Ursæ Majoris (*Mizar*)[203]. Nous avons contrôlé ce fait en utilisant REDSHIFT 2/4 et nous sommes absolument d'accord avec lui. Nous avons même calculé leur différence, égale à 55″. Cela signifie que les deux étoiles proposées par Spence *avec* α–CVn seraient projetées sur la même ligne virtuelle dans la sphère céleste, tout en offrant un fil à plomb naturel très précis pour déterminer le vrai Nord, et par conséquent pour aligner la Grande Pyramide. À cause de la déclinaison de ce même astre (égale à 61°04′50″) pendant cette époque-là, et à cause de la latitude de Giza, il est évident que les trois étoiles constitueraient un indicateur du vrai Nord pendant la culmination inférieure de α–CVn[204] (qui était très proche de l'horizon local). Après quoi Lamberti se demande pourquoi les astronomes anciens n'ont pas observé cette étoile aussi, non seulement pendant sa culmination inférieure mais pendant d'autre temps, utilisant celle-ci *avec* la paire d'étoiles de Spence comme indicateur du Pôle Céleste Boréal. Il faut souligner quand même qu'une étoile de telle magnitude ($2^m.9$), comme celle proposée par Lamberti, serait difficilement visible près de l'horizon, mais elle pourrait en principe être utilisée comme un indicateur virtuel (mais pas aussi pratique) *avec* la paire d'étoiles de Spence soit avant soit après sa culmination inférieure. Lamberti a aussi discuté une autre paire d'étoiles circumpolaires remarquables, qui pourrait être probablement utilisée par les Égyptiens anciens afin d'orienter leurs pyramides pendant le OK. Il s'agit de deux étoiles dont l'ascension droite différait presque de 12^H, soit: β–UMa (*Merāk*) et γ–Dra (*'Eltamīn*)[205]. Il se demande encore pourquoi ne pas choisir ces étoiles au lieu de celles de Spence. Ses opinions sont en principe correctes: nous les avons contrôlées et il est possible que ces étoiles aient pu être utilisées seulement pendant la culmination supérieure d'Eltamin, parce que, pendant son passage inférieur sur le Méridien local, elle se trouvait sous l'horizon. Il faut quand même souligner que préciser des paires d'étoiles «convenables» n'est pas une solution du problème de l'orientation, parce que cela n'ajoute rien de nouveau. Il faut maintenant discuter les opinions des deux autres auteurs qui ont écrit un ar-

---

[201] Voir MARAVELIA, 2000: 14 & n. 17.

[202] Voir LAMBERTI, 2001: 32-38.

[203] Voir LAMBERTI, 2001: 36-37. Sur l'histoire de la constellation Canes Venatici, voir ALLEN, ²1963: 114-17.

[204] Pour la position projetée de α–CVn sur la sphère céleste relativement à la paire de Spence, voir Fig. III.6, *supra*; voir aussi fig. 2 dans MARAVELIA, 2000: 35. Certes, l'étoile serait très proche de l'horizon local et les effets de l'absorption atmosphérique seraient extrêmement significatifs, tout en rendant son observation impossible (voir les nn 187-88, *supra*).

[205] Voir LAMBERTI, 2001: 37. Sur l'histoire de la constellation Draco, voir ALLEN, ²1963: 202-12. Cf. aussi les paires que nous proposons au commencement de § 4.2: # 3, *supra*.

ticle sur la théorie de Spence et sur l'orientation des pyramides égyptiennes. Il s'agit de Rawlins et Pickering, les seuls chercheurs jusqu'à présent qui ont donné un article érudit qui n'est pas en désaccord complet avec Spence, mais qui souligne justement une erreur additionnelle grave de sa théorie[206]. Les deux chercheurs Américains ont prouvé que les calculs de Spence ne sont pas acceptables, parce qu'elle a utilisé l'angle entre le Pôle Nord Céleste et la ligne verticale qui unit les deux étoiles qu'elle propose, un angle qui est plus petit que l'angle de déviation actuelle du vrai Nord sur la surface de la Terre. Or, le taux de désorientation actuel projeté sur la surface terrestre à Giza implique un déplacement de 31′ par siècle (après avoir divisé par le cosinus de la latitude de Giza), au lieu de la valeur erronée de 27′ par siècle de Spence. Donc, Rawlins et Pickering ont étendu la chronologie vers le passé, en acceptant sur la base de leurs calculs l'an 2638 BCE comme la date possible de construction de la Grande Pyramide et 2607 BCE comme celle de la pyramide de Khéphren. En effet, il n'est pas du tout certain que l'on pourrait accepter ces dates trop précoces, un sujet qui reste encore ouvert. Les mêmes auteurs ont proposé une autre méthode pour l'alignement exact des pyramides. Ils ont trouvé que les étoiles Thubān et 10–Draconis étaient à la fois équidistantes du Pôle Nord Céleste pendant l'année 2627 BCE et en plus qu'elles se projetaient sur la sphère céleste très proches l'une de l'autre (leur distance angulaire étant inférieure à 1°). Ils ont aussi observé que le demi–point sur la ligne virtuelle qui les unissait était identique au Pôle Nord Céleste, et par conséquent quand ces deux mêmes étoiles étaient alignées horizontalement elles constituaient des indicateurs du vrai Nord géographique[207]. Certes, la méthode proposée par Rawlins et Pickering n'est pas réaliste et peut-être est-elle moins crédible que celle de Spence! Dès que quelqu'un est érudit en Astronomie et dès qu'il commence à «jouer» avec l'ordinateur, voire avec le logiciel astronomique, il peut préciser des coïncidences célestes qui sont plus extraordinaires que celles de Spence et de Rawlins et Pickering, mais cela ne signifie nécessairement en aucun cas que toutes ces coïncidences étaient utilisées par les Égyptiens d'antan. Or, l'on ne peut pas prouver que les prêtres–astronomes Égyptiens pratiquaient de telles méthodes afin d'orienter leurs monuments, bien qu'il soit évident que les dernières ne sont que des produits de l'Astronomie informatisée de notre ère. À moins que des textes explicites ne soient trouvés sur l'orientation des pyramides (qui jusqu'à maintenant sont manquants!), à moins que ces théories ne puissent se fonder sur des bases sérieuses scientifiques et sur des preuves incontestables ethnographiques et statistiques, toutes ces opinions seront toujours de simples spéculations sans le moindre support archéologique! Bien que Rawlins et Pickering aient «bien accueilli la créativité de Spence», ils ont souligné quand même que ses suggestions spécifiques sur l'observation pratique supposée de sa paire d'étoiles n'étaient pas justes, donc l'observation qu'elle propose serait difficile à être réalisée, à moins d'une rapidité extraordinaire («agile quickness»). En effet, ils ont proposé une méthode plus facile et plus applicable, afin —en

[206] Voir RAWLINS & PICKERING, 2001: 699.

[207] Voir *op. cit.*: 699. Pour un sommaire de leurs résultats, voir aussi THURSTON, 1994. Rawlins a également proposé une explication stellaire de l'orientation des grandes pyramides de Giza, que nous n'avons pu encore lire (voir RAWLINS, 1985: 255-68).

même temps— d'appuyer leur propre théorie. Kate Spence a répondu à la critique de Rawlins et Pickering, admettant son erreur, mais constatant que cette faute n'invalide pas sa méthode[208]. En plus, elle a présenté quelques arguments corrects, avec lesquels nous sommes absolument d'accord, prouvant que les Égyptiens de l'Antiquité ne connaissaient pas la précession des Équinoxes[209]. Néanmoins, sur la base de nos arguments précédents nous constatons que l'argumentation de Spence en faveur de sa propre théorie n'est pas convaincante. D'ailleurs, il n'y a pas d'indications incontestables (comme elle veut le croire) en faveur de ses opinions, ni dans le monument de Son–Mout[210], ni dans le contexte textuel de la Basse Époque[211]. En plus, Spence se réfère à un article plus ancien de Davis[212], en interprétant mal les opinions de celle-ci, afin de présenter des preuves fictives sur le fait imaginaire que les Égyptiens considéraient une ligne virtuelle entre deux constellations circumpolaires, tout en citant quelques conceptions erronées de Žába[213]. Mais on observe ici un paradoxe! Si Spence accepte à la fois que Žába et Davis aient raison en ce qui concerne l'interprétation de la divinité astrale hiéracocéphale *Dwn-ʿnwy*, qui est bien décisive pour son argumentation, car il est représenté tenant une lance (ou également une corde) contre la cuisse du taureau, cela serait évidemment contradictoire et oxymore. En effet, tous les deux n'ont pas raison! Tout d'abord, l'interprétation que Davis donne de la divinité astrale hiéracocéphale comme la Petite Ourse[214] (Ursa Minor) est tout à fait erronée. En plus, quelques-unes de ses citations des textes funéraires, afin de montrer que les Égyptiens considéraient deux haches célestes se battant, sont intrprétées plutôt subjectivement. Dans sa citation de *CT*, les deux haches de Seth sont liées avec Orion, qui est une constellation de l'hémisphère céleste Sud[215], et apparemment pas avec les deux adversaires combattant. D'ailleurs, l'interprétation de Davis de sa première citation des *PT*[216], ainsi que sa deuxième[217], sont considérées plutôt subjectivement. La troisième citation n'est pas aussi facile à comprendre

[208] Voir SPENCE, 2001: 699-700.

[209] Voir SPENCE, 2001: 700.

[210] Sur ce sujet, cf. les nn 147-48, *supra*. Cf. aussi POGO, 1930: 301-25; WILKINSON, 1991: 149-51.

[211] Voir la n. 200 et § 4.2: # 10, *supra*.

[212] Voir DAVIS, 1985: S102-04.

[213] Sur ce sujet, voir § 4.1 & nn 149-50, *supra*.

[214] Voir DAVIS, 1985: S103, et cf. § 4.1 & n. 147, *supra*. Sur l'histoire de la constellation Ursa Minor, voir ALLEN, ²1963: 447-60. Pour la constellation Ursa Major, see ALLEN, ²1963: 419-47. Cf. aussi LE BŒUFFLE, 1985: 15-20; KRUPP, 1987: 3-18; CALLATAŸ, 1992: 71-84.

[215] Voir *CT*, **IV**, 280: §§ 29a-29d. Pour une traduction, voir FAULKNER, 1973, **I**: 211. Dans ce contexte les deux haches sont décrites comme les armes de Seth utilisées par le défunt afin de saisir Orion (*S3ḥ*). Cf. aussi la Table III.3: # 123, *supra*.

[216] Voir DAVIS, 1985: S103. *PT*, **258**, § 311c: 259 se réfère au roi, comme «rendant propice aux deux haches». Pour une traduction, voir FAULKNER, ²1998: 68.

[217] Voir *PT*, **259**, § 315c: 262, qui se réfère au pharaon comme «se débarrassant de deux haches». Pour une traduction, voir FAULKNER, ²1998: 69. Faulkner, dans ses commentaires courts, note que les deux haches seraient les «deux combattants à Unu, qui apparemment livraient une bataille avec des haches», en se référant aussi à *PT*, **229**, § 229b: 311 (voir *op. cit.*: 68 & n. 8). Cf. aussi la Table III.1: # 83, 86, 383, *supra*.

et interpréter correctement avec son symbolisme vrai archétypal[218], or il vaut mieux être prudent(e)s dans nos conclusions[219]. Nous considérons les opinions de Spence comme erronées et non convaincantes. Du travail rigoureux et des études plus approfondies nous attendent tou(te)s, avant que nous ne soyons capables de

---

[218] Voir *PT*, **666**, § 1927a: 748. Pour une traduction, voir FAULKNER, [2]1998: 278. La même chose est vraie en ce qui concerne un autre passage, notamment *PT*, **518**, §§ 1196a-1196c: 582-583, selon lequel (version de la pyramide de Pepy I): «*ḥ3.n* N *<pn> ḥnʿ Psḏty-Nṯrw m ḳbḥw;* N *p<w> ḫ3w n Psḏty-Nṯrw, snṯy Sḫt-Ḥtp*(*w*) *im.f*». Il s'agit ici d'un vers au symbolisme archétypique religieux, dont le sens originel astronomique —si un tel a vraiment existé— nous échappe (voir la traduction de FAULKNER, [2]1998: 191 & 192: nn 3-4). Le mot *ḫ3w*/*ḫ3y* avec taxogramme V1/V1+T14 (voir *Wb.*, **III**: 223; *CD*: 183; cf. *Urk.*, **IV**: 1046, 8), soit le *fil à plomb*, nous rappelle le contexte de la fondation des monuments (cf. aussi le mot *ḫ3y* avec taxogramme R2, signifiant l'autel, comme fondement virtuel des temples), ainsi que le ré–arrangement des repères des champs après l'inondation du Nil. Le mot *snṯ*(*i*), signifiant *fonder* avec taxogramme V5 (voir *Wb.*, **IV**: 177ff; *EG*: 522; cf. *PT*, **369**, § 644c: 282; *Urk.*, **IV**: 300, 2 & *Urk.*, **V**: 86, 3) le corrobore. Le mot *ḳbḥw* avec taxogramme W16 (voir *Wb.*, **V**: 27-29; *CD*: 278; *EG*: 529) est sans aucun doute lié dans ce contexte à la purification dans l'eau froide et n'a rien à faire avec le sens *ḳbḥw* du *firmament* (voir *Wb.*, **V**: 30; *CD*: 278; cf. *Urk.*, **IV**: 1320, 5; *BD*: **174**), à l'exception du fait que l'eau pluviale vient apparemment du ciel. Cf. quand même *PT*, **452**, § 841b: 115 (voir la version de Pepy I, à comparer aux autres versions dans SETHE, **I**, 1908: 468) et le commentaire de Faulkner dans FAULKNER, [2]1998: 150 & n. 1. Sur une autre référence aux instruments d'alignement, cf. aussi la Table III.3: # 159, *supra* & FAULKNER, 1977, **II**: 39 & nn 52-53.

[219] La même chose est vraie pour un passage avec des séquences «déraisonnables» des *CT* (voir FAULKNER, 1978, **III**: 177 & n. 2); notamment *CT*, **VII**, 1143, §§ 491g-491h: «*ir sšm n ʿwy<.ky>, ḫft šmwt.k; Ḥr-Wr ḥr-ib sb3w ḥr*(*y*)*w, ḫft ḫr*(*y*)*w*» [B5C, B1P]. Le sens vrai nous échappe, bien que la traduction soit très facile. Il s'agit peut-être d'une métaphore au sens cosmovisionnel, selon laquelle Horus l'Aîné (*Ḥr-Wr*) était identifié à Vénus en tant qu'étoile du soir (voir KRAUSS, 1997: 233), or les étoiles mentionnées seraient probablement quelques-unes qui suivent son apparition crépusculaire après le coucher du Soleil vers l'Ouest. Deux autres passages relatifs sont les suivants: *CT*, **II**, 115, §§ 135c-135g: «*my, r di n.i hp pn; ir n.i m3ʿ pf; sm3ʿ ḫ3y pn; sʿḥʿ.i m3ʿ n nṯrw ipn, ib m-ḫnw.f, m sḏrw št3w, iḫmw-skiw imyw.sn* [...]» [S1C, S2C]; *CT*, **II**, 116-117, §§ 136b-139b: « [...] *ḳd is pn n.z m ḫrt-nṯr:* [...] *my, rk di n.i hp pn; sʿḥʿ n.i m3ʿw{t} n.i; ir n.i m3ʿ{t}.f; in.ṯn n.i ḥtpw* [...]*; i ḥr wʿ<w>.f, tp<y>-hp, stwt sn.f, ḥr-ib sht.f; ḥr ḫ3y, pg3w m3ʿ{t}; my, r di n.i ḫ3y pn ḥr wsrt; sšm n.i w3wt n ḥr.f-ḥ3.f, mr.f M3ʿt, msḏ.f isft; ḥr w3w ib.f M3ʿt, sšmw.tw n<.i> nṯrw ḥr.s* » [S1C, A1C]. Le vrai sens du premier nous échappe et son interprétation serait ambiguë: il s'agit d'une méthode d'orientation avec une corde qui se réfère aux étoiles circumpolaires, mêlée avec un symbolisme archétypique religieux (cf. aussi FAULKNER, 1973, **I**: 108-10). Dans le deuxième cas il s'agit en effet de la même méthode d'orientation (afin de construire une tombe); dans ce contexte, la référence à la Lune nous semble très intéressante, voire à l'observation de ses voies; serait-elle une description indirecte d'une méthode d'orientation qui se fondait sur le mouvement de la Lune et ses points du lever et du coucher (cf. le Chapitre II, fin de § 2.1 & éq. [II–11], *supra*)? On ne pourrait dire avec certitude. Enfin, une dernière référence au fil à plomb se trouve dans *CT*, **VI**, 629, §§ 248h-248k: «*sm3ʿ n.i m3ʿw ʿnḏt, di.i m3ʿt, sm3ʿ.i ḫ3y; sm3ʿ n.i Šmw r Sḫty-Ḥtpwy*» [S10C]; ici le défunt semble utiliser un instrument précis dans le contexte de l'alternance régulière des saisons (spécialement de l'Été; cf. aussi FAULKNER, 1977, **II**: 211-13), ce qui nous rappelle le cas d'un hymne orphique très important au Soleil (***34***: 19-23), que nous analyserons dans le Chapitre IV (voir § 2.2 & nn 137-38, *infra*).

parler avec certitude des faits astronomiques acceptés par les Égyptiens anciens et des vraies méthodes d'orientation qu'ils utilisaient pour aligner exactement leurs pyramides. Il faut encore remarquer que l'argument de Spence sur l'usage hypothétique d'un fil à plomb qui pourrait être visible dans l'obscurité nocturne pendant l'Antiquité, afin d'observer la culmination simultanée des étoiles qu'elle propose a été déjà discuté (voir § 4.2, # 4, *supra*). Spence écrit encore: «[...] assuming that the plumb–line was hung from a frame, the sighting device could be adjusted to keep the plumb–line equidistant between the two stars for several minutes as they came into simultaneous transit»[220]. Cette phrase nous semble erronée; elle est incompréhensible, à moins que nous n'ayons manqué quelque chose. On remarque que les deux étoiles en culmination simultanée sont projetées sur la sphère céleste verticalement relativement à l'horizon, or la ligne virtuelle qui les unit doit être perpendiculaire au sol (seulement) pendant le moment de leur culmination simultanée. D'ailleurs, nous ne pouvons pas comprendre quel serait l'appareil d'observation (un *bˁy* sans doute?) et comment il pourrait être utilisé en plus dans ce contexte? Après tout, comment pourrait-on voir dans l'obscurité un fil à plomb qui serait placé à une distance certaine, soit grande ou petite (voir § 4.2: # 4)? Si les Égyptiens utilisaient la charpente avec le fil à plomb qui y était attaché (méthode de Lexa, voir § 4.1, *supra*), qui constitue une forme de *bˁy* gigantésque virtuel, pourquoi utiliser encore un tel appareil, si c'est cela que Spence voulait dire? Et si le fil à plomb reste immobile, il sera toujours équidistant de deux étoiles en passage méridien quelques minutes avant et quelques minutes après leur culmination simultanée. Or, cette méthode implique que les anciens Égyptiens étaient capables de mesurer exactement des moments temporels. Rolf Krauss (*personal communication*) note que les Égyptiens anciens n'avaient aucun type d'horloge qui pourrait etre utilisé dans ce contexte pendant l'OK, donc les différences de temps pendant les culminations simultanées de chaque paire d'étoiles convenables seraient impossibles à mesurer. Par conséquent, les arguments de Spence sont faux. En ce qui concerne maintenant l'orientation supposée des galeries de ventilation de la Grande Pyramide vers des étoiles spécifiques (comme par exemple β–Dra et δ–Ori/ε–Ori/ζ–Ori), c'est seulement une hypothèse qui n'est pas strictement fondée ni acceptée par tous les Égyptologues. Notamment, Rolf Krauss a prouvé que[221]: **(i)** les galeries fonctionnent définitivement comme un appareil de ventilation; **(ii)** en ce qui concerne la pyramide de Khéops, la ventilation était absolument nécessaire, parce que la position des chambres supérieures ne permet aucune circulation de l'air; **(iii)** si la galerie supérieure sud était orientée vers la ceinture d'Orion et si la galerie inférieure sud était orientée vers Sirius, la partie superieure de la pyramide aurait dû être construite environ un siècle avant la partie inférieure de la même pyramide! Il nous semble bien possible que les orientations observées des galeries puissent être telles seulement par une simple coïncidence. Le fond astral de la religion égyptienne étant connu, ainsi que le placement mythologique du paradis près des étoiles

[220] Voir SPENCE, 2001: 700.

[221] Le Dr Rolf Krauss (*personal communication*) croit que les puits/galeries étaiant simplement des appareills d'aération et rien d'autre. Son article (sur ce sujet) est KRAUSS, 2003b.

boréales circumpolaires/impérissables, il n'est pas surprenant que l'entrée/sortie des pyramides soit placée vers le Nord (cf. Fig. III.6). D'ailleurs les notions archétypiques osiriaques, directement lieés à la constellation d'Orion, pourraient bien expliquer l'ouverture des galeries vers le Sud, en géneral, sans accepter *a priori* que ces galeries aient été orientées consciemment vers certaines étoiles de *S3ḥ*, qui —à vrai dire— pendant l'Antiquité, n'étaient pas considérées comme les étoiles de la ceinture, mais comme celles de la couronne caractéristique de *S3ḥ*/ Orion. Donc, le fait que les galeries s'ouvrent vers le Nord et le Sud n'est pas en réalité significatif archéoastronomiquement. Il est maintenant temps de commenter brièvement un article écrit par le Dr Hugh Thurston, l'auteur d'un livre intéressant sur l'Archéoastronomie[222], dont l'opinion est plutôt neutre, bien qu'il ne croie pas que la théorie de Spence soit correcte[223]. Dans son bref article Thurston décrit cette méthode, souligne l'erreur trouvée par Rawlins et Pickering (en présentant un diagramme très utile qui explique le déplacement dû à la précession), discute la théorie de Haack, et commente les efforts pour comprendre la méthode utilisée par les Égyptiens pour aligner précisément leurs pyramides[224]. Enfin, un sommaire sur le sujet a été écrit par Schilling[225], astronome amateur et auteur de livres popularisés. Il s'agit plutôt d'un texte adressé au grand public, sans documentation bibliographique et avec assez de points erronés, qui montrent que son auteur n'a pas compris ou ne veut pas voir les erreurs de Spence. Il croit que «beaucoup d'égyptologues sont d'accord avec Spence», mais il cite seulement les noms de deux personnes qui pensent que «le seul problème avec la thèorie de Spence est qu'elle donne une date pour la construction des pyramides 75 ans plus tardive que la date déjà acceptée»[226]. Schilling croit en plus qu'il est possible que des «hiéroglyphes obscurs existent», qui «contiennent des indications pour la cérémonie hypothétique d'alignement» et pour les deux étoiles que Spence accepte arbitrairement. Nous croyons que de telles spéculations ne méritent plus des commentaires. Notons seulement qu'il est plus qu'évident que des personnes incompétentes (dés)informent le grand public, qui est toujours prêt à accepter n'importe quelle théorie charlatanesque (e.g.: l'astrologie et la pyramidologie). Il faut remarquer que Stephen Quirke se réfère aussi à la théorie de Spence de manière positive[227], mais il ne discute pas ses erreurs qui sont plus nombreuses que ses avantages. Notons que le caractère astral (et non seulement solaire) des Grandes Pyramides n'est pas une idée de Spence, comme il le note[228]; il suffit de lire l'ar-

---

[222] Voir THURSTON, 1994.

[223] Voir THURSTON, 2001. Dans son article Thurston rejette la méthode proposée par Haack (cf. n. 173, *supra*).

[224] Voir THURSTON, 2001. En concluant sur les théories proposées par Spence et Rawlins & Pickering, il signale: «Laquelle de ces deux méthodes était utilisée par les Egyptiens? Peut-être aucune. Il se peut exister d'autres méthodes affectées par la précession, auxquelles personne n'a pu penser jusqu'à présent. Tous les deux, Spence et Rawlins, ont stimulé des recherches à suivre, non encore publiées».

[225] Voir SCHILLING, 2001: 28-31.

[226] Voir SCHILLING, 2001: 29, 31.

[227] Voir QUIRKE, 2001: 115-17.

[228] Voir *op. cit.*: 117.

ticle de Žába[229] pour en être persuadé! Puis, les pyramides ont à la fois un caractère stellaire et solaire, mais le premier ne prouve pas que leur orientation fût effectuée exclusivement par une méthode stellaire.

12. Enfin, il faut souligner qu'il y a aussi certains arguments géologiques contre la théorie de Spence, qui montrent son inapplicabilité au cas des pyramides du Plateau de Giza. Il a été correctement démontré que les plaques tectoniques[230] de la Terre, et plutôt leur mouvement, n'est pas en accord avec des théories d'orientation comme celle de Spence, et en général est contre les théories qui utilisent la précession[231]. Selon des géologues et des spécialistes dans ce domaine, il y a des résultats sur ce sujet publiés par la NASA[232]. Or, il y a des mouvements tectoniques semblables qui ont été prouvés par des études géophysiques récentes, ainsi que par des études spatiales à l'aide des observations des satellites artificiels, qui utilisent des lasers et des GPS pour déterminer les paramètres géodésiques terrestres[233]. Ces résultats impliquent un mouvement total d'environ 100 m pour le Plateau de Giza dans la Formation de Moqāttam, et probablement une rotation sig-

[229] Voir ŽABA, 1953: *passim*.

[230] Voir par exemple MARKOWITZ & GUINOT, 1968; WITTEN, 2004.

[231] Il y a des suggestions sur ce sujet publiées sur Internet (voir FOREST, 2002), bien que quelques opinions de Forest soient erronées (par exemple le niveau de la mer s'élève; il ne se baisse pas). Un article bizarre et court a vu le jour —quand même— constatant que la petite erreur de l'orientation de la Grande Pyramide n'est due ni à la mauvaise architecture ni aux erreurs des anciens bâtisseurs, mais plutôt au mouvement tectonique de la croûte terrestre en Basse–Égypte (voir PAWLEY & ABRAHAMSEN, 1973: 892-3). En tout cas, cette opinion n'est pas raisonnable, un fait qui est accepté même par les auteurs de cette théorie. Sur la Géophysique et l'Archéologie, voir WITTEN, 2004.

[232] Voir TORRENCE, 1998. L'Égypte en sa totalité se trouve dans une zone de séismicité modérée, mais vers le Nord l'Arc Hellénique s'étend du Golfe de Sarōnikos jusqu'à l'île égéenne de Rhodos et la côte d'Anatolie. Les systèmes défectueux d'Anatolie, ainsi que la structure de collision tout au long des montagnes de Zagros, marquent colléctivement la frontière de la plaque tectonique Eurasienne avec les plaques d'Afrique et d'Arabie (voir WIENER & ALLEN, 1998: 21-2). Bien que les séismes qui sont provoqués par les éruptions volcaniques soient d'une nature locale, les déplacements tectoniques montrent des effets qui peuvent être largement étendus. Actuellement, les séismes dans l'Arc Hellénique sont déjà connus pour avoir endommagé sévèrement le Delta du Nil (cf. *op. cit.*: 22). Pour la séismicité en Égypte, voir AMBRASEYS *et al.*, 1994, et les références citées dans WIENER & ALLEN, 1998: 22 & n. 27.

[233] Voir la n. 232. Voir aussi MCCLUSKY, BALASSANIAN, BARKA *et al.*, 2000: 5696. Ces rechercheurs ont étudié les contraintes GPS sur la cinématique et la dynamique des plaques tectoniques terrestres dans la Mediterranée Est et les Monts du Caucase; en plus ils ont examiné l'Égypte. Ils présentent donc des vitesses de 10 mm/yr (à $\phi = 30°$ N, $\lambda = 31°$ E) pour le mouvement de la plaque africaine vers le Nord relativement à l'Eurasie; ils en rapportent aussi un mouvement différentiel entre l'Afrique et l'Arabie d'environ 10-15 mm/yr; ainsi que le mouvement de la plaque d'Arabie vers le Nord/Nord–Ouest relativement à l'Eurasie avec un taux moyen de 18-25 mm/yr (en 3 Myr). Or, nous constatons qu'en adoptant une vitesse moyenne de 20 mm/yr, nous pouvons voir que pendant les 4,550 ans qui se sont approximativement écoulés depuis la date de construction de la Grande Pyramide, le déplacement total est plus de 90 m.

nificative[234]. Giza se meut trop rapidement à cause de sa localisation sur le point de contact des plaques tectoniques d'Afrique, d'Arabie et de Eurasie, un fait qui augmente au maximum la rotation potentielle sous–terrestre. Un autre paramètre important est la conséquence possible de la mer sur le Plateau de Giza[235]. Le niveau de la Mediterranée s'est élevé de 2 m environ pendant les derniers 5,000 ans, un fait qui a probablement affecté la pente (tilt) de ce plateau. En plus, il y avait eu plusieurs ondes de marée dans la région plus large de la Mediterranée Sud–Est. Celle qui a affligé l'Alexandrie de Kleopatra VII était assez massive[236], mais pas aussi énorme que celle qui fut produite par l'explosion du volcan de l'île de Thēra vers c. 1500 BCE[237]. Par conséquent, tout ce mouvement composite tectonique sous–terrestre qui subsiste étant connu, il nous est très difficile de comprendre —bien que l'on ait toute la bonne volonté pour le faire— comment Spence peut réclamer une telle précision à ses calculs[238].

En conclusion de notre étude, nous signalons les points suivants:
(i) On pourrait constater qu'il n'y a pas de textes explicites sur l'orientation des pyramides, comme cela devient évident d'après l'étude scrupuleuse des textes funéraires, soit les *PT* et les *CT*. Bien que les constituantes *astrale* (liée au culte d'Osiris) et *solaire* (liée au culte de Rē') de la religion égyptienne soient présentes dans ces textes, qui certes décrivent le destin céleste du pharaon *post mortem*, aucune information n'y existe qui pourrait être traduite comme une référence *ad hoc* sur l'orientation des pyramides. Or, quelques efforts vers l'interprétation des passages non explicites comme «montrant» le contraire par des adeptes des théories incorrectes sont faux. Les pyramides ont à la fois un caractère stellaire et solaire, mais le premier ne prouve pas que leur orientation fut effectuée uniquement et nécessairement par une méthode stellaire.

---

[234] Le Dr Rolf Krauss (*personal communication*) souligne justement que s'il y avait une rotation, elle aurait affecté le plateau de Giza, et par conséquent les orientations des trois Grandes Pyramides au total. Il faut aussi remercier le Dr Hesham 'el-Asmar, Professeur de Géologie à l'Université de Mansoura et également ex–attaché culturel de l'Ambassade de l'Égypte à Athènes pour l'information qu'il nous a fournie.

[235] Voir encore la n. 232, *supra*. Pour le plateau de Giza, voir en plus LEHNER, ^{2}1998: 106.

[236] Sur ce sujet, voir SCHUSTER, 1999: 44-46.

[237] Voir par exemple BOND & SPARKS, 1976: 1-16; et cf. aussi MARINATOS, 1939: 425-39. Plusieurs morceaux de pierre ponce ont été recouvert à Avaris; ils furent à l'origine de l'île de Thēra (NAA analysés par des scientifiques atomiques Autrichiens), qui furent transportés en Égypte sous l'action des ondes de la marée (voir BIETAK & MARINATOS, 2000: 42). Il en existe aussi d'évidence en Égypte, décrivant les effets dévastateurs d'une tempête sur la *Stèle de la Tempête* (c. 1530 BCE). Sur ce même sujet, voir WIENER & ALLEN, 1998: 1-28, *contra* DAVIS, 1990: 232-35 et *contra* FOSTER & RITNER, 1996: 1-14.

[238] Indépendamment des arguments géologiques précédents, Lamberti note en commentant la précision prétendue de datation de la Grande Pyramide par la méthode lancée par Spence: «Utilizzarle per ricavare grafici che poi si pretende siano precisi a meno di 5 anni può essere al limite dell'imprudenza» (voir LAMBERTI, 2001: 38). Notons, enfin, qu'avec les mesures précises et incontestables par É. Aubourg et Chr. Higy sur la pyramide du Roi Rē'–djed–ef (*Rʿ-ḏd.f*) à 'Abu Rawāsh (voir MATHIEU, 2001: 457-59), dont nous n'avons pu être informée que très récemment (Août 2004), la théorie de Spence fut *définitivement* réfutée (car l'azimut de cette pyramide, –48′, aurait dû compris entre celui de Khéops, –3′, et celui de Khéphren, –6′, ce qui n'est pas le cas).

(ii) Une telle théorie chimérique, pleine des prétentions arbitraires, est celle du Dr Kate Spence, qui a été examinée rigoureusement ici, en plein respect pour elle et son œuvre mais en plein désaccord avec ses idées. On a présenté douze arguments en forme de questions, afin de prouver son inapplicabilité, tout en proposant pour comparaison une paire d'étoiles alternatives (η–Dra and β–UMa) qui donne une chronologie meilleure pour le règne de Khéops (2558 BCE), qui se trouve en accord avec la datation courante acceptable. La théorie de Spence peut sembler plausible, comme modèle astronomique construit sur l'ordinateur, parce qu'on la voit tout d'abord du point de vue scientifique du 21er siècle, et non sous le prisme élémentaire de l'Égypte antique. Mais elle contient des opinions fausses et inapplicables, comme on l'a démontré. En tout cas, cette théorie reste importante parce qu'elle a stimulé de nouveau l'intérêt, afin d'expliquer le problème de l'orientation exacte des pyramides, et a créé des discussions utiles qui nous amèneront vers une solution raisonnable et acceptable par tous les Égyptologues.
(iii) On a aussi donné brièvement un bilan des théories relatives à l'orientation des pyramides. On a démontré qu'il y avait quelques erreurs dans le travail important de Žába concernant le Méridien de Giza et quelques étoiles du Cygne pendant l'époque astronomique proposée par lui, et sa fausse identification de *Dwn-ʿnwy* avec la constellation du Cygne. On a montré que ses opinions concernant la connaissance de la précession de l'axe terrestre par les Égyptiens doivent être fausses et exagérées. On a aussi précisé l'époque bien antérieure (4200 BCE) pendant laquelle les étoiles proposées étaient des paires dans l'ascension droite. En plus on a discuté brièvement la théorie d'Antoniadi, ameliorée par Lexa (c'est-à-dire: *l'observation de culmination des étoiles afin de définir le Méridien*), qui semble être plausible pour expliquer l'orientation des pyramides, mais elle a été correctement réfutée par Dorner. La méthode de Lexa est applicable seulement pour une étoile quelconque à la fois, afin de déterminer sa culmination. En plus, elle serait aussi théoriquement applicable pour l'étoile polaire, s'il y en avait une pour une époque certaine. Une autre théorie gnomonique qui semble être la meilleure pour expliquer l'orientation presque exacte des Grandes Pyramides est celle proposée par le Dr Martin Isler.
(iv) La déviation augmentante de l'orientation à partir du vrai Nord, quand on se déplace chronologiquement de Khéops vers la fin de la IVe Dynastie pourrait être expliquée sur la base des erreurs des techniciens ou des astronomes–observateurs, erreurs à la fois systématiques ou dues au hasard. Ces erreurs furent moins graves pendant le règne de Khéops, parce que la doctrine dominante de l'«école» d'architectes/techniciens était digne de créer des «miracles stupéfiants» avec grands détails et sophistication, en accord avec l'apothéose de la monarchie divine caractéristique de son temps. Les techniques sophistiquées de la IVe Dynastie commencèrent à s'évanouir, et par conséquent les pyramides plus tardives furent moins grandioses et moins correctement orientées vers les points cardinaux, dès que les finances et le pouvoir de l'autorité centrale se détériorèrent et dès que le déclin général —qui conduirait vers la FIP— commença[239].

[239] Sur la FIP, voir par exemple GARDINER, ²1964: 110 ff.

5. RUDIMENTS ASTRONOMIQUES DANS QUELQUES TEXTES PROFANES

Dans un article précédent, nous avons souligné d'emblée l'importance des méthodes d'analyse archéoastronomique textuelle, en proposant l'étude comparative des divers textes à la fois funéraires et littéraires avec cette méthode[240]. Dans notre livre, suivant notre idée originale, nous poursuivons cette méthode archéoastronomique textuelle dans ce Chapitre, après avoir analysé les cas principaux des éléments astronomiques et/ou cosmovisionnels dans les *PT* et les *CT* (voir les sections §§ 1-2, *supra*). Nous avons choisi d'étudier trois textes littéraires (profanes) dans ce propos, soit: **(i)** le *Conte du Naufragé*[241], qui a été caractérisé comme une métaphore astronomique[242]; **(ii)** les *Aventures de Sinūhe*[243], qui ne comprennent pas seulement une «narration géographique», mais aussi certaines allusions à Hathor/Nūt[244], déesse cosmique par excellence; et **(iii)** le *corpus* de *Poèmes d'Amour*[245] (*Ḥswt sẖmḫ-ib*), qui contiennent quelques rudiments astronomiques, ainsi qu'une allusion au lever héliaque de Sirius qui pourrait nous offrir une méthode pour leur datation. Il faut remarquer que notre analyse des poèmes d'amour sera un peu plus étendue que celle dédiée aux deux narrations, à cause de nos études approfondies et notre prédilection sur ce sujet[246]. Tous les textes étudiés ci-dessous contiennent des rudiments astronomiques, ainsi que des informations cosmovisionnelles, qui sont parfois très importantes du point de vue archéoastronomique. Il faut noter que toutefois ces éléments valables sont bien cachés, ou ils sont utilisés dans le cadre de leur usage quotidien hors des limites de l'Astronomie pure (qui se plaçait toujours au niveau pré–scientifique pour les Égyptiens). Nous allons présenter, analyser statistiquement et classer ces éléments, en les comparant entre eux et avec quelques éléments analogues des textes funéraires déjà étudiés. Nous constatons que la valeur et l'utilité de notre méthode sera évidente et son application (bien qu'elle soit un peu technique) doit être généralisée à propos de plusieurs textes (soit funéraires ou religieux, soit littéraires). Les avantages principaux de notre méthode archéoastronomique comparative sont les suivants: **(i)** elle révèle des informations astronomiques et cosmovisionnelles, qui ne peuvent être facilement déduites autrement; **(ii)** elle nous offre la possibilité d'étudier et d'analyser statistiquement certaines catégories de mots (e.g.: termes astronomiques, noms des divinités cosmiques, symboles cosmovisionnels, & c.) dans leur pur contexte textuel; **(iii)** de cette façon, notre analyse

---

240 Voir MARAVELIA, 2003e: 106 ff.

241 Édition principale GOLENISCHEFF, 1913; traduction avec quelques commentaires LICHTHEIM, 1975, **I**: 211-15.

242 Voir *LÄ*, **V**, 1984, 619-20: art. «Schiffbrüchiger»; cf. aussi LE GUILLOUX, 1996: 8.

243 Édition principale BLACKMAN, 1932: 1-41; traduction avec quelques commentaires LICHTHEIM, 1975, **I**: 222-35.

244 Voir *LÄ*, **II**, 1977, 1024-033: art. «Hathor»; *LÄ*, **IV**, 1982, 535-41: art. «Nut».

245 Analyse philologique et reédition complète dans MATHIEU, 1996. Cf. aussi notre analyse des éléments astronomiques et cosmovisionnels qu'on y rencontre dans MARAVELIA, 2003e: 79-112.

246 Voir ΜΑΡΑΒΕΛΙΑ, ^{2}2001a; MARAVELIA, 2001e: 527-38; MARAVELIA, 2001i: 67-84; MARAVELIA, 2003a: 281-88; ΜΑΡΑΒΕΛΙΑ, 2003b: 245-47. Cf. aussi la n. 240, *supra*.

comparative devient une base solide de référence pour les études comparatives futures, qui seront très utiles pour les efforts lexicographiques, les bases de données du vocabulaire, les considérations symboliques et les comparaisons mythologiques intertextuelles, dans le cadre interdisciplinaire de l'Égyptologie moderne appliquée. Il faut souligner que notre analyse montrera que les termes astronomiques et cosmovisionnels qu'on y trouve (bien que rares et seulement peu de fois rencontrés dans un contexte purement astronomique) furent néanmoins incorporés non seulement dans les textes funéraires, mais dans de genres de la Littérature profane comme les poèmes d'amour et les narrations d'amusement. Elle montrera aussi le fond essentiellement métaphysique de la Littérature égyptienne et ses racines indirectes dans la dualité très ancienne à la fois astrale et solaire de la religion pharaonique, indiquant plusieurs modes de la *forma mentis* des Égyptiens et illustrant quelques coutumes de leur système social. Enfin, nous allons démontrer que non seulement le *Conte du Naufragé* peut être considéré comme une métaphore astronomique, mais également (*mutatis mutandis*) les *Aventures de Sinūhe*, où le symbolisme astronomique latent se figure dans les archétypes célestes. Ces archétypes ne sont que les signifiés mythiques qui partagent la dualité du fond solaire et astral de la religion égyptienne.

Avant de présenter notre analyse, il faut discuter ses limites en définissant clairement le sens du terme *astronomique* et *cosmovisionnel*. Dans le contexte de notre étude, le terme *astronomique* n'est pas limité seulement à son sens proprement scientifique. Cela implique que les textes étudiés ici ne sont pas à proprement parler *astronomiques*, comme les textes étudiés par Neugebauer et Parker dans leur étude monumentale[247], bien que des termes astronomiques s'y rencontrent assez fréquemment dans le contexte de leur usage quotidien[248], hors de l'Astronomie pré–scientifique des Égyptiens. Or, tandis que le terme *astronomique* au niveau (pré–)scientifique se réfère aux catégories des phénomènes célestes (et quelquefois atmosphériques), qui sont relatifs aux astres (étoiles, Soleil, Lune et planètes) et à leurs cycles périodiques, dans le contexte des textes littéraires étudiés ci-dessous le même terme est compris d'une manière plus vague et plus générale, non *ad hoc* lié à l'étude propre de ces phénomènes cycliques, mais à leurs résultats, comme ils furent aperçus par *tous* les humains et non seulement par les spécialistes de cette époque (les *imyw-wnwt/prêtres–astronomes*[249]). Ces phénomènes périodiques (dus à la révolution annuelle de la Terre autour du Soleil, ainsi qu'à sa rotation journalière autour de son axe, celle-ci étant penchée de 23°27′ sur l'écliptique[250]) furent la source de l'alternance du

[247] Voir NEUGEBAUER & PARKER, *EAT*, **I-III**, 1960-69. Cf. aussi *LÄ*, **I**, 1980, 511-13: art. «Astronomie und Astrologie».
[248] Voir e.g.: les termes: *rˁ*, *rˁ-nb*, (*r-*)*tnw-hrw*, *ˁḥˁw*, *wnwt*, *dw3*(*w*), *nw*, *sf/snf*, *hrw*, *grḥ*, *3bd*, *3t*, *rnpt*, *ḥ3t-zp*, *tr*, *3ẖt*, *Prt*, *Šmw*, *ḏt*, *nḥḥ*, *sb3*, *sb3 h3w*, *pt*, *3ẖt*, *Spdt*, *Nwn*, *Nwt*, *Ḥwt-Ḥr/Nbw*, *Rˁ*, *ỉmn*, *Ptḥ*, *Nfr-Tmw*, *Sẖmt*, *ỉ3dyt*, & c. Cf. aussi les Tables III.7 - III.12, *infra*. Voir à ce propos la n. 121 du Chapitre V, *infra*.
[249] Sur ces personnes, voir par exemple SAUNERON, 1959: 36-41; ČERNÝ, 1963: 173; DERCHAIN, 1989: 74-89; SAUNERON, [3]2000: 64-65; DIELEMAN, 2003: 277-89; cf. aussi KRUPP, 1979: 186-218.
[250] Voir le Chapitre II, § 3.1, *supra*.

visage céleste selon la saison, le mois et la nuit de l'année et constituèrent les archétypes importants qui furent incorporés dans tous les textes religieux, funéraires et littéraires de l'Égypte antique. Plusieurs de ces phénomènes cycliques furent perçus dès le commencement de la civilisation pharaonique comme des événements naturels mais en même temps extraordinaires et d'une nature divine et éternelle[251], propre à donner une base solide de comparaison entre la renaissance périodique des astres et la regénération désirée des défunts. Finalement, ces mêmes phénomènes astronomiques furent liés au passage du temps (comme il devient mesurable et expérimenté sur la Terre par les humains), de même qu'à son calcul calendrique[252]. Cela explique le fait que des termes astronomiques sont assez abondants dans de textes qui ne sont pas à vrai dire purement astronomiques, parce qu'ils ne sont que des mots utilisés quotidiennement pour décrire les phénomènes célestes d'une façon simple mais non (pré–)scientifique, et afin d'articuler le contexte temporel de la vie sociale et le passage du temps (e.g.: *jour*, *nuit*, *semaine*, *mois*, *année*, *quotidiennement*, *période*, *saison*, *Inondation*, *Hiver*, *Été*, *hier*, *aujourd'hui*, *demain*, *matin*, *soir*, *heure*, *éternité*, *annnée régnale*, *horizon*, *ciel*, *étoile*, *Soleil*, *Lune*, *météorite*, & c.). C'était la piété des Égyptiens et leur sentiment religieux si profond[253] qui les ont amenés à considérer la liaison archétypique entre les divers phénomènes célestes et leur extension à la vie *post mortem*, en croyant que ces événements cosmiques furent les manifestations des forces divines immanentes dans l'Univers[254]. Enfin, le terme *cosmovisionnel* est utilisé ici comme une alternative plus appropriée pour le terme *cosmologique* et quelquefois pour les termes *cosmogonique* ou *théogonique*, comme on l'a déjà expliqué[255].

---

[251] Pour une introduction astronomique à ces phénomènes, voir le Chapitre II, §§ 3.1, 3.5 & *passim*. Voir aussi MARAVELIA, 2003e: 83 & n. 14.

[252] Pour une introduction astronomique à ce sujet, voir le Chapitre II, § 1.3 & *passim*. Voir aussi MARAVELIA, 2003e: 83-84 & nn 15-16.

[253] Voir HORNUNG, ^{2}1996: 15-32, 197-216; cf. aussi 251-59: «Egyptian religion lived on the fact that gods exist, and this certainly pervaided all of Egyptian life. If we remove the gods from the Egyptian's world, all that remains is a dark, uninhabited shell that would not repay study. The gods are part of Egyptian reality and hence are for us at the least historical realities that should be taken seriously. The more clearly we comprehend them, the more clearly we see the human beings whom we wish to study. [...] Egypt differs markedly from Greece, where both the temples and the gods are relatively finished and complete. However much information we assemble about Egyptian gods, and however receptive we become to their reality, we will never be able to see them as clear figures [...]». Nous signalons que les dieux Égyptiens sont plus proches des catégories présocratiques de *σημαίνειν* de Hērakleitos, qui se fondent sur une synthèse dialectique des signifiants opposés, afin de dériver des nouvelles formes philosophiques en principe plus abstraites.

[254] Voir, par exemple, ALDRED, ^{2}1988: 11. Même l'alternation diurne entre la lumière et l'obscurité, ainsi que les éclipses solaires et lunaires (voir, e.g.: *CT*, **II**, 157: §§ 333d-344a; cf. la Table III.3: # 87, *supra*) furent considérées comme une projection archétypique de la bataille entre le bien et le mal, entre Rēʿ et ʿApophis, entre Horus et Seth. Sur ces sujets, voir GARDINER, 1935; GRIFFITHS, 1960; SIMPSON, ^{2}1973: 108-26; HART, 1990: 33-38 & 58-61; QUIRKE, 1992 61-70; cf. aussi les nn 195 & 213 du Chapitre IV, *infra*. Sur le rôle de Seth comme dieu des tempêtes, cf. ZANDEE, 1963: 144-56.

[255] Voir notre courte discussion dans la n. 2 du Chapitre I, *supra*.

§ 5.1. Le *Conte du Naufragé*

La narration du naufragé[256] —comme on l'a déjà noté[257]— constitue une synthèse unique très intéressante et pourtant énigmatique[258] de l'ancienne littérature égyptienne. Ce texte date du MK, fin de la XIe commencement de la XIIe Dynastie (*terminus post quem*[259]: c. 2000 BCE), et les références bibliographiques qui y sont associées sont assez nombreuses[260]. Ce qui nous semble très significatif dans le cadre de notre étude est le fait que cette narration a été caractérisée (au moins partiellement) comme une métaphore astronomique[261]. En effet, le divin serpent (si bénéfique pour le naufragé) symbolise Rē'; l'étoile qui tombe correspond à une météorite; le séjour du naufragé (qui dure 4 mois) est l'équivalent d'une saison; la durée du voyage de retour ajoutée à celle de séjour (2 mois + 4 mois = 6 mois) n'est que la moitié d'une année; les 120 marins qui disparaissent dans les flots (avant de réapparaître plus tard) symbolisent l'éternel retour périodique des saisons (4 x 30 = 120 jours par saison); enfin, l'on y trouve des références à l'océan primordial du Nūn [sous la forme de *nwy*(*t*)[262]], qui est un archétype cosmogonique par excellence. Parmi les interprétations récentes, il faudrait mentionner celle selon laquelle l'*Île du ka* (*Iw n k3*) s'identifie à une manifestation du dieu solaire Rē'–Atoum; les 75 serpents peuplant initialement cette île symbolisent les 75 formes du dieu solaire qui sont présentes dans la *Litanie du Soleil*[263]; la petite fille du serpent correspond à Ma'at elle-même[264]; enfin, le rôle du serpent, quant à lui, a été assimilé à celui du destin[265]. Sans entrer dans les détails, notons simplement que la gamme d'interprétations archétypiques de ce texte est vraiment assez vaste[266]. Dans cette section nous allons étudier les rudiments astronomiques et cosmovisionnels qui se trouvent dans le *Conte du Naufragé*. Afin de le faire il sera utile de classer tous les passages contenant de tels éléments dans une Table con-

---

[256] Édition principale GOLENISCHEFF, 1913; traduction avec quelques commentaires LICHTHEIM, 1975, I: 211-15; cf. aussi SIMPSON, ²1973: 50-56; LALOUETTE, 1987: 153-58. Dans notre étude nous nous fondons sur le texte hiéroglyphique publié dans l'édition synoptique et commode LE GUILLOUX, 1996, d'après BLACKMAN, 1933: 41-48.

[257] Voir *LÄ*, V, 1984, 619-20: art. «Schiffbrüchiger».

[258] Pour une interprétation, voir BAINES, 1990; 55-72. Il faut remarquer (*mutatis mutandis*) le parallélisme entre le *Conte du Naufragé* et à la fois l'*Épopée de Gilgameš* et l'*Odyssée* d'Homēros (cf. par exemple GOLENISCHEFF, 1906: 73-112;*Ὀδύσσεια*, ε': 262-493; ζ': 110 ff).

[259] Voir *LÄ*, V, 1984: 620. Le *terminus a quo* est c. 2000 BCE et le *terminus ad quem* est c. 1970 (± 20) BCE.

[260] Pour un bilan bibliographique, voir *LÄ*, V, 1984: 620-22.

[261] Voir *LÄ*, V, 1984: 620: cf. aussi LE GUILLOUX, 1996: 8.

[262] Il faut souligner que dans la Table III.7 nous avons inclus seulement une instance de ce terme (ℓ. 154), notamment celle qui nous semble en même temps cosmogonique et eschatologique par excellence (voir *infra*); par ailleurs ce même terme (*nwyt*) se rencontre aussi dans les lignes 35, 85-86 & 104 du *pErmitage 1115*.

[263] Sur cette synthèse, voir NAVILLE, 1875; PIANKOFF, 1964; HORNUNG, 1975-76; HORNUNG, 1999: 136-47.

[264] Voir par exemple DERCHAIN–URTEL, 1974: 83-104.

[265] Cf. GÖDICKE, 1980: 27-31.

[266] Pour des détails plus spécifiques et des références bibliographiques, voir la n. 260, *supra*; cf. aussi LE GUILLOUX, 1996: 5-14.

venable. De cette façon la Table III.7 présente toutes les notions astronomiques et cosmovisionnelles rencontrées dans cette narration pharaonique. La *première colonne* indique notre numérotation; la *deuxième colonne* présente la source des passages dans le papyrus; la *troisième colonne* se réfère aux publications importantes de ces passages (texte original en hiératique, transcription en hiéroglyphique, translitération, traduction et commentaires, & c.); la *quatrième colonne*, enfin, présente la translitération de ces passages qui contiennent des termes astronomiques et/ou cosmovisionnels. Cette table est très importante pour la classification et pour l'étude statistique de ces passages et constitue la source de la Table III.8. Cette dernière —quant à elle— présente la fréquence d'occurrence des termes

Table III.7: Correspondance entre quelques passages du *Conte du Naufragé*, contenant des rudiments astronomiques et/ou cosmovisionnels, et leur source, comme ils ont été transcrits en hiéroglyphes, translitérés et publiés*.

#	SOURCE	PUBLICATION	TEXTE AUX RUDIMENTS ASTRONOMIQUES
1	*pErmitage 1115*, ℓℓ 28-30	GOLENISCHEFF, 1913 BLACKMAN, 1933 LE GUILLOUX, 1996 --------------------------- SIMPSON, ²1973 LICHTHEIM, 1975 LALOUETTE, 1987 LE GUILLOUX, 1996	*mꜣ.sn pt, mꜣ.sn tꜣ, mꜥkꜣ ib.sn r mꜣw*
2	*pErmitage 1115*, ℓℓ 31-32		*sr.sn ḏꜥ n iit.f, nšny n ḫprt.f*
3	*pErmitage 1115*, ℓ. 41		*wr ir.n.i hrw 3 wꜥ.kwi*
4	*pErmitage 1115*, ℓℓ 56-60		*ꜥḥꜥ.n sḏm.n.i ḫrw ḳri, ib.kwi wꜣw pw n Wꜣḏ-Wr, ḫwt ḥr gmgm, tꜣ ḥr mnmn*
5	*pErmitage 1115*, ℓℓ 64-66		*[...] ḥfꜣw pw iw.f m iit [...] ḥꜥw.f sḫrw m nwb, iny.fy m ḫsbd mꜣꜥ*
6	*pErmitage 1115*, ℓℓ 95-96		*mꜣ.sn pt, mꜣ.sn tꜣ, mꜥkꜣ ib.sn r mꜣw*
7	*pErmitage 1115*, ℓℓ 97-98		*sr.sn ḏꜥ n iit.f, nšny n ḫprt.f*
8	*pErmitage 1115*, ℓℓ 117-18		*mk.tw r irt ꜣbd ḥr ꜣbd, r kmt.k ꜣbd 4*
9	*pErmitage 1115*, ℓ. 127		*km.n.n ḥfꜣw 75*
10	*pErmitage 1115*, ℓ. 129		*[...] zꜣt ktt, in.t[w].n.i m zšꜣ*
11	*pErmitage 1115*, ℓℓ 129-31		*ꜥḥꜥ.n sbꜣ hꜣw, pr.n nꜣ m ḫt m-ꜥ.f; ḫpr.n r.s, nn wi ḥnꜥ.[sn]; ꜣm.ny [...]*
12	*pErmitage 1115*, ℓℓ 153-54		*[...] n zp mꜣꜣ.k iw pn ḫpr m Nwy*
13	*pErmitage 1115*, ℓℓ 167-68		*mk.tw r spr r ḫnw n ꜣbd 2 mḥ.k*
14	*pErmitage 1115*, ℓ. 173-74		*spr.n.n r ḫnw ḥr ꜣbd 2*
15	*pErmitage 1115*, ℓℓ 185-86		*[...] ḥḏ tꜣ [...] dwꜣ*

* Les publications les plus importantes, ainsi que certaines traductions choisies (voir sous les lignes - - - - -) sont données ci–dessus.

astronomiques et/ou cosmovisionnels, dans le texte étudié et leur classification en 5 catégories principales suivant leur contenu et leur contexte. La *première colonne* indique les rudiments astronomiques et/ou cosmovisionnels, leur fréquence totale par catégorie en nombres nets et pourcentages et leur classification en des catégories spécifiques; la *deuxième colonne* présente leurs fréquences partielles et la source du passage qui y est associé suivant la Table III.7; la *troisième colonne* se réfère à la fréquence totale de chaque terme et montre en astérisques le 3 termes les plus fréquents. Comme exemple, nous notons que le terme *hrw* —comme l'on voit dans la Table III.7 (cf. col. 4), *supra*— se rencontre une fois, soit dans le passage 3, et sa fréquence totale est 1. Les Tables III.7 et III.8 nous offrent beaucoup d'informations importantes, à la fois égyptologiques et statistiques, concernant les termes astronomiques et cosmovisionnels qu'on y rencontre, leur contexte (textuel et social) et leur symbolisme archétypique, ainsi que leur fréquence dans le *Conte du Naufragé* étudié ici.

Table III.8: Fréquence d'occurrence des termes astronomiques ou cosmovisionnels, dans le *Conte du Naufragé* (cf. Table III.7). Les ***italiques gras*** indiquent la numération des passages cités. Les sommes partielles se réfèrent à chaque catégorie, étudiée ci-dessus (§ III.5.1). La somme totale, calculée par l'addition des sommes partielles, est égale à $\sum = 23$. Les astérisques montrent les trois termes les plus fréquents.

TERME ASTRONOMIQUE OU COSMOVISIONNEL		CORRESPONDANCE ET FRÉQUENCE PARTIELLE DANS LES TEXTES DE LA TABLE III.7	FRÉQUENCE TOTALE
III.5.1-i **∑=3** **13%**	*hrw*	***3*** x1	1
	ḥḏ t3	***15*** x1	1
	dw3	***15*** x1	1
III.5.1-ii **∑=5** **22%**	*3bd*	***8*** x3, ***13*** x1, ***14*** x1	5*
III.5.1-iii **∑=3** **13%**	*pt*	***1*** x1, ***6*** x1	2*
	sb3 h3w	***11*** x1	1
III.5.1-iv **∑=2** **9%**	*[M3ʿt] = z3t ktt*	***10*** x 1	1
	nwy	***12*** x1	1
III.5.1-v **∑=10** **43%**	*nwb*	***5*** x1	1
	nšny	***2*** x1, ***7*** x1	2
	ḥf3w (75)	***5*** x1, ***9*** x1	2*
	ẖsbd	***5*** x1	1
	ḳri	***4*** x1	1
	t3 ẖr mnmn	***4*** x1	1
	ḏʿ	***2*** x1, ***7*** x1	2

(i) À partir de notre étude (voir Tables III.7 & III.8), il est évident que *les éléments astronomiques de la première catégorie* (jour et lumière, nuit et obscurité, & c.) ne sont pas assez nombreux. Ils sont utilisés dans le cadre du contexte quotidien, sans aucune allusion purement astronomique. **(ii)** Notre étude (voir Tables III.7 & III.8) montre encore que *les éléments astronomiques de la deu-*

xième catégorie (temps et sa mesure, éternité et durée, & c.), en effet le terme *mois* étant le seul représentatif, sont plus nombreux. Ce terme indique la période temporelle qui définit le séjour du naufragé sur l'île enchantée et constitue le cadre pour l'évolution et la dynamique du conte. **(iii)** À partir de notre étude (voir Tables III.7 & III.8), il est évident que *les éléments astronomiques de la troisième catégorie* (ciel et divinités célestes, & c.) ne sont pas assez nombreux, mais ils sont plus importants que tous les autres. Nous remarquons tout d'abord la référence au *ciel* dans le cadre d'une exaltation des camarades du naufragé: ses compagnons étaient si vaillants et possédaient tant d'expérience, qu'ils furent capables d'apercevoir les signes météorologiques en observant le ciel et la Terre. Ce fait nous indique les connaissances maritimes et météorologiques de ces marins, ainsi que leur talent pour les observations astronomiques simples de navigation (que l'on peut supposer du contexte de ce conte). De cette façon, le *Conte du Naufragé* pourrait être comparé (*mutatis mitandis*) aux *Ἀργοναυτικὰ* des Orphiques[267]. Nous soulignons également la référence à la *météorite* (*sbꜣ hꜣw*) qui détruisit la famille du serpent bénéfique en tombant sur l'île enchantée. Le texte du papyrus nous informe que cet événement fut soudain, que la météorite tomba sur la nichée des serpents quand le père–chef de la famille était absent, et que toute sa famille fut brûlée sous l'action catastrophique de l'impact météoritique explosif qui transforma les serpents en cendres. Ce fait nous rappelle vivement la fin catastrophique des dinosaures, qui —selon la théorie la plus récente[268]— prit place pendant l'ère secondaire (fin de la Période Crétacée) par un tel événement de grande échelle (impact d'un astéroide sur la Terre, qui couvrit la lumière solaire d'un nuage de poussière). Il faut signaler que dans le contexte astronomique égyptien le mot *sbꜣ/étoile* pourrait signifier un astre quelconque, soit une étoile, une météorite, une comète, un astéroïde ou même une planète. L'utilisation de cet astre tombant sur la Terre dans le conte étudié ici nous indique que les Égyptiens ont dû être les témoins d'au moins un impact météoritique pendant leur histoire néolithique et même pendant le NK[269], peut-être un heurt gigantesque qui passa dans leur mythologie très facilement, comme un événement céleste puissant qui pourrait annihiler même des divinités mineures (juste comme les serpents de l'*Île du ka*). Sur ce point il faut ajouter qu'une source possible du fer météoritique, utilisé pendant la cérémonie de l'ouverture de la bouche dont le symbolisme fut partiellement stellaire[270] (donc osirien), fut sans doute l'existence de quelques *averses des météores*, ayant apparemment leur origine dans la région (céleste) boréale circumpolaire[271], la région polaire *Wʿrt* des étoiles impérissables, qui

[267] Cf. par exemple notre discussion dans le Chapitre IV, § 2.4, *infra* (et *passim*). Bien que les Hellènes fussent des marins par excellence, il semble possible que les Égyptiens avaient des connaissances de nocturne navigation maritime qui se fondait aux étoiles. Le *Conte du Naufragé* et le *Voyage de Wen–Amūn* (*Wn-Ỉmn*) sont les textes qui font la plus fréquente référence (cf. aussi la n. 75 du Chapitre I, *supra*; la n. 170 du Chapitre IV, *infra*).

[268] Voir, par exemple, SHU, 1982: 424-25 & 545; NORTON, 2002: 305.

[269] Voir à ce propos la brève discussion dans KÁKOSY, 1982:190-91; sur le passage d'un météore, voir LEPROHON, 1991: 139-43 (*sMFA 23.733*) et cf. *LÄ*, **IV**, 1982: 117-18 & n. 3.

[270] Voir la n. 88 du Chapitre IV et la n. 137 du Chapitre V, *infra*.

[271] Pendant notre ère il y a deux *averses des météores* qui sont observées dans la région boréale circumpolaire, soit: **(i)** les *Draconides*, provenant apparemment de la région près

étaient conçues comme les archétypes de l'immortalité et de la puissance céleste par excellence[272]. Les Égyptiens d'antan, aidés par la pollution luminaire minimale et les cieux clairs de leur pays, avaient été très étonnés en observant de tels phénomènes astronomiques[273], particulièrement quand ils pouvaient trouver des résidus météoritiques sur la terre. Ces vraies merveilles célestes furent considérées comme des manifestations divines, et pendant la période de l'OK elles venaient apparemment d'une région près de α–Dra, où se situait le Pôle Céleste Nord pendant cette ère[274] et d'où l'*axis mundi* (l'axe cosmique par excellence) passait vers c. 2800 BCE. Il faut noter que des textes profanes examinés ici, la seule mention d'un événement (catastrophique) d'un *météorite* (*sbꜣ hꜣw, sšd*[275]) se trouve dans le *Conte du Naufragé*. Nous notons que toutefois il n'y a aucune autre mention des météorites ou du fer météoritique (*biꜣ*) dans ces textes profanes, mais l'on trouve beaucoup de références au fer météoritique (et à son symbolisme archétypique astral) dans les textes funéraires étudiés ici[276]. **(iv)** Il est clair (voir Tables III.7 & III.8) que *les rudiments cosmovisionnels de la quatrième catégorie* (cosmogonie, théogonie, divinités cosmiques, & c.) sont moins fréquents que tous les autres dans ce conte. L'on observe la référence symbolique à Ma'at (comme l'unique petite–fille du serpent, qui lui fut apportée par la prière[277]). On note aussi la référence aux eaux primordiales du Nūn: le serpent/manifestation symbolique du dieu créateur Rē'–Atoum dit au naufragé que jamais il ne verra l'*Île du ka*, parce qu'elle se sera transformée en flots et se perdra dans les vagues de l'Océan. Ce passage nous rappelle vivement l'eschatologie égyptienne, selon laquelle seul le dieu solaire (en forme du serpent divin, et Osiris) survivra à la fin catastrophique de l'Univers, qui reviendra (*mutatis mutandis*) dans la primordiale situation chaotique[278]. **(v)** Il est évident (voir Tables III.7 & III.8) que *les rudiments cosmovisionnels de la cinquième catégorie* (symboles et archétypes cosmovisionnels, termes météorologiques et géologiques, & c.) sont plus fréquents que tous les autres. Il faut remarquer tout d'abord l'association astro-

---

de ζ–Dra, avec un maximum chaque 10 Octobre, qui sont liées à la comète *Giacobini–Zinner*; **(ii)** les *Oursides*, provenant apparemment de la région de la Grande Ourse, avec un maximum chaque 22 Décembre. Voir aussi la n. 42 du Chapitre II, *supra*.

[272] Voir *LÄ*, I, 1975, 971-72: art. «Circumpolarsterne»; cf. aussi les §§ 1.1 & 2.1, *supra*.

[273] Voir WAINWRIGHT, 1932b: 3-15; WAINWRIGHT, 1935: 152-170. Cf. aussi ROWLETT, 2003: 77-82, pour un événement analogue dans la Gaule pendant l'Ère du Fer.

[274] Cf. la n. 186, *supra*. Sur des objets en fer céleste, voir BJORKMAN, 1973: 124-25: # 1-5.

[275] Sur ce terme, voir *Wb.*, **IV**, 300: i-ii; *CD*: 249. Cf. aussi *Urk.*, **IV**: 615, 13; 1685, 1.

[276] Voir (entre autres) les passages suivants. Dans les *PT*: **21**: §§ 13-14; **325**: § 530; **413**: § 736; **424**: § 770; **483**: § 1016; **509**: § 1124; **536**: § 1293; **582**: § 1562; **610**: § 1721; **667**[A]: § 1945; **684**: § 2051; & c. Dans les *CT*: **II**, 159: § 369a; **VI**, 474: § 24b, 517: § 107d; 519: § 108e; 666: § 294p; **VII**, 816: §§ 15a-15c; 816: §§ 15f-15h; 936: § 137e; 989: 198a; & c. Dans le *BD*: **23**: 5; **137**[A]; **153**[B]; & c. Sur le fer météoritique, voir aussi GRAEFE, 1971: 13-25, Chap. II: «Sternmaterie»; 40-66, Chap. IV: «*biꜣ* als Bezeichnung des Himmels». Cf. aussi les Tables III.1 et III.3 (*passim*), *supra*. Cf. enfin ANTONIADI, 1934: 98.

[277] Nous signalons cet élément commun ici (sur une instance datant de la Période Ptolémaïque, cf. PINCH, 1994: 125; ΜΑΡΑΒΕΛΙΑ, 2003b: 244) et dans la foi chrétienne (cf. e.g.: *Genesis*, **xvii**: 15 ff; **xviii**: 11-15; **xxi**: 1-7; *Lucas*, **i**, 5-25; & c.). Cf. aussi la n. 264, *supra*.

[278] Voir notre discussion vers la fin de la § 1.3 du Chapitre V (et cf. les nn 109 & 114), *infra*. Voir aussi la n. 241 du Chapitre IV, *infra*.

nomique indirecte dans le symbolisme solaire du serpent bénéfique, qui fait allusion à Rē‘, l'*Île du ka* (*Ỉw n kꜣ*) qui s'identifie à une manifestation du dieu solaire Rē‘–Atoum, ainsi que les 75 serpents peuplant initialement cette île qui symbolisent les 75 formes du dieu solaire qui sont présentes dans la *Litanie du Soleil*[279]. D'ailleurs, le symbolisme solaire s'étend dans la description du serpent hyperphysique aux traits à la fois divins et solaires: en effet, le corps du serpent est recouvert d'or, tandis que ses sourcils le sont de lapis–lazuli véritable[280]. Enfin, nous allons remarquer les éléments à la fois cosmovisionnels et météorologiques qui se rencontrent dans ce conte. On a déjà noté la capacité des marins Égyptiens à faire des observations à la fois météorologiques et astronomiques: les camarades du naufragé pouvaient prédire l'orage avant son arrivée et la tempête avant sa formation. En plus, l'arrivée du serpent divin est décrite en des termes caractéristiques à la fois météorologiques et géologiques: le naufragé entend soudain un grondement de tonnerre, quand le serpent approche (ce qui lui semble être une vague de la mer); après quoi, les arbres craquent et la terre tremble, comme s'il s'agissait d'un séisme. Ces éléments nous montrent que les Égyptiens avaient des connaissances météorologiques et géologiques pratiques.

En conclusion, nous allons présenter quelques réflexions supplémentaires. Nous avons étudié et analysé tous les éléments astronomiques et/ou cosmovisionnels (évidents ou latents) qui se trouvent dans le *Conte du Naufragé*. Les éléments astronomiques et cosmovisionnels principaux étudiés ici sont les suivants: **(i)** l'étoile tombante (*sbꜣ hꜣw*), qui correspond à une météorite; **(ii)** des termes variés astronomiques, comme e.g.: *pt*, *ꜣbd*, *hrw*, *dwꜣ*, *ḥḏ tꜣ*, qui ne sont toutefois pas utilisés dans le cadre de l'Astronomie pure, mais dans un contexte quotidien qui concerne la mesure du temps, les simples applications du calendrier et le passage du temps (comme il est conçu par le naufragé) qui se reflète dans l'alternance périodique du jour et de la nuit, ainsi que dans la succession des mois de son séjour sur l'*Île du ka*; **(iii)** des éléments à la fois cosmovisionnels, météorologiques et géologiques, comme e.g.: *nšny*, *ḏ‘*, *ḳri*, *tꜣ ḥr mnmn*, qui montrent la capacité des Égyptiens à prédire le temps et leurs connaissances pratiques géologiques; **(iv)** des symboles/archétypes cosmovisionnels et cosmogoniques solaires, comme le serpent (*ḥfꜣw*) et sa famille, ainsi que sa constitution corporelle d'or et de lapis–lazuli. Les résultats de notre analyse statistique sont présentés dans la Table III.8, *supra*. Les termes les plus fréquents sont les suivants: **1.** *ꜣbd/ mois* (~ 22%); **2.** *pt/ciel* (~ 9%); **3.** *ḥfꜣw/Le Serpent Solaire* (~ 9%). Il faut signaler quand même que le terme le plus important du point de vue astronomique (bien qu'il ne soit rencontré qu'une seule fois) n'est que l'allusion à la météorite. En effet, cette allusion montre que les Égyptiens étaient au courant du rare heurt des météorites, qui fut passé même dans leur littérature narrative pour un phénomène terrible d'origine divine. Notre analyse statistique est importante et signi-

[279] Voir la n. 263, *supra*. Cf. aussi *LÄ*, **V**, 1984: 620.

[280] Selon les opinions égyptiennes, la chair des dieux serait d'or et/ou de lapis–lazuli (voir ΜΑΡΑΒΕΛΙΑ, 2003b: 223-24 et les références citées; ANDREWS, 1990: 47-48, 52-54; LURKER, [4]1986, 55: art. «gold»; *op. cit.*, 76: art. «lapis lazuli»). De telles références aux pierres et aux métaux précieux (AUFRÈRE, 1991) se trouvent aussi dans les *Poèmes d'Amour* de l'Égypte antique (cf. e.g.: MATHIEU, 1996: 85-86; MARAVELIA, [2]2001a: 99-100).

Figure III.9: Le zodiaque rectangulaire du pronaos du grand temple d'Hathor à Dendara [c. 50 BCE, voir *DENDARA*; AUBOURG, 1995: 1-10; LENTHERIC, 1996: 183-205]. L'on y voit des constellations zodiaques tardives et des décans. Sōthis (= Isis/*Spdt*) est représentée comme une vache céleste dans une barque cosmique; Orion (= Osiris/*S3ḥ*) suit, en regardant vers elle (vers l'Est); entre eux un pilier *ḏd*/*w3ḏ* est représenté comme un astérisme surmonté par le faucon divin d'Horus, qui symbolise le commencement du nouvel an; la constellation des Gémeaux suit (après une déesse astrale deboute), représentée comme la paire divine de Shū et de Tefnūt.

ficative. Elle corrobore le fait que les Égyptiens utilisaient des termes astronomiques divers assez fréquemment au niveau de la vie quotidienne, sans les placer au niveau de l'Astronomie pré–scientifique. Pourtant, le terme *sb3 h3w*/*météorite* doit être placé dans le cadre purement astronomique, à la fois par son origine céleste et par sa rareté, ainsi que dans le cadre de la vie quotidienne, à cause de ses graves conséquences catastrophiques[281].

§ 5.2. Les *Aventures de Sinūhe*

Le petit roman narratif des aventures de Sinūhe[282] —comme on le connaît très bien[283]— consiste en une classique synthèse littéraire très intéressante qui pourrait être interprétée à un double niveau. Ce texte date du MK, XIIe–XIIIe Dynasties (*terminus post quem*[284]: c. 1960 BCE), et les références bibliographiques qui y sont associées sont assez nombreuses[285]. Ce qui nous semble comme un point du commencement très proche au niveau cosmovisionnel et même à l'interprétation astronomique indirecte est fondé sur l'étymologie du nom du héros égyptien (qui incarne une personnalité exemplaire de conduite typiquement égyptienne pendant le MK): *Sinūhe* (eg.: *Z3-Nht*; copt.: *ⲥⲓ–ⲛⲟⲩϩⲉ) est littéralement le *fils du sycomore*, arbre sacré[286] au symbolisme cosmovisionnel et associée au culte de Nūt et

[281] Voir la n. 269, *supra*; cf. aussi la n. 100 du Chapitre IV, *infra*. Sur ce sujet, voir aussi ILLINGWORTH, ^{2}1981, 202-03: art. «meteorite», ainsi que la n. 42 du Chapitre II, *supra*.

[282] Édition principale BLACKMAN, 1932: 1-41; traduction avec peu de commentaires LICHTHEIM, 1975, **I**: 222-35; cf. aussi SIMPSON, ^{2}1973: 57-74; LALOUETTE, 1987: 226-40. Dans notre étude nous nous fondons sur le texte hiéroglyphique publié dans les éditions synoptiques et commodes LE GUILLOUX, 2002 et LUINO, ^{2}2001.

[283] Voir *LÄ*, **V**, 1984, 950-55: art. «Sinuhe».

[284] Voir SIMPSON, ^{2}1973: 57. Le *terminus a quo* est c. 1960 BCE et le *terminus ad quem* est c. 1700 BCE.

[285] Pour un bilan bibliographique, voir LICHTHEIM, 1975, **I**: 223; LALOUETTE, 1987, 299: n. 1. Pour quelques remarques, voir *op. cit.*: 238-40.

[286] Voir, par exemple, le Chapitre V, § 1.2 & n. 39, *infra*. Pour une discussion supplémentaire sur l'interprétation de l'histoire de Sinūhe, voir LUINO, ^{2}2001: 10-14. Sur le syco-

Table III.9: Correspondance entre quelques passages des *Aventures de Sinūhe*, contenant des rudiments astronomiques et/ou cosmovisionnels, et leur source, comme ils ont été transcrits en hiéroglyphes, translitérés et publiés*.

#	SOURCE	PUBLICATION	TEXTE AUX RUDIMENTS ASTRONOMIQUES
1	*pBerlin10499*, v, ℓℓ 5-6		*ḥꜣt-zp 30, ꜣbd 3 <nw n> ꜣḫt, sw 7: ʿr nṯr r ꜣḫt.f*
2	*pBerlin10499*, v, ℓ. 7		*sḥr.f r pt, ḫnm m itn*
3	*pBerlin10499*, v, ℓ. 20		[...] *r tr.n ḫꜣwy*
4	*pBerlin 10499*, v, ℓ. 29		*irt.i šmt m ḫntyt*
5	*pBerlin10499*, v, ℓ. 34		*ḥḏ.n.i wn hrw*
6	*pBerlin10499*, v, ℓ. 36		[...] *ḫpr.n tr n msyt*
7	*pBerlin10499*, v, ℓ. 39		*m swt n imnty*
8	*pBerlin10499*, v, ℓℓ 41-42		*rdwy.i. m ḫd*
9	*pBerlin10499*, v, ℓ. 45		*imy hrw.f*
10	*pBerlin10499*, v, ℓ. 45		*irt.i šmt tr n ḫꜣwy*
11	*pBerlin10499*, v, ℓ. 46		*ḥḏ.n.tꜣ, pḥ.n.i Ptn*
12	*pBerlin3022*, v, ℓℓ 29-30	BLACKMAN, 1932 LE GUILLOUX,2002 --------------------- SIMPSON, ^{2}1973 LICHTHEIM, 1975 LALOUETTE, 1987 LUINO, ^{2}2001 LE GUILLOUX,2002	*ir.n.i rnpt gs im*
13	*pBerlin 3022 + 10499*, ℓℓ 36+59		(*Sḥtp-ib-Rʿ*) *wḏꜣw r ꜣḫt*
14	*pBerlin 3022*, ℓ. 45		*mi Sḫmt* [*m*] *rnpt idw*
15	*pBerlin 3022*, ℓℓ 57 & 68		*m ꜣt* [...] *iṯ.n.f m swḥt*
16	*pBerlin 3022*, ℓℓ 87-88		*ir n.i ʿḳw m-mint, irp m hr<yw>t hrw*
17	*pBerlin 3022*, ℓ. 92		*ir.n.i rnpwt ʿšꜣwt*
18	*pBerlin 3022*, ℓ. 100		*iry.i rnpwt ʿšꜣwt*
19	*pBerlin 3022*, ℓ. 129		*ḥḏ.n tꜣ*
20	*pBerlin 3022*, ℓℓ 149-50		*iw min,* [...] *n hꜣw.f* [...]
21	*pBerlin 3022*, ℓ. 162-63		*in min rf ntt.f ḥtp*
22	*pBerlin 3022*, ℓℓ 171-72		[...] *nḥḥ; šms.i Nbt-r-Ḏr*
23	*pBerlin 3022*, ℓℓ 172-73		*sb.s nḥḥ ḥr.i*
24	*pBerlin 3022*, ℓ. 179		[...] *zꜣ Rʿ*

more et son symbolisme archétypique, voir aussi LURKER, ^{3}1986, 119: art. «sycamore»; MANNICHE, 1989: 103-05; *BMD*, 1996, 295, art. «trees»; WILKINSON, 1992: 116-17.

25	*pBerlin 3022*, ℓℓ 185-86		*pt.k tn, ntt* [...] *rwd.s m min*
26	*pBerlin 3022*, ℓℓ 189-90		*iw min is šꜣꜥ.n.k tni*
27	*pBerlin 3022*, ℓℓ 190-91		*sḫꜣ.n.k hrw n ḳrs*
28	*pBerlin 3022*, ℓ. 191		*wḏꜣ.tw n.k ḫꜣwy*
29	*pBerlin 3022*, ℓℓ 192-93		[...] *hrw zmꜣ tꜣ*, [...] *pt ḥr.k*
30	*pBerlin 3022*, ℓℓ 206-10		[...] *Rꜥ*, [...], *Ꞽmn*, [...] *Rꜥ*, *Ḥr*, *Ḥwt-Ḥr*, *Tmw* [...], *Spdw*, [...] *Ḥr-Ꞽꜣbty*, [...] *ḏꜣḏꜣt-tpt-nw*, *Mnw-Ḥr*, [...] *Nwt*, *Ḥr-Wr*, *Rꜥ* [...]
31	*pBerlin 3022*, ℓ. 212		*di.sn n.k nḥḥ nn ḏrw.f, ḏt nn ḥnty.s*
32	*pBerlin 3022*, ℓℓ 213 & 216		*wꜣf.n.k šnnt itn;* [...] *Rꜥ*
33	*pBerlin 3022*, ℓ. 231		*di.n Rꜥ snḏ.k ḫt tꜣ*
34	*pBerlin 3022*, ℓℓ 232-33	BLACKMAN, 1932 LE GUILLOUX, 2002 ---------------------- SIMPSON, ²1973 LICHTHEIM, 1975 LALOUETTE, 1987 LUINO, ²2001 LE GUILLOUX, 2002	*ntk is ḥbs ꜣḫt tn; wbn itn n mrt.k*
35	*pBerlin 3022*, ℓ. 234		*ṯꜣw m pt ḫnmt.f ḏd.k*
36	*pBerlin 3022*, ℓℓ 237-38		*mr Rꜥ, Ḥr, Ḥwt-Ḥr fnd.k* [...] *ꜥnḫ.f ḏt*
37	*pBerlin 3022*, ℓ. 238		*rdi.t(w) iry.i hrw m Ꞽꜣꜣ*
38	*pBerlin 3022*, ℓℓ 241-42		*iwt pw ir.n bꜣk im m-ḫntyt*
39	*pBerlin 3022*, ℓ. 248		*ḥḏ.n rf tꜣ dwꜣw zp 2*
40	*pBerlin 3022*, ℓ. 249		*dhn.n.i tꜣ imytw šzpw*
41	*pBerlin 3022*, ℓ. 254		*iw.i mi z, iṯw m ꜥḫḫw*
42	*pBerlin 3022*, ℓℓ 269-70		*ꜥwy.ky r nfrt nsw; wꜣḥ ḫkryt nt Nbt-Pt*
43	*pBerlin 3022*, ℓℓ 270-71		*di Nbw ꜥnḫ r fnd.k; ḫnm tw nbt-sbꜣw*
44	*pBerlin 3022*, ℓℓ 271-72		*ḫd šmꜥs ḫnt mḥws*
45	*pBerlin 3022*, ℓ. 273		*ḥtp n.k Rꜥ, nb tꜣw*
46	*pBerlin 3022*, ℓ. 274		*hy n.k mi Nbt-r-Ḏr*
47	*pBerlin 3022*, ℓ. 276		[...] *zꜣ Mḥyt*
48	*pBerlin 3022*, ℓ. 282		*wḏꜣ.tn r ꜥ-ḫnwty dwꜣt*
49	*pBerlin 3022*, ℓ. 287		[...] *ꜥḫmw nw ꜣḫt*

50	*pBerlin 3022*, ℓ. 290	BLACKMAN, 1932 LE GUILLOUX,2002 ----------------------- SIMPSON, ²1973 LICHTHEIM, 1975 LALOUETTE, 1987 LUINO, ²2001 LE GUILLOUX,2002	*rdi sw3 rnpwt ḥr ḥ^cw.i*
51	*pBerlin 3022*, ℓℓ 298-99		[...] *zp 3, zp 4 n hrw* [...], *nn 3t nt irt 3bw*
52	*pBerlin 3022*, ℓℓ 300-02		*iw ẖwsw n.i mr m inr m-ḳ3b mrw; imy-r mḏḥw mr ḥr pzš z3tw.f*
53	*pBerlin 3022*, ℓ. 310		[...] *r iwt hrw n mni*

[*] Les publications les plus importantes, ainsi que certaines traductions choisies (voir sous les lignes - - - - -) sont données ci–dessus.

de Hathor, ainsi qu'aux croyances funéraires des Égyptiens. Le nom de Sinūhe montre que ses aventures (interprétées à la fois littéralement et au niveau psychologique, comme un voyage interne) sont en rapport avec le ciel, soit avec la déesse Nūt (la maîtresse des étoiles), soit avec la reine Nefrou (*Nfrw*), dont Sinūhe est le serviteur avant (et peut-être après) sa fuite, qui incarne la pontife de la déesse céleste sur Terre[287]. Or, notre héros vit une aventure qui se déroule en même temps sur le plan matériel et dans la sphère spirituelle, en bref il s'agit d'un voyage au sens littéral et d'un *viaticum* initiatique au sens propre du terme. En tant que *fils du sycomore* (*ficus sycomorus* L.), Sinūhe rejoindra sa mère aimée Nūt et elle nourrira virtuellement son âme de son arbre sacré où elle réside. Sans entrer dans les détails, notons simplement que la gamme d'interprétations archétypiques de ce texte est double[288]. Ici nous allons étudier les rudiments astronomiques et cosmovisionnels qui se trouvent dans les *Aventures de Sinūhe*. Afin de le faire il sera utile de classer tous les passages contenant de tels éléments dans une Table convenable. Or, la Table III.9 présente toutes les notions astronomiques et cosmovisionnelles rencontrées dans cette narration pharaonique. La *première colonne* indique notre numérotation; la *deuxième colonne* présente la source de passages dans le papyrus; la *troisième colonne* se réfère aux publications importantes de ces passages (texte original en hiératique, sa transcription en hiéroglyphique, sa translitération, sa traduction et commentaires, & c.); la *quatrième colonne*, enfin, présente la translitération de ces passages qui contiennent des termes astronomiques et/ou cosmovisionnels. Cette table est très importante pour la classification et l'étude statistique de ces passages et consiste en la source pour la Table III.10. Ce dernier —quant à lui— présente la fréquence d'occurrence des termes astronomiques et/ou cosmovisionnels, dans le texte étudié et leur classification en 5 catégories principales suivant leur contenu et leur contexte. La *première colonne* indique les rudiments astronomiques et/ou cosmovisionnels, leur fréquence totale par catégorie en nombres nets et pourcentages et leur classification en des catégories spécifiques; la *deuxième colonne* présente leurs fréquences partielles et la source du passage qui y est associé suivant la Table III.9; la *troisième colonne* se réfère à la fréquence totale de chaque terme et montre en astérisques le 12 termes les plus fréquents. Comme exemple, nous notons que le terme *nḥḥ* —comme on

[287] Voir LICHTHEIM, 1975, I, 234 & n. 12.

[288] Pour des détails plus spécifiques et des références bibliographiques, voir les nn 282-83, *supra*; cf. aussi LUINO, ²2001: 141; LE GUILLOUX, 2002: 5-12.

Table III.10: Fréquence d'occurrence des termes astronomiques ou cosmovisionnels, dans les *Aventures de Sinūhe* (cf. Table III.9). Les ***italiques gras*** indiquent la numération des passages cités. Les sommes partielles se réfèrent à chaque catégorie, étudiée ci-dessus (§ III.5.2). La somme totale, calculée par l'addition des sommes partielles, est égale à $\sum = 88$. Les astérisques montrent les douze termes les plus fréquents.

TERME ASTRONOMIQUE OU COSMOVISIONNEL		CORRESPONDANCE ET FRÉQUENCE PARTIELLE DANS LES TEXTES DE LA TABLE III.9	FRÉQUENCE TOTALE
III.5.2-i **$\sum$=16** **18%**	*ꜥḫḫw*	***41*** x1	1
	hrw	***5*** x1, ***9*** x1, ***16*** x1, ***27*** x1, ***29*** x1, ***37*** x1, ***53*** x1	7*
	ḥḏ(.n) tꜣ	***11*** x1, ***19*** x1, ***39*** x1	3*
	ḫꜣwy / tr n ḫꜣwy	***3*** x1, ***10*** x1, ***28*** x1	3*
	dwꜣ(wt)	***39*** x1, ***48*** x1	2
III.5.2-ii **$\sum$=22** **25%**	*ꜣbd*	***1*** x1	1
	ꜣḫt	***1*** x1	1
	ꜣt	***15*** x1, ***51*** x1	2
	min / iw-min / m-min	***20*** x1, ***21*** x1, ***25*** x1, ***26*** x1	4*
	nḥḥ	***22*** x1, ***23*** x1, ***31*** x1	3
	rnpt	***12*** x1, ***14*** x1, ***17*** x1, ***18*** x1, ***50*** x1	5*
	hꜣw	***20*** x1	1
	ḥꜣt-zp	***1*** x1	1
	sw	***1*** x1	1
	tr n msyt	***6*** x1	1
	ḏt	***31*** x1, ***36*** x1	2
III.5.2-iii **$\sum$=34** **39%**	*ꜣḫt*	***1*** x1, ***13*** x1, ***34*** x1, ***49*** x1	4*
	ỉtn	***2*** x1, ***32*** x1, ***34*** x1	3*
	pt	***2*** x1, ***25*** x1, ***29*** x1, ***35*** x1	4*
	Nwt	***30*** x1	1
	Nbw	***43*** x1	1
	Nbt-r-Ḏr	***22*** x1, ***46*** x1	2
	Rꜥ	***24*** x1, ***30*** x3, ***32*** x1, ***33*** x1, ***36*** x1, ***45*** x1	8*
	Ḥr / Ḥr-Wr/Ḥr-Ỉꜣbty / Mnw-Ḥr	***30*** x4, ***36*** x1	5*
	Ḥwt-Ḥr	***30*** x1, ***36*** x1	2
	ẖkryt nt nbt pt	***42*** x1	1
	sbꜣ(w)	***43*** x1	1
	Spdw	***30*** x1	1
	Sḫmt	***14*** x1	1
III.5.2-iv **$\sum$=3** **3%**	*Ỉmn*	***30*** x1	1
	Tmw	***30*** x1	1
	ḏꜣḏꜣt-tpt-nw	***30*** x1	1
III.5.2-v **$\sum$=13** **15%**	*Ỉmnty*	***7*** x1	1
	pzš zꜣtw.f	***52*** x1	1
	mr	***52*** x3	3*
	Mḥ(y)t	***47*** x1	1
	ḫnt / Ḫntyt	***4*** x1, ***38*** x1, ***44*** x1	3*
	ḫd / Ḫd	***8*** x1, ***44*** x1	2
	swḥt	***15*** x1	1
	šzp(w)	***40*** x1	1

le voit dans la Table III.9 (cf. col. 4), *supra*— se rencontre trois fois, soit dans les passages 22-23 et dans le passage 31 et sa fréquence totale est 3. Les Tables III.9 et III.10 nous offrent beaucoup d'informations importantes, à la fois égyptologiques et statistiques, concernant les termes astronomiques et cosmovisionnels qu'on y rencontre, leur contexte (textuel et social) et leur symbolisme archétypique, ainsi que leur fréquence dans les *Aventures de Sinūhe* étudiées dans cette section.

(i) À partir de notre étude (voir Tables III.9 & III.10), il est évident que *les éléments astronomiques de la première catégorie* (jour et lumière, nuit et obscurité, & c.) sont assez nombreux. Ils sont utilisés dans le cadre du contexte quotidien, sans aucune allusion purement astronomique. Par exemple, le terme *ḫ3wy/(temps de) nuit* est utilisé à la fois afin de montrer l'arrivée des messagers du palais pour informer le dauphin, pour indiquer la période journalière pendant laquelle Sinūhe se mit en marche, même comme une métaphore pour la mort du héros. Également le terme *ʿḫḫw/crépuscule* est utilisé au sens figuré, montrant les sentiments de faiblesse et de modestie de Sinūhe, ainsi que sa virtuelle peur mortelle devant le pharaon. D'ailleurs, le terme *hrw/jour* (qui est le plus fréquent dans notre narration) est utilisé quatre fois pour indiquer le passage du temps et trois fois pour montrer le moment de la mort future de notre héros dans son pays tant aimé, ce qui prouve le symbolisme à la fois céleste et funéraire de ce texte (cf. particulièrement la Table III.9: # 29). **(ii)** Notre étude (voir les Tables III.9 & III.10) montre encore que *les éléments astronomiques de la deuxième catégorie* (temps et sa mesure, éternité et durée, & c.) sont un peu plus nombreux. Le roman commence avec la définition du contexte temporel par l'année régnale du pharaon qui meurt, un incident qui fut à l'origine de la fuite de Sinūhe (voir la Table III.9: # 1). On note encore le passage du temps qui est décrit par la désignation des années (*rnpwt*) qui s'écoulent, des jours et de leurs moments particuliers (cf. e.g.: *tr n msyt*, *h3w*, *3t*, & c.). Le caractère métaphysique du roman est accentué par les références à la notion de l'éternité (voir la Table III.9: # 23, 31, 36), qui porte sur le prolongement de la vie même après la mort. **(iii)** À partir de notre étude (voir Tables III.9 & III.10), il est évident que *les éléments astronomiques de la troisième catégorie* (ciel et divinités célestes, & c.) sont plus nombreux et plus importants que tous les autres dans le contexte de ce roman. Nous remarquons tout d'abord la référence à l'horizon (*3ḫt*), comme étant à la fois le point de départ pour le voyage du roi défunt dans l'au-delà, et le site virtuel de la gloire du pharaon régnant (voir la Table III.9: # 1, 13, 34); celui-ci est aussi divin et puissant que pourrait même faire le disque solaire (avec qui le roi mort s'unit) se lever de sa propre volonté (voir la Table III.9, # 2, 23, 31, 34, 36). Le ciel (*pt*) y est rencontré comme le domaine divin de l'existence *post mortem* (voir la Table III.9: # 2, 22, 25, 29, 46), le royaume de la déesse céleste, la *Maîtresse Universelle* (*Nbt-r-Ḏr*), dont la manifestation terrestre n'est que l'épouse du roi. Cette Maîtresse du Ciel (*Nbt-Pt*) est particulièrement exaltée dans ce roman: les enfants royaux commencent l'éloge du pharaon en lui présentant ses symboles/ornements sacrés (*sistres* et *colliers mnit*). Ces *ornements* (*ḫkryt*) nous font penser à leur identification aux ornements célestes, soit aux étoiles, dans ce contexte hathorique. En effet, la *Dorée* (*Nbw*), la déesse Hathor/Nūt y est caractérisée comme la *maîtresse des étoiles* (*nbt-sb3w*), avec laquelle non seulement le pharaon s'unira virtuellement mais également Sinūhe, qui cherche toujours au niveau spirituel l'union éternelle avec le ciel et ses merveilles dans ce roman. **(iv)** Il est clair (voir les Tables III.9 & III.10) que *les rudiments cosmovisionnels de la quatrième catégorie* (cosmogonie, théogonie, divinités cosmiques, & c.) sont moins fréquents que tous les autres dans ce roman. Nous notons seulement la référence au conseil qui se trouve sur les eaux primordiales (*ḏ3ḏ3t tpt Nw*), un terme cosmogonique déjà expliqué ailleurs[289]. **(v)** Enfin, il est évident (voir Tables III.9 & III.10) que *les rudiments cosmovisionnels de la cinquième catégorie* (symboles et archétypes cosmovisionnels, & c.) ne sont pas assez fréquents. Il faut remarquer tout d'abord l'indirecte association astronomique des *pyramides* (*mrw*) qui s'y rencontrent: les maîtres d'œuvre de la nécropole construisirent une pyramide pour Sinūhe et divisèrent son terrain ([...] *pzš z3tw.f*), ce qui nous rappelle les méthodes discutées dans ce Chapitre (voir §§ 4.1-4.2, *supra*). On note aussi (voir la Table III.9: # 4, 8, 15, 35, 38, 40, 44, 47) des références vagues aux points cardinaux, aux vents, aux sphinxes (comme symboles du dieu Rē'–Horakhty, préposés à la garde des sanctuaires et des nécropoles), et encore (*mutatis mutandis*) à la notion de l'*œuf cosmique* (*swḥt*), que l'on discutera plus tard (voir le Chapitre IV, § 3.2, *infra*).

En conclusion, les éléments astronomiques et cosmovisionnels principaux étudiés ici sont les suivants: **(i)** la référence à la déesse Nūt/Hathor comme la maîtresse des ornements du ciel, voire des astres; **(ii)** des termes variés astronomiques, comme e.g.: *pt, 3bd, hrw, dw3, ḥḏ t3, 3ḫt, itn*, & c., qui ne sont toutefois pas utilisés dans le cadre de l'Astronomie pure, mais dans un contexte quotidien qui concerne la mesure du temps, et les observances funéraires qui aideraient l'union du roi ou de notre héros (voyageur éternel vers l'intégration dans l'Univers) avec le firmament; **(iii)** quelques éléments cosmovisionnels, comme les vents, les sphinxes et les pyramides. Les résultats de notre analyse statistique sont présentés dans la Table III.10, *supra*. Les termes les plus fréquents sont les suivants: **1.** *Rʿ/le dieu solaire* (~ 9%) et *hrw/jour* (~ 8%); **2.** *rnpt/année* (~ 6%) et *Ḥr/Horus* seul ou bien en syncrétisme avec d'autres divinités (~ 6%); **3.** *pt/ciel* (~ 5%), *3ḫt*/horizon (~ 5%); **4.** *itn/disque solaire* (~ 4%), *ḥḏ t3/aube* (~ 4%), et *tr n ẖ3wy/temps de nuit* (~ 4%); & c. Il faut signaler quand même que le terme le plus important du point de vue à la fois astronomique et métaphysique (bien qu'il ne soit rencontré qu'une seule fois) est l'allusion à Hathor/Nūt comme la maîtresse des étoiles. C'est avec elle que Sinūhe s'unirait pour toujours: à la fois après son retour en Égypte et après sa mort dans le sarcophage (à l'intérieur du couvercle duquel Nūt *astrophoros* était désignée[290]). En effet, cette allusion nous permet de comparer (*mutatis mutandis*) ce fait avec des analogues helléniques que l'on rencontrera dans le prochain Chapitre[291]. Notre analyse statistique est très importante. Elle corrobore le fait que les Égyptiens utilisaient des termes astronomiques variés assez fréquemment au niveau de la vie quotidienne, sans nécessairement les placer dans le contexte de l'Astronomie pré–scientifique.

[289] Les puissances aidant la crue (voir, par exemple, LUINO, [2]2001: 72 & n. 153). Cf. aussi la Table III.3: # 227, *supra*.
[290] Voir notre discussion dans le Chapitre V, § 1.2, *infra*.
[291] Voir à ce propos les nn 71 & 189 du Chapitre IV, *infra*.

§ 5.3. Les *Poèmes d'Amour* (*Ḥswt sḫmḫ-ib*)

Un des genres littéraires les plus fascinants de l'Égypte antique était la poésie de l'amour[292]. La plupart de ces poèmes lyriques datent du commencement de la XIXe Dynastie jusqu'à la fin de la XXe Dynastie (*terminus post quem*[293]: c. 1300 BCE), et les références bibliographiques qui y sont associées sont assez nombreuses[294]. Les poèmes d'amour égyptiens sont approximativement 70, dont 10 sont en situation très fragmentaire donc intraduisibles uniformement[295]. Ces poèmes sont une riche source d'information concernant les relations entre les deux sexes pendant l'Antiquité égyptienne, ainsi que les coutumes concomitantes d'une soci-

[292] Le terme égyptien correspondant serait soit *ḥswt sḫmḫ ib* (cf. *pHarris 500*, r, **IV**, ℓ. 1 & **VII**, ℓ. 3), soit *rw nw tꜣ sḫmḫt-ib ꜥꜣt* (cf. *pChester Beatty I*, v, C1, ℓ. 1), soit *ṯsy nḏmw* (cf. *pChester Beatty I*, r, **16**, ℓ. 9). Les sources de poèmes les plus importantes sont présentées dans la Table III.11 et sont brièvement les suivantes: **(i)** *pHarris 500* (= BM 10060), r: **I**, ℓ. 1 - **VI**, ℓ. 2 & **VII**, ℓ. 3 - **VIII**, ℓ. 12; publiés dans MÜLLER, 1899: pls 2-16; **(ii)** *pTurin 1996* (= CGTurin 1966), r: **I**, ℓ. 1 - **II**, ℓ. 15; publiés dans FOX, 1985: 389-93 et dans LOPEZ, 1992: 133-43; **(iii)** *pChester Beatty I* (= BM 10681), v: **C1**, ℓ. 1 - **C5**, ℓ. 2 & **G1**, ℓ. 1 - **G2**, ℓ. 5; r: **16**, ℓ. 9 - **17**, ℓ. 13; publiés dans GARDINER, 1931: 1-7, 27-38 & pls **XXII-XXVI** (= verso, section **C**), **XXIX-XXX** (= verso, section **G**), **XVI-XVII** (= recto); **(iv)** *oDeM 1266 + oCG 25218*, ℓℓ 1-28; publiés dans POSENER, 1972: 43-44 & pls 75-79; **(v)** *oGardiner 304*, r: ℓℓ 1-7 & *oNash 12*, r: ℓℓ 1-5; publiés dans ČERNÝ & GARDINER, 1957: 11 & pl. **XXXVIII**: # 2, 26; 12 & pl. **XL**: # 6, 26, respectivement; **(vi)** *oBorchardt 1*, r, ℓℓ 1-9 + v, ℓℓ 1-4 (= *oCGTurin 57367*, r); publié dans LOPEZ, 1982: 22 ff & pls 114-114a, 25; **(vii)** *sLouvre C100*, ℓℓ 1-4; publiée dans MÜLLER, 1899: pls 16 & 18. Sur les sources fragmentaires, voir les notes des Tables III.11 & III.12 et la n. 295, *infra*. Pour le reste des poèmes, voir MATHIEU, 1996: 115-19.

[293] Selon Mathieu (cf. MATHIEU, 1996: 22-23, 36: n. 34) les plus anciens d'entre eux étant probablement ceux du *pHarris 500* (début XIXe Dynastie); ceux du *pTurin 1966* (début XXe Dynastie) les suivent; après quoi suivent ceux de *oDeM 1266* et des ostraca divers littéraires (XIXe-XXe Dynasties); les poèmes du *pChester Beatty I* suivent (XXe Dynastie); le poème le plus tardif doit être unanimement le poème de la *sLouvre C100* (XXIe ou plutôt XXVe Dynastie). Ici nous montrons que la conception initiale des poèmes du *pChester Beatty I* doit être datée de la fin de la XVIIIe Dynastie ou du commencement de la XIXe Dynastie, tandis que leur plus ancien regroupement sauvé doit être celui du scribe Nakht (XXe Dynastie). Nous signalons aussi que la conception initiale des poèmes de *oDeM 1266* doit être datée de la même ère comme ceux du *pChester Beatty I*. Or, leur *terminus a quo* est c. 1300 BCE et leur *terminus ad quem* est c. 1000 (± 250) BCE.

[294] Pour une étude des *Poèmes d'Amour*, voir la thèse de Bernard Mathieu (cf. MATHIEU, 1996); pour une bibliographie assez complète, cf. *op. cit.*: 5-12. Des œuvres de base sur ce sujet sont les suivantes: HERMANN, 1959; *LÄ*, **III**, 1980, 1048–52: art. «Liebeslieder»; FOX, 1985; SCHOTT, ²1992; POSENER, ²1992, 224–25: art. «Poésie Amoureuse»; VERNUS, 1992; MARAVELIA, ²2001; pour quelques traductions avec peu de commentaires, voir SIMPSON, ²1973: 296-326; LICHTHEIM, 1976, **II**: 179-93; & c.

[295] Les poèmes les plus fragmentaires ou incertains se trouvent dans les sources suivantes: *pAnastasi II*, *pDeM 43*, *oErmitage 1125*, *oMichaēlidēs 55 & 86*, *oDeM 1657*, *oDeM 1716*, *oDeM 1733 & oCGTurin 57544*; sur ces poèmes, voir MATHIEU, 1996: 115-19, *passim*. Quelques sources pas aussi fragmentaires sont les suivantes: *oDeM1038*, *oDeM 1040*, *oDeM1078* r+v, *oDeM 1079*, *oDeM1636*, *oDeM1646-48*, *oDeM1650-53*, *oLeipzig 6*, et *oCG 25761*; en ce qui les concerne, voir enfin MATHIEU, 1996: 19-22, 115-19; MARAVELIA, ²2001: 147-54, 223-28, *passim*.

été où la femme jouissait d'un prestige et d'une liberté extraordinaires[296]. Par ailleurs, ces poèmes montrent l'amour des Égyptiens d'antan pour les plaisirs mondains et leur désir irrésistible pour la continuation de la vie après leur mort, quelque chose déjà apparent dans les tombeaux des nobles où des scènes frappantes de la vie quotidienne désignent l'amour dans son officiel contexte familial. Certains poèmes d'amour et leurs images vives peuvent être considérés comme les analogues littéraires de ces scènes murales, comme on l'a déjà démontré ailleurs[297]. Dans cette section nous allons étudier les rudiments astronomiques et cosmovisionnels qui se trouvent dans les *Poèmes d'Amour* égyptiens. Afin de le faire il sera utile de classer tous les passages contenant de tels éléments dans une Table convenable, comme on l'a déjà fait dans les sections §§ 5.1 et 5.2, *supra*. De cette façon la Table III.11 présente toutes les notions astronomiques et cosmovisionnelles rencontrées dans le *corpus* des *Poèmes d'Amour* de l'Égypte pharaonique. La *première colonne* indique notre numérotation; la *deuxième colonne* présente la source de passages dans les papyri et les ostraca divers; la *troisième colonne* se réfère aux publications importantes de ces passages (texte original en hiératique, transcription en hiéroglyphique, translitération, traduction et commentaires, & c.); la *quatrième colonne*, enfin, présente la translitération de ces passages qui contiennent des termes astronomiques et/ou cosmovisionnels. Cette table est très importante pour la classification et pour l'étude statistique de ces passages et constitue la source de la Table III.12. Cette dernière, quant à elle, présente la fréquence d'occurrence des termes astronomiques et/ou cosmovisionnels, dans les *Poèmes d'Amour* de l'Égypte antique et leur classification en 5 catégories principales suivant leur contenu et leur contexte. La *première colonne* indique les rudiments astronomiques et/ou cosmovisionnels, leur fréquence totale par catégorie en nombres nets et pourcentages et leur classification en catégories spécifiques; la *deuxième colonne* présente leurs fréquences partielles et la source du passage qui y est associé suivant la Table III.11; la *troisième colonne* se réfère à la fréquence totale de chaque terme et montre en astérisques le 5 termes les plus fréquents. Comme exemple, nous notons que le terme *ꜣt* —comme l'on voit dans la Table III.11 (cf. col. 4), *infra*— se rencontre deux fois, soit une fois dans le passage 28 et une fois dans le passage 60, et sa fréquence totale est 2. Les Tables III.11 et III.12 nous offrent beaucoup d'informations importantes, à la fois égyptologiques et statistiques, sur les termes astronomiques et cosmovisionnels qu'on y rencontre, leur contexte (textuel et social) et leur symbolisme archétypique, ainsi que leur fréquence dans les poèmes d'amour étudiés[298].

(i) À partir de notre étude (voir Tables III.11 & III.12), il est évident que *les éléments astronomiques de la première catégorie* (jour et lumière, nuit et obscurité, & c.) sont les plus nombreux et les plus fréquents dans les *Poèmes d'A-*

---

[296] Sur le statut et les fonctions de la femme en Égypte antique, voir (entre autres) LESKO, 1978; DESROCHES–NOBLECOURT, 1986; FISCHER, 1989; SADEK, 1989: 3-20; WATTERSON, 1991; ROBINS, 1993; CAPEL & MARKOE, 1996; & c.

[297] Voir MARAVELIA, 2003a: 281-88; ΜΑΡΑΒΕΛΙΑ, ²2001a: 44-45, 52-53, 56-57, 62-63, 66-67, 70-71, 72-73, 78-79, 84-85, 94-95, 106-07, 126-27, 128-29, 144-45 & 152-53; MARAVELIA, 2003e: 81 & n. 6.

[298] Pour une étude complète, voir notre article MARAVELIA, 2003e: 79-112.

mour. Dans la plupart des cas étudiés le paysage concret où les phénomènes astronomiques se déroulent dans le cadre périodique céleste (le cycle journalier solaire, l'alternance du jour et de la nuit) est une région proéminente de l'Égypte (soit Thèbes, soit Memphis). L'amour des humains y est exprimé dans ce scénique quotidien, pendant différentes étapes du cycle journalier, pendant des temps différents de ce cycle, tandis que les divinités évoquées sont priées par les amoureux de les aider dans leur quête d'amour, intervenant de leur idéale sphère cosmique. **(ii)** Notre étude (voir Tables III.11 & III.12) montre encore que *les éléments astronomiques de la deuxième catégorie* (temps et sa mesure, éternité et durée, & c.) sont les plus nombreux, suivant ceux de la première catégorie. Dans la plupart des cas examinés le paysage naturel pour le déroulement des pratiques astronomiques quotidiennes (mesure/calcul du temps, unités fondementales du temps: année, mois, jour, heure, moment, & c.) est en général une région importante de l'Égypte (soit Thèbes, soit Memphis), et particulièrement le jardin romantique d'une maison des nobles. L'amour des humains est inséré dans le cadre quotidien de la mesure du temps avec ses unités apparentes, et de cette façon l'attente d'une rencontre des amoureux devient plus désirable. Quelques divinités —le dieu primordial aquatique Nūn y compris— sont aussi mentionnées dans leur espace extratemporel de l'*éternité sans fin* (*nḥḥ*) et de la *perpétuité sans cesse* (*ḏt*). Il convient ici d'examiner (en détail) un cas particulier de cette catégorie (appartenant aussi à la catégorie III.5.3-iii), à cause de son contexte purement astronomique. Il s'agit d'un vers du *pChester Beatty I*, où Sōthis est invoquée comme la déesse astrale qui apparaît en gloire à Thèbes et qui fixe le calendrier et l'inondation, tout en étant comparée à une très belle femme[299]. Le mot *année* (*rnpt*) y est aussi mentioné dans le contexte du lever héliaque de Sirius pendant le commencement d'un an auspicieux[300]. La réapparition et la naissance symbolique des étoiles et particulièrement de Sirius fut très importante du point de vue astronomique et est ici explicitement décrite, ce qui constitue un cas rare dans l'ancienne Littérature égyptienne[301]. Selon Neugebauer et Parker, nous notons les divers levers héliaques de α–CMa pendant le premier jour du premier mois de l'Inondation (et ainsi de suite), qui coïncident avec la fin de la XVIIIe Dynastie et/ou le début de la XIXe Dynastie[302]. Or, il semble possible de supposer que l'année c. 1316 BCE serait l'an de la conception initiale de ce groupe de poèmes du *pChester Beatty I* (et peut-être même de tous les trois groupes de poèmes). Nous signalons que cet an, correspondant au commencement d'une période sothiaque[303] (ainsi que la période approximative de la décennie suivante), aurait stimulé

---

[299] Voir *pChester Beatty I,* v, **C1**, ℓℓ 1-2: «*ptri.st mi Spdt ḫꜥy m-ḥꜣt rnpt nfrt*» (cf. aussi la Table III.11: # 31).

[300] Sur Sōthis, voir *LÄ*, **V**, 1984, 1117-124: art «Sothisperiode»; 1110-117: art. «Sothis». Sur le lever héliaque de Sirius, voir le Chapitre II, § 3.5, *supra*.

[301] Selon notre meilleure connaissance, il n'y a pas d'autres cas semblables.

[302] Sur les levers héliaques de Sirius pendant le NK, voir *EAT*, **I**, 127: app. II: c. 1320/1316 BCE: jour 1 du mois I de l'*ꜣḫt*; c. 1200/1196 BCE: jour 1, mois II de l'*ꜣḫt*; c. 1080/1076 BCE: jour 1, mois III de l'*ꜣḫt*; & c. Il est évident qu'à cause de la lente précession des Équinoxes, il faut déduire ~ 4 ans afin de compenser ce phénomène (comme l'on a déjà fait).

[303] Voir à ce propos ČERNÝ, 1961: 150-52.

Table III.11: Correspondance entre quelques passages des *Poèmes d'Amour* de l'Égypte antique, contenant des rudiments astronomiques et/ou cosmovisionnels, et leur sources*, comme ils ont été transcrits en hiéroglyphes, translitérés et publiés‡.

#	SOURCE	PUBLICATION	TEXTE AUX RUDIMENTS ASTRONOMIQUES
1	*pHarris 500*, r, I, ℓℓ 5-6	MÜLLER, 1899 FOX, 1985 MATHIEU, 1996 --------------------- SIMPSON, ^{2}1973 LICHTHEIM, 1976 SCHOTT, ^{2}1992 VERNUS, 1992 MATHIEU, 1996 ΜΑΡΑΒΕΛΙΑ, ^{2}2001a	*ꜣḫ hrw n ḥpt.k [...] r ḥfnw ḥr tꜣ*
2	*pHarris 500*, r, I, ℓ. 9		*iw di.tw tꜣ pt mrwt.st*
3	*pHarris 500*, r, I, ℓ. 11		*[r n] snt wꜥt n[t] nḥmwt*
4	*pHarris 500*, r, II, ℓ. 6		*iw.i r ꜥnḫ-Tꜣwy*
5	*pHarris 500*, r, II, ℓℓ 6-7		*iw.i r ḏd n Ptḥ nb mꜣꜥt imi n.i snt m pꜣ grḥ*
6	*pHarris 500*, r, II, ℓ. 7		*Ptḥ pꜣy.f isw*
7	*pHarris 500*, r, II, ℓℓ 7-8		*Sḫmt tꜣy.f srpwt*
8	*pHarris 500*, r, II, ℓ. 8		*Ỉꜣdyt nꜣy.f nḥmwt*
9	*pHarris 500*, r, II, ℓ. 8		*Nfr-Tmw pꜣy.f ššnw*
10	*pHarris 500*, r, II, ℓ. 9		*Mn-Nfr gꜣy n [rrmwt]*
11	*pHarris 500*, r, III, ℓℓ 1-2		*ꜥḳ.kw[i] m pn pꜣ Rꜥ*
12	*pHarris 500*, r, III, ℓℓ 4-5		*sḫꜣw ḥꜣty.i pꜣ Rꜥ*
13	*pHarris 500*, r, III, ℓℓ 7-8		*iṯ.k ḥꜣty.i r Ỉwnw-Rꜥ*
14	*pHarris 500*, r, IV, ℓ. 8		*šmt.i r.s tnw-hrw*
15	*pHarris 500*, r, IV, ℓ. 9		*bw grg.i pḫꜣt m pꜣ hrw*
16	*pHarris 500*, r, V, ℓℓ 2-3		*gm.n.i di.tw n.i Ỉmn r nḥḥ ḥnꜥ ḏt*
17	*pHarris 500*, r, V, ℓ. 4		*m pꜣ grḥ*
18	*pHarris 500*, r, V, ℓ. 6		*pꜣ tꜣ [ḥr] ḥḏ*
19	*pHarris 500*, r, VI, ℓ. 2		*ḳn.tw.i m nw nb*
20	*pHarris 500*, r, VII, ℓℓ 5-6		*nfrw sy tꜣy.i wnwt.i bss n.i wnwt m [n]ḥḥ*
21	*pHarris 500*, r, VIII, ℓ. 2		*hr nhm[w] m [dwꜣw]*
22	*pTurin 1966*, r, I, ℓ. 2	MASPERO, 1883 SCAMUZZI, 1963 FOX, 1985 LOPEZ, 1982 --------------------- SIMPSON, ^{2}1973 SCHOTT, ^{2}1992 VERNUS, 1992 MATHIEU, 1996 ΜΑΡΑΒΕΛΙΑ, ^{2}2001a	*tw.i mn.k[wi] m tr nb*
23	*pTurin 1966*, r, I, ℓ. 4		*tw.i [ḥr] irt 12 n ꜣbdw*
24	*pTurin 1966*, r, I, ℓ. 5		*p[ꜣ] n snf m-ḫnw.i*
25	*pTurin 1966*, r, I, ℓ. 8		*m sšnw prḫw [...] m nḥmw*
26	*pTurin 1966*, r, I, ℓ. 9		*di.s iry.k pꜣ hrw m nfr*
27	*pTurin 1966*, r, I, ℓ. 10		*imi iry.f pꜣ hrw r ḏr.f*
28	*pTurin 1966*, r, II, ℓℓ 6-7		*mi iry ꜣt*
29	*pTurin 1966*, r, II, ℓ. 7		*šꜣ [m] hrw.f*
30	*pTurin 1966*, r, II, ℓℓ 11-12		*rnpwt ḳnww n sf pꜣ hrw [...] mi iry pꜣ hrw m nfr dwꜣw [ḥr-]sꜣ dwꜣw r hrw 3*
31	*pChester Beatty I,* v, C1, ℓℓ 1-2		*ptri.st mi Spdt ḫꜥy m-ḥꜣt rnpt nfrt*
32	*pChester Beatty I,* v, C1, ℓ. 4		*ḏbꜥw.s mi sšnw*
33	*pChester Beatty I,* v, C2, ℓ. 3		*in Nbw ḥmwt*

34	*pChester Beatty I,* v, C3, ℓℓ 4-5	GARDINER, 1931 FOX, 1985 MATHIEU, 1996 ---------------------- SIMPSON, ^{2}1973 LICHTHEIM, 1976 VERNUS, 1992 MATHIEU, 1996 ΜΑΡΑΒΕΛΙΑ, ^{2}2001a	*dwꜣw.ꞽ Nbw [...] sḳꜣy.ꞽ nbt pt ꞽry.ꞽ ꞽꜣwt n Ḥwt-Ḥr*
35	*pChester Beatty I,* v, C3, ℓ. 9		*hrw ḫmt r sf ḏr sprw.ꞽ ḥr rn.st pr.st m di.ꞽ ḥr hrw diw*
36	*pChester Beatty I,* v, C4, ℓℓ 3-4		*Nbw hꜣy ꞽm sw m ꞽb.st*
37	*pChester Beatty I,* v, C4, ℓ. 6		*r rdit gmḥ{w}.ꞽ sn m pꜣ grḥ*
38	*pChester Beatty I,* v, C4, ℓ. 6		*7 [hrw] r sf bw mꜣ.ꞽ snt*
39	*pChester Beatty I,* v, C5, ℓ. 2		*pr.st m di.ꞽ ḥr hrw sfḫ*
40	*pChester Beatty I,* v, G2, ℓ. 5		*ꞽn Nbw wḏ s[t] n.k*
41	*pChester Beatty I,* r, 16, ℓ. 11		*mnk.k st m pꜣy.st grḥ*
42	*pChester Beatty I,* r, 16, ℓ. 11		*ḥḏ tꜣ ꞽw.n m-mitt*
43	*pChester Beatty I,* r, 16, ℓ. 12		*hꜣy tꜣ pt m ṯꜣw n nfy sw*
44	*pChester Beatty I,* r, 17, ℓ. 1		*m Nbw ꞽwḏ.st n.k m fꜣyt*
45	*pChester Beatty I,* r, 17, ℓ. 4		*wꜣḥ Ꞽmn*
46	*pChester Beatty I,* r, 17, ℓ. 7		*m pꜣy.ꞽ grḥ*
47	*pChester Beatty I,* r, 17, ℓℓ 7-8		*sn<.ꞽ> pr.st wḫꜣt*
48	*pChester Beatty I,* r, 17, ℓ. 8		*grḥ [m] nfr n pꜣy.n ꞽry-ꜥꜣ*
49	*pChester Beatty I,* r, 17, ℓ. 12		*ꞽ ꞽw sn m nw nb*
50	*oDeM 1266 + oCG25218*, ℓ. 1	POSENER, 1972 FOX, 1985 -------------------- SIMPSON, ^{2}1973 VERNUS, 1992 MATHIEU, 1996 ΜΑΡΑΒΕΛΙΑ, ^{2}2001a	*mrwt.k m hrw grḥ wnwt sḏr.kwꞽ rs.kwꞽ r ḥḏ tꜣ*
51	*oDeM 1266 + oCG25218*, ℓ. 6		*ḫpr hrw ḥtp n ꞽꜣw ꞽw.ꞽ r ḥnꜥ.k rꜥ-nb*
52	*oDeM 1266 + oCG25218*, ℓ. 7		*pꜣy.ꞽ nṯr pꜣy.ꞽ sšn*
53	*oDeM 1266 + oCG25218*, ℓ. 11		*Nwn wsr m tr [nw.f]*
54	*oDeM 1266 + oCG25218*, ℓℓ 14-15		*pꜣ grḥ ꞽw.k n.ꞽ r nḥḥ*
55	*oDeM 1266 + oCG25218*, ℓ. 21		*ꞽw.ꞽ ḥr mꜣꜣ tꜣy.st mrwt r-tnw-hrw*
56	*oDeM 1266 + oCG25218*, ℓℓ 21-22		*ḥꜣnr.n.ꞽ dwꜣw n mꜣꜣ [...] mꞽ ꞽrw ꜥḥꜥw.st*
57	*oDeM 1266 + oCG25218*, ℓ. 22		*ḥꜣnr.n.ꞽ snt m-mnt*
58	*oDeM 1266 + oCG25218*, ℓ. 24		*ꞽw.st m di.ꞽ m-mnt*
59	*oDeM 1266 + oCG25218*, ℓ. 25		*di.f n.ꞽ ḥnwt m-mnt*
60	*oDeM 1266 + oCG25218*, ℓ. 25		*ꞽr ꞽry.ꞽ ꜣt n tm mꜣꜣ.s*
61	*oDeM 1266 + oCG25218*, ℓ. 26		*swꜣš.ꞽ sw m nfrw grḥ*
62	*oGardiner 304*, r, ℓ. 4	ČERNÝ & GARDINER, 1957 ----------------------- MATHIEU, 1996 ΜΑΡΑΒΕΛΙΑ, ^{2}2001a	*ꞽw pꜣy.st sšn m ḏ(r)t.st*

<table>
<tr><td>63</td><td>oNash 12, r, ℓ. 1</td><td rowspan="2">ČERNÝ & GARDINER, 1957

VERNUS, 1992
MATHIEU, 1996
MAPABEΛIA, ^{2}2001a</td><td>pꜣ grḥ</td></tr>
<tr><td>64</td><td>oNash 12, r, ℓ. 4</td><td>pḫꜣ [m] pt rʿ-nb</td></tr>
<tr><td>65</td><td>oBorchardt 1, r + oCGTurin 57367, r, ℓ. 1</td><td>LOPEZ, 1982
MATHIEU, 1996

MATHIEU, 1996</td><td>hrw nfr pꜣy.i ptri.k sn</td></tr>
<tr><td>66</td><td>sLouvre C100, ℓ. 1</td><td rowspan="2">MÜLLER, 1899
MAPABEΛIA, ^{2}2001a

SCHOTT, ^{2}1992
MAPABEΛIA, ^{2}2001a</td><td>Mwt-ỉrt-di.s ḥmt-nṯr Ḥwt-Ḥr</td></tr>
<tr><td>67</td><td>sLouvre C100, ℓ. 3</td><td>km šn(w).s r km n grḥ</td></tr>
</table>

[*] L'accès aux sources additionelles (bien que fragmentaires), comme *pAnastasi II*, *pDeM 43*, *oErmitage 1125* [*ʿḥʿ(w)* x 1; *m-mnt* x 1; *Rʿ* x 2; *stwt* x 1], *oMichaēlidēs 55 & 86* [*rʿ-nb* x 1], *oDeM 1657*, *oDeM 1716*, *oDeM 1733* & *oCGTurin 57544*, a montré qu'elles contiennent très peu de rudiments astronomiques (cf. aussi KITCHEN, 1999: 412-20). D'autres sources, comme *oDeM 1038*, *oDeM 1040*, *oDeM 1078 r+v*, *oDeM 1079*, *oDeM 1636*, *oDeM 1646-48*, *oDeM 1650-53*, *oLeipzig 6*, & *oCG 25761*, ne contiennent pas de rudiments astronomiques ou cosmovisionnels.

[‡] Les publications les plus importantes, ainsi que certaines traductions choisies (voir sous les lignes - - - -) sont données ci–dessus; celles qui ont été utilisées par nous afin de traduire ces poèmes de l'égyptien en hellénique moderne étant favorisées.

diverses associations au niveau symbolique dans l'esprit des Égyptiens anciens, voire une inspiration lyrique au niveau astrologique concernant leurs affaires d'amour. Donc, ils croyaient que comme Sōthis —la déesse astrale par excellence— serait le précurseur d'une année heureuse, elle pourrait aussi les aider dans leurs affaires d'amour dans la nouvelle période sothiaque, le commencement d'un cycle symbolique[304]. Suivant notre hypothèse, nous pouvons également supposer que le regroupement de poèmes du *pChester Beatty I* par le scribe Nakht (*Nḫt*) doit être assez antérieur à cette période et certainement elle ne fut ni la seule ni la première. Il semble sûr qu'au moins quelques sources de poèmes d'amour ne sont que des copies des originaux plus anciens. **(iii)** À partir de notre étude (voir Tables III.11 & III.12), il est bien évident que *les éléments astronomiques de la troisième catégorie* (ciel et divinités célestes, & c.) sont moins nombreux que ceux des deux catégories qui la précèdent. Dans la plupart des cas étudiés ici, le paysage concret où les humains tombent amoureux est entremêlé avec des phénomènes à la fois astronomiques (lever héliaque de Sōthis) et météorologiques (rosée[305], précipitations et tempêtes), ainsi qu'avec l'univers cosmique des divinités

[304] Sur le symbolisme des cycles temporels astronomiques comme le cycle sothiaque, cf. O'MARA, 2003: 17-19.

[305] Sur Iadyt (*Ỉꜣdyt*), cette divine figure obscure personnifiant la rosée, voir MATHIEU, 1996: 70 & n. 177. Le nom *ỉꜣdt* suivi d'un taxogramme N4 doit être de la même racine et avoir le même sens (voir *CD*: 9-10; *Wb.*, **I**: 36), parce que la rosée semble venir directe-

qui aident les humains dans leurs affaires d'amour. Par conséquent, des divinités cosmiques (Hathor[306], Rē'[307], Amūn[308], Sōthis[309], Ptah[310], Sakhmis[311], Nefer–Tem[312]) agissent soit comme des *dei/deæ ex machina* qui aident les amoureux, soit comme les dieux des régions diverses (Héliopolis, Memphis), soit comme les archétypes célestes du parallélisme au niveau cosmovisionnel. **(iv)** Il est clair (voir Tables III.11 & III.12) que *les rudiments cosmovisionnels de la quatrième catégorie* (cosmogonie, théogonie, divinités cosmiques, & c.) sont moins fréquents que tous les autres dans les *Poèmes d'Amour*. On observe ici que quelques dieux–créateurs sont invoqués, afin d'aider les humains dans leurs affaires d'amour de leur sphère idéale cosmique. D'ailleurs, le paysage concret pour le lever héliaque de Sirius (Thèbes[313] sans aucun doute) est lié avec l'inondation du Nil annoncée et définie par lui. Il faut commenter cette instance purement astronomique qui se trouve dans un poème de l'*oDeM 1266*[314]. Nūn, divinité de la préexistence, archétype de l'Océan/Abysse primordial(e) est ici évoqué comme le moteur puissant et la source de l'inondation du Nil[315]. L'homme amoureux doit passer par une virtuelle purification dans la rivière fortement inondée pour rencontrer son *inamorata*. Il faut comparer ce passage au passage relatif du *pChester Beatty I*, qui se réfère au lever héliaque de Sirius[316]. Nous signalons que la réapparition de Sōthis doit être vue comme absolument équivalente au phénomène de l'inondation du Nil (dont elle est le précurseur), or elle est directement liée à la puissance maximale de l'inondation (qui se manifeste peu de semaines après le lever héliaque, le *Prt-Spdt/Wpt-Rnpt*) et qui est évoquée clairement dans ce passage. Il faut souligner que les deux passages peuvent décrire le même phénomène (vraie source d'une inspiration à la fois lyrique et astrologique) en des termes différents mais équivalents. Ce fait implique que la date de la conception initiale des deux passages doit être placée vers c. 1316 BCE, l'année qui correspond au commencement tant attendu d'un nouveau cycle sothiaque. En effet, ce phénomène astronomique aux dimensions sociales a inspiré les poètes inconnu(e)s de cette pério-

---

ment du ciel, fraîche, chaque matin. Le taxogramme N4, qui détermine ce mot (*ỉ3dt*), montre une précipitation du ciel (cf. le mot copte [S]ⲉⲓⲱⲧⲉ/[B]ⲓⲱϯ, comme un analogue).

306 Comme une déesse non seulement cosmique, mais aussi de l'amour et de la musique (voir JUNKER, 1906: 101-27; DRIOTON, 1927: 26-28; *LÄ*, **II**, 1977, 1024-33: art. «Hathor»; ROBERTS, [2]1997; HASSAN, 1998: 98-112; & c.). Cf. aussi la Table III.3: # 182, *supra*.

307 Voir *LÄ*, **V**, 1984, 156-80: art. «Re»; HART, 1986, 179-82: art. «Re».

308 Voir *LÄ*, **I**, 1975, 237-48: art. «Amun»; LURKER, [3]1986, 25-26: art. «Amun».

309 Voir la n. 300, *supra*.

310 Voir SANDMAN–HOLMBERG, 1946; *LÄ*, **IV**, 1982, 1177-80: art. «Ptah»; *BMD*, 1996, 295-96, art. «triad»; 230-31: art. «Ptah».

311 Voir *LÄ*, **V**, 1984, 323-33: art. «Sachmet»; *BMD*, 1996, 257: art. «Sekhmet».

312 Voir MORENZ & SCHUBERT, 1954; *LÄ*, **IV**, 1982, 378-80: art. «Nefertem»; *BMD*, 1996, 199: art. «Nefertem»; SCHLÖGL, 1977. Cf. aussi la Table III.1: # 63, *supra*.

313 Bien que la provenance des poèmes d'amour soit de Thèbes Ouest (Deir 'al-Medīna, & c.), il faut noter qu'aucune référence explicite ne s'y trouve. Pour une mention indirecte (*W3st ḫftt-ḥr-nb.s*), voir MATHIEU, 1996: 104, n. 334 & 233, n. 785.

314 Voir *oDeM 1266 + oCG 25218*, ℓ. 11: «*Nwn wsr m tr* [*nw.f*]» (cf. la Table III.11: # 53).

315 Sur Nūn, voir *LÄ*, **IV**, 1982, 534-35: art. «Nun»; cf. aussi le Chapitre V, § 1.3 & n. 79, *infra*; LESKO, 1991: 88-122. Sur la crue cf. BONNEAU, 1964; BOHRMANN, 1992:175-86.

316 Voir la n. 299, *supra*. Sur la crue annuelle du Nil, voir BONHÊME, 1995: 47-48.

Table III.12: Fréquence d'occurrence des termes astronomiques ou cosmovisionnels, dans les *Poèmes d'Amour* de l'Égypte antique* (cf. Table III.11). Les ***italiques gras*** indiquent la numération des passages cités. Les sommes partielles se réfèrent à chaque catégorie, étudiée ci–dessus (§ III.5.3). La somme totale, calculée par l'addition des sommes partielles, est égale à $\sum = 95$. Les astérisques montrent les cinq termes les plus fréquents.

TERME ASTRONOMIQUE OU COSMOVISIONNEL		CORRESPONDANCE ET FRÉQUENCE PARTIELLE DANS LES TEXTES DE LA TABLE III.11	FRÉQUENCE TOTALE
III.5.3-i $\sum$=41 43%	*wḫꜣt*	***47*** x1	1
	m-mnt	***57*** x1, ***58*** x1, ***59*** x1	3
	rꜥ-nb	***51*** x1, ***64*** x1	2
	hrw	***1*** x1, ***15*** x1, ***26*** x1, ***27*** x1, ***29*** x1, ***30*** x3, ***35*** x2, ***38*** x1, ***39*** x1, ***50*** x1, ***51*** x1, ***65*** x1	15*
	ḥḏ tꜣ	***18*** x1, ***42*** x1, ***50*** x1	3
	grḥ	***5*** x1, ***17*** x1, ***37*** x1, ***41*** x1, ***46*** x1, ***48*** x1, ***50*** x1, ***54*** x1, ***61*** x1, ***63*** x1, ***67*** x1	11*
	(r-)tnw-hrw	***14*** x1, ***55*** x1	2
	dwꜣw	***21*** x1, ***30*** x2, ***56*** x1	4*
III.5.3-ii $\sum$=21 22%	*ꜣbd*	***23*** x1	1
	ꜣt	***28*** x1, ***60*** x1	2
	ꜥḥꜥw	***56*** x1	1
	wnwt	***20*** x2, ***50*** x1	3
	nw	***19*** x1, ***49*** x1, ***53*** x1	3
	nḥḥ	***16*** x1, ***20*** x1, ***54*** x1	3
	rnpt	***31*** x1	1
	sf	***30***x1, ***35*** x1, ***38*** x1	3
	snf	***24*** x1	1
	tr	***22*** x1, ***53*** x1	2
	ḏt	***16*** x1	1
III.5.3-iii $\sum$=15 17%	*Ỉꜣdyt*	***8*** x1	1
	pt	***2*** x1, ***43*** x1, ***64*** x1	3
	Nbw	***33*** x1, ***34*** x1, ***36*** x1, ***40*** x1, ***44*** x1	5*
	nbt pt	***34*** x1	1
	Rꜥ	***11*** x1, ***12*** x1	2
	Ḥwt-Ḥr	***34*** x1, ***66*** x1	2
	Spdt	***31*** x1	1
	Sḫmt	***7*** x1	1
III.5.3-iv $\sum$=6 6%	*Ỉmn*	***16*** x1, ***45*** x1	2
	Ptḥ	***5*** x1, ***6*** x1	2
	Nwn	***53*** x1	1
	Nfr-Tmw	***9*** x1	1
III.5.3-v $\sum$=11 12%	*Ỉwnw-Rꜥ*	***13*** x1	1
	ꜥnḫ-Tꜣwy	***4*** x1	1
	Mn-Nfr	***10*** x1	1
	nḥmw	***3*** x1, ***8*** x1, ***25*** x1	3
	sšn, ššn	***9*** x1, ***25*** x1, ***32*** x1, ***52*** x1, ***62*** x1	5*

* L'accès aux sources additionnelles (bien que fragmentaires), comme *pAnastasi II*, *pDeM 43*, *oErmitage 1125* [*ꜥḥꜥ(w)* x 1; *m-mnt* x 1; *Rꜥ* x 2; *stwt* x 1], *oMichaēlidēs 55* & *86* [*rꜥ-nb* x 1], *oDeM 1657*, *oDeM 1716*, *oDeM 1733* & *oCGTurin 57544*, a montré qu'elles contiennent très peu de rudiments astronomiques (cf. aussi KITCHEN, 1999: 412-20).

de, en leur offrant l'indispensable matériel cosmovisionnel pour leurs diverses quêtes à la fois littéraires et/ou amoureuses[317]. Ces deux passages indiquent une des rares instances où deux phénomènes cosmovisionnels complementaires (lever héliaque de Sirius et inondation du Nil) nous offrent une manière claire à la fois pour les dater et pour repérer aisément l'événement astronomique et calendrique le plus important de l'Égypte antique. **(v)** Il est évident (voir Tables III.11 & III.12) que *les rudiments cosmovisionnels de la cinquième catégorie* (symboles et archétypes cosmovisionnels, sites géographiques sacrés associés à la cosmovision égyptienne, & c.) sont plus fréquents que ceux de la catégorie précédente, mais toutefois pas aussi fréquents que ceux des catégories (i)-(iii), *supra*. Dans la plupart de ces cas, des centres religieux importants (Héliopolis[318], Memphis[319]) constituent le paysage concret et le scénique pour les amours des humains. Ces villes sacrées, avec les références aux symboles cosmovisionnels (e.g.: les fleurs de lotus[320]) qui y sont associées, font allusion au régime céleste des dieux et des déesses cosmiques.

En conclusion, nous allons présenter quelques réflexions supplémentaires. Nous avons étudié et analysé tous les éléments astronomiques et/ou cosmovisionnels (évidents ou latents) qui se trouvent dans le *corpus* de *Poèmes d'Amour* de l'Égypte pharaonique. Ces notions, bien que quelquefois rudimentaires, ont été examinées dans le cadre du paysage concret géographique où les phénomènes astronomiques mentionnés prennent place et dans leur contexte textuel[321]. Une analyse statistique simple a été donnée dans notre effort expérimental interdisciplinaire pour combiner l'Égyptologie classique avec les Sciences, sans se fonder seulement sur l'analyse des mythèmes qu'on y a trouvés et de leur symbolisme archétypique. La fréquence d'occurrence de chaque terme rencontré nous permet d'en déduire quelques conclusions importantes et de comparer ces résultats en même temps avec ceux dérivés des autres textes profanes et des textes funéraires examinés dans notre étude (voir § 6, *infra*). Les éléments astronomiques et cosmovisionnels principaux étudiés ici sont les suivants: **(i)** Sōthis et son lever héliaque, déterminant le Nouvel An et le calendrier égyptien, comme précurseur de l'inondation; **(ii)** des termes variés astronomiques, comme e.g.: *pt*, *hrw*, *grḥ*, *dw3w*, *wnwt*, *tr*, *rnpt*, *rᶜ-nb*, qui ne sont toutefois pas utilisés dans le cadre de l'Astronomie pure, mais dans un contexte quotidien qui concerne la mesure du

[317] Voir quand même VERNUS, 1992: 49, n. 20 & 174, n. 10; il faut signaler que même si le personnage de Mehy se réfère à l'officiel du Roi Sety I (cf. MATHIEU, 1996: 75-76, n. 225; 39, nn 53 & 56; 124, n. 429; 155-56 nn 520-24), cela n'exclut pas le fait que les idées des ces poèmes datent de ~ 20 ans avant son règne (c. 1295 BCE). Toutefois, le point principal et initial d'inspiration fut la courte période après c. 1316 BCE. Nous notons aussi que des textes comme ces poèmes furent écrits et réécrits (plusieurs fois), or des éléments culturels nouveaux pourraient y être incorporés très facilement.

[318] Sur Héliopolis (anc. ég.: *Ỉwnw*; copt.: ⲱⲛ; anc. hel.: Ὦν; arab.: *Tell Ḥisn*), voir *LÄ*, **II**, 1977, 1111-13: art. «Heliopolis»; *BMD*, 1996, p. 124: art. «Heliopolis».

[319] Sur Memphis (anc. ég.: *Mn-Nfr*; arab.: *Mit Rahīna*), voir *LÄ*, **IV**, 1982, 24-41: art. «Memphis»; *BMD*, 1996, 181: art. «Memphis».

[320] Cf. *LÄ*, **III**, 1980, 1091-94: art. «Lotos». Le lotus appartient à l'espèce *nymphæa lotus* (blanc) et *nymphæa cærulea* (bleu); voir aussi MORET, 1917: 503; HARER, 1985: 49-54.

[321] Pour une analyse complète, voir MARAVELIA, 2003e: 79-112.

Figure III.10: La Dame Thepu (*Ṯpw*), incarnant le modèle de la belle femme accomplie et idéalisée, comme elle est décrite dans la poésie amoureuse de l'Égypte antique. Devant elle il y a des traces de trois étoiles *sbꜣ*, taxogrammes du mot pour les *étoiles circumpolaires indestructibles* (*iḫmw-skiw*). Ces étoiles ainsi que les *étoiles infatigables* (*iḫmw-wrḏw*) sont spécifiées dans l'inscription au dessus de Thepu, qui n'est pas visible. Fragment de peinture d'un tombeau de la Vallée des Nobles (TT 181), XVIIIe Dynastie [voir de Garies Davies, 1925: 19-31 & pls 3, 5, 8; Fazzini, 1975: # 57a].

temps, les simples applications du calendrier et le passage du temps qui se reflète dans l'alternation périodique du jour et de la nuit; **(iii)** des divinités cosmiques, comme Hathor, Sakhmis, Rēʿ et Iadyt, et des divinités cosmogoniques et primordiales, comme Nūn, Ptah, Nefer–Tem et Amūn; **(iv)** des symboles/archétypes cosmovisionnels, comme le lotus, et des sites sacrés liés aux idées cosmogoniques et théogoniques des Égyptiens, comme e.g.: Héliopolis et Memphis. Thèbes, bien que lieu d'origine de la plupart de ces poèmes, ne s'y trouve pas. Il faut aussi signaler le fait un peu étrange qu'il n'y a pas la moindre référence à la Lune dans les poèmes d'amour connus et étudiés jusqu'à nos jours, ce qui n'est pas néanmoins le cas pour la poésie lyrique de l'Hellas ancienne[322]. Les résultats de notre analyse statistique sont présentés dans la Table III.12, *supra*. Les termes les plus fréquents sont les suivants: **1.** *hrw/jour–journée* seul et dans l'expression adverbiale *r-tnw-hrw/chaque jour–quotidiennement* (~ 19%); **2.** *grḥ/nuit–temps nocturne* (~ 12%); **3.** *Nbw/La Dorée/Hathor* (~ 11%); **4.** *sšn/fleur de lotus* (~ 8%); **5.** *dwꜣw/matin* (~ 4%). En effet, cette même analyse statistique est très importante et très significative; elle corrobore le fait que les Égyptiens utilisaient des termes astronomiques variés assez fréquemment au niveau de la vie quotidienne, sans nécessairement les placer au niveau de l'Astronomie pré–scientifique. En effet, les Égyptiens utilisaient quelques éléments à la fois astronomiques et cosmovisionnels dans leur poésie de l'amour, la plupart des fois hors du niveau purement astronomique. Il s'agissait donc d'une projection sous–consciente des archétypes cosmovisionnels de leur inconscient collectif, dont la relation avec le monde céleste et les cycles astraux fut aussi beaucoup utilisé dans leurs textes funéraires, comme on l'a vu ici. Le fait que leurs poèmes d'amour constituent à la fois le genre littéraire qui affirme le plus la vie heureuse et en même temps évoquent évidemment les peintures murales parallèles des tombeaux des nobles (dont le but liturgique était la répétition de la vie terrestre au paradis, sans cesse, d'une manière magique) est très important. Il montre indirectement que ce désir pieux des Égyptiens (tant lié au monde céleste et aux archétypes périodiques cosmovisionnels) se mainfestait presque partout, même dans la Littérature, par l'usage des images et des schémas astronomiques, soit d'une manière explicite, soit d'une manière indirecte et appartenant au niveau de l'emploi quotidien des termes astronomiques divers. Nous avons aussi proposé une date pour la conception initiale des poèmes du *pChester Beatty I* (verso), qui est le seul regroupement le plus tardif (XXe Dynastie) que l'on possède aujourd'hui: notamment nous croyons que c. 1316 BCE, l'an du commencement d'une nouvelle période sothiaque (et la période courte après lui), fut sans doute la source d'inspiration lyrique et astrologique qui amena le(s) poète(s) inconnu(es) à écrire le vers «astronomique» particulier qu'on y trouve, qui parle explicitement du lever héliaque de Sirius et du commencement d'une année auspice à la fois du bien social et des affaires amoureuses. Un autre vers de l'*oDeM 1266*, qui parle de la force irrésistible de Nūn pendant l'inondation du Nil, qui était tellement liée au lever héliaque de Sōthis et fut annoncée par ce phénomène astronomique, semble être très proche du vers précédent du *pChester Beatty I* et montre que la date de la conception initiale des poèmes de cet ostracon fut sans doute la courte période (disons presque 10 ans) après c. 1316 BCE. Tenant compte du fait que les *Poèmes d'Amour* présentent beaucoup d'éléments linguistiques[323] qui corroborent leur origine du NK, et ayant fait notre analyse archéoastronomique textuelle, nous pouvons constater

[322] Voir MARAVELIA, 2001e: 532; MARAVELIA, 2001i: 75, pl. 1: # 10 & 79. Sur la culte lunaire et Osiris, voir KOEMOTH, 1996: 203-20. Cf. aussi ANTONIADI, 1934: 90.
[323] Voir par exemple MATHIEU, 1996: 200-01.

que celle-ci est très utile et digne de confiance car elle nous offre des informations précieuses, quelques fois difficiles à obtenir par les voies classiques de l'Archéologie. Notre analyse des *Poèmes d'Amour* montre clairement que les termes astronomiques et cosmovisionnels qui y sont utilisés (bien que peu et seulement rarement trouvés dans un contexte purement astronomique) furent néanmoins incorporés non seulement dans les textes funéraires, mais dans un genre de la Littérature qui décrivait les amours des humains et leurs aventures. Ce fait indique le fond essentiellement métaphysique de la Littérature égyptienne et ses racines indirectes dans la dualité très ancienne à la fois astrale et solaire de la religion pharaonique. En même temps, il dégage plusieurs modes de pensée des Égyptiens, illustrant quelques coutumes de leur société.

D'après notre étude et les conclusions qui précèdent, la comparaison entre les textes profanes et les textes religieux montre les faits suivants:

(i) Dans les textes profanes il y a plusieurs éléments astronomiques en forme rudimentaire, dont la plupart sont utilisés hors du cadre purement astronomique et très peu entre eux sont utilisés dans un contexte de proprement parler astronomique. Néanmoins, dans les textes religieux examinés ici (*PT*, *CT*, *BD*) l'on rencontre une multitude de connaissances astronomiques (au niveau pré–scientifique), dont l'usage ne se limite pas toujours au niveau de la vie quotidienne, mais il exprime des faits astronomiques et décrit des phénomènes célestes divers d'une manière primitive mais assez explicite et correcte. Il faut signaler sur ce point le volume trop large des textes religieux par rapport à celui des textes profanes, qui constitue un facteur préalable de cette différence: il est évident que la probabilité de trouver des termes purement astronomiques dans les vastes *corpora* des textes religieux (dont la quintessence se fonde sur les fondements à la fois astraux et solaires de la religion égyptienne) est plus grande.

(ii) Pourtant, des termes purement astronomiques [comme la référence au lever héliaque de Sirius dans les *Poèmes d'Amour* (au niveau astrologique) et le heurt de la météorite dans le *Conte du Naufragé*] nous offrent une base assez solide pour leur datation et pour un incident rare et significatif du point de vue astronomique (respectivement). Les références au lever héliaque de Sōthis dans les textes religieux se placent toujours dans la perspective de la périodicité cyclique céleste, qui contribuerait au niveau virtuel à l'intégration du défunt dans les cycles éternels du firmament et de ses astres, en lui attribuant l'immortalité.

(iii) À l'exception de quelques termes astronomiques par excellence qui se rencontrent seulement dans les textes religieux (cf. e.g.: *ỉzkn*, *ỉẖmw-skỉw*, *ỉẖmw-wrḏw*, *Mr-n-Ḫ3*, *ỉʿḥ*, *Sbgw*, *sb3 dw3y*, *Wʿrt*, *Msḳt*, & c.) presque tous les autres termes qui s'y trouvent se rencontrent aussi dans les textes profanes (voir les Tables III.7, III.8, III.9, III.10, III.11 & III.12, *supra*). Ce fait montre simplement que le fond des textes profanes n'est pas purement astronomique (comme c'est le cas plus ou moins pour les textes religieux), mais l'utilisation des simples rudiments astronomiques y signifie que de tels termes peuvent être utilisés dans le cadre de la vie quotidienne, afin d'exprimer les observances calendriques, le passage et la mesure du temps, ainsi que les actions humaines dans le contexte temporel du jour, du mois, de l'an (dans la vie actuelle), et même de celui de l'éternité (dans le cadre de la continuation de la vie après la mort).

6. L'ÉVOLUTION DES IDÉES ASTRONOMIQUES EN ÉGYPTE ANTIQUE

La conception que les Égyptiens d'antan se faisaient des astres a été étudiée dans leurs textes funéraires importants (principalement *PT* et *CT*), ainsi que dans quelques textes profanes caractéristiques, dont la relation avec les idées astronomiques et cosmovisionnelles reste au moins indirecte. Dans cette section, nous allons regrouper nos conclusions les plus importantes de cette étude, nos comparaisons statistiques, et nous présenterons quelques observations récapitulatives importantes sur l'étude comparative des textes funéraires entre eux (principalement) et entre ceux-ci et les textes profanes (voir la fin de § 5, *supra*). Or, il s'agit ici d'un bilan général et comparatif sur l'évolution des idées, des notions, des mythèmes, ainsi que des termes astronomiques et cosmovisionnels au cours des siècles, comme elle se manifeste dans les textes étudiés.

Afin de réaliser cette étude nous nous fonderons sur les sections précédentes (voir §§ 1-3 & 5) et sur les Tables propres qui y sont présentées (voir Tables III.1-III.4 & III.7-III.12). Nous allons suivre quelques-uns des critères que Susanne Bickel[324] a retenus pour étudier les notions cosmogoniques dans les *CT*, généralisés, enrichis, étendus et appliqués par nous pour le cas des notions astronomiques et cosmovisionnelles. Notre recherche comparative montre clairement les points suivants:

(i) *Les Notions*. Une même notion astronomique ou cosmovisionnelle transmise par plusieurs textes est parfois formulée de manière identique[325]. Certes, le vocabulaire peut varier et c'est notamment le choix assez large de verbes et des noms décrivant les phénomènes astronomiques[326] ou la cosmogenèse[327] qui introduit un nombre certain de variantes textuelles. Or, une notion astronomique peut être ar-

---

[324] Voir BICKEL, 1994: Chap. VIII, IX & X.

[325] Cf. *PT*, **473**, §§ 926a-927d, 176-177: «*dy zẖnw pt ỉn mꜥnḏt n rꜥ, ḏꜣ rꜥ ḥr.sn ẖr Ḥr-ꜣḫty r ꜣḫt; dy zẖnw pt ỉn msktt n Ḥr-ꜣḫty, ḏꜣ Ḥr-ꜣḫty ḥr.sn ẖr rꜥ r ꜣḫt*», à être comparé avec *PT*, **473**, §§ 932a-933b, 178-179: «*dy zẖnw pt ỉn mꜥnḏt n rꜥ, ḏꜣ rꜥ ḥr.sn ẖr Ḥr-ꜣḫty r ꜣḫt; dy zẖnw pt ỉn msktt n Ḥr-ꜣḫty, ḏꜣ Ḥr-ꜣḫty ḥr.sn ẖr rꜥ r ꜣḫt*». Ici l'image cosmovisionnelle implique que les dieux solaires Rēʿ et Horakhty se mettent sur des flotteurs en roseaux, préparés par les barques solaires du jour et de la nuit, pour qu'ils puissent se rencontrer à l'horizon: leur rencontre du soir prendra place pendant le coucher du Soleil (passage du dieu héliaque dans la barque de la nuit); leur rencontre du matin prendra place pendant le lever du Soleil (passage du dieu héliaque dans la barque du jour). Il est clair qu'a la fois le lever et le coucher du Soleil sont décrits en simples termes archétypiques, dont le fond est à la fois purement astronomique et se fond sur le paysage nilotique.

[326] Cf. *PT*, **270**, §§ 383a-383c, 489: «*rs.k m ḥtp! ḥr.f-ḥꜣ.f m ḥtp! mꜣ-ḥꜣ.f m ḥtp! mẖnt<y> pt m ḥtp! mẖnt<y> Nwt m ḥtp! mẖnt<y> nṯrw m ḥtp!*», à être comparé avec *PT*, **359**, §§ 597a-597c, 190-191: «*rs.k m ḥtp mꜣ-ḥꜣ.f m ḥtp! rs.k m ḥtp mẖnty Nwt! mẖnty Mr-n-Ḫꜣ; ỉḏd rn n* N *n Rꜥ* [...]». Ici le passeur céleste qui correspond à la Lune est invoqué: dans le premier cas, il doit transporter le défunt dans sa barque céleste; dans le deuxième cas le passeur du *Canal Sinueux* (= *écliptique*) doit annoncer le nom du défunt au dieu solaire. Peut-être le symbolisme astronomique caché est-il relatif à l'intégration du décédé dans le cosmos nocturne (1er cas) et décrit les derniers jours du mois lunaire, quand le Soleil et la Lune s'approchent apparemment sur la sphère céleste (2e cas).

[327] Sur de telles notions dans les *CT*, voir BICKEL, 1994: 246.

ticulée sous plusieurs angles différents[328]. La variation de cette formulation illustre que peut-être un des buts essentiels pour les prêtres–astronomes qui furent les rédacteurs des textes funéraires, que nous étudions dans cette œuvre du point de vue astronomique, n'était que la transmission des idées semblables et l'évocation même des images cosmovisionnelles par le biais d'une langage mythologique et archétypique. Afin de le faire, les *prêtres–savants* Égyptiens (*rḫww-ḫt*) étaient avides de disposer de tous les moyens offerts par leur langage (assez riche en nuances métaphysiques), dans leur capacité et pouvoir de combiner les différentes conceptions astronomiques en se fondant sur la tradition écrite, mais pas obligatoirement. Dans les *Hymnes Orphiques*, une telle transmission des connaissances avancées (bien qu'au niveau proto–scientifique) se manifeste plus clairement à la fois en termes archétypiques et en symboles, et également d'une manière plus explicite (voir le Chapitre IV, § 2).

(ii) *Les Mythèmes.* Il y a une certaine liberté et une mobilité dans les ensembles de mythèmes liés aux conceptions astronomiques et cosmovisionnelles, qui émane de l'étude des textes funéraires (de même que des textes profanes que l'on vient d'étudier dans ce Chapitre[329]). Il faut signaler qu'à travers toute la documentation des *PT*, des *CT* (et du *BD*), il n'existe aucune séquence fixe ou obligatoire de mythèmes astronomiques[330] ou cosmogoniques[331]. Par ailleurs, dans le contexte de ces textes funéraires, l'utilisation des notions astronomiques ne se fait pas au niveau rituel, mais seulement au niveau idéal de la régénération (liée aux archétypes périodiques célestes), guidée par l'espoir de l'immortalité. En ce qui concerne les textes profanes de la Littérature, l'utilisation des notions astronomiques se

[328] Cf. *PT*, **263**, §§ 337a-337d, 471-472: «*zẖn pt n rꜥ, ḏꜣ.f ỉm ỉr ꜣḫt; zẖn pt n Ḥr-ꜣḫty, ḏꜣ Ḥr-ꜣḫty ỉm ḫr rꜥ; zẖn pt n* N, *ḏꜣ.f ỉm ỉr ꜣḫt ḫr rꜥ; zẖn pt n* N, *ḏꜣ.f ỉm ḫr Ḥr-ꜣḫty ḫr rꜥ*», à être comparé avec les exemples de la n. 325, *supra*. Ici, le défunt suivra les dieux solaires dans leur coucher et leur lever périodiques chaque jour.

[329] Voir les sections §§ 1.1-1.4, 2.1-2.4, 5.1-5.3 du présent Chapitre, *supra*.

[330] Cf. le cas d'Orion, de Sōthis et de leur lever héliaque et du coucher vespéral, dont le symbolisme s'avère dans l'intégration du décédé dans le cosmos et dans les cycles astraux annuels; voir *PT*, **216**, § 151a-151c, 221: «*šn Sꜣḥ ỉn Dwꜣt, wꜥb ꜥnḫ m ꜣḫt; šn Spdt ỉn Dwꜣt, wꜥb ꜥnḫ m ꜣḫt; šn* N *pn ỉn Dwꜣt, wꜥb ꜥnḫ m ꜣḫt*»; ici la purification des astres sur l'horizon prend place pendant leur coucher, que le décédé veut s'approprier (~ embaumement du défunt). Dans les *CT*, des notions semblables se rencontrent différemment; voir *CT*, **I**, 44, §§ 187g-188c: «*hꜣ.k, wꜥb.k ḥnꜥ Rꜥ, m-ẖnw šw zšnt, wnḫ.k wꜥbw tp ỉbw ḥnꜥ ꜥnḫ m tꜣyt.f; šn Wsỉr* N *pn ỉn Sꜣḥ, ỉn Spdt, ỉn nṯr-dwꜣy, dỉ.sn ṯw m-ẖnw ꜥwy mwt.k Nwt*» [B10C & B12C]; ici, le défunt se purifie avec le Soleil, il est entouré par Orion, Sōthis et l'étoile de l'aube (~ Vénus), afin qu'il soit embrassé par la déesse du ciel Nūt, dans le contexte de son embaumement. À comparer avec *PT*, **569**, §§ 1436c-1442d, 648-651: «*ẖsf.t<w> mswt Sꜣḥ* [...] *ẖsf.<t>w mswt Spdt* [...] *ẖsfw ḳdt.k nt ỉḫmw-skỉw ỉr ẖnt.k* [...] *n ẖsf* N *pn ỉr pt* [...] *ỉr<y>t-ꜥꜣ nt pt; zmꜣ.n n.f ḥr.f-ḥꜣ.f, mḫnty n{ỉ} Mr-n-Ḫꜣ* [...]; *ỉw.n* N *ḫr.k Rꜥ, ỉw.n* N *ḫr.k n-ḏr.f* [...]»; ici, le défunt se fond dans la magie cosmique, pour que son existence et sa régénération céleste soient effectuées sans danger et sans obstacle, sinon les levers héliaques d'Orion et de Sōthis seront empêchés, ainsi que la rangée des étoiles impérissables, et ainsi de suite.

[331] Sur de telles notions dans les *CT*, voir BICKEL, 1994: 246-47. Comme elle le remarque, ce fait est certainement conditionné par la structure du mythe et par son caractère relativement non–narratif.

place dans le cadre de la pratique quotidienne et n'a rien à faire avec le niveau même de l'Astronomie appliquée au niveau pré–scientifique.

(iii) *La Classification des Mythèmes*. Il y a quand même certains groupes de mythèmes astronomiques et/ou cosmovisionnels qui apparaissent plus régulièrement dans les textes funéraires. Il faut remarquer que les conceptions qui y sont associées ne présentent pas un ordre de succession défini entre les groupes de ces mythèmes. Il existe plusieurs facteurs qui peuvent déterminer leur choix et leur classification dans une association de tels mythèmes. Les facteurs principaux et les modes de réflexion dominants, qui gouvernent à la fois le regroupement de plusieurs notions astronomiques et/ou cosmovisionnelles et la structure d'un mythème par la combinaison de plusieurs termes, sont les suivants:

1. *Le facteur de la chronologie*: Ce facteur que l'on n'attendrait à trouver prépondérant dans les parties de textes funéraires et littéraires où nous rencontrons des éléments astronomniques et cosmovisionnels, joue en effet un rôle significatif[332]. Il faut remarquer, par exemple, l'usage plus fréquent des décans dans les *CT* (l'ère de la conception desquels est identique avec l'époque de la conception des *horloges diagonales*, soit la FIP et le MK) et le *BD*, comparativement à celui (pas du tout fréquent) des *PT*[333]. Ce fait semble indiquer que les racines de l'origine des textes funéraires plus tardifs (e.g.: le *Livre Ỉm-Dw3t*, le *Livre des Heures*, le *Livre des Portes*, les divers *Livres du Ciel*, & c.) se trouve sans doute principalement dans les *CT* et le *BD*. On y observe une fréquence élevée des constellations proéminentes[334] (comme

[332] Cf. l'évolution des opinions des Égyptiens, concernant l'eschatologie dans les *CT* et le *BD*; voir à ce propos le Chapitre V, § 1.3: nn 109 & 114. Le changement de leur pensée et de leurs idées concernant la fin du Cosmos nous semble ici bien évident.

[333] Voir, par exemple, *PT*, **254**, §§ 280a-280c, 419: «[...] *i3d tpy-ʿ iwn-sb3w, m3.n.sn iwn-Knzt, k3-n-pt, i3ẖ Nr-Ỉḥw tp miz.f*»; ici le roi défunt est considéré comme le pilier des étoiles, s'étant identifié au taureau céleste (voir le Chapitre IV, § 2: *passim*) qui accable l'astérisme *Troupeau des Bœufs* (*Nr-Ỉḥw*); *PT*, **320**, §§ 515a-516b, 642-646: «*ḏsr.n* N *grḥ; zb.n* N *wnwt, ẖʿ sẖmw, sʿḥ.sn* N *m B3bi;* N *pi z3 pw n iẖmt; ms.n.s* N *n ḳni ḥr nb šs3wt;* [...] N *pi B3bi, nb šs3t*»; il s'agit ici d'un passage astronomique très important: le pharaon éclaircit la nuit (dans le même contexte, cf. aussi *CT*, **I**, 50, § 223a: «*ḏsr pt, ḥʿʿ 3ẖtyw* [...]» [B16C]) et fait que les étoiles qui marquent le passage du temps nocturne (décans) soient visibles; en plus, le roi se présente comme le fils du seigneur des cieux nocturnes, dont le visage semble jaune et qui s'identifie sans doute à α–Car (*Canopus*), l'étoile la plus brillante suivant Sirius [cf. FAULKNER, ²1998: 102 & n. 3 (Utterance 320)]; *PT*, **251**, § 269a, 399: «*i ḥryw wnwt, tpyw-ʿ rʿ* [...]»; ici, le défunt demande aux étoiles horaires, qui se trouvent avant le Soleil, de préparer une voie pour lui, afin qu'il passe sans obstacles dans l'au-delà, pendant son ascension céleste. Il semble probable que l'utilisation des décans fut devenue plus fréquente dès le commencement de la FIP. Nous remarquons que dans les *PT* l'on trouve seulement 2 références à la notion de l'*heure/étoile décanale wnwt* (voir la Table III.2), tandis que dans les *CT* l'on trouve 8 références aux étoiles décanales et 18 références aux heures (voir la Table III.4). Cf. aussi la note suivante.

[334] Dans les *PT* l'on trouve seulement 1 référence à Ursa Major/*Msẖtyw*; 26 à Orion/*S3ḥ*; 27 à Sirius/*Spdt* (voir la Table III.2). Dans les *CT* l'on trouve 5 références à Ursa Major/ *Msẖtyw*; 47 à Orion/*S3ḥ*; 21 à Sirius/*Spdt*; 1 au décan *Ḫ3w* et 1 au décan *Srt* (voir la Table III.4). À noter que les *PT* ont ~ 2300 vers et les *CT* ont ~ 2950 vers; même après des

l'astérisme boréal *Msḫtyw* et le décan austral *Sꜣḥ*), ce qui implique que les horloges décanales furent l'archétype pour la conception et le développement des toits astronomiques plus tardifs[335]. Or, les textes funéraires principaux (les *PT* et surtout les *CT* et le *BD*) ont amené vers la conception des horloges diagonales, des horloges de l'époque ramesside, des toits astronomiques de l'ère ramesside tardive et même des toits astronomiques très tardifs. Les textes funéraires étudiés ici offrent un aspect panoramique et global de cette évolution, or nous pourrions constater que ces textes furent le *forum* théorique où les idées à la fois astronomiques et cosmovisionnelles furent conçues et développées, donnant naissance —par conséquent— (après beaucoup de siècles d'observations pratiques et de méditation pré–scientifique) aux méthodes plus pratiques et utilisables pour déterminer le temps (*horloges*) et pour présenter un sommaire concis de la cosmovision égyptienne (*plafonds astronomiques*).

2. *Les facteurs inhérents aux notions*: Certaines notions se réunissent pour des raisons qui relèvent de ces mêmes notions, faisant partie de la «logique» interne de la vision que les Égyptiens se faisaient des phénomènes astronomiques et des conceptions cosmovisionnelles[336].

3. *Les divers facteurs de parallélisme*: Sans avoir forcément aucun lien de cohérence et sans se placer toujours dans une même suite d'actions, quelques notions peuvent être regroupées par parallélisme[337]. Dans les textes étudiés

---

réductions statistiques, l'on voit que les *CT* sont plus riches que les *PT* pour de telles références astronomiques (cf. e.g.: la Table III.3: # 216, *supra*).

[335] Comme ceux des tombes ramessides tardives (cf. la n. 44 du Chapitre V, *infra*). Il faut noter quand même que le plafond astronomique le plus ancien connu jusqu'à nos jours est celui de la tombe de Son–Mout (cf. ce Chapitre, § 4.1 & Fig. III.4, *supra*).

[336] Cf. *CT*, **I**, 62, 270e-271c: «*ṯs.t<w> n.k mꜣḳt r pt: di Nwt ꜥwy.s r.k; sḳdy.k m Š-n-Ḫꜣ; fꜣ.k ṯꜣw m ḫmnyw, nty*[*w m*] *dpt; sḳd ṯw ỉsty ỉptny nt ỉḫmw-skỉw, nt ỉḫmw-wrḏw; wḏ.sn ṯw; ỉtḥ.sn ṯw ḥr Wꜥrt, m nwḥw.sn nw bỉꜣ*» [B10C]; ici la notion de l'échelle céleste, à l'extrémité de laquelle Nūt attend le défunt (les mains ouvertes), se combine avec les notions de sa navigation sur l'écliptique (*Mr*/*Š-n-Ḫꜣ*), et encore de sa navigation en compagnie des deux équipages des barques solaires (soit: des étoiles impérissables, pour la barque du jour; et des étoiles infatigables, pour la barque de la nuit), afin de l'amener dans la région céleste boréale *Wꜥrt* (voir FAULKNER, ²1998: 192; cf. quand même KRAUSS, 1997: 127) dans une barque sacrée en cordes de fer (*bỉꜣ*). Beaucoup de notions archétypiques s'entremêlent ici d'une manière fertile, comme c'est le cas dans le passage similaire qui suit; *PT*, **568**, §§ 1431b-1432a, 645-646: «[...] *sb* N *pn ḫr kꜣ.f ỉr pt; sḳr n.f mꜣḳt, ỉꜣḳ.f ḥr.s, m rn.s n ꜣḳt r pt; dꜣ.n.f mḫnt.s n ḏꜥmw ỉḫmw-skỉw*»; ici, le pharaon monte au ciel pour s'unir à son *kꜣ* sur l'escalier qui symbolise son ascension, et jouit les services qui lui sont offerts par les étoiles impérissables dans le bac céleste. La cosmovision des Égyptiens est ici liée aux notions archétypiques de la périodicité des phénomènes du firmament, dont le défunt sera une partie active, après son ascension tellement désirée.

[337] Cf. *PT*, **219**, §§ 186a-186b: 260-61: «*m rn.k ỉmy Sꜣḥ, tr.k r pt, tr.k r tꜣ; Wsỉr pšr ḥr.k mꜣ.k n* N *pn*» [W]; ici le parallélisme entre les saisons du Roi/Orion, qui se placent à la fois sur la terre comme au ciel, devient la motivation pour Osiris/Orion de regarder vers le monarque. Cf. aussi *CT*, **III**, 227, 263c-263e: «[...] *m ẖt nt mwt.ỉ Nwt; ỉwr.s wỉ r mrr.s, ms.s wỉ r šsp ỉb.s*» [B2L, L1Li, *pGardiner II*]; ici Orion est conçu et est mis au monde par Nūt au ciel, selon son désir, c'est ce qui importe un parallélisme du fond fortement

on rencontre aussi des regroupements entièrement dépendants des notions astronomiques et/ou cosmovisionnelles, dont le but n'est —peut-être— que la poursuite d'un principe généralisé de *parallelismus membrorum*[338].

4. *Les divers facteurs de civilisation*: Il y a plusieurs associations de termes ou d'ensembles de mythèmes qui sont régis par des facteurs, qui (sans être proprement théologiques ou astronomiques) forment également une partie importante de la pensée égyptienne et se manifestent clairement dans de nombreux domaines de la civilisation. Ces facteurs, à vrai dire, reflètent la manière dont certaines réalités et connexités furent perçues par les Égyptiens d'antan[339], étant profondement enracinées dans leur inconscient collectif et ayant pour eux un caractère d'évidence. D'ailleurs, le lien intrinsèque entre l'*être* (*ḫprw*) et son *nom* (*rn*)[340], ainsi que la valeur significative du phonème du nom, peuvent conditionner des associations (d'assonance) de termes ou de notions à la fois astronomiques et/ou cosmovisionnelles[341].

---

astronomique. À comparer aussi *PT*, **273-274**, § 395a, 501: «*iw šps w* N *m pt; iw wsr.f m ꜣḫt*»; ici il est dit que la gloire du monarque défunt se trouve au ciel, tandis que sa puissance est à l'horizon; c'est à dire que le roi devient un esprit transfiguré dès qu'il monte au ciel et obtient sa force à l'horizon où il se lève comme les astres. Sur des parallélismes cachés dans des images cosmovisionnelles, cf. aussi la Table III.3: # 156 & 218, *supra*.

[338] Voir, par exemple, *LÄ*, **IV**, 1982, 900-910: art. «Parallelismus Membrorum». Nous donnons quelques exemples caractéristiques: *PT*, **216**, § 151a-151c, 221: «*šn Sꜣḥ in Dwꜣt, wꜥb ꜥnḫ m ꜣḫt; šn Spdt in Dwꜣt, wꜥb ꜥnḫ m ꜣḫt; šn* N *pn in Dwꜣt, wꜥb ꜥnḫ m ꜣḫt*»; ici le défunt suit le coucher vésperal d'Orion et de Sirius, qui l'amènera vers la vie éternelle et vers sa renaissance; *PT*, **458**, §§ 861a-861c, 143: «[...] *irw.n.k Psḏntyw, irw.n.k tp ꜣbd, ḫpr.n.k Smdt, irw.n.k Snt* [...]»; ici le pharaon participe aux célébrations des fêtes lunaires, qui furent liées aux phases du luminaire de la nuit; en effet, il renaît avec les phases lunaires et les fêtes propres sont célébrées en sa faveur. Cf. aussi la Table III.1: # 113, *supra*.

[339] Cf. e.g.: la connexité entre le lever héliaque de Sōthis et le commencement d'une année auspice dans le contexte des *Poèmes d'Amour* égyptiens (voir *pChester Beatty I*, v, C1, ℓℓ 1-2: «*ptri.st mi Spdt ḫꜥy m-ḥꜣt rnpt nfrt*» dans ce Chapitre, § 5.3 & Tab. III.11: # 31, *supra*). À remarquer aussi la connexité entre l'exaltation de la dame aimée dans le même contexte (cf. *pChester Beatty I*, v, C1, ℓ. 1: «*wꜥt snt, nn snw.s*») et l'*étoile unique/seule* du ciel dans les *CT* (cf. *CT*, **I**, 68, § 290b: «*sbꜣ pw wꜥ, nn snw.f*» [T1C], & c.).

[340] Sur l'importance du nom pour l'identification, la définition et l'exercice du pouvoir sur des personnes ou des objets, voir (entre autres) *BMD*, 1996, 194: art. «names».

[341] Cf. *CT*, **III**, 227, 263a-263b: «*ink Sꜣḥ sꜣḥ tꜣwy.f* [...] *sḳdd ḫft ꜣḫꜣḫ n pt*» [B2L, L1Li, *pGardiner II*]; ici la connexité entre le nom d'*Orion* (*Sꜣḥ*) et le verbe *approcher* [*sꜣḥ*(*i*)] crée une assonance symbolique, lorsque dans le contexte de ce passage Orion approche de son double pays et navigue devant les *étoiles ꜣḫꜣḫ* du ciel. C'est ainsi que la liaison entre le nom de *Sōthis* (*Spdt*) et *être pointu/adroit* (*spd*), qui crée les assonances archétypiques (décrivant l'amour entre Osiris/Orion et Isis/Sōthis et sa conception d'Horus/Sopdū) dans d'autres passages relatifs: e.g.: *PT*, **366**, §§ 632c-632d, 277: «[...] *spd.ti m Spdt, Ḥr-Spd pr im.k m Ḥr imy Spdt*» (sur ce passage et cette thématique, cf. aussi BEAUX, 1994: 61-72); sur Sopdū, voir SADEK, 1987, 128: «Soped». Voir aussi *PT*, **519**, §§ 1216a-1216e, 430: «*šm.n* N *pn ir iw ꜥꜣ, ḥr-ib Sḫt-Ḥtpw, sḫn nw nṯrw-wrw ḥr.f; wrw pw iḫmw-skiw*» [ici l'assonance entre les mots *wrw*/*hirondelle–grand(s)* est significative du passage du défunt dans le monde astral de la nuit; l'hirondelle symbolise la venue de l'aube (voir TE VELDE, 1972: 26-30); HOULIHAN, 1988]. L'assonance (dans le contexte symbolique du proximité phonétique) devrait être ressentie comme déterminante et puissante par les Égyptiens.

5. *Les divers facteurs de cohérence*: Il y a quelques cas où les mythèmes se regroupent pour des raisons de cohérence ou de similitude des idées astronomiques et/ou cosmovisionnelles. Ces cas sont caractérisés par une mention des notions qui n'est pas nécessairement d'ordre fixe; or, il n'y a pas d'ensembles de mythèmes qui fournissent l'évolution d'un phénomène astronomique[342] ou cosmogonique[343] qui présentent une séquence de début, déroulement et résultat, ce qui semble bien pouvoir être décrit par des schémas archétypiques de la Psychologie jungienne[344].

6. *Les facteurs religieux préalables*: Les divers mythèmes peuvent être conditionnés par des données qui constituaient pour les Égyptiens anciens une sorte de connaissance pré–scientifique fondamentale concernant les phénomènes astronomiques et leur cosmovision. Il s'agit ici des idées de base qui sont liées à la définition de divinités cosmiques et de leurs propriétés antérieures aux différentes conceptions mythiques dans lesquelles celles-ci peuvent fonctionner; or elles consistent dans des conceptions préalables sans signification propre qui constituent quand même des notions chargées d'un symbolisme archétypique par les images mythiques[345]. Il faut signaler que dans ce contexte et dans l'état actuel de nos connaissances (jusqu'à présent) il est

[342] Cf., par exemple, *PT*, **519**, §§ 1216a-1216c, 430: «*šm.n* N *pn ir iw ꜥꜣ, ḥr-ib Sḫt-Ḥtpw, sḫn nw nṯrw-wrw ḫr.f; wrw pw iḫmw-skiw*»; l'on observe ici qu'une métaphore exprime l'ascension céleste du monarque vers les étoiles boréales impérissables, comparées aux hirondelles divinisées, dans les Champs des Offrandes, dans une île céleste. À être comparé avec *CT*, **VI**, 556, 157a-157d: «*iw Wsir* N *sti.f m ḫftyw.f, iry n.f h(n)y iḫmw-skiw, mꜣꜣ.sn wsr Wsir* N, *hꜣ.f m tꜣ-ḏsr, m nṯr ḏs.f m-ḫnw ꜥftt*» [B2Bo & B4Bo]; ici, les étoiles indestructibles acclament le défunt osirifié, qui devient puissant pendant son ascension.

[343] Sur trois exemples tirés des *CT*, voir BICKEL, 1994: 250.

[344] Voir GEORGE, 1972: 15-20 (sur l'étude du *Livre Ꞽm-Dwꜣt* à la fois comme une cosmographie métaphysique et comme un voyage interne); SCHÖLER, 1991 (sur une approche du même texte funéraire en termes de Psychologie moderne); SCHWEIZER, 1994 (amélioration des efforts précédents); HORNUNG, 1991 (ou l'auteur souligne les stages principaux du voyage psychologique par l'Hadès dans le *Livre Ꞽm-Dwꜣt* et le *Livre des Portes*); cf. aussi JUNG, [2]1969.

[345] Cf. les exemples de la n. 341, *supra*. Cf. aussi les exemples cités par Bickel dans BICKEL, 1994: 249, concernant le crachat (*išš*) et le nom du dieu Shū (*Šw*). Voir aussi *PT*, **422**, §§ 756a-757c, 10-12: «*pr.k, rk ḫr mwt.k Nwt; nḏr.s ꜥ.k, di.s n.k wꜣt ir ꜣḫt r bw ḫr rꜥ; wn n.k ꜥꜣw pt, sznš n.k ꜥꜣw ḳbḥw, gm.k rꜥ ꜥḥꜥ, izꜣ.f n.k; nḏrw.f n.k ꜥ.k, sšm.f ṯw m itrty pt, wdf ṯw ḥr nst Wsir*»; ici la rencontre du défunt avec sa mère virtuelle Nūt prend place au ciel, afin qu'elle le guide vers l'horizon, en présence de son père virtuel Rēʿ, après l'ouverture glorieuse des portes célestes et son ascension officielle au trône d'Osiris par le dieu solaire. À comparer avec *PT*, **685**, §§ 2063a-2067a, 968-970: «*ii mww ꜥnḫ imyw pt, ii mww ꜥnḫ imyw tꜣ; nbi n.k pt, sdꜣ n.k tꜣ, tp-ꜥ mswt nṯr;* [...] *mww wꜥbw, wnnw ḫr Tmw, ir ḥnn Šw, sḫpr r kꜣt Tfnt;* [...] *fꜣ.k pt, m ḏrt.k; sk tꜣ, m ṯbt.k*»; ici les eaux célestes (*mww*), le flot du firmament [pourrait-on comparer *mww* et *ḳbḥw* au mot hébraïque הַשָּׁמַיִם (cf. *Psalmi*, **xix**: 2), qui a le sens de *eaux célestes*?], sont évoqués pour assister l'ascension du roi, avec la terre qui tremble et le ciel qui est passionné avant la naissance/lever héliaque du dieu/ monarque; le pharaon monte au ciel et obtient les eaux célestes pures, créées par les divinités primordiales (Atoum, Shū et Tefnūt) comme socles; c'est ainci que le roi devient un géant immortel, dont les mains supportent le ciel et les pieds se mettent sur la terre (l'équivalent d'Atlas?): il s'agit d'une image cosmovisionnelle puissante et irrésistible.

plusieurs fois malaisé de distinguer les données préalables des interprétations mythiques (comme Bickel a remarqué). Toutefois, au niveau du symbolisme astronomique, toutes les deux sont étroitement liées.

7. *Les «images archétypiques» ou «tableaux cosmovisionnels» de situation*: En dehors des ensembles de notions, l'on trouve quelques suites de conceptions astronomiques et/ou cosmovisionnelles, à l'intérieur desquelles les mythèmes ne possèdent aucun lien apparent entre eux, si ce n'est parfois un certain parallélisme, mais où toutes ces conceptions se rapportent à un fait commun. Ces ensembles peuvent former une sorte d'image archétypique ou un tableau cosmovisionnel décrivant un phénomène astronomique[346]. Le fait que l'on rencontre parfois des tableaux cosmovisionnels où l'on observe une multiplicité d'approches doit être souligné d'emblée. Cela indique la tendance des Égyptiens à essayer de comprendre et décrire les divers phénomènes célestes en se fondant sur une multitude d'explications[347], en illustrant leur

---

[346] Cf. comme un exemple typique *CT*, **V**, 469, 389i-390j: «*mwt.ỉ Spdt ỉr.s wꜣt.ỉ, sḳr.s rdw r Wꜥrt tw wrt ꜥꜣt nt Nn-Mwt; r prt.ỉ m ỉnt ḏw n zḥzḥ, r mḥt ẖnw ỉdbw.ỉ, r bw prrw Sꜣḥ ỉm; gm.ỉ Sꜣḥ, ꜥḥꜥ ḥr wꜣt.ỉ, ḏꜥm.f m-ꜥ.f sꜥḥy; šzp.ỉ sw m-ꜥ.f, nṯry.ỉ ỉm.f; d<ỉ>.f n.ỉ ḏꜥm.f ỉmy ꜥ-f; sdꜣy.ỉ nꜥẖw ỉm.f (ỉ)sdy.ỉ ꜥꜣw ỉm.f, sꜥḥ.f wỉ m-tp Spdt, snby.f wỉ m ḥwt Sꜣḥ; pr.ỉ ẖꜥ.kwỉ m nṯr!*» [S2C]; ici le défunt évoque sa rencomtre avec Orion et Sirius dans le contexte de sa régénération: en effet, Sōthis prépare son chemin et place une échelle vers une région australe du ciel (sur *Wꜥrt* et sa position boréale, cf. la n. 336, et WALLIN, 2002: 40); puis, le défunt approche la place où Orion vient, c'est-à-dire l'horizon pendant son lever héliaque; Orion tient son sceptre de pouvoir (*wꜣs*) et le passe au défunt afin qu'il puisse être divinisé, annobli et exercer du pouvoir sur les grands. Sur Orion et Sirius comme divinités astrales et leurs sceptres, voir la Fig. III.11, *infra*. Il serait également utile de citer un autre passage au symbolisme lunaire des *PT*, **359**, §§ 594a-596c, 185-190: «*ỉḥ ỉn Ḥr n ỉrt.f, ỉḥ ỉn Stẖ n ẖrw.f; sṯp ỉrt-Ḥr, ẖr m pf gs n Mr-n-Ḫꜣ, ỉnḏ.s ḏt.s m-ꜥ Stẖ; mꜣ.n.s Ḏḥwty m pf gs n Mr-n-Ḫꜣ, sṯp ỉrt-Ḥr m pf gs n Mr-n-Ḫꜣ, ẖr tp ḏnḥ Ḏḥwty m pf gs n Mr-n-Ḫꜣ; nṯrw ỉpw, ḏꜣw tp ḏnḥ Ḏḥwty ỉr pf gs n Mr-n-Ḫꜣ, ỉr gs ỉꜣbty n pt, ỉr mdt ẖft Stẖ ḥr ỉrt tw nt Ḥr; ḏꜣ* N *ḥnꜥ ṯn tp ḏnḥ Ḏḥwty ỉr pf gs n Mr-n-Ḫꜣ, ỉr gs ỉꜣbty n pt, ỉw* N *mdwt.f ẖft Stẖ ḥr ỉrt tw nt Ḥr*»; ici, le défunt participe virtuellement aux cycles périodiques des phases lunaires, un phénomène qui est symbolisé par la lutte entre Horus et Seth; l'hiéracomorphe Horus et l'ibidomorphe Thoth (la mention de ses ailes étant un symbole archétypique pour le ménisque lunaire; cf. NYORD, 2003: 79-84) étant des dieux bénéfiques lunaires, et le Canal Sinueux symbolisant l'écliptique, où la Lune paraît se mouvoir pendant le mois lunaire.

[347] Cf. le passage caractéristique *PT*, **469**, §§ 906d-909d, 169-170: «*ẖny* N *rꜥ ỉr Ỉmntt* [...] *wnt ꜥꜣw Bꜣ-Kꜣ, ỉmy ḳbḥw, n* N *pn, sznš ꜥꜣw bỉꜣ ỉmy sḥdw n* N *pn, sḏꜣ rf* N *pn ỉm;* [...] *mꜣ.ỉ* N *ỉrrt nẖẖw nfr ỉm gs.sn;* [...] *nfr n* N *ḥnꜥ.sn, nfr n.sn; ỉnk nẖẖ, ḥnzk nẖẖ; nẖẖ* N *pn nẖẖt, n zwnw* N *pn ḏt*»; ici le roi se joint au dieu solaire en l'amenant vers l'Ouest, étant placé par lui dans le monde des immortels, dans la région céleste aux portes ouvertes en fer du firmament; puis la multiplicité d'approches archétypiques implique que le monarque devient une *étoile nẖẖ* (cf. FAULKNER, ^{2}1998: 159 & n. 7) et en même temps l'accompagne, vivant d'une telle étoile, bienheureux à jamais. On rencontre une multiplicité d'approches avec des images astronomiques dans un autre passage, notamment *CT*, **I**, 61, §§ 256a-264h: «*nṯr nb r n š.f ḥr šmt nwy wỉꜣ.k, ṯs Sꜣḥ;* [...] *dỉ Nwt ꜥwy.s r.k;* [...] *wnẖ.k m wꜥbw Ptḥ, m sfẖ n Ḥwt-Ḥr; wsẖ nst.k m-ẖnw wỉꜣ; ḥms.k m dpt-nṯr, ẖꜣꜥ.k dbỉ m Š-n-Ḫꜣ* [...]; *Ḥwt-Ḥr* [...] *ỉms n.k hn ḥsmn ỉn wꜥb ỉmy ꜣbd.f;* [...] *wỉꜣ n Rꜥ; twt wbn.k, mỉ wbn rꜥ; pzḏ.k mỉ Ḥwt-Ḥr;* [...]; *sṯ n.k gnẖwt kꜣt; sꜣẖ ṯw zꜣty Nwt; sꜣẖ ṯw Gb Nwt;* [...] *hrw Snt; kft n.k sẖnwt nt pt; mꜣ.k štꜣw ntt ỉm.s; dwn.k rdwy.k(y) ḥr sẖnwt nt pt; ṯꜣw nḏm n šrt.k, Sꜣḥ ḏd.f n Msẖtyw;* [...] *r pt*» [B4C, B10C]; ici, les protagonistes du niveau cosmovisionnel se pré-

niveau pré–scientifique. Il est clair que les exemples cités dans les notes contiennent une série de propositions courtes, dont chacune exprime une notion. Ces notions semblent être indépendantes et sont caracterisées par une polyvalence qui leur permet d'apparaître dans des contextes différents. Les mythèmes évoquent des images archétypiques au niveau cosmique et s'associent afin de composer de grands tableaux cosmovisionnels, qui véhiculent et présentent des informations importantes. Les mythèmes sont juxtaposés sans être nécessairement placés dans une séquence chronologique. Ces images archétypiques sont à la fois statiques[348] et dynamiques[349], lorsqu'elles présentent un déroulement des épisodes cosmiques et des transitions évidentes. Il s'agit donc des ensembles de notions qui sont particulièrement riches en idées cosmovisionnelles et en images astronomiques et qui sont à la fois narratives et descriptives.

(iv) *La Formulation des Notions*. Il convient de signaler l'unité et la cohérence des conceptions astronomiques et cosmovisionnelles attestées dans les textes funéraires et profanes que l'on a étudiés jusqu'ici. Malgré la forme particulièrement succincte sous laquelle elles furent transmises[350], l'on constate que toutes les notions similaires se développèrent selon un réseau général, bien qu'il y ait

---

sentent à la fois comme les étoiles et les divinités astrales dans leurs barques cosmiques, comme les constellations proéminentes du Sud et du Nord et comme les défunts même qui s'identifient à la Lune en participant à ses phases et pour lesquels les étoiles allument des lumières célestes. Sur une mention indirecte aux étoiles, cf. aussi *CT*, **II**, 99, §§ 94d-96f: «*štw ipw nw Tmw*» [S1C, S2C, G2T].

[348] Cf., par exemple, *PT*, **273-274**, §§ 412a-412c, 520-521: «*ʿḥʿw pi n* N *nḥḥ, ḏr.f ḏt; m sʿḥ.f pn n mrr.f irr.f, msḏḏ.f n ir.n.f; imy ḏrw 3ḫt, ḏt r nḥḥ*»; dans ce contexte, bien que l'*éternité sans fin* (*nḥḥ*) —qui se lie aux notions dynamiques— ait évoquée, la *perpétuité sans cesse* (*ḏt*) en est aussi, et nous croyons que le caractère statique d'une récurrence éternelle se montre évidemment: la limite de la vie du monarque est l'éternité et la perpétuité, en son pouvoir de faire ce qu'il désire sur l'horizon de sa (re)naissance. Sur quelques exemples «statiques» tirés de la Cosmogonie des *CT*, voir BICKEL, 1994: 252-55.

[349] Cf., par exemple, *CT*, **I**, 53, §§ 240e-241b: «*ḥsy.n ṯw Nbt-Ḥwt, m3w.ti hrw nb m tr n ḫ3w; iw.k ḥnʿ iḫmw-wrḏw, nṯrw imyw pt, rdi m šmsw n wi3.k n nḥḥ ḥnʿ ḏt*» [B13C, B16C, & c.]; la dynamique de cette scène cosmovisionnelle se trouve dans le fait que Nephthys loue le défunt qui se renouvelle chaque jour pendant la nuit, dès qu'il est accompagné par les étoiles infatigables (divinités célestes par excellence) dans sa barque de l'*éternité sans fin* et de la *perpétuité sans cesse*. La dynamique et l'évolution continue du défunt apparaissent aussi très vivement dans un autre passage, soit *PT*, **466**, §§ 882a-883d, 162: «*h3* N *pw! ṯwt sb3 pw ʿ3, rmnwty S3ḥ, nhm pt ḥnʿ S3ḥ, ḫn Dw3t ḥnʿ Wsir; pr* N *pn m gs i3bty n pt, m3ʿ.ti r tr.k, rnp.ti m nw.k; ms.n Nwt* N *pn ḥnʿ S3ḥ, sšd.n ṯw rnpt ḥnʿ Wsir*»; dans ce contexte, le pharaon s'identifie avec l'*étoile grande* (*sb3 ʿ3*), très probablement α–Tau [*Aldebaran* (étrangement en copt.: **ⲡⲓⲱⲣⲓⲱⲛ**!); cf. *Tables*, Table 4: # 4 & n. 2; KRAUSS, 1997: 204], qui accompagne Orion, et qui traverse le ciel étant révivifié dans la *Dw3t*, et s'étant régénéré à chaque saison, comme un enfant céleste de Nūt. Cette dynamique évoque l'évolution incessante des morts en leur union aux astres, après leur transfiguration céleste.

[350] Si l'on considère, par exemple, le cas des notions # 261, 263, 272, 287, 290, 368 & 406 de la Table III.1, l'on voit que le réseau global n'est que l'ascension du roi vers le haut et son passage de la rivière céleste, exprimée en images archétypiques vibrantes (cf. aussi la Table III.3: # 10, 48, 72, 98, 159, 160, 177, 186, 202, 217 & 242); ce fond de base à la fois solaire, lunaire et astrale présente assez de variantes, comme on le voit clairement.

quelques variantes dont la raison d'existence ne semble pas être évidente[351]. Les types de formulations qui se réfèrent aux conceptions astronomiques et/ou cosmovisionnelles sont déjà assez variées[352]. Les conceptions mythologiques sont les véhicules virtuels qui communiquent une certaine information astronomique et/ou cosmovisionnelle, qui concerne soit:

1. *La qualité d'une divinité cosmique*: En ces termes ces divinités deviennent les récipients des événements astronomiques et expriment les éléments naturels[353].
2. *Une action survenue dans le monde divin, dont les conséquences étaient d'une dimension cosmique*: Il s'agit ici des images archétypiques qui visent à expliquer des phénomènes physiques en des termes métaphysiques[354].
3. *Un événement astronomique vu sous le prisme d'un mythe*: En principe comme cela a été déjà expliqué dans les deux cas précédents[355].

Il faut souligner que bien que considérées individuellement et superficiellement ces informations peuvent apparemment se rapporter à la «constellation» d'une divinité, chaque mythème indique clairement deux niveaux de signification: d'abord

---

[351] Serait peut-être historique, sociale, chronologique, géographique, fonctionnelle, ritualistique (donc, d'un sens archétypique qui nous surpasse aujourd'hui, hors du contexte de l'Égypte antique où nous vivons)?

[352] Ils peuvent concerner les étoiles, le Soleil, la Lune, le ciel et les phénomènes célestes, le temps et sa mesure, la cosmovision égyptienne comme elle se présente d'après des symboles archétypiques célestes, et également une combinaison quelconque entre eux [e.g. (entre autres): étoiles et Soleil (Table III.1: # 362 & 410; Table III.3: # 89 & 172); Soleil et Lune (Table III.1: # 187 & 214; Table III.3: # 86 & 141); étoiles et temps (Table III.1: # 251 & 404; Table III.3: # 126 & 160); ciel et étoiles (Table III.1: # 140 & 238; Table III.3: # 29 & 111); planètes et étoiles (Table III.1: # 282 & 418; Table III.3: # 24 & 213); ciel et archétypes cosmovisionnels (Table III.1: # 265 & 399; Table III.3: # 79 & 117); & c.], ou parfois tous ensemble (comme il est évident de plusieurs de ces références).

[353] Cf. comme exemple *PT*, **564**, §§ 1422a-1422b, 637-638: «*Šw, Šw! fꜣ* N *pn ir pt! Nwt! ḏi ꜥwy.ṯ ir.f!*»; ici, le défunt prie Shū de l'élever au ciel (comme il éleva la déesse céleste) et demande à Nūt de l'embrasser (comme elle embrasse tout, en l'entourant dans le Cosmos). L'anthropomorphisme des dieux cosmiques constitue l'archétype cosmovisionnel pour exprimer à la fois la structure solide du monde, sa rélation avec le ciel et les phénomènes astronomiques qui prennent place et l'espoir du défunt de participer aux actions cosmiques, ayant gagné l'immortalité. Cf. aussi la Table III.3: # 114, 124, 186, 202, *supra*.

[354] Un exemple typique des *PT* a été déjà donné dans la n. 346, *supra*: les actions étranges des divinités comme Horus, Seth et Thoth décrivent les phases lunaires, comme des archétypes convenant à l'alternation de la vie et de la mort perçus dans le cycle lunaire (cf. aussi la Table III.3: # 84, *supra*). En ce qui concerne les *CT*, voir le passage de la n. 85 du Chapitre V, *infra*: ici le changement de phase de l'Univers est décrit en termes de son passage de la préexistence à l'existence sous l'action divine créatrice d'Atoum.

[355] Cf., par exemple, *CT*, **III**, 227, §§ 263a-263e: «*ink Sꜣḥ, sꜣḥ tꜣwy.f* [...], *sḳdd ḫft ꜣḫꜣḫ n pt, m ẖt nt mwt.i Nwt; iwr.s wi r mrr.s; mss.s wi r šzp ib.s*» [B2L, L1Li, Sq3C, *pGardiner II*]; ici, le lever héliaque d'Orion est vu sous le prisme de son identification mythique à Osiris, le fils aimé de Nūt, qui est né par le ciel selon sa volonté; dans ce contexte, le voisinage de cette constellation avec quelques *étoiles brillantes* (*ꜣḫꜣḫ*) du ciel est aussi mentionné, ainsi que le passage journalier apparent des ces étoiles et d'Orion sur la voûte céleste. Voir aussi les deux notes précédentes.

il décrit un fait divin[356]; d'autre part, il propose une réponse partielle (quelquefois presque exacte et quelquefois naïve), qui vise à expliquer un phénomène soit astronomique et/ou cosmovisionnel important[357].

(v) *La Nuance Religieuse des Notions*. Le contexte de ces conceptions astronomiques et cosmovisionnelles est en principe religieux (en ce qui concerne tous les textes funéraires et partiellement les textes profanes) et social et/ou quotidien (en ce qui concerne partiellement les textes profanes). En effet, il n'y a pas de formules (*Utterances*/*Spells*/*Chapitres*) ni de poèmes ou de narrations qui soient absolument «astronomiques» ou «cosmovisionnelles»; autrement dit à travers les textes regroupés et étudiés dans notre livre (qui examine une certaine période, soit la période classique: dès l'OK jusqu'au NK) il n'y a aucun texte dans les *corpora* qui soit entièrement consacré aux thèmes astronomiques[358], cosmogoniques[359] ou cosmovisionnels[360]. Nous soulignons que les notions similaires ne sont jamais présentées pour leur propre intérêt, ni peut-être dans le but de leur communication ou de leur enseignement aux élèves sacerdotaux (ce qui n'est pas le cas dans les *Hymnes Orphiques*). Dans nos textes, les conceptions astronomiques et cosmovisionnelles constituent un ensemble brut de notions auxiliaires qui est utilisé à la fois pour des raisons funéraires[361] ou dans le contexte de l'utilisation des ter-

[356] Cf. comme un exemple typique *PT*, **302**, §§ 458a-459c, 567-568: «*sbš pt, ʿnḫ Spdt, n* N *is ʿnḫ z3 Spdt; wʿb.n n.f Psḏty-Nṯrw m Msḫtyw, iḫm-sk; n sk pr* N *r pt; n ḥtm nst* N *r t3; dḫ r.sn rmṯ, p3y r.sn nṯrw; sp3 n Spdt* N *r pt m-ʿb snw.f nṯrw; kf.n Nwt wrt rmnwy.s n* N»; ici, le fait divin que Sōthis soit vivante comme déesse astrale, ainsi que la purification des deux Ennéades Divines en l'impérissable astérisme d'Ursa Major, représente la prérogative pour que le roi soit vivant, pour qu'il monte au ciel en compagnie de ses frères (les dieux), pour y être accepté par Nūt, et pour qu'à la fois sa mansion céleste et son trône terrestre demeurent pour toujours.

[357] C'est le cas du symbolisme des phases lunaires, comme il est exprimée au 2e passage de la n. 346, *supra* à la fois avec naïveté (utilisation d'un mythe) et exactitude (en ce qui décrit ce qui passe à la Lune par rapport à l'écliptique): les textes qui se réfèrent au passage du dieu lunaire par le Canal Sinueux doivent être interprétés comme références aux passages de la Lune par les nœuds lunaires (voir le Chapitre II, § 1.1, *supra*); la désignation du *passeur* du Canal Sinueux comme *celui qui regarde en avant* (*ḥr.f m-ḫnt.f*) et *celui qui regarde en arrière* (*ḥr.f m-mḫ3.f*) (cf. Table III.1: # 152; Table III.3: # 108) implique l'identification du *passeur* comme une métaphore astronomique pour la Lune: en effet, la première décrit la Lune croissante, dont le ménisque s'ouvre vers la direction de son mouvement dans l'écliptique; la deuxième décrit la Lune décroissante, dont le ménisque s'ouvre vers la direction opposée (comme Rolf Krauss l'a bien remarqué; voir KRAUSS, 1997: 76 ff): c'est exactement ce que le passage # 185 de la Table III.1 exprime. En ce qui concerne les éclipses solaires et lunaires et leur symbolisme (comme il apparaît dans deux passages mythiques du *BD*), cf. la n. 195 du Chapitre IV, *infra*.

[358] Ce fait est évident dans notre étude (voir les Tables III.1 & III.3, III.7, III.9 & III.11, *supra*). Même les thèmes les plus astronomiques se fondent sur le désir pieux de l'ascension des défunts au ciel *post mortem*, or leur base n'est que la religion.

[359] Voir BICKEL, 1994: 262.

[360] Ce fait est évident dans notre étude (voir les Tables III.1 & III.3, III.7, III.9 & III.11, *supra*). Même les thèmes les plus cosmovisionnels se fondent sur la métaphysique.

[361] Cf. le 1er exemple tiré des *CT* dans le contexte de l'embaumement du défunt et des observances funéraires dont le symbolisme archétypique fut astronomique dans la n. 330, *supra*. Voir aussi *PT*, **468**, §§ 902d-905c, 167-168: «[...] *sšm.sn ṯw ḫr mwt.k Nwt* [...] *b3i.k*

mes astronomiques au niveau quotidien[362], sans la moindre sémantique purement astronomique. L'objectif principal des textes funéraires (*PT*, *CT* & *BD*) fut d'assurer aux défunts leur intégrité et leur bien–être physique, ainsi que le pouvoir de vaincre les dangers et les forces hostiles innombrables de l'au-delà, et de gagner l'immortalité[363]. L'objectif principal des textes narratifs et des poèmes d'amour fut d'offrir un plaisir esthétique aux Égyptiens d'antan, telle qu'il est manifesté dans la Littérature[364], tout en les accompagnant de diverses notions religieuses. Le fait que dans les textes (soit profanes, soit religieux) étudiés ici l'on trouve peu de références aux décans (utilisés seulement dans le cadre des *horloges diagonales* du MK[365] et des *horloges ramessides* du NK[366] pour déterminer les heures de la nuit) est une preuve du caractère non (purement) astronomique de ces textes funéraires et profanes. Nous signalons que souvent le contexte astronomique est caché (ou même pas très évident) sous l'apparence archétypique des divers mythèmes et des notions cosmovisionnelles, qui sont les unités structurales des textes funéraires; le fond principal de ces unités est métaphysique et l'utilisation des divers schémas auxiliaires (soit astronomiques, soit cosmovisionnels) s'effectue parce que le ciel (avec toute sa pléiade des périodicités et des phénomènes cosmiques) fut considéré comme le lieu de la transfiguration des défunts (rois et nobles), dont l'ascension au firmanent les amènerait à l'immortalité[367].

(vi) *Comparaisons entre les* PT *et les* CT. Il est évident que les conceptions astronomiques ont évolué au cours des siècles de l'OK au MK. Cette évolution n'était toutefois pas majeure et se place évidemment: **(A)** *au niveau de l'usage des étoiles décanales afin de calculer le temps pendant la nuit*[368]; **(B)** *au niveau de l'abandon graduel des méthodes utilisées pour orienter précisément les pyramides*[369]; **(C)** *au niveau de la démocratisation des mœurs funéraires, qui impliqueraient l'ascension céleste non seulement pour le monarque, mais aussi pour la noblesse*[370]; et

---

<m> sbꜣ ꜥnḫ [...] *n ḏt ḏt*»; ici, le roi est guidé à la présence de sa mère céleste Nūt et vit comme un astre vivant à jamais.

[362] En ce qui concerne les textes profanes, cf. e.g.: notre discussion aux sections §§ 5.1-5.3, *supra*. Voir aussi la n. 339, *supra*. Pour de tels cas, cf. e.g.: Table III.7: # 11; Table III.9: # 43; Table III.11: # 31, *supra*.

[363] Cf., par exemple, *PT*, **667**^{A}, §§ 1943d-1948f, 775^{Nt}-782^{Nt}: «*wn.f n.k ꜥꜣw pt, szn<š>.f n.k ꜥꜣw* [*ḳbḥw*]*;* [...] *hꜣ* N *pw! n mt.n.k is mtt! ꜥnḫ n.k ꜥnḫ m-ꜥb.sn ꜣḫw, iḫmw-skiw; ii ꜣḫt, iwꜣg rḏw, pr m Wsir, wꜥb Ḥr* [...]*;* [...] *ḫꜥ.n.f ḥr* [...] *ḫndw.f, dm.n.f biꜣ m ꜣḫ.f;* [...] *m sbꜣ wꜥty iwt snw.f m-ꜥb sn nṯrw;* [...] *ipꜣ.k ir pt, ꜥnḫ.k ḥnꜥ.sn,* [...] *zbš.n.k pt, ipsḏt ir.sn nṯr is; mn.ti ḫnt pt, Ḥr is*»; ici, les portes du firmament s'ouvrent pour accueillir le roi pendant son ascension, le monarque qui vit toujours entre les étoiles indestructibles, le pharaon en tant que manifestation purifiée d'Horus en son identification à l'*astre unique* (*sbꜣ wꜥty*) qui n'est que la planète Vénus.

[364] Pour un aspect panoramique de la Littérature de l'Égypte antique, voir SIMPSON, ²1973; LICHTHEIM, 1975-80; LALOUETTE, 1987.

[365] Voir les Tables 3 & 4 des *Tables* à la fin de ce livre. Cf. quand même § 2.1, *supra*.

[366] Voir les Tables 6(a), 6(b) & 7 des *Tables* à la fin de ce livre.

[367] Voir notre discussion dans le Chapitre V, §§ 1.2 & 1.4, *infra*.

[368] Voir *EAT*, **I**, 1960: 1-21; LOCHER, 1983, 141-44; LOCHER, 1992: 201-07; LOCHER, 1998a: 697-702; cf. aussi WALLIN, 2002: 113 ff.

[369] Voir notre discussion dans la section § 4, *supra*.

[370] Voir, par exemple, LESKO, 2001a: 287.

(D) *au niveau de l'utilisation de certains mots/termes*, comme il est indiqué par nos Tables III.2 et III.4. Par notre étude statistique (voir Tables III.1-III.2 & III.3-III.4) les points suivants sont clairement établis, en ce qui concerne l'évolution des notions astronomiques et cosmovisionnelles pendant les siècles:

1. *Concernant les étoiles*: La fréquence d'occurrence de certaines catégories d'étoiles importantes change. Il y a 68 références aux étoiles boréales impérissables (*iḫmw-skiw*) dans les *PT* et 17 dans les *CT*. D'ailleurs on compte 2 références aux étoiles australes infatigables (*iḫmw-wrḏw*) dans les *PT* et 11 dans les *CT*. Ce fait est explicable dès que l'on considère le changement de la cosmovision égyptien de l'OK au MK: la métaphysique solaire, donnant tout pouvoir au monarque divinisé, impliquait un régard plus concret et plus concentré vers le Pôle Nord Céleste, la région des étoiles indestructibles et l'*axis mundi*, unique comme l'était le pharaon, vers lesquelles tous les tombeaux majestueux pyramidaux furent orientés pendant l'OK. D'autre part, la métaphysique démocratisée du MK, prête à osirifier tout noble puissant, a déplacé l'intérêt céleste vers les régions équatoriales du ciel, vers le Sud et les étoiles décanales qui détermineraient le temps pour les défunts à tout moment. Nous signalons que la fréquence d'occurrence de certaines catégories d'étoiles à la fois dans les *PT* et dans les *CT* (e.g.: *ꜣḫꜣḫw, iꜣdw, wꜥꜣw, nḫḫw, sḥdw, šmsw-rꜥw*, & c.) reste presque invariable; nous pourrions expliquer ce fait si l'on suppose que les Égyptiens considéraient ces catégories d'étoiles simplement comme des astres «auxiliaires», sans leur attribuer une telle importance comme aux étoiles indestructibles, aux étoiles infatigables et aux constellations proéminentes.
2. *Concernant les constellations proéminentes*: Il est clair que les Égyptiens considéraient Orion/*Sꜣḥ*, Canis Major/*Spdt* et Ursa Major/*Msḫtyw* comme des astérismes particulièrement importants, du point de vue à la fois métaphysique et astronomique. Il y a 26 références à Orion dans les *PT* et 48 dans les *CT*. Il y a 27 références à Sōthis dans les *PT* et 21 dans les *CT*. Par ailleurs on compte 1 référence à Ursa Major dans les *PT* et 5 dans les *CT*. Ce fait nous montre que l'importance de Sirius est restée sans doute presque la même pendant le cours des siècles, tandis que l'importance d'Orion et d'Ursa Major furent augmentées [voir Fig. III.11]. Concernant Orion —comme un astérisme austral et un archétype osiriaque par excellence— cela est bien explicable. Concernant Ursa Major —astérisme boréal, archétype pour la cérémonie de l'ouverture de la bouche— nous croyons que cela n'est pas aussi significatif. Cela est dû au fait que les Égyptiens (pendant l'OK) considéraient cet astérisme du Nord comme un groupe très important d'étoiles impérissables, qu'il ne méritait plus de références (pour se montrer plus important). Le fait que la fréquence d'occurrence du terme *Msḫtyw* dans les *PT* est seulement 1 constitue encore une réponse aux pyramidologues obsédés par des informations imaginaires «cachées» dans les textes funéraires concernant l'orientation des pyramides, ainsi qu'à la théorie de Spence.
3. *Concernant les décans*: Dans les *PT* nous rencontrons 1 référence à l'astérisme/décan(?) *Nr-Iḥw* et 2 aux étoiles horaires/décanales, tandis que dans les *CT* l'on trouve 8 références aux étoiles décanales (et 18 références aux

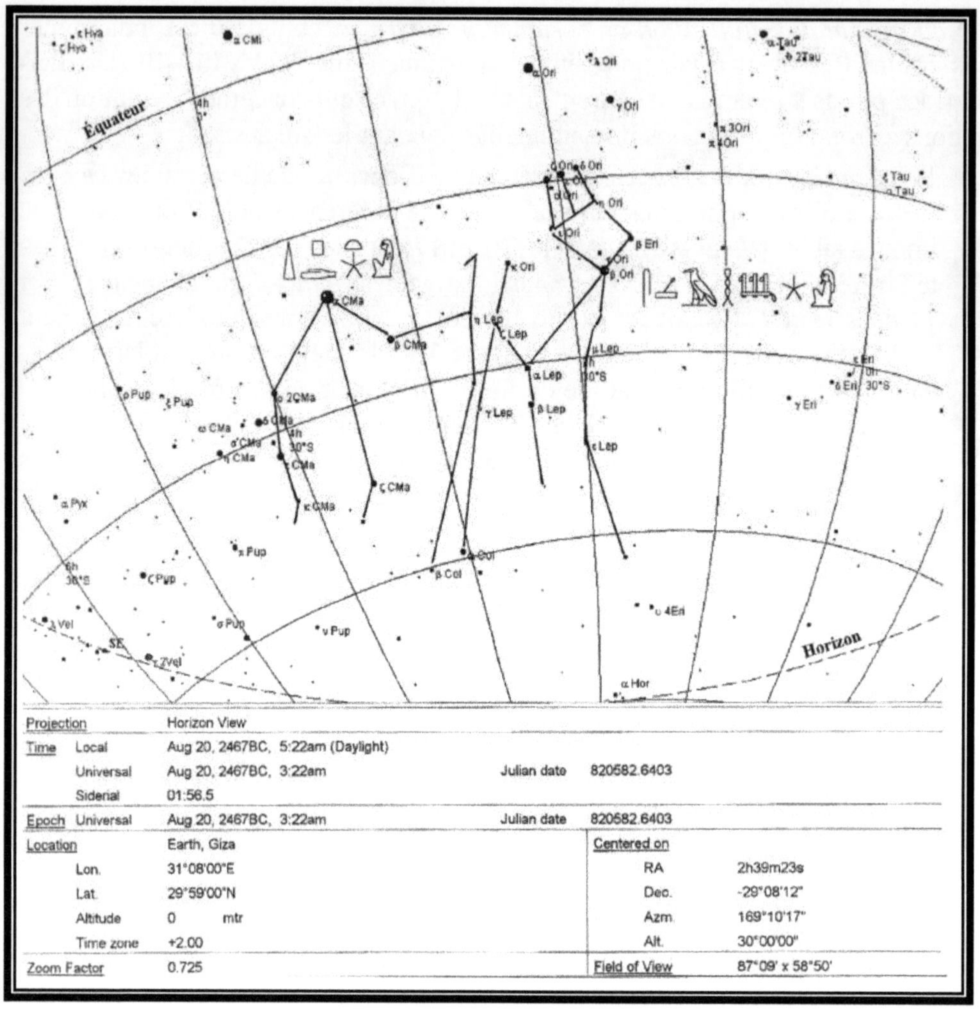

Figure III.11: Représentation des astérismes anciens d'Orion (*S3ḥ*) et de Sōthis (*Spdt*), suivant les idées astronomiques des Égyptiens (selon Locher: voir LOCHER, 1993a: figs 1-2; LOCHER, 1993b: fig. 4; LOCHER, 1998b: figs 3 & 6; cf. aussi WAINWRIGHT, 1936: figs 1-2), produite à l'aide du REDSHIFT 2/4, calculée pour Giza le 20 Août 2467 BCE à 05:22′ heure locale. On a superposé un réseau des coordonnées célestes et les noms Bayer–Flamsteed des étoiles voisines, jusqu'à la limite apparente visuelle $+6^{m}.0$, qui comprend toutes les étoiles visibles à l'œil nu.

heures), 1 référence au décan *Ḥ3t*, et 1 référence à l'astérisme *Wnš*. Ce fait est explicable, quand on pense que dès la FIP les Égyptiens commencèrent à utiliser les horloges diagonales, fondées sur les astérismes décanaux [voir Fig. III.12].

4. *Concernant les planètes*: Nous notons qu'à l'exception d'un mot dont le sens n'est pas absolument sûr[371], nous ne connaissons pas un tel mot qui exprime le sens de *planète* (connue en Sumer comme ^{d}*Muš-ta-bar-rū–mūt-ānu*), or le mot *sb3/astre* y est utilisé comme substitut. Dans les *PT* nous rencontrons 1 référence à Mercure (voire à son dieu Seth), 25 références à Vénus

[371] Sur le mot *gnmw*, cf. le Chapitre IV, n. 86.

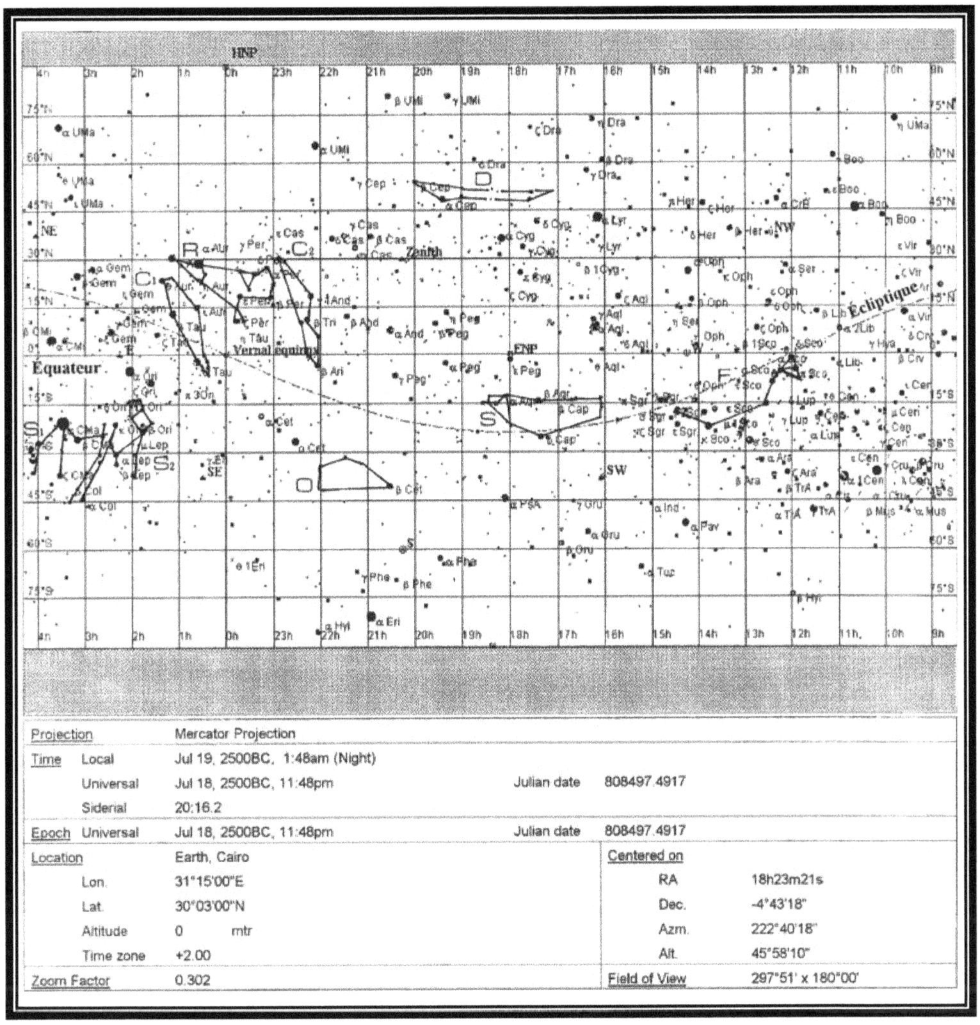

Figure III.12: Représentation des décans/astérismes anciens près de l'équateur céleste (autres que les circumpolaires), suivant les idées astronomiques des Égyptiens, selon Locher [voir LOCHER, 1981: S73-75; LOCHER, 1985: S152-53; LOCHER, 1990: S49-51; LOCHER, 1993a: fig. 1; LOCHER, 1998b: fig. 6; cf. LULL, 2004: 73-77, apparemment l'ignorant], produite à l'aide du REDSHIFT 2/4, calculée pour Giza le 19 Juillet 2500 BCE à 01:48′ heure locale. On a superposé un réseau des coordonnées célestes et les noms Bayer–Flamsteed des étoiles voisines, jusqu'à la limite apparente visuelle $+6^{m}.0$, qui comprend toutes les étoiles visibles à l'œil nu. La projection est selon Mercator. [NOTA: S_1 = *Spdt*; S_2 = *S3ḥ*; O = «Ovoid Lemonpip» *5-nwt-ḫt*; C_1 = Crocodile 1; C_2 = Crocodile 2 *Ḥtp-rdwy*; R = Le Lion *Rw-nty-imy.sn(y)*; D = Crocodile du Nord *D3mt*; S = Le Mouton *Zrt*; F = Le Bateau *Wi3* (avec l'étoile *La–rouge–à–la–proue/Ṯms-n-ḫntt* = α–Scorpii/Antarēs)].

(18 comme l'*Étoile de l'Aube* et 7 comme l'*Étoile Unique*) et aucune référence aux autres planètes supérieures (Mars, Jupiter et Saturne). Dans les *CT* on trouve 1 référence directe à Mercure, 14 références à Vénus (11 comme l'*Étoile de l'Aube* et 3 comme l'*Étoile Unique*) et également aucune référence aux autres planètes plus distantes (Mars, Jupiter et Saturne)[372].

[372] Nous signalons, quand meme, l'unique référence possible à Mars dans les *CT* (voir la Table III.3: # 237, *supra*). Il s'agit d'une référence à cette planète dans les *CT*, qui ne sem-

5. *Concernant le Soleil*: Il y a au moins 150 références explicitement astronomiques au Soleil dans les *PT* et plus de 300 dans les *CT*. En plus, l'on n'observe aucune référence au disque solaire (*ỉtn*) dans les *PT* et 21 dans les *CT*; au moins 11 références à la lumière solaire dans les *PT* et 102 dans les *CT*. Nous notons que ces différences (qui peuvent être expliquées par le volume plus large des *CT* par rapport aux *PT*) ne sont pas si significatives et nous soulignons le fait que le fond solaire (~ l'antipode du fond astral) de la religion égyptienne resta presque immuable même jusqu'au NK. Le destin solaire exclusif pour le monarque pendant l'OK devint aussi le destin de la noblesse pendant le MK, quelque chose qui est corroborée par notre analyse astronomique.

6. *Concernant la Lune*: Il y a au moins 83 références à la Lune (3 comme *ỉꜥḥ*, 34 comme œil d'Horus, 1 comme Khonsū, 17 comme Thoth, et le reste comme le passeur céleste, & c.) dans les *PT*; et au moins 300 (15 comme *ỉꜥḥ*, au moins 100 comme œil d'Horus, 19 comme Khonsū, au moins 100 comme Thoth, et le reste comme le passeur céleste, & c.) dans les *CT*. Il y a encore 42 références aux termes lunaires relatifs aux phases de la Lune (5 à la Nouvelle Lune, 19 à la Néoménie, 12 à la Pleine Lune, 4 au Premier Quartier, 2 au Dernier Quartier) dans les *PT*; et 80 (15 à la Nouvelle Lune, 17 à la Néoménie, 14 à la Pleine Lune, 16 au Premier Quartier, 20 au Dernier Quartier, 1 à la période de croissance et 2 à la période de la decroissance) dans les *CT*. Les différences ne semblent pas être aussi significatives à cause du volume plus large des *CT* relativement aux *PT*). Le seul fait peut-être significatif pourrait être l'importance accrue du culte lunaire et la célébration des fêtes mensuelles liées aux phases lunaires dès le MK.

7. *Concernant le ciel et la cosmographie*: Nous notons d'emblée que les termes les plus caractéristiques se rencontrent avec une fréquence presque identique (après la réduction statistique de nos résultats); or, le terme *pt/ciel* se trouve au moins 504 fois dans les *PT* et 665 fois dans les *CT*; le terme *Nwt/Nūt* se trouve au moins 111 fois dans les *PT* et 132 fois dans les *CT*; le terme *ꜣḫt/horizon*[373] se trouve au moins 110 fois dans les *PT* et 251 fois dans les *CT*; le terme *ḳbḥw/firmament* se trouve au moins 57 fois dans les *PT* et 23 fois dans les *CT*; les termes *biꜣ-biꜣyt/fer météoritique–firmament*[374] se trouvent au moins 33 fois dans les *PT* et 56 fois dans les *CT*; le terme *ḥr(y)t/firmament* se trouve au moins 10 fois dans les *PT* et 17 fois dans les *CT*; enfin, la fréquence d'occurrence d'autres termes cosmographiques plus rares ne se change pas d'une manière significative entre les *PT* et les *CT*. De toute fa-

---

ble pas si sure, voire du passage *CT*, **VII**, § 118f: «*irt-Ḥr-Dšrw*» [D1C], qui parle de l'œil d'*Horus–le–Rouge*; ce nom caractérisait Mars (copt.: ⲙⲟⲗⲟⲭ), comme on le sait (voir *Tables*, Table 8: # 4). À noter que la plus ancienne référence connue aux planètes supérieures se trouve sur le sarcophage de Heny (*Ḥny*; voir GUNN, 1926: 166-71; POGO, 1932b: 8-13; *LÄ*, **I**, 1975, 511: # 6); dans le monument de Son–Mout (voir *EAT*, **III**: 177-79) l'on en trouve une autre. Sur Saturne et la Τριακονταετηρίς, voir DE SANTILLANA, 1963: 822.

[373] Voir e.g.: *LÄ*, **III**, 1980, 3-7: art. «Horizont»; cf. aussi BERLANDINI, 1995, 39: n. 226.

[374] À ce propos, voir GRAEFE, 1971; cf. aussi la n. 276, *supra*.

çon, il ne serait pas du tout exagéré de constater que le destin des rois et des nobles défunts à la fois dans les *PT* et les *CT* fut tout à fait céleste.

8. *Concernant le temps et sa mesure*: Dans le contexte des textes funéraires, cette catégorie de termes astronomiques n'est pas aussi significative par elle-même, mais joue un rôle assez important en relation avec les catégories précédentes. Des termes différents sont utilisés pour décrire le temps, son passage et sa mesure (comme on l'a déjà discuté dans le commencement de la section § 5, *supra & passim*). Voir aussi # 3, *supra*.

9. *Concernant les symboles cosmovisionnels*: Dans le contexte des textes funéraires, cette catégorie des archétypes cosmovisionnels n'est pas si significative par elle-même, mais joue un certain rôle en relation avec les catégories précédentes. Des termes différents y sont utilisés pour exprimer des notions archétypiques de la cosmovision égyptienne. On souligne que le mot *mr/pyramide* se trouve 26 fois dans les *PT* et aucune fois dans les *CT*; tandis que le mot *tḫn/obélisque* se trouve 1 fois dans les *PT* et aucune fois dans les *CT*[375]. Des symboles assez déterminants sont ceux de l'*échelle céleste* (*mꜣḳt/rdw*)[376], ainsi que Méthyer (*Mḥyt-Wrt*)[377] et le *taureau du ciel* (*kꜣ-pt*)[378]. En général, nous pourrions constater que la fréquence d'occurrence d'autres archétypes rencontrés dans les textes funéraires est presque la même.

10. *Comparaisons générales statistiques (par catégories des termes)*: Des conclusions générales importantes, d'après la statistique et les fréquences d'occurrence des termes astronomiques et cosmovisionnels se tirent facilement après notre étude globale des textes funéraires[379]. *Dans les* PT*:* Des 2102 termes astronomiques et/ou cosmovisionnels rencontrés et classés dans la Table III.2, 206 se réfèrent aux étoiles (~ 10%), 210 se réfèrent au Soleil (~ 10%), 129 se réfèrent à la Lune (~ 6%), 27 se réfèrent aux planètes (~ 1%), 1174 se réfèrent au ciel et à la cosmographie (~ 56%), 224 se réfèrent au temps et à sa mesure (~ 11%), et finalement 134 se réfèrent aux symboles et aux archétypes cosmovisionnels (~ 6%). Les termes les plus fréquents sont les suivants: **1.** *pt/ciel* (~ 24%); **2.** *rꜥ-Rꜥ/Soleil–Rē'* (~ 6.5%); **3.** *Nwt/Nūt* (~ 5.5%); **4.** *ꜣḫt/horizon* (~ 5%); **5.** *ḏt* & *nḥḥ/étenité* (~ 4%); **6.** *tꜣ/terre* (~ 4%); **7.** *iḫm-sk/étoile impérissable* (~ 3%); **8.** *ḳbḥw/firmament* (~ 2.5%). *Dans les* CT*:* Des 6437 termes astronomiques et/ou cosmovisionnels rencontrés et classés dans la Table III.4, 197 se réfèrent aux étoiles (~ 3%), 1252 se réfèrent au Soleil (~ 19.5%), 670 se réfèrent à la Lune (~ 10.5%), 17 se réfèrent aux planètes (< 0.5%), 2793 se réfèrent au ciel et à la cosmographie (~ 43.5%), 1047 se réfèrent au temps et à sa mesure (~ 16%), et finalement 461 se réfèrent aux symboles et aux archétypes cosmovisionnels (~ 7%). Les termes les plus fréquents sont les suivants: **1.** *rꜥ-Rꜥ/Soleil–Rē'* (~ 11.5%); **2.** *pt/ciel* (~ 10.5%); **3.** *tꜣ/terre* (~ 5.5%); **4.** *Tmw-Rꜥ/Atoum–Rē'* (~

[375] Sur les obélisques, voir la n. 35, *supra*. Sur les pyramides, voir la section § 4, *supra*.
[376] Voir la n. 42 du Chapitre V, *infra*.
[377] Voir la n. 130 du Chapitre V, *infra*.
[378] Voir la n. 88 du Chapitre IV, *infra*.
[379] Sur la comparaison entre les textes religieux et profanes, voir cette section, *supra*, et la fin de la section § 5, *supra*; cf. aussi la fin des sections §§ 1 & 2, *supra*.

5%); **5.** *ỉrt-Ḥr/œil d'Horus* (~ 5%); **6.** *hrw/jour* (~ 5%); **7.** *ȝḫt/horizon* (~ 4%). Il est évident que le fond céleste y domine, et les termes qui se réfèrent aux étoiles, au Soleil, à la Lune, et aux planètes —bien qu'ils soient les plus importants du point de vue astronomique— ne sont au total plus que ~ 27% au cas des *PT* et ~ 33% au cas des *CT*. Cela montre une stabilité de l'usage de tels termes (ce qui est à peu près le cas pour les termes concernant le ciel et la cosmographie). En effet, le ciel (avec l'horizon local) constitue le scénique cosmique où les divers phénomènes astronomiques prennent place, comme vus de la terre, donc son importance est aussi déterminante[380].

Il faut souligner d'emblée que cette analyse statistique est importante et a un sens absolu par elle-même, ainsi que par sa comparaison avec les résultats analogues pris dans l'étude des textes profanes; elle corrobore le fait que les Égyptiens utilisaient des termes astronomiques variés très fréquemment au niveau métaphysique des textes funéraires, en les plaçant maintes fois dans le niveau de l'Astronomie pré–scientifique [observation des levers héliaques et des couchers vespéraux; observation du Soleil près de l'horizon; détermination des saisons, du commencement de l'année, des Équinoxes et des Solstices; observation des culminations des astres et des décans pour mesurer le temps pendant la nuit; orientation des monuments (au moins pendant l'OK); & c.]. Nos résultats corroborent la nuance céleste —à la fois astrale et solaire— de la religion égyptienne. Il faut bien remarquer l'importance de notre analyse statistique et des Tables étendues qui regroupent les éléments astronomiques et les notions cosmovisionnelles de l'Égypte antique. La fréquence d'occurrence des termes variés relatifs à cela est très significative, parce que les *mots/termes* expriment des idées semblables (ils ne sont que les virtuelles pierres constructives des *expressions/ porteuses des notions*), qui —à leur tour— sont liées à l'évolution de la pensée astronomique et cosmovisionnelle égyptienne. Or, les Tables statistiques deviennent un instrument très puissant d'analyse et de compréhension d'une *forma mentis* très ancienne; de cette façon, le *mot/terme* devient un véhicule de communication des *notions* importantes, par le biais du langage et nos Tables ne constituent pas seulement de listes techniques des mots, mais des sources de classification et d'analyse statistique de ces notions. Notre technique est très efficace. Il semble même que notre méthode découvre des termes astronomiques et cosmovisionnelles qui n'étaient pas inclus dans l'ouvrage général informatisé *Coffin Texts Word Index*[381] par Dirk van der Plas *et al.*; en même temps, elle apparaît très promettante pour des recherches futures: la thématisation proposée doit fonder la base solide pour des recherches non seulement léxicographiques, mais aussi pour l'étude complète de diverses notions astronomiques et/ou cosmovisionnelles (e.g.: les étoiles *ȝḫȝḫ* dans les *PT*; les phénomènes météorologiques et le vent dans les *CT*; la notion de la lumière *ỉȝḫw* dans les textes funéraires; les adverbes temporels et leur fonction dans les *corpora* des *PT* et des *CT*; & c.).

[380] Sur son importance critique, voir notre analyse dans le Chapitre V, §§ 1.2 & 1.4, *infra*.
[381] Voir VAN DER PLAS & BORGHOUTS, 1998.

Chapitre IV

La Conception des Astres dans les *Hymnes Orphiques* Helléniques

Figure IV.1: Orpheus, à la fois musicien légendaire et devin, monte sur un podium afin de commencer à jouer de sa *kithara* heptachorde.
Détail d'un ancien vase hellénique mélanomorphe.

LES ASTRES DANS LES TEXTES RELIGIEUX EN ÉGYPTE ET DANS LES *HYMNES ORPHIQUES*

1. ORPHEUS, LES *HYMNES ORPHIQUES* HELLÉNIQUES ET LEUR DATATION

Les *Hymnes Orphiques*[1], numérotés de 1 à 87 et faisant partie de la poésie lyrique religieuse, sont attribués soit à la personnalité légendaire connue sous le nom *Orphée/Orpheus* [voir Fig. IV.1], soit aux hymnologues Orphiques[2]. Au moins trente auteurs anciens parlent d'Orpheus[3]. Prince Thrace, fils de la Muse Kalliopē et du rois Oiagros[4], poète, musicien, chanteur, héros, prophète, mystique génial et astronome; on lui attribue un mythe de descente aux Enfers pour l'amour de sa femme Eurydikē[5] et un autre selon lequel il charmait même les bêtes sauvages de sa musique. Considéré comme ancêtre d'Homēros[6], selon Eusebios il fut né 85 ans avant la guerre de Troie[7], soit c. 1270 BCE. Le fait qui nous paraît très intéressant est son voyage en Égypte, afin d'être instruit par les prêtres Memphites[8]. Il a aussi voyagé en Crète pour achever son instruction[9], puis il est retourné en Thrace où il fonda les mystères dionysiaques[10], d'après ses influences égyptiennes[11]. En effet, Orpheus fut le réformateur (ou peut-être le

---

[1] Voir STEPHANI *et al.*, 1805; DIETSCH, 1822; ABEL, 1885; KERN, [1]1920; KERN, [3]1972; QUANDT, [4]1973 (dont on utilise le texte ancien ci-dessous); ATHANASSAKIS, 1977; TAHO–GODI, 1980; WEST, 1983; BERNABÉ, 1988; BRISSON, 1993. Cf. aussi LINFORTH, [2]1973.

[2] Comme Mousaios, Linos, Eumolpos, Amphiaraōs, Cheirōn, Mopsos, Epimenidēs, Thamyris, Philamōn et Chrysothemis. Dans le cadre de cette numérotation le poème *Ὀρφεὺς πρὸς Μουσαῖον* n'est pas inclus; il s'agit d'une synthèse lyrique, la plus étendue de toutes les autres (44 vers), qui les précède en tant qu'instruction/vœux d'Orpheus vers Mousaios.

[3] Voir par exemple STEPHANI *et al.*, 1805: 487 ff; MEAD, 1965; BRISSON, 1995. Pour sa famille, ses origines et son lieu de naissance, voir Strabōn, *VIII*, 330 & *X*, 47; Diodōros Sikeliōtēs, *II*: **64**. Sur les origines et la vie d'Orpheus, voir ΤΣΟΠΑΝΗΣ, 2003: 28-63.

[4] Voir *Ἀργοναυτικά*, 77: «Ὀρφεῦ, Καλλιόπης καὶ Οἰάγρου φίλε κοῦρε»; cf. aussi *Fragmenta Inedita*: **32** (STEPHANI *et al.*, 1805: 511): «Ὀρφεὺς ὁ παῖς Οἰάγρου». Cf. aussi Apollōnios Rhodios, *I*: 23; Apollodōros Mythographos, *I*: 3, 2; *Souda*: art. «Orpheus».

[5] Pour sa mort, cf. Ovidius, *Metamorphōseis*, **X**, 1 ff; sur le mythe de la visite d'Orpheus à Hadès, cf. Virgilius: *Geōrgika*: Liber **IV**. Après quoi, Orpheus s'est occupé seulement du culte dionysiaque, de ses mystères et de sa consécration absolue à son office sacerdotal.

[6] Voir Proklos, *Βίος Ὁμήρου*, 26, 14: «Ἑλλάνικος δὲ καὶ Δαμάστης καὶ Φερεκύδης, εἰς Ὀρφέα τὸ γένος ἀνάγουσι τοῦ Ὁμήρου». Voir aussi *Souda*: art. «Orpheus».

[7] Voir Eusebios, *Εὐαγγελικὴ προπαρασκευή*, **X**: 4, 5; **II**: 28, 29; **XIII**: 12. La conquête de Troie prit place en c. 1185 BCE: Troie, stratum VIIb2 = Hellas, stratum LH IIIC (voir HOOD, 1995: 25-32). Or, la Dynastie régnante en Égypte était la XXe pendant celle-ci et la XIXe pendant sa naissance. Pour l'ancienneté d'Orpheus, cf. aussi Diodōros Sikeliōtēs, *I*, **69**, 4: «τῶν μὲν ἀρχαιοτάτων Ὀρφεὺς καὶ ὁ ποιητὴς Ὅμηρος [...]».

[8] Voir par exemple Diodōros Sikeliōtēs, *I*, **96**, 2: «οἱ γὰρ ἱερεῖς τῶν Αἰγυπτίων ἱστοροῦσιν ἐκ τῶν ἀναγραφῶν τῶν ἐν ταῖς ἱεραῖς βίβλοις παραβαλεῖν πρὸς ἑαυτοὺς τὸ παλαιὸν Ὀρφέα τε καὶ Μουσαῖον [...]». Pour sa visite en Égypte, cf. aussi ibid.: *I*, **23**: 2; *I*, **23**: 7; *I*, **92**: 3. Sur Orpheus/Mousaios, voir MARTÍNEZ–NIETO, 2000: 20,139 & 4: n. 8.

[9] Diodōros Sikeliōtēs, *V*, **64**. L'astronomie y était bien développée dès 2500 BCE, comme cela a été démontré par Mary Blomberg *et al.* (voir BLOMBERG & HENRIKSSON, 2003: 53-70). Cf. aussi les nn 170 & 294, *infra*.

[10] Voir Hērodotos, ***II***: 81; Apollodōros Mythographos, ***I***: 15.

[11] Voir Diodōros Sikeliōtēs, *I*, **96**, 4: «Ὀρφέα μὲν γὰρ τῶν μυστικῶν τελετῶν τὰ πλεῖστα καὶ τὰ περὶ τὴν ἑαυτοῦ πλάνην ὀργιαζόμενα καὶ τὴν τῶν ἐν ᾄδου μυθοποιίαν

fondateur), parcourant beaucoup de régions helléniques ou étrangères, du culte de Dionysos (une divinité à la fois de la régénération de la Nature et de la joie sauvage d'immortalité), un dieu hellénique qui pourrait être considéré comme l'analogue d'Osiris[12]. Étant prêtre de Dionysos, dieu de l'ivresse orgiastique, mais ayant une prédilection explicite pour Apollōn, dieu lumineux du Soleil[13], il fut tué par les *Mainades*[14], qu'il faudrait dominer pendant les rites/orgies sacrés, et son corps fut coupé en morceaux[15]. Orpheus adorait chaque matin le dieu solaire —qu'il appelait Hēlios/Apollōn— en attendant ses premiers rayons sur la Montagne Paggaion, au lieu de respecter exclusivement Dionysos, or (selon Aischylos) ce dernier envoya ses *Mainades* contre lui afin de le punir. Nous croyons qu'Orpheus incarne l'archétype du passage de la religion orgiastique des *Mainades* au culte paisible et harmonique des *Mousai*, donc du chaos préhistorique à l'ordre de l'histoire. L'adoration du Soleil, ainsi que l'amour pour l'ordre (soit cosmique soit social) sont des éléments que l'on retrouve dans la religion égyptienne ancienne par excellence[16]. Il est évident que ce fait constitue une commune base préliminaire de comparaison entre l'Orphisme et les idées métaphysiques semblables des Égyptiens. D'ailleurs Orpheus **[voir Fig. IV.2]** recueil-

ἀπενέγκεσθαι»; ibid, *I*, **96**, 5: «Τὴν μὲν γὰρ Ὀσίριδος τελετὴν τῇ Διονύσου τὴν αὐτὴν εἶναι, τὴν δὲ τῆς Ἴσιδος τῇ τῆς Δήμητρος ὁμοιοτάτην ὑπάρχειν, τῶν ὀνομάτων μόνον ἐνηλλαγμένων». Cf. aussi *Fragmenta*: **4**, **5**. Sur ce point, voir aussi TOBIN, 1991: 187-200. Jane Ellen Harrison (cf. HARRISON, 1995: 22-23) croyait qu'une visite d'Orpheus en Égypte ne serait pas possible, mais ses arguments ne sont pas convaincants. Selon André Boulanger, bien qu'il y ait des influences phrygiennes, indo–iraniennes et égyptiennes chez les Orphiques et chez les Pythagoriciens, l'Orphisme serait un phénomène purement hellénique (voir BOULANGER, 1925: 38); cf. aussi BURKERT, 2004: chap. 4 (*passim*).

[12] Voir les nn 10-11; cf. en plus Diodōros Sikeliōtēs, *III*: **65**. En effet, le destin d'Osiris selon les mythes était pareil à celui de Dionysos (Ploutarchos: *Περὶ Ἴσιδος καὶ Ὀσίριδος*, **13**, 356[B] ff; DIDOT, 1868: 429-69; FROIDEFONT, 1988; GRIFFITHS, 1970). Il est dit qu'Orpheus réorganisa les rites orgiastiques même à Athènes et fonda les mystères dionysiaques. Les mythes–archétypes principaux autour de sa personne sont les suivants: **(i)** celui concernant sa naissance; **(ii)** celui qui nous parle de sa visite dans l'Hadès; **(iii)** la légende de sa mort. Son nom (voir LIDDEL & SCOTT, 1968: art «Orpheus») peut être le produit des mots *ceindre*/*obscure* (*ὄρφνη*/*ὀρφνός*); cf. aussi HARRISON, 1995: 17.

[13] Voir Eratosthenēs, *Καταστερισμοί*: **XXIV**. À noter quand même la relation réciproque du Soleil à Dionysos/Zeus par le biais de Phanēs/Ērikepaios (voir Proklos, *Εἰς Πλάτωνα Τίμαιον*, **1**, 29[A-B], 336: 15; cf. *Fragmenta Inedita*: **10**, **11**), selon les idées helléniques anciennes. Le Soleil n'est qu'un Phanēs virtuel et la Lune n'est qu'une Nykta virtuelle.

[14] Femmes–prêtresses qui participaient vivement aux rituels orgiastiques, se trouvant en extase et en catalepsie (cf. Diodōros Sikeliōtēs, *IV*: **3**). Cette acception est assimilée dans l'iconographie des anciens vases erythromorphes (HARRISON, 1995: 21-22), dont un exemple semblable montrant Orpheus en musicien est présenté dans la Fig. IV.2.

[15] Juste comme Osisris. Voir Platōn, *Συμπόσιον*: 179[C]. Pour d'autres opinions sur sa mort, cf. Strabōn, ***VII***: 17-19; Ovidius, *Metamorphōseis*, **X**, 78-85; Konōn, *Διηγήσεις*, **XLV**; Proklos, *Περὶ Πλάτωνος Πολιτείας*: 398, qui nous donne la plus sérieuse version pour sa mort, en la rapportant au culte dionysiaque: «Ὀρφεὺς ἅτε τῶν Διονύσου τελετῶν ἡγεμὼν γενόμενος, τὰ ὅμοια παθεῖν λέγεται τῷ σφετέρῳ θεῷ»; pour des informations supplémentaires et d'autres sources anciennes, voir ΤΣΟΠΑΝΗΣ, 2003: 35 ff.

[16] Voir respectivement (entre autres), ASSMANN, 1983; QUIRKE, 2001; TEETER, 2001: 319 -21; TOBIN, 1987a: 113-21. Cf. aussi notre discussion dans la section § 3.3, *infra*.

Figure IV.2: Orpheus, en musicien légendaire couronné des feuilles du lierre, joue sa *kithara* heptachorde (en s'inspirant du ciel), devant de personnages dionysiaques thraces. Détail d'un ancien vase hellénique érythromorphe du Musée de Berlin (Cat. 3172).

lit une union transcendantale des traits solaires apolloniens[17] et des caractéristiques obscures dionysiaques[18], catégories à la fois antithétiques et synthétiques, qui n'exprimaient pas seulement la quintessence de l'ancien esprit hellénique, mais qui constituaient aussi la base de la dualité religieuse des idées égyptiennes (cf. les diptyques archétypiques *Rē'/Osiris*, *Jour/Nuit*, *Demain/Hier*, *Héliolâtrie/Astrolâtrie*, & c.), si bien exprimées dans certains textes religieux[19], comme celui qui suit[20] (voir aussi la Figure 1 de l'Épilogue):

Il s'agit donc d'une synergie parfaite, qui prend place dans la personne d'Orpheus, dont les origines légendaires sont très eloignées dans le passé humain. Il

[17] Au moins deux hymnes sont explicitement dédiés au Soleil/Apollōn (***8***, ***34***; cf. aussi ***78***). Sur l'évolution solaire d'Apollōn (à la fois dieu obscur), voir MOREAU, 1996: 11-35.
[18] Au moins sept hymnes sont explicitement dédiés à Dionysos (***30***, ***45***, ***46***, ***47***, ***50***, ***52***, ***53***; cf. aussi ***42***, ***44***, ***49***, ***54***). Selon Hērakleitos, Dionysos et Hadès sont identiques (voir *Fragm. 61*, dans DIELS & KRANZ, 1966). Voir aussi MORENZ, 1950: 64, 103; n. 11, *supra*.
[19] Voir e.g.: *CT*, **IV**, 335^{I}, §§ 193a-193c: «*nnk.i sf iw.i rḫ.kwi dw3w; ir sf Wsir pw, ir dw3w Rʿ* (var.: *Tmw*) *pw*» [M54C] (cf. aussi LESKO, 1991: 113 & la n. 217, *infra*). Sur ce sujet, cf. aussi DARNELL, 1995. Sur Osiris/Adōnis (hébr.: אֲדֹנָי), voir MARAVELIA, 2001i: 79 & n. 23.
[20] Voir HORNUNG, 1999: 142 ff, pour un analogue du *Livre de la Litanie du Soleil*: «*Wsir pw ḥtp m Rʿ, Rʿ pw, ḥtp m Wsir*». Cf. ASSMANN, 1969: 102; NIWINSKI, 1987-88: 89-106.

nous semble plus probable qu'Orpheus serait plutôt une personne religieuse qui vécut pendant le 12e siècle BCE, fut partiellement divinisée, et passa dans les mythes comme le fondateur d'un culte extraordinaire aux nuances monothéistes[21], un culte dont les doctrines principales se trouvent dans les *Hymnes Orphiques*.

Dans les *Hymnes Orphiques*, poèmes sacrés attachés au culte élitiste des Orphiques par excellence, on trouve des nuances épiques bien évidentes, qui sont exprimées sous les divers contes mythiques décrivant la génèse et les «aventures» des dieux[22]. En effet, le trait principal de ces hymnes lyriques est la conjonction fructueuse d'éléments cosmogoniques et théogoniques et de notions anthropomorphiques, qui expriment les divers éléments naturels tels qu'ils se manifestent comme des hypostases divines[23]. Les *Hymnes Orphiques* émettent une certaine extase quand on les lit, qui est liée sans aucun doute aux notions archétypiques jungiennes[24], qui se trouvent dans tous les êtres humains et qui se portent sur la génèse du Cosmos, dont l'humanité constitue une partie importante, capable de s'émanciper et de le comprendre (selon les théories modernes cosmologiques[25]). Un océan d'épithètes est présent dans tous les hymnes, qui créent le fond indispensable pour que les notions métaphoriques et allégoriques soient exprimées le mieux possible, tout en contribuant à l'extase métaphysique qui les enveloppe dans une lumière spirituelle irrésistible. La datation du *corpus* de ces hymnes est ambiguë et les opinions concernant leur origine sont déjà très variées: **(i)** selon divers savants, ces hymnes sont plus vieux que les textes homériques[26]; **(ii)** selon Guthrie, ils pourraient être des créations plus tardives et même Onomakritos (560-490 BCE) pourrait y avoir introduit ses opinions[27]. Hērodotos nous fournit l'information que la collection des *Hymnes Orphiques* prit place pendant le 6e siècle BCE sous l'ordre d'Hipparchos Peisistratidēs (527-514 BCE),

---

[21] Les opinions selon lesquelles il fut un archétype imaginaire d'une conscience religieuse collective, construit par les adeptes d'un culte du 6e siècle BCE (voir par exemple KERN, [1]1920: 16 ff; BOULANGER, 1925: 23-25; WEST, 1983: 1, 7), ne semblent pas être justifiées. *Contra* ses opinions, voir NILSSON, 1941 et PETERICH, 1941 (*passim*).

[22] Un élément commun aussi dans les *Hymnes Homériques* (voir ALLEN, HALLIDAY & SIKES, [2]1936; HUGH & WHITE, [9]1964) ainsi que chez Kallimachos (voir MAIR, [1]1921).

[23] Voir par exemple GUTHRIE, 1956: 316-17. Cf. aussi BÖHME, 1970; DETIENNE, [2]2003.

[24] Voir par exemple JUNG, 1959. Cf. aussi l'ancienne opinion pareille dans Pausanias, ***IX***: 30, 12, concernant leur caractère sacral.

[25] Pour le *Principe Anthropique*, voir BARROW & TIPLER, 1984; pour ses affinités possibles aux idées égyptiennes, voir les Chapitres II, § 4.3 & V, § 1.5.

[26] Voir ΧΑΣΑΠΗΣ, 1967; ΠΑΠΑΘΑΝΑΣΙΟΥ, 1978; VESELOVSKY, 1982: 120-24; ZHITOMIRSKY, 2003: 79-82. Nous acceptons comme leur origine les 14e-13e siècles BCE. L'absence d'uniformité linguistique de ces hymnes (leur langue étant éolienne avec des emprunts de dialecte attique) est due aux influences subies pendant plus de 7 siècles. Les origines très anciennes du *corpus* sont bien évidentes, quand l'on considère les types fréquents du génitif ancien en *-οῖο*; l'adjectif *πότνια*; les noms *ἄνασσα/ἄναξ* (liés au duel *Ϝανάσσοιν*, qui était issu du type *Ϝα-να-σσ-ι* de Linéaire B); & c. Le fait qu'à l'exception de tablettes en terre cuite minoennes et mycéniennes il n'y a pas d'autres sources écrites préhelléniques ne signifie pas leur vraie absence, mais pourrait montrer leur destruction à cause de matières utilisés et de l'humidité, qui est tellement élevée en Hellas (par opposition au climat très sec de l'Égypte).

[27] Voir GUTHRIE, [2]1952: 107-08, mais cf. la n. 29, *infra*. Voir aussi DOTTIN, 1930: clvii.

par Onomakritos et son groupe des doxographes[28]. Il est évident que ces hymnes existaient déjà au moins pendant les 7e-6e siècles BCE et pourraient sans doute être également des textes encore plus vieux. Nous savons aussi qu'Onomakritos fut expatrié par Hipparchos, dès que Lasos Hermioneus (le maître de Pindaros) l'accusa de vouloir insérer ses propres vers dans ces hymnes, qui n'avaient rien à faire avec leur contenu ancien et qui décrivaient la disparition hypothétique de quelques îles (dans la mer) près de Lēmnos[29]. Cela montre évidemment le très grand respect des Hellènes anciens pour leur tradition écrite, voire pour les *Hymnes Orphiques* qu'ils considéraient comme des textes sacrés et très importants, ainsi que leur capacité à comparer la copie des textes anciens à leurs archétypes scrupuleusement. D'ailleurs, Clément d'Alexandrie corrobore bien l'information précedente[30]. Nous signalons que l'exactitude et la précision du regroupement des *Hymnes Orphiques* par ces savants (relativement à leur forme initiale, qui certes datait déjà de quelques siècles auparavant) doivent être considérées très avancées, et au moins analogues à celle concernant le regroupement des poèmes homériques, tenant compte du fait que pendant cette ère là il y avait plusieurs philologues érudits, qui pouvaient contrôler la façon dont ils étaient copiés. On pourrait y ajouter qu'il est bien probable que ces hymnes, justement à cause de leur contenu religieux et cultuel, devaient être plus proches de leurs archétypes très anciens que les épopées homériques. Enfin, le fait que quelques auteurs plus tardifs écrivirent des textes «orphiques»[31] (mythes, hymnes, cosmogonies) ne signifie (et ne peut prouver) en aucun cas que les idées des *Hymnes Orphiques* sont des produits tardifs.

Le cas d'Hēsiodos est aussi intéressant, mais ce n'est pas notre but ici de le discuter même brièvement[32]. Dans sa *Θεογονία* il présente une version hellénique du mythe cosmogonique, ainsi que quelques éléments astronomiques[33].

[28] C'est-à-dire Kekrōps, Lasos, Vrontinos, *et al.* Ces savants, ainsi que Hipparchos et Onomakritos sont présentés dans la littérature hellénique: Hērodotos, ***VII***: 6; Platōn, *Τίμαιος*, **XIII**: 40; Pausanias, ***VIII***: 31 & 37; Aristotelēs, *Μεταφυσικά*, **ια΄**: 1071; Clément d'Alexandrie, *Στρωματεῖς*, **I**, 21, 131: 3-5 (cf. *PG*, 9); & c.

[29] Voir Hērodotos, ***VII***, 6: «Ἔχοντες δ' Ὀνομάκριτον, ἄνδρα Ἀθηναῖον χρησμολόγον τε καὶ διαθέτην χρησμῶν τοῦ Μουσαίου, ἀναβεβήκεσαν, τὴν ἔχθρην προκαταλυσάμενοι· ἐξηλάσθη γὰρ ὑπὸ Ἱππάρχου τοῦ Πεισιστράτου ὁ Ὀνομάκριτος ἐξ Ἀθηναίων, ἐπ' αὐτοφόρῳ ἁλοὺς ὑπὸ Λάσου τοῦ Ἑρμιονέως ἐμποιέων ἐς τὰ Μουσαίου χρησμὸν ὡς ἐπὶ Λήμνῳ ἐπικείμεναι νῆσοι ἀφανιζοίατο κατὰ τῆς θαλάσσης. Διὸ καὶ ἐξήλασέ μιν ὁ Ἵππαρχος, πρότερον χρεώμενος τὰ μάλιστα».

[30] Bien qu'il les attribue à Onomakritos, sans aucune argumentation. Voir *Strōmateis*, **I**, 332: «Ναὶ μὴν Ὀνομάκριτος ὁ Ἀθηναῖος, οὗ τὰ εἰς Ὀρφέα φερόμενα ποιήματα λέγεται εἶναι, κατὰ τὴν τῶν Πεισιστρατιδῶν ἀρχὴν περὶ τὴν πεντηκοστὴν Ὀλυμπιάδα εὑρίσκεται, Ὀρφεὺς δέ, ὁ συμπλεύσας Ἡρακλεῖ, Μουσαίου διδάσκαλος» (cf. aussi la n. 27, *supra*).

[31] Pour quelques références, voir ΤΣΟΠΑΝΗΣ, 2003: 52-53 et cf. GUTHRIE, ^{2}1952: 292.

[32] Pour des discussions plus spécialisées, voir: GRIFFITHS, 1956: 109-19; MANSFIELD HAYWOOD, ^{2}1968: 291-96; MERKELBACH, 1968: 133-55; MARTÍNEZ–NIETO, 2000: 25-52. Cf. aussi ΛΩΛΗ, 1937 (pour une comparaison entre les idées helléniques et celles de la *Bible*).

[33] Voir *Θεογονία*: 106-07, 371-72, 381-82, *passim*; *Ἔργα καὶ ἡμέραι*: 383-87, 414-19, 548, 571-72, 587-88, 609-17, 620-21, 814, & c. Voir aussi la n. 244, *infra*.

Les Orphiques, comme Hēsiodos[34], ont utilisé un système mythique pour articuler la création du Cosmos[35]. Cependant, dans leur système, le mythe agit tout à fait comme un instrument du symbolisme, qui fut créé afin d'aider leurs efforts de méditation philosophique[36]. Or, il s'agit plutôt d'un moyen artificiel (*instrumentum*) choisi afin d'exprimer des doctrines théologiques et des vérités provenant des observations scientifiques de la Nature sous une forme allégorique, que d'un vrai mythe. Bien qu'il y eût peut-être quelques similarités chez les Orphiques et chez les Égyptiens, on ne peut pas supposer que ce mouvement hellénique était d'une origine égyptienne[37]. Cette absence de mythologie de création authentique (*per se*) dans la pensée hellénique est complètement différente du mythe égyptien, dont le fondement réel était les mythes de la création. Cette inclusion de la mythologie concenant la genèse de l'Univers dans le mythe égyptien a rendu ce système capable d'offrir une expression solide à la conception mythique de l'unité cosmique.

Kōnstantinos Chasapēs, astronome Hellène († 1970), a proposé une datation alternative des *Hymnes Orphiques* dans sa courte thèse doctorale[38]. Selon Chasapēs, les idées des hymnes datent de 17e-14e siècles BCE, un fait qui peut être prouvé par certains vers des hymnes et leur analyse astronomique[39]. À l'exception de quelques erreurs de Chasapēs, qui néanmoins en aucun cas ne diminuent la valeur de sa méthode, nous sommes d'accord avec lui, ayant même contrôlé ses calculs en les ayant refaits par REDSHIFT 2/4, dont on a déjà parlé ailleurs[40]. En effet l'astronome Hellène s'est fondé sur un vers de l'hymne orphique à Apollōn[41], selon lequel ce dieu fixe le tout dans le monde en harmonie uni-

---

[34] Comme Vincent Arieh Tobin le note très correctement: «As for the cosmogonic myth contained in the *Theogony* of Hesiod, the latter cannot be considered a true myth. It falls rather into the category of a literary narrative, constructed along the patterns of a myth, and having as its intention to produce a type of history of the Universe in mythical and allegorical terms. Nevertheless, this particular composition eventually became an obvious attempt to create a philosophy, not a myth, of the creation of the Universe.» (voir TOBIN, 1987b: 118). Pour une étude du mythe cosmogonique de la séparation du ciel de la terre chez les Orphiques et chez Hēsiodos, voir STAUDACHER, 1942. Pour des influences possibles de l'Ancien Orient dans la *Θεογονία*, voir DORNSEIFF, 1956: 35-69; WALCOT, 1966. Sur le mythe cosmogonique dans la même œuvre et quelques parallèles égyptiens, voir MELTZER, 1974: 154-57. Pour une bibliographie sur les Orphiques, voir MARTÍNEZ–NIETO, 2000: 265-73, 280-85 & 21: nn 10-12.

[35] Voir TOBIN, 1987b: 118.

[36] Voir RHODE, [2]1966, **II**: 339.

[37] Voir TOBIN, 1987b: 118; BOULANGER, 1925: 38.

[38] Voir ΧΑΣΑΠΗΣ, 1967. Pour une brève présentation critique de sa thèse, voir l'article court par P. Geōrgountzos, dans *Platōn*, **19**, Athènes 1967: 359-62.

[39] Voir ΧΑΣΑΠΗΣ, 1967: 75-83.

[40] Voir MARAVELIA, 2000b: 16, 21. Sur REDSHIFT et sa précision, voir *REDSHIFT 2*, [3]1995 et *REDSHIFT 2/4*, 1995-2000. Cf. aussi les nn 111, 113-15 du Chapitre II, *supra*.

[41] Voir QUANDT, [4]1973: ***34*** (cf. aussi § 2.2, *infra*). Il est à noter qu'Apollōn (l'équivalent hellénique d'Horus) est dans ce même hymne caractérisé comme *Memphite* (voir ***34***: 2). Memphis, la capitale pendant l'Ancien Empire, était plutôt liée à Ptah (Hēphaistos) qu'au dieu hiéracocéphale céleste de la monarchie. Il faut noter l'identification (au moins partielle) d'Hēlios à Apollōn, qui est évidente si l'on lit l'hymne à Phoibos (cf. les verses ***34***:

verselle[42] pour que les humains vivent bien, et a même créé l'égalité de l'Hiver et de l'Été[43]. Par quelques calculs il peut être montré que l'époque pendant laquelle la durée de l'Hiver était égale à celle de l'Été correspondait à l'an *circa* 1365 BCE. Avant de présenter nos calculs, nous allons commenter la méthode suivie par Chasapēs. Ce savant a constaté que l'egalité de l'Hiver et de l'Été prit place en 1366 BCE, en se fondant sur les arguments suivants[44]. Il a calculé le taux de changement annuel de l'angle entre l'Axe des Apsides et l'Axe des Solstices (soit $\Delta\varphi$), en le considérant comme la somme de deux angles (soit $\Delta\varphi_1$ et $\Delta\varphi_2$), qui expriment respectivement les taux de changement de l'Axe des Apsides et celui de l'Axe des Équinoxes ($\gamma\gamma'$). Puis, il a justement calculé (à noter, sans logiciel!) les valeurs:

$$\Delta\varphi = \Delta\varphi_1 + \Delta\varphi_2 = 11''.7 + 50''.2 = 61''.9 \qquad \text{[IV-1]}$$

en constatant que l'égalité de ces deux saisons se manifeste dès que l'Axe des Apsides est la dichotome des quadrants du Printemps et de l'Automne[45] [voir les Figs II.15-16 & Fig. IV.3]. Étant donné que le taux de changement de l'angle est uniforme, il devient évident que le temps nécessaire pour que l'Axe des Apsides soit la dichotome sera donné par deux équations très simples, soit:

$$\Delta\varphi\cdot t = 45° \;\; \& \;\; \Delta\varphi\cdot t' = 225° \qquad \text{[IV-2]}$$

d'où on obtient les valeurs suivantes:

$$t = 2{,}617.1 \text{ ans} \;\; \& \;\; t' = 13{,}085.6 \text{ ans} \qquad \text{[IV-3]}$$

Puis, étant donné que l'angle de l'Axe des Apsides et de l'Axe des Solstices fut annulé pendant l'an 1251 CE, il a obtenu les résultats:

$$T = 1{,}251 - t = -1{,}366.1 \text{ ans} \approx 1366 \text{ BCE} \qquad \text{[IV-4]}$$

$$T' = 1{,}251 - t' = -11{,}834.6 \text{ ans} \approx 11835 \text{ BCE} \qquad \text{[IV-5]}$$

dont le deuxième est immédiatement exclu pour des raisons évidentes de datation historique. Or, la chronologie critique de l'égalité entre les deux saisons serait l'an 1366 BCE. Puis, Chasapēs, en utilisant des arguments divers a constaté que quand les *Hymnes Orphiques* furent conçus l'Équinoxe de Printemps prenait place dans la constellation du Taureau. Afin de calculer la date de cet événement, l'astronome Hellène a accepté que la distribution des étoiles dans les constellations zodiacales (voir le Chapitre II, § 3.2, *supra*) n'ait changé que très peu entre le temps très ancien de la conception des idées des hymnes et l'ère d'Hipparchos; il a aussi accepté que le changement de place des étoiles dû à leur propre mouvement[46] n'ait pas changé considérablement. Ayant dit tout cela, il a obtenu les coor-

3, 5, 8, 12-14, 15-23, 26, & c.), parce qu'on y trouve quelques adjectifs utilisés aussi dans l'*Hymne à Hēlios*, où Apollōn est présenté comme le fondateur de l'harmonie cosmique.

[42] Voir ***34***, 20: «ἁρμονίῃ κεράσας {τὴν} παγκόσμιον ἀνδράσι μοῖραν». Pourrait-on supposer peut-être un parallélisme à la conception égyptienne de la Ma'at?

[43] Voir ***34***, 21: «μίξας χειμῶνος θέρεός τ' ἴσον ἀμφοτέροισιν». Celui-ci est le vers le plus important pour la datation astronomique du *corpus* des *Hymnes Orphiques*, avec une analyse des quelques détails astronomiques, dont on discute ici. Cf. en plus ΧΑΣΑΠΗΣ, 1967: 76-80. Voir aussi les nn 133-40, *infra*.

[44] Voir ΧΑΣΑΠΗΣ, 1967: 75-80 & 46: fig. 2.

[45] Pour des calculs fondés sur la Mécanique Céleste, voir le Chapitre II, § 3.6, *supra*.

[46] Voir SMART, [6]1980: 249 ff; cf. aussi le Chapitre II, n. 154, *supra*.

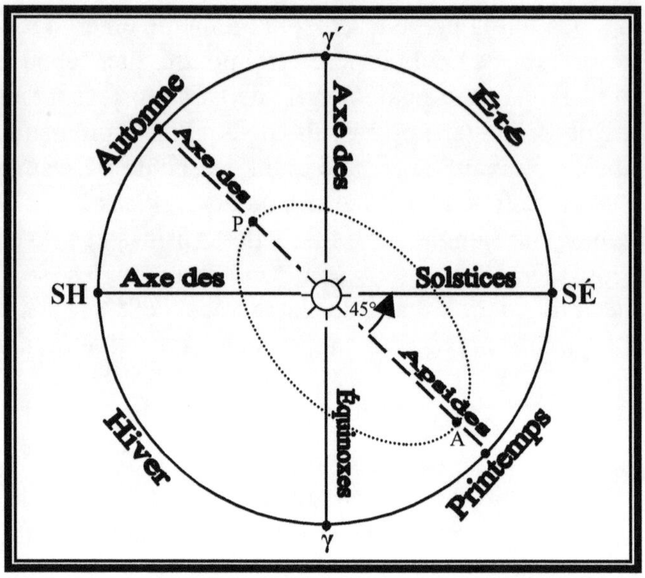

Figure IV.3: La position (orbite) de la Terre par rapport à l'écliptique (ellipse pointillée) pendant l'année 1366 BCE. À comparer avec les Figs II.15-16.
[NOTA: SH = Solstice d'Hiver; SÉ = Solstice d'Été; P = Périhêlie; A = Aphêlie].

données des deux étoiles caractéristiques de la constellation du Taureau, soit la première et la dernière étoile brillante (o–Tau et ζ–Tau, respectivement), en utilisant les *Éphémérides* astronomiques pour l'an 1965 CE. Puis, il a calculé le changement de l'ascension droite pour ces deux étoiles en corrigeant pour la précession des Équinoxes [voir Fig. IV.4 & Chapitre II, § 3.4, *supra*). Il a constaté que l'angle horaire de o–Tau fut identique au Colure des Équinoxes en:

$$\tau = \alpha/\Delta\alpha = 03^{H}22^{M}55^{S}.6/3^{S}.2 = 3,804.875 \text{ ans} \qquad \text{[IV-6]}$$

tandis que le Colure des Équinoxes était identique à l'angle horaire de ζ–Tau en:

$$\tau' = \alpha/\Delta\alpha = 05^{H}35^{M}33^{S}/3^{S}.6 = 5,592.528 \text{ ans} \qquad \text{[IV-7]}$$

Or, il a obtenu les chronologies:

$$T = 1964 - \tau = -1,840.875 \text{ ans} \approx 1841 \text{ BCE} \qquad \text{[IV-8]}$$

$$T' = 1964 - \tau' = -3,628.528 \text{ ans} \approx 3629 \text{ BCE} \qquad \text{[IV-9]}$$

Selon Chasapēs, ces deux valeurs donnent la période pendant laquelle l'Équinoxe de Printemps se trouvait dans la constellation du Taureau, soit:

$$\Delta T \equiv T' - T = 1788 \text{ ans} \qquad \text{[IV-10]}$$

Suivant les calculs précédents (cf. équations [IV-4] et [IV-8]-[IV-9]), Chasapēs a constaté que la datation des idées astronomiques des *Hymnes Orphiques* doit être effectuée en combinant ces deux résultats. Or, il a accepté que même 475 ans avant 1366 BCE, soit en c. 1841 BCE, le Soleil se trouvait encore en Taureau et la différence entre Hiver et Été serait d'environ 13^{H}, qu'il a considérée comme trop petite pour être significative et observable[47]. Enfin, il a constaté que le point vernal γ sortit du Taureau en 1841 BCE, mais jusqu'à c. 1382 BCE (quand il approcha δ–Ari) il était situé dans une région céleste sans étoiles brillantes.

[47] Voir ΧΑΣΑΠΗΣ, 1967: 80.

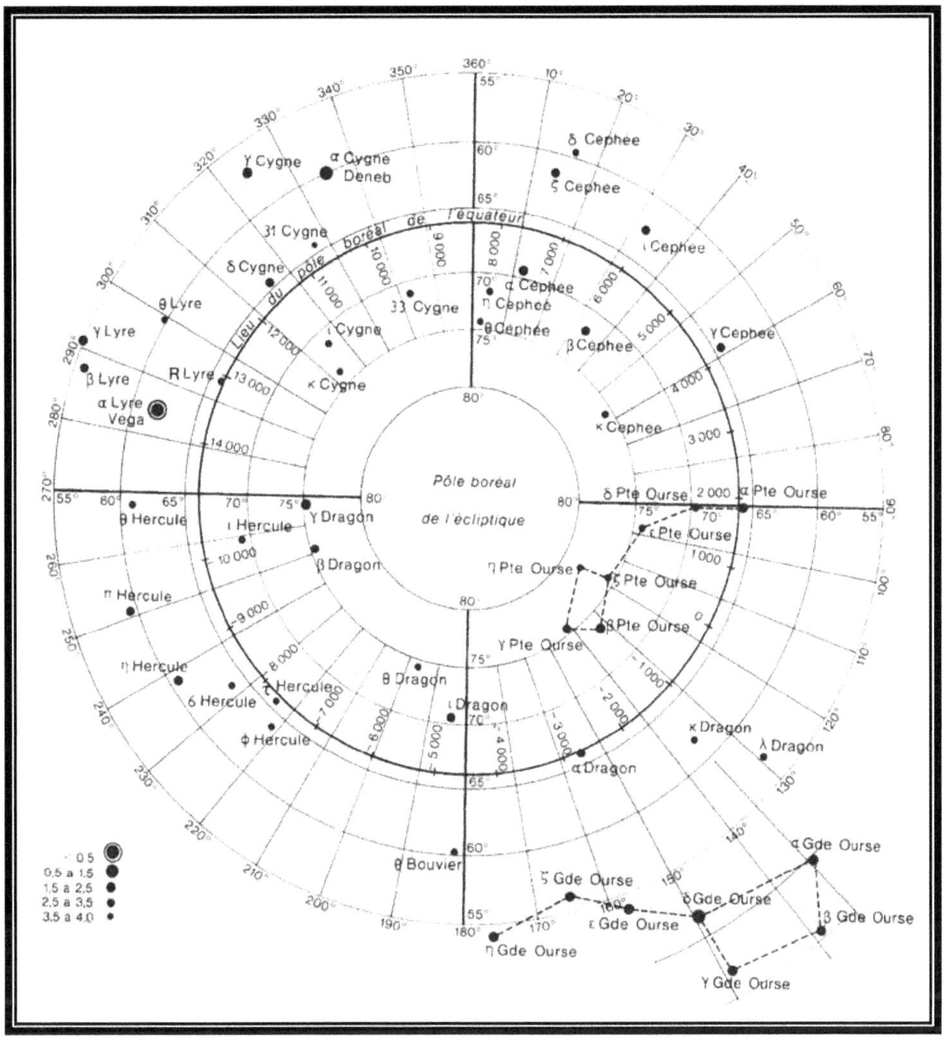

Figure IV.4: Les positions successives du pôle céleste boréal de l'équateur par rapport à celui de l'écliptique de 10000 BCE jusqu'à 14000 CE (cercle épais). Ce mouvement est dû à la précession des Équinoxes. Les magnitudes stellaires données sont de ~ $0^m.0$ à $+4^m.0$.

Après des calculs exacts, et après avoir corrigé quelques erreurs effectuées par Chasapēs, comme on en discutera ci-dessous, nous constatons que: *l'élément le plus important pour la datation des hymnes est l'égalité des ces deux saisons d'Hiver et d'Été si remarquable, exprimée lyriquement dans l'hymne à Apollōn, et non pas la position du point vernal γ dans la constellation zodiacale du Taureau*[48]. Suivant, nos calculs très précis par REDSHIFT 2/4, nous signalons que: **(i)** Le point vernal γ entra dans la constellation du Taureau en c. 4550 BCE. **(ii)** En c.

[48] Voir l'*Hymne à Rhea* (***14***: 2): «ἦτ' ἐπὶ ταυροφόνων ἱερότροχον ἅρμα τιταίνεις», ainsi que l'*Hymne à la Mère des Dieux* (***27***: 3-6): « | ταυροφόνων ζεύξασα ταχυδρόμον ἅρμα λεόντων, | σκηπτοῦχε κλεινοῖο πόλου, πολυώνυμε, σεμνή, | ἣ κατέχεις κόσμοιο μέσον θρόνον, οὕνεκεν αὐτὴ | γαῖαν ἔχεις [...] | ». Voir aussi les nn 54 & 61, *infra*. Cf. aussi ΧΑΣΑΠΗΣ, 1967: 76-79.

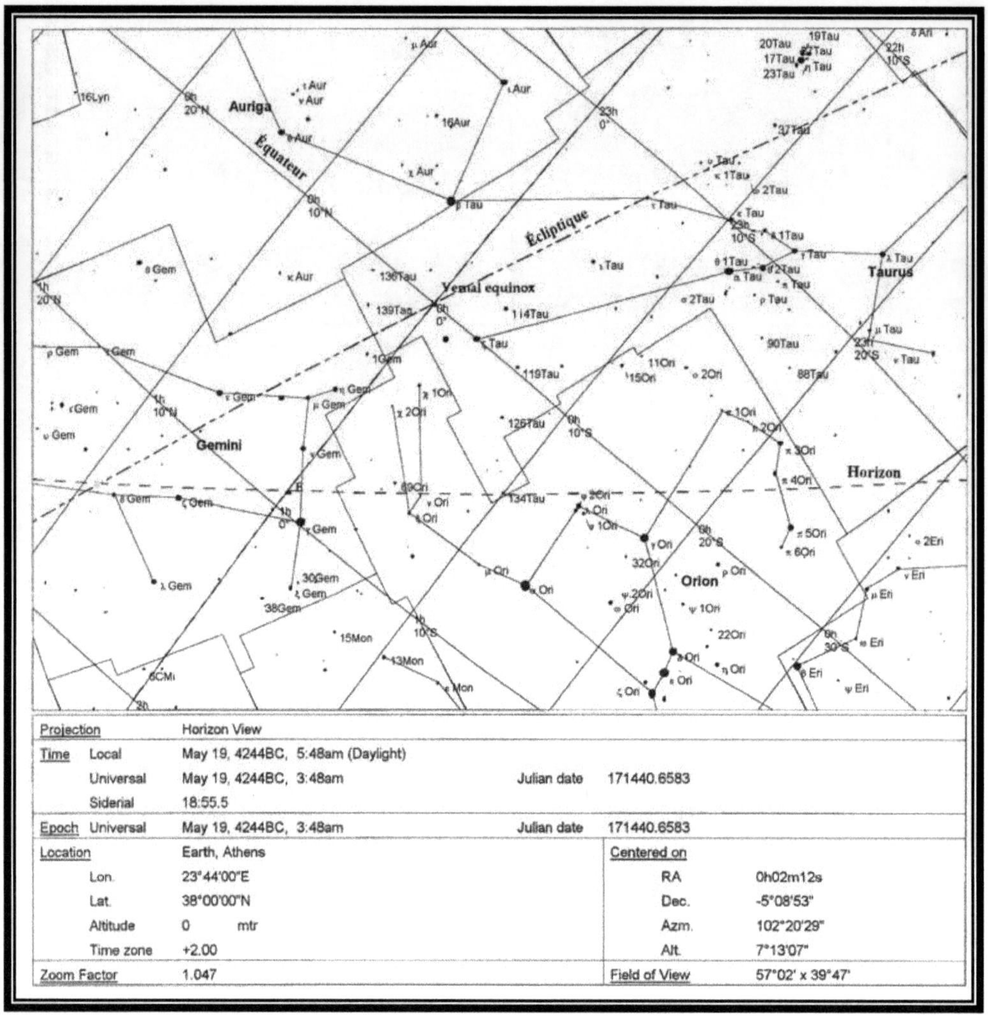

Figure IV.5: Configuration du ciel boréal autour le point vernal γ dans la constellation du Taureau, produite à l'aide du REDSHIFT 2/4, calculée pour Athènes le 19 Mai 4244 BCE à 05:48′ heure locale. On a superposé un réseau des coordonnées célestes et les noms Bayer–Flamsteed des étoiles voisines, jusqu'à la limite apparente visuelle $+6^{m}.0$, qui comprend toutes les étoiles visibles à l'œil nu. Les lignes unissant les étoiles des constellations sont aussi superposées comme conçues aujourd'hui.

3629 BCE l'étoile ζ–Tau (voir l'équation [IV-9]) avait des coordonnées ouranographiques $\alpha = 00^{H}30^{M}36^{S}$ et $\delta = 00°13'27''$, or son ascension droite n'était pas égale à zéro, donc son angle horaire ne pourrait pas coïncider avec le Colure des Équinoxes, comme Chasapēs l'a constaté. **(iii)** Selon nos calculs, cette même étoile ($m_{V} = +3^{m}.0$) avait des coordonnées ouranographiques $\alpha = 00^{H}00^{M}00^{S}$ et $\delta = -03°16' 11''$ vers c. 4244 BCE, or seulement pendant cette époque le Colure des Équinoxes coïncidait avec son angle horaire [voir Fig. IV.5]. **(iv)** En 1841 BCE l'étoile o–Tau (voir l'équation [IV-8]) avait des coordonnées ouranographiques $\alpha = 00^{H}08^{M}31^{S}$ et $\delta = -09°37'17''$, or son ascension droite n'était pas égale à zéro, donc son angle horaire ne pourrait pas coïncider avec le Colure des Équinoxes, comme Chasapēs l'a constaté. **(v)** Selon nos calculs, cette même étoile ($m_{V} = +3^{m}.8$) avait des coordonnées ouranographiques $\alpha = 00^{H}00^{M}00^{S}$ et $\delta = -10°34' 46''$ vers c. 2011 BCE, or seulement pendant cette époque le Colure des Équinoxes coïncidait avec

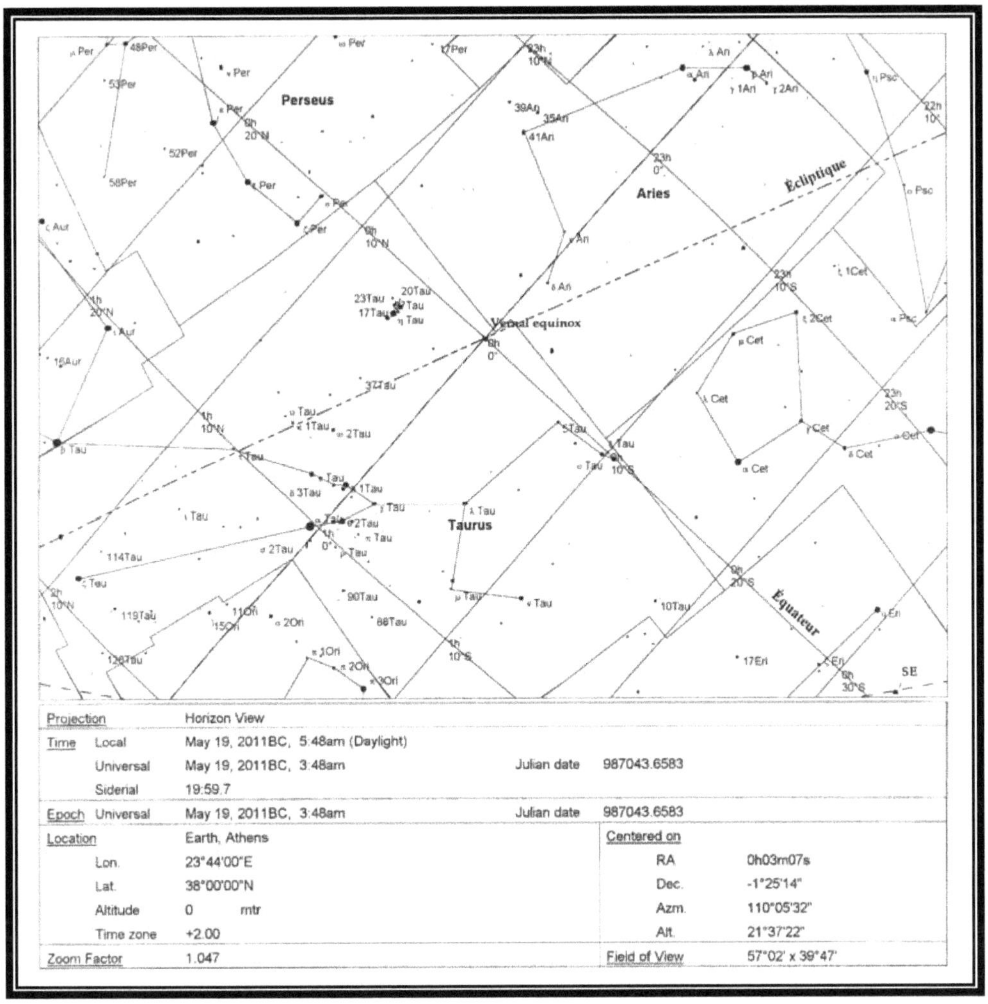

Figure IV.6: Configuration du ciel boréal autour du point vernal γ dans la constellation du Taureau, mais très près de son extrémité, produite à l'aide du REDSHIFT 2/4, calculée pour Athènes le 19 Mai 2011 BCE à 05:48′ heure locale. On a superposé un réseau des coordonnées célestes et les noms Bayer–Flamsteed des étoiles voisines, jusqu'à la limite apparente visuelle $+6^{m}.0$, qui comprend toutes les étoiles visibles à l'œil nu. Les lignes unissant les étoiles des constellations sont aussi superposées comme conçues aujourd'hui.

son angle horaire [voir Fig. IV.6]. **(vi)** Le point vernal γ se trouvait dans Taureau jusqu'à c. 1870 BCE et en tous cas en c. 1841 BCE il ne se situait pas là, comme Chasapēs le croyait à cause de quelques erreurs dans ses calculs, étant déjà entré dans la constellation du Bélier [voir Fig. IV.7]. **(vii)** La durée de temps pendant laquelle le point vernal se trouvait actuellement dans la constellation du Taureau devient donc $\Delta T = 4550 - 1870 = 2680$ ans (cf. l'équation [IV-10]). **(viii)** Il est plus probable que les idées de ces hymnes ne sont pas plus vieilles que c. 1500 BCE (*terminus a quo*). Nous notons que si l'on suppose des échanges d'idées entre Égyptiens et Préhellènes, on possède des preuves archéologiques dont les plus vieilles ne datent que d'environ 1450 BCE[49]. **(ix)** En tout cas il semble encore plus

[49] Voir par exemple les inscriptions et les peintures présentant les Minoens (*Kftiw*) dans e.g.: le tombeau de Rekh–mi–Rē' (TT100, contemporain de Tuthmosis III), dans *Urk.*, IV:

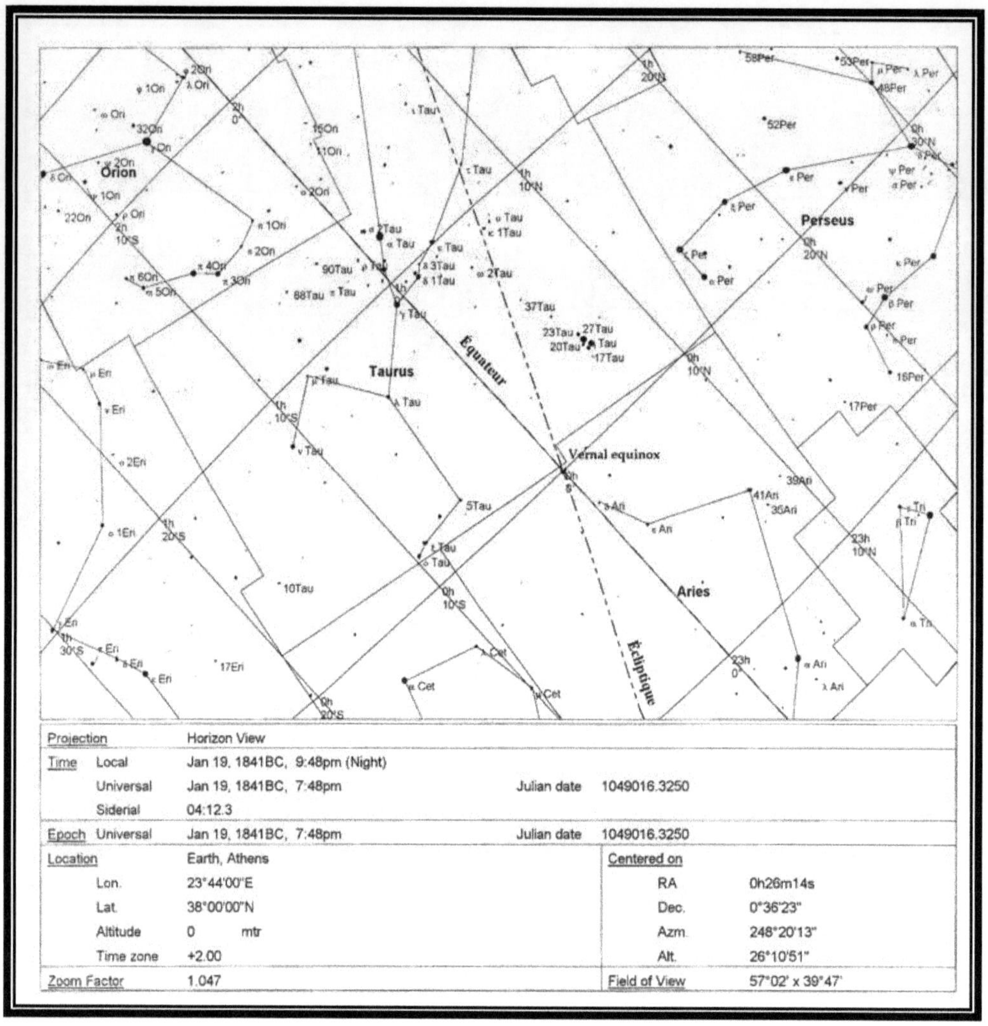

Figure IV.7: Configuration du ciel boréal autour du point vernal γ dans la constellation du Bélier, mais près de son extrémité, produite à l'aide du REDSHIFT 2/4, calculée pour Athènes le 19 Janvier 1841 BCE à 21:40′ heure locale. On a superposé un réseau des coordonnées célestes et les noms Bayer–Flamsteed des étoiles voisines, jusqu'à la limite apparente visuelle $+6^{m}.0$, qui comprend toutes les étoiles visibles à l'œil nu. Les lignes unissant les étoiles des constellations sont aussi superposées comme conçues aujourd'hui.

possible que les idées de ces hymnes aient été conçues (et écrites) après même l'an 1366 BCE, disons vers 1250 BCE, donc l'Équinoxe de Printemps dans Taureau[50]

1098-99. Cf. aussi MARINATOS, 1951: 102-16; VERCOUTER, 1954; VERCOUTER, 1956; MANSFIELD HAYWOOD, ^{2}1968: 45-73, 74-9. Il y avait des relations entre l'Égypte et la Crète dès l'ère des *Hyksōs* (voir BIETAK & MARINATOS, 2000: 40-44); BELOVA, 2004: 1-4. Cf. aussi FRITTON & QUIRKE, 1997: 421-44.

[50] Voir Clément d'Alexandrie, *Προτρεπτικός*, **I**, 2, 12: «Ταῦρος Δράκοντος καὶ Δράκων Ταύρου πατήρ», dont une explication très probable serait la position du point vernal γ dans la constellation du Taureau et la position simultanée du pôle boréal céleste dans la constellation du Dragon (voir aussi MARAVELIA, 2000: 22: n. 57), e.g.: la période de c. 2800 à c. 1900 BCE.

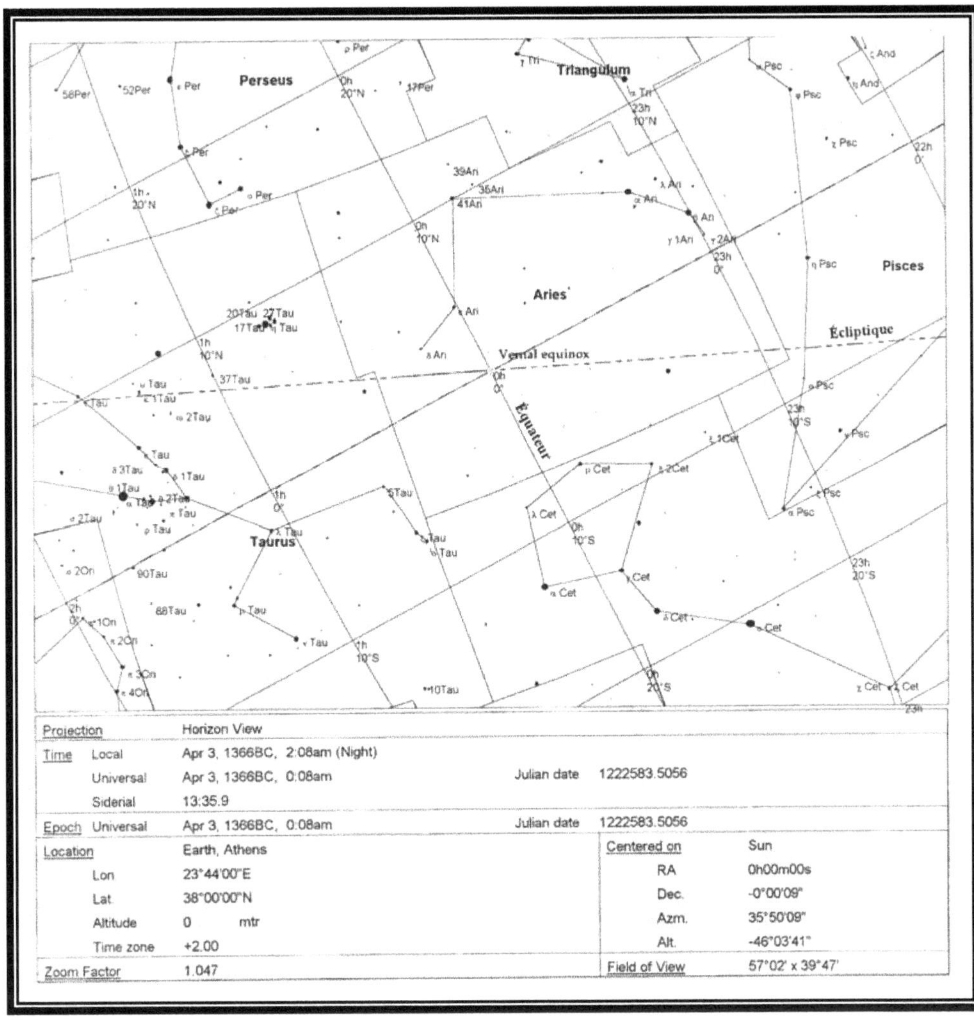

Figure IV.8: L'Équinoxe de Printemps en 1366 BCE, produit à l'aide du REDSHIFT 2/4, calculé pour Athènes le 03 Avril 1366 BCE à 02:08′ heure locale. Le Soleil se trouve au point vernal γ et $|\alpha| = 0^H$, $|\delta| = 0°$. On a superposé un réseau des coordonnées célestes et les noms Bayer–Flamsteed des étoiles voisines, jusqu'à la limite apparente visuelle $+6^m.0$, qui comprend toutes les étoiles visibles à l'œil nu. Les lignes unissant les étoiles des constellations sont aussi superposées comme conçues aujourd'hui.

et l'égalité de la durée hivernale et estivale[51] étaient bien assimilées dans ces hymnes comme des faits extraordinaires d'un passé (pas si antérieur), qui a bien étonné les Orphiques. **(x)** L'ancienne liaison caractéristique du Soleil et du Taureau (soit comme constellation soit comme symbole archétypique[52]) devient bien évidente si l'on considère ses racines «indo–européennes»[53]. Comme les textes an-

---

[51] En 1366 BCE cette durée était d'environ 102 jours et leur différence était seulement de ~ 02^H. Au contraire, pendant l'année 530 BCE (mort de Peisistratos en 527 BCE) la différence de durée entre Hiver (< 100^D) et Été (> 101^D) serait d'environ $01^D07^H05^M$.

[52] Voir *SYMBOLS*, 1996, 131-36: art. «bull»; cf. *CT*, **III**, 173: § 53a, §§ 55g-56a.

[53] Voir *Viṣṇu Purāṇa*, **I**, 3: 6-12, où l'on rencontre le nom de l'an appelé *varṣ*, lié au point vernal et à l'équateur céleste, un fait qui nous rappelle quelques-unes des idées astronomi-

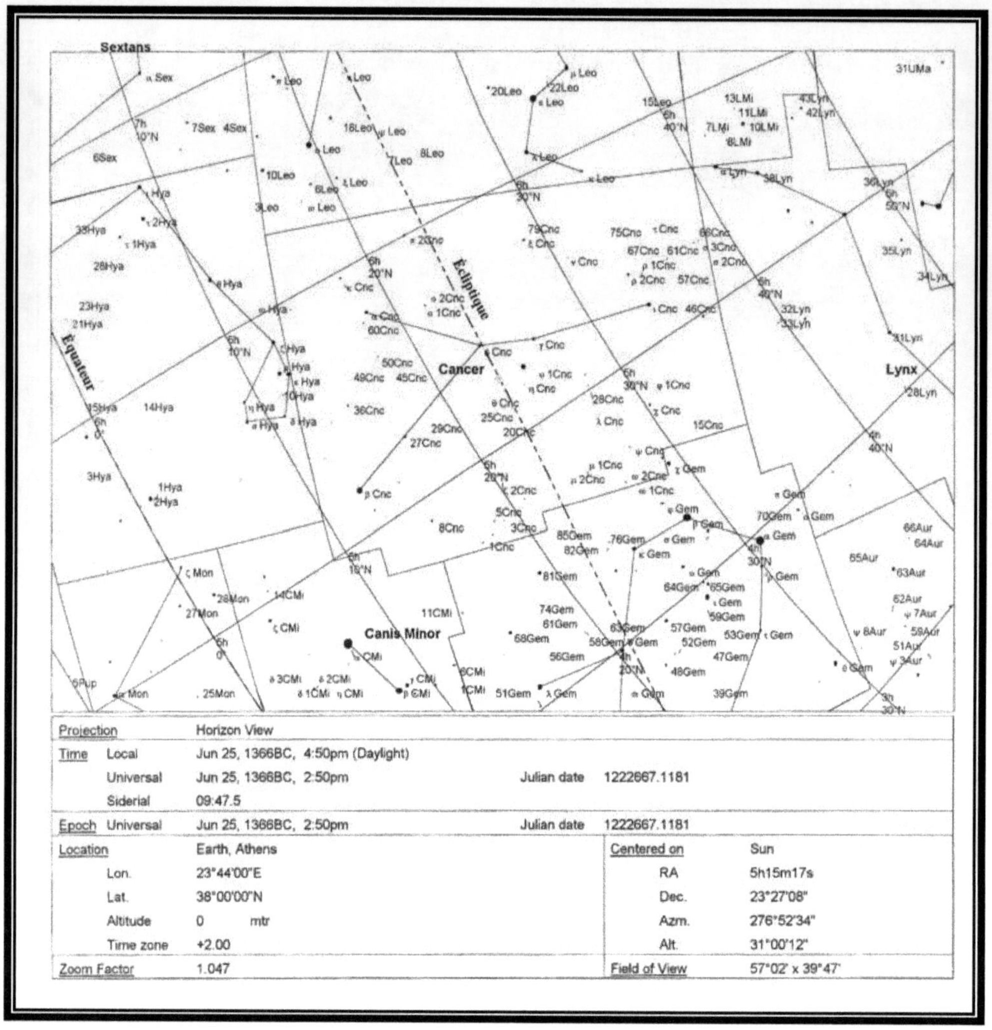

Figure IV.9: Le Solstice d'Été en 1366 BCE, produit à l'aide du REDSHIFT 2/4, calculé pour Athènes le 25 Juin 1366 BCE à 16:50′ heure locale. Le Soleil se trouve au point le plus au nord et |δ| = ε. On a superposé un réseau des coordonnées célestes et les noms Bayer–Flamsteed des étoiles voisines, jusqu'à la limite apparente visuelle $+6^{m}.0$, qui comprend toutes les étoiles visibles à l'œil nu. Les lignes unissant les étoiles des constellations sont aussi superposées comme conçues aujourd'hui.

ciens indo–iraniens sont les sources des idées astronomiques et religieuses pour les nations qui les ont composés, de même les *Hymnes Orphiques* constituent des

---

ques orphiques [cf. entre autres l'*Hymne à la Nuit* (**2**), et l'*Hymne à la Lune* (**9**)]. En tenant compte de ce que les mots sanscrits *vṛṣa/vṛṣabha* signifient *taureau*, que le thème verbal *vṛṣ–* porte sur la vie, la force vitale et l'évolution, et enfin que le verbe *vṛṣan* signifie *humecter*, on peut comprendre l'importance du symbolisme caché sous l'apparence des phénomènes astronomiques significatifs (liés aux maniféstations météorologiques qui contrôlaient la vie des agriculteurs anciens), déjà assimilée dans leur religion. Le mot homérique *ἐέρση/ἔρση* (cf. Homēros, *Ἰλιάς*, Ψ΄: 598; *Ὀδύσσεια*, ν΄: 245; Hēsiodos, *Θεογονία*: 83), qui signifie la *rosée*, nous rappelle le mot sanscrit qui pourrait être la *genetrix* du mot ancien *ὄμβρος* et du mot moderne hellénique *βροχή*. Cf. aussi GUPTA, 2005: 320; WILSON, [5]1979: 20-21; BURNET, 1919: Chap. II, 3; BRAGINSKY, 1980: 560-65.

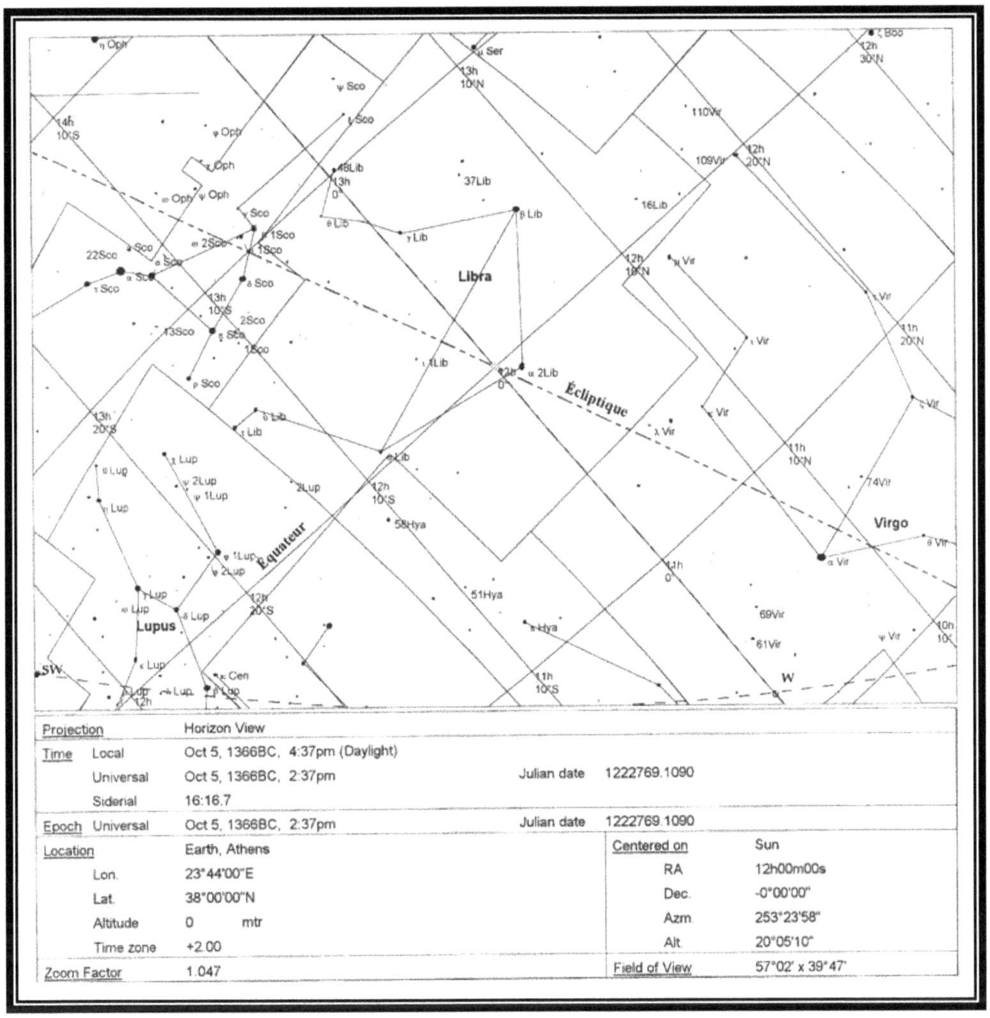

Figure IV.10: L'Équinoxe d'Automne en 1366 BCE, produit à l'aide du REDSHIFT 2/4, calculé pour Athènes le 05 Octobre 1366 BCE à 16:37′ heure locale. Le Soleil se trouve au point automnal γ′ et $|\alpha| = 12^{H}$, $|\delta| = 0°$. On a superposé un réseau des coordonnées célestes et les noms Bayer–Flamsteed des étoiles voisines, jusqu'à la limite apparente visuelle $+6^{m}.0$, qui comprend toutes les étoiles visibles à l'œil nu. Les lignes unissant les étoiles des constellations sont aussi superposées comme conçues aujourd'hui.

sources précieuses pour les idées analogues helléniques très anciennes[54]. **(xi)** Or, on pourrait constater que ces phénomènes astronomiques, définissant les saisons et leur commencement —comme tous les phénomènes célestes—, étaient bien passés dans le *corpus* des *Hymnes Orphiques* pendant cette période très ancienne et non 800 années après, parce qu'il est bien évident que ces idées spécifiques ne

[54] Sur le symbolisme du taureau, voir enfin la référence au sacrifice du taureau vernal dans *Λιθικά*: 150-55, une mention archétypique du passage de la mort vers la vie, liée aux phénomènes périodiques astronomiques. Si l'on considère que le lion, animal solaire par excellence (voir par exemple SYMBOLS, 1996: 613) tue allégoriquement le taureau, animal d'un symbolisme mithraïque hivernal (voir *op. cit.*, 133), il devient évident que les vers orphiques de la n. 48 sont très facilement expliqués. Sur la très grande antiquité des idées astronomiques indiennes (dans les *Vedas*), voir GUPTA, 2005: 327-28 & *passim*.

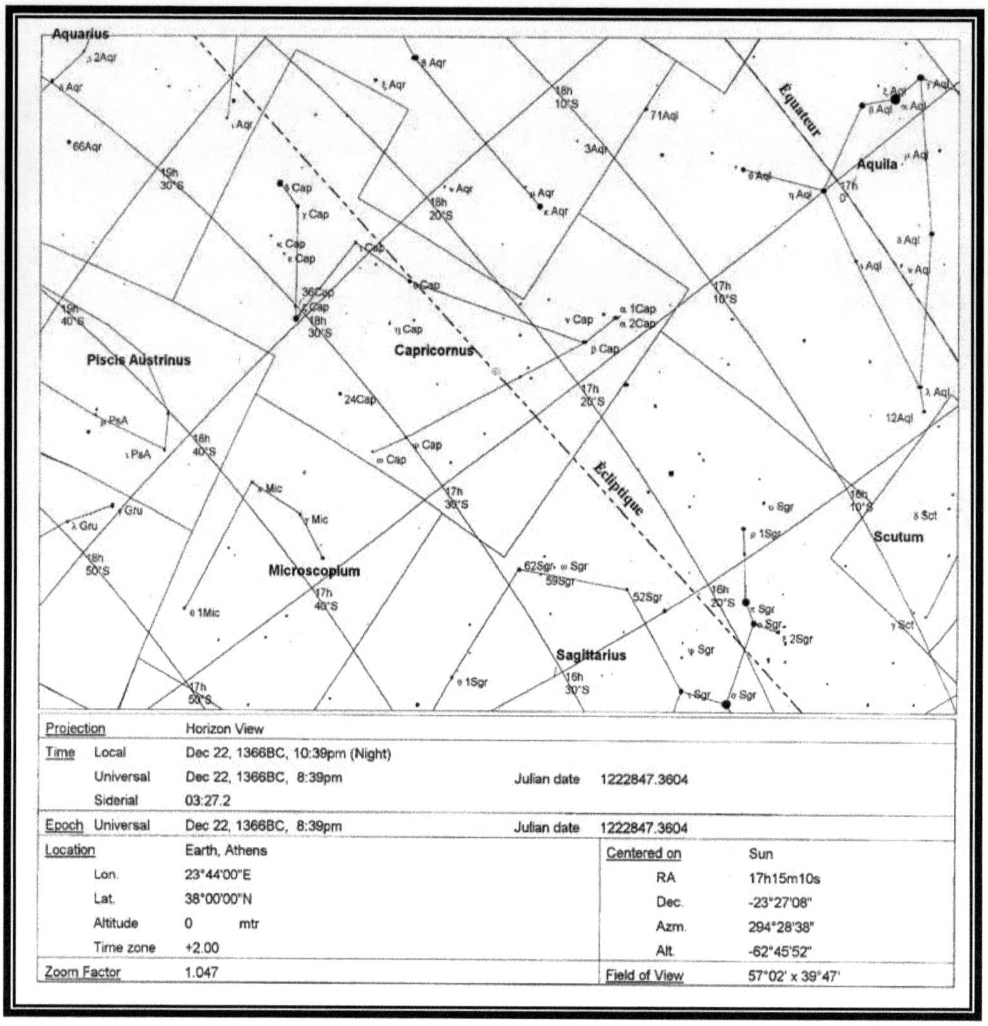

Figure IV.11: Le Solstice d'Hiver en 1366 BCE, produit à l'aide du REDSHIFT 2/4, calculé pour Athènes le 22 Décembre 1366 BCE à 22:39′ heure locale. Le Soleil se trouve au point le plus au sud et $|\delta| = \varepsilon$. On a superposé un réseau des coordonnées célestes et les noms Bayer–Flamsteed des étoiles voisines, jusqu'à la limite apparente visuelle $+6^{m}.0$, qui comprend toutes les étoiles visibles à l'œil nu. Les lignes unissant les étoiles des constellations sont aussi superposées comme conçues aujourd'hui.

pourraient être conçues dans l'époque tardive où l'inégalité des saisons (d'environ 1½ jour entre Hiver et Été) aurait été déjà non seulement évidente mais aussi plus facilement mesurable en principe, pendant l'ère des *Peisistratidai* (mort d'Hipparchos 514 BCE). **(xii)** Nos calculs très exacts, fondés sur la théorie du Chapitre II (voir § 3.6, équations [II-67]-[II-70]) et sur le logiciel REDSHIFT 2/4 impliquent que l'an c. 1366 BCE était correctement calculé par Chasapēs comme l'an par excellence d'une coïncidence considérable de la durée de l'Hiver et de l'Été [voir les Fig. IV.8, Fig. IV.9, Fig. IV.10, Fig. IV.11]. Cette durée était d'environ 102^{D}, soit:

$$T_{\text{Hiver}} = 101^{D}21^{H}38^{M} \leq T_{\text{Été}} = 101^{D}23^{H}43^{M}\,\big|_{1366\ \text{BCE}} \qquad \text{[IV-11]}$$

Or —selon nos calculs— leur différence pendant cette époque, égale à:

$$\Delta T \equiv T_{\text{Été}} - T_{\text{Hiver}} = 02^{H}05^{M} |_{1366\ \text{BCE}} \qquad [\text{IV-12}]$$

ne pourrait pas être plus petite que cette valeur pendant des époques à la fois antérieures ou postérieures à 1366 BCE[55]. En plus, la valeur de $2{\cdot}\Delta T = 01^{M}40^{S}$ selon Chasapēs[56] n'est pas correcte, à cause de quelques erreurs dans ses calculs. D'ailleurs, la durée de l'Été augmente quand on se meut vers les siècles plus tardifs, comme on l'a déjà démontré[57]. Par conséquent, ce que Chasapēs constate concernant la réduction supposée de la durée estivale de 50^{S}/annum[58] n'est pas correct. Il n'était plus correct en constatant que l'angle horaire de l'étoile Alkyonē des Pléiades s'identifia avec le Colure des Équinoxes en 1900 BCE[59], car nos calculs montrent que pendant cette époque cette même étoile ($m_v = +3^{m}.0$) avait des coordonnées ouranographiques $\alpha = 00^{H}16^{M}01^{S}$ et $\delta = 05°47'18''$ vers c. 1900 BCE, or cela serait impossible; en effet, cela serait possible seulement vers c. 2219 BCE, quand ses coordonnées devinrent $\alpha = 00^{H}00^{M}00^{S}$ et $\delta = 03°59'17''$. **(xiii)** Enfin, les vers des hymnes cités dans les nn 48 (*supra*) et 61 (*infra*) pourraient aussi être interprétés comme suit, relativement au rôle du Taureau. *Contra* Chasapēs, qui croyait que l'exécution symbolique du Taureau montrait la conception des idées astronomiques des *Hymnes Orphiques* avant même le 15ᵉ siècle BCE, cette notion semble pouvoir signifier seulement le «départ» du point vernal γ hors du Taureau, qu'il l'a perdu, étant par conséquent considéré comme tué ou mort. Et c'est pourquoi l'Équinoxe qui prenait place là était un événement important, exactement comme le Solstice. Mais, ayant déjà prouvé que le point γ était hors du Taureau dès 1870 BCE, il nous semble probable que ces vers montrent exactement la perte déjà ancienne du point vernal de cette constellation, or la datation de leurs conceptions astronomiques doit seulement et principalement être fondée sur l'égalité de l'Hiver et de l'Été de l'an 1366, comme l'on vient de le démontrer.

Jusqu'ici on a parlé d'Orpheus et des Orphiques, on a vérifié la méthode de la datation scientifique des *Hymnes Orphiques* proposée par Chasapēs, qui présentait quelques erreurs —comme on l'a commenté et discuté en l'analysant—, mais était en principe correcte. Il est déjà temps de présenter les idées astronomiques des Orphiques concernant les astres (les étoiles, le Soleil, la Lune et les planètes) en les comparant avec quelques idées semblables des Égyptiens.

---

[55] Par exemple, nous avons calculé que pour l'année 1296 BCE, $T_{\text{Hiver}} \approx 101^{D}$ et $T_{\text{Été}} \approx 102^{D}$; de même que pour l'année 1436 BCE, $T_{\text{Hiver}} \approx 101^{D}$ et $T_{\text{Été}} \approx 102^{D}$.

[56] Voir ΧΑΣΑΠΗΣ, 1967: 79 & éq. (13).

[57] Voir les nn 51 & 55, *supra*.

[58] Voir ΧΑΣΑΠΗΣ, 1967: 79. Il faut remarquer, que la durée des saisons est en général inégale, suivant la 2ᵉ Loi de Kepler (voir le Chapitre II, § 1.1, *supra*). En effet leur égalité est un phénomène rare qui prend place tous les ~ 5000 ans, dès que: **(i)** l'Axe des Apsides coïncide avec la ligne des Équinoxes ($T_{\text{Hiver}} \approx T_{\text{Printemps}} > T_{\text{Été}} \approx T_{\text{Automne}}$, si l'Aphêlie se trouve près de γ; ou $T_{\text{Hiver}} \approx T_{\text{Printemps}} < T_{\text{Été}} \approx T_{\text{Automne}}$, si l'Aphêlie se trouve près de γ′); **(ii)** l'Axe des Apsides coïncide avec l'Axe des Solstices ($T_{\text{Été}} \approx T_{\text{Printemps}} > T_{\text{Automne}} \approx T_{\text{Hiver}}$, si l'Aphêlie se trouve près de Solstice d'Été; ou $T_{\text{Été}} \approx T_{\text{Printemps}} < T_{\text{Automne}} \approx T_{\text{Hiver}}$, si l'Aphêlie se trouve près de Solstice d'Hiver); **(iii)** l'Axe des Apsides est la dichotome des deux quadrants de l'écliptique, soit: **1.** d'Été et d'Hiver ($T_{\text{Printemps}} \approx T_{\text{Automne}}$, $T_{\text{Hiver}} \neq T_{\text{Été}}$); **2.** du Printemps et de l'Automne ($T_{\text{Hiver}} \approx T_{\text{Été}}$, $T_{\text{Printemps}} \neq T_{\text{Automne}}$) [qui est le cas dans la Fig. IV.3].

[59] Voir *op. cit.*, 81 & éq. (15). Sur η–Tau (l'étoile *kṛttikā* de la tradition indienne) et l'ancienneté des *Vedas*, voir aussi GUPTA, 2005: 319-22.

2. LES NOTIONS ASTRONOMIQUES DES ORPHIQUES

En tenant compte des études de Mary Blomberg[60], l'époque vers c. 2500 BCE (et après) pourrait constituer l'ère de conception des idées astronomiques générales qui amèneraient vers la conception archétypique des idées orphiques qui se réfèrent à l'Astronomie, ainsi que des idées cosmovisionnelles diverses, vers 1300-1200 BCE. En effet, d'autres passages existent dans les *Hymnes Orphiques* qui montrent clairement (s'ils ne prouvent pas) qu'il y avait une longue tradition très ancienne d'observations astronomiques[61] —disons *proto–scientifiques*— dans la région égéenne, qui commencèrent pendant l'ère où α–Dra était l'étoile polaire et par conséquent l'Équinoxe de Printemps se situait dans la constellation du Taureau [voir Fig. IV.6] et le Solstice d'Été dans la constellation du Lion[62]. La constellation du Dragon était considéré comme très importante par les peuples anciens de diverses nations[63]. Notons à ce propos la conception du dragon céleste. Selon l'Astronomie (et principalement l'astrologie) hellénistique, il y avait un grand dragon céleste, entourant toutes les sphères de l'Univers, rencontré aussi dans les mythologies babylonienne et chaldéenne[64]. Ce serpent circulaire cosmique du type d'*ouroboros*, englobait les cieux et était considéré comme la cause principale des éclipses solaires et lunaires[65]. 'Apophis, *mutatis mutandis* son propre analogue égyptien, était considéré comme une puissance maléfique attaquant la barque sacrée de Rē' et créant des éclipses[66]. En se retournant, il faut noter que la fermentation virtuelle de ces conceptions pendant le passage de beaucoup

---

[60] Voir la n. 9, *supra* & la n. 294, *infra*.

[61] Voir l'*Hymne à Dēmētēr Eleusinia* (***40***: 14-15): « | ἅρμα δρακοντείοισιν ὑποζεύξασα χαλινοῖς | ἐγκυκλίοις δίναις περὶ σὸν θρόνον εὐάζουσα | ». Les brides du Dragon n'indiquent que la dominance de cette constellation, car le Pôle Céleste Boréal s'y situait, tandis que les rotations circulaires montrent le mouvement cyclique de la Terre (la déesse de laquelle était Dēmētēr) autour de son axe qui s'identifie à un virtuel trône cosmique. Sur les rites d'orientation dans les mythes cosmogoniques, l'Axe Cosmique et l'*imago mundi* des anciens, voir ELIADE, 1959b: 475-79.

[62] Voir les passages de la n. 48 et leur interprétation (cf. n. 54, *supra*). Voir aussi notre commentaire dans la n. 185 du Chapitre III, § 4.2.

[63] Sur le Dragon, voir la n. 205 du Chapitre III; cf. aussi LE BŒUFFLE: 1996: 53-68.

[64] Voir *CCAG*, **VIII**, I, 194: «De Dracone Cælesti». Cf. aussi *CCAG*, **X**, 10: # 9; 40: # 22. Sur la conception du serpent comme symbole divinisé cosmique chez les Orphiques, voir la monographie intéressante LEISEGANG, 1939.

[65] Voir *CCAG*, **VII**, Annexe, *Codex 7*, 125 & *op. cit.*, **VIII**, I, 199: «Τὴν μὲν σύστασιν ἔχουσιν ἐκ τῆς συμβλήσεως τῶν δύο παραλλήλων ἐκκέντρων κύκλων Ἡλίου τε καὶ Σελήνης αἱ δὴ κατὰ διάμετρον δύο συμβλήσεις Ἀναβιβάζων καὶ Καταβιβάζων. Τούτων τῶν δύο κύκλων ἡ περιφέρεια παρὰ τῶν Χαλδαίων Δράκων ὠνομάσθη καὶ αἱ τούτων συμβλήσεις ἡ μὲν κεφαλὴ τούτου ἡ δὲ οὐρά. [...] Λέγουσιν μὲν τὸν Ἀναβιβάζοντα εἶναι τὴν κεφαλὴν τοῦ λεγομένου Δράκοντος, τὸν δὲ Καταβιβάζοντα τὴν οὐρὰν τούτου καὶ αἱ σεληνιακαὶ καὶ αἱ ἡλιακαὶ ἐκλείψεις τότε γίνονται ὅτε πλησιάζουσιν εἰς τὰς συνόδους». Nous signalons aussi que le pôle nord du plan orbital de l'orbite lunaire autour de la Terre se trouve dans la constellation du Dragon. Concernant les nœuds et les éclipses, voir le Chapitre II, § 1 et les Figs II.2, II.5, *supra*.

[66] Voir les nn 159 & 195, *infra*. Sur les origines possibles égyptiennes d'ouroboros, voir HORNUNG, ^{2}1996: 164 & fig. 18, reproduit dans ΜΑΡΑΒΕΛΙΑ, 2003b: 105 & fig. 9. Sur l'ouroboros, voir *op. cit.*: 335, n. 69 & 372, n. 14; cf. aussi la n. 132, *infra*.

de siècles a amené vers leur incorporation dans les textes orphiques, dont les idées furent conçues —comme le résultat d'une longue tradition astronomique et des infiuences diverses orientales, soit indo–iraniennes, soit (du moins) égyptiennes— et cristallisées pendant les 14e-13e siècles BCE. Le fait que les idées exprimées dans une certaine espèce de textes anciens soient plus vieilles que la date de leur première «édition» et leur regroupement n'est pas étonnant. On le trouve aussi dans les *PT*, dont les conceptions théologiques, astronomiques, cosmovisionnelles et sociales ne datent pas de l'ère de la Ve Dynastie, quand ils furent écrits pour la première fois dans la pyramide du Roi Wenis (*Wnis*, c. 2350 BCE), mais elles datent du moins de quelques siècles plus tôt[67], même de c. 2900 BCE.

Avant de commencer notre discussion des idées orphiques concernant les divers astres et corps célestes, il serait utile de présenter quelques commentaires géneraux sur ces idées et leur datation. Dans l'*Hymne à Hēphaistos*, dieu du feu, des volcans, des arts, des artisans et des métiers, il y a quelques vers très intéressants[68]:

> *Ἥφαιστ' ὀμβριμόθυμε, μεγασθενές, ἀκάματον πῦρ*[69],
> [...]
> *Ἐργαστήρ, κόσμοιο μέρος, στοιχεῖον ἀμεμφές*[70],
> [...]
> *Αἰθήρ, Ἥλιος, ἄστρα, Σελήνη, φῶς ἀμίαντον*[71]·

---

[67] Voir par exemple ALLEN, 2001: 97.

[68] Voir QUANDT, 41973: ***66*** (soit ***66***: 1, 4, 6-7).

[69] L'hymne commence par une invocation à Hēphaistos, dieu puissant (*μεγασθενής*), réputé d'avoir une âme courageuse (*ὀμβριμόθυμος*), personnification du feu incessant (*ἀκάματον πῦρ*). Il faut ajouter qu'un passage relatif au feu de Diodōros Sikeliōtēs correspond très bien à ces idées (cf. *I*: **12**, 3-4). Pour la conception du feu par les Égyptiens, voir LURKER, 41986, 50: art. «fire»; cf. aussi *SYMBOLS*, 1996: 379-82: art. «fire».

[70] Le quatrième vers caractérise Hēphaistos comme un artisan/ouvrier (*ἐργαστήρ*), ainsi que comme une partie du monde (*κόσμοιο μέρος*), un élément impeccable (*στοιχεῖον ἀμεμφές*), donc pur. Le dieu volcanique est considéré comme part de la Nature —disons comme un Grand Maçon Universel— évoquant un panthéisme primitif.

[71] Hēphaistos est ici considéré comme identique à l'éther (*αἰθήρ*), au Soleil (*Ἥλιος*), aux étoiles (*ἄστρα*), à la Lune (*Σελήνη*), et on dit de lui qu'il est la lumière pure et immuable (*φῶς ἀμίαντον*). Il s'agit ici des éléments astronomiques et cosmovisionnels, selon lesquels le dieu–créateur s'identifie à la création, e.g.: à l'Univers cosmique et à ses constituants, inspirant à la fois l'angoisse métaphysique et l'admiration envers les *opera Dei*. Il n'est pas difficile de comprendre pourquoi ce dieu cosmique et volcanique a obtenu comme épouse la divine Aglaïa, une des trois *Charites*, car il décore tout le ciel aux astres divers: «τὸν Ἥφαιστον ὑμνοῦντες τοῦ οὐρανοῦ ποιητὴν συνάπτουσιν αὐτῷ τὴν Ἀγλαΐαν ὡς ἀγλαΐζοντι πάντα τὸν οὐρανὸν διὰ τῆς τῶν ἄστρων ποικιλίας [...] » (voir Proklos, *Εἰς Πλάτωνα Τίμαιον*, **3**, 40A, 118: 30). Cela nous rappelle l'éloge de Ramesses III à Medīnet Habu (entrée de la première salle hypostyle): «*wnn sb3w ssd.sn ḥryt, iꜥḥ ḥr rnpi r tri*» (cf. *Medinet Habu*, **V** = *OIP*, **83**, 1957: pl. 307A). Nous signalons l'existence des vers semblables, au contexte astronomique, dans les *Fragmenta* (voir KERN, 31972: 21A, 167) et ailleurs (voir *Fragmenta*: **6**), où Zeus est caractérisé comme le fondement androgyne de la terre et du ciel étoilé, et s'identifie à la fois à la Lune et au Soleil (~ yeux célestes), celui qui a créé tout miraculeusement par la seule volonté de son cœur. Il faut

Ταῦτα γὰρ Ἡφαίστοιο μέλη θνητοῖσι προφαίνει[72].

En tenant compte de l'identification virtuelle du dieu hellénique avec le dieu égyptien Ptah[73], on note certaines correspondances qui portent sur les conceptions de la théologie memphite[74], comme elle est exprimée dans le texte corrompu sur la *Stèle de Shabaqa*[75]. Ptah y est considéré comme le dieu principal, dont les hypostases divines ne sont que les autres dieux, qui se manifestent parfois dans les phénomènes naturels[76]. Les vers de l'*Hymne à Hēphaistos* qui précèdent expriment le même principe très évidemment, avec une similitude avec le texte de la théologie memphite qui est vraiment étonnante. Pourrait-on supposer une influence quelconque de l'Égypte vers Hellas? Il nous semble possible que la réponse soit affirmative. Il faut noter que le texte de Shabaqa date de la XXVe Dynastie (c. 710 BCE), mais les idées qui y sont exprimées datent des plusieurs siècles plus tôt. Or, nous pouvons constater que: **(i)** il semble possible que certaines influences égyptiennes furent incluses dans cet hymne orphique, où nous rencontrons des rudiments astronomiques et cosmovisionnels[77], fermentés pendant quelques siècles et ayant revêtu leur vêtement hellénique; **(ii)** lorsque l'origine des idées de la théologie memphite, concernant Ptah et ses traits divins, fut conçue et développée beaucoup de siècles plus tôt (même pendant le OK, comme il a été proposé[78]), cet élément pourrait constituer une autre preuve relative de l'ancienneté des *Hymnes Orphiques* et de la datation de leurs idées des trois derniers siècles du 2e Millénaire BCE.

D'ailleurs, il y a un autre point *mutatis mutandis* commun entre les Orphiques et les Égyptiens. C'est le fait que les premiers mangeaient de la viande crue du taureau[79] (*ὠμοφαγία*) qui symbolisait Dionysos[80] et leur union virtuelle

---

comparer ce passage à la théologie memphite (voir *sBM 498*: 50^{A}-51^{A}, 53-54) lié à la création par le cœur et le *logos* et l'identification virtuelle du dieu Ptah au suprême créateur androgyne Atoum. Sur le symbolisme de l'androgynie, voir LURKER, ^{4}1986, 33-34: art. «bisexuality»; cf. aussi Jan Zandee, cité dans ΜΑΡΑΒΕΛΙΑ, 2003b: 250 & 361: n. 72.

[72] Ce vers, qui suit le précédent, le corrobore en constatant que les corps célestes qui viennent d'être nommés (*ταῦτα*) ne sont que les membres sacrés d'Hēphaistos (*Ἡφαίστοιο μέλη*) qui illuminent (*προφαίνει*; syntaxe attique) les humains mortels (*θνητοί*). Or, le dieu est à la fois le grand créateur et une épiphanie cosmique des merveilles des cieux.

[73] Sur Ptah (*Ptḥ*), voir *LÄ*, **IV**, 1982, 1177-80: art. «Ptah»; SANDMAN–HOLMBERG, 1946; BERLANDINI, 1995: 9-41. Sur son identification à Hēphaistos par les Hellènes anciens, voir Hērodotos, ***II***: 101, 110, 112, *passim*; cf. aussi le cas d'obélisque flaminien (voir LAMBRECHT, 2001: 63, pl. 2, 75-76); enfin, cf. MORENZ, 1950: 81.

[74] Voir ERMAN, 1911: 916-50; ΧΕΛΙΩΤΗΣ, 1971.

[75] Sur la *Stèle de Shabaqa* (*sBM 498*, publiée premièrement par Breasted dans *ZÄS*, **39**, 1901: 39-54), voir BREASTED, 1933: 29-42; LICHTHEIM, **I**, 1975: 51-57.

[76] Voir *sBM 498*: 49^{A}-53, 54-55, 58-59, *passim*.

[77] Sur la cosmologie de la *Stèle de Shabaqa*, voir IVERSEN, 1990: 485-93.

[78] Voir LICHTHEIM, **I**, 1975: 51; cf. quand même KEMP, ^{8}2000: 26-27.

[79] Sur le taureau comme symbole de la région méditerranéenne, voir *BULL*, 2003. Sur l'origine de l'*ōmophagia* de la Crète, cf. Diodōros Sikeliōtēs, *V*: **5**, 4; sur son symbolisme archétypique, voir ZAIDMAN & PANTEL–SCHMIDT, 1995: 100. Pour le symbolisme du taureau dans l'Égypte antique (et aileurs), voir *LÄ*, **VI**, 1986, 16-17: art. «Stierkampf»; 14-16: art. «Stiergötter»; OTTO, 1938; *SYMBOLS*, 1996: 132-33; ELIADE, 1958: 79-96, 178.

avec le dieu pendant leurs mystères[81]; les Égyptiens, quant à eux, ont incorporé un rituel shamaniste du cannibalisme[82] préhistorique (une allusion au mystère de l'eucharistie, selon Ashraf Sadek) dans les *PT*, qui symbolisait l'union du monarque défunt aux dieux/déesses qu'il mangerait pendant son ascension céleste[83]. Un passage qui vient de la pyramide de Wenis, et qui contient aussi des références aux phénomènes astronomiques et naturels, est très explicite sur ce point[84]:

Les éléments naturels (tremblement de terre) et les corps célestes (ciel, étoiles, planètes) montrent leur crainte du roi qui, étant divinisé par l'action symbolique de l'incorporation des dieux/ancêtres en lui, se lève comme une âme astrale et monte au ciel[85]:

Le ciel s'assombrit,
Les étoiles s'obscurcissent;
La voûte céleste tremble,
Les os d'Aker frissonnent;
Les planètes[86] *s'arrêtent,*
Ayant vu Wenis se levant
Comme une âme divine;

---

[80] Sur le symbolisme de l'*ōmophagia* dans la culte dionysiaque chez les Orphiques et leurs mystères, voir ΤΣΟΠΑΝΗΣ, 2003: 116-21. Voir aussi Euripidēs, *Fragmenta*: **475**, 12; Porphyrios, *Περὶ ἀποχῆς ἐμψύχων*: **II**, 56; Ploutarchos, *Περὶ τῶν ἐκλελοιπότων χρηστηρίων*: **XIV**, 1; & c. Voir aussi l'analyse étendue dans HARRISON, 1995: 53-82.

[81] Voir ΤΣΟΠΑΝΗΣ, 2003: 117. Cf. Nonnos, *Διονυσιακά*, **VI**, 205: «ἀμοιβαίῃ δὲ φονῆες ταυροφυῆ Διόνυσον ἐμιστίλλοντο μαχαίρῃ»; Arnobius, *Adv. Nationes*: **V**, 19; Firmicus Maternus, *De Errore Profanum Religionum*: *passim*; & c. Cf. aussi la n. 54, *supra*.

[82] Certes, il faut considérer ce passage comme symbolique, parce que probablement pendant la période historique égyptienne ni le cannibalisme ni les sacrifices humains furent jamais pratiqué(es) (voir BUDGE, ²1969: **I**, 28). Sur ces cérémonies barbares, voir FRAZER, ³1958: 378-80. Sur l'hymne cannibalique, voir (entre autres) FAULKNER, 1924: 97-103; SPIEGEL, 1971: 429-30; DEPUYDT, 1998b: 41-42; GOEBS, 2003b: 42 ff.

[83] Sur le destin céleste du pharaon, voir FAULKNER, 1966: 153-61 et cf. aussi BADAWY, 1964: 189-206. Voir aussi notre discussion dans le Chapitre III, § 1.1.

[84] Voir *PT*, **273-74**, §§ 393a-394b: 496-500. Voir aussi les commentaires de Faulkner dans FAULKNER, ²1998, 83: nn 1-4. Cf. aussi un parallèle dans *CT*, **VI**, 573: §§ 177a-177e.

[85] La translitération de ce texte est la suivante: *Gp pt, iḥy sb3w; nm pḏwt, sd3 ḳsw 3kr; grr.sn gnmw, m3.n.sn Wnis ḫꜥ b3 m nṯr; ꜥnḫ m itw.f, wšb m mwwt.f.*

[86] Il s'agit ici d'un mot difficile (*gnmw*), dont la traduction comme *planètes* ou *astres qui se meuvent* en général [(voir aussi *Wb.*, **V**: 174 et cf. le mot copte ϭⲓⲛⲙⲟⲩⲧ (= *Pléiades*)] nous semble assez probable (cf. aussi FAULKNER, ²1998, 83: n. 3). Bien que Faulkner remarque que le mot copte n'a rien à faire avec le mot égyptien ancien, nous signalons qu'il semble probable que son sens soit définitivement astronomique et est lié au mouvement (dans la version des *PT* du Roi Teti, ce mot est suivi d'un taxogramme D54).

Qui se nourrit (lit.: vit) de ses pères
(Et) qui mange de ses mères.

Il faut remarquer la similitude indirecte entre les idées orphiques et celles des Égyptiens. Un autre passage corrobore bien nos opinions plus directement, car il compare le pharaon au taureau céleste, qui agit comme un shaman/cannibale sacré, en mangeant les entrailles des dieux, même ceux des puissants magiciens[87]:

Wnỉs pỉ kꜣ-pt,
nhd m ỉb.f;
ʿnḫ m ḫpr n nṯr nb,
wnmw zm<ꜣ>w.sn,
ỉww, mḥ<w> ẖt.sn m ḥkꜣw

La traduction de ce passage est la suivante:

Ce Wenis est le taureau du ciel[88]*,*
Qui conquiert selon sa volonté (lit.: cœur);
Il se nourrit de l'existence de chaque dieu[89]*;*
Il mange leurs entrailles[90]*;*
(Même) de ceux qui viennent,
Leur corps étant rempli de magie.

Il est évident que ce symbolisme archétypique d'un sacrifice virtuel cannibalique (précurseur virtuel de la communion chrétienne?), voire de l'incorporation des puissances divines et célestes par le roi qui s'identifie au taureau céleste, pourrait constituer l'origine égyptienne (ou bien une des origines préhistoriques, parce que le symbolisme du taureau se trouve également dans certaines sources indo–iraniennes) de quelques idées orphiques, comme par example l'*ōmophagia* après l'exécution rituelle d'un taureau, notamment un symbole dionysiaque. Mais, il est déjà temps de présenter notre analyse, relativement aux conceptions égyptiennes similaires, des idées astronomiques et cosmovisionnelles —comme elles se rencontrent dans les *Hymnes Orphiques*—, en commençant par les étoiles.

---

[87] Voir *PT*, **273-74**, §§ 397a-397b: 505-506. Voir aussi les commentaires de Faulkner dans FAULKNER, [2]1998, 83: n. 9. Cf. aussi un parallèle dans *CT*, **VI**, 573: §§ 178h-178k.

[88] Sur la conception du *taureau céleste* (*kꜣ-pt*) et son identification avec le Soleil (cf. *PT*, **304**, § 470a: 577; & c.), ainsi que pour ses relations avec les astérismes boréaux (*Msḫtyw* /*Ḥpš*), voir *Wb.*, **V**: 96; WILKINSON, 1992: 56-57; LURKER, [4]1986: 35-36; *BMD*, 57: art. «bull». Pourrions-nous supposer dans le contexte de cette *Utterance* qu'il y aurait une identification du pharaon avec la planète Saturne (voir *EAT*, **III**: 178-79; Tables, § 1, Table 8: # 6, à la fin de ce livre), qui était appelée *Horus, le Taureau du Ciel* (*Ḥr, kꜣ-pt*)? Il ne faut pas oublier encore que les cuisses du taureau jouaient un rôle important dans le contexte astral des sacrifices funéraires pendant l'*ouverture da la bouche* (cf. ROTH, 1993: 70).

[89] Ce vers présente plutôt un cannibalisme spirituel, car le monarque se nourrit virtuellement de l'*existence*/*évolution* (*ḫpr*; cf. copt.: **ϣωπι** & *Wb.*, **III**: 260 ff) de chaque dieu.

[90] Il s'agit du mot *zm<ꜣ>w* (=*poumons*/*entrailles*, qui n'est pas écrit avec F36 et n'a aucun taxogramme; nous signalons que dans la version de *PT* de la pyramide du Roi Teti, ce mot est écrit comme précédemment, mais avec F51 au pluriel comme taxogramme); voir *Wb.*, **III**: 446 ff; Notons aussi l'existence des mots *smꜣ*(*ỉ*) (= *tuer*), dont le taxogramme peut être un taureau; voir *Wb.*, **IV**: 122; *Urk.*, **IV**, 812, 3 & 814, 16; et *smꜣ* (= *taureau sauvage*); voir *Wb.*, **IV**: 124; *Urk.*, **VII**, 36. Cf. *CT*, **VI**, 573, § 178h: «*ḥꜣtyw*» (avec taxogramme F51). Ces mots pourraient probablement montrer des correspondances très anciennes et des analogies avec les sujets étudiés ici, soit des influences égyptiennes aux idées orphiques.

§ 2.1. Les Étoiles

La conception que les Orphiques se faisaient des étoiles peut être déduite des certains *Hymnes Orphiques* (et d'autres textes orphiques[91] que nous n'examinerons que superficiellement dans cette étude). Il faut remarquer quand même que les connaissances astronomiques et cosmovisionnelles qui y sont abondantes doivent toujours être considérées sous le prisme de l'Astronomie proto–scientifique (voir le Chapitre I, § 3: # 6).

Les notions les plus importantes concernant les idées orphiques pour les étoiles se trouvent dans l'hymne homonyme[92], que nous allons examiner et commenter tout de suite. Toute autre référence aux étoiles (explicite ou non) sera discutée en passant principalement dans cette section.

> ***Ἄστρων***
> ***(Θυμίαμα ἀρώματα)***
> *Ἄστρων οὐρανίων ἱερὸν σέλας ἐκπροκαλοῦμαι*[93]

[91] Voir, par exemple, *Ἀργοναυτικά*, 343: «ἄστρα τε τηλόσε φαντά»; 539: «ἄστρα τε τηλεφανῆ δῦνεν ῥόον Ὠκεανοῖο» et cf. un passage semblable dans *PT*, **248**, § 263a: 390 (voir aussi la Table III.1: # 62). La toute première citation montre que les Orphiques savaient qu'il y avait des étoiles très éloignées qui ne sont pas visibles, ainsi que des étoiles qui étaient éloignées mais visibles d'une grande distance. Selon la deuxième citation, les Orphiques connaissaient que ces dernières se couchent dans l'horizon, dans l'Océan qui se trouve vers l'Ouest; par conséquent, *contra* Homēros et les opinions populaires qu'il présente dans ses épopées et qui parlent de «bains» des étoiles dans la mer («λοετρὰ Ὠκεανοῖο», cf. *Ἰλιάς*, Σ΄: 487-89; *Ὀδύσσεια*, ε΄: 273-75), les Orphiques étaient au courant du phénomène astronomique du coucher des étoiles (voir le Chapitre II, § 3.5, *supra*). Il est caractéristique que ces traits ne sont pas mentionnés dans l'*Hymne aux Étoiles* que nous examinons dans cette section, or nous pourrions accepter que les Orphiques supposaient que toutes les étoiles ne se situent pas à la même distance de la Terre.

[92] Voir QUANDT, [4]1973: 7. Cf. aussi *Ὀρφεὺς πρὸς Μουσαῖον*, 4: «Ἄστρα τε πάντα».

[93] L'hymne commence par l'invocation (*ἐκπροκαλοῦμαι*) de la lumière sacrée (*ἱερὸν σέλας*) des étoiles célestes (*ἄστρα οὐράνια*). Or, les étoiles —habitants du ciel— sont correctement considérées comme des sources lumineuses, dont la brillance doit être divine. À noter l'utilisation du mot *σέλας* (qui est plus rare et plus noble) au lieu de *φῶς*. Étant connu que ce mot indique une source de lumière étendue (et non une source lumineuse localisée comme le Soleil ou la Lune), signifiant l'*aurore* qui couvre une grande part de la sphère céleste, il faut comprendre que les Orphiques supposaient peut-être qu'il y a une grande multitude d'étoiles dans l'espace, dont la lueur est visible sur Terre comme une lumière de ce type. Dans l'*Hymne à Aithēr* il existe deux vers tout à fait caractéristiques, qui corroborent nos opinions: « | ἄστρων ἠελίου τε σεληνέης τε μέρισμα | [...] | ἀγλαὸν ὦ βλάστημα, σελασφόρον, ἀστεροφεγγὲς | » (voir **5**: 2, 5). L'éther y est considéré comme part (donc comme le véhicule virtuel) des étoiles, du Soleil et de la Lune, un produit cosmique brillant, *lumineux* (*σελασφόρον*) et illuminé par des étoiles. Aujourd'hui, nous savons qu'il y a des millions des billions d'étoiles, dont la lumière ne fait pas le ciel nocturne plus brillant que le Soleil à cause de l'absorption de cette lumière des poussières interstellaires et des nébuleuses obscures (*paradoxe d'Olbers*, voir ILLINGWORTH, [2]1981, 227: art. «Olbers' Paradox»). Nous savons en plus que l'*éther* (comme fluide subtil remplissant les espaces et véhicule de la propagation de la lumière, à la fois selon les anciens et les physiciens du 19e siècle) n'existe pas, comme il a été prouvé par l'expérimentation historique d'interférométrie de Michelson et Morley (voir *op. cit.*, 113: art. «Ether»).

Εὐιέροις φωναῖσι κικλήσκων δαίμονας ἁγ[ν]ούς[94].
Ἀστέρες οὐράνιοι, Νυκτὸς φίλα τέκνα μελαίνης[95],
Ἐγκυκλίοις δίναισι † περιθρόνια κυκλέοντες[96].
Ἀνταυγεῖς, πυρόεντες, ἀεὶ γενετῆρες ἁπάντων[97],
Μοιρίδιοι, πάσης μοίρης σημάντορες ὄντες[98],

---

[94] L'invocation aux étoiles continue en les priant (*κικλήσκων*) comme des divinités pures (*δαίμονες ἁγ[ν]οὶ*) et en utilisant des bonnes voix sacrées (*εὐίεροι φωναί*). Quoi qu'il en soit, les étoiles étant divinisées, il faudrait s'adresser à elles proprement comme à des êtres supérieurs. Pour les Égyptiens les étoiles furent aussi divinisées (voir *LÄ*, **VI**, 1986, 11-14: art. «Stern»; LURKER, [4]1986, 116-17: art. «Stars»).

[95] L'*hymnōdos*, après la courte introduction de deux premiers vers, commence son éloge aux étoiles divinisées, sous forme d'un *hieros logos*. Il invoque les étoiles du ciel (*ἀστέρες οὐράνιοι*), les enfants aimés (*φίλα τέκνα*) de la Nuit noire (*Νυκτὸς μελαίνης*), aussi divinisée. Il nous semble raisonnable en ce point de comparer les mots *Nuit noire* trouvés ici aux mots presque pareils *km n grḥ*, rencontrés dans un du *corpus* des poèmes d'amour égyptiens, qui est le seul écrit sur une stèle (*sLouvre C100*, voir MARAVELIA, 2003e: Table 1, # 67); dans ce poème lyrique les cheveux noirs de la *sœur/inamorata* sont comparés à l'obscurité noire de la nuit: «*km šn(w).s r km n grḥ*». En plus, les trois Moirai (= Déesses–Destins/Fées) sont aussi caractérisées comme les enfants aimés de la Nuit (voir ***59***: 1), ce qui implique qu'elles étaient en réalité les personnifications de trois étoiles. En effet, Papathanasiou a proposé α–Tau (*Aldebaran*), α–Leo (*Regulus*) et α–Vir (*Spica*) comme les étoiles très proches de l'écliptique (cf. ΠΑΠΑΘΑΝΑΣΙΟΥ, 1978: 113-14), identifiées respectivement à Klōthō, Lachesis et Atropos/Persephonē, ou aux *trois pommes d'or des Hespérides*, tandis que dans le contexte du même symbolisme archétypique le Soleil (qui «passant par l'écliptique les ramasse») s'identifie à Hēraklēs, lié au sens du temps cosmique (cf. la n. 137, *infra*; QUANDT, [4]1973: 13 & n. 12). Sur la personnification des déesses astrales anthropomorphes (~ Fées?) en Égypte, voir KÁKOSY, 1982: 188-89 & fig. 16.

[96] Les étoiles paraissent à tourner cycliquement (*ἐγκυκλίοις δίναισι*) autour des trônes cosmiques imaginaires (*περιθρόνια κυκλέοντες*), allusion à la rotation diurne apparente de la voûte céleste, due à la rotation de la Terre autour de son axe (voir le Chapitre II, §§ 3.1, 3.5), qui crée l'impression du changement de l'image du ciel et la rotation apparente de toutes les étoiles en cercles perpendiculaires à l'axe terrestre. Il est évident que les Orphiques étaient au courant de ce phénomène, comme l'on peut voir par l'analyse de leur *Hymne à Ouranos* (voir *infra*). Cf. aussi le Chapitre III, n. 185.

[97] Voici un vers très important indiquant les connaissances astronomiques avancées des Orphiques. Les étoiles y sont décrites justement comme lumineuses (*ἀνταυγεῖς*), flamboyantes (*πυρόεντες*), qui toujours (*ἀεὶ*) font naître tout (*γενετῆρες ἁπάντων*). Bien que les étoiles fussent divinisées, ce fait n'empêchait pas les Orphiques de croire qu'elles sont en réalité des corps distants très brillants (*ἀνταυγὴς* est celui dont la brillance/lueur est visible de loin), flamboyantes (donc construites de feu), et sources de la vie. Il faut remarquer que selon l'Astrophysique moderne (voir le Chapitre II, §§ 1.1, 4.3), les étoiles sont considérées comme des réacteurs thermonucléaires et fourneaux virtuels (d'une température de surface > $2{\cdot}10^3$ K et d'intérieur de > 10^7 K), où tous les éléments chimiques (le Carbone, base des macro–molécules organiques qui font la vie, inclus) sont continuellement créés.

[98] L'aspect divin des étoiles est repris ici. Elles sont considérées comme divinités célestes, maîtresses fatales de futur (*μοιρίδιοι*), qui définissent et annoncent (*σημάντορες ὄντες*) chaque destin (*πάσης μοίρης*) des humains. Pourrait-on supposer que les prêtres Orphiques exerçaient aussi une astrologie quelconque? Si l'on considère le vers suivant, il semble que oui. Quelques commentaires du savant Byzantin Iōannēs Tzetzēs (voir *Εἰς Ἡσιόδου ἔργα*: 130[B], 175[A], 175[B], 277, 778) le corroborent probablement, bien que nous

Θνητῶν ἀνθρώπων θείαν διέποντες ἀταρπόν[99],
Ἑπταφαεῖς ζώνας ἐφορώμενοι, ἠερόπλαγκτοι[100],
Οὐράνιοι χθόνιοί τε, πυρίδρομοι, αἰὲν ἀτειρεῖς[101],
Αὐγάζοντες ἀεὶ νυκτὸς ζοφοειδέα πέπλον[102],

---

croyions que les vers commentés ne sont que des additions très tardives de l'époque helléno–romaine, lorsque leur style et les noms des constellations zodiacales y figurant ne peuvent pas être datés avant le 3e siècle BCE. Nous signalons à ce propos que les Orphiques connaissaient sans doute les constellations du Dragon, du Lion, du Taureau, d'Orion, de la Grande Ourse, du Serpent et du Scorpion (cf. ***14***: 2; *27*: 3; ***40***: 14-15; *Ἀργοναυτικά*: 517, 740, 1073; *Λιθικά*: 488-91; STEPHANI *et al.*, 1805: 503; & c.).

[99] Le thème du destin humain et de ses liaisons hypothétiques parentales avec les étoiles y est repris. Les étoiles sont appelées les prédestinateurs (*διέποντες*) du chemin divin (*θείαν ἀταρπόν*) des humains (*θνητῶν ἀνθρώπων*). Si le destin humain est céleste — disons stellaire— selon les Orphiques, la même conception se trouve aussi chez les Égyptiens (cf. la n. 83, *supra*); or l'*éternité* (*nḥḥ*) et la *perpétuité* (*ḏt*), liées au destin des étoiles après la mort des humains justes, seraient des idées communes pour les deux nations.

[100] Les étoiles sont considérées comme visibles (*ἐφορώμενοι*) dans les zones sept–fois–illuminées (*ἑπταφαεῖς ζῶναι*), et qui passent dans l'air atmosphérique (*ἠερόπλαγκτοι*). Voici encore un vers particulièrement important, indicatif des connaissances astronomiques orphiques avancées. Tout d'abord il faut expliquer que selon les Orphiques il y avait deux types d'étoiles, soit: **(i)** les *astres célestes* (*οὐράνιοι*, voir *7*: 9) ou *étoiles* et *planètes*; **(ii)** les *astres terrestres* (*χθόνιοι*, voir *7*: 9) ou *étoiles filantes* et *météores* (voir la prochaine note). Ces derniers traversent l'atmosphère et par conséquent passent par l'air (voir le Chapitre II, n. 42). Il faut les comparer au météorite catastrophique (*sbꜣ hꜣw*) du *Conte du Naufragé* (voir *pErmitage 1115*, 129-30): «*ꜥḥꜥ.n sbꜣ hꜣw, pr.n nꜣ m ẖt m-ꜥ.f* [...]». Il faut comparer ici une référence aux météores rencontré dans *Ἀργοναυτικὰ* (voir 784): «ἀστέρα παμφανόωντα δι' ἠερίοιο πορείης», qui décrit l'apparition d'un météore lumineux. À noter que ce caractère (*ἠερόπλαγκτοι*) n'est attribué ni au Soleil, ni à la Lune [(qui se situent avec les étoiles dans l'*éther* qui se prolonge au-delà de l'atmosphère (voir n. 93 et ***5***: 2-5)] dans les *Hymnes Orphiques*, mais il est attribué seulement aux astres, soit aux étoiles filantes. Les astres visibles dans les zones sept–fois–illuminées (*ἑπταφαεῖς ζῶναι*) ne sont que les étoiles distantes, qui se projètent sur la sphère céleste près de l'écliptique où se meuvent les sept «planètes» connues dans l'Antiquité (soit Soleil, Mercure, Vénus, Lune, Mars, Jupiter et Saturne), mais non ces «planètes» elles-mêmes. Zhitomirsky croit qu'il s'agit ici des cercles des corps célestes (voir ZHITOMIRSKY, 2003: 82), ce qui semble aussi plausible, dès qu'on accepte que ces zones ne sont que les diverses sphères célestes sur toute la voûte du firmament. L'interprétation de Chasapēs selon laquelle il s'agit ici de planètes (ΧΑΣΑΠΗΣ, 1967: 30-31) ne semble pas possible. En effet, les Orphiques ne semblent pas si explicites en ce qui concerne les planètes (voir § 2.4, *infra*).

[101] Il s'agit ici d'un vers qui prolonge le sens de la deuxième moitié du vers précédent. Les astres sont soit *célestes* (*οὐράνιοι*), soit *terrestres* (*χθόνιοι*), qui suivent des trajectoires de feu (*πυρίδρομοι*); elles sont encore toujours inapprivoisables/infatigables (*αἰὲν ἀτειρεῖς*). Nous croyons que dans le contexte astronomique cette dernière qualité a le sens que les étoiles se meuvent toujours et tournent en cercles célestes dans l'Univers, sans arrêt et indépendamment de la volonté humaine. Cette qualité des étoiles nous rappelle les *étoiles infatigables* (*iẖmw-wrḏw*) des Égyptiens (voir le Chapitre I, § 2: 1, # ii), et encore le fait que les Moirai/Destins furent caractérisées avec le même mot par les Orphiques (voir ***59***: 17 & cf. n. 95, *supra*). Un adjectif relatif au feu, *flamboyante d'aspiration* (*πυρίπνους*), est aussi utilisé dans l'*Hymne à la Nature* (voir ***10***: 26), dont le sens doit être attribué aux étoiles qui sont flamboyantes (cf. quand même la n. 291, *infra*).

Μαρμαρυγαῖς στίλβοντες, εὔφρονες ἐννύχιοί τε[103]·
Ἔλθετ' ἐπ' εὐιέρου τελετῆς πολυΐστορας ἄθλους[104]
Ἐσθλὸν ἐπ' εὐδόξοις ἔργοις δρόμον ἐκτελέοντες[105].

Après l'étude scrupuleuse de cet hymne, il devient évident que la conception que les Orphiques se faisaient des étoiles présente un double aspect; elles étaient considérées à la fois comme: **(i)** divinités cosmiques, responsables du destin humain; et **(ii)** corps incandescents et flamboyants, sources lumineuses célestes, scintillantes, visibles (ou invisibles) d'une grande distance, tournant incessamment autour de l'axe terrestre en orbites apparentes circulaires, sources de la matière cosmique et de la vie dans l'Univers, divisées en deux catégories (étoiles célestes, et météores qui passent par l'atmosphère terrestre). Or, il existe beaucoup d'information astronomique importante dans cet hymne, destinée à être facilement comprise par les adeptes de l'Orphisme, soit comme éloge rituel religieux, soit comme texte astronomique de base destiné à enseigner la science d'Ourania.

Des notions également importantes concernant les idées orphiques pour le ciel, les étoiles et la sphère céleste, ainsi que plusieurs éléments cosmovisionnels, se trouvent dans l'*Hymne à Ouranos*[106], que nous allons examiner.

Οὐρανοῦ
(Θυμίαμα λίβανον)
Οὐρανὲ παγγενέτωρ, κόσμου μέρος αἰὲν ἀτειρές[107],

---

[102] Les étoiles illuminent toujours (*αὐγάζοντες ἀεὶ*) la voile obscure (*ζοφοειδέα πέπλον*) de la nuit (*νυκτός*). Il faut comparer ce vers avec les vers 1 et 3 (voir nn 93, 95, *supra*). La nuit est ici personnifiée encore une fois et l'*hymnōdos* a bien construit une antithèse poétique entre son obscurité et l'éclairage distant des étoiles (cf. aussi ***71***: 9).

[103] Voici un autre vers important dont nous allons étudier la sémantique astronomique. Les étoiles y sont caractérisées comme scintillantes (*στίλβοντες*) aux lueurs (*μαρμαρυγαῖς*), heureuses (*εὔφρονες*) et nocturnes (*ἐννύχιοί τε*). Il faut remarquer que l'adjectif *στίλβων*, relatif à l'adjectif *ἀνταυγὴς* et lié à la scintillation [*στίλβη*, voir ILLINGWORTH, ^{2}1981, 293: art. «scintillation (twinkling)»] montre que les Orphiques connaissaient un phénomène astronomique dont le nom moderne hellénique n'est que *στίλβη*, et probablement que les planètes ne scintillent pas. En ce qui concerne l'adjectif *ἐννύχιος* (= *nocturne/persistant pendant la nuit*), il se refère sans doute aux étoiles circumpolaires, qui sont visibles pendant toute la nuit, or elles ne se couchent (et ne se lèvent) jamais (voir le Chapitre II, § 3.5). Il s'agit donc *mutatis mutandis* des *étoiles impérissables* des Égyptiens (*iḫmw-skiw*), pour lesquelles voir *LÄ*, **I**, 1975, 971-72: «Circumpolarsterne»; KRAUSS, 1988: 4-5. Les Orphiques, donc, parlaient des étoiles parapolaires, mais ne classaient pas explicitement les étoiles en trois catégories (*étoiles circumpolaires*, *étoiles à lever et à coucher* et *étoiles invisibles*) selon les critères présentés dans la § 3.5 du Chapitre II.

[104] Ce vers n'a aucune signification astronomique. Les étoiles sont priées de venir (*ἔλθετε*) se présenter dans le rituel sacré (*ἐπ' εὐιέρου τελετῆς*), afin d'aider les pratiquants/mystiques dans leurs travaux de piété pénibles (*πολυΐστορες ἄθλοι*). Sur les divers mystères des Orphiques, leurs jeûnes, leur initiation, leurs purifications, et leurs symboles, voir PLASSMANN, 1928; ΠΑΠΑΘΑΝΑΣΙΟΥ, 1978: 84-85; ΤΣΟΠΑΝΗΣ, 2003: 102-16.

[105] Ici l'*hymnōdos* prie les étoiles de faciliter (*ἐσθλὸν ἐκτελέοντες*) la route (*δρόμον*) envers les œuvres sacrées et glorieuses (*ἐπ' εὐδόξοις ἔργοις*) des mystiques. Ce vers conclut tout cet hymne, ayant repris le thème du vers pénultième.

[106] Voir QUANDT, ^{4}1973: ***4***. Cf. aussi MARAVELIA, 2005b.

Πρεσβυγένεθλ', ἀρχὴ πάντων πάντων τε τελευτή[108],
Κόσμε πατήρ, σφαιρηδὸν ἑλισσόμενος περὶ γαῖαν[109],

---

[107] L'hymne commence par l'invocation d'Ouranos (*Οὐρανός*), du ciel divinisé, père de Kronos (Saturne). Le ciel est caractérisé comme créateur de tout (*παγγενέτωρ*), ainsi que comme un part du Cosmos (*κόσμου μέρος*) toujours inapprivoisable (*αἰὲν ἀτειρές*). L'«intuition scientifique» des Orphiques était telle qu'ils purent concevoir à la fois la totalité (Univers cosmique, dont le ciel est l'image) et la partialité (ciel, comme une partie du Cosmos). Le ciel, comme image archétypique et concrète de l'Univers, constitue la source de tout ce qui existe et la *prima materia* pour la création. Dans l'*Hymne à la Nature* (voir ***10***: 6, 10, 18) l'on trouve les adjectifs: *σελασφόρος* (= *porteuse de lumière*), qui pourrait être expliqué par l'existence des étoiles et des autres luminaires célestes, qui sont partie de la Nature; *αὐτοπάτωρ* (= *née par elle-même, étant le père d'elle même*) et *ἀπάτωρ* (= *née sans père*), qui indiquent à la fois les opinions cosmologiques des Orphiques selon lesquelles le Cosmos serait existant de soi-même et un certain panthéisme; et la phrase *πάντων μὲν σὺ πατήρ, μήτηρ* [= *tu (est) le père et la mère de tout*], qui identifient la Nature comme la source de toute existence et de la vie. Nous croyons que ces vers qui caractérisent soit la Nature, soit le Cosmos, sont similaires à ceux qui désignent Ouranos, et indiquent que les conceptions du Ciel/Univers et de la Nature/Cosmos étaient presque les mêmes dans la pensée orphique. Enfin, le prédicat adverbial montre que le ciel agit et tourne indépendamment des désirs des humains, et se trouve en mouvement éternel (cf. aussi la n. 101, *supra*).

[108] Les idées cosmovisionnelles du vers précédent sont reprises ici. Le ciel, fils aîné du Cosmos (*πρεσβυγένεθλος*), est encore le commencement/origine de tout (*ἀρχὴ πάντων*) et la fin/but de tout (*πάντων τε τελευτή*). Ici il faudrait noter une similitude remarquable trouvée dans l'*Hymne à la Nuit* (voir ***3***: 1-3): « | Νύκτα θεῶν γενέτειραν ἀείσομαι ἠδὲ καὶ ἀνδρῶν. | {Νὺξ γένεσις πάντων, ἣν καὶ Κύπριν καλέσωμεν}. | [...] κυαναυγής, ἀστεροφεγγής | ». La nuit y est considérée comme la mère de tout, même des dieux et des humains, elle s'identifie à Aphroditē (~ Hathor), et est appelée bleuâtre–foncée et lumineuse par ses étoiles. Or la Nuit, déesse *creatrix* primordiale, s'identifie à la Nature et partiellement au ciel. Ailleurs, dans le même hymne, l'on trouve le vers suivant (voir ***3***: 10-11): « | ἣ φάος ἐκπέμπεις ὑπὸ νέρτερα καὶ πάλι φεύγεις | εἰς Ἀΐδην· δεινὴ γὰρ ἀνάγκη πάντα κρατύνει | ». Nous constatons qu'il existe ici un autre point commun entre les idées orphiques et les idées égyptiennes, soit la visite d'un Soleil Nocturne (~ Khnum–Rē', cf. Fig. IV.13), personnification de la nuit, à Hadès (~ *Dwꜣt*), qui illumine le royaume des ombres quotidiennement, amené par Anagkē (~ *Mꜣꜥt*, cf. § 3.3, *infra*) qui gouverne toute action cosmique (cf. aussi la n. 258, *infra*).

[109] Il s'agit ici d'un vers très important, qui —étant combiné avec le vers suivant— montre explicitement les conceptions astronomiques avancées des Orphiques. Ouranos est à la fois le père–cosmos et le père du cosmos (*κόσμος πατήρ*), tournant comme une sphère (*σφαιρηδὸν ἑλισσόμενος*) autour de la Terre (*περὶ γαῖαν*). Le ciel y est considéré comme le géniteur de tout et le père/ancêtre divin par excellence (voir aussi la n. 107, *supra*). Il est à noter que l'*hymnōdos* n'utilise pas l'adjectif *hémisphérique* pour décrire la forme et le trait principal du ciel. Il utilise en pleine conscience l'adverbe *sphériquement* (*σφαιρηδὸν*) et montre que hors de l'expérience commune quotidienne des anciens, les Orphiques ont conçu la conception de la voûte céleste comme une sphère virtuelle de rayon infini, qui entourait la Terre, cette dernière étant placée en son centre, juste comme dans l'Astronomie Sphérique de notre ère. Dès qu'on a recours à un autre hymne orphique, celui honorant la Nature, il devient évident que *Ouranos*/Ciel et *Physis*/Nature sont des catégories interchangeables, la Nature elle-même exprimant les traits principaux du Cosmos, c.-à-d. la rotation incessante et le changement continuel (voir ***10***: 22-23): « | ἀενάῳ

Οἶκε θεῶν μακάρων, ῥόμβου δίναισιν ὁδεύων[110],
Οὐράνιος χθόνιός τε φύλαξ πάντων περιβληθείς[111],
Ἐν στέρνοισιν ἔχων φύσεως ἄτλητον ἀνάγκην[112],
Κυανόχρως, ἀδάμαστε, παναίολε, αἰολόμορφε[113],

στροφάλιγγι θοὸν ῥύμα δινεύουσα, |πάνρυτε, κυκλοτερής, ἀλλοτριομορφοδίαιτε, |». Or, il est plausible de supposer que les Orphiques ne croyaient pas que la Terre était plate et infinie, mais ils la supposaient comme étant la partie centrale du Cosmos (géocentrisme archaïque), le fondement même sûr et ferme du monde immortel (voir ***26***, 4: «ἕδρανον ἀθανάτου κόσμου»), le centre du cosmos autour duquel les étoiles tournent sans cesse, selon l'*Hymne à Gaia* (voir ***26***: 8-9): «[…] | περὶ ἣν κόσμος πολυδαίδαλος ἄστρων | εἱλεῖται φύσει ἀενάῳ καὶ ῥεύμασι δεινοῖς. | […]». La conception visuelle que l'on a de la sphère céleste aujourd'hui est exactement la même (cf. le Chapitre II, § 3.1, *supra*). *Contra* Zhitomirsky (voir ZHITOMIRSKY, 2003: 81), qui se base sur des traductions en anglais du texte original des *Hymnes Orphiques* (qui souvent déforment le sens du texte ancien), nous croyons que l'*Hymne à Ōkeanos* ne prouve pas explicitement que les Orphiques croyaient que la Terre était plate et infinie (cf. ***83***: 3): «ὃς περικυμαίνει γαίης περιτέρμονα κύκλον». Il montre seulement que la «terre» mentionnée n'est pas la Terre comme planète, mais l'ensemble des pays connus à cette époque (~ *tꜣw*), qui étaient supposés entourés cycliquement par l'*Océan* (~ *Wꜣḏ-Wr*). Cf. aussi MARTÍNEZ–NIETO, 2000: 220 & n. 80.

[110] Le ciel est considéré comme la demeure (*οἶκος*) des dieux béats (*θεῶν μακάρων,*), qui se meut (*ὁδεύων*) en rotations (*δίναισιν*) d'une toupie virtuelle (*ῥόμβου*). Étant donné que les Orphiques connaissaient la vraie nature de la sphère céleste (voir n. 109), l'on pourrait supposer qu'ils conçurent aussi l'idée de la précession de l'axe terrestre (qui prend place juste comme le mouvement composite d'une toupie; voir le Chapitre II, § 3.4). Cette même idée y est exprimée indirectement, si l'on prend en compte les références caractéristiques de la note précédente de l'*Hymne à la Nature* et de l'*Hymne à Gaia.* Il est également possible que les Orphiques eussent conçu l'idée d'un axe virtuel de rotation de la Terre autour d'elle-même; cet axe (*pôle*) n'est que le *sceptre* de Gaia, qu'elle porte en dominant l'Univers assise sur son trône cosmique (voir ***27***: 4-5): « | σκηπτοῦχε κλεινοῖο πόλου, πολυώνυμε, σεμνή, | ἣ κατέχεις κόσμοιο μέσον θρόνον, οὕνεκεν αὐτὴ | γαῖαν ἔχεις [...] | ». Le géocentrisme des Orphiques est ici bien évident.

[111] Ici le ciel est caractérisé comme le gardien (*φύλαξ*) à la fois céleste (*οὐράνιος*) et terrestre (*χθόνιός τε*), qui a tout entouré (*πάντων περιβληθείς*). Il s'agit donc de la conception du ciel comme le divin élément cosmique qui englobe tout et garde tout, une idée trouvée aussi dans l'*Hymne à Atōn* du Roi Akhenaten (*ꜣḫw-n-Ỉtn*), où les mêmes principes sont rencontrés (voir *Grand Hymne à Atōn*: 2, 7): «*nb šnnt nbt* <*in*> *Ỉtn* [...] *stwt.k inḥw.zn tꜣw* [...] » (cf. GRANDET, 1995: 98-101; LICHTHEIM, **II**, 1976: 96 ff). Ces idées nous rappellent aussi le psaume hébraïque qui a possiblement subi des influences égyptiennes (cf. *Psalmi*, **104**, 2): «amictus lumine sicut vestimento, extendens cælum sicut velum». Enfin l'expression *gardien terrestre* pourrait également signifier la protection métaphorique que le ciel offre à la terre en la touchant virtuellement dans un grand cercle sur l'horizon, entourant tout ce qui est visible.

[112] Le ciel est le porteur de la *nécessité cosmique* (forme archétypique de la Ma'at), nommée *Anagkē* (*Ἀνάγκη*), donc de la loi céleste insatiable (*ἄτλητος*) et perpétuelle, dominatrice de la Nature (*φύσεως*), portée par lui dans sa poitrine (*ἐν στέρνοισιν ἔχων*). Le firmament, image céleste de l'harmonie de la création implique —par les mouvements réguliers et périodiques des corps célestes qui y sont visibles— l'ordre dans le Cosmos, qui est invincible à jamais (voir aussi notre discussion dans la section § 3.3, *infra*).

[113] Il s'agit ici d'un autre vers aux idées cosmovisionnelles importantes. Le ciel est caractérisé comme *bleu–ciel* (*κυανόχρως*), *inapprivoisable* (*ἀδάμαστος*), *tout–variable* (*παν-*

Πανδερκές, Κρονότεκνε, μάκαρ, πανυπέρτατε δαῖμον[114],
Κλῦθ' ἐπάγων ζωὴν ὁσίαν μύστηι νεοφάντηι[115].

Après l'étude scrupuleuse de cet hymne, il devient évident que la conception que les Orphiques se faisaient du ciel présente un aspect multiple. En effet, le ciel était considéré à la fois comme, soit: **(i)** une ancestrale divinité cosmique, toute puissante, ayant inclus les traits spécifiques d'une certaine cosmovision: Ouranos, personnification du Ciel et du Cosmos était la source de la création; **(ii)** le firmament étoilé, riche en sources astrales lumineuses, donc le lieu–scène de leur mouvement périodique; **(iii)** la voûte céleste, comme une sphère virtuelle qui englobe la Terre (qui se trouve en son centre) et tourne perpétuellement autour d'elle, en mouvement d'une infinie toupie cosmique, étant responsable de divers

---

αἰόλος) et *continuellement changeant-de-face* (*αἰολόμορφος*). Ce dernier adjectif nous rappelle *ἀλλοτριομορφοδίαιτος* (cf. ***10***: 23), un autre adjectif composite difficile à traduir par un seul mot dans n'importe quelle langage autre que la très riche langage hellénique. Il s'agit d'un mot exprimant la qualité pour le ciel de changer toujours de face à cause, soit: **(i)** De la rotation diurne de la Terre autour de son axe, qui crée la séquence journalière du jour et de la nuit; les Orphiques connaissaient ce phénomène. **(ii)** De la rotation annuelle terrestre autour du Soleil, qui crée le mouvement apparent du Soleil sur l'écliptique et le changement des saisons; les Orphiques connaissaient aussi ce phénomène astronomique [cf. e.g.: *Ἀργοναυτικά*: 538-39, 1031, avec l'utilisation des certains étoiles pour leur navigation sur la mer et afin de déterminer l'heure pendant la nuit]. **(iii)** De la précession des Équinoxes; il semble possible que les Orphiques connaissaient ce phénomène, ayant incorporé dans leur tradition astronomique les observations d'au moins 1000 ans avant leur ère (voir nn 9 & 110, *supra*). **(iv)** Du changement de la latitude géographique, qui n'est pas seulement responsable des phénomènes météorologiques différents, mais aussi de la capacité de pouvoir observer des constellations différentes quand on se meut considérablement vers le Nord ou vers le Sud d'une latitude moyenne comme celle d'Hellas; les Orphiques étaient aussi au courant de ce cas. Cela devient évident, dès qu'on considère les voyages dans divers pays (au moins dans la région de la Méditerranée), mentionnés [voir *Ἀργοναυτικά*: 103 (Égypte et Libye); 757 (Assyrie); 1051 (Caucase); 1078 (Scythie); 1174 (Océan Atlantique); 1249 (Gibraltar, Stèles d'Hercule), or dans une zone de ~ 15°]. Toutes ces idées sont évidentes quand on considère les hymnes examinés, dédiés au Soleil, à la Lune, ainsi que l'*Hymne aux Étoiles* (cf. ***8***, ***34***, ***9***, ***7***). À noter enfin l'observation des Orphiques concernant la couleur du ciel pendant le jour (bleu–ciel), qui est expliquée —selon la Physique moderne— par la loi de la dispersion de Rayleigh, ainsi que le changement du «visage céleste» à cause des différents phénomènes météorologiques qui prennent place dans l'atmosphère. L'utilité de celle-ci et l'ímportance de l'air pour la vie fut comprise par les Orphiques (cf. ***16***: 5), comme c'était le cas pour les Égyptiens (cf. *ṯ3w n ꜥnḫ*; voir § 3.2 (*passim*) & n. 237, *infra*; BICKEL, 1994: 220, n. 26).

[114] Voici un vers sans valeur astronomique particulière. Le dieu céleste y est caractérisé comme tout–voyant (*πανδερκής*), père du dieu Kronos (*Κρονότεκνος*), dieu fort puissant (*πανυπέρτατος δαίμων*) et béat (*μάκαρ*). Du point de vue cosmovisionnel, il faut remarquer que le ciel est tout–voyant, car il se place en haut, ayant donc un des traits principaux d'une divinité cosmique. L'adjectif *πανδερκής*, utilisé aussi à la fois pour le Soleil (voir ***8***: 1; ***34***: 8) et pour la Lune (voir ***9***: 7), est indicatif du fait que le ciel —comme les astres du jour et de la nuit— peut «voir» tout de «là-haut» où il se trouve.

[115] L'hymne se termine avec une invocation au dieu céleste (Ouranos), afin qu'il veuille écouter (*κλῦθι*) la prière d'un mystique (*μύστη*) nouveau converti (*νεοφάντη*), en lui apportant (*ἐπάγων*) une vie sainte (*ζωὴν ὁσίαν*).

phénomènes astronomiques (rotation annuelle et diurne de la Terre, précession, changement avec le lieu géographique, & c.) ou météorologiques (nuages, précipitations, changement de la couleur du ciel pendant la journée, & c.), qui sont liés au changement continuel de la forme céleste; et **(iv)** porteur–gardien de la Loi Universelle, qui implique l'harmonie céleste et se lie à la conception de la Ma'at. La Table IV.1 contient un sommaire des termes astronomiques et cosmovisionnels les plus importants, que l'on rencontre dans les hymnes étudiés (aux étoiles et au ciel), ainsi que de leur fréquence. L'utilisation de ces termes implique un cadre non seulement religieux, mais aussi astronomique (proto–scientifique).

Table IV.1: Quelques traits astronomiques/cosmovisionnels des étoiles (*) et du ciel, rencontrés dans l'*Hymne aux Étoiles* (*7*) et l'*Hymne à Ouranos* (*4*), et leur fréquence.

Termes Astronomiques, & c.	**Ligne du Passage**	**Fréquence**
ἀδάμαστος	*4*: 7	1
αἰολόμορφος	*4*: 7	1
*ἀνταυγεῖς**	*7*: 5	1
ἀρχὴ πάντων	*4*: 2	1
*ἀτειρεῖς (αἰὲν)**	*7*: 9	1
*αὐγάζοντες (ἀεὶ)**	*7*: 10	1
*γενετῆρες ἁπάντων (ἀεὶ)**	*7*: 5	1
διέποντες (θείαν θνητῶν) ἀταρπὸν	*7*: 7	1
*ἐννύχιοι**	*7*: 11	1
*ἐφορώμενοι ἑπταφαεῖς ζώνας**	*7*: 8	1
ἔχων φύσεως ἄτλητον ἀνάγκην	*4*: 6	1
*ἠερόπλαγκτοι**	*7*: 8	1
*ἱερὸν σέλας**	*7*: 1	1
κόσμος πατὴρ	*4*: 3	1
κυανόχρως	*4*: 7	1
*κυκλέοντες περιθρόνια**	*7*: 4	1
μέρος κόσμου ἀτειρὲς (αἰὲν)	*4*: 1	1
μοιρίδιοι / μοίρης σημάντορες**	*7*: 6	2
ὁδεύων ῥόμβου δίναισιν	*4*: 4	1
*οὐράνιοι**	*7*: 1, 3, 9	3
πανδερκὴς	*4*: 8	1
παγγενέτωρ	*4*: 1	1
παναίολος	*4*: 7	1
πανυπέρτατος	*4*: 8	1
περιβληθεὶς πάντων	*4*: 5	1
πρεσβυγένεθλος	*4*: 2	1
*πυρίδρομοι**	*7*: 9	1
*πυρόεντες**	*7*: 5	1
*στίλβοντες (μαρμαρυγαῖς)**	*7*: 11	1
σφαιρηδὸν ἑλισσόμενος	*4*: 3	1
τελευτὴ πάντων	*4*: 2	1
*τέκνα Νυκτὸς μελαίνης**	*7*: 3	1
φύλαξ (οὐράνιος / χθόνιος)	*4*: 5	2
*χθόνιοι**	*7*: 9	1

§ 2.2. Le Soleil

La conception que les Orphiques se faisaient du Soleil est très explicitement donnée dans l'*Hymne à Hēlios*, que l'on va étudier scrupuleusement *infra* (voir § 3.1). Ces idées astronomiques se complètent bien d'un autre hymne, dédié à une divinité hellénique solaire par excellence, soit Apollōn[116]. Cependant, à cause de sa longueur et du fait que plus de la moitié de cet hymne n'a pas de signification astronomique particulière, nos commentaires seront brefs dans le cas de ces vers. Voici, donc l'*Hymne à Apollōn/Hēlios*[117], que nous allons étudier.

Ἀπόλλωνος
(Θυμίαμα μάνναν)

Ἐλθέ, μάκαρ, Παιάν, Τιτυοκτόνε, Φοῖβε, Λυκωρεῦ[118],
Μεμφῖτ', ἀγλαότιμε, ἰήιε, ὀλβιοδῶτα[119],
Χρυσολύρη, σπερμεῖε, ἀρότριε, Πύθιε, Τιτάν[120],
Γρύνειε, Σμινθεῦ, Πυθοκτόνε, Δελφικέ, μάντι[121],
Ἄγριε, φωσφόρε δαῖμον, ἐράσμιε, κύδιμε κοῦρε[122],
† *Μουσαγέτα, χοροποιέ, ἑκηβόλε, τοξοβέλεμνε*[123],

---

[116] Voir par exemple *Fragmenta*: **32** (STEPHANI *et al.*, 1805: 490): «Ἥλιος, [...] Λητοῦς υἷ' ἑκηβόλε, [...] πανδερκές, ἠέλιε, χρυσέοισιν ἀειρόμενε πτερύγεσιν [...] ». Cf. aussi la n. 179, *infra* & MOREAU, 1996: 11-35.

[117] Voir QUANDT, ⁴1973: ***34***.

[118] Invocation d'Apollōn, avec des épithètes religieuses. Il s'agit ici d'un vers purement religieux, sans aucune sémantique astronomique ni cosmovisionnelle.

[119] Vers sans importance astronomique, présentant des épithètes divines caractéristiques. Pour l'adjectif *Memphite* (*Μεμφίτης*), voir la n. 41, *supra*.

[120] Le premier adjectif (*χρυσολύρης*) se trouve dans l'*Hymne à Hēlios* (voir ***8***: 9 & nos commentaires dans les nn 189 & 192). En ce qui concerne les adjectifs *spermique* (*σπερμεῖος*) et *labourant* (*ἀρότριος*) ils indiquent l'influence solaire sur l'atmosphère qui crée les précipitations et les phénomènes météorologiques indispensables pour l'agriculture.

[121] Vers sans importance astronomique, présentant des épithètes divines caractéristiques.

[122] Ibid. L'adjectif *photophore* (*φωσφόρος*) est discuté dans la n. 192, *infra*. En effet, le Soleil est la source principale d'énergie du système solaire. *Κύδιμος κοῦρος* n'est que l'aspect éternellement jeune du Soleil, pour lequel voir la n. 190, *infra*.

[123] Ici il faut discuter les deux derniers adjectifs, qui présentent une signification astronomique métaphorique. L'adjectif *archer effectif qui tire à distance* (*ἑκηβόλος*) et l'adjectif *archer* (*τοξοβέλεμνος*) indiquent la qualité du Soleil/Apollōn de pouvoir émettre ses rayons, qui sont comparés aux flèches effectives même à grande distance. Il s'agit ici d'une métaphore au point, qui pourrait être combinée avec l'adjectif *flamboyant de chemin* (*πυρίδρομος*), trouvé dans l'*Hymne à Hēlios* (voir ***8***: 11) et discuté dans la n. 191, *infra*. Le Soleil, pendant sa course journalière et annuelle chauffe et illumine tous les pays de la Terre. L'on pourrait comparer avec un vers qui vient d'ailleurs (voir *Ἀργοναυτικά*, 1125-27: « [...] *αἴγλης ἄμμοροί εἰσι πυριδρόμου ἠελίοιο*»). Après quoi, l'on peut donner ces conclusions: **(i)** Kimmeria était identique à la région de Kertch en Ukraine ($\phi \approx 45°$ N), où le Soleil culmine à une altitude seulement de $h \approx 21°$ au dessus de l'horizon local pendant le Solstice d'Hiver; **(ii)** il était impossible pour le Soleil de paraître si chaud comme c'est le cas aux latitudes plus australes; **(iii)** les Orphiques visitèrent plusieurs pays étrangers qui se trouvaient à des latitudes et longitudes diverses autour de la Méditerranée et utilisaient des méthodes de navigation de l'Astronomie Pratique, connaissant les diverses formes de la sphère céleste en fonction de la latitude géographique (cf. § 2.4

Βάκχιε καὶ Διδυμεῦ, † ἑκάεργε, Λοξία, ἁγνέ[124],
Δήλι' ἄναξ, πανδερκὲς ἔχων φαεσίμβροτον ὄμμα[125],
Χρυσοκόμα, καθαρὰς φήμας χρησμούς τ' ἀναφαίνων[126]·
Κλῦθί μου εὐχομένου λαῶν ὕπερ εὔφρονι θυμῶι[127]·
Τόνδε σὺ γὰρ λεύσσεις τὸν ἀπείριτον αἰθέρα πάντα[128]
Γαῖάν τ' ὀλβιόμοιρον † ὕπερθέ τε † καὶ δι' ἀμολγοῦ[129],
Νυκτὸς ἐν ἡσυχίαισιν ὑπ' ἀστεροόμματον ὄρφνην[130]

& n. 170, *infra*). Dans l'*Hymne aux Erinyai* (voir ***69***: 10), il y a un vers très caractéristique dans le même contexte: «οὔτε γὰρ ἡελίου ταχιναὶ φλόγες οὔτε σελήνης [...] », où l'*hymnōdos* parle de flammes (~ rayons) rapides du Soleil et de celles de la Lune.

[124] Vers sans importance astronomique particulière, présentant des épithètes divines caractéristiques. Apollōn est nommé *Bakchios* (*Βάκχιος*), ce qui prouve encore une fois sa relation archétypique avec Dionysos (voir § 1 & nn 17-18, *supra*). Il est aussi appelé *celui qui peut agir à grande distance* (*ἑκάεργος*), ce qui implique la capacité du Soleil d'illuminer et de chauffer même à une grande distance (cf. la note précédente).

[125] Il s'agit ici d'une invocation à Apollōn comme le roi de Dēlos (*Δήλιος ἄναξ*), dont l'œil divin est tout–voyant et illumine les mortels (*πανδερκὲς ἔχων φαεσίμβροτον ὄμμα*). À comparer avec un vers similaire de l'*Hymne à Hēlios* (voir ***8***: 1 & n. 181, *infra*).

[126] Vers sans importance astronomique particulière, présentant des qualités divines caractéristiques. Apollōn/Soleil est celui aux cheveux d'or (*χρυσοκόμης*), ce qui implique la couleur de l'astre du jour (cf. nn 120 & 182).

[127] Il s'agit ici d'un vers d'invocation purement religieux, sans aucune sémantique astronomique ni cosmovisionnelle. Apollōn/Soleil y est présenté comme le dieu universel qui doit —à la prière du prêtre orphique— prendre soin des tous les peuples (*εὐχομένου λαῶν ὕπερ*), ce qui nous rappelle les idées cosmopolites similaires trouvées dans l'*Hymne à Atōn* du Roi Akhenaten (voir *Grand Hymne à Atōn*: 65-84; cf. GRANDET, 1995: 111-13; LICHTHEIM, **II**, 1976: 98 ff), ainsi qu'un hénothéisme parallèle impliquant la providence divine pour tous les humains et l'harmonie de la création (voir 74-75 & 81): «*sʿnḫ rḫyt, mi ir.k sn n.k, nb.sn r-ḏr,* [...] *smnḫ wy sy sḫrw.k p3 nb nḥḥ!*».

[128] L'hymne devient d'ici très important au niveau astronomique et cosmovisionnel. Le Soleil voit (*λεύσσεις*) tout (*πάντα*) l'éther infini (*τὸν ἀπείριτον αἰθέρα*); cf. aussi *Ἀργοναυτικά*: 305. Si les Orphiques connaissaient bien que la lumière céleste est due au Soleil (voir ***8***: 2), ils étaient aussi au courant de la lumière crépusculaire et de son mécanisme naturel. Le sens de ce vers est seulement que la lumière solaire a besoin de l'atmosphère (~ éther), afin que le crépuscule prenne place et soit visible sur la Terre, ce qui est aussi évident dans l'*Hymne à la Nuit* (voir ***3***: 9), où il est dit que les transitions périodiques de la lumière pendant la nuit (crépuscule) prennent place dans l'atmosphère. Sur les idées égyptiennes cf. *CT*, **I**, 75: §§ 321d-322a et FAULKNER, 1973, **I**: 75 & n. 8; 85 & n. 7; *CT*, **VII**, 1003: § 220b et FAULKNER, 1978, **III**: 107 & n. 1 (cf. Chap. III, Table III.3: # 246).

[129] Le Soleil voit également la Terre bienheureuse (*Γαῖάν τ' ὀλβιόμοιρον*) de là-haut (*ὕπερθέ τε*), même dans l'obscurité (*καὶ δι' ἀμολγοῦ*). Ces vers sont également importants, en ce qu'ils nous offrent plus d'information sur le crépuscule. Le mot *ἀμολγὸς* est lié à l'obscurité crépusculaire qui est observable bien après le coucher du Soleil et avant son lever et peut bien durer 4 heures dans les lieux nordiques d'une latitude de plus de 50° (voir le Chapitre II, § 3.5, pour la définition astronomique du crépuscule; cf. aussi LIDDEL & SCOTT, 1968: art. «ἀμολγός»). Les Orphiques connaissaient de tels lieux nordiques (cf. *Ἀργοναυτικά*: 1050 ff & n. 123, *supra*), où pendant le Solstice d'Été il n'y avait pas de vraie nuit, mais de la lumière crépusculaire.

[130] Le Soleil est capable de voir même pendant les moments calmes de la nuit (*νυκτὸς ἐν ἡσυχίαισιν*), dans l'obscurité aux yeux d'étoiles (*ὑπ' ἀστεροόμματον ὄρφνην*). Il s'agit

---

ici d'un vers très poétique, selon lequel les traits principaux de la vraie nuit sont l'apparition des plusieurs étoiles au ciel, l'obscurité totale et la tranquilité paisible. *Contra* Chasapēs, qui a faussement dit que l'*aube* (*ἠὼς*) n'a pas d'hypostase significative chez les Orphiques (voir Χασαπησ, 1967: 43), nous constatons que: **(i)** L'aube est le résultat d'une géométrie astronomique certaine (qui concerne les positions relatives du Soleil et de la Terre), de l'existence de l'atmosphère terrestre, et est visible juste avant le lever du Soleil comme le précurseur rougeâtre du jour (voir ***78***: 1-5): « | [...] θνητοῖς φαεσίμβροτον ἦμαρ ἄγουσα, | Ἠὼς λαμπροφαής, ἐρυθραινομένη κατὰ κόσμον, | ἀγγέλτειρα θεοῦ μεγάλου τιτᾶνος ἀγαυοῦ, | ἣ νυκτὸς ζοφόεντα κελαινόχρωτα πορείην | ἀνατολίαις ταῖς σαῖς πέμπεις ὑπὸ νέρτερα γαίης· | ». **(ii)** L'importance de l'aube pour les Orphiques n'est pas évidente seulement par cette citation, mais aussi par l'ensemble de son hymne, certains vers de laquelle nous rappellent le *Grand Hymne à Atōn* (voir ***78***: 7-13 & cf. *Grand Hymne à Atōn*: 20 ff; Grandet, 1995: 103 ff). **(iii)** Nous signalons l'existence d'une divinité mineure hermaphrodite appelée Mēlinoē, fille de Ploutōn et Persephonē, personnification du crépuscule et de la lumière crépusculaire (voir ***71***: 8 & *passim*). Ce fait (entre autres) indique que les Orphiques étaient des observateurs de la Nature très attentifs, qui personnifiaient les divers phénomènes (non seulement très «importants» comme le Soleil et son action sur la Terre, mais le crépuscule et l'aube aussi) en archétypes divins. L'*aube* chez les Égyptiens (*ḥḏ tꜣ*) jouait aussi un rôle assez important (voir Spalinger, 1992b: 144-56) et était connue sous le nom *la fille de Nūt* (*zꜣt-Nwt*, cf. la n. 64 du Chapitre V); cf. aussi *Grand Hymne à Atōn*, 25-28: «*ḥḏ tꜣ, wbn.ti m ꜣḫt* [...] *di.k stwt.k, tꜣwy m ḥb rꜥ-nb*»). Notons enfin une autre référence aux phénomènes atmosphériques d'illumination du ciel par la lumière solaire, qui portent sur la clarté proéminente du ciel quand le vent du Nord souffle, selon l'*Hymne à Boreas* (voir ***80***: 5-6): « | [...] θαλερόμματον αἰθέρα τεύχων | † ἀκτίνες ὡς λάμπουσιν † ἐπὶ χθονὸς ἠελίοιο. | ». Cf. aussi la Table III.3: # 118.

[131] L'astre du jour peut voir tout, même sous les racines du monde (*ῥίζας νέρθε δέδορκας*), tout en possédant les extrêmes de tout le globe (*ἔχεις δέ τε πείρατα κόσμου] παντός*). Quelle est la signification de ce vers important? Le sens de ce vers, en combinaison avec les trois vers qui le précèdent est le suivant. L'hymnōdos évite très justement de dire que le Soleil se meut autour de la Terre (ce qui semble être l'expérience collective quotidienne), en disant seulement qu'il «voit» en haut (*λεύσσεις ὕπερθέ τε*) et en bas (*νέρθε δέδορκας*). De cette façon il présente correctement à la fois l'illumination du ciel (quand le Soleil se trouve au dessus de l'horizon) et les phénomènes crépusculaires (quand il se trouve desous l'horizon après son coucher). En plus il nous dit que le Soleil est visible en plusieurs lieux de la Terre de latitudes différentes, selon l'Astronomie Pratique. De cette façon, il donne une représentation visuelle des catégories *haut* (dessus) et *bas* (dessous), en utilisant des termes astronomiques. Enfin nous pouvons supposer qu'il dit indirectement mais clairement que l'axe terrestre doit être penché sur l'écliptique, parce qu'il combine dans cet hymne (voir *infra*) l'existence des saisons avec les zones diverses de la Terre et leur population. Il faut ajouter un autre passage très caractéristique qui prouve notre opinion: «Οὐ μόνοι οἱ μαθηματικοὶ λέγουσι περὶ τοῦ μὴ πᾶν κλῖμα πρὸς ἀνθρώπων οἴκησιν σύμμετρον, ἀλλὰ καὶ ὁ Ὀρφεὺς οὑτωσὶ διορίζων. Διώρισε δ' ἀνθρώποις: χωρὶς ἀπ' ἀθανάτων ναίειν ἕδος, ᾗ μέσος ἄξων ἠελίου τρέπεται ποτινεύμενος, οὔτε τι λίην ψυχρὸς ὑπὲρ κεφαλῆς, οὔτ' ἔμπυρος, ἀλλὰ μεσηγύς» (voir Proklos, *Εἰς Τίμαιον*, **1**, 38: 7; *Fragmenta*: **19**; Stephani *et al.*, 1805: 480). À noter que le mot *incliné* (voir Liddel & Scott, 1968: art. «ποτινεύμενος») est très rare (nous dirions même qu'il montre une certaine préciosité, un élitisme connu des Orphiques) et sa signification absolument astronomique est évidente (cf. aussi Eusebios, *Εὐαγγελικὴ προπαρασκευή*, **XII**: 12). Or, les Orphiques connaissaient les paramètres astronomiques de la Terre et du Soleil.

Παντός· σοὶ δ' ἀρχή τε τελευτή τ' ἐστὶ μέλουσα[132],
Παντοθαλής, σὺ δὲ πάντα πόλον κιθάρηι πολυκρέκτωι[133]
Ἁρμόζεις, ὁτὲ μὲν νεάτης ἐπὶ τέρματα βαίνων[134],
Ἄλλοτε δ' αὖθ' ὑπάτην, ποτὲ Δώριον εἰς διάκοσμον[135]
Πάντα πόλον κιρνὰς κρίνεις βιοθρέμμονα φῦλα[136],

---

[132] Cette capacité miraculeuse du Soleil divinisé est due selon l'*hymnōdos* au fait qu'il est le commencement pendant le passé (*σοὶ δ' ἀρχή τε*) et la fin de tout pendant le futur distant (*τελευτή τ' ἐστὶ μέλουσα*). Nous remarquons que deux comparaisons sont ici à faire. Tout d'abord, il faut se référer à un fragment orphique (*Fragmenta*: **39**) relatif, où Zeus est la *vie* (*ζωὴ*) des animaux, des humains et le commencement de tout (voir STEPHANI *et al.*, 1805: 495); or, il s'identifie à Apollōn/Hēlios dans le contexte de sa prépondérance à la fois syncrétique et hénothéiste. Notre seconde obsevation concerne une comparaison avec les textes funéraires égyptiens. Dans le *BD* il existe un passage eschatologique intéressant où le créateur solaire suprême Rē'–Atoum prédit la fin catastrophique de l'Univers, qui détruira tout humain et tout dieu à l'exception de lui et d'Osiris (voir *BD*, **175**: 16 ff dans *pBM 10470*; FAULKNER & GOELET, ²1998: pl. 29): le Cosmos reviendra en état d'inertie dans l'Océan du Nūn et le dieu solaire sera transformé en serpent gigantesque, forme archétypique d'*ouroboros* (cf. aussi *CT*, **VII**, 1130: §§ 461c-471g; *CT*, **II**, 80: §§ 27d -43h). Or, à la fois chez les Égyptiens et chez les Orphiques l'on rencontre des idées pareilles qui nous étonnent par la similarité des conceptions archétypiques cosmovisionnelles et même eschatologiques. Certes, dans le cas de ce vers de l'*Hymne à Apollōn*, l'*hymnōdos* n'est pas aussi explicite concernant la façon dont se déroule la fin cosmique; il signale quand même que seul le dieu solaire suprême survivra dans l'éternité.

[133] Dieu suprême et créateur des créateurs, le Soleil reste toujours jeune et frais (*παντοθαλής*); en plus, il harmonise (*] ἁρμόζεις*) chaque pôle (*πάντα πόλον*) avec sa cithare multi–sonore (*κιθάρῃ πολυκρέκτῳ*). Le Soleil, comme musicien divin (cf. aussi ***8***: 9), harmonise chaque vue de la sphère céleste avec son instrument musical à trois cordes frottées. Le fait que le mot *pôle* (*πόλος*) ici est équivalent à la sphère céleste est déduit très facilement. Ce mot en général signifie soit: **(i)** le pôle, comme on le comprend aujourd'hui (pôles de la Terre); **(ii)** l'axe de rotation d'un corps céleste; **(iii)** une sphère (voire la sphère céleste) ou un corps céleste qui tourne autour de son axe; **(iv)** un bâton que l'on utilise pour éffectuer des mesures topographiques ou géodésiques. Certes, le quatrième sens est immédiatement exclu pour des raisons évidentes. Les deux sens initiaux le sont aussi, parce que l'*hymnōdos* utilise le pronom *πάντα* et les formes verbales *ἁρμόζεις* et *κιρνὰς* (voir les vers suivants), qui feraient que le sens propre du vers examiné est déraisonnable. Notre argument définitif est une référence explicite dans un autre texte orphique (voir *Ἀργοναυτικά*: 565-66), où le sens du mot *pôle* est identique à celle de la *sphère céleste*: «κατ' ὀρφναίοιο πόλου χρυσήνιος Ἠὼς ἀνατολίας ἤνοιγεν, ἐδέχνυτο δ' οὐρανὸς ὄρθρον» (= l'Aube ouvrait le lever sur la sphère obscure nocturne, pendant que le ciel recevait les matines). Ce vers (e.g.: ***34***: 16), en combinaison avec ceux qui suivent, devient particulièrement important au niveau astronomique et cosmovisionnel.

[134] Le Soleil, Grand Musicien divin par excellence et empereur cosmique, harmonise le monde qu'il domine (*ὁτὲ μὲν*) en jouant jusqu'à ses extrêmes (*ἐπὶ τέρματα βαίνων*) la corde qui produit des fréquences sonores hautes (*νεάτης*). Ces fréquences gaies correspondent à l'Été et font du Soleil un régulateur céleste des saisons.

[135] D'autres fois (*ἄλλοτε*) il joue la corde de sa cithare cosmique qui produit les fréquences sonores les plus basses (*ὑπάτην*). Ces fréquences «lourdes» correspondent à l'Hiver. En tant que harmoniste cosmique le Soleil utilise quelquefois (*ποτὲ*) la manière (*διάκοσμον*) du Mode Dorien (*Δώριον*). Cette dernière aux fréquences moyennes correspond à la fois au Printemps et à l'Automne.

Ἁρμονίῃ κεράσας {τὴν} παγκόσμιον ἀνδράσι μοῖραν[137],
Μίξας χειμῶνος θέρεός τ' ἴσον ἀμφοτέροισιν[138],
Εἰς ὑπάτας χειμῶνα, θέρος νεάταις διακρίνας[139],
Δώριον εἰς ἔαρος πολυηράτου ὥριον ἄνθος[140].
Ἔνθεν ἐπωνυμίην σε βροτοὶ κλῄζουσιν ἄνακτα[141],
Πᾶνα, θεὸν δικέρωτ', ἀνέμων συρίγμαθ' ἱέντα[142].

---

[136] Le Soleil, en tant que dieu suprême qui prend soin de sa création, combine (*κιρνὰς*) chaque pôle (*πάντα πόλον*), tout en séparant (*κρίνεις*) les races humaines qui vivent et se nourrissent (*βιοθρέμμονα φῦλα*) dans leurs pays. Il s'agit ici d'un vers très important du point de vue astronomique et cosmovisionnel. Les diverses races humaines sont comprises indirectement comme le résultat de l'action du Soleil, qui est aussi responsable — par son mouvement apparent annuel et diurne (parce que ce n'est que la Terre qui se meut autour de lui)— du changement de vue de la sphère céleste. Ces mêmes races (*φῦλα*) jouissent de l'harmonie des saisons afin d'utiliser les sources terrestres (***26***: 2-3; ***10***: 12, 19 & *passim*; *27*: 1, 9, 13; & c.) pour se nourrir et vivre.

[137] De cette façon, le Soleil constitue le régulateur cosmique qui harmonise (*κεράσας ἁρμονίῃ*) le destin universel (*τὴν παγκόσμιον μοῖραν*) des humains (*ἀνδράσι*). Il est évident que dans l'harmonie des saisons (même la durée estivale et hivernale sont pareilles; voir *infra*) les humains se sentent à l'aise. En effet, le Soleil, identifié aussi à Hēraklēs, archétype du passage du temps, parcourt l'écliptique, en passant par les 12 constellations zodiacales (qui sont symbolisées par ses 12 actes héroïques) et en nous donnant le sens du temps, comme l'aube succède l'aube et les jours passent (voir ***12***, 11-12: « | ὃς περὶ κρατὶ φορεῖς ἠῶ καὶ νύκτα μέλαιναν, | δώδεκ' ἀπ' ἀντολιῶν ἄχρι δυσμῶν ἆθλα διέρπων | »). Or, le Soleil/Hēraklēs/Chronos est justement appelé *le père du temps* (voir aussi ***12***, 3: «χρόνου πάτερ»). Sur l'aspect calendrique de la Lune, cf. ***9***: 5 & n. 152, *infra*; voir aussi notre discussion dans § 3.3, *infra*. Enfin, nous signalons l'existence d'un commentaire relatif à notre discussion (cf. Proklos, *Εἰς Πλάτωνα Τίμαιον*, **38**^{C}, 44): «Οἵ τε μῦθοί φασιν οἱ παρ' Ἕλλησιν, ἥ τε τῶν Αἰγυπτίων ἐνδείκνυται παράδοσις περὶ ἡλίου λέγουσα μυστικῶς ὡς διαφόρους ἐν τοῖς ζῳδίοις ἀμείβοντος μορφάς».

[138] Ayant à ce propos fait (*μίξας*) égales (*ἴσον*) à la fois (*ἀμφοτέροισιν*) la durée d'Été (*θέρεός*) et d'Hiver (*χειμῶνος*). L'époque durant laquelle les idées de cet hymne furent conçues présentait un trait extraordinaire, facilement observable et mesurable (nous connaissons l'utilisation des *clepsydres* (*dbḥw*) avec un *terminus a quo* le règne d'Aménophis III en Égypte; voir Sloley, 1931: 166-78; Pogo, 1936: 403-25; Cotterel *et al.*, 1986: 31-50; Corteggiani, ^{2}1986, 98-99: # 57; von Bomhard, 2000: 15-17 & figs 11-12; il nous semble probable que le cas est le même chez les Orphiques). En effet, si les Orphiques étaient capables d'apercevoir l'égalité de l'Été et de l'Hiver, il en fut sans aucun doute de même en ce qui concerne l'inégalité entre le Printemps et l'Automne (voir la n. 58, *supra*). Sur ce sujet et la datation des idées astronomiques et cosmovisionnelles des *Hymnes Orphiques* de c. 1366 BCE, cf. aussi les nn 42-43, *supra* & la n. 189, *infra*.

[139] Ayant également classé (*διακρίνας*) l'Hiver dans les fréquences musicales basses (*εἰς ὑπάτας χειμῶνα*), tandis que l'Été est dans les fréquences musicales hautes (*θέρος νεάταις*). Voir à ce propos les nn 134-35, *supra*.

[140] Le Soleil a aussi fixé le Mode Dorien (*Δώριον*, qui correspond aux fréquences moyennes) à la saison du Printemps (*εἰς ἔαρος*), qui est honorée et tant désirée (*πολυήρατον*) comme une fleur (*ἄνθος*) qui vient de bonne heure (*ὥριον*). Voir à ce propos les nn 134-35, *supra*.

[141] Il s'agit ici d'un vers purement religieux, sans aucune sémantique astronomique ni cosmovisionnelle. La dominance et la supériorité du Soleil/Roi Cosmique y sont exaltées.

Οὕνεκα παντὸς ἔχεις κόσμου σφραγῖδα τυπῶτιν[143].
Κλῦθι, μάκαρ, σώζων μύστας ἱκετηρίδι φωνῆι[144].

Nous allons donner des conclusions générales sur les conceptions des Orphiques pour le Soleil après notre analyse de l'*Hymne à Hēlios* (voir § 3.1, *infra*).

---

[142] Le contexte de ce vers n'est pas seulement astronomique mais aussi météorologique. Le dieu solaire y est identifié à Pan (*Πᾶν*), la divinité à deux cornes (*θεὸς δίκερως*), l'*aulos* divin duquel produit (*ἱέντα*) les sifflements des vents (*ἀνέμων συρίγμαθα*). Le Soleil n'est pas seulement responsable de l'illumination de la Terre (il est évident que les Orphiques connaissaient qu'elle ne produit pas de lumière propre; cf. n. 122, *supra*), mais aussi de divers phénomènes atmosphériques. À ce propos, le moteur physique des vents n'est que le Soleil, quelque chose que les Orphiques connaissaient. Cette métaphore avec le Soleil identifié à Pan, qui joue son *aulos* en produisant des sifflements du vent qui circulent dans l'atmosphère est très jolie. En effet, les Orphiques connaissaient aussi pratiquement les mécanismes pour les phénomènes atmosphériques suivants: **(i)** les vents et leur mouvement à cause du Soleil et du transport global des masses d'air (voir ***34***: 25; ***16***: 3-4, 8; ***80***: *passim*; ***81***: *passim*; ***82***: *passim*); **(ii)** les précipitations et les tonnerres comme les résultats des nuages (***16***: 4; ***19***: *passim*; ***20***: *passim*; ***21***: *passim*; ***80***: 2-4; ***82***: 3); **(iii)** la liaison entre la couleur bleue du ciel pendant le jour et l'atmosphère (voir ***4***: 7; ***16***: 1). Si pour les Égyptiens d'antan le dieu de l'atmosphère, du vide entre le ciel et la terre et de la lumière, était Shū (*Šw*, voir FAULKNER, 1964: 266-70; TE VELDE, 1981-82: 23-28; BICKEL: 129-136), pour les Hellènes la personnification de l'atmosphère était Hēra et le dieu des vents Aiolos. À noter enfin l'identification de Pan à Mīn (*Mnw*) par les Hellènes (voir MARAVELIA & KLADAKI–MANOLI, 2004: 5 & n. 3). Donnons quelques observations sur le symbolisme astronomique et cosmovisionnel des cornes. Selon un commentaire de Proklos (*Εἰς Ἡσιόδου Ἔργα*; voir *Fragmenta*: **36**; cf. STEPHANI *et al.*, 1805: 493), le premier mois de l'an orphique était nommé *bœuf unicorne* (*μονόκερως μόσχος*), ce qui pourrait indiquer l'origine et l'évolution graduelle des idées astronomiques orphiques très ancienne, dès le commencement du 2e Millénaire, quand l'Équinoxe de Printemps se situait dans le Taureau (voir § 1, *supra*). Par conséquent il semble probable que les Orphiques célébraient leur *Jour de l'An* pendant l'Équinoxe de Printemps. D'ailleurs, il est clair que les cornes ne sont pas un trait exclusivement utilisé pour désigner *ad hoc* la Lune (voir ***9***: 2 & n. 149, *infra*). Dans l'*Hymne à Persephonē* (voir ***29***: 9, 11), qui incarne l'archétype de la vielle Lune Obscure, elle est caractérisée à la fois comme *celle qui joue avec les Heures* (*Ὡρῶν συμπαίκτειρα*) et *cornue* (*κερόεσσα*). Or, son symbolisme lunaire et calendrique (mesure du temps) est évident. Pour les Heures, voir ***43***: *passim*.

[143] À cause de tout cela (*οὕνεκα*), Apollōn/Soleil est considéré comme le possesseur (*ἔχεις*) de l'estampe cosmique (*σφραγῖδα*) du monde entier (*κόσμου παντός*), qui est fait en relief (*τυπῶτις*). Nous avons ici une métaphore irrésistible, qui nous a amenée à faire une comparaison *mutatis mutandis* avec les cônes funéraires égyptiens. Ces petits objets du culte funéraire —faits de terre cuite (H $\leq$ 15 cm)— étaient coniques et leur base circulaire portait des inscriptions en hiéroglyphes avec le nom, les titres et quelquefois la généalogie du défunt (voir *BMD*, 1996, 104-05: art. «funerary cones»). La base circulaire symbolisait le Soleil qui entourait tout [cf. le verbe *šn(i)*; voir *Wb.*, **IV**: 489 ff; *EG*: 74] et protégeait le décédé, en l'amenant vers la résurrection. Ces cônes sont comme des estampes solaires virtuelles, et nous rappellent le vers où le Soleil est indirectement considéré comme le créateur et l'estampe archétypique du système solaire, ce qui est absolument vrai du point de vue astronomique et cosmogonique. Ce vers (cf. aussi ***8***: 11, 16) prouve l'héliocentrisme des Orphiques (cf. les nn 191, 196, *infra*; QUANDT, [4]1973: 28 & n. 26).

[144] Il s'agit ici d'un vers purement religieux, sans aucune sémantique astronomique ni cosmovisionnelle. L'*hymnōdos* prie Apollōn/Soleil divinisé de sauver ses adorateurs.

§ 2.3. La Lune

La conception de la Lune chez les Orphiques, comme source de lumière nocturne, régulatrice du temps et des mois, ainsi que divinité importante, à la fois identifié à Artemis[145] et Hekatē[146], était très importante, comme cela devient évident par son propre hymne, *l'Hymne à Selēnē*[147], que nous examinerons.

Εἰς Σελήνην
(Θυμίαμα ἀρώματα)
Κλῦθι, θεὰ βασίλεια, φαεσφόρε, δῖα Σελήνη[148],
Ταυρόκερως Μήνη, νυκτιδρόμε, ἠεροφοῖτι[149],

---

[145] Cette relation est évidente si l'on considère certains vers de l'*Hymne à Artemis* (***36***: 3, 6-7, 11-12); voir *infra*. Nous signalons qu'Artemis (~ Lune) était la sœur d'Apollōn (~ Soleil). Si Apollōn était connu comme *Loxias*, Artemis était également connue comme *Loxō* (*λόξωσις*, qui est lié à l'*obliquité* de l'écliptique); cf. Nonnos, *Διονυσιακά*, **XLIII**, 334. Sur l'obliquité de l'écliptique, voir le Chapitre II, § 3.1 & Fig. II.6, *supra*. Nous signalons qu'Artemis fut identifiée par les Hellènes à Bastet, une déesse qui était liée aussi à la Lune (voir LURKER, [4]1986, 32: art. «Bastet»), étant la fille de Rēʿ (HART, 1986: 54), et présentant un caractère astral/décanal (voir KÁKOSY, 1982: 179).

[146] Cette relation est évidente si l'on considère certains vers de l'*Hymne à Hekatē* (***1***: 1, 5, 7). À noter aussi la relation d'Hekatē (Hekatē Trimorphos) et d'Artemis à la magie (cf. *Ἀργοναυτικά*: 900 ff), et au passage du temps, symbolisant les «trois âges des humains» (*Nouvelle Lune* et *Lune Croissante*: naissance, jeunesse et virginité; *Pleine Lune*: maturité et maternité; *Lune Décroissante* et *Lune Obscure*: vieillesse et la mort). Hekatē, étant une déesse noctambule, gardienne des chemins (*εἰνοδία, τριοδῖτις*), est liée à Selēnē (voir ***1***: 1; *Fragmenta*: **34**). Sur la «magie» de la Lune, voir ΜΑΡΑΒΕΛΙΑ, 2003b: 114-15, 297.

[147] Voir QUANDT, [4]1973: ***9***. Cf. aussi *Ὀρφεὺς πρὸς Μουσαῖον*, 4: «Μήνης θ' ἱερὸν σέλας». Pour un hymne égyptien à la Lune Croissante, voir HERBIN, 1982: 237-82.

[148] L'hymne commence par l'invocation à l'impératif (*κλῦθι*) de la Lune (*Σελήνη*), déesse et reine (*θεὰ βασίλεια*) divine (*δῖα*), qui est la porteuse de la lumière (*φαεσφόρος*). En effet, la Lune est le luminaire nocturne par excellence, illuminant le ciel et la terre pendant la nuit quand elle est visible. Nous notons que Hekatē dans son hymne homonyme (voir ***1***: 7, 8) est également caractérisée comme *reine* (*βασίλεια, ἄνασσα*) et *princesse* (*ἡγεμόνη*). Dans l'*Hymne à Artemis* (voir ***36***: 1, 11) elle est aussi caractérisée comme *reine (absolue)* [(*παμ*)*βασίλεια*], ainsi que comme *toujours présente* (*αἰὲν ἐοῦσα*).

[149] La Lune est caractérisée comme un Ménisque divinisé (*Μήνη*) à cornes du taureau (*ταυρόκερως*), ainsi que comme celle qui prend les rues nocturnes (*νυκτιδρόμος*) et celle qui passe par l'air (*ἠεροφοῖτις*). C'est un vers très important dans le contexte astronomique et cosmovisionnel. Le ménisque lunaire juste avant la Nouvelle Lune et juste après la Nouvelle Lune resemble fort bien aux cornes d'un taureau céleste lumineux. La Lune est celle de la nature tauroïde (*ταυροφυής*) et celle aux yeux du taureau (*ταυρῶπις*), comme il est dit d'elle dans un *Hymne Magique* (voir *Μαγικοὶ Ὕμνοι*, **5**: 32; cf. ABEL, 1885: 98; cf. aussi *SYMBOLS*, 1996: 132-33). Elle est également l'*élévation du taureau*, et vice versa (voir Porphyrios, *Περὶ ἄντρου νυμφῶν*, **18**: 47, 50). Dans la tradition indienne (cf. *Sāma Veda*, **II**, 2, 1: 3; CHAND, [2]1981), le «nom du Soleil–Taureau–Créateur» est reconnu dans «la Maison de la Lune», où l'Équinoxe de Printemps prenait place avant le 18e siècle BCE (voir § 1: vi & Fig. IV.6). À noter aussi que selon les arbitraires croyances astrologiques, la Maison de la Lune n'est que la constellation du Taureau. Bien sûr, la Lune passe apparemment par toutes les douze constellations zodiacales, qui étaient confiées à Hekatē, dont le nombre symbolique était le 12 (*δωδεκάς*). C'est pourquoi elle est appelée *celle qui conduit un char des taureaux, la reine qui possède les clés de tout le monde* (*ταυροπό-*

Ἐννυχία, δαιδοῦχε, κόρη εὐάστερε † Μήνη[150],
Αὐξομένη καὶ λειπομένη, θῆλυς τε καὶ ἄρσην[151],
Αὐγάστειρα, φίλιππε, χρόνου μῆτερ φερέκαρπε[152],
Ἠλεκτρίς, βαρύθυμε, καταυγάστειρα, † νυχία[153],

λος, παντὸς κόσμου κληδοῦχος ἄνασσα) dans son hymne homonyme (voir ***1***: 7); elle est donc liée à la Lune. Dionysos Trietērikos est aussi un porteur des cornes du taureau (voir ***52***: 2). La Lune est ici conçue à la fois comme une divinité cosmique à grand pouvoir, et comme le luminaire qui suit rapidement les rues de la nuit. La liaison de la Lune avec la Titanide Theia (cf. aussi la n. 182, *infra*) est l'origine de cette observation, car le verbe *θέω* (> *Θεία*) signifie *courir*. La Lune, donc, parcourant l'espace cosmique, est considérée comme la passeuse de l'air (*ἠεροφοῖτις*); en effet, cet adjectif est lié aux phases de la Lune, parce qu'il peut signifier son apparition soudaine, juste au temps de la Nouvelle Lune.

[150] Le fait que la Lune est visible par excellence pendant la nuit est ici montré, lorsqu'elle est caractérisée à la fois comme noctambule (*ἐννυχία*) et portant la torche (*δαιδοῦχος*), juste comme Artemis dans son hymne homonyne (voir ***36***: 3). Il s'agit ici d'une métaphore archétypique anthropomorphique irrésistible, qui est passée dans l'iconographie même de la déesse Hekatē Trimorphos, qui porte des torches dans ses mains (cf. la stèle HC7 du MMA). Ensuite, la Lune est caractérisée comme la fille toute lumineuse (*κόρη εὐάστερος*), étant encore une fois personnifiée comme le divin Ménisque (*Μήνη*). Suivant sa qualité de corps céleste très lumineux, elle illumine comme les belles étoiles; suivant ses phases proéminentes, elle apparaît comme une petite/jeune fille au commencement du mois lunaire; enfin, suivant également ses phases, elle apparaît comme un ménisque avant le Premier Quartier et après le Dernier Quartier. La Pleine Lune fut appelée *ménisque plein* (*πλήθουσα μήνη*) par les Orphiques (cf. *Ἀργοναυτικά*: 1114).

[151] Allusion métaphorique aux phases lunaires. La Lune est caractérisée comme croissante et décroissante (*αὐξομένη καὶ λειπομένη*), ainsi que comme femelle et mâle (*θῆλυς τε καὶ ἄρσην*). Lorsqu'on distingue deux catégories «opposées» des phases lunaires, soit les *croissantes* et les *décroissantes*, les premiers adjectifs n'ont besoin d'aucune explication supplémentaire. Ceux qui les suivent montrent une dualité archétypique, qui est considérée comme trait principal de la Lune, et même de la Nature. De cette façon, le fait que le ménisque lunaire croissant est toujours tourné vers l'Est, tandis que le ménisque de la Lune Décroissante est toujours tourné vers l'Ouest, est proprement exprimé. Nous notons qu'Artemis dans son hymne homonyme (voir ***36***: 7) est également caractérisée comme *celle qui a la forme mâle* (*ἀρσενόμορφος*). Voir aussi QUANDT, ^{4}1973: 9 & n. 4^{2}.

[152] Voici encore un vers qui fait l'éloge de la Lune, comme une divinité cosmique qui influencerait la vie terrestre. La Lune est la lumineuse (*αὐγάστειρα*), celle qui aime les chevaux (*φίλιππος*) et porte l'abondance des fruits (*φερέκαρπος*). Il s'agit ici des croyances astrologiques qui sont confirmées par Tzetzēs (voir Tzetzēs, *Εἰς Ἡσιόδου ἔργα*, 368, 778, 804; *Fragmenta*: **37**, **41**; cf. STEPHANI *et al.*, 1805: 497), quand il se réfère aux autres passages qui sont supposés orphiques (voir nos commentaires dans la § 2.4, *infra*). Selon ces croyances il faut suivre les cycles lunaires et les influences hypothétiques des constellations zodiacales pour planter, & c. Mais la vraie importance de ce vers se trouve ailleurs: la Lune y est caractérisée comme la *mère du temps* (*χρόνου μήτηρ*). En effet, le mouvement périodique mensuel de la Lune constitue un des paramètres importants que les anciens observèrent afin de mesurer le temps et de fonder leur calendrier (pour des détails astronomiques sur la Lune, ses phases et le calendrier, voir le Chapitre II, §§ 1.1, 1.3, *supra*). Les Orphiques étaient au courant de cela, comme on le voit par cet hymne.

[153] La Lune, parcourant son chemin cosmique, est considérée comme un luminaire à couleur d'ambre (*ἠλεκτρίς*), en humeur maussade (*βαρύθυμος*), à cause du fait que l'on dort pendant la nuit quand elle est proéminemment visible au ciel; elle est également pleine de

Πανδερκής, φιλάγρυπνε, καλοῖς ἄστροισι βρύουσα[154],
Ἡσυχίηι χαίρουσα καὶ εὐφρόνηι ὀλβιομοίρωι[155],
Λαμπετίη, χαριδῶτι, τελεσφόρε, νυκτὸς ἄγαλμα[156],
Ἀστράρχη, τανύπεπλ', ἑλικοδρόμε, πάνσοφε κούρη[157],
Ἐλθέ, μάκαιρ', εὔφρων, εὐάστερε, φέγγεϊ τρισσῶι[158],

---

lumière (*καταυγάστειρα*) et nocturne (*νυχία*). Il est vrai que pendant la Pleine Lune la terre est considérablement lumineuse, ce qui fut observé dès les premiers siècles même de la période néolithique, quand les bases rudimentaires de l'Astronomie eurent été posées.

[154] La Lune est encore l'œil cosmique qui voit tout (*πανδερκής*), celle qui est réveillée pendant la nuit (*φιλάγρυπνος*); celle qui cache virtuellement la lumière des étoiles faibles, étant accompagnée seulement par des étoiles brillantes (~ belles), comme il est exprimé lyriquement (*καλοῖς ἄστροισι βρύουσα*). Le fait que les Orphiques observèrent ce trait de la Lune (qui devient particulièrement évident pendant la phase de la Pleine Lune) est aussi démontré par l'adjectif *celle qui est un manteau stellaire* (*ἀστροχίτων*), rencontré ailleurs (voir *Ἀργοναυτικά*: 514). À noter une référence très poétique similaire (à la brillance argentée de la terre pendant la Pleine Lune et le fait qu'elle cache les étoiles) dans les fragments de Sapphō, discuté dans MARAVELIA, 2001i: 75, pl. 1: # 10 & 79.

[155] La Lune, étant le luminaire nocturne par excellence, est ici personnalisée en tant que divinité noctambule qui jouit le silence (*ἡσυχίη χαίρουσα*) de la nuit (*εὐφρόνη*), cette dernière étant nommé bienheureuse (*ὀλβιόμοιρος*). Il s'agit ici d'une autre description particulièrement lyrique d'une nuit calme et paisible en Pleine Lune.

[156] La Lune est également la brillante (*λαμπετίη*), celle qui offre des faveurs (*χαριδῶτις*) et celle qui aide à leur accomplissement (*τελεσφόρος*); elle est encore un vrai bijou céleste (*νυκτὸς ἄγαλμα*) qui orne le firmament chaque nuit, dès qu'elle est visible.

[157] Le luminaire de la nuit est ici caractérisé comme la reine des étoiles (*ἀστράρχης*), celle qui porte le voile long (*τανύπεπλος*), la fille toute–savante (*πάνσοφος κούρη*); elle est enfin celle qui suit la route hélicoïdale (*ἑλικοδρόμος*). Il faut remarquer que la première qualité de la Lune est expliquée très facilement par le fait qu'elle couvre les étoiles par sa lumière (cf. la n. 154, *supra*); la deuxième qualité est une image très lyrique, qui personnifie la Lune comme une *korē* voilée par un vêtement céleste; comme une jeune fille divine, elle est donc très sage et savante, ce qui pourrait en plus expliquer le fait qu'elle constitue la norme et la juste mesure calendrique du temps (cf. la n. 152, *supra*). Nous signalons que l'adjectif *ἑλικοδρόμος* n'est pas utilisé ici par hasard (l'*hymnōdos* ne dit pas *κυκλέουσα* ou bien *κυκλοδρόμος*; en effet aucun mot n'est utilisé par les Orphiques sans raison importante); cela montre que les astronomes orphiques étaient fort capables d'observer la vraie nature du mouvement apparent lunaire sur la sphère céleste, qui semble très rapide et complexe (voir aussi l'observation de la n. 149 concernant Theia). Il est vrai que chaque mois la Lune ne décrit pas un cercle fermé et la synthèse de toutes ces trajectoires ouvertes compose une ligne hélicoïdale. Si l'on prend en compte un des fragments orphiques pour la Lune (voir STEPHANI *et al.*, 1805, 470: «ὄφρ' ἐν μηνὶ τρέπη, ὅπερ ἥλιος εἰς ἐνιαυτόν»), il semble possible que les Orphiques —juste comme les Indiens— suivaient l'annuelle orbite apparente solaire sur l'écliptique par l'observation des positions apparentes de la Lune (diamétralement opposées pendant la Pleine Lune; alignées sur la même direction pendant la Nouvelle Lune; différant à la fois de 90° et de 270° pendant le Premier Quartier et le Dernier Quartier). À noter que les Chaldéens pendant l'Antiquité très tardive purent observer que le plan de l'orbite lunaire autour de la Terre était incliné par rapport à l'écliptique et que les nœuds se projettent sur la sphère céleste près de la tête et de la queue du Dragon (cf. la n. 65, *supra*).

[158] Ce vers, ainsi que le prochain ne sont pas si significatifs dans le contexte astronomique. Ici l'*hymnōdos* commence l'épilogue de cet hymne, par l'invocation de la Lune com-

Λαμπομένη, σώζουσα νέους ἱκέτας σέο, κούρη[159].

Ayant étudié l'*Hymne à la Lune*, et ayant aussi discuté ses correlations avec les *Hymnes à Artemis* et *à Hekatē*, nous pouvons donner quelques conclusions récapitulatives sur les opinions astronomiques et cosmovisionnelles des Orphiques concernant la Lune. **(i)** La Lune[160] (~ Artemis; ~ Hekatē), luminaire céleste nocturne par excellence, à la fois sœur et compagne du Soleil, fut considérée au niveau religieux comme une divinité cosmique qui agit en pouvoir céleste sur le destin humain, sur le monde des animaux et sur la végétation[161], ce qui montre des croyances astrologiques. **(ii)** Dans le contexte astronomique, les phases de la Lune constituent un phénomène connu et bien décrit, ainsi que la relation céleste de la Lune, de la Terre et du Soleil pendant le mois synodique, or il semble possible que les Orphiques aient su suivre et observer l'annuelle orbite apparente solaire sur l'écliptique par l'observation des positions apparentes de la Lune, qu'ils considéraient justement comme la source principale pour mesurer le temps et pour leurs observances calendriques. **(iii)** Dans le même niveau astronomique, l'orbite apparente hélicoïdale de la Lune sur la voûte céleste fut observée et décrite par les Orphiques, qui connaissaient aussi le mouvement très rapide de la Lune (~ 1° en 2 heures) sur la sphère céleste chaque nuit qu'elle est visible. **(iv)** La brillance élevée de la Lune, qui fait d'elle le corps céleste nocturne le plus proéminent (même si elle n'est pas en phase de Pleine Lune) et le fait qu'elle cache par sa lumière toutes les étoiles faibles, furent aussi bien observés et connus. **(v)** Sur la nature de la Lune il n'y a pas d'information explicite dans l'hymne étudié; peut-

---

me une déesse; il lui demande de venir (*ἐλθέ*), comme elle est béate (*μάκαιρα*), belle (*εὔφρων*), et lumineuse (*εὐάστερος*) en triple brillance (*φέγγεϊ τρισσῷ*). Nous notons encore que la Lune–Artemis est nommée *la passante nocturne* (*νυκτερόφοιτος*) et *accompagnée par des chiens* (*σκυλακῖτις*) dans l'hymne homonyme (voir ***36***: 6, 12). Ces qualités d'Artemis–Selēnē indiquent son caractère noctambule et la participation des cynoïdes (c.-à-d. de la Nature sauvage) à son adoration archétypique. Les mêmes qualités se rencontrent dans l'*Hymne à Hekatē* (voir ***1***: 5), où la déesse de l'empire des ténèbres est également nommée *νυκτερία* et *σκυλακῖτις*.

159 L'invocation du vers précédent continue ici. L'hymne se termine par une prière à elle, afin de venir comme une jeune fille (*κούρη*) très lumineuse (*λαμπομένη*), pour sauver (*σώζουσα*) ses propres suppliants nouveaux (*νέους ἱκέτας σέο*). Enfin, nous signalons que dans l'*Hymne à Artemis* (voir ***36***: 12) elle est appelée *continuellement changeant-de-face* (*αἰολόμορφος*), juste comme Ouranos dans son propre hymne (voir ***4***: 7), ce qui implique clairement le caractère variable féminin de la Lune, qui symbolise aussi les phases lunaires et leur périodicité alternée. Pourrait-on supposer en plus qu'il s'agit aussi d'une allusion au phénomène astronomique des éclipses (voir la § 2 & la n. 65, *supra*; cf. aussi le Chapitre II, § 1.1 & Fig. II.5, *supra*)? On ne peut pas répondre avec certitude.

160 Sur les opinions des Égyptiens pour la Lune, voir un sommaire dans WALLIN, 2002: 56 ff. La Lune chez les Égyptiens était identifiée plutôt à des divinités mâles comme Thoth (*Ḏḥwty*), Khonsū (*Ḫnsw*), Ia'h (*Ỉʿḥ*) et Osiris (*Wsir*), qu'à des divinités féminines comme Isis (*Ỉst*) ou Bastet (*Bꜣstt*); voir aussi DERCHAIN, 1962a: 19-68; GRIFFITHS, 1976: 153-59; KOEMOTH, 1996: 203-20; LABRIQUE, 1997: 13-26; LABRIQUE, 1998a: 91-121; LABRIQUE, 1998b: 107-49; DELIA, 1998: 539-50; LURKER, [4]1986, 32: art. «Bastet».

161 En ce qui concerne les opinions des Égyptiens sur ce sujet, voir AUFRÈRE, 1995: 113-21. Pour la Lune en général, voir aussi LURKER, [4]1986, 82: art. «moon».

être l'adjectif *ἠεροφοῖτις* pourrait être compris comme une allusion au fait que la Lune se trouve plus proche de la Terre que les étoiles. Un fragment compté parmi les Orphiques[162], qui décrit la Lune comme une planète terrestre avec des montagnes et même des villes (sic!) doit être une addition plus tardive. La Table IV.2 qui suit contient un sommaire des termes astronomiques et cosmovisionnels les plus importants, que l'on rencontre dans les hymnes déjà étudiés (à la Lune et à Artemis), ainsi que de leur fréquence. L'utilisation de ces termes implique un cadre non seulement religieux, mais aussi astronomique, voire proto–scientifique de la part des astronomes orphiques.

Table IV.2: Quelques traits astronomiques/cosmovisionnels de la Lune, rencontrés dans l'*Hymne à la Lune* (***9***) et l'*Hymne à Artemis* (***36***), et leur fréquence.

Termes Astronomiques, & c.	Ligne du Passage	Fréquence
αἰὲν ἐοῦσα	***36***: 11	1
αἰολόμορφος	***36***: 12	1
ἀρσενόμορφος	***36***: 7	1
ἀστράρχης	***9***: 10	1
(κατ)αὐγάστειρα	***9***: 5, 6	2
αὐξομένη καὶ λειπομένη	***9***: 4	1
(παμ)βασίλεια	***9***: 1 / ***36***: 1, 11	3
βρύουσα ἄστροισι (καλοῖς)	***9***: 7	1
δαιδοῦχος	***9***: 3 / ***36***: 3	2
δῖα	***9***: 1	1
ἑλικοδρόμος	***9***: 10	1
εὐάστερος	***9***: 3, 11	2
εὔδρομος	***36***: 6	1
θῆλυς καὶ ἄρσην	***9***: 4	1
ἠεροφοῖτις	***9***: 2	1
ἠλεκτρὶς	***9***: 6	1
κούρη πάνσοφος	***9***: 10	1
λαμπετίη	***9***: 9	1
λαμπομένη (φέγγεϊ τρισσῷ)	***9***: 11	1
νυκτερόφοιτος	***36***: 6	1
νυκτιδρόμος	***9***: 2	1
νυκτὸς ἄγαλμα	***9***: 9	1
νυχία	***9***: 6	1
πανδερκὴς	***9***: 7	1
πασιφαὴς	***36***: 3	1
σκυλακῖτις	***36***: 12	1
ταυρόκερως Μήνη	***9***: 2	1
φαεσφόρος	***9***: 1	1
φιλάγρυπνος	***9***: 7	1
χαίρουσα εὐφρόνῃ	***9***: 8	1
χαίρουσα ἡσυχίῃ	***9***: 8	1
χρόνου μήτηρ	***9***: 5	1

[162] Voir Proklos, *Εἰς Τίμαιον*, **4**, 283: 11 & cf. STEPHANI *et al.*, 1805: 470 (*Fragm.*: **9**).

§ 2.4. Les Planètes

La notion de planètes n'est pas si fréquente dans les textes des Orphiques, voire dans les *Hymnes Orphiques*. On a déjà noté que le huitième vers de l'*Hymne aux Étoiles* indique plus probablement les astres visibles aux *zones sept–fois–illuminées* (*ἑπταφαεῖς ζῶναι*)[163]. Ces corps célestes ne sont que les étoiles distantes, qui se projettent sur la sphère céleste près de l'écliptique où se meuvent les sept «planètes» connues dans l'Antiquité (soit le Soleil, Mercure, Vénus, la Lune, Mars, Jupiter et Saturne), mais non ces «planètes» elles-mêmes. Zhitomirsky croit qu'il s'agit ici des cercles des corps célestes (en général) en faisant un parallélisme avec les opinions d'Anaximandros[164]. Cette hypothèse semble aussi plausible, lorsque l'on accepte que ces zones ne sont que les diverses sphères célestes sur toute la voûte du firmament. L'interprétation de Chasapēs selon laquelle il s'agit ici des planètes elles-mêmes[165] ne semble pas possible[166]. Il s'agit donc des zones où les planètes se meuvent apparemment pendant leur rotation autour du Soleil, près de l'écliptique. La seule mention explicite des planètes dans les opuscules orphiques, qui nous indique que les Orphiques utilisaient ce mot [*πλάνης* (*ἀστήρ*)], afin de distinguer entre étoiles et planètes, ne vient pas des *Hymnes Orphiques* mais d'un passage caractéristique des *Ἀργοναυτικά*[167]:

> *Ἀγκαῖος τ' ἔμολεν Πλευρώνιος, ὅς ῥα πορείας οὐρανίας*[168]
> *Ἄστρων ἐδάη, κύκλους τε πλανήτας* [...][169]

Il est evident qu'Agkaios fut instruit de la Cosmographie et de l'Astronomie Pratique par les Orphiques, pour être capable de naviguer pendant la nuit, comme c'était le cas très souvent pendant cette ère reculée[170]. Dans ce contexte une petite tablette inscrite de Linéaire B, excavée à Pylos, nous informe qu'un groupe de 30 rameurs devait rentrer à Pleurōn[171]. Il s'agit ici d'une information très importante, qui montre les faits suivants: **(i)** le commerce maritime de cette ère impli-

---

[163] Voir *7*, 8: «ἑπταφαεῖς ζώνας ἐφορώμενοι» (cf. ATHANASSAKIS, 1977: 115). Sur une analogie remarquable (*mutatis mutandis*), concernant les propriétés cosmiques de Ptah (comme un Atlas virtuel) et les *zones–akhet*, voir BERLANDINI, 1995: 22-23 & fig. 3.

[164] Voir ZHITOMIRSKY, 2003: 82.

[165] Voir ΧΑΣΑΠΗΣ, 1967: 30-31.

[166] Sur ce sujet et sur la connaissance possible des quelques constellations zodiacales, ainsi que des correspondances planétaires y associées, voir la n. 98, *supra*.

[167] Voir *Ἀργοναυτικά*: 208-09. Sur les *Ἀργοναυτικά*, voir aussi DE LANALUCE, 1996.

[168] Agkaios (*Ἀγκαῖος*), qui vient de Pleurōn d'Aitōlia (*Πλευρώνιος*), est venu (*ἔμολεν*), qui donc (*ὅς ῥα*), la route céleste (*πορείας οὐρανίας*), [.../.]. Il s'agit ici d'un personnage orphique qui venait d'Hellas centrale.

[169] [.../.] Des étoiles a appris (*ἄστρων ἐδάη*), les cycles célestes (*κύκλους τε*), et les planètes (*πλανήτας*). Ce personnage fut instruit par les Orphiques à l'Astronomie, afin d'apprendre les trajectoires stellaires, la connaissance du ciel et les mouvements des planètes, très possiblement pour des raisons de navigation maritime.

[170] Voir e.g.: BLOMBERG & HENRIKSSON, 2003: 56-57 (et leurs références); MARTIN, 1956; MANITIUS, 1894 (sur les *Φαινόμενα* d'Aratos). Pour la navigation maritime à l'aide des étoiles, cf. MACGRAIL, 1996: 311-20 (examinant *Ὀδύσσεια*); AVENI, 1997: 12 ff & fig. 2.4; DAVIS, 2002: 291-309. Selon *Ἀργοναυτικὰ* (cf. 208-10, 729 ff, 767 ff, 1088 ff, 1150 ff, 1185 ff, 1208 ff, *passim*), Agkaios fut le capitaine très expérimenté d'Argō.

[171] Voir CHADWICK, 1962: 104, 138.

quait l'usage de petits bateaux qui naviguaient aussi pendant le soir, en utilisant des méthodes de l'Astronomie Pratique; **(ii)** Pleurōn existait déjà pendant l'époque mycénienne (c. 1200 BCE), d'où venait l'«astronome» Agkaios, ayant cultivé une tradition encore plus ancienne de navigation astronomique. Or, la datation des idées astronomiques des *Hymnes Orphiques* de cette période semble être justifiée. Il faut signaler que les deux références à Mars et à Jupiter citées par Tzetzēs[172] semblent avoir leur origine dans une époque beaucoup plus tardive, étant le résultat des additions astrologiques de l'époque helléno–romaine aux textes purement orphiques. Juste à cause de la précession des Équinoxes, qui implique le déplacement des signes zodiacaux[173], les constellations zodiacales étant le résultat tardif assyro–babylonien et hellénique, il était impossible qu'elles fussent conçues telles que nous les connaissons pendant l'époque de la conception initiale des idées astronomiques des Orphiques (c. 1300 BCE). En effet, la sûreté avec laquelle Chasapēs constate que ces références viennent de l'Antiquité[174] est étrange, principalement parce que: **(i)** elle est absolument contradictoire en ce qui concerne la datation des hymnes de la deuxième moitié du 2e Millénaire BCE; **(ii)** il devrait connaître mieux et avoir pris en considération le déplacement des signes du zodiaque à cause de la précession et de ses effets.

Il semble sûr que les Orphiques connaissaient et avaient observé les cinq planètes visibles et connues pendant leur temps (même jusqu'au 18e siècle CE), c'est-à-dire Mercure, Vénus, Mars, Jupiter et Saturne (voir Tables, § 1: Table 8, à la fin de notre livre). Ils considéraient aussi la Lune et le Soleil comme deux «planètes» additionnelles, bien qu'ils les différencient définitivement des autres planètes. Il semble —également possible— que les Orphiques identifièrent les astres *Heōsphoros* (étoile de l'aube) et *Hesperos*[175] (étoile du soir) à une même planète, soit Vénus[176]. C'est parce que jusqu'à maintenent nous ne connaissons pas de références qui différencient les deux astres. En effet, les Orphiques ne semblent pas si explicites en ce qui concerne les planètes. Mais, pourquoi n'y rencontre-t-on que trop peu de références aux planètes, tandis qu'il y a plusieurs références aux autres astres, ainsi qu'aux phénomènes astronomiques importants? Pourrait-on supposer qu'il y a eu des textes perdus, qui parlent des planètes? Il est possible que la réponse soit affirmative. En plus, l'on peut croire que la classification des planètes sous la catégorie générale des *astres célestes* a aussi joué un certain rôle dans cette négligence seulement superficielle[177].

---

[172] Voir Iōannēs Tzetzēs, *Εἰς Ἡσιόδου ἔργα*: 170B (Mars); 130B (Jupiter).

[173] Sur ce sujet, voir le Chapitre II, § 3.2 & la n. 118, *supra*.

[174] Voir ΧΑΣΑΠΗΣ, 1967: 28, 31.

[175] Nous signalons une référence relative à Hesperos par Sapphō de Mytilēnē, discutée et comparée à une référence égyptienne à Sirius/Sōthis dans MARAVELIA, 2001i: 73, pl. 1: # 4 & 77-78. Pour une approche calendrique, cf. aussi OOSTERHOUT, 1993: 83-96.

[176] Les Égyptiens considéraient Vénus identique à l'*œil d'Horus* (voir KRAUSS, 1999: 223-54; KRAUSS, 2002: 193-208). Voir aussi STRACMANS & LIBON, 1947: 3-16.

[177] Comme on l'a déjà vu (cf. n. 100, *supra*) les *astres terrestres* (*χθόνιοι*) et les *astres célestes* (*οὐράνιοι*) appartiennent aux étoiles. Les planètes appartiennent aux astres célestes, mais elles se meuvent très rapidement dans le ciel, d'où provient leur nom (*πλάνητες*). Sur les mouvements planétaires selon l'Astronomie moderne, voir le Chapitre II, § 1.1, *supra*.

3. COMPARAISONS ET CONNEXIONS POSSIBLES (IDÉES ET DIVINITÉS)

Il serait intéressant d'étudier comparativement[178] les éléments communs possibles et les liaisons virtuelles entre les idées et les divinités à la fois helléniques et égyptiennes, telles qu'elles se présentent dans les textes religieux égyptiens, que l'on vient d'étudier et les *Hymnes Orphiques*. Tout d'abord nous étudierons l'*Hymne à Hēlios* en le comparant à un autre hymne égyptien, dédié au dieu solaire Rē'. De cette façon, notre discussion (voir § 2.2, *supra*) sur la conception

Figure IV.12: Aspect de la sphère magique d'Athènes (EM 2260), un objet de l'Antiquité très tardive, unique jusqu'à présent, portant des représentations astronomiques et astrologiques. Une figure solaire portant des torches et un diadème héliaque y est montrée entrônée sous un dais, accompagnée par deux petits cynoïdes symbolisant les constellations du Grand Chien (avec Sirius, et par conséquent la période torride caniculaire) et du Petit Chien (avec Procyon). Des symboles magiques y sont aussi visibles.

[178] Voir aussi MARAVELIA, 2001j [2004]: 49-72. Pour une comparaison préliminaire entre la science des Égyptiens et celle des Hellènes, voir VESELOVSKY, 1948: 426-98.

du Soleil par les Orphiques et leurs idées astronomiques et cosmovisionnelles concomitantes sera accomplie. Après quoi nous allons discuter quelques idées parallèles, qui ne sont point examinées ailleurs dans cette étude, ainsi que les liaisons allégoriques et archétypiques entre quelques dieux/déesses Hellènes et Égyptien(ne)s. De cette façon, quelques conclusions intéressantes seront présentées sur ce même sujet.

§ 3.1. *Hymne à Rēʿ* (Introductif du *Livre des Morts*) et *Hymne à Hēlios*

L'Hymne Orphique à Hēlios: L'*Hymne à Hēlios* étudié ici, qui était identifié à Apollōn[179] —comme l'on a déjà noté et comme l'*Hymne à Apollōn* (voir § 2.2, *supra*) l'implique—, est par excellence le texte orphique qui nous fournit de l'information riche et précieuse sur le Soleil, sa nature et son rôle astronomique, selon les idées des Hellènes pendant le 2ᵉ millénaire BCE. Nous présenterons cet hymne et nous commenterons ses idées astronomiques et cosmovisionnelles, en les comparant aux quelques idées similaires des Égyptiens. Voici, donc, le texte de l'hymne à l'astre du jour[180] et nos commentaires.

> ***Εἰς Ἥλιον***
> ***(Θυμίαμα λιβανομάνναν)***
> *Κλῦθι μάκαρ, πανδερκὲς ἔχων αἰώνιον ὄμμα*[181],
> *Τιτὰν χρυσαυγής, Ὑπερίων, οὐράνιον φῶς*[182],
> *Αὐτοφυής, ἀκάμα<ς>, ζώιων ἡδεῖα πρόσοψι*[183],

---

[179] Voir par exemple *Fragmenta*: **28** (STEPHANI *et al.*, 1805: 486): «Ἥλιος, ὅν καλέουσιν Ἀπόλλωνα κυκλότοξον, Φοῖβον [...]». À noter que les Hellènes de l'Antiquité identifiaient Horus à leur Apollōn. Horus, dieu céleste hiéracocéphale de la monarchie pharaonique, était à la fois syncrétisé au dieu solaire Rēʿ comme Rēʿ–Horakhty [voir par exemple *LÄ*, **V**, 1984, 156-80: art. «Re»; *LÄ*, **III**, 1980, 14-25: art. «Horus» (cf. aussi col. 25 ff)]. Cette identification est évidente (entre autres cas) sur l'obélisque flaminien, pour lequel voir LAMBRECHT, 2001: 51-95.

[180] Voir QUANDT, ⁴1973: ***8***. Sur une autre référence orphique au Soleil, cf. aussi *Ὀρφεὺς πρὸς Μουσαῖον*, 3-4: «οὐράνιαι φλόγες ἁγναὶ Ἠελίου».

[181] L'hymne commence par l'invocation à l'impératif (*κλῦθι*) du dieu solaire qui est considéré comme bienheureux (*μάκαρ*), et dont l'œil divin voit tout et est éternel (*πανδερκὲς ἔχων αἰώνιον ὄμμα*). Pour une comparaison du Soleil à un œil céleste, cf. la n. 194, *infra*.

[182] Le Soleil est identifié au Titan Hyperiōn (*Τιτὰν, Ὑπερίων*) qui est la lumière céleste (*οὐράνιον φῶς*). En plus, il brille en or, donc sa couleur est jaune dorée (*χρυσαυγής*); concernant la couleur solaire, dont on connaît aujourd'hui toutes les détails astrophysiques (type spectral du Soleil G2 V), cf. aussi cet hymne (***8***: 9) et l'*Hymne à Apollōn* (***34***: 3, 9). Hyperiōn est soit la forme primordial du Soleil (comme son épouse divine Theia pourrait être considérée comme la forme primordiale de la Lune), le Titan qui se meut au dessus de tout (*εἶμι + ὑπέρ*); soit le père du Soleil (cf. Hēsiodos, *Θεογονία*: 1011). Notons que Krios (son épouse appelée Eurybiē) était un autre Titan du cycle solaire, adoré en Peloponnēsos sous forme de bélier depuis l'Antiquité. Celui-ci, personnifiant la force fécondatrice du Soleil pourrait être comparé (*mutatis mutandis*) au dieu Khnum, qui était non seulement la forme du Soleil vieillard, mais aussi le potier divin et père de la crue du Nil à Éléphantine (voir BADAWI, 1937; *BMD*, 1996, 151: art. «Khnum»).

[183] Allusion à l'auto–formation du Soleil (*αὐτοφυής*), et sa faculté incessante de se mouvoir (*ἀκάμας*); à comparer aux *étoiles infatigables* des Égyptiens (*iḫmw-wrḏw*), qui étai-

Δεξιὲ μὲν γενέτωρ ἠοῦς, εὐώνυμε νυκτός[184],
Κρᾶσιν ἔχων ὡρῶν, τετραβάμοσι ποσσὶ χορεύων[185],
Εὔδρομε, ῥιζωτήρ, πυρόεις, φαιδρωπέ, διφρευτά[186],
Ῥόμβου ἀπειρεσίου δινεύμασιν οἶμον ἐλαύνων[187],
Εὐσεβέσιν καθοδηγὲ καλῶν, ζαμενὴς ἀσεβοῦσι[188],
Χρυσολύρη, κόσμου τὸν ἐναρμόνιον δρόμον ἕλκων[189],

---

ent les astres dont l'invisibilité quotidienne (ceux-ci s'étant couchés sous l'horizon) était très courte, soit (plus probablement) les étoiles australes. L'auto–formation du Soleil doit être considérée au sens relatif, montrant le fait que l'astre du jour est le père du système solaire, le roi autour duquel tout tourne (cf. infra, ***8***: 11 & 16; ***34***: 26), et par conséquent montrant l'héliocentrisme des Orphiques qui précède celui d'Aristarchos de Samos. Enfin, le Soleil est la vue suave des vivant(e)s (*ζώων ἡδεῖα πρόσοψι*).

[184] Au contraire des Égyptiens qui considéraient que l'Ouest se situait à leur droit (parce qu'ils s'orientaient dans l'espace terrestre tournés vers le Sud (anc. ég.: *rsy*; copt.: ⲣⲏⲥ); voir LURKER, [4]1986, 100: art. «Right–Left»), les Hellènes s'orientaient tournés vers le Nord (anc. ég.: *mḥt*; copt.: ϸⲏⲧ), or l'Est se situait à leur droite et l'Ouest à leur gauche. Cela explique la fonction virtuelle du Soleil comme géniteur de l'aube quand il se trouve à droite (avant son lever à l'Est, cf.: *δεξιὸς μὲν γενέτωρ ἠοῦς*), et du crépuscule et de la nuit quand il se trouve à gauche (après son coucher à l'Ouest, cf.: *εὐώνυμος νυκτός*).

[185] Voici un vers très important indiquant la supériorité de l'astre du jour, selon lequel le Soleil est le régulateur des saisons (*κρᾶσιν ἔχων ὡρῶν*), comparé à un danseur divin cosmique qui danse à quatre pieds (*τετραβάμοσι ποσσὶ χορεύων*). Cela est en accord avec l'origine commune antérieure indoeuropéenne de ces idées (cf. la n. 53, *supra*), si l'on pense à Șiva, dieu principal chez l'Hindouisme (considéré parfois androgyne comme Kybelē, déesse Phrygo–Helléno–Romaine solaire par excellence), qui à la fois détruit et construit en dansant dans l'univers. Il est à noter que le mot *ὧραι* ne signifie que les *saisons*, c'est-à-dire les «heures virtuelles» de l'année. Les Orphiques considéraient le Soleil comme la cause de l'harmonie observée des quatre saisons et de leur périodicité annuelle.

[186] Le Soleil, parcourant son chemin cosmique, est considéré comme rapide (*εὔδρομος*), nourrisseur des racines (*ῥιζωτήρ*), incandescent et en flammes (*πυρόεις*), jouissant et content (*φαιδρωπός*), amenant le *diphros* (*διφρευτὴς*) comme un souverain absolu. La comparaison du Soleil avec un Automédon céleste (cf. aussi le mythe de Phaethōn) est en accord avec le vers 18-19 (voir les nn 198-99, *infra*), où il est caractérisé comme un cavalier (*ἐλάσιππος*) qui conduit un char.

[187] Voici encore un vers particulièrement important, indicatif de l'héliocentrisme des Orphiques et même de leur conception de l'écliptique (cf. aussi la n. 189, *infra*). Le dieu solaire marche (*ἐλαύνων*) sur le chemin (*οἶμος*) comme une toupie infinie (*ῥόμβος ἀπειρέσιος*), en rotations (*δινεύμασιν*). D'abord, le chemin céleste que le Soleil parcourt n'est que l'écliptique, le *dromos* des anciens Hellènes, comme Archimēdēs le dit (*Ψαμμίτης*, voir DREYER, [2]1953, 137, n. 2: «Τὰν δὲ γᾶν περιφέρεσθαι περὶ τὸν ἅλιον, κατὰ κύκλου περιφέρειαν, ὅς ἐστιν ἐν μέσῳ τῷ δρόμῳ κείμενος»). Or, le Soleil «marche» sur l'écliptique, comme une toupie gigantesque, allusion indirecte à la fois aux dimensions larges du Soleil, ainsi qu'aux dimensions astronomiques du rayon (voire axe sémimineur) de l'écliptique. Alors, chaque rotation (*δίνευμα*) est une révolution virtuelle du Soleil sur l'écliptique, parce que ce n'est que la Terre qui se meut sur celle-là autour du Soleil, mais on voit le contraire quand l'on observe la voûte céleste. Cf. aussi les nn 109-10, *supra*.

[188] Il s'agit ici d'un vers purement religieux, sans aucune sémantique astronomique ni cosmovisionnelle. Le Soleil est présenté comme le dieu portant des biens aux pieux (*Εὐσεβέσιν καθοδηγὸς καλῶν*), tandis qu'il est considéré comme hostile aux impies (*ζαμενὴς ἀσεβοῦσι*).

Ἔργων σημάντωρ ἀγαθῶν, ὡροτρόφε κοῦρε[190],
Κοσμοκράτωρ, συρικτά, πυρίδρομε, κυκλοέλικτε[191],
Φωσφόρε, † αἰολόδικτε, φερέσβιε, κάρπιμε Παιάν[192],

---

[189] Voici un autre vers très important, dont la signification astronomique est remarquable. Ici le dieu solaire est invoqué comme celui dont la lyre est en or (*χρυσολύρης*), et celui qui attire (*ἕλκων*) la rue harmonique du monde (*κόσμου τὸν ἐναρμόνιον δρόμον*). Le Soleil est considéré par les Orphiques comme le régulateur harmonique des saisons, qui selon eux correspondaient aux notes musicales, comme il est dit dans l'*Hymne à Apollōn* (voir ***34***, 22-23: «Εἰς ὑπάτας χειμῶνα, θέρος νεάταις διακρίνας, | Δώριον εἰς ἔαρος πολυηράτου [...] »). Or, le Soleil se présente comme le musicien universel, voire le Grand Maçon Universel, qui utilise sa lyre afin de fixer les saisons, leur durée et leur séquence périodique. La couleur dorée de la lyre symbolise la lumière solaire irrésistible et la préciosité de l'astre du jour comme divinité cosmique. Par ailleurs, elle symbolise l'harmonie universelle et la périodicité uniforme des années et des saisons, comme la lyre était un trait caractéristique d'Orpheus. Pour les Égyptiens d'antan, l'or correspondrait aux chairs de leurs dieux, voire de Rēʿ (voir *SYMBOLS*, 1996, 439-42: art. «gold»; LURKER, [4]1986, 55: art. «gold»; *BMD*, 1996, 114-15: art «gold») et de sa fille Hathor (voir *LÄ*, **II**, 1977, 1024-33: art. «Hathor»), appelée *La Dorée* (*Nbw*), déesse cosmique de l'harmonie musicale (voir JUNKER, 1906: 101-27 et cf. *Sinūhe*, *pBerlin 3022*, 270-71: «*wꜣḥ ḫkryt nt nbt-pt; di Nbw ꜥnḫ r fnd.k ḫnm.tw nbt-sbꜣw*»). Par ailleurs, le Soleil attire la voie cosmique du monde, c'est-à-dire l'écliptique (*dromos*, voir aussi la n. 187, *supra*), qui indique que les Orphiques avaient déjà conçu l'idée géniale d'un héliocentrisme dont le Soleil/Seigneur divin était le centre d'attraction de tout le monde, voire de la Terre (et des planètes) qui se meut sur l'écliptique autour de lui sans cesse.

[190] Hēlios indique (*σημάντωρ*) la séquence annuelle —même éternelle— des actes du bien (*ἔργα ἀγαθά*), tout en étant le dieu éternellement jeune (*κοῦρος*) qui nourrit les saisons (*ὡροτρόφος*). C'est-à-dire que le Soleil constitue l'horloge cosmique éternelle qui marque à la fois les saisons et la vie humaine. Chez les Égyptiens, le Soleil comme divinité jeune s'associe à Khepri et nous rappelle un vers particulier de l'*Hymne égyptien à Rēʿ* du tombeau du pharaon Horemheb (voir *BM 552*, **VIII**, pl. xxvii: «*ḥwn ntry, iwꜥw nḥḥ*»); cf. aussi *pBM 10471*: «*rnp tri.ti m itn*» (cf. BUDGE, [2]1967: 5) et Chapitre III, Table III.3: # 242.

[191] Voici un autre vers important dont nous allons étudier la sémantique astronomique. Le Soleil y est caractérisé comme l'empereur du monde (*κοσμοκράτωρ*), l'aulète cosmique (*συρικτὴς*; cf. aussi la n. 142, *supra*) qui fixe l'harmonie des saisons, celui dont la voie est flamboyante (*πυρίδρομος*) et dont le parcours est spirale (*κυκλοέλικτος*). Il s'agit ici d'une notion astronomique exacte qui avait été conçue pendant l'Antiquité par les Orphiques: si l'on compare le vers «*Ῥόμβου ἀπειρεσίου δινεύμασιν οἶμον ἐλαύνων*» (voir ***8***: 7) à celui-ci, voire à l'adjectif *κυκλοέλικτος*, il sera évident que les Orphiques savaient bien décrire la synthèse des mouvements apparents solaires. En effet, le Soleil parcourt virtuellement une spirale: **(i)** pendant son mouvement apparent diurne, sa déclinaison change chaque jour; **(ii)** pendant son mouvement apparent annuel, il se meut sur l'écliptique suivant les lois de Kepler (voir le Chapitre II, §§ 1.1, 3.2, 3.6 & n. 38, *supra*). Or, contrairement aux étoiles distantes, le Soleil ne décrit pas une orbite apparente circulaire, mais une spirale, voire les courbes iso–hypsométriques d'une spirale. Il est à noter que cela n'est pas dit par hasard, parce que les Orphiques utilisent des termes différents et distincts afin de décrire le mouvement diurne cyclique des étoiles, dont les orbites apparentes sont des cycles parallèles à l'équateur céleste (voir l'hymne orphique aux étoiles, soit *7*, 4: «ἐγκυκλίοις δίναισι *περιθρόνια κυκλέοντες*»). Cf. aussi la n. 96, *supra*.

[192] Le Soleil est le photophore/porteur de la lumière (*φωσφόρος*) et a beaucoup de formes (*αἰολόδικτος*, var.: *αἰολοδείκτης*); c'est-à-dire que les Orphiques connaissaient le

Ἀιθαλής, ἀμίαντε, χρόνου πάτερ, ἀθάνατε Ζεῦ[193],
Εὔδιε, πασιφαής, κόσμου τὸ περίδρομον ὄμμα[194],
Σβεννύμενε λάμπων τε καλαῖς ἀκτῖσι φαειναῖς[195],
Δεῖκτα δικαιοσύνης, φιλονάματε, δέσποτα κόσμου[196],
Πιστοφύλαξ, αἰεὶ πανυπέρτατε, πᾶσιν ἀρωγέ[197],
Ὄμμα δικαιοσύνης, ζωῆς φῶς· ὦ ἐλάσιππε[198],
Μάστιγι λιγυρῆι τετράορον ἅρμα διώκων[199].

---

changement de la forme et de la couleur solaire quand celui se trouve près de l'horizon, qui est dû aux phénomènes de réfraction et d'absorption atmosphérique («variation» du type spectral/couleur de G0 à M9). Comme porteur de la vie (*φερέσβιος*) et de l'abondance des fruits (*κάρπιμος*), il est aussi identifié au thérapeute mythique Paian/Paiēōn (*Παιὰν/Παιήων*), pour lequel voir Homēros: *Ἰλιάς*, Ε΄: 401 & 899; *Ὀδύσσεια*, δ΄: 232.

[193] Il s'agit ici d'une exaltation du dieu solaire en tant qu'éternellement jeune (*ἀιθαλὴς*) et pur (*ἀμίαντος*), en son identification théologique au dieu principal du dodécathée hellénique qui était considéré comme immortel (*ἀθάνατος Ζεύς*); pour Zeus cf. STEPHANI *et al.*, 1805: 495. En plus, Hēlios est invoqué comme le père du temps (*χρόνου πατήρ*), en tant que repère céleste d'une périodicité bien évidente et précise (concernant la Lune, cf. la n. 152, *supra*), une notion qui prouve indirectement l'héliocentrisme des Orphiques.

[194] Il s'agit de qualités différentes du Soleil: quand il est visible pendant la journée il fait beau (*εὔδιος*) et il est visible de tous (*πασιφαής*); en plus, sa forme est cyclique, comme un œil cosmique qui tourne dans le monde (*κόσμου τὸ περίδρομον ὄμμα*).

[195] Le Soleil s'éteint (*σβεννύμενος*) et brille (*λάμπων*) aux rayons beaux et lumineux (*καλαῖς ἀκτῖσι φαειναῖς*). Il s'agit ici d'une allusion double au cycle diurne du lever et du coucher solaires, et aux éclipses solaires qui (quand elles sont totales) donnent l'impression que le Soleil disparaît pour quelques instants. Il est évident que les Orphiques ne considéraient pas ce phénomène comme le résultat mythique de l'attaque des démons ou des dieux maléfiques, au contraire des Égyptiens qui considéraient les éclipses solaires [*BD*, **17** (*pBM 10470*; pl. 8: cols 29-31): *«iw mḥ.n.i Wsir zš 3ny, m3ʿ-ḫrw, n.k wḏ3t m-ḫt h3bḳ.s, hrw pwy n ʿḥ3 rḥwy»*; & c.] et lunaires [*BD*, **112** (cf. *pBM 10477*: 4-6): *«rdi.k m33.i nn n ḫpr m irt.k mi m33.f st ḏd in Rʿ n Ḥr. Dg3 m-ʿ r pf3 rr km wn.in.f ḥr dg3t.f, ʿḥʿ nk3yw n irt.f nšnw wrt»* & c.] soit comme le résultat d'une attaque d''Apophis contre Rēʿ, soit de la bataille entre Horus et Seth et du fait que Seth avait blessé l'œil d'Horus; voir *LÄ*, **I**, 1975, 350-52: art. «'Apophis»; BORGHOUTS, 1973b: 114-50; LURKER, ^{4}1986: 121.

[196] Hēlios est caractérisé comme l'indicateur de la justice (*δείκτης δικαιοσύνης*), une conception pour laquelle cf. aussi la n. 198. Par ailleurs, il est considéré comme un dieu qui aime consommer de l'eau (*φιλονάματος*), à vrai dire des boissons liquides, un fait qui nous montre que dès l'Antiquité les humains utilisaient de l'eau afin de combattre la chaleur du Soleil, qui chez les Égyptiens était personnifié par la déesse scorpiocéphale Selqet. Enfin, le Soleil est invoqué comme le seigneur du monde (*δεσπότης κόσμου*), allusion directe à l'héliocentrisme des Orphiques. Le *seigneur du monde* pourrait être comparé à la conception du *Seigneur Universel* (*Nb-r-Ḏr*) des Égyptiens.

[197] Le Soleil est invoqué comme un dieu bienveillant, gardien des serments (*πιστοφύλαξ*), toujours hyperpuissant (*αἰεὶ πανυπέρτατος*), qui aide tout le monde (*πᾶσιν ἀρωγός*).

[198] Il est donc considéré comme celui qui veille sur la justice, c'est-à-dire l'œil de la justice (*ὄμμα δικαιοσύνης*; cf. *Ἰλιάς*, Γ΄: 277), qui par conséquent est aussi la lumière de la vie (*ζωῆς φῶς*). Enfin il est invoqué comme un cavalier (*ἐλάσιππος*), une conception pour laquelle voir la n. 186, *supra*. Il est à noter que chez les Égyptiens Rēʿ était considéré comme le père de Maʿat, déesse de l'harmonie cosmique, de la vérité et de la justice (cf. TOBIN, 1987a: 113-21, pour une comparaison de celle-ci avec Dikē des Hellènes), tandis que chez les Orphiques le Soleil était considéré comme l'œil divin de la justice.

Κλῦθι λόγων, ἡδὺν δὲ βίον μύστῃσι πρόφαινε[200].

Voilà quelques conclusions récapitulatives sur les hymnes orphiques au Soleil. **(i)** *L'héliocentrisme des Orphiques*: Il est évident que les Orphiques acceptaient sans doute un héliocentrisme, de nombreux siècles avant Aristarchos. Selon eux le Soleil était le centre autour duquel la Terre tournait, et ils avaient conçu assez clairement l'idée de l'écliptique et la cause de la formation des saisons. Cela n'est pas en désaccord avec le géocentrisme mentionée dans la section § 2.1, *supra*, où la description du mouvement diurne de la sphère céleste est décrite par rapport à ce qu'un observateur terrestre voit. En effet, ce que l'on voit apparemment quand on observe la rotation diurne de la voûte céleste de la surface de la Terre pourrait être simplement décrit par la supposition que la Terre se trouve au centre du monde entier et que tout le firmament tourne autour d'elle. Or, les Orphiques utilisaient des *images proto–scientifiques* (~ *modèles*) variées afin de décrire les phénomènes célestes différents, ayant également pour but de pouvoir enseigner à leurs adeptes d'une façon facile les principes fondamentaux de l'Astronomie. **(ii)** *L'harmonie des saisons*: les saisons, selon les Orphiques, constituent le résultat d'une des activités harmoniques ou périodiques du Soleil, qui montre son pouvoir absolu sur le cosmos qui entoure la Terre. Cette harmonie est exprimée par la correspondance virtuelle d'une musique cosmique qui lie l'Hiver aux notes de fréquence basse, l'Été aux fréquences hautes, le Printemps et l'Automne aux fréquences moyennes. Il s'agit d'une conception géniale qui prend en compte le parcours apparent du Soleil, de l'hémisphère Sud (Solstice d'Hiver) à l'hémisphère Nord (Solstice d'Été) et l'augmentation (ou diminution) de sa déclinaison, dès qu'il passe par l'équateur céleste (cf. Équinoxes de Printemps et d'Automne; voir le Chapitre II, § 3.6, *supra*). **(iii)** *Les idées orphiques avancées*: il est bien clair que les idées des Orphiques, qui datent du 2e Millénaire BCE, étaient très avancées et nous montrent une connaissance assez considérable et solide des phénomènes astronomiques principaux, hors et indépendamment des diverses conceptions mythiques qui prévalaient dans le cas des Égyptiens. Ce qui est aussi extraordinaire est leur hénothéisme inhérent qui attribuait à la Divinité (loué ici comme Hēlios/Soleil) les traits d'un hyper–régulateur cosmique de l'ordre céleste, des saisons, et même des phénomènes météorologiques terrestres. La Table IV.3 qui suit contient un sommaire des termes astronomiques et cosmovisionnels les plus importants, que l'on rencontre dans l'hymne étudié ici et dans l'*Hymne à Apollōn* (étudié dans § 2.2, *supra*), ainsi que de leur fréquence. L'utilisation de ces termes implique un cadre non seulement religieux, mais aussi astronomique (proto–scientifique). Dans le cas de cet hymne il est évident

[199] Le Soleil (cf. les nn 133-140, *supra*) était considéré par les Orphiques comme régulateur de quatre saisons, étant personnifié comme un cavalier. Cette idée est reprise ici encore une fois: le dieu solaire est caractérisé comme celui qui conduit (*διώκων*) le char aux quatre chevaux (*τετράορον ἅρμα*), en utilisant un fouet flexible (*μάστιγι λιγυρῇ*). Certes, les *quatre chevaux* ou bien les *quatre roues*, ne sont que les *quatre saisons*. Pour l'expression *τετράορον ἅρμα διώκων*, cf. aussi l'*Hymne à Poseidōn* (***17***: 5).

[200] L'hymne s'achève par une nouvelle invocation (en impératif) du dieu solaire, afin qu'il puisse écouter les mots des priant(e)s/mystiques (*κλῦθι λόγων*), en leur offrant (lit.: révélant) une vie douce (*ἡδὺν δὲ βίον μύστῃσι πρόφαινε*).

Table IV.3: Quelques traits astronomiques/cosmovisionnels du Soleil, rencontrés dans l'*Hymne à Hēlios* (***8***) et l'*Hymne à Apollōn* (***34***), et leur fréquence.

Termes Astronomiques, & c.	Ligne du Passage	Fréquence
αἰολόδικτος	***8***: 12	1
ἀκάμα<ς>	***8***: 3	1
ἀκτὶς φαεινὴ	***8***: 15	1
ἁρμονίαν κεράσας	***34***: 20	1
ἀρχὴ	***34***: 15	1
αὐτοφυὴς	***8***: 3	1
γενέτωρ ἠοῦς (δεξιὸς)	***8***: 4	1
[γενέτωρ] νυκτὸς (εὐώνυμος)	***8***: 4	1
δεσπότης κόσμου	***8***: 16	1
ἔχων πείρατα κόσμου παντὸς	***34***: 14-15	1
ἔχων κόσμου σφραγῖδα τυπῶτιν	***34***: 26	1
ἱεὶς ἀνέμων συρίγμαθα	***34***: 25	1
κοσμοκράτωρ	***8***: 11	1
κόσμου τὸ περίδρομον ὄμμα	***8***: 14	1
κόσμου τὸν ἐναρμόνιον δρόμον ἕλκων	***8***: 9	1
κρᾶσιν ἔχων ὡρῶν	***8***: 5	1
κυκλοέλικτος	***8***: 11	1
λάμπων	***8***: 15	1
λευσσόμενος ἀπείριτον αἰθέρα πάντα	***34***: 11	1
μίξας χειμῶνος θέρεος ἶσον	***34***: 21	1
ὄμμα δικαιοσύνης	***8***: 18	1
πανδερκὲς ἔχων αἰώνιον/φαεσίμβροτον ὄμμα	***8***: 1 / ***34***: 8	2
παντοθαλὴς	***34***: 16	1
πασιφαὴς	***8***: 14	1
πόλον ἁρμόζων	***34***: 16-17	1
πόλον κιρνῶν	***34***: 19	1
πυρίδρομος	***8***: 11	1
πυρόεις	***8***: 6	1
ῥόμβου ἀπειρεσίου δινεύμασιν οἶμον ἐλαύνων	***8***: 7	1
σβεννύμενος	***8***: 15	1
συρικτὴς	***8***: 11	1
τελευτὴ μέλουσα	***34***: 15	1
τετραβάμοσι ποσσὶ χορεύων	***8***: 5	1
τετράορον ἅρμα διώκων	***8***: 19	1
φιλονάματος	***8***: 16	1
φῶς (ζωῆς) / φῶς (οὐράνιον)	***8***: 18, 2	2
φωσφόρος	***8***: 12 / ***34***: 5	2
χρόνου πατὴρ	***8***: 13	1
χρυσαυγὴς	***8***: 2	1
χρυσολύρης	***8***: 9 / ***34***: 3	2
ὡροτρόφος κοῦρος	***8***: 10	1

(voir la Table IV.3) que les idées bien avancées d'un héliocentrisme certain et la connaissance profonde du mécanisme des phénomènes astronomiques nous étonne par leur exactitude. Or, des conceptions métaphysiques sont utilisées afin de présenter, par le biais d'un océan virtuel d'épithètes et des participes, exprimant en géniales métonymies cosmovisionnelles, les connaissances astronomiques des Orphiques. Mais, il est déjà temps de se transporter virtuellement de nouveau en Égypte, afin d'étudier comparativement un hymne au dieu solaire.

Hymne à Rēʿ (Introductif du Livre des Morts*)*: Les Égyptiens ont toujours adoré Rēʿ d'une admiration et dévotion métaphysique profonde, un fait qui est bien évident si l'on étudie les hymnes divers au dieu solaire[201], divinité suprême par excellence et créateur du cosmos visible et invisible, dont la lueur était considérée comme un symbole de vie et de victoire de la lumière contre les puissances maléfiques et contre la mort[202] **[voir Fig. IV.13]**.

Nous avons choisi ici l'hymne au dieu solaire du *Livre des Morts* du noble secrétaire Any[203], datant de l'époque ramesside (c. 1250 BCE). En effet il s'agit du commencement du papyrus, qui contient deux vignettes en couleurs d'une esthétique superbe, ainsi que le texte de cet hymne entre eux. La première vignette représente Any (*ꜣny*) comme un homme vivant, suivi de son épouse Tutu (*Twtw*), debout près de deux autels couverts d'offrandes de nourriture. Il lève ses mains en adoration et respect envers Rēʿ, tandis que son épouse porte le *menyat* (*mnỉt*) et lève le sistre en adoration. Le couple des défunts porte des vêtements du lin fin, ainsi que des bijoux indicatifs de leur statut social, et ils sont coiffés de perruques. La deuxième vignette représente une synthèse symbolique du lever et de l'exaltation du Soleil/Osiris (en leur union transcendantale), qui se lève sous le hiéroglyphe du ciel (*pt*) à l'aide de deux mains protectrices surgissant d'un symbole composite *ʿnḫ–ḏd*, flanqué d'un groupe de 6 cynocéphales (3 de chaque côté), leurs bras élevés en geste d'adoration. Les déesses, sœurs et protectrices d'Osiris, soit Isis et Nephthys, sont agenouillées à l'égyptienne sur des symboles de l'or (*nwb*) l'une à gauche et l'autre à droite, sur le symbole de l'horizon (*ꜣḫt*), portant leurs couronnes caractéristiques sur leurs têtes, aussi en geste d'adoration. L'hymne comprend deux buts très importants du *Livre des Morts* qu'Any aspirait à achever, c'est-à-dire: **(i)** son entrée triomphale dans le règne d'Osiris, après le jugement final; et **(ii)** son union ultime avec l'équipage des barques solaires, afin d'accompagner le dieu solaire pendant son voyage éternel dans le firmament pour toujours et à jamais. C'est pourquoi nous l'avons choisi entre autres, comme à la fois caractéristique et contenant beaucoup de notions

---

[201] Voir par exemple entre autres LICHTHEIM, **II**, 1976: 86-89 pour deux hymnes d'une stèle adressés au Soleil (*sBM 826*, VIII: pl. xxi) & *sBM 552*, VIII: pl. xxvii, pour un *Hymne à Rēʿ* du tombeau de Horemheb. Voir aussi STEWART, 1967: 29-74; ASSMAN, 1969; ASSMAN, 1970; ASSMAN, 1975a; BARUCQ & DAUMAS, 1980; & c.

[202] Voir *LÄ*, **V**, 1984, 156-80: art. «Re».

[203] Voir *pBM10470* (cf. FAULKNER & GOELET, ²1998: pl. 1). Voir aussi FAULKNER, ⁴1993: 9. Pour une ancienne publication du texte, cf. BUDGE, ²1967: 1-5; pour comparaison, voir aussi *op. cit.*: 5-8, concernant un *Hymne à Rēʿ* plus court provenant du *pBM 10471* (*Livre des Morts* de Nakht, fin de la XVIIIᵉ Dynastie, c. 1350-1300 BCE).

théologiques importantes, ainsi que des rudiments astronomiques et des éléments cosmovisionnels. D'ailleurs, en tenant compte de la datation des *Hymnes Orphiques* d'environ 1300-1200 BCE, il est évident que nous pourrions le comparer à celui adressé à Hēlios, déjà étudié ci-dessus. Cet hymne devient donc le texte idéal du même fond métaphysique (*mutatis mutandis*) et de la même époque ancienne pour notre étude comparative, adressé également à la divinité solaire. Voici donc le texte hiéroglyphique, extrait du papyrus d'Any[204]:

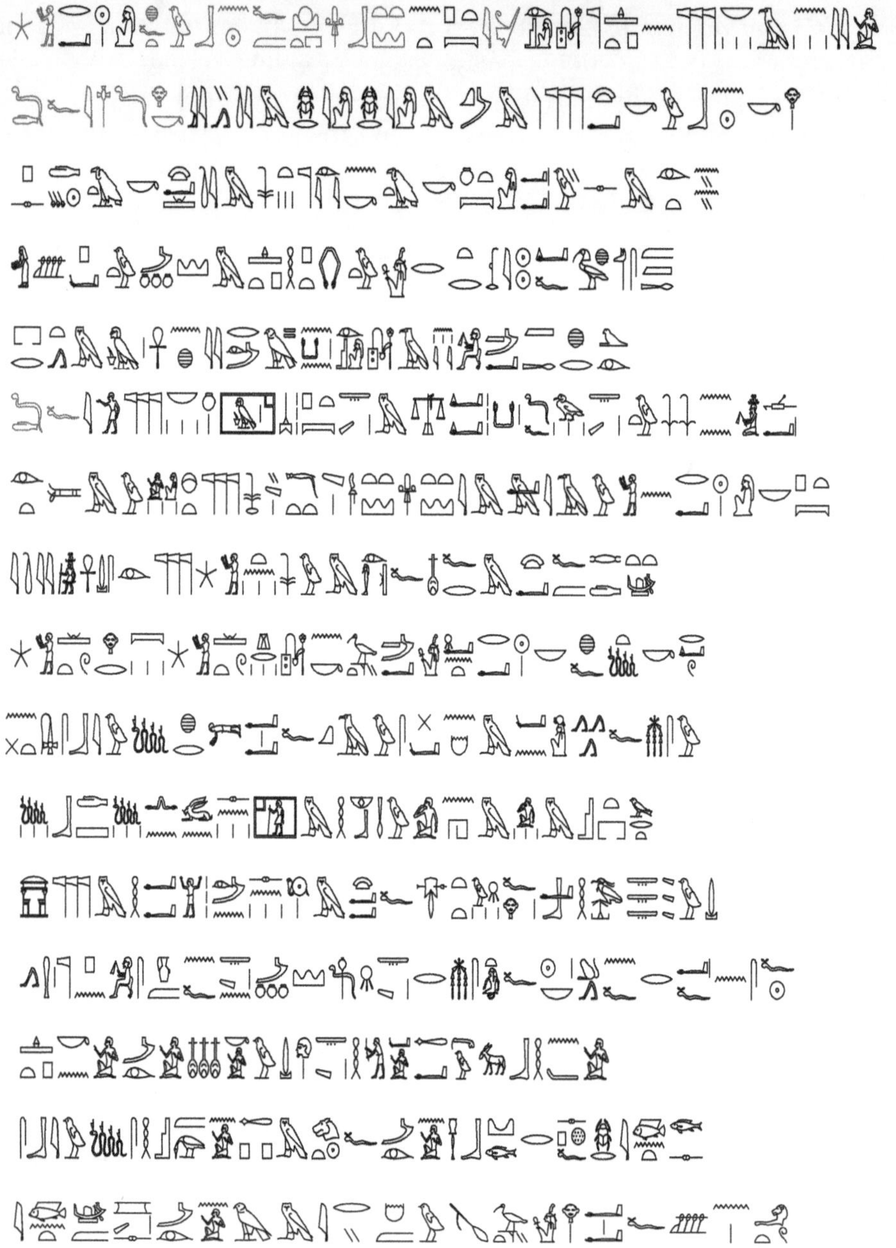

[204] Voir *pBM 10470* et FAULKNER & GOELET, ^{2}1998: pl. 1. Nous avons réécrit le texte hiéroglyphique à l'aide de WINGLYPH 1.2, en faisant sa translitération (voir *infra*). Pour d'autres hymnes similaires à Rēʿ du *BD*, voir *op. cit.*: pls 18-21; BARGUET, 1967: 45 ff.

17 

18 

19 

20 

21 

22 

23 

24 

25 

26 

27 

28 

La translitération de ce texte est la suivante:

1 *Dwꜣ Rꜥ ḫft wbn.f m ꜣḫt iꜣb<tt> nt pt in Wsir zš ḥtpw-nṯr n nṯrw nbw ꜣny*[205].

2 *Ḏd.f: Ỉnḏ ḥr.k ii.ti m Ḫpri, Ḫpri m ḳmꜣ nṯrw! Ḫꜥ.k, wbn.k <ḥr>*[206]

[205] L'hymne commence par la définition de son but: le noble secrétaire Any, défunt osirifié, en charge des offrandes des tous les dieux, adore Rēʿ à l'aube, quand il se lève à l'Horizon est du ciel. L'horizon (voir *LÄ*, **III**, 1980, 3-7: art. «Horizont»; LURKER, [4]1986, 64-65: art. «Horizon») est la porte (entrée et sortie) de la *Dwꜣt*, le lieu intermédiaire où le Soleil et les astres se reposent après leur coucher et se préparent à réapparaître avant leur lever. Cf. aussi *pBM 10471*: «*ḫꜥ.ti m ꜣḫt nt pt*» (cf. BUDGE, [2]1967: 6).

[206] Le défunt commence son éloge à Rēʿ en s'adressant à lui comme à Khepri, Soleil autogène (cf. *pBM 10471*: «*ḫpr ḏs.f*»; BUDGE, [2]1967: 8) matinal, dieu–scarabée miraculeux (voir *LÄ*, **I**, 1975, 934-40: art «Chepri» & *BMD*, 1996, 150-51: art «Khepri»), qui a même créé les autres dieux, en son identification au créateur suprême primordial Rēʿ–Atoum (sur Khepri, voir BICKEL, 1994: 43-45). Le Soleil, comme nous dit le texte de cet hymne, apparaît en gloire (chaque matin) et se lève, illuminant la voûte céleste (*pzd*) qui se trouve sur le corps de sa mère divine (c'est-à-dire Nūt), comme on le comprend par le vers suivant (sur Nūt, voir *LÄ*, **IV**, 1982, 535-41: art. «Nut»). Cf. aussi *pBM 10471*: «*ir.n Nwt nyny n ḥr.k*»; «*ḏꜣ.k ḥrt tꜣ rꜥ-nb, swḏꜣ.ti n mwt.k Nwt*» (cf. BUDGE, [2]1967: 6-7).

3 *pzd mwt.k, ḫꜥ.ti m nsw-nṯr<w>. Ỉry.n.k mwt<.k> Nwt ꜥwy.z m irt nyny*[207].
4 *Šzp.tw Mꜣnw m ḥtp, ḥpt.tw Mꜣꜥt r tri, di.f ꜣḫ wsr m mꜣꜥ-ḫrw*[208].
5 *Prt m bꜣ(i)-ꜥnḫy r mꜣꜣ Ḥr-ꜣḫty, n kꜣ n Wsir zš ꜣny, mꜣꜥ-ḫrw ḫr Wsir*[209].
6 *Ḏd.f: Ỉ nṯrw nbw nw Ḥwt-Bꜣ(i), wḏꜥ pt tꜣ m mḫꜣt, dd kꜣw ḏfꜣw; Tꜣ-T{w}nn* (sic) *wꜥ*[210],
7 *irt tmw, Psḏt-Nṯrw rsy, mḥtt, imntt, iꜣbtt! Ỉmi iꜣw n Rꜥ, nb-pt*[211],
8 *ity* (*ꜥnḫ, wḏꜣ, snb*), *ir nṯrw. Dwꜣ.tn sw m ir<w>.f nfr, m ḫꜥ.f m <m>ꜥnḏt{t}*[212].
9 *Dwꜣ.tw ḥrw, dwꜣ.tw ḫrw, zš n.k Ḏḥwty Mꜣꜥt mnt-rꜥ-nb. Ḫft.k rdi.<t>w*[213]

---

[207] Il se dit du Soleil qu'il apparaît comme le roi des dieux (*nsw-nṯrw*). En plus, Nūt est si heureuse de rencontrer le défunt, qu'elle va se servir de ses mains divines afin de faire le geste de salutation/purification envers lui. Le taxogramme du mot *nyny* (voir *Wb.*, **II**: 203) qui représente une déesse ayant dans ses mains le symbole de l'eau (voir *EG*: B27) nous rappelle une scène caractéristique du tombeau de Tut'ankhamūn (mur nord du *Pr-Nbw*). La déesse Nūt y accueille le pharaon au ciel en lui faisant le même geste et en le purifiant avec de l'eau: «*Nwt, nbt pt, ḥnwt-nṯrw, ir.s nyny n ms.n.s. di.s snb, ꜥnḫ rḳ.k, ꜥnḫ.ti ḏt*» (cf. aussi la n. 206). Il est évident que le défunt s'identifie à Rē'.

[208] Le Soleil est accepté en paix par les montagnes occidentales de Manū, qui constituaient l'entrée de la nécropole (voir *LÄ*, **III**, 1980, 1185-86: art. «Manu»); puis, Ma'at l'embrasse pendant toutes les saisons (*r tri*). Voir aussi *pBM 10471* (cf. BUDGE, ^{2}1967: 6). À la fin de cette colonne, il y a une invocation au dieu solaire, afin qu'il offre puissance et force en justification au défunt et particulièrement à son esprit (*kꜣ*).

[209] De cette façon, le secrétaire Any, justifié sous l'empire d'Osiris (c'est-à-dire sauvé), sera capable de parcourir l'éternité comme une âme vivante, capable de voir et d'adorer le dieu syncrétique solaire Horakhty, Horus de deux horizons.

[210] L'hymne au Soleil commence sur ce point-là, après l'introduction des colonnes 1-5 du papyrus. Le défunt invoque tous les dieux de la Maison de l'Âme (*Ḥwt-Bꜣ*), qui jugent le ciel et la Terre à la balance (allusion possible au jugement des morts, d'après les «chapitres» **20**, **30^{B}**, **125**, & c. du *BD*) et qui donnent des offrandes de nourriture (*kꜣw*, *ḏfꜣw*). Puis, il invoque l'unique Ta–Thenen, dieu primordial cosmogonique, archétype sacré de la terre initiale qui est apparue du chaos, l'équivalent memphite du *bnbn* héliopolitain, sans doute un symbole solaire (voir SCHLÖGL, 1980; *BMD*, 283: art. «Tatjenen»). L'invocation de Ta–thenen est peut-être significative du fait qu'il s'agit d'une divinité primordiale, indirectement liée au Soleil.

[211] En effet, Ta–thenen est invoqué comme le dieu–créateur, qui a donné vie à l'humanité (*tmw*). Puis, le défunt invoque les dieux des Ennéades du Nord, du Sud, de l'Est et de l'Ouest, afin de louer le dieu solaire qui est le seigneur du ciel. Il s'agit ici d'une participation allégorique des éléments divins de la Nature au culte solaire.

[212] Rē' est le souverain et le créateur de tous les dieux. Le défunt prie que ces dieux adorent le Soleil en sa belle forme, quand il apparaît en gloire dans sa barque divine du jour (*mꜥnḏt*). Pour les barques solaires (associées au symbolisme des yeux célestes, soit celui du Soleil et celui de la Lune, cf. SPIEGELBERG, 1917; BICKEL, 1994: 93), voir aussi LURKER, ^{4}1986, 113: art. «solar barque». Sur le vers «*Dwꜣ.tn sw m ir<w>.f nfr*», cf. l'hymne de Horemheb (voir *sBM 552*, **VIII**: pl. xxvii): «*dwꜣ.sn tw m irw.k nfr*».

[213] Le défunt souhaite que le *monde haut* céleste (*ḥrw*) et le *monde bas* souterrain (*ḫrw*) rendent hommage à Rē', que Thoth et Ma'at lui écrivent chaque jour. Or, le dieu solaire sera glorieux et victorieux; et son ennemi, le serpent maléfique 'Apophis, sera brûlé dans

10 *n sḏt. Sbỉw ẖr, ꜥwy.f kꜣws, nḥm n Rꜥ nmtt.f, msw-*[214]
11 *bdš<t> nn wn.zn. Ḥwt-Sr m ḥb ẖrw nhmw m St Wrt*[215].
12 *Nṯrw m ḥꜥꜥw, mꜣꜣ.n.zn Rꜥ m ẖꜥꜥ.f, stwt.f ḥr bꜥḥ tꜣw. Wḏ*[216]
13 *Ḥm Nṯr pn šps, ẖnm.n.f Tꜣ n Mꜣnw. Ḥḏ tꜣ r mst.f rꜥ-nb, pḥ.n.f r ꜥ.f n sf*[217].
14 *Ḥtp.k n.ỉ mꜣꜣ.ỉ nfrw.k{ỉ}, wḏ tp tꜣ. Ḥw.ỉ ꜥꜣw, bḥ.n.ỉ*[218].
15 *sbỉw, sḥtm.n.ỉ ꜥꜣpp m ꜣt.f, mꜣꜣ.n.<ỉ> ꜣbḏw <r> zp.f, ẖpr ỉnt.z*[219],
16 *ỉnt m mr.z. Mꜣꜣ.n.ỉ Ḥr m ỉry ḥmw, Ḏḥwty Mꜣꜥt ḥr ꜥwy.f. Šzp.n.ỉ ḥꜣt<t>*[220]
17 *mzktt, pḥwyt mꜥnḏt{t}. Dỉ.f mꜣꜣ Ỉ{ṯ}n, dgg Ỉ<ꜥ>ḥ, nn {ỉ}ꜣbw rꜥ-nb*[221].
18 *Pr bꜣ(ỉ) r s<w>twt*[222]
19 *.tw r bw nb mrr.f* [223].

---

les flammes (cf. les exorcismes contre ‘Apophis dans *pBremner Rhind*: voir FAULKNER, 1933; MAPABEΛIA, 2003b: 257-59).

214 En effet, l'hymne nous dit que le serpent du mal est tombé inerte, ses bras étant liés, donc le dieu solaire a saisi ses mouvements. Cf. aussi *pBM 10471* (cf. BUDGE, ^{2}1967: 7).

215 En plus, les *enfants de la déchéance* (*msw bdšt*), démons maléfiques, sont anéantis. Alors, une célébration prend place dans la Maison du Prince (*Ḥwt-Sr*), où les voix des dieux en jubilation sont écoutées dans la Grande Place (*St Wrt*).

216 Les dieux sont en jubilation, quand ils voient Rēʻ pendant qu'il apparaît en gloire, et quand ses rayons inondent tous les pays (*bꜥḥ tꜣw*).

217 La Majesté Divine de ce grand dieu noble (c'est-à-dire de Rēʻ) avance sur sa route journalière; le Soleil entre dans la terre de Manū (voir n. 208, *supra*). Chaque jour la terre brille dès sa naissance (i.e.: son lever), et il a atteint son statut d'hier (*pḥ.n.f r ꜥ.f n sf*). Cela montre le renouvellement quotidien et la renaissance du Soleil qui, selon les idées égyptiennes constituent un élément théologique important de leur religion et la lient aux périodicités cosmiques des astres et du Soleil. N'oublions pas ce que le *BD* nous fournit comme information (voir *BD*, **17**): «*ỉnk sf rḫ.kwi dwꜣw* [...]*; ỉr sf Wsỉr pw ỉr dwꜣw Rꜥ pw* [...]». Cf. FAULKNER & GOELET, ^{2}1998, pl. 7: cols 15-16 et la n. 19, *supra*.

218 Le défunt prie le dieu solaire de pouvoir être en sa faveur, quand il observe sa beauté splendide, après avoir quitté la terre (c.-à-d. après sa mort). Il prie aussi pour qu'il puisse frapper l'âne maléfique, symbole de Seth.

219 En plus il désire trouver le serpent hostile au Soleil et détruire ‘Apophis au moment où il essaie d'agir contre Rēʻ, car il a vu le poisson *ꜣbḏw* pendant son existence, ainsi que le poisson *ỉnt*. En ce qui concerne les poissons (comme le *tilapia*) et leur symbolisme osiriaque et régénératif, voir *LÄ*, **VI**, 1986, 593: art. «tilapia»; MARAVELIA, 2002g: 67-69.

220 Le défunt déclare qu'il a vu ce dernier poisson sur sa barque dans le canal. Il proclame qu'il a vu Horus comme un rameur/conducteur de bateau, accompagné par Thoth et Maʻat. Il dit qu'il a pris la corde de la proue de la barque solaire nocturne.

221 Le défunt continue son monologue d'adoration, en constatant qu'il a pris la corde de poupe de la barque solaire du jour. Il souhaite que le dieu solaire lui offre le privilège de voir le disque solaire (*Ỉtn*) ainsi que le dieu lunaire (*Ỉꜥḥ*) chaque jour, à jamais. Les luminaires célestes, voire la Lune, étaient les horloges cosmiques qui indiqueraient les jours des fêtes et la succession des mois. Or, le défunt espérait continuer à vivre dans l'au-delà comme avant sa mort et observer les phénomènes astronomiques, non pas comme un astronome mais de façon seulement pratique: pour jouir de sa vie et définir son calendrier des fêtes. Sur le calendrier, voir VON BOMHARD, 2000; SPALINGER, 2001: 224-27.

222 Le défunt souhaite que son âme (*bꜣ*) puisse se mouvoir et se promener. Pour le concept du *bꜣ(ỉ)*, voir ŽABKAR, 1968 et *BMD*, 1996, 47: art. «ba».

20 *Ni͗s.tw rn.i͗* [224].
21 *Gm.f m ḫt* [225].
22 *wdb-ḫt. Di͗.tw*[226]
23 *n.i͗ ḥtpw m-bꜣḥ {mi͗} Šmsw-*[227]
24 *Ḥr. Ꞽry.tw n.i͗*[228]
25 *st m wi͗ꜣ, hr<w> ḏꜣ* [229]
26 *nṯr. Šzp.i͗* [230]
27 *m-bꜣḥ Wsi͗r m tꜣ* [231]
28 *n mꜣꜥ-ḫrw. N kꜣ n Wsi͗r ꜣny*[232].

L'hymne au dieu solaire, bien qu'il contînt des rudiments astronomiques et des éléments cosmovisionnels, est caractérisé par une répugnance certaine pour la pensée purement scientifique et le raisonnement logique. Les noms prévalent (voir la Table IV.4), et les motifs mythiques, voire archétypiques sont utilisés pour présenter une théologie solaire d'un fond métaphysique funéraire, dont le seul but est l'identification du décédé à Rēʿ et son union magique à l'équipage de la barque solaire éternelle, selon le motif sacré de l'union secrète supersubstantielle du dieu solaire à Osiris, dieu de la résurrection et de l'immortalité.

La Table IV.4 qui suit contient un sommaire des termes astronomiques et cosmovisionnels les plus importants, que l'on rencontre dans l'hymne étudié, ainsi que de leur fréquence. Ces termes ne sont pas utilisés d'une manière purement astronomique ou scientifique contrairement aux *Hymnes Orphiques*, mais ils se placent dans le cadre de la théologie osiriaque et solaire, ainsi que dans celui de la langue quotidienne (où l'on utilise certains mots astronomiques hors du contexte astronomique scientifique; e.g.: *jour*, *nuit*, *Soleil*, *heure*, & c.). D'ailleurs, dans le cas égyptien, où l'on observe une antipathie pour la pensée scientifique et le raisonnement logique (ce qui montre l'inexactitude des idées afrocentriques concernant une prédominance hypothétique de la «science» égyp-

---

[223] Notamment, qu'elle sera capable de visiter chaque place qu'elle aime.
[224] Le défunt souhaite que son nom soit appelé. Pour l'importance du nom selon les coutumes égyptiennes, voir *BMD*, 1996, 194: art. «names».
[225] Il désire bien que son nom soit trouvé au bord de l'autel des offrandes.
[226] Il désire beaucoup recevoir des offrandes en présence.
[227] Voire, des compagnons suivant Horus. Il faut noter que la préposition composite *m-bꜣḥ* (voir *EG*: 132) indique souvent la présence des personnes respectées, dieux, personnalités mythiques, & c. C'est pourquoi nous croyons que la préposition *mi͗* était ajoutée par erreur du scribe. Sur ce point, nous n'acceptons ni la traduction de Budge (voir BUDGE, [2]1967: 4), ni celle proposée dans FAULKNER & GOELET, [2]1998: pl. 1.
[228] Le défunt souhaite qu'une place lui soit offerte.
[229] Notamment, une place dans la barque solaire sacrée, pendant le jour où le dieu (c.-à-d. Rēʿ) passe en traversant le firmament.
[230] Le défunt souhaite qu'il soit reçu par Osiris.
[231] Son souhait porte sur sa reception en présence de ce dieu sur la terre.
[232] Voire, sur la terre de verité, soit au pays des mort(e)s transfiguré(e)s, qui étaient les *vrai(e)s de voix* (*mꜣꜥw-ḫrw*). Alors, l'hymne s'achève par un vœu à l'esprit (*kꜣ*) du décédé osirifié Any, afin que cet hymne l'aide pendant son voyage dans l'au-delà, afin que tout désir de sa part soit achevé.

Figure IV.13: Aspect du voyage nocturne du dieu solaire criocéphale Khnum–Rē‘, protegé dans une barque sacrée par un serpent divin, dans le monde de l'au-delà. Le dieu de la lumière illumine les ténèbres, accompagné par d'autres divinités (Sia et Hu). Détail d'une peinture murale d'une tombe de la Vallée des Rois.

tienne), les noms prévalent, et des motifs mythiques, voire archétypiques, sont utilisés pour présenter une théologie solaire. Cette théologie était fortement liée aux croyances funéraires des Égyptiens d'antan, selon lesquelles le défunt devait entrer en triomphe dans le règne d'Osiris, après le jugement final, et après quoi s'unir à l'équipage des barques solaires, afin d'accompagner le dieu solaire pendant son voyage éternel dans le firmament pour toujours. En effet, les conceptions osiriaques sont liées à leur tour aux notions archétypiques de la vie éternelle dans la nuit sans fin, près d'étoiles circumpolaires/infatigables, un thème qui n'est pas évoqué dans cet *Hymne à Rē‘* du *Livre des Morts* d'Any[233].

En conclusion. On a essayé d'analyser comparativement deux hymnes anciens adressés au dieu solaire Hēlios/Rē‘. Tous les deux montrent l'existence d'une pensée astronomique latente qui était plus développée dans l'hymne orphique au Soleil (pensée proto–scientifique). Il s'agit d'un hymne au fond métaphysique très approfondi, révélant un monothéisme extraordinaire[234], selon lequel la Divinité (identifiée à Hēlios) constituait le régulateur des saisons, des phénomènes périodiques célestes, ainsi que de l'ordre cosmique, de la justice di-

[233] Voir quand même deux autres *Hymnes à Rē‘* du même papyrus (*pBM10470*, *BD*: **15**); FAULKNER & GOELET, ²1998, pl. 18: col. 30 (*iḫmw-wrḏw, iḫmw-skiw*); pl. 20: cols 5-6 (*iḫmw-wrḏw*); pl. 21: col. 12 (*sbꜣw*), où l'on rencontre ces éléments.
[234] Sur le monothéisme orphique et ses traits, voir ΤΣΟΠΑΝΗΣ, 2003: 92-100. En ce qui concerne la théologie des philosophes Hellènes anciens, voir JAEGER, 1947.

vine et de l'harmonie universelle, liée à la conception égyptienne de la Ma'at. Il y a quelques éléments communs dans les *Hymnes Orphiques* et dans les textes égyptiens, voire dans l'hymne au Soleil examiné ci-dessus, qu'on a étudiés dans les notes. Il est probable que les Orphiques ont emprunté quelques archétypes égyptiens, qui étaient assimilés par conséquent dans leur système métaphysique et vice versa. Il est possible que les deux nations, Égyptiens et Hellènes, aient développé des conceptions métaphysiques séparément, fondées sur leurs propres archétypes et sur leur atmosphère proche, qui apparaissent quelquefois identiques, comme c'est le cas dans d'autres civilisations qui ne communiquaient point, mais dont les cultures ont des rudiments similaires. Ces conceptions montrent les efforts des humains appartenant à deux anciennes cultures vraiment éminentes, afin de comprendre l'Univers qui les entoure, la vie et eux-mêmes.

Table IV.4: Quelques termes astronomiques/cosmovisionnels rencontrés dans l'hymne solaire du *Livre des Morts* d'Any (*pBM10470*) et leur fréquence.

Termes Astronomiques, & c.	**Colonne du Passage dans le Papyrus**	**Fréquence**
ꜣḫt	*pBM 10470*, pl. 1: col. 1	1
ꜣt	*pBM 10470*, pl. 1: col. 15	1
Ꞽꜣbtt	*pBM 10470*, pl. 1: cols 1, 7	2
Ꞽ<ꜥ>ḥ	*pBM 10470*, pl. 1: col. 17	1
Ꞽmntt	*pBM 10470*, pl. 1: col. 7	1
Ꞽ{ṯ}n	*pBM 10470*, pl. 1: col. 17	1
ꜥꜣpp	*pBM 10470*, pl. 1: col. 15	1
wbn	*pBM 10470*, pl. 1: cols 1, 2	2
pzd	*pBM 10470*, pl. 1: col. 3	1
pt	*pBM 10470*, pl. 1: cols 1, 6, 7	3
mꜥ(n)ḏt	*pBM 10470*, pl. 1: cols 8, 17	2
mḥt	*pBM 10470*, pl. 1: col. 7	1
mzktt	*pBM 10470*, pl. 1: col. 17	1
Nwt	*pBM 10470*, pl. 1: col. 3	1
Rꜥ	*pBM 10470*, pl. 1: cols 1, 7, 12	3
(*mnt*)-*rꜥ-nb*	*pBM 10470*, pl. 1: cols 9, 13, 17	3
rsy	*pBM 10470*, pl. 1: col. 7	1
hrw	*pBM 10470*, pl. 1: col. 25	1
Ḥr-ꜣḫty	*pBM 10470*, pl. 1: col. 5	1
ḥrw	*pBM 10470*, pl. 1: col. 9	1
ḥḏ tꜣ	*pBM 10470*, pl. 1: col. 13	1
ḫꜥ(ꜥi)	*pBM 10470*, pl. 1: cols 3, 8, 12	3
Ḫpri	*pBM 10470*, pl. 1: col. 2	2
ẖrw	*pBM 10470*, pl. 1: col. 9	1
sf	*pBM 10470*, pl. 1: col. 13	1
stwt	*pBM 10470*, pl. 1: col. 12	1
ḳmꜣ nṯrw	*pBM 10470*, pl. 1: col. 2	1
tꜣ(w)	*pBM 10470*, pl. 1: cols 6, 12, 13, 14, 27	5
Tꜣ-T{w}nn	*pBM 10470*, pl. 1: col. 6	1
tri	*pBM 10470*, pl. 1: col. 4	1
Ḏḥwty	*pBM 10470*, pl. 1: cols 9, 16	2

§ 3.2. La Conception de l'*Oeuf Cosmique* (*Swḥt*)

La conception de l'*œuf cosmique*, symbole cosmogonique très ancien, n'est pas uniquement hellénique ou égyptienne[235]. Il n'est pas notre but ici d'analyser ce symbole dans ces deux contextes —ce qui a été déjà fait—, mais de discuter quelques points intéressants qui n'ont pas été analysés, certes au niveau astronomique et cosmovisionnel. La Table IV.5 qui suit contient toutes les références à l'*œuf sacré* (*swḥt*) que l'on rencontre dans les textes funéraires égyptiens, beaucoup d'entre eux n'ayant pas été présentés par Morenz dans son étude[236]. Le fait que cet œuf est lié à l'air et à l'action de la respiration humaine, si indispensable pour la vie devient évident dans le contexte où l'on trouve ce concept. Une formule du *Livre des Morts* d'un dignitaire du NK est très explicite sur ce sujet[237]:

La traduction de cette formule est la suivante[238]:

> *Formule pour respirer la brise*
> *Entre les eaux, dans la nécropole:*
> *Paroles à réciter par le majordome*
> *Du ministre (lit.: surveillant) du trésor, Nu, vrai–de–voix:*
> *O Atoum, donne-moi la douce brise*
> *Qui est dans tes narines (lit.: ton nez)!*
> *Je suis celui qui cherche cette place,*
> *Qui se trouve au centre d'Hermopolis;*
> *J'ai gardé cet œuf du Grand Jargonneur.*
> *Si je fleuris, il fleurit; si je vis, il vit (aussi);*
> *(Et) si je respire la brise, il respire la brise!*

Il existe des idées très anciennes et très intéressantes du point de vue cosmovisionnel dans ces vers, de même que dans quelques passages que l'on a pu rassembler dans la Table IV.5. L'œuf divin d'Hermopolis[239] est directement lié à la

---

[235] Voir SYMBOLS, 1996, 337-41: art. «egg», pour une introduction concise au symbolisme de l'œuf dans plusieurs traditions du monde entier. Cf. aussi TOPOROV, 1982: 681.
[236] Cf. MORENZ, 1950: 64-111, sp. 104 ff; BICKEL, 1994: 233-41; ZHITOMIRSKY, 2003: 79.
[237] Voir *BD*: **56** (*pBM 10477*, papyrus de Nu, c. 1400 BCE; cf. BUDGE, [1]1898, **I**: 127).
[238] Pour une traduction alternative, voir BARGUET, 1967: 92. La translitération du passage est la suivante: «| *R n ssnt ṯꜣw m-m mw, m ẖrt-nṯr* | *ḏd-mdw ỉn ỉmy-r pr n ỉmy-r sḏꜣwty Nw, mꜣꜥ-ḫrw:* | *Ỉ Tm(w) dỉ.k n.ỉ ṯꜣw nḏm ỉmy šrt.k!* | *Ỉnk sḫn st ṯwy ḥr-ỉbṯ Wnw;* | *ỉw sꜣ.n.ỉ swḥt ṯwy nt Ngng-Wr;* | *rwd.ỉ, rwd.z; ꜥnḫ.ỉ, ꜥnḫ.z; ssn ṯꜣw.ỉ, ssn ṯꜣw.*[*z*]*!* | ».
[239] Sur l'œuf d'Hermopolis, voir LEFEBVRE, 1923: 65-67. Cf. aussi MEAD, [2]1992, **I**: 2704.

conception de l'air, ce qui nous rappelle les idées orphiques qui concernent l'œuf primordial cosmique. Selon les Orphiques, le Temps (Chronos), après avoir créé Aithēr, Chaos et Erebos, il a façonné un œuf divin argenté[240]. L'œuf cosmique, source de la lumière de la création, fut le produit de la masse primordiale inerte qui contenait en elle les deux sexes, les quatre éléments, et tous les germes de la création, juste comme c'était le cas avec Atoum (créateur amphisexuel) flottant en inertie dans Nūn (*Nwn*), l'Océan primordial[241]. Après cet œuf fut fendu, ses deux moitiés formèrent la Terre et le Ciel, avec la lumière initiale si brillante, personnifiée en Phanēs, le créateur solaire[242] unique, androgyne, qui porte des ailes en or et resplendit dans l'Univers en lumière[243]. Il y a des conceptions parallèles dans les deux systèmes de mythologie égyptien et hellénique **[voir Fig. IV.14]**: l'eau (et la matière) correspondent (*mutatis mutandis*) à Nūn; le temps correspond à l'*éternité immesurable* (*Ḥḥw*), Anagkē/Adrasteia à Ma'at; Aithēr à Shū (*Šw*); Chaos à Amūn (*Imn*) ou à la notion du *trouble primordial* (*tnmw*); l'œuf n'est qu'un symbole commun; Tartaros (et la Nuit/Nyx) correspond aux Ténèbres (*Kkw*); le Ciel/Ouranos à Nūt; Phanēs à la fois à Rē'–Atoum et au Grand Jargonneur. Il semble qu'on pourrait trouver des correspondances plutôt entre les cosmogonies orphique et hermopolitaine, qu'entre la première et celle d'Héliopolis. Comme on en discutera dans le Chapitre V (voir §§ 1.3, 1.5, *infra* & cf. le Chapitre II, §§ 4.1, 4.3, *supra*) il s'agit ici d'une description virtuellement équivalente aux notions modernes de la Cosmologie: l'œuf vaste mais non infini correspond à la *sphère de feu* primordiale qui se produisit après le Big Bang, tout en contenant la matière et l'énergie de la création, toutes les paires des particules–antiparticules et la cascade conséquente de lumière. Svetlana Marakhonova a bien comparé la cosmogonie égyptienne aux cosmogonies orphiques et coptes (dans le contexte du Gnosticisme, ayant analysé aussi le rôle important de l'œuf primordial[244]). Notre but ici est de souligner comparativement quelques passages du symbolisme cosmovisionnel et astronomique.

Il faut remarquer qu'il existe beaucoup de références à l'œuf cosmogonique, dont deux sont particulièrement intéressantes (voir la Table IV.5: 28, 53).

---

[240] Voir KERN, [3]1972: 80, # 1 (= Aristophanēs, *Ὄρνιθες*: 694 ff): «Ἐρέβους δ' ἐν ἀπείροσι κόλποις τίκτει πρώτιστον ὑπηνέμιον Νὺξ ἡ μελανόπτερος ᾠόν». Cf. aussi Proklos, *Εἰς Πλάτωνα Τίμαιον*: 30[C-D]; Damaskios, *Περὶ ἀρχῶν*: 55, 123[B]; & c.

[241] Voir *CT*, **II**, 76: §§ 4c-4d: «*hrw ḫpr.n Tm(w) ỉm, m ḥḥw, m nww, m kkw, m tnmw*» [B1C].

[242] Voir ΠΑΠΑΘΑΝΑΣΙΟΥ, 1978: 30 ff. Sur l'explication astronomique du relief de Phanēs de Modena, voir PAPATHANASIOU, 1991: S1-13. Phanēs personnifie le Soleil Primordial.

[243] Voir **6**, 2, 6-8: «|ᾠογενῆ, χρυσέαισιν ἀγαλλόμενον πτερύγεσσι | [...] | ὅσσων ὃς σκοτόεσσαν ἀπημαύρωσας ὁμίχλην | πάντη δινηθεὶς πτερύγων ῥιπαῖς κατὰ κόσμον | λαμπρὸν ἄγων φάος ἁγνόν, ἀφ' οὗ σε Φάνητα κικλήσκω |». Cf. aussi *BD*: **15**; FAULKNER & GOELET, [2]1998, pl. 21, col. 5: «*Sḥḏ-Wr, wbn m Nww*».

[244] Voir MARAKHONOVA, 1993: 277-89. Pour une comparaison entre les cosmogonies égyptiennes et juives, cf. KOROSTOVTSEV, 1974: 29; entre les cosmogonies helléniques et bibliques, cf. ΛΩΛΗ, 1937. Entre la cosmogonie égyptienne (cf. *RÄRG*, 864-67: art. «Weltbeginn»; BRANDON, 1963, 14-65; JAMES, 1969: 15-20; NOTTER, 1974; DERCHAIN, 1981: 224-28; CLAGETT, 1989: 263-406; CASTEL RONDA, 1992-94: 3-38; LACARRIÈRE *et al.*, 1996: 2-19) et celle de la *Bible*, voir BAUKS, 1998: 165-78; CURRID, 1991: 18-40. Sur les cosmogonies orphiques voir MARTÍNEZ–NIETO, 2000: 181-263 & 139-80 (Mousaios).

Table IV.5: Contexte textuel d'occurrence du terme cosmogonique *swḥt* dans les textes funéraires les plus importants de l'Égypte antique (*PT*, *CT*, *BD*) et sa fréquence. ⁂

#	Passage (*PT*, *CT* & *BD*)	Source (*PT*, *CT* & *BD*)
1	*ms.ṯn sw ỉmy swḥt(.f)*	*PT*, **408**, § 714b: 221 [P]
2	*sḏ n ỉr swḥt.f ỉš st ỉn.sn nṯrw*	*PT*, **669**, § 1967: 757 [N]
3	*mk* N *sḏ.n.f swḥt*	*PT*, **669**, § 1969c: 758 [N]
4	*n snḫt.ỉ swḥt.ỉ*	*CT*, **I**, 39: § 167f [B16C]
5	*n šdt.ỉ swḥwt.ỉ*	*CT*, **I**, 40: § 176k [B13C]
6	*swḥt ḳmꜣt ṯw*	*CT*, **I**, 44: § 182g [B12C]
7	*n ṯs.ỉ m swḥt*	*CT*, **II**, 76: § 3f [B1C]
8	*rḫ.n.f sꜥnḫ ỉmy m swḥt*	*CT*, **II**, 80: § 33c [B1C]
9	*wbn.f rꜥ-nb, pr.f m swḥt*	*CT*, **II**, 80: § 36c [B1C]
10	*pzḏ.f, wbn.f, pr.f m swḥt*	*CT*, **II**, 81: § 44d [B1C]
11	*ṯs n ỉrw nṯr m swḥt*	*CT*, **II**, 148: § 212b [S1C]
12	*nb.ṯn ỉs-pw nṯr pn ỉmy swḥt.f*	*CT*, **II**, 148: § 214b [S1C]
13	*ỉr.ṯn r.f m-ẖnw swḥt*	*CT*, **II**, 148: § 216b [S1C]
14	*sḏ.f swḥt m-ẖnw nḫn.s*	*CT*, **II**, 148: § 217g [S1C]
15	*mkt.f m-ẖnw swḥt*	*CT*, **II**, 148: § 225b [S1C]
16	*bỉkw m-ẖnw ḫt swḥwt*	*CT*, **II**, 150: § 254c [B9C]
17	*ỉnk pw ỉnk Ḥr m-ẖnw swḥt*	*CT*, **II**, 150: § 254e [B9C]
18	*ỉnk nw pr m swḥt nṯr ꜥꜣ*	*CT*, **III**, 165: § 13a [S1C]
19	*ms ṯn wỉ ỉmy swḥt*	*CT*, **III**, 207: § 156b [S1C]
20	*hꜣy.ỉ ỉm.sn m swḥwt*	*CT*, **III**, 219: § 200a [B1L]
21	*ỉw wḏ.n [nṯr šps] ỉmy s<w>ḥt.f*	*CT*, **III**, 222: § 207c [L1Li]
22	*ỉ* N *[...] swḥt tn m Ngng-Wr*	*CT*, **III**, 222: § 207h [L1Li]
23	*ỉnk swḥt tw ỉmyt Ngng-Wr*	*CT*, **III**, 223: § 208e [B2Bo]
24	*pḫr.ỉ r-ḥꜣw swḥt.f*	*CT*, **III**, 223: § 210c [B2Bo]
25	*ỉnk bỉk ꜥꜣ ḫpr m swḥt*	*CT*, **IV**, 302: §§ 53h-53i [B3L]
26	*(n) sd.tw swḥt*	*CT*, **IV**, 307: § 63r [L1Li]
27	*sḏ.n.ỉ m swḥt*	*CT*, **IV**, 334: § 181g [G1T]
28	*ỉ Rꜥ ỉmy swḥt.f, wbn m ỉtn.f, psḏ m ꜣḫt.f, nbb ḥr bỉꜣ.f*	*CT*, **IV**, 335^{II}: §§ 292b-292c & §§ 294a-294b [T1C]
29	*sꜥnḫ.f <m>-ẖnw swḥt*	*CT*, **V**, 464: § 337d [B9C]
30	*srwd, wꜣḏ.ỉ m-ẖnw swḥt.ỉ*	*CT*, **VI**, 540: § 135g [M22C]
31	*sḏ.ỉ m swḥt ỉn.n.ỉ*	*CT*, **VI**, 584: § 200j [S2C]
32	*wḏ swḥt.ỉ ḥr ṯst Mḥyt-Wrt*	*CT*, **VI**, 647: § 267g [G1T]
33	*ṯs.n<.f> ḥbb swḥt.f*	*CT*, **VI**, 648: § 270n [G1T]
34	*ỉn kꜣ swḥt ṯs m-ẖnw ꜥwy.s*	*CT*, **VI**, 682: § 309ℓ [B1Bo]
35	N *pn bỉꜣ m ỉmy swḥt*	*CT*, **VI**, 686: § 315g [B1Bo]
36	*ỉnḏ ḥr.k nṯr pw ỉmy swḥt.f*	*CT*, **VI**, 690: § 321j [L1Li]
37	*nṯr pw šps ỉmy [swḥt.f]*	*CT*, **VI**, 690: § 321p [L1Li]
38	*[nṯr] pw šps ỉmy [swḥt.f]*	*CT*, **VI**, 690: § 321u [L1Li]
39	*ỉ Dbn(y) ỉmy swḥt.f*	*CT*, **VI**, 691: § 323g [L1Li]
40	*wḏ n nṯr šps ỉmy swḥt.f*	*CT*, **VI**, 697: § 331p [L1Li]
41	*ỉmy swḥt.f*	*CT*, **VI**, 714: § 343n [B3L]
42	*[m-ẖnw] swḥt*	*CT*, **VI**, 748: § 378h [B4C]
43	*sꜣ Nw ḥꜣ swḥt pr ỉm.f*	*CT*, **VII**, 820: § 21m [T3C]
44	N *pn pr m swḥt nṯr*	*CT*, **VII**, 906: § 111o [Sq10C]

45	*ṯs nṯr m-ẖnw swḥt*	*CT*, **VII**, 938: § 147a [*pGardiner IV*]
46	*ỉn-m rf sḏ swḥt nṯr*	*CT*, **VII**, 989: § 198c [*pGardiner II*]
47	*sḏ.f swḥt pšn.f bỉꜣ*	*CT*, **VII**, 989: §§ 198f-198g [*pGardiner II*]
48	*ỉw st.n.ỉ swḥt, ỉw wnm.ỉ mꜣꜥt*	*CT*, **VII**, 1017: § 238c-d [*pGardiner II*]
49	*ỉw ẖr swḥt*	*CT*, **VII**, 1058: §§ 310b [B3C]
50	*n sbḫt tn* N *tn m-ḥꜣw swḥt tn*	*CT*, **VII**, 1129: § 460e [B3C]
51	*ỉw.ỉ ẖr swḥt Rꜥ*	*CT*, **VII**, 1168: § 510f [B1P]
52	*n ḫfty, pr m sw<ḥ>t*	*BD*, **15**: 56 [SHORTER, 1938: 76]
53	*ỉ ỉmy swḥt.f pzd m ỉtn.f, wbn.f m ꜣḫt.f, nwb ḥr bỉꜣ*	*BD*, **17**: 22-23 [ommis dans *pBM10470*]
54	*ỉw.ỉ wbn.kwỉ m swḥt ỉmyt tꜣ štꜣ*	*BD*, **22**: 1-2 [*pBM10470*]
55	*ỉnk ỉmy wḏꜣt swḥty, zp 2*	*BD*, **42**: 13-14 [NAVILLE, **I**, [1]1886: 56]
56	*swḥt zp 2 ỉnk Ḥr ḫnty ḥḥw*	*BD*, **42**: 26 [NAVILLE, **I**, [1]1886: 56]
57	*ỉnk swḥt ỉmyt Ngng-Wr*	*BD*, **54**: 1 [*pBM10470*]
58	*pẖr.ỉ n-ḥꜣ n swḥt.f*	*BD*, **54**: 3 [*pBM10470*]
59	*ỉw sꜣ.n.ỉ swḥt ṯwy nt Ngng-Wr*	*BD*, **56**: 3 [*pBM 10477*]
60	*ỉw sꜣw.n.ỉ swḥt twy nt Ngng-Wr*	*BD*, **59**: 2-3 [*pBM10470*]
61	*ỉ Nḫny ỉmy swḥt.f, nb Mḥyt-Wrt*	*BD*, **71**: 12-13 [NAVILLE, **I**, [1]1886: 83]
62	*m bỉk n nwb, pr m swḥt.f*	*BD*, **77**: 2 [NAVILLE, **I**, [1]1886: 88]
63	*n mꜣꜣ zš.ỉ n sd.tw swḥt.ỉ*	*BD*, **85**: 13 [NAVILLE, **I**, [1]1886: 97]
64	*dnỉty.f m swḥt hnꜥ ꜣbḏw*	*BD*, **100**: 7 [NAVILLE, **I**, [1]1886: 113]
65	*ỉmy swḥt.f*	*BD*, **149**: 57 [NAVILLE, **I**, [1]1886: 170]
66	*ỉw ḫdp.k swḥtwy m ḥrst*	*BD*, **172**: 20-21 [NAVILLE, **I**, [1]1886: 193]
67	*Mndtwy.ky swḥtwy m ḥrst*	*BD*, **172**: 23 [NAVILLE, **I**, [1]1886: 193]

⁂ Pour d'autres textes (tardifs) citant l'*œuf cosm(ogon)ique* (*swḥt*), voir MORENZ, 1950: 104-11.

Leur similarité avec les idées des Orphiques est remarquable. Le plus ancien archétype est celui qui vient des *CT*, et donc nous considérons qu'il exprime le sens initial du vers. Il s'agit d'une invocation à Rēʻ, qui est dans son œuf, qui apparaît en gloire dans son disque, qui est brillant sur son horizon et qui nage dans son firmament, afin qu'il sauve le défunt des périls de l'au-delà. Tout le contexte de ce vers est fortement cosmovisionnel, et présente des éléments astronomiques qui sont évidents. Le dieu solaire est ici l'analogue égyptien de Phanēs. Cette utilisation des archétypes du monde des oiseaux, à la fois animaux célestes et créateurs des œufs, est caractéristique et irrésistible. Le *mythologoumenon* est exprimé en images d'un symbolisme solaire. Dans un passage analogue du *BD* le symbolisme de l'or fut introduit indirectement, quand on dit de Rēʻ qu'il brille comme l'or dans le firmament. Le symbolisme des oiseaux est également rencontré dans les passages qui se réfèrent à la tansformation du décédé en faucon (d'or) (voir la Table IV.5: 16, 25, 62). Le Soleil radiant était l'écho d'un passé cosmogonique plein de l'énergie créatrice, dont les réflexions photophores se prolongeaient pendant le présent des Égyptiens de l'Antiquité. D'ailleurs il fut aussi l'hypostase masculine de Phanēs, et personnifia le dieu puissant hiéracocéphale, illuminant le ciel chaque jour. Les Égyptiens (cf. Table IV.5) étaient plus enclins à rester sur la quintessence métaphorique de leurs mythes, sans formuler des conclusions proto–scientifiques, comme c'était le cas pour les Hellènes. Si l'on compare l'*Hymne à Phanēs* (***6***) aux textes égyptiens l'on voit que la cosmovision hellénique très avancée y est explicitement exprimée (au niveau proto–scientifique).

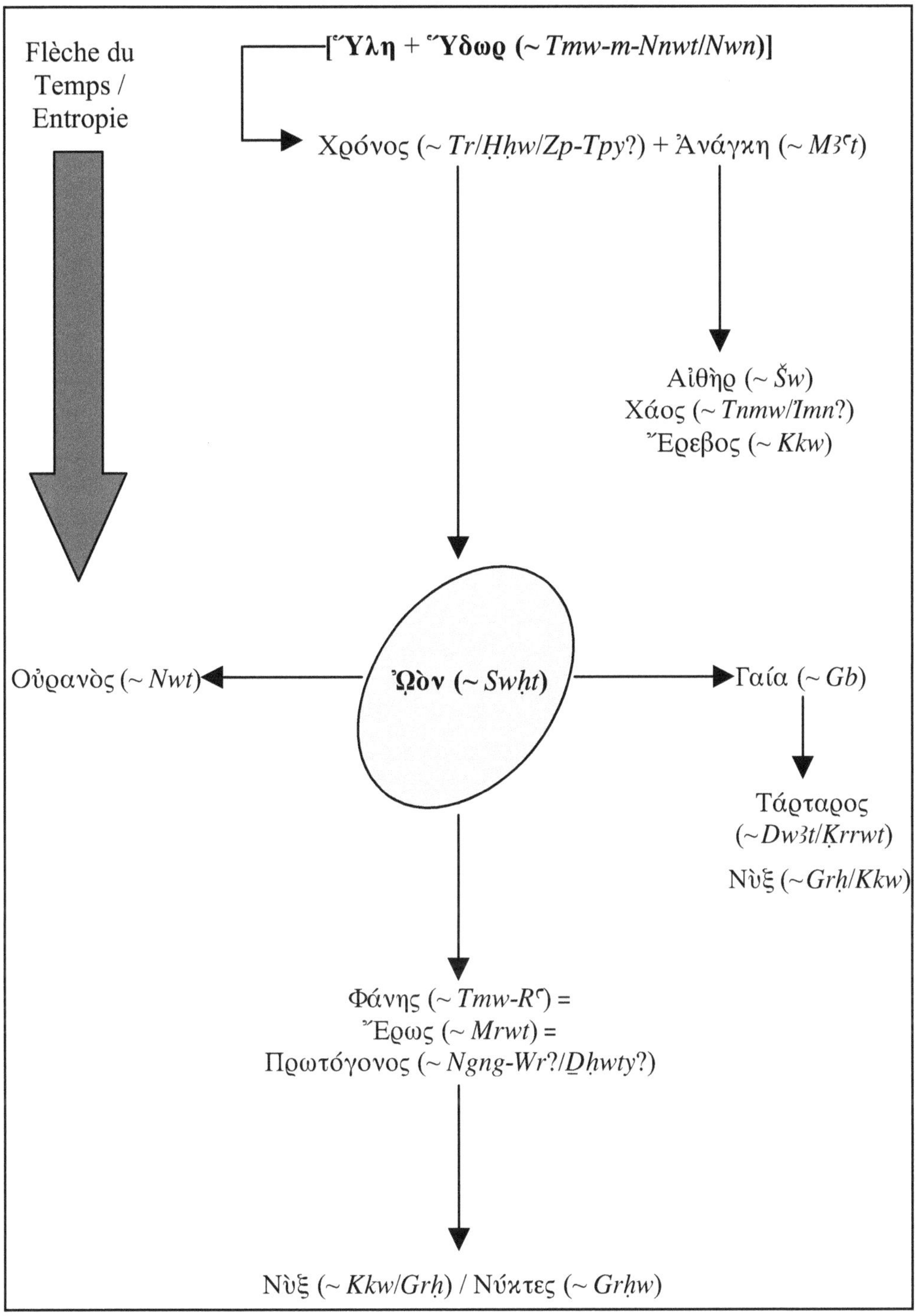

Figure IV.14: Les correspondances et les parallélismes proposés entre les divinités cosmiques helléniques et égyptiennes (*mutatis mutandis*), d'après l'étude des textes orphiques et des textes funéraires des Égyptiens, dans le cadre des deux systèmes mythologiques. [NOTA: +: couple divin; =: identité; ~: correspondance proposée; ?: non sûr. Sources helléniques: Damaskios, *Πεϱὶ ἀϱχῶν*: 123[B]; Aristophanēs, *Ὄϱνιθες*: 693-702; Hermeias, *Εἰς Πλάτωνα Φαῖδϱον*: 247[C]; Proklos, *Εἰς Πλάτωνα Τίμαιον*: 31[A]; & c. Cf. aussi BRISSON, 1993: 174, 178].

§ 3.3. Le Temps et la *Loi Universelle* (*Anagkē/Eunomia/Dikē* et *M3ʿt*)

Dans cette section de notre étude nous examinerons brièvement quelques notions cosmovisionnelles, qui étaient liées à l'Astronomie des Orphiques et en même temps se rencontrent dans la cosmovision égyptienne. Il s'agit de la conception du *temps cosmologique*[245] comme paramètre de changement et d'évolution du Cosmos et des périodicités des astres; et de celle de la *Loi Universelle*, comme facteur principal exprimant l'ordre et l'harmonie cosmique, visible aux mouvements des corps célestes.

Les Orphiques considéraient le temps comme une notion sublime archétypique, divinisée et personnifiée par le dieu Kronos (Κρόνος~Χρόνος). Ce fait est évident dans l'*Hymne à Kronos*[246], où cette identification symbolique est exprimée proprement au niveau archétypique[247]. Kronos/Saturne n'est seulement le *Patēr–Chronokratōr* qui épuise et «mange» tout (*ὃς δαπανᾷς μὲν ἅπαντα*); il est également celui qui les fait augmenter dans le cycle perpétuel cosmique (*καὶ αὔξεις ἔμπαλιν αὐτός*). Telle est la nature du temps, en deux hypostases unies dans l'harmonie de l'ordre inviolable universel, co–existant et remplissant chaque coin du ciel[248]. Or, le Temps et la Loi Universelle sont fortement liés. Le temps est indissolublement lié à l'espace et s'évader de lui ne signifie que s'évader absolument de l'ordre cosmique, et par conséquent entrer dans un ordre différent et un Univers[249] où peut-être l'entropie[250] n'est pas augmentée comme fonction du temps, et donc joue un rôle différent ou même n'existe pas. Pour les Égyptiens, cette loi gouvernant tout était l'aide (avec le dieu de la magie Heka) du Grand Dieu Créateur. Pour les Orphiques elle était appliquée non seulement dans le Cosmos mais au niveau de leur cycle hypothétique des *metensōmatōseis* de l'âme humaine. La cosmovision proto–scientifique des Orphiques leur permit de concevoir un principe cosmologique du temps assez explicite et très avancé par rapport à l'époque de sa conception. Le temps pour eux était le produit de Gaia (la Terre) et d'Ouranos (le ciel étoilé) qui naquit de leur union archétypique[251] [voir Fig. IV.14]. Le temps constituait le créateur, le vivificateur et le destructeur de

---

[245] Pour une introduction cosmologique, suivant la Science moderne, voir les Chapitres II, § 4.2, *supra*; V, § 1.4, *infra*. Nous signalons que ni les Orphiques (même si leur progrès au niveau proto–scientifique fut considérable) ni les Égyptiens ne considérèrent le temps comme un paramètre cosmologique, à proprement parler, comme c'est le cas dans la Cosmologie de notre ère. Sur la notion du temps et les traditions de sa mesure, voir *SYMBOLS*, 1996, 1008-09: art. «time»; BRANDON, 1951; AVENI, 1989b.

[246] QUANDT, [4]1973: ***13***. Cf. aussi *Ὀρφεὺς πρὸς Μουσαῖον*, 29: «καὶ Χρόνον ἀέναον».

[247] Voir ***13***, 3-5: « | ὃς δαπανᾷς μὲν ἅπαντα καὶ αὔξεις ἔμπαλιν αὐτὸς | δεσμοὺς ἀρρήκτους ὃς ἔχεις κατ' ἀπείρονα κόσμον, | αἰῶνος Κρόνε παγγενέτωρ [...] | ». Cf. aussi *Ὀρφεὺς πρὸς Μουσαῖον*, 28: «Αἰῶνος μέγ' ὑπείροχον ἰσχὺν». Cf. aussi MARTÍNEZ–NIETO, 2000: 17. Bien qu'il y ait des affinités certaines (temps cyclique et périodicités), la notion du *temps* (anc. ég.: *ḥ3w*, *rk*; copt.: **ϫⲱⲟⲩ**) chez les Égyptiens (cf. ASSMANN, 1991; WESTENDORF, 1974: 136-41) et chez les Orphiques n'est pas exactement la même.

[248] Voir ***4***, 6: « | Ἐν στέρνοισιν ἔχων φύσεως ἄτλητον ἀνάγκην | »; cf. la n. 112, *supra*.

[249] Voir MARAVELIA, 2003f: 64 ff. Sur la notion du temps, du cosmos et de la royauté en Égypte, voir GOEBS, 2003a: 238-53.

[250] Voir le Chapitre II, § 4.4, *supra*.

[251] Voir ***13***, 6: « | Γαίης τε βλάστημα καὶ Οὐρανοῦ ἀστερόεντος | ».

tout[252], qui remplissait l'Univers tout en étant conjoint avec le Cosmos où il habitait partout[253]. On y trouve quelques idées analogues aux conceptions modernes, selon lesquelles le temps naquit *avec* la matière et l'énergie au moment initial (t = 0) de la création[254]. Le *Temps* —juste comme la *Loi*— est aussi *Universel* et dirige tout, étant lié indissolublement à chaque part du Cosmos[255]. Ce fait, c'est-à-dire la dominance absolue du Temps *avec* la Loi Universelle, est une doctrine, qui selon les Orphiques caractérise à la fois le monde visible terrestre[256] et céleste[257], ainsi que le monde invisible souterrain[258]. En effet, le Temps et l'Ordre Cosmique sont liés et co–existants, gouvernant les miracles célestes, dont les étoiles et leurs périodicités ne sont que l'archétype céleste proéminent[259]. Or, la Loi Universelle dirige toute créature et toute la vie partout dans l'Univers et sauvegarde la stabilité de l'existence partout[260]. En plus elle est liée au temps infini et à son écoulement perpétuel, qui consiste en une prérogative indispensable pour la définition de toute notion d'existence. Bien que le temps épuise tout, en même temps il crée tout[261], tout en nous rappelant les conceptions des Égyptiens pour leurs «dieux chroniques», telles qu'elles furent brillament décrites par le Professeur Erik Hornung[262].

Il est vrai que la notion de la Ma'at[263] est l'analogue égyptien de la *Loi Universelle* des Orphiques. La Ma'at s'identifie à Dikē, selon Tobin[264], mais

---

[252] Voir ***13***, 7-8: «| γέννα, φυή, μείωσι, [...] | [...] γενάρχα | ».

[253] Voir ***13***, 8: « | ὃς ναίεις κατὰ πάντα μέρη κόσμοιο, [...] | ».

[254] Voir le Chapitre II, §§ 4.1-4.2 et notre discussion introductive qui s'y trouve. Sur la cosmogonie égyptienne, la création et le temps, voir aussi Zivie–Coche, 1991: 52-79.

[255] Voir ***13***, 4: « | δεσμοὺς ἀρρήκτους ὃς ἔχεις κατ' ἀπείρονα κόσμον, | ».

[256] Voir ***34***, 20: «|Ἁρμονίῃ κεράσας {τὴν} παγκόσμιον ἀνδράσι μοῖραν|»; cf. les nn 42, 137-138, *supra*. Cf. aussi ***11***, 6: «|ἁρμονίαν κόσμοιο κρέκων φιλοπαίγμονι μολπῇ|».

[257] Voir ***64***, 2: « | οὐράνιον Νόμον, ἀστροθέτην, σφραγῖδα δικαίαν | ».

[258] Voir ***3***, 10-11: « | ἣ φάος ἐκπέμπεις ὑπὸ νέρτερα καὶ πάλι φεύγεις | εἰς Ἀΐδην· δεινὴ γὰρ ἀνάγκη πάντα κρατύνει | »; dans ce cas le passage du temps est indiqué dans le contexte de cet hymne par la nuit qui passe et l'illumination virtuelle d'Hadès par le Soleil Nocturne (cf. la n. 108, *supra*). À propos du mot *νέρτερα* (*= profondeurs terrestres*), nous voulons signaler que des mots analogues (*κεύθεα Γαίης, Τάρταρος, ἄντρον*) se trouvent ailleurs dans les *Hymnes Orphiques* (voir ***3***: 10; ***37***: 3; ***51***: 2; ***57***: 2; ***69***: 3-4; ***78***: 5; & c) et sont liées aux conceptions helléniques pour le monde souterrain de l'au-delà. Ces mots nous rappellent les notions des Égyptiens pour les *cavernes souterraines* (*krrwt*), sur lesquelles voir Piankoff, 1974: 39-114; Hornung, 1999: 83-95.

[259] Voir ***64***, 2-5: « | οὐράνιον Νόμον, ἀστροθέτην, σφραγῖδα δικαίαν | πόντου τ' εἰναλίου καὶ γῆς, φύσεως τὸ βέβαιον | ἀκλινὲς ἀστασίαστον ἀεὶ τηροῦντα νόμοισιν, | οἷσιν ἄνωθε φέρων μέγαν οὐρανὸν αὐτὸς ὁδεύει | ». Cf. aussi Maravelia, 2005c.

[260] Il faut comparer cette conception à la notion égyptienne de la *stabilité/endurance* (*ḏdt*); voir *CD*, 1991: 325; *Wb.*, V: 630. Voir aussi Quandt, [4]1973: 45 & nn 1-2.

[261] Voir ***13***, 3: « | ὃς δαπανᾷς μὲν ἅπαντα καὶ αὔξεις ἔμπαλιν αὐτός | ».

[262] Voir Hornung, [2]1996: 128-35 & Chap. 5: 151-65. Nous signalons que selon les Orphiques, seul le dieu suprême (~ Zeus) pourrait vaincre et piéger le temps (~ Kronos), qui était quand même son propre père! Sur la notion du temps, voir aussi *Fragmenta*: **28**.

[263] Sur la conception de la Ma'at au niveau cosmique et social, voir Bleeker, 1962: 193-200; Derchain, 1962b: 72 ff; Derchain, 1965: 11-12; de Bourguet, 1988: 41-46; Assmann, 1989; Teeter, 2001: 319-21. Cf. aussi les nn 42, 112, 198, 208, 213 & 220, *supra*.

nous croyons qu'elle pourrait s'identifier à plusieurs déesses/archétypes de la justice[265], de l'ordre social[266], de la loi et de la juste punition[267], de la divinité inexorable Anagkē[268], et —certes— de l'harmonie cosmique hyperpuissante[269], comme cela devient évident dans notre discussion. Elle pourrait être appelée à la fois Anagkē, Adrasteia, Eunomia[270], Dikē et Harmonia. Elle serait la Loi Mondiale, qui observerait attentivement et toujours la Terre et les actions des humains de son trône du ciel[271]. Elle serait apaisée seulement par l'ordre et la justice qui créent la stabilité sociale et la paix sur la Terre[272]. La Loi Universelle selon les Orphiques est à la fois la source et le régulateur juste des lois physiques[273] et également des lois biologiques[274] qui dirigent la vie des humains. Non seulement la Loi Cosmique est une vraie *Ancienne des Jours*[275], une notion conjointe de la création elle-même; elle est encore liée et comparée aux résultats tangibles de la cosmogonie[276] (e.g.: ciel, astres, nature, terre, mer), mais pas avec des conceptions mythiques de la théogonie, comme c'est le cas chez les Égyptiens[277].

---

[264] Voir TOBIN, 1987a: 113-21. Nous ajoutons à l'analyse très intéressante du Prof. Vincent Tobin (qui ne prend pas en compte les *Hymnes Orphiques*) une autre dimension de la Ma'at dans notre étude; celle de l'harmonie universelle, de la Loi Cosmique et (*mutatis mutandis*, au niveau philosophique) de l'ordre comme contraire de l'entropie (voir *supra* et cf. le Chapitre V, § 1.4, *infra*; cf. aussi la Fig. V.5).

[265] Cf. ***62***: *passim*. Pour une comparaison de Ma'at à Tefnūt, voir BICKEL, 1994: 168-76.

[266] Cf. ***62***: *passim*; ***63***: *passim*.

[267] Cf. ***61***: *passim*; ***64***: 10-11; ***69***: *passim*. Sur l'idée de la punition *post mortem* (dans l'au-delà) chez les Égyptiens, voir ZANDEE, 1960: 25-31.

[268] Voir ***4***: 6 et la n. 248, *supra*; voir aussi ***3***: 11 et la n. 108, *supra*.

[269] Voir ***64***: 2-5 et la n. 259, *supra*.

[270] Voir ***40***, 19: «εὐνομίην ἐρατεινήν». À comparer aux notions concomitantes trouvées dans les *Instructions pour Mery–ka–Rēʿ* (*Mry-kꜣ-Rʿ*), publiées dans GARDINER, 1914: 20-36 & 100-06; cf. aussi SIMPSON, ²1973: 180-92. Sur Adrasteia, voir *Fragmenta*: **27**.

[271] Voir ***62***, 3: «οὐρανόθεν καθορῶσα βίον θνητῶν πολυφύλων».

[272] Voir ***63***, 9: «εἰρήνη χαίρουσα, βίον ζηλοῦσα βέβαιον». À comparer à la notion de l'ordre social et de la paix, selon les Égyptiens, e.g.: dans la titulature d'Aménophis III [cf. son *Nom d'Horus* (*Ḥr*): *Kꜣ nḫt ḫʿ m Mꜣʿt*; son *Nom de Deux Maîtresses* (*Nbty*): *Smn-hpw, Sgrḥ tꜣwy*; et son *Prenomen* (*N-sw-bity*): *Nb-Mꜣʿt-Rʿ*]; et dans celle de Tut'ankh-amūn [cf. son *Nom de Deux Maîtresses* (*Nbty*): *Nfr-hpw, Sgrḥ tꜣwy, Sḥtp nṯrw nbw*]; & c.

[273] Cf. ***64***, 4-5: « | ἀκλινὲς ἀστασίαστον ἀεὶ τηροῦντα νόμοισιν, | οἷσιν ἄνωθε φέρων μέγαν οὐρανὸν αὐτὸς ὁδεύει | ».

[274] Cf. ***64***, 7-9. Pour les Égyptiens, Shū était une personnification tangible de Nepri (*Npri*), dieu du grain de blé, indispensable pour leur cycle biologique de la nourriture; voir BICKEL, 1994: 132-33.

[275] Cf. ***64***, 10: «ὠγύγιος»; or, encore plus ancienne que le cataclysme mythique homonyme. Nous signalons encore que la Nature (~ l'Univers) et le ciel sont caractérisés comme particulièrement anciens et immortels: cf. ***4***: 2 et la n. 108; ***10***: 5, 8, 27; la notion de la *vie éternelle* (*ἀίδιος ζωὴ*) rencontrée (voir ***10***: 27) doit être comparée avec les conceptions égyptiennes de l'*éternité sans fin* (*nḥḥ*) et de la *perpétuité sans cesse* (*ḏt*); voir la n. 99, *supra*; sommaire dans TOLMACHEVA, 2003: 524. La Nature, portant en elle-même la Loi Universelle est celle qui gouverne tout (cf. ***10***: 4) et celle où tout finit (cf. ***10***: 17).

[276] Voir ***64***: 2-5 (cf. la n. 259, *supra*). Sur les mythes orphiques pour le temps, voir ΠΑΠΑΘΑΝΑΣΙΟΥ, 1978: 23-24, 69, *passim*.

[277] Voir par exemple ALLEN, 1988a: 26.

Nous allons terminer notre discussion philosophique d'une façon plus solide, en présentant l'information qui nous vient des textes orphiques concernant la mesure du temps et leur calendrier[278]. Le Calendrier des Orphiques était sans doute lunaire, un fait qui résulte de l'analyse d'un passage autre que les *Hymnes Orphiques*[279]. À partir de cette citation, les faits suivants semblent évidents: **(i)** Chaque année était toujours de 12 mois synodiques, chacun d'entre eux étant défini comme le temps entre deux moments de la Pleine Lune consécutifs (*μηνῶν* [...] *πληθούσης μήνης*). **(ii)** Or, il semble possible (voir le Chapitre II, § 1.1) qu'à cause de la longueur de ce mois (~ $29^{D}.531$), les Orphiques utilisaient des mois dont tout le deuxième serait de 30 jours entiers et tout autre de 29 jours entiers, comme c'est le cas dans les autres traditions anciennes[280]. **(iii)** L'*année lunaire orphique* serait d'une durée d'environ $29^{D}.531 \cdot 12 = 354^{D}.372$; par conséquent toutes les 33 années tropiques chacune des heures de l'année lunaire parcourerait toutes les dates de l'année tropique[281], et tous les 33 ans le Jour de l'An serait identique à l'Équinoxe de Printemps[282]. **(iv)** Il semble sûr que les jours de chaque mois lunaire étaient comptés dès la Nouvelle Lune[283], tandis que la date de la Pleine Lune aidait les Orphiques à définir plus aisément la période synodique. **(v)** Il semble possible que les Orphiques utilisaient des journées de 12 heures de jour et de 12 heures de nuit[284], variées selon la saison, justement comme

---

[278] Sur la conception de la Lune comme source du temps calendrique, voir ***9***: 5 & cf. la n. 152, *supra*; sur le Soleil comme père du temps, voir ***8***: 13 & cf. la n. 193, *supra*.

[279] Voir *Ἀργοναυτικά*, 1111-14: « [...] ἔθνος ἐς ἀφνειὸν καὶ πλούσιον ἐξικόμεσθα Μακροβίων, οἳ δὴ πολέας ζώουσ' ἐνιαυτούς, δώδεκα χιλιάδας μηνῶν, ἑκατονταετήρους, πληθούσης μήνης».

[280] Voir par exemple, AVENI, 1997: 31 ff; MORGAN, 2000: 17-31.

[281] Peut-être, justement comme c'est le cas aujourd'hui pour le Calendrier Musulman (voir le Chapitre II, § 1.3). À noter que 33 années tropiques ont une durée de $12{,}052^{D}.993$, tandis que 34 années lunaires ont une durée de $12{,}048^{D}.480$. Chez les Arabes, 32 années tropiques (de $365^{D}.25$) sont égales à 33 années lunaires (de 354^{D} et tout le troisième an est de 355^{D}); voir aussi *ÉPHÉMÉRIDES*, 1988: 1-23.

[282] Cf. nos commentaires dans la n. 142, *supra*.

[283] Cf. *Fragmenta*: **41**; STEPHANI *et al.*, 1805: 497. C'est parce que la 17ᵉ jour de la lunaison (âge de la Lune) y est mentionné (voir le Chapitre II, § 1.1, *supra*). Pour des vers pareils, montrant probablement l'âge de la Lune, voir encore *Ἀργοναυτικά*: 1082 (10ᵉ jour), 1110 (6ᵉ jour), 1190 (12ᵉ jour).

[284] Cf. ***3***, 8: «ἡμιτελής, χθονία ἠδ' οὐρανία πάλιν αὐτή». C'est-à-dire que la nuit sur la Terre, ainsi que la nuit au ciel, est inachevée (ou plutôt) demi–complète; or, cette expression se réfère à la moitié de la journée, alors —à cause de la durée différente des jours et des nuits— le sens de ce vers sera littéral lorsque l'on se trouve aux journées des Équinoxes. Si l'on suppose que ce vers est toujours valable, il faut accepter sans aucun doute que chaque journée a 12 heures de nuit et 12 heures de jour, qui ne sont pas constantes, mais elles sont variables selon la saison (plus petites nuits pendant l'Été; plus petits jours pendant l'Hiver). L'adjectif *ἐγκυκλία* (= *périodique*) indique aussi ce fait, parce que l'alternance de la nuit et du jour n'est pas un phénomène strictement périodique à cause de leur durée différente (voir ***3***: 9); le sens en devient littéral seulement si l'on accepte 12 heures variables dans chacun. L'on trouve des conceptions pareilles dans la traditon Indienne [voir *Sāma Veda*, **VI**, 1, 11: 3; *Ṛg Veda*, **I**: 23 (**IV**: 6)], où le jour avait 15 *heures* et la nuit 15 aussi, ce qui est explicable par leur origine commune (cf. TATON, 1957: 158).

en Égypte[285]. **(vi)** Les Orphiques étaient aussi au courant de la notion du *minuit*[286] et celle du *midi*[287], qui seraient réalisables par l'observation des culminations d'étoiles diverses boréales[288] (probablement les étoiles β–UMi et δ–UMi) et du passage méridien[289] du Soleil. Par conséquent, le système de la mesure du temps calendrique des Orphiques était particulièrement avancé.

4. CONCLUSION–SOMMAIRE

Dans ce Chapitre nous avons étudié scrupuleusement les éléments astronomiques et cosmovisionnels les plus essentiels, que l'on rencontre dans les *Hymnes Orphiques* helléniques. Nous avons analysé particulièrement les hymnes aux étoiles, au ciel, au Soleil, à la Lune, et nous avons cité des passages concomitants des hymnes, ainsi que d'autres ouvrages orphiques, et commenté leurs idées astronomiques[290]. Nous avons aussi comparé plusieurs cas caractéristiques avec les conceptions astronomiques des Égyptiens, comme celles qui se trouvent dans les textes funéraires (principalement *PT*, *CT* & *BD*). De cette étude rigoureuse, quelques conclusions récapitulatives résultent, que nous allons présenter brièvement dans le Chapitre VI.

Il faut noter ici que l'Astronomie fut cultivée chez les Orphiques au niveau proto–scientifique, tout en étant utilisée dans le domaine de la navigation maritime, des observations du ciel très justes[291] et dans le domaine de la connais-

---

[285] Voir *EAT*, **III**: 9 ff; SPALINGER, 1992b: 144-56; SPALINGER, 1996b: 67-77.

[286] Voir *Ἀργοναυτικά*, 1031: «νὺξ δὲ ἀστροχίτων μέσην παράμειβε πορείαν».

[287] Voir *Ἀργοναυτικά*, 652-653: «αὐτὰρ οἱ μεσάτην ἠὼ φέρον ὠκέες ἵπποι Ἠελίου».

[288] Nous signalons que les Orphiques s'orientaient en regardant vers le Nord (cf. ***8***: 4 & n. 184, *supra*); ils connaissaient aussi le pôle boréal céleste (cf. ***4***: 3-4; ***27***: 4; ***26***: 8-9), comme on l'a déjà vu. Il faut tenir compte que l'étoile la plus brillante près du pôle boréal céleste pendant la deuxième moitié du 2e Millénaire BCE était β–UMi, et que la ligne imaginaire entre cellle-ci et δ–UMi pourrait être utilisée comme indicateur (*pointer*). Pour une comparaison avec l'Égypte, voir le Chapitre III, §§ 4.1 & 4.2, *supra*.

[289] Nous signalons aussi qu'ils utilisaient le terme *austral/sud* (*μεσημβρινὸς*) dans le contexte de leur orientation (en relation avec les autres points cardinaux) et de la désignation du vent homonyme (voir *Ἀργοναυτικά*, 1130, 1052; ***82***: titre, 3; ***80*** & ***81***; ***8***: 4).

[290] Voir les sections §§ 1, 2.1, 2.2, 2.3 & 3.1, *supra*.

[291] Les Orphiques —cela semble très possible— avaient même observé l'*aurore boréale* (*σέλας*), pas nécessairement d'une latitude polaire, parce que ce phénomène (dû à l'ionisation des couches atmosphériques très hautes par l'action du vent solaire; voir ILLINGWORTH, [2]1981, 31: art. «aurora») est en effet parfois visible en Hellas (e.g.: le 25 Janvier 1938 à Athènes) et en France (e.g.: début d'Août 1972). Ce fait devient évident lorsque l'on considère que l'éther est caractérisé à la fois comme *porteur de l'aurore* (*σελασφόρος*), *celui à l'haleine de feu* (*πυρίπνους*), ainsi que comme *celui qui devient visible en haut* (*ὑψιφανής*); cf. ***5***: 3-5. Cela se réfère à la couleur rougeâtre de l'aurore, qui est visible aux altitudes très hautes, ressemblant aux flammes célestes et rendant la présence hypothétique d'éther virtuellement tangible. Les deux prémiers adjectifs sont utilisés également pour décrire la Nature (cf. ***10***: 6, 26) —nous supposons— dans le même contexte ou bien avec le sens que l'Univers est plein d'étoiles incandescentes de toute sorte (comme l'explique la n. 93, *supra*). Enfin, sur l'atmosphère et la couleur du ciel, voir les nn 100, 113, 128, 130 & 142, *supra*, ainsi que FAULKNER, 1973, **I**: 199 & n. 7.

sance des divers phénomènes naturels, soit: atmosphériques, météorologiques et géologiques[292]. Par conséquent, le système de la mesure du temps calendrique (calendrier lunaire) des Orphiques était particulièrement avancé, ainsi que leurs méthodes pratiques mais très effectives pour observer les culminaitions d'étoiles boréales (probablement β–UMi et δ–UMi) et le passage du Soleil du Méridien local. Le niveau de précision intuitive et de conclusions justes où l'Astronomie des Orphiques arriva fut très haut et particulièrement exceptionnel; beaucoup plus avancé et méthodique que les conceptions astronomiques égyptiennes, qui ne furent jamais libérées des injonctions mythiques et purement religieuses. Bien que les deux systèmes utilisent le mythe comme un véhicule de transport des idées cosmovisionnelles et des réalités physiques, les Orphiques purent se délivrer du mythe et de ses implications littérales, tout en restant fidèles dans leur hénothéisme extraordinaire. Ce dernier donnait une superficielle apparence religieuse aux *Hymnes Orphiques*, qui néanmoins réussirent à inclure beaucoup d'informations précieuses et justes sur des phénomènes astronomiques divers, si proéminents dans le bassin Méditerranéen en général et dans la région Égéenne en particulier. La fermentation virtuelle de ces conceptions pendant le passage de beaucoup de siècles a amené vers leur incorporation dans les textes orphiques, dont les idées furent conçues —comme le résultat d'une longue tradition astronomique et des influences diverses orientales, soit indo–iraniennes, soit (de moins) égyptiennes— et cristallisées pendant les 14e-13e siècles BCE. Les Orphiques eurent à la fois leur cœur pur, leur esprit clairvoyant, et ils vivaient dans une partie du Monde privilégié du point de vue climatique. Toute une longue tradition d'expérience astronomique fut incluse dans leurs hymnes, qui sont d'un caractère descriptif et montrent un esprit d'observation à la fois rigoureux et exact, d'une façon compréhensible et précise, fondée sur le symbolisme archétypique céleste. D'ailleurs, l'application des méthodes statistiques et archéoastronomiques avancées, comme l'on a vu dans ce chapitre, nous montre que la datation exacte et fidèle des textes anciens peut être obtenue facilement, après avoir examiné minutieusement les idées astronomiques qu'on y trouve, en appliquant des algorithmes astronomiques. Le cas des *Hymnes Orphiques* helléniques au dieu solaire, aux étoiles, au ciel et à la Lune le montre sans aucun doute. Or, la valeur de cette méthode interdisciplinaire est devenue évidente. Il est sûr et bien acceptable que le premier regroupement littéraire des *Hymnes Orphiques* prit place pendant les *Peisistratidai* en c. 520 BCE par les doxographes du cycle d'Onomakritos. Mais ce fait n'a rien à faire avec la datation de leurs propres

[292] Nous signalons que dans ce contexte notre étude n'est que partielle, toujours cherchant à se limiter aux phénomènes atmosphériques directement liés à l'Astronomie. Il serait utile dans le futur d'étudier la Météorologie, la Géologie (voir à ce propos pour les séismes, ***17***: 4, 9 & ***23***: 7) et la Géographie des Orphiques au niveau d'une thèse doctorale. Roxana Martínez–Nieto a présenté une étude intéressante des cosmogonies pré–philosophiques helléniques dans son livre (voir MARTÍNEZ–NIETO, 2000), où elle examine scrupuleusement la cosmogonie attribuée à Mousaios et l'antique théogonie orphique; elle ne se réfère toutefois aux *Hymnes Orphiques* que très rarement et non *ad hoc* et elle n'examine non plus leurs idées astronomiques. Son travail étend celle de Papathanasiou (voir ΠΑΠΑΘΑΝΑΣΙΟΥ, 1978) du point de vue littéraire et philologique et constitue un ouvrage sérieux et approfondi.

idées astronomiques et cosmovisionnelles[293], dont la conception fut le produit de l'évolution graduelle des méthodes simples et des observations nombreuses dans le contexte de l'Astronomie Pratique (toujours au niveau proto–scientifique), donc d'une longue tradition astronomique (favorisée par les conditions climatiques presque parfaites de la région Égéenne et le ciel clair) qui date même des premiers siècles avant le commencement du 2e Millénaire BCE[294]. Enfin, il faudrait ajouter quand même que les méthodes d'analyse textuelle archéoastronomiques doivent être utilisées avec grande prudence et pertinence. Dans ce chapitre nous avons corrigé quelques mauvaises conceptions et des erreurs importantes de Chasapēs (voir § 1: i-xiii & *passim*; § 2.2: n. 130; § 2.4: i-ii; & c.), dont la contribution était cependant importante en ce qui concerne la datation des idées astronomiques qui se rencontrent dans les *Hymnes Orphiques* de c. 1300 BCE. Ici nous avons perfectionné et partiellement confirmé sa méthode en utilisant des méthodes modernes interdisciplinaires, tout en la délivrant des erreurs et des opinions exagérées[295]. Finalement, tenant compte des nos conclusions du Chapitre III (voir § 6, vi: # 2, 7, *supra*), il devient évident qu'Orion et Sirius avaient une importance beaucoup plus grande pour les Égyptiens que pour les Hellènes anciens[296]. Sur le fer météoritique comme archétype céléste, il faudrait comparer son usage très fréquente dans les textes funéraires égyptiens avec son usage peu fréquente dans l'ancienne littérature hellénique et dans les *Hymnes Orphiques*[297].

---

[293] *Contra* e.g.: ATHANASSAKIS, 1977: vii, xii; WEST, 1983: 1, 7, *passim*. Cf. aussi la § 2 et la n. 78, *supra*. *Contra* la datation tardive, nos calculs montrent que pendant l'ère helléno –romaine la durée des saisons fut inégale; en effet, pour e.g.: 200 BCE on a: $T_{Hiver} \approx 98^{D}.0 \neq T_{Printemps} \approx 85^{D}.3 \neq T_{Été} \approx 101^{D}.0 \neq T_{Automne} \approx 80^{D}.4$, or $\Delta T \equiv T_{Été} - T_{Hiver} \approx 3^{D}.0$, contrairement à ce que le passage [***34***: 21] implique! L'opinion de West qu'il n'est pas opportun de parler des «Orphiques» en général, sans se référer à une telle «école» spécifique (cf. WEST, 1983: 3), n'est que très insuffisamment justifiée. Ici nous avons utilisé ce terme amplement, avec le sens des «adeptes de l'Orphisme», des personnes qui furent «les inspirateurs des idées métaphysiques/cosmovisionnelles rencotrées dans leurs hymnes».

[294] Voir les nn 9 & 170; cf. aussi BLOMBERG & HENRIKSSON, 2000: 109-28; HENRIKSSON & BLOMBERG, 1996: 99-114; HENRIKSSON & BLOMBERG, 1997-98: 148-51.

[295] Voir par exemple ΧΑΣΑΠΗΣ, 1967: 54 & n. 43, où l'auteur discute l'utilisation hypothétique des lentilles optiques (sic!) par les anciens, dans le contexte des instruments optiques. L'on trouve des opinions exagérées semblables concernant l'usage des lentilles en Égypte et des figures d'art égyptiennes anciennes mal interprétées, sans argumentation convaincante, mais d'une imagination extraordinaire, dans TEMPLE, 2000: Chap. 9, *passim*. Certes le passage que Chasapēs cite (voir *Λιθικά*: 170-71, 178-82, 271) montre que l'usage des «lentilles biconvexes» naturelles —venant des minéraux cristalliques (quartz) pour produire une flamme— était postérieurement connu, mais cela n'a aucune signification! Un autre point erroné est que Chasapēs croyait que les Égyptiens ne donnèrent pas la moindre référence aux éclipses, en se fondant sur une bibliographie surannée (cf. ΧΑΣΑΠΗΣ, 1967: 38 & n. 27). Pour une étude récente sur les *Λιθικά*, voir ΓΙΑΝΝΑΚΗΣ, 1982.

[296] À noter les références à ces astérismes dans: *Λιθικά* (cf. 488-91); *Ἰλιάς* (cf. Ε΄: 5-6, Χ΄: 24-29); *Ὀδύσσεια* (cf. ε΄: 271-74); *Ἔργα καὶ ἡμέραι* (cf. 414-19, 587-88, 609-21).

[297] Le ciel chez Homēros est parfois caractérisé comme *de fer* (*σιδήρεος*) ou *de cuivre* (*χάλκεος*, *πολύχαλκος*); cf. e.g.: *Ἰλιάς*, Ε΄: 504, Ρ΄: 425; *Ὀδύσσεια*, γ΄: 2, *passim* (si bien que ce fait exprime la stabilité du ciel). En égyptien, le sens du mot *biꜣ* est semblable (cf. *CD*: 80; *EG*, 492: N41; *Wb.*, **I**: 436 ff).

CHAPITRE V

COMPARAISON PHILOSOPHIQUE AVEC LES NOTIONS ASTRONOMIQUES ET COSMOLOGIQUES MODERNES

Figure V.1: Région galactique de la constellation d'Orion (IC 434, connue comme *Horse-head Nebula*), aux étoiles jeunes et brillantes dans leur milieu de naissance, soit l'Hydrogène ionisé (HII) qui émet une couleur rougeâtre. Des nébuleuses obscures à poussières interstellaires sont aussi visibles dans cette virtuelle pépinière des étoiles, dont une partie est projetée sous forme de tête de cheval, tout en obscurcissant la lumière du fond ionisé. Cette formation sera transformée dans quelques milliers d'années, à cause de mouvements internes de ses nébuleuses. Même si l'intuition et le symbolisme archétypique égyptien nous ont offert une pensée cosmovisionnelle assez perspicace, les Égyptiens ne pourraient jamais concevoir la vraie nature des étoiles et la construction complexe de l'Univers, à cause de leur technologie inexistante et de leur «science» primitive.

1. COMPARAISON *MUTATIS MUTANDIS* AVEC LES NOTIONS ASTRONOMIQUES ET COSMOLOGIQUES MODERNES

Le pourcentage d'Égyptologues qui comprennent la nécessité et l'importance d'une synergie interdisciplinaire entre l'Égyptologie et les Sciences augmente toujours d'un pas assez rapide[1], surtout dans le milieu des nouvelles générations de chercheurs[2]. Les conceptions que les Égyptiens d'antan se faisaient, par exemple, de la création du cosmos pourraient être considérées comme exprimant une philosophie cosmovisionnelle de la Nature, disons une «cosmologie» primitive, qui cherchait à répondre à des questions cosmologiques, du type: «quelle est l'origine du cosmos?», «d'où nous provenons à l'existence», «pourquoi le monde est tel qu'il est?», & c. Mais telles sont les questions et les problèmes que les Sciences modernes, voire la Cosmologie, la Physique, l'Astronomie et la Biologie se proposent d'approcher et de résoudre[3]. Dans le présent Chapitre nous allons comparer avec prudence quelques notions astronomiques et cosmologiques de la Science moderne déjà étudiées (voir le Chapitre II, *supra*) principalement avec les conceptions diverses égyptiennes (astronomiques et cosmovisionnelles) que l'on a rencontrées et discutées ci-dessus (cf. les Chapitres III & IV, *supra*). Il s'agit ici de nos opinions, comme nous essaierons de combiner philosophiquement[4] dans notre étude comparative les idées cosmovisionnelles des Égyptiens anciens d'un niveau pré–scientifique avec les notions scientifiques modernes. Nous allons également discuter quelques notions que nous n'avons pas traitées dans les Chapitres précédents, soit la conception que les Égyptiens se faisaient de la Galaxie et son identification à la déesse du ciel Nūt, leurs idées cosmogoniques et leur conception du temps et de l'ordre cosmique (*M3ʿt*). Il faut remarquer que notre approche se fondera sur deux principes que nous considérons comme particulièrement importants: **(i)** Les Égyptiens, sur la base de leur intuition perspicace, purent approcher des vérités naturelles et des phénomènes astronomiques dans le contexte du mythe et les articuler d'une façon assez précise; **(ii)** En même temps, bien que le mythe fût un véhicule utile archétypique, tenant compte de la définition de la Science selon les normes modernes, les Égyptiens restèrent toujours au niveau pré–scientifique, sans pouvoir s'éloigner ni de doctrines religieuses ni de l'application de leur «pré–science» pour des raisons pratiques et non pour créer de la Science *per se* (comme les Hellènes l'ont fait).

---

[1] Voir par exemple Chapitre I, n. 92, *supra*. Voir aussi ALLEN, 1988a; cf. aussi n. 2, *infra*.
[2] Voir QUIRKE, 2001: «For a 21st–century world, the poetic vision of the ancient Egyptians may perhaps best be translated into the language of the Natural Sciences, as James Allen rationalizes the texts in his *Genesis in Egypt* [...]. Without such translation into a contemporary idiom, we may find it difficult to take the ancient expressions of belief seriously. If we lose anything in the process, at least the channel of communication opens up between the ancient words and images on the one side and our contemporary configurations of belief and knowledge on the other. It can also be claimed that the creation beliefs express a philosophy of nature in that they answer the same questions as modern Physics and Biology —Where do we come from? How (as well as the ethical why) does the world exist?». Voir aussi KEMP, 82000: 4 et cf. la n. 141, *infra*; GUILHOU, 2001: 134-36.
[3] Voir notre discussion et argumentation dans le Chapitre II, §§ 4.1-4.4. Sur la Biologie dans le contexte de l'Astronomie/Cosmologie, voir SHU, 1982: 491-87 & 498-563.
[4] Sur la Philosophie et l'Archéologie, voir SALMON, 1982.

§ 1.1. Les Astres: Étoiles et Soleil; Planètes et Lune

Depuis le commencement de leur histoire et jusqu'à une époque assez tardive, les Égyptiens n'ont jamais considéré les astres célestes (les étoiles, le Soleil, la Lune et les planètes) comme des entités physiques. Au contraire, en dépit de leurs idées intuitives avancées dans le domaine de la Cosmogonie (voir e.g.: § 1.3, *infra*), malgré la conception assez avancée qu'ils se faisaient du temps (voir e.g.: § 1.4, *infra*), ils croyaient que les astres ont une hypostase divine et même un caractère parfois dangereux, qui devrait être apaisé afin qu'ils deviennent amicaux[5]. Cet aspect à la fois religieux et astrologique est devenu évident dans notre discussion jusqu'ici, et spécialement dans le Chapitre III (cf. particulièrement les sections §§ 1-3 & 5, *supra*) de cette étude. Nous soulignons que même si l'intuition et le symbolisme archétypique égyptien(ne) nous ont offert une pensée cosmovisionnelle assez perspicace, les Égyptiens —quant à eux— n'auraient jamais pu concevoir la vraie nature des étoiles et la construction complexe de l'Univers, à la fois à cause de leur technologie inexistante et de leur «science» primitive, et à cause de leur attitude fortement théocratique. En revanche, les idées astronomiques des Hellènes (comme l'on a vu dans le Chapitre IV, *supra*) furent en général plus libérées de la religion, et en même temps purent achever la science pure et offrir des modèles mathématiques, même au niveau proto–scientifique comme c'était le cas pour les Orphiques.

Suivant notre discussion introductive aux concepts modernes de l'Astrophysique[6], il devient parfaitement clair que les Égyptiens ne purent jamais concevoir la vraie nature des astres, ni comprendre qu'ils sont des corps célestes naturels et tangibles. Ils ne purent jamais comprendre que les étoiles sont des corps incandescents produisant leur énergie par eux-mêmes et qui se trouvent à des distances différentes de la Terre; au contraire, les Orphiques, même au niveau proto–scientifique, étaient capables de comprendre leur nature de façon assez satisfaisante[7]. La même chose est vraie en général en ce qui concerne le Soleil, la Lune et les planètes. Sur les planètes il y a plus des références et même des observations correctes dans les textes égyptiens que dans les textes orphiques, spécialement pour Mercure (identifié à Seth) et Vénus (identifié à Horus l'Aîné, comme l'*Étoile du soir*, et à Horus–Fils–d'Isis, comme l'*Étoile du Matin*). Il faut également noter que l'identification du *Canal Sinueux* (*Mr-n-ḫȝ*) à l'écliptique où la Lune se meut, ainsi que la désignation du *passeur* [(*iw*(*w*) / dieu *Zwnṯw*] du Canal Sinueux comme *celui qui regarde en avant* (*ḥr.f m-ḫnt.f*) et *celui qui regarde*

---

[5] Sur ce sujet (avec plusieurs exemples), voir KÁKOSY, 1982: 163-91, spécialement 190 ff. Sur l'astrologie en Égypte antique, voir BRUGSCH, [1]1883; GUNDEL, 1929: 2422-439; GUNDEL, 1936; CUMONT, 1937; HUGHES, 1951: 256-64; CHRISTOPHE, 1955: 35-42; BAKIR, 1966; HUGHES, 1986: 53-69; DERCHAIN, 1989: 74-89; BOHLEKE, 1996: 11-46 & pl. 1; HOFFMANN, 1997-98: 34-37. Sur l'astrologie ancienne en général (et hellénique et mésopotamienne en particulier), voir BOUCHÉ–LECLERCQ, [2]1963; GUNDEL & GUNDEL, 1966; GUNDEL, 1968; BEAUJEU, 1974: 5-36; WEIDNER, 1986, 117-21; GUNDEL, 1992: 81-91; *ASTRES*, 1996; DEPUYDT, 1994: 1-9; GYSELEN, 1999; BROWN, 2000. Sur le catalogue des codes astrologiques helléniques, cf. *CCAG*.

[6] Voir le Chapitre II, § 1.1, *supra*.

[7] Voir le Chapitre IV, § 2.1, *supra*.

en arrière (*ḥr.f m-mḥ3.f*) permettrait l'identification du *passeur* comme une métaphore astronomique pour la Lune. En plus, les textes qui se réfèrent au passage du dieu lunaire par le Canal Sinueux doivent être interprétés comme références aux passages de la Lune par les nœuds lunaires. Les différentes phases du luminaire de la nuit ont été employées afin de décrire les étapes de la régénération. La déification de la Lune comme Thoth, et comme *œil d'Horus*, a permis aux défunts de participer au monde des dieux, et de partager avec eux la puissance de la régénération de l'œil *wḏ3t* qui culminait à la Pleine Lune. Les Égyptiens purent diviser les étoiles en catégories certaines, comme les *étoiles impérissables* (*iḫmw-skiw*) au Nord et les *étoiles infatigables* (*iḫmw-wrḏw*) au Sud (employées pour calculer les heures de la nuit, comme il est illustré par les horloges diagonales), qui correspondaient respectivement à la division moderne des étoiles fixes qui se projettent sur la sphère céleste comme celles situées au nord et celles au sud de l'écliptique. Cette indestructibilité et la permanence des étoiles boréales circumpolaires, qui symbolise leur vie éternelle, et le cycle annuel des étoiles australes infatigables, qui se couchent (~ meurent) et se lèvent (~ naissent) à la fois, pourrait être expliquée par les aspects différents de visibilité des astres que l'on voit d'une part (vers le Nord) et de l'autre (vers le Sud) de l'écliptique: or, les étoiles boréales tout d'abord se lèvent et après elles se couchent héliaquament, ce qui implique leur visibilité continuelle tout au long de l'année; au contraire, les étoiles près de l'écliptique et celles qui se trouvent au sud de celle-ci (comme Sirius) tout d'abord se couchent et après elles se lèvent héliaqualement, un phénomène astronomique qui est responsable de leur invisibilité temporelle, ce qui correspond à leur mort et à la résurrection archétypique qui la suit. Ces deux groupes d'étoiles ont été également identifiés aux équipages des barques solaires de la nuit (*msktt*) et du jour (*mʿnḏt*), permettant au décédés l'accès au voyage diurne cosmique de Rē', comme ils joignaient le cycle quotidien céleste. Les traits astronomiques de la constellation égyptienne *S3ḥ*, approximativement équivalent à Orion, ont été aussi employés pour compléter ceux de Sōthis, et ils ont représenté ensemble une version archétypique céleste du diptyque sacré Isis/Osiris, fournissant un contexte mythique pour la résurrection. Les modèles de mouvement des différents phénomènes célestes ont été employés pour décrire la régénération des défunts pendant qu'ils étaient incorporés à chacun de ces cycles, menant de ce fait une existence dans le *temps cosmique* éternel. Les trois cycles temporels, c'est-à-dire celui de l'année, celui du mois et celui du jour —projetés dans les phénomènes astronomiques du ciel nocturne— ont été employés pour doter les défunts de la force vitale du renouvellement cyclique perpétuel[8]. Il faut souligner que ces observations des astres furent effectuées dès l'ère des *PT*[9] et se trouvent aussi dans les *CT* et le *BD*. Ce fait montre que les Égyptiens avaient la capacité de faire des observations exactes au niveau pré–scientifique. Or, s'ils voulaient vraiment se délivrer à la fois des interprétations religieuses et de l'application de leurs connaissances seulement pour des raisons de pratique quotidienne, ils avaient pu bien créer de la science comme les Hellènes, mais ils ne l'ont jamais fait avant la Période Ptolémaïque.

[8] Voir WALLIN, 2002.
[9] Comme Rolf Krauss a bien démontré dans son travail important (voir KRAUSS, 1997).

§ 1.2. Nūt et La Galaxie

Nous avons déjà donné un sommaire des propriétés astrophysiques de notre Galaxie (voir le Chapitre II, § 1.2 & § 4, Fig. II.17, *supra*). Notre but ici est d'examiner les opinions des Égyptiens de l'Antiquité concernant la Voie Lactée (*Via Lactea*)[10] et de faire des comparaisons pertinentes avec les notions scientifiques modernes. Il faut noter quand même d'emblée que *ces comparaisons restent toujours au niveau philosophique et qu'en aucun cas elles ne signifient ni ne prouvent que les Égyptiens avaient des connaissances approfondies, comme l'on en a pendant notre ère*. Il semble possible que dans la mythologie et le monde des archétypes célestes de l'Égypte ancienne, la Galaxie ait été particulièrement liée à la déesse du ciel Nūt. Nous allons examiner ci-dessous cette relation (qui semble être confirmée par des textes et par l'iconographie funéraire[11]), après avoir présenté un court bilan de la nature et des traits principaux de Nūt.

Sur la Mythologie et les Propriétés Divines de Nūt. Contrairement à la pratique des autres nations anciennes en général[12] et des Chinois[13] en particulier, les Égyptiens d'antan considéraient la divinité du ciel comme femelle[14]. En effet, la déesse céleste égyptienne, Nūt[15], était une des personnifications des éléments cosmiques, introduite par la prêtrise d'Héliopolis, afin de présenter un modèle cosmovisionnel de l'Univers visible [voir Fig. V.2]. Nūt (*Nwt*) était la fille de Tefnūt (*Tfnt*) personnifiant l'humidité/eau primordiale[16], et de Shū (*Šw*), personnifiant l'éther luminifère et le vent vivifère[17]. Les Égyptiens visualisaient Nūt en principe sous la forme humaine d'une femme céleste, mais elle fut aussi représentée comme un bovidé divin (comme une vache céleste[18]), ou même comme une abeille maniant un pouvoir considérable des dieux[19]. La déesse du ciel s'unit avec son frère et époux Geb (*Gb*), dieu de la Terre[20], dans une hiérogamie archétypique supersubstantielle [voir Introduction, Fig. 3], afin de donner naissance à

[10] Voir ΠΛΑΚΙΔΗΣ, 1992: 20-45 & ALLEN, ²1963: 474-85; STAAL, 1988: 274.

[11] Voir par exemple notre discussion dans MARAVELIA, 2003f: 55-72.

[12] Voir *SYMBOLS*, 1996: 486.

[13] Voir LOCHER, 2003: 3-6.

[14] Voir e.g.: MARTINELLI, 1994: 61-80.

[15] Sur Nūt, voir *LÄ*, **IV**, 1982, 535-41: art. «Nut»; LURKER, ⁴1986, 90: art. «Nut»; HART, 1986, 143-47: art. «Nut»; POSENER, ²1992, 192: art. «Nout»; *BMD*, 1996, 207-08: art. «Nut». Pour une étude approfondie, voir RUSCH, 1922; BERGMAN, 1979: 53-69. Cf. aussi GRAPOW, 1924: 9, 24-28, 27, 32; HORNUNG, 1982: *passim*; LASKOWSKA–KUSZTAL, 1984: 82-88; ALLEN, 1988a: 5; MEEKS & FAVARD–MEEKS, 1993: 166-72 & 283-89; & c.

[16] Voir quand même BICKEL, 1994: 169 & n. 154. Cf. aussi SPIEGELBERG, 1917; *BMD*, 1996, 284: art. «Tefnut»; QUIRKE, ³1997a: 25-31.

[17] Voir BICKEL, 1994: 129 ff; FAULKNER, 1964: 266-70; DERCHAIN, 1975b: 110-16; TE VELDE, 1981-82: 23-28; WILEMS, 1996a: 197-209 (sur les formules de Shū dans les *CT*).

[18] Sur la synthèse funéraire connue sous le nom du *Livre de la Vache Céleste* et sa mythologie, voir MAYSTRE, 1941: 53-115; PIANKOFF, ²1977: 26-37 & 142-43; GUILHOU, 1984: 87-93; GUILHOU, 1989; GUILHOU, 1998: 197-213; HORNUNG, 1982: 81-85; HORNUNG, 1999: 148-51; BICKEL, 1994: 194.

[19] Voir *PT*, **431**, § 781a: 62; *PT*, **444**, § 824a, 101: «*ḫ*ꜥ*.n.ṯ m bit*»; cf aussi HART, 1986: 143.

[20] Voir *LÄ*, **II**, 1977, 427-29: art. «Geb»; LURKER, ⁴1986, 54: art. «Geb». Cf. aussi BEDIER, 1995; *BMD*, 1996, 108-09: art. «Geb»; NDIGI, 1996: 49-70.

Figure V.2: Aspect du plafond astronomique de la tombe de Ramesses VI (KV 9, Vallée des Rois, c. 1150 BCE). Le *Livre du Jour* est représenté sur la moitié basse de Nūt, tandis que le *Livre de la Nuit* est représenté sur la moitié haute de la déesse du ciel. Celle-ci est considérée comme un archétype de la Mère Universelle à la fois dévorant et protégeant le Soleil (qui parcourt son corps céleste) quotidiennement. Des divinités astrales y sont aussi visibles (en barques cosmiques) accompagnant le dieu solaire.

deux paires accouplées de divinités, soit Isis (*Ꞽst*)[21] et Osiris (*Wsir*)[22], Nephthys (*Nbt-Ḥwt*)[23] et Seth (*Stẖ*)[24], appartenant au cycle mythologique osirien et conceptualisant les principes de la monarchie pharaonique[25] et de la regénération périodique de la Nature[26], tantôt au niveau terrestre tantôt au niveau céleste qui se lie aux cycles des astres. En plus, Nūt fut aussi conçue comme une conceptualisation concrète de la Voie Lactée, s'allongeant tout au long du firmament comme une bande d'étoiles d'une lueur faible mais facilement visible pendant les nuits sans Lune. La représentation symbolique de Nūt comme une jeune fille qui nage tenant une oie (appartenant aux utensiles des objets de toilette[27], comme les

[21] Voir *LÄ*, **III**, 1980, 186-203: art. «Isis»; LURKER, [4]1986, 71-72: art. «Isis»; HART, 1986, 101-07: art. «Isis»; cf. aussi BLEEKER, 1990 (pour une étude comparative entre Isis et Hathor); SCHÖLER, 1991; *BMD*, 1996, 142-43: art. «Isis»; HASSAN, 1998: 98-112.
[22] Voir GRIFFITHS, 1970; GRIFFITHS, 1980; *LÄ*, **IV**, 1982, 623-33: art. «Osiris»; *BMD*, 1996, 213-15: art. «Osiris».
[23] Voir ALTENMÜLLER, 1975: 92-94; *LÄ*, **IV**, 1982, 457-60: art. «Nephthys»; LURKER, [4]1986, 86: art. «Nephthys»; HART, 1986, 136: art. «Nephthys»; *BMD*, 1996, 201-02: art. «Nephthys».
[24] Voir TE VELDE, [2]1977a. Cf. aussi LURKER, [4]1986, 109-10: art. «Seth».
[25] Voir TOBIN, GRIFFITHS & KAPER, 2001: 472-76; HART, 1990: 29-41.
[26] Voir TOBIN *et al.*, 2001: 464-68 & 469-72.
[27] Cf. e.g.: CG 45117 (= JE 28737) au Musée du Caire; N 1725a au Musée du Louvre; & c.

cuillers à fard, à onguent, & c.) doit être comprise dans le même contexte archétypique. Or, il s'agit d'une allusion virtuelle à la Galaxie/Nūt et de sa relation à la constellation du Cygne, comme la Voie Lactée et cet astérisme se projettent apparemment sur la voûte céleste[28]. Cependant, Nūt est plus fréquemment représentée sous forme d'une jeune déesse arquant son corps nu au-dessus de la Terre (qui —quant à elle— est représentée par Geb couché sur le sol) et séparée de lui par Shū. Bien que les coutumes iconographiques de la peinture funéraire égyptienne dépeignent Nūt en courbant son corps au dessus de la Terre, ses bras et ses pieds étant toujours serrés, la conception actuelle que les Égyptiens se faisaient d'elle était qu'à la fois ses doigts et ses orteils touchaient les quatre points cardinaux sur l'horizon, donnant naissance à l'idée des *quatre piliers du ciel*[29] (*sḫnwt nt pt 4*). La séparation mythologique[30] de Nūt et de Geb par le dieu Shū, faisant allusion — comme nous croyons— à l'apparition des structures cosmiques plus réglées après la création de notre système solaire (selon la cosmogonie et les mythes relatifs[31]), est la source possible de l'interprétation hellénique[32] de la délivrance pénible de Nūt de ses bébés divins. Par conséquent, l'idée égyptienne que la déesse céleste avalait quotidiennement le dieu solaire et son entourage, afin de le faire naître l'aube prochaine, fut la source du mythème selon lequel Geb était en colère envers son épouse, pour avoir mangé ses enfants. Dans le cénotaphe du Pharaon Sety I à Abydos[33], cette action «cannibalique» de Nūt est comparée à celle d'une truie qui mange ses cochons[34]. En effet, la relation entre Nūt et le dieu solaire Rē' constituait un élément fondamental de la mythologie de la déesse céleste[35]: elle dévorait le disque solaire au moment du coucher, pour le faire renaître de nouveau le matin suivant, dans le contexte des périodiques répétitions des phénomènes astronomiques. Le Soleil, quant à lui, traversait le ciel sur le corps de Nūt dans ses barques divines en illuminant la Terre; après son coucher, il portait la lumière aux ténèbres de la *Douat* (*Dw3t*) et à ses habitants[36], en combattant victorieusement contre les forces chaotiques et en portant la vie aux défunts. Le symbolisme de Nūt comme une déesse funéraire, tutélaire des décédés dans l'au-delà[37], est aussi explicable et compréhensible dans ce contexte mythologique, en

---

[28] Voir KOZLOFF, 1992: 331-48 & KOZLOFF, 1993: 169-76 (suggestion préliminaire sur ce thème). À noter: *pas nécessairement* comme nous apercevons le Cygne aujourd'hui.

[29] Voir *Urk.*, **IV**, 620: 16 (*Stèle Poétique* de Tuthmosis III); WILSON, 1997: 379 (Edfou). Sur les idées similaires des Orphiques, voir *Ὀρφεὺς πρὸς Μουσαῖον*, 39: «Κόσμου τε μέρη τετρακίονος αὐδῶ», où l'*hymnōdos* invoque les parts du monde aux quatre piliers.

[30] Voir *CT*, **II**, 78: §§ 19a-19b: «*ink b3i Šw, rdy n.f Nwt tpt, Gb ḫr rdwy.f(y); ink imy-tw.sn*» [B2C]; *CT*, **II**, 80: § 39f: «*m wpt.f Gb r Nwt*» [B2C]. Voir TE VELDE, 1977b: 161-70; pour des remarques importantes, voir BICKEL, 1994: 182 ff & 188-89; cf. le Chapitre IV, n. 34.

[31] Sur ces mythes, voir BICKEL, 1994: 182-88; TOBIN *et al.*, 2001: 469.

[32] Pour une allusion, cf. Ploutarchos, *Περὶ Ἴσιδος καὶ Ὀσίριδος*, **12**: 355^{D}-356^{A}.

[33] Voir FRANKFORT, 1933, **I**: 72-86 & **II**: pls LXXXI-LXXXV. Pour le texte dramatique dans le cénotaphe du Roi Sety I, voir *EAT*, **I**: chap. 2 & tabs. 44-51. Nūt est représentée dans l'intérieur du sarcophage en calcaire de Sety I (REEVES & WILKINSON, ^{2}1997: 137).

[34] Sur la notion du cannibalisme archétypique, voir le Chapitre IV, § 2 & la n. 82, *supra*.

[35] Voir POSENER, ^{2}1992: 192.

[36] Voir e.g.: PIANKOFF, 1934: 57-61.

[37] Sur le rôle funéraire de Nūt, voir RUSCH, 1922; cf. aussi BILLING, 2002.

termes de sa relation très vitale avec le Soleil. Or, comme déesse funéraire, elle: **(i)** représente le sarcophage[38], conceptualisé comme un «cocon amniotique» qui donne virtuellement naissance à une nouvelle existence; **(ii)** est considérée comme une déesse des arbres[39], qui offre des libations aquatiques, refraîchissant les morts dans le paradis. Dans son rôle archétypique d'une divine *mater deorum hominumque*, elle personnifie le berceau universel pour la résurrection *post mortem*, en protégeant, en nourrissant et en donnant naissance aux humains décédés, comme il devient évident à partir de nombreux textes et représentations d'elle, comme une déesse aux ailes ouvertes qui s'étendent en protection autour des morts, sur d'innombrables sarcophages datant de différentes périodes historiques[40]. En plus, dans les *corpora* des textes funéraires que l'on étudie ici (*PT*, *CT*, *BD*)[41], Nūt apparaît comme la mère tendre qui accepte et étreint le roi dans l'au-delà, dont l'union à elle «en son nom de sarcophage» —en tant qu'euphémisme— nie la mort, tout en transposant l'existence du défunt du monde terrestre mortel à la sphère céleste de l'immortalité et des dieux, dont Nūt fut considérée comme la mère (*mwt nṯrw*). Or, la déesse du ciel n'était que l'échelle[42] virtuelle allégorique, transportant chaque mort transfiguré du *bas* (*inferius*) vers le *haut* (*superius*), de la Terre vers le Ciel. L'on rencontre des représentations semblables de Nūt, suivant les traits généraux de cette métaphysique et de cette cosmovision, sur les toits des divers temples tardifs datant de la Période Ptolémaïque[43], ainsi que sur les toits des tombes royales du NK, particulièrement de certains tombeaux rames-

---

[38] Voir LURKER, [4]1986: 90. Cf. aussi la Table III.1: # 192, *supra*.

[39] Pour Nūt comme déesse du sycomore (*nbt-nht*) et sur les déesses des arbres en général, voir BUHL, 1947: 80-97. Sur Hathor et l'acacia, cf. aussi PARKER, 1965: 151.

[40] Voir, entre autres: **(i)** le sarcophage inscrit de la Princesse 'Ankh–nes–nefer–ib–Rē' (*ʿnḫ-ns-nfr-ib-Rʿ*), dans SANDER–HANSEN, 1937; **(ii)** le sarcophage élaboré d'Iret–Hor–er–u (*Ἰrt-Ḥr-r-w*), dans SADEK, 1990: 85-98; **(iii)** les cercueils ptolémaïques anthropoïdes de Thau (*Ṯ3w*) et de Ta–khered–Min (*T3-ẖrd-Mnw*), dans MARAVELIA & KLADAKI–MANOLI, 2004: 5-20 (cf. NAM AIG 3342 & NAM AIG 3348).

[41] Voir (entre autres): *PT*, **1**: § 1a; *PT*, **6**: § 4a; *PT*, **222**, § 208b: 291; *PT*, **364**, §§ 616d-616f: 268; *PT*, **427**, § 777a: 61; *PT*, **446**, § 825a: 103; *PT*, **447**, §§ 834b-836a: 109-10; *PT*, **485**, §§ 1025a-1025d: 204^{+8}-204^{+9}; *PT*, **588**, §§ 1607a-1608b: 69; *PT*, **690**: §§ 2107a: 993; & c. Voir en plus: *CT*, **I**, 44: § 191c; *CT*, **I**, 60: § 248f; *CT*, **VI**, 644: §§ 264a-264b; *CT*, **VII**, 792: §§ 3g-3j; *CT*, **VII**, 920: § 125g; & c. *BD*: **15**: *passim*; **59**; **181-82**: *passim*; & c. Cf. aussi ALTENMÜLLER, 1972 (cf. 26-28: sur quelques *CT Spells* pour Nūt). Sur quelques propriétés spatiales de Nūt dans les *PT* et une discussion générale, voir BILLING, 2003: 129-36.

[42] Une conception théologique, qui a sans doute passée légèrement changée dans l'iconographie chrétienne (particulièrement dans les Églises Orthodoxes), montrant des moines entrant dans le paradis, en montant une échelle colossale dont le sommet atteignait le ciel, inspirée par un célèbre trait monastique: *L'échelle de Dieu* de Jean Climaque (7e siècle CE) [voir e.g.: CORRIGAN, [1]1997: 376-77 & fig. 247 (front)]. Il s'agit d'une procession des moines qui s'avancent en prières de la terre vers le ciel, ce qui nous rappelle le rêve de Jacob décrit dans *Genesis*, **xxviii**: 11-13 (cf. 12: «Viditque in somnio scalam stantem super terram [...]»; voir aussi SADEK & SADEK, 2000: 210-11 & pl. iii). Sur qulques analogues égyptiens, voir *PT*, **271**: § 390a; *PT*, **667**: § 1941d; *CT*, **I**, 62: §§ 270e-270f; *CT*, **V**, 470: §§ 399e-399f; *CT*, **VI**, 769: §§ 402j-402r. Sur l'association du dieu Shū à l'échelle cosmique/intermédiaire entre le ciel et la terre pour les défunts, cf. BICKEL, 1994: 192-93.

[43] Voir DAUMAS, 1951: 373-400. Sur les hiéroglyphes de Nūt, voir MARAVELIA, 2006a.

sides datant de la XXe Dynastie, qui se trouvent dans la Vallée des Rois (*Wādi Bibān 'el-Mulūk*) sur la côte ouest de Thèbes[44]. Ces peintures à la fois métaphysiques et astronomiques sont en principe accompagnées de la représentation iconographique et textuelle du voyage nocturne du dieu solaire et de son passage par l'Hadès, un mythème qui forme le sujet des diverses compositions funéraires, comme *Le Livre des Heures*[45] et *Le Livre 'Im-Dw3t*[46], tandis que *Le Livre du Jour*[47] et *Le Livre de la Nuit*[48], ainsi que *Le Livre de Nūt*[49], sont aussi des éléments contextuels très communs (voir aussi la section § 1.4 du présent Chapitre, *infra*).

Nūt et la Voie Lactée. Nous allons discuter brièvement la relation de la déesse du ciel avec la conception que les Égyptiens se faisaient de la Galaxie. Ce thème a été évoqué par Arielle Kozloff dans deux articles. Dans le premier[50], elle a discuté le symbolisme archétypique céleste des cuillers de la jeune nageuse tenant une oie et a donné un sommaire bref de la conception de Nūt comme s'identifiant à la Voie Lactée par les Égyptiens. Dans le deuxième article[51], elle a développé un peu plus ses idées et a discuté la conception de Nūt par les Égyptiens comme la Galaxie. Nous sommes d'accord en général avec la plupart de ces idées, mais nous signalons que nous allons commenter ci-dessous sur quelques points erronés de ses articles. Nous présenterons aussi des arguments nouveaux sur ce thème, en nous référant aux textes funéraires.

Dans la page 336 de son premier article, Kozloff se réfère à la précession et la «mutation» (sic!) de l'axe terrestre de rotation. Nous signalons que le terme *mutation* appartient aux sciences biologiques et désigne les transformations cellulaires stimulées, après l'exposition à la radioactivité ou à cause de facteurs cancérigènes. Le terme astronomique correct serait *nutation*, qui désigne le phénomène astronomique déjà décrit dans notre étude[52]. La même erreur se trouve dans la note 35 de la page 342 de son article, où elle commente le travail monumental de Neugebauer et Parker[53]. À ce propos nous signalons que le but principal de ces savants éminents, dont l'œuvre reste très importante, n'était ni l'identification des constellations *per se*, ni la relation de Nūt avec les divers phénomènes célestes ou les configurations astrales. Nous signalons aussi dans cette

---

[44] Voir *PM*, **I**^{2}. Pour une introduction à la Vallée des Rois, voir HORNUNG, 1990a; REEVES & WILKINSON, ^{2}1997; SILIOTTI, ^{4}1999. Il y a aussi des représentations murales de Nūt, suivant la typologie des déesses funéraires qui accueillent et purifient le défunt dans l'au-delà, comme celle de la tombe de Tut'ankhamūn (cf. REEVES, 1990: 73 & notre Chapitre IV, n. 207, *supra*); sur KV 2, KV 6 et KV 9, voir aussi MARAVELIA, 2003f: 59-62.

[45] Voir FAULKNER, 1958.

[46] Voir HORNUNG, 1963-67; LESKO, 1976: 133-38; ABDELHAMID YOUSSEF, 1982: 1-17.

[47] Voir PIANKOFF, 1942; HORNUNG, 1999: 116-22.

[48] Voir PIANKOFF, 1942; HORNUNG, 1999: 122-35.

[49] Pour une édition complète avec des commentaires et traduction, voir *EAT*, **I**: chap. 2 & tabs. 44-51; cf. en plus HORNUNG, 1999: 113-16. Sur le voyage nocturne du dieu solaire et Nūt, voir PIANKOFF, 1934: 57-61.

[50] Voir KOZLOFF, 1992: 331-48. Cf. aussi WELLS, 1992: 305-21.

[51] Voir KOZLOFF, 1993: 169-76. Cf. aussi WELLS, 2001b: 145-46.

[52] Voir le Chapitre II, § 3.4 & n. 130, *supra*. Cf. aussi SMART, ^{6}1980: 231 ff, ainsi que notre discussion dans MARAVELIA, 2003f: 67.

[53] Voir NEUGEBAUER & PARKER, *EAT*, **I-III**, 1960-69.

même note son omission de constater la vraie découverte de la précession des Équinoxes par les Hellènes anciens (c.-à-d. par Hipparchos[54], c. 130 BCE). Dans la page 337 du même article il y a aussi deux points erronés, que nous discuterons tout de suite: **(i)** Il nous est absolument impossible de comprendre sur quelle base elle se fonde pour confondre et identifier deux expressions égyptiennes complètement différentes: or, la *barque solaire nocturne*[55] (*msktt*) y est faussement identifiée à l'expression *Voie Lactée*(?)/*Chemin d'Étoiles*[56] [*msḳt*(-*sḥdw*)]. Bien qu'il y ait désaccord en ce qui concerne le sens propre de ce dernier mot, nous signalons qu'il semble très probable qu'il signifie la Voie Lactée, or nous sommes d'accord sur ce point avec Dr Kozloff. En effet, nous croyons que Nūt doit être identifiée sans doute *à la fois* à la voûte céleste [*pt*, *pḏt*, *bi3*(*y*)*t*, *ḥr*(*y*)*t*] *et* à la Galaxie, dont elle personnifiait la Voie Lactée. **(ii)** Bien que sa figure XI.8 (p. 337) montre les traits principaux de la Galaxie, comme ils se voient de la Terre (régions vastes des poussières et d'étoiles sur le plan galactique; cf. le Chapitre II, Fig. II.17), nous ne sommes pas sûre de sa précision qui n'est pas commentée —comme il le faudrait— dans son article[57].

La Signification du Terme Msḳt(-*Sḥdw*). En ce qui concerne l'identification possible de la *Voie Lactée* avec le terme égyptien *msḳt*(-*sḥdw*), nous signalons que *contra* Neugebauer et Parker[58], le texte du *pCarlsberg I* ne prouve pas strictement que cette région ne coïncide pas (au moins quelquefois) avec la Galaxie. Dans notre Figure V.3(b) qui suit, par exemple, où il est évident que l'Est et l'Ouest semblent coïncider avec le «commencement» et la «fin» de la Voie Lactée sur l'horizon, il est bien clair que ces mêmes points pourraient être considérés comme l'entrée (Ouest) et la sortie (Est) de la *Dw3t*. Nous croyons, donc, que le sens correct du texte de ce papyrus discuté[59] est le suivant: quelques étoiles se lèvent près du point où le Soleil se lève, qui se trouve très près de la Voie Lactée (dès qu'elle se projette «commencer» vers l'Est et «finir» vers l'Ouest) sur l'horizon au cours de l'année; à cause de ce phénomène (il s'agit sans aucun doute

---

[54] Voir DREYER, ²1953: 202-03, sur les comparaisons que Hipparchos a fait des coordonnées stellaires de Timocharis, datant 150 ans avant son ère, avec celles obtenues par lui.

[55] Voir *Wb.*, **II**: 150 & *CD*: 118. Cf. *Urk.*, **IV**, 366: 6 & 1549: 4; *BD*, **125**: 8; & c. Voir en plus JONES, 1995: 14, 35; LURKER, ⁴1986, 113: art. «Solar Barque». Sur l'étymologie correcte de ce mot, voir QUIRKE, 2001: 46.

[56] Voir *Wb.*, **II**: 149 & *CD*: 118. Cf. par exemple *PT*, **254**, § 279d: 418; *PT*, **262**, § 334c: 469 & 220 (*sḥdw* avec taxogramme N1 en [W] et N1+N14 en [T]); *PT*, **475**, § 949c: 184 & 293 & 897 (*sḥdw* avec taxogramme N14 en [W], [M] & [N]); *CT*, **III**, 198: § 376d; *CT*, **IV**, 335^II: § 324c, § 325b; *CT*, **IV**, 336: § 330q; *CT*, **V**, 383: § 45c; *CT*, **V**, 395: § 70c; *CT*, **V**, 404: § 198b; *CT*, **VI**, 619: § 231q; *CT*, **VI**, 622: § 236ℓ; *CT*, **VI**, 782: § 412j; *CT*, **VII**, 789: § 2j; *BD*, **17**: *passim*; *BD*, **66**: 15; *BD*, **72**: 7; *BD*, **99**: 41; *BD*, **176**: 2; *Urk.*, **V**, 79: 17. Cf. aussi *LÄ*, **I**, 1975, 511: # 1. Nous signalons l'usage du mot *sḥdw* avec taxogramme N1 comme un équivalent du mot *pt* (voir *Wb.*, **IV**: 224, # 14). Voir aussi les Tables III.1 & III.3.

[57] Cf. KOZLOFF, 1992: 342 & n. 35, où nous remarquons la manque d'arguments sérieux.

[58] Cf. *EAT*, **I**: 50 & nn 4-6. Nous notons que ce texte ne décrit qu'une certaine configuration astronomique, et *non* ce qui est toujours le cas général!

[59] Voir *pCarlsberg I*: ℓℓ 4-6 (cf. *EAT*, **I**: pl. 45 [texte J dans P]): «*Pr ḥm <n> nṯr pn m Dw3t, pr nn n sb3w m-ẖt.f ḥr Msḳt{t}; swpt.f ẖnt Msḳt{t}*». Ce texte, bien qu'il soit symbolique, il est en même temps explicite.

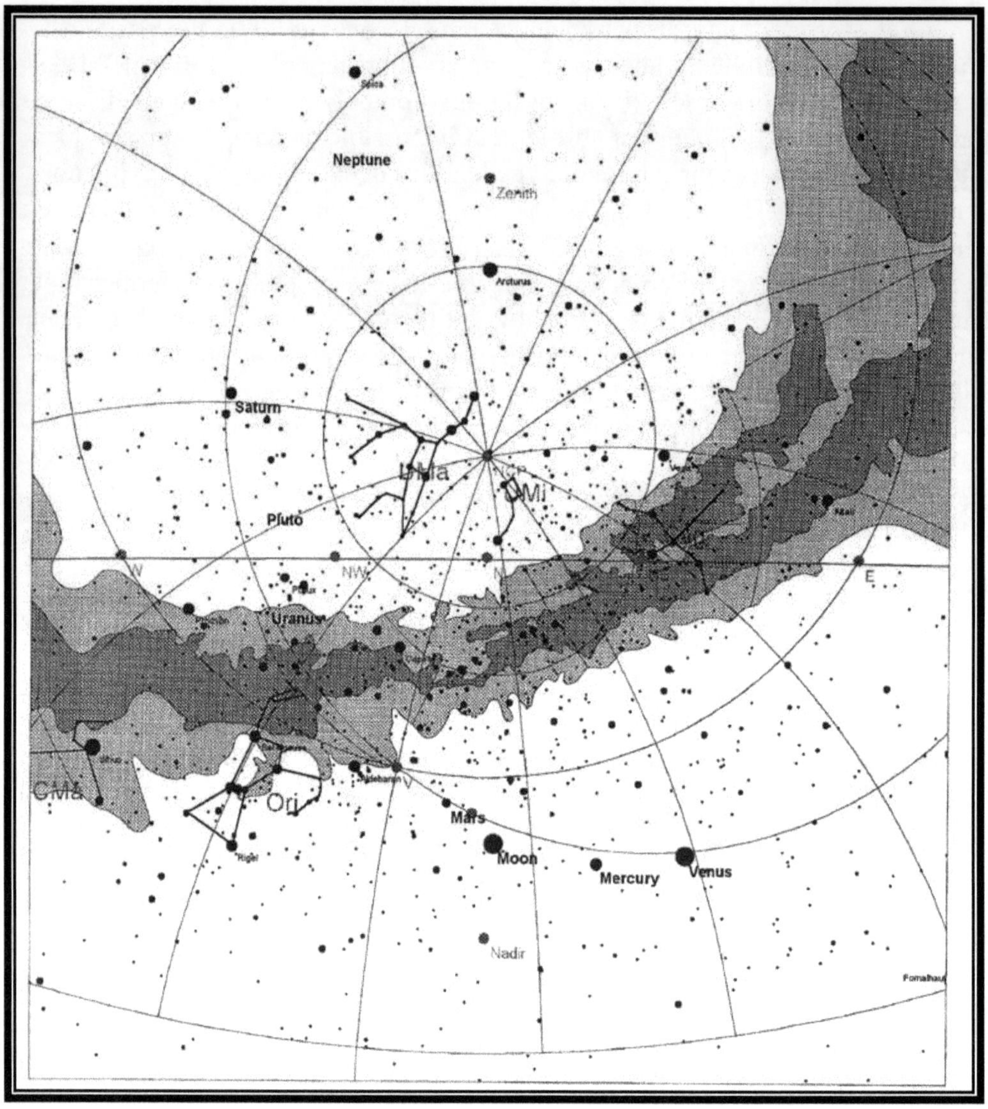

Figure V.3 (a): La Galaxie et sa position relative aux constellations d'Orion, du Grand Chien, du Cygne, de la Grande Ourse et de la Petite Ourse (comme elles sont conçues aujourd'hui), produite à l'aide du REDSHIFT 4, calculée pour Giza le 21-III-2500 BCE (JD = 0808378.37431) à 23:59′ heure locale. On a superposé un réseau des coordonnées célestes et les noms Bayer–Flamsteed des étoiles voisines, jusqu'à la limite apparente visuelle $+6^{m}.0$, qui comprend toutes les étoiles visibles à l'œil nu. Sur cette représentation exacte, corrigée pour la précession et la nutation, l'écliptique est indiquée comme la ligne imaginaire où le Soleil, la Lune et les planètes se projettent sur la sphère céleste. À comparer à la fig. 4 de Kozloff [cf. KOZLOFF, 1993: 175].

du *lever héliaque* et du *coucher vespéral* des étoiles certaines[60]) ces astres semblent être revivifiés, juste comme le Soleil (quand il se lève). Nous croyons que

[60] Voir le Chapitre II, § 3.5 & n. 143, *supra*. À noter aussi une coïncidence extraordinaire: les deux premiers hiéroglyphes qui composent le nom *msḳt*, soit F31 + S29, sont ceux avec qui le verbe *ms(i)* est écrit (cf. *EG*: 465); le fait que le lever héliaque n'est qu'une naissance virtuelle pourrait être significatif de l'identité de *Msḳt* avec la région où ces étoiles

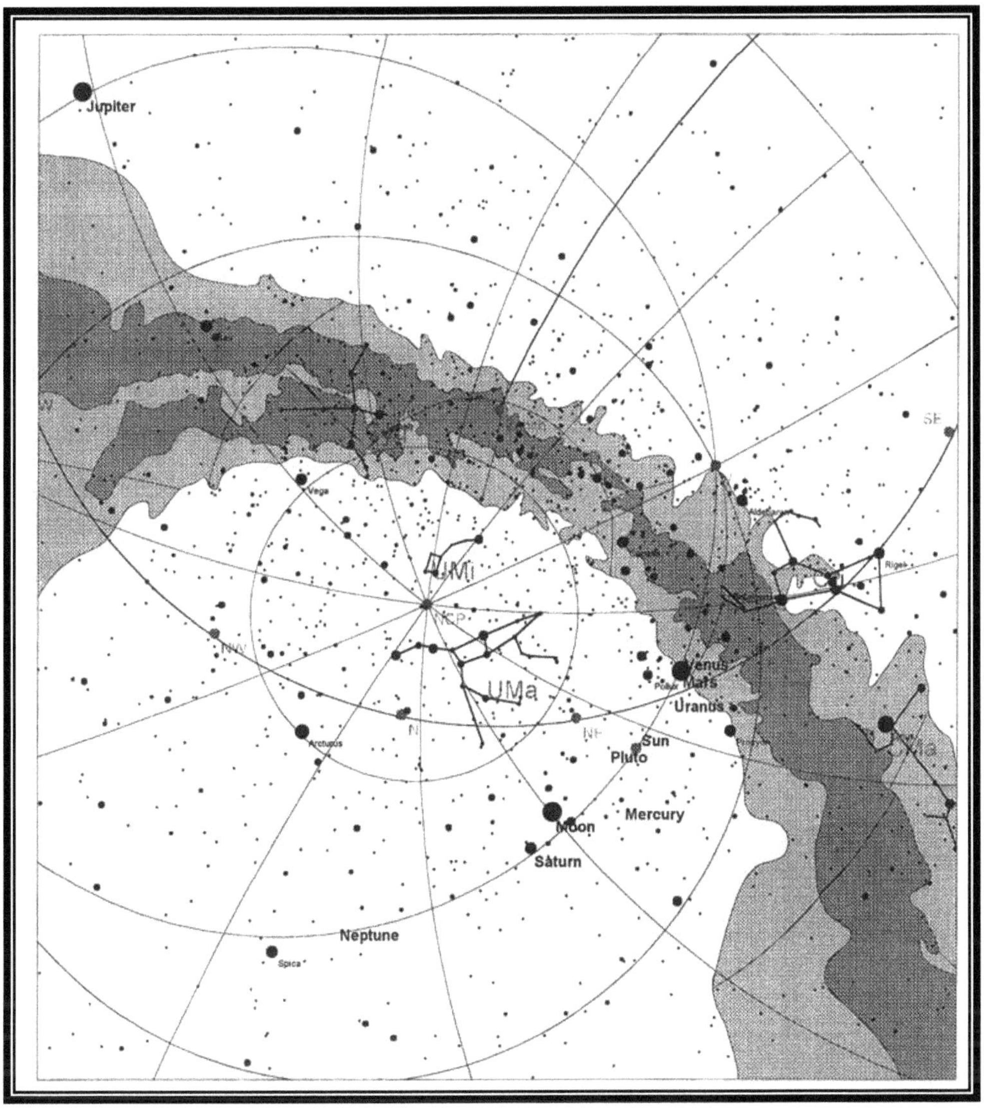

Figure V.3 (b): La Galaxie et sa position relative aux constellations d'Orion, du Grand Chien, du Cygne, de la Grande Ourse et de la Petite Ourse (comme elles sont conçues aujourd'hui), produite à l'aide du REDSHIFT 4, calculée pour Giza le 21-VI-2500 BCE (JD = 0808469.54167 à 04:00′ heure locale. On a superposé un réseau des coordonnées célestes et les noms Bayer–Flamsteed des étoiles voisines, jusqu'à la limite apparente visuelle $+6^{m}.0$, qui comprend toutes les étoiles visibles à l'œil nu. Sur cette représentation exacte, corrigée pour la précession et la nutation, l'écliptique est indiquée comme la ligne imaginaire où le Soleil, la Lune et les planètes se projettent sur la sphère céleste. À comparer à la fig. 5 de Kozloff [cf. KOZLOFF, 1993: 175].

l'acception selon laquelle la Galaxie fut considérée par les Égyptiens comme une autre forme de Nūt consiste en une hypothèse de travail utile et plausible. En

et le Soleil sont «nés», qui coïncide avec les points où la Voie Lactée touche l'horizon. Quelques passages du *BD*, corroborent en signalant la purification du défunt, liée à l'idée de sa (re–)naissance (cf. *BD*, **17**, 121: «*ḥr nty ink wʿb ḥr Msḳt*»; *BD*, **17**, 125: «*ir swꜣ wʿbt ḥr-ib Msḳt, Ỉnpw pw*»; *BD*, **176**, 2 (NAVILLE, [1]1886, **I**, 200): «*ink is swꜣ wʿb ḥr-ib Msḳt*»).

plus, le terme *msḳt(-sḥdw)* semble signifier la Voie Lactée, ce qui a été correctement observé à la fois par Kurt Sethe et Samuel Mercer[61]. Dans le contexte du passage mentioné du *pCarlsberg I*, selon lequel *Msḳt* se lie à la *neuvième heure de la nuit* (*sḥtp.n.s*), c'est-à-dire au commencement de l'aube[62], nous pourrions faire une comparaison intéressante. Lagercrantz observe que différentes ethnies africaines considèrent que la Voie Lactée est liée à la venue de l'aube et qu'elle apparaît plus brillante pendant ce temps là juste avant la lumière crépusculaire[63]. Mais, si l'on prend en compte que l'*aube* (*ḥḏ tꜣ*) est le précurseur du Soleil (dont la lueur rougeâtre fut appelée par les Égyptiens *fille de Nūt/zꜣt-Nwt*[64]), l'on peut comprendre que peut-être la même idée serait valide chez les Égyptiens, comme nous indique le passage tardif mais important de ce papyrus. Enfin, le fait que les taxogrammes du mot *msḳt* sont «terrestres»[65] (impliquant une affinité avec une certaine région de la Terre) et non explicitement «célestes» n'est pas peut-être si significatif, si l'on prend en compte que d'autres mots «astronomiques», comme le mot *biꜣ(yt)*, sont écrits plusieurs fois avec des taxogrammes qui ne sont pas «célestes»[66]. Vue sous le prisme de notre explication raisonnable et évidente, l'identification de la *Voie Lactée* à *Msḳt(-sḥdw)* offre un terme pour la Galaxie qui manquait à l'Égyptologie.

Dans la figure 2 de la page 171 de son deuxième article, Arielle Kozloff se réfère de nouveau à la précession de l'axe terrestre, en l'appelant «lunipolaire» (sic!), au lieu du terme astronomique correct *luni–solaire*. Dans la page 172 elle constate que la représentation de Nūt sur les couvercles des sarcophages du MK (qui portent des *horloges diagonales*[67]), toujours entre les astérismes de *Msḫtyw* (~ Ursa Major) et de *Sꜣḥ* (~ Orion), était significative. Bien que cela semble être correct il n'y a pas de preuves explicites, or pour le moment nous ne pouvons pas accepter que les Égyptiens le faisaient délibérément à cause des raisons d'un symbolisme latent astronomique et non pour des raisons artistiques ou simplement religieuses. À ce propos, nous avons utilisé encore une fois REDSHIFT 4[68], avec l'intention de reproduire la configuration des cieux anciens vers c. 2500 BCE **[voir Fig. V.3(a) & V.3(b)]**. De cette façon, nous pouvons montrer les positions relatives de Nūt/Voie Lactée, d'Orion et de la Grande Ourse, tout en testant les grossières figures présentées par Kozloff. Une comparaison de nos figures exactes avec celles de Kozloff (figs 3-6) montre clairement que les sien-

[61] Voir les commentaires sur *PT*, **254**: § 279d dans SETHE, 1935-39, **I**: 315; **II**: 20; cf. aussi MERCER, 1952, ainsi que la discussion dans ALLEN, 1988b: 7.

[62] Cf. *EAT*, **I**: 50-51, nn 9-13. Selon Hēsiodos (*Θεογονία*: 381-82), l'aube naît les étoiles.

[63] Voir LAGERCRANTZ, 1952: 68-69, 71 (Karanga, Lamba, Nyanja, Zulu, Yao); cf. la n. 73.

[64] Voir *PT*, **504**, § 1082b: 243 (cf. la Table III.1: # 287); voir aussi HART, 1986: 146.

[65] C.-à-d. N25 (juste comme dans le mot *biꜣ(yt)* dans *CT*, **I**, 18: § 53e [B1P: var. *biꜣyt* & B15C: var. *biꜣ*]); O1, O39 (cf. *Urk.*, **V**: 79, 17, qui est utilisé aussi pour le mot *biꜣ*; cf *Urk.*, **IV**: 1819, 2; *sBM 614*: 17); O49; & c.; voir *Wb.*, **II**: 149 & *CD*: 118.

[66] C.-à-d. N21, N25, N33, N42, F18, & c.; voir *Wb.*, **I**, 436: B, 439: i, ii & *CD*: 80; GRAEFE, 1971: 13-25, Chap. II: «Sternmaterie»; 40-66, Chap. IV: «*biꜣ* als Bezeichnung des Himmels»). Sur le fer météoritique, cf. aussi WAINWRIGHT, 1932b: 3-15.

[67] Voir *EAT*, **I**: 1-21 & pls 4-10; KAHL, 1993: 93-107; LOCHER, 1998a: 697-702.

[68] Voir *REDSHIFT 4*, 2000; voir aussi *REDSHIFT 2*, [3]1995. Pour une brève discussion, cf. MARAVELIA, 2003d: 55-74 (particulièrement 62: n. 56) & le Chapitre II, n. 115, *supra*.

nes sont imprécises, peu détaillées et contiennent quelques erreurs[69]. Bien qu'elle se réfère en général à la précision des nouvelles méthodes informatisées utilisées par les *Planetaria*, elle ne commente pas la précision et les paramètres spécifiques du logiciel utilisé par le Cleveland Museum of Natural History afin de produire ses figures 3-6[70]. Nous signalons par exemple que la distance angulaire projetée sur la sphère céleste entre la Galaxie et la Grande Ourse est d'environ 40° (mesurée de l'étoile α–UMa), tandis que Kozloff sur ses figures 4 et 5 (p. 175) présente cette constellation comme «touchant» la Voie Lactée, ce qui est complètement erroné. Au contraire, bien qu'Orion et la Galaxie paraissaient en effet comme «se touchant» pendant cette ère[71], cela n'était pas montré correctement sur ses figures. La forme vraie et astronomiquement correcte de la Voie Lactée pendant cette époque reculée est celle montrée sur nos Fig. V.3(a) & V.3(b). En ce qui concerne maintenant la relation de la constellation du Cygne, dont le symbolisme archétypique cosmovisionnel a été très correctement établi par Kozloff, nous l'avons déjà discutée et précisément représentée[72], commentant sur l'imprécision de sa fig. 6. Dans la page 173 de son deuxième article Arielle Kozloff se réfère encore une fois à l'identification erronée de la *barque nocturne* du Soleil (*msktt*) à la *Voie Lactée* (*Msḳt*), dont on a déjà parlé *supra*. Dans la même page, il faut corriger son opinion[73] comme suit: « [...] the Milky Way was one of the celestial forms of Nūt (the other being the celestial vault itself)». En concluant, il faut noter que l'apparente course annuelle du Soleil (due à la synthèse des mouvements de la Terre autour du Soleil et autour de son axe, ainsi que de celui du Soleil autour du centre de la Galaxie, & c.), comme elle est projetée sur la voûte céleste, semble traverser la Voie Lactée pendant des certains moments de l'année [voir Fig. V.3(a) & V.3(b)]. Il faut signaler quand même que le Soleil ne se meut pas toujours sur la Voie Lactée, mais sur l'écliptique, qui ne coïncide pas avec elle, mais la traverse[74]. Nous constatons que le coucher du Soleil près de l'Ouest (NW/SW) et son lever près de l'Est (NE/SE) pendant les périodes des Solstices, ainsi que les mêmes phénomènes astronomiques à l'Est et à l'Ouest pendant les Équinoxes, près des points où la Voie Lactée semble toucher l'horizon, furent les archétypes cosmovisionnels pour la conception du mythe selon lequel Rēʿ, le dieu solaire, était avalé chaque jour par la bouche de Nūt (correspondant à l'Ouest et à l'entrée de la *Dwꜣt*) et renaissait quotidiennement le matin suivant entre les cuisses de la déesse (représentant l'Est et la sortie de la *Dwꜣt*). Nous signalons, enfin, que plusieurs fois, dans la

---

[69] Beaucoup d'erreurs et même des opinions indéfendables se trouvent dans BEATTY, 1998: 18, 27, 35, 37, 53, 58, 60: «The Milky Way is not a passive celestial phenomena. It is a continuous, endless, spiraling flow of energy. It is particularly fiting that this image would pay such an important role in a prominent vignette [...] » (sic!), 61, 72, *passim* (cf. le Chapitre I, § 2: # 3, *supra*).

[70] Cf. KOZLOFF, 1992: 342 & n. 35; KOZLOFF, 1993: 176; et *personal communication.*

[71] Comme c'est presque le cas encore à nos jours. Pour une actuelle représentation panoramique de notre Galaxie, voir LAUSTSEN, MADSEN & WEST, 1987: 119-23.

[72] Voir MARAVELIA, 2003d: 59, Fig. 1; cf. aussi le Chapitre III, § 4.1, Fig. III.5, *supra.*

[73] Cf. KOZLOFF, 1993, 173: «I would suggest that the Milky Way was the celestial form of Nut». Pour les tribus de Botswana la Galaxie est la «colonne vertébrale de la nuit».

[74] Pour des détails astronomiques, voir le Chapitre II, §§ 3.1, 3.2, 3.6 & Figs II.6-7, *supra.*

religion et la mythologie égyptienne, l'on rencontre des aspects et des variantes différents d'un même mythe[75], or le fait que Nūt personnifiait à la fois le ciel *et* la Voie Lactée n'est pas du tout contradictoire, mais au contraire il est absolument compréhensible et raisonnable. Il montre en plus l'ingéniosité des Égyptiens, qui pouvaient combiner des notions archétypiques d'une manière assez ouverte, féconde et solide.

§ 1.3. La Théorie du *Big Bang* et la Genèse de l'Univers

Nous avons déjà discuté les traits principaux de la théorie cosmologique moderne du Big Bang, ainsi que ses dimensions ontologiques[76]. Ici nous voulons présenter des comparaisons (au niveau philosophique) entre les conceptions scientifiques modernes et les idées pré–scientifiques des Égyptiens. Comme Susanne Bickel l'a bien remarqué[77], les penseurs anciens —aussi ingénieux qu'ils fussent à imaginer des conceptions significatives de l'origine de certains constituants de l'Univers— ne cherchaient guère à expliquer de la sorte chacun des éléments du monde. Leur intérêt se portait avant tout sur le phénomène de l'existence. L'invention capitale du créateur était en effet le principe de la vie qui caractérise le monde actuel et qui le distingue de l'état antérieur à la préexistence, de même que d'un possible état postérieur. Or, comme elle le souligne, c'est en se portant lui–même à la vie qu'Atoum s'est concrétisé et qu'il a pu donner existence aux dieux et aux humains, qui avaient à la fois la possibilité et le devoir de maintenir et de transmettre le principe de la vie. Dans la mesure où la vie constitue l'œuvre essentielle du créateur, les Égyptiens n'ont pas tant développé une *Cosmogonie*, ni une *Théogonie*, qu'une image saisissable de ce que l'on pourrait appeler une *Ontogonie*. La question de base pour eux n'était pas «comment le cosmos fut-il créé?», mais plutôt «comment la vie vint-elle à l'existence?». Les notions développées que ces penseurs conçurent cherchaient à fournir des réponses à cette question ontologique fondamentale, tout en expliquant l'origine des principaux modes d'existence, voire celle des divinités et celle des humains.

Dans les textes funéraires égyptiens il y a quelques éléments indicatifs d'une affinité considérable —certes au niveau philosophique— entre les conceptions cosmologiques modernes et les idées ontogoniques des Égyptiens d'antan. Les Égyptiens ne concevaient pas leur Univers comme étant issu d'un néant (*non ex nihile*), mais ils imaginaient un niveau de préexistence à l'origine de la création[78]. Ce monde de la préexistence —connu comme Nūn (*Nwn*)— une entité très

---

[75] Voir TOBIN *et al.*, 2001, 471: «Egyptian creation mythology is important for its variety of symbolism and for the distinct manner in which the Egyptians were able to integrate and combine different and even seemingly contradictory symbols in their articulation of the emergence and structure of the Universe»; cf. aussi ΜΑΡΑΒΕΛΙΑ, 2003b: 56.

[76] Voir le Chapitre II, §§ 4.1 & 4.3, *supra*.

[77] Voir BICKEL, 1994: 207. Sur la mytho–théogonie de la création, voir TOBIN, 1989: 57-75 (Chap. IV).

[78] Voir BICKEL, 1994: 23 ff. Sur la création de l'Univers selon la pensée égyptienne, voir GUNKEL, ^{2}1921; GRAPOW, 1931: 34-38; BRANDON, 1963, 14-65; KÁKOSY, 1963: 17-30; JAMES, 1969: 15-20; HORNUNG, 1977: 411-49; *LÄ*, **III**, 1980, 747-56: art. «Kosmogonie»; GITTON, 1981: 41-54; MATHIEU, 1986: 499-509; MENU, 1986: 67-77; MENU, 1987: 97-

complexe[79], pourrait être comparée *mutatis mutandis* à une forme d'existence virtuelle primordiale —hors du temps et hors de l'espace— chargée d'énergie créatrice, non seulement capable de provoquer la régénération du Soleil[80], mais des humains défunts aussi[81]. De cette façon, l'on pourrait comparer cette forme de préexistence virtuelle aux théories modernes cosmologiques qui parlent d'un vide énergétique avant le Big Bang, plein de *fluctuations quantiques* (*vacuum quantum fluctuations*), d'où la singularité primordiale survint[82]. Susanne Bickel note que le monde de la préexistence est toujours défini de façon positive et qu'il s'agit de Nūn dans ses différents asprects, en soulignant que ce monde n'est pas défini par l'absence des éléments créés[83]. Nous signalons que toutefois la conception de Nūn n'est qu'une métonymie utilisée à l'instar de l'*absence*, une paronomasie pour le *vide*[84] et l'*inexistence* qui effrayait tant les Égyptiens d'antan. Nous croyons qu'au niveau philosophique, la conception du *vide/préexistence* personnifiée en Nūn, est équivalente à la notion moderne des fluctuations quantiques du vide, les génétrices virtuelles énergétiques des paires des particules/antiparticules. Selon les textes funéraires, et suivant la variété des approches mytho–philosophiques des Égyptiens, il y avait quatre facteurs caractéristiques de l'état de la préexistence, soit: le *flot Hehū*, l'*océan primordial Nūn*, les *ténèbres Kekū* et le *trouble des forces chaotiques Tenemū*[85], où Atoum se trouve en inertie; puis, ces mêmes facteurs décrivent le Nūn en tant qu'Univers primordial[86], ou plutôt en tant que niveau virtuel de la préexistence. Seraient-ils équivalents aux quatre forces fondamentales de la Nature (gravitation, force électromagnétique, interaction forte nucléaire et interaction faible nucléaire), qui —selon les théories de la Cosmologie moderne[87]— furent séparées aux premiers instants de la création? Cela semble être une conjecture intéressante, mais l'on ne peut pas donner les cor-

---

120; ALLEN, 1988a: 56 ff; CLAGETT, 1989: 263-406; POSENER, ²1992: 67-69: art. «Cosmogonies»; BROZE, 1993: 3-10; *BMD*, 1996, 73-74: art. «Creation»; MÜLLER, 1997: 478-86.

[79] Sur Nūn (copt.: ⲚⲞⲨⲚ), voir *LÄ*, **IV**, 1982, 534-35: art. «Nun»; BICKEL, 1994: Chap. 1, *passim*; sur ses aspects matériels à la fois concrets et archétypiques, voir PÉPIN, 1989: 340-45. Cf. enfin BÁRTA, 1992: 7-12.

[80] Voir *PT*, **486**, §§ 1040a-1040c: 1229; *CT*, **IV**, 307: § 62c; *CT*, **VI**, 648: § 270d; *CT*, **VI**, 662: § 288f; *BD*, **17**: 5-6: «*ḫpr.n.i m Nwn; ỉnk Rꜥ m ḫꜥy.f m šꜣꜥ*»; cf. *BD*, **17**: 9-11.

[81] Voir *PT*, **211**, § 132c: 199 (cf. la Table III.1: # 27).

[82] Voir HAWKING, 2001: 97-98, 118-19 & figs 4.16, 4.17; SHU, 1982: 398-400; cf. aussi le Chapitre II, § 4.4, *supra*. Voir, enfin, la n. 92 du Chapitre I, *supra*.

[83] Voir BICKEL, 1994: 31.

[84] Sur la divinisation hypothétique du vide l'on ne peut pas conclure avec sûreté, mais en principe il nous semble que Allen (cf. ALLEN, 1988a: 17) soit plus proche à la vérité que Bickel (cf. BICKEL, 1994: 192 & n. 214). Cette divinisation du vide est très importante et corrobore notre comparaison avec la Cosmologie moderne: le vide divinisé est plein de vie virtuelle, de vie potentielle en état de préexistence, juste comme le *vide quantique*.

[85] Voir *CT*, **II**, 76: §§ 4c-4d [B1C]: «*hrw ḫpr.n Tm(w) ỉm, m ḥḥw, m nww, m kkw, m tnmw*». Cf. aussi nos commentaires et parallélismes avec les notions cosmogoniques helléniques dans le Chapitre IV, § 3.2, *supra*. Pour une comparaison avec les idées romaines plus tardives, voir Ovidius: *Metamorphōseis*, **I**, 5-7: «|Ante mare et terras et quod tegit omnia cælum | unus erat toto naturæ vultus in orbe, | quem dixere Chaos: [...]|».

[86] Voir BICKEL, 1994: 29. Sur l'essence propre de Nūn, voir aussi BONHÊME, 1995: 45-46.

[87] Cf. le Chapitre II, § 4.1, *supra*.

respondances spécifiques entre les quatre forces physiques et les quatre notions métaphysiques. Une différence possible au niveau philosophique entre la cosmogonie égyptienne du MK et la Cosmologie moderne se trouve dans le fait que la substance émise par le créateur autogène (expectoration, crachat, larmes, sueur, & c.) soit immédiatement l'objet/divinité/élément créé, sans qu'aucune transformation soit nécessaire[88]. Au contraire, dans la Théorie du Big Bang il y a une séquence consécutive des transformations et des *changements de phase*, comme la température de l'Univers primordial diminue au cours du temps, sa densité diminue aussi, et de nouvelles associations des particules et des photons se manifèstent au cours des stages initiaux après l'explosion créatrice[89].

La notion d'Atoum[90], créateur par excellence, androgyne[91], unique et autogène (*ḫpr ḏs.f*), qui crée dans sa solitude est très importante. Si, du point de vue théologique Atoum pourrait être comparé à la conception de *spiritus Dei*[92], de notre point de vue il pourrait symboliser la *singularité primordiale*, d'où provint tout par le biais du Big Bang. Juste comme Atoum était considéré comme seul (soit pendant la phase de la préexistence dans le Nūn[93], qui nous interesse ici; soit en tant que créateur obligé à tirer de lui-même la substance pour former d'autres entités[94]), la singularité primordiale fut seule et explosa en $t = 0$. Atoum s'accomplit en créant le Cosmos de sa propre substance, en donnant naissance tant aux dieux (personnifications mythiques des éléments et des phénomènes naturels), qu'aux humains. Atoum n'est que l'origine de l'énergie vitale de la création, tandis que Rē' en garantit la propagation dans le virtuel cycle perpétuel des *micro–cosmogonies* qui prennent place chaque jour par le lever du Soleil. Dans leur aspect complémentaire Atoum et Rē' sont actifs pendant les différentes phases du Cosmos[95]. Atoum, que nous comparons à la singularité primordiale, est l'origine du processus créateur, tandis que Rē' est la manifestation visible de l'énergie d'Atoum dans le monde créé, à la fois lié aux notions du temps et de l'ordre cosmique. D'ailleurs, l'origine de l'Univers —ce qui est également le cas dans la Théorie du Big Bang— n'est pas décrite comme une série d'actions dirigées par le créateur, mais elle consiste en un lent processus de genèse et de dissociation des protagonistes (Atoum, Shū et Tefnūt), qui se trouvaient dans un état d'union symbiotique[96]. Les deux enfants/protagonistes d'Atoum, Shū et Tefnūt, pourraient être comparés au niveau philosophique avec la création des paires initiales des particules et des antiparticules élémentaires 10^{-4} sec après le temps limite de Planck par l'immense densité de l'énergie primordiale du Big Bang[97]. Les propriétés physiques à la fois conjugales et opposantes des particules et des anti-

---

[88] Voir BICKEL, 1994: 72.

[89] Cf. le Chapitre II, § 4.1, *supra*. Sur le Big Bang, voir aussi SHU, 1982: 381 ff & 386-96.

[90] Sur Atoum, voir MYŚLIWIEC, 1979; WESTENDORF, 1983: 85-88; BÁRTA, 1983b: 15-18; BÁRTA, 1991: 7-10; BICKEL, 1994: 33-55; POPIELSKA–GRZYBOWSKA, 1999: 143-53.

[91] Voir le Chapitre IV, n. 71, *supra*; cf. aussi BICKEL, 1994: 38 & n. 23.

[92] Cf. *Genesis*, **i**: 2.

[93] Voir *CT*, **II**, 80: §§ 33e-33f. Cf. aussi *BD*, **17**, 5-6: «*ink Tm m wn wꜥ.kwi; ḫpr.n.i m Nwn*».

[94] Voir *CT*, **III**, 261: §§ 383c-383d; *CT*, **IV**, 312: § 75f.

[95] Voir BICKEL, 1994: 42-43.

[96] Voir *op. cit.*: 49, citant *CT*, **II**, 80: §§ 32b-33a.

[97] Cf. le Chapitre II, § 4.1, *supra*.

particules peuvent très facilement être mises en parallèle avec les natures distinctes et différentes du premier couple divin. La consubstantialité et la simultanéité de Shū et de Tefnūt montrent leur origine commune d'Atoum, juste comme la consubstantialité et la simultanéité de paires particule/antiparticule, qui montrent leur production homogène en même temps par l'explosion primordiale du Big Bang. Pourrait-on constater, en se fondant sur cette consubstantialité que dans certains esprits des prêtres savants Égyptiens l'Univers s'identifiait au créateur, par le biais d'une série des archétypes anthropomorphiques, faisant partie souvent du cycle biologique humain[98]? Il faudrait remarquer aussi que la genèse des enfants du créateur est virtuellement équivalente à son auto–multiplication, or grâce à la création de Shū et de Tefnūt Atoum se multiplie par lui-même[99], dans un processus rappelant fortement la mitose biologique des cellules vivantes (*mitōsis*). Cette multiplication suit la série 1 → 3 → 5 → 9 → …, qui commence par l'*unique* (*wꜥ*) et autogène, continue avec le premier couple de dualité, avec le deuxième couple de multiplicité (Geb et Nūt) et se termine à la formation de l'*Ennéade sacrée* (*Psḏt*). Si Susanne Bickel note que les multiples *développements* (*ḫprw*) du créateur se situent à l'extérieur du temps historique[100], nous signalons qu'il ne s'agit pas ici d'une *creatio extra tempore*. Il s'agit toutefois d'une création de diversification, une projection spontanée des images de l'autogène, qui prend place pendant les premiers stages de la cosmogenèse mais certes après t = 0, c'est-à-dire *dans* le cadre du *temps cosmologique*.

À propos de notre discussion du temps et de son commencement, il faut noter la remarque de Bickel, qui a étudié les notions de la cosmogonie égyptienne d'après les *CT*, selon laquelle les Égyptiens n'ont jamais évalué la durée du processus créateur, ni cherché à établir le moment de la création[101] en termes absolus[102]. Ils utilisaient quand même les expressions *grande occasion/grand temps* (*zp wr*) et *première fois/temps initial* (*zp tpy*). À l'observation de Bickel selon laquelle le sens de ces deux expressions chroniques est peut-être le même, nous signalons que la deuxième pourrait être comparée *mutatis mutandis* au commencement du *temps cosmologique* t = 0, tandis que la première est peut-être parallèle au temps limite de Planck $t_{Planck} \equiv 10^{-43}$ sec, dont on a parlé ailleurs[103]. Ce fut exactement le moment temporel après lequel les quatre forces naturelles furent séparées et avant lequel l'on ne peut pas savoir l'état actuel de l'Univers. Or, si le terme *zp tpy* désigne le temps de l'émersion du créateur hors de l'état d'inertie de lui-même (~ explosion Big Bang), le terme *zp wr* pourrait signifier la prise de

---

[98] Sur l'utilisation des différentes parties du corps humain par le créateur dans les *CT*, voir BICKEL, 1994: 72-78 (main et bouche); 78-83 (expiration); 83-86 (corps); 86 (sueur).
[99] Voir *CT*, **II**, 80: §§ 39c-39e: «*ỉr n Tm smsw ꜣḫw.f m mst.f Šw Tfnwt m ꞽwnw, m wꜥ.f wꜥy, m ḫpr.f m ḫmt*». Cf. aussi un passage du *pBremner–Rhind* (qui date de c. 3e siècle BCE) dans FAULKNER, 1933, 60; 26, 21-22: «*ink pw ḫpr m ḫpry, ḫpr.n.i ḫpr ḫprw, ḫpr ḫprw nbw m-ḫt ḫpr.i* [...] », mais dont les idées datent du NK (voir ROCCATI, 1984: 22 & n. 31).
[100] Voir BICKEL, 1994: 118.
[101] Pour une étude des images de la création, voir WETTENGEL, 1992: 281-86.
[102] Voir BICKEL, 1994: 56. Elle souligne que le phénomène de l'éclosion du créateur autogène, sa «première action», dès le NK désignait *pars pro toto* l'ensemble du processus de la création (cf. *op. cit.*: 59). Sur la multiplication d'Atoum, cf. aussi ALLEN, 1988a: 27.
[103] Cf. le Chapitre II, § 4.1: éq. [II–73], *supra*.

conscience par lui-même par la création de ses deux enfants (en réalité $t = 10^{-4}$ sec après t_{Planck}). Par ailleurs, le fait que le moment de la création (~ l'âge de l'Univers, qui est $\geq 10^{10}$ ans, selon la Cosmologie moderne) fut très distant dans le passé et très eloigné par rapport au présent historique de l'Égypte antique est montré par les expressions *ḏr rk* et *pꜣwt* (*tpy*), discutées ailleurs[104].

D'ailleurs, à propos des forces unifiées et de leur symbolisme philosophique, nous présentons une autre comparaison. Le monde créé a ses *limites* (*ḏrw*) qui enveloppent *tout ce qui existe* (*Ntt-Wn*) en *ordre* (*mꜣꜥt*), et en dehors d'elles il n'y a que les *ténèbres absolues* (*kkw zmꜣw*), le *désordre* (*ẖnnw*) et l'*absence de connaissace* même par les dieux et les esprits (*iwtt rḫ* [...] *in nṯrw, ꜣḫw*)[105] **[voir Fig. V.4]**. Parallèlement, dans les limites d'une singularité (qu'elle soit primordiale ou celle d'un trou noir) les forces fondamentales de la Nature sont unifiées, les lois physiques cessent d'être valides et l'obscurité est virtuellement absolue.

Enfin, selon les théories modernes de la Cosmologie, il existe plusieurs possibilités qui décrivent la fin et le «destin» de l'Univers[106]. Selon la solution de Friedmann l'Univers oscille, comme une fonction du temps. Et si l'Univers oscille, il pourrait également continuer son expansion à jamais, ou même s'effondrer totalement. Le paramètre qui en est responsable n'est que la densité actuelle de l'Univers ρ. Si cette densité est plus grande que la densité critique ρ_o, l'Univers s'effondrera totalement; si elle est plus petite, l'Univers continuera son expansion sans s'arrêter, éternellement; si elle est égale à la valeur de la densité critique, l'Univers oscillera, comme on l'a déjà montré[107]. Susanne Bickel observe que l'idée de la fin du monde se manifeste à travers deux types de textes distincts, soit les *textes rares religieux ou littéraires* et les *textes funéraires et magiques*[108]. Selon la première catégorie de textes, qui sont très élaborés, philosophiques, et présentent le créateur suprême comme annonciateur de la fin du monde (qui néanmoins se situe dans un futur très postérieur), une sorte d'eschatologie qui met en œuvre une répétition négative de la création est évidente[109]. Cette répétition négative nous rappelle le cas où la densité de l'Univers est plus grande que la densité critique ρ_o, et par conséquent l'Univers s'effondrera totalement, après une inversion de ses stages précédents. Cette effondrement pourrait également amener à un autre Univers, après une explosion du type Big Bang, et ainsi de suite, or en principe l'Univers serait en pulsation *ad infinitum*[110]. Par ailleurs, une certaine phrase de la prophétie de Neferty présente ces concepts encore plus explicitement, quand il se dit que l'état de l'Égypte était comparable à une *non–*

---

104 Voir *Wb.*, **V**: 592 & **I**: 496. Cf. aussi BICKEL, 1994: 60 & nn 80-83; TROY, 1994: 3-51.

105 Sur les *limites*, voir *Urk.*, **IV**: 118, 9; 248, 17; *PT*, **465**, § 879a; *EAT*, **I**: 53 & pl. 46: 23 [texte L en P, S & R]; sur l'*obscurité totale*, voir *Urk.*, **IV**: 248, 17; *CT*, **I**, 38: § 161e [B12C, B16C]; *BD*, **85**: 5; *EAT*, **I**: 52 & pl. 46: 20 & 28-29 (*non–connaissance*) [texte L en P & R].

106 Voir le Chapitre II, § 4.2, *supra*. Sur l'intuition égyptienne d'un monde en expansion (et leur conception du temps), voir BONHÊME, 1995: 46.

107 Cf. le Chapitre II, § 4.2 & éq. [II–84].

108 Voir BICKEL, 1994: 228 ff.

109 Voir KÁKOSY, 1963: 19. Cf. aussi *CT*, **VII**, 1130: §§ 467e-468b; *BD*, **175** (dans *pBM 10470*; FAULKNER & GOELET, ²1998, pl. 29: 16 ff).

110 Voir SHU, 1982: 361-62 & fig. 15.7; cf. cependant HAWKING, 1988: 36.

création et Rēʿ est invité à recommencer à fonder[111]. L'observation de Bickel, selon laquelle cette phrase pourrait impliquer l'idée qu'après l'annulation de la création et la retraite du créateur unique dans le Nūn un recommencement du processus créateur serait possible[112], nous semble très juste et doit être directement comparée aux notions cosmologiques/eschatologiques modernes d'un Univers en pulsation, et par conséquent en renouvellement virtuel permanent. Nous avons déjà parlé des *Grandes Théories Unifiées*[113] (*GUTs*), selon lesquelles même les protons se désintègrent en $\sim 10^{31}$ ans et même les électrons se seront évanouis, par des réactions d'annihilation avec les positrons, donnant naissance aux cascades de photons. Finalement, après $t_{extr} = 10^{116}$ ans, il n'y aura plus ni d'hadrons, ni d'électrons et l'Univers sera transformé en un virtuel gaz froid des photons et des neutrinos, qui se terminera par la dissolution absolue! Et même si la 2e loi thermodynamique implique que l'entropie sera maximale comme le temps s'écoule, la 3e loi de la Thermodynamique implique que la valeur vraie de l'entropie pendant cette *ère II de radiation*, comme la température approche le zéro absolu, sera aussi annulée. C'est-à-dire que l'inverse de l'entropie, voire l'ordre (~ Maʿat), sera maximal et dominera virtuellement encore une fois. On trouve des notions *mutatis mutandis* semblables dans le contexte de l'eschatologie égyptienne. Dans le *BD* il existe un passage intéressant où le créateur solaire suprême Atoum–Rēʿ prédit la fin catastrophique de l'Univers[114], qui détruira tout humain et tout dieu à l'exception de lui et d'Osiris; le cosmos reviendra en état d'inertie dans l'Océan de Nūn et le dieu solaire sera transformé en serpent gigantesque, forme archétypique d'*ouroboros*[115]. Cette conception indique que selon les idées égyptiennes pendant le NK, le destin de l'Univers serait également lumineux car le dieu solaire survivrait et resplendirait tout en lumière, en son union supersubstantielle à Osiris pour toujours et à jamais. Or, le destin ultime de l'Univers serait la lumière. Cette «analogie» entre les idées égyptiennes et celles de la Cosmologie moderne est évidemment étonnante.

---

[111] Voir HELCK, 1970: 19 & IV[C] (cf. «*ỉrt m tmt ỉrw šꜣꜥ Rꜥ m grg*»); pour une traduction de ce texte didactique, voir SIMPSON, [2]1973: 234-40; LICHTHEIM, **I**, 1975: 131-45.

[112] Voir BICKEL, 1994: 230 & n. 16.

[113] Voir le Chapitre II, § 4.4, *supra*; cf. aussi HAWKING, 2001: 78.

[114] Voir *BD*, **175** (dans *pBM10470*; FAULKNER & GOELET, [2]1998, pl. 29, cols 16-19: «*ỉw.k r ḥḥ n ḥḥ <n> ꜥḥꜥw n ḥḥ;* [...] *ỉw.ỉ grt r ḥḏ(ỉ) ỉrt n.ỉ nbt; ỉw tꜣ pn r ỉy m Nwn, m ḥ{w}ḥw, mỉ tp.f-ꜥ; ỉnk zp ḥnꜥ Wsỉr; ỉr.n.ỉ ḫprw.ỉ m* [...] *ḥfꜣw, nn rḫ.zn rmṯ, nn mꜣꜣ.zn nṯrw*». À noter une coïncidence extraordinaire, qui se fond certainement sur le principe de l'homophonie: le verbe *détruire* (*ḥḏỉ*) est écrit avec T3, juste comme le verbe *éclaircir/illuminer* [(*s*)*ḥḏỉ*], mais sans les taxogrammes N5 ou N8 (cf. *Wb.*, **III**: 212-13 & **IV**: 224 ff; *CD*: 181-82 & 239). Cf. aussi la n. 109 de ce Chapitre, ainsi que la n. 132 du Chapitre IV, *supra*. Pour une discussion et des références sur ce texte, voir BICKEL, 1994: 229 & nn 12-13. Nous sommes en désaccord avec l'opinion de Nadine Guilhou, que les Égyptiens n'ont point conçu une fin du monde définitive (voir GUILHOU, 1984: 91): cela ne serait pas nécessairement désespéré et les notions du *temps* (soit *linéaire* soit *cyclique*) et de *l'éternité* (*nḥḥ* et *ḏt*) sont toujours enregistrées dans le cadre du monde/matière sur la terre et dans le ciel.

[115] Il faut comparer ici deux représentations d'Atoum comme un décan en forme de serpent aux mains et pieds humains (voir SAUNERON, 1970: figs 2-3); plusieurs décans furent représentés pendant la Période Tardive comme des serpents astraux (voir KÁKOSY, 1982: 173 ff; cf. aussi KÁKOSY, 1981: 255-60, figs 1-3 & Taf. 43).

§ 1.4. Le Temps comme Paramètre Cosmologique et l'Entropie

Nous avons déjà étudié le rôle significatif joué par le temps comme paramètre cosmologique dans le contexte de la Cosmologie et de l'Astrophysique moderne, ainsi que sa relation avec l'entropie[116]. Nous avons aussi discuté le temps comme facteur d'une *nomoteleia* universelle, fortement liée à la notion de l'Ordre Cosmique aux Orphiques, en donnant quelques parallélismes préliminaires avec les idées égyptiennes concomitantes[117]. Notre but dans cette section est de comparer certains aspects des notions modernes scientifiques concernant la conception du temps et de l'entropie (toujours *mutatis mutandis* et au niveau philosophique) principalement aux opinions pré–scientifiques des Égyptiens. De cette façon, quelques aspects intéressants seront éclairés, tout en aboutissant à une compréhension approfondie des archétypes à la fois astronomiques et cosmovisionnels, qui ont amené les anciens Égyptiens à inclure de telles conceptions dans leur littérature religieuse en les liant aux cycles de régénération périodique céleste.

Le ciel a toujours été considéré comme une manifestation directe de la transcendance, du pouvoir divin, de la sacralité et de l'éternité, une catégorie philosophique qu'aucune force humaine ne pourrait ni atteindre ni conquérir[118]. Toute la nature même du ciel constitue une hiérophanie inexhaustible[119], et par conséquent, tout se qui s'y passe —les phénomènes périodiques astronomiques, dont les révolutions harmonieuses des astres se présentent comme l'exemple typique par excellence, lié aussi aux observances calendriques des humains— sont des moments d'une épiphanie virtuelle. Or, le ciel n'est que le symbole universel de l'ordre cosmique (personnifié par les Égyptiens à Ma'at[120]) et de l'espace insondable (pesonnifié par les Égyptiens au moins partiellement aux notions des divisions du temps[121] et même à celle de l'éternité[122]), révélé dans les rythmes harmoniques de la sphère céleste et les mouvements des corps astraux. Cet ordre est

---

[116] Voir le Chapitre II, §§ 4.2-4.4, *supra.*

[117] Voir le Chapitre IV, §§ 3.2-3.3 & Fig. IV.14, *supra.*

[118] Voir *SYMBOLS*, 1996: 484. Sur un synopsis du symbolisme céleste, cf. *op. cit.*: 484-89.

[119] Voir ELIADE, 1958: 39-40, *passim.*

[120] Voir TOBIN *et al.*, 2001, 467: «Order was constantly in conflict with disorder, but Ma'at was a mythic expression of the confidence that order would prevail». N'oublions pas que la déesse de la justice et de l'ordre cosmique est la fille du dieu suprême solaire.

[121] Comme Susanne Bickel l'a observé (voir BICKEL, 1994: 207-09) citant *CT*, **VII**, 1130: §§ 464g-465c [B1L, B1C], les divisions du temps sont mises en rapport avec les structures de l'espace, le domaine céleste du Soleil deifié d'une part, et d'autre part le domaine (sous–) terrestre d'Osiris. Le lien entre le temps et l'espace se retrouve aussi dans un autre passage, où la création du temps semble rattachée à l'apparition quotidienne du créateur, qu'elle cite des *CT*, **IV**, 325, §§ 153e-154c & §§ 155c-155d [G1T, A1C]. Dans le contexte de ce passage l'œil d'Atoum doit désigner le Soleil dont la trajectoire journalière rythme le temps et sa mesure. Pour que le Soleil puisse marquer les heures, les structures de l'Univers doivent être stables et soutenues par Shū, donc la création du temps et de ses divisions se situe après le processus créateur, à l'intérieur du monde structuré.

[122] En ce qui concerne la relation de l'espace infini avec la notion de la *ḏt* (qui se lie aussi à l'ordre *mꜣˁt*), voir ALLEN, 1988a: 25-27; certes, la *nḥḥ* se lie aux notions du temps ontologique et de la vie (*ˁnḫ*). Cf. aussi *CT*, **IV**, 335 [I], §§ 200d-200e & §§ 202a-202b: «*ir ntt-wn nḥḥ pw ḥnˁ ḏt; ir nḥḥ hrw pw, ir ḏt grḥ pw*» [Sq1Sq].

à la fois caché et apparent dans les merveilles du firmament[123], qui —selon les anciens— enveloppe certains niveaux d'existence invisibles, supérieurs au monde phénoménal éphémère, amalgamant la sublimité divine supersubstantielle à la condition humaine profane[124]. Par conséquent, le ciel définit aisément trois entités distinctes importantes: l'*espace cosmique*, le *temps cosmologique* et le *temps archétypique*. Nous définissons le premier simplement comme l'espace qui entoure la Terre et contient toute la matière et l'énergie de l'Univers; nous definissons le deuxième comme le temps qui est identique à la *flèche du temps cosmologique* et/ou au *temps thermodynamique* (dont le commencement fut l'explosion initiale du Big Bang); en ce qui concerne le troisième, nous le définissons comme le temps psychologique et/ou métaphysique, ainsi qu'il est concrétisé dans le cadre de la mythologie et les conceptions de l'éternité.

L'articulation du temps pour les Égyptiens commence dès que Shū commença son soulèvement de Nūt, selon le *Livre de la Vache Céleste*[125]. La sémantique de ce fait est explicitement astronomique: dès que le Ciel (*Nwt*) fut séparé de la Terre (*Gb*) et que la lumière illumina l'atmosphère terrestre (*Šw*), le scénique cosmique convenable était prêt pour que le temps puisse être mesurable. Il est évident que l'ordre créé par le soulèvement de Nūt implique que les astres —soit les étoiles, le Soleil et la Lune—, sources calendriques par excellence, soient visibles et puissent être utilisées afin de calculer le temps, tout en donnant le sens de la périodicité de la Nature et la conception propre du temps qui passe. Le *temps cosmologique* est le produit visible des cycles astraux, de l'harmonie de la sphère céleste et coule sans cesse, devenant tangible pour les humains comme *temps archétypique* entre le Ciel et la Terre. Cette notion est symboliquement exprimée par des hiéroglyphes tardifs qui montrent la déesse céleste s'arquant au-dessus de la Terre et un scarabée (*ḫprr*) ou le Soleil avec des rayons (*wbn*) et l'enfant solaire renouvelé chaque jour (*ḥwn nṯry, ỉwʿw nḥḥ*) entre elle et la Terre (*tȝ*)[126]. L'on voit, donc, que le rôle du ciel personnifié à Nūt était critique pour la conception du temps et même de l'éternité. Nūt était une déesse universelle, archétype équivalent à Isis, comme une *post mortem mater lactans*, ainsi qu'à Hathor en son hypostase cosmique, comme fille du Soleil (*filia Solis*) —juste comme la Ma'at. Elle maintient les forces maléfiques du chaos loin de pénetrer dans le firmament, qu'elle définit dans le temps, et ne leur permet pas de consumer le monde en vainquant l'ordre universel. Or, elle contribue à sauvegarder Ma'at dans son rôle cosmique de la justice et de l'harmonie céleste. Son corps porte la sémantique du firmament, de la voûte céleste, du ciel étoilé et de la Voie Lactée

---

[123] Voir la note n. 11 du Chapitre VI, *infra*. Sur des représentations astrales de la période ancienne hellénique et leur connection à la littérature, voir YALOURĒS, 1980: 313-18.

[124] Sur cette synthèse hiérogamique des catégories opposées (*Ciel/Terre*, *Femelle/Mâle*, *Haut/Bas*, *Lune/Soleil*, & c.), cf. *Tabula Smaragdina*, 8: «Ascendit a terra in cœlum, iterumque descendit in terram»; cf. en plus *op. cit.*, 2: «Quod est superius est sicut quod est inferius», que nous comparons à un certain fragment d'Hērakleitos (voir *Fragmenta*, 60: «ὁδὸς ἄνω κάτω, μία καὶ ὡυτή»).

[125] Voir GUILHOU, 1989; BICKEL, 1994: 209 & n. 268. Cf. la n. 55 du Chapitre I, *supra*.

[126] Voir GRIMAL, HALLOF & VAN DER PLAS, [1]1993, 2C-5: C203 & C204. Voir aussi la n. 190 du Chapitre IV, *supra*.

(voir § 1.2, *supra*). Elle sépare le Cosmos, créé *in principio* (*zp tpy*) par le créateur suprême Rē‘–Atoum —selon les règles de la Ma‘at—, de la *prima materia* inerte, obscure et infinie, dont la combinaison avec lui serait équivalente à la catastrophe et à l'inexistence. Or, elle sépare l'hémisphère céleste visible de celui qui est invisible, le monde tangible et le *temps archétypique* du monde extra–cosmique et de l'éternité, qui est en même temps le récipient de l'éternité; elle distingue le haut du bas. Les Égyptiens —en restant toujours aux explications allégoriques de l'essence cosmique et au symbolisme archétypique— n'étaient pas avides de connaître comment Nūt pouvait maintenir cet équilibre. Par contre, ils considéraient ce mythe comme un fait incompréhensible et miraculeux, résumé dans l'adjectif *mystérieuse/secrète* (*št3yt*), attribué à leur déesse céleste[127].

Nous croyons que la relation entre la création de l'espace sacré, la fluidité du temps et la sémantique de représentation de Nūt dans les tombes ramessides est particulièrement importante[128]. Nūt est à la fois l'image archétypique de la femme dévorante et une source de vie et de régénération. Elle ramène la vie et l'immortalité aux défunts dans un cycle périodique répétitif incessant, lié aux conceptions de l'éternité temporelle, qui fait allusion tantôt aux cycles biologiques des humains tantôt aux phénomènes périodiques célestes. La déesse du ciel définit un virtuel *continuum spatio–temporel*[129] (*space–time continuum*), qui constitue le scénique pour toute activité cosmique. L'*espace sacré* de la tombe devient équivalent à l'*espace cosmique* par le biais de Nūt, tandis que le *temps infini* devient le *temps archétypique* dans le contexte de ses représentations. Il nous semble qu'une union certaine des trois dimensions spatiales prenne place miraculeusement, conceptualisant l'affinité des phénomènes astronomiques avec la vie des humains. Le haut devient bas, le ciel rencontre la terre, le divin visite l'humain, l'éternel s'unit avec le mortel (et vice versa), dans un amalgame irrésistible d'harmonie dont témoignent ces représenations. La conception du ciel comme une divinité femelle par les théologiens Égyptiens était en accord avec leur *forma mentis* et les archétypes tangibles de leur environnement naturel. Or, sa divine nature molle, variable et fluide, projection possible de la fluidité du Nil au niveau de la sphère céleste (où la Voie Lactée fut considérée comme une rivière du firmament par plusieurs nations de l'Antiquité[130]) est absolument compré-

---

[127] HART, 1986: 146. Sur le thème *št3*, voir *Wb.*, **IV**: 551 ff [particulièrement 553, I: (e)] & cf. *Urk.*, **V**, 55: 10.

[128] Voir MARAVELIA, 2003f: 55-72, pour Nūt sur les toits astronomiques des tombes de Ramesses IV (*PM*, **I**², 497-500: KV 2; HORNUNG, 1990b), de Ramesses VI (*PM*, **I**², 511-17: KV 9; PIANKOFF & RAMBOVA, 1954) et de Ramesses IX (*PM*, **I**², 501-05: KV 6; GUILMANT, 1907).

[129] Pour une brève introduction à ces concepts, voir le Chapitre II, § 4.2 & n. 196, *supra*. Voir aussi EINSTEIN, ⁸1979: 151-56.

[130] Voir ALLEN, ²1963: 474 ff. En Égypte, la corrélation entre Nūt, la Galaxie et la Grande Inondation Méthyer (*Mḥyt-Wrt*) a été déjà discutée (voir *LÄ*, **IV**, 1982, 3-4: art. «Mehet–Weret»; SAUNERON, 1961: 43-48; ALLEN, 1988a: 19; KOZLOFF, 1993: 173; BROZE: 1999, 63-72); cf. Ploutarchos, *Περὶ Ἴσιδος καὶ Ὀσίριδος*, **56**, 374[B]: « [...] καὶ Μεθύερ προσαγορεύεται». Pour les Coptes la Galaxie était connue sous le nom **ⲡⲓⲙⲱⲓⲧ ⲛⲧⲉ ⲡⲓⲧⲟϩ** (voir CRUM, 1939: 453b, citant KIRCHER, 1643: 50; cf. aussi ALLEN, ²1963: 481). Sur la conception que l'on se fait de la Galaxie en Afrique, voir LAGERCRANTZ, 1952: 64-72.

hensible et justifiable. Dès qu'on observe les représentations de Nūt dans les tombes de la période ramesside tardive [voir Fig. V.2], c'est comme si le *temps archétypique* s'arrêtât... La pause du temps est philosophiquement équivalente à l'*éternité sans fin* (*nḥḥ*) et à la *perpétuité sans cesse* (*ḏt*). Ces deux notions[131] sont fortement liées aux croyances métaphysiques, voire funéraires, des Égyptiens et à leur résurrection tant désirée. La pause de la fluidité du temps équivalait à la fin de la vie humaine des défunts et pourrait encore être interprétée aux termes de

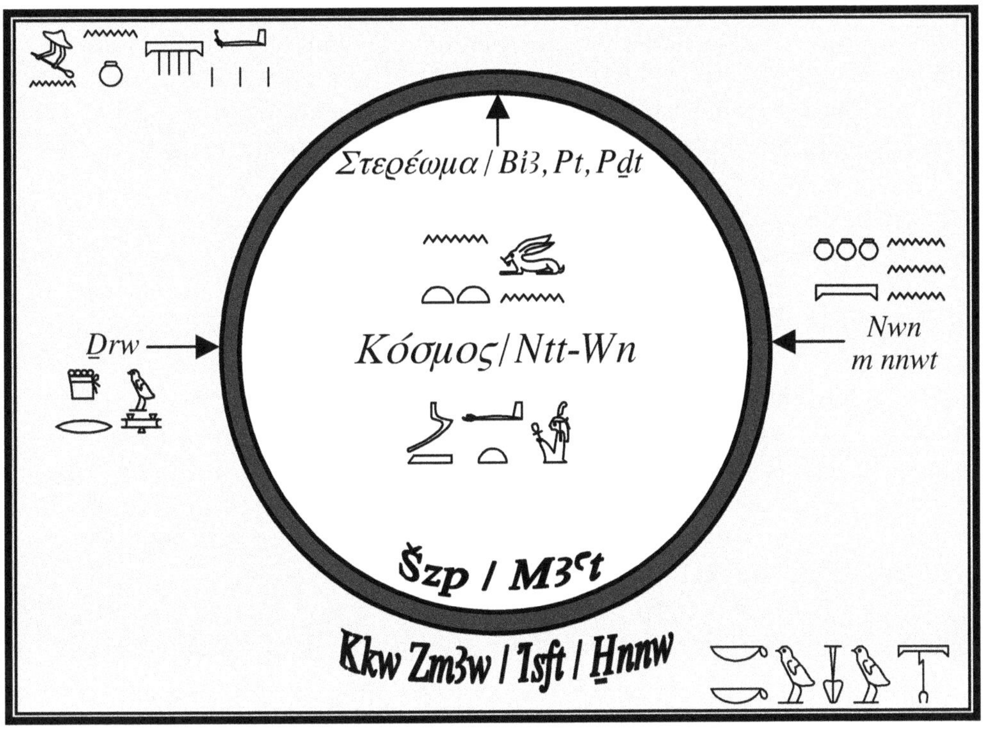

Figure V.4: Schéma synthétique *mutatis mutandis* comparatif des idées cosmovisionnelles pré–scientifiques des Égyptiens et des notions scientifiques de la Cosmologie moderne. Le monde visible et par conséquent tangible [*Univers*] de ce qui existe (*Ntt-Wn*), où l'ordre cosmique [*Gravité Persistante, Inverse de l'Entropie*] règne (*M3ʿt*), est inclus dans les limites (*ḏrw*) d'une sphère [*Horizon des Événements de l'Univers*] ou se meuvent les astres [*Sphère Céleste*] dans sa surface intérieure (*Bἰ3, Pḏt, Pt*). En dehors du cercle, les ténèbres absolues (*Kkw zm3w* ≠ *Šzp*/lumière) symbolisent l'absence de connaissance [*Information Minimale, Entropie Maximale*] pour ce qui s'y passe et le règne des forces à la fois chaotiques et maléfiques (*ḫnnw, ἰsft*). La surface–limite «annulaire» extérieure de cette sphère est contiguë à l'Océan Primordial (*Nwn*) d'inertie (*nnwt*), archétype de la situation de la préexistence [*Singularité Primordiale, Forces Unifiées, Vide Quantique*]. À comparer avec le schéma unique de la cosmographie d'un sarcophage de la LP, qui a probablement subi des influences helléniques (cf. FORMAN & QUIRKE, 1996: 136-37).

[131] Sur les notions de l'*éternité sans fin* (*nḥḥ*) et de la *perpétuité sans cesse* (*ḏt*), voir WESTENDORF, 1974: 136-41; BAKIR, 1953: 110-11; BAKIR, 1974: 252-54; ALLEN, 1988a: 25-27. La première correspond aux catégories philosophiques de la *récurrence éternelle*, mobilité, masculinité, ordre, jour, lumière, dieux solaires, réalité, *b3i*, & c.; la deuxième correspond aux catégories philosophiques de la *similarité éternelle*, immobilité, féminité, désordre, nuit, Hadès, dieux funéraires, *ẖ3t*, & c. (voir TOLMACHEVA, 2003: 524). Cf. aussi la n. 275 du Chapitre IV, *supra*.

leur union virtuelle à l'arrêt éternel de l'écoulement du temps. Par conséquent, si l'on pense à des signifiants métaphysiques, cela pourrait être traduit comme leur incorporation dans le *Grand–Au–Delà*, dont le signifié n'est que l'essence divine trouvée et comprise hors de toute dimension cosmique, hors de toute compréhension raisonnable, existant en transcendance *r nḥḥ hnˁ ḏt*, hors de l'*espace cosmique* (*extra spatio*) et hors du *temps cosmologique* (*non cum tempore*). Les tombes ramessides aux toits astronomiques de Nūt (ainsi que plusieurs autres) étaient considérées comme des petits univers virtuels, des *micro–cosmes métaphysiques* et des théâtres cosmiques de nativité, dont la sémantique se référait à la re–naissance et la répétition de la vie des morts (*wḥmw-ˁnḫ*), suivant les cycles du firmament, pour l'éternité. Le rôle joué par Nūt dans ce symbolisme est critique: elle est la voûte céleste qui accommode les événements cosmiques, les changements périodiques des aspects du firmament avec ses constellations, ses astres, ses planètes, la Lune et le Soleil, qui dramatisent le flux calendrique du temps si significatif pour la vie terrestre des humains. C'est là qu'à la fois jour et nuit, espace et temps, bien et mal, ordre et chaos se combattent apparemment sans cesse, dans une cosmique *bataille allégorique* (*ὑσμίνη*), qui garde la vie dans l'Univers et soutient le Cosmos. Or, comme il devient évident dans notre discussion, la création liturgique de l'espace sacré (qui est aussi significative au niveau de l'esthétique et de l'art) correspond à la création conséquente d'un *temps sacré archétypique*, lié au *temps cosmologique* qui —quant à lui— gouverne une pléiade de phénomènes astronomiques périodiques (comme variable principale dans les équations de la Mécanique Céleste classique et de la Théorie de la Relativité Spéciale). Nūt devient le récipient des corps célestes, et par extension des êtres terrestres *post mortem*. Elle n'est que le réceptacle divin et la fontaine à la fois de l'espace et du temps, comme catégories du *continuum spatio–temporel*. La relation entre l'*espace cosmique* et le *temps archétypique* se fonde sur la sémantique du ciel comme une hypersphère énorme, où le temps gouvernant les mouvements cosmiques est le *temps cosmologique*, la flèche irréversible du *temps thermodynamique*.

L'espace, à son tour, est le scénique du mouvement des corps célestes et engendre la conception du temps comme un paramètre tout–pénétrant du changement continu[132]. Le temps est la mesure immuable des transformations qui prennent place dans la Nature, or il consiste dans le générateur virtuel de l'espace par excellence. Bien que nous nous occupions ici de notions de la Physique, il faut signaler que ces mêmes concepts peuvent être approchés et compris sous le prisme de la théorie jungienne des archétypes[133], qui se situent virtuellement dans l'inconscient collectif et les schémas mythologiques qui le gouvernent[134]. Les archétypes féminins célestes, comme Nūt, sont des signifiés d'une transformation subconsciente[135], qui appartiennent à la jonction d'un monde des rêves au monde réel de la vie. Il s'agit de mythèmes puissants, qui furent considérés par les Égyptiens d'antan comme préjudiciables à la peur de la mort et de

[132] Sur des idées orphiques semblables, voir le Chapitre IV, § 3.3, *passim* & nn 247, 252.
[133] Voir JUNG, 1959.
[134] Voir JUNG & KERÉNYI, [2]1963.
[135] Voir e.g.: JUNG, 1956.

périr. Leur relation avec les «mansions» célestes devient évidente si l'on considère le symbolisme contextuel: juste comme le firmament —personnifié par Nūt — était immuable et éternel, immortel et existant à jamais, ainsi serait le destin des humains justes et purs après la mort. Nūt, archétype de la Grande Mère Universelle, à la fois dévorante et protégeante, sauvegarderait leur re–naissance et transfiguration en *esprits lumineux béatifiés* (*ꜣḫw*), très intimement liés au royaume des *étoiles* (*sbꜣw*), qui étaient considérées —à leur tour— comme ses enfants innombrables, une véritable *progenies cœli* liée aussi à la Voie Lactée et au Ciel Étoilé, dont le nom était également *Mille–sont–ses–Âmes/Esprits–Transfigurés* (*ḫꜣ bꜣ.s* / *ḫꜣ ꜣḫ.s*)[136]. L'union avec Nūt signifierait le retour à l'uterus éternel du continuum spatio–temporel et le passage victorieux dans l'immortalité. Donc, le ciel deviendrait une pépinière pour les défunts[137].

Donnons sur ce point quelques comparaisons supplémentaires avec les notions de l'Astrophysique et de la Cosmologie modernes, en soulignant d'abord qu'on le fait toujours au niveau philosophique pour des raisons épistémologiques et en pleine pertinence, sans oublier que bien que les Égyptiens pussent concevoir intuitivement des notions ontogoniques et cosmovisionnelles avancées, ils n'avaient jamais inventé ou utilisé la moindre connaissance mathématique avancée (au moins pendant leur histoire pharaonique classique, que nous examinons dans cette œuvre), puisque jamais ils ne furent détachés de la nécessité de la pratique quotidienne, jamais ils ne cultivèrent la science *per se*[138], et jamais ils ne furent libérés de la religion ni de la peur de la mort. Dans l'Astrophysique moderne le temps et son écoulement gèlent sur l'*horizon des événements* (*event horizon*) d'un *trou noir*[139]. Sur cette surface virtuelle, qui sépare l'univers visible de l'intérieur invisible du trou noir où se trouve la *singularité*, les ondes lumineuses deviennent stationnaires et les horloges s'arrêtent à compter le temps[140]. De ce point de vue, les trous noirs (manifestés comme des singularités mathématiques matérielles du futur) sont des objets étranges ou bien extraordinaires. Il s'agit de «cadavres» stellaires, produits magnifiques de l'évolution ultime des étoiles de

---

[136] Entre plusieurs occurrences de ce terme, nous en signalons deux: **(i)** *CT*, **VI**, 507: § 93c (il s'agit ici plutôt de l'expression similaire «*m-bꜣḥ ỉrww <m> pt*»); **(ii)** *sBM 101* [la stèle de Nebi–pu–Sesostris (*Nb.ỉ-pw-S-n-Wsrt*)], pour laquelle voir BLACKMAN, 1935: 1-9 & pl. 1 («*wnn.ṯn m ỉḫm-sk, m sbꜣ ỉmy ḫꜣ ꜣḫ.s*»). Cf. aussi *PT*, **667**^{A}, §§ 1944a-1944b,776: «*n mt.n.k! ỉs mtt ꜥnḫ n.k, ꜥnḫ m-ꜥ{b}.sn ꜣḫw, ỉḫmw-skiw*»; *PT*, **217**, §§ 152a-160a: 222-33; *PT*, **690**, § 2104a: 991. Cf. *Wb.*, **III**: 220; *CD*: 184; *LÄ*, **I**, 1975, 1036 (*bꜣw ꜥnḫw* = décans).

[137] Le Dr Ann Macy Roth a correctement démontré la connexion symbolique de la *cérémonie de l'ouverture de la bouche* (*wp-r*) aux pratiques médicales utilisées pour les bébés qui venaient de naître, et sa connotation astrale (voir ROTH, 1992; ROTH, 1993).

[138] Voir NEUGEBAUER, 1975: 559. La «science» égyptienne était toujours appliquée et se superposait à la pratique. Ils connaissaient e.g.: une approximation assez exacte de $\pi \approx 256/81 = 3.16049$, mais ils ne connaissaient pas le théorème de Pythagoras (voir la n. 189 du Chapitre III et les références y citées). Au lieu de présenter des modèles mathématiques, cherchant la réalité cachée sous les apparences (comme le faisaient les Hellènes), ils étaient heureux d'arriver tout justement à des simples relations utilisables e.g.: dans la mesure de la terre après l'inondation, aux calculs simples du volume des greniers, & c.

[139] Voir le Chapitre II, § 4.4 et la n. 229, *supra*; HAWKING, 1988: 24.

[140] Voir HAWKING, 1988: Chap. 6-7, *passim*.

Figure V.5: Ma‘at (*Mꜣˁt*) incarnation divine de l’ordre cosmique, de la justice, de la vérité et de l’application des lois. Relief peint de la tombe de Sety I (KV 17, Vallée des Rois, c. 1300 BCE), avec une inscription hiéroglyphique qui la nomme *Fille de Rē‘, la Maîtresse, Présidente de la Terre de Silence* (*Mꜣˁt, zꜣt-Rˁ, ḥnwt, ḥryt-tp tꜣ n iw grt*). La déesse de l’harmonie universelle est couronnée de son symbole: l’aile d’une autruche. Musée Égyptien de Florence, # 2469, H = 74 cm, calcaire.

très grande masse, qui furent effondrées sous la force immense de leur propre gravité et croulèrent. Dans la *Théorie–M* et dans le contexte des *p–branes*, les trous noirs peuvent parraître comme des structures aux dimensions certaines (*non–dimensionless*) dans un espace multi–dimensionnel des dimensions condensées ou cachées, et non comme des points singuliers[141]. Ce fait, par lui-même, évoque une certaine forme d'existence dans un Univers parallèle mais invisible dans le continuum spatio–temporel d'un *hyperespace*. La pause du temps, où autrement (et allégoriquement) dit le passage vers un monde différent, est un thème inspiré qui n'est pas seulement discuté dans les théories cosmologiques modernes concernées par les trous noirs, la Théorie de la Relativité Générale ou la Théorie de la Gravité Quantique; il était aussi une idée fixe des Égyptiens d'antan, dont les observances religieuses et funéraires avaient pour but principal de gagner la vie éternelle, en transposant magiquement la vie terrestre dans l'au-delà et dans l'immortalité. Cette pause du temps virtuelle, signifiant l'incorporation du décédé dans l'écoulement cosmique du *temps archétypique*[142] est bien attestée soit par les représentations de Nūt (celle-ci étant le *locus* virtuel de convergence harmonique des éléments à la fois terrestres et célestes, éphémères et éternels) sur les toits astronomiques (accompagnées par diverses propres compositions funéraires), soit par les *corpora* des textes funéraires (*PT* et *CT*) que l'on vient d'étudier.

L'entropie —sur la base de notre discussion précédente[143], qui correspond proportionnellement à l'inverse de l'information/ordre d'un système statistique— pourrait être comparée *mutatis mutandis* au contraire (ou bien à l'inverse) de la Ma'at. Ma'at n'incarne pas seulement le principe important qui pénètre tous les domaines de l'éthique et de la pensée égyptienne, elle est aussi une notion primordiale, existante dès le début du Cosmos afin de régler l'harmonie universelle[144]. Dans la vie des étoiles la gravitation (qui exprime la tendance pour l'ordre) et l'entropie (qui exprime la tendance pour le désordre) se combattent continuellement, comme l'on en a déjà discuté[145]. Les forces chaotiques, qui (selon les idées égyptiennes) seraient toujours prêtes à envahir l'Univers, soit au niveau cosmique (créant le déséquilibre dans le mouvement des astres[146]), soit

---

[141] Voir HAWKING, 2001: 193. Sur les idées révolutionnaires de la Physique moderne,voir aussi ZUKAV, 1979; sur les aspects métaphysiques de la Physique en général et de la Mécanique Quantique en particulier, cf. CAPRA, 1975; DAVIS, 1983. Sur l'Astronomie et la Théologie, voir JASTROW, ^{2}1992.

[142] Voir GUILHOU, 2001: 135: «le concept de *akhou*, énergie pure [...], tandis que *hekaou* serait [...] le secret [...] de la réversibilité du temps»; cf. WALLIN, 2000: 76: «[...] the time into which the deceased was incorporated was specifically sacred time, related to the observation of the phases of the Moon and the yearly heliacal rising of Sothis».

[143] Voir le Chapitre II, § 4.4.

[144] Pour des comparaisons avec les idées helléniques des Orphiques concernant la *Loi Universelle*, voir le Chapitre IV, § 3.3, *supra*. Sur la Ma'at, voir BLEEKER, 1962: 193-200; DERCHAIN, 1962b: 72 ff; DE BOURGUET, 1988: 41-46; ASSMANN, 1989; BICKEL, 1994: 16.

[145] Voir le Chapitre II, § 1.1.

[146] Même le dieu solaire s'arrête quand le mal envahit le monde, après que Horus fut mordu par un serpent du Delta et Isis commença à se lamenter (cf. *sMetternich* & PINCH, 1994: 145-46; MAPABEAIA, 2003c: 54 & 332, n. 7).

au niveau de la société (provoquant l'*isft* dans plusieurs institutions sociales[147]), pourraient être comparées aux facteurs thermodynamiques qui provoquent le désordre dans les divers systèmes statistiques, qui est lié directement à la mobilité des molécules et à l'augmentation de leur énergie cinétique. Dès la création initiale, une loi universelle de conservation fut valable: l'harmonie cosmique à tous les niveaux devrait être constante et —si possible— elle devrait augmenter sans cesse. Comme l'entropie des systèmes pendant les changements irréversibles, tels les différents phénomènes qui prennent place dans le Cosmos, augmente toujours, il en va ainsi pour la Ma'at. Mais la différence se trouve dans le fait que dans les systèmes sociaux dirigés par les humains l'entropie semble diminuer pour le moment ou pour des périodes courtes, mais la tendance globale n'est que son augmentation incessante. Si les Égyptiens connaissaient ces faits indéniables de la Thermodynamique moderne, peut-être seraient-ils déçus ... D'autre part, leur eschatologie concernant la fin future du monde et son retour à l'inexistence ou plutôt à une forme d'existence ressemblant à la condition virtuelle de la préexistence, où tout ordre cesse d'exister et seul l'ordre de Rē' (et d'Osiris) règne, pourrait être aussi significative[148]. Elle montre sans aucun doute la diversification des approches des Égyptiens envers l'explication du Cosmos, ainsi que leur intuition élevée qui les a guidés à présenter des notions d'un niveau cosmovisionnel et philosophique très haut.

§ 1.5. Le Rayonnement du Fond Radio et le Principe Anthropique

Parler de notions scientifiques modernes si développées en les comparant —*mutatis mutandis*— aux notions pré–scientifiques et même métaphysiques des anciens ne doit pas être vu comme extravagant, mais cela doit être affronté sous le prisme d'un esprit ouvert et dans le contexte de la pertinence épistémologique. D'ailleurs, comme on le prouve ici, il y a des points communs —soit directement soit indirectement— dans le fondement et les idées de base tantôt avec les opinions religieuses égyptiennes tantôt avec les conceptions modernes de la Science. Une telle conception brillante de l'esprit contemporain cosmologique, nous l'avons vu *supra*[149], est le *Principe Anthropique.* Par ailleurs, le rayonnement millimétrique du fond radio est une évidence et une preuve importante que la Théorie du Big Bang, qui explique la création de l'Univers, est correcte. Dans la littérature (funéraire) égyptienne il y a quelques points communs et quelques parallélismes intrinsèques que l'on va aborder dans cette section.

La conception que les Égyptiens anciens se faisaient du dieu Heka[150] (*Ḥkꜣ*), divinité importante personnifiant la magie[151] et l'énergie inhérente à l'Uni-

---

[147] Sur l'introduction du mal dans le monde selon les *CT*, voir BICKEL, 1994: 225-28. Cf. aussi TOBIN, 1987a: 113-21; HART, 1986, 116-17: art. «Maat»; LURKER, [4]1986, 78: art. «Maat»; POSENER, [2]1992, 156: art. «Maât». Sur la création et le chaos pendant le commencement et la fin du monde, voir GUNKEL, [2]1921; cf. aussi HORNUNG, 1956: 28-32.

[148] Voir la n. 132 du Chapitre IV, *supra*; cf. aussi notre discussion dans la section § 1.3 et la n. 114 du présent Chapitre, *supra*.

[149] Voir le Chapitre II, § 4.3, *supra*.

[150] Voir TE VELDE, 1970: 175-86; *BMD*, 1996: 123: art. «Heka»; GUILHOU, 2001: 131-36 et cf. la n. 142, *supra*.

vers pendant et après la création[152], est très intéressante [voir Fig. V.6]. Heka n'est pas seulement le fils aîné du créateur unique Atoum[153], il incarne aussi la divinité créée avant tout, soit par le biais de l'œil unique de l'autogène[154], soit par la puissance du *logos* Hu (*Ḥw*) de son père[155]. Dans le contexte de son étude des *filii creatores* (Shū, Ptah, Heka et Hapy) Susanne Bickel a résumé les traits principaux de Heka, comme un fils–créateur puissant qui joue un rôle éminent tout au cours de la création continue[156]. Or, Heka est bien conçu comme l'énergie génératrice du dieu suprême, sa force créatrice qui se manifeste dans l'Univers pendant la création, mais il n'a guère de fonction dans le maintien du monde et ne s'occupe guère de la végétation ni de la continuité de la vie des humains. De cette façon, la conception de Heka nous a fait pencher à la comparer *mutatis mutandis* avec la notion du rayonnement millimétrique du fond radio qui se trouve partout dans l'Univers et consiste en un résidu de l'énergie primordiale de l'explosion génératrice, qui constitue une sorte de «signature» ou «mémoire» de la création. Ce rayonnement, comme l'on a déjà vu[157], est presque d'intensité égale, provenant des toutes les directions du ciel, et montre une homogénéité extraordinaire. Le trait caractéristique de ce rayonnement est son isotropie et le fait qu'il remplit tout dans l'Univers, comme on l'observe aujourd'hui. Il s'agit, donc, d'une notion qui est équivalente à la fonction du Heka, qui fut très importante pendant la création et qui selon les Égyptiens se manifestait en enveloppant toute la création sans intervenir (à l'exception de son invocation magique par les prêtres). Comme Heka incarne le résidu et l'écho de la création, ainsi le rayonnement du fond radio est l'empreinte de l'explosion créatrice du Big Bang. Bickel observe que le principe du culte des offrandes, où les humains offrent aux divinités les produits de leur propre création divine, dans le but de leur donner la possibilité à la fois de maintenir la création et de la recréer, est très important et note que le monde fonctionne ainsi dans un perpétuel mouvement d'échange de l'énergie vitale dans lequel tous les membres se trouvent en entière interdépendance[158]. Cela

---

[151] Sur la magie, voir (entre autres) BUDGE, [3]1971; BORGHOUTS, [3]1978; *LÄ*, **III**, 1980, 1137-51: art. «Magie»; JACQ, 1985; *MAGIC IN EGYPT*, 1987; RITNER, 1993; PINCH, 1994; MAPABEΛIA, 2003c. Sur les papyri magiques helléniques, cf. PREIZENDANZ, 1973.

[152] Sur la relation de Heka avec la création du monde, voir ALLEN, 1988a: 36-38; MAPABEΛIA, 2003c: 56. Le fait que Heka est directement lié aux notions de la *puissance* (et par conséquent à l'*énergie*) devient évident si l'on prend en compte l'écriture cryptique de son nom dès la XXe Dynastie avec les hiéroglyphes F22 et R12 de *puissance* (*pḥty*); voir *EG*: 464 & 502; *Wb.*, **III**: 176; *CD*: 179; sur le rapport des termes *ḥkꜣw* et *ꜣḫw*, voir BORGHOUTS, 1987: 29-46. Nous signalons à ce propos que seule la présence du roi, transformé en dieu Heka peut créer le tremblement de la Terre et le déséquilibre du Ciel (voir *PT*, **472**, § 924a-924b, 316: «*ꜣwi pt, sdꜣ tꜣ tp-ꜥ* N*; ḥkꜣw pw* N*; ẖr ḥkꜣw pw*» [M]).

[153] Voir *CT*, **III**, 261, §§ 384d-385a: «*ink wnnt zꜣ pw n ms Tm; msy n wnt mwt.f*».

[154] Voir *CT*, **III**, 261, §§ 382e-383c: «*ink ir.n nb wꜥ, n ḫprt išt snwt m tꜣ pn, m hꜣb.f wꜥt.f, m wn.f wꜥy*». Cf. aussi *CT*, **VI**, 648, §§ 270f-270h: «*sḫm.f ḥr wdt snḏ m nṯrw ḫprw r-sꜣ.f; ḥḥ.f n kꜣ m-ẖnw r.f; Ḥkꜣ pw ḫpr ḏs.f*»; dans ce contexte Heka devient les *kꜣw* innombrables du créateur solaire Rēʿ–Atoum et représente le potentiel créateur de l'autogène.

[155] Voir *CT*, **III**, 261, §§ 384a-384c: «*m mdw.f ḥnꜥ ḫpr ḥnꜥ.f wsr.f r.f, m iṯ.f Ḥw tp r.f*».

[156] Voir BICKEL, 1994: 124-26 & 152-57.

[157] Voir le Chapitre II, § 4.3, *supra*; WEINBERG, 1978: Chap. 3.

[158] Voir BICKEL, 1994: 82-83; cf. aussi notre n. 124, *supra*; *kꜣ*/*ḥkꜣ* = équivalents d'énergie.

Figure V.6: Heka (*Ḥk3*) est l'incarnation divine de la magie ainsi qu'un dieu cosmique, qui a aidé la divinité suprême Rē'–Atoum pendant les premiers moments de la création du monde. Il s'agit ici d'une des rares représentations du dieu de la magie, où il est montré près de Ma'at, derière le trône d'Osiris tenant deux sceptres ophioïdes. Papyrus du *BD* de la prêtresse Nesy–ta–neb<t>i–sheru (*Nsy-t3-nb<t>.i-šrw*), qui entre en position d'adoration en présence d'Osiris (c. 950 BCE, British Museum, *pBM 10554*: feuille 88).

montre peut-être que cette énergie était Heka, qui même s'il n'était plus responsable du maintien de l'Univers après sa création, personnifiait quand même le résidu et l'écho de la création qui se manifesterait à chaque invocation sacerdotale (ou également à chaque action théurgique *pḥ-nṯr*[159]) en tant que force de la virtuelle création continuelle.

En ce qui concerne le Principe Anthropique et ses équivalences philosophiques aux notions égyptiennes, il faut remarquer qu'il y en a quelques-unes qui sont très intéressantes. Susanne Bickel observe que, selon les idées du MK, l'humanité ne tenait pas une place aussi centrale comme e.g.: dans la tradition biblique et bien qu'il incombe aux humains de maintenir le monde et de garantir sa régénération permanente grâce au rituel, l'humanité ne se considère pas comme le couronnement de la création[160]. Il y a quand même au moins un cas où l'an-

[159] Voir *LÄ*, **III**, 1980: 1143; PINCH, 1994: 46; MAPABEΛIA, 2003c: 282-83.

[160] Voir BICKEL, 1994: 199 & n. 237; cf. toutefois ce qu'elle dit à propos de l'*Enseignement pour Mery–ka–Rē'* dans *op. cit.*: 178 («la création du ciel et de la terre s'inscrit ici dans une optique différente, non pas cosmique, mais tournée vers l'humanité»), ce qu'elle souligne également dans *op. cit.*: 214-19.

thropocentrisme et la perspective d'un «principe anthropique» philosophiquement équivalent à celui de la Cosmologie moderne apparaît. Il s'agit de l'*Enseignement pour Mery–ka–Rē'* (*Mry-k3-Rꜥ*, c. 2100 BCE), qui aborde le rapport entre les humains et leur créateur sous la forme d'un éloge descriptif du dieu dans un cadre d'hénothéisme évident[161]. Selon ce texte, Dieu créa la Terre et le Ciel exclusivement pour les humains[162], qu'il a faits *ad imaginem et similitudinem suam*[163]. En plus, il a crée la lumière à leur intention[164], ainsi que la magie en tant qu'arme virtuelle pour contrer le cours des événements fatals[165]. La création de l'humanité n'est pas explicitement mentionée dans ce texte didactique mais est *a priori* adoptée, car les humains se présentent ici comme les bénéficiaires de l'ensemble de la création et se placent hors du processus créateur. Le comportement du dieu unique qui crée (qui n'est pas un *deus otiosus*, mais un *deus adjuvans*) est ici extrêmement anthropocentrique: dès les premiers instants de la création, il a pourvu à tous les besoins de l'humanité, tout en s'en occupant même après l'acte créateur pendant le temps historique. Il faut souligner l'équivalence ontologique avec le *Principe Anthropique* de la Cosmologie moderne[166], selon lequel si les lois physiques qui expliquent l'Univers étaient différentes, il n'y aurait pas de vie, ni d'humains (*ἄνθρωποι*/*rmṯ*) peuplant l'Univers. Suivant ce principe il semble évident qu'il y a un but dans l'Univers, que le Cosmos n'est pas déterminé par le hasard et par l'absurdité, et peut-être qu'il fut créé *pour* l'humanité. Or, les lois physiques sont telles que nous les observons, parce qu'il faut que l'Univers crée de la vie consciente, capable de comprendre le Cosmos. Notons, enfin que l'on trouve des idées anthropocentriques pareilles (mais qui ne sont pas aussi explicitement exprimées) dans le monologue court du créateur dans les *CT*, quand il se réfère aux quatre bonnes actions qu'il a faites contre le mal et afin d'appaiser la vie des humains (qu'il a créés égaux et sans leur ordonner de faire du mal)[167]. Le fait que nous avons démontré dans cette section qu'il y a une certaine affinité au niveau philosophique entre ces notions parallèles égyptiennes et modernes est très significatif. Il montre la capacité des Égyptiens de l'Antiquité à pouvoir concevoir des conceptions ontologiques très subtiles et très avancées.

§ 1.6. La «Science» Égyptienne: Une Croyance Arbitraire (voire «Désir Pieux») de l'Afrocentrisme

Cette capacité des Égyptiens, source génératrice d'une grande civilisation unique qui a doté l'humanité aux œuvres magnifiques, doit être placée toutefois sur sa base correcte. Il faut éviter à la fois de sous–évaluer ou bien de surestimer ses développements, si l'on désire rester fidèle à la vérité et à la recherche scientifique

[161] Voir GARDINER, 1914: 20-36 & 100-06; HELCK, ^{2}1988; pour des traductions de ce texte instructif, voir SIMPSON, ^{2}1973: 180-92; LICHTHEIM, **I**, 1975: 97-109.
[162] Voir ℓℓ 130-31: «*ḥn rmṯ ꜥwt nt nṯr, ir.f pt t3 n ib.sn*».
[163] Voir ℓ. 132: «*snnw.f pw prw m ḥꜥw.f*»; cf. aussi *Genesis*, **i**: 26-27.
[164] Voir ℓ. 134: «*ir.f šzp n ib.sn*».
[165] Voir ℓℓ 136-37: «*ir.n.f n.sn ḥk3 r ꜥḥꜥw r ḫsf-ꜥ n ḫpryt*».
[166] Voir le Chapitre II, § 4.3, *supra*.
[167] Voir *CT*, **VII**, 1130: §§ 462b-464f (cf. aussi la Table III.3: # 259 du Chapitre III). Les points principaux de ce passage sont présentés et discutés dans BICKEL, 1994: 210-14.

honnête. Il faut remarquer que même si l'intuition et le symbolisme archétypique égyptien nous ont offert une pensée cosmovisionnelle vraiment perspicace, les Égyptiens —quant à eux— n'avaient jamais pu concevoir la vraie nature des astres et la construction complexe de l'Univers, à la fois à cause de leur technologie inexistante et de leur manque de «science». Ils purent quand même présenter des modèles simples cosmovisionnels qui étaient bien capables de décrire les phénomènes célestes d'une manière à la fois correcte et naïve. Ce fait fut très important pendant leur ère et ouvrit des chemins, mais il était déjà encore éloigné de la conception de la Science pure et de son développement *per se*. Si nous nous demandons quelle est la définition correcte du terme *Science*, dans l'acception rigoureuse du terme, comme il est utilisé aujourd'hui, nous allons comprendre que de ce point de vue l'on ne peut trouver le moindre élément ou notion scientifique dans aucun texte égyptien de la période pharaonique, voire dans les *PT*, les *CT* et le *BD*. Il est vain de chercher pour eux ou de créer et imaginer des éléments scientifiques[168], comme le font les afrocentristes[169] en intreprétant le mythe comme une réalité certaine[170]. Des savants de très haut niveau comme Mary Lefkowitz ont déjà suffisamment et justement répondu aux prétentions arbitraires de ces personnes[171]. Il faut signaler que le mythe[172] (bien qu'il puisse véhiculer indirectement des réalités historiques et des phénomènes physiques) est tout à fait différent de la Science. L'Astronomie Pratique fut cultivée en Égypte au niveau de l'expérience simple et quotidienne motivée par les nécessités de la vie et de la pratique (calendrier, fêtes, détermination des heures journalières, mesures, & c.), et non dans le but de cultiver la Science *per se*. Ce fait reste indiscutable et évident pour tous les savants sérieux. C'est dans le domaine métaphysique qu'il faut chercher le vrai et multi–dimensionnel don des Égyptiens à la civilisation mondiale, ainsi que leur conception intuitive (mais correcte) des idées cosmovisionnelles très avancées, juste comme les philosophes Hellènes.

Dans ce cadre, nous voulons commenter quelques opinions de Susanne Bickel concernant le mythe et son fonctionnement comme langage, où elle discute une attitude plus convenable épistémologiquement pour approcher les notions mythiques des anciens en général et des Égyptiens en particulier[173]. Bickel note qu'à la conviction de l'ancienneté de la formation des mythes se sont ajou-

---

[168] Comme des exemples des mystifications des afrocentristes, voir BERNAL, 1987-1991; BERNAL, 1992: 596-607; OBENGA, 1990; OBENGA, 1992; OBENGA, 1993: 297-98.

[169] Cf. DIOP, 1991.

[170] Cf. DIOP, 1974.

[171] Contre les idées afrocentriques, voir les études LEFKOWITZ, 1996 et LEFKOWITZ & MACLEAN ROGERS, 1996, qui ont répondu définitivement aux prétentions pseudo–scientifiques de Bernal et des autres afrocentristes. L'étude récente de Walter Burkert (voir BURKERT, 2004) consiste en l'approche à la fois très sophistiquée et très juste, qui accepte une certaine transmission des éléments culturels de l'Orient (voire de l'Égypte) vers Hellas, mais qui souligne clairement l'uniquité et l'importance de la civilisation hellénique (cf. *op. cit.*: 12, 15).

[172] Susanne Bickel note justement: «le mythe est essentiellement le produit d'une élite instruite des prêtres et des scribes savants de la "Maison de Vie" qui cherchaient sans cesse à améliorer et à enrichir leur compréhension de l'Univers» (voir BICKEL, 1994: 278).

[173] Voir BICKEL, 1994: 276-83.

tées les tentatives pour analyser la pensée qui régit cette production et pour expliquer son incompatibilité apparente avec les principes de la logique contemporaire de l'Occident[174]. Elle ajoute également que depuis quelques décennies, on s'applique davantage à décrire les conceptions fondamentales qui se reflètent dans les mythes[175] et à comprendre la perception des réalités propre à cette civilisation, plutôt qu'à juger la production mythique selon nos références occidentales[176]. Nous sommes seulement partiellement d'accord. Parce que nous croyons qu'il faut juger en pertinence et en indulgence les efforts humains du passé, mais les deux catégories que nous comparons sont absolument différentes. La Science moderne et les notions de l'Astronomie et de la Cosmologie contemporaines peuvent être comparées seulement au niveau philosophique, comme on l'a fait dans ce Chapitre de notre étude, parce qu'elles sont absolument différentes même si elles présentent des points communs au niveau des conceptions archétypiques. Si nous voulons faire de la recherche nous sommes obligés de suivre les méthodes scientifiques qui ont tant offert et semblent fonctionner très bien. C'est contradictoire de renoncer volontairement à nos méthodes scientifiques qui se fondent sur la raison. Nous ne pouvons pas être «débarrassés» de nos méthodes de travail, sinon nous mentons à nous-mêmes ou bien nous devenons des religieux et non des scientifiques. Toutes les approches comme celle de Bickel et les travaux des Égyptologues qui sont en accord sont aussi méthodiques et utilisent la Science et la raison à un certain niveau, et ont offert des articles/livres très solides qui relèvent d'une problématique avancée et que nous estimons beaucoup[177]. Peut-être cette démarche convient plutôt à l'explication de la pensée religieuse, mais non en ce qui concerne la sphère de la Science[178]. Comme nous l'avons démontré dans cette œuvre, jugés du point de vue orthologique moderne, les Égyptiens ne purent jamais atteindre à la Science pure, même s'ils offrirent des textes philosophiques très avancés qui parfois —comme on l'a vu dans le

[174] Voir la n. 25 de l'Introduction, *supra*. Tenant compte du fait qu'il s'agit d'une discussion sur les critères scientifiques, nous croyons que Neugebauer avait en général raison.

[175] Pour une brève mais solide introduction aux mythes égyptiens, voir TOBIN *et al.*, 2001: 464-82. Pour une comparaison entre le symbolisme mythique en Égypte et en Hellas,voir TOBIN, 1987b: 106-27. Voir aussi ANTHES, 1961: 15-92; RUNDLE CLARK, ^{3}1991.

[176] Voir BICKEL, 1994: 277.

[177] Voir (entre autres) MORENZ, 1973; HORNUNG, 1987: 113-25; TOBIN, 1989; HORNUNG, 1992; HORNUNG, ^{2}1996; BICKEL, 1994.

[178] Nous croyons que l'opinion concomitante de Bickel est peut-être exagérée (voir BICKEL, 1994: 283): «Le mythe constitue un langage dans lequel la science et avec elle la spéculation peuvent s'exprimer et se développer. Réflexion et recherche d'explications semblent être les facteurs moteurs intrinsèques à la formation de toutes notions mythiques. Reconnaître au mythe la valeur d'un produit élaboré par les esprits les plus critiques, réfléchis et instruits de l'époque permet de mieux rendre justice à cette forme d'activité intellectuelle». Si la Science est liée aux mythes c'est seulement au niveau déscriptif et dans le cadre des explications qui peuvent être parfois précises mais parfois naïves. Comme Susanne Bickel observe correctement (voir *op. cit.*: 283): «En Égypte, comme dans de nombreuses civilisations, le mythe est le moyen d'expression préféré des philosophes et des théologiens», mais nous soulignons *non des scientifiques*. Sur la transmission de la connaissance à travers le mythe, cf. aussi quelques opinions plutôt exagérées dans DE SANTILLANA & VON DECHEND, ^{2}1977; voir aussi DE SANTILLANA, 1963: 813-28.

présent Chapitre— ont des points *mutatis mutandis* communs aux idées scientifiques modernes (niveau pré–scientifique). Par contre, les Hellènes (notamment les Orphiques, comme l'on a vu dans le Chapitre IV, *supra*) étaient les premiers à donner des explications plus justes concernant les divers phénomènes astronomiques, à présenter des modèles mathématiques pour expliquer la nature de ces phénomènes célestes (au niveau proto–scientifique[179]), s'étant délivrés des mythes et de leur impact religieux en les ayant utilisés correctement au niveau archétypique.

2. CONCLUSION–SOMMAIRE

Dans le présent Chapitre —dans le cadre de l'importance croissante d'une synergie interdisciplinaire entre l'Égyptologie et les Sciences— nous avons comparé en pertinence quelques notions astronomiques et cosmologiques de la Science moderne déjà présentées (voir le Chapitre II, *supra*) principalement avec les diverses conceptions égyptiennes (astronomiques et cosmovisionnelles) que l'on a rencontrées et discutées ci-dessus (cf. les Chapitres III & IV, *supra*). Nous avons essayé de combiner philosophiquement dans notre étude comparative les idées cosmovisionnelles des Égyptiens anciens (appartenant au niveau pré–scientifique) avec les notions scientifiques modernes. Nous avons également discuté quelques notions que nous n'avons pas traitées dans les Chapitres précédents, soit la conception que les Égyptiens se faisaient de la Galaxie et son identification à la déesse du ciel Nūt (en corrigeant quelques opinions erronées de Kozloff[180]), leurs idées cosmogoniques et leur conception du temps et de l'ordre cosmique (*M3ʿt*). Il faut remarquer que notre approche a été fondée sur deux principes que nous considérons comme particulièrement importants: **(i)** Les Égyptiens, sur la base de leur intuition perspicace, purent approcher des vérités naturelles et des phénomènes astronomiques dans le contexte du mythe et les articuler d'une façon assez précise; **(ii)** Bien que le mythe fut un véhicule utile archétypique, tenant compte de la définition de la Science selon les normes modernes, les Égyptiens restèrent toujours au niveau pré–scientifique, sans pouvoir s'éloigner ni de doctrines religieuses ni de l'application de leur «pré–science» seulement pour des raisons pratiques et non pour créer de la Science *per se* (comme les Hellènes). Les plus importantes conclusions de notre approche interdisciplinaire, qu'on vient de donner ici, seront reprises et présentées dans un cadre récapitulatif dans le Chapitre VI, qui suit, et seront discutées brièvement.

---

[179] Sur ces notions, voir O'NEIL, 1986; voir aussi le Chapitre I, § 3: # 6 & la n. 93. Burkert signale que: «Certainly we should keep in mind that Eastern cultures do not represent only the prerational, the mythical stage, leaving it to Greeks to march the whole way from mythos to logos» (voir BURKERT, 2004: 66), bien qu'il accepte que: «What determined the shape of world civilization was Greek» (voir *op. cit.*: 15); ainsi que «[…] although Greeks had been on the receiving side for a long time, there is no doubt that the result is Greek. […] By the 5th century, Greek style had become a model for the whole of the Mediterranean world, both in artistic craftsmanship and in mythological poetry; it even had its effects in the East. In a way it was already dominating world civilization and this without the props of military or political power» (voir *op. cit.*: 12).

[180] Voir KOZLOFF, 1992: 331-48; KOZLOFF, 1993: 169-76.

CHAPITRE VI

CONCLUSIONS

Figure VI.1: Aspect du plafond astronomique dans la tombe de Ramesses IX (KV6, Vallée des Rois, c. 1120 BCE). Nūt et parties du *Livre de la Nuit* avec quelques décans et d'autres divinités astrales y sont visibles. La déesse du ciel y est représentée suivant l'iconographie classique du NK tardif, avec le disque solaire parcourant son corps; ce dernier étant englouti de sa bouche chaque soir est né le lendemain de son uterus.

LES ASTRES DANS LES TEXTES RELIGIEUX EN ÉGYPTE
ET DANS LES *HYMNES ORPHIQUES*

1. SYNTHÈSE GÉNÉRALE

Dans cette étude nous venons d'examiner l'évolution de la pensée astronomique, ainsi que les idées astronomiques et cosmovisionnelles diverses dans l'Égypte pharaonique (dès c. 2800 BCE à c. 1200 BCE), d'après les textes religieux importants comme les *Textes des Pyramides* et les *Textes des Sarcophages*. Plus précisément, nous avons examiné les conceptions que les Égyptiens se faisaient des astres (étoiles, Soleil, Lune et planètes); nous les avons comparées aux mêmes notions chez les Orphiques; enfin, nous les avons comparées avec prudence épistémologique —*mutatis mutandis*— aux conceptions astronomiques et cosmologiques modernes. Dans le Chapitre I, nous avons présenté le but de notre étude et nous avons discuté les efforts précedents. Dans le Chapitre II, nous avons donné une introduction (archéo)astronomique destinée à des Égyptologues. Dans le Chapitre III, nous avons étudié les conceptions astronomiques des Égyptiens, telles qu'elles se révèlent à la fois dans leurs textes funéraires (principalement *PT* et *CT*) et dans leurs textes profanes (*Conte du Naufragé*, *Aventures de Sinūhe*, *Poèmes d'Amour*), en commentant l'évolution des idées astronomiques en Égypte; d'ailleurs nous avons discuté les possibles méthodes d'orientation des grandes pyramides (et les supposées références relatives dans les *PT* et les *CT*) et nous avons critiqué quelques théories erronées sur ce sujet. Dans le Chapitre IV, nous avons étudié les notions astronomiques des Orphiques, telles qu'elles se révèlent dans les *Hymnes Orphiques*, dont la datation des idées s'avère à c. 1300 BCE; en plus, nous avons comparé ces idées avec celles des Égyptiens, et nous avons discuté quelques conceptions importantes des Orphiques comme celle du Temps et de la Loi Universelle en les comparant aux analogues égyptiens. Dans le Chapitre V, nous avons examiné au niveau philosophique le lieu où les astres se meuvent, soit l'Univers et la Galaxie, selon les Égyptiens et selon les idées cosmologiques modernes; par ailleurs, nous avons défini et décrit le lieu de leurs mouvements périodiques dans le cadre temporel du temps cosmique, en présentant maintes comparaisons et parallélismes au niveau épistémologique entre les deux voies différentes de pensée. Dans le présent Chapitre VI, nous allons donner un bilan de conclusions les plus importantes de notre travail, concernant les divers sujets examinés ci-dessus.

§ 1.1. Le Rôle de l'Astronomie dans le Cadre des Textes Égyptiens

La conception que les Égyptiens se faisaient des astres, telle qu'elle se dégage des *PT* et des *CT*, a été étudiée d'après ces textes funéraires. Nous avons composé l'image des astres selon la pensée égyptienne, tout simplement en nous fondant sur ces textes. La fonction des astres divers (étoiles, Soleil, Lune et planètes) dans les *PT* et dans les *CT* a été étudiée par d'autres chercheurs (au moins partiellement), et par conséquent nous avons présenté quelques nouvelles observations sur leurs propriétés et leur but dans le contexte astronomique et cosmovisionnel de notre étude comparative. Nous avons regroupé les éléments astronomiques et cosmovisionnels qui se rencontrent dans ces textes et discuté quelques-uns d'entre eux qui sont très importants, d'une manière non exhaustive et sans avoir recours aux moindres détails. Une recherche statistique a été appliquée pour notre étude (pour la première fois). Tous les éléments astronomiques et cosmovisionnels ont été précisés dans leur contexte, étant classés en 7 catégories principales, soit: **(i)** *les étoiles*; **(ii)** *le Soleil*; **(iii)** *la Lune*; **(iv)** *les planètes*; **(v)** *le ciel et la cosmographie*; **(vi)** *la mesure du temps*; et **(vii)** *les symboles et les archétypes cosmovisionnels*. Leur regroupement statistique a été présenté dans de longues Tables, dont la précision et l'utilité sont évidentes. Nous avons fait une étude similaire des éléments astronomiques et cosmovisionnels qui se trouvent dans quelques textes littéraires (profanes), qui ont été choisis pour leurs affinités astronomiques remarquables (*Conte du Naufragé*, *Aventures de Sinūhe*, *Poèmes d'Amour*). De cette façon, nous avons présenté des conclusions intéressantes sur l'évolution des idées astronomiques en Égypte au cours des siècles depuis l'OK jusqu'à la fin de la SIP. L'évolution des notions astronomiques et cosmovisionnelles a été étudiée en se fondant sur nos Tables statistiques (voir les Tables III.1-III.4 & III.7-III.12), en utilisant quelques-uns des critères que Susanne Bickel[1] a suivi pour étudier les notions cosmogoniques dans les *CT*, généralisés, enrichis, étendus et ré–appliqués proprement par nous.

Notre recherche comparative montre les points suivants: **(i)** *Les Notions*. Une même notion astronomique ou cosmovisionnelle transmise par plusieurs textes est parfois formulée de manière identique, bien que le vocabulaire puisse varier et c'est le choix assez large de verbes et des noms décrivant les phénomènes astronomiques qui introduit un nombre certain de variantes textuelles. Or, une notion astronomique peut être articulée sous plusieurs angles différents. La variation de cette formulation illustre que peut-être l'essentiel pour les prêtres–astronomes qui furent les rédacteurs des textes funéraires, n'était que la transmission des idées semblables et l'évocation des images cosmovisionnelles par le biais d'une langage mythologique et archétypique. Dans les *Hymnes Orphiques*, une telle transmission des connaissances avancées (au niveau proto–scientifique) se manifeste aussi à la fois en termes archétypiques et en symboles, et également d'une manière plus explicite. **(ii)** *Les Mythèmes*. Il y a une certaine liberté et une mobilité dans les ensembles de mythèmes liés aux conceptions astronomiques et cosmovisionnelles, qui émane de l'étude des textes funéraires (de même que des textes profanes). À travers toute la documentation des *PT*, des *CT* (et du *BD*), il n'existe aucune séquence fixe ou obligatoire de mythèmes astronomiques ou cosmogoniques. Dans le contexte de ces textes funéraires l'utilisation des notions astronomiques ne se fait pas au niveau rituel, mais seulement au niveau idéal de la régénération (liée aux archétypes périodiques célestes), guidée par l'espoir de l'immortalité. En ce qui concerne les textes profanes de la Littérature, l'utilisation des notions astronomiques se place dans le cadre de la pratique quotidienne et n'a rien à faire avec le cas même de l'Astronomie appliquée au niveau pré–scientifique. **(iii)** *La Classification des Mythèmes*. Il y a quand même certains groupes de mythèmes astronomiques et/ou cosmovisionnels qui apparaissent plus régulièrement dans les textes funéraires. Les conceptions qui y sont associées ne présentent pas un ordre de succession défini entre les groupes de ces mythèmes. Il existe plusieurs facteurs qui peuvent déterminer leur choix et leur classification dans une association de tels mythèmes. Les facteurs principaux et les modes de réfle-

[1] Voir BICKEL, 1994: Chap. VIII, IX & X.

xion dominants, qui gouvernent à la fois le regroupement de plusieurs notions astronomiques et/ou cosmovisionnelles et la structure d'un mythème par la combinaison de plusieurs termes, sont les suivants: **1.** *Le facteur de la chronologie*: Ce facteur que l'on ne s'attendrait à trouver prépondérant dans les parties de textes funéraires et littéraires où nous rencontrons des éléments astronomniques et cosmovisionnels, joue en effet un rôle significatif; **2.** *Les facteurs inhérents aux notions*: Certaines notions se réunissent pour des raisons qui relèvent de ces mêmes notions, faisant partie de la «logique» interne de la vision que les Égyptiens se faisaient des phénomènes astronomiques et des conceptions cosmovisionnelles; **3.** *Les facteurs de parallélisme*: Sans avoir forcément aucun lien de cohérence et sans se placer toujours dans une même suite d'actions, quelques notions peuvent être regroupées par parallélisme; **4.** *Les facteurs de civilisation*: Il y a plusieurs associations de termes ou d'ensembles de mythèmes qui sont régis par des facteurs, qui (sans être proprement théologiques ou astronomiques) forment également une partie importante de la pensée égyptienne et se manifestent clairement dans de nombreux domaines de la civilisation. Ces facteurs reflètent la manière dont certaines réalités et connexités furent perçues par les Égyptiens d'antan, étant profondement enracinées dans leur inconscient collectif et ayant pour eux un caractère d'évidence; **5.** *Les facteurs de cohérence*: Il y a quelques cas où les mythèmes se regroupent pour des raisons de cohérence ou de similitude des idées astronomiques et/ou cosmovisionnelles. Ces cas sont caractérisés par une mention des notions qui n'est pas nécessairement d'ordre fixe, ce qui semble bien pouvoir être décrit par des schémas archétypiques de la Psychologie jungienne; **6.** *Les facteurs religieux préalables*: Les divers mythèmes peuvent être conditionnés par des données qui constituaient pour les Égyptiens anciens une sorte de connaissance pré–scientifique fondamentale concernant les phénomènes astronomiques et leur cosmovision. Il s'agit des idées de base qui sont liées à la définition de divinités cosmiques et de leurs propriétés antérieures aux différentes conceptions mythiques dans lesquelles celles-ci peuvent fonctionner; or elles consistent dans des conceptions préalables sans signification propre; **7.** *Les «images archétypiques» ou «tableaux cosmovisionnels» de situation*: En dehors des ensembles de notions l'on trouve quelques suites de conceptions astronomiques et/ou cosmovisionnelles, à l'intérieur desquelles les mythèmes ne possèdent aucun lien apparent entre eux, si ce n'est parfois un certain parallélisme, mais où toutes ces conceptions se rapportent à un fait commun. Ces ensembles peuvent former une sorte d'image archétypique ou tableau cosmovisionnel décrivant un phénomène astronomique. Le fait que l'on rencontre parfois des tableaux cosmovisionnels où l'on observe une multiplicité d'approches doit être aussi souligné. Cela indique la tendance des Égyptiens à essayer de comprendre et décrire les divers phénomènes célestes en se fondant sur les renvois symboliques, illustrant leur niveau pré–scientifique. Il s'agit donc des ensembles de notions qui sont particulièrement riches en idées cosmovisionnelles et en images astronomiques et qui sont à la fois narratives et descriptives. **(iv)** *La Formulation des Notions*. Il faut signaler l'unité et la cohérence des conceptions astronomiques et cosmovisionnelles attestées dans les textes funéraires et profanes que l'on a étudiés. Malgré la forme particulièrement laconique sous laquelle elles furent transmises, l'on constate que toutes les notions similaires se développèrent selon un réseau général, bien qu'il y ait quelques variantes dont la raison d'existence ne semble pas être évidente. Les types de formulations qui se réfèrent aux conceptions astronomiques et/ou cosmovisionnelles sont assez variés. Les conceptions mythologiques sont les véhicules virtuels qui communiquent une certaine information, à la fois astronomique ou cosmovisionnelle, qui concerne soit: **1.** *La qualité d'une divinité cosmique*; **2.** *Une action survenue dans le monde divin, dont les conséquences étaient d'une dimension cosmique*; **3.** *Un événement astronomique vu sous le prisme d'un mythe*. Dans ce contexte, chaque mythème indique clairement deux niveaux de signification: d'abord il décrit un fait divin; d'autre part, il propose une réponse partielle (quelquefois presque exacte, mais quelquefois naïve), qui vise à expliquer un phénomène astronomique et/ou cosmovisionnel important. **(v)** *La Nuance Religieuse des Notions*. Le contexte de ces conceptions astronomiques et cosmovisionnelles est en principe religieux (en ce qui concerne tous les textes funéraires et partiellement les textes profanes) et social et/ou quotidien (en ce qui concerne partiellement les textes profanes). En effet, il n'y a pas de formules (*Utterances/ Spells/Chapitres*) ni de poèmes ou de narrations qui soient absolument «astronomiques» ou «cosmovisionnelles»; donc, à travers les textes regroupés et étudiés dans notre livre il n'y a aucun texte dans les *corpora* qui soit entièrement consacré aux thèmes astronomiques, cosmogoniques ou cosmovisionnels et les notions similaires ne sont jamais présentées pour leur propre intérêt, ni peut-être dans le but de leur communication ou de leur enseignement aux élèves sacerdotaux (ce qui n'est pas le cas dans les *Hymnes Orphiques*). Dans nos textes, les conceptions astronomiques et cosmovisionnelles constituent un ensemble brut de notions auxiliaires qui est utilisé à la fois pour des raisons funéraires ou dans le contexte de l'utilisation des termes astronomiques au niveau quotidien, sans la moindre sémantique purement astronomique. Parfois le contexte astronomique est caché (ou même pas très évident) sous l'apparence archétypique des divers mythèmes et des notions cosmovisionnelles, qui sont les unités structurales des textes funéraires; le fond principal de ces unités est métaphysique et l'utilisation des divers schémas auxiliaires (soit astronomiques, soit cosmovisionnels) s'effectue parce que le ciel (avec toute sa pléiade de périodicités et de phénomènes cosmiques) fut considéré comme la scène de la transfiguration des défunts (rois et nobles), dont l'ascension au ciel les amènerait à l'immortalité. **(vi)** *Comparaisons entre les* PT *et les* CT. Il est évident que les conceptions astronomiques ont évolué au cours des siècles de l'OK au MK. Cette évolution n'était toutefois pas majeure et se place évidemment: **A.** *au niveau de l'usage des étoiles décanales afin de calculer le temps pendant la nuit*; **B.** *au niveau de l'abandon graduel des méthodes utilisées pour orienter précisément les pyramides*; **C.** *au niveau de la démocratisation des mœurs funéraires, qui impliqueraient l'ascension céleste non seulement pour le monarque, mais aussi pour la noblesse*; **D.** *au niveau de l'utilisation de certains mots/ termes*. Par notre étude statistique (voir Tables III.1-III.2 & III.3-III.4) les points suivants sont bien établis, en ce qui concerne l'évolution des notions astronomiques et cosmovisionnelles pendant les siècles: **1.** *Les étoiles*: La fréquence d'occurrence de certaines catégories d'étoiles importantes change (*iḫmw-skiw*, *iḫmw-wrḏw*). Ce fait est explicable dès que l'on considère le changement de la cosmovision égyptienne de l'OK au MK: la métaphysique solaire, donnant tout pouvoir au monarque divinisé, impliquait un régard plus concret et plus concentré vers le

Pôle Nord Céleste, la région des étoiles indestructibles (~ suivants de Rē') et l'*axis mundi*, unique comme l'était le pharaon, vers lesquelles les tombeaux majestueux pyramidaux furent orientés pendant l'OK. D'autre part, la métaphysique démocratisée du MK, prête à osirifier tout noble puissant, a déplacé l'intérêt céleste vers les régions équatoriales du ciel, vers le Sud et les étoiles décanales qui détermineraient le temps pour les défunts à tout moment. La fréquence d'occurrence des certaines catégories d'étoiles à la fois dans les *PT* et dans les *CT* (*ꜣḫꜣḫw, iꜣdw, wꜥꜣw, nḫḫw, sḥdw, šmsw-rꜥw*, & c.) reste presque invariable; nous pourrions expliquer ce fait si l'on suppose que les Égyptiens considéraient ces catégories d'étoiles simplement comme des astres «auxiliaires»; **2.** *Les constellations proéminentes*: Les Égyptiens considéraient *Orion/Sꜣḥ*, *Canis Major/Spdt* et *Ursa Major /Msḫtyw* comme des astérismes particulièrement importants, du point de vue à la fois métaphysique et astronomique. L'importance de Sirius est restée sans doute presque la même pendant le cours des siècles, tandis que l'importance d'Orion et d'Ursa Major furent augmentées. Qu'Orion soit conçu comme un astérisme austral et un archétype osiriaque par excellence cela est bien explicable: il est dû à l'osirification démocratisée des défunts. Concernant Ursa Major cela n'est pas aussi significatif et est dû au fait que les Égyptiens (pendant l'OK) considéraient cet astérisme du Nord comme un groupe si important d'*étoiles impérissables* (*iḫmw-skiw*), qu'il ne méritait plus de références (pour se montrer plus important). Le fait que la fréquence d'occurrence du terme *Msḫtyw* dans les *PT* est seulement 1 constitue encore une réponse aux pyramidologues supposant des informations imaginaires «cachées» dans les textes funéraires concernant l'orientation des pyramides, ainsi que contre la théorie de Kate Spence; **3.** *Les décans*: Dans les *PT* nous rencontrons peu de références aux quelques astérismes décanaux et aux étoiles horaires, tandis que dans les *CT* l'on en trouve beaucoup plus. Ce fait est explicable, quand on pense que dès la FIP les Égyptiens commencèrent à utiliser les horloges diagonales, fondées sur les astérismes décanaux; **4.** *Les planètes*: Nous notons qu'à l'exception d'un mot dont le sens n'est pas absolument sûr (*gnmw*), nous ne connaissons pas un mot tel qu'il exprime le sens de *planète*, or le mot *sbꜣ/astre* y est utilisé comme substitut. Dans les *PT* nous rencontrons une seule référence à Mercure et beaucoup de références à Vénus. Dans les *CT* la situation est presque semblable; **5.** *Le Soleil*: Il y a beaucoup de références explicitement astronomiques au Soleil dans les *PT* et dans les *CT*. Nous notons que leurs différences numériques (qui peuvent être expliquées par le volume plus large des *CT* par rapport aux *PT*) ne sont pas si significatives et nous soulignons le fait que le fond solaire (~ l'antipode du fond astral) de la religion égyptienne resta presque immuable même jusqu'au NK. Le destin solaire exclusif pour le monarque pendant l'OK devint aussi le destin de la noblesse pendant le MK, un fait qui est corroboré par notre analyse astronomique; **6.** *La Lune*: Il y a beaucoup de références à la Lune (*iꜥḥ*, l'*œil d'Horus*, Khonsū, Thoth, passeur céleste, & c.) dans les *PT* et dans les *CT*. Il y a encore assez de références aux termes lunaires relatifs aux phases de la Lune (Nouvelle Lune, Néoménie, Pleine Lune, Premier et Dernier Quartier) dans les *PT* et dans les *CT*. Les différences numériques de fréquences ne semblent pas être aussi significatives à cause du volume plus large des *CT* relativement aux *PT*. Le seul fait peut-être significatif pourrait être l'importance accrue du culte lunaire et la célébration des fêtes mensuelles liées aux phases lunaires dès le MK; **7.** *Le ciel et la cosmographie*: On rencontre des centaines des références au ciel et à Nūt et assez aux termes cosmographiques à la fois dans les *PT* et les *CT*. Il ne serait pas du tout exagéré de constater que le destin des rois et des nobles défunts se montre tout à fait céleste. Le *ciel/pt* (avec l'*horizon local/ꜣḫt*) constituent le scénique cosmique où les divers phénomènes astronomiques prennent place, comme vus de la terre, donc leur importance est aussi déterminante; **8.** *Concernant le temps et sa mesure*: Dans le contexte des textes funéraires, cette catégorie de termes astronomiques n'est pas aussi significative par elle-même, mais joue un rôle assez important en relation avec les catégories précédentes. Des termes différents sont utilisés pour décrire le temps, son passage et sa mesure; **9.** *Concernant les symboles cosmovisionnels*: Dans le contexte des textes funéraires (*PT* & *CT*), cette catégorie des archétypes cosmovisionnels n'est pas si significative par elle-même, mais joue ainsi un certain rôle en relation avec les catégories précédentes. Des termes différents y sont utilisés pour exprimer des notions archétypiques de la cosmovision égyptienne (e.g.: *mꜣḳt/rdw*, *Mḥyt-Wrt*, *kꜣ-pt*, & c.); **10.** *Comparaisons générales statistiques (par catégories des termes)*: Après notre étude globale des textes funéraires des conclusions générales importantes se tirent facilement d'après la statistique et les fréquences de l'occurrence des termes astronomiques et cosmovisionnels (voir le Chapitre III, § 6, vi: # 10, *supra*).

Notre analyse statistique est importante et est très significative par elle–même, ainsi que par sa comparaison avec les résultats analogues pris dans l'étude des textes profanes. En ce qui les concerne, nous avons vu que leurs notions astronomiques, bien que quelquefois rudimentaires, ont été examinées dans le cadre du paysage concret géographique où les phénomènes astronomiques mentionnés prennent place et dans leur contexte textuel. Une analyse statistique simple a été donnée dans notre effort expérimental interdisciplinaire pour combiner l'Égyptologie classique avec les Sciences, sans se fonder seulement sur l'analyse des mythèmes qu'on y a trouvés et de leur symbolisme archétypique. Nous avons également proposé une date pour la conception initiale des poèmes du *pChester Beatty I* (verso), qui est le seul regroupement le plus tardif (XXe Dynastie) que l'on possède aujourd'hui: notamment nous croyons que c. 1316 BCE, l'an du commencement d'une nouvelle période sothiaque (et la période courte le suivant), fut sans doute la source d'inspiration lyrique et astrologique qui amena le(s) poète(s) inconnu(es) à écrire le vers «astronomique» particulier qu'on y trouve, qui parle explicitement du lever héliaque de Sirius et du commencement d'une année auspice à la fois du bien social et des affaires amoureuses. Un autre vers de l'*oDeM 1266*, qui parle de la force irrésistible de Nūn pendant l'inondation du Nil, qui était tellement liée au lever héliaque de Sōthis et fut annoncée par ce phénomène astronomique, semble être très proche du vers précédent du *pChester Beatty I* et montre que la date de la conception initiale des poèmes de cet ostracon fut sans doute la courte période (disons presque 10 ans) après c. 1316 BCE. Tenant compte du fait que les *Poèmes d'Amour* présentent beaucoup d'éléments linguistiques qui corroborent leur origine du NK, et ayant fait notre analyse archéoastronomique textuelle, nous pouvons constater que celle-ci est très utile et digne de confiance car elle nous offre des informations précieuses, quelquefois difficiles à obtenir par les voies classiques de l'Archéologie. D'après notre étude et les conclusions qui précèdent, la comparaison entre les textes profanes et les textes religieux montre les faits suivants: **(i)** Dans les textes profanes il y a plusieurs éléments astronomiques en forme rudimentaire, dont la plupart sont utilisés hors du cadre purement astronomique et très peu d'entre eux sont utilisés dans un contexte à proprement parler astronomique. Néanmoins, dans les textes religieux examinés ici (*PT*, *CT*, *BD*) l'on rencontre une multitude de connaissances astronomiques (au niveau pré–scientifique), dont l'usage ne se limite pas toujours au niveau de la vie quotidienne, mais il exprime des faits astronomiques et décrit des phénomènes célestes divers d'une manière primitive mais assez explicite et correcte. Il faut signaler sur ce point le volume trop large des textes religieux par rapport à celui des textes profanes, qui constitue un facteur préalable de cette différence: il est évident que la probabilité de trouver des termes purement astronomiques dans les vastes *corpora* des textes religieux (dont la quintessence se fonde sur les fondements à la fois astraux et solaires de la religion égyptienne) est plus grande. **(ii)** Pourtant, des termes purement astronomiques [comme la référence au lever héliaque de Sirius dans les *Poèmes d'Amour* (au niveau astrologique) et le heurt de la météorite dans le *Conte du Naufragé*] nous offrent une base assez solide pour leur datation et pour un incident rare et significatif du point de vue astronomique (respectivement). Les références au lever héliaque de Sōthis dans les textes religieux se placent toujours dans la perspective de la périodicité cyclique céleste, qui contribuerait au niveau virtuel à l'intégration du défunt dans les cycles éternels du firmament et de ses astres, en lui attribuant l'immortalité. **(iii)** À l'exception de quelques termes astronomiques par excellence qui se rencontrent seulement dans les textes religieux (*iḫmw-skiw*, *iḫmw-wrḏw*, *Mr-n-Ḫꜣ*, *iʿḥ*, *Sbgw*, *Sbꜣ Dwꜣy*, *Wʿrt*, *Msḳt*, & c.) presque tous les autres termes qui s'y trouvent se rencontrent aussi dans les textes profanes (voir les Tables III.7, III.8, III.9, III.10, III.11 & III.12, *supra*). Ce fait montre simplement que le fond des textes profanes n'est pas purement astronomique (comme c'est aussi le cas plus ou moins pour les textes religieux), mais l'utilisation des simples rudiments astronomiques y signifie que de tels termes peuvent être utilisés dans le cadre de la vie quotidienne, afin d'exprimer les observances calendriques, le passage et la mesure du temps, ainsi que les actions des hommes dans le contexte temporel du jour, du mois, de l'an (dans la vie actuelle), et même de celui de l'éternité (dans le cadre de la continuation de leur vie après la mort).

En Conclusion de notre Étude Critique des Théories sur l'Orientation des Grandes Pyramides et des Références Textuelles Relatives: **(i)** Il n'y a pas de textes explicites sur l'orientation des pyramides, comme cela devient évident d'après l'étude scrupuleuse des textes funéraires, soit les *PT*, les *CT* et le *BD*. Bien que les constituantes *astrale* (liée au culte d'Osiris) et *solaire* (liée au culte de Rēʿ) de la religion égyptienne soient présentes dans ces textes, qui certes décrivent le destin céleste du pharaon *post mortem*, aucune information n'y existe qui pourrait être traduite comme une référence *ad hoc* sur l'orientation des pyramides. Or, quelques efforts vers l'interprétation des passages non explicites comme «montrant» le contraire par des adeptes de théories tendancieuses sont faux. Les pyramides ont à la fois un caractère stellaire et solaire, mais le premier ne prouve pas que leur orientation fut effectuée nécessairement par une méthode stellaire. **(ii)** Une telle théorie chimérique, pleine de prétentions arbitraires, est celle du Dr Kate Spence, qui a été examinée rigoureusement ici, en plein respect pour elle mais en plein désaccord avec ses idées[2]. Nous avons présenté douze arguments en forme de questions, afin de prouver son inapplicabilité, tout en proposant pour comparaison une paire d'étoiles alternatives (η–Dra and β–UMa) qui donne une chronologie meilleure pour le règne de Khéops (2558 BCE), qui se trouve en accord avec la datation courante acceptable. La théorie de Spence peut sembler plausible, comme modèle astronomique construit sur l'ordinateur, parce qu'on la voit tout d'abord du point de vue scientifique du 21er siècle, et non sous le prisme élémentaire de l'Égypte antique. Mais il s'agit d'une construction tendancieuse des résultats et d'un mélange de prétentions imaginaires et inapplicables, comme on l'a démontré. En tout cas, elle est assez importante parce qu'elle a stimulé de nouveau l'intérêt, afin d'expliquer le problème de l'orientation exacte des pyramides, et a créé des discussions utiles qui nous amèneront vers une solution raisonnable et acceptable par tous les Égyptologues. **(iii)** Nous avons aussi donné brièvement un bilan des théories relatives à l'orientation des pyramides. On a démontré qu'il y avait quelques erreurs dans le travail important de Žába concernant le Méridien de Gizeh et quelques étoiles du Cygne pendant l'époque astronomique proposée par lui, et sa fausse identification de *Dwn-ˁnwy* avec la constellation du Cygne[3]. On a montré que ses opinions concernant la connaissance de la précession de l'axe terrestre par les Égyptiens doivent être fausses et exagérées. On a aussi précisé l'époque bien antérieure (4200 BCE) pendant laquelle les étoiles proposées étaient des paires dans les ascensions droites. En plus nous avons discuté brièvement la théorie d'Antoniadi, améliorée par Lexa (c'est-à-dire: *l'observation de la culmination des étoiles afin de définir le Méridien*), qui semble être plausible pour expliquer l'orientation des pyramides, mais elle a été correctement réfutée par Dorner. La méthode de Lexa est applicable seulement pour une étoile quelconque à la fois, afin de déterminer sa culmination. En plus, elle serait aussi théoriquement applicable pour l'étoile polaire, s'il y en avait une pour une époque certaine. Une autre théorie gnomonique qui nous semble être la meilleure pour expliquer l'orientation presque exacte des Grandes Pyramides est celle proposée par le Dr M. Isler. **(iv)** La déviation augmentante de l'orientation à partir du vrai Nord, quand on se déplace chronologiquement de Khéops vers la fin de la IVe Dynastie pourrait être expliquée sur la base des erreurs des techniciens ou des observateurs–astronomes, erreurs à la fois systématiques ou dues au hasard. Ces erreurs furent moins graves pendant le règne de Khéops, parce que la doctrine dominante de l'«école» d'architectes/techniciens pouvait créer de vrais «miracles» avec une grande sophistication, en accord avec l'apothéose de la monarchie divine caractéristique de son temps. Les techniques sophistiquées de la IVe Dynastie commencèrent à s'évanouir, et par conséquent les pyramides plus tardives furent moins grandioses et moins correctement orientées vers les points cardinaux, dès que les finances et le pouvoir de l'État se détériorèrent et dès que le déclin de la FIP commença.

[2] Voir SPENCE, 2000: 320-24; SPENCE, 2001: 699-700.
[3] Voir ŽÁBA, 1953.

§ 1.2. Les Conceptions Astronomiques dans les *Hymnes Orphiques*

Nous avons vu que l'application des méthodes statistiques et archéoastronomiques avancées nous montre que la datation exacte et fidèle des textes anciens peut être obtenue très facilement, après avoir examiné minutieusement les idées astronomiques qu'on y trouve, en appliquant des algorithmes astronomiques. Le cas des *Hymnes Orphiques* helléniques au dieu solaire, aux étoiles, au ciel et à la Lune le montre sans aucun doute. Or, la valeur de cette méthode interdisciplinaire est devenue évidente. Il est sûr et bien acceptable que le premier regroupement littéraire des *Hymnes Orphiques* prit place pendant les *Peisistratidai* en c. 520 BCE. Mais ce fait n'a rien à faire avec la datation de leurs propres idées astronomiques et cosmovisionnelles[4], dont la conception fut le produit d'une évolution graduelle des méthodes simples et des observations nombreuses dans le contexte de l'Astronomie Pratique (toujours au niveau proto–scientifique), donc d'une longue tradition astronomique (favorisée par les conditions climatiques presque parfaites de la région Égéenne et par le ciel clair) qui date même des premiers siècles avant le commencement du 2e Millénaire BCE[5]. Il semble possible que les idées de ces hymnes aient été conçues (et mises par écrit) après même 1366 BCE, disons vers 1250 BCE, donc l'Équinoxe de Printemps dans Taureau et l'égalité de la durée hivernale et estivale étaient bien assimilées dans ces hymnes comme des faits extraordinaires d'un passé (pas tellement antérieur), qui a bien étonné les Hellènes. *Contra* Chasapēs, qui croyait que l'exécution symbolique du Taureau montrait la conception des idées astronomiques des *Hymnes Orphiques* avant même le 15e siècle BCE, cette notion semble pouvoir signifier seulement le «départ» du point vernal γ hors du Taureau, qui l'a perdu, étant par conséquent considéré comme «tué» ou «mort». Et c'est pourquoi l'Équinoxe qui prenait place là était un événement important, juste comme le Solstice. Ayant prouvé que le point γ était hors du Taureau dès 1870 BCE, il nous semble probable que les vers relatifs montrent exactement la perte déjà ancienne du point vernal de cette constellation, donc la datation de leurs conceptions astronomiques doit seulement être fondée sur l'égalité vraiment évidente d'Hiver et d'Été de l'an 1366 BCE.

Il faut ajouter quand même que les méthodes d'analyse textuelle archéo-astronomiques doivent être utilisées avec grande prudence et pertinence. Nous avons corrigé certaines mauvaises conceptions et erreurs importantes de Chasapēs (voir le Chapitre IV, § 1: i-xiii & *passim*; § 2.2: n. 130; § 2.4: i-ii; & c.), dont la contribution était cependant importante en ce qui concerne la datation des idées astronomiques qui se rencontrent dans les *Hymnes Orphiques* de c. 1366 BCE. Nous avons perfectionné et partiellement confirmé sa méthode en utilisant des méthodes modernes interdisciplinaires, tout en la délivrant des erreurs et des opinions exagérées. L'époque durant laquelle les idées de ces hymnes furent conçues présentait un trait extraordinaire, facilement observable et mesurable. Nous connaissons l'utilisation des clepsydres avec un *terminus a quo* le rè-

[4] Voir le Chapitre IV, § 2 & cf. la n. 78, *supra*.

[5] Voir le Chapitre IV, nn 9 & 170; cf. aussi BLOMBERG & HENRIKSSON, 2000: 109-28; HENRIKSSON & BLOMBERG, 1996: 99-114; HENRIKSSON & BLOMBERG, 1997-98: 148-51.

gne d'Aménophis III en Égypte[6]; il nous semble probable que le cas est le même chez les Orphiques. En effet, si les Orphiques étaient capables d'apercevoir l'égalité de l'Été et de l'Hiver, il en fut sans aucun doute de même en ce qui concerne l'inégalité entre le Printemps et l'Automne. L'importance de la datation de ces idées de l'Antiquité même «pré–hellénique» est immense. Elle prouve la continuité et l'ancienneté de la civilisation hellénique, ainsi que les racines très vieilles d'une pensée astronomique unique, qui fut la base pour le miracle stupéfiant de l'Astronomie Mathématique de l'époque classique, dont le niveau fut absolument scientifique[7].

Tenant compte de la datation des idées astronomiques des *Hymnes Orphiques* d'environ 1300-1200 BCE, il est évident que leur comparaison (ou bien leur étude parallèle) avec les textes funéraires égyptiens comme le *BD* (qui aurait pu inclure des influences diverses des *CT*, qui subirent encore plus d'influences des *PT*), ou même encore plus anciens, obtient une nouvelle dimension et se justifie aisément. Ce fait devient évident par l'étude comparative scrupuleuse de l'*Hymne à Hēlios* [***8***] et d'un *Hymne à Rē'*, introductoire du *Livre des Morts* d'Any (*pBM10470*). Cette comparaison a prouvé que bien qu'il existe des points communs au niveau archétypique et cosmovisionnel, les Égyptiens étaient loin d'exprimer des vérités scientifiques précises concernant les phénomènes astronomiques, tandis que les Hellènes ont très bien réussi à le faire. L'hymne au dieu solaire, bien qu'il contînt des rudiments astronomiques et des éléments cosmovisionnels, reste toujours descriptif et est caractérisé par une répugnance certaine pour la pensée purement scientifique et le raisonnement logique. Les noms prévalent, et les motifs mythiques, voire archétypiques sont utilisés pour articuler une théologie solaire d'un fond métaphysique funéraire, dont le seul but est l'identification du décédé à Rē' et son union magique avec l'équipage de la barque solaire éternelle, selon le motif sacré de l'union secrète supersubstantielle du dieu solaire à Osiris. Il y a maints éléments communs dans les *Hymnes Orphiques*[8] et dans les textes égyptiens, voire dans l'*Hymne au Soleil* et les autres textes funéraires. La conception de la *Loi Universelle*, rencontrée et tant exaltée dans les *Hymnes Orphiques* [***61-64***], image sublime de l'ordre cosmique, de la justice divine et de l'harmonie universelle, liée à la conception égyptienne de la Ma'at, constitue un cas caractéristique. Ici, nous avons ajouté à l'analyse très intéressante du Professeur Vincent Tobin (mais qui ne prend pas en compte les *Hymnes Orphiques*) une autre dimension de la Ma'at; celle de l'harmonie universelle, de la Loi Cosmique en son hypostase d'*Anagkē* et (*mutatis mutandis*, au niveau philosophique) de l'ordre comme contraire de l'entropie (voir le Chapitre V, § 1.4, *supra*;

---

[6] Voir, par exemple, SLOLEY, 1931: 166-78; POGO, 1936: 403-25; COTTEREL, DICKSON & KAMMINGA, 1986: 31-50; CORTEGGIANI, [2]1986, 98-99: # 57; SYMONS, 1998: 30-36.

[7] Voir, par exemple, DICKS, 1970; DREYER, [2]1953: 9-206.

[8] Une référence additionnelle à l'Égypte se trouve dans l'*Hymne à Aphroditē* (voir ***55***: 18-19): «|εἴτε σύ γ' ἐν πεδίοισι σὺν ἅρμασι χρυσεοτεύκτοις | Αἰγύπτου κατέχεις ἱερῆς γονιμώδεα λουτρά |». Notons encore une référence à l'Égypte dans l'*Hymne à Misē*, divinité hermaphrodite incarnant l'hypostase féminine de Dionysos–Iakchos, dont la mère fut considérée par les Hellènes Isis (voir ***42***: 9-10): «|σὺν σῇ μητρὶ θεᾷ μελανηφόρῳ Ἴσιδι σεμνῇ, | Αἰγύπτου παρὰ χεῦμα [...]». Cf. encore, *Ἀργοναυτικά*: 32, 43-45, 103.

et § 1.3, *infra*). Ma'at pourrait être appelée à la fois Anagkē, Adrasteia, Eunomia, Dikē et Harmonia, la Loi Mondiale, qui observait attentivement et toujours la Terre. Cela montre une base commune culturelle et métaphysique qui fonctionnait comme un pont virtuel entre les deux nations et leur permettrait le transfert des idées et des archétypes. Le Temps —juste comme la Loi— est aussi Universel et dirige tout, étant lié indissolublement à chaque part du Cosmos. Ce fait, soit la dominance absolue du Temps avec la Loi Universelle, est une doctrine, qui selon les Orphiques caractérise à la fois le monde visible terrestre et céleste, ainsi que le monde invisible souterrain. En effet, le Temps et l'Ordre Cosmique sont liés et co–existent, gouvernant les miracles célestes, dont les étoiles et leurs périodicités ne sont que l'archétype céleste proéminent. Un autre point commun en est la notion cosmogonique et cosmovisionnelle de l'*œuf cosmique*, liée aux notions de l'air et de la survie après la mort, ainsi qu'aux notions spatio–temporelles cosmologiques. L'unité du créateur et de la création est exprimée dans les deux systèmes (l'Orphisme et la religion égyptienne ancienne) d'une façon harmonieuse, dès lors que Phanēs (Soleil achronique/androgyne/primordial) et le Grand Jargonneur (*Ngng-Wr*, archétype naturalistique de la puissance créatrice) se rencontrent dans une cosmovision pleine de théologie solaire. Par ailleurs, la conception de l'idée du temps (cosmologique) semble plus stricte et «scientifique» dans le cas hellénique, où l'on trouve les rudiments des cosmologies présocratiques[9] dans leur forme préliminaire. Les Égyptiens restèrent toujours attachés au cadre cosmovisionnel d'un temps cyclique, continuellement renouvelé[10], jour après jour, mois après mois et année après année, jusqu'à la *perpétuité sans cesse* (*ḏt*) et l'*éternité sans fin* (*nḥḥ*), jusqu'à leur retour définitif au sein du créateur universel dans l'état de transfiguration *extra tempore* et leur union virtuelle aux étoiles du firmament, *merveille*[11] vraie de la providence divine. D'ailleurs, il semble possible que certaines influences égyptiennes furent incluses dans l'*Hymne à Hēphaistos* [***66***], où nous rencontrons des rudiments astronomiques et cosmovisionnels, fermentés pendant quelques siècles et ayant revêtu leur vêtement hellénique; lorsque l'origine des idées de la théologie memphite, concernant Ptah et ses traits divins, fut conçue et développée beaucoup de siècles plus tôt (même pendant l'OK, comme il est probable), cet élément pourrait constituer une autre preuve relative de l'ancienneté des *Hymnes Orphiques* et de la datation de leurs idées dans les trois derniers siècles du 2e Millénaire BCE. D'ailleurs, il y a un autre point *mutatis mutandis* commun entre les Orphiques et les Égyptiens. C'est le fait que les premiers mangaient de la viande crue du taureau (*ὠμοφαγία*) qui symbolisait Dionysos ainsi que leur union

[9] Voir, entre autres, LLOYD, 1975: 198-224; MARTÍNEZ–NIETO, 2000.

[10] Cf. WALLIN, 2002.

[11] Nous signalons une coïncidence particulièrement remarquable. Le mot égyptien pour désigner le firmament était *bỉ3(yt)* (voir *Wb.*, I: 436 ff; *CD*, 1991: 80; copt.: **ⲥⲧⲉⲣⲉⲱⲙⲁ**; cf. SIDARUS, 1999: 398), le mot *bỉ3(w)* signifiant aussi *merveille (céleste)*; les Hellènes utilisaient le mot *Κόσμος* (qui vient du verbe *κοσμῶ*; cf. aussi QUANDT, [4]1973: 5 & n. 3), qui signifie *joyau* (cf. aussi ***10***: 8: «*κοσμήτειρα θεῶν*») et métaphoriquement *merveille* (voir MARAVELIA, 2003e: 111; cf. LESKO, 1991: 117; pour une étude solide sur la famille des mots de ce groupe, voir GRAEFE, 1971: 13-25, Chap. II: «Sternmaterie»; 40-66, Chap. IV: «*bỉ3* als Bezeichnung des Himmels»).

virtuelle avec le dieu pendant leurs mystères; les Égyptiens, quant à eux, ont incorporé un rituel shamaniste du cannibalisme préhistorique dans les *PT*, qui symbolisait l'union du monarque défunt avec les dieux/déesses qu'il mangerait pendant son ascension céleste. Il est probable que les Orphiques ont enprunté quelques archétypes égyptiens, qui étaient assimilés par conséquent dans leur système métaphysique et vice versa. Il nous semble possible que toutes les deux nations, celles des Égyptiens et des Hellènes, développaient des conceptions métaphysiques en principe séparément, fondées sur leurs propres archétypes et sur leur atmosphère proche, qui apparaissent quelquefois identiques, comme c'est le cas dans d'autres civilisations qui ne communiquaient pas, mais dont les cultures développèrent des rudiments similaires[12]. Ceux-ci montrent les efforts des humains appartenant à deux anciennes cultures vraiment supérieures (Égyptiens et Hellènes), en vue de comprendre l'Univers qui les entourait, son mécanisme, la vie, et —certes— eux-mêmes.

En ce qui concerne les astres, la contribution des Orphiques à leur propre et juste connaissance fut très importante: **1.** *Les étoiles*. La conception que les Orphiques se faisaient des étoiles, présente un double aspect, lorsqu'elles étaient considérées à la fois comme divinités cosmiques, responsables du destin humain; et corps flamboyants, sources lumineuses célestes, scintillantes, visibles (ou invisibles) d'une grande distance, tournant incessamment autour de l'axe terrestre en orbites apparentes circulaires, sources de la matière cosmique et de la vie dans l'Univers, divisées en deux catégories (*étoiles célestes* et *météores* qui passent par l'atmosphère terrestre). **2.** *Le ciel*. L'habitat cosmique des étoiles était considéré à la fois comme: (a) une ancestrale divinité cosmique, toute puissante, ayant inclus les traits spécifiques d'une certaine cosmovision: Ouranos, personnification du Ciel et du Cosmos était la source de la création; (b) le firmament étoilé, riche en sources astrales lumineuses, donc le scénique de leur mouvement périodique; (c) la voûte céleste, comme une sphère virtuelle qui entoure la Terre (qui se trouve en son centre) et tourne perpétuellement autour d'elle, en mouvement d'une infinie toupie cosmique, étant responsable des divers phénomènes astronomiques (rotation annuelle et diurne de la Terre, précession, changement avec le lieu géographique, & c.) ou météorologiques (nuages, précipitations, changement de la couleur du ciel pendant la journée, & c.), qui sont liés à la variation continuelle de la forme céleste; et (d) porteur et gardien de la Loi Universelle, qui implique l'harmonie céleste et se lie *—mutatis mutandis—* à la conception de la Ma'at. **3.** *Le Soleil*. Le Soleil fut pour les Orphiques non seulement le dieu suprême et le créateur par excellence; il était considéré également comme un corps céleste incandescent et lumineux, autour duquel la Terre tournait annuellement sans cesse. Il est devenu évident que les Orphiques acceptaient sans doute un héliocentrisme, de nombreux siècles avant Aristarchos. Selon eux le Soleil était le centre autour duquel la Terre tournait, et ils avaient conçu clairement l'idée de l'écliptique et la cause de l'existence des saisons. Cela n'est pas en désaccord avec le géocentrisme mentionné dans la section § 2.1 du Chapitre IV, *supra*, où la description du mouvement diurne de la sphère céleste est

[12] Voir e.g.: MORENZ & SCHUBERT, 1954.

conçue relativement à ce qu'un observateur terrestre voit. En effet, ce que l'on voit en apparence quand on observe la rotation diurne de la voûte céleste de la surface de la Terre pourrait être simplement décrit par la supposition que la Terre se trouve au centre du monde entier et que tout le firmament tourne autour d'elle. Or, les Orphiques utilisaient des *images proto–scientifiques* (~ *modèles*) différentes afin de décrire les phénomènes célestes variés, ayant également pour but de pouvoir enseigner à leurs adeptes d'une façon facile les principes fondamentaux de l'Astronomie. Les saisons de l'année, selon les Orphiques, constituent le résultat d'une des activités harmoniques ou périodiques du Soleil, qui montre son pouvoir absolu sur le cosmos qui entoure la Terre. Cette harmonie est exprimée par la correspondance virtuelle d'une musique cosmique qui lie l'Hiver aux notes des fréquences basses (*mode Phrygios*), l'Été aux fréquences hautes (*mode Lydios*), le Printemps et l'Automne aux fréquences moyennes (*mode Dōrios*). Il s'agit d'une conception géniale qui prend en compte le parcours apparent du Soleil, de l'hémisphère Sud (Solstice d'Hiver) à l'hémisphère Nord (Solstice d'Été) et l'augmentation (ou diminution) de sa déclinaison, dès qu'il passe par l'équateur céleste (Équinoxes de Printemps et d'Automne. **4.** *La Lune*. La Lune (~ Artemis; ~ Hekatē), luminaire céleste nocturne par excellence, à la fois sœur et compagnon du Soleil (~ Apollōn), était considérée au niveau religieux comme une divinité cosmique qui agit en tant que pouvoir céleste sur le destin humain, sur le monde des animaux et sur la végétation, ce qui montre des croyances astrologiques. Dans le contexte astronomique, les phases de la Lune constituent un phénomène connu et bien décrit, ainsi que la relation céleste de la Lune, de la Terre et du Soleil pendant le mois synodique, or il semble possible que les Orphiques aient su suivre et observer l'orbite annuelle apparente solaire sur l'écliptique par l'observation des positions apparentes de la Lune, qu'ils considéraient justement comme la source principale pour mesurer le temps et pour leurs observances calendriques. Dans le même niveau astronomique, l'orbite apparente hélicoïde de la Lune sur la voûte céleste fut observée et décrite par les Orphiques, qui connaissaient aussi le mouvement très rapide de la Lune (~ 1° en 2 heures) sur la sphère céleste chaque nuit qu'elle est visible. La brillance élevée de la Lune, qui fait d'elle le corps céleste nocturne le plus proéminent (même si elle n'est pas en phase de Pleine Lune) et le fait qu'elle cache avec sa lumière toutes les étoiles faibles fut aussi bien observé et connu. Sur la nature de la Lune il n'y a pas d'information explicite dans l'hymne étudié. Un fragment attribué aux Orphiques, qui décrit la Lune comme une planète terrestre avec des montagnes et même des villes (sic!) doit être une addition plus tardive. **5.** *Les Planètes*. Les textes orphiques nous fournissent peu d'information concernant les planètes. Le huitième vers de l'*Hymne aux Étoiles* indique plus probablement les astres visibles aux *zones sept–fois–illuminées*. Ces corps célestes ne sont que les étoiles distantes, qui se projettent sur la sphère céleste près de l'écliptique où se meuvent les sept «planètes» connues dans l'Antiquité (soit Soleil, Mercure, Vénus, Lune, Mars, Jupiter et Saturne, qui semblent être observées par les Orphiques), mais non ces «planètes» elles-mêmes. La seule mention explicite des planètes dans les opuscules orphiques, qui nous indique que les Orphiques utilisaient le mot *planète*, afin de distinguer entre étoiles et planètes, ne vient pas des *Hymnes Orphiques* mais d'un passage caractéristique des *Ἀργοναυτικὰ* (ll

208-09). Ce passage, combiné avec une certaine tablette inscrite en Linéaire B[13], montre que la Cosmographie et l'Astronomie Pratique furent pratiquées par les Orphiques, pour être capables de naviguer pendant la nuit. Il faut signaler que les deux références à Mars et à Jupiter citées par Tzetzēs semblent avoir pour origine une époque beaucoup plus tardive, étant le résultat des additions astrologiques de l'époque helléno–romaine aux textes purement orphiques. **6.** *La Mesure Calendrique du Temps*. Le système de la mesure du temps calendrique (calendrier lunaire) des Orphiques fut particulièrement avancé, ainsi que leurs méthodes pratiques mais très effectives pour observer les culminaitions d'étoiles boréales (probablement β–UMi et δ–UMi) et le passage du Soleil au Méridien local.

§ 1.3. Comparaisons Philosophiques entre les Idées Pré–Scientifiques Égyptiennes et les Notions Cosmologiques Modernes

La capacité intuitive des Égyptiens, source génératrice d'une grande civilisation unique, qui a doté l'humanité d'œuvres magnifiques, doit être placée toutefois sur sa base correcte. Il faut éviter à la fois de sous–évaluer ou de surestimer leurs développements, si l'on désire rester fidèle à la vérité et à la recherche scientifique honnête. Si nous nous demandons quelle est la définition correcte du terme *Science*, dans l'acception rigoureuse du terme comme il est utilisé aujourd'hui, nous allons comprendre que de ce point de vue l'on ne peut trouver le moindre élément ou notion scientifique dans aucun texte égyptien de la période pharaonique, voire dans les *PT*, les *CT* et le *BD*, ainsi que dans les textes littéraires. Il est vain de chercher pour eux ou de créer et même d'imaginer des éléments «scientifiques», comme le font les afrocentristes en intreprétant le mythe comme une propre réalité. Le mythe (bien qu'il puisse véhiculer indirectement des réalités historiques et des phénomènes physiques) est tout à fait différent de la Science. L'Astronomie Pratique fut cultivée en Égypte au niveau de l'expérience simple et quotidienne, motivée par les nécessités de la vie et de la pratique (calendrier, fêtes, détermination des heures journalières, mesures, & c.), et non dans le but de cultiver la Science *per se*. Ce fait reste indiscutable et évident pour tous les savants sérieux. Il est contradictoire de renoncer volontairement à nos méthodes scientifiques qui se basent sur la raison. Nous ne pouvons pas être «débarrassés» de nos méthodes de travail. Toutes les approches comme celle de Bickel[14] et les travaux des Égyptologues qui sont en accord avec elles sont également méthodiques et utilisent la Science et la raison à un cetain niveau, et ont offert des résultats très solides. Peut-être cette tentative convient-elle plutôt à l'explication de la pensée religieuse, mais non en ce qui concerne la sphère de la Science. C'est dans le domaine métaphysique qu'il faut chercher le vrai et multi–dimensionnel don des Égyptiens à la civilisation mondiale, ainsi que dans leur conception intuitive (mais correcte) des idées cosmovisionnelles très avancées (au niveau pré–scientifique), juste comme les Hellènes (au niveau proto–scientifique)[15].

---

[13] Voir à ce propos la n. 171 du Chapitre IV, *supra*.

[14] Voir les nn 173 & 176-77 du Chapitre V, *supra*.

[15] Nous signalons que la longueur considéable de cette section (§ 1.3) est due au fait qu'on y présente en plus quelques conclusions tirées du Chapitre II (où nous n'avons pas présenté de conclusions).

LES ASTRES DANS LES TEXTES RELIGIEUX EN ÉGYPTE ET DANS LES *HYMNES ORPHIQUES*

Concernant les Astres: Dès le commencement de leur histoire et jusqu'à une époque assez tardive les Égyptiens n'ont jamais considéré les astres (les étoiles, le Soleil, la Lune et les planètes) comme des entités physiques. En dépit de leur capacité à faire des observations exactes au niveau pré–scientifique (qui leur a permis de décrire en termes archétypiques le comportement des *étoiles indestructibles* et *infatigables*, ainsi que celui de la Lune et des planètes par rapport à l'écliptique), ils croyaient que les astres ont une hypostase divine et même un caractère parfois dangereux, qui devait être apaisé afin qu'ils soient amicaux. Nous croyons que si les Égyptiens voulaient vraiment se délivrer à la fois des interprétations religieuses et de l'application de leurs connaissances seulement pour des raisons de pratique quotidienne, ils pourraient bien avoir créé de la science comme les Hellènes (mais ils ne l'ont jamais fait au moins avant la PP). C'est ce qui résulte avec évidence de leur pensée cosmovisionnelle assez perspicace. Mais leur propre *forma mentis* fut plus proche du symbole et de l'archétype que de la raison et de la méthode stricte scientifique.

Concernant la Galaxie et sa Relation avec Nūt: Après une brève introduction sur la mythologie et les propriétés divines de Nūt (déesse funéraire, tutélaire des décédés dans l'au-delà, dont le symbolisme est aussi compréhensible en des termes de sa relation vitale au Soleil, une divinité céleste qui n'était que l'échelle virtuelle allégorique, transportant chaque mort transfiguré de la Terre vers le Ciel, une conception qui a peut-être passée dans la théologie chrétienne), nous avons discuté sa relation avec la Galaxie. À partir de notre étude des textes funéraires (*PT*, *CT*, *BD*) il devient évident que Nūt fut conçue à la fois comme la voûte céleste [*pt*, *pḏt*, *biꜣ(yt)*, *ḥrt*] et comme une conceptualisation concrète de la Voie Lactée s'allongeant tout au long du firmament. La relation entre Nūt et la Voie Lactée a été évoquée par Arielle Kozloff dans deux articles[16], avec lesquels nous sommes d'accord en général sur la plupart de ces idées, mais nous avons commenté quelques points erronés de ses articles (voir le Chapitre V, § 1.2, *supra*). Nous avons présenté la forme correcte de la Voie Lactée en c. 2500 BCE (en nous fondant sur le logiciel astronomique REDSHIFT 4) et sa propre position relativement aux constellations de la Grande Ourse et d'Orion (erronées pour Kozloff), et nous avons donné aussi des arguments nouveaux sur ce thème, en nous référant aux textes funéraires. D'ailleurs, nous avons signalé sa confusion et la fausse indentification de la *barque solaire nocturne* (*msktt*) à l'expression *Voie Lactée/Chemin d'Étoiles* [*Msḳt* (*-Sḥdw*)]. En ce qui concerne l'identification possible de la *Voie Lactée* avec le terme égyptien *msḳt*(*-sḥdw*), nous signalons que *contra* Neugebauer et Parker, le texte du *pCarlsberg I* ne prouve pas strictement que cette région ne coïncide pas (au moins quelquefois) avec la Galaxie. Le sens correct du texte du papyrus discuté semble être le suivant: quelques étoiles se lèvent près du point où le Soleil se lève, qui se trouve très près de la Voie Lactée (dès qu'elle se projette pour «commencer» à l'Est et «finir» à l'Ouest) sur l'horizon au cours de l'année; à cause de ce phénomène (il s'agit sans aucun doute du *lever héliaque* et du *coucher vespéral* des étoiles certaines), ces astres semblent être revivifiés, juste comme le Soleil (quand il se lève). Or, nous croyons que l'acce-

[16] Voir KOZLOFF, 1992: 331-48; KOZLOFF, 1993: 169-76.

ption selon laquelle la Galaxie fut considérée par les Égyptiens comme une autre forme de Nūt constitue une hypothèse de travail utile et plausible. En plus, le terme *msḳt(-sḥdw)* semble signifier la *Voie Lactée*, ce qui a été correctement observé à la fois par Kurt Sethe et Samuel Mercer, comme cela devient évident à partir de notre étude en se fondant sur des arguments divers. Dans le contexte du passage mentionné du *pCarlsberg I*, selon lequel *msḳt* se lie à la *neuvième heure de la nuit* (*sḥtp.n.s*), c'est-à-dire au commencement de l'aube, nous avons fait une comparaison intéressante. Différentes ethnies africaines considèrent que la Voie Lactée est liée à la venue de l'aube et qu'elle apparaît plus brillante pendant ce temps-là juste avant la lumière crépusculaire. Mais, si l'on prend en compte que l'aube est le précurseur du Soleil, l'on peut comprendre que peut-être la même idée serait valide chez les Égyptiens, comme nous l'indique le passage tardif mais important de ce papyrus. Vue sous le prisme de notre explication raisonnable et évidente, l'identification de la *Voie Lactée* à *Msḳt(-Sḥdw)* offre un terme pour la Galaxie qui manquait à l'Égyptologie. Nous soulignons que le Soleil ne se meut pas toujours sur la Voie Lactée, mais sur l'écliptique, qui ne coïncide pas avec elle, mais la traverse. Nous constatons aussi que le coucher du Soleil près de l'Ouest (NW/SW) et son lever près de l'Est (NE/SE) pendant la période des Solstices, ainsi que les mêmes phénomènes astronomiques à l'Est et à l'Ouest pendant les Équinoxes, près des points où la Voie Lactée semble toucher l'horizon, furent les archétypes cosmovisionnels pour la conception du mythe selon lequel Rēʿ, le dieu solaire, était avalé chaque jour par la bouche de Nūt (correspondant à l'Ouest et à l'entrée de la *Dwꜣt*) et renaissait quotidiennement le matin suivant entre les cuisses de la déesse (représentant l'Est et la sortie de la *Dwꜣt*).

Concernant la Comparaison Philosophique entre les Idées Cosmogoniques Égyptiennes et la Théorie du Big Bang sur la Genèse de l'Univers: Dans les textes funéraires égyptiens il y a quelques éléments indicatifs d'une affinité considérable —au niveau philosophique— entre les conceptions cosmologiques modernes et les idées ontogoniques des Égyptiens d'antan. Le monde de la préexistence, connu comme Nūn (*Nwn*) pourrait être comparé *mutatis mutandis* à une forme d'existence virtuelle primordiale —hors du temps et hors de l'espace— chargé d'énergie créatrice, non seulement capable de provoquer la régénération du Soleil, mais des défunts humains aussi. De cette façon, l'on pourrait comparer cette forme de préexistence virtuelle aux théories modernes cosmologiques qui parlent d'un vide énergétique avant le Big Bang, plein de *fluctuations quantiques* (*vacuum quantum fluctuations*), d'où la singularité primordiale survint. Nous signalons que toutefois la conception du Nūn n'est qu'une métonymie utilisée à l'instar de l'*absence*, une paronomasie pour le *vide* et l'*inexistence* qui effrayait tant les Égyptiens d'antan. Selon les textes funéraires, et suivant la variété des approches mytho–philosophiques des Égyptiens, il y avait quatre facteurs caractéristiques de l'état de la préexistence, soit: le *flot Hehū*; l'*océan primordial Nūn*; les *ténèbres Kekū*; et le *trouble des forces chaotiques Tenemū*, où Atoum se trouve en inertie, et ces mêmes facteurs décrivent le Nūn en tant qu'Univers primordial, ou plutôt en tant que niveau virtuel de la préexistence. Seraient-ils équivalents aux quatre forces fondamentales de la Nature (*gravitation*, *force électromagnétique*, *interaction forte nucléaire* et *interaction faible nucléaire*), qui —

selon les théories de la Cosmologie moderne— furent séparées aux premiers instants de la création? Cela semble être une conjecture intéressante, mais l'on ne peut pas donner les correspondances spécifiques entre les quatre forces physiques et les quatre notions métaphysiques. Une différence possible au niveau philosophique entre la cosmogonie égyptienne du MK et la Cosmologie moderne se trouve dans le fait que la substance émise par le créateur autogène (expectoration, crachat, larmes, sueur, & c.) soit immédiatement l'objet/divinité/élément créé, sans qu'aucune transformation soit nécessaire. Au contraire, dans la Théorie du Big Bang il y a une séquence consécutive des transformations et des *changements de phase*, comme la température de l'Univers primordial diminue au cours du temps, sa densité diminue aussi, et des nouvelles associations des particules et des photons se manifestent au cours des stages initiaux après l'explosion créatrice. D'ailleurs, si du point de vue théologique Atoum pourrait être comparé à la conception de *spiritus Dei*, de notre point de vue il pourrait symboliser la *singularité primordiale*, d'où tout provint par le biais du Big Bang. Juste comme Atoum fut considéré comme seul (soit pendant la phase de la préexistence dans le Nūn, soit en tant que créateur obligé à tirer de lui-même la substance pour former d'autres entités), la singularité primordiale fut seule et explosa en $t = 0$. Atoum est l'origine du processus créateur, tandis que Rē' est la manifestation visible de l'énergie d'Atoum dans le monde créé. Les deux enfants/protagonistes d'Atoum (Shū et Tefnūt) pourraient être comparés au niveau philosophique avec la création des paires initiales des particules et des antiparticules élémentaires 10^{-4} sec après le temps limite de Planck par l'immense densité de l'énergie primordiale du Big Bang. Les propriétés quantiques à la fois conjugales et opposantes des particules et des antiparticules peuvent très facilement être mises en parallèle avec les natures distinctes et différentes du premier couple divin. La consubstantialité et la simultanéité de Shū et de Tefnūt indiquent leur origine commune d'Atoum, juste comme la consubstantialité et la simultanéité de paires particule/antiparticule, qui montrent leur production homogène en même temps par l'explosion primordiale du Big Bang. Pourrait-on constater, en se fondant sur cette consubstantialité, que dans certains esprits des prêtres savants Égyptiens l'Univers s'identifiait au créateur, par le biais d'une série d'archétypes anthropomorphiques, faisant partie souvent du cycle biologique humain? Il faudrait remarquer aussi que la genèse des enfants du créateur est virtuellement équivalente à son auto–multiplication, or grâce à la création de Shū et de Tefnūt Atoum se multiplie par lui-même, dans un processus rappelant fortement la mitose biologique des cellules vivantes (*mitōsis*). Et si Susanne Bickel note que les multiples *développements* (*ḫprw*) du créateur se situent à l'extérieur du temps historique, nous signalons qu'il ne s'agit pas ici d'une *creatio extra tempore*. Il s'agit toutefois d'une création de diversification, une projection spontanée des images de l'autogène, qui prend place pendant les premiers stages de la cosmogenèse mais certes après $t = 0$, c'est-à-dire *dans* le cadre du *temps cosmologique*. À l'observation de Bickel selon laquelle le sens de deux expressions chroniques *grande occasion/ grand temps* (*zp wr*) et *première fois/temps initial* (*zp tpy*) est peut-être le même, nous signalons que la deuxième pourrait être comparée *mutatis mutandis* au commencement du *temps cosmologique* $t = 0$, tandis que la première est peut-être parallèle au temps limite de Planck $t_{Planck} \equiv 10^{-43}$ sec. Par ailleurs, le fait que le moment de la création ($\geq 10^{10}$ ans, selon la Cosmologie moderne) fut très distant dans le passé et très eloigné par rapport au présent historique de l'Égypte antique est montré par les expressions *ḏr rk* et *pꜣwt* (*tpy*). Le monde créé a ses *limites* (*ḏrw*) qui enveloppent *tout ce qui existe* (*Ntt-Wn*) en *ordre* (*mꜣ*ʿ*t*), et en dehors d'elles il n'y a que les *ténèbres absolues* (*kkw zmꜣw*), le *désordre* (*ẖnnw*) et l'*absence de connaissace* (*iwtt rḫ*) **[voir la Fig. V.4]**. Parallèlement, dans les limites d'une singularité (qu'elle soit primordiale ou celle d'un trou noir) les forces fondamentales de la Nature sont unifiées, les lois physiques cessent d'être valides et l'obscurité est virtuellement absolue. Selon une catégorie de textes où l'idée de la fin du monde se manifeste, une sorte d'eschatologie qui met en œuvre une répétition négative de la création est évidente. Cette répétition négative nous rappelle le cas où la densité de l'Univers est plus grande que la densité critique ρ_o, et par conséquent l'Univers s'effondrera totalement, après une inversion de ses stades précédents. Cet effondrement pourrait également amener à un autre Univers, après une explosion Big Bang (suivant un *Big Crunch*) et ainsi de suite; or en principe l'Univers serait en pulsation *ad infinitum*. Par ailleurs, une certaine phrase de la prophétie de Neferty présente ces éléments encore plus explicitement, quand il se dit que l'état de l'Égypte était comparable à une *non–création* et que Rēʿ est invité à recommencer à fonder. L'observation de Bickel, selon laquelle cette phrase pourrait impliquer l'idée qu'après l'annulation de la création et la retraite du créateur unique dans le Nūn un recommencement du processus créateur serait possible, nous semble très juste et doit être directement comparée aux notions cosmologiques/eschatologiques modernes d'un Univers en pulsation, et par conséquent en renouvellement virtuel permanent. Enfin, suivant les *Grandes Théories Unifiées* (*GUTs*), selon lesquelles même les protons se désintègrent en $\sim 10^{31}$ ans et même les électrons se seront évanouis par des réactions d'annihilation avec les positrons, donnant naissance aux cascades de photons, après $t_{extr} = 10^{116}$ ans, il n'y aura plus ni d'hadrons ni d'électrons et l'Univers sera transformé en un virtuel gaz froid des photons et des neutrinos, qui se terminera par la dissolution absolue! Et même si la 2e loi de la Thermodynamique implique que l'entropie sera maximale comme le temps s'écoule, la 3e loi de la Thermodynamique implique que la valeur vraie de l'entropie pendant cette *ère II de radiation*, comme la température approche le zéro absolu, sera aussi annulée. C'est-à-dire que l'inverse de l'entropie, voire l'ordre (~ Maʿat), sera maximal et dominera virtuellement encore une fois. On trouve des notions semblables *mutatis mutandis* dans le contexte de l'eschatologie égyptienne. Dans le *BD* il existe un passage intéressant où le créateur solaire suprême Atoum–Rēʿ prédit la fin catastrophique de l'Univers, qui détruira tout humain et tout dieu à l'exception de lui et d'Osiris; le cosmos reviendra en état d'inertie dans l'Océan du Nūn et le dieu solaire sera transformé en serpent gigantesque/*ouroboros*. Cette conception indique que —selon les idées égyptiennes pendant le NK— le destin ultime de l'Univers serait la lumière, car le dieu solaire survivrait et resplendirait tout en brillance dans son union supersubstantielle à Osiris pour toujours. L'analogie entre les idées égyptiennes et celles de la Cosmologie moderne est certes étonnante.

Concernant les Notions du Temps et de l'Entropie et leur Comparaison Philosophique avec les Idées Analogues Égyptiennes: L'existence du ciel définit aisément trois entités distinctes importantes: l'*espace cosmique*, le *temps cosmologique* et le *temps archétypique*. Nous définissons le premier simplement comme l'espace qui entoure la Terre et contient toute la matière et l'énergie de l'Univers; nous definissons le deuxième comme le temps qui est identique à la *flèche du temps cosmologique* et/ou au *temps thermodynamique* (dont le commencement fut l'explosion initiale du Big Bang); en ce qui concerne le troisième, nous le definissons comme le temps psychologique et/ou métaphysique, comme il est concrétisé dans le cadre de la mythologie et les conceptions de l'éternité. L'ordre créé par le soulèvement de Nūt implique que les astres —soit les étoiles, le Soleil et la Lune—, sources calendriques par excellence, soient visibles et puissent être utilisées afin de calculer le temps, tout en donnant le sens de la périodicité de la Nature et la conception propre du temps qui passe. Le *temps cosmologique* est le produit visible des cycles astraux, de l'harmonie de la sphère céleste et coule sans cesse, devenant tangible pour les humains comme *temps archétypique* entre le Ciel et la Terre. Nous croyons que cette notion est symboliquement exprimée par des hiéroglyphes tardifs qui montrent la déesse céleste au dessus de la Terre et un scarabée (*ḫprr*) ou le Soleil aux rayons (*wbn*) et l'enfant solaire renouvelé chaque jour (*ḥwn nṯry, iwꜥw nḥḥ*) entre elle et la Terre (*tꜣ*). Nous croyons que la relation entre la création de l'espace sacré, la fluidité du temps et la sémantique des représentations de Nūt dans les tombes ramessides est particulièrement importante. Nūt est à la fois l'image archétypique de la femme dévorante et une source de vie et de régénération. La déesse du ciel définit un virtuel *continuum spatio–temporel* (*space–time continuum*), qui constitue le scénique pour toute activité cosmique. L'espace sacré de la tombe devient équivalent à l'*espace cosmique* par le biais de Nūt, tandis que le temps infini devient le *temps archétypique* dans le contexte de ses représentations. La pause du temps est philosophiquement équivalente à l'*éternité sans fin* (*nḥḥ*) et à la *perpétuité sans cesse* (*ḏt*). Ces deux notions sont fortement liées aux croyances métaphysiques, voire funéraires, des Égyptiens et à leur résurrection tant désirée. La pause de la fluidité du temps équivalait à la fin de la vie humaine des défunts et pourrait encore être interprétée comme leur union virtuelle à l'arrêt éternel de l'écoulement du temps. Par conséquent, si l'on pense à des signifiants métaphysiques, cela pourrait être traduit comme leur incorporation dans le *Grand–Au–Delà*, dont le signifié n'est que l'essence divine trouvée et comprise hors de toute dimension cosmique, hors de toute compréhension raisonnable, existant en transcendance *r nḥḥ hnꜥ ḏt*, hors de l'*espace cosmique* (*extra spatio*) et hors du *temps cosmologique* (*non cum tempore*). Les tombes ramessides aux toits astronomiques de Nūt (ainsi que plusieurs autres) étaient considérées comme des petits univers virtuels, des *micro–cosmes métaphysiques* et des théâtres cosmiques de nativité, dont la sémantique se référait à la re–naissance et la répétition de la vie des morts (*wḥmw-ꜥnḫ*), suivant les cycles du firmament pour l'éternité. C'est là qu'à la fois jour et nuit, espace et temps, bien et mal, ordre et chaos se combattent apparemment sans cesse, dans une cosmique *bataille allégorique* (*ὑσμίνη*), qui garde la vie dans l'Univers et soutient le Cosmos. La création liturgique de l'espace sacré (qui est aussi significative au niveau de l'esthétique et de l'art) correspond à la création conséquente d'un temps sacré archétypique, lié au *temps cosmologique* qui gouverne une pléiade de phénomènes astronomiques périodiques (comme variable principale dans les équations de la Mécanique Céleste classique et de la Théorie de la Relativité Spéciale). La relation entre l'*espace cosmique* et le *temps archétypique* se fond sur la sémantique du ciel comme une hypersphère énorme, où le temps gouvernant les mouvements cosmiques est le *temps cosmologique*, la flèche irréversible du *temps thermodynamique*. L'espace est le lieu unique du mouvement des corps célestes et engendre la conception du temps comme un paramètre tout–pénétrant du changement continu. Bien que nous nous occupions ici de notions de l'(Astro)Physique, il faut signaler que ces mêmes concepts peuvent être approchés et compris sous le prisme de la théorie jungienne des archétypes, qui «se situent» virtuellement dans l'inconscient collectif et les schémas mythologiques qui le gouvernent. Nūt, l'archétype de la Grande Mère Universelle, à la fois dévorante et protégeante, sauvegarderait leur re–naissance et transfiguration en *esprits lumineux béatifiés* (*ȝḫw*), si intimement liés au royaume des *étoiles* (*sbȝw*), qui étaient considérées comme ses enfants innombrables, une véritable *progenies cœli* liée aussi à la Voie Lactée et au Ciel Étoilé, dont le nom était également *Mille–sont–ses–Âmes/Esprits–Transfigurés* (*ḫȝ bȝ.s* / *ḫȝ ȝḫ.s*). L'union avec Nūt signifierait le retour à l'uterus éternel du continuum spatio–temporel et le passage victorieux dans l'immortalité. Or, le ciel deviendrait une pépinière pour les défunts. Dans l'Astrophysique moderne le temps et son écoulement gèlent sur l'*horizon des événements* (*event horizon*) d'un *trou noir*. Sur cette surface virtuelle, qui sépare l'univers visible de l'intérieur invisible du trou noir où se trouve la *singularité*, les ondes lumineuses deviennent stationnaires et les horloges s'arrêtent de compter le temps. De ce point de vue, les trous noirs (manifestés comme des singularités mathématiques matérielles du futur) sont des objets étranges ou bien extraordinaires. Dans la *Théorie–M* et dans le contexte des *p–branes*, les trous noirs peuvent paraître comme des structures aux dimensions certaines (*non–dimensionless*) dans un espace multi–dimensionnel des dimensions condensées ou cachées, et non comme des points singuliers. Ce fait, par lui-même, évoque une certaine forme d'existence dans un Univers parallèle mais invisible dans le continuum spatio–temporel d'un *hyperespace*. La pause du temps, où allégoriquement dit le passage vers un monde différent, est un thème inspiré qui n'est pas seulement discuté dans les théories cosmologiques modernes portant sur les trous noirs, la Théorie de la Relativité Générale ou la Théorie de la Gravité Quantique; il était aussi une idée fixe des Égyptiens d'antan, dont les observances religieuses et funéraires avaient pour but principal de gagner la vie éternelle, en transposant magiquement la vie terrestre dans l'au-delà et dans l'immortalité. L'entropie —qui correspond proportionnellement à l'inverse de l'information/ordre d'un système statistique— pourrait être comparée *mutatis mutandis* au contraire (ou bien à l'inverse) de la Maʿat. Dans la vie des étoiles la gravitation (qui exprime la tendance pour l'ordre) et l'entropie (qui exprime la tendance pour le désordre) se combattent continuellement. Les forces chaotiques, qui (selon les idées égyptiennes) seraient toujours prêtes à envahir l'Univers, soit au niveau cosmique (créant le déséquilibre dans le mouvement des astres), soit au niveau de la société (provoquant l'*isft* dans plusieurs institutions sociales), pourraient être comparées aux facteurs thermodynamiques qui provoquent le désordre dans les divers systèmes statistiques, qui est lié directement à la mobilité des molécules et à l'augmentation de leur énergie cinétique. Dès la création initiale, une loi universelle de conservation fut valable: l'harmonie cosmique dans tous les niveaux devrait être constante et —si possible— elle devrait augmenter sans cesse. Comme l'entropie des systèmes pendant les changements irréversibles, tels que les différents phénomènes qui prennent place dans le Cosmos, augmente toujours, il en va ainsi pour la Ma'at. Mais la différence se trouve dans le fait que dans les systèmes sociaux dirigés par les humains l'entropie semble diminuer pour un moment ou pour des périodes courtes, mais la tendance générale n'est que son augmentation incessante. L'eschatologie égyptienne concernant la fin future du monde et son retour à l'inexistence ou plutôt à une forme d'existence ressemblant à la condition virtuelle de la préexistence, où tout ordre cesse d'exister et seul l'ordre de Rē' (et d'Osiris) règne, pourrait être aussi significative. Elle montre sans aucun doute la diversification des approches des Égyptiens à propos de l'explication du Cosmos, ainsi que leur intuition élevée.

Concernant le Rayonnement du fond Radio, le Principe Anthropique et leur Relation Philosophique avec les Conceptions Égyptiennes: Heka fut conçu comme l'énergie génératrice du dieu suprême, sa force créatrice qui se manifeste dans l'Univers pendant la création. La conception de Heka nous a fait tendre à la comparer *mutatis mutandis* avec la notion du rayonnement millimétrique du fond radio qui se trouve partout dans l'Univers et constitue le résidu de l'énergie primordiale de l'explosion génératrice, qui représente une sorte de «signature» ou «mémoire» de la création. Comme Heka incarne le résidu et l'écho de la création, ainsi le rayonnement du fond radio est l'empreinte de l'explosion créatrice du Big Bang. Bien que Heka ne fût plus responsable du maintien de l'Univers après sa création, il personnifiait le résidu et l'écho de la création qui se manifesterait à chaque invocation sacerdotale (ou action théurgique *pḥ-nṯr*) en tant que force de la virtuelle création continuelle dans le cadre de la *micro–cosmogonie quotidienne*. En ce qui concerne le Principe Anthropique et ses équivalences philosophiques avec les notions égyptiennes, il faut remarquer qu'il y en a quelques-unes qui sont très intéressantes. Il y a au moins un cas où l'anthropocentrisme et la perspective d'un «principe anthropique» philosophiquement équivalent à celui de la Cosmologie moderne apparaît. Il s'agit de l'*Enseignement pour Mery–ka–Rē'*, qui aborde le rapport entre les humains et leur créateur sous la forme d'un éloge descriptif du dieu, évoquant un hénothéisme évident. Dieu créa la Terre et le Ciel exclusivement pour les humains, qu'il a fait *ad imaginem et similitudinem suam*. En plus, il a créé la lumière à leur intention, ainsi que la magie en tant qu'arme virtuelle pour contrer le cours des événements fatals. Le comportement du dieu unique qui crée (qui n'est pas un *deus otiosus* mais un *deus adjuvans*) est ici extrêmement anthropocentrique: dès les premiers instants de la création, il a pourvu à tous les besoins de l'humanité, tout en s'en occupant même après l'acte créateur (pendant le temps historique). Il faut souligner l'équivalence ontologique avec le *Principe Anthropique* de la Cosmologie moderne, selon lequel si les lois physiques qui expliquent l'Univers étaient différentes, il n'y aurait pas de vie, ni d'humains (*ἄνθρωποι/rmṯ*) dans l'Univers. Suivant ce principe il semble évident qu'il y a un but dans l'Univers, que le Cosmos n'est pas déterminé par le hasard et par l'absurdité, et qu'il fut peut-être créé *pour* l'humanité. Or, les lois physiques sont telles que nous les observons, parce qu'il faut que l'Univers crée de la vie consciente, capable de comprendre le Cosmos et de prendre conscience d'elle-même. Le fait que nous avons démontré l'existence d'une certaine affinité au niveau philosophique entre ces notions parallèles égyptiennes et modernes est très significatif. Il montre la capacité des Égyptiens de l'Antiquité à pouvoir concevoir des conceptions ontologiques subtiles, en utilisant des *images* (*tiwt*) comme des *formes de paroles sacrées* (*irww mdw-nṯr*), les équivalentes des *formes alternatives d'une autre réalité* (*irww kt m3ˁt*).

En résumant, il faut souligner que, bien que notre étude comparative entre les conceptions des astres chez les Égyptiens et les Orphiques soit complète, notre analyse des sources égyptiennes quant à elles (*PT*, *CT*, *BD* et autres compositions funéraires) n'est pas exhaustive, parce que d'autres chercheurs ont travaillé de façon considérable sur de tels sujets. Il faut noter aussi que notre étude textuelle des *Hymnes Orphiques* ainsi que des textes funéraires égyptiens se place résolument dans le cadre interdisciplinaire de l'Égyptologie et de l'Archéoastronomie et montre que les méthodes de l'analyse textuelle sont des instruments effectifs de datation des textes, qui offrent beaucoup d'information sur la *forma mentis* et les idées astronomiques des anciens. Notre analyse statistique corrobore le fait que les Égyptiens utilisaient des idées et des termes astronomiques variés très fréquemment au niveau métaphysique des textes funéraires, en les plaçant maintes fois dans le niveau de l'Astronomie pré–scientifique (observation des levers héliaques et des couchers vespéraux, observation du Soleil près de l'horizon, détermination des saisons, du commencement de l'année, des Équinoxes et des Solstices, observation des culminations des astres et des décans pour mesurer le temps pendant la nuit, orientation des monuments au moins pendant l'OK, & c.). Nos résultats corroborent la nuance céleste —à la fois astrale et solaire— de la religion égyptienne. En concluant, nous pourrions constater que le rôle de l'Astronomie dans les textes funéraires (plus proéminent) et dans les textes profanes (moins proéminent et moins facilement visible) de l'Égypte antique fut tout à fait secondaire (toujours situé au niveau pré–scientifique). Mais les éléments astronomiques et cosmovisionnels trouvés là sont très importants pour l'étude archéoastronomique et très utiles en leur capacité de nous révéler à la fois les connaissances proprement astronomiques des Égyptiens et parfois à nous aider même à dater leurs textes–véhicules. Il faut aussi souligner l'importance de notre analyse statistique et des Tables étendues qui regroupent les éléments astronomiques et les notions cosmovisionnelles de l'Égypte antique. La fréquence de l'occurrence des termes variés relatifs à cela est très significative, parce que les *mots/termes* expriment des idées semblables (ils ne sont que les virtuelles pierres constructives des *expressions/porteuses des notions*), qui sont liées à l'évolution de la pensée astronomique et cosmovisionnelle égyptienne. Or, le *mot/terme* devient un véhicule de communication des *notions* importantes, par le biais du langage et nos Tables ne constituent pas seulement de listes techniques des mots, mais des sources de classification et d'analyse statistique de ces notions. Notre technique est très efficace. Il semble même que notre méthode découvre des termes astronomiques et cosmovisionnelles qui n'étaient pas inclus dans l'ouvrage général informatisé *Coffin Texts Word Index* par Dirk van der Plas *et al.* En même temps, elle apparaît très promettante pour des recherches futures.

2. PERSPECTIVES POUR DES RECHERCHES

Notre approche de recherche dans cet ouvrage a été assez globale en ce qui concerne: **(i)** l'étude comparative des conceptions astronomiques des Égyptiens telles qu'elles se révèlent dans leurs textes funéraires importants (principalement les *PT* et les *CT*, et secondement le *BD*); **(ii)** l'étude comparative de leurs conceptions astronomiques dans trois textes littéraires convenablement choisis (*Conte du Naufragé*, *Aventures de Sinūhe*, *Poèmes d'Amour*); **(iii)** la comparaison des résultats de notre recherche entre les deux catégories précedentes; **(iv)** l'étude approfondie des notions astronomiques et cosmovisionnelles qui se trouvent dans les *Hymnes Orphiques* helléniques et leur datation archéoastronomique; **(v)** la comparaison de quelques résultats entre les catégories (i)-(ii) et (iv); **(vi)** les pertinentes comparaisons philosophiques entre quelques notions cosmologiques modernes et les idées similaires des Égyptiens; **(vii)** l'étude critique et comparative des diverses théories qui ont visé à expliquer l'orientation des grandes pyramides et l'exclusion définitive des méthodes déraisonnables proposées, tout en se fondant sur le manque complet d'évidences textuelles (d'après notre étude intégrée des *PT* et des *CT*). Nous signalons toutefois le fait indéniable qu'aucune thèse n'est jamais complète, aucune œuvre —même la plus savante— n'arrive jamais à être intégrale, chose qui est également vraie pour notre livre!

Nous avons déjà noté que —en raison du volume considérable de notre livre— l'étude des éléments astronomiques et cosmovisionnels qui se rencontrent dans le *BD* ne fut que partielle, sans documentation statistique (voir le Chapitre III, § 3). Nous espérons intégrer notre étude du *BD* dans un futur proche, en regroupant les notions relatives, suivant la méthode statistique et comparative de l'analyse textuelle archéoastronomique que nous venons de proposer ici. L'utilité et la solidité de notre méthode, ainsi que de ses résultats, ont été évidentes.

De la même façon, nous proposons qu'une étude comparative entre les autres compositions funéraires plus tardives, à savoir[17]: le *Livre des Portes*, le *Livre des Heures*, le *Livre d'Im-Dw3t*, Le *Livre des Cavernes*, ainsi que d'autres synthèses religieuses (e.g.: la *Litanie du Soleil*, le *Livre de la Vache Céleste*, & c.) doivent être étudiées rigoureusement suivant notre méthode comparative d'analyse, en ce qui concerne leurs éléments astronomiques et cosmovisionnels, ainsi que leur fonction dans leur contexte. Il est clair que dans le cadre de ces compositions à la fois funéraires et cosmovisionnelles le rôle de l'Astronomie doit être encore plus accentué, comme c'est le cas dans les *Livres du Ciel.* C'est un fait compréhensible, quand on pense à l'importance croissante des étoiles décanales au cours des siècles, qui fut particulièrement évidente pendant le MK et dont la continuation fut les horloges des tombes ramessides. L'étude comparative archéoastronomique de textes proposés ici doit révéler des informations utiles sur l'évolution des idées astronomiques en Égypte pendant le NK et spécialement l'ère ramesside tardive, une époque pendant laquelle la cosmovision de l'Égypte antique se transforma vers des voies plus pessimistes et parfois obscures, suivant le déclin accéléré de l'État après le règne de Ramesses III. Il serait intéressant de faire l'analyse statistique et globale de ces synthèses funéraires et de comparer la

[17] Voir à ce propos le Chapitre I, § 2 & les nn 51-58.

fréquence avec laquelle les divers termes à la fois astronomiques et cosmovisionnels y apparaissent, ainsi que leur fonction qui reflète l'évolution des conceptions astronomiques en Égypte antique pendant les siècles. L'analyse astronomique des hymnes à la fois solaires (celui à Atōn y compris) et destinés à l'exaltation des divinités cosmiques (Hathor, Amūn, & c.) serait aussi intéressante.

Ayant prouvé que le sol est très propre et fertile pour effectuer des comparaisons entre les textes orphiques et les compositions funéraires des Égyptiens, nous pourrions également proposer l'étude comparative de leurs idées astronomiques et cosmovisionnelles avec les idées analogues des philosophes présocratiques (soit Hērakleitos, Anaximandros, Anaximenēs, Thalēs, Xenophanēs, Parmenidēs, Empedoklēs[18], Zēnōn, Melissos, Pythagoras, & c.), principalement dans le domaine de leur cosmogonie/théogonie. Nous croyons que de telles comparaisons seront très prometteuses en ce qui concerne les éléments communs et l'étude de deux voies différentes de pensée cosmovisionnelle de l'Antiquité, qui furent quand même complémentaires. De cette façon, le mythe que les philosophes Hellènes visitèrent l'Égypte afin «d'être instruits» par les prêtres savants[19], sera situé sans aucun doute dans son propre cadre de signification seulement symbolique et métaphorique[20]. Enfin, il serait utile dans le futur proche d'étudier la Météorologie, la Géologie et la Géographie des Orphiques au niveau d'une thèse doctorale.

Il faudrait remarquer que des recherches sérieuses et rigoureuses sur le problème de l'orientation presque exacte des grandes pyramides (relativement aux points cardinaux) nous attendent dans un futur proche, afin de le résoudre définitivement. Dans notre étude nous avons démontré que notre approche envers ce problème doit être à la fois correcte et orthodoxe du point de vue scientifique et archéoastronomique. Il est inacceptable d'essayer de «résoudre» de tels problèmes en construisant des scénarii faux, arbitraires et irraisonnables. La vérité doit être plus simple que nous le croyions et il ne faut pas oublier que non seulement une méthode stellaire, mais également une méthode solaire serait aussi probable.

Enfin, les comparaisons déjà proposées par Derchain et Hornung —sur les analogies philosophiques entre les divinités égyptiennes et les fonctions–onde des particules selon la Mécanique Quantique moderne— doivent être reprises dans le niveau épistémologique plus technique (du point de vue mathématique), un projet que nous espérons entreprendre dans le futur. De cette façon, ces notions interdisciplinaires très intéressantes seront présentées plus intégrées dans leur propre cadre de la théorie des opérateurs, qui implique le *principe de l'incertitude* de Heisenberg[21]. En effet, nous croyons que peu de comparaisons philosophiques restent à être faites entre le domaine de l'Astronomie et de la Cosmologie modernes et les idées cosmovisionnelles et cosmogoniques égyptiennes, après notre étude et l'analyse érudite des conceptions astronomiques que Neugebauer et Parker ont fait du *pCarlsberg I* et des textes astronomiques du NK tardif[22].

---

[18] Voir BARTEL, 2003: 49-59.
[19] Voir à ce propos une discussion préliminaire dans ANTONIADI, 1934: 21-44.
[20] Comme déjà bien conçu par Sauneron (voir SAUNERON, ^{3}2000: 110-15).
[21] Sur ces conceptions quantiques, voir le Chapitre II, § 4.4 & les nn 231-32; sur les travaux de Derchain et Hornung, voir le Chapitre I, n. 92, *supra*.
[22] Voir *EAT*, I: chap. 2 & tabs. 44-51; cf. aussi la n. 49 du Chapitre V, *supra*.

ÉPILOGUE

Figure 1: Le diptyque archétypique Rēʻ/Osiris [symbolisant l'interdépendence entre les traits solaires et astrales de la réligion égyptienne, soit entre la lumière (jour) et l'obscurité (nuit)], en leur union supersubstantielle qui prenait place périodiquement chaque jour pendant le passage nocturne du dieu solaire criomorphe par l'Hadès. Les sœurs/épouses divines Isis et Nephthys supportent et embrassent le(s) dieu(x) de la résurrection. Peinture de la tombe de Nefertiry, inspirée par le *Livre de la Litanie du Soleil* (Vallée des Reines, QV 66, c. 1250 BCE).

LES ASTRES DANS LES TEXTES RELIGIEUX EN ÉGYPTE ET DANS LES *HYMNES ORPHIQUES*

Porter un regard à la fois plus global et plus moderne sur les notions astronomiques et cosmovisionnelles —telles qu'elles se revèlent à partir de l'étude comparative des textes religieux (*PT* & *CT*) et profanes (*Conte du Naufragé*, *Aventures de Sinūhe*, *Corpus de Poèmes d'Amour*) égyptiens et des *Hymnes Orphiques* helléniques—, s'affranchir d'idées préconçues et quelquefois vieilles —renforcées parfois par une tradition normative, qui fut toutefois utile (si l'on pense au travail monumental de Neugebauer et Parker[1])— sur les vraies connaissances astronomiques en Égypte pharaonique, ainsi que répondre aux mystifications des afrocentristes —dont l'imagination a surpassé toutes les limites de la raison et même de la méthodologie scientifique—, furent nos objectifs principaux dans ce travail. Le fond original pour notre étude synthétique et comparative a été constitué par les méthodes interdisciplinaires (provenant à la fois des Sciences et de l'Égyptologie, s'étant unifiées de manière féconde d'après notre double spécialité scientifique) dont on a fait usage afin d'atteindre notre but.

Notre étude est plus comparative et globale que spécifique sur l'examen en détail et en profondeur des éléments astronomiques qui se trouvent dans chacune des grandes synthèses funéraires (principalement les *PT* et les *CT*), une chose que d'autres chercheurs ont déjà faite[2]. Elle offre toutefois l'indispensable base théorique pour l'analyse statistique de la fréquence avec laquelle les termes, les notions et les mythèmes astronomiques et cosmovisionnels se rencontrent dans les textes funéraires et profanes étudiés. Cette base s'avère très utile pour la compréhension de l'évolution de la pensée astronomique égyptienne au cours des siècles. Nous avons vu que cette évolution entre l'OK et le MK n'était pas si radicale, bien que certaines notions et conceptions fussent transformées considérablement au cours du temps.

Suivant les brillantes opinions du Profeseur James P. Allen en ce qui concerne la nature et la quintessence des textes funéraires égyptiens[3], nous avons osé en pleine pertinence épistémologique une comparaison philosophique entre les modernes notions scientifiques de l'Astronomie et de la Cosmologie et quelques idées analogues (très inspirées) trouvées dans les textes funéraires étudiés

---

[1] Voir NEUGEBAUER & PARKER, *EAT*, **I-III**, 1960-69.

[2] Voir, par exemple, notre discussion dans le Chapitre I, § 2, *supra*.

[3] Voir ALLEN, 1988a: 56: «Though primarily funerary or "religious" in purpose, [...] they amount to a sourcebook of ancient Egyptian Physics. This is because they deal with, or at least reflect, the Egyptian understanding of what the Universe is like, how it works, and how it came to be. Unlike classical Newtonian Physics, however —but increasingly like modern Physics— the Egyptian explanations are more *metaphysical* than physical. They are concerned primarily with what lies beyond physical reality. There are other differences as well. The Egyptian documents reflect a subjective rather than objective view of reality: concepts are expressed not in terms of mechanical forces and physical elements but in human terms, as the wills and personalities of sentient beings (the gods). And none of the Egyptian sources is the record of scientific or philosophical speculation for its own sake. All serve some practical end, whether the worship of god or the attempt to secure a successful afterlife for the dead. Yet there is at base a fundamental sameness between the Egyptian record and our own more familiar tradition. Like later philosophers and scientists, the Egyptian thinkers must have speculated, discussed, and passed on their concepts to subsequent generations». Cf. aussi WALLENWEIN, 1995; HERMSEN, 1996: 5-16.

ici. Nous croyons que cet effort —vu sous le prisme épistémologique— est bien utile, tout en montrant l'inspiration unique et extraordinaire dont tant de prêtres Égyptiens jouissaient. En général, l'intuition et le symbolisme archétypique utilisé par les prêtres–astronomes anciens furent remarquables et determinèrent le cadre pré–scientifique dans lequel prit place l'évolution de l'Astronomie en Égypte. Leurs connaissances, étant suffisantes afin de pouvoir décrire l'Univers et le Cosmos proche de la Terre en allégories cosmovisionnelles inspirées, ne leur permirent néanmoins d'être capables de présenter des modèles tout à fait scientifiques (au sens moderne du terme, qui se fonde sur la raison), contrairement à ce qu'ont pensé certains mystificateurs.

L'étude des *Hymnes Orphiques*, quant à leurs éléments astronomiques et cosmovisionnels qui abondent, a montré la richesse de la pensée hellénique, ainsi que le niveau proto–scientifique de la pensée astronomique des Hellènes. Les conceptions astronomiques qui se rencontrent dans ces textes datent du 2e Millénaire BCE, comme feu M^{r} le Dr Kōnstantinos Chasapēs l'avait correctement demontré[4]. Ici nous avons corrigé quelques erreurs de son étude, en démontrant que le temps plus probable de leur origine doit être la chronologie c. 1300 BCE. Il est sûr, d'après des études archéoastronomiques récentes[5], que l'évolution des idées astronomiques et les méthodes pratiques de l'observation du ciel (principalement pour des raisons de navigation maritime) fut très rapide et offrit les prémiers et les plus anciens modèles proto–scientifiques. Nous constatons qu'à la fois Égyptiens et Hellènes dotèrent le monde de l'esprit, la mythologie archétypique[6] et la science avec des dons uniques et valables.

Notre livre arrive à sa fin, mais l'étude et la recherche ne s'arrêtent jamais. Pour nous elle fut une quête excellente, intéressante et unique, pendant laquelle les conseils de nos directeurs de thèse et leur aide fut déterminante. Nous espérons que les lecteurs trouveront dans cet ouvrage —qui a été écrit avec notre amour profond pour l'Égypte— une base solide pour la compréhension de l'évolution des idées astronomiques et cosmovisionnelles et leur comparaison à la fois avec les analogues orphiques et les analogues de la Science moderne. L'Égypte reste toujours notre étoile d'orientation, comme un astre ancien, tout brillant: *sbꜣ pw ꜥꜣ, rmnwty Sꜣḥ, psḏ m ḳbḥw m-m nṯrw nw pt*[7].

---

[4] Voir Χασαπησ, 1967.

[5] Voir, par exemple, la n. 294 du Chapitre IV, *supra*.

[6] Voir Allen, 1988a: 63: «[…] from the first "phenomenological" explanations, to more sophisticated concepts of development and in–formation, and ultimately to the notion of a transcendent first cause […]. Far from being competing systems of thought (such as those of the early [Hellenic] philosophers), the Egyptian creation accounts are facets of a persistently uniform understanding of what the Universe is and how it came to be. [These] texts […] are more remarkable for their ultimate compatibility than for their differences (historical or otherwise). Like differently coloured bits of glass, viewed whole, they fit together into a single startling mosaic of ancient Egyptian thought». Allen note que la nature propre des mythes cosmogoniques égyptiens différait de celle des écoles philosophiques helléniques.

[7] Voir e.g.: *PT*, **466**, §§ 882a-883d: 162 et *PT*, **474**, §§ 939a-941c: 181-182; cf. *CT*, **I**: 44, §§ 187f-188d: «*iꜣ Wsir* N! *hꜣ.k, wꜥb.k ḥnꜥ Rꜥ, m-ẖnw* […], *wnẖ.k wꜥbw tp ibw hnꜥ ꜥnẖ m tꜣyt.f; šn* N *pn in Sꜣḥ, in Spdt, in <nṯr->dwꜣy, di.sn ṯw m-ẖnw ꜥwy mwt.k Nwt*» [B12C].

TABLES

Figure 1: Le grand zodiaque (circulaire, D = 1.5 m) de Dendara (*Iwnt*), représentant une carte du ciel qui date de 50 BCE (voir AUBOURG, 1995: 1-10; LENTHÉRIC, 1996: 183-205; CAUVILLE, 1997: 7-38). Les 12 constellations zodiacales, les plus importantes astérismes boréaux (UMa, UMi, Dra, & c.), les décans d'Orion et de Sōthis, l'étoile Canopus (copt.: ⲡⲥⲟⲩ ⲛϩⲱⲣ) et d'autres décans et constellations australes, les 5 planètes connues à cette époque, ainsi que deux éclipses (une solaire et une lunaire) y sont correctement figuré(e)s. Musée du Louvre (et Temple d'Hathor à Dendara), PP tardive.

LES ASTRES DANS LES TEXTES RELIGIEUX EN ÉGYPTE
ET DANS LES *HYMNES ORPHIQUES*

1. TABLES RÉCAPITULATIVES DES CORRESPONDANCES ASTRONOMIQUES

TABLE 1: Les constellations disparues[1-2].

NOM	POSITION
Antinoûs	Entre le Capricorne et le Serpent
Argo (Le Navire)	Poupe, Carène, Voiles & Boussole
Le Ballon Aérostatique	Entre le Poisson Austral et le Capricorne
Le Cadran Solaire	Entre l'Hydre Mâle et la Dorade
Cerère	Entre Hercule et le Cygne
Le Chat	Entre la Machine Pneumatique et l'Hydre
Le Flamant	À coté du Poisson Austral
Frederici Honores	Entre Andomède, Céphée et Cassiopée
La Grive Solitaire	À coté de l'Hydre
La Harpe de George	Entre l'Éridan et le Taureau
L'Imprimerie	À coté du Grand Chien
La Machine Électrique	Au Sud de la Baleine
Messier	Entre la Girafe, Cassiopée et Céphée
Mons Mænalus	Entre le Bouvier et Hercule
Le Petit Télescope de Herschel	Entre le Taureau et Orion
Le Petit Triangle	Au Sud du Triangle
Quadrant Mural	Entre le Bouvier et le Dragon
Le Renne	Entre la Girafe et Céphée
Le Sceptre	Entre le Lézard et Céphée
Sceptrum Brandenburgicum	À l'Ouest du Lièvre
Le Taureau Royal	Entre Ophiucus et l'Aigle

[1] ALLEN, [2]1963. [2] ΠΛΑΚΙΔΗΣ, 1992: 961.

TABLE 2: Les constellations modernes selon l'IAU et leurs correspondances avec des décans, des pseudodécans et quelques constellations égyptiennes[1-17] [*** = inconnu].

#	NOM & SYMBOLE		NOM MODERNE	CORRESPONDANCE(S)
1	Andromeda	And	Andromède	***
2	Antlia	Ant	Machine Pneumatique	*H̱ry ẖpd n Knmt?*
3	Apus	Aps	Oiseau de Paradis	***
4	*Aquarius*	*Aqr*	*Verseau*	*Zrt* (N) / *Ỉ3ẖw?*
5	Aquila	Aql	Aigle	*Smd?*
6	Ara	Ara	Autel	***
7	*Aries*	*Ari*	*Bélier*	Crocodile 1 (S) / *Ḥtp-rdwy*
8	Auriga	Aur	Cocher	Lion (E) / Crocodile 2 (S)
9	Boötes	Boo	Bouvier	***
10	Cælum	Cae	Burin	***
11	Camelopardalis	Cam	Girafe	***
12	*Cancer*	*Cnc*	*Cancer*	*Sb3w nw mw* (= M44)
13	Canes Venatici	CVn	Chiens de Chasse	***
14	Canis Major	CMa	Grand Chien	*Spdt*
15	Canis Minor	CMi	Petit Chien	***
16	*Capricornus*	*Cap*	*Capricorne*	*Zrt* (S) / *Smd?*
17	Carina	Car	Carène	***
18	Cassiopeia	Cas	Cassiopée	*Nẖt?*
19	Centaurus	Cen	Centaure	*Šspt?*
20	Cepheus	Cep	Céphée	*Ḏ3mt* (N)
21	Cetus	Cet	Baleine	*5-nwt-ẖt*
22	Chamæleon	Cha	Caméléon	***
23	Circinus	Cir	Compas	***
24	Columba	Col	Colombe	*ꜥbwt* (S)
25	Coma Berenices	Com	Chevelure de Bérénice	***
26	Corona Australis	CrA	Couronne Australe	***
27	Corona Borealis	CrB	Couronne Boréale	***
28	Corvus	Crv	Corbeau	***
29	Crater	Crt	Coupe	***
30	Crux	Cru	Croix du Sud	***
31	Cygnus	Cyg	Cygne	*Ḏ3mt* (S)
32	Delphinus	Del	Dauphin	***
33	Dorado	Dor	Dorade	***
34	Draco	Dra	Dragon	*Rrt*
35	Equuleus	Equ	Petit Cheval	***
36	Eridanus	Eri	Éridan	*ꜥryt, H̱ry ꜥryt*
37	Fornax	For	Fourneau	***
38	*Gemini*	*Gem*	*Gémeaux*	*Sb3wy*
39	Grus	Gru	Grue	***
40	Hercules	Her	Hercule	***
41	Horologium	Hor	Horloge	***
42	Hydra	Hya	Hydre Femelle	*Nsrw?*
43	Hydrus	Hyi	Hydre Mâle	***
44	Indus	Ind	Indien	***
45	Lacerta	Lac	Lézard	***

46	*Leo*	*Leo*	*Lion*	*M3i / Ḏrt?*
47	Leo Minor	LMi	Petit Lion	***
48	Lepus	Lep	Lièvre	*ʿbwt & S3ḥ* (S)
49	*Libra*	*Lib*	*Balance*	*Ỉpšs?, Bk3ty?, Zbšsn?*
50	Lupus	Lup	Loup	*Ỉnp?*
51	Lynx	Lyn	Lynx	***
52	Lyra	Lyr	Lyre	***
53	Mensa	Men	Table	***
54	Microscopium	Mic	Microscope	***
55	Monoceros	Mon	Licorne	***
56	Musca	Mus	Mouche	***
57	Norma	Nor	Règle	***
58	Octans	Oct	Octant	***
59	Ophiuchus	Oph	Ophiucus	***
60	Orion	Ori	Orion	*S3ḥ* (N), *H̱rt wʿrt*
61	Pavo	Pav	Paon	***
62	Pegasus	Peg	Pégase	***
63	Perseus	Per	Persée	Lion(O) / Crocodile1(N)
64	Phœnix	Phe	Phénix	***
65	Pictor	Pic	Peintre	***
66	*Pisces*	*Psc*	*Poissons*	*B3iw?*
67	Piscis Austrinus	PsA	Poisson Austral	***
68	Puppis	Pup	Poupe	*Knmt?, S3wy Knmt?*
69	Pyxis	Pyx	Boussole	***
70	Reticulum	Ret	Réticule	***
71	Sagitta	Sge	Flèche	***
72	*Sagittarius*	*Sgr*	*Sagittaire*	*Ḥry-ib wi3 / Šsmw?, Ḳdty*
73	*Scorpius*	*Sco*	*Scorpion*	*Wi3 & Ṯms n Ḫntt / Nṯr w3š*
74	Sculptor	Scl	Sculpteur	***
75	Scutum	Sct	Écu	***
76	Serpens	Ser	Serpent	***
77	Sextans	Sex	Sextant	***
78	*Taurus*	*Tau*	*Taureau*	*ʿrt* / Crocodile 2 (S) / Oiseau (= M45)
79	Telescopium	Tel	Télescope	***
80	Triangulum	Tri	Triangle	Crocodile 1
81	Triangulum Australe	TrA	Triangle Austral	***
82	Tucana	Tuc	Toucan	***
83	Ursa Major	UMa	Grande Ourse	*Msḫtyw / ʿnw / Dwn-ʿnwy* (copt.: **ⲡⲓϣⲏⲣⲓ ⲛⲧⲉ ⲁⲃⲓⲁ**)
84	Ursa Minor	UMi	Petite Ourse	*Mnity / Nwḥ*
85	Vela	Vel	Voiles	***
86	*Virgo*	*Vir*	*Vierge*	*Srḳt / Tmt?, Bk3ty?, Wš3t*
87	Volans	Vol	Poisson Volant	***
88	Vulpecula	Vul	Petit Renard	***

[1] CHATLEY, 1940: 121-25. [2] EISLER & CHATLEY, 1941: 149-52. [3] DAVIS, 1985: S102-04. [4] DARESSY, 1915: 1-34. [5] NEUGEBAUER & PARKER, *EAT*, **III**, 1969: 183-202. [6] LOCHER, 1985: S152-53. [7] LOCHER, 1990: S49-51. [8] LOCHER, 1991: 216-17. [9] LOCHER, 1993a: 279-84. [10] LOCHER, 1981: S73-75. [11] WAINWRIGHT, 1932: 373-83. [12] BAKER, [5]1984: 86-143. [13] LULL, 2004: 73-77. [14] RIDPATH & TIRION, [2]1986: 68-275. [15] DELPECH–LABORIE, 1941: 251 ff. [16] DELPORTE, 1942: 91-94. [17] SIDARUS, 1999: 398 ff.

TABLE 3: Les décans en Égypte antique, selon les sarcophages aux horloges diagonales du Moyen Empire[1–14] (cf. aussi la Table 2).

#	DÉCAN ÉGYPTIEN	DIVINITÉ DÉCANALE	NOM COPTO -HELLÉNIQUE	CONSTELLA-TION(S)
1	*Ṯmꜣt Ḥrt*	*Dwꜣ mwt.f*	ⲧⲱⲙ	Vir?
2	*Ṯmꜣt Ḫrt*	*Dwꜣ mwt.f*	ⲧⲱⲙ	Vir?
3	*Wšꜣt Bkꜣt, Wšꜣty-Bkꜣty*	*Dwꜣ mwt.f,Ḥꜥpy*	ⲟⲩⲉⲥⲧⲉ, ⲃ(ⲓ)ⲕⲱⲧⲓ	Lib?
4	*Ỉpḏs, Šspt*	*Dwꜣ mwt.f*	ⲁⲫⲟⲥⲟ, ⲥⲟⲩⲭⲱⲥ?	Cen?
5	*Sbšsn, Tpy-ꜥ Ḫntt*	*Ḥr*	ⲧⲡⲏⲭⲟⲛⲧⲓ	Lib?
6	*Ḫntt Ḥrt*	*Ḥr*	ⲭⲟⲛⲧⲁⲣ(ⲉ)	Ari?
7	*Ḫntt Ḫrt*	*St*	ⲭⲟⲛⲧⲁⲭⲣⲉ	Ari?
8	*Ṯms n Ḫntt*	*Ḥr*	———	Sco
9	*Ḳdty, Spty, Spty Ḫnwy*	*Ỉst, Nbt-ḥwt*	ⲥⲡⲧⲭⲛⲉ	Sgr, Sco
10	*Ḫnwy*	*Ỉst, Nbt-ḥwt?*	———	Sgr, Sco
11	*Ḥry-ib Wiꜣ*	*Stḫ*	ⲣⲏⲟⲩⲱ	Sgr
12	*Zšmw*	*Stḫ*	ⲥⲉⲥⲙⲉ	Sgr, Cap
13	*Knm, Tpy-ꜥ Smd*	4 fils d'Horus*	ⲕⲟⲛⲓⲙⲉ	Sgr, Cap
14	*Smd Zrt*	*Ḥꜥpy*	ⲥⲙⲁⲧ	Sgr, Cap
15	*Zrt*	*Ỉst*	ⲥⲣⲱ	Aqr, Cap
16	*Zꜣwy Zrt*	*Dwꜣ mwt.f*	ⲥⲓⲥⲣⲱ	Aqr, Cap
17	*Ḫry ḫpd Zrt*	*Ḳbḥ-snw.f*	———	Aqr, Cap
18	*Tpy-ꜥ ꜣḫ(wy)*	*Dwꜣ mwt.f*	ⲧⲡⲏⲭⲩ	Aqr
19	*ꜣḫwy*	*Dwꜣ mwt.f*	ⲭⲩ	Aqr
20	*Ỉmy-ḫt ꜣḫwy*	*Dwꜣ mwt.f?*	———	Aqr
21	*Bꜣwy, Ḫntw Ḥr(w)*	*Ḥꜥpy, Ỉmsty*	ⲃⲓⲟⲩ, ⲧⲡⲏⲃⲓⲟⲩ	Cet
22	*Ḳd, Zꜣwy Ḳd*	*Ḥꜥpy, Ḳbḥ snw.f*	ⲥⲓⲕⲉⲧ	Cet
23	*Ḫꜣw*	4 fils d'Horus*	ⲭⲱⲟⲩ	Cet
24	*ꜥryt*	*Ỉrt-Ḥr*	ⲉⲣⲱ	Eri
25	*Ḫry ꜥryt*	*Ỉrt-Ḥr?*	ⲉⲣⲱ	Eri
26	*Rmn ḥry, Rmn ḥry Sꜣḥ, Ṯs ꜥrḳ*	*Wsir*	ⲣⲉⲙⲉⲛⲁⲁⲣⲉ	Ori
27	*Rmn ḫry, (Rmn ḫry)Sꜣḥ*	*Wsir*	ⲑⲟⲥⲟⲗⲕ	Ori
28	*ꜥbwt*	4 fils d'Horus*?	———	Col, Lep
29	*Ḥrt Wꜥrt*	*Ỉrt-Ḥr*	ⲟⲩⲁⲣⲉ	Ori
30	*Tpy-ꜥ Spdt*	*Spdt, Ỉst*	ⲥⲱⲑⲓⲥ	CMa
31	*Spd, Tpy-ꜥ Knmt, Štwy*	*Spdt, Ỉst, Gb*	ⲥⲱⲑⲓⲥ, ⲥⲓⲧ	CMa
32	*Knmt*	*Bꜣ, Ỉst*	ⲭⲛⲟⲩⲙⲓⲥ	Pup
33	*Zꜣwy Knmt*	*Ỉst?*	———	Pup
34	*Ḫry ḫpd n Knmt*	*Ỉst*	ⲭⲁⲣⲭⲛⲟⲩⲙⲓⲥ	Ant
35	*Ḥꜣt Ḫꜣw, Ḥꜣt Ḏꜣt*	*Dwꜣ mwt.f*	ⲏⲧⲏⲧ	Ant
36	*Pḥwy Ḫꜣw, Pḥwy Ḏꜣt*	4 fils d'Horus*	ⲫⲟⲩⲧⲏⲧ	Ant

[1] NEUGEBAUER & PARKER, *EAT*, **I**, 1960: 23-25 & pls 26-29. [2] BUDGE, [2]1969, **II**: 304-10. [3] NEUGEBAUER & PARKER, *EAT*, **III**, 1969: 6-174. [4] LOCHER, 1993: 279-84. [5] NEUGEBAUER, 1955a: 47-51; NEUGEBAUER, 1983: 205-10. [6] BÖKER, 1984: 189-217. [7] BRUGSCH, [1]1883: 166-67; GUNDEL, 1936. [8] DARESSY, 1900: 79-90. [9] *LÄ*, **I**, 1975: 1036-37. [10] HORNUNG, 1975a: 33-37. [11] CHRISTIANSEN, 1992: 1-27. [12] KÁKOSY, 1982: 187-91. [13] EISLER & CHATLEY, 1941: 149-52. [14] MEAD, [2]1992, ***III***: 28-33.

* Sur les quatre fils d'Horus comme étoiles, voir les références dans *LÄ*, **III**, 1977: 52-53.

TABLE 4. Les astérismes égyptiens anciens et les décans, d'après Belmonte [BELMONTE, 2003b: 31-36] corrigés par Maravelia. Pour chaque constellation, on donne sa numérotation, son nom hiéroglyphique avec translitération et traduction (*mutatis mutandis*), ainsi que quelques commentaires utiles. On se fonde sur l'analyse des horloges diagonales [DC], des cercueils du MK, des horloges ramessides [RC], des plafonds astronomiques, des textes funéraires [*PT*, *CT*, *BD*] ou d'autres représentations graphiques [GR].

#		CONSTELLATION	COMMENTAIRES
1		*S3ḥ* Sah (Osiris/Orion)	Au sud d'Orion (DC, *PT*, *CT*, *BD*). Le signe *s3ḥ* est visible aux 3 étoiles de la ceinture et d'épée [LOCHER, 1983].
2	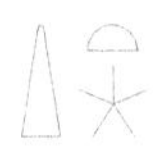	*Spdt* Triangle (Sōthis)	Sirius et ses compagnons (DC, *PT*, *CT*, *BD*). Sōthis (*Spdt*) pourrait signifier *Celle-du-Triangle*[1]. Aussi dans RC.
3		*Knmt* La Vache (?)	Canis Major. Peut-être une alternative à la figure humaine de Sōthis (DC). Cette traduction n'est pas certaine.
4		*Ἰy ḥr-s3 Sb3 n Spdt* Suivant du Triangle	Procyon, qui suit Sirius sur le ciel (ou peut-être Betelgeuse?) (RC). Serait-il α–Ori l'*étoile grande*[2] (*sb3 ʿ3*) de *PT*?
5	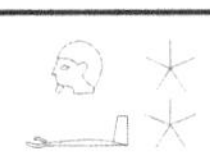	*Tpy-ʿ Sb3wy* Prédécesseur de Deux Étoiles	Alhena, dans Gemini (RC).
6		*Sb3wy* Paire d'Étoiles	Très probablement les Gémeaux, soit Castor & Pollux (RC).
7	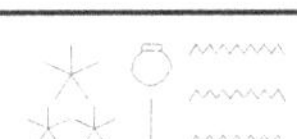	*Sb3w nw mw* Étoiles de l'Eau	L'amas de *Præsepe* (M44) en Cancer, qui présente un aspect aquatique sur le ciel (RC).
8	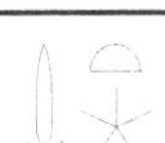	*Ḏ3t* Le Bac	Parts d'Argo Navis[3] (DC). Pendant le MK il s'appelait *Ḫ3w* (*CT*).
9	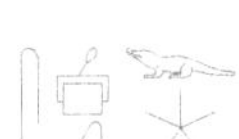	*Sḳ* Le Crocodile Seq	Notre Hydre (GR). Le lion avec un crocodile dessous semble à l'image de Leo avec Hya.
10	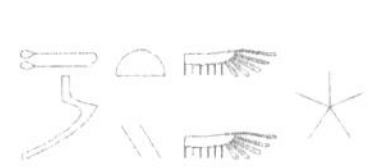	*Ṯm3ty* Les Deux Ailes (?)	Une Croix Fausse, dans la région d'Argo Navis (DC). Cette traduction n'est pas certaine.
11		*M3i* Le Lion	Notre Lion (RC). Identification presque sûre. Dans certaines représentations il a une queue de crocodile.
12	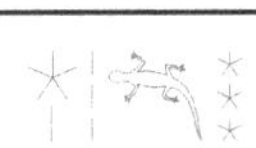	*Sb3w ʿš3w* Multitude d'Étoiles	Identification problématique (RC). Peut-être un amas en Coma ou dans Corvus.
13[A]		*Wš3ty-Bk3ty* Les Deux Jumeaux et Les Deux Enceintes	Les 4 étoiles brillantes de Crux (DC), les plus brillantes étant les Enceintes. Tardivement divisé en deux.

13B	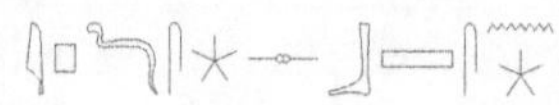	*Ỉpḏs-Zbšsn* ?	Respectivement β–Centauri & α–Centauri (DC). Ces étoiles devraient avoir une importance certaine.
14		*Srḳt* La Déesse Selqet	Peut-être notre constellation Virgo (GR). Spica serait l'étoile (*T̠3-nfr* (RC).
15	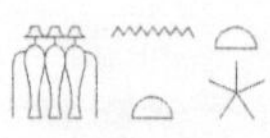	*Ḫntt* Le Front	Traduit par Locher comme *Prow of the Boat* (DC). Peut-être le Scorpion de quelques plafonds astronomiques (GR).
16	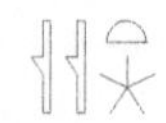	*Ḳdty* Les Deux Filets	Un d'entre eux pourrait être Corona Australis (DC). L'identification reste toujours problématique.
17	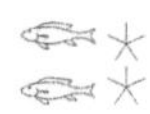	*Ḫnwy* Deux Poissons Khenuy	α–Sgr & β–Sgr (DC). Cette paire d'étoiles est près d'un des filets, prête à être pêchée.
18		*Wỉ3* La Barque	Capricornus (DC). Probablement étendue jusqu'au Sagittarius. Selon Locher [LOCHER, 1983], elle comprend à la fois Sgr et Sco.
19	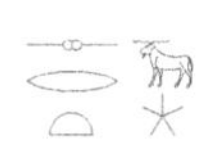	*Zrt* Le Mouton	Dans la région de Grus (DC). Selon Locher [LOCHER, 1983], identique à notre Capricorne.
20		*Nḫt* Le Puissant (Géant[4])	D'Aquila jusqu'au rectangle de Pegasus (RC). Il comprend ses ailes, sa massue et son piédestal. Cf. # 35, *infra*.
21		*3ḫwy* Les Deux Esprits *3ḫ*	Difficile à identifier. Il pourrait correspondre aux étoiles faibles dans la région de Sculptor (RC).
22		*B3wy* Les Deux Âmes *b3ỉ*	Une paire d'étoiles dans Cetus (DC), entre β–Cet & ζ–Cet. Le décan *Ḫntw* est apparu après dans la même région.
23	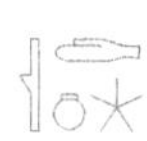	*Ḳd* La Bergerie	La tête de Cetus a une apparence circulaire (DC & GR). Il s'agit peut-être du «kraal» de troupeau.
24	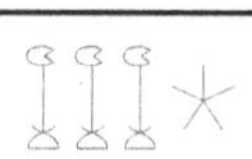	*Ḫ3w* Myriades de Troupeau	Peut-être l'amas des *Pléiades* (DC & RC). Voir quand même LOCHER, 1990: S49-51.
25		*ʿrt* La Mâchoire (?)	Peut-être l'amas ouvert des *Hyades* (DC). C'est bien probable.
26	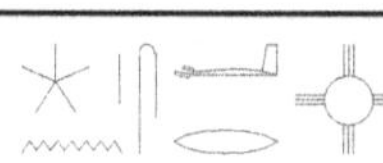	*Sb3 n Sʿr* Étoile de Saʿr (Feu?)[5]	Capella (plus probablement) ou Aldebaran (s'il n'appartient pas à # 25).
27		*3pd* L'Oiseau	Triangulum —la pointe— et Perseus (RC). Peut-être l'oiseau des quelques plafonds astronomiques des tombes.

28		*ˁryt* Les Deux Mâchoires (?)	Cassiopeia (RC). Il ne faut pas le confondre avec # 25. La traduction est problématique.
29		*ˁnw* Horus comme Anu	La plus grande partie de Cygnus, selon GR, comme l'on a déjà vu *supra*. Arcturus pourrait-il appartenir à Anu[6]?
30		*Msḫtyw* La Cuisse (Jambe) du Taureau	Sans aucun doute la partie plus connue de Ursa Major. Une des haches célestes (*PT*). Mizar serait-il *Ṯ3-nfr*[7]?
31	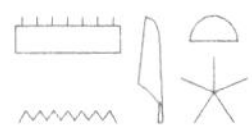	*Mnit* L'Amarre	Entre Ursa Major et l'Hippopotame Céleste (GR). L'étoile *Mnit* serait-elle Alkaid (RC)[6]?
32	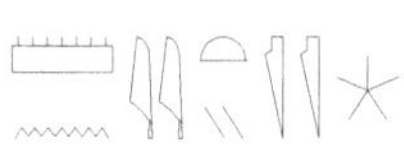	*Mnity* Les Deux Amarres	Ils marquent la position du Pôle Céleste Nord pendant l'OK et le NK (voir *supra*). Serait-il possible que UMi ait été la deuxième hâche céleste (*PT*)[6]?
33	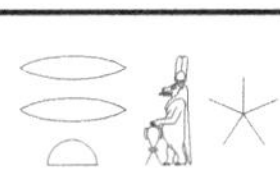	*Rrt (3st d3t Mwt ḥb-pt)* L'Hippopotame Céleste	Identifié correctement par Locher, comme discuté ci-dessus, à Draco.
34		*Ḏ3mt* Un 2e Crocodile	Le crocodile à l'arrière de la déesse hippopotame *Rrt* (GR). Identifié par Locher comme parties de Cygnus et Cepheus.
35		——— Homme/Dieu Débout (?)	Présent seulement en GR. Serait-il Shū[8]? Il pourrait être identique à # 20.
Nwt		*Nwt* La déesse céleste Nūt	La voûte céleste (GR, *PT*, *CT*, *BD*) et à la fois la Galaxie, selon divers auteurs[9].

[1] Cf. BEAUX, 1994: 61-72, où une méthode de triangulation pour observer le lever héliaque est discutée. [2] Non, sans aucun doute. Elle ne pourrait pas être Sirius (cf. par exemple WAINWRIGHT, 1936: 45-46); selon Krauss, il s'agit d'*Aldebaran* (voir KRAUSS, 1997: 204). Sur la conception tout à fait différente de l'*étoile grande* (*MUL.GAL*) en Mésopotamie, comme *météorite/bolide*, voir BJORKMAN, 1973: 99-101. [3] Une constellation disparue, correspondant approximativement à Carina; pour une histoire brève, voir ALLEN, [2]1963: 64-75. [4] L'idée archétypique du géant lié à un phénomène astronomique, notamment à la course diurne du Soleil, se rencontre aussi dans les psaumes (voir *Psalmi*, **xix**: 6-7): «Soli posuit tabernaculum in eis, [...] exsultavit ut gigas ad curendam viam. A finibus cælorum egressio eius et occursus eius usque ad fines eorum, [...] ». [5] Pourquoi la nommer comme cela? Sur *sˁr* et une variante, cf. *Wb.*, **IV**: 48. [6] Cela semble impossible; voir par exemple MARAVELIA, 2003d: 58 & fig. 2. Pour les haches célestes et l'impossibilité d'identifier l'une d'entre eux avec Ursa Minor, voir *op. cit.*: 68-69 & nn 88-94. Il est imprudent et non raisonnable de considérer *Rrt* si étendue sur la sphère céleste. À propos, ses proportions n'étaient jamais designées comme gigantesques sur les plafonds astronomiques d'aucune tombe (soit royale soit noble). [7] Comment cela pourrait être compatible avec ce qui a été déjà dit (cf. # 14) pour α–Virginis? [8] Pourquoi? Sur quels arguments faut-il identifier cette figure à Shū? [9] Voir KOZLOFF, 1992: 331-48; KOZLOFF, 1994: 169-76; WELLS, 1992: 305-21; MARAVELIA, 2003f: 66-70.

TABLE 5: Les constellations zodiacales[1–18] selon les Égyptiens, les Hellènes, les Babyloniens et les Romains (cf. aussi la Table 2, *supra*, où celles-ci sont imprimées en italiques).

#	CONSTELLATION & SYMBOLE [Hellas Ancienne & Rome]	ÉGYPTE	BABYLONE (& ASSYRIE)
1	Κριός/Aries [♈]	*Ḥtp-rdwy*	*HUNG.GA*
2	Ταῦρος/Taurus [♉]	*ʿrt*	*GU.AN.NA*
3	Δίδυμοι/Gemini [♊]	*Sbꜣwy*	*MAS.TA.BA / Lugal-irra & Meslamta-ea*
4	Καρκίνος/Cancer [♋]	*Sbꜣw nw mw*	*AL.LUL*
5	Λέων/Leo [♌]	*Mꜣi* / ⲙⲁϩⲓ	*UR.GU.LA*
6	Παρθένος/Virgo [♍]	*Srḳt* / ⲑⲟⲩⲙⲉ	*AB / Šala*
7	Ζυγός/Libra [♎]	*Ỉpšs?* / ⲙⲁϣⲓ	*ZI.BA.AN.NA*
8	Σκορπίος/Scorpius [♏]	*Ṯms n ḫntt* / ϭⲓⲱϯ	*GIR.TAB*
9	Τοξότης/Sagittarius [♐]	*Ḳdty* / ⲙⲁⲙⲡⲉϩ	*Pa-bil-sağ*
10	Αἰγόκερως/Capricornus [♑]	*Zrt* (S)	*SUHUR.MAS*
11	Ὑδροχόος/Aquarius [♒]	*Zrt* (N) / ⲣⲓⲧⲓⲑⲓ	*GU.LA*
12	Ἰχθῦς/Pisces [♓]	*Bꜣiw?*	*A-nu-nī-tu*

[1] NEUGEBAUER & PARKER, *EAT*, **III**, 1969: 203-12. [2] GUNDEL, 1992: 81-91. [3] HUNGER & PINGREE, 1989. [4] LOCHER, 1990: S49-51. [5] LOCHER, 1993: 279-84. [6] BELMONTE, 2001b. [7] BELMONTE, 2001c. [8] ΜΑΡΑΒΕΛΙΑ, 2003b: 285. [9] CALLATAŸ & DOLLFUS, 1968: 31. [10] BUDGE, [2]1969, **II**: 302-03. [11] MICHEL, 1994: 40. [12] LENTHÉRIC, 1996: 183-205. [13] AUBOURG, 1995: 1-10. [14] CAUVILLE, 1997. [15] BAKER, [5]1984: 86-143. [16] SIDARUS, 1999: 398-403. [17] BJORKMAN, 1973: 94 ff {e.g.: sur la notion de l'*étoile* [*kak-ka-bu* (cf. hébr.: כּוֹכָב)] et sur les météorites}. [18] BLACK & GREEN, [3]2003.

TABLE 6 (A): Les heures de la nuit (**0 + I-VI**), selon les horloges stellaires ramessides, d'après Belmonte [voir BELMONTE, 2003a: 57-65, Tab. 1], corrigées par Maravelia. En caractères gras sont indiquées les régions utilisées pour l'analyse ouranographique. Parfois des horloges diagonales sont utilisées (e.g.: *Sb3w ʿš3w* & *Ṯ3-nfr* ou *Tpy-ʿ S3ḥ* & *Sb3 n S3ḥ*) afin d'établir la distance angulaire entre les étoiles ou les astérismes.

Date	0	I	II	III	IV	V	VI
I *3ḫt* 1	*šwty nt nḫt*$_{5}$	*tp n ḥḏ nt nḫt*$_{2}$	*nḥbt.f*$_{4}$	*bgs.f*$_{4}$	*šḏḥ.f*$_{7}$	*pt.f*$_{5}$	*ʿryt*$_{4}$
I *3ḫt* 16	*tp nḫt*$_{5}$	*nḥbt.f*$_{5}$	*bgs.f*$_{4}$	*sḏḥ.f*$_{7}$	*pt.f*$_{4}$	*ʿryt*$_{5}$	*tp n 3pd*$_{4}$
II *3ḫt* 1 [Équinoxe d'Automne]	*nḥbt nḫt*$_{4}$	*bgs.f*$_{5}$	*šḏḥ.f*$_{4}$	*pt.f*$_{4}$	*ʿryt*$_{5}$	*tp n 3pd*$_{5}$	*kft.f*$_{4}$
II *3ḫt* 16	*bgs n nḫt*$_{4}$	*pd nḫt*$_{4}$	*pt.f*$_{4}$	*ʿryt*$_{5}$	*bʿnt n 3pd*$_{3}$	*kft.f*$_{4}$	*sb3 n ḫ3w*$_{5}$
III *3ḫt* 1	*pd nḫt*$_{4}$	*pt.f*$_{4}$	*ʿryt*$_{5}$	*tp n 3pd*$_{5}$	*kft.f*$_{4}$	*sb3 n ḫ3w*$_{4}$	*šb3 n sʿr*$_{4}$
III *3ḫt* 16	*pt*$_{4}$	*ʿryt*$_{5}$	*tp n 3pd*$_{4}$	*kft.f*$_{4}$	*sb3 n ḫ3w*$_{4}$	*sb3 n sʿr*$_{3}$	*tpy-ʿ S3ḥ*$_{4}$
IV *3ḫt* 1	*sb3 n s3 pt*$_{3}$	*tp n 3pd*$_{3}$	*kft.f*$_{5}$	*sb3 n ḫ3w*$_{7}$	*sb3 n sʿr*$_{7}$	*sb3 n S3ḥ*$_{3}$	*ỉy ḥr-s3 n Spdt*$_{4}$
IV *3ḫt* 16	*tp n 3pd*$_{4}$	*kft.f*$_{4}$	*sb3 n ḫ3w*$_{6}$	*b3 n sʿr*$_{6}$	*sb3 n S3ḥ*$_{4}$	*sb3 n Spdt*$_{7}$	*sb3wy*$_{1}$
I *Prt* 1 [Solstice d'Hiver]	*kft.f*$_{4}$	*sb3 n sʿr*$_{3}$	*tpy-ʿ sb3 n S3ḥ*$_{4}$	*sb3 n s3ḥ*$_{5}$	*ỉy ḥr-s3 n Spdt*$_{3}$	*sb3wy*$_{2}$	*sb3w nw mw*$_{2}$
I *Prt* 16	*tpy-ʿ sb3 n s3h*$_{1}$	*sb3 n S3ḥ*$_{1}$	*sb3 n Spdt*$_{4}$	*tpy-ʿ sb3wy*$_{4}$	*sb3wy*$_{2}$	*sb3w nw mw*$_{3}$	*tp m3i*$_{4}$
II *Prt* 1	*sb3 n S3ḥ*$_{1}$	*sb3 n Spdt*$_{6}$	*(tpy-ʿ) sb3wy*$_{6}$	*sb3w nw mw*$_{3}$	*tp m3i*$_{2}$	*sd.f*$_{2}$	*sb3w ʿš3w*$_{2}$
II *Prt* 16	*sb3 n Spdt*$_{4}$	*ỉy ḥr-s3 n Spdt*$_{7}$	*(tpy-ʿ) sb3wy*$_{6}$	*tp m3i*$_{1}$	*sd.f*$_{3}$	*sb3w ʿš3w*$_{4}$	*ṯ3-nfr*$_{4}$
III *Prt* 1	*(tpy-ʿ) sb3wy*$_{7}$	*sb3w nw mw*$_{3}$	*(tp n m3i)*$_{4}$	*s(d.f)*$_{5}$	*sb3w ʿš3w*$_{4}$	*(ṯ3-nfr)*$_{4}$	*(šmsw n ḥ3t mnỉt)*$_{3}$
III *Prt* 16	*sb3w nw mw*$_{4}$	*m3i*$_{5}$	*sd.f*$_{4}$	*sb3w ʿš3w*$_{4}$	*ṯ3-nfr*$_{4}$	*šmsw ḥ3t n mnỉt*$_{4}$	*mnỉt*$_{7}$
IV *Prt* 1 [Équinoxe de Printemps]	*tp m3i*$_{4}$	*sd.f*$_{3}$	*sb3w ʿš3w*$_{3}$	*ṯ3-nfr*$_{5}$	*šmsw ḥ3t mnỉt*$_{5}$	*šmsw ỉy ḥr-s3 mnỉt*$_{3}$	*rdwy n Rrt*$_{3}$
IV *Prt* 16	*(sd n) m3i*$_{5}$	*sb3w ʿš3w*$_{3}$	*ṯ3-nfr*$_{5}$	*šmsw ḥ3t mnỉt*$_{5}$	*šmsw ỉy mnỉt*$_{3}$	*rdwy n Rrt*$_{3}$	*pd.s*$_{4}$
I *Šmw* 1	*tpy-ʿ mnỉt*$_{6}$	*šmsw ḥ3t n mnỉt*$_{3}$	*mnỉt*$_{3}$	*šmsw mnỉt*$_{3}$	*rdwy n Rrt*$_{4}$	*pd.s*$_{4}$	*b3ḥ.s*$_{6}$
I *Šmw* 16	*šmsw (ḥ3t) n (nmnỉt)*$_{3}$	*mnỉt*$_{5}$	*šmsw mnỉt*$_{3}$	*rdwy n Rrt*$_{4}$	*pd.s*$_{4}$	*b3ḥ.s*$_{7}$	*ḫpd.s*$_{7}$
II *Šmw* 1	*(šmsw) n mnỉt*$_{4}$	*rdwy n Rrt*$_{4}$	*pd.s*$_{3}$	*b3ḥ.s*$_{4}$	*ḫpd.s*$_{3}$	*mndt.s*$_{3}$	*ns.s*$_{3}$
II *Šmw* 16	*rdwy n Rrt*$_{4}$	*pd.s*$_{4}$	*b3ḥ.s*$_{4}$	*ḫpd.s*$_{4}$	*mndt.s*$_{5}$	*ns.s*$_{5}$	*šwty.s*$_{6}$
III *Šmw* 1 [Solstice d'Été]	*b3ḥ n Rrt*$_{5}$	*ḫpd.s*$_{4}$	*mndt.s*$_{3}$	*ns.s*$_{4}$	*šwty.s*$_{4}$	*tpy-ʿ šwty nt nḫt*$_{4}$	*šwty nt nḫt*$_{5}$
III *Šmw* 16	*ḫpd n Rrt*$_{4}$	*mndt.s*$_{4}$	*ns.s*$_{4}$	*šwty.s*$_{4}$	*tpy-ʿ šwty nt nḫt*$_{4}$	*šwty nt nḫt*$_{5}$	*ḫ3b.f*$_{4}$
IV *Šmw* 1 [Erroné?]	*mndt nt Rrt*$_{6}$	*tpy-ʿ šwty nt (Nḫt)*$_{4}$	*ḥḏ nt nḫt*$_{4}$	*ḫ3b.f*$_{4}$	*bgs.f*$_{5}$	*pd.f*$_{4}$	*sbk.f*$_{4}$
IV *Šmw* 16	*wty nt Rrt*$_{6}$	*šwty nt (Nḫt)*$_{4}$	——$_{4}$	*nḥ(bt.f)*$_{4}$	*mn(dt.f)*$_{3}$	*bgs.(f)*$_{2}$	*s(bk.f)*$_{7}$

TABLE 6 (B): Les heures de la nuit (**VII-XII**), selon les horloges stellaires ramessides, d'après Belmonte [voir BELMONTE, 2003a: 57-65, Tab. 1], corrigées par Maravelia. En caractères gras sont indiquées les régions utilisées pour l'analyse ouranographique. Parfois des horloges diagonales sont utilisées (e.g.: *Sb3w ᶜš3w* & *Ṯ3-nfr* ou *Tpy-ᶜ S3ḥ* & *Sb3 n S3ḥ*) afin d'établir la distance angulaire entre les étoiles ou les astérismes.

Date	VII	VIII	IX	X	XI	XII
I *3ḫt* 1	*tp n 3pd*$_4$	*kft.f*$_3$	*sb3 n ḫ3w*$_4$	*sb3 n sᶜr*$_4$	*tpy-ᶜ S3ḥ*$_4$	*sb3 n S3ḥ*$_1$
I *3ḫt* 16	*kft.f*$_4$	*sb3 n ḫ3w*$_4$	*sb3 n sᶜr*$_5$	*tpy-ᶜ S3ḥ*$_4$	*sb3 n S3ḥ*$_4$	*sb3 n Spdt*$_1$
II *3ḫt* 1 [Équinoxe d'Automne]	*sb3 n ḫ3w*$_4$	*sb3 n sᶜr*$_3$	*tpy-ᶜ S3ḥ*$_3$	*sb3 n S3ḥ*$_3$	*sb3 n Spdt*$_5$	*tpy-ᶜ sb3wy*$_4$
II *3ḫt* 16	*sb3 n sᶜr*$_5$	*tpy-ᶜ S3ḥ*$_4$	*sb3 n S3ḥ*$_7$	*iy ḥr-s3 sb3 n Spdt*$_1$	*tpy-ᶜ sb3wy*$_1$	*sb3w nw mw*$_4$
III *3ḫt* 1	*tpy-ᶜ S3ḥ*$_4$	*sb3 n S3ḥ*$_3$	*iy ḥr-s3 sb3 n Spdt*$_5$	*tpy-ᶜ sb3wy*$_4$	*sb3w nw mw*$_4$	*tp m3i*$_4$
III *3ḫt* 16	*sb3 n S3ḥ*$_5$	*iy ḥr-s3 sb3 n Spdt*$_5$	*tpy-ᶜ sb3wy*$_4$	*sb3w nw mw*$_4$	*tp m3i*$_4$	*sd.f*$_4$
IV *3ḫt* 1	*tpy-ᶜ sb3wy*$_1$	*sb3wy*$_5$	*sb3w nw mw*$_6$	*tp m3i*$_7$	*sd.f*$_7$	*sb3w ᶜš3w*$_5$
IV *3ḫt* 16	*sb3w nw mw*$_3$	*tp m3i*$_3$	*sd.f*$_3$	*sb3w ᶜš3w*$_4$	*ṯ3-nfr*$_4$	*šmsw n ḥ3t n mnit*$_5$
I *Prt* 1 [Solstice d'Hiver]	*tp m3i*$_3$	*sd.f*$_4$	*sb3w ᶜš3w*$_5$	*šmsw n ḥ3t n mnit*$_1$	*mnit*$_3$	*šmsw mnit*$_3$
I *Prt* 16	*sd.f*$_5$	*sb3w ᶜš3w*$_4$	*šmsw n ḥ3t n mnit*$_1$	*mnit*$_3$	*šmsw mnit*$_1$	*pd n Rrt*$_1$
II *Prt* 1	*ṯ3-nfr*$_4$	*šmsw (n) ḥ3t mnit*$_4$	*mnit*$_4$	*rd n Rrt*$_3$	*pd.s*$_3$	*mnty.s*$_4$
II *Prt* 16	*šmsw (n) ḥ3t mnit*$_4$	*mnit*$_2$	*šmsw mnit*$_4$	*(pd n) Rrt*$_2$	*ḥry-ib n mnty.s*$_4$	*ḫpd.s*$_4$
III *Prt* 1	*šmsw mnit*$_3$	*rd n Rrt*$_3$	*pd.s*$_4$	*ḥry-ib n mnty.s*$_4$	*ḫpd.s*$_4$	*mndt.s*$_4$
III *Prt* 16	*rdwy n Rrt*$_5$	*pd.s*$_5$	*ḥry-ib n mnty.s*$_4$	*ḫpd.s*$_7$	*mndt.s*$_7$	*šwty.s*$_4$
IV *Prt* 1 [Équinoxe de Printemps]	*pd.s*$_5$	*ḥry-ib n mnty.s*$_4$	*ḫpd.s*$_4$	*mndt.s*$_6$	*ns.s*$_7$	*tpy-ᶜ šwty nt Nḫt*$_6$
IV *Prt* 16	*b3ḥ.s*$_4$	*ḫpd.s*$_7$	*mndt.s*$_6$	*ns.s*$_7$	*tpy-ᶜ šwty nt Nḫt*$_6$	*šwty nt Nḫt*$_4$
I *Šmw* 1	*ḫpd.s*$_7$	*mndt.s*$_6$	*šwty.s*$_6$	*tpy-ᶜ šwty nt Nḫt*$_6$	*šwty nt Nḫt*$_2$	*tp ḥḏ nt Nḫt*$_2$
I *Šmw* 16	*mndt.s*$_6$	*šwty.s*$_6$	*tpy-ᶜ šwty nt Nḫt*$_6$	*šwty nt Nḫt*$_2$	*tp ḥḏ nt.f*$_4$	*ḫ3b.f*$_7$
II *Šmw* 1	*šwty.s*$_6$	*tpy-ᶜ šwty nt Nḫt*$_6$	*šwty nt Nḫt*$_4$	*ḫ3b.f*$_4$	*mndt.f*$_4$	*bgs.(f)*$_4$
II *Šmw* 16	*(šwty) nt Nḫt*$_2$	*tp.f*$_4$	*ḫ3b.f*$_4$	*mndt.f*$_7$	*bgs.(f)*$_4$	*pd.f*$_4$
III *Šmw* 1 [Solstice d'Été]	*nḥbt.f*$_4$	*mndt.f*$_4$	*(bgs).f*$_4$	*pd.f*$_3$	*sbḳ.f*$_4$	*pt.f*$_4$
III *Šmw* 16	*mndt.f*$_4$	*bgs.f*$_4$	*pd.f*$_4$	*sbḳ.f*$_3$	*iy s3 pt.f*$_3$	*ᶜryt*$_4$
IV *Šmw* 1 [Erroné?]	*pt.f*$_5$	*ᶜryt*$_7$	*ḥtyt nd 3pd*$_7$	*kft.f*$_7$	*sb3 n ḫ3w*$_7$	*sb3 n S3ḥ*$_4$
IV *Šmw* 16	*(pt).f*$_5$	*ᶜryt*$_4$	*(tp n) 3pd*$_6$	*(kft).f*$_5$	*sb3 n ḫ3w*$_3$	*sb3 n (sᶜr)*$_4$

TABLE 7: Identification possible des étoiles des horloges ramessides, d'après Belmonte [voir BELMONTE, 2003a: 57-65, Tab. 2], corrigée par Maravelia. La première colonne donne la date de l'année, pendant laquelle une étoile (ou astérisme) certain(e) marquait le commencement de la nuit (voir colonnes 2 & 4). La troisième colonne donne le nombre de fois où cette constellation apparaît dans les horloges ramessides, indication possible de son importance. Les deux dernières colonnes (voir 5 & 6) présentent une identification possible de la constellation moderne à laquelle elles correspondaient, avec leur ascension droite α calculée pour notre époque, avec une erreur de ± 5° ou ± 20^M pour 1500 BCE (à la fois en degrés et en heures). Pour des résultats incertains et des détails additionnels, voir *op. cit.*: 61; cf. aussi DEPUYDT, 1998b: 6-44.

Date	Étoiles & Astérismes	Const.	Nom Traduit	α [°/^{H}]	Identification Proposée α [^{H}]
	Tpy-ʿ Šwty nt Nḫt	*Nḫt?*	Prédecesseur de deux Plumes du Géant	260°/17^H.3	Altair (17^H.1)
I *3ḫt* 1	*Šwty nt Nḫt$_4$*	*Nḫt*	Les deux Plumes du Géant	273°/18^H.4	Sualocin/α–Del (18^H.1)
I *3ḫt* 16	*Tp n Ḥḏ nt Nḫt* *Ḥḏ(t) nt Nḫt* *tp Nḫt$_5$*	*Nḫt* *Nḫt* *Nḫt*	Tête de la masse (ou Couronne) du Géant / Masse (ou Couronne) de la Tête du Géant	——	Sadalsoud (18^H.5) Région du Verseau Région du Petit Cheval
II *3ḫt* 1 [Équinoxe d'Autome]	*Ḫ3b.f* *Nḥbt Nḫt$_4$*	*Nḫt* *Nḫt*	Nuque de son Cou Cou du Géant	280°/18^H.7 280°/18^H.7	Enif/ε–Peg (18^H.8) Enif/ε–Peg (18^H.8)
	Mndt.f	*Nḫt*	Sa Poitrine	290°/19^H.3	θ–Peg (19^H.2) ou ι–Peg (19^H.5)
II *3ḫt* 16	*Bgs n Nḫt$_4$*	*Nḫt*	Hanche du Géant	300°/20^H.0	Markab/α–Peg (20^H.2)
III *3ḫt* 1	*Sḏḥ.f* *pd Nḫt$_4$*	*Nḫt* *Nḫt*	Sa Jambe Genou du Géant	304°/20^H.2 309°/20^H.6	Scheat/β–Peg (20^H.3) Région du Grand Rectangle de Pégase
	Sbḵ.f	*Nḫt*	Son pied	317°/21^H.1	α–And (21^H.3)
III *3ḫt* 16	*Pt$_4$* *ỉy s3 Pt.f*	*Nḫt* *Nḫt?*	Piédestal Celui qui vient après son Piédestal	317°/21^H.1 327°/21^H.8	α–And & γ–Peg (21^H.3) δ–And (21^H.8)
IV *3ḫt* 1	*Sb3 n s3 Pt$_3$* *ʿryt*	*Nḫt?* *ʿryt*	Étoile de l'arrière du Piédestal Mâchoires (ou Étoiles Levantes)	333°/22^H.2	Région d'Andromède Cassiopée avec Schedar (21^H.9)
IV *3ḫt* 16	*Bʿnt nt 3pd* *Tp n 3pd$_4$* *Ḥtyt nt 3pd*	*3pd* *3pd* *3pd*	Pic de l'Oiseau Tête de l'Oiseau Gorge de l'Oiseau	337°/22^H.5 346°/23^H.1	α–Tri (22^H.8) β–Tri (23^H.1) Région d'Algol
I *Prt* 1 [Solstice d'Hiver]	*Kft.f$_4$*	*3pd*	Sa Croupe	354°/23^H.6	α–Per (23^H.9)
	Sb3 n Ḫ3w	*Ḫ3w*	Étoile du Troupeau ou Myriade	9°/0^H.6	Pléiades? (0^H.6)
	Sb3 n Sʿr	*Sb3 n Sʿr*	Étoile du Feu ou Surgissant	19°/1^H.3	Capella (1^H.4) ou Aldebaran (1^H.5)
I *Prt* 16	*Tpy-ʿ sb3 n S3ḥ$_1$*	*S3ḥ*	Prédecesseur de Sah	29°/1^H.9	Arc d'Orion avec π–Ori (1^H.9)
II *Prt* 1	*Sb3 n S3ḥ$_1$*	*S3ḥ*	Étoile de Sah	32°/2^H.2	Rigel (2^H.5) ou Ceinture d'Orion (2^H.7)

II *Prt* 16	*Sb3 n Spdt*$_4$ *iy ḥr-s3* *Sb3 n Spdt*	*Spdt* *Spdt*	Étoile de Sōthis (du Triangle) Celui qui vient “après” l’étoile de Sōthis	60°/4^H.0 45°/3^H.0	Sirius? (4^H.2) Betelgeuse? (2^H.9)
III *Prt* 1	(*Tpy-ꜥ*) *Sb3wy*$_7$	*Sb3wy*	(Prédecesseur de) la Paire d’Étoiles	50°/3^H.3	Alhena/γ–Gem (3^H.3)
	Sb3wy	*Sb3wy*	Paire d’Étoiles	55°/3^H.7	Castor (3^H.8) & Pollux (4^H.1)
III *Prt* 16	*Sb3w nw* *Mw*$_4$	*Mw*	Étoiles de l’Eau	75°/5^H.0	Amas de Præsepe / M44 (5^H.2)
IV *Prt* 1 [Équinoxe de Prin- temps]	*Tp M3i*$_4$	*M3i*	La Tête du Lion	95°/6^H.3	Regulus (6^H.8) & Tête du Lion
IV *Prt* 16	*Sd n M3i*$_5$	*M3i*	La Queue du Lion	115°/7^H.7	Duhr/δ–Leo (7^H.8) & Arrière du Lion
	Sb3w ꜥš3w	*M3i?*	Multitude d’Étoiles	135°/9^H.0	Coma Berenices (9^H.3– 9^H.5) ou γ–Cor (9^H.3)
I *Šmw* 1	*Ṯ3-nfr* *Tpy-ꜥ Mnit*$_6$	*Mnit?* *Mnit*	La Belle Pousse Prédecesseur de l’Amarre	150°/10^H.0	Mizar (10^H.1) ou Spica (10^H.4) Région de la Grande Ourse & du Bouvier?
I *Šmw* 16	*Šmsw n* (*ḥ3t n* *Mnit*)$_3$	*Mnit*	Suivant du Front de l’Amarre	162°/10^H.8	η–Boo? (11^H.0)
	Mnit	*Mnit*	Pôle ou Amarre	165°/11^H.0	Alkaid? (11^H.0)
	Šmsw iy ḥr- *s3 Mnit*	*Mnit*	Suivant, qui vient après l’Amarre	167°/11^H.1	Alkaid? (11^H.0) ou Arcturus? (11^H.5)
II *Šmw* 1	(*Šmsw*) *n* *Mnit*$_4$	*Mnit*	Suivant de l’Amarre	171°/11^H.4	Arcturus? (11^H.5)
II *Šmw* 16	*Rd n Rrt* *Rdwy n* *Rrt*$_4$	*Rrt* *Rrt*	Le Pied de l’Hippopotame Les Deux Pieds de l’Hippopotame	180°/12^H.0	ρ–Boo? (11^H.9) Izar/ε–Boo? (12^H.1) & ρ–Boo? (11^H.9)
	Pd n Rrt	*Rrt*	Le Genou de l’Hippopotame	198°/13^H.2	Gemma? (13^H.5)
III *Šmw* 1 [Solstice d’Été]	*Ḥry-ib* *Mnty.s* *B3ḥ n Rrt*$_5$	*Rrt* *Rrt*	Le Milieu de ses cuisses Vulve de l’Hippopotame	206°/13^H.7 211°/14^H.0	Gemma? (13^H.5) & Couronne Boréale? Entre CrB & Hercule?
III *Šmw* 16	*Ḥpd n Rrt*$_4$	*Rrt*	La Croupe de l’Hippopotame	219°/14^H.6	ε–Her? (14^H.8) & ζ–Her? (14^H.5)
IV *Šmw* 1	*Mndt nt* *Rrt*$_6$	*Rrt*	La Poitrine de l’Hippopotame	228°/15^H.2	π–Her? (15^H.3)
	Ns.s	*Rrt*	Sa Langue	240°/16^H.0	Rastaban/β–Dra? (16^H.2)
IV *Šmw* 16	*Šwty nt* *Rrt*$_6$	*Rrt*	Les deux Plumes de l’Hippopotame	250°/16^H.7	La Lyre avec Véga? (16^H.7)

TABLE 8: Les planètes[1–11] selon les Égyptiens.

<table>
<tr><th>#</th><th>PLANÈTE</th><th>NOM ÉGYPTIEN</th><th>TRANSLITÉ-RATION</th><th>DIEU</th></tr>
<tr><td>1</td><td>Mercure [☿]</td><td></td><td>Sbg(w),
Ḥr-ḫknw</td><td>Stẖ</td></tr>
<tr><td>2</td><td>Vénus [♀]</td><td></td><td>Sbꜣ ḏꜣ bnw-Wsir,
Nṯr dwꜣ(y),
Sbꜣ wꜥty</td><td>Wsir</td></tr>
<tr><td>3</td><td>Terre [⊕]</td><td></td><td>Tꜣ</td><td>Gb</td></tr>
<tr><td>4</td><td>Mars [♂]</td><td>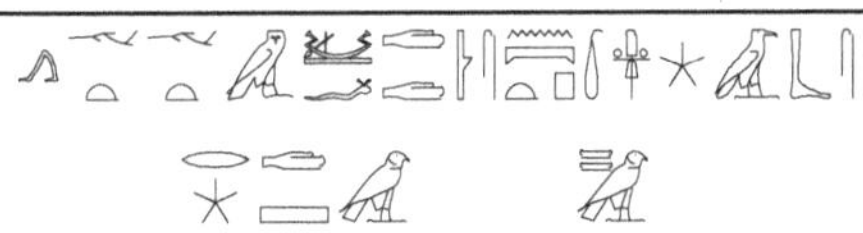</td><td>Sbꜣ iꜣbty n pt
skdd.f m ḫtḫt,
Ḥr-ꜣḫty, Ḥr dšr</td><td>Ḥr(-ꜣḫty)</td></tr>
<tr><td>5</td><td>Jupiter [♃]</td><td>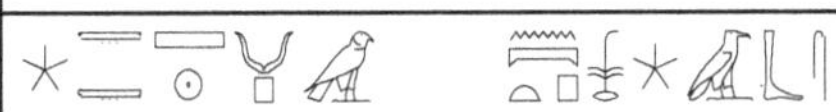</td><td>Sbꜣ rsy n pt,
Ḥr wpš tꜣwy</td><td>Ḥr</td></tr>
<tr><td>6</td><td>Saturne [♄]</td><td>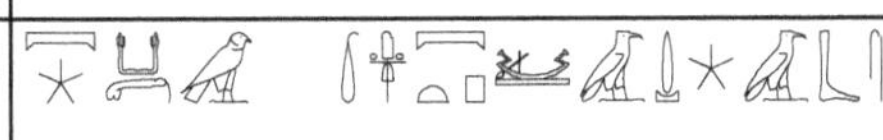</td><td>Sbꜣ ḏꜣ pt iꜣbty,
Ḥr kꜣ pt</td><td>Ḥr</td></tr>
<tr><td>7</td><td>Uranus [♅]</td><td>INCONNU</td><td>———</td><td>—</td></tr>
<tr><td>8</td><td>Neptune [♆]</td><td>INCONNU</td><td>———</td><td>—</td></tr>
<tr><td>9</td><td>Pluton [♇]</td><td>INCONNU</td><td>———</td><td>—</td></tr>
</table>

[1] NEUGEBAUER & PARKER, *EAT*, **III**, 1969: 175-82. [2] BRUGSCH, 1856. [3] NEUGEBAUER, 1942a: 209-50. [4] ΜΑΡΑΒΕΛΙΑ, 2003b: 115. [5] VON BOMHARD, 2000: 72-74. [6] VAN DER WAERDEN, 1972: 65-91. [7] ABRAHAM, 1984: 1-6. [8] KRAUSS, 1999: 223-54. [9] STRACMANS, 1947: 3-16. [10] BUDGE, [2]1969, **II**: 302-03. [11] CALLATAŸ & DOLLFUS, 1968: 30.

TABLE 9: Les conjonctions principales des trois planètes les plus brillantes et distantes (Mars, Jupiter et Saturne), d'une séparation de moins de 10°, visibles dans la région du Caire (λ = 31°08′ E, ϕ = 29°59′ N), telles qu'elles sont calculées à l'aide du REDSHIFT 2, entre 2800 BCE et 1000 BCE.

#	DATE DE CONJONCTION	TEMPS LOCAL	SÉPARATION ANGULAIRE
1	29-VIII-2787 BCE	09:25′	5°.361
2	25-VII-2767 BCE	03:08′	2°.005
3	02-XI-2727 BCE	10:38′	3°.064
4	24-II-2628 BCE	00:25′	2°.642
5	19-IX-2528 BCE	01:55′	2°.936
6	11-I-2429 BCE	13:57′	1°.637
7	22-VI-2409 BCE	02:51′	3°.624
8	22-IV-2389 BCE	08:34′	3°.807
9	07-X-2311 BCE	22:34′	8°.058
10	12-VIII-2271 BCE	08:56′	1°.905
11	14-XII-2251 BCE	05:09′	1°.032
12	09-XII-2231 BCE	20:57′	1°.036
13	30-III-2132 BCE	12:56′	4°.095
14	30-IX-2112 BCE	11:05′	6°.767
15	13-VII-2092 BCE	02:05′	1°.917
16	07-XI-2052 BCE	03:17′	1°.719
17	24-II-1953 BCE	04:00′	2°.385
18	30-VI-1913 BCE	11:48′	1°.965
19	12-X-1873 BCE	06:45′	2°.619
20	12-IX-1853 BCE	01:29′	3°.903
21	17-XII-1813 BCE	01:00′	9°.139
22	01-II-1774 BCE	04:04′	2°.862
23	21-I-1754 BCE	17:32′	3°.189
24	18-VII-1734 BCE	10:50′	2°.876
25	14-VII-1714 BCE	03:21′	4°.442
26	27-VIII-1674 BCE	15:45′	2°.696
27	12-V-1656 BCE	19:00′	8°.542
28	20-XII-1576 BCE	16:28′	2°.567
29	29-III-1535 BCE	08:35′	3°.872
30	08-VIII-1495 BCE	11:04′	2°.705
31	01-IX-1437 BCE	09:36′	8°.259
32	24-XI-1397 BCE	04:13′	2°.262
33	07-XI-1377 BCE	08:34′	3°.413
34	26-I-1336 BCE	17:54′	7°.230
35	04-III-1278 BCE	14:50′	6°.204
36	21-VI-1238 BCE	03:16′	2°.725
37	18-X-1198 BCE	16:46′	1°.914
38	30-VIII-1178 BCE	09:08′	6°.220
39	21-XII-1138 BCE	07:28′	7°.366
40	03-II-1099 BCE	04:31′	4°.126
41	09-VI-1059 BCE	07:05′	3°.021
42	09-IV-1039 BCE	01:49′	5°.609
43	21-IX-1019 BCE	09:07′	2°.639

TABLE 10: La Lune* et ses phases[1-16] selon les Égyptiens.

PHASE	**NOM ÉGYPTIEN**	**TRANSLITÉRATION**	**DIVINITÉ**
Nouvelle Lune ◐	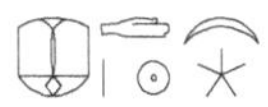	*ꜣbd*	*Ḏḥwty*
Lune Croissante ◐		*ꜥꜣt*	?
Premier Quartier ◐		*Sn(w)t*	*Dwꜣ mwt.f*
Pleine Lune ○		*Smdt*	*Ḏḥwty, Ḫnsw*
Lune Décroissante ◑		*Ḫbt, Šrt(t)*	?
Dernier Quartier ◑		*Dnỉt*	?
Lune Noire ●		*Psḏntyw*	?

* Sur les termes astronomiques importants *éclipse lunaire* (copt.: ⲑⲉⲛⲓⲱ ⲛⲧⲉ ⲡⲓⲟϩ), *éclipse solaire* (copt.: ⲡⲓⲙⲓϣⲓ ⲛⲧⲉ ⲡⲓⲣⲏ) et trajectoire d'un astre/révolution (copt.: ⲙⲁⲛⲟⲩⲱϩ, ⲕⲩⲕⲗⲟⲥ), voir SIDARUS, 1999: 399-400.

[1] ΜΑΡΑΒΕΛΙΑ, 2003b: 114. [2] VON BOMHARD, 2000: 76-81. [3] PARKER, 1953: 50. [4] PARKER, 1970: 217-20. [5] DEPUYDT, 1997. [6] DEPUYDT, 1998a: 71-89. [7] DERCHAIN, 1962a: 19-68. [8] HERBIN, 1982: 237-82. [9] LABRIQUE, 1997: 13-26; LABRIQUE, 1998a: 91-121; LABRIQUE, 1998b: 107-49. [10] BUDGE, ^{2}1969, **II**: 320-22. [11] BARGUET, 1977: 14-20. [12] KOEMOTH, 1996: 203-20. [13] SPALINGER, 1995b: 25-40. [14] GRIFFITHS, 1976: 153-59. [15] SIDARUS, 1999: 398-403. [16] SHU, 1982: 7, 419-20.

TABLE 11: Les saisons et les mois[1-10] selon les Égyptiens [^{J} = Calendrier Julien].

#	MOIS	NOM COPTE	SAISON	MOIS (NOM)
I		ⲑⲱⲑ→ⲑⲟⲟⲩⲧ	 *ꜣḫt* ~ 19-VII^{J} / 19-XI^{J}	*ꜣbd 1, ꜣḫt*
II	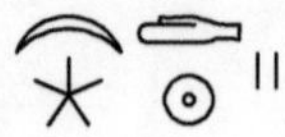	ⲡⲁⲱⲫⲓ→ⲡⲁⲟⲡⲉ		*ꜣbd 2, ꜣḫt*
III	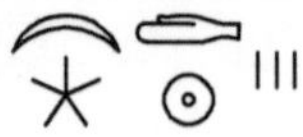	ⲁⲑⲩⲣ→ϩⲁⲧⲱⲣ		*ꜣbd 3, ꜣḫt*
IV	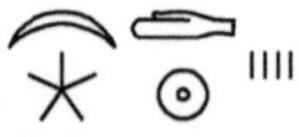	ⲕⲭⲟⲓⲁⲕ→ⲕⲓⲁϩⲕ		*ꜣbd 4, ꜣḫt*
V	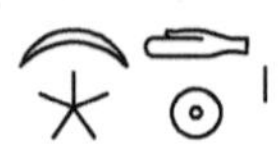	ⲧⲩⲃⲓ→ⲧⲱⲃⲉ	 *Prt* ~ 19-XI^{J} / 19-III^{J}	*ꜣbd 1, Prt*
VI		ⲙⲉⲕⲭⲓⲣ→ⲙ̀ϣⲓⲣ		*ꜣbd 2, Prt*
VII	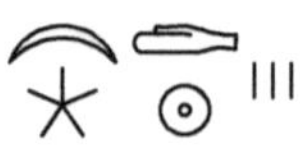	ⲫⲁⲣⲙⲉⲛⲱⲑ→ⲡⲁⲣⲁⲙϩⲁⲧ		*ꜣbd 3, Prt*
VIII	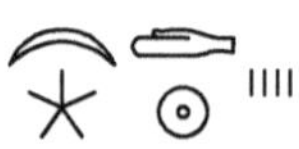	ⲫⲁⲣⲙⲟⲩⲑⲓ→ⲡⲁⲣⲙⲟⲩⲧⲉ		*ꜣbd 4, Prt*
IX	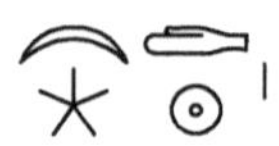	ⲡⲁⲕⲭⲱⲛ→ⲡⲁϣⲟⲛⲥ	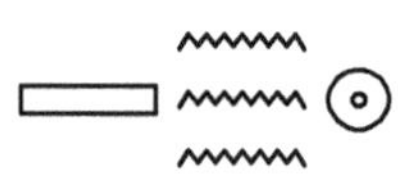 *Šmw* ~ 19-III^{J} / 19-VII^{J}	*ꜣbd 1, Šmw*
X	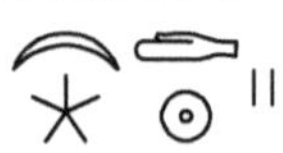	ⲡⲁⲩⲛⲓ→ⲡⲁⲱⲛⲉ		*ꜣbd 2, Šmw*
XI		ⲉⲡⲓⲫⲓ→ⲉⲡⲉⲡ		*ꜣbd 3, Šmw*
XII		ⲙⲉⲥⲱⲣⲉ→ⲙⲉⲥⲱⲣⲏ		*ꜣbd 4, Šmw*
—	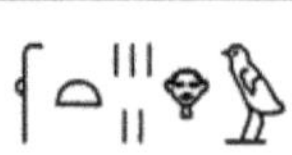	ⲡⲓⲧⲓⲟⲩ ⲛ̀ⲉϩⲟⲟⲩ	*Jours Épactes*	*5 ḥryw rnpt*
—	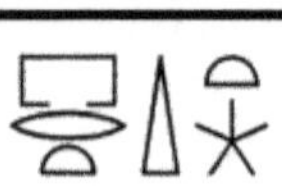	[*Prt-Spdt*]	[*Jour de l'An*]	[*Wpt-Rnpt*]

[1] VON BECKERATH, 1993a: 7-22. [2] GARDINER, 1955: 9-31. [3] PARKER, 1953: 50. [4] PARKER, 1957: 85-107. [5] ΜΑΡΑΒΕΛΙΑ, 2003b: 290. [6] HUGHES, 1958: 147-60. [7] SPALINGER, 1995a: 110-22. [8] DEPUYDT, 1999: 107-33. [9] CHASSINAT, 1966-68. [10] LORET, 1882-84.

TABLE 12: Quelques constellations modernes proéminentes, qui sont liées avec des anciens astérismes et avec des décans égyptiens.

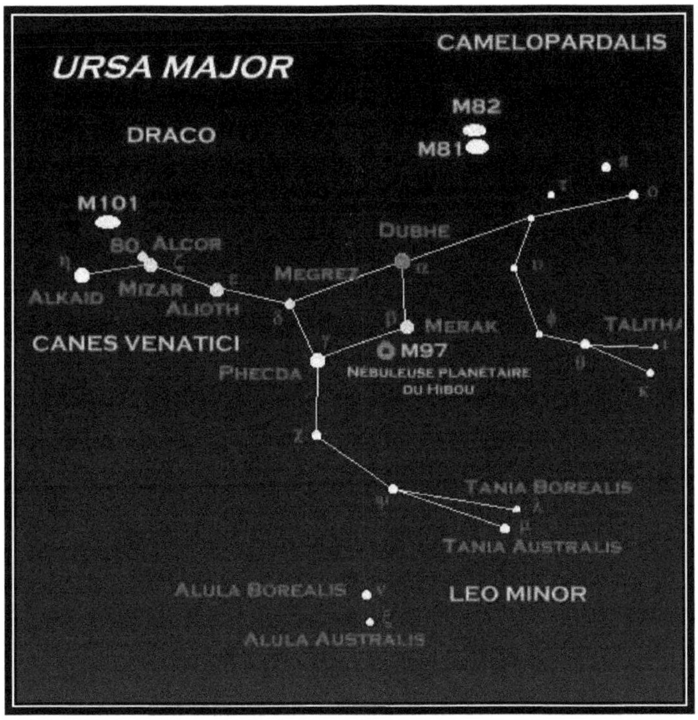

La Constellation de la Grande Ourse

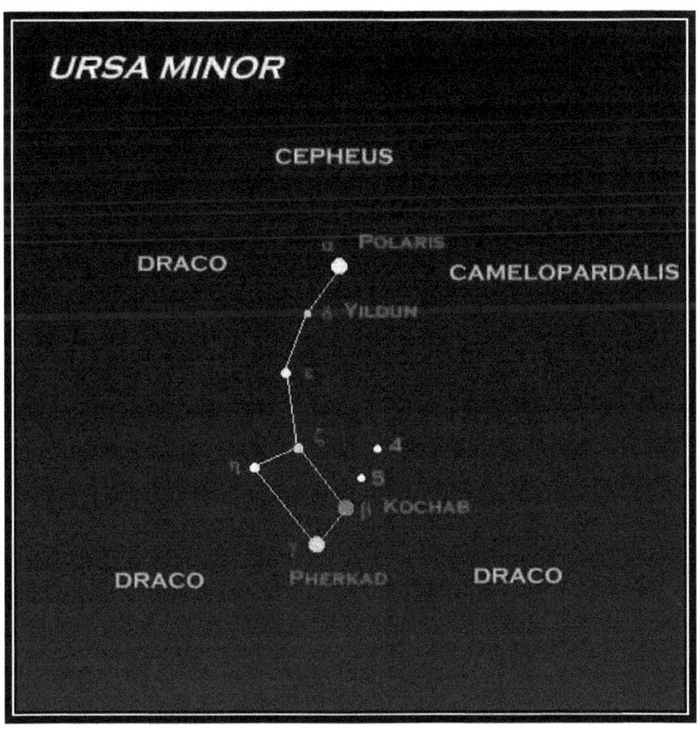

La Constellation de la Petite Ourse

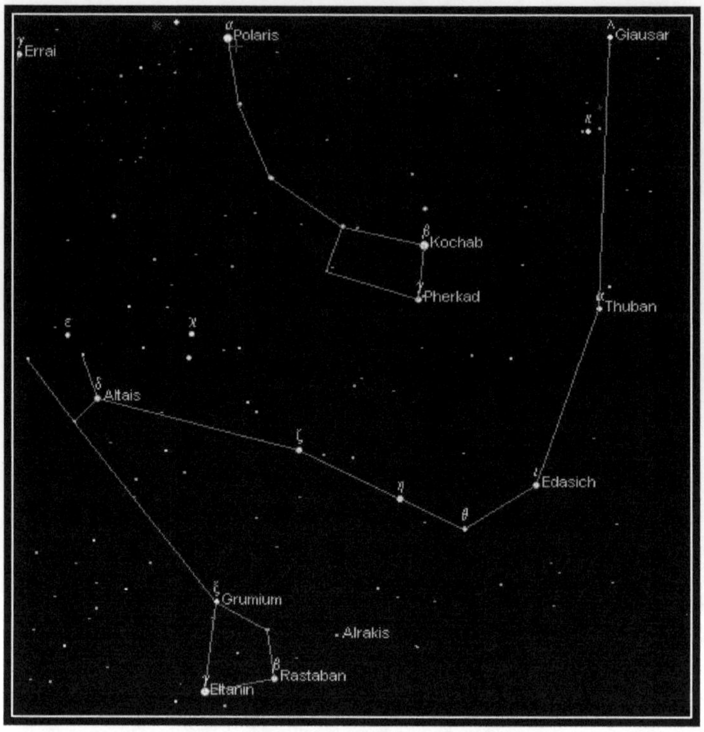

La Constellation du Dragon

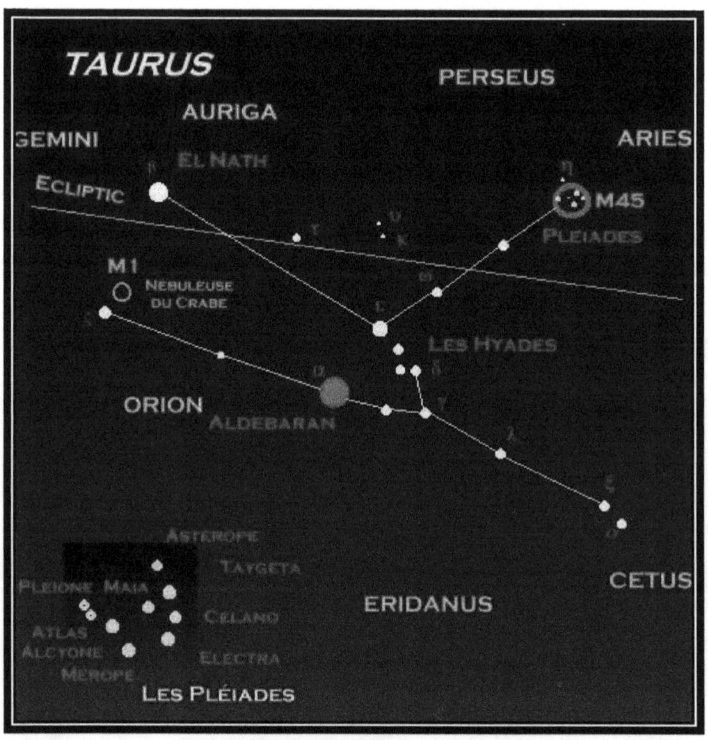

La Constellation du Taureau

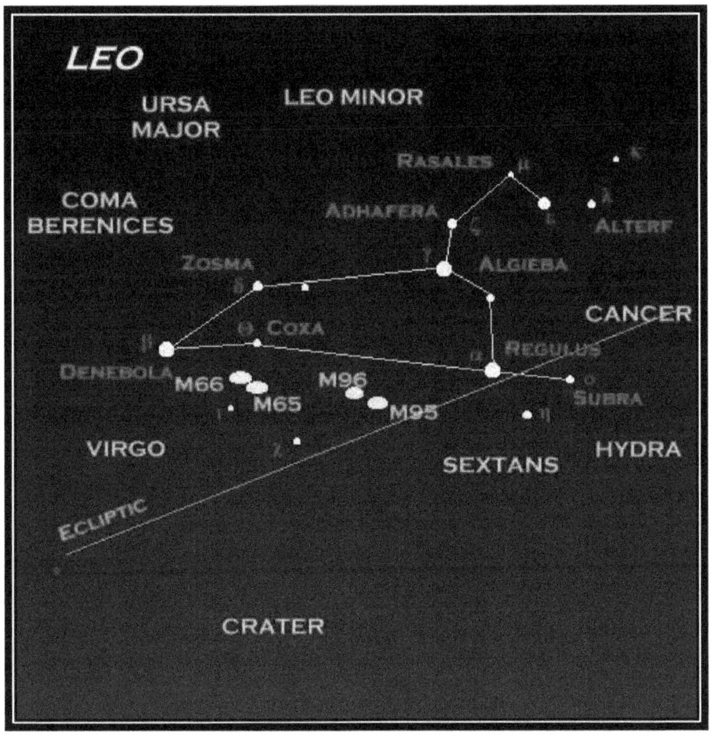

La Constellation du Lion

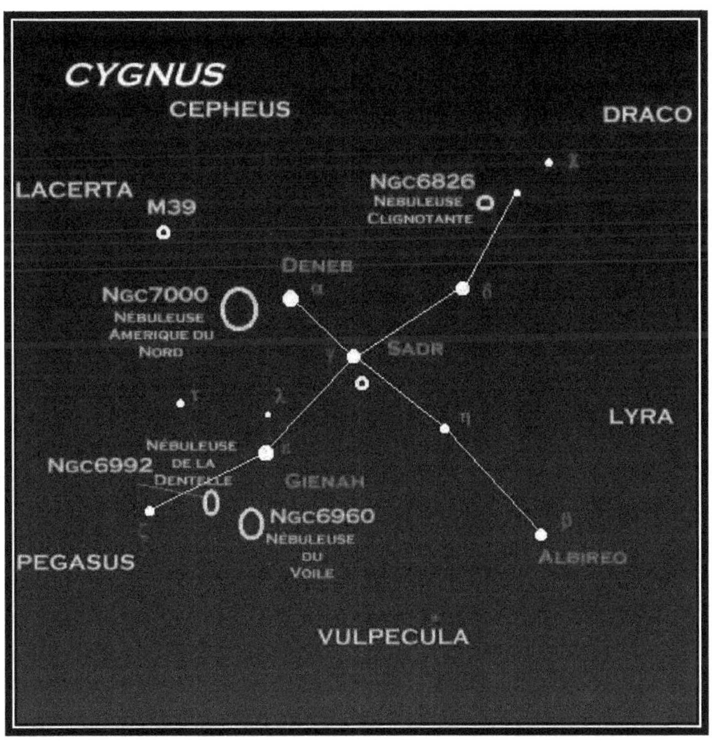

La Constellation du Cygne

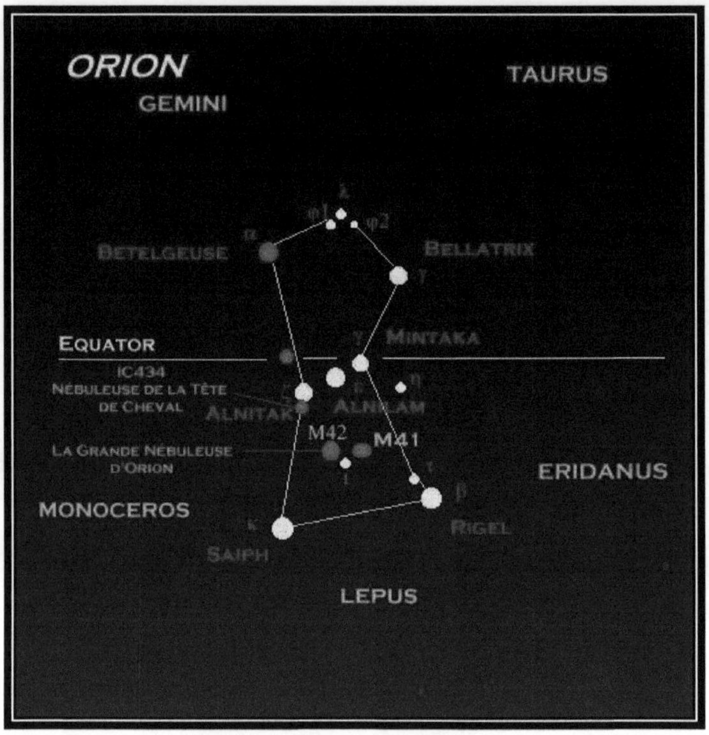

La Constellation d'Orion

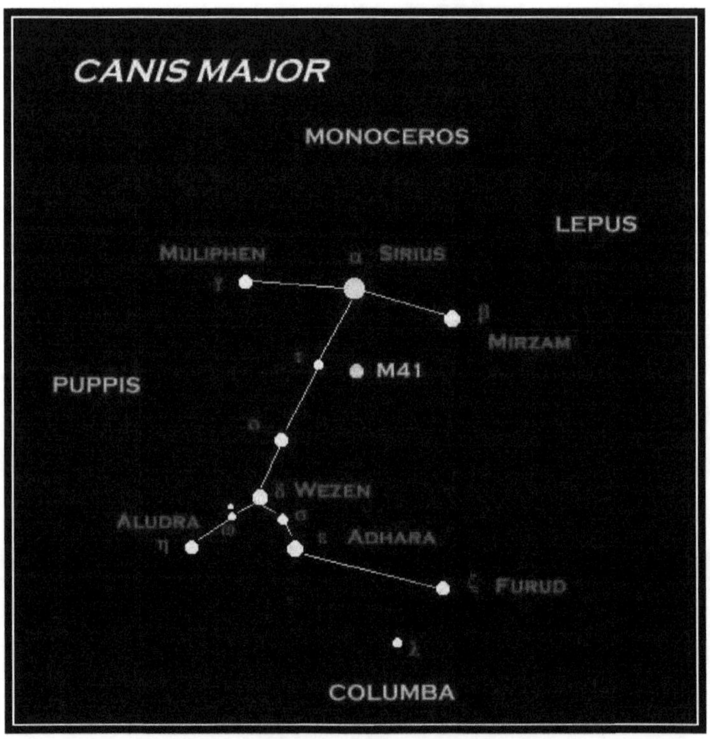

La Constellation du Grand Chien

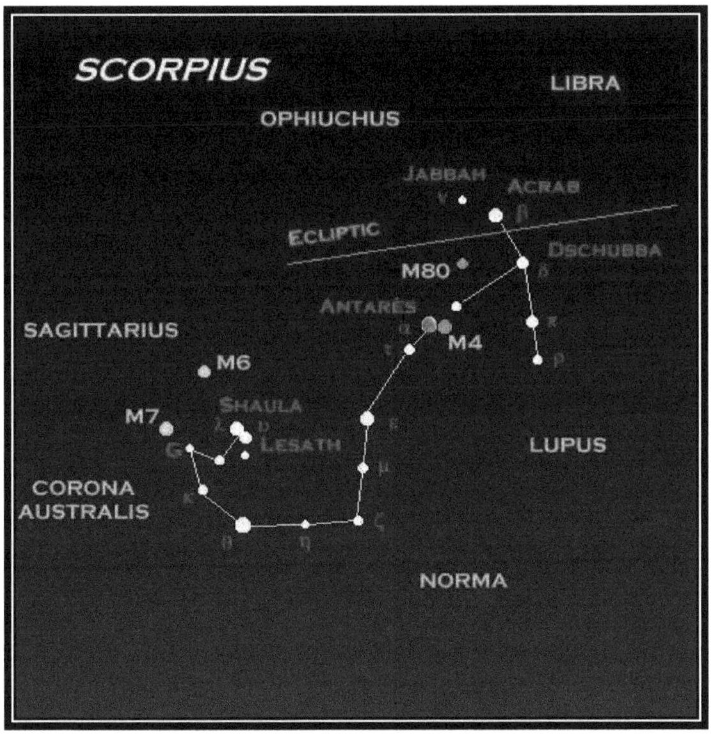

La Constellation du Scorpion

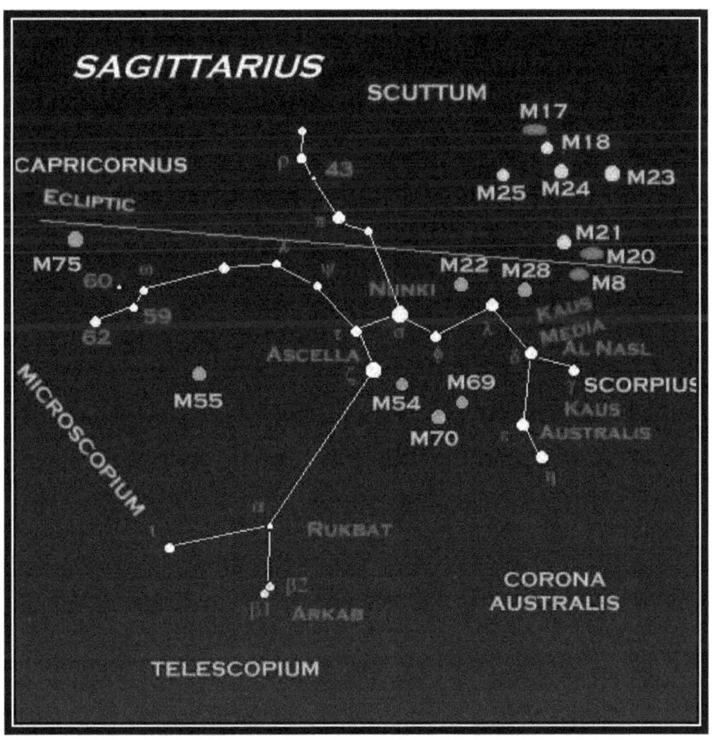

La Constellation du Sagittaire

2. TABLE DES FIGURES ET DES PHOTOS

Chapitre III

Chapitre IV

Chapitre V

Chapitre VI

Épilogue

Tables

Bibliographie

LES ASTRES DANS LES TEXTES RELIGIEUX EN ÉGYPTE
ET DANS LES *HYMNES ORPHIQUES*

Sommaires

Figure 1: La plus ancienne clepsydre connue jusqu'à nos jours (H = 35 cm). Règne d'Aménophis III (c. 1370 BCE). Musée Égyptien du Caire, JE 37525.
© 1985, Musée Égyptien du Caire.

Figure 2: Niveau à la forme d'une équerre faite de trois éléments en bois assemblés. Tombeau de Son–nedjem (*Sn-nḏm*) à Deir 'al-Medīna (TT 1), commencement de la XIXe Dynastie (c. après 1300 BCE). Musée Égyptien du Caire, JE 27258.
© 1985, Musée Égyptien du Caire.

Figure 3: Deux instruments astronomiques caractéristiques. À gauche: un *gnōmōn* avec le cynocéphale sacré de Thoth. À droite: un cadran solaire de la période très tardive.
© 1998, Dr Amanda–Alice Maravelia.

Figure 4: Le coucher du Soleil vu entre les colonnes en capitaux lotomorphes du Temple de Luxor.
© 1996, Dr Amanda–Alice Maravelia.

3. INDICES

L'Index qui suit n'est pas seulement une liste alphabétique des mots, des sujets, et des noms propres (des personnes et des divinités), qui apparaissent dans cette œuvre. Il regroupe en même temps les notions les plus importantes et les termes à la fois astronomiques et cosmovisionnels principaux qui s'y rencontrent, en donnant des références propres (aux pages, aux notes, aux figures et aux tables) permettant de les récupérer. Cet Index contient des Indices variés qui présentent les sujets suivants: **(i)** Les corps célestes, les phénomènes et les termes astronomiques, les *res notabiles* diverses, les noms des personnes, des divinités et des lieux; **(ii)** Les mots égyptiens commentés (termes astronomiques et cosmographiques, *notabilia*, lieux, noms des personnes et des divinités), suivis par leur traduction en français; **(iii)** Les mots coptes commentés; **(iv)** Les mots helléniques commentés (les anciennes œuvres principales des auteurs Hellènes citées y incluses); **(v)** Les quelques mots assyro/babyloniens et les quelques mots sanscrits commentés; **(vi)** Les mots latins commentés; **(vii)** Les mots arabes et les quelques mots hébraïques commentés; **(viii)** Les sources des textes égyptiens ou helléniques cités (en original et/ou translitération, traduction, ou leur simple référence); lorsque ces textes se rencontrent principalement dans les Chapitres III (pages 130-36, 224-30, Tables III.1 & III.3, pages 241-304), IV (*passim*) et V (*passim*), ainsi que pour des raisons de mise en page, nous avons décidé de ne pas présenter le numéro de page ou de note où ceux-ci se trouvent, mais de donner seulement leurs références.

Voici quelques règles sur les références des Indices qui suivent:

* Les numéros arabes en caractères romains renvoient aux pages de ce livre.

* Les numéros latins (suivis d'un chiffre arabe après un point) ou arabes *en caractères italiques* renvoient aux figures, numérotées pour chaque Chapitre.

* Les numéros latins suivis d'un chiffre arabe après un point en caractères romains (entre parenthèses) renvoient aux tables, numérotées pour chaque Chapitre.

* Les numéros arabes en caractères romains (entre paranthèses) renvoient aux notes. Quand un certain mot se rencontre plus d'une fois dans plusieurs notes de la même page il y a plus d'un chiffre arabe en caractères romains (dans la même parenthèse), qui —à leur tour— suivent le numéro de cette page.

* Nota: [⁂] = astérisme ou décan; constellation ou amas (moderne); [*] = étoile.

* En ce qui concerne le symbolisme et les *sigla* divers utilisés pour les textes funéraires égyptiens, nous suivons le schéma suivant: **(i)** en ce qui concerne les *PT*: *PT*, **uuu**, §§ nnnn: xx-yy, où **uuu** est le numéro de «utterance» (1-759) suivant Kurt Sethe et Raymond O. Faulkner, §§ nnnn est le paragraphe (1-2291), et xx-yy sont les lignes (ou les colonnes) citées; **(ii)** en ce qui concerne les *CT*: *CT*, **B**, ssss: §§ xx-yy, où **B** est le «livre» classifié par Adriaan de Buck (**I-VII**), ssss est le numéro de «spell» (1-1185), et xx-yy sont les paragraphes (ou colonnes) cités; **(iii)** en ce qui concerne le *BD*: *BD*, **CCC**: xx-yy, où **CCC** est le numéro du «chapitre» suivant Paul Barguet (1-192), et xx-yy sont les lignes (ou colonnes) citées. Quant aux *Hymnes Orphiques*, le schéma suivi est tel: *NN*: xx-yy, où *NN* est le numéro de l'hymne (1-87) et xx-yy les vers cités.

Il faut remarquer que tous les soins furent pris afin de rendre cet Index le plus facilement utilisable possible et le plus riche en termes importants.

LES ASTRES DANS LES TEXTES RELIGIEUX EN ÉGYPTE
ET DANS LES *HYMNES ORPHIQUES*

I. Corps Célestes, Phénomènes et Termes Astronomiques, Notions Égyptologiques, *Res Notabiles*, Noms des Personnes et des Divinités, Sites

A

B

D

F

G

I

J

O

P

S

T

W

X

Y

Z

II. Mots Égyptiens Commentés: Termes Astronomiques et Cosmographiques, *Notabilia*, Noms des Personnes et des Divinités, Sites

ȝ

Ỉ/Y

R

H

Ḥ

Ḫ

Ḳ

K

G

III. Mots Coptes Commentés

IV. Mots Helléniques Commentés

V. Mots Assyro/Babyloniens et Mots Sanscrits Commentés

VI. Mots/Phrases Latin(e)s Commenté(e)s (sauf noms des constellations)

VII. Mots Arabes et Hébraïques Commentés

VIII. Textes Égyptiens ou Helléniques Cités (en Original et/ou Translitération, Traduction, ou Simple Référence)

Introduction

***PT*:** ———

***CT*:** ———

***BD*:** ———

***Hymnes Orphiques*:** ———

Chapitre I

***PT*:** ———

***CT*:** ———

***BD*:** ———

***Hymnes Orphiques*:** ———

Chapitre II

***PT*:** ———

***CT*:** ———

***BD*:** ———

***Hymnes Orphiques*:** ———

Chapitre III

***PT*:** *PT*: **21**: §§ 13-14; *PT*, **50**, § 37b: 47; *PT*, **210**, §§ 128b-128c: 190; *PT*, **210**, § 130d: 194; *PT*, **211**, §§ 132a-132c: 198-99; *PT*, **216**, § 151a-151c: 221; *PT*, **219**, §§ 186a-186b: 260-61; *PT*, **229**, § 229b: 31; *PT*, **245**, §§ 251a-251b: 364-365; *PT*, **251**, § 269a: 399; *PT*, **254**, §§ 280a-280c: 419; *PT*, **258**, § 311c: 259; *PT*, **259**, § 315c: 262; *PT*, **262**, §§ 335a-336b: 469-470; *PT*, **263**, §§ 337a-337d: 471-472; *PT*, **264**, §§ 345a-345b: 229; *PT*, **266**, §§ 362a-362b: 488; *PT*, **266**, §§ 363a-363c: 488-489; *PT*, **267**, §§ 367b-369: 478; *PT*, **270**, §§ 383a-383c: 489; *PT*, **273-274**, § 395a: 501; *PT*, **273-274**, § 402a: 510; *PT*, **273-274**, §§ 412a-412c: 520-521; *PT*, **302**, §§ 458a-459c: 567-568; *PT*, **320**, §§ 515a-516b: 642-646; *PT*, **321**, § 517b: 649; *PT*: **325**: § 530; *PT*, **324**, §§ 521a-521b: 11; *PT*, **334**, §§ 543a-543b: 37; *PT*, **357**, § 585a: 178; *PT*, **359**, §§ 594a-596c: 185-190; *PT*, **359**, §§ 597a-597c: 190-191; *PT*, **359**, §§ 599a-600c: 193-196; *PT*, **364**, §§ 621a-621c: 270; *PT*, **366**, §§ 632c-632d: 277; *PT*, **368**, §§ 636c-638a: 278-279; *PT*, **369**, § 644c: 282; *PT*, **402**, §§ 698b-698d: 333; *PT*, **407**, §§ 710a-711d: 340-341; *PT*, **412**, § 723a: 349; *PT*, **412**, §§ 732a-733d: 364-367; *PT*: **413**: § 736; *PT*, **422**, §§ 756a-757c: 10-12; *PT*: **424**: § 770; *PT*, **434**, §§ 785a-785d: 64; *PT*, **437**, § 794b: 70; *PT*, **437**, §§ 801a-802b: 76-77; *PT*, **442**, §§ 819b-822c, 97-100; *PT*, **452**, § 841b: 115; *PT*, **458**, §§ 861a-861c: 143; *PT*, **461**, §§ 871a-873c: 394-398; *PT*, **463**, §§ 876a-877d: 153-158; *PT*, **466**, §§ 882a-883d: 162; *PT*, **467**, §§ 888a-891d: 163-164; *PT*, **468**, §§ 902d-905c: 167-168; *PT*, **469**, §§ 906d-909d: 169-170; *PT*, **470**, §§ 918a-919b: 174; *PT*, **473**, §§ 926a-927d: 176-177; *PT*, **473**, §§

932a-933b: 178-179; *PT*, **474**, §§ 939a-941c: 181-182; *PT*, **475**, §§ 946a-950b: 183-184; *PT*, **477**, §§ 965a-965c: 189; *PT*, **481**, §§ 999a-1001c: 943-944; *PT*, **483**, § 1012c: 848; *PT*, **483**, §§ 1014a-1019b: 850-854; *PT*: **483**: § 1016; *PT*, **484**, §§ 1020a-1022d: 442 & 204^{+7} & 444; *PT*, **488**, §§ 1048b-1049b: 204^{+16}; *PT*, **507**, §§ 1102d-1105b: 277-281; *PT*, **509**, §§ 1120a-1125b: 304-311; *PT*: **509**: § 1124; *PT*, **513**, §§ 1168a-1172a: 377-382; *PT*, **515**, §§ 1176a-1182c: 390-395; *PT*, **518**, §§ 1193a-1193b: 405; *PT*, **518**, §§ 1196a-1196c: 582-583; *PT*, **519**, §§ 1216a-1216e: 430; *PT*, **536**, §§ 1291b-1295a: 548-554; *PT*: **536**: § 1293; *PT*, **548**, §§ 1343d-1348b: 602-604; *PT*, **553**, §§ 1356b-1369d: 607-612; *PT*, **554**, § 1372a: 614; *PT*, **564**, §§ 1422a-1422b: 637-638; *PT*, **566**, §§ 1429a-1429e: 643-644; *PT*, **568**, §§ 1431b-1432a: 645-646; *PT*, **569**, §§ 1436c-1442d: 648-651; *PT*, **576**, §§ 1508c-1517c: 691-695; *PT*: **582**: § 1562; *PT*, **586**, §§ 1582a-1582b: 14^{Nt}; *PT*, **606**, §§ 1687a-1688c: 450-452; *PT*, **609**, §§ 1703a-1708b: 682-689; *PT*, **610**, §§ 1710a-1722c: 698-717; *PT*: **610**: § 1721; *PT*, **624**, §§ 1757a-1760a: 1^{Nt}-2^{Nt}; *PT*, **627**, §§ 1772a: 159; *PT*, **655**, §§ 1844-1846: JPII 575-577; *PT*, **663 & 664^{B}**, §§ 1882a: JPII 709^{+20} & § 1887b: JPII 583^{+5}; *PT*, **666**, § 1927a: 748; *PT*: **667^{A}**: § 1945; *PT*, **667^{A}**, §§ 1943d-1948f: 775^{Nt}-782^{Nt}; *PT*, **675**, §§ 2001a-2005b: 800-804; *PT*, **677**, §§ 2028a-2028c: 820; *PT*: **684**: § 2051; *PT*, **684**, §§ 2051a-2062c: 957-962; *PT*, **685**, §§ 2063a-2067a: 968-970; *PT*, **697**, §§ 2171a-2173b: 1155-1158; *PT*, **719**, §§ 2234a-2235b: JPII 709^{+22}-JPII 709^{+24}; *PT*, **720**, §§ 2237c-2237d: JPII 709^{+38}; *PT*, **723**, §§ 2244a-2245d: 652^{Nt}-655^{Nt} & JPII 1055^{+32}. [Voir aussi la Table III.1].

***CT*:** *CT*, **I**, 6: §§ 16c-17e; *CT*, **I**, 12: §§ 38f-39a; *CT*, **I**, 36: § 143a; *CT*, **I**, 37: § 146c; *CT*, **I**, 43: §§ 180i-180k; *CT*, **I**, 44: §§ 181a-182a; *CT*, **I**, 44: §§ 187g-188c; *CT*, **I**, 45: §§ 191d-192d; *CT*, **I**, 50: § 223a; *CT*, **I**, 50: §§ 223a-223b; *CT*, **I**, 53: §§ 240e-241b; *CT*, **I**, 61, §§ 256a-264h; *CT*, **I**, 62: §§ 270e-271c; *CT*, **I**, 63: §§ 273h-274f; *CT*, **I**, 68: § 290b; *CT*, **I**, 72: §§ 301e-302b; *CT*, **II**, 80: § 37e; *CT*, **II**, 96: §§ 82a-83c; *CT*, **II**, 99: §§ 94d-96f; *CT*, **II**, 106: § 116a ff; *CT*, **II**, 115: §§ 135c-135g; *CT*, **II**, 116-117, §§ 136b-139b; *CT*, **II**, 125: §§ 147d-147f; *CT*, **II**, 152: §§ 260c-261c; *CT*, **II**, 156: §§ 322c & 324a-324b; *CT*: **II**, 159: § 369a; *CT*, **III**, 176: §§ 62f-62i; *CT*, **III**, 198: §§ 122a-122b; *CT*, **III**, 216: §§ 192d-193a; *CT*, **III**, 227: §§ 263a-263b; *CT*, **III**, 227: §§ 263c-263e; *CT*, **III**, 227: §§ 263a-263e; *CT*, **III**, 236: § 304a; *CT*, **III**, 257: § 369a; *CT*, **IV**, 280: §§ 29a-29d; *CT*, **IV**, 293: §§ 46a-46b; *CT*, **IV**, 294: §§ 47c-47d; *CT*, **IV**, 305: §§ 59a-59e; *CT*, **IV**, 314: §§ 95g-95h; *CT*, **IV**, 335^{I}: § 286c; *CT*, **IV**, 342: § 347a; *CT*, **IV**, 343: § 357b; *CT*, **IV**, 351: §§ 388b; *CT*, **V**, 364: §§ 25b-25d; *CT*, **V**, 399: §§ 166d-166g; *CT*, **V**, 404: §§ 188c-188g; *CT*, **V**, 443: § 306b; *CT*, **V**, 467: §§ 371f-371g; *CT*, **V**, 468: § 385b; *CT*, **V**, 469: 389i-390j; *CT*: **VI**, 474: § 24b; *CT*, **VI**, 474: §§ 25b-25c; *CT*: **VI**, 517: § 107d; *CT*: **VI**, 519: § 108e; *CT*, **VI**, 556: §§ 157a-157d; *CT*, **VI**, 623: §§ 239k-239m; *CT*, **VI**, 629, §§ 248h-248k; *CT*, **VI**, 629: §§ 249v-250a; *CT*: **VI**, 666: § 294p; *CT*, **VI**, 668: § 296p; *CT*, **VI**, 684: §§ 313a-313e; *CT*, **VI**, 689: §§ 319b-319e; *CT*, **VI**, 693: §§ 325a-325b; *CT*, **VI**, 722: §§ 350f-350s; *CT*, **VI**, 723: § 351; *CT*, **VI**, 724: §§ 354n-354o; *CT*, **VI**, 768: §§ 402h-402i; *CT*, **VII**, 806: § 11i; *CT*: **VII**, 816: §§ 15a-15c; *CT*: **VII**, 816: 15f-15h; *CT*, **VII**, 829: § 30f; *CT*, **VII**, 837: §§ 38n-39a; *CT*, **VII**, 853: §§ 56ℓ-56m; *CT*, **VII**, 892: §§ 103k-103m; *CT*, **VII**, 892: § 103ℓ; *CT*: **VII**, 936: 137e; *CT*, **VII**, 945: § 160k; *CT*, **VII**, 989: 198a; *CT*,

VII, 1004: §§ 221f-221i; *CT*, **VII**, 1013: §§ 230f-230i; *CT*, **VII**, 1029: §§ 252a-252b; *CT*, **VII**, 1030: §§ 260a-261a; *CT*, **VII**, 1042: §§ 294b-295c; *CT*, **VII**, 1096: §§ 380a-380b; *CT*, **VII**, 1136: § 481h; *CT*, **VII**, 1143: §§ 491g-491h. [Voir aussi la Table III.3].

***BD*:** *BD*, **2**: 1-2 ff; *BD*: **23**: 5; *BD*: **137**^{A}; *BD*: **153**^{B}; *BD*: **174**.

***Autres Textes Égyptiens*:** Les papyri *pErmitage 1115*: 28-32, 41, 56-60, 64-66, 95-98, 117-18, 127, 129-31, 153-54, 167-68, 173-74, 185-86; *pBerlin 10499*: 5-6, 7, 20, 29, 34, 36, 37, 39, 41-42, 45, 46, 59; *pBerlin 3022*: 29-30, 36, 45, 57, 68, 87-88, 92, 100, 129, 149-50, 162-63, 171-72, 172-73, 179, 185-86, 189-90, 190-91, 191, 192-93, 206-10, 212, 213, 216, 231, 232-33, 234, 237-38, 238, 241-42, 248, 249, 254, 269-70, 270-71, 271-72, 273, 274, 276, 282, 287, 290, 298-99, 300-02, 310; *pHarris 500*, r: **I**: ℓℓ 5-6, 9, 11 & **II**: ℓℓ 6-9 & **III**: ℓℓ 1-2, 4-5, 7-8 & **IV**: ℓℓ 8-9 & **V**: ℓℓ 2-4, 6 & **VI**: ℓ. 2 & **VII**: ℓℓ 5-6 & **VIII**: ℓ. 2; *pTurin 1966*, r: **I**: ℓℓ 2, 4-5, 8-10 & **II**: ℓℓ 6-7, 11-12; *pChester Beatty I*, v: **C1**: ℓℓ 1, 1-2, 4 & **C2**: ℓ. 3 & **C3**: ℓℓ 4-5, 9 & **C4**: ℓℓ 3-4, 6 & **C5**: ℓ. 2 & **G2**: ℓ. 5; *pChester Beatty I*, r: **16**: ℓℓ 11-12 & **17**: ℓℓ 1, 4, 7-8, 12; Les Ostraca *oDeM 1266 + oCG 25218*: ℓℓ 1, 6, 7, 11, 14-15, 21-22, 24-26; *oGardiner 304*, r: ℓ. 4; *oNash 12*, r: ℓℓ 1, 4; *oBorchardt 1*, r + *oCGTurin 57367*, r, ℓ. 1; La stèle de British Museum *sBM 552*, VIII: pl. xxvii; La stele du Musée du Louvre *sLouvre C100*, ℓℓ 1, 3. [Voir aussi les Tables III.7, III.9 & III.11].

Hymnes Orphiques*:** ***4: 3-5; *7*: 4; ***26***: 8-9; *27*: 4-5; ***34***: 19-23.

Chapitre IV

***PT*:** *PT*, **248**, § 263a: 390; *PT*, **273-74**, §§ 393a-394b: 496-500; *PT*, **273-74**, §§ 397a-397b: 505-506; *PT*, **304**, § 470a: 577; *PT*, **408**, § 714b: 221; *PT*, **669**, § 1967: 757; *PT*, **669**, § 1969c: 758. [Voir aussi la Table IV.5].

***CT*:** *CT*, **I**, 39: § 167f; *CT*, **I**, 40: § 176k; *CT*, **I**, 44: § 182g; *CT*, **I**, 75: §§ 321d-322a; *CT*, **II**, 76: § 3f, §§ 4c-4d; *CT*, **II**, 80: §§ 27d-43h; *CT*, **II**, 80: § 33c, § 36c; *CT*, **II**, 81: § 44d; *CT*, **II**, 148: § 212b, § 214b, § 216b, § 217g, § 225b; *CT*, **II**, 150: § 254c, § 254e; *CT*, **III**, 165: § 13a; *CT*, **III**, 173: § 53a; *CT*, **III**, 173: §§ 55g-56a; *CT*, **III**, 207: § 156b; *CT*, **III**, 219: § 200a; *CT*, **III**, 222: § 207c, § 207h; *CT*, **III**, 223: § 208e, § 210c; *CT*, **IV**, 302: §§ 53h-53i; *CT*, **IV**, 307: § 63r; *CT*, **IV**, 334: § 181g; *CT*, **IV**, 335^{I}: §§ 193a-193c; *CT*, **IV**, 335^{II}: §§ 292b-292c, §§ 294a-294b; *CT*, **V**, 464: § 337d; *CT*, **VI**, 540: § 135g; *CT*, **VI**, 573: §§ 177a-177e, §§ 178h-178k; *CT*, **VI**, 584: § 200j; *CT*, **VI**, 647: § 267g; *CT*, **VI**, 648: § 270n; *CT*, **VI**, 682: § 309ℓ; *CT*, **VI**, 686: § 315g; *CT*, **VI**, 690: § 321j, § 321p, § 321u; *CT*, **VI**, 691: § 323g; *CT*, **VI**, 697: § 331p; *CT*, **VI**, 714: § 343n; *CT*, **VI**, 748: § 378h; *CT*, **VII**, 820: § 21m; *CT*, **VII**, 906: § 111o; *CT*, **VII**, 938: § 147a; *CT*, **VII**, 989: § 198c, §§ 198f-198g; *CT*, **VII**, 1003: § 220b; *CT*, **VII**, 1017: §§ 238c-238d; *CT*, **VII**, 1058: § 310b; *CT*, **VII**, 1129: § 460e; *CT*, **VII**, 1130: §§ 461c-471g; *CT*, **VII**, 1168: § 510f. [Voir aussi la Table IV.5].

***BD*:** *BD*, *Hymne à Rēʿ* (*pBM10470*, pl. 1: cols 1-28); *BD*, **15** (*pBM10470*, pl. 18: col. 30; pl. 20: cols 5-6; pl. 21: col. 5; pl. 21: col. 12); *BD*, **17** (*pBM10470*, pl. 7: cols 15-16; pl. 8: cols 29-31); *BD*, **20**; *BD*, **22**: cols 1-2; *BD*: **30**^{B}; *BD*, **42**: cols 13-14, 26; *BD*, **54**: cols 1, 3; *BD*, **56**: col. 3 (*pBM10477*); *BD*, **59**: cols 2-3; *BD*, **71**:

cols 12-13; *BD*, **77**: col. 2; *BD*, **85**: col. 13; *BD*, **100**: 7; *BD*, **112**: 4-6 (*pBM 10477*); *BD*, **125**; *BD*, **149**: col. 57; *BD*, **172**: cols 20-21, 23; *BD*, **175** (*pBM10470*, pl. 29: col. 16 ff). [Voir aussi la Table IV.5].

Autres Textes Égyptiens: *Litanie du Soleil*; *Grand Hymne à Atōn*: 2, 7, 20 ff, 25-28, 65-84; Les papyri *pErmitage 1125*: 129-30; *pBerlin 3022*: 270-71; Les stèles de British Museum *sBM 498*: 49^{A}-53, 50^{A}-51^{A}, 53-54; 54-55, 58-59, *passim* (= *Stèle de Shabaqa*); *sBM 552*, VIII: pl. xxvii; *sBM 826*, VIII: pl. xxi; La stèle du Musée du Louvre *sLouvre C100*: ℓ. 3; un texte de la première salle hypostyle du temple de Medīnet Habu [cf. *OIP*, **83**, 1957: pl. 307^{A}].

Hymnes Orphiques: ***1***: 1, 5, 7-8; ***3***: 1-3, 8-11; ***4***: 1-9; ***5***: 2-3, 5; ***6***: 2, 6-8; ***7***: 1-13; ***8***: 1-20; ***9***: 1-12; ***10***: 4-6, 7-8, 10, 12, 17-19, 22-23, 26-27; ***11***: 6; ***12***: 3, 11-12; ***13***: 3-5, 6-8; ***14***: 2; ***16***: 1, 3-5, 8; ***17***: 4-5, 9; ***19***; ***20***; ***21***: 1-7; ***23***: 7; ***26***: 2-4, 8-9; ***27***: 1, ***27***: 3; 3-6, 9, 13; ***29***: 9, 11; ***34***: 1-27; ***36***: 1, 3, 6-7, 11-12; ***37***: 3; ***40***: 14-15, 19; ***43***; ***51***: 2; ***52***: 2; ***57***: 2; ***59***: 1, 17; ***61***; ***62***: 3; ***63***: 9; ***64***: 2-5, 7-10; ***66***: 1, 4, 6-7; ***69***: 3-4, 10; ***71***: 8-9; ***78***: 1-5; ***80***: 1-4, 5-6; ***81***: 1-6; ***82***: titre, 1-7; ***83***: 3; [*Ὀρφεὺς πρὸς Μουσαῖον*: 3-4, 28-29].

Ἀργοναυτικά: 77, 103, 208-09, 208-10, 343, 514, 517, 538-39, 565-66, 652-53, 729 ff, 740, 757, 767 ff, 784, 1125-27, 1031, 1050 ff, 1051, 1073, 1078, 1088 ff, 1111-14, 1150 ff, 1174, 1185 ff, 1208 ff, 1249.

Λιθικά: 150-55, 170-71, 178-82, 271, 488-91.

Orphica Fragmenta: **4**; **5**; **6**; **9**; **19**; **27**; **28**; **32**; **34**; **36**; **37**; **39**; **41**.
Fragmenta Inedita: **10**; **11**; **32**.
Hymni Magici: **5**: 32.

Chapitre V

PT: *PT*, **1**: § 1a; *PT*, **6**: § 4a; *PT*, **211**, § 132c: 199; *PT*, **217**, §§ 152a-160a: 222-33; *PT*, **222**, § 208b: 291; *PT*, **254**, § 279d: 418; *PT*, **262**, § 334c: 469 & 220; *PT*, **271**: § 390a; *PT*, **364**, §§ 616d-616f: 268; *PT*, **427**, § 777a: 61; *PT*, **431**: § 781a: 62; *PT*, **444**: § 824a, 101; *PT*, **446**, § 825a: 103; *PT*, **447**, §§ 834b-836a: 109-10; *PT*, **465**, § 879a; *PT*, **472**, § 924a-924b: 316; *PT*, **485**, §§ 1025a-1025d: 204^{+8}-204^{+9}; *PT*, **486**, § 1040a-1040c: 1229; *PT*, **504**, § 1082b: 243; *PT*, **588**, §§ 1607a-1608b: 69; *PT*, **667**, § 1941d; *PT*, **667^A^**, §§ 1944a-1944b: 776; *PT*, **690**, § 2104a: 991; *PT*, **690**: §§ 2107a: 993.

CT: *CT*, **I**, 18: § 53e; *CT*, **I**, 38: § 161e; *CT*, **I**, 44: § 191c; *CT*, **I**, 60: § 248f; *CT*, **I**, 62: §§ 270e-270f; *CT*, **II**, 76: §§ 4c-4d; *CT*, **II**, 78: §§ 19a-19b; *CT*, **II**, 80: §§ 32b-33a; *CT*, **II**, 80: §§ 33e-33f; *CT*, **II**, 80: §§ 39c-39e; *CT*, **II**, 80: § 39f; *CT*, **III**, 198: § 376d; *CT*, **III**, 261: §§ 382e-383c; *CT*, **III**, 261: §§ 383c-383d; *CT*, **III**, 261: §§ 384a-384c; *CT*, **III**, 261: §§ 384d-385a; *CT*, **IV**, 307: § 62c; *CT*, **IV**, 312: § 75f; *CT*, **IV**, 325: §§ 153e-154c; *CT*, **IV**, 325: §§ 155c-155d; *CT*, **IV**, 335^{I}: §§ 200d-200e; *CT*, **IV**, 335^{I}: §§ 202a-202b; *CT*, **IV**, 335^{II}: § 324c, § 325b; *CT*, **IV**, 336: § 330q; *CT*, **V**, 383: § 45c; *CT*, **V**, 395: § 70c; *CT*, **V**, 404: § 198b; *CT*, **V**, 470: §§ 399e-399f; *CT*, **VI**, 507: § 93c; *CT*, **VI**, 619: § 231q; *CT*, **VI**, 622: § 236ℓ; *CT*, **VI**, 644: § 264a-264b; *CT*, **VI**, 648: § 270d; *CT*, **VI**, 648: §§ 270f-270h; *CT*, **VI**, 662: § 288f; *CT*, **VI**, 769: §§ 402j-402r; *CT*, **VI**, 782: § 412j; *CT*, **VII**, 789: §

2j; *CT*, **VII**, 792: §§ 3g-3j; *CT*, **VII**, 920: § 125g; *CT*, **VII**, 1130: §§ 462b-464f; *CT*, **VII**, 1130: §§ 464g-465c; *CT*, **VII**, 1130: §§ 467e-468b.

BD: *BD*, **15**: *passim*; *BD*, **17**: 5-6; *BD*, **17**: 9-11; *BD*, **17**: 121; *BD*, **17**: 125; *BD*: **59**; *BD*, **66**: 15; *BD*, **72**: 7; *BD*, **85**: 5; *BD*, **99**: 41; *BD*, **125**: 8; *BD*, **175**: 16-19; *BD*, **176**: 2; *BD*: **181-82**.

Autres Textes Égyptiens: Les papyri *pCarlesberg I*: ℓℓ 4-6, 9-13, 20-28; *pBremner Rhind* [cf. 395 (99), *supra*]; L'*Enseignement pour Mery–ka–Rē'* (= *pS*[T] *Petersburg 1116*[A]: ℓℓ 131-136); Les stèles de British Museum *sBM 101* & *sBM 614*: 17; La stèle *sMetternich*.

Hymnes Orphiques: [*Ὀρφεὺς πρὸς Μουσαῖον*: 39].

Chapitre VI

PT: ———

CT: ———

BD: ———

Hymnes Orphiques: ***8***; ***10***: 8; ***42***: 9-10; ***55***: 18-19; ***61-64***; ***66***.
Ἀργοναυτικά: 32, 43-45, 103.

Epilogue

PT: *PT*, **466**, §§ 882a-883d: 162; *PT*, **474**, §§ 939a-941c: 181-182.

CT: *CT*, **I**, 44: §§ 187f-188d.

BD: ———

Hymnes Orphiques: ———

Bibliographie et abréviations

Figure 1: Deux obélisques —symboles des rayons solaires par excellence— dans le Temple de Karnak (*Ỉpt-Swt*). Celui à droite se trouve entre les pylônes III et IV: il fut érigé (avec trois autres) par Tuthmosis III (c. 1450 BCE). Celui à gauche se situe entre les pylônes IV et V: il fut construit (en paire avec un autre) par Hat–shepsout (c. 1470 BCE).

LITTÉRATURE ÉGYPTOLOGIQUE & ARCHÉOLOGIQUE

Figure 2: Aspect du plafond astronomique de la tombe de Sety I (détail). Dans le registre en bas l'on voit les astérismes boréaux (entre eux *Msḫtyw*, *Dwn-ʿnwy*, *Rrt*, & c.) et quelques divinités lunaires, personnifications des phases de la Lune (à gauche). Dans le registre en haut (qui est invisible ici) les noms des 36 décans sont présentés (entre eux *Spdt*), des planètes, ainsi que d'autres astres du ciel. Vallée des Rois, KV 17; commencement de XIXe Dynastie (c. 1295 BCE).

ABDELHAMID YOUSSEF, A.: «The Cairo Imduat Papyri (JE 96638 a, b, c)», *BIFAO*, **82**, 1982, 1-17.

ABRAHAM, G.: «The Motion of Mars in Egyptian Planetary Tables», *Arch. Hist. Exact Sci.*, **30**, Berlin 1984, 1-6.

ABOU–GHAZI, D.: «Bewailing the King in the *Pyramid Texts*», *BIFAO*, **66**, 1968, 157-64.

ABOU–GHAZI, D.: «The First Appearance of Rè and his Continuous Being as depicted in the *Pyramid Texts*», *BIFAO*, **68**, 1969, 47-51.

ALDRED, C.: *Egypt to the End of the Old kingdom*, London 1965.

ALDRED, C.: *The Egyptians*, London (Thames & Hudson) [3]1987.

ALDRED, C.: *Egyptian Art*, London (Thames & Hudson) [2]1988.

ALDRED, C.: *Akhenaten: King of Egypt*, London (Thames & Hudson) [2]1991.

ALLEN, J.P.: «The Funerary Texts of King Wahkare Akhtoy on a Middle Kingdom Coffin», *Studies in Honor of G.R. Hughes* (Johnson, J.–H. & Wente, E.–F., eds), Chicago (University of Chicago, Oriental Institute) 1976, 1-29.

ALLEN, J.P.: «Genesis in Egypt: The Philosophy of Ancient Egyptian Creation Accounts», *YES*, **2**, New Haven CT 1988a.

ALLEN, J.P.: «The Cosmology of the Pyramid Texts», *YES*, **3**, New Haven CT 1988b, 1-28.

ALLEN, J.P.: «Coffin Texts from Lisht», *WCT*, Leiden 1996, 1-15.

ALLEN, J.P.: *Middle Egyptian: An Introduction to the Language and Culture of Hieroglyphics*, Cambridge (Cambridge University Press) 2000.

ALLEN, J.P.: art. «Pyramid Texts», *OEAE*, **III**, 2001, 95-97.

ALLEN, T.G.: *Horus in the Pyramid Texts* (PhD Thesis), Chicago (University of Chicago) 1916.

ALLEN, T.G.: *Occurences of the Pyramid Texts, with Cross Indexes of These and Other Egyptian Mortuary Texts*, Chicago (University of Chicago / *SAOC*, **27**) 1950.

ALLEN, T.G.: «Additions to the Egyptian Book of the Dead», *JNES*, **11**, 1952, 177-86.

ALLEN, T.G.: *The Egyptian Book of the Dead: Documents in the Oriental Institute Museum*, Chicago (University of Chicago / *OIP*, **82**) 1960.

ALLEN, T.G.: *The Book of the Dead or Going forth by Day: Ideas of the Ancient Egyptians concerning the Hereafter, as expressed in their own Terms* (Hauser, E.B., ed.), Chicago (University of Chicago / *SAOC*, **37**) 1974.

ALTENMÜLLER, B.: *Syncretismus in der Sargtexten*, Wiesbaden (O. Harrassowitz / *GOF*, **IV**[7]) 1975.

ALTENMÜLLER, H.: *Die Apotropaïa und die Götter Mittelägyptens*, München 1965.

ALTENMÜLLER, H.: *Die Texte zum Bergräbnisritual in den Pyramiden des Alten Reiches*, Wiesbaden 1972.

ALTENMÜLLER, H.: «Das Grab der Königin Tausret im Tal der Könige von Theben», *SAK*, **10**, 1983, 1-24.

ALTENMÜLLER, H.: «Aspekte des Sonnenlaufes in den Pyramidentexten», *Hommages à François Daumas*, **1**, Montpellier (*Publications de la Recherche, Université de Montpellier / OrMonsp*, **3**) 1986, 1-16.

ANDREWS, C.: *Ancient Egyptian Jewellery*, London (BMP) 1990.

ANDREWS, C.: *Amulets of Ancient Egypt*, London (BMP) 1994.

ANTHES, R.: «Remarks on the Pyramid Texts and the Early Egyptian Dogma», *JAOS*, **74**, 1954, 35-39.

ANTHES, R.: «Zum Ursprung des Nefertem», *ZÄS*, **80**, 1955, 81-89.

ANTHES, R.: «Sonnenboote in den Pyramidentexten», *ZÄS*, **82**, 1957, 77-89.

ANTHES, R.: «Nefertem und die Kosmogonie von Hermopolis: Ein Versuch», *ZÄS*, **82**, 1958, 1-8.

ANTHES, R.: «Egyptian Theology in the Third Millenium», *JNES*, **18**, 1959, 169-212.

ANTHES, R.: «Mythology in Ancient Egypt», *Mythologies of the Ancient World* (Kramer, S.N., ed.), NY (Anchor Books) 1961, 15-92.

ANTHES, R.: «Affinity and Difference between Egyptian and Greek Sculpture and Thought in the 7th and 6th Centuries BC», *PAPS*, **107**, 1963, 60-81.

ANTHES, R.: «Orion, Fuss und Zehe», *Festschrift für Siegfried Schott zu seinem 70. Geburtstag*, Wiesbaden (O. Harrassowitz) 1968, 1-6.

ANTHES, R.: «Harachti und Re in den Pyramidentexten», *ZÄS*, **100^{2}**, 1974, 77-82.

ANTHES, R.: «Horus als Sirius in den Pyramidentexten», *ZÄS*, **102**, 1975, 1-10.

ANTONIADI, E.M.: *L'astronomie égyptienne: Depuis les temps les plus reculés, jusqu'à la fin de l'époque Alexandrine*, Paris (Gauthier–Villars) 1934.

ASSMANN, J.: *Liturgische Lieder an den Sonnengott: Untersuchungen zur altägyptischen Hymnik 1*, Berlin (Deutscher Kunstverlag / *MÄS*, **19**) 1969.

ASSMANN, J.: *Der König als Sonnenpriester gott: Ein kosmographischer Begleittext zur kultischen Sonnenhymnik in thebanischen Tempeln und Gräbern*, Hamburg & NY 1970.

ASSMANN, J.: *Ägyptische Hymnen und Gebete*, Zürich–München 1975a [^{2}1999].

ASSMANN, J.: *Zeit und Ewigkeit im alten Ägypten*, Heidelberg (*AHAW* / C. Winter Universitätsverlag) 1975b.

ASSMANN, J.: *Re und Amun*, Freiburg (*OBO*, **51**) 1983.

ASSMANN, J.: *Ägypten: Theologie und Frömmigkeit einer frühen Hochkultur*, Stuttgart (W. Kohlhammer) 1984.

ASSMANN, J.: «Death and Initiation in the Funerary Religion of Ancient Egypt», *YES*, **3**, New Haven CT 1988, 135-59.

ASSMANN, J.: *Maât: L'Égypte pharaonique et l'idée de la justice sociale*, Paris 1989.

ASSMANN, J.: *Stein und Zeit: Mensch und Gesellschaft im alten Ägypten*, München 1991.

ASSMANN, J.: *Egyptian Solar Religion in the New Kingdom: Re, Amun and the Crisis of Polytheism* (traduit de l'allemand par Alcock, A.), London & NY (Kegan Paul International, *Studies in Egyptology*) 1995.

AUBOURG, É.: «La date de conception du zodiaque du temple d'Hathor à Dendera», *BIFAO*, **95**, 1995, 1-10.

AUBOURG, É.: «Sirius et le cycle sothiaque», *BIFAO*, **100**, 2000, 37-46.

AUBOURG, É. & CAUVILLE, S.: «En ce matin du 28 Décembre 47 … », *Egyptian Religion. The Last Thousand Years: Studies dedicated to the Memory of J. Quægebeur* (Clarysse, W., ed.), Leeuwen (Uitgeverij Peeters / *OLA*, **84**) 1998, 767-72.

AUFRÈRE, S.: *L'univers minéral dans la pensée égyptienne: **I**: L'influence du désert et des minéraux sur la mentalité des anciens Égyptiens; **II**: L'intégration* *des minéraux, des métaux et des «Trésors» dans la marche de l'univers et dans la vie divine*, Le Caire (*IFAO / BdE*, **105**) 1991.

AUFRÈRE, S.: «De l'influence des luminaires sur la croissance des végétaux. À propos d'une scène du papyrus funéraire de Nebhepet, Musée de Turin [ancienne collection Drovetti]», *Memnonia*, **6**, 1995, 113-21.

AUTRAN, C.: «Sothis–Sirius et le monde préhellénique», *Mélanges G. Maspero: Orient Ancien*, **I**, Le Caire (*IFAO / BIFAO*, **66**) 1935-38, 529-44.

BADAWI, A.M.: *Der Gott Chnum*, Glückstadt 1937.

BADAWY, A.: «Min, the Cosmic Fertility God of Egypt», *MIO*, **VII**, 1959, 163-79.

BADAWY, A.: «The Stellar Destiny of Pharaoh and the So–Called Airshafts of Cheops», *MIO*, **X**, 1964, 189-206.

BAINES, J.: «*Bnbn*: Mythological and Linguistic Notes», *Orientalia*, **39**, 1970, 389-404.

BAINES, J.: «Interpreting the Story of the Shipwrecked Sailor», *JEA*, **76**, 1990, 55-72.

BAINES, J. & MÁLEK, J.: *Atlas of Ancient Egypt*, Oxford (Phaidon) [7]1988.

BAKIR, A. 'EL-M.: «*nḥḥ* and *ḏt* reconsidered», *JEA*, **39**, 1953, 110-11.

BAKIR, A. 'EL-M.: *The Cairo Calendar: N° 86637*, Cairo (Government Press) 1966.

BAKIR, A. 'EL-M: «A Further Re–Appraisal of the Terms: *nḥḥ* and *ḏt*», *JEA*, **60**, 1974, 252-54.

BARD, K.A. (ed.): *Encyclopædia of the Archæology of Ancient Egypt*, London & NY (Routledge) [1]1999.

BARGUET, P.: «Le rituel archaïque de fondation des temples de Medinet Habou à Louxor», *RdE*, **9**, 1952, 1-22.

BARGUET, P.: *Le livre des morts des anciens Égyptiens*, Paris (Cerf) 1967.

BARGUET, P.: *Textes des sarcophages égyptiens du Moyen Empire*, Paris (Cerf) 1968.

BARGUET, P.: «Essai d'interprétation du *Livre des Deux Chemins*», *RdE*, **21**, 1969, 7-17.

BARGUET, P.: «Les chapitres 313-21 des *Textes des Pyramides* et la naissance de la lumière», *RdE*, **22**, 1970, 7-14.

BARGUET, P.: «L'Amdouat et les funérailles royales», *RdE*, **24**, 1972, 7-11.

BARGUET, P.: «Le Livre des Morts», *Textes et Langages, 3: Cent cinquante années de recherches. 1822 – 1972: Hommage à Jean François–Champollion*, Le Caire (*IFAO*) 1974, 47-52.

BARGUET, P.: «Le cycle lunaire d'après deux textes d'Edfou», *RdE*, **29**, 1977, 14-20.

BARGUET, P.: «Remarques sur quelques scènes de la salle du sarcophage de Ramsès VI», *RdE*, **30**, 1978, 51-56.

BÁRTA, W.: *Untersuchungen zum Götterkreis der Neunheit*, München (Deutscher Kunstverlag / *MÄS*, **28**) 1973.

BÁRTA, W.: «Die Ägyptischen Monddaten und der 25–Jahr–Zyklus des Papyrus Carlsberg 9», *ZÄS*, **106**, 1979, 1-10.

BÁRTA, W.: «Funktion und Lokalisierung der Zirkumpolarsterne in den Pyramidentexten», *ZÄS*, **107**, 1980a, 1-4.

BÁRTA, W.: «Die Ägyptischen Sothisdaten und ihre Bezugsorte», *JEOL*, **8**[26], 1980b, 26-34.

BÁRTA, W.: *Die Bedeutung der Pyramidentexte für den verstorbenen König*, München (Deutscher Kunstverlag / *MÄS*, **39**) 1981a.

BÁRTA, W.: «Der Ägyptische Mondkalender und seine Schaltregulierung», *GM*, **47**, 1981b, 7-13.

BÁRTA, W.: «Der Dekankalender des Nutbildes und das Sothisdatum aus dem 7. Regierungsjahr Sesostris III», *SAK*, **9**, 1981c, 85-104.

BÁRTA, W.: «Zur Entwicklung des Ägyptischen Kalenderwesens», *ZÄS*, **110**, 1983a, 16-26.

BÁRTA, W.: «Zur Verbindung des Atum mit dem Sonnengott Re», *GM*, **64**, 1983b, 15-18.

BÁRTA, W.: *Die Bedeutung der Jenseitsbücher für den verstorbenen König*, München (Deutscher Kunstverlag / *MÄS*, **42**) 1985.

BÁRTA, W.: «Die Pyramiden Texte auf den Privatsärgen des Mittleren Reiches», *ZÄS*, **113**, 1986, 1-8.

BÁRTA, W.: «Zur grammatischem Bedeutung synkretistisch verbundener Götternamen am Beispiel der Namen von Re und Atum», *GM*, **123**, 1991, 7-10.

BÁRTA, W.: «Die Bedeutung der Personifikation Huh im Unterschied zu den Personifikationen Hah und Nun», *GM*, **127**, 1992, 7-12.

BARTEL, H.–G.: «Zur antiken Ideenähnlichkeit: Personifikationen im Pyramidentext–Spruch 205 und der Elemente des Empedokles», *Egyptology at the Dawn of the 21st Century: Proceedings of the 8th International Congress of Egyptologists, Cairo 2000* (Hawass, Z. & Pinch–Brock, L., eds), Cairo–NY (The AUC Press) 2003, **III**, 49-59.

BARTEL, H.–G. & HALLOF, J.: «Der Aspekt der Selbstorganisation in altägyptischen Kosmogonien», *Selbstorganisation*, **1**, 1990, 195-218.

BARUCQ, A. & DAUMAS, F.: *Hymnes et prières de l'Égypte ancienne*, Paris (Cerf) 1980.

BASSERMANN–JORDEN, E.: *Die Geschichte der Zeitmeßung und der Uhren*, Berlin 1920.

BAUKS, M.: «Präfigurationen der hermopolitanischen Achtheit in der Sargtexten?», *Biblische Notizen*, **88**, 1997, 5-8.

BAUKS, M.: «Quelques traditions cosmogoniques en *Gen.* 1-2 ou nécessité et limite de la méthode comparative», *L'interdit et le sacré dans les religions de la Bible et de l'Égypte: Actes du Colloque Montpellier, le 20 Mars 1998, suivies de deux conférences sur le thème Bible & Égypte et d'une postface interdisciplinaire* (Marconot, J.–M. & Aufrère, S.H., eds), Montpellier (Université Paul Valéry) 1998, 165-78.

BEATTY, M.H.: *The Image of Celestial Phenomena in the Book of Coming Forth by Day: An Astronomical and Philological Analysis* (Dissertation in Partial Fulfilment of the Requirements for the Degree of D. Phil.), Philadelphia (Temple University) 1998.

BEAUX, N.: «Sirius, étoile et jeune Horus», *Hommages à J. Leclant* (Berger, C. *et al.*, eds), **1**, Le Caire (*IFAO / BdE*, **106**[1-4]) 1994, 61-72.

BEAUX, N.: «Associations divines et réalité astronomique: la représentation de *Spdt*», *Hommages à F. Haykal* (Grimal, N., Kamel, A. *et al.*, eds), Le Caire (*IFAO / BdE*, **138**) 2003, 51-61.

BECKERATH, J. VON: «Der ägyptische Ursprung unseres Kalenders», *Sæculum*, **4**[1], 1953, 1-12.

BECKERATH, J. VON: «Neue Überlegungen zum Ägyptischen Kalender», *Sæculum*, **37**, München 1986, 1-7.

BECKERATH, J. VON: «Bemerkungen zum Ägyptischen Kalender, 1: Zur Entstehung des 365–tägigen Kalenders; 2: Zum Problem der Monatsnamen», *ZÄS*, **120**, 1993a, 7-22.

BECKERATH, J. VON: «Bemerkungen zum Ägyptischen Kalender, III: Zum Kalendarium des Papyrus Ebers», *ZÄS*, **120**, 1993b, 131-36.

BECKERATH, J. VON: *Chronologie des Pharaonischen Ägypten. Die Zeitbestimmung der Ägyptischen Geschichte von der Vorzeit bis 332 v. Chr.*, München (Deutscher Kunstverlag / *MÄS*, **46**) 1997.

BEDIER, S.: Die Rolle des Gottes Geb in den ägyptischen Tempelinschriften der griechisch–römischen Zeit, Hildesheim (Gerstenberg Verlag / *HÄB*, **41**) 1995.

BELLUCCIO, A.: «Le mythe du Phénix à la lumière de la consubstantialité royale du père et du fils», *Atti VI Congresso Internazionale di Egittologia*, **II**, Torino (Il Comitato Organizzativo) 1993, 21-39.

BELLUCCIO, A.: «Le nombre caché dans l'Oeil d'Horus», *DE*, **32**, 1995, 7-8.

BELMONTE, J.A.: «On the Orientation of Old Kingdom Egyptian Pyramids», *Archæoastronomy 26* (suppl. to *JHA*, **32**), 2001a, S1-20.

BELMONTE, J.A.: «The Decans and the Ancient Egyptian Skylore: An Astronomer's Approach», *Keynote Lecture at the INSAP III Meeting, Palermo Italy, from December 31st 2000 to January 6th 2001, to be published in Memorie della Società Astronomica Italiana*, Tenerife (*IAC* / Preprint Ser., **6**) 2001b.

BELMONTE, J.A.: «The Ramesside Star Clocks and the Egyptian Constellations», *Calendars, Symbols and Orientations: Proceedings of the 9th Meeting of the SEAC, Sockholm 27-30 August 2001* (Blomberg, M. *et al.*, eds), Uppsala (Uppsala Astronomical Observatory / *Report*, **59**) 2003a, 57-65.

BELMONTE, J.A.: «A Celestial Map of the Ancient Egyptian Firmament», *Ad Astra per Aspera et per Ludum: European Archæoastronomy and the Orientation of Monuments in the Mediterranean Basin: Papers from a Session, held at the European Association of Archæologists 8th Annual Meeting in Thessaloniki 2002* (Maravelia, A.–A., ed.), Oxford (BAR Publishing / BAR International Series, **1154**) 2003b, 31-36.

BELOVA, G.A.: «*Kftiw* in Egypt», *Europe, Hellas and Egypt: Complementary Antipodes during Late Antiquity: Papers from a Session, held at the European Association of Archæologists 8th Annual Meeting in Thessaloniki 2002* (Maravelia, A.–A., ed.), Oxford (BAR Publishing / BAR International Series, **1218**) 2004, 1-4.

BERGER–'EL-NAGAR, C., LECLANT, J., MATHIEU, B. & PIERRE–CROISIAU, I.: *Les Textes de la Pyramide de Pépy Ier: **I**: Description et Analyse; **II**: Fac–similés*, Le Caire (*IFAO / MIFAO*, **118**[1-2]) 2001.

BERGMAN, J.: «The Rite of Opening the Mouth in Ancient Egypt and Babylonia», *JEA*, **10**, 1924, 47-59.

BERGMAN, J.: «Nut–Himmelsgöttin–Baumgöttin–Lebensgeberin», *Humanitas Religiosa: Festschrift für H. Biezais*, Stokholm (Scripta Instituti Donneriani Abœnsis, **X**) 1979, 53-69.

BERLANDINI, J.: «Ptah–démiurge et l'exaltation du ciel», *RdE*, **46**, 1995, 9-41.

BIBÉ, C.: «Les soixante–quatre "génies (*sic*) du ciel": Les Khent», *GM*, **159**, 1997, 19-28.

BICKEL, S.: *Les notions de cosmogonie dans les Textes des Sarcophages* (Thèse de Doctorat), Fribourg (Université de Fribourg) 1993.

BICKEL, S.: *La cosmogonie égyptienne avant le Nouvel Empire*, Fribourg (Éditions Universitaires / *OBO*, **134**) 1994.

BICKEL, S.: «Changes in the Image of the Creator God during the Middle and New Kingdoms», *Proceedings of the 7th International Congress of Egyptologists* (Eyre, C.J., ed.), Leeuwen (Uitgeverij Peeters / *OLA*, **82**) 1998, 165-72.

BICKERMAN, E.J.: *Chronology of the Ancient World*, Ithaca (Cornell University Press) 1968.

BIETAK, M. & MARINATOS, N.: «Avaris (Tell 'el-Dab'a) and the Minoan World», *Krētē–Aigyptos: Cultural Links through Three Millenia* (Karetsou, A., ed.), Athens (Kapon Editions / Ministry of Culture) 2000, 40-44.

BILLING, N.: Nut: *The Goddess of Life in Text and Iconography*, Uppsala (Uppsala University / *Uppsala Studies in Egyptology*, **5**) 2002.

BILLING, N.: «Text and Tomb: Some Spatial Properties of the Goddess Nut in the Pyramid Texts», *Egyptology at the Dawn of the 21st Century: Proceedings of the 8th International Congress of Egyptologists, Cairo 2000* (Hawass, Z. & Pinch–Brock, L., eds), Cairo–NY (The AUC Press) 2003, **II**, 129-36.

BILOLO, M.: «Du "cœur" *ḥ3ty* ou *ib* comme l'unique lieu de création: propos sur la cosmogenèse héliopolitaine», *GM*, **58**, 1982, 7-14.

BILOLO, M.: *Les Cosmo–Théologies philosophiques d'Héliopolis et d'Hermopolis*, Kinshasa (Publications Universitaires Africaines) 1986.

BILOLO, M.: «Concepts et expressions égyptiens relatifs à la création: importance et actualité eu égard à l'héritage gréco–biblique», *GM*, **131**, 1992, 13-19.

BIOT, J.B.: *Recherches sur plusieurs points de l'astronomie égyptienne*, Paris 1823.

BIOT, J.B.: *Mémoire sur le zodiaque circulaire de Denderah*, Paris (Académie des Inscriptions et Belles–Lettres / *Mémoires*, **XVI^2**) 1846.

BLACKMAN, A.M.: *The Story of Sinuhe*, Bruxelles (*BAe*, **1**) 1932, 1-41.

BLACKMAN, A.M.: *Middle Egyptian Stories*, Bruxelles (*BAe*, **2**) 1933, 41-48 [transcription hiéroglyphique reprise et corrigée dans BUCK, A. DE: *Egyptian Readingbook*, Leiden 1948, 100-06].

BLACKMAN, A.M.: «The Stela of Nebipusenwosret: British Museum, N° 101», *JEA*, **21**, 1935, 1-9 & pl. 1.

BLEEKER, C.J.: «L'idée de l'ordre cosmique dans l'ancienne Égypte», *Revue d'histoire et de philosophie religieuse*, **2-3**, 1962, 193-200.

BLEEKER, C.J.: *Hathor and Thoth: Two Key Figures of the Ancient Egyptian Religion*, Leiden 1973.

BLEEKER, C.J.: «Isis and Hathor. Two Ancient Egyptian Goddesses», *The Book of the Goddess: Past and Present* (Olson, C., ed.), NY (Crossroad) 1990.

BÖKER, R.: «Über Namen und Identifizierung der Ägyptischen Dekane. Nach dem Tod des Verfassers bearbeitet von F. Schmeidler», *Centaurus*, **27**, København 1984, 189-217.

BOHLEKE, B.: «In Terms of Fate: A Survey of the Indigenous Egyptian Contribution to Ancient Astrology in Light of Papyrus CtYBR inv. 1132(B)», *SAK*, **23**, 1996, 11-46 & pl. 1.

BOHRMANN, M.: «La pluie dans le judaisme antique et l'inondation en Égypte», *Dialogues d'histoire ancienne*, **18**^{2}, 1992, 175-86.

BOMHARD, A.–S. VON: *Le calendrier égyptien: Une œuvre d'éternité*, London (Periplus) 2000.

BOMHARD, A.–S. VON: «The Egyptian Calendar», *Egyptology at the Dawn of the 21st Century: Proceedings of the 8th International Congress of Egyptologists, Cairo 2000* (Hawass, Z. & Pinch–Brock, L., eds), Cairo–NY (The AUC Press) 2003, **II**, 137-45.

BOND, A. & SPARKS, R.S.J.: «The Minoan Eruption of Santorini, Greece», *Journal of the Geological Society of London*, **132**, 1976, 1-16.

BONGRANI–FANFONI, L.: «Sothis, il sovrano e la stella del mattino nei testi delle piramidi, *OrAnt*, **19**, 1980, 279-83.

BONHÊME, M.–A.: «Les mythes de l'eau et de l'océan dans l'Égypte ancienne», *Océanis: les mythes de l'eau et de l'océan en Orient*, **21**, Paris (Université Paris IV Sorbonne / *Océanis* [hors série]) 1995, 43-50.

BONNEAU, D.: *La crue du Nil: divinité égyptienne à travers 1000 ans d'histoire (332 av. - 641 ap. J.–C.)*, Paris (Librairie C. Klincksieck) 1964.

BONNEFOY, Y. (ed.): *Dictionnaire des mythologies*, Paris 1981.

BONNET, H.: *Reallexikon der Ägyptischen Religionsgeschichte*, Berlin (W. de Gruyter & Co) 1952 [= *RÄRG*].

BORCHARDT, L.: «Ein altägyptisches astronomisches Instrument», *ZÄS*, **37**, 1899, 10-17.

BORCHARDT, L.: «Altägyptische Sonnenuhren», *ZÄS*, **48**, 1911, 9-17 & pl. 1.

BORCHARDT, L.: *Die Altägyptische Zeitmessung*, (von Baßermann–Jordan, E., ed.), Berlin–Leipzig (*Die Geschichte der Zeitmeßung und der Uhren*, **I**^{B}) 1920.

BORCHARDT, L.: *Längen und Richtungen der vier Grundkanten der großen Pyramiden bei Gise*, Berlin 1926.

BORCHARDT, L. & NEUGEBAUER, O.: «Beobachtung des Frühaufgangs in Ägypten», *OLZ*, **29**, 1926, 309-16; *OLZ*, **30**, 1927, 441-48.

BORGHOUTS, J.F.: *An Introductory Guide to the Coffin Texts*, Amsterdam ^{2}1973a.

BORGHOUTS, J.–F.: «The Evil Eye of Apophis», *JEA*, **59**, 1973b, 114-50.

BORGHOUTS, J.F.: *Ancient Egyptian Magical Texts*, Leiden ^{3}1978 [=*AEMT*].

BORGHOUTS, J.–F.: «*3ḫ.w* (akhu) and *ḥk3.w* (hekau): Two Basic Notions of Ancient Egypt: Magic, and the Concept of Divine Creative Word», *MAGIC IN EGYPT*, 1987, 29-46.

BOURGUET, P. DE: «Pierres d'attente dans l'Égypte antique pour le monachisme chrétien», *CdO*, **XX**, Genève 1988, 41-46.

BOURRIAU, J.: «Patterns of Change in Burial Customs during the MK», *Middle Kingdom Studies* (Quirke, S., ed.), New Malden 1991, 3-20.

BOYLAN, P.: *Thoth: The Hermes of Egypt*, Oxford 1922, 83-84.

BRADSHAW, J.: *The Imperishable Stars of the Northern Sky in the Pyramid Texts*, London (Balfour Road) 1990.

BRADSHAW, J.: *The Night Sky in the Egyptian Mythology*, London 1997.

BRANDON, S.G.F.: *Time and Mankind*, London 1951.

BRANDON, S.G.F.: *Creation Legends of the Ancient Near East*, London (Hodder & Stoughton) 1963, 14-65, chap. II: «Egypt: Cosmogonies of Rival Sanctuaries».

BREASTED, J.H.: *The Dawn of Conscience*, NY (Charles' Scribner's Sons) 1933.

BREASTED, J.H.: *Development of Religion and Thought in Ancient Egypt*, NY (Harper Torchbooks) ^{2}1959.

BRESCIANI, E.: «I raconti della creazione nell'Egitto antico», *Geo–arceologia*, 1, 1984, 39-42.

BRIGGS, R.E.: «Excursus VII: Astronomy in the Egyptian Pyramid Texts», *The Pyramid Texts in Translation and Commentary*, **IV**, NY 1952, 38-49.

BROZE, M.: «La création du monde et l'opposition *sḏm.f–sḏm.n.f* dans le temple d'Esna», *RdE*, **44**, 1993, 3-10.

BROZE, M.: «Aphrodite, Hathor, Ève, Marie et Barbélo: à propos du langage mythique des écrits de Nag Hammadi», *Kernos*, **7**, 1994, 47-57.

BROZE, M.: «Les sept propos de Méthyer: Structure narrative et théorie du savoir dans la cosmogonie de Neith à Esna», *BIFAO*, **99**, 1999, 63-72.

BRUGSCH, H.: *Nouvelles recherches sur la division de l'anée des anciens Égyptiens, suivies d'une mémoire sur les observations planétaires consignées dans quatre tablettes égyptiennes en écriture démotique*, Berlin (F. Schneider) 1856.

BRUGSCH, H.: *Thesaurus Inscriptionum Aegyptiacarum. 1. Abtlg.: Astronomische und astrologische Inschriften altägyptischer Denkmäler*, Leipzig (J. Hinrichs) ^{1}1883 [Graz ^{2}1968].

BRUINS, E.M.: «Egyptian Astronomy», *Janus*, **52**, 1965, 161-80.

BRUNNER, H.: «Zeichendeutung aus Sternen und Winden in Ägypten», *Wort und Geschichte: Festschrift für Karl Ellinger zum 70. Geburstag* (Gese, H. & Rüger, H.–P., eds), Kevelaer & Neukirchen–Vluyn (Butzon & Bercker) 1973, 25-30 [réimprimé dans *Das hörende Herz* (Röllig, W., ed.), Freiburg & Göttingen 1988, 224-29].

BRYAN, B.: «Glazed Steatite Figures of Amenhotep III: An Example of the Purposes of Minor Arts», *Chief of Seers: Studies in Memory of Cyril Aldred* (Goring, E. *et al.*, eds), London & NY (Kegan Paul) 1997a, 60-82.

BRYAN, B.: «The Statue Programme for the Mortuary Temple of Amenhotep III», *The Temple in Ancient Egypt: New Discoveries and Recent Research* (Quirke, S., ed.), London 1997b, 57-81.

BUCK, A. DE: *De egyptische Voorstellingen bettrefende den Oerheuvel*, Leiden 1922 [sommaire détaillé en anglais par Hall, H.R.: voir *JEA*, **10**, 1924, 185-87].

BUCK, A. DE: *The Egyptian Coffin Texts*, **I-VII**, Chicago (Oriental Institute Publications) 1935-61.

BUDGE, E.A.W.: *The Book of the Dead: The Chapters of Coming Forth by Day: The Egyptian Text According to the Theban Recension in Hieroglyphic, Edited from Numerous Papyri, with a Translation, Vocabulary, & c.*, **I-III**, London (Kegan Paul) ^{1}1898.

BUDGE, E.A.W.: *The Book of the Dead: Facsimiles of the Papyri of Hunefer, Anhai, Kerasher and Netchemet, with Supplementary Text from the Papyrus of Nu, with Transcripts*, London (Kegan Paul) 1899.

BUDGE, E.A.W.: *The Greenfield Papyrus*, London 1912.

BUDGE, E.A.W.: *The Egyptian Book of the Dead: The Papyrus of Ani: Egyptian Text, Transliteration and Translation*, NY (Dover) ^{2}1967.

BUDGE, E.A.W.: *The Gods of the Egyptians*, **I-II**, NY (Dover) ^{2}1969.

BUDGE, E.A.W.: *Egyptian Magic*, NY (Dover) ^{3}1971.

BUDGE, E.A.W.: *An Egyptian Hieroglyphic Dictionary*, **I-II**, NY (Dover) ^{2}1978.

BUHL, M.L.: «The Goddesses of the Egyptian Tree Cult», *JNES*, **6**, 1947, 80-97.

BULL, 2003 = *The Bull in the Mediterranean World: Myths and Cults*, Barcelona–Athens (Institut de Cultura: Museu d'Història de la Ciutat–Benaki Museum / Hellenic Ministry of Culrure) 2003.

BURKARD, G.: «La vision du cosmos», *L'Égypte: Sur les traces de la civilisation pharaonique* (Schulz, R. & Seidel, M., eds), Cologne (Könemann) 2000, 444-49.

BURKERT, W.: *Babylon Memphis Persepolis: Eastern Contexts of Greek Culture*, Cambridge MA (Harvard University Press) 2004.

BUTZER, K.W.: *Early Hydraulic Civilization in Egypt*, Chicago IL 1976.

CALLATAŸ, G. DE: «La Grande Ourse et le taureau Apis», *Amosiadès: Mélanges Vandersleyen*, 1992, 71-84.

CALVEREY, A.M., GARDINER, A.H., & BROOME, M.F.: *The Temple of King Sethos I at Abydos*, **I-IV**, London & Chicago 1933-58.

CAPART, J.: «Tables astronomiques d'Assiout», *CdE*, **8**, 1933, 69-77.

CAPEL, A.C. & MARKOE, G.E. (eds): *Mistress of the House, Mistress of Heaven: Women in Ancient Egypt*, NY (Cincinnati Art Museum) 1996.

CARDIN, J.–C.: *Une archéologie théorique*, Paris (Hachette) 1979.

CARTER, H. & GARDINER, A.H.: «The Tomb of Ramesses IV and the Turin Plan of a Royal Tomb», *JEA*, **4**, 1917, 130-58.

CASANOVA, P.: «De quelques légendes astronomiques arabes considérées dans leurs rapports avec la mythologie égyptienne », *BIFAO,* **2**, 1902, 1-39.

CASTEL RONDA, E.: «La Cosmogonia y la Enéada Heliopolitana», *Boletín de la Asociación Española de Egiptología*, **4-5**, Madrid 1992-94, 3-38.

CAUVILLE, S.: *Essai sur la théologie du temple d'Horus à Edfou*, **I-II**, Le Caire (*IFAO / BdE*, **102**) 1987.

CAUVILLE, S.: «Les mystères d'Osiris à Dendera: Interprétation des chapelles osiriennes», *BSFE*, **112**, Le Caire 1988, 23-36.

CAUVILLE, S.: «Le temple d'Isis à Dendera», *BSFE*, **123**, Le Caire 1992, 3-48.

CAUVILLE, S.: *Le Zodiaque d'Osiris*, Leeuwen (Peeters) 1997.

ČERNÝ, J.: «Philological & Etymological Notes», *ASAE*, **51**, 1951, 441-46.

ČERNÝ, J.: *Ancient Egyptian Religion*, London 1952.

ČERNÝ, J.: «Note on the Supposed Beginning of a Sothic Period under Sethos I», *JEA*, **47**, 1961, 150-52.

ČERNÝ, J.: «A Possible Egyptian Word for "Astronomer"», *JEA*, **49**, 1963, 173.

ČERNÝ, J. & GARDINER, A.H.: *Hieratic Ostraca*, **I**, Oxford (*Griffith Institute*) 1957.

CHACE, A.B. (*et al.*): *The Rhind Mathematical Papyrus*, **I-II**, NY (Dover) ^{2}1969.

CHASSINAT, E.: *Le mystère d'Osiris au mois de Khoiak*, **I-II**, Le Caire (*IFAO*) 1966-68.

CHATLEY, H.: «Notes on Ancient Egyptian Astronomy», *The Observatory*, **62**, 1939, 100-04.

CHATLEY, H.: «Egyptian Astronomy», *JEA*, **26**, 1940, 120-26.

CHRISTIANSEN, H.D.: «Decanal Star Tables for Lunar Houses in Egypt?», *Centaurus*, **35**, København 1992, 1-27.

CHRISTOPHE, L.–A.: «Les fêtes agraires du calendrier d'Hathor à Edfou», *CHE*, **7**, 1955, 35-42.

CLAGETT, M.: «The World and its Creation: Cosmogony and Cosmology», *Ancient Egyptian Science: A Source Book, I: Knowledge and Order*, Philadelphia (*Memoirs APS*, **184**) 1989, 263-406.

CLAGETT, M.: *Ancient Egyptian Science: A Source Book, II: Calendars, Clocks and Astronomy*, Philadelphia (*Memoirs APS*, **214**) 1995.

CLARK, S. & ENGELBACH, R.: *Ancient Egyptian Masonry*, London 1930.

CLERC, G.: «Isis–Sothis dans le monde Romain», *Hommages à M.J. Vermaseren* (de Boer, M. & Edridge, T.A., eds), **I**, Leiden (Brill) 1978, 247-81.

CLÈRE, J.J.: «Un texte astronomique de Tanis», *Kêmi*, **10**, 1949, 3-27.

COLE, J.H.: *The Determination of the Exact Size and Orientation of the Great Pyramid of Giza*, Cairo (*Survey of Egypt*, Paper **39**) 1925.

COOK, R.J.: «The Stellar Geometry of the Great Pyramid», *DE*, **29**, 1994, 29-36.

CORTEGGIANI, J.–P.: *L'Égypte des Pharaons au Musée du Caire*, Paris (Hachette) [2]1986.

COTTEREL, B., DICKSON, F.P. & KAMMINGA, J.: «Ancient Egyptian Waterclocks: A Reappraisal», *JAS*, **13**, 1986, 31-50.

CRUM, W.E.: *A Coptic Dictionary*, Oxford 1939.

CUMONT, F.: *L'Égypte des astrologues*, Bruxelles (Fondation Égyptologique Reine Élisabeth) 1937.

CURRID, J.D.: «An Examination of the Egyptian Background of the Genesis Cosmogony», *Biblische Zeitschrift*, **35**[1], 1991, 18-40.

CURTO, S.: *L'antico Egitto nel Museo Egizio di Torino*, Torino (Tipografia Torinese Editrice) 1984.

CZERMAK, W.: «Zur Gliederung des 1. Kapitels des ägyptischen Totenbuches», *ZÄS*, **76**, 1940, 9-24.

DARESSY, G.: «Une ancienne liste de décans égyptiens», *ASAE*, **1**, 1900, 79-90.

DARESSY, G.: «La semaine des Égyptiens», *ASAE*, **10**, 1908, 21-23.

DARESSY, G.: «L'Égypte céleste», *BIFAO*, **12**, 1915, 1-34.

DARNELL, J.C.: *The Enigmatic Netherworld Books of the Solar–Osirian Unity* (PhD Thesis), Chicago IL (University of Chicago) 1995.

DAUMAS, F.: «Sur trois représentations de Nout à Dendara», *ASAE*, **51**, 1951, 373-400.

DAUMAS, F.: *La civilisation de l'Égypte pharaonique*, Paris 1965.

DAUMAS, F.: *Les dieux de l'Égypte*, Paris (PUF) 1970, 33-35.

DAUMAS, F. (ed.): *Valeurs phonétiques des signes hiéroglyphiques d'époque gréco–romaine*, **I-IV**, Montpellier (Université de Montpellier, Publications de la Recherche / *OrMonsp*, **4**) 1988-95.

DAVID, A.R.: *The Pyramid Builders of Ancient Egypt: A Modern Investigation of Pharaohs Workforce*, London (Routledge) ²1996.
DAVIS, E.N.: «A Storm in Egypt during the Reign of Ahmose», *Thēra and the Aegean World* (Hardy, D.A. & Renfrew, A.C., eds), **III³**, 1990, 232-35.
DAVIS, V.L.: «Pathways to the Gods», *Ancient Egypt: Discovering its Splendours*, Washington DC (National Geographic Society) 1978, 154-201.
DAVIS, V.L.: «Identifying Ancient Egyptian Constellations», *Archæoastronomy 9* (suppl. to *JHA*, **16**), 1985, S102-04.
DAVIS, W.M.: «The Ascension Myth in the Pyramid Texts», *JNES*, **36**, 1977, 161-79.
DAVIS, W.M.: «Plato on Egyptian Art», *JEA*, **66**, 1979, 121-27.
DEATON, J.C.: «The Old Kingdom Evidence for the Function of Pyramids», *VA*, **4**, 1988, 193-200.
DELIA, R.D.: «Diana, Isis, or the Moon», *Egyptian Religion: The Last Thousand Years: Studies dedicated to the Memory of J. Quægebeur* (Clarysse, W., ed.), Leeuwen (Uitgeverij Peeters / *OLA*, **84**) 1998, 539-50.
DELPECH–LABORIE, J.: «Est-il possible de déterminer les étoiles des tableaux astronomiques égyptiens?», *CdE*, **16**, 1941, 251 ff.
DELPORTE, E.: «Les décans et le Papyrus Carlsberg», *CdE*, **17**, 1942, 91-94.
DEMARIA, S.: «La cultura astrale nel mondo egiziano», *REAC*, **1**, 1999, 39-54.
DENDARA: *DENDARA* **I-V** = CHASSINAT, E.G.: *Le temple de Dendara*, **I-V**, Le Caire (*IFAO*) 1934-47; *DENDARA* **VI-VIII** = CHASSINAT, E.G. & DAUMAS, F.: *Le temple de Dendara*, **VI-VIII**, Le Caire (*IFAO*) 1965-78; *DENDARA* **IX** = DAUMAS, F. & LENTHÉRIC, B.: *Le temple de Dendara*, **IX¹⁻²**, Le Caire (*IFAO*) 1987; *DENDARA* **X** = CAUVILLE, S.: *Le temple de Dendara: Les chapelles osiriennes*, **X¹⁻²**, Le Caire (*IFAO*) 1997; *DENDARA* **XI** = CAUVILLE, S.: *Le temple de Dendara*, **XI¹⁻²**, Le Caire (*IFAO*) 2000; *id.*: *Le temple de Dendera*, Le Caire (*IFAO / BiGen*, **12**) ²1995; *id.*: *Le temple de Dendara: Les chapelles osiriennes*, **I-III**, Le Caire (*IFAO / BdE*, **117-118-119**) 1997; *id.*: *Dendara: Le fonds hiéroglyphique au temps de Cléôpatre*, Paris (Cybele) 2001.
DEPUYDT, L.: «A Demotic Table of Terms», *Enchoria*, **21**, 1994, 1-9 & pl. 1.
DEPUYDT, L.: «On the Consistency of the Wandering of the Year as Backbone of Egyptian Chronology», *JARCE*, **XXXII**, 1995a, 43-58.
DEPUYDT, L.: «Regnal Years and Civil Calendars in Achæmenid Egypt», *JEA*, **81**, 1995b, 151-73.
DEPUYDT, L.: «The Function of the Ebers Calendar Concordance», *Orientalia*, **65**, 1996, 61-88.
DEPUYDT, L.: *Civil Calendar and Lunar Calendar in Ancient Egypt*, Leeuwen (Uitgeverij Peeters / *OLA*, **77**) 1997.
DEPUYDT, L.: «The Hieroglyphic Representation of the Moon's Absence (*Psḏntyw*)», *Ancient Egyptian and Mediterranean Studies in Memory of W.A. Ward* (Lesko, L.H., ed.), Providence RI 1998a, 71-89.
DEPUYDT, L.: «Ancient Egyptian Star Clocks and their Theory», *BiOr*, **55¹⁻²**, 1998b, 6-44.
DEPUYDT, L.: «The Demotic Mathematical Astronomical Papyrus Carlsberg 9 Reinterpreted», *Egyptian Religion. The Last Thousand Years: Studies dedica-

ted to the Memory of J. Quægebeur (Clarysse, W., ed.), Leeuwen (Uitgeverij Peeters / *OLA*, **84**) 1998c, 1277-297.

DEPUYDT, L.: «The two Problems of the Month Names», *RdE*, **50**, 1999, 107-33.

DEPUYDT, L.: «Sothic Chronology and the Old Kingdom», *JARCE*, **XXXVII**, 2000a, 167-86.

DEPUYDT, L.: «Review of *Astronomische Kozepte und Jenseitsvorstellungen in den Pyramidentexten* (Rolf Krauss, 1997)», *BiOr*, **57**, 2000b, 81-85.

DERCHAIN, P.: «Otto Neugebauer and Richard A. Parker: *EAT*, **I**, 1960», *CdE*, **72**, 1961, 331-34.

DERCHAIN, P.: «Mythes et dieux lunaires en Égypte», *La Lune: Mythes et rites*, Paris (Seuil / *Sources Orientales*, **5**) 1962a, 19-68.

DERCHAIN, P.: «Le rôle du roi d'Égypte dans le maintien de l'ordre cosmique», *Le Pouvoir et le Sacré*, Bruxelles 1962b, 61-73.

DERCHAIN, P.: «La pêche de l'œil et les mystères d'Osiris à Dendara», *RdE*, **15**, 1963, 11-25.

DERCHAIN, P.: «Otto Neugebauer and Richard A. Parker: *EAT*, **II**, 1964», *CdE*, **77-78**, 1964, 78-80.

DERCHAIN, P.: *Le papyrus Salt 825 (BM 10051), rituel pour la conservation de la vie en Égypte*, Bruxelles (Académie Royale de Belgique, Oct. **2d**/Ser. **58**) 1965.

DERCHAIN, P.: *Hathor Quadrifrons: Recherches sur la syntaxe d'un mythe égyptien*, Constantinople (Publications de l'Institut Historique et Archéologique Néerlandais de Constantinople, **28**) 1972.

DERCHAIN, P.: «Perpetuum Mobile», *Miscellanea in Honorem Josephi Vergote* (P. Nastor *et al.*, eds), Leiden (*OLP*, **6-7**) 1975a, 153-61.

DERCHAIN, P.: «Sur le nom de Chou et sa fonction», *RdE*, **27**, 1975b, 110-16.

DERCHAIN, P.: «Cosmogonie en Égypte pharonique», *Dictionnaire des mythologies* (Bonnefoy, Y., ed.), **I**, Paris 1981, 224-28.

DERCHAIN, P.: «Harkhébis, le Psylle–Astrologue», *CdE*, **127-28**, 1989, 74-89.

DERCHAIN–URTEL, M.T.: «Die Schlange des "Schiffbrüchigen"», *SAK*, **1**, 1974, 83-104.

DERCHAIN–URTEL, M.T.: «Thot à travers ses épithètes dans les scènes d'offrandes des temples d'époque gréco–romaine», Bruxelles (*Rites Égyptiens,* **3**) 1981, 27-50.

DESCEG = *Description de l'Égypte: Publié par les ordres de Napoléon Bonaparte*, Paris (Taschen) 1997 [= reédition complète des planches].

DESROCHES–NOBLECOURT, C. & KUENTZ, C.: *Le petit temple d'Abu Simbel*, **I-II**, Le Caire 1968.

DESROCHES–NOBLECOURT, C.: *Tutankhamen: Life and Death of a Pharaoh*, Boston MA (NY Graphic Society) ^{4}1978.

DESROCHES–NOBLECOURT, C.: «Isis Sothis —le chien, la vigne— et la tradition millénaire», *Livre du Centainaire de l'IFAO 1880-1980* (Vercouter, J., ed.), Le Caire (*IFAO / MIFAO,* **104**) 1980, 15-24.

DESROCHES–NOBLECOURT, C.: *The Great Pharaoh Ramses and his Time*, Montreal (Canada Exim Group) 1985, # 37-38 (= JE 27258, 27260).

DESROCHES–NOBLECOURT, C.: *La femme au temps des pharaons*, Paris 1986.

DESROCHES–NOBLECOURT, C.: *La grande nubiade: Le parcours d'une égyptologue*, Paris (Stock/Pernoud) 1992.

DESROCHES–NOBLECOURT, C.: «Le zodiaque de Pharaon», *Archéologia*, **292**, 1993, 20-45.

DESROCHES–NOBLECOURT, C.: *Amours et fureurs de La Lointaine: Clés pour la compréhension de symboles égyptiens*, Paris (Stock/Pernoud) 1995.

DIELEMAN, J.: «Claiming the Stars: Egyptian Priests claiming the Sky», *Basel Egyptology Prize 1: Junior Research in Egyptian History, Archæology, and Philology* (Bickel, S. & Loprieno, A., eds), Basel (Schwabe & C° – Verlag / *AH*, **17**) 2003, 277-89.

DORMAN, P.: *The Tomb of Senenmut: The Architecture and Decoration of TT 71 & 353*, NY (The Metropolitan Museum of Art Egyptian Expedition) 1991.

DORNER, J.: *Die Absteckung und astronomische Orientierung ägyptischer Pyramiden* (PhD Thesis), Innsbruck (University of Innsbruck) 1981.

DORNER, J.: «Tagesuhr – Nachtuhr. Ein Beitrag zur Altägyptischen Zeitmessung», *Jahreshefte des Österreichischen Archäologischen Instituts in Wien*, **56**, 1985a, 27-37.

DORNER, J.: «Studien über die Bauvermessung und astronomische Orientierung», *Archiv für Orient*, **32**, 1985b, 165-66.

DORNSEIFF, F.: «Altorientalisches in Hesiods Theogonie», *Kleine Schriften*, ***I**: Antike und Alter Orient*, Leipzig (Köler & Amelang) 1956, 35-69.

DRIOTON, E.: *Rapport sur les fouilles de Médamoud (1926): Les inscriptions*, Le Caire 1927, 26-28.

DRIOTON, E.: «La chanson des quatre vents», *Revue du Caire*, **44**, Le Caire 1942 [republié dans *Pages d'Égyptologie*, 1957, 363-72].

DRIOTON, E.: *Les fêtes égyptiennes*, Le Caire (Éditions de la *Revue du Caire*) 1949.

DRIOTON, E.: «La religion égyptienne», *Histoire des religions* (Brillant, M. & Aigrain, R., eds), Paris 1955, 37-38.

EBERS, G.: *Papyros Ebers*, Leipzig 1875.

EDFOU: *EDFOU* **I-II** = ROCHEMONTEIX, M. M. DE, CHASSINAT, E.G.: *Le temple d'Edfou*, **I-II**, Le Caire (*IFAO / MMAF*, **10-11**) 1892-97/1898-1920 [**I**$^{1-4}$: ^{2}1984-87; **II**$^{1-2}$: ^{2}1984-87]; *EDFOU* **III-XIV** = CHASSINAT, E.G.: *Le temple d'Edfou*, **III-XIV**, Le Caire (*IFAO / MMAF*, **20-31**) 1928-60; *EDFOU* **XV** = CAUVILLE, S. & DEVAUCHELLE, D.: *Le temple d'Edfou*, **XV**, Le Caire (*IFAO / MMAF*, **32**) 1985.

EDWARDS, I.E.S.: *The Pyramids of Egypt*, UK (Pelican) ^{19}1987 [en français: *Les Pyramides d'Égypte*, Paris (Le Livre de Poche) 1992].

EG–Æ–LE =*Egypt, the Aegean and the Levant: Interconnections in the Second Millenium BCE* (Davies, W.V. & Schofield, L., eds), London (BMP) 1995.

EG–GR = *Entre Égypte et Grèce: Actes du Colloque du 6-9 Octobre 1994* (Leclant, J., ed.), Paris (Académie des Inscriptions et Belles–Lettres, Cahiers de la Villa "Kérylos") 1995.

EISLER, R. & CHATLEY, H.: «Egyptian Astronomy: Letters from Dr Eisler and Dr Chatley», *JEA*, **27**, 1941, 149-52.

ENEL: *Les origines de la «Genèse» et l'enseignement des temples de l'ancienne Égypte*, Paris (A. Maisonneuve) ^{2}1985.

ENGLUND, G.: *Akh: Une notion réligieuse dans l'Égypte pharaonique*, *Acta Universitatis Upsaliensis*, Uppsala (*BOREAS*, **11**) 1978, 59-60.

ENGLUND, G.: «La lumière et la répartition des textes dans la pyramide», *Hommages à J. Leclant* (Berger, C. *et al.*, eds), **IV**, Le Caire (*BdE*, **106**[1]) 1994, 169-80.

ERMAN, A.: *Die ägyptische Religion*, Berlin 1909.

ERMAN, A.: «Ein Denkmal memphitischer Theologie», *SPAW*, **5**, 1911, 916-50.

ERMAN, A.: *Life in Ancient Egypt*, NY (Dover) [2]1971.

ERMAN, A. & GRAPOW, H. (eds): *Wörterbuch der Ägyptischen Sprache*, **I-V**, Leipzig (J. Hinrichs) 1926-31 [= *Wb.*].

ETZ, D.V.: «A New Look at the Constellation Figures in the Celestial Diagram», *JARCE*, **XXIV**, 1997, 143-61.

FAKHRY, A.: *The Pyramids*, Chicago (University of Chicago Press) 1961.

FAULKNER, R.O.: «The "Cannibal Hymn" from the Pyramid Texts», *JEA*, **10**, 1924, 97-103.

FAULKNER, R.O.: *The Papyrus Bremner–Rhind*, Bruxelles (*BAe*, **3**) 1933.

FAULKNER, R.O.: «Some Notes on the God Shu», *JEOL*, **18**, 1964, 266-70.

FAULKNER, R.O.: «The King and the Star–Religion in the Pyramid Texts», *JNES*, **25**, 1966, 153-61.

FAULKNER, R.O.: *An Ancient Egyptian Book of Hours (Papyrus BM 10569)*, Oxford 1958.

FAULKNER, R.O.: *The Ancient Egyptian Coffin Texts*, **I-III**, UK (Aris & Phillips) 1973-78.

FAULKNER, R.O.: *A Concise Dictionary of Middle Egyptian*, Oxford (Griffith Institute, Ashmolean Museum) 1991.

FAULKNER, R.O.: *The Ancient Egyptian Book of the Dead* (Andrews, C., ed.), London (BMP) [4]1993.

FAULKNER, R.O.: *The Ancient Egyptian Pyramid Texts (with Supplement of Hieroglyphic Texts)*, Oxford (Oxford at the Clarendon Press) [2]1998.

FAULKNER, R.O. & GOELET, O.: *The Egyptian Book of the Dead: The Book of going forth by Day: Being the Papyrus of Ani* (von Dassow, E. *et al.*, eds), SF (Chronicle Books) [2]1998.

FAZZINI, R.: *Images for Eternity: Egyptian Art from Berkeley and Brooklyn* (Exhibition Catalogue), Brooklyn 1975.

FEDERN, W.: «Transformations in the Coffin Texts: A New Approach», *JNES*, **19**, 1960, 241-57.

FERRARI D'OCHIEPPO, K., KRAUSS, R. & SCHMIDT–KALER, T.: « Die Gefilde der altägyptischen Unterwelt: Spiegbild der Sonnenbahnen im Jahreslauf», *ZÄS*, **123**, 1996, 103-10.

FINNESTAD, R.B.: *Image of the World and Symbol of the Creator: On the Cosmological and Iconological Values of the Temple of Edfu*, Wiebaden (O. Harrassowitz / *Studies in Oriental Religion*, **10**) 1985.

FISCHER, H.G.: *The Orientation of Hieroglyphs, I: Reversals*, NY (The Metropolitan Museum of Art) 1977, 119-27.

FISCHER, H.G.: *Ancient Egyptian Calligraphy*, NY (The Metropolitan Museum of Art) [3]1988.

FISCHER, H.G.: *Egyptian Women of the Old Kingdom and of the Heracleopolitan Period*, NY (The Metropolitan Museum of Art) 1989.

FORMAN, W. & QUIRKE, S.: *Hieroglyphs and the Afterlife in Ancient Egypt*, London (BMP) 1996.

FOSTER, K.P. & RITNER, R.K.: «Texts, Storms and the Thēra Eruption», *JNES*, **55**, 1996, 1-14.

FOX, M.V.: *The Song of Songs and the Ancient Egyptian Love Songs*, Madison WI (University of Wisconsin Press) 1985.

FRANKFORT, H.: *The Cenotaph of Sethi I at Abydos*, **I-II**, London (Egypt Exploration Society / *Memoirs*, **39**) 1933.

FRANKFORT, H.: *Ancient Egyptian Religion: An Interpretation*, NY (Columbia University Press) 1948.

FRANKFORT, H.: *Kingship and the Gods: A Study of Ancient Near Eastern Religions as the Integration of Society and Nature*, Chicago (University of Chicago Press) ²1978.

FREDERIC, L.: *Manuel pratique d'archéologie*, Paris 1967.

FREYDANK, H.: «Vorstellungen und Kenntnisse vom Kosmos in der keilschriften Überlieferung», *Altertum*, **19**, 1973, 67-74.

FRIEDMAN, F.D.: «The Root Meaning of *ꜣḫ*: Effectiveness or Luminosity?», *Serapis*, **8**, 1984-85, 39-46.

FRIEDMAN, F.D. (ed., *et al.*): *Gifts of the Nile: Ancient Egyptian Faience*, London (Thames & Hudson) 1998.

FRITTON, L. & QUIRKE, S.: «An Aegean Origin for Egyptian Spirals?», *Studies in Honour of Martha Rhoads Bell* (Phillips, J., ed.), San Antonio TX 1997, 421-44.

FROIDEFONT, C. (ed.): *Plutarque: Isis et Osiris*, Paris (Les Belles Lettres) 1988.

GARDINER, A.H.: «Hymns to Amon from a Leiden Papyrus», *ZÄS*, **42**, 1905, 12-42.

GARDINER, A.H.: «New Literary Works from Ancient Egypt», *JEA*, **1**, 1914, 20-36 & 100-06.

GARDINER, A.H.: *The Library of A. Chester Beatty: The Chester Beatty Papyri, No I*, London (Oxford University Press) 1931, 1-7 & 27-38 & pls XXII-XXVI (= verso, section C), XXIX-XXX (= verso, section G), XVI-XVII (= recto).

GARDINER, A.H.: *Hieratic Papyri in the British Museum. Third Series: Chester Beatty Gift*, **I**, London (*HPBM*) 1935.

GARDINER, A.H.: «The Problem of Month–Names», *RdE*, **10**, 1955, 9-31.

GARDINER, A.H.: *Egypt of the Pharaohs*, London (Oxford University Press) ²1964.

GARDINER, A.H.: *Egyptian Grammar: Being an Introduction to the Study of Hieroglyphs*, Oxford (Griffith Institute, Ashmolean Museum) ³1988 [= *EG*].

GARIES DAVIES, N. DE: *The Tomb of two Sculptors at Thebes*, NY (*PMMAEE / TMS*, **IV**) 1925.

GARIES DAVIES, N. DE: *The Temple of Hibis in El-Khargeh Oasis: The Decoration*, **III**, NY 1953.

GAUTHIER, H.: *Dictionnaire des noms géographiques contenus dans les textes hiéroglyphiques*, **I-VII**, Le Caire (Société de Géographie) 1925-29.

GELINSKY, G.: «Ein Heliakischer Frühaufgang bei Abu Simbel», *GM*, **9**, 1974, 19-24.

GEORGE, B.: «Versuche zur Gewinnung eines ägyptischen Menschenbildes aus dem Weltbild des Amduat im Rahmen der vergleichenden Religionswissenschaft», *GM*, **3**, 1972, 15-20.

GERMOND, P.: *Les invocations à la bonne année au temple d'Edfou*, Genève (*AH*, **11**) 1986.

GILLINGS, R.J.: *Mathematics in the Time of the Pharaohs*, NY (Dover) ^{2}1982.

GITTON, M.: «La création du monde et de l'homme», *Suppl. Cahier Évangile*, **38**, Paris 1981, 41-54.

GOEBS, K.: «Some Cosmic Aspects of the Royal Crowns», *Proeedings of the 7th International Congress of Egyptologists* (Eyre, C.J., ed.), Leeuwen (Uitgeverij Peeters / *OLA*, **82**) 1998, 447-60.

GOEBS, K.: «*niswt nḥḥ*: Kinghip, Cosmos and Time», *Egyptology at the Dawn of the 21st Century: Proceedings of the 8th International Congress of Egyptologists, Cairo 2000* (Hawass, Z. & Pinch–Brock, L., eds), Cairo–NY (The AUC Press) 2003a, **II**, 238-53.

GOEBS, K.: «Zerstörung als Erneuerung in der Totenliteratur: Eine kosmische Interpretation des Kannibalenspruchs», *GM*, **194**, 2003b, 29-50.

GÖDICKE, H.: «The Snake in the Story of the Shipwrecked Sailor», *GM*, **39**, 1980, 27-31.

GODRON, G.: «Études sur l'époque archaïque», *BIFAO*, **57**, 1958, 143-55.

GOLENISCHEFF, W.: «Le Papyrus N° 1115 de l'Hermitage Impérial de St Petersburg», *RT*, **28**, 1906, 73-112.

GOLENISCHEFF, W.: *Les Papyrus Hiératiques N°s 1115, 1116^A et 1116^B de l'Hermitage Impérial à St Petersburg*, Saint Petersburg 1913.

GOYON, G.: «Quelques observations effectuées autour de la pyramide de Khéops», *BIFAO*, **47**, 1969, 71-76.

GRAEFE, E.: *Untersuchungen zur Wortfamilie biꜢ*, Köln (Universität Köln) 1971.

GRANDET, P.: *Hymnes de la religion d'Aton*, Paris (Seuil) 1995.

GRAPOW, H.: *Die bildlichen Ausdrücke des Ägyptischen: Vom Denken und Dichten einer altorientalischen Sprache*, Leipzig (J.C. Hinrichs'sche Buchhandlung) 1924: 24-29: «Himmel»; 29-37: «Gestirne» (29-34: «Sonne»; 34-35: «Mond»; 35-37: «Sterne»); 38-51: «Naturscheinungen».

GRAPOW, H.: «Die Welt vor der Schöpfung: Ein Beitrag zur Religionsgeschichte», *ZÄS*, **67**, 1931, 34-38.

GREISHAMMER, R.: *Das Jenseitsgericht in den Sargtexten*, Wiesbaden (O. Harrassowitz / *ÄgAbh*, **20**) 1970.

GRENFELL, B.P. & HUNT, A.S.: *The Hibeh Papyri*, **I**, N° 27, London 1906.

GRIFFITHS, J.G.: «Archæology and Hesiod's five Ages», *JHI*, **17**, 1956, 109-19.

GRIFFITHS, J.G.: *The Conflict of Horus and Seth*, Liverpool (Liverpool University Press) 1960.

GRIFFITHS, J.G.: «Allegory in Greece and Egypt», *JEA*, **53**, 1967, 79-102.

GRIFFITHS, J.G.: *Plutarch's De Iside et Osiride*, Swansea 1970.

GRIFFITHS, J.G.: «Osiris and the Moon in Iconography», *JEA*, **62**, 1976, 153-59.

GRIFFITHS, J.G.: *The Origins of Osiris and his Cult* (van Voss, M.H. *et al.*, eds), Leiden (Brill / *SHR*, **XL**) 1980.

GRIMAL, N.: *A History of Ancient Egypt* (traduit par Shaw, I.), Oxford (Blakwell) ^{2}1992.

GRIMAL, N., HALLOF, J. & PLAS, D. VAN DER: (eds): *Hieroglyphica: Sign List*, Utrecht–Paris (CCER/U–CCER / *PIREI*, **I**^{1}) ^{1}1993 [*PIREI*, **I**^{2}, ^{2}2000: revised and enlarged by Hallof, J., van den Berg, H. & Hallof, G.].

GUILHOU, N.: «Temps du récit et temps du mythe: des conceptions égyptiennes du temps à travers le *Livre de la Vache Céleste*», *Mélanges A. Gutbub*, Montpellier (Publications de la Recherche, Université de Montpellier, Institut d'Égyptologie / *OrMonsp*, **2**) 1984, 87-93.

GUILHOU, N.: *La vieillesse des dieux*, Montpellier (Publications de la Recherche, Université de Montpellier/Institut d'Égyptologie / *OrMonsp*, **5**) 1989.

GUILHOU, N.: «Un nouveau fragment du *Livre de la Vache Céleste*», *BIFAO,* **98**, 1998, 197-213.

GUILHOU, N.: «Des ronds dans l'eau: *ꜣḫw* et *ḥkꜣw*, rapports à l'espace et au temps», *Mélanges offerts à Edith Varga* (Győry, H., ed.), Budapest (Bulletin du Musée Hongrois des Beaux–Arts, Supplément 2001) 2001, 131-36.

GUILHOU, N. & MATHIEU, B.: «110 ans d'étude des Textes des Pyramides (1882 -1996). Bibliographie», *Études sur l'Ancien Empire et la nécropole de Saqqâra dédiées à Jean–Philippe Lauer* (Berger, C. & Mathieu, B., eds), **I-II**, Montpellier (Université Paul Valéry / *Orientalia Monspeliensia*, **9**) 1997, 233-44.

GUILMANT, F.: *Le tombeau de Ramsès IX*, Le Caire (*IFAO / MIFAO,* **15**) 1907.

GUNN, B.: «The Coffins of Heny», *ASAE*, **26**, 1926, 166-71.

GURSHTEIN, A.A.: «The Revelation of the Egyptian Calendar: Was the Pharaoh Akhenaten a Heretic?», *Astronomy and Cultural Diversity* (Esteban, C. & Belmonte, J.–A., eds), Tenerife (IAC) 2000, *in press.*

GUTBUB, A.: «Un emprunt aux Textes des Pyramides dans l'hymne à Hathor, dame de l'ivresse», *Mélanges G. Maspero: Orient Ancien*, **1**^{4}, Le Caire (*IFAO / MIFAO,* **66**) 1961, 31-72.

GUTBUB, A.: *Textes fondamentaux de la théologie de Kom Ombo*, Le Caire 1973.

GUTBUB, A.: «Die Vier Winde im Tempel von Kom Ombo (Oberägypten)», *Jahwe–Visionen und Siegelkunst* (Keel, O., ed.), Stuttgart (*Stuttgarter Bibelstudien*, **84-85**) 1977, 328-53.

GUTBUB, A.: «La tortue, animal cosmique bénefique à l'époque ptolémaïque et romaine», *Hommages à la mémoire de S. Sauneron* (Vercouter, J., ed.), **I**, Le Caire 1979, 391-435.

HAACK, S.C.: «The Astronomical Orientation of the Egyptian Pyramids», *Archæoastronomy 7* (suppl. to *JHA*, **15**), 1984, S119-25.

HABACHI, L. & HABACHI, B.: «The Naos with the Decades (Louvre D37) and the Discovery of Another Fragment», *JNES*, **11**, 1952, 251-63.

HANI, J.: *La religion égyptienne dans la pensée de Plutarque*, Paris 1976.

HANNAH, R.: «The Tethering of *Msḫtyw*», *GM*, **160**, 1997, 33-41.

HANNIG, R.: «Sarg des Nacht», *Suche nach Unsterblichkeit – Totenkult und Jenseitsglaube im Alten Ägypten*, Hildesheim (Römer und Pelizaeus Museum) 1990, 56-81.

HANNIG, R.: *Großes Handwörterbuch Ägyptisch–Deutsch (2800-950 v. Chr.)*, Mainz (P. von Zabern) ^{2}1997.

HARER, J.B.: «Pharmacological and Biological Properties of the Egyptian Lotus», *JARCE*, **XXII**, 1985, 49-54.

HARRIS, J.R.: *Lexicographical Studies in Ancient Egyptian Minerals*, Berlin (Akademie–Verlag / *VIO*, **54**) 1961.

HARRISON, G.: «The Position of the Day *grḥ nḥnw m ss.f* – The Night the Child is in his Nest within the Epagomenal Period», *GM*, **143**, 1994, 77-79.

HART, G.: *A Dictionary of Egyptian Gods and Goddesses*, London (Routledge & Kegan Paul) 1986.

HART, G.: *Egyptian Myths*, London (BMP) 1990.

HASSAN, F.A.: «The Earliest Goddesses of Egypt. Divine Mothers and Cosmic Bodies», *Ancient Goddesses: The Myths and the Evidence* (Goodison, L. & Morris, C., eds), London (BMP) 1998, 98-112.

HAWASS, Z.: «On Royal Funerary Complexes of the Fourth Dynasty», *Ancient Egyptian Kingship* (O'Connor, D. & Silverman, D.P., eds), Leiden 1995, 221-62.

HELCK, W.: *Die Prophezeiung des Nfr.ti*, Wiesbaden (*KÄT*) 1970.

HELCK, W.: *Die Lehre für König Merikare*, Wiesbaden (*KÄT*) [2]1988.

HELCK, W. & OTTO, E. (eds, & auteurs divers): *Lexikon der Ägyptologie*, **I-VI**, Wiesbaden (O. Harrassowitz) 1975-86 [= *LÄ*].

HELLESTAM, S.: «The Pyramid of Cheops as Calendar», *DE*, **28**, 1994, 21-27.

HENNE, W: «Bemerkungen zum Heliakischen Aufgang der Sothis», *ZÄS*, **119**, 1992, 10-21.

HERBIN, F.R.: «Un hymne à la lune croissante», *BIFAO*, **82**, 1982, 237-82.

HERBIN, F.R.: *Le livre de vivre tout au long de l'étérnité: Transcription, traduction et commentaires du papyrus Leyde T32 et des versions parallèles* (Thèse de Doctorat), Lille (Université Lille III) 1991.

HERBIN, F.R.: *Le livre de parcourir l'étérnité*, Leeuwen (Uitgeverij Peeters / *OLA*, **58**) 1994.

HERMANN, A.: *Altägyptischen Liebesdichtung*, Wiesbaden (O. Harrassowitz) 1959.

HERMSEN, E.: «Perspektiven zum Verstehen der Altägyptischen Religion», *DE*, **34**, 1996, 5-16.

HOBSON, C.: *Exploring the World of the Paharohs*, London (Thames & Hudson) 1987.

HOFFMANN, F.: «Astronomische und astrologische Kleinigkeiten II: P. Heidelberg Inv. Dem. 40 und 41», *Enchoria*, **24**, 1997-98, 34-37.

HOFFMANN, M.A.: *Egypt before the Pharaohs*, London 1984.

HOFFMEIER, J.K.: «Some Thoughts on Genesis 1 & 2 and Egyptian Cosmology», *JANES*, **15**, 1983, 39-49.

HOLDER, I: *Theory and Practice in Archæology*, London (RKP) 1992.

HOOD, S.: «The Bronze Age Context of Homer», *The Ages of Homer* (Carter, J.B. & Morris, S.P., eds), Austin TX (University of Texas Press) 1995, 25-32.

HORNUNG, E.: «Chaotische Berichte in der geordneten Welt», *ZÄS*, **81**, 1956, 28-32.

HORNUNG, E.: *Das Amduat: Die Schrift des Verborgenen Raumes*, Wiesbaden (O. Harrassowitz / *ÄgAbh*, **7** & **13**) 1963-67.

HORNUNG, E.: «Untersuchungen zur Chronologie und Geschichte des Neuen Reiches», Wiesbaden (O. Harrassowitz / *ÄgAbh*, **11**) 1964a.

HORNUNG, E.: «Licht und Finsternis in der Vorstellungswelt Altägyptens», (Springer–Verlag / *StG*, **18**, Berlin 1965, 73-83.

HORNUNG, E.: *Einführung in die Ägyptologie*, Darmstadt 1967.

HORNUNG, E.: *Ägyptische Untersweltbücher*, Zürich (Artemis) 1972.

HORNUNG, E.: «Die Totenbücher des Neuen Reiches», *Textes et Langages, 3: Cent cinquante années de recherches. 1822 – 1972: Hommage à Jean–François Champollion*, Le Caire (*IFAO*) 1974, 65-71.

HORNUNG, E.: «Zur Bedeutung der Ägyptischen Dekangestirne», *GM*, **17**, 1975, 33-37.

HORNUNG, E.: *Das Buch der Anbetung des Re im Westen (Sonnenlitanei): **1**: Text; **2**: Übersetzung und Kommentar*, Genève (*AH*, **2-3**) 1975-76.

HORNUNG, E.: «Verfall und Regeneration der Schöpfung», *Eranos Jahrbuch*, **46**, 1977, 411-49.

HORNUNG, E.: «Zeitliches Jenseits im alten Ägypten», *Eranos Jahrbuch*, **47**, 1978, 269-307.

HORNUNG, E.: *Das Totenbuch der Ägypter*, Zürich (Die Bibliothek der Alten Welt) 1979.

HORNUNG, E.: *Das Buch von den Pforten des Jenseits nach den Versionen des Neuen Reiches*, **I-II**, Genève (*AH*, **7**, **8**) 1979-84.

HORNUNG, E.: «Zu den Schlußszenen der Unterweltsbücher», *MDAIK*, **37**, 1981, 217-26.

HORNUNG, E.: *Der Ägyptische Mythos von der Himmelskuh: eine Ätiologie des Unvollkommenen*, Freiburg 1982.

HORNUNG, E.: «L'Égypte: la philosophie avant les Grecs», *Les études philosophiques: L'Égypte et la philosophie,* **2-3**, 1987, 113-25.

HORNUNG, E.: *The Valley of the Kings: Horizon of Eternity* (traduit par Warburton, D.), NY (Cornell University Press) 1990a.

HORNUNG, E.: *Zwei Ramessidische Königsgräber: Ramses IV und Ramses VII*, Mainz (P. von Zabern / *Theben,* **11**) 1990b.

HORNUNG, E.: *Die Nachtfahrt der Sonne: Eine altägyptische Beschreibung des Jenseits*, München (Artemis & Winkler) 1991.

HORNUNG, E.: *Idea into Image: Essays on Ancient Egyptian Thought* (traduit par Bredeck, E.), Basel (Timken Publishers) 1992.

HORNUNG, E.: «Studies on the Decoration of the Tomb of Seti I», *Valley of the Sun Kings: New Explorations in the Tombs of the Pharaohs* (Wilkinson, R., ed.) Tucson (University of Arizona) 1995, 70-73.

HORNUNG, E.: *Conceptions of God in Ancient Egypt: The One and the Many* (traduit par Baines, J.), Ithaca & NY (Cornell University Press) [2]1996.

HORNUNG, E.: *The Ancient Egyptian Books of the Afterlife* (traduit par Lorton, D.), Ithaca & London (Cornell University Press) 1999.

HOULIHAN, P.: *The Birds of Ancient Egypt*, Cairo (The AUC Press) 1988.

HOULIHAN, P.: *The Animal World of the Pharaohs*, London (Thames & Hudson) 1996.

HUGHES, G.R.: «A Demotic Astrological Text», *JNES*, **10**, 1951, 256-64.

HUGHES, G.R.: «The Sixth Day of the Lunar Month and the Demotic Word for "Cult Guild"», *MDAIK*, **16**, 1958, 147-60.

HUGHES, G.R.: «An Astrologer's Handbook in Demotic Egyptian», *STUDIES PARKER*, 1986, 53-69.
HUYGE, D.: «Hilltops, Silts, and Petroglyphs: the Fish Hunters of 'El-Hosh (Upper Egypt)», *Bulletin des MRAH*, **69**, Bruxelles 1998, 97-113.
HUYGE, D.: «Bearers of the Sun», *Discovering Archæology*, **1**, TX 1999, 48-57.
HUYGE, D.: «Dating Egypt's Oldest "Art": AMS ^{14}C Age Determinations of Rock Varnishes Covering Petroglyphs at 'El-Hosh (Upper Egypt)», *Antiquity*, **75**, 2000, 68-72.
INGHAM, M.F.: «The Length of the Sothic Cycle», *JEA*, **55**, 1969, 36-40.
IONS, V.: *Mythologie égyptienne*, Paris (O.D.E.G.E.) [1]1969.
ISLER, M.: «An Ancient Method of Finding and Extending Direction», *JARCE*, **XXVI**, 1989, 191-206.
ISLER, M.: «The Gnomon in Egyptian Antiquity», *JARCE*, **XXVIII**, 1991, 155-85.
IVERSEN, E.: «Horapollon and the Egyptian Conceptions of Eternity», *RSO*, **38**, 1963, 177-86.
IVERSEN, E.: «The Cosmogony of Shabaka Text», *Studies in Egyptology Presented to Miriam Lichtheim* (Israelit–Groll, S., ed.), **1**, Jerusalem (Magnes Press) 1990, 485-93.
JACQ, C.: *Egyptian Magic* (traduit par Davis, J.M.), Warminster (Aris & Phillips) 1985 [en français: *Le monde magique de l'Égypte ancienne*, Monaco (Du Rocher) 1983].
JACQ, C.: *Le voyage dans l'autre monde, selon l'Égypte ancienne: épreuves et métamorphoses du mort, d'après les Textes des Pyramides et les Textes des Sarcophages*, Monaco (Du Rocher) 1986.
JACQ, C.: *La tradition primordiale de l'Égypte ancienne, selon les Textes des Pyramides*, Paris (Grasset) 1998.
JAMES, T.G.H.: «Creation and Cosmology», *Numen Suppl.*, **16**, 1969, 15-20.
JAMES, T.G.H.: «Astronomical Observation», *An Introduction to Ancient Egypt*, London (BMP) [6]1987, 124-26 & fig. 45.
JÉQUIER, G.: *Le livre de ce qu'il y a dans l'Hadès*, Paris 1894.
JÉQUIER, G.: *Histoire de la civilization égyptienne*, Paris (Payot) [2]1923.
JÉQUIER, G.: *Les Pyramides des Reines Neit et Apouit (Fouilles à Saqqarah)*, Le Caire (*IFAO*) 1933.
JÉQUIER, G.: *Le Monument Funéraire de Pépi II: **I.** Le Tombeau Royal (Fouilles à Saqqarah)*, Le Caire (*IFAO*) 1936.
JONES, A.: «The Place of Astronomy in Roman Egypt», *Apeiron*, **27**^{4}, 1994, 25-51.
JONES, A.: «Notes on Astronomical Papyri», *Zeitschrift für Papyrologie und Epigraphik*, **121**, 1998a, 203-10.
JONES, A.: «Three Astronomical Tables from Tebtunis», *Zeitschrift für Papyrologie und Epigraphik*, **121**, 1998b, 211-18.
JONES, D.: *A Glossary of Ancient Egyptian Nautical Terms*, London (Kegan Paul International) 1988.
JONES, D.: *Boats*, London (BMP) 1995.
JONG, W.J. DE: «Enneade van Heliopolis», *De Ibis*, **18**, Amsterdam 1993, 114-37.
JUNKER, H.: «Poesie aus der Spätzeit», *ZÄS*, **43**, 1906, 101-27.
JUNKER, H.: *Die Götterlehre von Memphis*, Berlin (*APAW*, **132**) 1940.

JÜRGENS, P.: *Grundlinien einer Überlieferungsgeschichte der altägyptischen Sargtexte: Stemmata und Archetypen der Spruchgruppen 30-32+33, 75 (-82), 162+164, 225+226 und 343+345*, Wiesbaden (O. Harrassowitz / *GOF*, **IV**[31]) 1991.

JÜRGENS, P.: «Zum überlieferungsgeschichtlichen Zusammenhang der Sargtextsprüche 335 und 397», *SAK*, **29**, 2001, 111-38.

KAHL, J.: «Textkritische Bemerkungen zu den Diagonalsternuhren», *SAK*, **20**, 1993, 93-107.

KÁKOSY, L.: «The Pyramid Texts and Society in the Old Kingdom», *Annales Univ. Scientiorum Budapest. Sectio Hist.*, **4**, 1962, 3-16.

KÁKOSY, L.: «Schöpfung und Weltuntergang in der ägyptischen Religion», *AcAnt*, **11**, 1963, 17-30 [republié dans *StudAeg*, **VII**, Budapest 1981, 55-68].

KÁKOSY, L.: «Das Krokodil als Symbol der Ewigkeit und der Zeit», *MDAIK*, **20**, 1965, 116-20.

KÁKOSY, L.: «Die Mannweibliche Natur des Sirius in Ägypten», *StudAeg*, **II**, Budapest 1976, 41-46.

KÁKOSY, L.: *Ägyptischer und antiker Sternglaube*, Budapest (Budapest Akad. Kiadó / *Apollo Könyvtár*, **IX**) 1978.

KÁKOSY, L.: «The Astral Snakes of the Nile», *MDAIK*, **37**, 1981, 255-60 & Taf. 43.

KÁKOSY, L.: «Decans in Late–Egyptian Religion», *Oikumene*, **3**, 1982, 163-91.

KÁKOSY, L.: «Solar Disk or Solar Globe?», *Studien zu Sprache und Religion ägyptens: Zu Ehren von Wolfhart Westendorf überreicht von seinen Freunden und Schülern*, **II**, Göttingen 1984, 1057-067.

KÁKOSY, L.: «Probleme der ägyptischen Kosmogonien der Ptolemäer– und Römerzeit», *Hommages à François Daumas*, **2**, Montpellier (*Publications de la Recherche, Université de Montpellier / OrMonsp*, **3**) 1986, 429-34.

KÁKOSY, L.: «A Naos with a Decan–Atum in Cairo», *AcAnt*, **38**, 1998, 185-90.

KAMRIN, J.: *The Cosmos of Khnumhotep II at Beni Hasan*, NY (Kegan Paul, Studies in Egyptology) 1998.

KAPER, O.E.: «The Astronomical Ceiling of Deir 'el-Haggar in the Dakhleh Oasis», *JEA*, **81**, 1995, 175-95.

KAPER, O.E.: art. «Lunar Cycle», *OEAE*, **II**, 2001, 480-82.

KAPLONY, P.: *Die Inschriften der ägyptischen Frühzeit*, **I-II**, Wiesbaden (O. Harrassowitz / *ÄgAbh*, **7-8**) 1963.

KARETSOU, A. *et al.* (eds): *Krētē–Aigyptos: Cultural Links through Three Millenia: Catalogue*, Hērakleion (Ministry of Culture) 2000.

KARETSOU, A. (ed.): *Krētē–Aigyptos: Cultural Links through Three Millenia*, Athens (Kapon Editions / Ministry of Culture) 2000.

KEEL, O. & SCHROER, S.: «Darstellungen des Sonnenlaufs und Totenbuchvignetten auf Skarabäen», *ZÄS*, **125**[1], 1998, 13-29.

KEES, H.: «Pyramidentexte», *HdO*, **I.1.2**, Leiden–Köln 1970, 52-60.

KEES, H.: *Totenglauben und Jenseitsvorstellungen der alten Ägypter*, Leipzig [4]1980.

KEMP, B.J.: *Ancient Egypt: Anatomy of a Civilization*, London (Routledge) [8]2000.

KEMPSKI, J. VON: «Apokalypse, Horus und Wünsch», *Zeitschrift für Religions– und Geistesgeschichte*, **47**[4], 1995, 304-19.

KIRCHER, A.: *Lingua Aegyptiaca Restituta*, Roma 1643.

KIRKLAND WIER, S.: «Insight from Geometry and Physics into the Construction of Egyptian Old Kingdom Pyramids», *Cambridge Archæological Journal*, **6**[1], 1996, 150-63.

KITCHEN, K.A.: *Ramesside Inscriptions: Historical and Biographical*, **I-VII**, Oxford 1968-88 [= K*RI*].

KITCHEN, K.A.: *Pharaoh Triumphant: The Life and Times of Ramesses II*, Cairo (The AUC Press) [2]1997.

KITCHEN, K.A.: *Poetry of Ancient Egypt*, Jonsered (Paul Åströms Förlag / *Documenta Mundi – Aegyptiaca*, **1**) 1999.

KOEMOTH, P.P.: «Du chat à l'uræus "qui délimite" l'arbre de l'horizon oriental pour Rê et pour Osiris», *VA*, **9**[1-2], 1993, 19-31.

KOEMOTH, P.P.: *Osiris et les arbres: Contribution à l'étude des arbres sacrés de l'Égypte ancienne*, Liège (C.I.P.L. / *Aegyptiaca Leodiensia*, **3**) 1994.

KOEMOTH, P.P.: «Osiris–Lune, l'horizon et l'œil *oudjat*», *CdE*, **142**, 1996, 203-20.

KOROSTOVTSEV, M.A.: «Ancient Egypt and the Early Judaic Cosmogony», *Palestinski Sbornik*, **25**, Moscow 1974, 29.

KOROSTOVTSEV, M.A.: *Religya Drevnego Egipta* [= *Religion in Ancient Egypt*], Moscow 1976.

KOZLOFF, A.P.: «Ritual Implements and Related Statuettes», *Egypt's Dazzling Sun: Amenhotep III and his World* (Kozloff, A. & Bryan, B.M., eds), Cleveland 1992, 331-48.

KOZLOFF, A.P.: «Star–Gazing in Ancient Egypt», *Hommages à J. Leclant* (Berger, C. *et al.*, eds), **IV**, Le Caire (*BdE*, **106**[1-4]) 1994, 169-76.

KRAUSS, R.: *Sothis– und Monddaten: Studien zur Astronomischen Chronologie Altägyptens*, Hildesheim (Gerstenberg Verlag / *HÄB*, **20**) 1985.

KRAUSS, R.: «Bitte um Versetzung unter die Zirkumpolarsterne», *SMPK*, **3**, Berlin 1988, 4-5.

KRAUSS, R.: «Vorläufige Bemerkungen zu Seth und Horus/Horusauge im Kairener Tagewählkalender nebst Notizen zum Anfang des Kalendertages», *BSEG*, **14**, 1990, 49-56.

KRAUSS, R.: «Das Kalendarium des Papyrus Ebers und seine Chronologische Verwertbarkeit», *Ägypten und Levante*, **III**, 1992, 75-96.

KRAUSS, R.: «*m-mitt bnw* (*pAnastasi I*, 4,5)», *JEA*, **79**, 1993, 266-67.

KRAUSS, R.: «Nochmals die ägyptische Nacht vom 14/15 November 1463 v. Chr.», *GM*, **146**, 1995, 61-70.

KRAUSS, R.: *Astronomische Konzepte und Jenseitsvorstellungen in den Pyramidentexten*, Wiesbaden (O. Harrassowitz / *ÄgAbh*, **59**) 1997.

KRAUSS, R.: «Nähere Mitteilungen über Seth/Merkur und Horusauge/Venus im grossen Tagewählkalender», *SAK*, **27**, 1999, 223-54.

KRAUSS, R.: «Lässt sich der Bezugsort der Sōthis aufgänge tatsächlich aus den Tagewählkalendern ermitteln?», *GM*, **174**, 2000a, 75-86.

KRAUSS, R.: «Astronomy and Calendar in Ancient Egypt: The Contribution of the Illahun Archive (Berlin)», *Astronomy and Cultural Diversity* (Esteban, C. & Belmonte, J.–A., eds), Tenerife (IAC) 2000b, *in press*.

KRAUSS, R.: «The Eye of Horus and the Planet Venus: Astronomical and Mythological References», *Under One Sky: Astronomy and Mathematics in the Ancient Near East* (Steele, J.M. & Imhausen, A., eds), Münster (Ugarit–Verlag / *Alter Orient & Altes Testament*, **Band 297**) 2002, 193-208.

KRAUSS, R.: «Los canales en la pirámide de Kheops», *Boletín de la Asociación Española de Egiptología*, **12**, Madrid 2003b, *in press*.

KRAUSS, R.: «Arguments in Favour of a Low Chronology for the Middle and New Kingdom in Egypt», *Proceedings SCIEM 2000: EuroConference 2nd-7th of May 2001, Haindorf, Lower Austria* (Bietak, M., ed.), Wien (Österreichische Akademie der Wissenschaften) 2003b, 175-97.

KURTH, D.: «Eine Welt aus Stein, Bild und Wort: Gedanken zur spätägyptischen Tempeldekoration», *5000 Jahre Ägypten: Genese und Permanenz pharaonischer Kunst* (Assmann, J. & Burkard, G., eds), Heidelberg 1983, 89-101.

LABRIQUE, F.: «Les escortes de la lune dans le complexe lunaire de Khonsou à Karnak», *BSFE*, **140**, 1997, 13-26.

LABRIQUE, F.: «L'escorte de la lune sur la porte d'Evergète à Karnak, I: Les Documents», *Ägyptologische Tempeltagung: Feste im Tempel* (Gundlach, R & Rochholz, M., eds), Wiesbaden (*ÄAT*, $\mathbf{33^2}$) 1998a, 91-121.

LABRIQUE, F.: «L'escorte de la lune sur la porte d'Evergète à Karnak, II: Commentaire», *RdE*, **49**, 1998b, 107-49.

LACARRIÈRE, J., LACHIEZE–REY, M., BOTTERO, J., YOYOTTE, J. & BONNAFE, A.: «Les récits de création du monde en Mésopotamie, en Égypte, en Grèce», *Le Monde de la Bible*, **96**, Paris 1996, 2-19.

LACAU, P.: *Sarcophages antérieurs au Nouvel Empire (= CGC Nos 28001-126)*, **I-II**, Le Caire 1904-06.

LACAU, P.: *Textes religieux égyptiens: I*, Paris 1910.

LALOUETTE, C. (ed.): «La genèse ou comment les dieux créèrent le monde», *Textes sacrés et textes profanes de l'ancienne Égypte**: Mythes, contes et poésies*, Paris (Gallimard) 1987, 25-45.

LAMBERTI, C.: «Mizar, Kochab e la Piramide di Cheope», *L'Astronomia*, **217**, 2001, 32-38.

LAMBRECHT, B.: «L'obélisque d'Hermapion (Ammien Marcellin, *Res Gestæ*, XVII, 4, 17-23)», *Le Muséon*, $\mathbf{114^{1\text{-}2}}$, 2001, 51-95.

LANGE, H.O.: *Der Magische Papyrus Harris*, Kopenhagen (Host, *K VI*, **60**) 1927, 10-13.

LANGE, H.O. & NEUGEBAUER, O.: *Papyrus Carlsberg No I: Ein Hieratisch–Demotischer Kosmologischer Text*, København (E. Munksgård / *DVSM*, $\mathbf{I^2}$) 1940.

LAPP, G.: «Zur Bedeutung von Spruchfolgen für die Redaktionsgeschichte der Sargtexte», *BSAK*, **3**, 1988, 269-79.

LAPP, G.: «Die Papyrusvorlagen der Sargtexte», *SAK*, **16**, 1989, 173-202.

LAPP, G.: «Die Spruchkompositionen der Sargtexte», *SAK*, **17**, 1990, 221-34.

LAPP, G.: *The Papyrus of Nu (BM EA 10477)*, London (BMP / *Catalogue of Books of the Dead in the British Museum*, **1**) 1997.

LARSON, J.A.: *Oriental Institute Museum, Featured Object Number One, January 1985: The Tut–Ankh–Amun Astronomical Instrument (Oriental Institute 12144)*, Chicago (Oriental Institute Museum) ^{1}1985, 1-4.

LARSON, J.A.: «The Tutankhamun Astronomical Instrument: Its Use», *Amarna Letters: Essays on Ancient Egypt c. 1390-1310 BCE*, **2**, SF (KMT Communications) ²1992, 76-86.

LASKOWSKA–KUSZTAL, E.: *Deir 'el-Bahari. III: Le sanctuaire ptolémaïque de Deir 'el-Bahari*, Warsaw 1984, 82-88.

LAUER, J.–P.: *Le problème des pyramides d'Egypte*, Paris (Payot) 1948.

LAUER, J.–P.: «À propos de l'orientation des grandes pyramides», *BIE*, 1960a, 7-15.

LAUER, J.–P.: *Observations sur les pyramides*, Le Caire (IFAO / *BdE*, **30**) 1960b.

LAUER, J.–P.: *Le mystère des pyramides*, Paris (Presses de la Cité) 1974.

LAVIER, M.C.: «Les mystères d'Osiris à Abydos, d'après les stèles du Moyen Empire et du Nouvel Empire», *Akten München* (Schoske, S., ed.), **Band 3**, 1985, 289-95.

LECLANT, J.: «Les Textes des Pyramides», *Textes et langages de l'Égypte Pharaonique*, Le Caire (*IFAO / BdE*, **64²**) 1972, 37-52.

LECLANT, J.: «À la pyramide de Pépi I, la paroi Nord du passage A–F (Antichambre – Chambre funéraire», *RdE*, **27**, 1975, 137-49.

LEFEBVRE, G.: «L'œuf divin d'Hermopolis», *ASAE*, **23**, 1923, 65-67.

LEFEBVRE, G.: *Le tombeau de Petosiris*, **I-III**, Le Caire 1923-24.

LEGON, J.A.R.: «Air–Shaft Alignments in the Great Pyramid», *DE*, **28**, 1994, 29-34.

LE GUILLOUX, P.: *Le Conte du Naufragé (Papyrus Ermitage 1115): Texte hiéroglyphique, transcription et traduction commentée*, Angers (*Cahiers de l'Association Angevine d'Égyptologie*, **1**) 1996.

LE GUILLOUX, P.: *Les Aventures de Sinouhé: Texte hiéroglyphique, transcription et traduction commentée*, Angers (*Cahiers de l'Association Angevine d'Égyptologie*, **4**) 2002.

LEHNER, M.: «A Contextual Approach to the Giza Pyramids», *AOF*, **31**, 1985, 136-58.

LEHNER, M.: *The Complete Pyramids*, London (Thames & Hudson) ²1998.

LEITZ, C.: *Studien zur Ägyptischen Astronomie*, Wiesbaden (O. Harrassowitz / *ÄgAbh*, **49**) ¹1989 [²1991].

LEITZ, C.: «Bemerkungen zur astronomischen Chronologie», *Ägypten und Levante*, **3**, 1992, 97-112.

LEITZ, C.: «Le premier plafond astronomique dans la tombe de Senmout», *Les Dossiers d'Archéologie*, **187**, 1993a, 116-17.

LEITZ, C.: «Die Nacht des Kindes in seinem Nest um Dendara», *ZÄS*, **120**, 1993b, 136-65.

LEITZ, C.: «Tagewahlerei: Das Buch *ḥ3t nḥḥ pḥwy ḏt* und verwandte Texte», Wiesbaden (O. Harrassowitz / *ÄgAbh*, **55**) 1994.

LEITZ, C.: *Altägyptische Sternuhren*, Leeuwen (Uitgeverij Peeters / *OLA*, **62**) 1995.

LENTHERIC, B.: «À propos du zodiaque circulaire de Dendera: éléments de réflexion», *ASTRES*, **I**, 1996, 183-205.

LE PAGE RENOUF, P.: «Calendar of Astronomical Observations found in Royal Tombs of the XXth Dynasty», *Transactions of the Society of Biblical Archæology*, **3**, 1874, 400-21.

LEPROHON, R.J.: *Stelæ II: The New Kingdom and the Coptic Period. CAA Museum of Fine Arts*, Boston (*Department of Egyptian and Near Eastern Art*, **3**) 1991.

LEPSIUS, R.: *Das Totenbuch der Ägypter nach dem hieroglyphischen Papyrus in Turin*, Leipzig 1842.

LEPSIUS, R.: *Die Chronologie der Ägypter*, Berlin 1849.

LESKO, B.: *The Remarkable Women of Ancient Egypt*, Berkeley 1978.

LESKO, L.H.: «Some Observations on the Composition of the *Book of the Two Ways*», *JAOS*, **91**, 1971, 30-43.

LESKO, L.H.: «The Field of Hetep in Egyptian Coffin Texts», *JARCE*, **IX**, 1971-72, 89-101.

LESKO, L.H.: *The Ancient Egyptian Book of the Two Ways*, Berkeley (University of California Publications / *NES*, **17**) 1972.

LESKO, L.H.: «The Shortest Book of Amduat?», *Studies in Honour of George R. Hughes*, Chicago (University of Chicago / *SAOC*, **39**) 1976, 133-38.

LESKO, L.H.: *Index of the Spells on Egyptian Middle Kingdom Coffins and Related Documents*, Berkeley 1979, 7-11.

LESKO, L.H.: «Ancient Egyptian Cosmogonies and Cosmology», *Religion in Ancient Egypt: Gods, Myths, and Personal Practice* (Shafer, B.E., ed.), London (Routledge) 1991, 88-122.

LESKO, L.H.: art. «Coffin Texts», *OEAE*, **I**, 2001a, 287-88.

LESKO, L.H.: art. «Book of Going Forth by Day», *OEAE*, **I**, 2001b, 193-95.

LESKO, L.H.: art. «Book of that which is in the Underworld», *OEAE*, **I**, 2001c, 195-96.

LESKO, L.H.: art. «Funerary Literature», *OEAE*, **I**, 2001d, 570-75.

LESKO, L.H.: «Nubian Influence on the Later Versions of the *Books of the Dead*», *Egyptology at the Dawn of the 21st Century: Proceedings of the 8th International Congress of Egyptologists, Cairo 2000* (Hawass, Z. & Pinch–Brock, L., eds), Cairo–NY (The AUC Press) 2003, **III**, 314-18.

LETRONNE, J.A.: *Analyse critique des représentations zodiacales de Dendéra et d'Esné*, Paris 1845.

LETRONNE, J.A.: «Nouvelles recherches sur le calendrier des anciens Égyptiens, sa nature, son histoire et son origine», Paris (Académie des Inscriptions et Belles–Lettres / *Mémoires*, **XXIV**) 1864.

LEVET, J.–P.: «Un savant d'Alexandrie: Ératosthène (IIIe siècle avant J.–C., un regard d'aujourd'hui)», *Le Monde Copte*, **27-28**, 1997, 45-58.

LEXA, F.H.: *La magie dans l'Égypte antique: De l'ancienne Empire jusqu'à l'époque copte*, **I-III**, Paris (Geuthner) 1925.

LEXA, F.H.: «Deux notes sur l'astronomie des anciens Égyptiens», *ArOr*, **18**, Prague (Académie Tchécoslovaque des Sciences) 1950, 442-50.

LICHTHEIM, M.: *Ancient Egyptian Literature: A Book of Readings, **I**: The Old and Middle Kingdoms; **II**: The New Kingdom; **III**: The Late Period*, Berkeley (University of CA Press) 1975-80.

LIEVEN, A. VON.: *Der Himmel über Esna: Eine Fallstudie zur Religiösen Astronomie in Ägypten*, Wiesbaden (O. Harrassowitz / *ÄgAbh*, **64**) 2000.

LOCHER, K.: «A Conjecture concerning the Early Egyptian Constellation of the Sheep», *Archæoastronomy 3* (suppl. to *JHA*, **12**), 1981, S73-75.

LOCHER, K.: «A Further Coffin–Lid with a Diagonal Star–Clock from the Egyptian Middle Kingdom», *JHA*, **14**, 1983, 141-44.

LOCHER, K.: «Probable Identification of the Ancient Egyptian Circumpolar Constellations», *Archæoastronomy 9* (suppl. to *JHA*, **16**), 1985, S152-53.

LOCHER, K.: «The Ancient Egyptian Constellation Group "The Lion between the Two Crocodiles" and the Bird», *Archæoastronomy 15* (suppl. to *JHA*, **21**), 1990, S49-51.

LOCHER, K.: «New Identifications of Ancient Egyptian Constellations, discussed at the 5th International Congress of Egyptology, Cairo 1988», *RdA (Suppl.)*, **9**, Roma 1991, 216-17 & pls LXI-LXIII.

LOCHER, K.: «Two Further Coffin–Lids with Diagonal Star–Clocks from the Egyptian Middle Kingdom», *JHA*, **23**, 1992, 201-07.

LOCHER, K.: «New Arguments for the Celestial Location of the Decanal Belt and for the Origins of the *s3ḥ*–Hieroglyph», *Atti VI Congresso Internazionale di Egittologia*, **II**, Torino (Il Comitato Organizzativo) 1993a, 279-84.

LOCHER, K.: «Egyptian Cosmology», *Encyclopædia of Cosmology: Historical, Philosophical, and Scientific Foundations of Modern Cosmology*, NY (Garland Publishing Inc.) 1993b, 189-94.

LOCHER, K.: «The Decans of Ancient Egypt: Timekeepers for Worship, or Worshipped beyond Time?», *Oxford V Conference on Archæoastronomy*, Santa Fe NM 1996, *in press*.

LOCHER, K.: «Ancient Egyptian Cosmological, Astronomical, and Geometrical Models», *Science, Philosophy and Music: Proceedings of the XXth International Congress of History of Science* (Neuenschwander, E. & Bouquiaux, L., eds), Liège (Brepols Publisher / De Diversis Artibus) 1997, 21-25.

LOCHER, K.: «Middle Kingdom Astronomical Coffin Lids: Extension of the Corpus from 12 to 17 Specimens since Neugebauer and Parker», *Proceedings of the 7th International Congress of Egyptologists* (Eyre, C.J., ed.), Leeuwen (Uitgeverij Peeters / *OLA*, **82**) 1998a, 697-702.

LOCHER, K.: «La visión del Cielo en le Egipto faraónico», *Arqueoastronomía y Etnoastronomía. Curso 1998*, Santa Cruz de Tenerife (Universidad Internacional Menéndez Pelayo) 1998b, *preprint*.

LOCHER, K.: «Astronomy and Religion in Ancient Egypt», *International Conference on Science in Theistic Context*, Ancaster ON 1998c, *preprint*.

LOCHER, K.: «The Archetypal Symbolism of the Most Ancient Constellations: A Comparison Egypt / China», *Ad Astra per Aspera et per Ludum: European Archæoastronomy and the Orientation of Monuments in the Mediterranean Basin: Papers from a Session, held at the European Association of Archæologists 8th Annual Meeting in Thessaloniki 2002* (Maravelia, A.–A., ed.), Oxford (BAR Publishing / BAR International Series, **1154**) 2003, 3-6.

LOPEZ, J.: *Ostraca ieratici. Catalogo del Museo Egizio di Torino. Serie seconda: Collezioni (oCGT57320-57449)*, **III/3**, Milano 1982, 22 ff & pls 114-114a, 25.

LOPEZ, J.: «Le verger d'amour (P. Turin 1966, recto)», *RdE*, **43**, 1992, 133-43.

LOPRIENO, A.: *Ancient Egyptian: A Linguistic Introduction*, Cambridge (Cambridge University Press) [4]2000.

LORET, V.: «Les fêtes d'Osiris au mois de Khoiak», *RT*, **3**, 1882, 43-57; **4**, 1883, 21-33; **5**, 1884, 85-103.

LORTON, D.: «The Expression *iri hrw nfr*», *JARCE*, **XII**, 1975, 23-31.

LUCARELLI, R.: «Innovation versus Tradition of the Genre in the *Book of the Dead* of Gautseshen», *Egyptology at the Dawn of the 21st Century: Proceedings of the 8th International Congress of Egyptologists, Cairo 2000* (Hawass, Z. & Pinch–Brock, L., eds), Cairo–NY (The AUC Press) 2003, **III**, 270-74.

LÜDDECKENS, E. VON: «Das Demotische Graffito vom Tempel der Satet auf Elephantine», *MDAIK*, **27**, 1971, 203-06.

LUFT, U.: «Das Totenbuch des Neferrenpet (Grab 336)», *StudAeg*, **III**, 1977, 81-87.

LUFT, U.: «Tagesbeginn in Ägypten», *AOF*, **14**, 1987, 1-87

LUFT, U.: *Die Chronologische Fixierung des Ägyptischen Mittleren Reiches nach dem Tempelarchiv von Illahum*, Wien (Verlag der Österreichischen Akademie der Wissenschaften / *Veröffentlichungen der Ägyptischen Kommission*, **2**) 1992.

LUINO, P.: *La véritable histoire de Sinouhé*, Fuveau (La Maison de Vie) ²2001.

LULL, J.: «Identification of an Ancient Egyptian Star: *Ṯms n Ḫntt* "The Red Star of Khentet"», *GM*, **199**, 2004, 73-77.

LURKER, M.: *The Gods and Symbols of Ancient Egypt: An Illustrated Dictionary*, London (Thames & Hudson) ⁴1986 [en français: *Dictionnaire des dieux et des symboles des anciens Égyptiens*, Paris (Pardès) 1994].

MACQUITTY, W.: *Abu Simbel*, London 1965.

MAGDOLEN, D.: «On the Orientation of Old Kingdom Royal Tombs», *Abusir and Saqqara in the Year 2000* (Bárta, M. & Krejcí, J., eds), Praha (Academy of Sciences of the Czech Republic, Oriental Institute / *ArOr*, **9**) 2000, 491-98.

MAGIC IN EGYPT, 1987 = ROCCATI, A. & SILIOTTI, A. (eds): *Magic in Egypt in the Time of the Pharaohs: International Study Conference, Milano, 29-31 October*, Verona (Rassegna Internazionale di Cinematografia Archeologica) 1987.

MÁLEK, J: *In the Shadow of the Pyramids: Egypt during the Old Kingdom*, Norman (University of Oklahoma Press) 1986.

MÁLEK, J.: «Orion and the Giza Pyramids», *DE*, **30**, 1994, 101-14.

MALVILLE, J.M., WENDORF, F., MAZAR, A.–A. & SCHILD, R.: «Megaliths and Neolithic Astronomy in Southern Egypt», *Nature*, **392 (# 6675)**, 1998, 488-91.

MANNICHE, L.: *Sexual Life in Ancient Egypt*, London (KPI) 1987.

MANNICHE, L.: *An Ancient Egyptian Herbal*, London (BMP) 1989.

MARAGIOGLIO, V. & RINALDI, C.A.: *L'architectura della Piramidi Menfite*, **I-IV**, 1965.

MARAKHONOVA, S.–A.: «A Version of the Origins of the World in Egyptian, Orphic and Gnostic Cosmogonies», *Ancient Egypt and Kush: In Memoriam M.A. Korostovtsev*, Moscow (Nauka Oriental Publishers / Russian Academy of Sciences, *Institute of Oriental Studies, National Orientalists' Association*) 1993, 277-89.

ΜΑΡΑΒΕΛΙΑ, Α.–Α.: «Ὁδοιπορικὸ στὴν χώρα τῶν θεῶν: "Μυρίσαι τὸ ἄριστον"», *Ἄβατον*, **9**, 2000a, 14-20.

MARAVELIA, A.–A.: «L'horizon astral de Khéops: Archéoastronomie, Égyptologie ... et quelques scénarios de science–fiction», *Tôzai*, **5**, Limoges–Tokyo 2000b [2002], 11-37.

ΜΑΡΑΒΕΛΙΑ, Α.–Α.: *Τὰ ἐρωτικὰ ποιήματα τῆς ἀρχαίας Αἰγύπτου (Πρόλογος, εἰσαγωγή, μετάφραση, σχόλια)* [= *Les poèmes d'amour de l'Égypte antique: Introduction, Traduction de l'original, notes et commentaires*], Ἀθήνα ²2001a.

ΜΑΡΑΒΕΛΙΑ, Α.–Α.: «Στοχασμοὶ στὸ δείλι: Ἀπόψεις γιὰ τὴν θεώρηση τοῦ πολιτισμοῦ τῆς ἀρχαίας Αἰγύπτου, ... », *Φηγός*, **10**, 2001c, 113-18.

ΜΑΡΑΒΕΛΙΑ, Α.–Α.: «Ὕμνος στὸν Ρᾶ», *Φηγός*, **10**, 2001d, 106-19.

MARAVELIA, A.–A.: «Sapphō's Poetry and Ancient Egyptian Love Poems: A Field of Comparative Interpretation, 1», *Proceedings of the XIth International Conference of the F.I.E.C.*, (Kalamakis, D., Manafis, K. & Vlachos, P., eds), **I**, Athens (Parnassos) 2001e, 527-38.

ΜΑΡΑΒΕΛΙΑ, Α.–Α.: «Ἡ Ἶσις τότε καὶ τώρα: ἡ ἀρχετυπικὴ μητέρα–θεὰ στὴν ἀρχαία Αἴγυπτο καὶ στὸ σύγχρονο κόσμο», *Ἀνεξήγητο*, **158**, 2001ef, 34-39.

ΜΑΡΑΒΕΛΙΑ, Α.–Α.: «Τὰ Μαθηματικά, ἡ Γεωμετρία καὶ οἱ μετρήσεις στὴν ἀρχαία Αἴγυπτο, 1», *Ἀνεξήγητο*, **159**, 2001f, 130-34.

ΜΑΡΑΒΕΛΙΑ, Α.–Α.: «Τὰ Μαθηματικά, ἡ Γεωμετρία καὶ οἱ μετρήσεις στὴν ἀρχαία Αἴγυπτο, 2», *Ἀνεξήγητο*, **160**, 2001f, 193-99.

ΜΑΡΑΒΕΛΙΑ, Α.–Α.: «Ἡ ἰατρικὴ στὴν ἀρχαία Αἴγυπτο», *Ἀνεξήγητο*, **161**, 2001g, 62-66.

MARAVELIA, A.–A.: «Sapphō's Poetry and Ancient Egyptian Love Poems: A Field of Comparative Interpretation, 2», *Cultural Interactions in Europe and the Eastern Mediterranean during the Bronze Age (3000-500 BCE): Papers from a Session held at the European Association of Archæologists 6th Annual Meeting in Lisbon 2000* (Werbart, B.I., ed.), UK (BAR Publishing / BAR International Series, **985**) 2001i, 67-84.

MARAVELIA, A.–A.: «Hēlios et Rē‘: Deux textes anciens vus par une astronome–égyptologue», *Tôzai*, **6**, Limoges–Tokyo 2001j [2004], 49-72.

ΜΑΡΑΒΕΛΙΑ, Α.–Α.: «Ἀστρονομικὲς καὶ κοσμολογικὲς ἀπόψεις στὴν ἀρχαία Αἴγυπτο», *Ἀνεξήγητο*, **162**, 2002a, 128-34.

ΜΑΡΑΒΕΛΙΑ, Α.–Α.: «Τὸ ἡμερολόγιο καὶ οἱ δεκανοὶ τῶν ἀρχαίων Αἰγυπτίων», *Ἀνεξήγητο*, **163**, 2002b, 160-63.

ΜΑΡΑΒΕΛΙΑ, Α.–Α.: «Ὁ ἀστρονομικὸς προσανατολισμὸς τῶν πυραμίδων καὶ τῶν ναῶν στὴν ἀρχαία Αἴγυπτο», *Ἀνεξήγητο*, **164**, 2002c, 62-66.

ΜΑΡΑΒΕΛΙΑ, Α.–Α.: «Τὰ ἱερὰ θρησκευτικὰ κείμενα τῶν ἀρχαίων Αἰγυπτίων», *Ἀνεξήγητο*, **168**, 2002d, 130-34.

ΜΑΡΑΒΕΛΙΑ, Α.–Α.: «Αἴγυπτος: ἡ μεταθανάτια μύηση τῆς ψυχῆς καὶ οἱ ἀλλεπάλληλες μεταμορφώσεις της», *Τί εἶναι ἡ ψυχή;*, Θεσσαλονίκη (Ἀρχέτυπο) 2002e, 300-23.

MARAVELIA, A.–A.: «Ancient Egyptian Inscribed Faience Objects from the Benaki Museum in Athens, 1», *JNES*, **61**^{2}, 2002f, 81-109.

MARAVELIA, A.–A.: «Faience Objects of the Ancient Egyptian Collection at the National Archæological Museum of Athens, 1», *GM*, **189**, 2002g, 61-80.

MARAVELIA, A.–A.: «Ὅτι πλεῖστα θωμάσια <Αἴγυπτος> ἔχει καὶ ἔργα λόγου μέζω παρέχεται πρὸς πᾶσαν χώρην ... Egyptian Collections in Hellenic Museums: A Brief History and Some Pieces», *Ancient Egypt and Antique Europe: Two Parts of the Mediterranean World: Papers from a Session, held at the European Association of Archæologists 7th Annual Meeting in Esslingen 2001* (Maravelia, A.–A., ed.), Oxford (BAR Publishing / BAR International Series, **1052**) 2002h, 15-29.

MARAVELIA, A.–A.: «Two Faience Shabtis from the Egyptian Collection at the Benaki Museum», *Mouseio Benakē*, **2**, 2002j [2003], 19-24 [avec sommaire en hellénique].

MARAVELIA, A.–A.: «Some Aspects of Ancient Egyptian Social Life from the Study of the Principal Love Poem's Ostraca from Deir 'al-Medina», *Egyptology at the Dawn of the 21st Century: Proceedings of the 8th International Congress of Egyptologists, Cairo 2000* (Hawass, Z. & Pinch–Brock, L., eds), Cairo–NY (The AUC Press) 2003a, **III**, 281-88.

ΜΑΡΑΒΕΛΙΑ, Α.–Α.: *Ἡ μαγεία στὴν ἀρχαία Αἴγυπτο: Μεταφυσικὴ πεμπτουσία τῆς χώρας τῶν θεῶν*, Ἀθήνα (Ἰάμβλιχος) 2003b.

ΜΑΡΑΒΕΛΙΑ, Α.–Α.: «Ἡ μαγεία στὴν ἀρχαία Αἴγυπτο», *Ἀνεξήγητο*, **176**, 2003c, 18-24.

MARAVELIA, A.–A.: «The Stellar Horizon of Khufu: Archæoastronomy, Egyptology ... and Some Imaginary Scenaria», *Basel Egyptology Prize 1: Junior Research in Egyptian History, Archæology, and Philology* (Bickel, S. & Loprieno, A., eds), Basel (Schwabe & C° – Verlag / *AH*, **17**) 2003d, 55-74.

MARAVELIA, A.–A.: «*ptri.st mi Spdt ḫ'y m-ḥꜣt rnpt nfrt*: Astronomical and Cosmovisional Elements in the Corpus of Ancient Egyptian Love Poems», *Lingua Aegyptia*, **11**, 2003e [2004], 79-112.

MARAVELIA, A.–A.: «Cosmic Space and Archetypal Time: Depictions of the Sky–Goddess Nūt in Three Royal Tombs of the New Kingdom and her Relation to the Milky Way», *GM*, **197**, 2003f, 55-72.

ΜΑΡΑΒΕΛΙΑ, Α.–Α.: «Χρονολογικὸ μνημόνιο τῆς ἀρχαίας αἰγυπτιακῆς ἱστορίας καὶ τῶν φαραωνικῶν δυναστειῶν / Ἡ περίπτωση τοῦ φλαμινιανοῦ ὀβελίσκου», *Παρνασσός*, **45**, Ἀθήνα 2003h [2004], 201-36.

MARAVELIA, A.–A.: *Les astres dans les textes religieux en Égypte antique et dans les Hymnes Orphiques helléniques* (Thèse de Doctorat Présentée à l'Université de Limoges), Limoges (Centre des Recherches en Sciences de l'Antiquité / Faculté des Lettres et des Sciences Humaines) 2004a.

MARAVELIA, A.–A.: «The Egyptian Golden Ring with lapis Lazuli Inscribed Scarab at the Benaki Museum: Was it the Property of a Libyan Pharaoh of Dynasty XXII?», *Mouseio Benakē*, **4**, 2004b [2005], 9-14.

MARAVELIA, A.–A.: «Among the Hidden Treasures of the National Archæological Museum in Athens: Searching for Forgotten Mummies, 2», *Modern Trends in European Egyptology: Papers from a Session, held at the European Association of Archæologists 9th Annual Meeting in St Petersburg 2003* (Maravelia, A.–A., ed.), Oxford (BAR Publishing / BAR International Series, **1448**) 2005a, 7-21.

MARAVELIA, A.–A.: «Le ciel selon l'*Hymne Orphique à Ouranos* et selon des textes funéraires égyptiens (*PT*, *CT*, *BD*): une comparaison préliminaire» [accepted for oral presentation during the 12th Annual Meeting of the SEAC, on Time Reckoning, Archæology of Cult, Ethnoastronomy, & c. (August 2004), in Kecskemét, Hungary], *AntOr*, **4**, 2005b [2006], *in press*.

MARAVELIA, A.–A.: «La loi universelle et le temps selon les Orphiques et selon les Égyptiens» (accepted for oral presentation during the IAE 9th Congress in Grenoble), *OLA*, **150**, 2005c [2006], *in press*.

MARAVELIA, A.–A.: «"*Ḥwn ntry, iwʿw nḥḥ*": Some "Astronomical" Hieroglyphs and their Cosmographic and Calligraphic Significance» (invited and accepted paper for oral presentation during the 2nd International Forum *Calligraphy, Writing & Inscriptions*, organised by the Calligraphy Department of the Bibliotheca Alexandrina, Alexandria, Egypt), 2006a, *in press*.

MARAVELIA, A.–A.: «*Book of the Dead* or *Book of Shadows*? When Esoteric Approaches spoil Astro–Egyptology» [accepted for oral presentation during the SEAC 13th Annual Meeting (*Lights and Shadows in Cultural Astronomy*) in Isili, Sardinia, Italy], 2006b, *in press*.

MARAVELIA, A.–A. & BELOVA, G.A.: «Ancient Egypt and Antique Europe: Two Parts of the Mediterranean World. (Some Perspectives for European Egyptology)», *Ancient Egypt and Antique Europe: Two Parts of the Mediterranean World: Papers from a Session, held at the European Association of Archæologists 7th Annual Meeting in Esslingen 2001* (Maravelia, A.–A., ed.), Oxford (BAR Publishing / BAR International Series, **1052**) 2002, 1-4.

MARAVELIA, A.–A. & KLADAKI–MANOLI, E.: «Among the Hidden Treasures of the National Archæological Museum in Athens: Searching for Forgotten Mummies, 1», *Europe, Hellas and Egypt: Complementary Antipodes during Late Antiquity: Papers from a Session, held at the European Association of Archæologists 8th Annual Meeting in Thessaloniki 2002* (Maravelia, A.–A., ed.), Oxford (BAR Publishing / BAR International Series, **1218**) 2004, 5-20.

MARAVELIA, A.–A. & SHALTOUT, M.A.M.: «Illumination of the Sacrarium in the Great Temple at Abu Simbel, its Astronomical Explanation, and Some Hints on the Possible Stellar Orientation of the Small Temple», *Ad Astra per Aspera et per Ludum: European Archæoastronomy and the Orientation of Monuments in the Mediterranean Basin: Papers from a Session, held at the European Association of Archæologists 8th Annual Meeting in Thessaloniki 2002* (Maravelia, A.–A., ed.), Oxford (BAR Publishing / BAR International Series, **1154**) 2003, 7-29.

MARINATOS, S.: «The Volcanic Destruction of Minoan Crete», *Antiquity*, **13**, 1939, 425-39.

MARINATOS, S.: «"Numerous Years of Joyful Life" from Mycenæ», *The Annual of the British School of Athens*, **XLVI**, 1951, 102-16.

MARTINELLI, T.: «Geb et Nout dans les Textes des Pyramides. Essai de compréhension du caractère masculin de Geb et de la Terre, ainsi que du caractère féminin de Nout et du ciel», *BSEG*, **18**, 1994, 61-80.

MASPERO, G.: «Les Chants d'amour du Papyrus de Turin et du Papyrus Harris n° 500», *Études égyptiennes*, **I**, Paris (Maisonneuve) 1883, 217-59.

MATHIEU, B.: «Les hommes de larmes, à propos d'un jeu de mots mythique dans les textes de l'ancienne Égypte», *Hommages à François Daumas*, **2**, Montpellier (*Publications de la Recherche, Université de Montpellier / OrMonsp*, **3**) 1986, 499-509.

MATHIEU, B.: *La poésie amoureuse de l'Égypte ancienne: Recherches sur un genre littéraire au Nouvel Empire,* Paris (*IFAO / BdE*, **115**) 1996.

MATHIEU, B.: «Annexe: Détermination de l'Orientation de la Pyramide de Rêdjédef», *BIFAO*, **101**, 2001, 457-59.

MAYSTRE, C.: «Le livre de la Vache du Ciel dans les tombeaux de la Vallée des Rois», *BIFAO,* **40**, 1941, 53-115.

MEEKS, D.: *Année Lexicographique*, **I-III**, Paris 1977-79 [= *ANLEX*].

MEEKS, D.: *Les dieux Égyptiens*, Paris (Hachette) 1993.

MEEKS, D. & FAVARD–MEEKS, C.: *La vie quotidienne des dieux Égyptiens*, Paris (Hachette) 1993.

MEIS, S. DE: «Note sul levare eliaco di Sothis», *Studi di Egittologia e di antichità puniche*, **15**, 1996, 37-40.

MELTZER, E.S.: «Egyptian Parallels for an Incident in Hesiod's Theogony and an Episode in the Kumarbi Myth», *JNES*, **33**, 1974, 154-57.

MENU, B.: «Les récits de création en Égypte ancienne», *Foi et vie*, **LXXXV**^{5}, Paris (*Cahiers Bibliques*, **25**) 1986, 67-77.

MENU, B.: «Les cosmogonies de l'ancienne Égypte», *La création dans l'Orient ancien*, Paris (Cerf) 1987, 97-120.

MENU, B.: *Petit lexique de l'égyptien hiéroglyphique, à l'usage des débutants*, Paris (Geuthner) 1989.

MENU, B.: *Petite grammaire de l'égyptien hiéroglyphique, à l'usage des débutants*, Paris (Geuthner) ^{2}1993.

MERCER, S.A.B.: *The Pyramid Texts in Translation and Commentary*, **I-IV**, NY 1952.

MERCER, S.A.B.: *Literary Criticism of the Pyramid Texts*, London 1956.

MEYER, E.: «Ägyptische Chronologie», *Abhandlungen der Königlich Preussischen Akademie der Wissenschaften*, 1904 [traduit par Moret, A.: *Annales du Musée Guimet*, Paris (*Bibliothèque d'Études*, **24**) 1912.

MOLEN, R. VAN DER: *A Hieroglyphic Dictionary of Egyptian Coffin Texts*, Leiden (Brill / *ProbÄg*, **15**) 2000.

MONTET, P.: *Les scènes de la vie privée dans les tombeaux égyptiens de l'ancien empire*, Strasbourg 1925.

MONTET, P.: «Le rituel de fondation des temples égyptiens», *Kemi*, **17**, 1964, 74 -100.

MORENZ, S.: «Ägypten und die altorphische Kosmogonie», *Aus Antike und Orient* (Morenz, S., ed.), Leipzig (Festschrift W. Schubart) 1950, 64-111.

MORENZ, S.: «Eine Naturlehre in den Sargtexten», *WZKM*, **54**, 1957.

MORENZ, S.: *Egyptian Religion*, London 1973.

MORENZ, S. & SCHUBERT, J.: *Der Gott auf der Blume: Eine ägyptische Kosmogonie und ihre weltweite Bildwirkung*, Ascona (Verlag Artibus Asiæ) 1954.

MORET, A.: «Le Lotus et la naissance des dieux en Égypte», *JA*, **XI**^{9}, 1917, 503.

MORFIN, M.: «Le pilier *ioun* et la Lune», *Études sur l'Ancien Empire et la Nécropole de Saqqâra (= Fs. Lauer)*, Montpellier (*OrMonsp*, **IX**^{2}) 1997, 315-25.

MOSHER, M.: «Theban and Memphite *Book of the Dead* Traditions in the Late Period», *JARCE*, **XXIX**, 1992, 143-72.

MOSTAFA, D.M.: «Reflexions sur la fonction cosmographique du temple égyptien», *Redécouvrir l'Ancienne Égypte* (Tehouti Foundation / http://www.egypt-tehuti.org/français/articles/doha-b.html) 2003.

MUCKE, H.: «Zur astronomischen Datierung im zweiten Jahrtausend v. Chr.», *Ägypten und Levante* (Bietak, M., ed.), **III**, 1992, 125-28.

MÜLLER, H.P.: «Eine griechische Parallele zu Motiven von Genesis i-ii», *Vetus Testamentum*, **47**, 1997, 478-86.

MÜLLER, W.M.: *Die Liebespoesie der Alten Ägypter*, Leipzig (J.C. Hinrichs'sche Buchhandlung) 1899.

MUNRO, I.: *Untersuchungen zu den Totenbuch–Papyri der 18 Dynastie*, London 1987.

MUNRO, I.: «Report on the *Book of the Dead* Project in Bonn and Cologne», *Egyptology at the Dawn of the 21st Century: Proceedings of the 8th International Congress of Egyptologists, Cairo 2000* (Hawass, Z. & Pinch–Brock, L., eds), Cairo–NY (The AUC Press) 2003, **III**, 337-42.

MURRAY, M.A.: *Ancient Egyptian Legends*, London (J. Murray) 1913.

MURRAY, M.A.: *The Splendour that was Egypt: A General Survey of Egyptian Culture and Civilization*, NY (Philosophical Library) [4]1961.

MYLONAS, G.: *Ancient Mycenæ: The Capital City of Agamemnōn*, London (RKP) 1957.

MYLONAS, G.: *Mycenæ Rich in Gold*, Athens (Ekdotikē Athēnōn S.A.) 1983.

MYŚLIWIEC, K.: *Studien zum Gott Atum*, **II**, Hildesheim (*HÄB*, **8**) 1979.

NAGY, I.: «Remarques sur quelques formules stellaires des textes religieux d'époque Saïte», *StudAeg*, **III**, Budapest 1977, 99-117.

NAVILLE, E.H.: *La litanie du soleil*, Leipzig 1875.

NAVILLE, E.H.: *The Temple of Deir 'el-Bahari*, **I-VI**, London 1895-1908.

NAVILLE, E.: «La plante magique de Noferatum», *Revue de l'Égypte ancienne*, **I**, 1928, 31-44.

NAVILLE, E.H.: *Das Ägyptische Totenbuch der XVIII–XX Dynastie aus Verschiedenen Urkunden zusammengestellt*, **I-II**, Graz (Akad. Druck und Verlagsanstalt) [2]1971 [[1]1886].

NDIGI, O.: «Gb/Kb/Gbgb/Kòbá/Kòbákòbá ou le nom du dieu de la Terre et de l'oiseau créateur mythologique chez les Égyptiens et les Basaa du Cameroun», *BSEG*, **20**, 1996, 49-70.

NEUGEBAUER, O.: *Die Grundlagen der Ägyptischen Bruchrechnung*, Berlin 1934.

NEUGEBAUER, O.: «Die Bedeutungslosigkeit der "Sothisperiode" für die Älteste Ägyptische Chronologie», *AOr*, **17**, 1938, 169-95.

NEUGEBAUER, O.: «Egyptian Astronomy», *Nature*, **143**, 1939, 115.

NEUGEBAUER, O.: «Egyptian Planetary Texts», *Transactions APS*, **32**[2], 1942a, 209-50.

NEUGEBAUER, O.: «On Some Astronomical Papyri and Related Problems of Ancient Geography», *Transactions APS*, **32**[2], 1942b, 251-63.

NEUGEBAUER, O.: «The Origin of the Egyptian Calendar», *JNES*, **1**, 1942c, 397-403 [réimprimé dans NEUGEBAUER, O.: *Astronomy and History: Selected Essays*, NY (Springer–Verlag) 1983, 169-95].

NEUGEBAUER, O.: «Demotic Horoscopes», *JAOS*, **63**, 1943, 115-27.

NEUGEBAUER, O.: «The Egyptian "Decans"», *Vistas Astron.*, **1**, 1955a, 47-51 [réimprimé dans *Astronomy & History: Selected Essays*, NY (Springer–Verlag) 1983, 205-10].

NEUGEBAUER, O.: «Astronomical Papyri and Ostraca: Bibliographical Notes», *PAPS*, **106**, 1962, 383-91.

NEUGEBAUER, O. & PARKER, R.A.: *Egyptian Astronomical Texts*, ***I***: *The Early Decans;* ***II***: *The Ramesside Star Clocks;* ***III***: *Decans, Planets, Constellations and Zodiacs / Plates*, Providence RI (Brown University Press) 1960-69.

NEUGEBAUER, O.: «Egypt», *A History of Ancient Mathematical Astronomy* (Klein, M.J. & Toomer, G.J., eds), **II**[3], Berlin–NY (Springer–Verlag) 1975, 557-68 [réimprimé dans NEUGEBAUER, O.: *Astronomy and History: Selected Essays*, NY (Springer–Verlag) 1983, 21-28].

NEUGEBAUER, O. & PARKER, R.A., «Two Demotic Horoscopes», *JEA*, **54**, 1968, 231-35.

NEUGEBAUER, O.: «On the Orientation of Pyramids», *Centaurus*, **24**, København 1980, 1-3 [réimprimé dans NEUGEBAUER, O.: *Astronomy and History: Selected Essays*, NY (Springer–Verlag) 1983, 211-13].

NEUGEBAUER, O. & VOLTEN, A., «Untersuchungen zur antiken Astronomie, IV: Ein demotischer astronomischer Papyrus (*pCarlsberg 9*)», *Quellen und Studien zur Geschichte der Mathematik, Astronomie und Physik*, Abt. B, **4**, 1938, 383-406.

NIWINSKI, A.: «The Solar–Osirian Unity as Principle of the Theology of the "State of Amun" in Thebes in the 21st Dynasty», *JEOL*, **30**, 1987-88, 89-106.

NOTTER, V.: *Biblischer Schöpfungsbericht und ägyptische schöpfungsmythen*, Stuttgart (*Stuttgarter Bibelstudien*, **68**) 1974.

NYORD, R.: «Spittle, Lies and Regeneration», *GM*, **197**, 2003, 73-91.

OAKES, L. & GAHLIN, L.: *Ancient Egypt: An Illustrated Reference to the Myths, Religions, Pyramids and Temples of the Land of the Pharaohs*, London (Hermes House / Anness Publishing Ltd) [2]2004.

OBENGA, T.: *La philosophie africaine de la période pharaonique 2780-330 avant notre ère*, Paris (L'Harmattan) 1990.

OBENGA, T.: *Ancient Egypt and Black Africa: A Student's Handbook for the Study of Ancient Egypt in Philosophy, Linguistics and Gender Relations*, London (Karnak House) 1992.

OBENGA, T.: «African Philosophy of the Pharaonic Period», *Egypt Revisited* (Sertima, I. van, ed.), New Brunswick (Transaction Publishers) 1993, 297-98.

OEAE = *The Oxford Encyclopedia of Ancient Egypt* (Redford, D.B., ed.), **I-III**, Oxford (Oxford University Press) 2001.

OGDON, J.R.: «The Eye of Rēʻ», *DE*, **2**, 1985, 37-44.

O'MARA, P.F.: *The Chronology of the Palermo and Turin Canons*, CA (Paulette Publishing C°, *Studies in the Structural Archæology of Ancient Egypt*, **2**) 1980.

O'MARA, P.F.: *Some Lunar Dates from the Old Kingdom in Egypt*, CA (Paulette Publishing C° / *Studies in the Structural Archæology of Ancient Egypt*, **3**[1]) 1984a.

O'MARA, P.F.: *Some Indirect Sothic and Lunar Dates from the Late Middle Kingdom in Egypt*, CA (Paulette Publishing C°, *Studies in the Structural Archæology of Ancient Egypt*, **3**[2]) 1984b.

O'MARA, P.F.: «Can the Gizeh Pyramids be dated astronomically? Logical Foundations for an Old Kingdom Astronomical Chronology», *DE*, **33**, 1995, 73-85.

O'MARA, P.F.: «Can the Gizeh Pyramids be dated astronomically? Logical Foundations for an Old Kingdom Astronomical Chronology, II: Searching for OK Sōthic and Festival Dates», *DE*, **34**, 1996a, 65-82.

O'MARA, P.F.: «Can the Gizeh Pyramids be dated astronomically? Logical Foundations for an Old Kingdom Astronomical Chronology, III: Pepi's Jubilee: Its Promise and its Problems», *DE*, **35**, 1996b, 97-112.

O'MARA, P.F.: «Can the Gizeh Pyramids be dated astronomically? Logical Foundations for an Old Kingdom Astronomical Chronology, IV: Some Lunar Dates from the 4th and 5th Dynasties», *DE*, **38**, 1997, 63-82.

O'MARA, P.F.: «Censorinus, the Sothic Cycle, and Calendar Year One in Ancient Egypt: The Epistemological Problem», *JNES*, **62**[1], 2003, 17-26.

O'NEIL, W.M.: «The Egyptian Civil Year: its Possible Origins and the Sothic Cycle», *Australian Journal of Biblical Archæology*, **2**, 1973, 3-15.

OOSTERHOUT, G.W.: «The Heliacal Rising of Sirius», *DE*, **24**, 1992, 71-111.

OOSTERHOUT, G.W.: «Sirius, Venus and the Egyptian Calendar», *DE*, **27**, 1993, 83-96.

OTTO, E.: *Beiträge zur Geschichte der Stierkulte in Ägypten*, Berlin 1938.

OTTO, E.: «Das «Goldene Zeitalter», *Réligions en Égypte Hellénistique et Romaine*, Paris 1969, 93-108.

PACHNER, N.: «Zur Erfaßung der Sichtbarkeitsperioden ekliptikferner Gestirne», *Ägypten und Levante*, **VIII**, 1998, 125-36.

PARCAK, S.: «Satellite Remote Sensing Sources for Egyptologists», *GM*, **198**, 2004, 63-78.

PARKER, R.A.: *The Calendars of Ancient Egypt*, Chicago (University of Chicago / *SAOC*, **26**) 1950.

PARKER, R.A.: «Sothic Dates and Calendar "Adjustments"», *RdE*, **9**, 1952, 101-08.

PARKER, R.A.: «The Names of the Sixteenth Day of the Lunar Month», *JNES*, **12**, 1953, 50.

PARKER, R.A.: «The Problem of the Month–Names: A Reply», *RdE*, **11**, 1957, 85-107.

PARKER, R.A.: *A Vienna Demotic Papyrus on Eclipse– and Lunar–Omina*, RI (Brown University / *Brown Egyptological Studies*, **II**) 1959.

PARKER, R.A.: «Two Demotic Astronomical Papyri in the Carlsberg Collection», *AOr*, **26**, 1962, 143-48.

PARKER, R.A.: «Hathor, Lady of the Acacia», *JARCE*, **IV**, 1965, 151.

PARKER, R.A.: «The Beginning of the Lunar Month in Ancient Egypt», *JNES*, **29**, 1970, 217-20.

PARKER, R.A.: «The Calendars and Chronology», *The Legacy of Egypt* (Harris, J.R., ed.), Oxford 1971, 13-26.

PARKER, R.A.: «Ancient Egyptian Astronomy», *Philosophical Transactions of the Royal Society of London* (Hodson, F.R., ed.), **276**, Oxford (Oxford University Press / *AAW*) 1974, 51-65.

PARKER, R.A.: «Egyptian Astronomy, Astrology and Calendrical Reckoning», *Dictionary of Scientific Biography*, **I**, Suppl. 1, NY (Charles Scribner's Sons) 1978, 706-27.

PARKER, R.A. & LESKO, L.H.: «The Khonsu Cosmogony», *Pyramid Studies and Other Essays Presented to I.E.S. Edwards* (Baines, J. *et al.*, eds), London (*Occassional Publications / EES*, **7**) 1988, 168-75 & pls 33-37.

PARKINSON, R.B.: *Voices from Ancient Egypt: An Anthology of Middle Kingdom Writings*, London (BMP) 1991.

PARKINSON, R.B. & QUIRKE, S.: «The Coffin of Prince Herunefer and the Early History of the *Book of the Dead*», *Studies in Pharaonic Religion and Society in Honour of J. Gwyn Griffiths* (Lloyd, A.B., ed.), London (*Occasional Publications / EES*, **8**) 1992, 36-51.

PEET, T.E.: *The Rhind Mathematical Papyrus, BM 10057 & 10058: Introduction, Transcription, Translation & Commentary*, Liverpool 1923.

PENDLEBURY, J.D.: *Aegyptiaca: A Catalogue of Egyptian Objects in the Aegean Area*, Cambridge (Cambridge University Press) 1930.

PÉPIN, J.–F.: «Quelques aspects de Nouou dans les *Textes des Pyramides* et les *Textes des Sacophages*», *BSAK*, **3**, 1989, 340-45.

PER ASPERA AD ASTRA = *Per Aspera ad Astra: W. Schenkel zum neunundfünfzigsten Geburtstag* (Gestermann, L. *et al.*, eds), Bonn (Ägyptologisches Seminar der *Rheinischen Friedrich–Wilhelms–Universität*) 1995.

PEŘINA, A.: «Z. Žába: L'orientation astronomique dans l'ancienne Égypte et la précession de l'axe du monde», *ArOr*, **24**, Prague (Académie Tchécoslovaque des Sciences) 1956, 486-88.

PERSSON, A.: *New Tombs at Dendra*, Athens 1942, 176-196: «Mycenæ and Egypt».

PETRIE, W.F.M.: *Royal Tombs*, **I-II**, London 1900-01.

PETRIE, W.F.M.: *Scarabs and Cylinders with Names*, **III**, London 1917.

PETRIE, W.F.M.: *Wisdom of the Egyptians*, London 1940.

PETRIE, W.F.M.: *Social Life in Ancient Egypt*, NY (Cooper Square) [2]1970.

PIANKOFF, A.: «The Sky–Goddess Nut and the Night Journey of the Sun», *JEA*, **20**, 1934, 57-61.

PIANKOFF, A.: *Le livre du jour et de la nuit*, Le Caire (*IFAO / BdE*, **13**) 1942.

PIANKOFF, A.: *La création du disque solaire*, Le Caire 1953.

PIANKOFF, A.: «Le livre de l'Am–Duat et les variantes tardives», *Ägyptologische Studien* (Firchow, O., ed.), Berlin (Akademie–Verlag / *VIO*, **29**) 1955, 244-47.

PIANKOFF, A.: *The Litany of Rē'*, NJ (Princeton University Press / Bollingen Ser. **XL•4**) 1964.

PIANKOFF, A.: *The Pyramid of Unas*, NJ (Princeton University Press / Bollingen Ser. **XL•5**) 1968.

PIANKOFF, A.: *The Wandering of the Soul: Texts Translated with Commentary* (Jacquet–Gordon, H., ed.), NJ (Princeton University Press / Bollingen Ser. **XL•6**) 1974.

PIANKOFF, A.: *The Shrines of Tut–Ankh–Amon* (Rambova, N., ed.), NJ (Princeton University Press / Bollingen Ser. **XL•2**) [2]1977.

PIANKOFF, A. & MAYSTRE, C.: *Le Livre des Portes*, **I-III**, Le Caire (*IFAO / MIFAO*, **74**, **75**, **90**) 1939-46.

PIANKOFF, A. & RAMBOVA, N.: *The Tomb of Ramesses VI*, NJ (Princeton University Press, Bollingen Ser. **XL•1**) 1954.

PIANKOFF, A. & RAMBOVA, N.: *Mythological Papyri*, **I-II**, NJ (Princeton University Press, Bollingen Ser. **XL•3**) 1957.

PINCH, G.: *Votive Offerings to Hathor*, Oxford (Griffith Institute) 1993.

PINCH, G.: *Magic in Ancient Egypt*, London (BMP) 1994.

PITSCH, H.: «Pyramiden und Sonnenbahn», *Die Welt des Orients*, **15**, Göttingen 1984, 119-25.

PLAS, D. VAN DER: *L'hymne à la crue du Nil*, **I-II**, Leiden (*Egyptologische Uitgaven*, **IV**) 1986.

PLAS, D. VAN DER & BORGHOUTS, J.F.: *Coffin Texts Word Index*, Utrecht–Paris (CCER/U–CCER / *PIREI*, **6**) 1998 [édition CD–ROM avec le texte d'A. de Buck, l'indice, & c.: *Coffin Texts Word Index*, Utrecht–Paris (CCER/U–CCER / Production B.V.) 2000].

PLAS, D. VAN DER, FOSTER, J.L., ALLEN, J.P.: art. «Hymns», *OEAE*, **II**, 2001, 143-48.

PLEYTE, W.: *Chapitres supplémentaires du Livre des Morts*, Leiden 1881.

PLUMLEY, J.M.: «The Cosmology of Ancient Egypt», *Ancient Cosmologies* (Blacker, C. & Loewe, M., eds), London (Allen–Unwin) 1975, 17-41.

POCHAN, A.: «Les datations dans l'Égypte ancienne: Leur exploitation chronologique», *BSFE*, **55**, 1969, 12-23.

POGO, A.: «The Astronomical Ceiling–Decoration in the Tomb of Senmut», *Isis*, **14**, 1930, 301-25 & pls 11-20.

POGO, A.: «Zum Problem der Identifikation der nördlichen Sternbilder der alten Ägypter», *Isis*, **16**, 1931, 102-214.

POGO, A.: «Calendars on Coffin Lids from Asyut», *Isis*, **17**[1], 1932a, 6-24.

POGO, A.: «The Astronomical Inscriptions on the Coffins of Heny», *Isis*, **18**[1], 1932b, 8-13.

POGO, A.: «Egyptian Water Clocks», *Isis*, **25**, 1936, 403-25.

POLÁK, B.: «Astronomická Orientace Egyptských Chrámù a Pyramid», *Říše Hvěsd*, Praha 1952.

POLÁK, B.: «A–t–on réussi à résoudre le problème de l'orientation des bâtiments religieux de l'ancienne Égypte?», *ArOr*, **22**, Prague (Académie Tchécoslovaque des Sciences) 1954, 620-25.

POPIELSKA–GRZYBOWSKA, J.: «Some Preliminary Remarks on Atum and Jackal in the Pyramid Texts», *GM*, **173**, 1999, 143-53.

PORTER, B. & MOSS, R.L.B. (with BURNEY, E.W.): *Topographical Bibliography of Ancient Egyptian Hieroglyphic Texts, Reliefs and Paintings*, **I-VIII**, Oxford 1939-88, et spécialement ***I***[2]*: The Theban Necropolis. Part 1: Private Tombs; Part 2: Royal Tombs and Smaller Cemeteries*, Oxford (Oxford at the Clarendon Press) 1960-64 [= *PM*].

POSENER, G.: *Sur l'orientation et l'ordre des points cardinaux chez les Égyptiens*, Göttingen (Vandenhoeck & Ruprecht / *NAWG*, **2**) 1965.

POSENER, G.: «Une reinterprétation tardive du nom de dieu Khonsou», *ZÄS*, **93**, 1966, 115-19.

POSENER, G.: *Catalogue des ostraca hiératiques, littéraires de Deir el-Médineh, N*[os] *1227–1266*, **II**[3], Caire (Publications de l'*Institut Français d'Archéologie Orientale*) 1972, 43-44 & pls 75-79.

POSENER, G. (*et al.*, eds) *Dictionnaire de la civilisation égyptienne*, Paris (Hazan) ²1992.

POSENER–KRIEGER, P.: «Les archives du temple funéraire de Néferikarë–Kakaï (Les papyrus d'Abousir)», *HPBM*, **V**, Londres 1968; Le Caire (*IFAO / BdE*, **65**) 1976.

PREIZENDANZ, K.: *Papyri Grecæ Magicæ: Die Griechischen Zauberpapyri*, Stuttgart 1973.

PRISKIN, G.: «The Golden Ratio in Ptolemaic Temple Design», *GM*, **194**, 2003, 59-64.

PRITCHARD, J.B. (ed.): *Ancient Near Eastern Texts Related to the Old Testament*, NJ (Princeton University Press) ³1969a [= *ANET*].

PRITCHARD, J.B. (ed.): *The Ancient Near East in Pictures Relating to the Old Testament*, NJ (Princeton University Press) ²1969b.

PROCHÁZKA, J. & VACHALA, B.: «Surveying in Egyptology», *GM*, **192**, 2003, 67-82.

QUIRKE, S.: *Who were the Pharaohs?*, London (BMP) ¹1990.

QUIRKE, S.: *Ancient Egyptian Religion*, NY (Dover) ³1997a.

QUIRKE, S.: *The Temple in Ancient Egypt: New Discoveries and Research*, London (BMP) 1997b.

QUIRKE, S.: *The Cult of Ra: Sun–Worship in Ancient Egypt*, London (Thames & Hudson) 2001.

RANKE, H.: *Die ägyptischen Personennamen*, **I-III**, Hamburg 1932-77.

READ, J.G.: «Early Eighteenth Dynasty Chronology», *JNES*, **29**, 1970, 1-11.

READ, J.G.: «Placement of 'El-Lahun Lunar Dates and Resulting Chronology», *DE*, **33**, 1995, 87-114.

REEVES, N.: *The Complete Tutankhamun*, London (Thames & Hudson) 1990.

REEVES, N. & WILKINSON, R.H.: *The Complete Valley of the Kings: Tombs and Treasures of Egypt's Greatest Pharaohs*, London (Thames & Hudson) ²1997.

REINECKE, W.F.: «Ägyptische Geschichte, Weltanschauung, Mathematik, Astronomie, Medizin, gesellschaftswissenschaftliche Ansätze», *Gesch. des Wissen. Denk. im Altert.* (Jürss, F., ed.), Berlin (Berlin Akad. Verlag) 1982, 91-132.

RENFREW, C.: *Mathematical Approach to Culture Change*, London (Academic Press) 1979.

RENFREW, C. *et al.*: *Theory and Explanation in Archæology*, London (Academic Press) 1982.

REYMOND, E.A.E.: *The Mythical Origin of the Egyptian Temple*, NY 1969, 66-70.

RITNER, R.K.: «Anubis and the Lunar Disc», *JEA*, **71**, 1985, 149-55.

RITNER, R.K.: *The Mechanics of Ancient Egyptian Magical Practice*, Chicago (University of Chicago / *SAOC*, **54**) 1993.

ROBERTS, A.: *Hathor Rising: The Power of the Goddess in Ancient Egypt*, Vermont (Inner Traditions International) ²1997.

ROBINS, G.: *Women in Ancient Egypt*, London (BMP) 1993.

ROBINS, G.: «Mathematics, Astronomy, and Calendars in Pharaonic Egypt», *Civilizations of the Ancient Near East* (Sasson, J.M. *et al.*, eds), **III**, NY (Charles Scribner's Sons) 1995, 1799-813.

ROBINS, G. & SHUTE, C.: *The Rhind Mathematical Papyrus*, London (BMP) [3]1998.

ROCCATI, A.: «Les papyrus de Turin», *BSFE*, **99**, 1984, 9-27.

RÖDER, G.: «Sōthis und Satis», *ZÄS*, **45**, 1908, 22-30.

RÖDER, G.: «Die Kosmogonie von Hermopolis», *Egyptian Religion*, **1**, 1933, 1-27.

RÖDER, G.: «Zwei hieroglyphische Inschriften aus Hermopolis», *ASAE*, **52**, 1954, 315-442.

RÖMER, M.: «Auf dem Himmelsgewässer: Den ägyptischen Astronomen war die Ekliptik schon bekannt», *Antike Welt 1995*, **1**, 1995, 65 ff.

ROSE, L.E.: «The Astronomical Evidence for dating the End of the Middle Kingdom of Ancient Egypt to the Early Second Millenium: A Reassessment», *JNES*, **53**, 1994, 237-61.

ROSE, L.E.: *Sun, Moon, and Sothis: A Study of Calendars and Calendar Reforms in Ancient Egypt*, Richmond (Kronos Press / *The Osiris Series*, **II**) 1999.

ROSITER, E.: *Le livre des morts des anciens Égyptiens*, Genève–Paris (Minerva) 1989.

RÖSSLER–KÖHLER, U.: *Kapitel 17 des ägyptischen Totenbuches*, Wiesbaden (O. Harrassowitz / *GOF*, **IV**[10]) 1979.

ROTH, A.M.: «The *psš-kf* and the Opening of the Mouth Ceremony: a Ritual of Birth and Rebirth», *JEA*, **78**, 1992, 113-47.

ROTH, A.M.: «Fingers, Stars, and the Opening of the Mouth: the Nature and Function of the *Nṯrwi*-Blades», *JEA*, **79**, 1993, 57-79.

ROUGÉ, E. DE: «Mémoires sur quelques phénomènes célestes», *Revue d'Archéologie*, **IX**, 1852, 653-91.

ROULIN, G.: *Le livre de la nuit: une composition égyptienne de l'au–delà*, **I-II**, Fribourg (*OBO*, **147**[1-2]) 1996.

RUNDLE CLARK, R.T.: «The Legend of the Phœnix», *The University of Birmingham Historical Journal*, **2**, 1949, 105-40.

RUNDLE CLARK, R.T.: «Some Hymns to the Nile», *The University of Birmingham Historical Journal*, **5**, 1955, 1-30.

RUNDLE CLARK, R.T.: *Myth and Symbol in Ancient Egypt*, NY (Thames & Hudson) [3]1991.

RUSCH, A.: *Die Entwicklung der Himmelsgöttin Nut zu einer Totengottheit*, Leipzig (J. Hinrichs) 1922.

SAADANI, M.I. 'EL: *Græco–Egyptian Relations in the Light of the Egyptian and Egyptianizing Plastic Figures found on Greek Sites: 945-525 B.C.* (PhD Dissertation), Athens (University of Athens) 1982.

SABBAN, S.'EL-: *Temple Festival Calendars of Ancient Egypt*, Liverpool (Liverpool University Press) 2000.

SADEK, A.'EL-A.F.: *Contribution à l'étude de l'Amdouat: Les variantes tardives du Livre de l'Amdouat dans les papyrus du Musée du Caire*, Fribourg (*OBO*, **65**) 1985.

SADEK, A.'EL-A.F.: «Le plafond astronomique du Ramesseum», *Memnonia*, **1**, 1990-91, 135-41.

SADEK, A.I.: «Glimpses of Popular Religion in the New Kingdom Egypt, I. Mourning for Amenophis I at Deir 'el-Medina», *GM*, **36**, 1979, 51-56.

SADEK, A.I.: *Wadi 'el-Hudi: The Amethyst Mining Inscriptions* (1ère Thèse de Doctorat), **I-II**, Warminster (Aris & Phillips Ltd.) 1980.

SADEK, A.I.: «An Attempt to translate the Corpus of the Deir 'el-Bahri Hieratic Inscriptions», *GM*, **71**, 1984, 67-91.

SADEK, A.I.: «An Attempt to translate the Corpus of the Deir 'el-Bahri Hieratic Inscriptions (Part Two)», *GM*, **72**, 1984, 65-86.

SADEK, A.I.: «Les fêtes personnelles au Nouvel Empire», *Akten München* (Schoske, S., ed.), **Band 3**, 1985, 353-68.

SADEK, A.I.: *Popular Religion in Egypt during the New Kingdom* (2ème Thèse de Doctorat), Hildesheim (Gerstenberg Verlag / *HÄB*, **27**) 1987.

SADEK, A.I.: «Aperçu général sur la femme dans l'Égypte ancienne», *Le Monde Copte*, **16**, 1989, 3-20.

SADEK, A.I.: «La collection égyptienne du Musée de l'Évêché de Limoges», *GM*, **115**, 1990, 85-98.

SADEK, A.I.: «Le calendrier de l'Égypte ancienne», *Les calendriers et leurs implications culturelles* (Gobillot, G., ed.), Lyon (Éditions Lyonnaises d'Art et d'Histoire) 2001, 13-22.

SADEK, A.I. & SADEK, B.: *L'incarnation de la lumière: Le renouveau iconographique copte, à travers l'œuvre d'Isaac Fanous*, Limoges (*Le Monde Copte*, **29-31**) 2000.

SALEH, A.A.: «The So–Called "Primeval Hill" and Other Related Elevations in Ancient Egyptian Mythology», *MDAIK*, **25**, 1969, 110-20.

SALEH, M.: *Das Totenbuch in den Thebanischen Privatgräbern des Neuen Reichs*, Mainz am Rhein (Verlag Philipp von Zabern / *ADAIK*, **46**) 1984.

SALMON, M.H.: *Philosophy and Archæology*, London (Academic Press) 1982.

SANDER–HANSEN, C.E.: *Die religiösen Texte auf dem Sarg der Anchnesneferibre*, København 1937.

SANDMAN, M.: *Texts from the Time of Akhenaten*, Bruxelles 1938.

SANDMAN–HOLMBERG, M.: *The God Ptah*, Lund 1946.

SAUNERON, S.: *Rituel de l'embaumement: Papyrus Boulaq III, Papyrus Louvre 5*, Le Caire (Service des Antiquités de l'Égypte / Imprimerie Nationale) 1952.

SAUNERON, S.: «Symbol und Zauber als Grundform altägyptischen Denkens», Berlin (Springer–Verlag / *StG*, **6**5) 1953, 278-88.

SAUNERON, S.: «Le prêtre–astronome du temple d'Esna», *Kemi*, **15**, 1959, 36-41.

SAUNERON, S.: «La légende des sept propos de Méthyer au temple d'Esna», *BSFE*, **32**, 1961, 43-48.

SAUNERON, S.: *Les fêtes religieuses d'Esna, aux derniers siècles du paganisme*, Le Caire 1962.

SAUNERON, S.: *Le papyrus magique illustré de Brooklyn [Brooklyn Museum 47.218.156]*, NY (*The Brooklyn Museum*) 1970.

SAUNERON, S.: *The Priests of Ancient Egypt* (traduit par Lorton, D.), Ithaca & London (Cornell University Press) 32000 [en français: *Les prêtres de l'ancienne Égypte*, Paris 21988].

SAUNERON, S. & YOYOTTE, J.: «La naissance du monde selon l'Égypte ancienne», *La naissance du monde*, Paris (Seuil / *Sources Orientales*, **1**) 1959, 17-91.

SAYED, R. 'EL-: *La déesse Neith de Saïs*, Le Caire (*IFAO / BdE*, **86**) 1982.

SCAMUZZI, E.: *Museo Egizio di Torino*, Torino 1963, pl. 89.

SCAMUZZI, E.: *Egyptian Art in the Egyptian Museum of Turin: Paintings, Sculpture, Furniture, Textiles, Ceramics, Papyri*, NY (Harry N. Abrams, Inc., Publishers) 1965.

SCHAVROTH, E.: «Sic itur ad astra!», *Latinitas*, **II**, 1954, 292-98.

SCHJELLERUP, H.C.F.C. (ed.): *'Al-Ṣūfī: Suwar 'al-kawākib*, St Petersburg 1874.

SCHAEFER, B.E.: «The Heliacal Rising of Sirius and Ancient Egyptian Chronology», *JHA*, **31**, 2000, 149-55.

SCHENKEL, W.: *Das Stemma der altägyptischen Sonnenlitanei Grundlegung der Textgeschichte nach der Methode der Textkritik*, Wiesbaden (O. Harrassowitz / *GOF*, **IV**[6]) 1978.

SCHLÖGL, H.: *Der Sonnengott auf der Blüte*, Wiesbaden (O. Harrassowitz / *ÄgAbh*, **5**) 1977.

SCHLÖGL, H.: *Der Gott Ta–Tenen*, Freiburg (*OBO*, **29**) 1980.

SCHOCH, S.: *Die Länge der Sothisperiode beträgt 1456 Jahre*, Berlin (Steglitz) 1928.

SCHÖLER, G.: *Isis: Auf der Suche nach dem göttlichen Geheimnis*, München 1991.

SCHOTT, S.: «Mythen in den Pyramidentexten», *The Pyramid Texts in Translation and Commentary* (Mercer, S.A.B., ed.), **IV**, NY 1952, 106-23.

SCHOTT, S.: *Les chants d'amour de l'Égypte Ancienne*, Paris (Maisonneuve) [2]1992.

SCHREIBER, G.: «Remarks on the Iconography of Wind–Gods», *RRE*, **2-3**, 1998-99, 85-103.

SCHUMACHER, I.W.: *Der Gott Sopdu: Der Herr der Fremdländer*, Freiburg 1988.

SCHUSTER, A.M.H.: «Mapping Alexandria's Royal Quarters», *Archæology*, **52**[2], 1999, 44-46.

SCHWEIZER, A.: *Seelenführer durch den verborgenen Raum: Das ägyptische Untersweltsbuch Amduat*, München 1994.

SETHE, K.: *Urkunden des ägyptischens Altertums. IV: Urkunden der 18 Dynastie, historisch–biographische Urkunden*, **4**, Leipzig 1906-09.

SETHE, K.: *Die Altägyptischen Pyramidentexte*, **I-II**, Leipzig (J. Hinrichs) 1908-10.

SETHE, K.: «Der Name des Phœnix», *ZÄS*, **45**, 1908-09, 84-85.

SETHE, K.: «Die Totenliteratur der alten Ägypter: Die Geschichte einer Sitte», *SPAW*, **22**, 1928a, 26-27.

SETHE, K.: «Altägyptische Vorstellungen vom Lauf der Sonne», *SPAW*, **22**, 1928b, 259-84.

SETHE, K.: «Dramatische Texte zu altägyptischen Mysterienspielen», Leipzig (*UGAÄ*, **10**) 1928c.

SETHE, K.: «Amun und die acht Urgötter von Hermopolis», Berlin (*APAW*, **122)** 1929.

SETHE, K.: *Übersetzung und Kommentar zu den altägyptischen Pyramidentexten*, **I-VI**, Hanburg (Verlag J.J. Augustin) 1935-62.

SETHE, K. & FIRCHOW, O.: *Thebanische Tempelinschriften*, Leipzig (*Urkunden des ägyptischen Altertums*, **8**) 1957.

SEWELL, J.W.S.: «The Calendars and Chronology», *The Legacy of Egypt* (Glanville, S.R.K., ed.), Oxford 1942, 1-16.

SHAFER, B.E. (ed.): *Religion in Ancient Egypt: Gods, Myths, & Personal Practice*, London (Routledge) 1991.

SHAW, I. (ed.): *The Oxford History of Ancient Egypt*, Oxford (Oxford University Press) ^{2}2002.

SHAW, I. & NICHOLSON, P. (eds): *British Museum Dictionary of Ancient Egypt*, London 1995 [= *BMD*].

SHEDID, A.G. & SEIDEL, M.: *Das Grab des Nacht*, Mainz (P. von Zabern) 1991.

SHEDID, A.G. (& SHEDID, A.): *Das Grab des Sennedjem*, Mainz (P. von Zabern) ^{2}1999.

SHERKOVA, T.A.: «"Oxo Xora": simvolika glaza v dodinastiheskom Egipte», *VDI*, **4**, 1996, 96-115 [en russe, avec sommaire en anglais]

SHORTER, A.: «The God Nehebkau», *JEA*, **21**, 1935, 41-48.

SHORTER, A.: *Catalogue of Egyptian Religious Papyri in the British Museum: Copies of the Book Prt m Hrw from the XVIIIth to the XXIInd Dynasty*, London 1938.

SIDARUS, A.: «Contribution des *scalæ* médiévales à la lexicologie copte: Compte –rendu d'un projet de recherche», *Ägypten und Nubien in spätantiker und christlicher Zeit* (Emmel, S. *et al.*, eds), Wiesbaden (Reichert) 1999, 390-404.

SILIOTI, A.: *Guide to the Valley of the Kings*, NY (Barnes & Noble) ^{4}1999.

SIMPSON, W.K. (ed., *et al.*): *The Literature of Ancient Egypt: An Anthology of Stories, Instructions and Poetry*, New Haven CT (Yale University Press) ^{2}1973.

SIMPSON, W.K. (ed.): *Religion and Philosophy in Ancient Egypt*, New Haven CT (Yale Egyptological Seminar) 1989.

SLOLEY, R.W.: «Primitive Methods of measuring Time with Special Reference to Egypt», *JEA*, **17**, 1931, 166-78.

SLOSMAN, A.: *Le livre de l'au–delà de la vie*, Paris (Baudouin) 1979.

SPAETH, O. VON: «Dating the Oldest Egyptian Star Map», *Centaurus*, **42**, 2000, 159-79

SPALINGER, A.: *Three Studies on Egyptian Feasts and their Chronological Implications*, Baltimore (Halgo, Inc.) 1992a.

SPALINGER, A.: «Night into Day», *ZÄS*, **119^{2}**, 1992b, 144-56.

SPALINGER, A.: «Calendars: Real and Ideal», *Essays in Egyptology in Honour of H. Gödicke* (Bryan, B.M. & Lorton, D., eds), San Antonio TX (Van Siclen Books) 1994a, 297-308.

SPALINGER, A.: «Thoth and the Calendars», *Revolutions in Time: Studies in Ancient Egyptian Calendrics* (Spalinger, A., ed.), *VA Suppl.*, **6**, San Antonio TX (Van Siclen Books) 1994b, 45-60.

SPALINGER, A.: «Under the Moon of Earth», *Revolutions in Time: Studies in Ancient Egyptian Calendrics* (Spalinger, A., ed.), *VA Suppl.*, **6**, San Antonio TX (Van Siclen Books) 1994c, 61-83.

SPALINGER, A.: «Month Representations», *CdE*, **141**, 1995a, 110-22.

SPALINGER, A.: «The Lunar System in Festival Calendars: From the New Kingdom Onwards», *BSEG*, **19**, 1995b, 25-40.

SPALINGER, A.: «Notes on the Ancient Egyptian Calendars», *Orientalia*, **64**, 1995c, 17-32.

SPALINGER, A.: «Some Remarks on the Epagomenal Days in Ancient Egypt», *JNES*, **54**, 1995d, 33-47.

SPALINGER, A.: «The Calendrical Importance of the Tomb's Stela», *SAK*, **22**, 1995e, 271-81.

SPALINGER, A.: «Triadic Divisions», *GM*, **149**, 1995f, 99-103.

SPALINGER, A.: «Sothis and Official Calendar Texts», *VA*, **10**$^{2-3}$, 1995g, 176-83.

SPALINGER, A.: «From Esna to Ebers: An Attempt at Calendrical Archæology», *STUDIES SIMPSON*, 1996a, 755-63.

SPALINGER, A.: «Some Times», *RdE*, **47**, 1996b, 67-77.

SPALINGER, A.: art. «Calendars», *OEAE*, **I**, 2001, 224-27.

SPALINGER, A.: Festival Dating and the Moon», *Under One Sky: Astronomy and Mathematics in the Ancient Near East* (Steele, J.M. & Imhausen, A., eds), Münster (Ugarit–Verlag / *Alter Orient & Altes Testament*, **Band 297**) 2002, 379-404.

SPELEERS, L.: *Comment faut-il lire les textes des pyramides égyptiennes?*, Bruxelles 1934a.

SPELEERS, L.: *Traduction, index et vocabulaire des textes des pyramides égyptiennes*, Bruxelles 1934b.

SPELEERS, L.: *Textes des Cercueils du Moyen Empire égyptien*, Bruxelles 1947.

SPENCE, K.: «Ancient Egyptian Chronology and the Astronomical Orientation of Pyramids», *Nature*, **408**, 2000, 320-24.

SPENCE, K.: «Ancient Chronology: Spence replies», *Nature*, **412**, 2001, 699-700.

SPENCER, A.J.: *Death in Ancient Egypt*, UK (Penguin Books) [3]1986.

SPENCER, A.J.: *Early Egypt: The Rise of Civilization in the Nile Valley*, London (BMP) 1993.

SPIEGEL, J.: «Die religionsgeschichtliche Stellung der Pyramidentexte», *Orientalia*, **22**, 1953, 129-57.

SPIEGEL, J.: *Das Auferstehungsritual der Unas–Pyramide*, Wiesbaden (O. Harrassowitz / *ÄgAbh*, **23**) 1971.

SPIEGELBERG, W.: *Der Mythus vom Sonnenauge*, Strasbourg 1917.

STADELMANN, R.: «Beiträge zur Geschichte des Alten Reiches: Die Länge der Regierung des Snofru», *MDAIK*, **43**, 1986, 229-40.

STADELMANN, R.: *Die Großen Pyramiden von Giza*, Graz (Akademische Druck & Verlangsanstalt) 1990.

STADELMANN, R.: «La tombe royale au temps des pyramides», *L'Égypte: Sur les traces de la civilisation pharaonique* (Schulz, R. & Seidel, M., eds), Cologne (Könemann) 2000, 47-77.

STEWART, H.M.: «Traditional Egyptian Sun Hymns of the New Kingdom», *Bul. Inst. Arch.*, **6**, London (University of London) 1967, 29-74.

STRACMANS, M. & LIBON, G.: «Le nom de la planète Vénus et ses antécédents égyptiens», *Latomus*, **VI**, 1947, 3-16.

STUDIES PARKER = Egyptological Studies in Honor of Richard A. Parker: Presented on the Occasion of his 78th Birthday, December 10, 1983 (Lesko, L.H., ed.), Hannover, (University Press of New England) 1986

STUDIES SIMPSON = Studies in Honour of W.K. Simpson (Manuelian, P. der & Freed, R.E., eds), **I-II**, Boston (Department of Near Eastern Art, Museum of Fine Arts) 1996.

SYMONS, S.: «Shadow Clocks and Sloping Sundials of the Egyptian New Kingdom and Late Period: Usage, Development and Structure», *BSS*, **98**³, 1998, 30-36.

TEETER, E.: art. «Maat», *OEAE*, **II**, 2001, 319-21.

THURSTON, H.: «Aligning Giza: Astronomical Orientation of the Great Pyramid», *Griffith Observer*, September 2001, *in press*.

TOBIN, V.A.: «Ma'at and ΔΙΚΗ: Some Comparative Considerations of Egyptian and Greek Thought», *JARCE*, **XXIV**, 1987a, 113-21.

TOBIN, V.A.: «Mythic Symbolism in Egypt and Greece», *JSSEA*, **17**³, 1987b, 106-27.

TOBIN, V.A.: *Theological Principles of Egyptian Religion*, NY & Bonn 1989.

TOBIN, V.A.: «Isis and Demeter: Symbols of Divine Motherhood», *JARCE*, **XXVIII**, 1991, 187-200.

TOBIN, V.A., GRIFFITHS, G.J., KAPER, O.E.: art. «Myths», *OEAE*, **II**, 2001, 464-82.

TOLMACHEVA, E.G.: «A Reconsideration of the *Bnw*–Bird in Egyptian Cosmogony», *Egyptology at the Dawn of the 21st Century: Proceedings of the 8th International Congress of Egyptologists, Cairo 2000* (Hawass, Z. & Pinch–Brock, L., eds), Cairo–NY (The AUC Press) 2003, **II**, 522-26.

TOLMACHEVA, E.G.: «The Ancient Egyptian Roots of the Phœnix Myth: On the History of the Problem», *Europe, Hellas and Egypt: Complementary Antipodes during Late Antiquity: Papers from a Session, held at the European Association of Archæologists 8th Annual Meeting in Thessaloniki 2002* (Maravelia, A.–A., ed.), Oxford (BAR Publishing / BAR International Series, **1218**) 2004, 93-98.

TORR, C.: *Memphis and Mycenæ: An Examination of Egyptian Chronology and its Application to the Early History of Greece*, Cambridge (Cambridge University Press) 1896.

TRIMBLE, V.: «Astronomical Investigations concerning the So–Called Air Shafts of Cheops' Pyramid», *MIO*, **X**, 1964, 183-87.

TROY, L.: «The First Time: Homology and Complementarity as Structural Forces in Ancient Egyptian Cosmology», *Cosmos: Yearbook of the Traditional Cosmology Society*, **10**¹, 1994, 3-51.

TZAXOY–ΑΛΕΞΑΝΔΡΗ, O. (ed.): *Ὁ κόσμος τῆς Αἰγύπτου στὸ Ἐθνικὸ Ἀρχαιολογικὸ Μουσεῖο*, Ἀθήνα (Καπὸν) 1995.

VANDERSLEYEN, C.: *L'Égypte et la vallée du Nil*, Paris 1995.

VANDIER, J.: *La religion égyptienne*, Paris 1949.

VANDIER, J.: *Manuel d'archéologie égyptienne*, **I-III**, Paris (A. et J. Picard & Cie) 1952-58.

VELDE, H. TE: «The God Heka in Egyptian Theology», *JEOL*, **2**, 1970, 175-86.

VELDE, H. TE: «The Swallow as Herald of the Dawn», *Ex Orbe Religionum: Studio Geo Widengren XXIV*, Lugduni Batavorum (Brill) 1972, 26-30.

VELDE, H. TE: *Seth, God of Confusion: A Study of his Role in Egyptian Mythology and Religion*, Leiden (*ProbÄg*, **6**) ²1977a.

VELDE, H. TE: «The Theme of the Separation of Heaven and Earth in Egyptian Mythology», *StudAeg*, **III**, Budapest 1977b, 161-70.

VELDE, H. TE: «Some Aspects of the God Shu», *JEOL*, **27**, 1981-82, 23-28.

VERCOUTER, J.: *Essai sur les relations entre Égyptiens et Préhellènes*, Paris (A. Maisonneuve) 1954.

VERCOUTER, J.: *L'Égypte et le monde égéen préhellénique*, Le Caire (*IFAO / BdE*, **105**) 1956.

VERNUS, P.: *Chants d'amour de l'Égypte Antique*, Paris (Imprimerie Nationale) 1992.

VESELOVSKY, I.N.: «La science égyptienne et la Grèce», *Akad. Nauk. SSSR, Inst. Ist. Estestvogmanija*, **Trudy II**, 1948, 426-98 [en russe, avec sommaire en anglais].

VIKENTIEF, V.: «Quelques mots énigmatiques dans un texte astronomique», *ASAE*, **43**, 1943, 115-31.

VOLTEN, A.: «Das Harpunierergestirn», *MDAIK*, **16**, 1958, 346-66.

VOSS, H. VAN M.: «Papyrus Leyden T3», *Zwischen Grab und Paradies*, Basel 1971.

VOSS, H. VAN M.: «Methodology and the Egyptian *Book of the Dead*», *Science of Religion: Studies in Methodology (Proceedings of the Study Conference of the International Association for the History of Religions* (Lauri H., ed.), Turku, Finland (*Religion and Reason*, **13**) 1973, 11-15.

WACE, A.J.B.: *Mycenæ: An Archæological History and Guide*, NJ (Princeton University Press) 1949.

WACHSMANN, S.: *Aegeans in the Theban Tombs*, Leeuwen (Uitgeverij Peeters / *OLA*, **20**) 1987.

WAINWRIGHT, G.A.: «A Pair of Constellations», *Studies presented to F.Ll. Griffith*, London (Egypt Exploration Society) 1932a, 373-83.

WAINWRIGHT, G.A.: «Iron in Egypt», *JEA*, **18**, 1932b, 3-15.

WAINWRIGHT, G.A.: «Some Celestial Associations of Min», *JEA*, **21**, 1935, 152-170.

WAINWRIGHT, G.A.: «Orion and the Great Star», *JEA*, **22**, 1936, 45-46.

WAINWRIGHT, G.A.: *The Sky–Religion in Egypt*, Cambridge (Cambridge University Press) 1938.

WAINWRIGHT, G.A.: «Seshat and the Pharaoh», *JEA*, **26**, 1940, 30-40.

WALCOT, P.: *Hesiod and the Near East*, Cardiff 1966.

WALLENWEIN, E.H.: *Das altägyptische Universum: Frühgeschichte der Astronomie und Kosmologie: Ursprünge des modernen Bildes von Raum und Zeit*, Heidelberg (Julius Groos Verlag) 1995.

WALLIN, P.: *Celestial Cycles: Astronomical Concepts of Regeneration in the Ancient Egyptian Coffin Texts*, Uppsala (Uppsala University / *Uppsala Studies in Egyptology*, **1**) 2002.

WATTERSON, B.: *Women in Ancient Egypt*, NY (S[t] Martin's Press) 1991.

WATSON, S.J.: «Death and Cosmology in Ancient Egypt», *Journal of Northwest Semitic Languages*, **17**, 1991, 151-72.

WCT = *The World of the Coffin Texts: Proceedings of the Symposium held on the Occasion of the 100th Birthday of A. de Buck (Leiden, December 17-19, 1992)* (Willems, H., ed.), Leiden (Nederlands Institut voor het Nabije Oosten / *Egyptologische Uitgaven*, **9**) 1996.

WEILL, R.: *Bases, méthodes et résultats de la chronologie égyptienne [et compléments]*, Paris 1926-28.

WELLS, R.A.: «Sothis and the Satet Temple in Elephantine», *SAK*, **12**, 1985, 255-302.

WELLS, R.A.: «Some Astronomical Reflections on Parker's Contribution to Egyptian Chronology», *STUDIES PARKER*, 1986, 165-71.

WELLS, R.A.: «The Mythology of Nut and the Birth of Ra», *SAK*, **19**, 1992, 305-21.

WELLS, R.A.: «Origin of the Hours and the Gates of the Duat», *SAK*, **20**, 1993, 305-26.

WELLS, R.A.: «Ra and the Calendars», *Revolutions in Time: Studies in Egyptian Calendrics* (Spalinger, A.J., ed.), *VA Suppl.*, **6**, 1994, 1-37.

WELLS, R.A.: «Astronomy in Egypt», *Astronomy Before the Telescope* (Walker, C., ed.), London (BMP) 1996, 28-41.

WELLS, R.A.: art. «Astrology», *OEAE*, **I**, 2001a, 142-44.

WELLS, R.A.: art. «Astronomy», *OEAE*, **I**, 2001b, 145-51.

WESTENDORF, W.: *Altägyptische Darstellungen des Sonnenlaufes auf der abschüßigen Himmelsbahn*, Berlin (Deutscher Kunstverlag / *MÄS*, **10**) 1966.

WESTENDORF, W.: «Zweiheit, Dreiheit und Einheit in der altägyptischen Theologie», *ZÄS*, **100**, 1974, 136-41.

WESTENDORF, W.: «Die Sonnenscheibe auf dem Schlitten: Atum oder Re–Atum?», *GM*, **62**, 1983, 85-88.

WESTENDORF, W.: «Die geteilte Himmelsgöttin», *Gegengabe: Festschrift für Emma Brunner–Traut* (Gamer–Wallert, I. & Helck, W., eds), Tübingen (Attempto Verlag) 1992, 341-57.

WEYERBERG, M.: «Osiris und seine Beziehungen zum Monde», *Paideuma*, **2**, 1942, 231-38.

WHITE, J.E.M.: *Ancient Egypt: its Culture and History*, NY (Dover) [2]1970.

WIENER, M.H. & ALLEN, J.P.: «Separate Lives: The Ahmose Tempest Stela and the Theran Eruption», *JNES*, **57**, 1998, 1-28.

WIESNER, J.: «Geschichte der Sternbilder der Frühzeit», *Raggi*, **VIII**, 1968, 29-43.

WILEMS, H.: *Chests of Life*, Leiden 1988.

WILEMS, H.: «The Shu–Spells in Practice», *WCT*, Leiden 1996a, 197-209.

WILEMS, H.: *The Coffin of Heqata*, Leeuwen 1996b.

WILKINSON, R.H.: «New Kingdom Astronomical Paintings and Methods of Finding and Extending Direction», *JARCE*, **XXVIII**, 1991, 149-54.

WILKINSON, R.H.: *Reading Egyptian Art: A Hieroglyphic Guide to Ancient Egyptian Painting and Sculpure*, London (Thames & Hudson) 1992.

WILKINSON, R.H.: *Symbol and Magic in Egyptian Art*, London (Thames & Hudson) 1994.

WILKINSON, R.H: *The Complete Temples of Ancient Egypt*, London (Thames & Hudson) 2000.

WILSON, J.A.: «Egypt: The Nature of the Universe», *The Intellectual Adventure of Ancient Man* (Frankfort, H. *et al.*, eds), Chicago (University of Chicago Press) [3]1977, 31-61 [[1]1946; républié dans *Before Philosophy*, UK (Pelican) [2]1951].

WILSON, P.: *A Ptolemaic Lexikon: A Lexicographical Study of the Texts in the Temple of Edfu*, Leeuwen (Peeters / *OLA*, **78**) 1997.

WINLOCK, H.E.: «The Origin of the Ancient Egyptian Callendar», *PAPS*, **83**, 1940, 447-64.

WIESCHING, A.: «Mit Schattenmeßungen die Erdkrümmung erkennen und den Erdumfang berechnen», *GM*, **191**, 2002, 89-99.

ΧΕΛΙΩΤΗΣ, Α.Σ.: *Τὸ δόγμα τῆς μεμφιτικῆς θεολογίας περὶ τοῦ θεοῦ Φθᾶ ὡς «δημιουργοῦ» καὶ «λόγου» [La doctrine de la théologie mémphite concernant le dieu Ptah, comme «créateur» et «logos»]* (Thèse de Doctorat), Ἀθῆναι (Πορευθέντες) 1971.

YALOURĒS, N.: «Astral Representations in the Archaic and Classical Periods and their Connection to Literary Sources», *AJA*, **84**, 1980, 313-18.

YELLIN, J.W.: «An Astronomical Text from Beg. South 503», *Meroitistische Forschungen 1980* (*Meroitica*, **7**), 1984, 577-82.

YOYOTTE, J.: «À propos du Naos des décades», *JNES*, **13**, 1954, 79-82.

YOYOTTE, J.: «Une monumentale litanie de granit», *BSFE*, **87-88**, 1980, 47-75.

YOYOTTE, J.: «The Egyptian World–Picture», *Unesco Courier 1988*, 1988, 17-26.

ŽÁBA, Z.: «L'orientation astronomique dans l'ancienne Égypte et la précession de l'axe du monde», *ArOr Suppl.*, **II**, Prague (Académie Tchécoslovaque des Sciences) 1953.

ŽABKAR, L.V.: *A Study of the «ba» Concept in Ancient Egyptian Texts*, Chicago (*SAOC*, **34**) 1968.

ZANDEE, J.: *De Hymnen aan Amon van Papyrus Leiden I, 350*, Leiden (Brill) 1948.

ZANDEE, J.: *Death as an Enemy according to Ancient Egyptian Conceptions*, Leiden (Brill / *SHR*, **V**) 1960, 25-31.

ZANDEE, J.: «Das Schöpferwort im alten Ägypten», *Verbum*, Utrecht (*Fs.* Obbink Bleeker) 1964, 33-66.

ZANDEE, J.: «Seth als Sturmgott», *ZÄS*, **90**, 1963, 144-56.

ZANDEE, J.: «The Book of the Gates», *Liber Amicorum*, Leiden (*Fs.* C.J. Bleeker) 1969, 282-324.

ZANDEE, J.: «The Birth–Giving Creator–God in Ancient Egypt», *Studies in Pharaonic Religion and Society in Honour of J. Gwyn Griffiths* (Lloyd, A.B., ed.), London (*Occasional Publications / EES*, **8**) 1992, 169-85.

ZEIDLER, J.: *Pfortenbuchstudien*, **I-II**, Wiesbaden (O. Harrassowitz / *GOF*, **IV**[36]) 1999.

ZIBELIUS, K.: *Ägyptische Siedlungen nach den Texten des Alten Reiches*, Wiesbaden (O. Harrassowitz / *Tübinger Atlas des Vorderen Orientes*, Beihefte, Ser. **B**, **19**) 1978.

ZINNER, E.: «Die Sternbilder der Alten Ägypter», *Isis*, **16**, 1931, 94.

ZIOLKOWSKI, M.S. & LEBEUF, A.: «L'archéologie: démarches savantes et conceptions naïves», *Nouvelles de l'archéologie*, **44**, 1991, 19-22.

ZIVIE–COCHE, C.: «Les cosmogonies, la création et le temps», *Dieux et hommes en Égypte* (Dunand, F. & Zivie–Coche, C., eds), Paris 1991, 52-79.

LITTÉRATURE ASTRONOMIQUE, ARCHÉOASTRONOMIQUE, SCIENTIFIQUE, HISTOIRE DE LA SCIENCE, ÉTUDES HELLÉNIQUES, & GÉNÉRALE

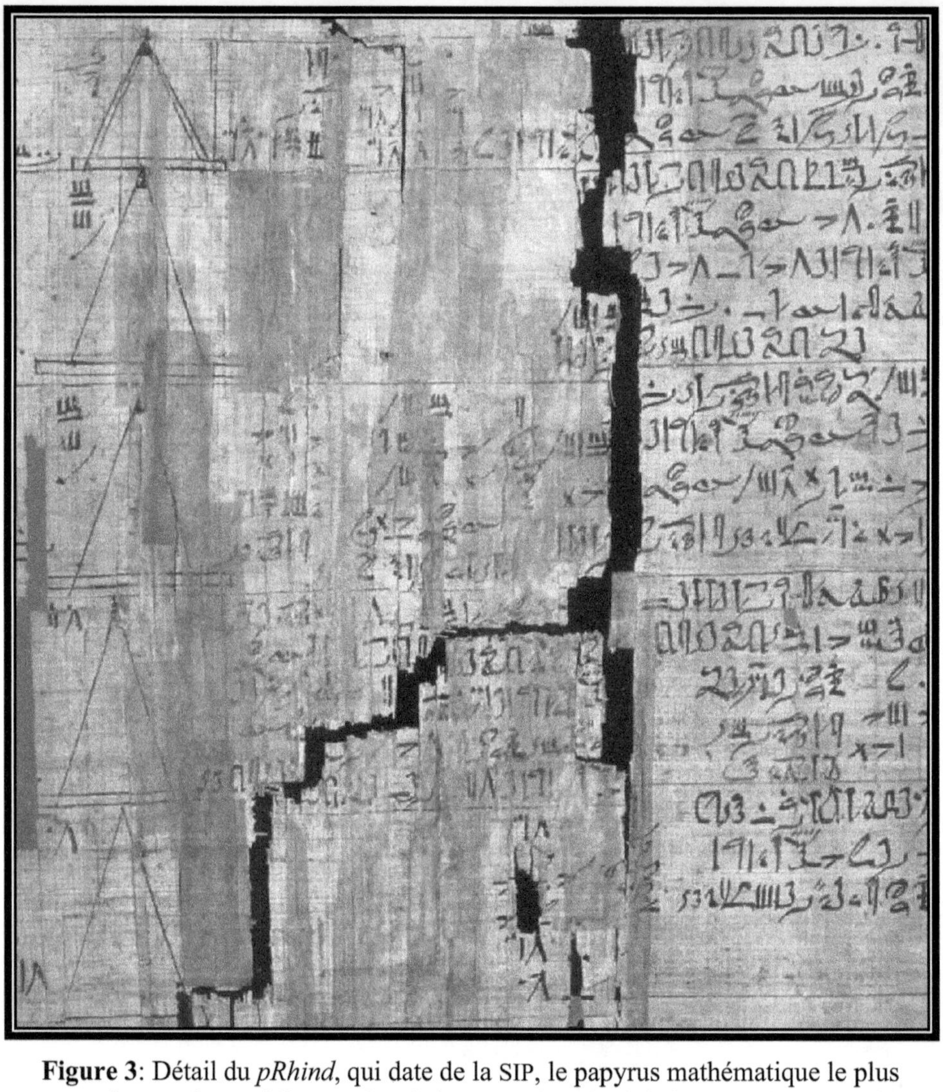

Figure 3: Détail du *pRhind*, qui date de la SIP, le papyrus mathématique le plus renommé, avec des problèmes géométriques sur le calcul de la pente des pyramides.

AABOE, A.: «Scientific Astronomy in Antiquity», *Phil. Trans. Roy. Soc.*, **276**, London 1974, 21-42.

AAC = L'astronomie dans l'antiquité classique: Actes du colloque tenu à l'Université de Toulouse–Le Mirail les 21-23 Octobre 1977, Paris (Belles Lettres) 1977.

ABEL, E.: *Orphica; Acc. Procli Hymni, Hymni Magici, Hymnus in Isim aliaque eiusmodi Carmina*, Leipzig (Bibliotheca Scriptorum Græcorum et Romanorum) 1885.

ABETTI, G.: *The History of Astronomy*, Edinburgh 1954.

ACKER, A. & JASCHEK, C.: *Astronomie: Méthodes et calculs*, Paris (Masson) ²1985.

AITKEN, M.J.: *Physics and Archæology*, London 1961.

ALLEN, C.W.: *Astrophysical Quantities*, London (The Athlone Press) ³1976.

ALLEN, D.: «An Astronomer's Impressions of Ancient Egypt», *Sky and Telescope*, **54**, 1977, 15-19.

ALLEN, D. & ALLEN, C.: *Eclipse*, Boston (Allen & Unwin) 1987.

ALLEN, R.H.: *Star Names: Their Lore and Meaning*, NY (Dover) ²1963.

ALLEN, T.W., HALLIDAY, W.R. & SIKES, E.E. (eds): *The Homeric Hymns*, Oxford ²1936.

AMBRASEYS, N.N., MELVILLE, C.P. & ADAMS, R.D.: *The Seismicity of Egypt, Arabia and the Red Sea: A Historical Review*, Cambridge 1994.

ANPHIL = L'année philologique (Ernst, J., ed.), Paris (Société Internationale de Bibliographie Classique) 1924-2004.

ASTRES = Les Astres: I. Les Astres et les mythes. La description du ciel. II. Les correspondances entre le ciel, la terre et l'homme. Les «Survivances» de l'astrologie antique: Actes du Colloque International de Montpellier 23-25 Mars 1995 (Bakhouche, B. *et al.*, eds), **I-II**, Montpellier (Publications de la Recherche, *Université Paul Valéry*, Montpellier III) 1996.

ATHANASSAKIS, A.N.: *The Orphic Hymns: Text, Translation and Notes*, Missoula (Scholars Press / The Society for Biblical Literature) 1977.

AUDOUZE, J. & ISRAËL, G.: «The History of Astronomy», *The Cambridge Atlas of Astronomy*, Cambridge (Cambridge University Press & Newnes Books) 1985, 410-17 [en français: *Le Grand Atlas de l'Astronomie*, Paris (Encyclopædia Universalis) 1985].

AUDOUZE, J. & VAN, J.T.T. (eds): *The Birth of the Universe – La naissance de l'univers*, Paris (*Proceedings of the 17th Rencontre de Moriond*) 1982.

AUDOUZE, J. & VAUCLAIR, S.: *An Introduction to Nuclear Astrophysics*, NY (D. Reidel Publishing C°) 1980.

AVENI, A.F.: «Astronomical Tables Intended for Astro–Archæological Studies», *American Antiquity*, **37**, 1972, 531-40.

AVENI, A.F.: *World Archæoastronomy*, Cambridge (Cambridge University Press) 1989a.

AVENI, A.F.: *Empires of Time: Calendars, Clocks and Cultures*, NY (Basic Books) 1989b.

AVENI, A.F.: *Conversing with the Planets: How Science and Myth Invented the Cosmos*, NY (Times Books) 1992.

AVENI, A.F.: *Ancient Astronomies*, Montreal (St Remy Press) 1993.

AVENI, A.F.: *Stairways to the Stars: Skywatching in Three Great Ancient Cultures*, NY (John Wiley & Sons, Inc.) 1997.

BAKER, D.: *Country Life Guide to Astronomy*, UK (Country Life Books) ^{5}1984.

BARROW, J. & TIPLER, F.: *The Anthropic Principle*, Oxford (Oxford University Press) 1984.

BAUVAL, R.G.: «The Horizon of Khufu. A "Stellar" Name for Cheops's Pyramid», *DE*, **30**, 1994, 17-20.

BAUVAL, R.G.: «Logistics of the Shafts in Cheops' Pyramid», *DE*, **31**, 1995, 5-13.

BAUVAL, R.G.: «A Brief Evaluation of Kate Spence's Article in *Nature* Vol. 408, 16 November 2000, 320-324: "Ancient Egyptian Chronology and the Astronomical Orientation of Pyramids"», *DE*, **48**, 2000, 115-26.

BAUVAL, R.G. & GILBERT, A.: *Le Mystère d'Orion: L'histoire des pyramides réécrite* (traduit de l'anglais par Périer, P.), Paris (Pygmalion) 1994.

BEAUJEU, J.: «L'astrologie dans l'antiquité. Science ou charlatanisme?», *CEA*, **4**, 1974, 5-36.

BERGMAN, P.G.: *Introduction to the Theory of Relativity* (foreword by Einstein, A.), NY (Dover) 1976.

BERMAN, B.: *Secrets of the Night Sky*, NY (W. Morrow & C°, Inc.) 1995.

BERNABÉ, A.: *Orphei Hymnorum Concordantia, instruxit A. Bernabé*, NY 1988.

BERNAL, M.: *Black Athena: The Afroasiatic Roots of Classical Civilization*, **I-II**, UK (Rutgers University Press) 1987-91.

BERNAL, M.: «Animadversions on the Origins of Western Science», *Isis*, **83**^{4}, 1992, 596-607.

BERRY, A.: *A Short History of Astronomy*, NY (Dover) ^{2}1961.

BEVINGTON, P.R.: *Data Reduction and Error Analysis for the Physical Sciences*, UK (McGraw–Hill Book C°) 1969.

BIEGEL, R.A.: *Zur Astrognosie der alten Ägypter*, Zürich 1921.

BIGOURDAN, G.: *L'astronomie: Évolution des idées et des méthodes*, Paris (Flammarion) 1911.

BJORKMAN, J.K.: «Meteors and Meteorites in the Ancient Near East», *Meteoritics*, **8**^{2}, Arizona (*Publications by the Centre for Meteorite Studies*, **12**) 1973, 91-132.

BLACK, J. & GREEN, A.: *Gods, Demons and Symbols of Ancient Mesopotamia*, London (BMP) ^{3}2003.

BLOMBERG, M. & HENRIKSSON, G.: «Further Evidence for the Minoan Origins of the Greek Calendars», *Πεπραγμένα η´ διεθνοῦς κρητολογικοῦ συνεδρίου*, Ἡράκλειο (*Ἑταιρεία Κρητικῶν Μελετῶν*) 2000, 109-28.

BLOMBERG, M. & HENRIKSSON, G.: «Archæoastronomy: New Trends in the Field, with Methods and Results from Studies in Minoan Crete», *Journal of Radioanalytical and Nuclear Chemistry*, **247**^{3}, 2001, 609-19.

BLOMBERG, M. & HENRIKSSON, G.: «Literary and Archæoastronomical Evidence for the Origins of the Hellenic Calendar in the Aegean Bronze Age», *Ad Astra per Aspera et per Ludum: European Archæoastronomy and the Orientation of Monuments in the Mediterranean Basin: Papers from a Session, held at the European Association of Archæologists 8th Annual Meeting in Thessaloniki 2002* (Maravelia, A.–A., ed.), Oxford (BAR Publishing / BAR International Series, **1154**) 2003, 53-70.

BÖHME, R.: *Orpheus: Der Sänger und seine Zeit*, Bern & München (Franke Verlag) 1970.

BŒUFFLE, A. LE: «Histoire de la Grande Ourse, ou les métamorphoses d'une constellation», *Vita Latina*, **100**, Avignon (Aubanel) 1985, 15-20.

BŒUFFLE, A. LE: «Autour du Dragon: Astronomie et Mythologie», *ASTRES*, **I**, 1996, 53-68.

BOLL, F. & BOER, E.: *Claudius Ptolemæus: Tetrabiblos*, Leipzig (Teubner) ^{2}1954.

BOTTERO, J.: *La naissance de Dieu*, Paris (Gallimard) 1986.

BOTTERO, J. & KRAMER, S.N.: *Lorsque les dieux faisaient l'homme*, Paris (Gallimard) 1989.

BOUCHÉ–LECLERCQ, A.: *L'astrologie grecque*, Bruxelles ^{2}1963.

BOUIGES, S.: *Calcul astronomique pour amateurs*, Paris et NY (Masson) 1986.

BOULANGER, A.: *Orphée: Rapports de l'Orphisme et du Christianisme*, Paris 1925.

BOURGOING, J. DE: *The Calendar: Measuring Time*, London (Thames & Hudson) 2001.

BOWEN, A.C. & GOLDSTEIN, B.R.: «Meton of Athens and Astronomy in the Late Fifth Century B.C.», *A Scientific Humanist: Studies in Memory of Abraham Sachs*, Philadelphia (*Occasional Publications of the Samuel Noah Kramer Fund*, **9**) 1988, 39-79.

BOWERS, R. & DEEMING, T.: *Astrophysics, **I**: Stars; **II**: Interstellar Matter and Galaxies*, Boston (Jones & Bartlett Publishers Inc.) 1984.

BRAGINSKY, I.S.: «Iranian Mythology», *Myths of the People of the World*, **I**, 1980, 560-65 [en russe].

BRECHER, K. & FEIRTAG, M.: *Astronomy of the Ancients*, Cambridge MA (*MIT* Press) 1979.

BRETAGNON, P. & FRANCOU, G.: «Planetary Theories in Rectangular and Spherical Variables: VSOP87 Solution», *Astronomy and Astrophysics*, **202**, 1988, 309-15.

BRISSON, L.: *Orphée: poèmes magiques et cosmologiques*, Paris (Belles Lettres) 1993.

BRISSON, L.: *Orphée et l'Orphisme dans l'Antiquité Gréco–Romaine*, UK (Variorum) 1995.

BRISSON, L. & MEYERSTEIN, F.–W.: *Inventer l'univers: Le problème de la connaissance et les modèles cosmologiques*, Paris (Belles Lettres) 1991.

BROWN, D.: *Mesopotamian Planetary Astronomy–Astrology*, Philadelphia (Styx / *Cuneiform Monograph*, **18**, UMP) 2000.

BROWN, P.L.: *Megaliths and Masterminds*, NY (C. Scribner's Sons) 1979.

BRUNET, P. & MIELI, A.: *Histoire des sciences: Antiquité*, Paris (Payot) 1935.

BURKE, W.L.: *Spacetime, Geometry, Cosmology*, CA (University Science Books, A Series of Books in Astronomy) 1983.

BURL, A.: *Prehistoric Astronomy and Ritual*, UK (Shire Publications) 1983.

BURNET, J.: *L'aurore de la philosophie grecque* (trad. par Reymond, A.), Paris (Payot) 1919.

CALLATAŸ, V. DE & DOLLFUS, A.: *Atlas des planètes* (Visscher, A. de, ed.), Paris (Gauthier–Villars) 1968.

CAPRA, F.: *The Tao of Physics*, UK (Wildwood House) 1975.

CARR, B.J. & REES, M.J.: *The* «The Anthropic Principle and the Structure of the Physical World», *Nature*, **278**, 1979, 605-12.

CERAGIOLI, R.C.: *Fervidius ille Canis: The Lore and Poetry of the Dog Star in Antiquity* (PhD Thesis), Cambridge MA (Harvard University Press) 1992.

CHADWICK, J.: *Decipherment of Linear B* (traduit en hellénique par Tzōrtzidēs, D.), Athènes (Éditions Kakoulidēs) 1962.

CHAMPION, D.J.: *Basic Statistics for Social Research*, NY (MacMillan) 1981.

CHAND, D.: *The Sāmaveda*, New Delhi (Munshiram Manoharlal) [2]1981.

CHANDRASEKHAR, S.: *Radiative Transfer*, NY (Dover) [2]1960.

CHANDRASEKHAR, S.: *An Introduction to the Study of Stellar Structure*, NY (Dover) [3]1967.

CHATZISSOMOY, T.: *La cosmologie présocratique comme première recherche systématique de la raison: Des influences subséquentes et des différenciations* (Thèse de Doctorat), Paris (Université Paris IV Sorbonne) 1996.

CHESTERMAN, C.W. & LOWE, K.: *National Audubon Society, Field Guide to North American Rocks and Minerals*, NY (A.A. Knopf) [16]1998.

CLAGETT, M.: *Greek Science in Antiquity: How Human Reason and Ingenuity First mastered the Experience of Natural Phenomena*, NY (Macmillan) [2]1962.

CLARK, D.H. & STEPHENSON, F.R.: *The Historical Supernovæ*, Oxford (Pergamon) 1977.

CLARKE, L.: «Greek Astronomy and its Debt to the Babylonians», *Brit. J. Hist. Sci.*, **1**[1], 1962, 65-77.

COLE, F.W.: *Fundamental Astronomy*, NY (J. Willey & Sons) 1974.

COOLD, G.P.: *Manetho*, Cambridge MA (Harvard University Press / *Lœb Classical Library*) [1]1940.

CORRIGAN, K.: «Icon with the Heavenly Ladder of John Klimax», *The Glory of Byzantium: Art and Culture of the Middle Byzantine Era, A.D. 843–1261* (Evans, H.C. & Wixom, W.D., eds) NY (MET) [1]1997, 376-77 & fig. 247.

CORNELL, J.–P.: *Die ersten Astronomen: Eine Einführung in die Ursprünge der Astronomie*, Basel (Birkhäusen Verlag) 1983.

COUDERC, P.: *Les étapes de l'astronomie*, Paris 1948.

COUDERC, P.: *Histoire de l'astronomie*, Paris 1982.

CROWE, M.J.: *Theories of the World from Antiquity to the Copernican Revolution*, NY (Dover) 1990.

CUMONT, F.: «Le mysticisme astral dans l'Antiquité», *Bull. Acad. Belg.*, Bruxelles 1909, 256-89.

DAVIS, D.: «Maritime Space and Night–Time Sailing in the Ancient Eastern Mediterranean», *Tropis VII: 7th International Symposium on Ship Construction in Antiquity, Pylos 1999, Proceedings* (Tzalas, H., ed.), **I**, Athens (Hellenic Institute for the Preservation of Nautical Tradition) 2002, 291-309.

DAVIS, P.: *God and the New Physics*, London (J.M. Dent & Sons) 1983.

DEPUYDT, L.: «The Date of Death of Jesus of Nazareth», *JAOS*, **122**[3], 2002, 466-80.

DETIENNE, M.: *The Writings of Orpheus* (traduit par Lloyd, J.), Baltimore & London (The Johns Hopkins University Press) [2]2003 [[1]1989].

DICKS, D.R.: *Early Greek Astronomy to Aristotle*, Ithaca (Cornell University Press) 1970.

DIDOT, A.F.: *Plutarchi Chœronensis: Scripta Moralia* (texte hellénique et traduction en Latin), Paris (Institut Impérial de Typographes de France) 1868, 429-69: «De Iside et Osiride».

DIELS, H. & KRANZ, W.: *Die Fragmente der Vorsokratiker*, Zürich (Weidmann) 1966.

DIETSCH, D.K.P.: *Die Hymnen des Orpheus*, Erlangen 1822.

DILKE, O.A.W.: *Mathematics and Measurement*, London (BMP) 1987.

DINSMOOR, W.B.: «Archæology and Astronomy», *PAPS*, **80**, 1939, 95-173.

DIOP, C.A.: *The African Origin of Civilization: Myth or Reality?* (traduit par Cook, M.), NY (Lawrence Hill & C°) 1974.

DIOP, C.A.: *Civilization or Barbarism: An Authentic Anthropology* (traduit par Ngemni, Y.–L.M.), Brooklyn (Lawrence Hill & C°) 1991.

DODD, J.E.: *The Ideas of Particle Physics: An Introduction for Scientists*, Cambridge (Cambridge University Press) ²1985.

DOGGET, L. & SCHAEFER, B.E.: «Lunar Crescent Visibility», *Icarus*, **107**, 1993, 388-403.

DOTTIN, G.: *Les Argonautiques d'Orphée*, Paris (Les Belles Lettres) 1930.

DREYER, J.L.E.: *A History of Astronomy from Thalēs to Kepler*, NY (Dover) ²1953.

EINSTEIN, A.: *Relativity: The Special and the General Theory*, London (Methuen & C°) ⁸1979.

ELIADE, M.: *Patterns in Comparative Religion*, NY (Sheed and Ward) 1958.

ELIADE, M.: *Cosmos and History: The Myth of the Eternal Return*, NY (Harper Torchbooks) ²1959a.

ELIADE, M.: «Structure et fonction du mythe cosmogonique», *La naissance du monde*, Paris (*Sources Orientales*, **1**) 1959b, 471-95.

ELIADE, M.: *Rites and Symbols of Initiation*, NY 1965.

ELIADE, M.: *Traité d'histoire des religions*, Paris (Payot) ²1979.

ELIADE, M.: «Druids, Astronomers and Head–Hunters», *Perenitas: Studi in Onore A. Brelich*, Roma 1980, 173-83.

ÉPHÉMÉRIDES, 1988 = *L'Astronomie: Éphémérides 1988 (Supplément à l'Astronomie de Janvier 1988)*, Paris (Gauthier–Villars–Bordas / Bureau des Longitudes) 1988 [publiées annuellement].

FERRARI D'OCHIEPPO, K.: «The Star of Bethlehem», *The Quarterly Journal of the R.A.S.*, **19**, 1978, 517-20.

FLAMMARION, C.: *Popular Astronomy* (traduit par Gore, J.F.), NY (Appleton) s.d.

FLETCHER, M. & LOCK, G.R.: *Digging Numbers*, Oxford (Oxford University Committee for Archæology / *Monograph*, **33**) ²1994.

FOREST, G: «Personal Communication», *http://www.ianlawton.com/agp4.htm*, 2002.

FRAZER, J.G.: *The Golden Bough*, NY (Macmillan) ³1958.

ΓΙΑΝΝΑΚΗΣ, Γ.Ν.: *Ὀρφέως Λιθικὰ [Orpheus' Lithika]* (PhD Thesis), Ἰωάννινα (*Σειρὰ ἐπιστημονικῶν διατριβῶν τοῦ Πανεπιστημίου Ἰωαννίνων*, **2**) 1982.

GILMORE, G., KING, I. & KRUIT, P. VAN DER: *The Milky Way as a Galaxy*, Switzerland (Geneva Observatory, *SAAS/FEE*, **19**) 1989.

GINGERICH, O.: «Astronomical Scrapbook: Ancient Egyptian Sky Magic», *Sky and Telescope*, **65**[5], 1983, 418.

GINGERICH, O.: «Plotting the Pyramids», *Nature*, **408**, 2000, 297-98.

GINZEL, F.K.: *Handbuch der mathematischen und technischen Chronologie: Das Zeitrechnungswesen der Völker*, Leipzig 1906.

GODLEY, A.D.: *Herodotus History, II*, Cambridge MA (Harvard University Press / *Lœb Classical Library*, **117**) [5]1981.

GOLDSMITH, D. & COHEN, N.: *Mysteries of the Milky Way*, Chicago (Contemporary Books) 1991.

GOLDSTEIN, B.R.: «On Early Hellenistic Astronomy: Timocharis and the First Callipic Calendar», *Centaurus*, **32**, 1989, 272-93.

GOLDSTEIN, H.: *Clasical Mechanics*, Cambridge MA (Addison–Wesley) 1980.

GOMME, A.W.: *A Historical Commentary on Thucydides*, Oxford (Clarendon Press) 1956, 706-10.

GRAPHER v1.79[c] = *Grapher Plotting Software*, USA (Golden Software, Inc.) 1988.

GRASSHOFF, H.: *The History of Ptolemy's Star Catalog*, NY (Springer) 1990.

GROSSATO, A.: «Il monopode polare», *RdA (suppl.)*, **9**, Roma 1991, 207-11 & pls LVIII, LIX.

GUNDEL, H.G.: «Himmelsbilder auf antiken Planisphären», *Sterne und Weltraum*, **2**, 1963, 203-06.

GUNDEL, H.G.: *Weltbild und Astrologie in den griechischen Zauberpapyri*, München (Beck / *Münchner Beiträge zur Papyrusforschung und Antiken Rechtsgeschichte*, **53**) 1968.

GUNDEL, H.G.: *Zodiakos: Tierkreisbilder im Altertum: Kosmische Bezüge und Jenseitsvorstellungen im Antiken Alltagsleben*, Mainz am Rhein (Verlag P. von Zaubern) 1992, 81-91.

GUNDEL, W.: art. «Sternbilder und Sternglaube», *RE*, **III**, A, 2, 1929, 2422-439.

GUNDEL, W.: *Dekane und Dekansternbilder: Ein Beitrag zur Geschichte der Sternbilder der Kulturvölker* (Saxl, F., ed.), Glückstadt (J.J. Augustin / *Studien der Bibliothek Warburg*, **XIX**) [1]1936 [[2]1969].

GUNDEL, W. & GUNDEL, H.G.: *Astrologumena: Die astrologische Literatur in der Antike und ihre Geschichte*, Wiesbaden (*Sudhoffs Archiv*, Beiheft **6**) 1966.

GUNKEL, H.: *Schöpfung und Chaos in Urzeit und Endzeit*, Berlin [2]1921.

GUPTA, M.: «Reaching Antiquity of the Vedas: Astronomical and Linguistic Ways», *A Discourse on Indo European Languages and Culture* (Tripathi, D. N., ed.), New Delhi (Manak Publications / ICHR) 2005, 315-34.

GUTHRIE, W.K.C.: *Orpheus and Greek Religion: A Study of the Orphic Movement*, London (Methuen) [2]1952.

GUTHRIE, W.K.C.: *The Greeks and their Gods*, London (Methuen) 1956.

GUTHRIE, W.K.C.: *A History of Greek Philosophy*, London (Cambridge University Press) [2]1962.

GYSELEN, R.: *La science des dieux: Sages, mages, astrologues*, Leeuwen (*Res Orientales*, **12**) 1999.

HANUSHEK, E. & JACKSON, J.E.: *Statistical Methods for Social Scientists*, NY (Academic Press) 1977.

HARRISON J.E.: *Prolegomena to the Study of the Ancient Greek Religion [Orpheus and the Orphic Mysteries]* (traduit en hellénique par Papadopoulou, H.), Ἀθήνα (Ἰάμβλιχος) 1995 [Cambridge ¹1922].

HAWKES, J.: *Man and the Sun*, London (Cresset Press) 1962.

HAWKES, J.: «God in the Machine», *Antiquity*, **41**, 1967, 91-98.

HAWKING, S.: *A Brief History of Time: From the Big Bang to Black Holes*, London (Bantam Press) 1988.

HAWKING, S.: *The Universe in a Nutshell*, London (Bantam Press) 2001.

HAWKINS, G.S.: «Stonehenge: A Neolithic Computer», *Nature*, **41**, January 1964.

HAWKINS, G.S.: *Stonehenge Decoded*, NY (Dell) 1965.

HAWKINS, G.S.: «Astronomical Alignments in Britain, Egypt, and the Peru», *Philosophical Transactions of the Royal Society of London*, **276**¹²⁵⁷, London (*AAW*) 1974, 157-67.

HAWKINS, G.S. & ROSENTHAL, S.K.: «5,000– and 10,000–Year Star Catalogs», *Smithsonian Contributions to Astrophysics*, **X**, 1969, 141-79.

HEATH, T.L.: *Aristarchus of Samos: The Ancient Copernicus*, NY (Dover) ²1959.

HEATH, T.L.: *Greek Astronomy*, NY (Dover) ²1991.

HEGGIE, D.C.: *Archæoastronomy in the Old World*, Cambridge (Cambridge University Press) 1982.

HEIBERG, J.–L. (ed.): *Claudius Ptolemæus: Syntaxis Mathematica*, **I-II**, Leipzig (Teubner) 1898-1903.

HEIFETZ, M.D. & TIRION, W.: *A Walk through the Heavens: A Guide to Stars and Constellations and their Legends*, Cambridge (Cambridge University Press) 1996.

HENBEST, N.: «The Sky's the Limit! (Archæology as an Inspiration for Astronomy)», *Outside Archæology: Material Culture and Poetic Imagination* (Finn, C., & Henig, M., eds), Oxford (BAR Publishing / BAR International Series, **999**) 2001, 81-85.

HENRIKSSON, G. & BLOMBERG, M.: «Evidence for Minoan Astronomical Observations from the Peak Sanctuaries on Petsophas and Traostalos», *OpAth*, **XXI**⁶, 1996, 99-114.

HENRIKSSON, G. & BLOMBERG, M.: «Petsophas and the Summer Solstice», *OpAth*, **XXII-XXIII**, 1997-98, 148-51.

HIGGINBOTTOM, G., SMITH, A., SIMPSON, K. & CLAY, R.: «More than Orientation: Placing Monuments to view the Cosmic Order», *Ad Astra per Aspera et per Ludum: European Archæoastronomy and the Orientation of Monuments in the Mediterranean Basin: Papers from a Session, held at the European Association of Archæologists 8th Annual Meeting in Thessaloniki 2002* (Maravelia, A.–A., ed.), Oxford (BAR Publishing / BAR International Series, **1154**) 2003, 39-52.

HILLER, R. & NEUGEBAUER, P.V.: *Special Canon of Solar Eclipses in the Near East and Egypt for 4200 BC to 900 BC*, Kiel (*Astronomische Abhandlungen: Erganzungshefte zu den Astronomische Nachtrichten*, **8**⁴) 1936.

HODSON, F.R. (ed.): *The Place of Astronomy in the Ancient World: A Joint Symposium of the Royal Society and the British Academy*, London (Oxford University Press / *Philosophical Transactions of the Royal Society of London*, **276**) 1974 [= *AAW*].

HOFFLEIT, D.: *Yale Bright Star Catalogue*, New Haven CT 1997.
HOUGHTON, J.T.: *The Physics of Atmospheres*, Cambridge (Cambridge University Press) ²1986.
HOUSMAN, A.–E. (ed.): *Manilius: Astronomica*, Hildesheim ²1972.
HOYLE, F.: *Astronomy and Cosmology*, NY (W.H. Freeman) 1975.
HUGH, E.G. & WHITE, M.A. (eds): *Hesiod: The Homeric Hymns and Homerica*, Cambridge MA (Harvard University Press / *Lœb Classical Library*, **57**) ⁹1964.
HULTSCH, F. (ed.): *Cēnsōrinus: De Die Natali Liber*, Leipzig 1867.
HUNGER, H. & PINGREE, D.: *MUL.APIN: An Astronomical Compendium in Cuneiform*, Horn (Berger) 1989.
HUNGER, H. & PINGREE, D.: *Astral Sciences in Mesopotamia*, Leiden (Brill) 1999.
ILLINGWORTH, V. (ed.): *A Dictionary of Astronomy*, London (Pan Books) ²1981.
IWANISZEWSKI, S.: «Astronomy, Landscape and Materiality: The Social Constitution of Horizon Astronomy at the Pyramid of Cuicuilco (Mexico) and Group E at Uaxactun (Guatemala)», *Ad Astra per Aspera et per Ludum: European Archæoastronomy and the Orientation of Monuments in the Mediterranean Basin* (Maravelia, A.–A., ed.), Oxford (BAR Publishing / BAR International Series, **1154**) 2003, 119-126.
JAEGER, W.: *The Theology of the Early Greek Philosophers*, Oxford ¹1947.
JASTROW, R.: *God and the Astronomers*, NY (Norton) ²1992.
JONG, T. DE & SOLDT, W.H. VAN: «The Earliest known Solar Eclipse Record Redated», *Nature*, **338**, 1989, 238-40.
JUNG, C.G.: *Symbols of Transformation*, London (Routledge) 1956.
JUNG, C.G.: *The Archetypes and the Collective Unconscious* (taduit par Hull, R.F.C.), London (Routledge) 1959.
JUNG, C.G. & KERÉNYI, K.: *Essays on a Science of Mythology*, NY ²1963.
JUNG, C.G.: *On the Nature of the Psyche* (traduit par Hull, R.F.C.), NJ (Princeton University Press) ²1969
KALER, J.B.: *Stars and their Spectra: An Introduction to the Spectral Sequence*, Cambridge (Cambridge University Press) 1989.
KEITH, A.B.: *Ṛgveda Brāhmaṇas: The Aitareya and Kauṣītaki Brāhmaṇas of the Ṛgveda*, New Delhi (Motilal Banarsidass) ²1971.
KERÉNYI, K.: «Die orphische Kosmogonie und der Ursprung der Orphik: Ein Rekonstruktionsversuch», *Eranos*, **17**, 1949-50, 53-78.
KERÉNYI, K.: *Eleusis: Archetypal Image of Mother and Daughter*, NY (Schocken Books) 1977.
KERN, O.: *Orpheus*, Berlin ¹1920.
KERN, O. (ed.): *Orphicorum Fragmenta*, Zürich–Dublin (Weidmann) ³1972.
KERSCHENSTEINER, J.: *Platōn und der Orient*, Stuttgart 1945.
KRUPP, E.C.: «Great Pyramid Astronomy», *Griffith Observer*, **42³**, 1978, 2-18.
KRUPP, E.C.: «Astronomers, Pyramids and Priests», *In Search of Ancient Astronomies* (Krupp, E.C., ed.), London (Chatto & Windus) 1979, 186-218.
KRUPP, E.C.: «Egyptian Astronomy: The Roots of Modern Time Keeping», *New Scientist*, **85 (# 1188)**, London 1980, 24-27.
KRUPP, E.C.: *Echoes of the Ancient Skies: The Astronomy of Lost Civilizations*, NY (Harper & Row) 1983.

KRUPP, E.C.: «Egyptian Astronomy: A Tale of Temples, Tradition, and Tombs», *Archæoastronomy and the Roots of Science* (Krupp, E.C., ed.), CO (Westview Press / *AAAS Selected Symposium Series*, **71**) 1984, 289-320.

KRUPP, E.C.: «The Dipper in Disguise», *Griffith Observer*, **51**[12], 1987, 3-18.

KRUPP, E.C.: «Light in the Temples», *Records in Stone* (Ruggles, C., ed.), Cambridge (Cambridge University Press) 1988, 473-99.

KRUPP, E.C.: *Beyond the Blue Horizon: Myths and Legends of the Sun, Moon, Stars, and Planets*, NY (Oxford University Press) 1991.

KRUPP, E.C.: *Skywatchers, Shamans and Kings: Astronomy and the Archæology of Power*, NY 1995.

KRUPP, E.C.: «Archæoastronomy», *History of Astronomy: An Encyclopedia* (Lankford, J., ed.), NY & London (Garlad Publishing, Inc.) 1997a, 21-30.

KRUPP, E.C.: «Astronomy», *History of Astronomy: An Encyclopedia* (Lankford, J., ed.), NY & London (Garlad Publishing, Inc.) 1997b, 66-72.

KRUPP, E.C.: «Great Pyramid», *History of Astronomy: An Encyclopedia* (Lankford, J., ed.), NY & London (Garlad Publishing, Inc.) 1997c, 245-47.

KRUPP, E.C.: «Pyramid Marketing Schemes», *Sky and Telescope*, February 1997c, 64-65.

KRUPP, E.C.: «From Here to Eternity», *Sky and Telescope*, February 2000, 87-89.

KRUPP, E.C.: «Fire Bird», *Sky and Telescope*, February 2001a, 86-88.

KRUPP, E.C.: «The Sphinx blinks», *Sky and Telescope*, March 2001b, 86-88.

KUDLICK, K. & MICKLER, M.: *Solar and Lunar Eclipses of the Ancient Near East from 3000 BC to 0*, NY (Butzon & Kevelaer) 1971.

KUNITZSCH, P.: *Untersuchungen zur Sternnomenklatur der Araber*, Wiesbaden 1961.

LAGERCRANTZ, S.: «The Milky Way in Africa», *Ethnos*, **17**[1-4], 1952, 64-72.

LANALUCE, M.S.O. DE: *Estudios sobre las Argonáuticas Órficas*, Amsterdam (A.M. Hakkert) 1996.

LANDAU, L. & LIFCHITZ, E.: *Théorie des champs*, Moscou (Mir) [5]1970.

LAUSTSEN, S., MADSEN, C. & WEST, R.M.: *Exploring the Southern Sky: A Pictorial Atlas from the ESO*, Berlin & NY (Springer–Verlag) 1987.

LEFKOWITZ, M.: *Not Out of Africa: How Afrocentrism Became an Excuse to Teach Myth as History*, NY (Basic Books) 1996.

LEFKOWITZ, M. & MACLEAN ROGERS, G. (eds): *Black Athena Revisited*, USA (University of North Carolina Press) 1996.

LEISEGANG, H.: *The Mystery of the Serpent*, Leipzig 1939.

LÉVI–STRAUSS, C.: *La pensée sauvage*, Paris (Agora) 1962.

LEWIS, G.C.: *An Historical Survey of the Astronomy of the Ancients*, London (Parker, Son & Bourn / West Stand) 1862.

LIDDEL, G.H. & SCOTT, R.: *A Greek–English Lexikon* (Revised & Augmented Edition with a Supplement), Oxford (Oxford at the Clarendon Press) 1968.

LINFORTH, I.M.: *The Arts of Orpheus*, NY [2]1973 [[1]1941].

LLOYD, G.E.R.: «Greek Cosmologies», *Ancient Cosmologies* (Blacker, C. & Loewe, M., eds), London (Allen & Unwin) 1975, 198-224.

LOCHER, K.: «Jung and Ancient Skies», *Proceedings of the 7th Conference of the International Society for the Study of European Ideas (ISSEI), 14-18 August 2000*, Norway (University of Bergen) 2000, *preprint & prblished only on CD.*

LOCKYER, J.N. *Stonehenge and Other British Stone Monuments Astronomically considered*, London (MacMillan) 1906.

LOCKYER, J.N.: *Surveying for Archæologists*, London (MacMillan & C°) 1909.

LOCKYER, J.N.: *The Dawn of Astronomy: A Study of the Temple Worship and Mythology of the Ancient Egyptians*, Cambridge MA (The MIT Press) ²1964.

LOCKYER, J.N. & PENROSE, F.C.: «An Attempt to ascertain the Date of the Original Construction of Stonehenge, from its Orientation», *Proceedings of the Royal Society of London*, **LXIX**, 1902, 137-47.

ΛΩΛΗ, Σ.: *Ἡ κοσμογονία κατὰ τὴν Ἁγίαν Γραφὴν καὶ τοὺς ἀρχαίους Ἕλληνας [La cosmogonie selon la Bible et selon les Hellènes anciens]*, Θεσσαλονίκη 1937.

LÖTHER, H.J. & MACTAVISH, D.G.: *Descriptive and Inferential Statistics*, Boston (Allyn and Bacon) ³1988.

LOVI, G.: «Rambling through the Skies: A Middle Eastern Perspective», *Sky and Telescope*, **81¹**, 1991, 57.

MCCLUSKY, S., BALASSANIAN, S., BARKA, A. *et al.*: «Global Positioning System Constraints on Plate Kinematics and Dynamics in the Eastern Mediterranean and Caucasus», *Journal of Geophysical Research*, **105^B3^**, 2000, 5695-719.

MACGRAIL, S.: «Navigational Techniques in Homer's *Odyssey*», *Tropis IV: 4th International Symposium on Ship Construction in Antiquity, Athens 1991, Proceedings* (Tzalas, H., ed.), Athens (Hellenic Institute for the Preservation of Nautical Tradition) 1996, 311-20.

MAIR, A.W.: *Callimachus: Hymns and Epigrams*, London (Lœb Classical Library) ¹1921.

MALIN, D. & MURDIN, P.: *Colours of the Stars*, Cambridge (Cambridge University Press) 1984.

MANDL, F.: *Statistical Physics*, NY (John Willey & Sons) 1982.

MANITIUS, C. (ed.): *Hipparchus: Ἀράτου καὶ Εὐδόξου φαινομένων Ἐξηγήσεις*, Leipzig 1894.

MANSFIELD HAYWOOD, R.: *Ancient Greece and the Near East*, London (Vision) ²1968.

ΜΑΡΑΒΕΛΙΑ, Α.–Α.: *Πυρηνοσύνθεση στὰ ἐσωτερικὰ τῶν ἀστέρων: Διπλωματικὴ ἐργασία στὸ Τμῆμα Φυσικῆς τοῦ ΑΠΘ*, Θεσσαλονίκη 1987, pp 88 + vi.

MARAVELIA, A.–A.: *Δομὴ τοῦ γαλαξία Μεγάλο Νέφος τοῦ Μαγγελάνου, μέσῳ τῆς μελέτης τῶν ἀστρικῶν συμπλεγμάτων του [Structure du GNM d'après l' étude de ses complexes stellaires* (1ère Thèse de Doctorat), Athènes (Université d'Athènes / Département de Physique) 1996, pp 258 + xxxii [en hellénique, avec sommaire en anglais et en français].

ΜΑΡΑΒΕΛΙΑ, Α.–Α.: «Μεταξὺ μύθου καὶ πραγματικότητας: Ἡ ἀδήριτη γοητεία τῶν ἀρχετύπων», *Γυναίκες καὶ ἱερό*, Θεσσαλονίκη (Ἀρχέτυπο) 2001b, 17-52.

ΜΑΡΑΒΕΛΙΑ, Α.–Α.: «Ἀλχημεία καὶ ἑρμητισμός: Κλείδες τῆς ἀπόλυτης γνώσης ἢ ψυχολογικὲς ἀρχετυπικὲς προτυπώσεις;», *Δρόμοι τῆς γνώσης*, Θεσσαλονίκη (Ἀρχέτυπο) 2001h, 249-86.

MARAVELIA, A.–A.: «The Orientations of the Nine Tholos Tombs at Mycenæ», *Archæoastronomy 27* (suppl. to *JHA*, **33**), 2002i, S63-66.

MARAVELIA, A.–A. (ed.): *Ad Astra per Aspera et per Ludum: European Archæoastronomy and the Orientation of Monuments in the Mediterranean Basin: Papers from a Session, held at the European Association of Archæologists 8th Annual Meeting in Thessaloniki 2002*, Oxford (BAR Publishing / BAR International Series, **1154**) 2003g.

MARIOTT, C.: *SkyMap Pro (Version 6)*, Uttoxeter (Thompson Partnership) 1999.

MARKOWITZ, W. & GUINOT, B. (eds): *Continental Drift*, Dordrecht (Reidel) 1968.

MARTIN, J. (ed.): *Aratos: Phænomena*, Florence 1956.

MARTÍNEZ–NIETO, R.: *La Aurora del Pensamiento Griego: Las Cosmogonías Prefilosóficas de Hesíodo, Alcmán, Ferecides, Epiménides, Museo y la Teogonía Órfica Antigua*, Madrid (Editorial Trotta) 2000.

MEAD, G.R.S.: *Orpheus*, London (J. Watkins) 1965.

MEAD, G.R.S.: *Thrice–Greatest Hermes: Studies in Hellenistic Theosophy and Gnōsis*, Maine (S. Weiser) ²1992.

MEEUS, J.: *Astronomical Formulæ for Calculators*, Richmond VA (Willmann–Bell) ⁴1988.

MERKELBACH, R.: «Le papyrus d'Hésiode et la géographie mythologique de la Grèce», *CE*, 43, 1968, 133-55.

MICHEL, C.: «La géographie des cieux: aux origines du zodiaque», *Les Dossiers d'archéologie*, **191**, 1994, 40.

MICHELL, J.: *A Little History of Astro–Archæology: Stages in the Transformation of a Heresy*, London (Thames & Hudson) ²1989.

MICHELL, J.: *The Dimensions of Paradise: The Proportions and Symbolic Numbers in Ancient Cosmology*, London (Thames & Hudson) 1991.

MILHAUD, G.: *Nouvelles études sur l'histoire de la pensée scientifique*, Paris (Alcan) 1911.

MITTON, J.: *The Penguin Dictionary of Astronomy*, UK (Penguin Books) 1993.

MOORE, D.F.: *The Harper Collins Dictionary of Astronomy and Space Science*, NY (Harper Perennial) 1992.

MOREAU, A.: «Quand Apollōn devint Soleil», *ASTRES*, **I**, 1996, 11-35.

MOREUX, T.: *La science mystérieuse des Pharaons*, Paris 1925.

MORGAN, J.D.: «A Brief Survey of Ancient Time–Reckoning», *Archæology & Arts*, **74**, Athens 2000, 17-31.

MORRISON, L.: «Ancient Eclipses and the Earth's Rotation», Oral Presentation at the IAU Symposium on *Applied Historical Astronomy*, 2001, *forthcoming*.

MOULIN, P.: *Essai d'analyse des calendriers égyptiens, d'après l'œvre de Mr le Professeur André Pochan*, **I-IV**, Paris (Librairie Trismégiste) 1978-80.

MURCHIE, G.: *Music of the Spheres: The Material Universe, from Atom to Quasar, simply explained, **I**: the Macrocosm; **II**: The Microcosm*, NY (Dover) ²1967.

NEEDHAM, J.: *Science and Civilization in Ancient China*, Cambridge (Cambridge University Press) 1959.

NEUGEBAUER, O.: «The History of Ancient Astronomy», *JNES*, **4**, 1945, 1-38.

NEUGEBAUER, O.: *Astronomical Cuneiform Texts*, London 1955b [= *ACT*].

NEUGEBAUER, O.: *The Exact Sciences in Antiquity*, NY (Harper & Row) ³1962.

NEUGEBAUER, P.V.: *Tafeln zur astronomischen Chronologie*, **I-III**, Leipzig 1912-25.

NEUGEBAUER, P.V.: *Astronomische Chronologie*, **I**, Berlin 1929.

NEWTON, R.: *Ancient Astronomical Observations and the Accelerations of the Earth and Moon*, Baltimore (The Johns Hopkins Press) 1970.

NILSSON, M.P.: *Primitive Time Reckoning: A Study in the Origins and First Development of the Art of Counting Time among the Primitive and Early Culture Peoples*, Lund (C.W.K. Gleerup) 1920.

NILSSON, M.P.: *Geschichte der Griechischen Religion*, **I**, München 1941.

NININGER, H.H.: *Meteorites: A Photographic Study of Surface Features, **I**: Shapes*, Tempe AZ 1977.

NORTH, J.: *The Fontana History of Astronomy and Cosmology*, London (Fontana) 1994.

NORTON, O.R.: *The Cambridge Encyclopedia of Meteorites*, Cambridge (Cambridge University Press) 2002.

OLDFATHER, C.H.: *Diodorus Siculus I: Books I-II.34*, Cambridge MA (Harvard University Press / *Lœb Classical Library*, **279**) [5]1989.

O'NEIL, W.M.: *Early Astronomy from Babylonia to Copernicus*, Sydney (Sydney University Press) 1986.

OPPOLZER, T.R.: *Canon der Finsterniße* (traduit en anglais par Gingerich, O.), NY (Dover) [2]1962.

OTTO, W.: *Dionysus: Myth and Cult* (traduit par Palmer, R.B.), Dallas TX (Spring Publications) 1989.

OVENDEN, M.W.: *The Origin of the Constellations: Lecture, Delivered to the Society on January 20, 1965*, Glasgow (University of Glasgow, Department of Astronomy) 1965 [publié dans *Philosophical Journal*, **3**, 1966, 1-18].

PAGE, H.R.: *The Astral Revolt: A Study of its Reflexes in Canaanite and Hebrew Literature* (PhD Thesis), Harvard (Harvard University) 1990.

PANNEKOEK, A.: *A History of Astronomy*, London (Allen & Unwin, Ltd.) [1]1961, 82-85.

ΠΑΠΑΘΑΝΑΣΙΟΥ, M.: *Κοσμολογικαὶ καὶ κοσμογονικαὶ ἀντιλήψεις εἰς τὴν Ἑλλάδα κατὰ τὴν β΄ χιλιετ[ηρ]ί[δ]α π.Χ. [Cosmological and Cosmogonical Ideas in Hellas, during the 2nd Millenium BCE* (PhD Thesis), Athens (University of Athens, Department of Mathematics) 1978 [en hellénique, avec sommaire en anglais].

PAPATHANASIOU, M.: «On the Astronomical Explanation of Phanēs's Relief at Modena», *Archæoastronomy 16* (suppl. to *JHA*, **22**), 1991, S1-13.

PARKER, R.A. & DUBBERSTEIN, W.H.: *Babylonian Chronology: 626 B.C. – A.D. 75*, Providence RI (*Brown University Studies*, **19**) 1956.

PÁSZTOR, E. & ROSLUND, C.: «Archæoastronomy and its Bearing on our Understanding of Prehistory: A Personal Account», *Archæology of the Bronze and Iron Age* (Jerem, E. & Poroszlai, I., eds), Budapest (Archæolingua) 1999, 351-56.

PAWLEY, G.S. & ABRAHAMSEN, N.: «Do the Pyramids show Continental Drift?», *Science*, **178**, 1973, 892-93.

PENROSE, R.: *The Emperor's New Mind: Concerning Computers, Minds and the Laws of Physics*, Oxford (Oxford University Press) [2]1999.

PETERICH, E.: *Die Theologie der Hellenen*, Leipzig 1941.

PIETSCHNIG, M. & VOLLMANN, W.: *Urania–Star*, Wien 1992.

PINSENT, J.: *Greek Mythology*, NY (P. Bedrick Books) 1982.

PITT, V.H.: *The Penguin Dictionary of Physics*, UK (Penguin Books) [5]1982.

ΠΛΑΚΙΔΗΣ, Σ.Μ.: *Ἡ μυθολογία, ἡ ὀνοματολογία, καὶ τὰ ἀξιοπαρατήρητα τῶν ἀστερισμῶν [= The Mythology, Onomatology and Other Remarkable Features of Constellations]*, Ἀθῆναι (Σύλλογος πρὸς διάδοσιν ὠφελίμων βιβλίων, **46**) 1992.

PLASSMANN, O.J.: *Orpheus: Altgriechische Mysteriengesänge*, Jena 1928.

POLETTO, G.: «Archeo–astronomia: I reperti di una cività senza scrittura ci rivelano una cultura astronomica di alto livello», *Prometeo*, **12**[47], 1994, 30-37.

PRAUX, C.: *Le monde hellénistique: La Grèce et l'Orient*, **I-II**, Paris 1988.

PRENDERGAST, F.T.: «Orientation for Archæoastronomy: A Geodetic Perspective», *Astronomy, Cosmology and Landscape* (Ruggles, C. *et al.*, eds), Bognor Regis (Ocarina Books / SEAC 6th Meeting 1998) 2001, 175-86.

PRIGOGINE, I.: *From Being to Becoming: Time and Complexity in the Physical Sciences*, NY (W.H. Freeman & Co) 1980.

PRITCHET, W.K.: «Julian Dates and Greek Calendars», *Classical Philology*, **XLII**, Chicago (The University of Chicago Press) 1947, 235-43.

PRITCHET, W.K. & NEUGEBAUER, O.: *The Calendars of Athens*, NJ (Harvard University Press) 1947.

PROVERBIO, E., ROMANO, G. & AVENI, A.: «Astronomical Orientations of Tombe dei Giganti in Barbagia (Sardinia)», *RdA (suppl.)*, **9**, Roma 1991, 52-61.

QUANDT, G. (ed.): *Orphei Hymni*, Zürich–Dublin (Weidmann) [4]1973.

QUISPEL, G.: «Studies in Gnosticism and Hellenistic Religions», *EPRO*, **78**, 1979, 28.

RATDOLT, E.: *Astrolabium Planum in Tabulis Ascendens ad Johannes Angelus*, Augsburg 1448.

RAWLINS, D.: «Ancient Geodesy: Achievement and Corruption», *Vistas Astron.*, **28**, 1985, 255-68.

RAWLINS, D. & PICKERING, K.: «Ancient Chronology: Astronomical Orientation of the Pyramids», *Nature*, **412**, 2001, 699.

REDSHIFT 2 = Redshift 2 Multimedia Astronomy User's Guide, London (Maris Multimedia) [3]1995.

REDSHIFT 2-4 =Redshift Version 2-4, Multimedia Astronomy Sky Mapping Multi–Platform CD–ROM, UK (Cinegram/Maris Multimedia) 1995-2000.

REY, A.: *La science dans l'Antiquité* (Berr, H., ed.), **I-V**, Paris (A. Michel / *Évolution de l'Humanité*) 1933-46.

REYMOND, A.: *Histoire des sciences exactes et naturelles dans l'antiquité Gréco–Romaine*, Paris (PUF) [2]1955, 1-23, 169-84.

RHODE, E.: *Psyche: The Cult of Souls and Belief in Immortality among the Greeks*, **I-II**, NY (Harper & Row) [2]1966 [[1]1925].

RIDPATH, I. & TIRION, W.: *Guide to Stars and Planets*, London (W. Collins Sons & Co Ltd.) [2]1986.

ROBBINS, F.E. (ed.): *Ptolemy: Tetrabiblos*, Cambridge MA (Harvard University Press / *Lœb Classical Library*, **435**) [8]1998.

ROCCA–SERRA, G.: *Le jour natal*, Paris (Vrin / *Histoire des doctrines de l'Antiquité classique*, **V**) 1980.

RONAN, C.: *Histoire mondiale des sciences*, Paris 1988.

ROSTOVTZEFF, M.: *A History of the Ancient World: The Orient and Greece*, Oxford (Clarendon Press) ^{2}1930-33.

ROWLETT, R.: «An Iron Age Bolide Strike in Southern Gaul», *Ad Astra per Aspera et per Ludum: European Archæoastronomy and the Orientation of Monuments in the Mediterranean Basin: Papers from a Session, held at the European Association of Archæologists 8th Annual Meeting in Thessaloniki 2002* (Maravelia, A.–A., ed.), Oxford (BAR Publishing / BAR International Series, **1154**) 2003, 77-82.

ROY, A.E.: «The Astronomical Basis of Egyptian Chronology», *Ages in Chaos? How Valid Are Velikovsky's Views on Ancient History? Proceedings of the Residential Weekend Conference Organized by the Department of Extra–Mural and Adult Education, University of Glasgow, and Held at Jordanhill College of Education, 7-9 April 1978* (Moore, B. *et al.*, eds), Cleveland (Society for Interdisciplinary Studies) 1982, 53-55.

ROY, A.E.: «The Origin of the Constellations», *Vistas Astron.*, **27**, 1984, 176-85.

RUGGLES, C.: *Astronomy in Prehistoric Britain and Ireland*, New Haven CT (Yale University Press) 1999.

SAGERET, J.: *Le système du monde: Des Chaldéens à Newton*, Paris (Alcan) 1913.

SAMBURSKY, S.: *The Physical World of the Greeks*, NJ (Princeton University Press) 1987.

SAMUEL, A.E.: *Greek and Roman Chronology: Calendars and Years in Classical Antiquity*, München (Beck) 1972.

SANTILLANA, G. DE: «On Forgotten Sources in the History of Science», *Scientific Change: Historical Studies in the Intellectual, Social and Technical Conditions for Scientific Discovery and Technical Invention, from Antiquity to the Present* (Crombie, A.C., ed.), London (Heinemann) 1963, 813-28.

SANTILLANA, G. DE & DECHEND, H. VON: *Hamlet's Mill: An Essay Investigating the Origins of Human Knowledge and its Transmission through Myth*, Boston (Godine) ^{2}1977.

SARTON, G.: *A History of Science*, **I-II**, NY (W.W. Norton & Co, Inc.) ^{2}1970.

SASLAW, W.C.: *Gravitational Physics of Stellar and Galactic Systems*, Cambridge (Cambridge University Monographs on Mathematical Physics) 1985.

SAVELYEV, I.V.: *Fundamentals of Theoretical Physics: 2. Quantum Mechanics* (traduit par Leib, G.), Moscow (MIR Publishers) 1982.

SCHAEFER, B.E.: «Heliacal Rise Phenomena», *Archæoastronomy 11* (suppl. to *JHA,* **18**), 1987, S19-33.

SCHAEFER, B.E.: «Lunar Visibility and the Crucifixion», *Quarterly Journal of the RAS*, **31**, 1990, 53-67.

SCHAEFER, B.E. & LILLER, W.: «Refraction near the Horizon», *PASP*, **102**, 1990, 796-805.

SCHAIFERS, K. (ed.): *Himmelsatlas: Tabulæ Cælestes (Schurig/Götz)*, Mannheim (Bibliographisches Institut, Wissenschaftsverlag) ^{3}1960.

SCHATZMANN, J.–C. & PECKER, E.: *Astrophysique générale*, Paris (Éditions Masson et Cie) 1959.

SCHIAPARELLI, G.: *Die Astronomie im Alten Testament*, Giessen 1904.

SCHICK, E. (✠, ed.): *Bibliorum Sacrorum Editio (Typica Altera)*, Vaticano (Libreria Editrice Vaticana) 1986.

SCIAMA, D.W.: *Modern Cosmology*, Cambridge (Cambridge University Press) 1971.

SEIDENBERG, A.: «The Ritual Origin of Geometry», *Arch. Hist. Exact Sci.*, **1**[5], 1962, 488-527.

SELLERS, J.B.: *The Death of Gods in Ancient Egypt: An Essay on Egyptian Religion and the Frame of Time*, Harmondsworth (Penguin Books) 1992.

SHENNAN, S.J.: *Quantifying Archæology*, Edinburgh (Edinburgh University Press) 1988.

SHU, F.H.: *The Physical Universe: An Introduction to Astronomy*, CA (University Science Books / A Series of Books in Astronomy) 1982.

SILK, J.: *The Big Bang*, NY (W.H. Freeman) 1980.

SINGER, G., HOLMYARD, E.J. & HALL, A.R.: *A History of Technology*, **I**, London 1954.

SMART, W.M.: *Textbook on Spherical Astronomy*, UK (Cambridge University Press) [6]1980.

SMITH, D.E.: *History of Mathematics*, **I**, Boston 1923.

SNAITH, N.H. (ed.): *Hebrew Old Testament*, Suffolk UK (The British & Foreign Bible Society / S[t] Edmundsbury Press) 1989.

STAAL, J.D.W.: *The New Patterns in the Sky: Myths and Legends of the Stars*, Blacksbourg VA (McDonald & Woodward Publishing C[o]) 1988.

STAHLMAN, D. & GINGERICH, O.: *Solar and Planetary Longitudes for Years –2500 to +2000 by 10–Day Intervals*, Madison WI 1963.

STARR, C.G.: *The Origin of the Greek Civilization*, NY (Knopf) 1961.

STAUDACHER, C.G.: *Die Trennung von Himmel und Erde: Ein vorgriechischer Schöpfungsmythus bei Hesiod und der Orphikern*, Tübingen 1942.

STEPHANI, H., ESCHENBACHII, A.C., GESNERI, I.M. & TYRWHITTI, T.: *Orphica, cum Notis*, Lipsiæ 1805.

SYMBOLS, 1996 = CHEVALIER, J. & GHEERBRANT, A.: *Dictionary of Symbols* (traduit par Buchanan–Brown, J.), UK (Penguin) [4]1996.

TAHO–GODI, A.A.: *Ancient Hymns*, Moscow 1980 [en russe].

TANNERY, P.: *Recherches sur l'histoire de l'astronomie ancienne*, Paris 1893.

TATON, R.: *Histoire générale des sciences*, **I**, Paris 1957.

TATON, R. (ed.): *Ancient and Medieval Science: From the Beginnings to 1450* (traduit par Pomerans, A.J.), London (Thames & Hudson) 1963.

TEMPLE, R.: *The Crystal Sun: Rediscovering a Lost Technology of the Ancient World*, London (Century) 2000.

THOM, A.: *Megalithic Sites in Britain*, Oxford (Oxford University Press) 1967.

THURSTON, H.: *Early Astronomy*, NY (Springer–Verlag) 1994.

THURSTON, H.: «Aligning Giza: Astronomical Orientation of the Great Pyramid», *Griffith Observer*, September 2001, *in press*.

TOPOROV, V.N.: «The World Egg», *Myths of the People of the World*, **II**, 1982, 681 [en russe].

TORRENCE, M.: «Tectonic Motion in Europe», *http://www.cddisa.gsfc.nasa.gov/926/slrtecto.html*, Maryland (NASA) 1998.

ΤΣΟΠΑΝΗΣ, K.: *Ὀρφισμὸς καὶ Χριστιανισμὸς [Orphisme et Christianisme]* (Thèse de Doctorat présentée à la Faculté Théologique de l'Université de București), Ἀθήνα (Ἴάμβλιχος) 2003.

VAUTIER, G.: *The Way of the Stars: Legends of the Constellations* (adapté par McLeish, K.), Cambridge (Cambridge University Press) 1982.

VERSCHUUR, G.L.: *The Invisible Universe Revealed: The Story of Radio Astronomy*, NY (Springer–Verlag) ²1987.

VESELOVSKY, I.N.: «Astronomy of the Orphics», *Problems in the History of Natural Science and Engineering*, **II**, 1982, 120-24 [en russe].

VIRÉ, G. (ed.): *Hyginus: De Astronomicæ*, Leipzig (Teubner) 1992.

WADDEL, W.G. (ed.): *Manetho: Aegyptiaca: Ptolemy: Tetrabiblos*, Cambridge MA (Harvard University Press / *Lœb Classical Library*) ²1948.

WAERDEN, B.L. VAN DER: «Egyptian "Eternal Tables"», *Proceedings Koninklijke Nederlandsche Akademie van Wetenschappen*, **50**, 1947, 536-47 & 782-88.

WAERDEN, B.L. VAN DER: *Die Anfänge der Astronomie: Erwachende Wissenschaft*, **II**, Groningen 1966.

WAERDEN, B.L. VAN DER: «Aegyptische Planetenrechnung», *Centaurus*, **16**, 1972, 65-91.

WEIDLER, J.F.: *Historia Astronomiæ*, Wittenberg (Gottlieb) 1741.

WEIDNER, E.: «Astrologische Geographie im Alten Orient», *AOF*, **20**, 1986, 117-21.

WEINBERG, S.: *Les trois premières minutes de l'univers* (traduit par Yelnik, J.–B.), Paris (Seuil) 1978.

WENSKUS, O.: *Astronomische Zeitgaben von Homer bis Theophrast*, Stuttgart (Steiner / *Hermes Einzelschr.*, **55**) 1990.

WEST, M.L.: *The Orphic Poems*, Oxford (Clarendon Press) 1983.

WETTENGEL, W.: «Bilder der Schöpfung», *Antike Welt*, Feldmeilen **23**, 1992, 281-86.

WILSON, H.H.: *The Viṣṇu Purāṇa: A System of Hindu Mythology and Tradition (Translated from the Original Sanskrit)*, Calcutta (Punthi Pustak) ⁵1979.

WITTEN, A.J.: *Handbook of Geophysics in Archæology*, UK (Equinox) 2004.

ΧΑΣΑΠΗΣ, K.Σ.: *Ἡ ἑλληνικὴ ἀστρονομία τῆς β´ χιλιετίας[ηρίδος] π.Χ. κατὰ τοὺς ὀρφικοὺς ὕμνους [Astronomy during the 2nd Millenium BC, according to Orphic Hymns]* (PhD Thesis), Ἀθῆναι (Χουρζαμάνης / Τμῆμα Μαθηματικῶν τοῦ Πανεπιστημίου Ἀθηνῶν) 1967.

ZAIDMAN, L.B. & PANTEL–SCHMIDT, P: *The Religion of the Ancient Greek City*, Cambridge (Cambridge University Press) 1995.

ZEZONG, X.: «The Characteristics of Ancient China's Astronomy», *History of Oriental Astronomy: Proceedings of an International Astronomical Colloquium # 91, New Delhi* (Swarup, G. *et al.*, eds), Cambridge (Cambridge University Press) 1987, 13-16.

ZHITOMIRSKY, S.: «The *Phænomena* of Aratus, Orphism, and Ancient Astronomy», *Calendars, Symbols and Orientations: Proceedings of the 9th Meeting of the SEAC, Sockholm 27-30 August 2001* (Blomberg, M. *et al.*, eds), Uppsala (Uppsala Astronomical Observatory / *Report*, **59**) 2003, 79-82.

ZUKAV, G.: *The Dancing Wu Li Masters: An Overview of the New Physics*, UK (Rider) 1979.

Abréviations Courantes & *Sigla*

Figure 4: La *Pierre de Palermo*, dont 7 fragments ont été retrouvés, une stèle aux annales royales enregistrant partiellement les faits saillants (année par année) jusqu'à la Ve Dynastie. Dans le registre pour le troisième an d'un roi de la I[e] Dynastie (cf. la troisième ligne sur cette stèle de basalte) l'on trouve une mention de la cérémonie fondatrice de l'*extension de la corde* (*wḥ*ᶜ *w3w3t*). Musée du Palerme, c. 2470 BCE.

AA = *Archœoastronomy (Supplement to JHA)*, Cambridge UK.
AAA = *Ἀρχαιολογικὰ Ἀνάλεκτα ἐξ Ἀθηνῶν*, Ἀθῆναι.
AAC = *L'astronomie dans l'antiquité classique*, Paris.
AÄA = *Archiv für ägyptische Archäologie*, Wien.
AAW = *The Place of Astronomy in the Ancient World*, London
AcAnt = *Acta Antiqua Academiœ Scientiarum Hungariœ*, Budapest.
ACT = *Astronomical Cuneiform Texts*, London.
AΔ = *Ἀρχαιολογικὸν Δελτίον*, Ἀθῆναι.
ADAIK = *Abhandlungen des Deutschen Archäologischen Instituts Kairo*, Glückstadt–Hamburg–NY.
AEB = Annual Egyptological Bibliography, Leiden.
ÄAT = *Ägypten und Altes Testament*, Wiesbaden.
AegAnt = *Aegyptus Antiquus*, Buenos Aires, Argentina.
AE = *Ἀρχαιολογικὴ Ἐφημερίς*, Ἀθῆναι.
AEMT = *Ancient Egyptian Magical Texts*, Leiden [3]1978.
AG = *Les alchimistes grecs*, Paris.
ÄgAbh = *Ägyptologische Abhandlungen*, Wiesbaden.
ÄHG = *Ägyptische Hymnen und Gebete* par J. Assmann, Zürich.
AH = *Aegyptiaca Helvetica*, Basel–Genève.
AHAW = *Abhandlungen der Heidelberger Akademie der Wissenschaften, Philologische–Historische Klasse*, Heidelberg.
AJA = *American Journal of Archœology*, NY.
AJPA = *American Journal of Physical Anthropology*, NY.
AMORC = *Ancient and Mystical Order Rosœ Crucis*, San Hose CA.
AnAe = *Analecta Aegyptiaca*, København.
anc. ég. = ancien égyptien.
anc. hel. = ancien hellénique.
ANET = *Ancient Near Eastern Texts Related to the Old Testament*, Princeton NJ.
ANLEX = *Année Lexicographique*, **I-III**, Paris.
AnOr = *Analecta Orientalia: Commentationes Scientificœ de Rebus Orientis Antiqui*, Roma.
ANPHIL = *L'Année Philologique*, Paris.
AntOr = *Antiguo Oriente*, Argentina.
AOF = *Altorientalische Forschungen*, Berlin.
AOr = *Acta Orientalia*, Lund–København.
AP = Période Archaïque [Archaic Period].
APAW [dès 1945: *ADAW*] = *Abhandlungen der Preußischen [Deutschen] Akademie der Wissenschaften*, Berlin.
APF = *Archiv für Papyrusforschung und verwandte Gebiete*, Leipzig.
APS = American Philosophical Society.
AR = *Ancient Records of Egypt*, Chicago.
arab. = arabe.
ARCE = The American Research Centre in Egypt.
ArOr = *Archív Orientální*, Prague.
art. = article [s.v.].
ASAE = *Annales du Service des Antiquités de l'Égypte*, Le Caire.
ASP = *American Studies in Papyrology*, USA.

ASTRES, 1996 = *Les Astres: Actes du Colloque International de Montpellier*, Montpellier.
AUC = The American University in Cairo, Cairo.
BACE = *Bulletin of the Australian Centre for Egyptology*, Sydney, North Ryde NSW, Australia.
BAR = British Archæological Reports, Oxford.
BASOR = *Bulletin of the American Schools of Oriental Research*, New Haven CT.
BAe = *Bibliotheca Aegyptiaca*, Bruxelles.
BCE = Avant l'Ère Commune [Before the Common Era = avant J.–C., BC].
BD = *Livre des Morts* [*Book of the Dead*, *LdM*].
BdE = *Bibliothèque d'Études*, *IFAO*, Le Caire.
BES = *Bulletin of the Egyptological Seminar*, NY.
BIE = *Bulletin de l'Institut d'Égypte*, Le Caire.
BIFAO = *Bulletin de l'IFAO*, Le Caire.
BiGen = *Bibliothèque Générale de l'IFAO*, Le Caire.
BiOr = *Bibliotheca Orientalis*, Leiden.
BM = *British Museum*, London.
BMD, 1996 = *British Museum Dictionary of Egyptology*, London.
BMMA = *Bulletin of the Metropolitan Museum of Art*, NY.
BMP = British Museum Press, London.
BOREAS = *Uppsala Studies in Ancient Mediterranean and Near Eastern Civilizations*, Uppsala.
BSAK = *Studien zur Altägyptischen Kultur, Beihefte*, Hamburg.
BSEG = *Bulletin de la Société d'Égyptologie de Genève*, Genève.
BSFE = *Bulletin de la Société Française d'Égyptologie*, Paris.
c. = environ [circa].
c.-à-d. = c'est-à-dire.
CAH = *Cambridge Ancient History*, Cambridge.
CCAG = *Catalogus Codicorum Astrologicorum Græcorum*, **I-XII**, Bruxelles 1898-1953.
CCER = Centre for Computer–Aided Egyptological Research, Utrecht.
CD = *Concise Dictionary* par Faulkner, Oxford 1991 [= F*CD*].
CdE = *Chronique d'Égypte*, Bruxelles.
CdO = *Cahiers d'Orientalisme*, Genève.
CE = Ère Commune [Common Era = après J.–C., AD].
CEA = *Cahiers des Études Anciennes*, Montréal.
cf. = *confer*.
CG = *Catalogue Général*, *Musée Égyptien*, Le Caire.
CHE = *Cahiers d'histoire égyptienne*, Le Caire.
CMAG = *Catalogue des manuscrits alchimiques grecs*, Bruxelles.
col. = colonne.
copt. = copte.
CP = Période Copte [Coptic Period].
CRIPEL = *Cahiers de Recherches de l'Institut de Papyrologie et d'Égyptologie de Lille*, Lille.
CT = *Textes des Sarcophages* [*Coffin Texts*].

DE = *Discussions in Egyptology*, Oxford.
DENDARA = *Le temple de Dendara*, **I-XI**, Le Caire.
DESCÉG = *Description de l'Égypte.*
DFIFAO = *Documents de Fouilles de l'IFAO*, Le Caire.
DVSM = *Det Kongelige Danske Videnskabernes Selskab, Historisk–Filologisk Meddelelser*, København.
EAA = European Association of Archæologists.
EAT = *Egyptian Astronomical Texts*, **I-III**, Providence RI.
EEF = Egypt Exploration Fund, London.
EES = Egypt Exploration Society, London.
ESO = European Southern Observatory, Chili.
e.g. = *exempli gratia* [par exemple].
EG = *Egyptian Grammar* par Gardiner, Oxford [3]1988.
EG–Æ–LE =*Egypt, the Aegean and the Levant*, London.
EG–GR = *Entre Égypte et Grèce*, Paris.
Enchoria = *Zeitschrift für Demotistik und Koptologie*, Wiesbaden.
env. = environ.
EPRO = *Études Préliminaires aux Religions Orientales dans l'Empire Romain*, Leiden.
& c. = *et cœtera* [et c.].
f. = feuille.
F.I.E.C. = Fédération Internationale (des Associations) d'Études Classiques.
ff = sq.
FIP = Première Période Intermédiaire [First Intermediate Period].
Fragm. = *fragmentum* [fragment].
Fs. = *Festschrift.*
GM = *Göttinger Miszellen: Beiträge zur ägyptologischen Diskussion*, Göttingen.
GOF = *Göttinger Orientforschungen*, Wiesbaden.
GPS = Global Positioning System.
HÄB = *Hildesheimer Ägyptologische Beiträge*, Hildesheim.
HdO = *Handbuch der Orientalistik*, Leiden–Köln.
hébr. = hébraïque.
HPBM = *Hieratic Papyri in the British Museum*, London.
IAC = Instituto de Astrofísica de Canarias, Tenerife.
IAE = International Association of Egyptologists.
IAU = International Astronomical Union.
ibid. = *ibidem* [au même endroit].
ICHR = Indian Council of Historical Research, New Delhi.
idem = du même auteur.
i.e. = *id est* [c'est-à-dire].
IFAO = *Institut Français d'Archéologie Orientale*, Le Caire.
infra = ci-dessous.
JA = *Journal Asiatique*, Paris–Leeuwen.
JAC = *Journal of Ancient Civilizations*, Changchun, China.
JANES = *Journal of the Ancient Near Eastern Society*, NY.
JAOS = *Journal of the American Oriental Society*, New Haven CT.
JARCE = *Journal of the American Research Centre in Egypt*, Cairo–NY.

JAS = *Journal of Archæological Science*, London–NY.
JE = *Journal d'Entrées, Musée Égyptien*, Le Caire.
JEA = *Journal of Egyptian Archæology*, EES, London.
JEOL = *Jaarbericht van het Vooraziatisch–Egyptisch Genootschap «Ex Oriente Lux»*, Leiden.
JHA = *Journal for the History of Astronomy*, Cambridge UK.
JHI = *Journal of the History of Ideas*, Philadelphia PA.
JHS = *Journal of Hellenic Studies*, London.
JNES = *Journal of Near Eastern Studies*, Chicago IL.
JSSEA = *Journal of the Society for the Study of Egyptian Antiquities*, Toronto.
KÄT = *Kleine Ägyptische Texte*, Wiesbaden.
K*RI* = *Ramesside Inscriptions* par Kitchen, **I-VII**, Oxford 1968-88.
KV = Vallée des Rois [King's Valley].
LÄ = *Lexikon der Ägyptologie*, **I-VI**, Wiesbaden 1975-87.
lat. = latin.
ℓ./ℓℓ = ligne/s.
LingAeg = *Lingua Aegyptia: Journal of Egyptian Language Studies*, Göttingen.
LP = Période Tardive [Late Period].
LT = Local Time [Temps Local, Heure Locale].
MÄS = *Münchner Ägyptologische Studien*, München.
MAGIC IN EGYPT, 1987 = *Magic in Egypt in the Time of the Pharaohs*, Verona 1987.
MDAIK = *Mitteilungen des Deutschen Archäologischen Instituts*, Kairo.
MIFAO = *Mémoires Publiées par les Membres de l'IFAO*, Le Caire.
MIO = *Mitteilungen des Instituts für Orientforschung*, Berlin.
MK = Moyen Empire [Middle Kingdom].
MMA = Metropolitan Museum of Art, NY.
MMAF = *Mémoires Publiés par les Membres de la Mission Archéologique Française au Caire (IFAO)*, Le Caire.
MonAeg = *Monumenta Aegyptiaca*, Bruxelles.
MRAH = *Musées Royaux d'Art et d'Histoire*, Bruxelles.
ms(s). = manu scriptus(a).
MVEOL = *Mededelingen en Verhandelingen van het Vooraziatisch–Egyptisch Genootschap «Ex Oriente Lux»*, Leiden.
NARCE = *Newsletter of the American Research Centre in* Egypt, Cairo.
NAWG = *Nachrichten von der Akademie der Wissenschaften zu Göttingen,* Göttingen.
NES = Near Eastern Studies.
NK = Nouvel Empire [New Kingdom].
o = ostracon.
OBO = *Orbis Biblicus et Orientalis*, Freiburg.
OEAE = *The Oxford Encyclopedia of Ancient Egypt*, **I-III**, Oxford 2001.
Oikumene = *Oikumene: Studia ad Historiam Antiquam Classicam et Orientalem Spectantia*, Budapest.
OIP = *Oriental Institute Publications,* The University of Chicago, Chicago IL.
OK = Ancien Empire [Old Kingdom].
OLA = *Orientalia Lovaniensia Analecta*, Leeuwen.
OLP = *Orientalia Lovaniensia Periodica*, Leeuwen.

OLZ = *Orientalistische Literaturzeitung*, Berlin.
OMRO = *Oudheidkundige Mededelingen uit het Rijksmuseum van Oudheden te Leiden*, Leiden.
OpAth = *Opuscula Atheniensia*, Lund.
op. cit. =*opere citato*.
Or = *Orientalia*, Roma.
OrAnt = *Oriens Antiquus*, Roma.
OrMonsp = *Orientalia Monspeliensia*, Université Paul Valéry, Montpellier.
p = *papyrus*.
p. / pp = page/pages.
PAPS = *Proceedings of the American Philosophical Society*, USA.
PASP = *Publications of the Astronomical Society of the Pacific*, California.
PG = *Patrologiæ Cursus Completus, Series Græca* par J.–P. Migne, Paris.
PIREI = *Publications Interuniversitaires de Recherches Égyptologiques Informatisées*, Utrecht–Paris.
PL = *Patrologia Latina* par Migne, Paris.
PM = *Topographical Bibliography of Ancient Egyptian Hieroglyphic Texts, Reliefs and Paintings* par Porter & Moss, **I-VIII**, Oxford 1960-64.
PMMA = *Publications of the MMA*, NY.
PN = *Personennamen* par Ranke, **I-III**, Hamburg 1932-77.
PP = Période Ptolémaïque [Ptolemaic Period].
ProbÄg = *Probleme der Ägyptologie*, Leiden.
p.s. = *post scriptum*.
PSBA = *Proceedings of the Society of Biblical Archæology*, London.
PT = *Textes des Pyramides* [*Pyramid Texts*].
QV = Vallée des reines [Queen Valley].
r = recto.
RAPH=*Recherches d'Archéologie, de Philologie et d'Histoire de l'IFAO*, Le Caire.
RÄRG = *Reallexikon der Ägyptischen Religionsgeschichte*, Berlin 1952.
R.A.S. = *The Royal Astronomical Society*, London.
RdA = *Rivista di Archeologia*, Roma.
RdE = *Revue d'Égyptologie*, Paris.
RE = *Real–Encyklopädie der Classischen Altertumswissenschaft*, Stuttgart 1932.
RRE = *Revue Roumaine d'Égyptologie*, Bucureşti.
RSO = *Rivista degli Studi Orientali*, Roma.
RT = *Recueil de Travaux Relatifs à la Philologie et à l'Archéologie Égyptiennes et Assyriennes*, Paris.
RP = Période Romaine [Roman Period].
s = *stèle*.
SAK = *Studien zur Altägyptischen Kultur des Alten Orients*, Hamburg.
SAOC = *Studies in Ancient Oriental Civilization*, Oriental Institute, Chicago IL.
SBAW=*Schweizerische Beiträge zur Altertumswissenschaft*, Basel.
SEAC = Société Européenne pour l'Astronomie dans la Culture.
SCA = Supreme Council of Antiquities, Cairo.
s.d. = sans date.
Ser. = Series.
SHR = *Studies in the History of Religions (Supplements to Numen)*, Leiden.

SIP = Deuxième Période Intermédiaire [Second Intermediate Period].
SPAW = *Sitzungsberichte der Preußischen Akademie der Wissenschaften*, Berlin.
SSAW = *Sitzungsberichte der Sächsischen Akademie der Wissenschaften zu Leipzig, Philologische–Historische Klasse*, Leipzig–Berlin.
SSEA = *Society for the Study of Egyptian Antiquities*, Toronto, Canada.
SMPK = *Staatlichen Museen Preußischer Kulturbesitz*, Berlin.
StG = *Studium Generale*, Berlin.
StudAeg = *Studia Aegyptiaca*, Budapest.
Suppl. = Supplément.
supra = ci-dessus.
Symbols, 1996 = *Dictionary of Symbols*, UK ^{4}1996.
test. = *testimonia.*
Th.T.S. = *Theban Tombs Series*, **I-V**, London 1915-33.
TIP = Troisième Période Intermédiaire [Third Intermediate Period].
TT = Tombeau de la Vallée des Nobles [Theban Tomb].
UCBUCP = *University of California, Berkeley, UC Publications, NES*, California.
UGAÄ = *Untersuchungen zur Geschichte und Altertumskunde Ägyptens*, Leipzig 1896-1945 & Berlin 1952-56.
Urk. = *Urkunden des Ägyptischen Altertums* par Sethe, Grapow *et al.*, Leipzig 1903-39 & Berlin 1955-61.
v = verso.
v. = *vide* [voir].
VA = *Varia Aegyptiaca*, San Antonio TX.
var. = *varia lectio* [variante].
VDI = *Вестник Древней Истории [Vestnik Drevnej Istorij]*, Moscow.
VIO = *Veröffentlichungen der Deutschen Akademie der Wissenschaften zu Berlin, Institut für Orientforschung*, Berlin.
Vistas Astron. = *Vistas in Astronomy*, UK.
vol. = *volumen* [volume].
Wb. = *Wörterbuch der Ägyptischen Sprache*, **I-V**, Leipzig & Berlin 1926-31.
WCT = *World of the Coffin Texts*, Leiden 1996.
WdO = *Die Welt des Orients*, Göttingen.
WZKM = *Wiener Zeitschrift für die Kunde des Morgenlandes*, Wien.
YES = *Yale Egyptological Studies*, New Haven CT.
ZÄS = *Zeitschrift fur Ägyptische Sprache und Altertumskunde*, Leipzig–Berlin.
ZDMG = *Zeitschrift der Deutschen Morgenländlischen Gesellschaft*, Wiesbaden.
ZDPV = *Zeitschrift des Deutschen Palästina–Vereins*, Leipzig & Wiesbaden.

( ) = mots ajoutés, pour que la traduction devienne plus uniforme.
[ ] / [...] = lacune du texte (qui a été rempli / ou n'a pas été rempli).
{ } = signes superflus (à cause d'une orthographe historique).
< > = omission du scribe (qui a été rempli).
[...] = texte intervenant qui n'est pas présenté.
| | = séparation des vers; soit, unités métriques.
* = prononciation conjecturale d'un mot égyptien ancien ou copte.
† = variante d'un mot dans les diverses éditions des *Hymnes Orphiques*.

SOMMAIRE

Figure 1: La plus ancienne clepsydre connue jusqu'à nos jours (en albâtre avec des restes d'incrustations de pâte, de verre et de cornaline; H = 35 cm). Le registre supérieur montre les planètes et quelques astérismes, ainsi qu'une liste des décans; le registre médian est occupé par la figuration des constellations boréales, ainsi que par une scène d'offrande du roi (assisté de Thoth) à Rē'–Horakhty; le registre inférieur est divisé en 6 parties (deux par saison), où le pharaon est représenté chaque fois entre deux divinités mensuelles. Règne d'Aménophis III (c. 1370 BCE). Musée Égyptien du Caire, JE 37525.

Amanda–Alice Maravelia:

Les Astres dans les Textes Religieux en Égypte Antique et dans les Hymnes Orphiques Helléniques

Thèse de Doctorat, Présentée à l'Université de Limoges

Mots Clés: Égyptologie; Archéoastronomie; Astronomie; Conceptions Astronomiques Anciennes; Conceptions Cosmovisionnelles Anciennes; Cosmogonie; Égypte Ancienne: Textes Funéraires, *Textes des Pyramides*, *Textes des Sarcophages*, *Livre des Morts*, *Conte du Naufragé*, *Aventures de Sinūhe*, *Poèmes d'Amour*, Astérismes, Constellations, Décans, Étoiles, Soleil, Lune, Planètes, Lever Héliaque, Sirius, Culmination des Étoiles, Orientation des Pyramides; Datation des Textes Anciens; Hellas Ancienne: *Hymnes Orphiques*, Orphisme, Orphée; Notions Astronomiques Modernes; Notions Astrophysiques Modernes; Notions Cosmologiques Modernes: Principe Anthropique.

Cette *Thèse* examine l'évolution de la pensée astronomique, ainsi que les idées astronomiques et cosmovisionnelles diverses dans l'Égypte pharaonique (dès c. 2800 BCE à c. 1200 BCE), d'après les textes religieux importants comme les *Textes des Pyramides*, les *Textes des Sarcophages* (et le *Livre des Morts*). Plus précisément, nous examinons les conceptions que les Égyptiens se faisaient des astres (étoiles, Soleil, Lune et planètes); nous les comparons aux mêmes notions chez les Orphiques; enfin, nous les comparons avec prudence épistémologique — *mutatis mutandis*— aux conceptions astronomiques et cosmologiques modernes. Il faut souligner que, bien que notre étude comparative entre les conceptions des astres chez les Égyptiens et les Orphiques soit complète, notre analyse des sources égyptiennes quant à elles (*PT*, *CT*, *BD* & autres compositions funéraires) n'est pas exhaustive, parce que d'autres chercheurs ont travaillé de façon considérable sur de tels sujets. Il faut noter aussi que notre étude textuelle des *Hymnes Orphiques* et des textes funéraires égyptiens se place dans le cadre interdisciplinaire de l'Égyptologie et de l'Archéoastronomie et montre que les méthodes de l'analyse textuelle sont des instruments effectifs de datation des textes, qui offrent beaucoup d'information sur la *forma mentis* et les idées astronomiques des anciens.

Il faut souligner d'emblée que notre analyse statistique (voir le Chapitre III, 1-2, 5 & 6) est importante et a un sens absolu par elle-même, ainsi que par sa comparaison avec les résultats analogues pris dans l'étude des textes profanes; elle corrobore le fait que les Égyptiens utilisaient des termes astronomiques variés très fréquemment au niveau métaphysique des textes funéraires, en les plaçant maintes fois dans le niveau de l'Astronomie pré–scientifique [observation des levers héliaques et des couchers vespéraux; observation du Soleil près de l'horizon; détermination des saisons, du commencement de l'année, des Équinoxes et des Solstices; observation des culminations des astres et des décans pour mesurer le temps pendant la nuit; orientation des monuments (au moins pendant l'OK); & c.]. Nos résultats corroborent la nuance céleste —à la fois astrale et solaire— de la religion égyptienne. Il faut bien remarquer l'importance de notre analyse statistique et des Tables étendues qui regroupent les éléments astronomiques et les notions cosmovisionnelles de l'Égypte antique. La fréquence d'occurrence des termes variés relatifs à cela est très significative, parce que les *mots/*

termes expriment des idées semblables (ils ne sont que les virtuelles pierres constructives des *expressions/porteuses des notions*), qui —à leur tour— sont liées à l'évolution de la pensée astronomique et cosmovisionnelle égyptienne. Or, les Tables statistiques deviennent un instrument très puissant d'analyse et de compréhension d'une *forma mentis* très ancienne; de cette façon, le *mot/terme* devient un véhicule de communication des *notions* importantes, par le biais du langage et nos Tables ne constituent pas seulement de listes techniques des mots, mais des sources de classification et d'analyse statistique de ces notions. Notre technique est très efficace. Il semble même que notre méthode découvre des termes astronomiques et cosmovisionnelles qui n'étaient pas inclus dans l'ouvrage général informatisé *Coffin Texts Word Index*; en même temps, elle apparaît très promettante pour des recherches futures: la thématisation proposée doit fonder la base solide pour des recherches non seulement léxicographiques, mais aussi pour l'étude complète de diverses notions astronomiques et/ou cosmovisionnelles.

Le contenu de cette *Thèse* est le suivant: Un *Avant–Propos*, suivi par une *Préface* des remerciements. L'*Introduction*, où l'on trouve un bilan préliminaire de notre objectif, suit. Dans le *Chapitre I*, nous présentons le thème et le but de notre étude, la méthodologie et les instruments de notre analyse comparative, nous discutons les divers travaux précedents, et nous définissons les termes *astres/astronomique* dans le contexte de cette *Thèse* et dans celui des Égyptiens de l'Antiquité. Le *Chapitre II* a pour but de donner une introduction concise aux notions modernes de l'Astronomie, de l'Astrophysique et de la Cosmologie récentes, afin de: **(i)** présenter aux lecteurs un regroupement global des connaissances astronomiques, qui n'a pas été donné avant, et qui est (plus ou moins) relatif à l'Égyptologie; **(ii)** offrir une base solide et utile sur laquelle nous fonderons les comparaisons entre les idées astronomiques égyptiennes sur les astres (et les notions astronomiques des Orphiques) et les conceptions modernes scientifiques. Les astres principaux y sont présentés sous le prisme de l'Astrophysique moderne, ainsi que les éléments principaux de l'Astronomie Sphérique, une introduction brève à l'Archéoastronomie, et finalement un synopsis des notions cosmologiques et thermodynamiques modernes. Beaucoup d'exposés brefs dans des articles ou dans des livres concernant la Science des Égyptiens ont vu le jour de temps en temps, sans qu'ils contiennent la moindre base théorique pour la compréhension des termes astronomiques ou scientifiques qui y sont utilisés. Cette base théorique est présentée ici, écrite spécialement pour des Égyptologues pour la première fois par une Égyptologue qui est à la fois Astronome. Le *Chapitre III* est le noyau principal de cette *Thèse*, où les conceptions des Égyptiens d'antan concernant les astres, dans leurs textes funéraires, sont examinées. Il s'agit principalement d'une étude assez globale (mais non exhaustive) des idées égyptiennes sur les étoiles, le Soleil, la Lune et les planètes, comme celles-ci apparaissent principalement dans les *PT* et les *CT* (quelques analogues du *BD* n'entrent que parfois dans la comparaison). Il s'agit aussi d'une analyse statistique brève de la fréquence avec laquelle ces objets célestes, ainsi que quelques idées et phénomènes astronomiques, apparaissent dans ces textes funéraires, et d'une discussion sur l'évolution des ces notions astronomiques au cours des siècles. Dans le même chapitre nous étudions ces textes funéraires comme sources possibles d'information sur l'orientation précise des grandes pyramides, comme cela a déjà été proposé et nous montrons qu'aucune information semblable n'y existe, à l'exception d'allusions fragmentaires qui étaient mal interprétées par les adeptes de théories tendancieuses; notre étude s'avance en examinant de manière critique ces théories (comme celle proposée par Spence) et en prouvant leur fausseté. Par ailleurs nous utilisons (pour une comparaison avec les textes religieux) quelques textes profanes caractéristiques comme le *corpus* de *Poèmes d'Amour* (*Ḥswt sḫmḫ-ib*, qui contiennent quelques rudiments astronomiques, ainsi qu'une allusion au lever héliaque de Sirius qui pourrait nous offrir une méthode pour leur datation), le *Conte du Naufragé* (qui a été caractérisé comme une métaphore astronomique) et les *Aventures de Sinūhe* (qui comprennent non seulement la «narration géographique», mais aussi des allusions à Hathor/Nūt, déesse cosmique par excellence). Ce chapitre se termine avec un bilan comparatif des connaissances astronomiques des Égyptiens pendant la haute période pharaonique, soit pendant le OK, le MK (et le NK). Le *Chapitre IV* est dédié aux *Hymnes Orphiques* helléniques, la datation archéoastronomique textuelle de leurs notions astronomiques et cosmovisionnelles dès le 13e siècle BCE (une ère coïncidant au NK, voire avec la haute époque ramesside), et l'on y étudie les conceptions astronomiques que les Orphiques se faisaient des astres. En plus, nous examinons comparativement un hymne orphique à Hēlios et un hymne à Rē‘ provenant du *BD*, ainsi que quelques notions cosmovisionnelles parallèles rencontrées dans les *Hymnes Orphiques* et dans les textes funéraires des Égyptiens (*œuf cosmique/swḥt*, temps universel, *Loi Universelle/Mꜣꜥt*, & c.). L'originalité de ce chapitre est due au fait que c'est la première fois qu'une étude aussi approfondie que la nôtre voit le jour, faite par une personne qui combine les disciplines de l'Égyptologie et de l'Archéoastronomie, tout en connaissant l'égyptien ancien et la langue hellénique ancienne. Ce chapitre se termine par quelques conclusions récapitulatives sur la prédominance de la raison chez les Orphiques qui présentèrent des notions proto–scientifiques, au contraire des Égyptiens qui n'arrivèrent jamais à la Science pure, même s'ils ont présenté des idées cosmovisionnelles avancées, car ils se fondaient toujours sur le symbolisme archétypique (donc, étant restés toujours au niveau pré–scientifique). Le *Chapitre V* constitue une brève étude comparative entre les idées astronomiques égyptiennes sur les astres et celles de l'Astronomie moderne. La conception de la déesse celeste Nūt et sa relation avec la Voie Lactée est aussi discutée ici, en montrant que l'expression *Msḳt(-Sḥdw)* doit décrire la Galaxie. Il s'agit aussi d'une comparaison —*mutatis mutandis*— entre les idées cosmovisionnelles et eschatologiques des Égyptiens et celles de la Cosmologie scientifique. Nous y discutons les «points communs» entre les théories modernes (Big Bang, Principe Anthropique, & c.) et quelques idées égyptiennes, nous comparons l'inverse de l'entropie à Ma‘at (*Mꜣꜥt*), le rayonnement du fond radio qui remplit l'Univers à la conception du dieu Heka (*Ḥkꜣ*), & c. Ce chapitre finit par quelques conclusions importantes, *contra* les afrocentristes, et montre qu'il n'y avait jamais de Sience pure en Égypte antique, bien que quelques idées cosmovisionnelles conçues par des Égyptiens *savants* (*rḫww-ḫt*) soient extraordinaires et avancées au niveau métaphysique et présentent une eschatologie universelle remarquable. Le *Chapitre VI* est le point focal de convergence des idées de cette *Thèse*, où les conclusions finales sont présentées. Il s'agit d'une synthèse générale sur les conceptions que les Égyptiens d'antan se faisaient des astres, de leurs idées cosmovisionnelles et de leur comparaison avec les notions astronomiques chez les Orphiques et dans la Science moderne. Il s'agit en plus de quelques conclusions récapitulatives et d'une discussion brève sur les perspectives pour des recherches relatives au futur. Un *Épilogue* suit, où l'on donne quelques remarques récapitulatives, afin de conclure finalement sur notre sujet d'étude, notre méthode, notre but et nos résultats. Des *Tables* et des *Indices* variés récapitulatifs suivent, qui offrent aux lecteurs le regroupement des notions astronomiques et égyptologiques rencontrées dans notre étude, classées en sections propres. Une *Bibliographie* suit —nous voulons croire— complète, qui regroupe les références les plus importantes aux livres et articles relatifs aux: **(i)** conceptions astronomiques chez les Égyptiens; **(ii)** thèmes égyptologiques variés liés aux notions astronomiques, cosmovisionnelles, religieuses, aux textes funéraires, & c.; **(iii)** ouvrages concernant les Orphiques, un domaine qui n'est pas encore très étudié; **(iv)** ouvrages concernant les Hellènes de l'Antiquité et leurs développements scientifiques, voire astronomiques; **(v)** travaux sur l'Archéoastronomie et ses méthodes interdisciplinaires; **(vi)** travaux sur l'Astronomie et son histoire depuis l'Antiquité; **(vii)** études sur l'Astronomie, l'Astrophysique et la Cosmologie modernes; **(viii)** études générales sur l'Archéologie moderne; **(ix)** ouvrages généraux sur la religion, la philosophie et la psychologie des archétypes de Carl Jung. Cette bibliographie riche est suivie par une *Table des Abréviations Courantes* égyptologiques et archéoastronomiques, *sigla*, & c. Notre *Thèse* finit par des *Sommaires* assez étendus en français, anglais, hellénique et allemand.

SUMMARY

Figure 2: Niveau à la forme d'une équerre faite de trois éléments en bois assemblés, dont les deux plus grands —qui portent des inscriptions magiques, invoquant Ptah et Rē'–Horakhty–Atoum pour la transfiguration de Son–nedjem en puissant esprit *3ḫ*— forment un angle droit dans lequel le plus petit est placé comme une barre transversale; celle-ci, qui reste horizontale, quand les deux extrémités biseautés des deux autres éléments se reposent sur une surface plane, porte un repère central sur lequel le fil du peson (en forme cardioïde d'un symbole *ib*) doit passer, afin d'indiquer la horizontalité parfaite. Tombeau de Son–nedjem (*Sn-nḏm*) à Deir 'al-Medīna (TT 1), commencement de la XIXe Dynastie (c. après 1300 BCE). Musée Égyptien du Caire, JE 27258.

LES ASTRES DANS LES TEXTES RELIGIEUX EN ÉGYPTE
ET DANS LES *HYMNES ORPHIQUES*

Amanda–Alice Maravelia:

The Celestial Bodies in the Religious Texts of Ancient Egypt and in the Hellenic Orphic Hymns

PhD Thesis, Presented at the University of Limoges

Key Words: Egyptology; Archæoastronomy; Astronomy; Ancient Astronomical Conceptions; Ancient Cosmovisional Conceptions; Cosmogony; Ancient Egypt: Funerary Texts, *Pyramid Texts*, *Coffin Texts*, *Book of the Dead*, *Shipwrecked Sailor*, *Story of Sinūhe*, *Love Poems*, Asterisms, Constellations, Decans, Stars, Sun, Moon, Planets, Heliacal Rising, Sirius, Stellar Culmination, Orientation of the Pyramids; Dating of Ancient Texts; Ancient Hellas: *Orphic Hymns*, Orphism, Orpheus; Modern Astronomical Notions; Modern Astrophysical Notions; Modern Cosmological Notions: Anthropic Principle.

In this PhD Thesis we examine the evolution of astronomical thought, as well as the various astronomical and cosmovisional ideas in pharaonic Egypt (c. 2800-1200 BCE), after the most important religious texts (primarily *Pyramid Texts* and *Coffin Texts*, and secondarily *Book of the Dead*). More specifically, we examine the astronomical conceptions of the ancient Egyptians concerning the stars, the Sun, the Moon and the Planets, as they are revealed in these funerary texts; we compare them to similar astronomical notions found in the *Orphic Hymns*; finally, we compare them (*mutatis mutandis*) with the necessary epistemological prudence to the modern scientific astronomical and cosmological conceptions. We note that our comparative study of the astronomical ideas of the Egyptians and the Orphics is complete, while our analysis of the Egyptian sources is not exhaustive, because other researchers have already worked on this domain with considerable success; nevertheless, a statistical analysis and a global comparative study of the *corpora* of *PT* and *CT* are presented here for the first time. The textual study of the *Orphic Hymns* and the funerary texts of the Egyptians is conducted within the interdisciplinary framework of both Egyptology and Archæoastronomy. It shows that similar methods of textual analysis are very effective for dating ancient texts on the basis of their astronomical elements; it also offers much valuable information on the *forma mentis* and the astronomical ideas of ancient nations.

The content of this PhD Thesis is as follows. A short *Introductory Note* is followed by a *Preface* of acknowledgements. Then follows an *Introduction*, containing a preliminary account of our goal. In *Chapter I*, we present the theme and the scope of our study, our methodology, and the tools we use to analyze the textual material in our comparative study; we also discuss various previous works and define the terms *celestial body* and *astronomical* both in the context of our Thesis and in that of the ancient Egyptians. *Chapter II* is intended to be viewed as a concise introduction to the modern concepts of Astronomy, Astrophysics and Cosmology, in order to: **(i)** present the readers with a global overview of modern astronomical knowledge relevant to Egyptology (especially to the study of ancient Egyptian Astronomy); and **(ii)** offer a solid and useful basis for our (philosophical) comparisons between the Egyptian (and the Orphic) astronomical ideas and those of modern Astronomy and Cosmology. The principal celestial bodies are presented in this chapter under the prism of modern Science, as well as the most important elements of Spherical Astronomy; a short introduction to the methods of Archæoastronomy is also given; finally, we present a concise synopsis of the principal notions of modern Cosmology and Thermodynamics. In various articles or monographs concerning the ancient Egyptian science there have been a number of brief mentions of purely astronomical terms, without the slightest reference to the theoretical basis absolutely indispensable for their comprehension. This theoretical basis is given here for the first time, and has been specially written for Egyptologists by an author who has studied both disciplines. *Chapter III* is the nucleus of our Thesis, where the conceptions of ancient Egyptians concerning the celestial bodies —as they are revealed in their funerary texts— are examined. This chapter consists principally of a global (but non–exhaustive) study of the Egyptian ideas about the stars, the Sun, the Moon and the planets, as they appear mainly in the *PT* and the *CT*, while some analogues from the *BD* are only occasionally compared and discussed. It includes also a brief statistical analysis of the frequency with which these celestial objects, as well as various astronomical or cosmovisional phenomena, ideas and terms, appear in these funerary texts, along with a discussion on the evolution of the aforementioned astronomical notions over the centuries. In the same chapter, we study the funerary texts as possible sources of information on the orientation of the Great Pyramids, as it has been already proposed: we show unequivocally that no such information exists, with the exception of some fragmentary allusions, which have been erroneously interpreted by the advocates of tendentious theories. Our study goes further, to examine such theories (mainly that proposed by Spence), showing their errors. On the other hand, we use certain characteristic literary (non–funerary) texts for comparison with the studied funerary texts: namely, the *corpus* of the ancient Egyptian *Love Poems* (*Ḥswt sḫmḫ-ib*), which contain some astronomical rudiments, as well as a clear allusion to an heliacal rising of Sirius, which offers us a possible method for their dating; the *Story of the Shipwrecked Sailor*, which has been characterised as an astronomical metaphor; the *Story of Sinūhe*, which not only comprises a «geographical narration», but also contains several allusions to Hathor/Nūt, a cosmic goddess *par excellence*. The chapter ends with a comparative study of the astronomical knowledge of the Egyptians during the classical pharaonic period (i.e.: mainly the OK and the MK, the NK being only occasionally dealt with, in accordance with our partial study of the *BD*). *Chapter IV* is dedicated to the Hellenic *Orphic Hymns*, the textual archæoastronomical dating of their astronomical and cosmovisional notions from c. 1300 BCE (an era coinciding with the NK, viz the early Ramesside period), and the study of the astronomical conceptions that the Orphics had about the celestial bodies (stars, Sun, Moon and Planets). Furthermore, we examine comparatively an Orphic hymn dedicated to Hēlios and a hymn to the solar god Rēʿ, originating from the *BD*. In the same comparative context, we study some analogous cosmovisional notions found in the *Orphic Hymns* as well as in the aforementioned Egyptian funerary texts (*cosmic egg*/*swḥt*, cosmic time, *Universal Law*/*Mꜣʿt*, &c.). For the first time such a scholarly comparative study is presented by a person who combines both disciplines, Egyptology and Archæoastronomy, and who is familiar with both the ancient Egyptian language and the ancient Hellenic language. The chapter ends with a review of conclusions on the predominance of reason in the case of the Orphics, who were able to present proto–scientific notions; while the Egyptians (who never attained the status of pure Science *per se*), even if they were able to offer advanced cosmovisional ideas, were always basing themselves on the archetypal symbolism, and remained at the stage of pre–scientific ideas. *Chapter V* is a brief but concise comparative study between the ancient Egyptian and the modern astronomical ideas on the celestial bodies. The conception of the sky–goddess Nūt and her relation to the Milky Way is also studied here, showing that the expression *Msḳt(-Sḥdw)* must be referring to the Galaxy. It also gives a thorough philosophical comparative account (*mutatis mutandis*) between the ancient Egyptian cosmovisional and eschatological ideas and modern cosmological notions. We are discussing the «common points» between modern scientific theories (Big Bang, Anthropic Principle) and some ancient Egyptian ideas; we compare philosophically the inverse of the entropy to the conception of Ma'at (*Mꜣꜥt*), the millimetric background radiation (which fills the Universe) to the conception of god Heka (*Ḥkꜣ*), & c. This chapter ends with some important conclusions against the afrocentrists, showing that there was never pure Science in ancient Egypt, although some cosmovisional ideas conceived by the Egyptian *scholars* (*rḫww-ḫt*) were extraordinary when viewed on the metaphysical level, and presented a remarkable universal eschatology. *Chapter VI* is the focal point of convergence of the main conclusions and ideas of our Thesis, where we also review our final conclusions. It is a general synthesis of the conceptions that the Egyptians had of the celestial bodies, and of their cosmovisional ideas, as well as of a comparison with the astronomical ideas of the Orphics and with some modern astronomical notions. This short chapter also presents a brief discussion on the future perspectives for research in the same interdisciplinary domain. An *Epilogue* follows in which we present some additional thoughts and remarks, in order to finalize our conclusions on the subject, the method, the scope and the results of our Thesis. Next come the *Tables* and the *Indexes*, which present readers with a review of various modern and ancient astronomical conceptions, as well as with egyptological notions dealt with in our study (which have been classified and categorized in appropriate sections). Finally there is a *Bibliography* (which we believe to be as complete and up–to–date as possible), which assembles the most important references on books, monographs and articles related to: **(i)** the astronomical conceptions of the Egyptians; **(ii)** various egyptological themes, concerned with the astronomical and cosmovisional notions of the Egyptians, as well as with their religious ideas, their funerary texts, & c.; **(iii)** works related to the Orphics, their cult and the *Orphic Hymns*, a domain that is not yet fully studied; **(iv)** writings on the Hellēnes of Antiquity and their scientific (viz astronomical) developments and discoveries; **(v)** general and special works on Archæoastronomy and its interdisciplinary methods; **(vi)** general and introductory works on the history of Astronomy since Antiquity; **(vii)** introductory and also specialized works on modern Astrophysics, Astronomy and Cosmology; **(viii)** introductory studies on modern Archæology and its disciplines; and **(ix)** some general works on religion, and on the philosophy and the psychology of archetypes of Carl Jung. This bibliography is followed by a *Table of Ab-*

breviations, containing useful egyptological and archæoastronomical abbreviations, symbols, *sigla*, & c. The Thesis ends with extensive *Summaries* in French, English, Hellenic and German.

ΠΕΡΙΛΗΨΙΣ

Figure 3: Deux instruments astronomiques caractéristiques. À gauche: un *gnōmōn* avec le cynocéphale sacré du dieu à la fois lunaire et mésureur Thoth (cf. aussi POGO, 1936: 416-17). À droite: un cadran solaire de la période très tardive, portant des propres divisions/lignes (divisé en 12 secteurs/heures) afin de repérer l'heure pendant le jour (sans ciel couvert), d'après la position d'une ombre (d'un élément vertical, qui ne figure pas ici) projetée par le Soleil sur sa surface.

LES ASTRES DANS LES TEXTES RELIGIEUX EN ÉGYPTE ET DANS LES *HYMNES ORPHIQUES*

Ἀμάντα-Ἀλίκη Μαραβέλια:
Τὰ Οὐράνια Σώματα στὰ Θρησκευτικὰ Κείμενα τῆς Ἀρχαίας Αἰγύπτου καὶ στοὺς Ὀρφικοὺς Ὕμνους
Διδατριβὴ ἐπὶ Διδακτορίᾳ, στὸ Πανεπιστήμιο τῆς Limoges

Λέξεις Κλειδιά: Αἰγυπτιολογία· Ἀρχαιοαστρονομία· Ἀστρονομία· Ἀρχαῖες Ἀστρονομικὲς Ἀντιλήψεις· Ἀρχαῖες Κοσμοθεωριακὲς Ἀντιλήψεις· Κοσμογονία· Ἀρχαία Αἴγυπτος: Ἐπικήδεια Κείμενα, *Κείμενα τῶν Πυραμίδων, Κείμενα τῶν Σαρκοφάγων, Βίβλος τῶν Νεκρῶν, Διήγηση τοῦ Ναυαγοῦ, Ἱστορία τοῦ Σινοὺε, Ἐρωτικὰ Ποιήματα,* Ἀστερισμοί, Δεκανοί, Ἀστέρες, Ἥλιος, Σελήνη, Πλανῆτες, Ἡλιακὴ Ἐπιτολή, Σείριος, Μεσουράνηση Ἀστέρων, Προσανατολισμὸς τῶν Πυραμίδων· Χρονολόγηση Ἀρχαίων Κειμένων· Ἀρχαία Ἑλλάς: *Ὀρφικοὶ Ὕμνοι,* Ὀρφισμός, Ὀρφεύς· Σύγχρονες Ἀστρονομικὲς Ἔννοιες· Σύγχρονες Ἀστροφυσικὲς Ἔννοιες· Σύγχρονες Κοσμολογικὲς Ἔννοιες: Ἀνθρωπικὴ Ἀρχή.

Στὴν παροῦσα Διδακτορικὴ Διατριβὴ ἐξετάζεται ἡ ἐξέλιξη τῆς ἀστρονομικῆς σκέψεως, καθὼς καὶ οἱ διάφορες ἀστρονομικὲς καὶ κοσμοθεωριακὲς ἀντιλήψεις στὴν φαραωνικὴ Αἴγυπτο (περ. 2800–1200 ΠΚΕ), μὲ βάση τὴν ἀνάλυση καὶ τὴν μελέτη τῶν σπουδαιοτέρων θρησκευτικῶν κειμένων (κυρίως *Κείμενα τῶν Πυραμίδων, Κείμενα τῶν Σαρκοφάγων* καὶ —δευτερευόντως— *Βίβλος τῶν Νεκρῶν*). Εἰδικότερα: ἐξετάζουμε τὶς ἀστρονομικὲς ἀντιλήψεις τῶν Αἰγυπτίων σχετικῶς μὲ τοὺς ἀστέρες, τὸν Ἥλιο, τὴν Σελήνη καὶ τοὺς πλανῆτες, ὅπως αὐτὲς ἐμφανίζονται στὰ προαναφερθέντα ἱερὰ κείμενα· τὶς συγκρίνουμε μὲ ἀνάλογες ἀντιλήψεις ποὺ ἀπαντῶνται στοὺς *Ὀρφικοὺς Ὕμνους*· ἐν τέλει δέ, τὶς συγκρίνουμε μὲ τὴν ἀπαραίτητη ἐπιστημολογικὴ φρονιμότητα πρὸς τὶς σύγχρονες ἐπιστημονικὲς ἀστρονομικὲς καὶ κοσμολογικὲς ἔννοιες. Σημειώνουμε ὅτι ἐνῶ ἡ συγκριτικὴ μελέτη μας τῶν ἀστρονομικῶν ἀντιλήψεων τῶν Ὀρφικῶν καὶ τῶν Αἰγυπτίων εἶναι πλήρης, ἡ συμπαρομαρτοῦσα συγκριτικὴ ἀνάλυση τῶν αἰγυπτιακῶν πηγῶν (ἀφ' ἑαυτῶν) δὲν εἶναι ἐξαντλητική, διότι ἕτεροι ἐρευνητὲς παρουσίασαν προσφάτως σημαντικὲς συμβολὲς στὸν ἐν λόγῳ τομέα. Ἐν τούτοις, τονίζουμε ὅτι στὴν παροῦσα Διδακτορικὴ Διατριβὴ παρουσιάζουμε, γιὰ πρώτη φορά, μία στατιστικὴ ἀνάλυση καὶ μία σφαιρικὴ συγκριτικὴ μελέτη μεταξὺ τοῦ συνόλου των *Κειμένων τῶν Πυραμίδων* καὶ τῶν *Κειμένων τῶν Σαρκοφάγων.* Ἡ μελέτη τοῦ κειμένου τόσο τῶν *Ὀρφικῶν Ὕμνων* ὅσο καὶ τῶν ἀρχαίων αἰγυπτιακῶν θρησκευτικῶν κειμένων νοεῖται στὰ πλαίσια τῆς διεπιστημονικῆς συνεργασίας μεταξὺ Αἰγυπτιολογίας καὶ Ἀρχαιοαστρονομίας· ἡ μελέτη αὐτὴ καταδείχνει ὅτι παρόμοιες μέθοδοι ἀρχαιοαστρονομικῆς ἀναλύσεως κειμένου καθίστανται ἐξόχως ἀποτελεσματικὲς γιὰ τὴν χρονολόγηση ἀρχαίων κειμένων, μὲ βάση τὰ ἀστρονομικὰ συμφραζόμενα ποὺ περιέχονται σὲ αὐτά· ἐπίσης, προσφέρει πολύτιμες πληροφορίες σχετικὲς μὲ τὴν *forma mentis* καὶ μὲ τὶς ἀστρονομικὲς ἀντιλήψεις τῶν ἀρχαίων ἐθνῶν.

Τὰ περιεχόμενα αὐτῆς τῆς Διδακτορικῆς Διατριβῆς εἶναι τὰ ἀκόλουθα: Ἕνα σύντομο *Προεισαγωγικὸ Σημείωμα,* τὸ ὁποῖο ἀκολουθεῖται ἀπὸ ἕνα *Πρόλογο* εὐχαριστιῶν. Ἕπεται ἡ *Εἰσαγωγή,* ὅπου συναντῶνται μία περιληπτικὴ ἀναφορὰ στὸν σκοπὸ καὶ στὴν μέθοδο ἐργασίας μας, ἀλλὰ καὶ ὁρισμένα σύντομα εἰσαγωγικὰ στοιχεῖα. Στὸ *Κεφάλαιο I*, δίδεται μία ἀρχικὴ εἰκόνα τοῦ θέματος, τοῦ σκοποῦ, τῶν ἐργαλείων καὶ τῆς μεθοδολογίας τῆς συγκριτικῆς μελέτης μας· ἐπὶ πλέον, ἀναφερόμαστε στὶς προηγούμενες σχετικὲς ἐργασίες καὶ ὁρίζουμε τὴν ἔννοια τῶν ὅρων *οὐράνιο σῶμα* καὶ *ἀστρονομικός/ή/ό*, στὰ πλαίσια τῆς παρούσης Διατριβῆς καὶ σὲ ἐκεῖνα τῆς ἀρχαίας Αἰγύπτου. Τὸ *Κεφάλαιο II* θὰ πρέπει νὰ θεωρηθεῖ ὡς μία συνεκτικὴ εἰσαγωγὴ στὶς σύγχρονες ἀπόψεις τῆς Ἀστρονομίας, τῆς Ἀστροφυσικῆς καὶ τῆς Κοσμολογίας, μὲ ἀπώτερο σκοπὸ νά: **(α΄)** παρουσιάσει στοὺς ἀναγνῶστες μία σφαιρικὴ ἀνακεφαλαίωση τῶν σπουδαιοτέρων συγχρόνων ἀστρονομικῶν γνώσεων, σχετικὴ κατὰ τὸ μᾶλλον ἢ ἧττον μὲ τὴν Αἰγυπτιολογία καὶ τὴν Ἀρχαιολογία· **(β΄)** προσφέρει μία στερεὰ καὶ χρηστικὴ βάση, ἐπὶ τῆς ὁποίας θὰ στηρίξουμε τοὺς φιλοσοφικοὺς παραλληλισμοὺς καὶ τὶς συναφεῖς συγκρίσεις μεταξὺ τῶν ἀστρονομικῶν ἀντιλήψεων τῶν Αἰγυπτίων (καὶ τῶν Ὀρφικῶν) καὶ τῶν συγχρόνων ἀστρονομικῶν καὶ κοσμολογικῶν ἀπόψεων. Στὸ ἐν λόγῳ κεφάλαιο παρουσιάζονται τὰ κυριότερα οὐράνια σώματα ὑπὸ τὸ πρῖσμα τῆς σύγχρονης ἐπιστήμης, ἀλλὰ καὶ οἱ οὐσιωδέστερες ἀρχὲς τῆς Σφαιρικῆς Ἀστρονομίας. Ἐπίσης, παρατίθεται συνοπτικὴ εἰσαγωγὴ στὶς μεθόδους καὶ στὸν σκοπὸ τῆς Ἀρχαιοαστρονομίας. Ἐν τέλει, ἐξετάζουμε περιληπτικὰ τὶς βασικότερες ἔννοιες τῆς σύγχρονης Κοσμολογίας καὶ τῆς Θερμοδυναμικῆς (μὲ ἔμφαση στὸν ὁρισμὸ τῆς ἐντροπίας). Κατὰ τὸ πρόσφατο παρελθὸν ὑπῆρξαν κάποιες ἀναφορὲς ἀκραιφνῶς ἀστρονομικῶν ὅρων (σὲ διάφορα ἄρθρα ἢ σὲ μονογραφίες σχετικὲς μὲ τὶς θετικὲς ἐπιστῆμες στὴν ἀρχαία Αἴγυπτο), χωρὶς τὴν παραμικρὴ μνεία τῆς ἀπαραίτητης θεωρητικῆς ὑποδομῆς ποὺ ἀσφαλῶς ἀπαιτεῖται πρὸς τὴν πλήρη κατανόησή τους. Αὐτὴ ἀκριβῶς ἡ θεωρητικὴ βάση δίδεται στὴν παροῦσα Διατριβὴ γιὰ πρώτη φορά, γραμμένη οὕτως ὥστε νὰ ἀπευθύνεται εἰδικῶς πρὸς Αἰγυπτιολόγους, ἀπὸ τὴν συγγραφέα ἡ ὁποία σπούδασε ἀμφότερες τὶς ἐπιστῆμες: Ἀστρονομία καὶ Αἰγυπτιολογία. Τὸ *Κεφάλαιο III* ἀποτελεῖ τὸν πυρήνα τῆς Διδακτορικῆς Διατριβῆς, ὅπου ἐξετάζονται οἱ ἀπόψεις τῶν ἀρχαίων Αἰγυπτίων σχετικῶς μὲ τὰ οὐράνια σώματα (ὅπως ἐμφανίζονται κατὰ τὴν μελέτη τῶν ἐπικηδείων κειμένων τους). Τὸ παρὸν κεφάλαιο ἀποτελεῖ κατ' ἀρχὴν μία σφαιρικὴ (ἀλλὰ ὄχι ἐξαντλητικὴ) μελέτη τῶν ἀστρονομικῶν ἀπόψεων τῶν Αἰγυπτίων, ὅπως οἱ τελευταῖες ἐμφανίζονται κυρίως στὰ *Κείμενα τῶν Πυραμίδων* καὶ στὰ *Κείμενα τῶν Σαρκοφάγων* (ἐνῶ μερικὲς ἀνάλογες ἀπὸ τὴν *Βίβλο τῶν Νεκρῶν* δὲν ἐξετάζονται συγκριτικῶς παρὰ μόνον περιστασιακῶς). Στὸ ἐν λόγῳ κεφάλαιο παρατίθεται ἐπὶ πλέον σύντομη στατιστικὴ ἀνάλυση τῆς συχνότητος ἐμφανίσεως τῶν οὐρανίων σωμάτων, διαφόρων ἀστρονομικῶν καὶ κοσμοθεωριακῶν ὅρων (καὶ ἰδεῶν), καθὼς καὶ οὐρανίων φαινομένων στὰ ὑπὸ μελέτην θρησκευτικὰ κείμενα. Ἡ ἀνάλυση αὐτὴ συνοδεύεται ἀπὸ τὴν συγκριτικὴ μελέτη τῆς ἐξελίξεως τῶν διαφόρων ἀστρονομικῶν καὶ κοσμοθεωριακῶν ἀντιλήψεων τῶν Αἰγυπτίων κατὰ τὴν πάροδο τῶν αἰώνων. Ἐπιπροσθέτως, στὸ ἴδιο κεφάλαιο, μελετῶνται τὰ ἐπικήδεια κείμενα ὡς πιθανὲς πηγὲς πληροφοριῶν σχετικῶς μὲ τὸν προσανατολισμὸ τῶν μεγάλων πυραμίδων, ὅπως ἤδη προτάθηκε προσφάτως: κατόπιν τούτων, ἀποδεικνύουμε ἀναντιρρήτως ὅτι δὲν ὑφίστανται παρόμοιες πληροφορίες, ἐκτὸς ἀπὸ τὴν ἀποσπασματικὴ (καί καθόλου συχνὴ) παράθεση νύξεων, οἱ ὁποῖες ἑρμηνεύθηκαν λανθασμένα ἀπὸ τοὺς ὑποστηρικτὲς μεροληπτικῶν καὶ βεβιασμένων θεωριῶν. Ἡ μελέτη μας προχωρεῖ περισσότερο, ἐξετάζοντας κριτικῶς ὁρισμένες παρόμοιες θεωρίες (κυρίως τὴν προταθεῖσα ἀπὸ τὴν Spence), καὶ ἀποκαλύπτοντας τὰ λάθη καὶ τὶς ἀβλεψίες τους. Ἐξ ἄλλου, μελετοῦμε ὁρισμένα θύραθεν (λογοτεχνικὰ) κείμενα πρὸς σύγκριση μὲ τὰ ἐξετασθέντα θρησκευτικὰ κείμενα: συγκεκριμένα ἐξετάζουμε τὸ σύνολο τῶν *Ἐρωτικῶν Ποιημάτων τῆς Ἀρχαίας Αἰγύπτου* (*Ḥswt sḫmḫ-ib*), τὰ ὁποῖα περιέχουν κάποια ἀστρονομικὰ στοιχεῖα, καθὼς καὶ μία ἐμφανῆ ἀναφορὰ στὴν ἡλιακὴ ἐπιτολὴ τοῦ Σειρίου, ποὺ μᾶς προσφέρει μία πιθανότατα ἀσφαλῆ μέθοδο γιὰ τὴν ἀκριβῆ χρονολόγησή τους· τὴν *Διήγηση τοῦ Ναυαγοῦ*, ἡ ὁποία χαρακτηρίσθηκε ὡς μία ἀστρονομικὴ μεταφορά· τὴν *Ἱστορία τοῦ Σινοῦε*, ἡ ὁποία ὄχι μόνον περιλαμβάνει μία γεωγραφικὴ διήγηση, ἀλλὰ καὶ ἀρκετὲς ἀναφορὲς στὴν Ἀθὼρ/Νούτ, καὶ δὴ σὲ μία κατ' ἐξοχὴν κοσμικὴ θεότητα. Τὸ ἐν λόγῳ κεφάλαιο τελειώνει μὲ τὴν συγκριτικὴ μελέτη τῶν ἀστρονομικῶν ἀντιλήψεων τῶν Αἰγυπτίων κατὰ τὴν ἀκραιφνῶς κλασσικὴ φαραωνικὴ περίοδο (κυρίως κατὰ τὸ Ἀρχαῖο Βασίλειο καὶ τὸ Μέσο Βασίλειο, ἐνῶ τὸ Νέο Βασίλειο δὲν ἐξετάζεται ἐπισταμένως, ὅπως καὶ ἡ *Βίβλος τῶν Νεκρῶν*). Τὸ *Κεφάλαιο IV* ἀσχολεῖται μὲ τοὺς *Ὀρφικοὺς Ὕμνους*, τὴν ἀρχαιοαστρονομικὴ χρονολόγηση τῶν κοσμοθεωριακῶν καὶ ἀστρονομικῶν ἀντιλήψεων ποὺ ἀπαντῶνται σὲ αὐτοὺς ἀπὸ τὸ περ. 1300 ΠΚΕ (ἐποχὴ ἡ ὁποία συμπίπτει μὲ τὴν πρώιμη ραμεσσιδικὴ περίοδο τοῦ Νέου Βασιλείου), καθὼς καὶ μὲ τὴν ἀναλυτικὴ καὶ συγκριτικὴ μελέτη τῶν ἀστρονομικῶν ἀντιλήψεων τῶν Ὀρφικῶν περὶ τῶν οὐρανίων σωμάτων (ἀστέρων, Ἡλίου, Σελήνης καὶ πλανητῶν). Ἐπὶ πλέον, προβαίνουμε στὴν συγκριτικὴ μελέτη ὀρφικοῦ ὕμνου ἀφιερωμένου στὸν Ἥλιο καὶ ἑνὸς ἀναλόγου ὕμνου ἀπὸ τὴν *Βίβλο τῶν Νεκρῶν* ἀφιερωμένου στὸν ἡλιακὸ θεὸ Ρʻᾶ. Στὰ ἴδια συγκριτικὰ πλαίσια, ἐξετάζουμε ὁρισμένες κοσμοθεωριακὲς ἔννοιες ποὺ ἀπαντῶνται στοὺς *Ὀρφικοὺς Ὕμνους*, ἀλλὰ καὶ στὰ προαναφερθέντα θρησκευτικὰ κείμενα (π.χ.: *κοσμικὸ ὠό*/*swḥt*, *παγκόσμιος χρόνος*, *Παγκόσμιος Νόμος*/*Mꜣʿt*, κ.λπ.). Ἡ πρωτοτυπία τοῦ παρόντος κεφαλαίου ἔγκειται στὸ γεγονὸς ὅτι γιὰ πρώτη φορὰ μία παρόμοια συγκριτικὴ μελέτη πραγματοποιεῖται ἀπὸ ἕνα πρόσωπο ποὺ συνδυάζει ἀστρονομικὲς καὶ αἰγυπτιολογικὲς σπουδές, γνωρίζοντας ταυτοχρόνως τόσο τὴν ἀρχαία αἰγυπτιακὴ ὅσο καὶ τὴν ἀρχαία ἑλληνικὴ γλῶσσα. Τὸ ἐν λόγῳ κεφάλαιο κλείνει μὲ τὰ ἀνακεφαλαιωτικὰ συμπεράσματα σχετικὰ μὲ τὴν κυριαρχία τοῦ ὀρθολογισμοῦ στὴν περίπτωση τῶν Ὀρφικῶν, οἱ ὁποῖοι ἦσαν σὲ θέση νὰ διατυπώνουν πρωτοἐπιστημονικὲς ἀπόψεις καὶ πρότυπα, ἐν ἀντιθέσει πρὸς τοὺς Αἰγυπτίους ποὺ ποτὲ δὲν κατόρθωσαν νὰ παρουσιάσουν ἀμιγῶς ἐπιστημονικὲς θεωρίες *per se* παραμένοντας στὸ προ-ἐπιστημονικὸ ἐπίπεδο (ἂν καὶ κατέστησαν ἱκανοὶ νὰ διατυπώσουν προχωρημένες κοσμοθεωριακὲς ἰδέες, βασισμένες στὸν ἀρχετυπικὸ συμβολισμό, στὴν ἐνόραση καὶ στὴν ἐνσυναίσθηση). Τὸ *Κεφάλαιο V* ἀποτελεῖ μία συνεκτικὴ συγκριτικὴ μελέτη τῶν ἀρχαίων αἰγυπτιακῶν ἀστρονομικῶν ἀντιλήψεων περὶ τῶν οὐρανίων σωμάτων καὶ τῶν συγχρόνων ἀστρονομικῶν ἀπόψεων. Ἐξετάζεται ἐπίσης ἡ ἔννοια τῆς οὐρανίας θεᾶς Νοὺτ καὶ ἡ σχέση της μὲ τὸν Γαλαξία, ἐνῶ ἀποδεικνύουμε ὅτι ἡ ἔκφραση *Msḳt(-Sḥdw)* θὰ πρέπει νὰ ἀναφέρεται στὸν Γαλαξία. Στὸ παρὸν κεφάλαιο παρουσιάζουμε μία ἐκτενῆ συγκριτικὴ φιλοσοφικὴ ἀναφορὰ (*mutatis mutandis*) μεταξὺ τῶν αἰγυπτιακῶν κοσμοθεωριακῶν καὶ ἐσχατολογικῶν ἀντιλήψεων καὶ μεταξὺ τῶν συγχρόνων κοσμολογικῶν ἀναλόγων τους. Συζητοῦμε μὲ προσοχὴ τὰ οἱονεὶ κοινὰ σημεῖα μεταξὺ τῶν συγχρόνων ἐπιστημονικῶν θεωριῶν (Μεγάλη Ἔκρηξη, Ἀνθρωπικὴ Ἀρχὴ) καὶ ὁρισμένων αἰγυπτιακῶν ἰδεῶν· συγκρίνουμε φιλοσοφικῶς τὸ ἀντίστροφο τῆς ἐντροπίας μὲ τὴν ἔννοια τῆς Μά'ατ (*M3ʿt*)· τὴν χιλιοστομετρικὴ ἀκτινοβολία ὑποβάθρου (ποὺ πληροῖ ὁμοιομόρφως καὶ ἰσοτρόπως τὸ Σύμπαν) μὲ τὴν ἔννοια τοῦ θεοῦ Χέκα (*Ḥk3*)· κ.ο.κ. Τὸ κεφάλαιο αὐτὸ κλείνει μὲ ὁρισμένα σημαντικὰ συμπεράσματα ἐναντίον τῶν ὀπαδῶν τοῦ ἀφροκεντρισμοῦ, καταδείχνοντας ὅτι οὐδέποτε ὑπῆρξε ἀμιγὴς ἐπιστήμη (ὑπὸ τὴν σημερινὴ ἔννοια τοῦ ὅρου) στὴν Αἴγυπτο, ἂν καὶ μερικὲς κοσμοθεωριακὲς ἀντιλήψεις τῶν Αἰγυπτίων *λογίων* (*rḫww-ḫt*) ὑπῆρξαν ἀξιόλογες (θεώμενες ὑπὸ τὸ μεταφυσικὸ πρῖσμα). Τὸ *Κεφάλαιο VI* ἀποτελεῖ τὸ σημεῖο συγκλίσεως τῶν οὐσιωδεστέρων ἰδεῶν καὶ συμπερασμάτων τῆς παρούσης Διατριβῆς, ὅπου παρατίθενται τὰ τελικὰ ἀνακεφαλαιωτικὰ συμπεράσματα. Πρόκειται γιὰ μία γενικὴ σύνθεση σχετικῶς μὲ τὶς ἀντιλήψεις τῶν Αἰγυπτίων περὶ τῶν οὐρανίων σωμάτων, τῶν κοσμοθεωριακῶν ἰδεῶν τους, τῆς συγκριτικῆς μελέτης τους μὲ τὶς ἀστρονομικὲς ἰδέες τῶν Ὀρφικῶν καὶ μὲ τὶς σύγχρονες ἀστρονομικὲς ἔννοιες. Στὸ τέλος αὐτοῦ τοῦ συντόμου κεφαλαίου παρουσιάζεται μία συζήτηση σχετικὴ μὲ τὶς μελλοντικὲς ἐρευνητικὲς προοπτικὲς στὸν ἴδιο διεπιστημονικὸ τομέα. Ἕπεται σύντομος *Ἐπίλογος*, ὅπου παραθέτουμε λίγες ἐπιπρόσθετες σκέψεις καὶ ἀνακεφαλαιωτικὰ συμπεράσματα, οὕτως ὥστε νὰ ὁλοκληρώσουμε τὰ συμπεράσματά μας σχετικῶς μὲ τὸ ἀντικείμενο μελέτης μας, τὴν μέθοδο, τὸν σκοπὸ καὶ τὰ προκύψαντα ἀποτελέσματα. Ἀκολουθοῦν οἱ *Πίνακες* καὶ τὰ *Εὑρετήρια*, ὅπου παρουσιάζονται περιληπτικὰ ποικίλες σύγχρονες καὶ ἀρχαῖες ἀστρονομικὲς καὶ αἰγυπτιολογικὲς ἔννοιες ποὺ ἐξετάσαμε στὴν παροῦσα Διατριβή, οἱ ὁποῖες ταξινομήθηκαν καὶ κατηγοριοποιήθηκαν σὲ κατάλληλες ἑνότητες. Ἕπεται ἐκτενὴς *Βιβλιογραφία* —κατὰ τὸ δυνατὸν πληρέστερη καὶ ἐνημερωμένη—, ἡ ὁποία συγκεντρώνει τὶς σπουδαιότερες βιβλιογραφικὲς ἀναφορὲς σὲ βιβλία, μονογραφίες καὶ ἐπιστημονικὰ ἄρθρα, ποὺ σχετίζονται μέ: **(α΄)** τὶς ἀστρονομικὲς ἀντιλήψεις τῶν Αἰγυπτίων· **(β΄)** ποικίλα αἰγυπτιολογικὰ ζητήματα, σχετιζόμενα μὲ τὶς ἀστρονομικὲς καὶ κοσμοθεωριακὲς ἀπόψεις τῶν Αἰγυπτίων, καθὼς καὶ μὲ τὰ θρησκευτικὰ καὶ ἐπικήδεια κείμενά τους· **(γ΄)** διάφορα πονήματα σχετικὰ πρὸς τοὺς Ὀρφικούς, τὴν λατρεία τους καὶ τοὺς *Ὀρφικοὺς Ὕμνους*, καὶ δὴ ἕνα τομέα ὁ ὁποῖος δὲν ἔχει μελετηθεῖ ἀκόμη πλήρως καὶ σφαιρικῶς· **(δ΄)** τοὺς Ἕλληνες τῆς Ἀρχαιότητος καὶ τὰ ἐπιστημονικὰ (ἰδίως τὰ ἀστρονομικὰ) καὶ τεχνολογικά τους ἐπιτεύγματα καὶ ἀνακαλύψεις· **(ε΄)** γενικὰ καὶ ἐξειδικευμένα ἔργα σχετικὰ μὲ τὴν Ἀρχαιοαστρονομία καὶ τὶς διεπιστημονικὲς μεθόδους της· **(ϛ΄)** γενικὰ καὶ εἰσαγωγικὰ πονήματα σχετικὰ μὲ τὴν ἱστορία καὶ τὴν ἐξέλιξη τῆς Ἀστρονομίας ἀπὸ τὴν ἀρχαιότητα μέχρι τὴν σύγχρονη ἐποχή· **(ζ΄)** εἰσαγωγικά, ἀλλὰ καὶ ἐξειδικευμένα ἔργα σχετικὰ μὲ τὴν σύγχρονη Ἀστρονομία, τὴν Ἀστροφυσικὴ καὶ τὴν Κοσμολογία· (**η΄**) ὁρισμένες γενικὲς μελέτες σχετικὲς μὲ τὴν σύγχρονη Ἀρχαιολογία καὶ τὶς μεθόδους της· (**θ΄**) ὁρισμένες γενικὲς μελέτες σχετικὲς μὲ τὴν θρησκεία ἐν γένει, μὲ τὴν φιλοσοφία καὶ τὴν ψυχολογία τῶν ἀρχετύπων τοῦ Carl Jung. Ἡ ἐν λόγῳ πλούσια βιβλιογραφία (ἡ ὁποία διαιρεῖται σὲ δύο ἑνότητες) ἀκολουθεῖται ἀπὸ *Πίνακα Συντμήσεων*, ποὺ περιλαμβάνει χρήσιμες αἰγυπτιολογικὲς καὶ ἀρχαιοαστρονομικὲς συντμήσεις, ἐπεξηγήσεις τῶν χρησιμοποιουμένων συμβόλων, *sigla*, κ.λπ. Ἡ Διατριβή μας κλείνει μὲ σχετικῶς ἐκτεταμένες περιλήψεις στὴν γαλλική, στὴν ἀγγλική, στὴν ἑλληνικὴ καὶ στὴν γερμανικὴ γλῶσσα.

ZUSAMMENFASSUNG

Figure 4: Le coucher du Soleil vu entre les colonnes en capitaux lotomorphes du Temple de Luxor (*Ἰpt-Rsyt*). L'astre du jour descend en paix vers son horizon, versant une bénédiction virtuelle dans les enceintes naïques du temple d'Amūn–Rēʿ.

LES ASTRES DANS LES TEXTES RELIGIEUX EN ÉGYPTE
ET DANS LES *HYMNES ORPHIQUES*

Amanda–Alice Maravelia:

Die Himmelskörper in den altägyptischen religiösen Texten und in den hellenischen Orphischen Hymnen

Dissertation, Universität von Limoges

Schlüßelwörter: Ägyptologie; Archäoastronomie; Astronomie; antike astronomische Konzepte; Altägypten: funeräre Texte, *Pyramidentexte, Sargtexte, Totenbuch, Schiffbrüchiger, Sinūhe–Erzählung, Liebesgedichte*, Asterismen, Sternbilder, Dekane, Sterne, Sonne, Mond, Planeten, heliakischer Aufgang, Sirius, Sternkulmination, Orientierung der Pyramiden; Datierung von antiken Texten; Althellas: *Orphische Hymnen*, Orphiken, Orpheus; moderne astronomische Begriffe; moderne astrophysikalische Begriffe; moderne kosmologische Begriffe: anthropisches Prinzip.

Diese Dissertation gilt der Entwicklung der allgemeinen astronomischen Vorstellungen, sowie den verschiedenen astronomischen und kosmovisionellen Ideen im pharaonischen Ägypten (von c. 2800 bis 1200 v. Chr.), auf der Grundlage der wichtigsten religiösen Texte: *Pyramidentexte (PT)*, *Sargtexte (CT)*, sowie das *Totenbuch (BD)*. Genauer gesagt untersuchen wir die Vorstellungen, die sich die Ägypter über die Himmelskörper machten (Sterne, Sonne, Mond und Planeten) und führen einen Vergleich mit den entsprechenden Konzeptionen bei den Orphikern durch. Schließlich vergleichen wir —*mutatis mutandis*— und mit der gebotenen epistemologischen Vorsicht die antiken Ideen mit denen der modernen Astronomie und Kosmologie. Hervorzuheben ist, daß zwar unser Vergleich ägyptischer und orphischer stellarer Konzepte vollständig ist, nicht aber unsere Analyse der ägyptischen Texte (*PT*, *CT*, *BD* und andere funeräre Texte), weil bereits andere Wissenschaftler diese Quellen in großem Umfang bearbeitet haben. Außerdem ist zu bemerken, daß unsere Untersuchung der Orphischen Hymnen und der funerären ägyptischen Texte in den interdisziplinären Rahmen von Ägyptologie und Archäoastronomie gehört. Es zeigt sich in der Untersuchung, daß die Methoden der Textanalyse auf eine zuverläßige Datierung der fraglichen Texte führen, wenn man ihre astronomischen Elemente berücksichtigt. Schließlich ergeben sich auch Einsichten in die *forma mentis* und die astronomischen Ideen antiker Kulturen.

Der Inhalt der Dissertation läßt sich wie folgt aufschlüsseln. Eine *Vorbemerkung*, an die ein *Vorwort* mit Danksagungen anschließt. Es folgt die *Einleitung* mit einer vorläufigen Beschreibung des Zieles der Arbeit. In *Kapitel I* wird das Thema unserer Studie beschrieben und abgegrenzt. Es werden auch verschiedene Arbeiten von anderen Autoren diskutiert. Das Kapitel enthält eine Definition der Termini *Himmelskörper/astronomisch*, mit Bezug auf den altägyptischen Kontext und den Rahmen unserer Dissertation. *Kapitel II* bringt eine kurze Einführung in die modernen astronomischen, astrophysikalischen und kosmologischen Konzepte. Die Absicht dabei ist: **(i)** dem Leser eine Übersicht über das moderne astronomische Wissen zu geben, insofern dies ägyptologisch relevant ist, insbesondere für das Studium der altägyptischen Astronomie; **(ii)** eine solide Basis zu erarbeiten für unseren philosophischen Vergleich zwischen den ägyp-

tischen und den orphischen astronomischen Ideen einerseits und den modernen astronomischen und kosmologischen Konzepten andererseits. In diesem Kapitel werden die wichtigsten Himmelskörper aus moderner Sicht präsentiert; hier finden sich auch die Anfangselemente der Sphärischen Astronomie. Eingeschlossen ist eine kurze Einführung in die Methoden der Archäoastronomie, dazu eine kurzgefaßte Synopsis der wichtigsten Begriffe der modernen Kosmologie und Thermodynamik. In verschiedenen Artikeln oder Monographien über altägyptische Wissenschaft befinden sich kurze Erwähnungen von rein astronomischen Begriffen, aber ohne jegliche Hinweise auf ihre theoretische Basis, die zum richtigen Verständnis unbedingt notwendig ist. Hier wird eine solche Basis zum erstenmal gegeben und zwar von einem Autorin, der beide Disziplinen studiert hat. *Kapitel III* bildet das Kernstück der Dissertation mit einer Untersuchung der altägyptischen Konzepte von den Himmelskörpern, so wie sich diese Konzepte in den funerären Texten erkennen lassen. Dieses Kapitel besteht aus einer umfassenden, wenn auch nicht erschöpfenden Untersuchung über die ägyptischen Ideen zu Sonne, Mond und den Planeten in den *PT* und *CT* mit gelegentlichen Verweisen auf das *Totenbuch*. Geboten wird auch eine kurze Statistik der Häufigkeit mit der diese Himmelskörper in den Texten vorkommen, sowie andere astronomische und kosmovisionelle Phänomene und schließlich eine Entwicklungsgeschichte dieser Ideen im Lauf der Jahrhunderte. Im gleichen Kapitel untersuchen wir die funerären Texte als mögliche Informationsquelle zur Orientierung der großen Pyramiden. Wir zeigen unmißverständlich, daß keine derartige Information existiert, wenn man von einigen bruchstückhaften Anspielungen absieht, die aber von den Anhängern der abzulehnenden Theorien irrig interpretiert werden. Wir prüfen solche Theorien, insbesondere die Theorie von Spence, und zeigen ihre Fehler auf. Wir vergleichen ferner gewisse literarische Texte mit funerären Texten, nämlich das *Corpus ägyptischer Liebesgedichte* (*Ḥswt sḫmḫ-ib*), das in rudimentärer Weise astronomische Elemente enthält, so etwa eine deutliche Anspielung auf den heliakischen Siriusaufgang, was eine Möglichkeit zur sicheren Datierung eröffnet. Zu den ausgewerteten Texten gehört auch die *Erzählung des Schiffbrüchigen*, in dem bereits eine astronomische Parabel erkannt wurde. Und schließlich gilt die Analyse auch der *Sinūhe–Erzählung*, die nicht nur geographische Informationen enthält, sondern auch verschiedene Anspielungen auf Hathor/Nūt, eine kosmische Göttin *par excellence*. Das Kapitel endet mit einer vergleichenden Bilanz der astronomischen Kenntnisse der alten Ägypter während der klassischen pharaonischen Epoche. Unter letzterem verstehen wir das Alte sowie Mittlere Reich und nur gelegentlich das Neue Reich, entsprechend unserer nur punktuellen Heranziehung des *Totenbuches*. *Kapitel IV* gilt den Orphischen Hymnen, der archäoastronomischen Datierung ihrer astronomischen und kosmovisionellen Ideen, beginnend etwa im 13. Jh.v. Chr. (der Ära, die mit der ramessidischen Epoche im Neuen Reich koinzidiert). Dieses Kapitel bietet auch eine Studie der astronomischen Konzepte der Orphiker über die Sterne, Sonne, Mond und Planeten. Überdies vergleichen wir eine an Hēlios gerichtete orphische Hymne mit einer aus dem *Totenbuch* stammenden Hymne an den Sonnengott Rē'. Im gleichen komparativen Kontext untersuchen wir einige kosmovisionelle Vorstellungen, die sich sowohl in den Orphischen Hymnen als auch in den erwähnten ägyptischen funerären Texten finden (*kosmisches*

Ei/swḥt, universelles Gesetz/M3ʿt, universelle Zeit, & c.). Wesentlich ist, daß hier zum erstenmal eine derartige vergleichende Studie vorgelegt wird von jemandem der beide Disziplinen studiert hat (Ägyptologie und Astronomie) und der auch beide Sprachen beherrscht, nämlich Altägyptisch und Althellenisch. Dieses Kapitel endet mit Schlußfolgerungen über die Vorherrschaft der Vernunft bei den Orphikern, die proto–wissenschaftliche Ideen formulierten. Dagegen haben die Ägypter niemals Wissenschaft an sich betrieben. Sie formulierten zwar kosmovisionelle Ideen, verharrten dabei aber immer beim archetypischen Symbolismus und blieben damit auf einer prä–wissenschaftlichen Stufe stehen. *Kapitel V* bietet eine knappe vergleichende Studie zwischen den altägyptischen und den modernen astronomischen Vorstellungen (über die Himmelskörper). An dieser Stelle wird auch das Konzept der Himmelsgöttin Nūt und ihre Beziehung zur Milchstraße untersucht, indem gezeigt wird, daß sich der Ausdruck *Msḳt(-Sḥdw)* auf die Milchstraße beziehen muß. Ein weiterer Punkt ist ein gründlicher philosophischer Vergleich zwischen den altägyptischen kosmovisionellen und eschatologischen Ideen und —*mutatis mutandis*— den modernen kosmologischen Vorstellungen. Wir diskutieren die Gemeinsamkeiten zwischen den modernen Theorien (Big Bang, Anthropisches Prinzip) und einigen altägyptischen Ideen. Philosophisch vergleichen wir das Gegenteil der Entropie mit Maat (*M3ʿt*), die kosmische Hintergrundsstrahlung mit dem Gott Heka (*Ḥk3*), & c. Dieses Kapitel endet mit verschiedenen wichtigen Schlußfolgerungen, die sich gegen die Afrozentristen richten. Ein Punkt dabei ist, daß es in Altäypten nie eine reine Wissenschaft gegeben hat, obwohl die ägyptischen *Gelehrten* (*rḫww-ḫt*) auf metaphysischem Niveau einige außerordentliche kosmovisionelle Ideen entwickelt und eine bemerkenswerte universelle Eschatologie vertreten haben. *Kapitel VI* stellt den Brennpunkt der wichtigsten Schlußfolgerungen und Ideen unserer Dissertation dar; hier präsentieren wir auch unsere Zusammenfassungen. Es handelt sich um eine allgemeine Synthese der ägyptischen Konzepte von den Himmelskörpern, ihrer kosmovisionellen Ideen, sowie des Vergleichs mit den astronomischen Vorstellungen bei den Orphikern und den modernen Astronomen. In diesem kurzen Kapitel diskutieren wir auch die Aussichten für künftige Forschungen in diesem interdisziplinären Bereich. Es folgt ein *Epilog* mit einigen zusätzlichen Überlegungen und Bemerkungen, um unsere Schlüße zum Thema, der Methode, dem Geltungsbereich und den Ergebnißen unserer Dissertation abzurunden. Am Ende stehen *Tabellen* und *Indizes*, die dem Leser eine Übersicht über verschiedene moderne und antike astronomische Konzepte ermöglichen, wie auch über ägyptologische Begriffe, die in dieser Studie behandelt und in den jeweiligen Abschnitten klassifiziert und kategorisiert wurden. Danach kommt eine *Bibliographie* von der wir annehmen, daß sie vollständig ist und die wichtigsten Verweise auf Bücher und Artikel wie folgt sortiert: **(i)** die astronomische Konzepte bei den Ägyptern; **(ii)** verschiedene ägyptologische Themen, die sich auf astronomische und kosmovisionelle Vorstellungen in religiösen und funerären Texte beziehen; **(iii)** Arbeiten über die Orphiker, ein Gegenstand, der bisher noch relativ wenig erforscht ist; **(iv)** Arbeiten über die alten Hellenen und ihre wissenschaftliche Entwicklung, insbesondere in der Astronomie; **(v)** Werke über Archäoastronomie und ihre interdisziplinären Methoden; **(vi)** Arbeiten über die Astronomie und ihre Geschichte seit der Antike; **(vii)** Studien zur Astronomie,

Astrophysik und modernen Kosmologie; **(viii)** allgemeine Werke zur modernen Archäologie; **(ix)** allgemeine Werke über die Religion, Philosophie und Psychologie von Jungs Archetypen. Auf diese umfangreiche Bibliographie folgt ein *Verzeichnis der gängigen Abkürzungen* in der Ägyptologie und Archäoastronomie, *sigla*, & c. Unsere Dissertation schließt mit ausführlichen Zusammenfassungen in Französisch, Englisch, Hellenisch und Deutsch.

www.ingramcontent.com/pod-product-compliance
Lightning Source LLC
LaVergne TN
LVHW072245300926
849160LV00018B/1599